# FÍSICA MODERNA

# FÍSICA MODERNA

## Orígenes Clásicos y Fundamentos Cuánticos

Traducción de la 2$^{da}$ **edición**

*Francisco Caruso*
Coordinación de Física de Altas Energías
Centro Brasileño de Pesquisas Físicas

*Vitor Oguri*
Instituto de Física Armando Dias Tavares
Universidad del Estado de Río de Janeiro

Traducción de:

*Carlos Alberto Morgan Cruz*
*Antonio Rivasplata*
Departamento Académico de Física
Universidad Nacional de Trujillo, Peru

Revisión de:

*Jorge Eduardo Cieza Montalvo*
Instituto de Física Armando Dias Tavares
Universidad del Estado de Río de Janeiro

1ª Edição

**Direção editorial:** Victor Pereira Marinho e José Roberto Marinho

**Capa:** Fabrício Ribeiro e Francisco Caruso
**Projeto gráfico e diagramação:** Francisco Caruso

Dados Internacionais de Catalogação na publicação (CIP)
(Câmara Brasileira do Livro, SP, Brasil)

Caruso, Francisco
Física moderna: orígenes clásicos y fundamentos cuánticos / Francisco Caruso, Vitor Oguri; traducción de Carlos Alberto Morgan Cruz, Antonio Rivasplata; revisión de Jorge Eduardo Cieza Montalvo. – 2. ed. – São Paulo: LF Editorial, 2024.

Título original: Física moderna.
ISBN 978-65-5563-494-5

1. Física - Estudo e ensino I. Oguri, Vitor. II. Montalvo, Jorge Eduardo Cieza. III. Título.

24-228155 CDD-530.07

Índices para catálogo sistemático:
1. Física: Estudo e ensino 530.07

Aline Graziele Benitez - Bibliotecária - CRB-1/3129

Editora Livraria da Física
www.livrariadafisica.com.br
(11) 3815-8688 | Loja do Instituto de Física da USP
(11) 3936-3413 | Editora

A *Alberto Santoro*, con amistad;

*Nina & Stella*, con amor;

*Armando Tavares*, con nostalgia;

*Felipe Silveira*, con esperanza.

*Enseñando, los hombres aprenden.*
Séneca

*La Naturaleza es partes sin un todo. Esto es tal vez, el tal misterio del que hablan.*
Alberto Caeiro

*Incluso si se entiende que el significado de un concepto jamás será definido con precisión absoluta, algunos conceptos son parte integrante de los métodos de la ciencia, por el hecho de representar, por lo menos por algún tiempo, el resultado final del desarrollo del pensamiento humano desde un pasado bastane remoto; ellos incluso pueden haber sido heredados y son, cualquiera que sea el caso, instrumentos indispensables en la ejecución del trabajo científico en nuestro tiempo.*
Werner Heisenberg

*Creo que ideas como certeza absoluta, precisión absoluta, verdad final, etc. son ficciones de la imaginación que no deberían ser admitidas en ningún campo de la ciencia. De otro lado, toda afirmación probabilística es correcta o errada según el punto de vista de la teoría sobre la cual se basa. Esa fluencia de pensamiento me parece ser el mayor presente que la ciencia moderna nos dio. Porque, creer en la existencia de una verdad única y creer ser su autor, estas si son las causas de todo el mal que hay en el mundo.*
Max Born

# Prólogo a la edición en castellano

Si te invitan a escribir el prólogo de un libro, antes de aceptar te preguntas cuán fácil o cuán difícil será explicitar elogios a su contenido. Cómo será de fácil hacerlo en este caso de la *Física Moderna* de Francisco Caruso y Vitor Oguri, que no tardé nada en aceptar la invitación. Más aún, probablemente en mi subconsciente estaba esperando tener la posibilidad de hacerlo.

Como dice Borges en su Prólogo de Prólogos: "Que yo sepa, nadie ha formulado hasta ahora una teoría del prólogo. La omisión no debe afligirnos, ya que todos sabemos de qué se trata". Sin embargo en este caso, espero que el lector continúe a fin de enterarse de qué se trata en este caso.

Río de Janeiro tiene una larga historia de aporte a la enseñanza y difusión de la Física Moderna en nuestras universidades ya que en 1959 apareció el libro *Introdução à Teoria Atômica da Matéria* de José Leite Lopes que fue nuestro texto por muchos años, acompañando, aclarando y poniendo al día al libro clásico (como menciona Henrique Fleming en el Prefacio de la Primera Edición al libro de Caruso y Oguri) *Atomic Physics* de Max Born. Ahora tenemos este magnífico *Física Moderna: Orígenes Clásicos y Fundamentos Cuánticos*, que ya lleva dos ediciones en portugués y que en esta nueva versión permitirá ser disfrutado por nuevos lectores, causando sin duda un impacto aún mayor en el medio científico-académico de habla castellana de América y de España, que aquel libro de Leite Lopes.

Ya Henrique Fleming y Victoria Elnecave Herscovitz, en los Prefacios a la primera y segunda ediciones de este *Física Moderna*, han explicitado los alcances, los hallazgos y los seguros éxitos del libro. Conocí la primera edición apenas aparecida y la recomendé de inmediato a la cátedra de Física Moderna en la Universidad Nacional de La Plata. La propuse no solamente como un texto más a tener muy en cuenta, sino también como obra de consulta, ya que allí se encontraban los aspectos históricos y también formales de la Física nueva, pero sobre todo las herramientas para la comprensión cabal de sus conceptos. Las más de 400 referencias bibliográficas que se detallan sólo al final del texto, sin contar las Fuentes primarias, otras referencias y sugerencias de lecturas del final de cada capítulo son de central importancia. Allí se incluyen textos previos, recomendaciones de lecturas para "ir más lejos", trabajos originales de los hacedores de la Física Moderna, comentarios críticos y análisis filosóficos de los temas que hicieron cambiar a la humanidad su punto de vista sobre el mundo físico que la rodeaba. Todas estas incorporaciones lo hacen ciertamente autosuficiente. No debemos olvidar la enriquecedora inclusión de ejercicios de aplicación conceptual y formal, que recomendamos fuertemente sean realizados por el lector interesado en aprender.

Fleming dijo "Esto es lo que necesitamos" y lo suscribo. Hercovitz pidió liberar la segunda edición para que los lectores "puedan disfrutar del libro", nada más claro como recomendación. No me queda más que agregar que los lectores en castellano tenemos la gran suerte de contar ahora con esta *Física Moderna* imprescindible.

Carlos García Canal
*Universidad Nacional de La Plata*

# Prefacio a la segunda edición

La publicación de un libro de la calidad y envergadura de la Física Moderna causó, en 2006, un merecido impacto que todavía repercute. El privilegio de prefaciar la presente edición motiva una segunda inmersión en el trabajo de Caruso y Oguri y el placer renovado de la lectura de un texto de características excepcionales. Desde las concepciones filosóficas de la Antigëdad sobre la naturaleza de la materia hasta la concepción sobre los constituyentes elementales, una trayectoria histórica rica y crítica, basada en las fuentes primarias de tal conocimento, engloba conceptos, experimentaciones y desarrollos teóricos asociados que conduce a los tiempos de la modernidad en los que la Relatividad y la Física Cuántica tienen un papel fundamental. Considerada en varios momentos como una teoría hecha de utopias, la Mecánica Cuántica surge en éstas páginas como posible, plausible y, finalmente, científicamente fundamentado para el desarrollo de la Física Moderna.

El libro de Caruso y Oguri proporciona todo esto y no abandona al lector que invade sus meandros fantásticos. Transcendiendo la perspectiva de un libro didáctico en el sentido estricto se torna, entre tanto, por excelencia, en un contexto más amplio. La obra se presta a distintas interpretaciones, atrayendo entre otros a quien simplemente ama la Física, auxiliando en la percepción de diversas facetas de cómo se hace Ciencia, desentrañando aspectos históricos, sirviendo a profesores como fuente e inspiración para configurar cursos de los más variados niveles y alumnos de varias carreras, incluso como fuente bibliogáfica de las más ricas. No es de sorprender, pues, la acogida y el reconocimiento conquistados en su primera edición transformándola, en consecuencia, en motivo de gran demanda.

Pasada casi una década de la publicación original, los autores, conscientes de sus repercusiones y celosos por mantener su nivel de calidad, nos ofrecen una segunda edición. Manteniendo la estrutura de la anterior, la nueva edición es, también, fruto de un trabajo minucioso donde el cuidado de los autores se revela tanto en el texto, la bibliografía y el índice, como en las figuras, tablas y ejercicios. Se destacan entre los contenidos que más actualizaciones presentan los referentes a las concepciones clásicas sobre la naturaleza de la luz, a la relatividad espacial, a la radioatividad, al modelo atómico de Bohr y a las aplicaciones de la ecuación Schrödinger, reflejándose en el aumento significativo en el número de ejercicios y figuras. Caruso y Oguri merecen estar satisfechos con los resultados obtenidos.

Misión cumplida por los autores, resta lanzar esta edición a los lectores para que puedan disfrutar el libro.

Victoria Elnecave Herscovitz
*Instituto de Física UFRGS*

# Prefacio a la primera edición

Este es un libro para quien ama la Física, y no para quien quiera solo servirse de ella. Los profesores Francisco Caruso y Vitor Oguri, conocidos investigadores en el área de Física de las Partículas Elementales, aman la Física y dejan eso muy claro en el plano general de la obra, como en cada uno de sus detalles.

Insertado en el ilustre linaje de libros de Física Moderna cuya raíz es el clásico de Max Born, *Atomic Physics*, este bello y fundamental texto innova la literatura del área en varios aspectos, entre los cuales destaco la excelente idea de incluir y, de hecho, destacar, en la bibliografía, las fuentes primarias, esto es, aquellos trabajos, casi siempre artículos de revistas científicas, donde la Física muestra su verdadera cara, sin los retoques de los epígonos, y donde se aprende el *hacer* de los físicos o, en pocas palabras, lo que la Física realmente *es*.

También la parte más tradicional de la bibliografía es enriquecida por sugerencias de lectura, cortos textos que comentan las obras citadas y despiertan en el lector el interés por la obra y la tentación de leerla, algún día. Esto nos recuerda el notable libro de Herbert Goldstein, *Classical Mechanics*, cuya bibliografía comentada tanto amplió nuestros horizontes.

Otro aspecto digno de notar fue la preocupación de los autores en tornar el libro, tanto como sea posible, autosuficiente, adecuando el texto a la realidad de un país carente de bibliotecas.

Se revela, desde los primeiros capítulos, que los autores son escritores talentosos. En una prosa clara, elegante y ligera, mas nunca superficial, en un portugués (lenguaje) impecable, abordan problemas difíciles, como la teoría termodinámica de la radiación en equilibrio, que imortalizó a Max Planck e inauguó la Física Cuántica, y se tornan, no fáciles, pues fáciles no son, sino accesibles, porque son abordados racional y gradualmente.

Un libro serio y honesto, la obra de Caruso y Oguri no recurre a prestidigitaciones y no simplifica (en el mal sentido) su tema. El lector no encontrará aquí una Física *ad usum delfini*, sino la Física verdadera, tornada perfectamente accesible al lector dedicado.

Esto es lo que necesitamos.

Henrique Fleming
*Professor Titular*
*Universidad de São Paulo*

# Presentación

*Los libros no son hechos sólo con lo que se sabe ni con lo que se ve. Necesitamos de raíces más profundas.*

Gaston Bachelard

Este libro de texto es fruto de la experiencia en enseñanza de Física Moderna, acumulada ministrando las disciplinas de Estrutura de la Materia y de Mecánica Cuántica, en el Instituto de Física de la Uerj, desde 1983, y algunas veces Mecánica Cuántica en el CBPF. Construído de modo que sea lo más autoconsistente posible, el libro aborda la evolución de las concepciones clásicas acerca de la naturaleza de la materia y de la luz, antes de presentar, con detalles, la crisis durante el cambio al siglo XX y la subsecuente construcción de la Física Cuántica, que introdujo nuevos y transformadores paradigmas en la Ciencia.

Siguiendo una perspectiva histórica, procuramos, sobre todo, dar insumos capaces de despertar el interés y el espíritu crítico del lector, permitiendo que él comprenda bien el origen de la Física Moderna y la dinámica de la investigación científica, por entender que esa característica crítica esencial del pensamento científico ha sido sistemáticamente dejada de lado en otros libros universitarios. Esperamos, de esa forma, construir un diálogo con el lector en el cual buscamos expresarnos de modo aún más claro, pues, como nos enseña Schopenhauer, con el texto escrito no se escucha las preguntas del interlocutor.

Nos gustaría resaltar que los experimentos, las hipótesis y los modelos presentados en el texto no son todos histórica y lógicamente necesarios para la construcción, elaboración y presentación de las teorías fundamentales de la Física Moderna en un texto didáctico. Sin embargo, incluso las grandes síntesis en la Ciencia, alcanzadas, en algunos casos raros, por uno u otro investigador, resultan, en último análisis, de un trabajo colectivo sistemático de investigación, de proposición de nuevas ideas y nuevos conceptos, de nuevos experimentos, a lo largo de toda la historia de la cultura. Por otro lado, concordamos con Werner Heisenberg, cuando él afirma en el prefacio de su libro *Física y Filosofía* que *tal vez la mejor manera de abordar los problemas de la Física Moderna sea a través de una descripción histórica del desarrollo de la teoría cuántica.* Mas, claro, los caminos son variados. Optamos por ponenr énfasis a la evolución de las ideas y de los conceptos básicos recurrentes en la discusión de la esencia de la materia y de la luz a lo largo de la historia y, como no podría dejar de ser, tal elección refleja la formación de los autores y la visión que tienen de la enseñanza y de la ciencia.

Creemos que es un trabajo pionero, capaz de atender la expectativa de la comunidad de físicos de disponer de un libro texto diferente, en una de las áreas más fascinantes de la Física. Algunas de las preocupaciones de los autores pueden ser aquí destacadas, en el sentido de mostrar la originalidad y la relevancia del libro. En primer lugar, cabe enfatizar el cuidado con la consulta y la referencia constante a las fuentes primarias, siempre que sea posible, procurando, de esa forma, evidenciar la belleza y la dinámica de la investigación científica, permitiendo que el lector interesado disponga de todas las informaciones para localizar, con facilidad, los textos seminales. Al final de cada capítulo, el lector encontrará una lista de referencias bibliográficas comentadas, separadas en "fuentes primarias" y "otros artículos y sugerencias de lectura", lo cual posibilita una profundización mayor sobre cualquier asunto tratado, además de un número expresivo de ejercicios. Otra característica del libro es la tentativa de rescatar con él la reflexión crítica del lector sobre el objeto de su lectura. Para eso, los autores recurren, con frecuencia, los comentarios epistemológicos y las reflexiones y citaciones de los científicos que hicieron la historia de la Mecánica Cuántica. Otro aspecto que puede ser destacado es la preocupación por deducir prácticamente todas las fórmulas que son utilizadas normalmente, y no considerar, como la mayoría, que el alumno "ya vio eso o aquello en otra disciplina". De esa forma, procuramos construir un libro que dispense al alumno de recurrir a otros, en sus estudios (como libros de Mecánica, Teoría Cinética de los Gases, Electromagnetismo y Física Matemática). Por último, se puede decir que el libro es actual, en la medida en que se ha tenido en consideración una vasta bibliografía moderna sobre su tema (incluyendo libros y artículos), bibliografía que es ofrecida al lector al final de cada capítulo, en el caso de los artículos, y las demás referencias al final del libro, en orden alfabético según apellidos de los autores.

En los nueve primeros capítulos, presentamos los principales resultados de la Física Clásica, que preceden al surgimiento de la Física Cuántica. En ellos abordamos los fundamentos clásicos de la naturaleza de la materia y de la luz, considerados indispensables para entender la crisis del sistema explicativo causal clásico, que tiene su inicio con el descubrimiento del electrón, con el estudio de la Radiación del Cuerpo Negro, del Movimiento Browniano, y de la Teoría de la Relatividad. Los cuatro capítulos introductorios lidian con la gradual consolidación de la visión atomista de la materia. Los dos siguientes abordan diferentes concepciones sobre la luz, hasta llegar a la Electrodinámica de Maxwell y a la contribución revolucionaria de Einstein, la Relatividad Especial. Los siguientes tres capítulos tratan específicamente de la descontrucción del concepto del átomo como algo eterno y sin estructura. En ellos son abordadas las contribuciones provenientes de las investigaciones sobre la electrólisis, las descargas en gases y la radioatividad. Toda esa notable conquista científica aún prescindía de la constante de Planck.

En el Capítulo 10, presentamos el estudio de la radiación del cuerpo negro, que culmina con la introducción de la idea del *quantum* en la Física y sus primeras aplicaciones. Los trabajos de Planck y de Einstein, desarrollados entre 1900 y 1905, cambiaron para siempre la Física, dando inicio a lo que se convino en llamar *Física Moderna* o mejor *Física Cuántica*. Siguen dos capítulos con la descripción detallada de los modelos atómicos clásicos (Thomson, Nagaoka, Rutherford) y cuánticos (Bohr & Sommerfeld). El último grupo de capítulos aborda temas como la dualidad onda-partícula, las hipótesis de Louis de Broglie y la construcción de la Mecánica Cuántica (Heisenberg, Schrödinger, Born y Dirac), que, además del enfoque histórico, contiene una presentación exhaustiva de las principales formulaciones de esa nueva teoría para el microcosmos. Concluimos con una discusión de como el estado actual de la Física de las Partículas Elementales es una herencia de las concepciones atomísticas de la materia aquí presentadas.

Esperamos que el público objetivo del libro pueda ser bastante amplio, incluyendo estudiantes de graduación, maestrado profesionalmente y hasta maestrado en otras áreas afines. Alumnos de graduación de los cursos de bachillerato y licenciatura en Física, alumnos de graduación de Ingeniería que cursan la disciplina básica obligatoria de Física IV o disciplinas como la de Dispositivos Semicondutores, que contemplen una introducción a la Física Moderna en el ciclo profesional (Electrónica y Eléctrica). Puede también ser útil en cursos de Física Médica o de Medicina Nuclear, en los cuales comienza a haber una demanda mayor de libros sobre los fundamentos de la Física Moderna, cada vez más pertinente al estudio del instrumental y de los equipamientos usados en la Medicina. El libro también puede ser útil para profesores de enseñanza media y profesores universitarios de Física. Por fin, tal vez el libro también pueda interesar al lector culto.

Agradecemos a Francisca Valéria Fortaleza Vasconcelos por haber vencido nuestra inercia y digitado la primera versión en LaTeX a partir del manuscrito. Al personal de la Biblioteca del CBPF, Fátima Bacelar Couto, Heloísa Ottoni, Sergio Velho, Marcelo da Silva Magalhães, José Santos de Souza, José Ramalho Nery y Maria Rosa Simplício, y a Maria Luisa Mesiano da Biblioteca CTC-D de la Uerj por el inestimable auxilio en la localización de varias referencias. Al personal de la LTC, por el profesionalismo, competencia y, en especial, a Ricardo Redisch, Carla Nery, Raquel Bouzan Barraca y Sandra Mara Albuquerque por la paciencia y gentil tolerancia con los autores en la fase de revisión final del libro. Agradecemos también a Erick Hoepfner (Uerj) por el excelente trabajo con las imágenes y la tapa del libro y por la constante preocupación con los *backups*. A todos los miembros de la Oficina de Educación a través de Historias en Tiras cómicas (Eduhq), por la posibilidad de utilizar algunas de sus tiritas y, en especial, a los alumnos-artistas Luisa Daou, Nilton de Freitas, Ivson Aguiar da Silva, Gustavo dos Santos Amaral y Wallace Jonas de Andrade Marques, nuestro gran agradecimiento.

Nuestro sincero reconocimiento aquellos que hicieron críticas y dieron importantes contribuciones puntuales en diferentes capítulos: Maria José Bechara (IF/USP), Maria Lucia Bianconi (Instituto de Bioquímica de la UFRJ), Mauro Velho de Castro Faria (IB/Uerj), Mirian de Carvalho (UFRJ), Paulo Alves Porto (IQ/USP), Ilton Jornada y Joana Mara Santos (IQ/Uerj), Hélio da Motta Filho (CBPF), Jorge Barreto (UFRJ), Paulo Murilo de Carvalho (UFF), André Sznajder, Pedro von Ranke Perlingeiro, José Umberto Cinelli Lobo de Oliveira, y Nilson Antunes (IF/Uerj).

Versions preliminares del libro fueron utilizadas en diferentes ocasiones por colegas en el IF/Uerj, cuyos comentarios fueron útiles para que revisemos el texto. En este sentido, Marcia Begalli, José Roberto

Mahon, Arnaldo José Santiago y Fabio Antonio Seixas de Rezende dieron importantes contribuciones.

Agradecemos también a Maria Cristina de Oliveira Silveira y a Stella Maris Nunes Amadei, por el incansable auxilio en la revisión del texto, por las críticas y sugerencias que en mucho contribuyeron para su claridad y por el incentivo. Contribuyeron también en la revisión del texto, en diversos momentos: Ademar Monteiro dos Santos, Anderson Luiz Santana França, Carlos Cristóvão de Almeida, Cláudia Mello Belhassof, Marília Pinto de Oliveira, Marco Antonio Correa, Rafaela Ventura y Raquel Bouzan Barraca a quienes estamos muy agradecidos.

No tenemos palabras para agradecer a los amigos que se dispusieron a leer críticamente el contenido de todo el libro: Eugene Levin (Departamento de Física de Altas Energías de la Universidad de Tel Aviv), José Maria Filardo Bassalo (UFPA) y Alfredo Marques (CBPF). A ellos, nuestro más sincero reconocimiento. Sus comentarios enriquecieron mucho el texto y no hace falta decir que cualquier error que aún persista deba ser atribuído exclusivamente a los autores.

Por último, pero no menos importante, debemos mencionar el incentivo constante de muchos amigos, fundamental durante el largo período de preparación del libro, entre a quienes destacamos: Alfredo Marques, Ívano Damião Soares e Sérgio Joffily, do CBPF, José Maria Filardo Bassalo (UFPA), Bruto Max Pimentel Escobar (IFT/Unesp), Gil da Costa Marques (USP), Wanderley de Souza (Finep), Nobuo Oguri (*in memoriam*) y Maria de Lourdes Barbosa (*in memoriam*). Resta ahora Alberto Santoro (IF/Uerj), que fue siempre más que un incentivador. Nuestro asesor en períodos diferentes, esperamos que él vea reflejado en éstas páginas mucho del entusiasmo, de la dimensión ética y social de la Ciencia, y de la preocupación por la formación científica de los jóvenes que nos continua transmitiendo hasta hoy.

Francisco Caruso y Vitor Oguri

Rio de Janeiro, março de 2016.

**Addendum:**

Con gran satisfacción vemos ahora ser publicada por la Librería de Física, la traducción de la segunda edición de nuestro libro *Física Moderna: Orígenes Clásicos y Fundamentos Cuánticos*, en la que se han realizado pequeños ajustes. Estamos muy agradecidos a los colegas Carlos Alberto Morgan Cruz y Antonio Isaías Rivasplata Mendoza, del Departamento Académico de Física de la Universidad Nacional de Trujillo, Perú, por su dedicado y paciente trabajo de traducción. A Jorge Eduardo Cieza Montalvo, más que un colega, un amigo, por coordinar todo el trabajo de traducción y por su revisión final. Esta edición no habría sido posible sin la generosa colaboración de los tres. A nuestro amigo Carlos García Canal, de la Universidad Nacional de La Plata, Argentina, por su disposición de leer el libro y por el cariñoso prefacio. También agradecemos a Felipe Silveira por su ayuda para rehacer algunas figuras y tablas. Finalmente, nuestro agradecimiento a José Roberto Marinho, de LF Editorial, por hacer posible la publicación de esta traducción.

Caruso y Oguri

Río de Janeiro, 18 de septiembre de 2024.

# Sumário

# 1

# La estructura de la materia: concepciones filosóficas en la Antigüedad

*El soñador no consigue soñar ante un espejo que no sea 'profundo'.*

Gaston Bachelard

## 1.1 Primeras especulaciones sobre la constitución de la materia

*La Ciencia debe comenzar con los mitos y con la revisión crítica de los mitos.*

Karl Popper

Uno de los mayores legados de la historia de la humanidad es la construcción de lo que se puede llamar *cosmovisión científica*: una nueva mirada sobre la naturaleza, es decir, sobre la *Physis*, tal cual era entendida por los griegos. El origen del proceso de construcción de esa *cosmovisión*, lento y fascinante, corresponde al origen y florecimiento de la Filosofía y de la Física en la Grecia antigua. Es importante comprender que ese momento histórico señala el inicio de un drástico cambio de actitud del hombre con relación a la *Physis*, de gran relevancia para el pensamiento occidental, que se reflejará más tarde, de forma marcada, en la Física Moderna. Es en ese período riquísimo de casi dos siglos, que se inicia y se concreta la ruptura con la concepción mitopoética de la naturaleza, hasta entonces predominante, y se afirman algunos trazos que marcarán la trayectoria cultural de Occidente. Por un lado, la búsqueda de una visión de la *Physis* basada en relaciones causales, establecidas a partir de la *razón*, cuyo máximo exponente fue Aristóteles de Estagira. Por otro, la idea de sencillez manifestada desde cuando se buscó comprender racionalmente la naturaleza a partir de un *único principio*, de una *materia primordial* organizada por la acción de los contrarios y, finalmente, la idea orientadora de que existe un *Cosmos*, término griego que significa *un todo organizado*.

De particular interés para comprender los orígenes del concepto de *átomo* y la evolución del atomismo es el análisis del surgimiento, en la primera fase de la filosofía griega, de las primeras especulaciones sobre la esencia y la constitución de la materia. La naturaleza de la materia – o simplemente de los cuerpos extensos dotados de ciertas propiedades – fue una cuestión intrigante para los filósofos antiguos y aún lo es para los físicos contemporáneos; motivo por el que se decidió iniciar el libro por la herencia griega, introduciendo, aunque de forma suscinta, algunas de las ideas que abrieron una fascinante discusión que dura más de 27 siglos.

Este rico despertar de la razón corresponde al período entre los siglos VII y IV a.C. y tuvo sus orígenes en la llamada "Escuela Jónica", fundada por Tales, cuyos primeros integrantes eran originarios de la ciudad de Mileto, situada en el litoral de Asia Menor. Muchos autores enfatizan que ese es un hito de la filosofía europea, pero es preciso que quede claro que no hay una línea de demarcación nítida entre el pensamiento prerracional, mítico o basado en concepciones antropomórficas y el pensamiento racional asociado a una visión científica del mundo. Durante mucho tiempo voces de las dos corrientes de pensamiento van a coexistir en el intento de explicar el cosmos.

Los integrantes de la Escuela Jónica se ocuparon básicamente de explicar la naturaleza física del mundo. La cuestión de fondo que Tales y otros plantearon puede ser formulada así: *¿pueden todas las cosas ser vistas como una simple realidad, apareciendo en diferentes formas?*

Teniendo esa indagación como lema, Tales habría respondido la pregunta "¿De qué es constituída la materia?" de la siguiente manera: *El agua es la causa material de todas las cosas.* Más precisamente, en una cita de Aristóteles, se lee:

> *Debe haber alguna sustancia natural, una o más de una, de la que provienen las otras cosas, mientras que ella es preservada. Sin embargo, sobre el número y la forma de dicha especie primigenia no todos están de acuerdo; pero Tales, fundador de ese tipo de filosofía, dice que es el agua (...), habiendo tal vez formulado esa suposición al ver que el alimento de todas las cosas es húmedo y que su propio calor proviene y vive a él (de donde provienen es el principio de todas las cosas), formuló la hipótesis no sólo a partir de esto como del hecho de que los gérmenes de todas las cosas tienen una naturaleza húmeda, siendo el agua el principio natural de las cosas húmedas.*[1]

Otro comentario a ese respecto se debe a Heráclito, también conocido como *Oscuro*:

> *Es que la sustancia natural húmeda, toda vez que fácilmente se transforma en cada una de las diferentes cosas, está acostumbrada a pasar por variadísimas modificaciones: la parte que se exhala se transforma en aire, y la parte más sutil e inflamada, de aire en éter, mientras que el agua se vuelve compacta y se cambia en lodo, se transforma en tierra. Por eso Tales declaró que, de los cuatro elementos, el agua era, por así decir, el más activo como causa.*

La perspectiva de la creación del mundo a partir del agua – o de que de ella proviene todo – ya era, en realidad, difundida en la India y en Babilonia, así como la idea de que esa sustancia primordial se dividía, de alguma forma, en dos substancias contrarias, como mecanismo necesario para la explicación de que para toda cualidad se opone un contrario (día, noche; luz, oscuridad *etc.*).[2]

La hipótesis de que haya una materia primordial contiene, en su esencia, un conjunto de actitudes de gran importancia, tanto para la evolución de la filosofía presocrática como, también, para la forma de un nuevo pensamiento, es decir, del nuevo pensamiento científico.

La característica descollante del trabajo de Tales reside en la búsqueda del entendimiento de la naturaleza de modo racional, postulando que éste esté ligado a un *único principio.* Sus ideas son justificadas no en términos de dioses o fuerzas sobrenaturales, sino en términos de la *lógica.* De este modo, una contribución importante de Tales tiene que ver con el desarrollo del método de la prueba sistemática. Así como Pitágoras lo hará más tarde, él enseña cómo deducir proposiciones de axiomas o de principios simples que parecen indubitables, ingrediente esencial para la racionalización de la *Physis.* En el contexto intelectual de hoy – marcado por el pragmatismo y por el inmediatismo – no está de más recordar que Tales fue movido principalmente por la curiosidad intelectual y no por cualquier tipo de necesidad práctica en el sentido utilitarista empleado actualmente.

Tal vez haya sido Tales el primero en exigir que la simplicidad fuese incluída en la Filosofía. Encontrar un *único principio* es tener la "filosofía más simple", aunque la naturaleza no sea simple. Esta premisa fue transmitida a otros filósofos y utilizada de una manera aún más enfática, por ejemplo, por Aristóteles, que

[1] A menos que se indique lo contrario, las referencias de los filósofos griegos en este capítulo fueron extraídas del libro de Kirk y Raven (1990).

[2] Ese tipo de pensamiento, bastante difundido en la Mesopotamia y en Egipto, tuvo innegable influencia en la formación de la filosofía griega. Sin embargo, cabe notar que, en esas culturas, tales ideas estaban siempre personificadas en la mitología.

afirmó que la naturaleza posee una tendencia intrínseca a la simplicidad. Como un ejemplo destacado de otra época, se puede citar a Guillermo de Ockham, célebre nominalista franciscano de Oxford, pionero de la epistemología moderna, que retoma la idea implícita en la obra de Tales al afirmar que las complicaciones deben ser evitadas al describir la naturaleza. Su filosofía es dominada por un *principio de economía* que se resume en las frases: *no se hace con muchas cosas lo que puede ser hecho con pocas*[3] o *las entidades no se han de multiplicar a no ser que sea necesario.*[4] Este principio, relacionado con un *ideal de simplicidad*, está presente en el *corpus* de la Física Moderna, por medio del llamado *principio de la mínima acción*, y se ha incorporado al día a día de cualquier ciudadano, con el dicho popular: ¿para qué complicar lo que se puede facilitar?

Así, se concluye que la formulación de la cuestión sobre la causa material de todas las cosas y la postura asumida por Tales al responderla fueron esenciales, en los comienzos de la Escuela Jónica, más que la definición del elemento fundamental. Este conjunto de ideas nuevas va a ser encontrado total o parcialmente en trabajos posteriores, que van a formar el sólido legado del pensamiento griego, como se mostrará brevemente a continuación.

Hay quienes afirman que Anaximandro de Mileto habría sido el *primero de los griegos que se conoce en aventurarse a presentar una descripción escrita de la naturaleza.* Discípulo de Tales, Anaximandro sustentaba que la sustancia original que constituye el mundo es $\tau$ ό ἄπειρον – el *apeiron* o lo *indefinido* – que no son ni el agua, ni ninguno de los otros elementos naturales (tierra, aire y fuego), después considerados esenciales por otros filósofos. Aristóteles interpreta el *apeiron* principalmente en el sentido de algo "espacialmente infinito". Tal sustancia original es eterna, indestructible e infinita. De ese modo, al considerar el *apeiron* como sustancia primaria – aunque, como Tales, adoptando un principio sustancialista –, Anaximandro niega que la sustancia primordial necesite poder ser percibida por los sentidos; al contrario, sostiene que tal sustancia puede ser fruto sólo de la mente humana. En otras palabras, Anaximandro admite la hipótesis de una realidad imperceptible escondida en la realidad perceptible. Éste es el aspecto original de su filosofía, que lo diferencia fundamentalmente de Tales, ya que la elección del agua es influenciada por la experiencia de los sentidos, como apuntó Aristóteles en la cita anteriormente reproducida.

Anaximandro, tal vez influenciado por los contrastes derivados de los cambios de las estaciones del año, postuló, desde el inicio, un equilibrio entre sustancias opuestas. El *apeiron*, dotado de un movimiento eterno, genera diferentes formas y cuerpos que dan lugar a conflictos sin fin. Como cualquier predominancia entre los opuestos – por ejemplo, *caliente y frío* – sería una injusticia, uno debe ofrecer al otro oportunidad de reparación, lo que caracteriza un *movimiento eterno* en busca del *equilibrio.*

Es muy poco probable que el propio Anaximandro alguna vez haya tratado aisladamente la cuestión del movimiento. Mas teniendo lo *indefinido* una naturaleza divina, poseía el poder de poner en movimiento lo que quisiera y donde quisiera. Los mundos podrían ser creados o destruidos, como burbujas en el *aiperon*, y serían compuestos de *caliente y frío.* Es fundamental notar que *"caliente" y "frío"* no son empleados como adjetivos; en realidad, deben ser entendidos como algo sustantivo.

Es en esa explicación cosmológica que se encuentra, por primera vez, el concepto de sustancias naturales opuestas,[5] concepto que va a reaparecer con frecuencia en las obras de varios otros filósofos presocráticos.[6]
Se puede concluir, en último análisis, que la elección de lo *indefinido* como sustancia primordial se debe a la concepción que Anaximandro tenía de un cierto equilibrio reparador entre los contrarios. Nótese que su razonamiento podría haber sido: *el agua* y *el fuego*, tenidos como sustancias primarias, serían opuestos que se destruirían cuando se ponían en contacto. Tomándose como verdadera la aseveración de Tales de que todas las cosas se originan del agua, ¿cómo explicar que el fuego se haya convertido en

[3] *Frustra fit per plura quod potest fieri per pauciora.*
[4] *Entia non sunt multiplicanda praeter necessitatem.*
[5] En la Física Moderna, se tienen cargas eléctricas positivas y negativas, polos magnéticos norte y sur, partículas y sus antipartculas, en fin, varios ejemplos de contrarios.
[6] La difícil distinción entre *substancia y atributo* sólo será efectuada por Platón y Aristóteles.

parte tan predominante de nuestro mundo, si desde el principio, habría tenido la constante oposición de toda la masa – indefinidamente extensa – de su verdadero antagonista? Este razonamiento es válido independientemente de la sustancia natural considerada. En consecuencia, los constituyentes beligerantes (los opuestos) de nuestro mundo deben haberse desarrollado de una sustancia diferente de cualquiera de ellos, la cual Anaximandro tomó como lo *indefinido*, que, por definición, no puede ser percibido por los sentidos humanos.

El tercer filósofo de Mileto, Anaxímenes, admitía un movimiento perpetuo, que sería la causa de la transformación de la sustancia primaria en otras. Él identificaba la sustancia primaria con el *aire*, que podía diferir en su naturaleza sustancial por el grado de *rarefacción* y de *densidad* (características opuestas). Son los dos procesos de rarefacción y condensación los responsables del cambio de la sustancia primaria. Nótese que los dos sustantivos opuestos mencionados son mucho más fácilmente relacionados con el aire que con otra sustancia natural. Así, de cierta forma, Anaxímenes retorna a la línea filosófica de Tales, al adoptar el *aire* como sustancia primaria, añadiendo el concepto de los opuestos introducido por Anaximandro. En ese sentido, la filosofía de Anaxímenes puede ser considerada una síntesis de las filosofías de Tales y de Anaximandro.

Ya Heráclito de Efeso tomó como sustancia primaria el *fuego*. En la filosofía de Heráclito la *unidad esencial de los contrarios* desempeña un papel fundamental. Las sentencias que siguen abajo son ejemplos de ello:

*(i) El agua del mar es la más pura y la más contaminada; para los peces, es potable y saludable, pero, para los hombres, es impotable y perjudicial.*

*(ii) El camino al subir y descender es uno y el mismo.*

*(iii) La enfermedad hace que la salud sea agradable y buena; el hambre, la saciedad; la fatiga, el descanso.*

En *(i)* se tiene un ejemplo de una misma cosa que produce efectos diferentes sobre diferentes seres vivos; *(ii)*, diferentes aspectos de la misma cosa pueden justificar descripciones opuestas; y la sentencia *(iii)* es equivalente a la proposición de que *no habría justicia sin injusticia, lo bello sin lo feo.* Así, Heráclito es señalado por varios autores como habiendo sido el creador de la dialéctica.

Al contrario de Anaximandro, Heráclito admitía situaciones de estabilidad locales, siempre que fueran temporales y estuvieran equilibradas por un estado correspondiente en otro lugar. Esta hipótesis no invalida la tesis de los contrarios y, en realidad, permite su aplicación a situaciones reales, en las cuales se encuentra alguna configuración estable en medio de tantas otras mutantes. La continuidad del cambio en esta filosofía se resume en la imagen de que *todo está en cambio y nada permanece en reposo, y, considerando que existe la corriente de un río, [Heráclito] dice que no se podría penetrar dos veces en el mismo río.*

El argumento presentado para invalidar la elección de un elemento natural como sustancia primaria, durante la discusión sobre las ideas de Anaximandro, no se aplica al fuego en la filosofía de Heráclito, que es una forma arquetípica de la materia. En ella, el fuego es mucho más la *causa*, el origen ininterrumpido de los procesos naturales, que algo indefinido o infinito.[7] El *fuego* – aquello que anda – es el responsable de los cambios. Lo que hoy se llama *fuego* es sólo *una parte* del cosmos de Heráclito, que puede ser comprendido de forma análoga al mar, metáfora de una representación general del agua. Hay quien conjetura que el fuego cósmico puro haya sido identificado por Heráclito como el *aither* (éter),

> *una sustancia ígnea y brillante que llena el cielo resplandeciente y circunda el mundo: éste* either *ha sido por muchos [Aristóteles, Hipócrates, entre otros] considerado no sólo divino, sino también lugar de las almas.*

Otro filósofo que tomó una sustancia natural – la tierra – como fundamental fue Xenófanes de Colofón:

[7] El concepto moderno que más se aproxima al *fuego* en Heráclito es el de *energía.*

la tierra y el agua se mezclarían constantemente y el origen de los seres vivos estaría en el lodo. Este tipo de pensamiento encuentra explicación, por ejemplo, en la observación de fósiles. Se constata también, en Xenófanes, la intención de buscar un Uno como Ser, idea que va a reaparecer más tarde en Parménides.

Se puede decir que el *fuego*, la *tierra*, el *aire* y el *agua*, en cierto modo, tienen un mismo *status*, en el sentido de que cualquier cambio que ocurra debe ser tal que mantenga constante el total de cada sustancia. Así, si una cantidad de tierra se disuelve en mar, una cantidad equivalente de mar se condensa en tierra en otra región.

Nótese que hasta ahora todos los intentos de formular una explicación racional para la *Physis* se topaban con la antítesis *unidad* × *variedad*. La enorme variedad de cosas y acontecimientos que forman el mundo se contrapone, naturalmente, a cualquier intento de entendimiento de la Naturaleza basado en una *unidad*. Entender la naturaleza de forma racional requiere necesariamente el establecimiento de *criterios lógicos*, lo que implica la búsqueda de un *orden* en el mundo, lo que, a su vez, corresponde al reconocimiento de que es *igual*, reforzando la idea de *una unidad fundamental*. Bueno, ¿y cuáles serían las consecuencias de esa postura? Por un lado, ella podría llevar, en el límite, a la convicción de la existencia de un *principio fundamental*, mientras que al mismo tiempo presentaría gran dificultad para que la infinita variedad de cosas fuera derivada de ese *único* principio. Este problema es aún actual y muy probablemente es una barrera epistemológica para las teorías de unificación, sea del campo unificado de Albert Einstein, sea de supercuerdas o similares.

La segunda fase en la historia de la especulación de la filosofía presocrática es la constituida por dos escuelas: la Eleática y la Pitagórica, que, por su relevancia, será presentada separadamente (Sección 1.3).

Parménides de Eleia puede ser considerado el filósofo que llevó al *monismo*,[8] introducido por Tales, hasta las últimas consecuencias. Mientras Tales y sus seguidores derivaban la pluralidad de las cosas a partir de una materia fundamental, Parménides, preso del concepto de *Uno* y de la idea de que los objetos de pensamiento deben ser objetos reales, sostenía la inexistencia de cualquier cambio y la imposibilidad de movimiento. Para él, sólo se debe pensar o hablar de una cosa “que es”.[9]

Parménides negó el tiempo, el vacío y la pluralidad. Él creía que su premisa de que una *cosa es o no es* sería una verdad eterna. En ningún instante, pasado o futuro, esa premisa podría haber sido o podrá ser falsa, pues él la supuso única. Por lo tanto, el pasado y el futuro son desprovistos de cualquier significado, lo que implica un *presente eterno*, y las nociones de tiempo y de movimiento son así negadas; *el Ser – aquello que es* – no es creado ni destruido. Es necesario que el Ser lo sea enteramente y sea, por lo tanto, *uno y continuo*, o nada. Admitir esa premisa es negar no solamente el movimiento, sino también el *vacío*, toda vez que el primero no ocurre sin la existencia del segundo.

Otros filósofos, como Zenón de Eleia y Melisso de Samos, argumentaron contra la pluralidad. Melisso tal vez haya sido quien proporcionó a los atomistas la base para todo su sistema, al hacer una crítica a la validez del uso de los sentidos. La constatación, a través de los sentidos, de que lo que es frío es posible ser calentado, lo que es duro, ser ablandado, de que lo que es vivo muere[10] es inconsistente con la hipótesis de que, en caso de que haya una pluralidad, ella debe ser de la misma especie que se atribuye al *uno*, como defendía Parménides. Esta inconsistencia llevó a Melisso a afirmar que los sentidos sólo provocan ilusiones, pues lo que es real no cambia, y, por lo tanto, si hubiera una pluralidad, las cosas tendrían que ser precisamente de la misma naturaleza que el Uno. Otra contribución importante de Melisso a la doctrina atomista fue la deducción de la imposibilidad del movimiento sin que haya el vacío, cuya función importante es mantener separadas las unidades.

---

[8] La visión según la cual existe sólo una realidad fundamental, un origen simple, de la cual todas las cosas y fenómenos se derivan, aunque de esa totalidad observada se perciban diferentes aspectos de la realidad.

[9] Véase una citación de Simplício: *Forzoso es que lo que se puede decir y pensar sea; porque le es dado ser, y no a lo que nada es. Esto te ordeno que ponderes, pues es éste el primer camino de la investigación (...).*

[10] Compárese con el conocido dicho popular: *agua blanda en piedra dura tanto golpea que la horada.*

El *monismo* fue sustituído por el *pluralismo* en la filosofía de Empédocles de Agrigento.[11] Simplício, refiriéndose a él, escribe:

> *Él hace los elementos materiales, en número de cuatro,* fuego, aire, agua *y* tierra, *todos eternos, pero cambiando en cantidad y escasez por medio de la mezcla y separación, pero sus verdaderos principios primarios, que ceden el movimiento a estos, son el* Amor *y la* Discordia. *Los elementos están continuamente sujetos a un cambio alternado, ora mezclados por el Amor, ora separados por la Discordia; de modo que, por su exposición, los principios primarios son en número de seis.*

En esa filosofía, es la acción de los contrarios – *Amor y Discordia* – lo que provoca cambios, lo que, de cierta forma, corresponde a los contrarios – *rarefacción y densidad* – de la filosofía de Anaxímenes

El paso siguiente fue dado por Anaxágoras de Clazomena, también de la Escuela Jónica, cuando escribió: *Todas las cosas estaban juntas, entonces vino el Espíritu* (Nous)[12] *y las colocó en orden.* El *movimento* debería ser explicado y no simplemente aceptado, y, para ello, Anaxágoras substituye el *Amor* y la *Discordia* de Empédocles por el *Espíritu.* Se atribuye a Anaxágoras la idea de que *en todas las cosas hay una porción de todas las cosas, excepto el Espíritu, y que hay algunas cosas en las que también existe Espíritu.* El aún afirmaba que, por más que se pudiera subdividir una porción de materia, se tendría siempre un número infinito de porciones, incluso si se llevara esa subdivisión hasta una escala tan pequeña como fuera posible.

De una manera algo similar a Empédocles, Anaxágoras realza la dialéctica de la mezcla y de la separación, al tiempo que él imaginaba que todas las cosas serían formadas por un número infinito de *semillas,*[13] conteniendo porciones extremadamente pequeñas de todo lo que existe en el mundo visible. Así, los cambios serían explicados por un mecanismo de combinación y separación de esas semillas Por último, cabe destacar un aspecto muy importante de la contribución de Anaxágoras: la percepción de que el agente o la "fuerza" que controla el movimiento debe estar completamente separado de la materia sobre la que actúa, cuya relevancia puede ser inferida del hecho de que esa convicción haya sido defendida, siglos más tarde, por el filósofo francés René Descartes, al considerar la *materia* y la *fuerza* conceptos independientes. La naturaleza del movimiento era explicada, en su filosofía, por una causa eficiente: *Dios.* Por su perfección, simplicidad e inmutabilidad, Dios sería el responsable de la simplicidad y la conservación del movimiento

Aunque de acuerdo con Anaxágoras sobre la importancia y la necesidad de tratar la cuestión del movimiento, el inglés Isaac Newton no deja lugar en su obra para esa separación entre *fuerza* y *materia.* Al contrario de Anxágoras y de Descartes, él define la masa en términos de la fuerza y viceversa, expresando la naturaleza de la masa, de la fuerza y del movimiento por medio de su segunda ley. *Movimiento* y *fuerza* son conceptos nuevamente inseparabiles de los de *masa* y de *aceleración.* Así, Newton no necesita recurrir a causas metafísicas para el movimiento (Sección 2.3).

[11] El nombre antiguo es Akragas.

[12] Se decidió traducir como "Espíritu" el vocablo *Nous*, término griego que, en la filosofía de Anaxágoras, significa algo como *intuición intelectual.*

[13] El término usado por Aristóteles para las semillas de Anaxágoras es la *homeomería*, compuesto de "semejante" más "parte".

## 1.2 Átomos y vacío: Leucipo, Demócrito y Epicuro

*Nada existe mas allá de los átomos y vacío;*
*todo lo demás es opinión*

Demócrito

Se cree que la génesis del concepto de *átomo* en la filosofía se debe a Leucipo de Abdera[14] y su posterior elaboración a su discípulo, Demócrito.

Leucipo observó que el nacer y el cambio son incesantes en el mundo, y, al contrario de los eleatas (entre ellos Parménides), aceptó la existencia del *vacío*, habiendo postulado la existencia de innumerables elementos en movimiento perpetuo (*los átomos*). Estas ideas fueron aceptadas por Demócrito y retomadas por Epicuro de Samos. Sobre los atomistas, Aristóteles escribió:

> *Leucipo y su asociado Demócrito sostienen que los elementos son lo* lleno *y lo* vacío*; ellos los llaman Ser y no Ser, respectivamente. Ser es lleno y sólido, no ser es vacío y no denso. Como el vacío existe en no menor grado que el cuerpo, se sigue que el no ser no existe menos que el ser. Los dos juntos son las causas materiales de las cosas existentes. Y tal como aquellos que hacen a una sustancia subyacente generar otras cosas por sus modificaciones, y postulan la rarefacción y la condensación como origen de esas modificaciones, de la misma manera también esos hombres dicen que la diferencia de los átomos son las causas de las otras cosas. Ellos sostienen que estas diferencias son tres: forma, disposición y posición.*

Desde el punto de vista atomístico, lo que es (el Ser) no es necesariamente Uno, pudiendo repetirse un número infinito de veces. La materia no puede ser creada o destruida, y el Universo es constituido de cuerpos sólidos y de un vacío infinitamente extenso. Luego, el *átomo* y el *vacío* constituyen la esencia del materialismo de la filosofía atomística. Cabe notar que el vacío, en la teoría de Demócrito, no es simplemente la *nada* (la negativa del Ser), ya que sirve de apoyo para el movimiento de los átomos: *los átomos se mueven en el vacío y, al unirse, producen el nacimiento, y al separarse, la muerte.*

**Figura 1.1:** El atomismo griego.

[14] Hay controversias sobre la ciudad natal de Leucipo. Algunos historiadores afirman que sería originario de Mileto, otros, de Eleia.

Leucipo y Demócrito habrían creído que los átomos se mueven por colisiones y choques mutuos, sin intentar explicar sus causas. Ambos parecían creer en un determinismo absoluto: atribúyese a Leucipo la afirmación de que *nada sucede sin razón, todo tiene justificación o una necesidad*, y a Demócrito, la proposición de que *todo sucede según la necesidad; porque la causa del nacimiento de todas las cosas es el remolino, al cual él llama necesidad.* Fue Leucipo quien intentó demostrar que la fuente del movimiento está en la propia materia, relacionando las cualidades de las cosas al resultado de los desplazamientos y choques de los átomos.

Sin embargo, los atomistas no llegaron a presentar ningún argumento que justificara el movimiento inicial de los átomos, lo que corresponde a aceptar una descripción puramente causal de sus movimientos, pensando sólo en el resultado de la colisión entre átomos, sin preocuparse por el movimiento primario. Este punto de vista – de cierto modo aceptado y desarrollado por Newton – fue criticado por Aristóteles, al escribir: *Leucipo y Demócrito, que dicen que sus cuerpos primarios están siempre en movimiento en el vacío infinito, debían especificar el tipo de movimiento que les es natural.*

Pero, ¿cómo justificar la existencia de los átomos? Según Epicuro, tal concepto, al no ser desvirtuado por ninguna prueba de los sentidos, es verdadero. Por definición, los átomos y el vacío no son accesibles a los sentidos humanos, a pesar de componer el mundo sensible. Aquí reaparece, en otro contexto, la cuestión de la existencia de una realidad imperceptible a través de los sentidos, valorada por Anaximandro.

Tal vez Leucipo y Demócrito no conocieran los trabajos de Zenón y Melisso, pero, en el plano de las ideas, se puede establecer una clara relación lógica entre ellos. Es importante notar que cuando ellos postularon como elemento primario al *átomo*, una entidad abstracta, estaban negando por completo la validez de los sentidos como instrumento de búsqueda del conocimiento, toda vez que toda información sobre la materia, obtenida por los sentidos, la indica como *continua.*[15]

Un fragmento de Demócrito indica su crítica a la validadez de los sentidos *vis-a-vis* en la producción de conocimiento: *Por convención existe lo dulce y lo amargo, lo caliente y lo frío, por convención existe el color; en la verdad son los átomos y el vacío (...).* En ese mismo sentido se puede citar también otro fragmento:

> *Hay dos formas de conocimiento, una genuina, otra oscura. A la oscura pertenece todo lo que sigue: vista, oído, olfato, paladar, tacto. La otra es genuina y es muy diferente de esa (...). Cuando la forma oscura no puede ver más minuciosamente, ni oír, ni oler, ni probar, ni conocer por el tacto, pero más fina (...).*

La indivisibilidad atribuida al átomo era defendida de manera diferente por cada uno de los atomistas: Leucipo sostenía que esa propiedad es consecuencia de su pequeñez, mientras que, para Demócrito, se derivaba del hecho de que no contenía vacío intrínseco y, para Epicuro, se relacionaba con su dureza.

Demócrito, al atribuir a los átomos, dos propiedades capaces de diferenciarlos, *tamaño* y *forma*, se los imaginaba como indivisibles sólo físicamente, pero no conceptualmente, ya que éstos podían, al menos en principio, diferir en tamaño.

Sobre sus formas, Demócrito las admitía en número infinito. En cuanto al motivo para esa hipótesis, Aristóteles y Teofrasto de Ereso citan argumentos diferentes. El primero afirma que tal hipótesis deriva de la admisión de que la verdad no está en las apariencias, contradictorias e *infinitamente* variables. Ya Teofrasto afirma que tal elección se debe al hecho de que no hay ninguna razón para que un átomo tenga una forma y no otra.[16] Esta hipótesis fue contestada por Epicuro, que percibió que esto acarrearía la existencia de átomos tan grandes que podrían ser vistos a simple vista.

[15] Al contrario de los elementos *agua, tierra, aire y fuego*, el *átomo* no puede ser visto o tocado y no tiene propiedades que afecten a los sentidos humanos como el olor, por ejemplo. Estos filósofos admitían, sin embargo, algunas otras propiedades, como se ha visto en el texto.

[16] Típico argumento basado en lo que se llama "principio de la razón suficiente".

Epicuro consideró el *peso* la tercera propiedad intrínseca del átomo, que sería responsable de su caída a través del espacio. Y Demócrito, a pesar de no negar el incuestionable peso de los cuerpos, concluye que éste es proporcional al tamaño del átomo: como los cuerpos compuestos son formados de átomos y vacío, y el vacío no tiene peso, solo a los primeros, sólidos y hechos de la misma sustancia, les es permitido tener peso.

Vale resaltar, además, la influencia del pensamiento de Anaxágoras sobre el atomismo, aunque se deberían destacar dos puntos de vista fundamentalmente diferentes. El primero es que Anaxágoras postuló, de inicio, una variedad infinita de *semillas*, lo que eliminaba de su filosofía tanto el nacimiento como la derivación de la pluralidad a partir de la unidad; los atomistas consideraban todas las sustancias absolutamente homogéneas y justificaban la aparente variedad de fenómenos por meras diferencias de forma, posición y disposición de los átomos (Sección 1.5), que, así, quedaban libres de contener los atributos de todas las cosas, como en las semillas de Anaxágoras. El segundo se relaciona con el hecho de que, para los atomistas, la materia es formada de *pequeños ladrillos indivisibles*, mientras que para Anaxágoras, ella es infinitamente divisible.

## 1.3 Pitágoras, el idealismo de Platón y la geometrización de la Física

*Si el mundo de los sentidos no se ajusta a las matemáticas, tanto peor para el mundo de los sentidos.*

Bertrand Russell

### 1.3.1 La Escuela Pitagórica

De acuerdo con el filósofo inglés Bertrand Russell, Pitágoras fue intelectualmente *uno de los hombres más importantes que hayan existido, tanto cuando era sabio como cuando no lo era. La matemática, como argumento deductivo-demostrativo, empieza con él y en él está ligada a una forma peculiar de misticismo. La influencia de las matemáticas sobre la filosofía, en parte debida a él, ha sido, desde entonces, tan profunda como funesta.*

Más adelante, dejando de lado el tono irónico y provocativo de la última frase, Russell vuelve a enfatizar la importancia de Pitágoras, afirmando no conocer a *ningún otro hombre que haya ejercido como él tanta influencia en la esfera del pensamiento*, justificando así esta aserción :

> *Aquello que nos parece platonismo es, cuando es analizado, esencialmente pitagorismo. Toda concepción del mundo eterno, revelada al intelecto, pero no a los sentidos, deriva de él. Si no fuera por él, los cristianos no habrían considerado a Cristo como siendo el Verbo; si no fuera por él, los teólogos no habrían buscado pruebas lógicas de la existencia de Dios y de la inmortalidad.*

El propio sentido moderno de la palabra *teoría*, como conquista intelectual construida a partir del conocimiento matemático, empieza a ser elaborado a partir del pitagorismo. A pesar de toda la influencia que la doctrina pitagórica ejerció sobre el pensamiento humano, serán destacados sólo algunos puntos, que se relacionan más directamente con la discusión de la esencia de las cosas.[17]

La Escuela Pitagórica se dedicó al estudio de la Matemática y la hizo progresar bastante. Para los pitagóricos, el principio de todas las cosas sería la *Matemática* y, por consiguiente, también su esencia, los números. Es importante recordar que esos números estaban restringidos a lo que se llama hoy *números*

[17] Sobre el propio Pitágoras se sabe muy poco – y mucho menos sobre sus sucesores –, y la mejor fuente de referencia es Aristóteles.

*racionales*, los cuales pueden expresarse como razones de dos números enteros. Las semejanzas entre los números y las cosas reales eran más percibidas que entre ellas y el fuego, aire, agua y tierra, como, por ejemplo, en la Música. La afirmación de que las *cosas son iguales a los números* debe ser entendida en el sentido de que las cosas reales están compuestas por números que no son separables de ellas.

De esta forma, *los pitagóricos veían los números como espacialmente extensos y confundían el punto de la geometría con la unidad aritmética, de lo que resultaba una forma primitiva de átomo, si es que se puede usar tal expresión.*[18]

Esta escuela esperaba, por lo tanto, hacer de la aritmética la base para el estudio de la física. Sin embargo, un programa tan filosófico se enfrenta al problema de los inconmensurables. Tome, por ejemplo, un triángulo rectángulo igual a 1 unidad de longitud. La hipotenusa de este triángulo mide $\sqrt{2}$, que es un número irracional y, por lo tanto, una cantidad que no es igual a un número, en el sentido pitagórico del término. La alternativa a esta imposibilidad de representar a Physis con números fue presentada por el ateniense Platón, reemplazando a la aritmética en su filosofía con la geometría.

### 1.3.2 La geometrización de Platón

Platón presenta, en su obra *Timeo*, cuyo personaje principal es un astrónomo pitagórico, además de una descripción de los cielos, su visión geométrica – y al mismo tiempo pluralista – de la constitución de la materia, bastante diferente de la atomista. Por un lado, él afirma que *un cuerpo físico es simplemente una parte de espacio limitado por superficies geométricas, las cuales no contienen nada aparte de espacio vacío* Por otro lado, aún en el *Timeo*, sostiene que la menor parte de los cuatro elementos de la filosofía de Empédocles se relaciona con los poliedros regulares de la Geometría (Figura 1.2), descubiertos por los pitagóricos.

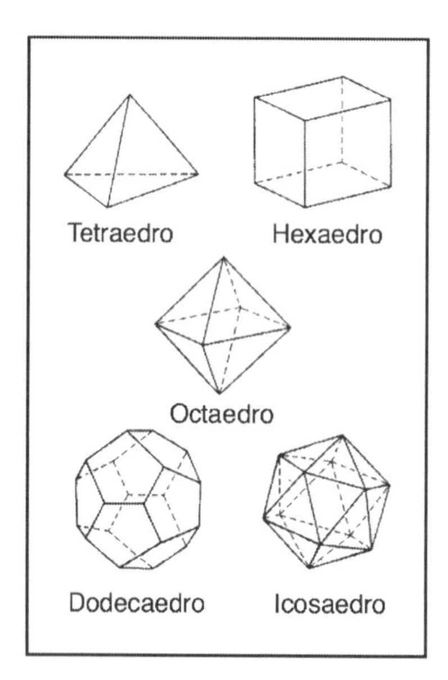


**Figura 1.2:** Los cinco poliedros regulares utilizados como base de la filosofía de Platón.

La asociación platónica es la siguiente: *agua-icosaedro, aire-octaedro, tierra-hexaedro y fuego-tetraedro.* En la base de esas asociaciones está una especie de analogía mecánica muy simple. Por ejemplo, el fuego – el elemento más penetrante – es relacionado con la figura del tetraedro, que tiene puntas más penetrantes. Como no había un quinto elemento a ser relacionado con el dodecaedro, Platón supuso que Dios lo usó para delinear el Universo como un todo.

[18] Remembranzas de esa espacialidad de los números todavía se encuentran en términos matemáticos como "números cuadrados" y "elevar un número al cubo".

Al contrario de los atomistas, Platón no consideraba esos elementos inmutables. De hecho, los triángulos[19] pueden ser reajustados en otras figuras, de modo que también es posible que haya conversión de unos elementos en otros. Esta idea platónica tuvo gran influencia en el desarrollo de la Alquimia y, en cierto modo, está presente en las concepciones modernas acerca de las partículas elementales (Capítulo 17).

En la filosofía de Platón, las entidades fundamentales no se confunden con la menor parte de la materia, que corresponden a los sólidos regulares, los cuales, a su vez, son todavía formados de *triángulos* equiláteros e isósceles, pudiendo ser recombinados dando origen a otros sólidos. Por lo tanto, se concluye que las *entidades fundamentales* de la filosofía de Platón existen en el mundo de las ideas; son las *formas geométricas* y no *ladrillos indivisibles*, como los *átomos*. Esencialmente, se puede decir que el programa de Platón, en lo que atañe a la descripción de la naturaleza, presupone una *espacialización* de la materia y una *geometrización* de la Física.

Todas las aseveraciones discutidas aquí son pura especulación filosófica, fundamentales, sin embargo, para la construcción del atomismo científico, siglos más tarde.

### 1.3.3 La influencia de Platón en la Física

A pesar de las marcadas diferencias de pensamiento, ese período clásico de la filosofía griega se caracteriza, en líneas generales, por la presencia del ideal de *Cosmos* y por la convicción de que la ordenación de la variedad infinita de las cosas y acontecimientos puede (y debe) ser alcanzada racionalmente. Por lo tanto, para los pensadores griegos, la comprensión de la Naturaleza pasa necesariamente por la búsqueda de un tipo de orden, lo que, a su vez, requiere el reconocimiento de lo que es igual, de lo que es regular o, aún, de la capacidad de reconocer *simetrías*: todo en busca de una *Unidad*. Para Tales, esa unidad era el *agua*, para Heráclito, el *fuego*, mientras eran el *átomo* y el *vacío* la representación para los atomistas y la *Geometría*, para Platón

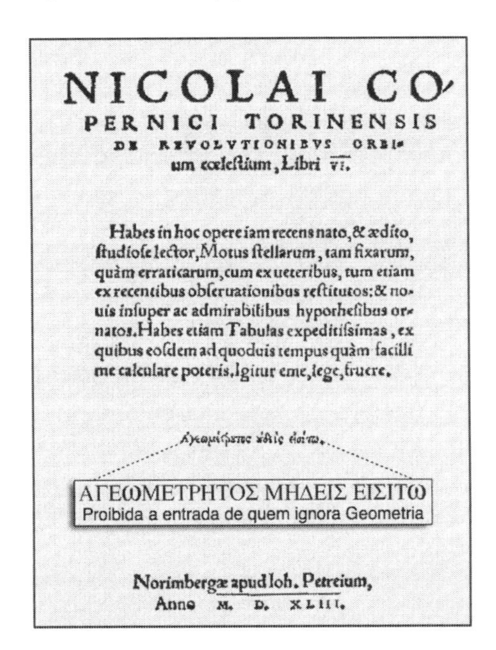

NICOLAI CO-
PERNICI TORINENSIS
DE REVOLVTIONIBVS ORBI-
um cœleſtium, Libri VI.

Habes in hoc opere iam recens nato, & ædito, ſtudioſe lector, Motus ſtellarum, tam fixarum, quàm erraticarum, cum ex ueteribus, tum etiam ex recentibus obſeruationibus reſtitutos: & nouis inſuper ac admirabilibus hypotheſibus ornatos. Habes etiam Tabulas expeditiſsimas, ex quibus eoſdem ad quoduis tempus quàm facilli me calculare poteris. Igitur eme, lege, fruere.

ΑΓΕΩΜΕΤΡΗΤΟΣ ΜΗΔΕΙΣ ΕΙΣΙΤΩ
Proibida a entrada de quem ignora Geometria

Norimbergæ apud Ioh. Petreium,
Anno M. D. XLIII.

**Figura 1.3:** Carátula del libro de Copérnico, publicado en 1543, en la que se destaca la frase atribuida a Platón.

[19] *Entre los dos triángulos, el isósceles tiene sólo una forma; el escaleno (...) tiene un número infinito. Entre las infinitas formas, necesitamos nuevamente seleccionar la más bella, si queremos proceder en el orden debido, y si alguien puede indicar una forma más bella que la nuestra para la construcción de esos cuerpos debe recibir los laureles, no como un enemigo, sino como un amigo.*

Dos ejemplos pueden evidenciar la relevancia del ideal platónico de geometrizar la Naturaleza en la historia de la Física. El primero es que la valoración implícita de la simetría tuvo un gran impacto en la Astronomía del siglo XVI. El astrónomo polaco Nicolás Copérnico, al escribir, en la carátula de su libro *Sobre la Revolución de los Orbes Celestes*, publicado en 1543, la misma frase legendaria que Platón habría mandado fijar en la puerta de su Academia, o sea, *prohibida la entrada a quien ignora Geometría*, declara explícitamente compartir la visión platónica acerca de la descripción y la comprensión de la Física celeste en términos esencialmente geométricos (Figura 1.3).

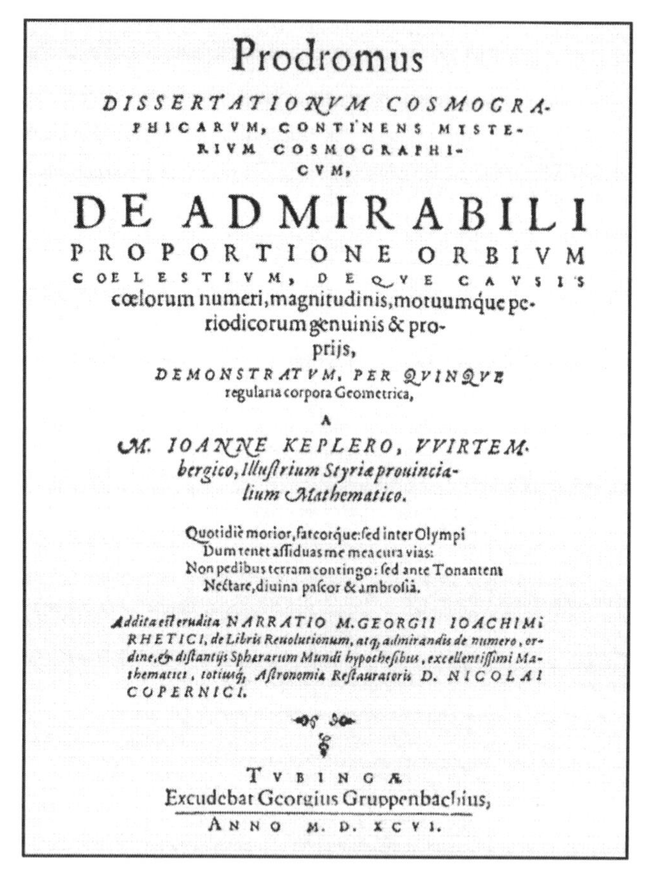
Prodromus
DISSERTATIONUM COSMOGRAPHICARUM, CONTINENS MYSTERIUM COSMOGRAPHICUM,
DE ADMIRABILI PROPORTIONE ORBIUM COELESTIUM, DEQUE CAUSIS cœlorum numeri, magnitudinis, motuumque periodicorum genuinis & proprijs,
DEMONSTRATUM, PER QUINQUE regularia corpora Geometrica,
A
M. IOANNE KEPLERO, VVIRTEMbergico, Illustrium Styriæ prouincialium Mathematico.

Quotidiè morior, fateorque: sed inter Olympi
Dum tenet assiduas me mea cura vias:
Non pedibus terram contingo: sed ante Tonantem
Nectare, diuina pascor & ambrosiâ.

Addita est erudita NARRATIO M. GEORGII IOACHIMI RHETICI, de Libris Reuolutionum, atq; admirandis de numero, ordine, & distantijs Sphærarum Mundi hypothesibus, excellentissimi Mathematici, totiusq; Astronomiæ Restauratoris D. NICOLAI COPERNICI.

TUBINGÆ
Excudebat Georgius Gruppenbachius,
ANNO M. D. XCVI.

**Figura 1.4:** Carátula del libro de Kepler, publicado en 1596, en donde se lee: "Pródromo de las disertaciones cosmográficas conteniendo el misterio cosmográfico sobre las admirables proporciones de los orbes celestes y sobre las razones propias y genuinas del número, de la grandeza y de los movimientos periódicos de los cielos, misterio demostrado mediante los cinco sólidos regulares de la Geometría por Johannes Kepler."

Este mismo ideal hará también que el astrónomo alemán Johannes Kepler admita en 1596 que los misterios cosmográficos sean explicados a partir de los cinco sólidos regulares de la Geometría, como explica el pródromo de su libro (Figura 1.4). De hecho, en esta obra, él muestra que los cinco poliedros regulares pueden ser alternadamente arreglados en un orden especfico, dentro de una serie de seis esferas concéntricas, de acuerdo con la Figura 1.5. La existencia de apenas cinco de esas figuras regulares justificaría la existencia de sólo seis planetas, cada uno ocupando una de las seis esferas del sistema solar kepleriano.

La arquitectura del Cosmos de Kepler es construida así: la esfera de Saturno se circunscribe al cubo, en el cual se inscribe la esfera de Júpiter; en ella se inscribe el tetraedro que circunscribe la esfera de Marte, que, a su vez, circunscribe el dodecaedro, conteniendo la esfera de la Tierra, que engloba el icosaedro, donde se encuentra la esfera de Venus, la cual, finalmente, circunscribe el octaedro que contiene la esfera de Mercurio. En el centro, inmóvil, está el Sol.

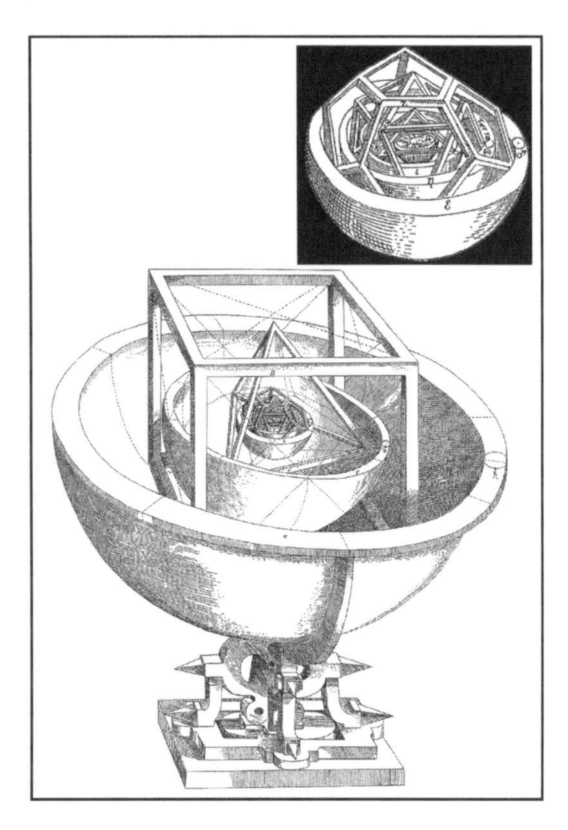

**Figura 1.5:** El modelo cosmológico de Kepler, basado en la circunscripción de poliedros regulares en esferas (los cielos).

Las distancias de los planetas al Sol se obtuvieron tomando como base las relaciones métricas entre los poliedros regulares y las esferas inscritas y circunscritas en cada uno. Así, Kepler las estimó con una precisión de alrededor del 10%. En este punto, cabe un comentario sobre el método científico. Esta discrepancia del 10% no era absolutamente vista como una prueba positiva de la teoría, indicativa de un buen acuerdo entre la teoría y la experiencia, como sería hoy. Al contrario, en la época de Kepler, una precisión de esa orden indicaba mucho más que la teoría era correcta – toda vez que reflejaba la perfección divina – y, ciertamente, debería haber errores en las medidas.

A partir de 1601, Kepler pasa a trabajar con el danés Tycho Brahe, que había acumulado una gran cantidad de datos observacionales. Su imagen armónica del mundo, construida sobre bases geométricas, se altera. La armonía, establecida por Dios, pasa a reflejarse en las trayectorias elípticas de los planetas alrededor del Sol, más específicamente en las llamadas leyes de Kepler; las dos primeras publicadas en 1609 y la tercera en 1619. La versión final de las tres leyes fue publicada en 1620 en el libro IV del *Epistome Astronomiae Copernicanae*. Se identifica aquí un alejamiento de la visión platónica, difundida en la Edad Media, fundamental para la modernización de la Astronomía.[20] Es importante además subrayar que la tercera ley de Kepler fue esencial en los estudios newtonianos de la Gravitación y, en particular, en la comprensión de la universalidad de la ley de atracción gravitacional.

El segundo ejemplo de influencia platónica, relacionado con la concepción moderna de la estructura de la materia, es la introducción de nuevos constituyentes de la materia nuclear, los *quarks*, que se presentarán en el Capítulo 17.

[20] Algunos autores sustentan que la Astronomía Moderna fue fundada por Kepler.

## 1.4 Aristóteles y el antiatomismo

*En la visión [de Aristóteles], la materia es un sustrato, una potencialidad pura, la cual adquiere su expresión explícita y específica a través de un proceso igualmente específico de concretización*

Bernard Pullman

Aunque Aristóteles haya dejado una vasta obra, de suma importancia para el desarrollo del pensamiento humano - obra filosófica ésta que, principalmente por la acción del dominico Santo Tomás de Aquino, fue conciliada con los dogmas de la Iglesia Católica - serán esbozados aquí sólo unos pocos puntos de su filosofía, relevantes para la comprensión de la evolución de las ideas acerca de la constitución de la materia. Cabe señalar que la postura antiatomista y la autoridad de Aristóteles despertaron un sin número de seguidores en diferentes épocas, hasta el siglo XIX.

Aristóteles defendía la existencia de un Cosmos finito y ordenado – en el cual la Tierra ocupaba el centro. No era sólo el progreso o la evolución de las cosas que ocurría de forma ordenada; así como Platón, él creía en la existencia de un *telos* – de un *fin* – o, más, de una perfección, de un orden supremo, según el cual todas las transformaciones suceden, aunque sea para reparar el orden previamente establecido del Cosmos y provisoriamente roto por algún motivo. Esta hipótesis es conocida como *principio teleológico* y está en la base de la filosofía aristotélica.

En su *Física*, Aristóteles trata de la realidad última de que están hechos los cuerpos materiales y la naturaleza de las causas de los cambios en ellos observables. Por tanto, por encima de todo, lo que necesita explicación son los fenómenos de *movimiento* y *de cambio*. Sus estudios, en ese sentido, se basan en el concepto de *forma inmanente y de potencialidad (dynamis)*. Aristóteles tiende a considerar la *forma*[21] como un tipo de principio, al contrario de los atomistas, para los cuales es solo una característica secundaria de los átomos. En este sentido, algunos autores afirman que Aristóteles no ha dejado de ser platónico, ya que cree que el conocimiento es posible y que debe lograrse desde la forma y no desde la materia. Por otro lado, Aristóteles niega la separación entre aquello que se observa a través de los sentidos y su esencia, una separación que está implícita en la asociación del mundo real con el mundo de las Ideas, defendido por Platón.

Otra importante diferencia entre Aristóteles y los atomistas se refiere a la *fuente* de adquisición del conocimiento. Aristóteles defiende el sentido común y el papel fundamental de los *sentidos*, lo que es categóricamente negado en la doctrina atomista. Eso lo remite a un mundo en el que la realidad es constituida de *cualidades*.[22] Son las *cualidades* las que desempeñan un papel crucial en el modo en que se percibe el mundo y el mecanismo por el cual las *formas* se vuelven realidad, a partir de las diferentes potencialidades de la *materia*. El Estagirita es llevado de esa forma a proponer la existencia de cuatro cualidades primordiales, tomadas de las enseñanzas de Empédocles. Todas las demás cualidades pueden ser reducidas a esas cuatro, que él subdivide en activas – lo *caliente* y lo *frío* – y pasivas – lo *seco* y lo *húmedo*. Las combinaciones de una calidad activa con otra pasiva, actuando sobre una materia primordial, darían origen a las sustancias primordiales de Empédocles: tierra, agua, aire y fuego. Este sistema representa un ingenioso mecanismo capaz de explicar las mutaciones de los elementos, de acuerdo con el diagrama de la Figura 1.6, entendidas sólo como cambios entre las materias sensibles.

Una tercera diferencia crucial entre la concepción aristotélica y la atomista puede ser resumida en el "horror al vacío" que permea la obra de Aristóteles. En sus propias palabras,

[21] *La forma* no debe entenderse aquí sólo en el sentido geométrico que se emplea hoy, sino en el sentido más amplio de un conjunto de propiedades que hacen del *Ser* lo que es.

[22] Un objeto de color azul *es* azul, por ejemplo.

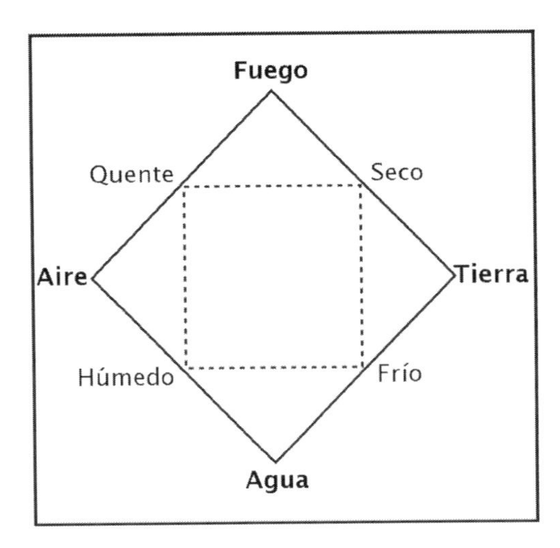


**Figura 1.6:** Las cualidades y las sustancias primordiales de Aristóteles, según una representación medieval.

> *si existen la continuidad, el contacto y la consecutividad (...), y si son continuas las cosas cuyos extremos están juntos, y consecutivas aquellas en medio a las cuales no hay nada afín, es imposible que alguna cosa continua resulte compuesta de indivisibles, por ejemplo, que una línea resulte compuesta de puntos, si es verdad que la línea es un continuo y el punto, indivisible.*

Cabe señalar que la imposibilidad lógica de aceptación de los átomos a partir de la negación del vacío no se constituye en el único motivo para que Aristóteles negara la existencia de los *átomos.*

Dada la enorme influencia que Aristóteles ejerció durante la Edad Media, las doctrinas de Leucipo, Demócrito y Epicuro sólo quedaron conocidas por las confutaciones aristotélicas de las ideas atomistas. El pensamiento atomista sólo volvió a tener una presentación coherente y favorable con la revalorización, por parte de los humanistas, del poema de Lucrecio titulado *De Rerum Natura*,[23] del cual se encontró un manuscrito en 1417. Los Libros I y II del poema se dedican al atomismo y su relación con la Naturaleza y procuran justificar que todo puede ser reducido a los átomos y vacío. Este poema fue muy leído en el siglo XVI y, a partir de esa época, empezaron a debilitarse las restricciones de origen religioso o teológico que habían sido impuestas a la doctrina atomista. Otro aspecto importante de ese redescubrimiento del poema de Lucrecio fue la defensa en favor de la verdad científica, que se aprehende de su poema, la cual fue motivo de inspiración para varios creadores del "Nuevo Mundo", entre los que destaca el pensador italiano Giordano Bruno, de Nola.

Bruno – critico férreo del aristotelismo – apunta a un Universo abierto, infinito y, por lo tanto, plural, dinámico. El camino para eso pasa por una defensa apasionada de algo que Aristóteles negaba, el valor de los opuestos o, para usar su terminología, de los contrarios:

> *El principio, el medio y el fin, el nacimiento, el aumento y la perfección de todo aquello que vemos resultan de contrarios, por los contrarios, en los contrarios, para los contrarios: y donde hay la contrariedad hay acción, hay reacción, hay movimiento, hay diversidad, hay pluralidad, hay orden, hay grados, hay sucesión, hay vicisitud.*

En este nuevo mundo bruniano, hay lugar para que la Ciencia entienda los cambios; una nueva ciencia que, alejándose del saber aristotélico, expande sus fronteras y pasa a existir, según el filólogo italiano Nuccio Ordine, *ahí donde las leyes de la mutación agitan la materia* En lo que se refiere a la estructura de la materia, será exactamente la búsqueda de esas leyes objeto de estudio de la Química y de la Física a partir del siglo XIX (Capítulo 2).

---

[23] *Sobre la Naturaleza de las Cosas.*

## 1.5 Las propiedades de la materia y el vacío: ¿especulación o realidad?

*No es necesario probar la existencia real de vacío, pero sí su idea (...)*

John Locke

Las propiedades de la materia perceptibles a los sentidos son, según los atomistas, una consecuencia de las posiciones relativas y de los movimientos de los propios átomos y, por lo tanto, de alguna manera, dependen del vacío. A pesar de su origen puramente especulativo, se optó por concluir este capítulo introductorio destacando la actualidad de esa dependencia en el escenario de la ciencia contemporánea.

De hecho, aunque los conceptos de *átomo* y de *vacío* han sido revisados y reformulados a la luz de la Física Moderna, como se verá a lo largo del libro, esta hipótesis básica del atomismo filosófico sigue en vigor, ahora basada experimentalmente. Por ejemplo, los organismos vivos, en su casi totalidad, son incapaces de sintetizar proteínas[24] a partir de aminoácidos dextrogiros; solo los levógiros son utilizados.[25]. Y la única diferencia entre los dos está la disposición espacial; más específicamente, una es la imagen especular del otro, y, en ese caso, esas moléculas se denominan *quirales*.[26] La relación entre la disposición espacial de las moléculas quirales y la propiedad de girar el plano de polarización de la luz se estableció bastante después de la observación de la actividad óptica de las sustancias.

El químico alemán Hermann Emil Fischer, al final del siglo XIX, introdujo una convención, conocida como "proyección de Fischer", para representar la configuración de compuestos quirales en un solo plano. En esa convención, las moléculas quirales son denotadas por los prefijos D y L. A pesar de que Fischer se inspiró en las propiedades ópticas de los compuestos, se mostró, más tarde, que no siempre existe relación entre la configuración molecular de Fischer y su propiedad de girar el plano de polarización de la luz[27]

La forma general de un L-aminoácido, en la representación de Fischer, es presentada en la Figura 1.7, en la cual se muestra el carbono alfa, que está ligado a la amina ($\mathtt{NH_2}$), y el carbono del carboxilo ($\mathtt{COOH}$), presentes en todos los aminoácidos con la conformación L, fuertemente dominante en los seres vivos. El radical $R$ caracteriza uno de los 20 aminoácidos que componen las proteínas. En el caso de la serina – aminoácido encontrado prácticamente en todas las proteínas –, el radical $R$ es $\mathtt{CH_2OH}$, como se muestra en la Figura 1.8.

Es importante señalar que la D-serina sólo puede encontrarse en animales y procede de alimentos con proteínas de origen vegetal o bacteriano. Sólo la L-serina es sintetizada en los seres vivos. Estos aspectos del metabolismo de los seres vivos suscitan cuestiones aún sin respuesta en la Biología del desarrollo. Una de ellas es *¿ cómo es posible, por ejemplo, que un animal desarrolle un cuerpo bilateralmente simétrico con componentes asimetricos (L-aminoácidos, azúcares-D, por citar algunos)?*

---

[24] El término proteína fue sugerido por Berzelius, en 1838, a partir del griego *proteios*, que significa *primario*, traduciendo la idea de que las proteínas serían la estructura básica de los seres vivos. Las proteínas son macromoléculas que, de hecho, ejercen papeles cruciales en casi todos los procesos biológicos. Son formadas por aminoácidos ligados entre sí en una secuencia bien definida. Las propiedades físicas y químicas de una proteína dependen de cómo la cadena de aminoácidos se "ennovela" en el espacio tridimensional.

[25] Se dice que una sustancia es *ópticamente* activa cuando ella es capaz de hacer girar el plano de polarización de la luz incidente, lo que puede observarse con un polarímetro. Si la rotación de ese plano es hacia la derecha (sentido del movimiento de las agujas de un reloj), se dice que la sustancia es *dextrógira* (del latín *dexter* = *derecha*). Si la rotación es en sentido antihorario, la sustancia se llama *levógira* (del latín *laevus* = *izquierda*). Hubo una época en que se representaban los compuestos dextrógiros y levógiros por los prefijos $d$ y $\ell$. Actualmente, se utiliza el signo (+) para denotar los primeros y (−) para los otros.

[26] Como definió el propio *Lord* Kelvin, llamó *quiral* a cualquier figura geométrica o grupo de puntos (...) si la imagen respectiva en un espejo plano, mentalmente realizada, no puede ser llevada a coincidir con la propia figura.

[27] La D-glucosa es dextrógira y la D-fructosa es levógira.

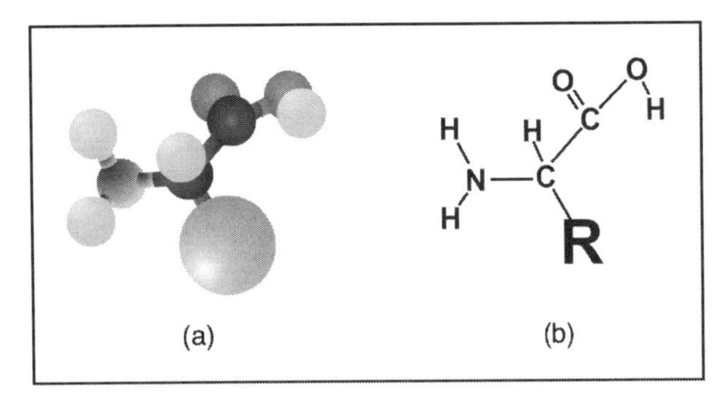


**Figura 1.7:** Representación espacial de un L-aminoácido genérico y de su equivalente fórmula plana en la cual $R$ es un radical de átomos de hidrógeno, carbono, nitrógeno y oxígeno.

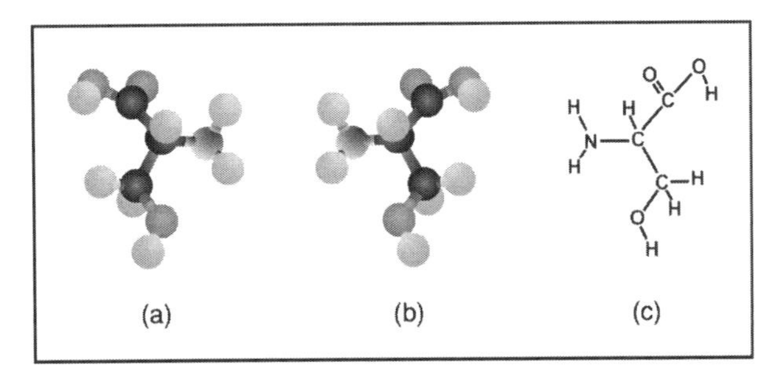


**Figura 1.8:** (a) Representación espacial de una molecula D-serina; (b) representación espacial de la L-serina; (c) equivalente fórmula plana de la L-serina.

Se puede además considerar cómo se estructura el metano ($CH_4$), que es el más simple de todos los compuestos orgánicos, y se constituye en el producto final de la descomposión anaeróbica (sin aire) de las plantas. Más que por la simplicidad de su estructura, el interés en el metano se justifica por su relación con la vida. De hecho, hay una teoría que afirma que el origen de la vida en un estado primitivo de la Tierra habría ocurrido cuando ella estaba envuelta en una atmósfera muy diferente de la actual, compuesta de metano, agua, amoníaco e hidrógeno. Indicios a favor de esa hipótesis fueron encontrados en 1953 por los químicos estadounidenses Harald C. Urey y Stanley Miller. Ellos demostraron que es posible transformar, por medio de descargas eléctricas, una mezcla con los componentes químicos citados en un gran número de compuestos orgánicos, entre los cuales algunos aminoácidos esenciales para la vida.

Los resultados de la difracción de electrones (Sección 14.2) o de rayos X (Sección 8.2) y de la espectroscopía indican que el átomo de carbono, cuando está ligado a otros cuatro átomos (de hidrógeno, en el caso del metano), tiene sus ligazones orientadas según los vértices de un tetraedro, cuyo centro se encuentra en el propio átomo de carbono. Tal estructura espacial ya había sido concebida en 1874 por el químico holandés Jacobus Henricus van't Hoff, mucho antes de que las técnicas físicas mencionadas antes estuvieran disponibles.[28] Para ello, se basó en una imposibilidad empírica, relacionada con el número de *isómeros*, que son compuestos diferentes que poseen la misma fórmula molecular. De hecho, hasta ahora sólo se ha conseguido preparar una única sustancia con la fórmula general $CH_3Y$, en la cual Y puede ser un grupo cualquiera. Ese resultado, considerándose al metano ($CH_4$, o sea, Y=H), sugiere que los cuatro átomos de hidrógeno de la molécula sean completamente equivalentes. Caso contrario, dependiendo del átomo de H substituido por Y, el compuesto resultante sería diferente. Siendo así, la molécula de metano podría, en principio, presentar una de las tres configuraciones espaciales de la Figura 1.9: planar, piramidal y tetraédrica.

[28] Es importante recordar que la hipótesis de que existe relación entre la estructura molecular y la actividad óptica fue también lanzada casi al mismo tiempo por el químico francés Joseph Aquille le Bel. Por eso, le Bel y van't Hoff son señalados como los fundadores de la estereoquímica.

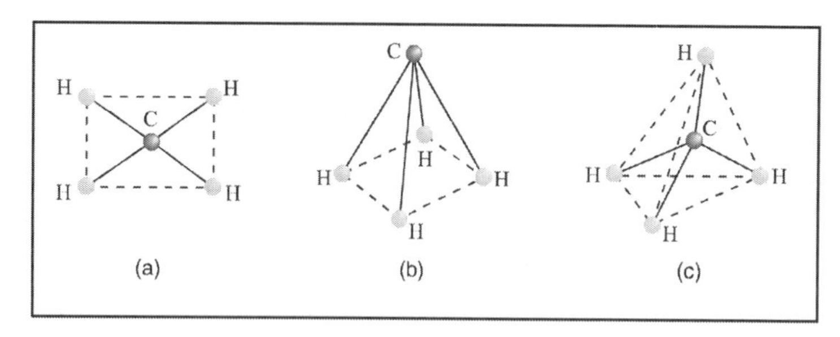


**Figura 1.9:** Representaciones espaciales de la molécula de metano: planar (a), piramidal (b) y tetraédrica (c).

Para compuestos con la fórmula general $CH_2YZ$, si la forma de la ligazón carbónica fuese la plana o la piramidal, el cambio de dos átomos de H por Y y Z daría lugar a dos isómeros, como muestra la Figura 1.10 para el segundo caso.

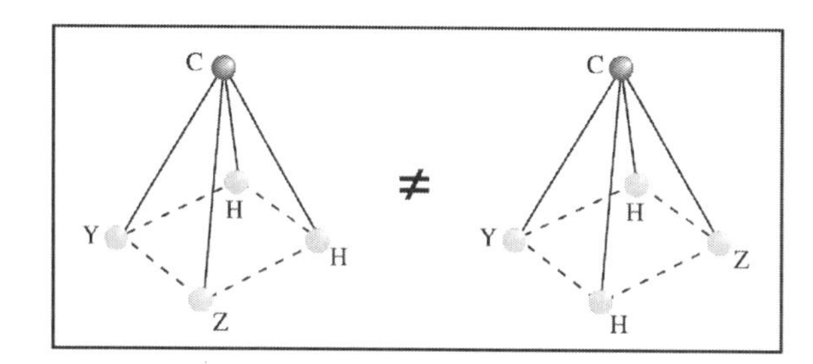


**Figura 1.10:** Dos posibles isómeros de la molécula $CH_2YZ$, en caso de que tenga una estructura piramidal.

Sin embargo, siempre se llega sólo a una sustancia de tipo $CH_2YZ$, cualesquiera que sean los grupos Y y Z. Por exclusión, se puede concluir que la configuración tetraédrica es la única compatible con ese hecho experimental.[29]

Así, por un lado, el vínculo referente a la estructura espacial del metano, que estaría ligado al origen de la vida en la Tierra, puede ser utilizado para concluir que la dimensionalidad del espacio debe ser por lo menos igual a tres. Este argumento se suma al argumento antrópico de Gerald James Whitrow, según el cual la estructura geométrica y topológica de formas de vida animal más elaboradas requiere que el espacio tenga al menos tres dimensiones. De hecho, su argumento esencialmente relaciona el teorema clásico del nudo matemático – que dice que no es posible hacer un nudo en espacios dimensionales pares – con la necesidad de formas de vida más complejas que poseen sistemas nerviosos sofisticados, en los cuales los nervios pasan unos sobre otros como un enmarañado de viaductos, evitando la intersección de puntos que llevarían a una interferencia de información.

Por otro lado, es importante señalar que la naturaleza ha elegido una *única* disposición espacial de los átomos del metano y de *todos* los compuestos del tipo $CH_3Y$ y $CH_2YZ$, la cual puede ser llamada, genéricamente, *estructura tetraédrica del carbono*.

Concluyendo, la idea atomista de que la disposición del *ser* en el *no ser*, o sea, de los átomos en el vacío, de alguna forma, determina propiedades de la materia tiene ahora respaldo en la experiencia, y, más que eso, se percibe que, las diferencias espaciales son, en algunos casos, cruciales para el tipo de vida que se conoce.

[29] Otra prueba, más incisiva en favor de esa estructura tetraédrica del carbono es la observación experimental de los isómeros de compuestos del tipo CWXYZ, que son la imagen especular uno del otro, los llamados *enantiómeros*. Se verifica que los enantiomeros tienen propiedades físicas idénticas, con excepción del sentido de rotación del plano de polarización de la luz incidente sobre una muestra de compuesto. Se verifica además que hay una íntima relación entre esa propiedad física y la disposición *quiral* de la molécula.

## 1.6 Fuentes primarias

**Aristóteles.** *Física*, livro VI, 1.

**Copérnico, N., 1543.** *As Revoluções dos Orbes Celestes.* Lisboa: Fundação Calouste Gulbenkian (1984), traducción de A. Dias Gomes e G. Domingues.

**Le Bel, J.A., 1874.** On the relations which exist between the atomic formulas of organic compounds and the rotatory power of their solutions. *Bulletin de la Société Chimique Française* **22**, p. 337-347. Republicado *en* **Leicester, H.M.; Klickstein, H.S. (Eds.), 1963**, p. 459-462.

**Lucrezio, século I a.C..** *Della Natura*, versione, introduzione e note del Enzio Cetrangolo. Firenze: Sansoni Ed. (1978). Vea la traducción al portugués de Agostinho de la Silva en *O Epicurismo y "de la Natureza.* Rio de Janeiro: Ediouro, s/d.

**Platón, s/d.** *Timeu.* Edición utilizada: **Hamilton, E.; Cairns, H. (Eds.)**, *The Collected Dialogues of Plato.* New Jersey: Princeton University, Fourteenth printing (1989).

**Urey, H.C.; Miller, S., 1959.** Organic compound synthesis on the primitive earth. *Science* **130**, p. 245-251; Origin of Life (reply to letter by S.W. Fox). *Science* **30**, p. 1622-1624.

**Van't Hoff, J.H., 1874.** A suggestion looking to the extension into space of the structural formulas at present use in Chemistry. And a note upon the relation between the optical activity and the chemical constitution of organic compound. *Archives Neerlandaises des Sciences Exactes et Naturelles* **9**, p. 445-454.

## 1.7 Otras referencias y lecturas sugeridas

**Bailey, C., 1928.** Obra clásica de referencia que aborda exhaustivamente el atomismo de Leucipo, Demócrito e Epicuro.

**Barnes, J., 1982.** Libro erudito en el cual el autor se detiene más en los aspectos filosóficos de las ideas y de los argumentos de los presocráticos, dando particular énfasis a las contribuciones de Parménides, Zenón, Anaxágoras y Demócrito.

**Barnes, J. (Ed.), 1982.** Edición de las obras completas de Aristóteles en inglés.

**Bassalo, J.M.F., 1980.** Del átomo filosófico de Leucipo al átomo científico de Dalton. *Revista Brasileira de Ensino de Física* **2**, n. 2, p. 70-76. Presenta, resumidamente, la evolución del concepto de átomo en la Filosofia, comentando el papel desempeñado por la Alquimia como motivadora de un estudio científico de los elementos que culmina en la Química, granero del atomismo moderno. Contiene muchas notas históricas y referencias.

**Bassalo, J.M.F., 1996-2005.** En los tres volúmenes de los *Nacimientos de la Física* el lector encontrará más de 6 800 anotaciones sobre los principales hechos y descubrimientos de la Física, presentados en orden cronológica. El volumen 1 puede ser útil para complementar la lectura de este capítulo.

**Bassalo, J.M.F., 1997-2002.** Vea en el quinto volumen comentarios sobre la quiralidad de las moléculas de la talidomida, limonema y penicilina (p. 1844-1845). La obra, en seis tomos, es útil para complementar informaciones históricas citadas a lo largo de éste y de los demás capítulos.

**Burnet, J., 1914.** Texto sobre la Historia de la Filosofía Griega, dividido en tres partes: El Mundo, Conocimento y Conducta, y, por fin, Platón, a quien el autor dedica más de un tercio de la obra.

**Burnet, J., 1957.** Libro sobre la cultura griega, que aborda desde el origen de la Escuela de Mileto hasta Leucipo. La tesis principal del libro es que el atomismo tuvo influencia de Parménides y de la Escuela Eleática.

**Cantore, E., 1969.** Libro de Filosofía de la Ciencia en el cual el autor presenta el desarrollo de las teorías modernas ligadas al microcosmos – Teoría Cinética de los Gases, la Física Atómica y Molecular – como resultado de una continua búsqueda de imponer orden a la naturaleza.

**Caruso, F., 2009.** A note on space dimensionality constraints relied on anthropic arguments: methane structure and the origin of life. *In* M.S.D. Cattani; L.C.B. Crispino; M.O.C. Gomes & A.F.S. Santoro (Eds.) *Trends in Physics: Festschrift in homage to Prof. José Maria Filardo Bassalo*, Livraria de la Física, São Paulo, p. 95-106.

**Caruso, F.; Moreira, R., 1999.** La Física y la geometrización del mundo: construyenndo una cosmovisión científica. *En* Bastos Filho, Jenner B.; Amorim, Nádia F.M.; Lages, Vinicius Nobre (Orgs.) *Cultura y desarrollo: La sustentabilidad cultural en discusión.* Recife: UFPE.

**Caruso, F.; Moreira, R., 2001.** La Geometría y los nuevos espacios en el Arte y la Ciencia. *Ciencia Hoy en la Escuela* **7**, p. 71-76.

**Caruso, F.; Oguri, V., 1997.** La eterna búsqueda de lo indivisible. *Química Nueva* **20**, n. 3, p. 324-334.

**Cohen, M.R., 1953.** Libro que examina el significado de *certeza* en la Ciencia.

**Farrington, B., 1944.** Pequeño libro que ofrece al lector no familiarizado con el tema una primera visión de la Ciencia griega en los siglos VI e V a.C.

**Farrington, B., 1968.** Enfoque introductorio y amplio de la obra de Epicuro.

**Ferrater Mora, J., 1981** Al lector no familiarizado con la Filosofía puede ser útil consultar un diccionario filosófico como éste.

**Greene, B., 2001.** Libro de divulgación científica sobre teorías unificadas, supercuerdas *etc.*

**Guthrie, W.K.C., 1967.** Obra resumida que aborda la filosofía griega desde Tales hasta Aristóteles.

**Guthrie, W.K.C., 1962-1981.** Obra de referencia sobre la Historia de la Filosofia Griega.

**Hamilton, E.; Cairns, H. (Eds.), 1989.** Colección de los *Diálogos* de Platón en inglés.

**Heisenberg, W., 1958.** Dedica algunos capítulos a la Filosofía, mostrando sus relaciones con las raíces de la teoría atómica. Pone énfasis en el estudio de la Física Moderna, sus interpretaciones y relaciones con otras ramas del conocimiento.

**Heisenberg, W., 1966.** Libro de Teoría de Campos en el cual el autor intenta desarrollar una teoría unificada a partir de um campo fundamental, inspirada, de cierta forma, en la idea del *apeiron* de Anaximandro.

**Kirk, G.S.; Raven, J.E., 1990.** Esa es la referencia tomada como base en la parte inicial de este capítulo, en lo que se refere a las citaciones griegas. Mayores detalles sobre las doctrinas de los presocráticos pueden ser encontrados en esta obra, la cual es bastante interesante para quien aprecia la historia de la Filosofía o de la Ciencia, así no tenga una formación previa sobre el asunto. El principal motivo para citar este libro es que se limita a los principios *"físicos"* presocráticos y sus precursores, cuya preocupación principal incidía sobre la natureza (*physis*) y la coherencia de las cosas en su totalidad. Hay una versión más reciente de este libro en **Kirk, G.S.; Raven, J.E.; Schofield, M., 1994**.

**Lanczos, C., 1986.** Texto clásico sobre los principios variacionales aplicados a la Mecánica, que prima por dar énfasis a los fundamentos y aspectos históricos y filosóficos relacionados al tema.

**Martins, J.B., 2002.** Libro de divulgación que presenta una historia del átomo poniendo énfasis en aspectos de la personalidad y de la obra de los científicos que construyeron esta historia, más allá de abordar los orígenes de la Física Nuclear, reflejando la formación del autor. El libro presenta también una discusión sobre los procesos de datación y sobre la polémica en torno del Santo Sudario. Acompaña un CD con grabaciones de testimonios de físicos como Einstein, Thomson y otros.

**Neville, A.C., 1981.** Problemas de asimetría en los animales. *En* Duncan, R.; Weston-Smith, M. (Orgs.) *La Enciclopedia de la Ignorancia.* Brasilia: Ed. UnB. Texto sobre el papel de la asimetría en los seres vivos, desde el punto de vista biológico.

**Pullman, B., 1998.** Este libro oferece un panorama de la historia intelectual del átomo, abordando, inicialmente, sus orígenes históricos en el pensamiento griego, sin dejar de lado el atomismo hindú y el árabe. Trata, a continuación, de la evolución de las ideas filosóficas y científicas sobre el átomo, enfatizando las etapas que permitieron el paso de la perspectiva filosófica y religiosa a la perspectiva científica del átomo. Se da particular atención a las contribuciones de los siglos XIX y XX.

**Sambursky, S., 1975.** Antología de textos relevantes para la Historia de la Física que cubre un vasto período, todos presentados en lengua inglesa.

**Sambursky, S., 1987.** Libro clásico en el que el autor discute cómo los griegos veían, pensaban e interpretaban el mundo físico, procurando enfocar lo que ellos sabían, cómo sabían y cuáles eran los límites de la Ciencia griega.

**Sorabji, R., 1992.** El texto se divide en tres partes que se relacionan: I. Materia, II. Espacio y III. Tiempo. En lo que se refiere más específicamente al tema "estructura de la materia", se recomienda la lectura de la Parte I, en la cual el autor argumenta que hay varias analogías entre las teorías modernas de la materia y las antiguas, abriendo nuevos horizontes en el plano de la historia de las ideas.

**Van Melsen, A.G., 1952.** En este libro se aborda la historia de la Teoría Atómica, considerando sus aspectos filosóficos y físicos, además de sus implicaciones sobre la filosofía de la naturaleza.

**Yourgrau, W.; Mandelstan, S., 1968.** Texto avanzado, en el cual los autores enfatizan la historia y la teoría de los conceptos matemáticos relacionados con el principio variacional. Son abordados temas como el principio del tiempo mínimo de Fermat, el principio de mínima acción de Maupertuis, los principios de Euler, de Lagrange y de Hamilton, entre otros. El papel de los principios variacionales en el desarrollo de la Teoría Cuántica es tratado en la segunda mitad del libro.

**Whitrow, G.J., 1955.** Why physical space has three dimensions. *British Journal for Philosophy of Science* **6**, p. 13-31.

## 1.8 Ejercicios

**Ejercicio 1.8.1** Eratóstenes conocía el hecho de que en la ciudad de Siene, en Grecia, una vez al año, en el solsticio de verano, precisamente al mediodía, un asta que se colocaba perpendicularmente al suelo no proyectaba sombra. Al rehacer la experiencia en Alejandría, concluyó que la sombra nunca llegaba a desaparecer y que, de hecho, en el mismo día y hora citados, la sombra proyectada sobre el suelo hacía un ángulo de $7^{o}$ con el asta, lo que es incompatible con que la Tierra sea plana. Suponiendo que la Tierra es esférica, y sabiendo que la distancia entre esas dos ciudades es de unos 700 km, recalcule el valor estimado por Eratóstenes para el radio de la Tierra.

**Ejercicio 1.8.2** Muestre que, en el sistema solar de Kepler, descrito en el texto, la razón entre el radio de la esfera de Saturno y la de Júpiter es igual a $\sqrt{3}$.

**Ejercicio 1.8.3** Los pitagóricos, que no disponían de ninguna forma de notación numérica, acordaron expresar los números de forma semejante a la que se usa todavía hoy en el dominó. Más precisamente, ellos confundían el punto de la Geometría con la unidad de la Aritmética y, así, pensaban en los números como algo espacialmente extenso. De ese modo, para ellos, los objetos concretos estaban literalmente compuestos de agregados de unidades-puntos-atomos. Comente estas ideas a la luz de lo que se vio en la Sección 1.4.

# 2

# Orígenes del atomismo científico: contribuciones de la Química

*Cannizzaro anticipó la síntesis de la Química y de la Física, que estaba por venir, cuando, en el encuentro de Karlsruhe, negó que hubiese sentido alguno en la distinción entre el "átomo químico" y el "átomo físico".*

Mary Joe Nye

## 2.1 Descartes contra el atomismo

*Es imposible que haya átomos, esto es, partículas de materia que sean, por su propia naturaleza, indivisibles; pues, si de hecho hubiese átomos, y no importa cuán minúsculos podamos imaginarlos, tendrían necesariamente que ser extensos, por tanto, podríamos (...) reconocer su divisibilidad.*

Renу́ Descartes

En el mundo de Platón y de Aristóteles había una fuerte tendencia a la exaltación de la *racionalidad* como criterio central en la búsqueda de la Verdad, en la cual la Geometría y la Lógica desempeñaron un papel muy importante. En el mundo cristiano, sin embargo, se construyó, a partir del siglo I d.C., una sociedad teocéntrica, impregnada de una *cosmovisión religiosa*, que se constituirá en la forma dominante del pensamiento en el Occidente por muchos siglos. Solamente en el final de la Edad Media es que ese estado mental, esencialmente religioso, comenzará a dar lugar a otro, que preparará el camino para el Renacimiento italiano y para la Revolución Científica.

A su vez, un papel muy importante en la difusión del conocimiento científico fue desempeñado por la invención de la imprenta, a mediados del siglo XV. Paralelamente, surge una tendencia a geometrizar el diseño que antecede a la pintura, evidente en la obra de tantos pintores renacentistas italianos, como Masaccio, Piero della Francesca, Pollaiuolo y Raffaello, marcadas por el uso de la *perspectiva* (Figura 2.1). Esa tendencia debe ser entendida como un presagio de una nueva *geometrización* de la Física después de Platón (Sección 1.3.2).

La nueva concepción artística característica del Renacimiento refleja una forma diferente de relación del hombre con la Naturaleza y, de cierta forma, anticipa la ruptura con la *cosmovisión religiosa* que dominó toda la Edad Media. La Astronomía, con Copérnico y Kepler, contribuyó mucho para esa segunda geometrización, con gran impacto sobre la Física y sobre el hombre (Sección 1.3.3). Sin embargo, es digna

**Figura 2.1:** "Escuela de Atenas", de Raffaello. Se destacan la perspectiva y la estructura geométrica de la pintura, además que el mismo Raffaello se puso en la esquina inferior derecha del cuadro, próximo a Ptolomeo, junto al grupo que está estudiando Geometría con Euclides.

de destacar otra valorización de la *Geometría*: la de Descartes, fundador de la *Geometría Analítica* y de una nueva Filosofía.

En sus *Principia Philosophiae*, de 1644, Descartes presenta los fundamentos de su sistema filosófico y científico, los principios generales de la Física y detalladas consideraciones acerca de fenómenos terrestres y celestiales. La influencia de esa obra, a partir del siglo XVII, puede ser medida por el hecho de que no hay un libro de Física publicado entre 1650 y 1720 (incluyendo los *Principia Mathematica* de Newton) donde los problemas planteados y analizados por Descartes, bajo su óptica mecanicista, no fuesen considerados.

Sin embargo, los *Principia* de Descartes atribuían un carácter de certeza a ciertas intuiciones o especulaciones, sin ninguna dependencia directa de la *experiencia*, y fueron, por eso, fuertemente combatidos por Newton.

El proyecto filosófico cartesiano buscaba fundamentar las bases de un mecanicismo que explicase todos los fenómenos físicos a partir de interacciones entre partículas o "corpúsculos" que no deben, absolutamente, ser identificados con los *átomos*. Al contrario de los atomistas, Descartes no aceptaba la idea de *partículas indivisibles*. Su extrema concepción geométrica del mundo reduce la materia a la *extensión*, considerada por él, en lugar de la masa, la propiedad fundamental de la materia. Y la extensión de la materia – aquello que tiene dimensiones –, como en el caso del espacio geométrico continuo, debe ser infinitamente divisible. Se sigue de ahí la imposibilidad de que existan átomos, como atestigua el epígrafe de esta sección.

Al repudiar también la existencia del vacío, el filósofo francés supera la dicotomía introducida por los atomistas, o sea, el hecho de considerar el espacio separado e independiente de la materia, toda vez que Descartes reduce su esencia a la *extensión*: *La materia es constituida esencialmente de su longitud, ancho y profundidad.* De esta forma, el concepto de *fuerza* no es esencial en la Física cartesiana, siendo entendido como algo relacionado al cambio de lugar. Fue Newton que amplió la noción de *fuerza*, que pasó a ser cualquier agente que produce una alteración en el estado de movimiento del cuerpo.

La geometrización extremada de Descartes lo llevó a un callejón sin salida. Considérense, desde un punto de vista estrictamente geométrico, dos cuerpos idénticos $A$ y $B$ interactuando con un tercer cuerpo $C$. Si todo se reduce a la Geometría, ¿de qué forma explicar la situación en la que los resultados empíricos de la colisión de $AC$ y $BC$ son distintos? Le faltaba a Descartes el concepto de *masa*. En este ejemplo, las formas geométricas de los dos cuerpos $A$ y $B$ pueden ser idénticas, pero sus masas son diferentes; por tanto, para colisiones en las mismas condiciones y con un mismo cuerpo, las aceleraciones resultantes serán diferentes, como explicará Newton.

En una perspectiva histórica, esa cosmovisión geométrica de Descartes no fue capaz de generar una teoría cuantitativa de la Física. Su proyecto mecanicista de explicar la variedad de los fenómenos físicos a partir de la interacción entre partículas, sin embargo, sobrevive; es retomado, por ejemplo, en el programa einsteiniano de geometrizar la Gravitación.

Le tocó a Newton sentar las bases de una nueva cosmovisión y iniciar una nueva fase del Mecanicismo (Sección 2.3). Antes, sin embargo, es preciso analizar las contribuciones de tres exponentes del atomismo en el siglo XVII: el gran italiano Galileo Galilei, el matemático francés Pierre Gassendi y el físico y químico irlandés Robert Boyle.

## 2.2 El atomismo de Galileo, Gassendi y Boyle

*La discusión sobre la divisibilidad de la materia parece haber sido, en gran parte, incluso de forma inconsciente, un debate acerca del valor existencial de la deducción matemática o lógica.*

Adolph Snow

A partir de los primeros siglos de la era cristiana, el pensamiento humano, de alguna forma, se alejó de los problemas del origen del Mundo, de la búsqueda de principios sustancialistas y de las preocupaciones por la esencia de la materia y estuvo mucho más orientado a problemas morales y teológicos; solamente en la Edad Media, la cuestión de los elementos fundamentales fue planteado nuevamente por los alquimistas. Por ejemplo, el médico suizo Paracelso[1] defendía la idea de que los elementos principales del Universo deberían encontrarse en *principios* o *cualidades* de las sustancias, y no en las sustancias en sí. Así, por ejemplo, el azufre sería el principio de la combustión (fuego).

Con el inicio del Renacimiento italiano, surge un creciente interés con relación a la Naturaleza. Fue más exactamente en los siglos XVI y XVII que la Ciencia Natural tomó gran impulso. A través de varios descubrimientos, como las observaciones astronómicas, las cuales permitían describir el aspecto montañoso de la superficie lunar, y la revelación de innumerables estrellas hasta entonces desconocidas, comenzaron a ocurrir innovaciones en la Física y en la Astronomía aristotélicas, puramente especulativas. Es a partir de ese entonces, en el siglo XVII, que Galileo comienza a explicar los fenómenos a través de causas naturales, procurando prescindir de causas religiosas. El hecho, por ejemplo, de haber sido descubiertas manchas en el Sol rompe con la idea vigente de la perfección del Universo predicada por la Iglesia, pues, si *Dios creó el Universo, él lo hizo a la luz de la perfección.* El interés en combinar el conocimiento empírico con la Matemática, como ocurrió en el trabajo de Galileo, fue tal vez en parte debido a la posibilidad de llegar, de esa manera, a algún conocimiento que pudiese ser mantenido completamente lejos de las disputas teológicas que ocurrían durante la Reforma.

En el pensamiento renacentista, se renueva el interés por varias ideas de la Antigüedad, y la doctrina atomista no fue la excepción. Los principios del atomismo y del materialismo comenzarían, en esa época, a interesar a los científicos y se combinan, ora con el conocimiento alquímico, como en Paracelso, ora con concepciones metafísicas, como en Giordano Bruno, ora, todavía, con teorías religiosas, como en Galileo y Newton. Sin gran rigor, se puede decir que ese interés provenía, en último análisis, de la posibilidad de fundamentar una filosofía mecanicista, capaz de estudiar los fenómenos con base en la materia y en el movimiento, tal como sugería la nueva filosofía de Descartes.

Galileo tiene, en el proceso de transición entre la Física Medieval y la del período de la Revolución Científica, un papel fundamental, al lanzar las bases de un nuevo método científico en el cual combina, de forma indisoluble, la Matemática y el conocimiento empírico. Para él, la Matemática es necesariamente un instrumento de búsqueda de la *Verdad* a la cual la Ciencia se dedica, como atestigua el siguiente fragmento de su obra *Il Saggiatore*, publicada por primera vez en 1623:

[1] Theophrastus Philippus Aureolus Bombastus von Hohenheim.

*El grandísimo libro [de la naturaleza] está escrito en lengua matemática y los caracteres son los triángulos, círculos y otras figuras geométricas (...) sin las cuales se estará vagando en vano por un obscuro laberinto.*

Aún más, sobre la cuestón de la verdad científica, Salviati – que representa la voz de Galileo – afirma en sus *Discursos y Demostraciones Matemáticas sobre Dos Nuevas Ciencias*, de 1632, que

*(...) en las ciencias naturales, cuyas conclusiones son verdaderas y necesarias y no tienen relación alguna con el arbitrio humano, es preciso se precaver de no ponerse en defensa de lo falso (...).*

Otro aspecto fundamentalmente valorizado en el método científico galileano es la experimentación, cuya relevancia, considerada el camino de la honestidad intelectual, ya había sido expresada, con mucha claridad, por el genial pintor y científico italiano Leonardo de la Vinci:

*Mi propósito es resolver un problema [científico] en conformidad con la experiencia (...) y debemos consultar a la experiencia en una cierta variedad de casos y circunstancias, hasta poder extraer de ellos una regla general que esté contenida en los mismos (...). Ellas nos conducen a ulteriores investigaciones de la naturaleza y creaciones del arte. Evitan que nos engañemos a nosotros mismos, o a otros, al asintiéremos resultados que no pueden ser obtenidos.*

Esa actitud en relación a la Naturaleza se va a difundir a tal punto que muchos libros, principalmente de los siglos XVIII y XIX, se inician con epígrafes o con grabados que sintetizan ese valor leonardiano atribuido a la experimentación – a lo que ofrece la Madre Naturaleza –, que puede ser bien ejemplificado aquí por el grabado reproducido en la Figura 2.2. El falecido físico brasileño Cesar Lattes le gustaba incentivar a los jóvenes a seguir esa postura de Leonardo de la Vinci: *Vaya a aprender sus lecciones en la Naturaleza, pues toda teoría es provisoria, mas el resultado empírico, no.*

**Figura 2.2:** La Madre Naturaleza como fuente de la Verdad, conforme a la portada de un libro del siglo XVIII.

Galileo se refirió a los átomos en dos de sus obras más importantes. En el *Saggiatore*, afirma que, excluyendo el sonido, es posible llegar a una teoría corpuscular de los fenómenos físicos, conocidos hasta entonces, y admite la hipótesis atómica (la existencia de átomos y del vacío), desarrollando una teoría corpuscular para el calor y para la luz. Él reserva, en verdad, el término *átomo* para las partículas luminosas.

Ya en el *Diálogo sobre los Dos Máximos Sistemas del Mundo Ptolemaico y Copernicano*, Galileo, asumiendo que los átomos poseen sólo cualidades matemáticas, los llama *átomos sin cantidad*, desprovistos de extensión, dimensión y forma. Se observa, por tanto, un significativo cambio de concepción acerca del atomismo, doctrina esa ciertamente conveniente al proyecto galileano de matematizar también los movimientos terrestres, y no sólo los celestiales.[2]

Galileo ya no defiende más las ideas filosóficas de los atomistas antiguos, pues, según él mismo, sólo le causan desgaste. Prefiere, de esta forma, adoptar un atomismo " más pragmático", reduciendo los átomos a puntos matemáticos. Ese nuevo enfoque será de gran utilidad para la construcción del atomismo científico y en el establecimiento de la Teoría Cinética de los Gases, en el siglo XIX (Capítulo 3).

La concepción atomística de la materia de Galileo está en el origen de su problema con la Inquisición, según la tesis del historiador italiano Pietro Redondi, pues, toda vez que los átomos son inmutables y indivisibles,[3] eso imposibilitaría la transformación del pan y del vino, respectivamente, en la carne y en la sangre de Cristo, poniendo, así, en duda un importante dogma de la Iglesia: la *eucaristía*.

Influenciado por el método de Galileo, Gassendi escoge para sus propósitos la doctrina atomista de Epicuro. Más que en los átomos, su interés se vuelve al significado filosófico del atomismo. Admitía la necesidad de elementos indivisibles, los cuales deberían ser dotados de tamaño, forma (como para Demócrito) y peso (como para Epicuro). Consideraba además que los átomos pueden ser matemáticamente divisibles *ad infinitum*, aunque, en la realidad, sean indivisibles y se muevan y se combinen en el vacío. Se puede afirmar que Gassendi tornó el atomismo aceptable a su época. Una de sus principales contribucioness – retomada por otros investigadores más tarde – fue la afirmación de que algunas moléculas serían formadas a partir de átomos. Las moléculas, diferentes entre sí, serían las semillas de la variedad de cosas.

Boyle también admite que la materia es indestructible y compuesta de átomos y vacío. Él percibió temprano la importancia fundamental de la Matemática como lengua de la Ciencia, incluyendo su papel en la descripción de los resultados experimentales y como un instrumento relevante para el establecimiento de una visión atomística del mundo, de cuño mecanicista, en el ámbito de la Química. Él consideró que el mundo opera *según dos principios nobles y más universales: materia y movimiento.*

Aunque compartía la mayoría de las ideas de Gassendi y de Descartes, la tendencia de Boyle es buscar describir propiedades químicas específicas de los átomos, sin enfocarse tanto en sus propiedades mecánicas. Para él, había todavía mucho por ser comprobado, tanto desde el punto de vista de la filosofía mecanicista cuanto de la Química; los fenómenos químicos, en especial, aún estaban lejos de ser comprendidos a la luz del atomismo (Secciones 2.5.1 a 2.5.5).

A pesar de eso, Boyle ya creía, por ejemplo, que había distinción entre *elementos* y *compuestos químicos*. Los átomos de los compuestos serían formados de átomos de los elementos. Él llega a evocar indicaciones empíricas, a partir de reacciones químicas, para justificar la división de la materia en corpúsculos o partículas. En suma, su enfoque del atomismo tiende más para la Química que para la Física, y su contribución, a partir de 1654, pretendiendo extender la filosofía mecanicista a la Química, fue importante y pionera, en una tentativa consciente de alejarla de sus raíces filosóficas imbricadas en la Alquimia.

[2] La evidente matematización de la Astronomía y de la Cosmología de Kepler (Sección 1.3.3) proviene de armonías que se traducen en relaciones geométricas entre cuerpos celestes y entre sus correspondientes posiciones. No hubo, por tanto, necesidad alguna de alusión a la constitución de los cuerpos. Se puede afirmar que, en esa época, la Cosmología y lo que se podría llamar "Física de Partículas" (atomismo) estaban completamente disociadas.

[3] Suponiendo correcta la tesis de Redondi, se puede imaginar que la concepción actual de *partículas elementales*, en la cual la *elementaridad* ya no está relacionada a la indestrutibilidad de los constituyentes últimos de la materia, puede haber sido considerada en la revisión del proceso de herejía de Galileo y haber contribuido, de alguna forma, para su absolución, por parte del Vaticano. La tesis de Redondi se contrapone a la tesis más aceptada de que la condena de Galileo tiene que ver con su aval al heliocentrismo de Copérnico.

## 2.3 La cosmovisión mecanicista y el átomo de Newton

*Newton le dio a los átomos un significado matemático, concibiendo los átomos simples como puntos, y las relaciones de los átomos unos con los otros como relaciones geométricas.*

Adolph Snow

En lo que se dice respecto a la descripción de la materia, el elemento base de la filosofía newtoniana es la ley del movimiento, y no sustancias, partículas o formas geométricas, como en la filosofía griega. Los átomos son creados por Dios y simplemente aceptados por Newton, como se desprende del pasaje de la "Cuestión 31" de su *Optiks*:

> *Parece probable que Dios, en el inicio, formó la materia en Partículas sólidas, masivas, duras, impenetrables, inmóviles, de Tamaños y Formas tales, y con tales otras propiedades, y en tales Proporciones en relación al espacio, como fuera más conveniente al Fin para el cual las formó (...).*[4]

En ese fragmento, se nota que Newton buscaba sólo una descripción puramente causal del movimiento de los cuerpos y formas, aceptando, sin cuestionamiento, la visión atomista del Mundo. Sin embargo, al aceptar el átomo matemático de Galileo, concebido como punto, va más allá y busca comprender las relaciones entre ellos a partir del movimiento.

Newton combinó el atomismo clásico con su concepto de gravedad para explicar la variación de densidad de la materia. Aunque, en su obra, las partículas básicas no tuviesen relación directa alguna con las sustancias químicas observadas, ellas ofrecieron una base conceptual para las explicaciones químicas por un buen tiempo. Más que eso, el físico inglés vislumbró, en la misma "Cuestión 31", la posibilidad de que existan, entre las menores partículas de la materia, fuerzas atractivas y repulsivas de otra naturaleza que no son la gravitacional ni la eletromagnética:

> *¿No tienen las pequeñas Partículas de los Cuerpos determinados Poderes, o Fuerzas, por medio de los cuales actúan (...) unas sobre las otras, para producir una gran Parte de los Fenómenos de la Naturaleza? Pues se sabe que los Cuerpos actúan, unos sobre los otros, por las Atracciones de la Gravedad, del Magnetismo y de la Electricidad; (...) y no hace que sea improbable que puedan existir Poderes más atractivos que esos (...) Cómo se pueden realizar esas atracciones yo no lo voy a considerar aquí (...) Las Atracciones de la Gravedad, del Magnetismo y de la Electricidad alcanzan distancias considerables, (...) y pueden existir otras que alcancen distancias tan pequeñas que hasta hoy escapen de nuestra observación (...).*[5]

Uno de los méritos de Newton fue el de despertar varias tentativas en el sentido de cuantificar la ley de la fuerza de la atracción química, hecho que tuvo innegable impacto en el propio desarrollo de la Química. Su contribución va aún más lejos. En cuanto a la estructura de la materia, su pensamiento influenció a grandes exponentes de la Química, como el francés Antoine Laurent Lavoisier y el inglés John Dalton, como sugiere la siguiente cita:

> *Las especulaciones de Newton sobre el éter dieron una inmensa contribución a la organización de una vasta y creciente masa de datos experimentales sobre el calor, la luz, el fuego, el magnetismo y la electricidad. En particular, el éter newtoniano servía como modelo para la teoría calórica del calor. Tal teoría pasó a hacer parte de la nueva concepción de Lavoisier sobre la combustión y, sucesivamente, se mostró esencial para el desarrollo de la teoría atómica de Dalton.*

Más, en verdad, la influencia newtoniana transciende en mucho las concepciones acerca de la constitución de la materia, en la medida que da origen a una cosmovisión científica de cuño mecanicista, largamente difundida y aceptada hasta el final del siglo XIX. De hecho, incluso en la gran síntesis del

[4] El propio John Dalton transcribió ese pasaje en su cuaderno de notas.

[5] El siglo XX evidenció dos nuevos tipos de interacción de corto alcance (restringidas a la escala de los núcleos atómicos): las interacciones *fuertes*, o nucleares, y las *débiles*. La primera es responsable de la estabilidad del núcleo atómico, y la segunda, de los decaimientos radioactivos (Capítulo 9).

físico escocés James Clerk Maxwell sobre la Electricidad y el Magnetismo, hay *una tentativa de explicar los fenómenos electromagnéticos en términos de una acción mecánica, transmitida de un cuerpo a otro por intermedio de un medio que ocupa el espacio entre ellos.*

En general, Newton y los newtonianos buscan determinar las fuerzas que generan los cambios de estado de los movimientos. Esquemáticamente, se puede decir que esa búsqueda, originada en Descartes, gana cuerpo en Newton, es formalizada por el matemático suizo Leonhard Euler y culmina con el francés Pierre-Simon de Laplace. Durante esa evolución, se va afirmando la concepción de un determinismo absoluto, de cuño mecanicista. De acuerdo con Laplace:

> *Debemos considerar el estado presente del Universo como efecto de su estado anterior, y causa de lo que debe seguir. Una Inteligencia que, por un instante dado, conociese todas las fuerzas de que la naturaleza es animada, y la situación respectiva de los seres que la componen, si fuese suficientemente vasta para someter esos datos al cálculo, involucraría en la misma fórmula los movimientos de los mayores cuerpos del Universo y los del átomo más ligero: nada sería incierto para ella y el futuro, como el pasado, estaría presente en sus ojos.*

Tal vez la mejor síntesis del impacto del mecanicismo en la Física hasta los primeros años del siglo XX sea la afirmación del inglés William Thomson, más conocido como Lord Kelvin, de que entender un problema de Física significa ser capaz de hacer un modelo mecánico de él.

La idea de un sistema explicativo de la Naturaleza basado en la *causa efficiens* – esencia del *determinismo mecanicista* – marca el ambiente cultural que propició el fortalecimiento de la visión atomista de la materia. A título de ejemplo, se puede recordar una conferencia intitulada "Los Confines del Conocimiento de la Naturaleza", dictada en 1880, en la cual el fisiólogo alemán Emil du Bois-Reymond sustenta que la autenticidad de una Ciencia reside en su fundamentación basada en la mecánica de los átomos:

> *Si nos imaginásemos todas las transformaciones del mundo material resueltas en movimientos de átomos, producidos por una fuerza central constante, el universo sería científicamente conocido. El estado del mundo durante un diferencial de tiempo aparecería como efecto inmediato de su estado durante el diferencial de tiempo precedente, y como causa directa de su estado durante el diferencial de tiempo sucesivo. La ley y el azar serían solamente diferentes nombres de la necesidad mecánica.*

Ese determinismo mecanicista, por más éxito que haya alcanzado, no está libre de críticas. En lo que se refiere específicamente al concepto básico de fuerza, ya en la obra de Galileo, se encuentra una crítica epistemológica muy perspicaz, que habla respecto al total desconocimiento de la naturaleza interna o de la esencia de la *fuerza*. Tal vez a ese hecho se aplique bien la máxima de Newton *no hago hipótesis*. No hacer hipótesis sobre esa esencia es, sin duda, al mismo tiempo, el punto fuerte y el punto débil de la Física newtoniana. Si, por un lado, abrió perspectivas revolucionarias para el conocimiento científico y filosófico, por otro, restringió los límites del conocimiento newtoniano a los efectos cuantitativos de las fuerzas, expresados en términos del movimiento.

De a pocos, el sentido de realidad atribuido a las *fuerzas* será también atribuido a los *campos*, tanto a partir de los estudios de la propagación del calor (Sección 5.5), por el matemático francés Jean-Baptiste Joseph Fourier, cuanto de la teoría electromagnética del físico y químico inglés Michael Faraday y de Maxwell (Capítulo 5), además de la Teoría de la Relatividad (Capítulo 6) y de la Mecánica Cuántica (Capítulos 13-14). Según el físico estadounidense Steven Weinberg,

> *De la fusión de la Relatividad con la Mecánica Cuántica resultó una nueva visión del mundo, en la cual la materia perdió su papel central. Ese papel fue usurpado por principios de simetría, algunos de ellos ocultos a la visión en el presente estado del Universo.*

## 2.4 La combustión: lo flogisto y lo calórico

*Una conexión invisible es más poderosa que una visible.*

Hipólito

Antes de pasar a la descripción del atomismo científico de Dalton, es importante abordar otro aspecto de las reacciones químicas. Si, por un lado, la búsqueda de la comprensión racional de esas reacciones llevó a la identificación de una serie de elementos y compuestos químicos, por otro lado, era preciso imaginar, también, cuál sería el *agente transformador* que actuaría sobre la materia. Elementos materiales y principios transformadores, como se vio en el Capítulo 1, hace mucho que hacían parte de las tentativas de elaborar explicaciones científicas para los hechos observados. Eso es particularmente verdadero para el estudio de la *combustión*.

Una de las explicaciones más ingeniosas y influyentes acerca de ese proceso tuvo origen, en 1681, a partir de una idea del químico industrial alemán Johann Joachim Becher. Ciertamente aún inspirado por la teoría de los cuatro elementos primordiales, él suponía que los cuerpos eran constituidos de aire, agua y tres tipos de tierra: *terra mercurialis* (tierra mercurial), *terra lapidia* (tierra vítrea) y *tierra pinguis* (tierra gorda, o inflamable). Para Becher, la combustión no era nada más que la transformación del cuerpo quemado a partir de la expulsión de su parte más volátil, la *tierra pinguis*, eliminada por el fuego.

Con base en esas hipótesis, el químico alemán Georg Ernst Stahl desarrolló, a partir de 1697, la *teoría de lo flogisto*, aceptando que las sustancias combustibles tendrían, como lo propuesto por Becher, una materia ígnea – una *terra pinguis* – a la cual dio el nombre de *flogisto*, término derivado del verbo griego que significa "inflamar".

La gran mayoría de los químicos del siglo XVIII aceptó esa teoría. A pesar de equivocada, tuvo el mérito de servir de base para la explicación de muchos hechos experimentales de la época, además de haber, de alguna forma, fomentado el desarrollo del análisis químico, aunque algunos historiadores sustenten que ella representó, en verdad, un atraso considerable para el desarrollo de la Química. De cualquier forma, se ha de estar de acuerdo con aquellos que afirman que Stahl fue uno de los primeros en formular un sistema racional para esa Ciencia.

Es importante notar que, aunque dominante, la teoría de lo flogisto tenía opositores. Uno de ellos fue un contemporáneo de Stahl, el médico, botánico y químico holandés Hearman Boerhaave, que consideró el *fuego* una sustancia imponderable, cuya composición nada tenía que ver con los átomos de la materia ponderable. Este *fuego* de Boerhaave fue, más tarde, denominado *calórico*, por otros científicos, entendido como el *agente físico* o *dinámico* responsable por el cambio de estado de la materia.

Así, durante mucho tiempo, coexistieron las ideas de lo *flogisto* y lo *calórico*. Con la teoría de lo flogisto, se conseguía explicar la oxidación de un metal, durante la combustión, suponiendo que él estaría constituido de su óxido más lo inflamable. El mecanismo opuesto, o sea, la obtención del metal a partir de su calentamiento como carbón, también era comprendido admitiéndose que el carbono, rico en lo flogisto, se lo cedía al óxido, regenerando el metal y un excedente de carbón "desinflamado". También la disminución de la masa en la combustión de materiales, tales como la madera y el propio carbón, era fácilmente entendida por la hipótesis de la liberación de flogisto. Lo que no era comprendido era el aumento de la masa observado, por ejemplo, en la combustión de metales, toda vez que el metal, perdiendo lo flogisto, debería tener su masa disminuida. Hubo, por parte de defensores de esa teoría, una tentativa no exitosa de atribuir, en esos casos, peso negativo a esa sustancia. Sin embargo, fueron el descubrimiento del oxígeno y los trabajos de Lavoisier que dieron origen al abandono de la teoría de lo flogisto.

El oxígeno fue aislado, en 1774, por el químico inglés Joseph Priestley, que, irónicamente, era partidario de la teoría de lo flogisto. Priestley notó que, durante el calentamiento de óxido de mercurio, en un recipiente cerrado, había liberación de un gas, el cual, él percibió después, era capaz de avivar mucho la llama de una vela. Además de eso, notó que ese gas era mejor para la respiración que el aire que normalmente se respira. Siendo así, él consideró que ese gas no podría contener lo flogisto, llamándolo, entonces, "aire desinflamado".

La verdadera composición del gas, sin embargo, sólo fue comprendida por Lavoisier, que consiguió reconocer y interpretar el papel del oxígeno en los procesos de calcinación y combustión y, hasta incluso, de la respiración. Al contrario de Priestley y otros, Lavoisier tuvo éxito pues se ciñó, lo máximo posible, a los hechos experimentales. En particular, él fue capaz de establecer las relaciones de peso en las reacciones de oxidación-reducción y, a partir de ahí, la validez de la conservación de la masa (Sección 2.5).

Lavoisier acepta lo *calórico* como sustancia imponderable, la cual, combinada con las sustancias químicas, da cuenta de los cambios de estado cuando no hay cambios de peso en el proceso. Las partículas de ese fluido se repelían, contrabalanceando la fuerza gravitacional – siempre atractiva –, impidiendo, así, el colapso de todos los cuerpos en una masa sólida homogénea. Esas ideas lo llevarían a una teoría según la cual los átomos serían circundados por una nube calórica, más o menos densa, cuya densidad disminuiría con la distancia $r$ al centro del átomo como $1/r^n$ $(n > 2)$. Comparada con la gravedad, esa nube daría lugar a una fuerza de corto alcance. Con esa teoría, era fácil comprender la expansión de las sustancias, debida al calentamiento, y la contracción, con el enfriamiento.

Entre tanto, la teoría calórica también estaba con sus días contados, a partir de los estudios de Benjamin Thompson – el Conde Rumford – sobre la producción de calor por fricción y los de Humphry Davy, sobre la fusión del hielo también por fricción. Ambos evidenciarían que el flujo de calor de un cuerpo es inagotable. Prevaleció, así, la visión de que el calor era el resultado de movimientos imperceptibles de las moléculas de la materia (Capítulo 3).

## 2.5 El átomo químico

*En la Química, sólo las razones de las masas atómicas desempeñaban un papel, y no su valor absoluto. Por tanto, la teoría atómica podía ser encarada maś como un símbolo visual que como conocimiento sobre la composición real de la materia.*

Albert Einstein

Durante su trayectoria milenária, la Alquimia creó un vocabulario, una notación, una práctica y un instrumental (Figura 2.3), que fueron heredados y conservados, de cierta forma, por la Química.

**Figura 2.3:** "Laboratorio de un alquimista", cuadro del pintor belga Pieter Bruegel, el Viejo, 1558.

Entre tanto, como llama la atención el historiador francés, de origen ruso, Alexandre Koyrè, los alquimistas nunca consiguieron hacer una experiencia precisa por el simple hecho que nunca tengan tentado. El propio Koyrè afirma:

> *No es el termómetro que le falta [al alquimista], es la idea de que el calor sea susceptible de medición exacta. Así, se contenta con los términos del sentido común: fuego vivo, fuego lento etc., y no se sirve, o casi nunca, de la balanza.*

¡ ... y eso que la balanza ya existía!

En el siglo XVIII, Lavoisier revolucionó la Química, aportando importantes contribuciones a su sistematización y cuantificación y, al mismo tiempo, abriendo nuevas perspectivas de investigación: los descubrimientos de los gases, de los minerales y de los compuestos orgánicos que ya no deberían ser consideradas aisladamente; era preciso establecer un nuevo objeto de estudio, compuesto por la totalidad de las sustancias y de sus relaciones. Al construir su sistema, adoptó un enfoque moderno, que se contrapuso a las ideas de transformaciones misteriosas de la materia. Hay quienes atribuían el origen de ese enfoque a la fe que Lavoisier tenía en la *balanza* (Figura 2.4), el aparato de medición más preciso de aquella época.[6] Para el químico francés, todo cambio podía y debía ser explicado y medido.

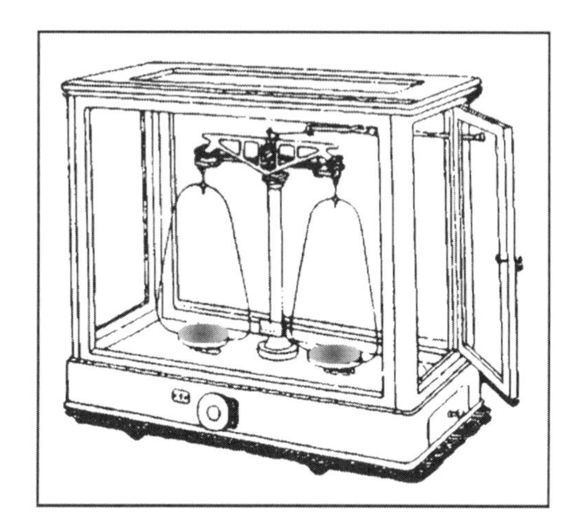

**Figura 2.4:** Diseño de una balanza científica del siglo XIX.

Según Lavoisier, un elemento químico es la menor porción de una sustancia que aún presenta las mismas propiedades químicas y no puede ser subdividido en otro elemento: *con la palabra "elementos" o "principios de los cuerpos" asociamos la noción de la última entidad a la cual se llega por el análisis; todas las sustancias que aún no descompusimos por cualesquiera medios las consideramos elementos.*

### 2.5.1 El átomo de Dalton

Tal vez el desarrollo más notable de los fundamentos de esa "nueva" Química, lanzada por Lavoisier, sea el trabajo de Dalton, uno de los primeros científicos en formular, en 1808, una teoría atómica no especulativa, sino científica. Él reconoció las virtudes de una concepción atomística de la Química, de consolidación lenta a lo largo del siglo XIX, a pesar de muchos esfuerzos de otros químicos. En ese proceso, desempeño un papel importante el desafío de la medición del peso atómico de los elementos químicos, reflejo del fabuloso éxito de la Teoría de la Gravitación de Newton, que atribuyó un lugar destacado a la fuerza *peso*. Lavoisier, al afirmar que *la determinación de los pesos de las materias y de los productos antes o después de los experimentos [es] la base de todo lo que se puede hacer de útil y de exacto en la Química*, da una muestra concreta de esa influencia. En el inicio del siglo XX, llevando esa idea al

[6] Para tener una noción comparativa en cuanto a la precisión de las balanzas científicas, basta ver que, en el final del siglo XIX, mientras que el límite de error de una balanza común era $10^{-3}$, el de una balanza científica era del orden de $10^{-8}$, o sea, 100 mil veces más precisa.

extremo, el químico y filósofo de la ciencia polaco Emile Meyerson defiende la opinión de que la definición del término *materia* debe ser: *aquello que es pesado.*

La teoría de Dalton fue capaz de predecir y explicar cuantitativamente una serie de fenómenos químicos conocidos en la época, partiendo de la siguiente idea básica:

> *Las partículas últimas de todos los cuerpos homogéneos son perfectamente semejantes en peso, forma, etc. En otras palabras, toda partícula de agua es como cualquier otra partícula de agua; toda partícula de hidrógeno es como cualquier otra partícula de hidrógeno (...).*

A pesar del indiscutible éxito y del impacto de la obra de Dalton en el desarrollo de la Química, se puede decir que su teoría fue, de inicio, una teoría atómica física, a la cual, además de la ya citada influencia newtoniana, él incorporó algunas concepciones difundidas en la Física y en la Química del siglo XVIII. De hecho, para dar cuenta de que la materia exhibe propiedades elásticas, como se vio en la sección anterior, Dalton también admite que los átomos son envueltos por una nube imponderable de *calórico, (...) del mismo modo que la Tierra, o cualquier otro planeta, posee su atmósfera de aire circundándola (...).*

La motivación última de esa hipótesis es la descripción de propiedades de la materia empíricamente determinadas – la elasticidad, en este caso – a partir de algo responsable de la interacción entre los constituyentes primarios de la materia, aquí representado por lo calórico. Ese tipo de visión, en otro contexto, envolviendo el concepto de campo, será reencontrado en la Física de Partículas Elementales (Capítulo 17). Lo que se desea enfatizar aquí es que una comprensión más amplia de la constitución de la materia, que se comienza a delinear en el siglo XVIII y involucra no sólo a sus bases fundamentales, sino también a los mediadores de sus interacciones– una especie de "cimiento".

De vuelta al atomismo de Dalton, él presupone, además, que *de la razón de los pesos dentro dc la masa [del compuesto] se pueden deducir los pesos relativos de las partículas últimas o de los átomos de los cuerpos y, con ese dato, el peso y el número de esos átomos en otras combinaciones (...).*

Las siguientes hipótesis resumen los principales puntos de la teoría de Dalton:

(*i*) todo *elemento químico* es compuesto de pequeñas partículas llamadas *átomos*;

(*ii*) todos los átomos de un mismo elemento presentan las mismas propiedades;

(*iii*) átomos de diferentes elementos tienen propiedades químicas diferentes;[7]

(*iv*) durante una reacción química, ningún átomo de determinado elemento desaparece o se transforma en un átomo de otro elemento;

(*v*) se forman sustancias compuestas cuando se combinan átomos distintos de más de un elemento;

(*vi*) en un compuesto químico dado, los números relativos de átomos de sus elementos son definidos y constantes y, en general, pueden expresarse como enteros o fracciones simples;

(*vii*) cuando dos elementos se unen para formar una tercera sustancia, se presume que sólo *un* átomo de un elemento se combine con *un* átomo de otro elemento.

La hipótesis (*vi*) es, en verdad, una expresión de la ley de las proporciones múltiples de Dalton. Por las hipótesis (*i*) y (*ii*), se nota que el átomo de Dalton es bastante semejante al átomo de los filósofos griegos, en lo que se refiere respecto a la indivisibilidad y a la eternidad, aunque las propiedades que los diferencian no sean las mismas.[8]

Las hipótesis (*i-iv*) son suficientes para explicar la ley de Lavoisier, de 1772, y la ley de las proporciones definidas del francés Joseph Louis Proust, de 1799, las cuales son:

Ley de Lavoisier – *La suma de las masas de los productos de la reacción es constante, cuando la reacción se realiza en sistemas cerrados.* Su ley, sin embargo, es más popular por su versión *en la naturaleza nada*

**Figura 2.5:** Versión popular de la ley de Lavoisier.

*se crea, nada se pierde; todo se transforma.*[9]

Cabe aquí un comentario sobre la contribución de Lavoisier. El poeta latino Públio Ovídio Naso, por ejemplo, afirmó en su libro *Metamorfoses* que *todo muda, nada muere.*[10] Ya el filósofo británico Francis Bacon, en su *Cogitationes de Natura Rerum*, enuncia algo muy parecido a la conclusión de Lavoisier, o sea, *que todas las cosas cambian, y que nada realmente perece, y que la suma de la materia permanece igual es suficientemente cierto.* ¿Dónde está, por tanto, la originalidad del químico francés? Ella se encuentra precisamente en la justificación de la expresión *suficientemente cierto.* Mientras para Bacon, la certeza era fruto de argumentos especulativos, Lavoisier va a buscar su confirmación en la Naturaleza, dando una base experimental a una antigua idea. A partir de mediciones precisas de peso él atribuyó un *status* científico, en el sentido galileano, al claro enunciado de Bacon.

Ley de Proust – *En una misma reacción química, sea ella cual fuere, las masas de las sustancias participantes guardan entre sí una relación fija.* Así, por ejemplo, si una masa $M$ de agua es formada por $N$ compuestos del tipo $\mathtt{H}_a\mathtt{O}_b$, en que $a$ es el número de átomos de hidrógeno[11] (H) y $b$ el número de átomos de oxígeno (O), esa masa será expresada en términos de las masas $m_{\mathtt{H}}$ y $m_{\mathtt{O}}$, de los átomos de hidrógeno y de oxígeno, de la siguiente forma:

$$M = N\big(a\, m_{\mathtt{H}} \,+\, b\, m_{\mathtt{O}}\big)$$

Toda vez que todos los términos de la expresión anterior son constantes, la razón entre las masas

$$\frac{a\, m_{\mathtt{H}}}{b\, m_{\mathtt{O}}}$$

también es constante, o sea, vale la ley de Proust.

Entre tanto, como puede ser visto del ejemplo anterior, la ley de Proust *no* determina por sí sola la razón entre las masas de los átomos que forman un compuesto, a menos que se conozca la relación entre los números de átomos del compuesto. En esta etapa del conocimiento, por tanto, se hace necesaria una

[7] Hay autores que enuncian esas mismas hipótesis sustituyendo la expresión "propiedades químicas" por "masa". Sin embargo, la primera forma fue adoptada por estar más de acuerdo con el contexto de la propia teoría de Dalton.

[8] Existe una pluralidad mayor cuando se considera el conjunto de *propiedades químicas*, en comparación con las diferencias de *forma*, *posición* y *disposición* del atomismo griego.

[9] La ley de Lavoisier envuelve dos aspectos: i) la aditividad de la masa; ii) la conservación de la masa, debido al aparente hecho de que la materia no puede nunca ser creada ni destruida, sólo transformada. Con relación a (i), se sabe hoy que es una ley aproximada, la cual depende de la energía involucrada en la reacción, pues, según la Teoría de la Relatividad Especial de Einstein, la masa de un sistema compuesto no es igual a la suma de las masas de sus constituyentes (Capítulo 6). Con relación al aspecto (ii), la Teoría Cuántica Relativista de Dirac establece que partículas y antipartículas materiales se pueden aniquilar y pueden ser generadas a partir de procesos de decaimientos o colisiones de otras partículas (Capítulo 16).

[10] *Omnia mutandur nihil interit.*

[11] El nombre hidrógeno fue acuñado por Lavoisier, del prefijo griego *hydro*, que quiere decir agua, y el sufijo *gen*, que quiere decir generador, causador, creador.

hipótesis adicional: el postulado (*vii*). Naturalmente, esa elección debe ser compatible con otros resultados conocidos de la Química.

Dalton, basado en el hecho de que sólo un compuesto es formado por los elementos hidrógeno y oxígeno y convencido de su hipótesis arbitraria sobre la combinación de dos elementos, escogió $a = 1$ y $b = 1$, que corresponde a la composición $HO$ (un átomo de hidrógeno para uno de oxígeno) para el agua, en vez de $H_2O$,[12] como fue determinado más tarde. No demoró mucho para que el postulado (*vii*) de Dalton se mostrase incompatible en el caso de elementos que podrían se combinados para formar diferentes compuestos, lo que hizo que él lo revisase.

Se puede ver que la teoría de Dalton es esencialmente diferente de la pura especulación metafísica de los filósofos antiguos, pues se basa en resultados experimentales cuantificados. Además de eso, aunque algunos elementos químicos por él considerados[13] (Tabla 2.1) fuesen, en verdad, compuestos, sus hipótesis eran compatibles con las leyes empíricas conocidas en la época, como las de Lavoisier y de Proust.

**Tabela 2.1:** Símbolos y pesos atómicos atribuidos por Dalton a los "elementos" químicos

**Elementos**

| | p.a. | | p.a. |
|---|---|---|---|
| Hidrógeno | 1 | Estroncio | 46 |
| Nitrógeno | 5 | Bario | 68 |
| Carbono | 5,4 | Hierro | 50 |
| Oxígeno | 7 | Zinc | 56 |
| Fósforo | 9 | Cobre | 56 |
| Azufre | 13 | Plomo | 90 |
| Magnesio | 20 | Plata | 190 |
| Lima | 24 | Oro | 190 |
| Soda | 28 | Platino | 190 |
| potasio | 42 | Mercurio | 167 |

p.a. - peso atomico

Por último, cabe notar que Dalton no llega a hacer, en su obra, alusión alguna a una posible estructura eléctrica del átomo. Se hizo hincapié en el tema de las expansiones térmicas. Ese camino del estudio del calor llevó, mucho más tarde, al desarrollo de una Teoría Cinética de los Gases, que mucho contribuyó para la consolidación del atomismo (Capítulo 3). Por otro lado, otros avances científicos del inicio del siglo XIX, como la invención de la pila de Volta y el descubrimiento de la electrólisis, irían a delinear otro camino más fértil para la comprensión del átomo, a partir de un mejor entendimiento de las interacciones eléctricas, que apuntaron hacia un átomo divisible, un átomo neutro con una estructura interna, eléctricamente cargada (Capítulo 7).

[12] Dalton llamó átomo a la menor parte de un compuesto que conserva sus propiedades, lo que lo llevaría a hablar, por ejemplo, de *átomo de agua*; los términos *átomo* y *molécula* eran muchas veces empleados como sinónimos en esa época.

[13] Fue Dalton quien imaginó la primera representación simbólica, marcada por la simplicidad, ligada al sistema de átomos y a su tabla de pesos atómicos (Tabla 2.1). Hay autores que afirman que esas representaciones sugieren, una cierta estructura molecular, noción que sólo aparecería cerca de 50 años más tarde.

### 2.5.2 Las masas atómicas

Dos fueron los principales problemas envueltos en la falta de precisión en la determinación de las masas y de los pesos atómicos[14] durante buena parte del siglo XIX.

El primero se debe a la gran confusión entre masa atómica y molecular. En particular, es importante recordar que varios elementos comunes en la naturaleza son encontrados en la forma diatómica. En ese sentido, de particular importancia es la molécula de hidrógeno $H_2$, considerada, por mucho tiempo, patrón de las masas atómicas (Sección 2.5.3). Si a esa molécula se le atribuyera una masa relativa 1, en vez de 2, las masas atómicas relativas de otros elementos, comparados con el hidrógeno, serían la mitad de lo que deberían ser.

El segundo punto se refiere a la utilización, frecuente en aquella época, del concepto de *equivalente*, o "peso de combinación". El equivalente es el número en gramos de un elemento que se combina con 8 g de oxígeno. Esa elección fue determinada, en parte, por la característica del agua, en cuyo proceso de formación se combinan 8 g de oxígeno con 1 g de hidrógeno. En ese sentido, se dice que 8 g de oxígeno son el *equivalente* de 1 g de hidrógeno. Por otro lado, era más fácil, en la práctica, medir el peso de un elemento que se combina con el oxígeno que con el hidrógeno. Así, a partir de ese método de medición, se determinaba el peso atómico simplemente multiplicándose el peso equivalente de un elemento por su valencia (Sección 2.5.4). Claro está que, incluso disponiendo de medidas precisas para el peso equivalente, si la valencia estuviese errada, resultaría un peso atómico incorrecto.

**Tabela 2.2:** Valores atribuidos a los pesos atómicos de algunos elementos por diferentes autores durante el período de 1802 a 1871, comparados con los valores actuales

| Elemento | Dalton (1802-04) | Berzelius (1813-14) 0 = 100 | Berzelius (1813-14) en relación al H[1] | Berzelius (1835) 0 = 100 | Berzelius (1835) en relación al H[1] | Newlands "equivalentes" 1863* | Newlands "equivalentes" 1865 | Newlands (1864) Peso atomico | Mendeleiev (1871) | Valor actual |
|---|---|---|---|---|---|---|---|---|---|---|
| Hidrógeno | 1 | 6,636 | 1,06 | 6,2398 | 1 | | 1 | 1 | 1 | **1,01** |
| Nitrógeno | 5 | 79,54 | 12,73 | 88,518 | 7,093 | 14 | 6 | 14 | 14 | **14** |
| Carbón | 5,4 | 75,1 | 12 | 76,438 | 12,24 | 6 | 5 | 12 | 12 | **12** |
| Oxígeno | 7 | 100 | 16 | 100 | 16,026 | 8 | 7 | 16 | 16 | **16** |
| Fósforo | 9 | 167,512 | 26,8 | 196,143 | 15,517 | 31 | 13 | 31 | 31 | **31** |
| Azufre | 13 | 201 | 32,16 | 201,165 | 16,120 | 16 | 14 | 32 | 32 | **32,1** |
| Potasio | 42 | 978,0 | 156,48 | 489,916 | 78,594 | 39 | 16 | 39 | 39 | **39,1** |
| Estroncio | 46 | 1418,14 | 226,90 | 547,285 | 87,708 | 43,8 | 31 | 87,5 | 87 | **87,6** |
| Bario | 68 | 1709,1 | 273,46 | 856,880 | 137,326 | 68,5 | 45 | 137 | 137 | **137** |
| Hierro | 50 | 693,64 | 110,98 | 339,205 | 54,362 | 28 | 21 | 56 | 56 | **55,8** |
| Zinc | 56 | 806,45 | 129,03 | 403,226 | 54,622 | 32,6 | 25 | 65 | 65 | **65,4** |
| Cobre | 56 | 806,48 | 129,04 | 395,695 | 63,414 | 31,7 | 23 | 63,5 | 63 | **63,5** |
| Plomo | 90 | 2597,4 | 415,58 | 1294,498 | 207,458 | 103,7 | 54 | 207 | 207 | **207** |
| Plata | 190 | 2688,17 | 430,11 | 1351,607 | 108,305 | 108 | 37 | 108 | 108 | **108** |
| Oro | 190 | 2483,8 | 397,41 | 1243,013 | 199,208 | 197 | 49 | 196 | 199 | **197** |
| Platino | 190 | 1206,7 | 193,07 | 1233,499 | 197,682 | 98,7 | 50 | 197 | 198 | **195** |
| Mercurio | 167 | 2531,6 | 405,06 | 1265,823 | 202,862 | 100 | 52 | 200 | 200 | **201** |

(*) Newlands se refiere a estos valores como "los antiguos números equivalentes" tomados, con una u otra excepción, de la octava edición del Manual de George Fownes.

En la Tabla 2.2, fueron colocadas lado a lado algunas de las principales determinaciones de los *pesos atómicos* y de los *equivalentes*, para que se tenga noción del difícil camino recorrido hasta llegar a los valores comparables a los de referencia en 1871, indicando cuán confusa era la determinación de los pesos

[14] Aunque en la Física *masa* y *peso* sean conceptos distintos, en la Química, históricamente, ambos son utilizados indistintamente, toda vez que la escala de masa y de peso atómico es siempre relativa a un patrón, en cuyo caso las dos opciones se confunden. El lector encontrará referencia a las dos expresiones en este capítulo.

atómicos durante el período comprendido entre los trabajos de Dalton y del ruso Dmitri Mendeléyev.

En 1814, el químico sueco Jakob Berzelius elaboró una tabla de pesos atómicos sorprendentemente exacta: la segunda edición francesa de su libro, de 1835, atribuía a los elementos, con la excepción de unos pocos, valores de pesos atómicos próximos a los de hoy. Esos valores fueron perfeccionados a partir de análisis químicos sistemáticos y cuidadosos realizadas por el químico belga Jean Servais Stas.

El químico industrial inglés John Alexander Reina Newlands prefería usar el concepto de equivalente, atribuyendo al carbono, en 1865, el valor 5 g. Sin embargo, se sabe que el equivalente de carbono es 3 g, pues es esa cantidad la que se combina con 8 g de oxígeno. Por otro lado, el carbono es tetravalente (valencia $= 4$),[15] porque, como fue visto, forma una molécula de metano ($CH_4$). Por tanto, su masa atómica relativa es $3 \times 4 = 12$, mientras que, utilizando el valor determinado por Newlands, se encontraría $5 \times 4 = 20$.

Otra cosa que salta a la vista, observando la Tabla 2.2, es que tanto el potasio cuanto la plata aparecen con el peso atómico cuatro veces mayor que el actual. Muchas de esas cuestiones sólo fueron esclarecidas a partir del Congreso de Karlsruhe, realizado en Alemania del 3 al 5 de setiembre de 1860.

Otro aspecto digno de notar es que esa etapa de sistematización de la Química, iniciada en el siglo XIX, ganó aún más fuerza cuando Berzelius introdujo, en 1814, los símbolos modernos de los elementos. Fue su idea usar la inicial mayúscula del nombre latino para cada elemento, agregando otra letra, minúscula, en los casos de elementos con la misma inicial.

La Tabla 2.3 presenta esa notación de Berzelius para algunas sustancias químicas compuestas. El número de puntos arriba del símbolo indicaba el número de oxígenos con los cuales el elemento se combina; así, $\ddot{S}$ equivale a $SO_2$, en la notación moderna.

**Tabela 2.3:** Notación de algunos compuestos químicos y sus respectivos pesos atómicos, según Berzelius

| Name. | Formel. | O=100. | H=1. |
|---|---|---|---|
| Unterschwefl. Säure | Ṡ | 301,165 | 48,265 |
| Schweflichte Säure | S̈ | 401,165 | 64,291 |
| Unterschwefelsäure | S̶⃛ | 902,330 | 144,609 |
| Schwefelsäure | S⃛ | 501,165 | 80,317 |
| Phosphorsäure | P̶⃛ | 892,310 | 143,003 |
| Chlorsäure | C̶⃛l | 942,650 | 151,071 |
| Oxydirte Chlorsäure | C̶⃛l | 1042,650 | 167,097 |
| Jodsäure | J̶⃛ | 2037,562 | 326,543 |
| Kohlensäure | C̈ | 276,437 | 44,302 |
| Oxalsäure | C̶⃛ | 452,875 | 72,578 |
| Borsäure | B̶⃛ | 871,966 | 139,743 |
| Kieselsäure | S⃛i | 577,478 | 92,548 |
| Selensäure | S⃛e | 694,582 | 111,315 |
| Arseniksäure | A̶⃛s | 1440,084 | 230,790 |
| Chromoxydul | C̶⃛r | 1003,638 | 160,845 |
| Chromsäure | C⃛r | 651,819 | 104,462 |
| Molybdänsäure | M⃛o | 898,525 | 143,999 |
| Wolframsäure | W⃛ | 1483,200 | 237,700 |
| Antimonoxyd | S̶⃛b | 1912,904 | 306,565 |
| Antimonichte Säure | S̈b | 1006,452 | 161,296 |
| | S̈b | 2012,904 | 322,591 |
| Antimonsäure | S̶⃛b | 2112,904 | 338,617 |
| Telluroxyd | T̈e | 1006,452 | 161,296 |
| Tantalsäure | T̶⃛a | 2607,430 | 417,871 |
| Titansäure | T̈i | 589,092 | 94,409 |
| Goldoxydul | Ȧ̶u | 2586,026 | 414,441 |
| Goldoxyd | A̶⃛u | 2786,026 | 446,493 |
| Platinoxyd | P̈t | 1415,220 | 226,806 |
| Rhodiumoxyd | R̶⃛ | 1801,360 | 228,689 |

[15] Ver Sección 2.5.4.

Con el tiempo, el trabajo sistemático de Berzelius *permitió una visualización de las reacciones químicas de modo más simple y más efectivo*, como se puede observar en la Figura 2.6, en la cual se comparan dos notaciones diferentes de una misma reacción química.

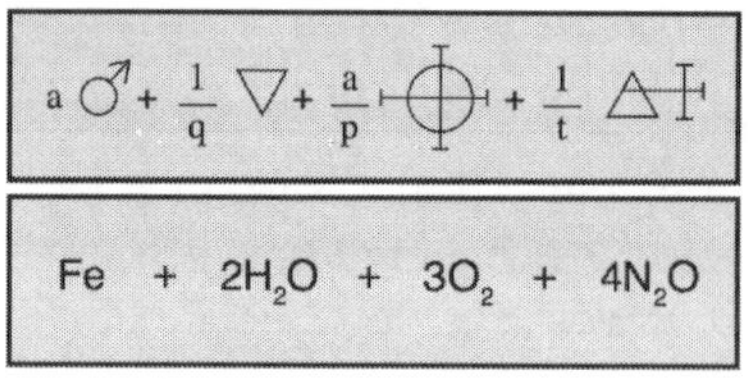

$Fe + 2H_2O + 3O_2 + 4N_2O$

**Figura 2.6:** Simplificación de la notación de una reacción química.

Sólo mucho más tarde, en la segunda década del siglo XX, es que se comienza a comprender el papel central del *número atómico* (Capítulo 12), en detrimento del papel desempeñado por el *peso atómico* en el siglo XIX, constituyendo en una evidencia más de la gradual pérdida de prestigio de la gravitación newtoniana, en la cual el *peso* poseía un *status* especial. Ese papel será, poco a poco, desempeñado por *simetrías abstractas*.

### 2.5.3 La hipótesis de Prout y los isótopos

La construcción de una escala de pesos atómicos relativos fue un paso fundamental para una racionalización sistemática de la Química.

Poco después de que Dalton inaugurara la era del atomismo científico, el médico inglés William Prout percibió, en 1815, que la variedad de pesos atómicos podría ser expresada como múltiplos enteros de una unidad fundamental. A continuación, argumentó que esa unidad fundamental sería el peso del átomo de hidrógeno.

Históricamente, la verificación de que el elemento *cloro* (`Cl`) tiene peso atómico fraccionario ($\mu_{\mathtt{Cl}}$ = 35,5) puso en jaque la hipótesis de Prout. Esa naturaleza fraccionaria sólo fue comprendida con el descubrimiento de los *isótopos* – átomos del mismo elemento con masas diferentes. El término *isótopo* (de griego *isos* = mismo, *topos* = lugar) fue introducido por el químico inglés Frederick Soddy, en 1913. Según él, dos isótopos de plomo deberían ocupar el *mismo lugar* en la Tabla Periódica (Sección 2.5.5), aunque poseyeran propiedades diferentes en cuanto a la radiación emitida. En ese mismo año, se debe al físico inglés *Sir* Joseph John Thomson la primera demostración de la existencia de isótopos en la naturaleza. El primer isótopo artificial de un elemento conocido fue obtenido en 1934, bombardeando aluminio con partículas $\alpha$ (núcleo de `He`), obteniéndose un isótopo radioactivo del fósforo (Sección 9.3).

Por un lado, el descubrimiento de los isótopos contradiría la premisa de Dalton, ya mencionada, de que las *partículas últimas de todos los cuerpos homogéneos son perfectamente semejantes en peso, forma (...)*. Se sabe hoy, además, que el átomo no es indivisible, a pesar de que el término griego ha sido mantenido en la Química y en la Física. Por otro lado, *la idea de que átomos del mismo elemento son todos idénticos en peso no puede ser puesta a prueba por métodos químicos (...)*, como observó el inglés Francis William Aston.

El descubrimiento de los isótopos permite, de cierta manera, lanzar una nueva luz sobre la hipótesis de Prout. De hecho, en 1919, Aston, utilizando el espectrómetro de masa reproducido en la Figura 2.7, consiguió aislar dos isótopos del gas neón (`Ne`), uno de masa 20 y otro de masa 22. Descubrió, más tarde, isótopos de un gran número de elementos no radioactivos y enunció la *ley de los números enteros*, reviviendo la idea básica de Prout. Citamos a Aston,

> *Un hecho del mayor interés teórico (...) [es] que, de los más de cuarenta diferentes valores medidos hasta aquí para la masa atómica y molecular, todos, sin ninguna excepción, resultan números enteros, considerando el carbono y el oxígeno como 12 y 16 exactamente, permitiendo cargas múltiples. En caso de que esa relación de enteros se muestre general, será un gran paso para elucidar la estructura última de la materia. Por otro lado, parece muy conveniente hacer una distinción satisfactoria entre*

*las diferentes partículas atómicas y moleculares que pueden dar origen a una misma línea en el espectro de masa, un problema considerablemente difícil.*

**Figura 2.7:** El espectrómetro de Aston.

Se verificó que el cloro, por ejemplo, posee dos isótopos con pesos atómicos 35 y 37 o, más precisamente, 34,98 y 36,98. La separación física de esos isótopos en el espectrómetro de masa permitió mostrar que 75,4% de los átomos de cloro son del isótopo más ligero y los restantes 24,6%, del más pesado, resultando para el peso atómico de cloro el siguiente valor:

$$\mu_{\mathtt{Cl}} = 0{,}754 \times 34{,}98 + 0{,}246 \times 36{,}98 = 35{,}47$$

A pesar de ser considerados los constituyentes últimos de un elemento químico, los átomos son, en verdad, constituidos de protones ($p$) y neutrones ($n$) aglutinados en un núcleo, y electrones[16] ($e$). Los protones son partículas con carga eléctrica positiva, los neutrones no poseen carga y tienen masa bien próxima a la de los protones; los electrones tienen carga negativa, igual en módulo a la carga del protón, y masa de un orden 1 840 veces menor que la del protón (Capítulo 8). Sin embargo, esa subestructura atómica sólo va ser comprendida en la Física, más precisamente, en el ámbito de la Física Cuántica, en el primer cuarto del siglo XX (Capítulo 12).

### 2.5.4 La hipótesis de Avogadro y el concepto de molécula

Se sabe que la ley de Proust y la ley de las proporciones múltiples son válidas para todos los compuestos químicos, cualesquiera que sean sus estados físicos. Sin embargo, cuando los reactivos están en estado gaseoso, el químico francés Joseph-Louis Gay-Lussac estableció, en 1808, que *existe una razón simple entre los volúmenes de los gases reactivos.*

---

[16] *Electrón* originalmente significa *ámbar*, en griego. El término fue adoptado como alusión al fenómeno conocido por los griegos de que al someter el ámbar a la fricción se torna capaz de atraer pequeños pedazos de papel o polvo. Se dice que el ámbar quedo electrizado. Vea detalles sobre el descubrimiento del electrón en el Capítulo 8.

Obsérvense, por ejemplo, las siguientes combinaciones:

- hidrógeno y cloro, para la síntesis de ácido clorhídrico (clorhidrato), en la cual las razones entre los respectivos volúmenes son 1:1:2,

$$10 \text{ mL (hidrógeno)} + 10 \text{ mL (cloro)} = 20 \text{ mL (clorhidrato)}$$

- hidrógeno y oxígeno, para la obtención de vapor de agua, en la cual las razones entre los respectivos volúmenes son 2:1:2,

$$20 \text{ mL (hidrógeno)} + 10 \text{ mL (oxígeno)} = 20 \text{ mL (vapor)}$$

¿Por qué en algunos casos hay contracción de volumen y en otros no? Esas observaciones llevaron al físico italiano Amedeo Avogadro a introducir, en 1811, el concepto de *molécula* y a admitir, por hipótesis, que *dos volúmenes iguales de dos gases cualesquiera contienen el mismo número de moléculas, siempre que la temperatura y la presión sean las mismas* (Sección 3.1.3). Es importante notar su distinción entre "moléculas enteras" – hoy en día, simplemente, *moléculas* – y "moléculas elementales", los *átomos* actuales.

Según Avogadro, las reacciones observadas por Gay-Lussac pueden ser expresadas como:

$$\begin{cases} N \text{ moléculas (hidrógeno)} + N \text{ moléculas (cloro)} = 2N \text{ moléculas (clorhidrato)} \\ 2N \text{ moléculas (hidrógeno)} + N \text{ moléculas (oxígeno)} = 2N \text{ moléculas (vapor)} \end{cases}$$

o, considerando las moléculas como resultantes de combinaciones de átomos simples, como el átomo de hidrógeno ($\mathtt{H}$), y de oxígeno ($\mathtt{O}$) o de cloro ($\mathtt{Cl}$), se puede escribir para la ecuación de obtención de vapor de agua

$$2\mathtt{H}_a + \mathtt{O}_b = 2\mathtt{H}_{a'}\mathtt{O}_{b'}$$

Como, por la hipótesis de Dalton, los átomos son indestructibles, se sigue que

$$\begin{cases} a' = a \\ b' = b/2 \end{cases}$$

En las palabras del propio Avogadro,[17] *la molécula de agua será formada de media molécula de oxígeno con una o, diciendo la misma cosa, con dos medias moléculas de hidrógeno.*

De ese modo, Avogadro establece correctamente que las síntesis del ácido clorhídrico y del agua pueden ser expresadas por las llamadas fórmulas moleculares,

$$\begin{cases} \mathtt{H}_2 + \mathtt{Cl}_2 \rightarrow 2\mathtt{HCl} \\ 2\mathtt{H}_2 + \mathtt{O}_2 \rightarrow 2\mathtt{H}_2\mathtt{O} \end{cases}$$

que representan las combinaciones moleculares mínimas ($a = b = 2$) en una determinada reacción química. De acuerdo con la ley de Avogadro, esas expresiones implican la ley de Gay-Lussac.

A pesar de la hipótesisis de igualdad del número de moléculas contenido en un volumen dado, en las mismas condiciones de temperatura y presión, Avogadro no propuso ningún procedimiento para su determinación; apenas sugirió que, incluso para volúmenes ordinarios, ese número debería ser "*muy grande*". De hecho, el número de moléculas contenido en un volumen igual a 22,4 L de un gas, en las llamadas CNTP – condiciones normales de temperatura (0°C) y presión (760 mmHg = 1 atm) –, inicialmente, denominado número de Avogadro ($N_A = 6{,}02 \times 10^{23}$), y más tarde constante de Avogadro, sólo fue determinado cerca de 50 años más tarde (Capítulo 4).

[17] Tres años más tarde, Faraday hace una propuesta semejante a ésa.

El físico francés Jean-Baptiste Perrin, el primero en determinar experimentalmente el número de Avogadro, resaltó así su carácter universal:*(...) el número invariable [$N_A$] es una constante universal, la cual podría ser apropiadamente llamada constante de Avogadro.*

La idea de que el hidrógeno y otros gases son compuestos de moléculas diatómicas no fue aceptada, de inicio, por Dalton y por varios otros químicos, porque no admitían la combinación de dos o más átomos de la misma especie para constituir otra sustancia, utilizando el siguiente argumento: si dos átomos de hidrógeno, contenidos en un recipiente, se pueden juntar, ¿por qué no hay una agrupación de todos tal que se condensen, formando un líquido? La solución de ese problema depende de la comprensión de la estructura electrónica de los átomos y sólo fue posible al final del primer cuarto del siglo XX, con la introducción del concepto de *spin* y del principio de exclusión de Pauli, en la Mecánica Cuántica (Capítulo 16).

A partir de la aceptación del concepto de molécula, pudieron ser establecidas, por ejemplo, las fórmulas moleculares del óxido de sodio, del óxido de calcio, del cloruro de sodio, del ácido clorhídrico y del agua, respectivamente, $Na_2O$, $CaO$, $NaCl$, $HCl$ y $H_2O$. De ese conjunto de fórmulas se concluye que un átomo de oxígeno tiene capacidad para combinarse con dos átomos de sódio (Na) o hidrógeno y con un átomo de calcio (Ca). Por otro lado, un átomo de hidrógeno (H) tiene capacidad para combinarse con un átomo de cloro (Cl), y éste con un átomo de sodio (Na).

De esos resultados, surge el concepto de *valencia*, o sea, la propiedad que indica la capacidad potencial de que los átomos para combinarse. Los átomos Na, Cl y H son considerados de valencia 1 o monovalentes, y los átomos de O y de Ca, de valencia 2 o bivalentes. Se atribuye al químico británico Edward Frankland la formulación del concepto de *valencia*, término acuñado en 1868 por Hermann Wichelhaus. Aunque la idea había surgido para esclarecer la naturaleza de algunos compuestos orgánicos, la aplicabilidad del concepto de valencia se amplió y tuvo gran importancia en el trabajo de clasificación de Mendeleyev (Sección 2.5.5), que observó que *el arreglo de los elementos, o grupos de elementos, de acuerdo con sus pesos atómicos, corresponde a sus valencias.*

Más la aceptación de la hipótesis de Avogadro no fue inmediata. Según el ruso Isaac Asimov,

> *durante medio siglo después de Avogadro, su hipótesis permaneció ignorada, y la distinción entre átomos y moléculas de elementos gaseosos importantes no estaba definida claramente en el pensamiento de varios químicos, persistiendo así, la incerteza acerca de los pesos atómicos de algunos de los elementos más importantes* (Tabla 2.2).

Una justificación plausible se encuentra en la siguiente observación del físico Abraham Pais:

> *La ley de Avogadro es la primera en orden cronológico de las leyes químico-físicas que se basan en la hipótesis explícita de la realidad de las moléculas. El atraso con el cual la ley fue aceptada por los químicos es un indicador evidente de la difundida resistencia a la idea de la realidad molecular.*

En 1858, el químico italiano Stanislao Cannizzaro hizo una importante contribución para la aceptación de la hipótesis de Avogadro al establecer la diferencia entre el peso atómico y el molecular. El trabajo de Cannizzaro fue esencial para la posterior clasificación de los elementos en orden creciente de pesos atómicos.

Según la ley de Avogadro, comparando los pesos (a través de medidas macroscópicas) de volúmenes iguales ($V$) de dos gases distintos, como, por ejemplo, el oxígeno y el hidrógeno, se obtiene

$$\left(\frac{\text{peso de la muestra de oxígeno}}{\text{peso de la muestra de hidrógeno}}\right)_V = \frac{\text{masa de la molécula de oxígeno}}{\text{masa de la molécula de hidrógeno}} \simeq 16$$

Normalmente, la masa de una molécula es expresada en *unidades de masa atómica* (u), como

$$m = \mu\, \mathrm{u}$$

en la cual $\mu$ es llamada *masa molecular.*[18]

Toda vez que la masa molecular del hidrógeno ($\mu_{\mathrm{H}_2}$) es igual a 2, y el oxígeno también es diatómico, se tiene

$$\frac{\mu_{\mathrm{O}_2}}{\mu_{\mathrm{H}_2}} = 16 \quad \Rightarrow \quad \mu_{\mathrm{O}_2} = 32 \quad \Rightarrow \quad \mu_{\mathrm{O}} = 16$$

De ese modo, conociendo la masa de una muestra de un gas, por ejemplo, la masa de un cierto volumen de hidrógeno, $M(\mathrm{H}_2)$, se puede estimar el número de moléculas ($N$) contenido en esa muestra como

$$N = \frac{M(\mathrm{H}_2)}{\text{masa de una molécula del gas}} = \frac{M(\mathrm{H}_2)}{\mu_{\mathrm{H}_2}\mathrm{u}}$$

En las CNTP, cuando ese volumen $V$ es igual a 22,4 L, ese número es el número de Avogadro $N_A$. Ese número puede ser estimado a partir del valor de la densidad del gas de hidrógeno en CNPT, dado por $\rho = 0{,}08988\mathrm{g/L}$, y considerando $u \simeq 1{,}6605 \times 10^{24}\mathrm{g}$, y resulta ser igual a

$$N_A = \frac{\rho V}{\mu_{\mathrm{H}_2}\mathrm{u}} \simeq \frac{1}{\mathrm{u}} \simeq 6{,}022 \times 10^{23}$$

Un concepto íntimamente ligado a la constante de Avogadro es el *mol.* El término mol fue introducido, en 1900, por el químico alemán Wilhelm Ostwald, para quien *el peso molecular de una sustancia, expresado en gramos, será (...) llamado mol.* sólo 17 años más tarde, el *mol* pasa a ser relacionado al gas ideal: *la cantidad de cualquier gas que ocupe un volumen de* 22 414 mL *en condiciones normales es llamada mol.* A partir de 1959-60, los físicos y químicos concordaron en definir el *mol* como *la cantidad de materia de un sistema que contiene tantas entidades elementales cuantos átomos existiesen en* 0,012 kg *de carbono* 12, o sea:

- 1 mol de moléculas de un gas posee aproximadamente $6{,}022 \times 10^{23}$ moléculas de ese gas;
- 1 mol de iones equivale a aproximadamente $6{,}022 \times 10^{23}$ iones;
- 1 mol de granos de arena equivale aproximadamente $6{,}022 \times 10^{23}$ granos de arena.
- 1 mol de electrones equivale aproximadamente $6{,}022 \times 10^{23}$ electrones;

Actualmente, según el Bureau Internacional des Poids et Mesures (BIPM), el *mol* es una de las siete unidades básicas del Sistema Internacional de Unidades (SI), siendo el nombre de la unidad de cantidad de materia (símbolo: mol), y la constante de Avogadro tiene dimensiones de $\mathrm{mol}^{-1}$, siendo su valor igual a $(6{,}02214129 \pm 0{,}00000027) \times 10^{23}\mathrm{mol}^{-1}$.

Así, se puede escribir

$$M(1 \text{ mol de } \mathrm{H}_2) = 2 \text{ g} \simeq N_A \times \mu_{\mathrm{H}_2}$$

De modo general,

$$M(1 \text{ mol de un gas}) = \text{valor de la masa molecular (g)}$$

En resumen, los trabajos de Lavoisier, Dalton, Gay-Lussac, Avogadro y Cannizzaro constituyen las bases de una teoría atómica cuantitativa.

Si, por un lado, como fue mencionado, hubo resistencia a la aceptación de esa teoría, había también aquellos científicos que, desde temprano, comprendieron su potencial predictivo. Dentro de ellos se puede citar al físico y químico francés Pierre Louis Dulong, que estudió los calores específicos de los sólidos y mostró que medidas de esa magnitud física posibilitaban un nuevo tipo de verificación de las masas atómicas (Sección 10.3.2). En una carta escrita a Berzelius en 1820, él afirmó estar convencido de *que esta teoría [atómica] es la más importante concepción del siglo y que de aquí a veinte años estará integrada*

[18] Hasta 1961, los físicos y químicos utilizaban escalas distintas, y solamente a partir de entonces pasaron a utilizar la misma escala relativa de peso atómico, en la cual la unidad de masa atómica, $\mathrm{u} = (1{,}660538921 \pm 0{,}00000073) \times 10^{-27}$ kg, es igual a 1/12 de la masa del isótopo 12 del carbono. Se sabe hoy que su núcleo es constituido de 6 protones y 6 neutrones.

*en todas las partes de las ciencias físicas en una extensión incalculable.* Sólo el plazo estipulado estuvo equivocado.

Las cosas, sin embargo, no fueron así tan rápidas. Todo ese conocimiento acumulado hasta 1869 permitió, en último análisis, que Mendeleev diese otro paso importante en el sentido de la consolidación de la teoría atómica, al conseguir clasificar los elementos químicos según el orden creciente de sus pesos atómicos (ordenamiento horizontal) y según características físico-químicas comunes y recurrentes (ordenamiento vertical), en la famosa *tabla periódica.*

### 2.5.5 Clasificación de los elementos químicos: de Lavoisier a Mendeleyev

> *La Tabla Periódica de Mendeleyev (...) era una poesía, mayor y más solemne que todas las poesias digeridas en el gimnasio: Pensándolo bien, ¡tenía hasta rima!*
>
> P. Levi [**Levi, P., 1994**], p. 47.

La Tabla 2.4, publicada en 1789 por Lavoisier en su tratado de Química, resume la ordenación de 31 elementos químicos conocidos en la época, además de la *luz* y de lo *calórico*, considerados las 33 *sustancias simples* de la Naturaleza por el químico francés.

**Tabela 2.4:** Las "sustancias simples", según Lavoisier

| | *Noms nouveaux.* | *Noms anciens correſpondans.* |
|---|---|---|
| *Subſtances ſimples qui appartiennent aux trois règnes, & qu'on peut regarder comme les élémens des corps.* | Lumière | Lumière. |
| | Calorique | Chaleur. |
| | | Principe de la chaleur. |
| | | Fluide igné. |
| | | Feu. |
| | | Matière du feu & de la chaleur. |
| | Oxygène | Air déphlogiſtiqué. |
| | | Air empiréal. |
| | | Air vital. |
| | | Baſe de l'air vital. |
| | Azote | Gaz phlogiſtiqué. |
| | | Mofète. |
| | | Baſe de la mofète. |
| | Hydrogène | Gaz inflammable. |
| | | Baſe du gaz inflammable. |
| *Subſtances ſimples non métalliques oxidables & acidifiables.* | Soufre | Soufre. |
| | Phoſphore | Phoſphore. |
| | Carbone | Charbon pur. |
| | Radical muriatique | Inconnu. |
| | Radical fluorique | Inconnu. |
| | Radical boracique | Inconnu. |
| *Subſtances ſimples métalliques oxidables & acidifiables.* | Antimoine | Antimoine. |
| | Argent | Argent. |
| | Arſenic | Arſenic. |
| | Biſmuth | Biſmuth. |
| | Cobalt | Cobalt. |
| | Cuivre | Cuivre. |
| | Etain | Etain. |
| | Fer | Fer. |
| | Manganèſe | Manganèſe. |
| | Mercure | Mercure. |
| | Molybdène | Molybdène. |
| | Nickel | Nickel. |
| | Or | Or. |
| | Platine | Platine. |
| | Plomb | Plomb. |
| | Tungſtène | Tungſtène. |
| | Zinc | Zinc. |
| *Subſtances ſimples ſalifiables terreuſes.* | Chaux | Terre calcaire, chaux. |
| | Magnéſie | Magnéſie, baſe du ſel d'epſom. |
| | Baryte | Barote, terre peſante. |
| | Alumine | Argile, terre de l'alun, baſe de l'alun. |
| | Silice | Terre ſiliceuſe, terre vitrifiable. |

Transcurridos 26 años de la publicación de la Tabla de los Elementos de Lavoisier, el físico francés

Andrý-Marie Ampère se dedica, durante el año de 1815, a clasificar un número bastante mayor de elementos (48), motivado, muy probablemente, por su espíritu enciclopedista y por su interés en la clasificación de plantas. Cabe destacar que, aunque el número de elementos había aumentado, todavía había grandes incertidumbres y controversias acerca de la determinación de los pesos atómicos, lo que dificultaba cualquier tentativa de clasificación de los elementos.

Ampère, contradiciendo a Lavoisier, ya no considera la *luz* y lo *calórico* como *sustancias simples* y busca una clasificación "natural" de los elementos químicos, como queda evidente luego, en el inicio de sus memorias publicadas en 1816:

> *Parece que debemos hacer un esfuerzo para desterrar de la Química las clasificaciones artificiales, y comenzar a atribuir a cada sustancia simple el lugar que ella debe ocupar en el orden natural, a través de la comparación sucesiva de ese lugar con todos los otros y combinándolo con aquellos a los cuales están relacionados a través del mayor número de características comunes y, sobre todo, por la importancia de esas características.*

Así, Ampère esperaba que de esas asociaciones naturales se pudiese llegar a un conjunto de "géneros", o grupos de elementos, que podrían ser arreglados en un orden tal que grupos similares fuesen adyacentes unos a los otros, como sugiere el ordenamiento reportado en la Tabla 2.5, publicada originalmente en 1816.

**Tabela 2.5:** Los elementos químicos de Ampère: "Tabla de los 15 géneros y de las 48 especies de los cuerpos simples ponderables, clasificados en el orden natural"

*Tableau des quinze genres et des quarante-huit espèces des Corps simples pondérables, rangés dans l'ordre naturel.*

| | |
|---|---|
| Carbone. Hydrogène. | Bore. Sicilium. |
| Azote. Oxigène. Soufre. | Colombium. Molybdène. Chrôme. Tungstène. |
| Chlore. Phtore. Iode. | Titane. Osmium. |
| Tellure. Phosphore. Arsenic. | Rhodium. Iridium. Or. Platine. Palladium. |
| Antimoine. Étain. Zinc. | Cuivre. Nickel. Fer. Cobalt. Urane. |
| Bismuth. Mercure. Argent. Plomb. | |
| Sodium. Potassium. | Manganèse. Cérium. |
| Barium. Strontium. Calcium. Magnesium. | Zirconium. Aluminium. Glucynium. Yttrium. |

A pesar de esfuerzos como los de Lavoisier y de Ampère, dos fueron los supuestos básicos para llegar a construir una clasificación satisfactoria de los elementos químicos, sólo alcanzados en los años de 1860: disponibilidad de medidas precisas y confiables de los pesos atómicos (Tabla 2.2), y conocimiento de un número grande de elementos (Tabla 2.10), de modo que resulten evidentes las relaciones de semejanza y las diferencias.

Entre la contribución de Cannizzaro y el trabajo de Mendeleyev, hubo varias tentativas de clasificar los elementos químicos en orden creciente de sus pesos atómicos, entre las cuales se destacan la del químico alemán Johann Wolfgang Döbereiner, la del geólogo francés Alexandre-Émile Béguyer de Chancourtois y la de Newlands.

Döbereiner, en 1829, buscando la fórmula matemática que relacione el peso atómico de elementos con propiedades semejantes, verificó que había una relación numérica entre los pesos atómicos de elementos químicos de una misma "familia". La Tabla 2.6 presenta tres grupos de elementos con los valores de sus respectivos pesos atómicos.

Döbereiner verificó que la media aritmética de los pesos atómicos de los elementos X y Z de cada familia indicada en la Tabla 2.6 es prácticamente igual al peso atómico del elemento intermedio Y. De hecho, para lo que se denotó por familia I, la media entre los pesos atómicos del calcio (Ca) y del bario (Ba) es 88,5, y se compara con el valor 87 del estroncio (Sr); para la familia II, la media de los elementos extremos es exactamente el valor del peso atómico del sodio (Na); y, para la familia III, la media vale 75,5 y debe ser comparada con 75, que es el peso atómico de arsénico (As).

| | | Elemento químico | A | | Elemento químico | A | | Elemento químico | A |
|---|---|---|---|---|---|---|---|---|---|
| X | Familia I | Calcio | 40 | Familia II | Litio | 7 | Familia III | Fósforo | 31 |
| Y | | Estroncio | 87 | | Sodio | 23 | | Arsénico | 75 |
| Z | | Bario | 137 | | Potásio | 39 | | Antimonio | 120 |

**Tabela 2.6:** Las "tríadas de Döbereiner".

Esa constatación lo llevó a disponer algunos elementos químicos en grupos de tres – las llamadas *tríadas* de Döbereiner –, respetando el hecho de pertenecer a una misma familia y siendo el peso atómico del elemento intermedio igual a la media aritmética de los otros dos. Mientras que, con los valores de los pesos atómicos conocidos en la época, no era posible establecer relaciones entre las triadas. A pesar de eso, la gran diferencia de peso atómico entre el cloro (35,5) y el yodo (127) sugería la existencia de un tercer elemento (halógeno), análogo a esos dos, con un valor intermedio de peso atómico. Ese elemento – el bromo (Br) – fue descubierto algunos años después.

Alrededor de 1850, habían sido identificadas cerca de 20 triadas, indicativo de una regularidad más amplia, aunque por ser comprendida. Esas ideas de agrupar los elementos según un conjunto de sus propiedades fueron retomadas en 1864 por Chancourtois y, en 1866, por Newlands, después del Congreso de Karlsruhe, en el cual Cannizzaro defendió y difundió las ideas de Avogadro, dando un importante paso para que se disipen muchas de las dudas acerca de los valores de los pesos atómicos. Por otro lado, muchos de sus participantes, dentro de los cuales Mendeleyev, pasaron a dedicarse a la búsqueda de una clasificación periódica de los elementos. Esos dos hechos tornarán el Congreso de Karlsruhe un hito en la historia de la Química.

Siguiendo esa tendencia, Chancourtois fue el primero en disponer los elementos químicos en orden creciente de sus pesos atómicos. Él imaginó una representación para los elementos en forma de hélice en torno de un cilindro vertical, cuya circunferencia, tomando por base el peso atómico del oxígeno, era dividida en 16 secciones, y en la cual los elementos eran dispuestos en alturas proporcionales a sus pesos atómicos. Como el teluro (Te) ocupaba el punto final de la hélice, esa representación fue por él denominada *vis tellurique*, esto es, rosca o tornillo telúrico. Una proyección plana de su hélice puede ser vista en la Figura 2.8. Se resalta que los espacios en blanco que aparecían en esa hélice no fueron interpretados como indicativos de nuevos elementos, como haría más tarde Mendeleyev; al contrario, el autor consideraba que deberían corresponder a diferentes variedades de elementos conocidos.

Newlands organizó los elementos de acuerdo con la Tabla 2.7, disponiéndolos en orden creciente de sus pesos atómicos. La organización no fue lineal; él los agrupó en pequeñas columnas de siete elementos cada una. Exceptuando al hidrógeno, propiedades químicas semejantes eran observadas para elementos de una misma línea horizontal de esa tabla. Así, dado un elemento, el octavo elemento contado a partir de él tendría propiedades similares, lo que corresponde a elementos de una misma línea.

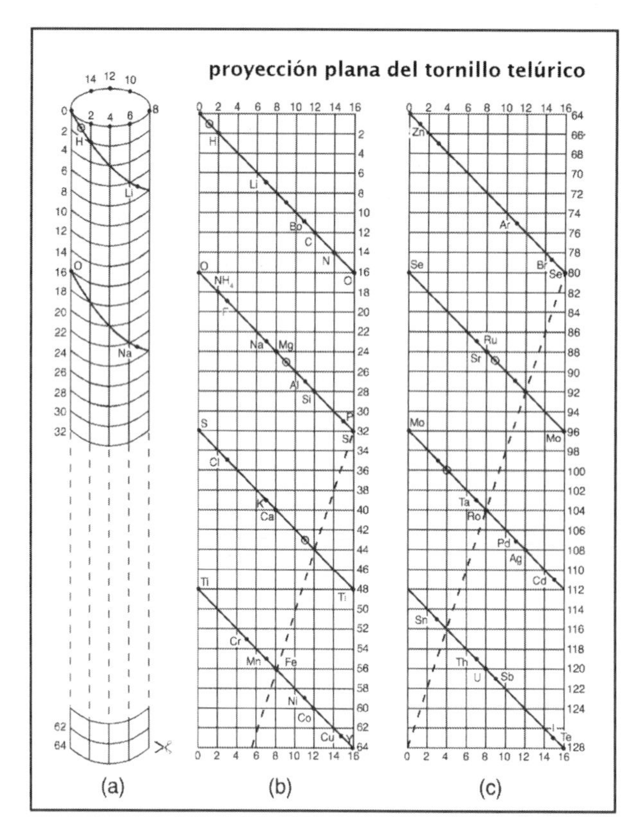


**Figura 2.8:** Proyección plana de la hélice telúrica de Chancourtois.

Newlands, vislumbrando en esa organización una armonía semejante a aquella de las notas musicales, que se repiten de ocho en ocho, estableció la *ley de las octavas*. Su tabla, presentada en el trabajo intitulado "La ley de las octavas y las causas de las relaciones numéricas entre los pesos atómicos", era semejante a la de Mendeleyev. Aunque el autor no tuvo la osadía de dejar espacios en blanco, de cierta forma se anticipó al coraje de Mendeleyev al invertir el orden de ciertos elementos cuando el peso atómico conocido en la época no coincidía con lo que él esperaba de su posición adecuada en la tabla.[19]

| 1 | Hidrógeno | **1** | 8 | Flúor | **19** | 15 | Cloro | **35,5** |
|---|---|---|---|---|---|---|---|---|
| 2 | Litio | **7** | 9 | Sodio | **23** | 16 | Potasio | **39** |
| 3 | Glucinio | **9** | 10 | Magnesio | **24** | 17 | Calcio | **40** |
| 4 | Boro | **11** | 11 | Aluminio | **27** | 18 | Titanio | **48** |
| 5 | Carbono | **12** | 12 | Silicio | **28** | 19 | Cromo | **52** |
| 6 | Ázoe | **14** | 13 | Fósforo | **31** | 20 | Manganeso | **55** |
| 7 | Oxígeno | **16** | 14 | Azufre | **32** | 21 | Fierro | **56** |

**Tabela 2.7:** Reproducción parcial de la Tabla de Newlands.

Tales tentativas de clasificación de los elementos químicos vendrían a ganar una nueva dimensión con el trabajo de Mendeleyev, aunque no habían sido tomadas en serio de inmediato por la comunidad química. El tono irónico del presidente de la London Chemical Society atestigua tal hecho al preguntar a Newlands *por que no probaba escribir los nombres de los elementos en orden alfabético* (...) ¡*Tal vez así se descubriese también alguna ley* (...)!

Otro químico que también se preocupó de manera especial en establecer relaciones entre las propiedades físicas de los elementos y sus pesos atómicos fue el alemán Lothar Meyer. En 1870, él presentó en un gráfico (Figura 2.9) la relación entre los pesos atómicos de los elementos conocidos y sus *volúmenes*

[19] Ambas clasificaciones, de Chancourtois y de Newlands, funcionaban relativamente bien hasta el calcio (Ca), cuyo peso atómico es 40.

*atómicos*, definidos como la razón entre el peso atómico y la densidad.

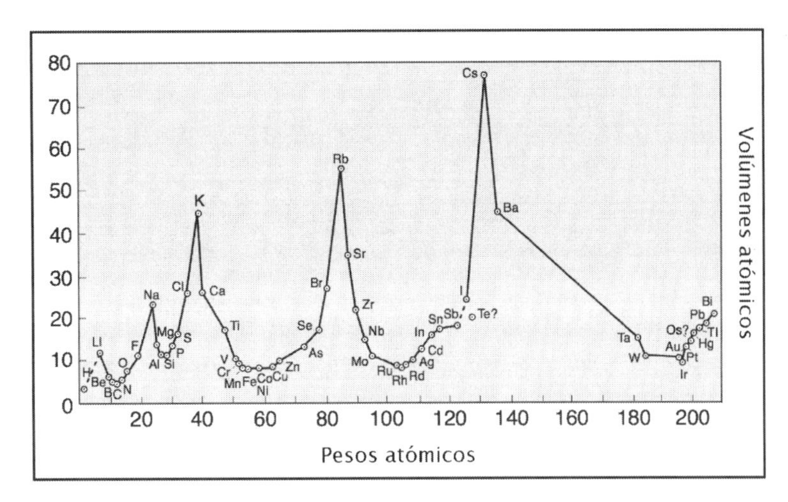


**Figura 2.9:** Gráfico de Lothar Meyer mostrando la relación entre los pesos y los volúmenes atómicos.

Ese gráfico fue importante pues reveló una relación periódica entre los pesos y los volúmenes atómicos, sugiriendo que otras magnitudes, además de la *valencia*, pueden estar relacionadas con la periodicidad de los elementos químicos. Se verificó, más tarde, que el punto de fusión, el punto de ebullición, la conductividad térmica y la eléctrica, los potenciales electrolíticos, las formas cristalinas, entre otras, eran propiedades relacionadas a la periodicidad de los elementos químicos.

**Figura 2.10:** La contribución de Einstein y Mendeleyev.

Anticipándose al concepto de estructura electrónica de los átomos, Mendeleyev clasificó los elementos químicos según el orden creciente de sus pesos atómicos, colocando aquellos de propiedades semejantes en columnas, en su primera *Tabla Periódica*. Guiado por los ideales de *síntesis* y de *simetría*, él escribe:

> *Concebir, comprender y aprender la simetría total del edificio [de la ciencia], incluyendo sus porciones inacabadas, es equivalente a experimentar aquel placer sólo transmitido por las formas más elevadas de belleza y verdad.*

Según Gaston Bachelard, fue de gran importancia la percepción de que las variadas octavas se corresponden y que las más diversas propiedades se repiten cuando se pasa de una a otra. Mendeleyev expresa así esa relación: *las propiedades de los cuerpos simples, como las formas y las propiedades de las combinaciones, son una función periódica de la la magnitud del peso atómico.*

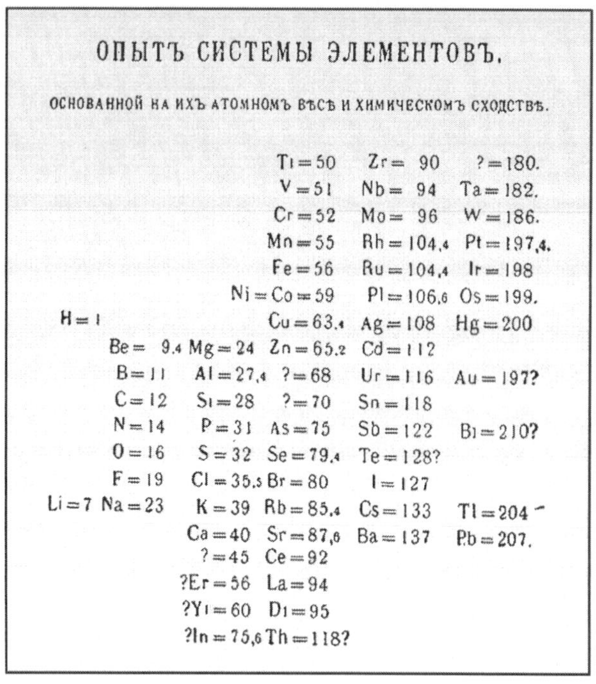

ОПЫТЪ СИСТЕМЫ ЭЛЕМЕНТОВЪ.

ОСНОВАННОЙ НА ИХЪ АТОМНОМЪ ВѢСѢ И ХИМИЧЕСКОМЪ СХОДСТВѢ.

| | | | | | |
|---|---|---|---|---|---|
| | | | Ti=50 | Zr=90 | ?=180. |
| | | | V=51 | Nb=94 | Ta=182. |
| | | | Cr=52 | Mo=96 | W=186. |
| | | | Mn=55 | Rh=104,4 | Pt=197,4. |
| | | | Fe=56 | Ru=104,4 | Ir=198 |
| | | | Ni=Co=59 | Pl=106,6 | Os=199. |
| H=1 | | | Cu=63,4 | Ag=108 | Hg=200 |
| | Be=9,4 | Mg=24 | Zn=65,2 | Cd=112 | |
| | B=11 | Al=27,4 | ?=68 | Ur=116 | Au=197? |
| | C=12 | Si=28 | ?=70 | Sn=118 | |
| | N=14 | P=31 | As=75 | Sb=122 | Bi=210? |
| | O=16 | S=32 | Se=79,4 | Te=128? | |
| | F=19 | Cl=35,5 | Br=80 | I=127 | |
| Li=7 | Na=23 | K=39 | Rb=85,4 | Cs=133 | Tl=204 |
| | | Ca=40 | Sr=87,6 | Ba=137 | Pb=207. |
| | | ?=45 | Ce=92 | | |
| | | ?Er=56 | La=94 | | |
| | | ?Yt=60 | Di=95 | | |
| | | ?In=75,6 | Th=118? | | |

**Tabela 2.8:** Primera tentativa de Mendeleyev de clasificar los elementos químicos.

La primera tabla, en la cual los elementos están listados en columnas verticales, fue publicada en 1869; una versión, usada para divulgación por el propio Mendeleyev, está reproducida en la Tabla 2.8, y una segunda, en nuevo formato, publicada dos años más tarde, en la Tabla 2.9.

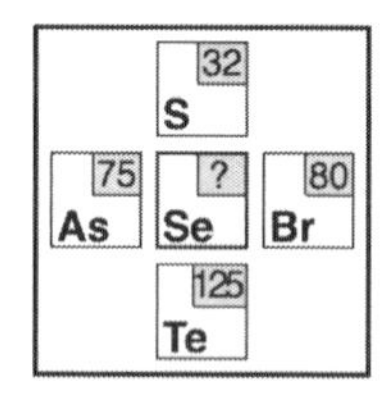


**Figura 2.11:** Regla del cuadrilátero.

Usando un procedimiento análogo al de Newlands, Mendeleyev estableció lo que algunos llaman *regla del cuadrilátero*, según la cual el átomo de un elemento, conocido o no, tendrá masa atómica igual a la media aritmética de los elementos que están encima y abajo de él en el grupo (línea vertical) y de los que están a su derecha y a su izquierda (horizontal). Considérese, por ejemplo, el selenio (Se). Los cuatro elementos que tienen frontera con su cuadrilátero son el azufre (S), el bromo (Br), el telurio (Te) y el arsenio (As) (Figura 2.11).

Siguiendo la regla, la masa atómica del selenio (Se), con valores de la época (Tabla 2.9), es obtenida correctamente como

$$\frac{32 + 125 + 75 + 80}{4} = \frac{312}{4} = 78$$

En la Tabla 2.9, los elementos de cada *Grupo* son presentados por Mendeleyev con una subdivisión en dos claras columnas, una, más a la izquierda y otra, más a la derecha del Grupo. En el Grupo VI, por ejemplo, tenemos una de esas columnas que contiene S, Se y Te, y otra con Cr, Mo, W, U. El motivo por el cual están todos en el mismo Grupo es que todos forman hidruros de tipo $RH_2$ y/o óxidos del tipo $RO_3$. Sin embargo, hay diferencias significativas entre ellos. Hoy en día se sabe que la columna que comienza con el azufre (S) reúne elementos no metálicos, mientras que la que comienza con el cromo (Cr) contiene metales de transición. Otros comentarios sobre los aciertos y los errores de Mendeleyev serán hechos en la Sección 2.6.

**Tabela 2.9:** Arreglo horizontal de los elementos propuesto por Mendeleyev, en 1871, en el cual cada número se refiere al peso de un átomo del elemento en relación al átomo de hidrógeno

| Línea | Grupo I<br>–<br>$R^2O$ | Grupo II<br>–<br>RO | Grupo III<br>–<br>$R^2O^3$ | Grupo IV<br>$RH^4$<br>$RO^2$ | Grupo V<br>$RH^3$<br>$R^2O^5$ | Grupo VI<br>$RH^2$<br>$RO^3$ | Grupo VII<br>RH<br>$R^2O^7$ | Grupo VIII<br>–<br>$RO^4$ |
|---|---|---|---|---|---|---|---|---|
| 1 | H = 1 | | | | | | | |
| 2 | L1 = 7 | Be = 9,4 | B = 11 | C = 12 | N = 14 | O = 16 | F = 19 | |
| 3 | Na = 23 | Mg = 24 | Al = 27,3 | Si = 28 | P = 31 | S = 32 | Cl = 35,5 | |
| 4 | K = 39 | Ca = 40 | – = 44 | Ti = 48 | V = 51 | Cr = 52 | Mu = 55 | Fe = 56, Co = 59, Ni = 59, Cu = 63. |
| 5 | (Cu = 63) | Zn = 65 | – = 68 | – = 72 | As = 75 | Se = 78 | Br = 80 | |
| 6 | Rb = 85 | Sr = 87 | ?Yt = 88 | Zr = 90 | Nb = 94 | Mo = 96 | – = 100 | Ru = 104, Rh = 104 Pd = 106, Ag = 108. |
| 7 | (Ag = 108) | Cd = 112 | In = 113 | Su = 118 | Sb = 122 | Te = 125 | J = 127 | |
| 8 | Cs = 133 | Ba = 137 | ?Di = 138 | ?Ce = 140 | – | – | – | – – – – |
| 9 | (–) | – | – | – | – | – | – | |
| 10 | – | – | ?Er = 178 | ?La = 180 | Ta = 182 | W = 184 | – | Os = 195, Ir = 197, Pt = 198, Au = 199. |
| 11 | (Au = 199) | Hg = 200 | Tl = 204 | Pb = 207 | Bi = 208 | | | |
| 12 | – | – | – | Th = 231 | – | U = 240 | | – – – – |

Lo que se desea enfatizar aquí es que, en 1870, Mendeleyev exhorta a la comunidad química rusa, incisivamente, a adoptar una posición: *es necesario hacer una cosa u otra – o considerar la ley periódica absolutamente verdadera, constituyéndola en nuevo instrumento en la investigación química, o refutarla.* Las objeciones que él enfrentaba pueden ser sintetizadas en la pregunta de un colega: *¿Puede la naturaleza tener espacios en blanco?*

**Tabela 2.10:** Elementos químicos conocidos en diferentes períodos históricos

| Período | | Nº de elementos químicos | | |
|---|---|---|---|---|
| | | Descubierto | | Total acumulado |
| Antigüedad | | 9 | | 9 |
| Edad Media | | 3 | | 12 |
| Siglo XVI | | 1 | | 13 |
| Siglo XVII | | 2 | | 15 |
| Siglo XVIII | | 16 | | 31 |
| Siglo XIX | 1803 (Dalton) | 5 | 52 | 36 |
| | 1829 (Döbereiner) | 18 | | 54 |
| | 1864 (Chancourtois) | 8 | | 62 |
| | 1866 (Newlands) | 0 | | 62 |
| | 1869 (Mendeleiev) | 1 | | 63 |
| | 1900 | 20 | | 83 |
| Siglo XX | 1960 | 19 | 27 | 102 |
| | 2000 | 8 | | 110 |

La Tabla 2.10 resume el número de elementos químicos conocidos en varios períodos históricos. En particular, en el siglo XIX, están destacados los datos cuantitativos y las fechas correspondientes a los trabajos abordados en esta sección.[20]

[20] En relación al siglo XVIII, la diferencia entre el número 31 reportado en la Tabla 2.10 y el número de elementos citados en el texto, 33, se debe al hecho de que Lavoisier había considerado en su tabla, la *luz* y lo *calórico* como "sustancias simples".

## 2.6 El legado de Mendeleyev

*(...) Estaba claro que la tabla periódica miraba a ambos lados: hacia fuera, a las propiedades manifiestas de los elementos, y hacia dentro, a alguna propiedad atómica todavá desconocida que la determinaba.*

Oliver Sacks

El legado más evidente del trabajo científico de Mendeleyev es, indiscutiblemente, la propia versión moderna de su tabla y toda la comprensión que ella sintetiza de la totalidad de los elementos químicos naturales y artificiales.

**Tabela 2.11:** Elementos descubiertos entre 1871 (fecha de la publicación de la segunda Tabla de Mendeleyev) y 1925

| Elemento | | | Descubrimiento | |
|---|---|---|---|---|
| Nombre | Símbolo | Z | Año | Nombre de los científicos |
| Galio | Ga | 31 | 1875 | Paul E. L. de Boisbaudran |
| Iterbio | Yb | 70 | 1878 | Jean Charles G. de Marignac |
| Tulio | Tm | 69 | 1879 | Per Teodor Cleve |
| Escandio | Sc | 21 | 1879 | Lars Frederick Nilson |
| Holmio | Ho | 67 | 1879 | M. Delafontaine & J. L. Soret |
| Samario | Sm | 62 | 1879 | Paul E. L. de Boisbaudran |
| Gadolinio | Gd | 64 | 1880 | Jean Charles G. de Marignac |
| Praseodimio | Pr | 59 | 1885 | Carl Auer von Welsbach |
| Neodimio | Nd | 60 | 1885 | Carl Auer von Welsbach |
| Disprosio | Dy | 66 | 1886 | Paul E. L. de Boisbaudran |
| Germanio | Ge | 32 | 1886 | Clemens Winkler |
| Argón | Ar | 18 | 1894 | Lord Rayleigh & Sir W. Ramsay |
| Neón | Ne | 10 | 1898 | Sir William Ramsay |
| Criptón | Kr | 36 | 1898 | Sir William Ramsay |
| Xenón | Xe | 54 | 1898 | Sir William Ramsay |
| Radón | Ra | 88 | 1898 | Pierre Curie & Marie Curie |
| Polonio | Po | 84 | 1898 | Pierre Curie & Marie Curie |
| Radônio | Rn | 86 | 1898 | Friedrich Ernst Dorn |
| Actinio | Ac | 89 | 1899 | A. Debierne |
| Europio | Eu | 63 | 1901 | Eugene Demarcay |
| Lutecio | Lu | 71 | 1907 | Georges Urbain |
| Protactinio | Pa | 91 | 1917 | Kasimir Fajans, O.Göhring, Frederich Soddy, John Cranston, Lise Meitner & Otto Hahn |
| Hafnio | Hf | 72 | 1923 | Dirk Coster |
| Renio | Re | 75 | 1925 | Walter Noddack & Ida Tacke |

Es relevante resaltar que, por ocasión de la publicación de la primera tabla, eran conocidos 63 elementos (las "partículas elementales" de la época) y, en 1925, fecha del descubrimiento del último elemento natural, ese número llegó a 87. La Tabla 2.11 relaciona todos los elementos descubiertos en ese período, indicando el año y el nombre de los descubridores.

Mendeleyev anticipó, así, la existencia y las propiedades de esos nuevos elementos, como consecuencia de las regularidades y simetrías por él identificadas y de su convicción de la exactitud de esas simetrías que relacionaban a las *partículas elementales* de la época. Dos ejemplos históricos son presentados en las Tablas 2.12 y 2.13, relacionados, respectivamente, con los descubrimientos del galio (Ga) y del germanio (Ge). Es casi imposible no impresionarse con la cantidad y la precisión de esas predicciones.

Además de las ya citadas, Mendeleyev hizo otras predicciones, igualmente detalladas, que tuvieron confirmaciones experimentales. Sin embargo, hizo también predicciones equivocadas, algunas de las cuales serán citadas aquí. Por ejemplo, él imaginaba que el mercurio (Hg) estaría en el mismo grupo del cobre (Cu) y de la plata (Ag), incluso indicando que el Hg aparecería antes del oro (Au), que tiene un peso atómico más bajo en la tabla. Eso hizo que Mendeleyev cuestionase el peso atómico del oro y lo colocase en el grupo del boro (B), debajo del uranio (U), que, a su vez, estaba posicionado en lugar errado debido a un equívoco en la determinación de su peso atómico en aquella época.

**Tabela 2.12:** Propiedades previstas por Mendeleyev para el eka-aluminio y las observaciones para el galio

| Propiedades esperadas Eka-Aluminio (Ea) | Propiedades observadas Galio (Ga) |
|---|---|
| Peso atómico: ≈ 68<br>Volumen atómico: 11,5<br>Valencia: 3<br>Color: gris | Peso atómico: 69,9<br>Volumen atómico: 11,7<br>Valencia: 3<br>Color: gris blanquecina |
| Densidad específica de metal 5,9 g/cm$^3$; bajo punto de fusión; no volátil; no sufre la acción del aire; se debe vaporizar con calor rojo; debe disolverse lentamente en ácidos y álcalis. | Densidad específica de metal 5,94g/cm$^3$; punto de fusión 30,15ºC; no volátil a temperaturas moderadas; no es alterado por el aire; acción de vapor desconocida; se disuelve lentamente en ácidos y álcalis. |
| Óxido: Fórmula $Ea_2O_3$; gravedad específica 5,5; debe disolverse en ácidos para formar de tipo $EaX_3$; el hidróxido debe disolverse en ácidos y álcalis. | Óxido: Fórmula $Ga_2O_3$; gravedad específica desconocida; se disuelve en ácidos formando sales de tipo $GaX_3$; el hidróxido se disuelve en ácidos y álcalis. |
| Las sales deben tener tendencia a formar sales básicas; el sulfato debe formar alumbre; el sulfuro debe ser precipitado por $H_2S$ ou $(NH_4)_2S$; el anhidro de cloreto debe ser más volátil que el cloreto de zinc; es probable que el elemento sea descubierto por análisis espectroscópico. | Las sales se hidrolizan rápidamente y forman sales básicas; alumbres desconocidos; el sulfuro es precipitado por $H_2S$ o $(NH_4)_2$ en condiciones especiales; el anhidro de cloreto es más volátil que el cloreto de zinc; El galio fue descubierto con la ayuda de un espectroscopio. |

**Tabela 2.13:** Propiedades previstas por Mendeleyev para el eka-silicio y las observadas para el germanio

| propiedades | Eka-silicio | Germanio |
|---|---|---|
| Peso atomico | 72 | 72,32 |
| Densidad específica (g/cm³) | 5,5 | 5,47 |
| Volumen atómico | 13 | 13,22 |
| Valencia | 4 | 4 |
| Calor específico (cal/g °C) | 0,073 | 0,076 |
| Densidad específica de dióxido (g/cm³) | 4,7 | 4,703 |
| Volumen molecular de dióxido | 22 | 22,16 |
| Punto de ebullición del tetracloruro (ºC) | <100 | 86 |
| Densidad específica de tetracloruro (g/cm³) | 1,9 | 1,887 |
| Volumen molecular de tetracloruro | 113 | 113,35 |

Hay todavía algunos problemas relacionados con cuatro pares de elementos, para los cuales el de mayor número atómico posee el menor peso atómico. Sin embargo, exceptuando el par cobalto-níquel, cuya diferencia de masa es de apenas 0,24 u – dentro del error experimental en la época de Mendeleyev –, todos los otros casos conocidos hoy involucran a elementos que no habían sido descubiertos en 1871; en realidad, involucran anomalías de los isótopos.

En verdad, había además un gran problema que tal vez impidiese a Mendeleyev tener una mayor claridad de la llave de toda su tabla. No se trataba de la falta de uno u otro elemento, sino de todo un grupo de elementos aún por ser descubierto: los *gases nobles* – un grupo tan inerte que escapó de la atención de los químicos por un siglo. Sin embargo, nada de eso le quita el brillo, el valor y la belleza de la Tabla Periódica de Mendeleyev, que aunque continúa impresionando y motivando a muchos jóvenes a hacer Química. Así, el químico y escritor italiano Primo Levi describió el impacto que ella le causó: *La Tabla Periódica de Mendeleyev (...) era una poesía, mayor y más solemne que todas las poesías digeridas en el colegio: Pensándolo bien, ¡tenía hasta rima!*

Esa creencia en el poder predictivo de la comprensión de las regularidades de la naturaleza, implícita en su trabajo, también está presente en los estudios actuales de las simetrías unitarias en Física de Partículas (Capítulo 17).

A lo largo del tiempo, algunos descubrimientos incluso llegaron a poner en tela de juicio la propia lógica de la clasificación de Mendeleyev. Mas su forma prevaleció a expensas de ciertas cambios de forma sugeridos por otros químicos como Thomas Bailey, que propuso, en 1882, una tabla de forma piramidal. En 1895, el químico danés Julius Thomsen sugirió la forma moderna, más larga, de la Tabla Periódica, indicando que los períodos (líneas horizontales) deberían terminar todos con un elemento de valencia cero (los gases nobles). Dos descubrimientos contribuirían para hacer otros cambios: el de las *tierras raras* o lantánidos – que significa un comportamiento químico semejante al del lantano (La) – y el de la *radioactividad* (Capítulo 9).

En relación a las tierras raras, el químico checo Bohuslav Brauner observó, en 1902, la falta de espacio para posicionarlas en la Tabla de Mendeleyev, proponiendo una extensión a partir del elemento 57 (La), que prevea, hasta, la existencia de la última tierra rara que fue descubierta recién en 1945: el elemento 61, el Prometio (Pm), cuyo nombre homenajea a Prometeo.

En cuanto a la radioactividad, la formación de los conceptos de *número atómico* y de *isotopía* es consecuencia igualmente importante de las ideas de Mendeleyev, y constituye un paso esencial en la comprensión de la subestructura de los elementos químicos. En ese sentido, son dignos de destacar los trabajos posteriores del físico danés Niels Bohr, del inglés Henry Gwyn-Jeffreys Moseley y de los austriacos Erwin Schrödinger y Wolfgang Pauli.

A mediados de la década de 1930, sólo faltaban ser descubiertos los elementos cuyos números atómicos correspondían a 43, 61, 85 y 87, para que la Tabla Periódica, que había sido elaborada para soportar 92 elementos, fuese completada.

Las primeras tentativas de producción de elementos más allá del uranio (U) – los elementos transuránicos – fueron hechos por los físicos italianos Enrico Fermi, Emilio Segrý y colaboradores, en 1934, en la Universidad de Roma, bombardeando una muestra de uranio con neutrones. Ese nuevo capítulo de la Física Nuclear permitió la producción de varios elementos radioactivos, que trajeron nuevos desafíos para los químicos y físicos. Uno de ellos era donde colocarlos en la Tabla Periódica.

La discusión sobre la posición de esos elementos pesados en la Tabla también se prolongó por mucho tiempo. En 1945, el químico estadounidense Glen Theodore Seaborg publica una versión de la Tabla Periódica (Tabla 2.14), en la cual aparece, por primera vez, una nueva serie de elementos (Tabla 2.15) – los *actínidos* –, aclarando que los elementos más pesados que el actinio estaban dispuestos erróneamente en versiones anteriores de la Tabla Periódica.

**Tabela 2.14:** Tabla Periódica preparada por G.T. Seaborg en 1945

**Tabla periódica que muestra elementos pesados como miembros de una serie de actínidos**

Acuerdo propuesto por Glenn T. Seaborg

| | | | | | | | | | | | | | | | | | |
|---|---|---|---|---|---|---|---|---|---|---|---|---|---|---|---|---|---|
| 1 1,01 H | | | | | | | | | | | | | | | | 1 1,01 H | 2 4,00 He |
| 3 6,94 Li | 4 9,01 Be | | | | | | | | | | | 5 10,8 B | 6 12,0 C | 7 14,0 N | 8 16,0 O | 9 19,0 F | 10 20,2 Ne |
| 11 23,0 Na | 12 24,3 Mg | 13 27,0 Al | | | | | | | | | | 13 27,0 Al | 14 28,1 Si | 15 31,0 P | 16 32,1 S | 17 35,5 Cl | 18 39,9 A |
| 19 39,1 K | 20 40,1 Ca | 21 45,0 Sc | 22 47,9 Ti | 23 50,9 V | 24 52,0 Cr | 25 54,9 Mn | 26 55,8 Fe | 27 58,9 Co | 28 58,7 Ni | 29 63,5 Cu | 30 65,4 Zn | 31 69,7 Ga | 32 72,6 Ge | 33 74,9 As | 34 79,0 Se | 35 79,9 Br | 36 83,8 Kr |
| 37 85,5 Rb | 38 87,6 Sr | 39 88,9 Y | 40 91,2 Zr | 41 92,9 Cb | 42 95,9 Mo | 43 (98) | 44 101 Ru | 45 103 Rh | 46 106 Pd | 47 108 Ag | 48 112 Cd | 49 115 In | 50 119 Sn | 51 122 Sb | 52 128 Te | 53 127 I | 54 131 Xe |
| 55 133 Cs | 56 137 Ba | 57/71 139/175 * | 72 178 Hf | 73 181 Ta | 74 184 W | 75 186 Re | 76 190 Os | 77 192 Ir | 78 195 Pt | 79 197 Au | 80 201 Hg | 81 204 Tl | 82 207 Pb | 83 209 Bi | 84 Po | 85 | 86 (222) Rn |
| 87 | 88 Ra | 89/103 (262) ** | 90 Th | 91 Pa | 92 U | 93 Np | 94 Pu | 95 | 96 | | | | | | | | |

*Serie de lantánidos

| | | | | | | | | | | | | | | |
|---|---|---|---|---|---|---|---|---|---|---|---|---|---|---|
| 57 139 La | 58 140 Ce | 59 141 Pr | 60 144 Nd | 61 | 62 150 Sm | 63 152 Eu | 64 157 Gd | 65 159 Tb | 66 163 Dy | 67 165 Ho | 68 167 Er | 69 169 Tm | 70 173 Yb | 71 175 Lu |

** Serie de actínidos

| | | | | | | | | | | | | | | |
|---|---|---|---|---|---|---|---|---|---|---|---|---|---|---|
| 89 (227) Ac | 90 232 Th | 91 231 Pa | 92 238 U | 93 (237) Np | 94 Pu | 95 | 96 | | | | | | | |

**Tabela 2.15:** Serie de los actínidos

**** Serie de actínidos**

| | | | | | | | |
|---|---|---|---|---|---|---|---|
| 89 (227) | 90 232 | 91 231 | 92 238 | 93 (237) | 94 (244) | 95 (243) | 96 (247) |
| Ac | Th | Pa | U | NP | Pu | Am | Cm |

Esa segunda serie de elementos, semejante a la serie de los lantánidos, posee un conjunto de propiedades comunes, o sea, sus constituyentes son metales gris o plateados, que presentan alta conductividad eléctrica, y sus cationes son trivalentes, entre otras. Note que la estructura propuesta por Seaborg (Tabla 2.14) ya es muy semejante a la Tabla Periódica actual (Tabla 2.16), en la cual la numeración horizontal de 1 a 18 en la parte superior se refiere a los grupos, siguiendo recomendación actual de la IUPAC (*International Union of Pure and Applied Chemistry*); los números en la vertical representan el período. Para cada elemento, se muestra sólo su símbolo, el número atómico – en el cuadrado superior izquierdo, en blanco – y la masa atómica – en el canto superior derecho, en gris –, con tres cifras significativas, se toma como referencia el isótopo $C^{12}$. Las masas atómicas entre paréntesis se refieren al isótopo más estable. Los elementos cuyos símbolos están en letra hueca son elementos artificiales. La principal diferencia entre la Tabla de Seaborg y la actual es el descubrimiento de nueve elementos que completan la serie de los actínidos.

Otro legado memorable de la obra de Mendeleyev, de naturaleza general, fue la confirmación de que de la búsqueda de simetrías como criterio de clasificación resultan modelos o teorías con capacidad predictiva. A partir de entonces, la Química deja sólo de describir y de enumerar; pasa a *prever*. No deja de ser curioso constatar, con el tiempo, que las partículas agrupadas en la Tabla Periódica (los átomos de los elementos químicos) no son *elementales*. Mas aún, es interesante notar que en la rama de la Física que se dedicará al estudio de los constituyentes últimos de la materia – la Física de Partículas – ese tipo de criterio de clasificación de las partículas elementales, a partir del reconocimiento y de la valorización de sus simetrías, se concretiza, una vez más, con gran éxito (Capítulo 17).

**Tabela 2.16:** Tabla Periódica simplificada de los Elementos químicos

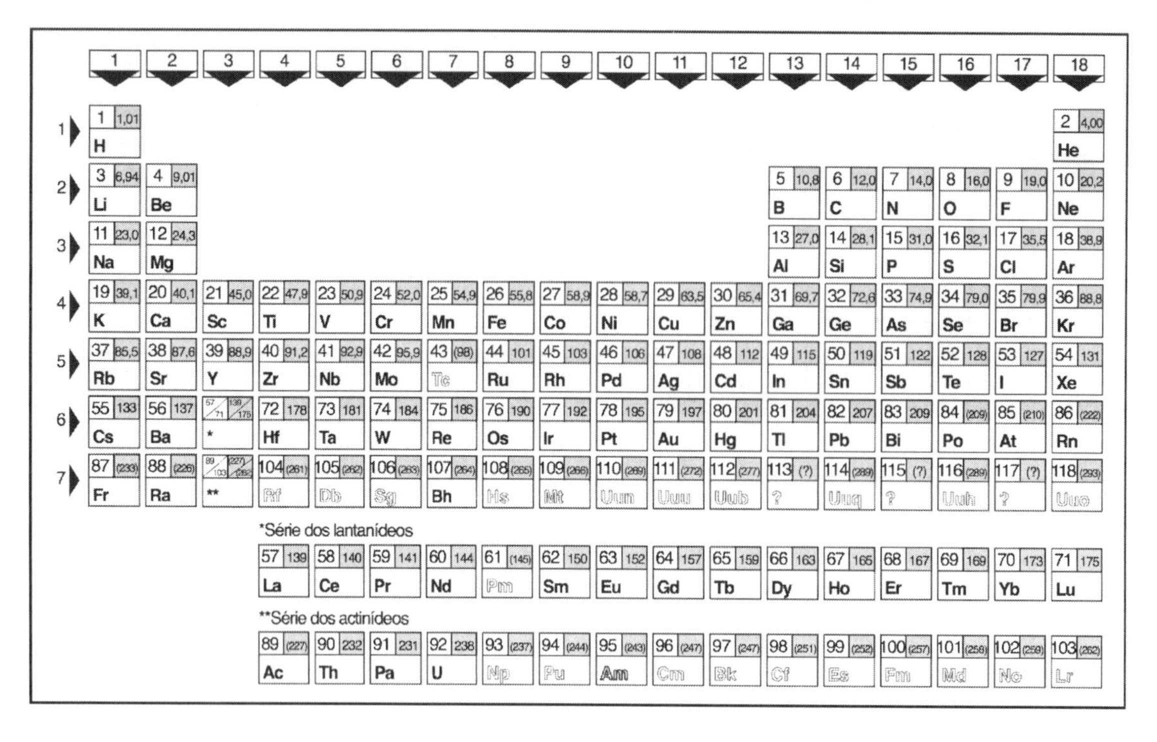


## 2.7 Fuentes primarias

**Ampère, A.-M., 1816.** Essai d'une Classification naturelle pour les Corps simples. *Annales de Chimie et de Physique* **1**, p.295-308; De l'essai d'une Classification naturelle pour les Corps simples. *Ibid.*, p. 373-394; Suite d'une Classification Naturelle pour les Corps Simples. *Ibid.* **2**, p. 5-32 y 105-125.

**Aston, F.W., 1920.** Isotopes and Atomic Weights. *Nature* **105**, p. 617-621.

**Avogadro, A., 1811.** Essai d'une manière de determiner les masses relatives des molécules élementaires des corps. *Journal de Physique* **73**, p. 58-76.

**Bailey, T., 1882.** On the connexion between the atomic weight and the chemical and physical properties of elements. *Philosophical Magazine*, S.5, **13**, n. 78, p. 26-37.

**Berthollet, C.-L., 1803.** *Essai de Statique Chimique.* Paris: Firmin Didot, volúmenes I y II.

**Berzelius, J.J., 1813.** Essay on the Cause of Chemical Proportions, and Some Circumstances Relating to Them: Together with a Short and easy Method of Expressing Them. *Annals of Philosophy* **2**, p.443-454; *ibid.* **3**, pp. 51-52, 93-106, 244-255, 353-364. Veja **Leicester, H.M.; Klickstein, H.S. (Eds.), 1963**, p. 262-268.

**Berzelius, J.J., 1828.** *Jahresbericht über die Fortschritte der Physischen Wissenschaften* (Annual Report), p. 76.

**Berzelius, J.J., 1835.** *Théorie des proportions chimiques et table analytique des poids atomiques, des corps simples et de leurs combinaisons les plus importantes.* Paris: Firmin Didot Frères, deuxième edition, p. 95-121.

**Brauner, B., 1902.** Über die Stellung der Elemente der seltenen Erden im periodischen System von Mendelejeff. *Zeistschrift für anorganisch Chemie* **32**, p. 1-30.

**Cannizzaro, S. 1858.** Sunto di un Corso di Filosofia Chimica. *Il Nuovo Cimento* **7**, p. 321-366. Reeditado por Sellerio editor, Palermo (1991), con comentarios y notas históricas de Luigi Cerruti y introducción de Leonello Paolini. Traducción al inglés republicada por The Alembic Club, Edinburgh (1947).

**Dalton, J., 1808-1827.** *A New System of Chemical Philosophy.* Manchester. Edición más reciente, Londres: Peter Owen Ltd. (1965).

**Davy, H., 1799.** *An essay on heat, light, and the communication of Light, in The Collected Works of H. Davy*, vol. II, Londres: Smith, Elder & Co., 1879, y New York: Johnson Reprint Corporation, 1972.

**De Chancourtois, A.y.B., 1862.** Mémoire sur un classement naturel des corps simples ou radicaux appelé *vis tellurique. Comptes Rendus* **54**, p. 757-761, 840, 967. Ver también, del mismo autor, *Vis Tellurique: Classement Naturel des Corps simples ou radicaux obtenu au moyen d'un Système de Classification hélicoïdal et numérique.* Paris: Mallet-Bachelier (1963).

**Dempster, A.J., 1922.** Positive-Ray Analysis of Potassium, Calcium and Zinc. *Physical Review* **20**, n. 6, p. 631-638.

**Descartes, R., 1644.** *Principios de Filosofía.* Vea original en francés en *Œuvres de Descartes*, AT VIIIA 51. Paris: Librairie Philosophique J.Vrin (1996).

**Döbereiner, J.W., 1829.** Versuch zu einer Gruppirung der elementaren Stoffe nach ihrer Analogie. *Annalen der Physik und Chemie*, Ser. 2, **15**, n. 2, p. 301-7. Reproducido en **Leicester, H.M.; Klickstein, H.S. (Eds.), 1963**, p. 268-272, como An Attempt to Group Elementary Substances according to Their Analogies.

**Du Bois-Reimond, y., 1891.** *Über die Grenzen des Naturekennens.* Leipzig: Verlag von Veit & Comp.; traducción italiana bajo los cuidados de V. Cappelletti, *I confini della conoscenza della natura.* Edición utilizada, Milán: Feltrinelli Editore (1973).

**Dumas, J.-B., 1857.** Mémoire sur les équivalents des corps simples. *Comptes Rendus* **45**, p. 709-731.

**Dumas, J.-B., 1859.** Mémoire sur les équivalents des corps simples. *Annales de Chemie* [3] **55**, p. 129-210.

**Dumas, J.-B., 1860.** Ueber die Äquivalentgewichte der einfachen Körper. *Annalen der Chemie* **113**, p. 20-36.

**Faraday, M., 1832.** Experimental researches in electricity. *Philosophical Transactions of the Royal Society*, Seventh Series, **122**, p. 125-162. Disponível em http://archive.org/details/philtrans01461252.

**Faraday, M., 1834.** Experimental researches in electricity. *Philosophical Transactions of the Royal Society*, Seventh Series, **124**, p. 77-122. Reproducido en **Hutchins, R.M. (Ed.), 1980**, p. 361-390. Disponible en http://archive.org/details/philtrans08694360.

**Frankland, y., 1852.** On a new series of organic bodies containing metals. *Philosophical Transactions of the Royal Society* **142**, p. 417-444.

**Galileo Galilei, 1623.** *Il Saggiatore*. Edición usada: Milán: Istituto Editoriale Italiano, s/d.

**Gay-Lussac, J.L., 1809.** Mémoire sur la combinaison des substances gazeuses les unes avec les autres. *Mémoires de la Societý d'Arcueil* **2**, p. 207-234.

**Kekulé, A., 1857.** Über die s.g. gepaarten Verbindungen und die Theorie der mehratomizen Radicale. *Annalen der Chemie und Pharmacie* **104**, n. 2, p. 129-150.

**Lavoisier, A., 1789.** *Traitý élémentaire de chimie, présentý dans un ordre nouveau et d'après les découvertes modernes*. Paris: Cuchet. Tradução inglesa de Robert Kerr: *Elements of Chemistry*, Edindurgh (1790).

**Loschmidt, J., 1866.** Zu Grösse der Luftmolecüle. *Sitzungsberichte der kaiserlischen Akademie der Wissenschaften in Wien der Mathematik und Naturwissenschaften*, Klasse II, Abteinlung **52**, p. 395-413. Reproducido en **Garber, y.; Brush, S.G.; Everitt, C.W.F. (Eds.), 1986**.

**Mendeleyev, D., 1869a.** The Relation between the Properties and Atomic Weights of the Elements. *Journal of the Russian Physical Chemical Society* **1**, p. 60-77.

**Mendeleyev, D., 1869b.** On the Relationship of the Properties of the Elements to their Atomic Weights. *Zeitschrift für Chemie* **12**, p. 405-406.

**Mendeleyev, D., 1871.** A Natural System of the Elements and its Use in Predicting the Properties of Undiscovered Elements. *Journal of the Russian Physical Chemical Society* **3**, p. 25-56.

**Mendeleyev, D., 1872.** Die periodische Gesetzmäßigkeit der chemischen Elemente. *Annalen der Chemie*, Supplementband **8**, p. 149.

**Mendeleyev, D., 1889.** The Periodic Law of Chemical Elements. *Journal of Chemical Society* **55**, p. 634-656.

**Meyer, J.L., 1870.** Die Natur der chemischen Element als Function ihrer Atomgewichte. *Annalen der Chemie*, Supplementband **7**, p.354-364. Vea **Leicester, H.M.; Klickstein, H.S. (Eds.), 1963**, p. 434-8.

**Newlands, J.A.R., 1863.** On Relations among the Equivalents. *Chemical News* **7**, p. 70-72.

**Newlands, J.A.R., 1864.** Relations between Equivalents. *Chemical News* **10**, p. 59-60 y 94-95; *idem*, **13**, p. 113.

**Newlands, J.A.R., 1865.** On the "Law of Octaves". *Chemical News* **12**, p. 83.

**Newlands, J.A.R., 1878.** On Periodic Law. *Chemical News* **38**, p. 106-107.

**Newlands, J.A.R., 1884.** On the discovery of the periodic law and on the relations among the atomic weights. London: y. & F.N. Spon.

**Newton, I., 1704.** *Opticks*. Edición utilizada de Dover, New York, 1952; en portugués, *Óptica*. Sao Paulo: EdUsp (1996).

**Newton, I., 1726.** *Philosophiæ Naturalis Principia Mathematica. Rule* 3, *Book* 3, third edition. Vea la edición con los cuidados de Koyrè, A. Cohen, I.B., Cambridge: Harvard University (1972).

**Ostwald, W., 1900.** *Grundriss der allgemeinen Chemie*. Leipzig: Engelmann.

**Ostwald, W., 1917.** *Grundriss der allgemeinen Chemie*. Dresden: Steinkopff, p. 44. Veja também **Gorin, G., 1994.** Mole and Chemical Amount: A Discussion of the Fundamental Measurements of Chemistry. *Journal of Chemical Education* **71**, n. 21, p. 114-116.

**Proust, J.L., 1799.** Researches on Copper. *Annales de Chemie* **32**, p.26-54; parcialmente reproducido en inglés en **Leicester, H.M.; Klickstein, H.S. (Eds.), 1963**, p. 202-205.

**Prout, W., 1815.** On the Relation between the specific Gravity of Bodies in their Gaseous State and the Weights of their Atoms. *Annals of Philosophy* **6**, p. 321-330.

**Prout, W., 1816.** Correction of a Mistake in the Essay on the Relation between the specific Gravity of Bodies in their Gaseous State and the Weights of their Atoms. *Annals of Philosophy* **7**, p. 111-113.

**Psillos, Stathis, 1994.** A philosophical study of the transition from the caloric theory of heat to thermodynamics: Resisting the pessimistic meta-induction. *Studies in History and Philosophy of Science* **25**, n. 2, p. 159-190.

**Seaborg, G.T., 1945.** The Chemical and Radioactive properties of the heavy elements. *Chemical and Engineering News* **23**, p.2190-2193.

**Soddy, F., 1913.** The radioelements and periodic law. *Chemical News* **107**, p.97-99.

**Stahl, G.y., 1697.** *Zymotechnia fundamentalis sive fermentations theoria generalis*. Halle: Salfeld.

**Stas, J.S., 1860.** Recherches on the Mutual Relations of Atomic Weights. *Bulletin de l'Académie Royale de Belgique*, serie 2, **10**, p. 208-213, 336. Vea también Jean Charles de Marignac, Recherches on the Mutual Relations of Atomic Weights by J.S. Stas. *Idem*, **10**, n. 8 (1860).

**Thomson, B., 1798.** An inquiry concerning the source of the heat which is excited by friction. *Philosophical Transactions of the Royal Society* **88**, p. 80-102.

**Thomson, J.J., 1913.** On the Appearance of Helium and Neon in Vacuum Tubes. *Nature* **90**, p. 645-647.

**Wichelhaus, C.H., 1868.** *Annalen der Chemie und Pharmacie*, Supplementband **VI**, p. 257-280.

## 2.8 Otras referencias y sugerencias de lectura

**Alfonso-Goldfaber, A.M., 2001.** La autora aborda el paso de la Alquimia a la Química como resultado de un cambio de la cosmovisión; mientras los alquimistas se aferraban a concepciones vitalistas y a métodos cualitativos, los químicos abrazan una visión mecanicista del Mundo, buscando cuantificarlo.

**Aston, F.W., 1922.** Masas spectra and isotopes. *Nobel Lecture*. El texto puede ser encontrado en [**NOBEL, 2005**].

**Aston, F.W., 1933.** Libro clásico sobre la espectroscopia de masas y los isótopos, escrito por un premio Nobel que dedicó buena parte de su vida científica al tema.

**Bachelard, G., 1973.** Obra de cuño filosófico que aborda cuestiones tales como: el problema de la diversidad de los fenómenos químicos, el establecimiento gradual de un orden a partir de un conjunto variado de observaciones; la influencia racionalista en el empirismo químico; la geometrización de la sustancia; la contribución de Mendeleyev y la matematización de la Química.

**Becker, P., 2001.** History and Progress in the accurate determination of the Avogadro Constant. *Reports on Progress in Physics* **64**, n. 12, p. 1945-2008.

**Becker, P., 2003.** Tracing the definition of the kilogram to the Avogadro constant using a silicon single crystal. *Metrologia* **40**, p.366-375.

**Begalli, M.; Caruso, F.; Predazzi, E., 2000.** O Desenvolvimiento de la Física de Partículas. *In* **Caruso, F.; Santoro, A. (Eds.)**, p.59-70.

**Bellone, y., 1990.** Historia de la Física que aborda las contribuciones científicas que van de Galileo a Dirac. El eje temático elegido se basa en la contraposición de un caos presupuesto a una armonía idealizada en los intentos de ordenar y comprender el mundo físico.

**Benfey, O.T. 1993.** Precursors and cocursors of the Mendeleev table: the Pythagorean spirit in element classification. *Bulletim for the History of Chemistry* **13-14**, p. 60-66.

**Bensaude-Vincent, B.; Stengers, I., 1996.** Las autoras se proponen, en esa obra, presentar una historia de la Química desprovista de los lugares comunes tradicionales.

**Brock, W.H. (Ed.), 1967.** Aborda una tentativa no atomista de explicar los compuestos químicos.

**Camel, Tânia de Oliveira; Koehler, Carlos B.G.; Filgueiras, Carlos A.L., 2009.** La Química Orgánica en la consolidación de los conceptos de átomo y molécula. *Química Nueva* **32**, n. 2, p. 543-553.

**Caruso, F., 2000.** Dividiendo lo Indivisible. *In* **Caruso, F.; Santoro, A. (Eds.)**, p. 43-50.

**Caruso, F.; Moreira, R., 2001.** El espacio en la Física y en el Arte. *In* Martins, A.M.M.; Carvalho, M. (Orgs.) *Nuevas visiones: Fundamentando el espacio arquitectónico y urbano*. Rio de Janeiro: Booklink/PROARQ/FAU/UFRJ.

**Caruso, F.; Santoro, A. (Eds.), 2000.** Colección de artículos que corresponden al contenido de la Escuela Lishep 1993, escritos por varios investigadores para dar una visión amplia al lector sobre la Física Moderna. El libro aborda temas tales como: Teoría de la Relatividad, la Mecánica Cuántica, la Física de Partículas y la Cosmología, en un lenguaje accesible al público en general.

**Cassebaum, H.; Kauffman, G.B., 1971.** The Periodic System of the Chemical Elements: The Search fot Its Discoverer. *Isis* **62**, n. 3, p. 314-327.

**Chang, K.-M., 2002.** Fermentation, Phlogiston and Matter Theory: Chemistry and Natural Philosophy in George Ernest Stahl 'Zymotechnia fundamentalis sive fermentations theoria generalis'. *Early Science and Medicine* **7**, n. 1, p. 31-64.

**Ciardi, M., 1995.** Discute la génesis histórica de la hipótesis de Avogadro y presenta una rica bibliografía con fuentes primarias y secundarias sobre el asunto.

**Deslattes, R.D., 1980.** The Avogadro Constant. *Annual Review of Physics and Chemistry* **31**, p. 435-461.

**DiFilippo, F.; Natarajav, V.; Boyce, K.R.; Pritchard, D.y., 1994.** Accurate Atomic Masses for Fundamental Metrology. *Physical Review Letters* **73**, n. 11, p. 1481-1484.

**Dijksterhuis, y.J., 1986.** Para quien desea comprender la evolución del mecanicismo.

**Dimitriev, I.S., 2004.** Scientific discovery in "statu nascendi": The case of Dmitrii Mendeleev's Periodic Law. *Historical Studies in the Physical and Biological Sciences* **34**, Part 2, p. 233-275.

**Gordin, M.D., 2002.** The Organic Roots of Mendeleev's Periodical Law. *Historical Studies in the Physical and Biological Sciences* **32**, part 2, p. 263-290.

**Gorin, G., 1994.** Mole and Chemical Amount: A Discussion of the Fundamental Measurements of Chemistry. *Journal of Chemical Education* **71**, n. 21, p. 114-116.

**Hall, A.R., 1963.** Ese volumen, escrito por un renombrado historiador de la Ciencia, se propone ilustrar cómo la tradición científica de la Antigüedad, que atraviesa la Edad Media, va a cambiar de forma drástica en un período menor a un siglo, en el cual dos exponentes como Galileo y Newton establecen algunas de las características que fueron definitivamente absorbidas en el nuevo método científico.

**Hettema, H.; Kuipers, T.A.F., 1988.** The Periodic Table – Its Formalization, Status, and Relation to Atomic Theory. *Erkenntnis* **28**, p. 387-408.

**Hooykas, R., 1948.** The Concepts of "Natural" and "Artificial" Substances and the Development of Corpuscular Theory. *Archives Internationales d'Histoire des Sciences* **4**, p.640-651.

**Ihde, A.J., 1984.** Con más de 800 páginas, ese libro, de interés general, aborda el desarrollo de la Química Moderna, dividido en cuatro partes: I. Los Fundamentos de la Química; II. El Período de las Teorías Fundamentales; III. El Crecimiento de la Especialización; IV. El Siglo del Electrón. Además de los problemas abordados aquí, esa obra cubre también otras áreas de la Química, tales como: Bioquímica, Química Orgánica, Físico-Química, Química Analítica, Química Industrial y Radioquímica.

**Jones, Arthur Taber, 1922.** Did Humphry Davy melt ice by rubbing two pieces together under the receiver of an air pump?. *Science* **54**, n. 1428, p. 514.

**Kargon, R.H., 1966.** Aborda la evolución del atomismo en Inglaterra, enfocando las visiones de Thomas Hariot, Francis Bacon, Thomas Hobbes, Walter Charlton, Robert Boyle, además del atomismo del joven Newton. Contiene importante bibliografía.

**Knight, D.M. (Org.) 1970.** Colección de artículos clásicos de Química.

**Lacina, A., 1999.** Atom – from hypothesis to certainty. *Physics Education* **34**, p. 397-402.

**Lederman, L., 1982.** Unraveling the mysteries of the atom. *Physics Teacher* **20**, n. 1, p. 15-20.

**Leicester, H.M., 1971.** El autor se preocupa, en ese libro, en ofrecer una visión histórica de la Química relacionando sus principales ideas con otras ideas y otros saberes, en un camino de dos manos. El resultado fue muy positivo, generando un libro de agradable lectura, que transciende las cuestiones técnicas inherentes a la Química.

**Leicester, H.M.; Klickstein, H.S. (Eds.), 1963.** Libro de referencia para quien se interesa por la Historia de la Química. Contiene textos en inglés de más de 80 científicos que contribuyeron al desarrollo de la Química de 1400 a 1900, todos con notas introductorias.

**Makie, Douglas, 1935.** Davy's experiments on the frictional development of heat. *Nature* **135**, p. 878.

**Meyerson, y., 1951.** Recomendado para quien se interesa por la historia de la epistemología. De particular interés para el asunto de este capítulo son los comentarios sobre el principio de conservación de la materia y sobre el atomismo.

**Novello, M., 2004.** Libro de divulgación científica sobre los orígenes de las leyes de la naturaleza, en el cual el autor aborda, de modo muy original, las relaciones entre Cosmología y Física de Partículas.

**Nye, M.-J., 1972.** Presenta una perspectiva del trabajo científico de Jean Perrin y su impacto sobre la realidad de la visión molecular de la materia.

**Nye, M.-J., 1983.** Cómo el problema del átomo fue abordado entre el Congresso de Karlsruhe (1860) y la Primera Conferencia de Solvay (1911) es el foco de esa obra, a partir de una compilación de fuentes primarias, con selección y notas de la organizadora del libro.

**Palmer, W.G., 1945.** Pequeña historia del concepto de *valencia* que trata del desarrollo del concepto antes del establecimiento de las teorías electrónicas, de los métodos para determinar la valencia y estructura de los átomos, de las relaciones de ese concepto con la Tabla Periódica y de la teoría electrónica de la valencia teniendo en cuenta el *spin* de los electrones.

**Partington, J.R., 1998.** Obra enciclopédica sobre la Historia de la Química, que cubre su desarrollo desde la Antigüedad hasta el siglo XX.

**Patterson, y.C., 1970.** El lector puede encontrar aquí un cuidadoso análisis de la contribución de John Dalton al atomismo científico.

**Posin, D.Q., 1948.** Biografía de Mendeleyev.

**Pullman, B., 1998.** Ese libro ofrece un panorama de la historia intelectual del átomo, abordando, inicialmente, sus orígenes en el pensamiento griego, sin dejar de lado el atomismo hindú y el árabe. Trata, de seguir, la evolución de las ideas filosóficas y científicas sobre el átomo, enfatizando las etapas que permitieron pasar de la perspectiva filosófica y religiosa a la perspectiva científica del atomismo. Se le da particular atención a las contribuciones de los siglo XIX y XX.

**Pyle, A., 1997.** El libro presenta una comprensible historia del atomismo desde Demócrito hasta Newton abordada desde la perspectiva tanto científica cuanto filosófica.

**Redondi, P., 1983.** *Galileo Erético.* Torino: Giulio Einaudi.

**Rocke, A.J., 1978.** Atoms and Equivalents: the Early Development of the Chemical Atomic Theory. *Historical Studies in the Physical Sciences* **9**, p.225-263.

**Rocke, A.J., 1984.** Para quien desea profundizar en la historia del *atomismo* en la Química, incluyendo las diversas contribuciones que van de Dalton a Cannizzaro.

**Russell, Colin A., 1971.** A History of Valency. New York: Humanities Press.

**Sacks, O., 2002.** *Tío Tungsteno: Memorias de una Infancia Química.* Sao Paulo: Companhia das Letras.

**Scott, W.L., 1970.** A partir de un enfoque original, el autor trata del conflicto histórico entre el atomismo y las teorías conservacionistas durante el período de 1644 a 1860.

**Snow, A.J., 1926.** Excelente libro para comprender mejor la obra de Newton, del cual se destacan los capítulos sobre el atomismo.

**Stillman, J.M., 1960.** El autor se propone reescribir la Historia de la Alquimia y del inicio de la Química Medieval, cubriendo el período que va desde las antiguas prácticas químicas hasta la revolución de Lavoisier.

**Strathern, P. 2002.** Texto moderno de divulgación científica, escrito en un lenguaje coloquial, con buen humor, que el autor sustenta ser la "verdadera historia de la Química", en la cual hechos históricos y biografías se mezclan en una lectura agradable, que puede motivar al estudiante a leer otros libros sobre el asunto.

**Taton, R, 1961.** Obra general de referencia sobre la Historia de la Ciencia en cuatro volúmenes.

**Thackray, A., 1981.** Aborda específicamente la contribución de Newton al estudio sobre la constitución de la materia. El autor no se limita a tratar la evolución científica, sino examina las consecuencias de la teoría newtoniana de la materia en los planos intelectual, cultural y social. Particular atención es dada a la obra de John Dalton, que, al proponer un "nuevo sistema" en la Química, supera algunos aspectos de la tradición newtoniana, muy influyente en su época.

**Thomson, T., 1807.** Una de las primeras exposiciones didácticas del atomismo de Dalton.

**Thomson, T., 1813.** On the Daltonian Theory of Definite Proportions in Chemical Combination. *Annals of Philosophy* **2**, p. 32.

**Trífonov, D.N.; Trífonov, V.D., 1984.** Ofrece un breve panorama de cómo fueron descubiertos los elementos químicos.

**Van Spronsen, J.W., 1969.** Dedicado a la historia de los primeros 100 años de la clasificación periódica de los elementos químicos.

**Virgo, S.y., 1933.** Loschmidt's number. *Science Progress* **27**, p. 634-649. Artículo en el cual son presentados innumerables modos diferentes de obtener el número de Avogadro.

**Weeks, M.y., 1935.** Se trata de una obra que reproduce una serie de artículos publicados en el *Journal of Chemical Education* por la autora. Como el título sugiere, aborda la historia del descubrimiento de los elementos químicos desde aquellos conocidos en la Antigüedad hasta los elementos radioactivos y los descubrimientos hasta la fecha de la edición. Ofrece al lector, al final, una vasta y útil cronología.

## 2.9 Ejercicios

**Ejercicio 2.9.1** Haga un resumen de concepto de *monadas* introducido por el filósofo y matemático alemán Gottfried Wilhelm Leibniz.

**Ejercicio 2.9.2** Comente las implicaciones que la existencia de *isótopos* y *isóbaros* trae para los átomos de Demócrito y de Dalton.

**Ejercicio 2.9.3** Según Dalton, una molécula de agua es formada de un átomo de hidrógeno y un de oxígeno, mientras que el amoniaco sería constituido de un átomo de hidrógeno y uno de nitrógeno. Esa hipótesis fue verificada luego por Thomas Thomson, en 1807. Se sabe que el peso relativo de una molécula de agua es formado de 85 2/3 partes de oxígeno y 14 1/3 partes de hidrógeno, mientras el de amoniaco consiste en 80 partes de nitrógeno y 20 de hidrógeno. Muestre que las densidades relativas del hidrógeno, nitrógeno y oxígeno están, respectivamente, en la razón de 1 : 4 : 6. Compare el resultado con los valores de la Tabla de los elementos de Dalton (Tabla 2.1).

**Ejercicio 2.9.4** Observando la representación gráfica de Chancourtois (Figura 2.8), muestre que, si $m$ es el peso atómico de un elemento de la primera espiral, entonces el peso atómico de otros elementos con características similares será dado por $m + 16n$, donde $n$ es un número entero.

**Ejercicio 2.9.5** Siguiendo la regla del cuadrilátero y utilizando la Tabla de Mendeleyev de 1871, determine las masas atómicas de los elementos de los Grupos III y IV, línea 5, y compárelas con los valores reportados en la Tabla 2.9.

**Ejercicio 2.9.6** Considere la reacción nuclear de la cual resulta la formación de un isótopo de plata ($\mathtt{Ag}$):

$$\mathtt{Ag}_{47}^{107} + X \to \mathtt{Ag}_{47}^{108}$$

donde $X$ es una partícula. Determine $X$.

**Ejercicio 2.9.7** Considere el siguiente proceso de fisión del Uranio:

$$\mathtt{U}_{92}^{235} + n_0^1 \to \mathtt{Pr}_{59}^{147} + X + 3n_0^1$$

donde $X$ representa el isótopo de un elemento químico. Determine ese elemento $X$.

**Ejercicio 2.9.8** El isótopo más abundante del aluminio es el $\mathtt{Al}_{13}^{27}$. Determine el número de protones, neutrones y electrones de ese isótopo.

**Ejercicio 2.9.9** El argón ($\mathtt{Ar}$) encontrado en la naturaleza es compuesto de 3 isótopos, cuyos átomos aparecen en las siguientes proporciones: 0,34% de $\mathtt{Ar}^{36}$, 0,07% de $\mathtt{Ar}^{38}$ y 99,59 de $\mathtt{Ar}^{40}$. Sabiendo que las masas atómicas de estos tres isótopos valen, respectivamente, 35,9676 u, 37,9627 u y 39,9624 u, determine, a partir de esos datos, el peso atómico del argón.

**Ejercicio 2.9.10** Determine la razón de los isótopos de tipo $\mathtt{N}^{15}$ y $\mathtt{N}^{14}$ que componen el nitrógeno encontrado en la naturaleza, sabiendo que su peso atómico es 14,0067 y los de sus isótopos son, respectivamente, $m(\mathtt{N}^{14}) = 14{,}00307$ u y $m(\mathtt{N}^{15}) = 15{,}0001$ u.

**Ejercicio 2.9.11** Considere la ecuación química

$$N_2 + 3H_2 \to 2NH_3$$

Suponiendo que $N_2$ y $NH_3$ estén en las mismas condiciones de temperatura y presión, calcule el volumen producido de $NH_3$ en esa reacción a partir de 10 L de $N_2$.

**Ejercicio 2.9.12** Determine el número de átomos de oxígeno existentes en 25 g de $CaCO_3$.

**Ejercicio 2.9.13** Determine el número de moles de gas $N_2$ existentes en 35,7g de nitrógeno.

**Ejercicio 2.9.14** Determine el número de moles existentes en 42,4 g de carbonato de sodio, $Na_2CO_3$.

**Ejercicio 2.9.15** Determine la fórmula química de un compuesto cuya masa relativa es formada de 60% de oxígeno y 40% de azufre.

# 3

# El atomismo en la Física: Triunfo del mecanicismo

*Ofrezco [los Principia] como los principios matemáticos de la filosofía, pues toda la esencia de la filosofía parece consistir en eso – a partir de los fenómenos de movimiento, investigar las fuerzas de la naturaleza y, entonces, a partir de esas fuerzas, demostrar los otros fenómenos.*

Isaac Newton

La aceptación de un determinismo absoluto de cuño mecanicista, en los modelos de Laplace, reposaba en la convicción de que era posible explicar el caos molecular a partir del orden y de la certeza. Más que eso, residía incluso en la constatación de que ciertos fenómenos complejos ligados al movimiento de cuerpos celestes pueden ser comprendidos a partir de una superposición de fenómenos simples. La relación entre causa simple y efectos complejos, como bien enfatiza el historiador de la ciencia Gerald Holton, *no es una necesidad, ni lógica, ni experimental*, sino que podría añadirse, sólo como una convicción metafísica.

La concepción estricta de los fenómenos físicos sufre una revisión profunda a partir de los estudios de la Teoría Cinética de los Gases (Sección 3.1) y del Movimiento Browniano (Capítulo 4). De hecho, como se verá inicialmente en este capítulo, el orden de un sistema macroscópico y sus propiedades físicas pasan a ser comprendidos por un caos subyacente. Por ejemplo, la presión que un gas ejerce sobre las paredes de un recipiente en reposo encima de una mesa es fruto de un movimiento molecular caótico, el cual, en promedio, no produce una fuerza resultante capaz de mover el recipiente. A pesar de que el orden pasa a tener una explicación a partir del caos molecular, los procesos elementales de colisión entre las propias partículas y entre ellas y las paredes del recipiente continúan obedeciendo a las leyes deterministas de la Mecánica de Newton.

En la descripción del movimiento browniano, Einstein se reaproxima al sueño newtoniano, mostrando que incluso la eterna danza aleatoria de las partículas en suspensión en un líquido podría ser comprendida a partir de las leyes de Newton para las colisiones entre las moléculas del líquido y las partículas en suspensión. Y más, a partir de ahí determina con precisión el número de Avogadro. Es el retorno a la idea de que el caos puede ser explicado por algún tipo de orden. De este modo, la esencia de la Mecánica Newtoniana de la partícula no es afectada; por el contrario, sirve de apoyo a los desarrollos basados en la hipótesis atómica de la materia.

## 3.1 La Teoría Cinética de los Gases

*Tantas propiedades de la materia, especialmente en la forma gaseosa, pueden deducirse de la hipótesis de que sus diminutas partes están en movimiento rápido, con la velocidad aumentando con la temperatura, que la naturaleza precisa de ese movimiento se convierte en objeto de la curiosidad racional.*

James Clerk Maxwell

El gran éxito inicial de la Mecánica de Newton está asociado a la Ley de la Gravitación Universal, a partir de la cual él fue capaz de explicar el movimiento de los planetas del Sistema Solar, de deducir las leyes de Kepler, introduciendo la primera constante universal de la historia de la Física, la *constante de la gravitación universal* $G$,[1], cuyo valor de referencia actual es $(6,673 \pm 0,010) \times 10^{-11}$ m$^3$.kg$^{-1}$.s$^{-2}$. Los límites de esta teoría clásica de la gravitación fueron establecidos por Einstein, en 1916, con la llamada Teoría de la Relatividad General

Con relación a la concepción de la materia, el uso de la Mecánica Clásica como base de la Teoría Cinética de los Gases marca el apogeo de la cosmovisión mecanicista de Newton. Esta teoría es uno de los mejores ejemplos de cómo las evidencias de la existencia de sistemas microscópicos, como los átomos y las moléculas, fueron siendo construidas y establecidas a partir de inferencias basadas en modelos mecánicos.

La Teoría Cinética tiene como base la hipótesis de que la materia, en cualquier estado físico, debe estar constituida por moléculas. Con las evidencias obtenidas por la Química (Capítulo 2), quedó claro que el número de partículas (moléculas o átomos) en un volumen de gas es enorme y sería impracticable describir el estado del gas especificándose la posición y la velocidad de cada una de sus partículas, como imponía un mecanicismo laplaciano estricto. Los primeros pasos de la teoría fueron dados por el matemático suizo Daniel Bernoulli,, en 1733.[2]

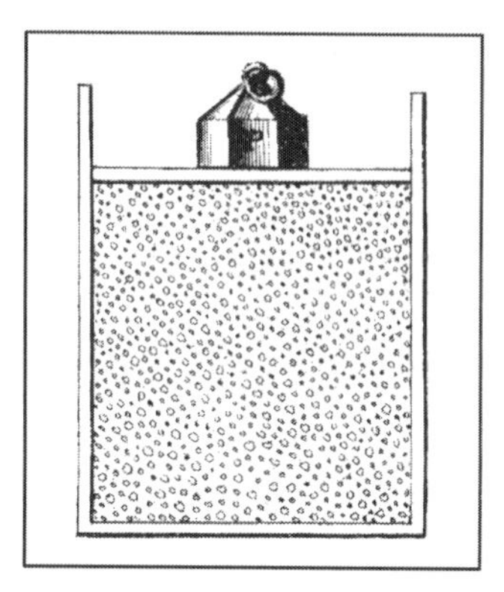

**Figura 3.1:** Concepto de Bernoulli sobre la naturaleza de un gas y de la presión ejercida por él en el recipiente.

Para Bernoulli, un gas estaría compuesto de un gran número de partículas esféricas en constante movimiento en todas las direcciones. En la ilustración de la figura 3.1, la sustentación del pistón, debida a la presión del gas, resultaría de las numerosas colisiones de las partículas del gas con la pared del pistón. Así, disminuyendo el volumen, se aumenta el número de colisiones por unidad de tiempo y, por lo tanto, la presión del gas. Este hecho constituye, esencialmente, la ley de Boyle. En ese sentido, el calor mismo sería considerado la energía efectiva transferida debido al movimiento microscópico de las partículas que constituyen un sistema.

[1] Es frecuente la afirmación de que Henry Cavendish fue quien primero midió el valor de G. En realidad, utilizando un aparato diseñado por el geólogo John Michell, Cavendish, en 1798, no midió ni la constante universal de la Gravitación, ni la masa de la Tierra. Su medida se restringió a lo que él llamó gravedad específica de la Tierra, o sea, la razón entre la densidad de la Tierra y del agua, encontrando el valor 5,48g/cm$^3$. A partir de ese valor, él pudo haber llegado al valor $G = 6,754 \times 10^{-11}$m$^3$. kg$^{-1}$. s$^{-2}$.

[2] El físico alemán Max von Laue comenta que, hasta 1800, sólo Daniel Bernoulli, en su obra Hidrodinámica, de 1738, había argumentado sobre la utilidad del concepto de átomo. Exceptuando una hipótesis del polaco Ludwig August Seeber, en 1824, de que las estructuras cristalinas dependían de los átomos, todo el desarrollo inicial de la Física Atómica está relacionado con la Teoría Cinética de los Gases.

Un problema muy similar a éste ya había surgido en el estudio de la dinámica de los fluidos. Una de las maneras de tratar el movimiento de los fluidos consiste en imaginarlos divididos en elementos infinitesimales de volumen, a los que se puede llamar partículas de fluido, y describir el movimiento individual de cada una de estas partículas. Esta visión corpuscular fue desarrollada por el matemático y físico italiano Joseph Louis Lagrange.

Ya en el método utilizado por el matemático suizo Leonhard Euler, en vez de especificar el movimiento de cada partícula, se utiliza el concepto de *campo*, definiendo la densidad y la velocidad del fluido en cada punto del espacio y en cada instante. Así, Euler estaba preocupado en describir el comportamiento del fluido desde un punto de vista colectivo, ya que las cantidades fundamentales de su estudio se refieren al *fluido* como un todo, y no a cada uno de sus constituyentes.

A partir de entonces, esas dos concepciones acompañarán todo el desarrollo de la Física Teórica. La conexión entre estos dos puntos de vista puede ser establecida por un tratamiento estadístico. El uso de métodos estadísticos en una teoría para sistemas macroscópicos, como los gases, significa plantear hipótesis sobre el comportamiento de sus constituyentes (moléculas) a escala microscópica y, a partir de ahí, llegar a los *valores medios* característicos del estado del gas, los cuales deberán, obviamente, estar de acuerdo con los resultados experimentales. Es importante resaltar que, en principio, los valores individuales no son necesariamente pasibles de ser observados.

### 3.1.1 Postulados básicos

La Teoría Cinética fue establecida teniendo como modelo mecánico de un gas ideal el siguiente conjunto de hipótesis:

- un gas está formado por un gran número de partículas eléctricamente neutras – *las moléculas*, en constante movimiento;
- la dirección en la que una molécula se mueve es *aleatoria*, es decir, no hay una dirección privilegiada para sus desplazamientos;
- tanto el choque de moléculas contra moléculas, como el de moléculas contra las paredes del recipiente que contiene el gas se consideran perfectamente *elásticos* y obedecen a las leyes de Newton;
- los efectos de las fuerzas intermoleculares se desprecian, de modo que, entre colisiones, las moléculas se mueven libremente en líneas rectas;
- el diámetro de una molécula es despreciable en relación con las distancias recorridas entre colisiones;
- la duración de los choques es muy pequeña en relación al tiempo que las moléculas se mueven libremente.

Además de marcar el apogeo de la Mecánica newtoniana, el éxito en la observación, previsión y explicación de varios fenómenos basados en estas hipótesis, junto con los trabajos de la Química, discutidos anteriormente (Capítulo 2), condujo a la concepción dominante de que la *materia está constituida de moléculas y átomos*.

En las siguientes secciones, se presentarán la deducción y la interpretación de algunos resultados de la Teoría Cinética, a saber: las ecuaciones de estado de un gas ideal, la distribución de velocidades, los caminos libres de las moléculas de un gas ideal y las estimaciones de los calores específicos de algunos gases.

### 3.1.2 El gas ideal

La *ecuación de estado* que rige la evolución termodinámica de un gas ideal, establecida por los experimentos de Boyle, en 1662, de los franceses Jacques Alexandre Cesar Charles, en 1788, y Joseph Gay-Lussac en 1808, y de las hipótesis de Dalton, en 1803, y Avogadro, en 1811 – es deducida e interpretada por el alemán Rudolph Clausius, en 1857, admitiendo, como D. Bernoulli, que la presión del gas resulta de colisiones elásticas de sus moléculas con las paredes del recipiente que lo contiene.

El enfoque adoptado a continuación es esencialmente, la deducción presentada por Maxwell en 1859:

Considere que, en un recipiente de volumen $V$, hay $N_i$ moléculas con velocidades $v_i$. Así, la densidad de moléculas con velocidad $v_i$ en el interior del recipiente es $N_i/V$. En un intervalo de tiempo $\Delta t$, las moléculas con componentes de velocidades $v_{ix}$ en la dirección $x$, que chocan con una de las paredes del recipiente de sección $A$, transversal a la dirección $x$, son las que están contenidas en el interior de un paralelepípedo de volumen $\Delta V = Av_{ix}\Delta t$ (Figura 3.2).

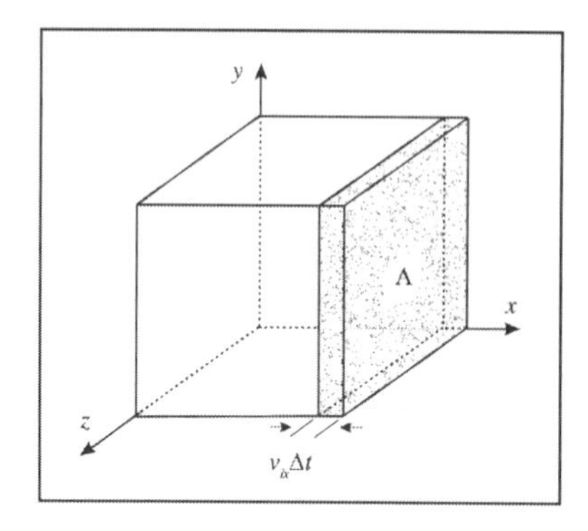


**Figura 3.2:** Volumen en el cual se distribuyen las moléculas de un gas ideal.

Así, el número $N_{ix}$ de moléculas que colisionan con una de las paredes del recipiente transversal a la dirección $x$, en el intervalo de tiempo $\Delta t$, es dado por

$$N_{ix} = \frac{1}{2}\frac{N_i}{V}v_{ix}A\Delta t$$

en donde el factor 1/2 se debe al hecho de que solo para la mitad de las moléculas, las componentes de velocidad tienen el sentido que va de encuentro a la pared elegida.

Como resultado de las colisiones elásticas con la pared, las moléculas son reflejadas y la variación de la componente $x$ del *momentum* ($\Delta p_{ix}$) de cada molécula de masa $m$ es dada por

$$\Delta p_{ix} = 2mv_{ix}$$

De este modo, la *presión media* ($P$) del gas sobre la pared está dada por la suma del número de colisiones multiplicada por la fuerza media ($\Delta p_{ix}/\Delta t$) por unidad de área:

$$P = \sum_{i=1}^{N} N_{ix} \times \frac{1}{A}\frac{\Delta p_{ix}}{\Delta t} = \frac{m}{V}\sum_{i=1}^{N} N_i v_{ix}^2$$

o sea,

$$P = \frac{N}{V}m\langle v_x^2\rangle \tag{3.1}$$

en donde $N$ es el número total de moléculas y

$$\langle v_x^2\rangle = \sum_{i=1}^{N} N_i v_{ix}^2/N$$

es la media de los cuadrados de las componentes de las velocidades en la dirección $x$.

La hipótesis de isotropía del movimiento de las moléculas, también denominada *principio del caos molecular*, según la cual las moléculas se desplazan en cualquiera de las tres direcciones independientes $x$, $y$ e $z$ con la misma probabilidad, conduce a

$$\begin{cases} \langle v_x^2\rangle = \langle v_y^2\rangle = \langle v_z^2\rangle \\ \\ \langle v^2\rangle = \langle v_x^2\rangle + \langle v_y^2\rangle + \langle v_z^2\rangle = \sum_{i=1}^{N} N_i v_i^2/N \end{cases}$$

siendo $\langle v^2 \rangle$ la media de los cuadrados de las velocidades de las moléculas del gas, o sea,

$$\langle v^2 \rangle = 3 \langle v_x^2 \rangle$$

Así, la presión del gas, ecuación (3.1), se puede escribir como

$$\boxed{P = \frac{1}{3}\frac{N}{V} m \langle v^2 \rangle} \tag{3.2}$$

Esta expresión fue obtenida, en 1847, por el inglés James Joule, considerando, sin embargo, que todas las moléculas tuviesen la misma velocidad.

Toda vez que $Nm$ es igual a la masa $M$ de la muestra del gas, la expresión de Joule, ecuación (3.2), puede ser escrita como

$$\boxed{P = \frac{1}{3} \rho \langle v^2 \rangle} \tag{3.3}$$

en done $\rho$ es la densidad del gas.

A partir de la ecuación (3.3), se puede calcular la media de los cuadrados de las velocidades de las moléculas de un gas, con base a los datos experimentales relativos a la presión y a la densidad. Por ejemplo, la densidad del nitrógeno, bajo presión de 1 atm $(1,01 \times 10^5 \mathrm{N/m^2})$, temperatura de 0 °C, es igual a 1,25kg/m$^3$, luego

$$\langle v^2 \rangle = \frac{3P}{\rho} = 24{,}2 \times 10^4 \ \mathrm{m^2/s^2}$$

La raíz cuadrada de la media de los cuadrados, denominada *velocidad cuadrática media* o *velocidad eficaz* $(v_{\mathrm{ef}})$ de las moléculas, es igual a

$$v_{\mathrm{ef}} = 492 \ \mathrm{m/s}$$

La fórmula de Joule también puede ser escrita como

$$P = \frac{1}{3}\frac{N}{V} \langle pv \rangle \qquad \text{o} \qquad P = \frac{2}{3}\frac{N}{V} \langle \epsilon \rangle \tag{3.4}$$

siendo $p$ el módulo del *momentum* de cada molécula y $\langle \epsilon \rangle$, la energía cinética media de las moléculas. Así, la energía media de todas las moléculas, es decir la *energía interna* $U = N\langle \epsilon \rangle$ del gas, se relaciona con la presión por

$$\boxed{U = \frac{3}{2} PV} \tag{3.5}$$

De acuerdo con los experimentos de Boyle y Charles, en un proceso isotérmico, la presión $(P)$ de un gas es inversamente proporcional a su volumen $(V)$,

$$P \propto \frac{1}{V} \qquad \Longleftrightarrow \qquad PV = \text{constante}$$

y en un proceso isométrico ($V$ = constante), directamente proporcional a la temperatura $(T)$,

$$P \propto T$$

De este modo, la temperatura de un gas ideal debe ser proporcional a la energía interna,

$$T \propto PV \propto U$$

En la escala termodinámica de temperatura, o escala Kelvin, esa relación es dada por la ecuación de estado empírica de un gas ideal, obtenida por el francés Émile Clapeyron, conocida como ecuación de Clapeyron,

$$\boxed{PV = nRT} \tag{3.6}$$

en la cual $n = N/N_A$ es el número de moles, $N_A \simeq 6{,}02 \times 10^{23}$ es el número de Avogadro (Capítulo 4), y la constante $R \simeq 8{,}3$ J·K$^{-1}$ · mol$^{-1}$ es la llamada *constante universal de los gases.*[3]

Así, la energía interna del gas, ecuación (3.5), puede ser escrita como

$$\boxed{U = \frac{3}{2} N \frac{R}{N_A} T} \tag{3.7}$$

y, por tanto, la temperatura de un gas es proporcional a la energía cinética media de sus moléculas,

$$\langle \epsilon \rangle = \frac{3}{2} \frac{R}{N_A} T$$

o sea , *la temperatura de un gas ideal clásico es una medida de la energía cinética media de las moléculas que lo constituyen.*

**Figura 3.3:** Relación entre temperatura y energía cinética media de las moléculas de un gas.

La relación entre la energía cinética media de las moléculas y la temperatura también puede ser escrita como

$$\boxed{\langle \epsilon \rangle = \frac{3}{2} kT} \tag{3.8}$$

en donde $k = R/N_A \simeq 1{,}380 \times 10^{-23}$ J·K$^{-1}$ es una nueva constante fundamental de la Física, denominada *constante de Boltzmann.*

Apareciendo aquí como un factor de conversión entre la temperatura y la energía media, la constante de Boltzmann, aunque esté implícita en el trabajo de 1872 del físico austriaco Ludwig Boltzmann, en el intento de dilucidar la conexión entre la irreversibilidad de los procesos macroscópicos y la visión

[3] El valor de $R$ puede ser calculado a partir de la ecuación (3.6), recordando que el volumen de 1 mol de un gas ideal, en condiciones normales de temperatura y presión (CNTP: $T = 0$ °C $= 273{,}15$ K y $P = 1$ atm $= 760$ mmHg), esto es, el *volumen molar*, es igual a 22 415 cm$^3$ o 22,415 L. En este caso,

$$R = \frac{PV}{nT} = \frac{1 \times 22\,415}{273{,}15} = 82{,}06\ \frac{\text{cm}^3}{\text{K}}\frac{\text{atm}}{\text{mol}}$$

o, toda vez que 1 atm $= 1{,}01325 \times 10^5$N/m$^2$,

$$R = 8{,}315\ \text{J·K}^{-1}\text{·mol}^{-1} = 8{,}315 \times 10^7 \text{erg·K}^{-1}\text{·mol}^{-1} = 1{,}986\ \text{cal·K}^{-1}\text{·mol}^{-1}.$$

La última unidad es más usada en Química, considerando que 1 cal (1 caloría) $= 4{,}186 \times 10^7$ erg.

microscópica de la 2da ley de la Termodinámica (Sección 10.1.1), solo fue explicado y calculado en 1900,[4] por el físico alemán Max Planck, cuando presentó la fórmula de espectro de radiación del cuerpo negro (Capítulo 10). Por tanto, en términos de esa nueva constante, la energía interna de un gas, ecuación (3.5), también puede ser escrita como

$$\boxed{U = \frac{3}{2}NkT} \tag{3.9}$$

y la ecuación de estado, esto es, la relación entre la presión, el volumen y la temperatura, por

$$\boxed{PV = NkT} \tag{3.10}$$

Sustituyendo la ecuación de estado, ecuación (3.10), en la expresión de Joule, ecuación (3.2), la velocidad eficaz de las moléculas de un gas ideal puede ser expresada por

$$\boxed{v_{\text{ef}} = \sqrt{3\frac{kT}{m}}} \tag{3.11}$$

o, en términos de la constante $R$ y del peso molecular $\mu = mN_A$ (g/mol),[5]

$$\boxed{v_{\text{ef}} = \sqrt{3\frac{RT}{\mu}} \quad (\text{cm/s})} \tag{3.12}$$

Así, mientras que la energía media por molécula no depende de la naturaleza del gas, sólo dependiendo de la temperatura, la velocidad eficaz depende también de la masa de sus moléculas. Por lo tanto, para el hidrógeno, $\mu(\texttt{H}_2) \simeq 2$ g/mol, a temperatura ambiente ($T \simeq 300$ K), la velocidad eficaz es del orden de $v_{\text{ef}}(\texttt{H}_2) \simeq 2 \times 10^3$ m/s y, para el oxígeno, $\mu(\texttt{O}_2) \simeq 32$ g/mol, es $v_{\text{ef}}(\texttt{O}_2) \simeq 500$ m/s.

Con la ecuación (3.12) se explica por qué los gases ligeros fluyen más rápidamente a través de pequeños orificios y se difunden con mayor rapidez a través de los cuerpos porosos que los gases pesados. Sobre la base de este hecho, el físico inglés John William Strutt, más conocido como *Lord* Rayleigh, en 1896, conjeturó que los gases de una mezcla podrían ser separados por difusión en el vacío, a través de una barrera porosa. Esta idea fue utilizada durante la Segunda Guerra Mundial por Harald Urey y colaboradores para separar isótopos de uranio ($\texttt{U}^{235}$ y $\texttt{U}^{238}$) que formaban parte de gases compuestos de flúor, como el hexafluoruro de uranio ($\texttt{UF}_6$).

Desde un punto de vista estrictamente mecánico, el concepto de temperatura puede ser presentado a partir de la expresión de Joule, ecuación (3.2), y de las condiciones de equilibrio entre dos gases que no pueden intercambiar sus partículas constituyentes.

Sean $A$ y $B$ dos gases contenidos, respectivamente, en volúmenes $V_A$ y $V_B$, a presión $P_A$ y $P_B$, con números de moléculas $N_A$ y $N_B$, separados por una pared móvil impermeable (Figura 3.4).

A pesar de ser necesaria, la condición de equilibrio mecánico, $P_A = P_B$, no es suficiente para garantizar el llamado equilibrio termodinámico de los gases. Además de eso, es necesario que los gases estén en equilibrio térmico,[6] el cual es expresado por la igualdad entre las energías medias por partícula de los dos gases,

$$\frac{U_A}{N_A} = \frac{U_B}{N_B} = \langle\epsilon\rangle$$

[4] Si la temperatura se define a partir de la energía cinética media de una molécula de un gas, el valor de $k$ es muy pequeño. Según Planck, Boltzmann, sabiendo esto, no explicitó la constante que recibió su nombre (ni tampoco su valor) *porque nunca pensó en la posibilidad de determinar en la práctica el valor exacto de esa constante.*

[5] El peso molecular es numéricamente igual a la masa de un mol de moléculas en gramos (Sección 2.5.4).

[6] Si la pared fuera permeable, es decir, si hubiera la posibilidad de intercambio de partículas, se debe considerar también el equilibrio en el proceso de difusión.

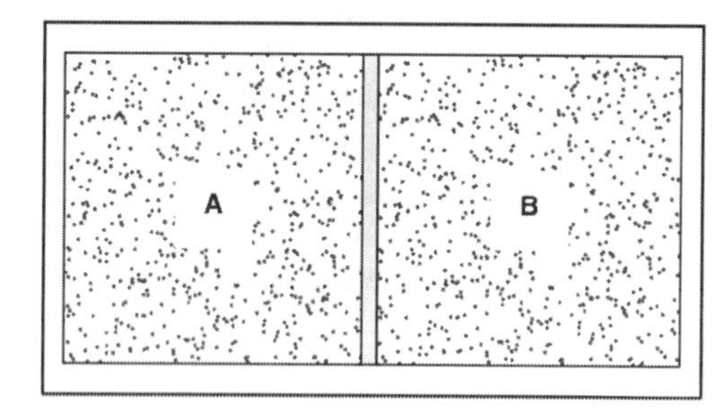


**Figura 3.4:** Gases $A$ y $B$ separados por una pared móvil impermeable.

o sea,

$$\langle \epsilon \rangle = \frac{1}{2} m_A \langle v_A^2 \rangle = \frac{1}{2} m_B \langle v_B^2 \rangle \qquad \Longleftrightarrow \qquad T_A = T_B = T \tag{3.13}$$

en donde $m_A$ y $v_A$ se refieren a las partículas del gas $A$, y $m_B$ y $v_B$, a las del gas $B$. Así, la magnitud macroscópica que caracteriza el equilibrio térmico, la temperatura, es proporcional a la energía media por partícula.

### 3.1.3 La comprensión de la hipótesis de Avogadro

A partir de la ecuación de la presión de un gas obtenida por Joule, ecuación (3.2), y de algunas observaciones experimentales, se puede comprender la hipótesis de Avogadro en el ámbito de la Teoría Cinética de los Gases.

Considérense dos gases diferentes, a la misma temperatura y la misma presión, ocupando cierto volumen $V$. Sean $m_i$ y $\langle v_i \rangle$, respectivamente, la masa y la velocidad media de las moléculas de los gases $i = 1, 2$. Admítase, por hipótesis, que los números totales de moléculas, $N_1$ y $N_2$, de cada gas en el mismo volumen sean diferentes. Como la presión es la misma, de la ecuación (3.2) se sigue que

$$N_1 m_1 \langle v_1^2 \rangle = N_2 m_2 \langle v_2^2 \rangle \tag{3.14}$$

La experiencia muestra que la mezcla de los dos gases a la misma presión y temperatura por sí misma no produce ninguna alteración en esas dos magnitudes. Como se ha visto anteriormente, el equilibrio térmico exige, de acuerdo con la ecuación (3.13), que

$$m_1 \langle v_1^2 \rangle = m_2 \langle v_2^2 \rangle \tag{3.15}$$

Comparando las ecuaciones (3.14) y (3.15), se obtiene que

$$N_1 = N_2$$

o sea, *bajo las mismas condiciones de temperatura y presión, el número de moléculas de un gas contenidas en una unidad de volumen es el mismo para todos los gases.*

### 3.1.4 La distribución de Maxwell-Boltzmann

Toda vez que la energía de las $N$ moléculas de un gas, ecuación (3.9), es dada por el producto de $3N$ factores iguales a $kT/2$, y que $3N$ es el número de coordenadas independientes, o *grados de libertad* de un gas ideal,[7] se dice que la energía del gas proviene de la contribución de términos iguales $kT/2$ por cada grado de libertad.

[7] El número de *grados de libertad* asociado a una partícula es igual al número mínimo de coordenadas necesarias para la descripción de su movimiento. Para una partícula libre, estas tres coordenadas cartesianas $(x,y,z)$ constituyen un conjunto mínimo posible; por tanto, el número de grados de libertad de una partícula libre es 3. Para un gas ideal compuesto de $N$ partículas este número es $3N$.

Este resultado, de acuerdo con Maxwell, deriva del llamado *principio de la equipartición de la energía*, según el cual cada grado de libertad de una molécula contribuye con $kT/2$ al valor de la energía interna total del gas.

El principio de la equipartición de la energía, en realidad, sólo es válido en determinadas circunstancias, y su aplicación indiscriminada llevó a resultados incorrectos y a una crisis en la Física Teórica, que mostró los límites de la Mecánica Clásica, al final del siglo XIX, y se constituyó en uno de los componentes de la génesis de las Teorías Cuánticas (Capítulo 10).

Los intentos de ampliar los dominios de la Mecánica Clásica como teoría fundamental se extendieron hasta que muchos se convencieron de que ella tenía que ser modificada o sustituida por otra teoría. Estos intentos culminaron con la consolidación de la Mecánica Estadística y con la creación de la Mecánica Cuántica (Capítulos 13 y 14); y a partir de entonces, la teoría fundamental sobre la cual cualesquiera modelos o teorías interpretativas del microcosmos tendrían que apoyarse.

Sin embargo, como ya se ha afirmado, la Teoría Cinética de los Gases marca el apogeo de la Mecánica Clásica como el fundamento principal de cualquier teoría interpretativa construida hasta el principio del siglo XX, incluyendo el Movimiento Browniano (Capítulo 4) y el Electromagnetismo (Capítulo 5). En ese sentido, se verá hasta dónde llegó el éxito de la Teoría Cinética, con la obtención de la ley de distribución de velocidades de las moléculas de un gas ideal.

A pesar de estar fundamentada en magnitudes microscópicas, como las velocidades de las moléculas (no observadas directamente), la ecuación de estado de un gas ideal en equilibrio térmico es una relación entre los parámetros experimentales macroscópicos (valores medios) asociados a un gas. Para una descripción en el nivel microscópico, que posibilite el estudio de la fluctuación de valores medios o de las distribuciones de las magnitudes microscópicas asociadas a las moléculas de un gas, Maxwell, a través de un tratamiento estadístico, obtuvo la distribución de velocidades de las moléculas de un gas ideal en equilibrio térmico

La fracción $\mathrm{d}N_{v_x v_y v_z}/N$ de moléculas, con componentes de velocidades comprendidas entre $v_x$ y $v_x + \mathrm{d}v_x$, $v_y$ y $v_y + \mathrm{d}v_y$, $v_z$ y $v_z + \mathrm{d}v_z$, en un volumen $V$, debido al gran número de moléculas, puede ser representada por una función $f(v_x, v_y, v_z)$ que, estadísticamente, describe una distribución continua de velocidades, denominada *distribución de velocidades de Maxwell.*

Así, $f(v_x, v_y, v_z)\,\mathrm{d}v_x\,\mathrm{d}v_y\,\mathrm{d}v_z$ es la probabilidad de que una molécula de gas, en un volumen $V$, tenga componentes de velocidades entre $v_x$ y $v_x + \mathrm{d}v_x$, $v_y$ y $v_y + \mathrm{d}v_y$, $v_z$ y $v_z + \mathrm{d}v_z$. De este modo, los valores medios asociados a cualquier magnitud, $g(v_x, v_y, v_z)$, que dependa de las velocidades de las moléculas, como, por ejemplo, la media $\langle g\rangle$ y la desviación estándar $\sigma_g$, pueden ser calculados por

$$\langle g\rangle = \int\int\int_{-\infty}^{\infty} g(v_x, v_y, v_z)\, f(v_x, v_y, v_z)\,\mathrm{d}v_x\,\mathrm{d}v_y\,\mathrm{d}v_z \tag{3.16}$$

y

$$\sigma_g = \sqrt{\langle g^2\rangle - \langle g\rangle^2}$$

Toda vez que, clásicamente, $v_x$, $v_y$ e $v_z$ puede asumir cualesquiera valores[8] entre $-\infty$ y $\infty$, la función de distribución de probabilidades – $f(v_x, v_y, v_z)$ – de las velocidades moleculares de un gas ideal en equilibrio térmico debe satisfacer también la llamada *condición de normalización*, cuando la integral está entre todos los valores posibles de las componentes de las velocidades, o sea,

$$\frac{1}{N}\iiint_{-\infty}^{\infty} \mathrm{d}N_{v_x v_y v_z} = \iiint_{-\infty}^{\infty} f(v_x, v_y, v_z)\,\mathrm{d}v_x\,\mathrm{d}v_y\,\mathrm{d}v_z = 1$$

Al utilizar la hipótesis del caos molecular, se admite:

[8] Físicamente, existe un límite para las velocidades, o sea, deben ser menores que la velocidad de la luz en el vacío ($c$). Sin embargo, como el número de moléculas con altas velocidades, pero mucho menores que $c$, es muy pequeño, la extensión de los límites de integración hasta el infinito no modifica en la práctica el valor de la integral.

- la *isotropía* del movimiento de las moléculas, o sea, que la función de distribución de probabilidades de las componentes de la velocidad depende sólo del cuadrado del módulo ($v^2$) de las velocidades de las moléculas, o sea,

$$f(v_x, v_y, v_z) = f(v^2)$$

en donde $v^2 = v_x^2 + v_y^2 + v_z^2$;

- la *uniformidad* en todas las direcciones, o sea, que las componentes de la velocidad sean estadísticamente independientes, esto es

$$f(v^2) = f_x(v_x^2)\, f_y(v_y^2)\, f_z(v_z^2) \tag{3.17}$$

Antes de proseguir, es importante destacar que esta hipótesis considerada por Maxwell en su derivación original de la distribución de velocidades es estrictamente válida solamente en el límite no relativista, en el cual la energía cinética está dada por

$$T = \frac{1}{2}m(v_x^2 + v_y^2 + v_z^2)$$

Como veremos en el Capítulo 6, la energía cinética relativista no esta dada por la ecuación anterior, sino por la ecuación

$$T = mc^2 \left\{ \frac{1}{\sqrt{1 - (v_x^2 + v_y^2 + v_z^2)/c^2}} - 1 \right\}$$

para la cual la ecuación (3.17) ya no se aplica. Así, la demostración de Maxwell que estamos reproduciendo aquí no debe considerarse una demostración general de la distribución de Maxwell.

De vuelta a la deducción de la distribución de velocidades, haciendo $v^2 = u$, $v_x^2 = u_x$, $v_y^2 = u_y$ y $v_z^2 = u_z$, se puede escribir

$$f(u) = f_x(u_x)\, f_y(u_y)\, f_z(u_z)$$

Tomando el logaritmo natural de la expresión anterior,

$$\ln f(u) = \ln f_x(u_x) + \ln f_y(u_y) + \ln f_z(u_z)$$

y derivando esa ecuación en relación a cada una de las variables independientes $u_x$, $u_y$ y $u_z$,

$$\begin{cases} \dfrac{\partial \ln f}{\partial u_x} = \dfrac{\mathrm{d} \ln f_x}{\mathrm{d} u_x} = \dfrac{\mathrm{d} \ln f}{\mathrm{d} u} \underbrace{\left(\dfrac{\partial u}{\partial u_x}\right)}_{1} \\[2ex] \dfrac{\partial \ln f}{\partial u_y} = \dfrac{\mathrm{d} \ln f_y}{\mathrm{d} u_y} = \dfrac{\mathrm{d} \ln f}{\mathrm{d} u} \underbrace{\left(\dfrac{\partial u}{\partial u_y}\right)}_{1} \\[2ex] \dfrac{\partial \ln f}{\partial u_z} = \dfrac{\mathrm{d} \ln f_z}{\mathrm{d} u_z} = \dfrac{\mathrm{d} \ln f}{\mathrm{d} u} \underbrace{\left(\dfrac{\partial u}{\partial u_z}\right)}_{1} \end{cases}$$

se concluye que

$$\frac{f_x'(u_x)}{f_x(u_x)} = \frac{f_y'(u_y)}{f_y(u_y)} = \frac{f_z'(u_z)}{f_z(u_z)} = \frac{f'(u)}{f(u)} = -b$$

siendo $b$ una constante a ser determinada.

Integrando cada una de las expresiones anteriores, se obtiene

$$\begin{cases} f_x \propto e^{-bu_x} = e^{-bv_x^2} \\ f_y \propto e^{-bu_y} = e^{-bv_y^2} \\ f_z \propto e^{-bu_z} = e^{-bv_z^2} \\ f \propto e^{-bu} = e^{-bv^2} \end{cases}$$

Para que las integrales que expresan la condición de normalización sean satisfechas, la constante $b$ debe ser positiva. Como las distribuciones $f_x$, $f_y$ y $f_z$ son independientes entre sí, cada una debe ser normalizada independientemente de las demás, y como tienen la misma dependencia funcional, la constante de normalización ($A$) para cada una de ellas, está dada por

$$A \underbrace{\int_{-\infty}^{\infty} e^{-b\xi^2} \, \mathrm{d}\xi}_{I=\sqrt{\pi/b}} = 1 \quad \Longrightarrow \quad A = \sqrt{\frac{b}{\pi}}$$

- La integral $I$, conocida como integral gaussiana, puede ser calculada a partir de

$$I^2 = \int_{-\infty}^{\infty} \int_{-\infty}^{\infty} e^{-bx^2} e^{-by^2} \, \mathrm{d}x \, \mathrm{d}y$$

que en coordenadas polares, $r$ y $\theta$, puede ser escrita como

$$I^2 = \int_0^{\infty} \int_0^{2\pi} e^{-br^2} r \, \mathrm{d}r \, \mathrm{d}\theta = 2\pi \underbrace{\int_0^{\infty} e^{-br^2} r \, \mathrm{d}r}_{1/(2b)}$$

Así, [9]

$$I(b) = \sqrt{\frac{\pi}{b}} \quad \Longrightarrow \quad A = \sqrt{\frac{b}{\pi}}$$

La constante $b$ puede ser determinada comparando la expresión para la energía cinética media por molécula, ecuación (3.8),

$$\langle \epsilon \rangle = \frac{3}{2} kT = \frac{1}{2} m \langle v^2 \rangle = \frac{3}{2} m \langle v_x^2 \rangle \qquad \Longrightarrow \qquad \langle v_x^2 \rangle = \frac{kT}{m}$$

con la media de los cuadrados $\langle v_x^2 \rangle$ calculada, por medio de la función de distribución $f_x(v_x^2)$,

$$\langle v_x^2 \rangle = \sqrt{\frac{b}{\pi}} \int_{-\infty}^{\infty} v_x^2 \, e^{-bv_x^2} \, \mathrm{d}v_x = -\sqrt{\frac{b}{\pi}} \frac{\mathrm{d}}{\mathrm{d}b} \underbrace{\int_{-\infty}^{\infty} e^{-bv_x^2} \, \mathrm{d}v_x}_{\sqrt{\pi/b}} = \frac{1}{2b}$$

---

[9] Otras integrales del tipo $I_n = \int_0^{\infty} \xi^n e^{-b\xi^2} d\xi$ pueden ser calculadas diferenciando la integral $I$ en función de $b$. La fórmula general es

$$I_n = \frac{1}{2} \Gamma\left(\frac{n+1}{2}\right) b^{-(n+1)/2}$$

en la cual la función $\Gamma$ (gamma de Euler), una extensión del concepto de factorial para números reales, es definida por

$$\Gamma(x) = \int_0^{\infty} t^{x-1} e^{-t} \, \mathrm{d}t$$

de modo que $\Gamma(n+1) = n! = n\Gamma(n)$. Así, $\Gamma(1/2) = 2I_0 = \sqrt{\pi} \Longrightarrow \Gamma(3/2) = \frac{1}{2}\Gamma(1/2) = \dfrac{\sqrt{\pi}}{2}$.

Se encuentra, de este modo,

$$b = \frac{m}{2kT}$$

O sea, la distribución para cada componente de las velocidades es del tipo

$$f_x(v_x^2) = \left(\frac{m}{2\pi kT}\right)^{\frac{1}{2}} \exp\left(-\frac{1}{2}\frac{mv_x^2}{kT}\right)$$

de la cual resulta la *distribución de velocidades de Maxwell* o simplemente *distribución de Maxwell*:

$$\boxed{f(v_x, v_y, v_z) = f(v^2) = \left(\frac{m}{2\pi kT}\right)^{\frac{3}{2}} \exp\left(-\frac{1}{2}\frac{mv^2}{kT}\right)} \tag{3.18}$$

Con la notación $f(v^2)$ para $f(v_x, v_y, v_z)$, se ha buscado hasta aquí, únicamente acentuar el hecho que la distribución para las velocidades $(v_x, v_y, v_z)$ de una molécula sólo puede depender del cuadrado de su módulo. Sin embargo, esto no quiere decir que $f(v^2)$ sea la distribución de los módulos de las velocidades. Ésta, denominada *distribución de los módulos de las velocidades de Maxwell*, será denotada por $\rho(v)$ y se obtiene a partir de la igualdad

$$f(v^2)\ \mathrm{d}v_x\ \mathrm{d}v_y\ \mathrm{d}v_z = f(v^2)\ v^2\ \mathrm{d}v\ \mathrm{sen}\,\theta\ \mathrm{d}\theta\ \mathrm{d}\phi \tag{3.19}$$

Como la distribución $f(v^2)$ no depende de $\theta$ ni de $\phi$, integrando con respecto a las variables angulares, la probabilidad de que el módulo de las velocidades de las moléculas esté entre $v$ y $v + \mathrm{d}v$ puede ser escrita como

$$\frac{\mathrm{d}N_v}{N} = \underbrace{4\pi v^2\ f(v^2)}_{\rho(v)}\ \mathrm{d}v \tag{3.20}$$

De este modo, se llega a la distribución de los módulos de las velocidades de Maxwell,

$$\boxed{\rho(v) = \sqrt{\frac{2}{\pi}}\ \left(\frac{m}{kT}\right)^{\frac{3}{2}}\ v^2 \exp\left(-\frac{1}{2}\frac{mv^2}{kT}\right)} \tag{3.21}$$

en la cual $v$ asume valores contenidos en el intervalo $0 \leq v < \infty$.

La figura 3.5 muestra la distribución de velocidades para el oxígeno ($O_2$) a temperatura ambiente (300 K).

A partir de la distribución de Maxwell, pueden ser calculados varios parámetros característicos de las moléculas de un gas, como por ejemplo, la moda, la media, la media cuadrática y la dispersión de las velocidades (Sección 3.6).

La distribución de Maxwell, obtenida en 1853, fue generalizada por Boltzmann, en 1870, para describir el comportamiento de gases sometidos a un campo externo, como en la atmósfera terrestre. Si el gas se encuentra en equilibrio térmico, el número de moléculas ($\mathrm{d}N_{v_x v_y v_z}$) con componentes de las velocidades comprendidas entre $v_x$ y $v_x + \mathrm{d}v_x$, $v_y$ y $v_y + \mathrm{d}v_y$, $v_z$ y $v_z + \mathrm{d}v_z$, en un volumen $\mathrm{d}V = \mathrm{d}x\mathrm{d}y\mathrm{d}z$, a una cierta altura, puede ser expresado en términos de la densidad o concentración local de moléculas $n(x, y, z)$, como

$$\mathrm{d}N_{v_x v_y v_z xyz} = \left(\frac{m}{2\pi kT}\right)^{3/2} n(x, y, z)\ \exp\left(-\frac{1}{2}\frac{mv^2}{kT}\right)\ \mathrm{d}v_x\ \mathrm{d}v_y\ \mathrm{d}v_z\ \mathrm{d}x\ \mathrm{d}y\ \mathrm{d}z \tag{3.22}$$

Describiendo estas moléculas en regiones distintas 1 y 2, se puede escribir

$$\mathrm{d}N^{(1)}_{v_x v_y v_z xyz} = n_1\ \left(\frac{m}{2\pi kT}\right)^{3/2}\ \exp\left(-\frac{\epsilon_{c1}}{kT}\right)\ \mathrm{d}v_x\ \mathrm{d}v_y\ \mathrm{d}v_z\ \ \mathrm{d}x\ \mathrm{d}y\ \mathrm{d}z$$

o

$$\mathrm{d}N^{(2)}_{v_x v_y v_z xyz} = n_2\ \left(\frac{m}{2\pi kT}\right)^{3/2}\ \exp\left(-\frac{\epsilon_{c2}}{kT}\right)\ \mathrm{d}v_x\ \mathrm{d}v_y\ \mathrm{d}v_z\ \ \mathrm{d}x\ \mathrm{d}y\ \mathrm{d}z$$

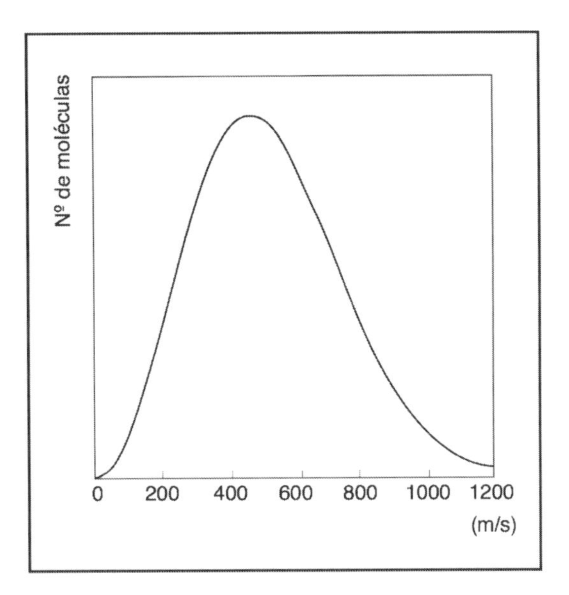


**Figura 3.5:** Distribución de los módulos de las velocidades de Maxwell, para el oxígeno, considerado un gas ideal a temperatura ambiente.

siendo $\epsilon_{c_1}$ y $\epsilon_{c_2}$ las energías cinéticas de las moléculas en las dos regiones.

Igualando estos números, se obtiene la llamada *distribución de Boltzmann*, que relaciona la densidad de un gas, en equilibrio térmico, en un campo externo, en dos regiones distintas:

$$n_2 = n_1 \exp\left[-\frac{1}{kT}(\epsilon_{c_1} - \epsilon_{c_2})\right] \tag{3.23}$$

Para campos conservativos, la conservación de la energía permite expresar la relación entre las energías cinética $\epsilon_c$ y potencial $\epsilon_p$ de una molécula de masa $m$, en dos regiones distintas $\vec{r}_1$ y $\vec{r}_2$, por

$$\epsilon_{c_1} + \epsilon_{p_1} = \epsilon_{c_2} + \epsilon_{p_2}$$

siendo $\epsilon_{p_i}$ la energía potencial de una molécula, en la región $i$, asociada a la posición $\vec{r}_i$. Así, la ecuación (3.23), para campos conservativos, puede ser reescrita como

$$n_2 = n_1 \exp\left[-\frac{1}{kT}(\epsilon_{p_2} - \epsilon_{p_1})\right]$$

Las moléculas en el campo gravitacional uniforme terrestre poseen energía potencial

$$\epsilon_p = mgz$$

siendo $z$ la altura donde se encuentra la molécula con relación a la superficie terrestre.

Considerando la atmósfera terrestre en equilibrio térmico a la temperatura $T$, o sea, considerándola isotérmica, de acuerdo con la ecuación de Clapeyron, ecuación (3.6), escrita como

$$n = \frac{N}{V} = \frac{P}{kT}$$

se llega a la llamada *fórmula barométrica*,

$$\boxed{\frac{n}{n_0} = \frac{P}{P_0} = \exp\left(-\frac{mgz}{kT}\right) = \exp\left(-\frac{\mu g z}{RT}\right)} \tag{3.24}$$

en el cual $\mu = mN_A$ es la masa molecular del gas y $P_0$ es la presión del aire a nivel del mar.

Se puede también determinar la fórmula barométrica considerando una columna de gas ideal, como se muestra esquemáticamente en la Figura 3.6.

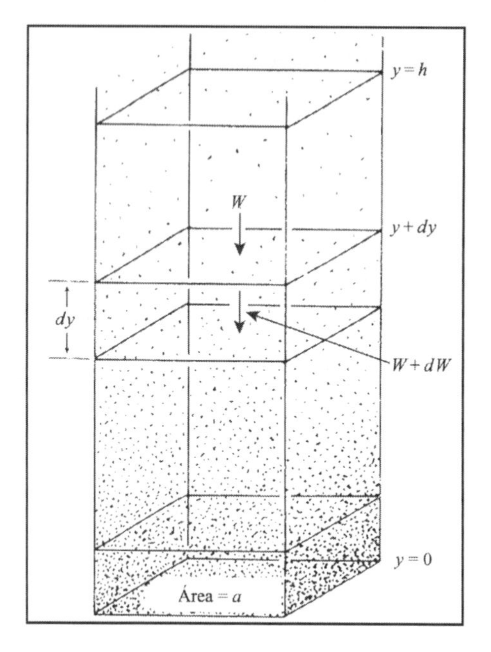


**Figura 3.6:** Esquema de la distribución de moléculas en una columna vertical de un gas ideal.

De acuerdo con la concepción molecular de la materia, ese volumen contiene una densidad volumétrica media de $n$ moléculas (también llamada *concentración molecular*), cada cual con un peso $mg$. Debido al peso, el número de moléculas será mayor en la parte inferior del volumen que en su parte superior, como se muestra en la figura.

Sea $h$ la altura de la columna, cuya área de la base es $a$. Admítase también que la temperatura $T$ del gas sea uniforme. Considérese un elemento diferencial de volumen $a\,\mathrm{d}y$. Si $W$ es el módulo del peso de la columna de gas sobre la base superior de ese volumen infinitesimal, en la base inferior será $W + \mathrm{d}W$.[10] En términos de la densidad media de ($n$) moléculas por unidad de volumen, se puede escribir:

$$W + \mathrm{d}W = W + mgna\,\mathrm{d}y$$

Así, la diferencia de presión entre las bases superior e inferior del volumen infinitesimal considerado será

$$\mathrm{d}P = \frac{1}{a}\left[W - W - \mathrm{d}W\right] = -mgn\,\mathrm{d}y \tag{3.25}$$

Por otro lado, para un mol de gas ideal,

$$PV = RT \Rightarrow P = \underbrace{\frac{N_A}{V}}_{n}\frac{R}{N_A}T = \left(\frac{R}{N_A}\right)nT$$

donde

$$\mathrm{d}P = \frac{R}{N_A}T\,\mathrm{d}n$$

Esta diferencia de presión, debida a la diferencia de concentración molecular a lo largo de la altura, es igual a la ecuación (3.25). Luego,

$$\frac{R}{N_A}T\,\mathrm{d}n = -mgn\,\mathrm{d}y$$

[10] Se optó aquí por la letra $W$ para designar al peso para no confundir al lector con la letra $P$ que designa a la presión

o

$$\frac{\mathrm{d}n}{n} = -\frac{N_A mg}{RT}\,\mathrm{d}y$$

La ecuación anterior puede ser integrada entre $n_0$ (la concentración molecular en el plano $y = 0$) y $n$ (valor en $y = h$), o sea

$$\int_{n_0}^{n} \frac{\mathrm{d}n'}{n'} = -\left(\frac{N_A mg}{RT}\right) \int_0^h \mathrm{d}y$$

donde

$$n = n_0 \exp\left(-\frac{N_A mgh}{RT}\right) \tag{3.26}$$

Como $P \propto n$, la ecuación (3.26) puede ser escrita en términos de las presiones $P$ y $P_0$, resultado conocido como la *ley de las atmósferas*. Ese resultado será útil para la comprensión del movimiento browniano (Sección 4.3).

La principal dificultad para comprobar la distribución de Maxwell-Boltzmann a través de la fórmula barométrica, ecuación (3.24), aplicándola a la atmósfera terrestre, está asociada a la falta de una verdadera uniformidad de distribución de la temperatura. A pesar de ello, la variación exponencial de la presión con la altitud prevista por la fórmula barométrica de Boltzmann en líneas generales es confirmada por los resultados experimentales, como indica la Figura 3.7.

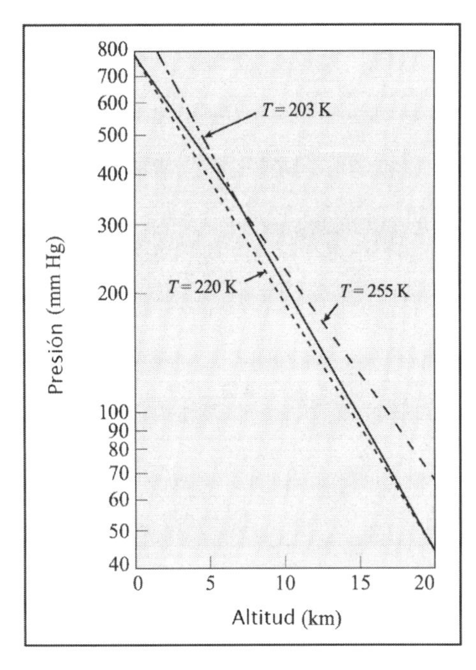


**Figura 3.7:** Variación de la presión atmosférica con la altitud.

La fórmula barométrica fue ampliamente comprobada por Perrin a partir de 1909, contornando de forma original el hecho de que la temperatura atmosférica no es exactamente isotérmica, a través de la preparación de emulsiones estables, que consistían en partículas esféricas de resina, prácticamente idénticas, suspendidas en agua, capaces de simular un sistema de corpúsculos en equilibrio térmico bajo la acción de un campo gravitacional, el cual, en pequeña escala, tendría el mismo comportamiento de una atmósfera isotérmica. De este modo, por conteo del número de partículas en varios niveles de la suspensión, fue capaz de verificar la forma de la distribución barométrica y determinar el número de Avogadro (Capítulo 4).

Utilizando la fórmula barométrica, ecuación (3.24), se puede expresar la densidad genérica local $n$, que aparece en la ecuación (3.22), en términos de la densidad $n_0 = (N/V)_0$ al nivel del mar, obteniéndose, así, la llamada *distribución de Maxwell-Boltzmann*:

$$dN_{v_x v_y v_z x y z} = n_0 \left(\frac{m}{2\pi kT}\right)^{3/2} \exp\left[-\frac{(\epsilon_c + \epsilon_p)}{kT}\right] dv_x \, dv_y \, dv_z \, dx \, dy \, dz \quad (3.27)$$

que describe la fracción de moléculas, en un campo externo, con componentes de las velocidades entre $v_x$ y $v_x + dv_x$, $v_y$ y $v_y + dv_y$, $v_z$ y $v_z + dv_z$, y coordenadas entre $x$ y $x + dx$, $y$ y $y + dy$, $z$ y $z + dz$, tal que la energía ($\epsilon$) de las moléculas sea igual a $\epsilon = \epsilon_c(v_x, v_y, v_z) + \epsilon_p(x, y, z)$.

### 3.1.5 Calor específico de los gases

La distribución de Maxwell-Boltzmann permite la generalización del principio de la equipartición de la energía para incluir, además del movimiento de traslación, los movimientos internos de vibración y de rotación de las moléculas. En general, este principio puede ser enunciado como: *cada término cuadrático en la expresión clásica de la energía mecánica de los constituyentes de un gas, en equilibrio térmico a la temperatura $T$, contribuye con $kT/2$ a la energía media por constituyente.*

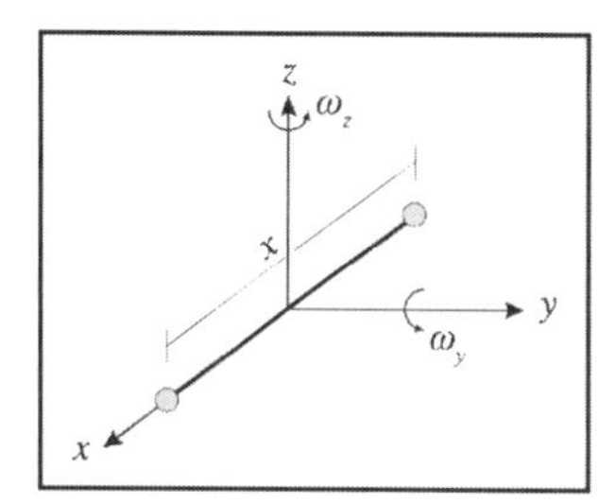


**Figura 3.8:** Modelo de una molécula diatómica.

Por ejemplo, considerando que las moléculas diatómicas de un gas pueden ser visualizadas como pequeñas mancuernas (Figura 3.8), la energía total de una molécula puede ser expresada por la adición de tres partes. Al movimiento tridimensional de traslación de la molécula de masa $m$, caracterizado por el desplazamiento de su centro de masa con velocidad $(v_x, v_y, v_z)$, se asocia a la energía cinética de traslación

$$\epsilon_{\text{trans}} = \frac{1}{2}mv_x^2 + \frac{1}{2}mv_y^2 + \frac{1}{2}mv_z^2$$

Al movimiento relativo de sus dos átomos a lo largo del eje ($x$), definido por ellos, que es un movimiento armónico unidimensional, se asocia la energía de vibración

$$\epsilon_{\text{vib}} = \frac{1}{2}\mu\dot{x}^2 + \frac{1}{2}\mu\omega^2 x^2$$

en donde $\mu$ es la masa reducida de los dos átomos y $\omega$ es la frecuencia de vibración natural del sistema. Y al movimiento de rotación corresponderá la aportación de dos términos cuadráticos más, esto es,

$$\epsilon_{\text{rot}} = \frac{1}{2}I_y\omega_y^2 + \frac{1}{2}I_z\omega_z^2$$

siendo $I_y$ e $I_z$ los momentos de inercia relacionados con los ejes $y$ y $z$ perpendiculares al eje de la mancuerna, y $\omega_y$ y $\omega_z$, las respectivas velocidades angulares en torno a estos ejes.

Así, según la formulación general del principio de equipartición, al aporte a la energía interna total del gas, por molécula, además de los tres términos cuadráticos del modo traslacional,

$$\langle\epsilon\rangle_{\text{trans}} = \frac{1}{2}kT + \frac{1}{2}kT + \frac{1}{2}kT = \frac{3}{2}kT$$

se debe adicionar la contribución proveniente de los dos términos cuadráticos del modo vibracional del movimiento, igual a

$$\langle\epsilon\rangle_{\text{vib}} = \frac{1}{2}kT + \frac{1}{2}kT = kT$$

y otra debida también a los dos términos cuadráticos del modo rotacional, que es igual a la

$$\langle\epsilon\rangle_{\rm rot} = \frac{1}{2}kT \; + \; \frac{1}{2}kT = kT$$

Luego la energía media por molécula, debida a los modos traslacional, vibracional y rotacional, será dada por

$$\langle\epsilon\rangle \; = \; \langle\epsilon\rangle_{\rm trans} \; + \; \langle\epsilon\rangle_{\rm vib} \; + \; \langle\epsilon\rangle_{\rm rot} = \frac{7}{2}kT$$

De esta manera, la energía interna de un gas molecular con $N$ moléculas, en equilibrio térmico a la temperatura $T$, puede ser expresada genéricamente por

$$U = N\eta\frac{1}{2}kT$$

en la cual $\eta$ ya no es ahora el número de grados de libertad de cada molécula, pero sí el número de términos cuadráticos que contribuyen a la energía de una molécula. En este caso, la capacidad térmica a volumen constante ($C_V$) es dada por

$$C_V = \left(\frac{\partial U}{\partial T}\right)_V = \frac{\eta}{2}Nk = \frac{\eta}{2}nR$$

De cierta manera, fueron los fracasos al aplicar este principio a los problemas de la radiación del cuerpo negro, del calor específico de los sólidos y de los gases poliatómicos que exigieron la revisión crítica de varios conceptos de la Física Clásica, llevando a modificaciones profundas, no de los fundamentos de la Física Estadística, sino de la propia Mecánica Clásica.

Sin embargo, los primeros resultados parecían corroborar las predicciones de la Teoría Cinética de los Gases, basada en la Mecánica Newtoniana. De hecho, el éxito inicial de la teoría puede ser atestiguado por las predicciones del factor $\gamma$, que expresa la razón entre los calores específicos a presión ($c_P$) y a volumen ($c_V$) constantes, para diversos gases, con los datos experimentales presentados en la Tabla 3.1.

**Tabela 3.1:** Valores experimentales de factor $\gamma$ para algunos gases

| Gás | He | Ar | $H_2$ | $O_2$ | $N_2$ | CO | $CO_2$ | $NH_3$ | $C_4H_{10}O$ |
|---|---|---|---|---|---|---|---|---|---|
| $\gamma$ | 1,659 | 1,670 | 1,410 | 1,401 | 1,404 | 1,404 | 1,304 | 1,310 | 1,080 |

La elección del factor $\gamma$ se justifica por el hecho de que, experimentalmente, es mas difícil mantener el volumen constante que la presión, al variar la energía de un sistema.[11] De esta forma, determinando la capacidad térmica de un gas a presión constante, $C_P = (\partial U/\partial T)_P$, a partir da relación de Mayer, $C_P - C_V = nR = Nk$, se obtiene la capacidad térmica a volumen constante, $C_V = (\partial U/\partial T)_V$, y consecuentemente, el factor $\gamma = C_P/C_V = c_P/c_V$.

Desde un punto de vista teórico, toda vez que

$$C_P = Nk + C_V = \left(1 + \frac{\eta}{2}\right) Nk$$

el factor $\gamma$ es dado por

$$\gamma = 1 + \frac{2}{\eta} \tag{3.28}$$

donde la estimación teórica es que

$$1 \leq \gamma \leq 1{,}67$$

Esta previsión de la Teoría Cinética para un gas está indicada en la Tabla 3.2.

[11] En el caso de los gases, mantener el volumen constante al calentar o enfriar no es tan problemático. Sin embargo, para sólidos y íquidos, se vuelve difícil mantener el volumen mientras se varía la energía.

**Tabela 3.2:** Dependencia de la energía interna y de los calores específicos de los gases con respecto al número ($\eta$) de términos cuadráticos de la energía de sus moléculas

| Naturaleza de las contribuciones | $\eta$ | $U=\frac{\eta}{2}NkT$ | $c_V=\frac{\eta}{2}Nk$ | $\gamma=\frac{c_P}{c_V}$ |
|---|---|---|---|---|
| Traslación (3) | 3 | $\frac{3}{2}NkT$ | $\frac{3}{2}Nk$ | 1,67 |
| Traslación (3) + Rotación (2) ou Traslación (3) + Vibración (2) | 5 | $\frac{5}{2}NkT$ | $\frac{5}{2}Nk$ | 1,40 |
| Traslación (3) + Rotación (3) | 6 | $3\,NkT$ | $3\,Nk$ | 1,33 |
| Traslación (3) + Rotación (2) + Vibración (2) | 7 | $\frac{7}{2}NkT$ | $\frac{7}{2}Nk$ | 1,29 |

De esa forma, cuanto más compleja la molécula, mayores los calores específicos molares ($C/n$) y, consecuentemente, más el factor $\gamma$ deberá aproximarse a la unidad. Para una molécula monoatómica, sólo contribuyen los tres grados de libertad traslacional. De hecho, observando los valores de la Tabla 3.1 para el He y el Ar, se verifica que estos gases monoatómicos tienen $\gamma \simeq 1{,}67$, de acuerdo con la Tabla 3.2. Ya los gases diatómicos, $H_2$, $O_2$, $N_2$ y CO, en las temperaturas próximas a la temperatura ambiente (para las cuales ocurren, probablemente rotaciones, mas no vibraciones), tienen forma de mancuernas con dos grados de libertad de rotación (Figura 3.8). Esos gases presentan $\gamma \simeq 1{,}40$, también de acuerdo con lo previsto teóricamente.

Cabe notar que el valor $\gamma = 1{,}5$ no es observado experimentalmente, lo que equivale, como se sigue de la ecuación (3.28), a la elección de $\eta = 4$. Desde el punto de vista teórico, este hecho es perfectamente explicable, pues la ocurrencia de algunos valores de $\eta$ violarían una de la hipótesis básicas de la Teoría Cinética. Por ejemplo, una molécula monoatómica no podría estar asociada a $\eta < 3$, pues esto implicaría que una o más direcciones espaciales no serían accesibles al movimiento, en una clara violación de la *hipótesis del caos molecular*. Para las moléculas diatómicas, la elección $\eta = 4$ correspondería a elegir sólo un modo rotacional o vibracional, de nuevo contrariando la hipótesis de isotropía. Desde un punto de vista experimental, el hecho de no observar en la Naturaleza el valor $\gamma = 1{,}5$ excluye toda una clase de modelos geométricos o de simetrías moleculares. A pesar de la comparación satisfactoria en el caso de muchos gases, para moléculas orgánicas más complejas, el valor medio encontrado para $\gamma$ es del orden de $1,33$, lo que corresponde a $\eta = 6$. Además, los calores específicos molares varían con la temperatura (Figura 3.9), lo que no es previsto por la teoría.

Cuando se aplica el principio de equipartición de la energía a los líquidos y sólidos (Capítulo 10), el desacuerdo para los valores de $\gamma$ es aún mayor que para los gases poliatómicos.

## 3.2 Evidencias experimentales de las distribuciones moleculares

*Es una consecuencia curiosa de la naturaleza eléctrica de la materia que podamos estudiar los átomos y las moléculas más fácilmente cuando son ionizados que cuando están en estado eléctricamente neutro.*

J.L. Costa *et al.*

En esta sección, se presentarán algunas de las principales evidencias experimentales que permitieron probar la ley de distribución de Maxwell-Boltzmann hasta la década de 1950. La primera de ellas en el ámbito de la Química y las demás a través de la medición de velocidades de haces de átomos o moléculas.

Antes, sin embargo, es importante enfatizar que, desde el punto de vista de la Física, de 1920 a 1954, fueron hechas varias mediciones y, en un cierto número de ellas, la previsón obtenida fue modesta,

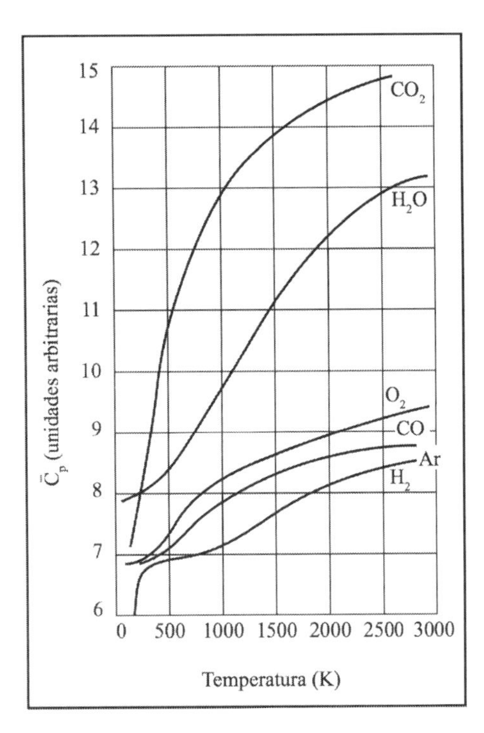


**Figura 3.9:** Calores específicos a presión constante para algunos de los gases mostrados en la Tabla 3.1, en el límite del gas ideal (baja presión).

mostrando, algunas veces, diferencias significativas entre la distribuición observada y la predicción de Maxwell-Boltzmann, a menudo en la región del espectro de bajas velocidades. Medidas más precisas fueron obtenidas en 1955, y, a pesar de ello, la confiabilidad en la fórmula de Maxwell-Boltzmann no fue cuestionada, en un claro ejemplo de canonización *a priori* de una teoría.[12]

## 3.2.1 Fórmula de Arrhenius

Una primera prueba importante para la distribución de Maxwell-Boltzmann es el análisis de la dependencia de la rapidez de las reacciones químicas con respecto a la temperatura. La observación de que pequeños aumentos de temperatura pueden causar grandes aumentos en la rapidez, sugiere que el efecto de la temperatura sea más asociado a la energía de las colisiones que a la frecuencia de sus ocurrencias.

Suponga que una cierta reacción química ocurre justo cuando las moléculas alcanzan un cierto valor de energía igual o mayor que un valor crítico $\epsilon_0$, llamado *energía de umbral*. La rapidez de la reacción, a una temperatura dada, depende, por lo tanto, del número de moléculas con energía $\epsilon \geq \epsilon_0$. Ahora bien, ese número es dado por la distribuición de Maxwell-Boltzmann. La Figura 3.10 muestra esa distribuición para tres valores diferentes de temperatura, $T_1$, $T_2$ y $T_3$, siendo $T_1 < T_2 < T_3$.

Las áreas totales bajo las curvas son las mismas, pues son proporcionales al número total de moléculas. Sin embargo, se observa que, para un cierto valor de $\epsilon_0$, hay más moléculas con energía superior a $\epsilon_0$ para temperaturas más altas, lo que aumenta la frecuencia de las colisiones y la rapidez de la reacción. Aumentando el número de choques efectivos, capaces de causar el rompimiento necesario para la formación de nuevas ligazones químicas, las transformaciones se tornan más rápidas. Este efecto puede ser calculado teóricamente y su concordancia con los datos experimentales es muy buena, confirmando la aplicabilidad de la distribuicón de Maxwell-Boltzmann a la descripción cinética de los gases, como se verá a continuación.

---

[12] Otro ejemplo clásico es la teoría de Debye para los calores específicos de los sóldos (Sección 10.3.2).

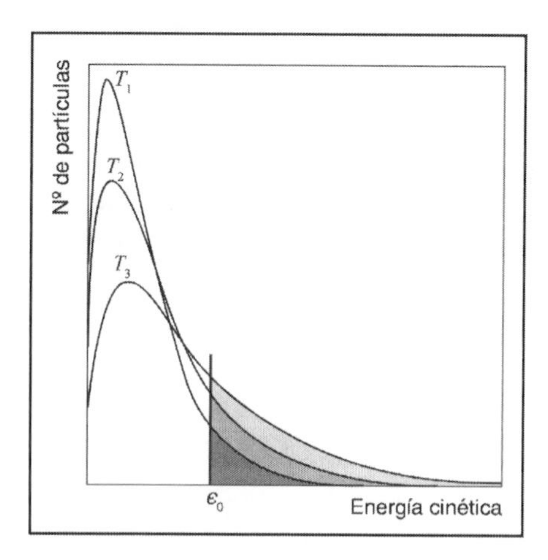


**Figura 3.10:** Distribución de Maxwell-Boltzmann para tres diferentes temperaturas. El área sombreada es proporcional al número de partículas con energía superior al valor crítico (umbral de energía) para que ocurra una cierta reacción química.

La expresión para la relación entre la velocidad de la reacción y la temperatura fue obtenida, en 1889, por el químico sueco Svante August Arrhenius y es dada por

$$\log \chi = H - \frac{a}{T} \tag{3.29}$$

en la cual $\chi$ es la constante de la velocidad de reacción, y $H$ y $a$ son constantes que serán definidas a continuación

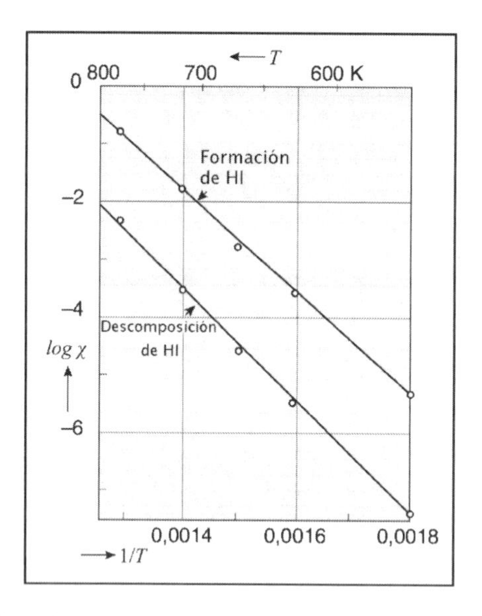


**Figura 3.11:** Dependencia entre la velocidad de la reacción y la temperatura en la formación y descomposición del ácido yodhídrico.

Note que la dependencia entre $\log \chi$ y $1/T$ en la ecuación (3.29) es lineal. La Figura 3.11 muestra la relación entre esas magnitudes en los casos de formación y descomposición del ácido yodhídrico, `HI`.

Representando por $\chi_{\max}$ el valor que tendría la constante de velocidad de la reacción si todos los choques fueran eficaces, el valor real de la constante $\chi$ puede ser obtenido en función de $\chi_{\max}$ y del factor de Boltzmann, esto es,

$$\chi = \chi_{\max}\, e^{-A/RT}$$

donde $A = N_A \epsilon$. Tomando el logaritmo en base 10 de esta expresión, se obtiene la fórmula de Arrhenius

$$\log \chi = \log \chi_{\max} - \frac{A}{RT} \underbrace{\log e}_{0{,}4342} \tag{3.30}$$

Comparando las ecuaciones (3.30) y (3.29), y teniendo en cuenta el valor de $R$, se obtiene

$$\log \chi = H - \frac{A}{4{,}574\ T}$$

El parámetro $A$ es la llamada energía de activación (en calorías), y $H$, el exponente de frecuencia,[13] a partir de lo cual se define la constante de reacción máxima, $\chi_{\max} = 10^H$.

A pesar de algunas dificultades, ese tipo de predicción teórica puede ser aplicado también a reacciones de disolución, y frecuentemente, resulta de buen acuerdo con los valores experimentales.

### 3.2.2 Efusión de moléculas

Entre las varias determinaciones directas de la distribución de velocidades de las moléculas de un gas, destacan las contribuciones de Ira Forry Zartman, Cheng Chuang Ko, Immanuel Estermann, O.C. Simpson, Otto Stern, R.C. Miller y Polikarp Kusch. En todos estos experimentos, en los que se realizaron varias determinaciones directas de la distribución de velocidades de las moléculas de gases, se utilizaron haces de moléculas que escapaban por un pequeño orificio de un recipiente a una región en donde la presión del vapor se mantuvo a valores bajísimos (Figura 3.12).

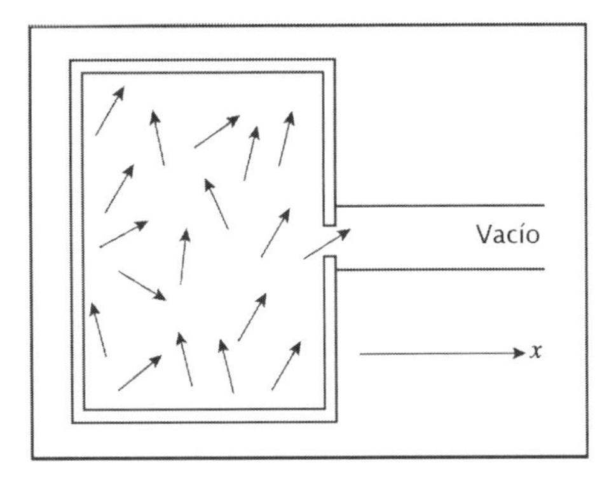


**Figura 3.12:** Esquema de efusión de un gas.

En general, en estos experimentos, las moléculas eran de sustancias metálicas (como la plata) vaporizadas en un horno. Toda vez que el orificio es lo suficientemente pequeño, las moléculas alcanzaban el equilibrio térmico con las paredes del horno, antes de emerger por el orificio. En este proceso, denominado *efusión*, el haz emergente puede ser caracterizado por la temperatura del horno.

La distribución de los módulos de las velocidades de las moléculas en el proceso de efusión no se da directamente por la distribución de Maxwell, ya que las moléculas más ligeras se acercan más rápidamente al orificio que las más lentas. De este modo, se espera que la distribución de los módulos de las velocidades de las moléculas emergentes asocie un peso mayor a aquellas más ligeras.

De acuerdo con la Figura 3.13, la fracción de moléculas con módulos de velocidades entre $v$ y $v + \mathrm{d}v$, que escapan por el orificio de área $\mathrm{d}S$, en un intervalo de tiempo $\mathrm{d}t$, en una dirección $\theta$, definida por el ángulo sólido $d\Omega = \operatorname{sen}\theta \ \mathrm{d}\theta \ \mathrm{d}\phi$, en torno a la dirección $\hat{n}$, es dada por

$$\frac{\mathrm{d}N_v}{N} = v \cos\theta \ \mathrm{d}t \ \mathrm{d}S \ n(v) \ \mathrm{d}v \ \frac{\mathrm{d}\Omega}{4\pi} \tag{3.31}$$

[13] Las letras $A$ y $H$ son una referencia a los fundadores de la cinética química, Arrhenius y van't Hoff.

donde $n(v)$ es la distribución de la densidad de moléculas (número de moléculas por unidad de volumen) en función de los módulos de sus velocidades ($v$), o sea, la distribución de los módulos de las velocidades de Maxwell, $\rho(v)$, dividida entre el volumen ($V$) ocupado por las moléculas antes de emerger del orificio, $n(v) = \rho(v)/V$.

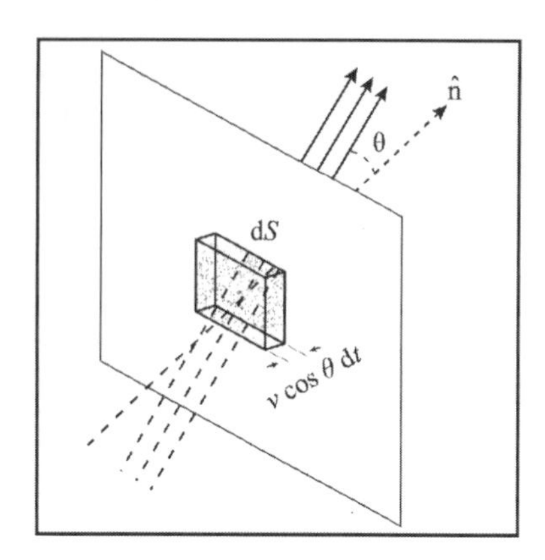


**Figura 3.13:** Partículas emitidas en una dirección $\theta$, en un proceso de efusión de un gas por un orificio.

Integrando la expresión (3.31) en un hemisferio, o sea, variando $\theta$ de 0 hasta $\pi/2$ y $\phi$, de 0 hasta $2\pi$, la fracción total de $N$ moléculas con módulos de velocidades entre $v$ y $v + \mathrm{d}v$ que escapan por el orificio por unidad de área y de tiempo se expresan como

$$\frac{1}{N}\frac{\mathrm{d}N_v}{\mathrm{d}S\,\mathrm{d}t} = \frac{vn(v)}{4\pi}\,\mathrm{d}v \underbrace{\int_0^{2\pi}\mathrm{d}\phi}_{2\pi} \underbrace{\int_0^{\pi/2}\cos\theta\,\mathrm{sen}\,\theta\,\mathrm{d}\theta}_{1/2} = \frac{v\rho(v)}{4V}\,\mathrm{d}v \tag{3.32}$$

y, por tanto, utilizando la ecuación (3.21), el número de moléculas con módulos de velocidades entre $v$ y $v + \mathrm{d}v$ que escapan por el orificio por unidad de área y de tiempo es dado por

$$\frac{\mathrm{d}N_v}{\mathrm{d}S\,\mathrm{d}t} = \sqrt{\frac{1}{\pi}}\,\frac{N}{V}\left(\frac{m}{2kT}\right)^{\frac{3}{2}} v^3 \exp\left(-\frac{1}{2}\frac{mv^2}{kT}\right)\mathrm{d}v \tag{3.33}$$

Ésta es la distribución de velocidades esperada para las moléculas que emergen del orificio, suponiendo que dentro del horno obedezcan a la distribución maxwelliana, que fue probada en los experimentos que se describen a continuación.

Integrando la ecuación (3.32) sobre todas las velocidades, se obtiene el número de moléculas que escapan por el orificio por unidad de área y de tiempo, también denominado *flujo* ($\Phi$) de moléculas a través del orificio, dado por

$$\Phi = \frac{1}{4}\,\frac{N}{V}\,\langle v\rangle \tag{3.34}$$

siendo $\langle v\rangle$ la velocidad media de las moléculas, calculada a partir de la distribución de velocidades de Maxwell, o sea,

$$\langle v\rangle = \int_0^\infty v\rho(v)\,\mathrm{d}v$$

### 3.2.3 Primeros experimentos sobre las distribuciones moleculares

En 1920, se realizó la primera medida directa de la velocidad molecular por Stern, utilizando vapor de plata (Ag). Los experimentos similares de Zartman y Ko se basan en el aparato experimental representado esquemáticamente en la Figura 3.14, el que puede ser descrito, cualitativamente, de la siguiente forma.

Iones de un gas de átomos de plata, provenientes de un horno ($F$), son colimados por las ranuras $A_1$ y $A_2$ y penetran por una pequeña abertura $A_3$ en la región de un cilindro $C$ capaz de girar, por ejemplo,

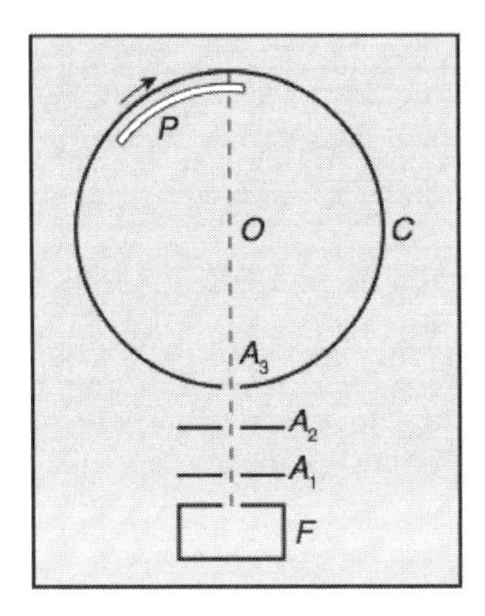


**Figura 3.14:** Esquema del aparato experimental de Zartman.

en el sentido horario. En su interior se ha hecho vacío y hay una placa curva ($P$) de vidrio especial, capaz de registrar partículas. Esto se implementa retirando la placa después del experimento y midiendo con un microfotómetro la intensidad de la luminosidad de la zona oscura que se forma en la placa por las colisiones de los iones. Inicialmente, la experiencia fue hecha con el cilindro en reposo con respecto a las paredes. A continuación, se vuelve a hacer, ahora con el cilindro girando a cerca de 6 000 rpm alrededor del eje perpendicular al plano que pasa por el punto $O$. En ese caso, las moléculas sólo pueden penetrar en el cilindro en el corto intervalo de tiempo en que la hendidura $A_3$ pasa por la línea del haz. Durante ese tiempo, la placa se está moviendo a la derecha. Así, cuanto más lenta sea la partícula, más se acercará al extremo izquierdo de la placa. Por lo tanto, habrá una distribución de partículas de derecha a izquierda, con matices en el oscurecimiento de la placa, dependiendo del número de moléculas que la alcanzan con velocidades diferentes. Luego, el gradual oscurecimiento de la placa dará una medida de la distribución de velocidades del haz de moléculas. Una prueba de conteo de un registro del espectrómetro se muestra en la Figura 3.15.

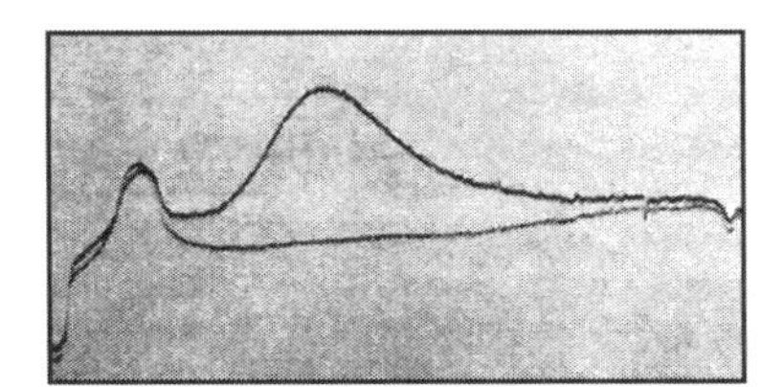

**Figura 3.15:** Impresión de conteo hecha por Zartman de un registro del fotómetro, en la cual la escala de la abscisa fue multiplicada por un factor 2.

### 3.2.4 Experimentos de la década de 1940

Una medida más precisa puede ser obtenida observándose únicamente la caída libre de las partículas de un haz de moléculas gaseosas. El aparato experimental utilizado está esquematizado en la Figura 3.16.

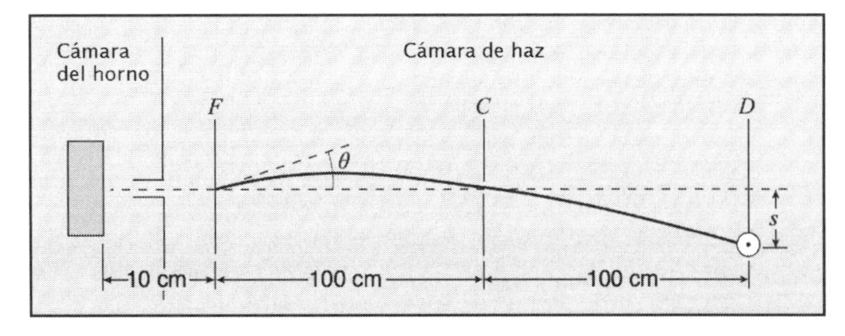


**Figura 3.16:** Esquema del aparato experimental de Estermann.

Átomos de Cesio (Cs) salen de una ranura minúscula de un horno situado en una cámara en la que se hizo alto vacío. Un diafragma $F$, situado cerca de la ranura, detiene la mayor parte de los átomos. Los que pasan por él forman un haz estrecho casi horizontal. La ranura $C$, equidistante del diafragma y del detector $D$, es la llamada *ranura colimadora.*

Los átomos son detectados por el método de ionización superficial, en el cual la gran mayoría de ellos caen sobre un filamento de tungsteno (W) calentado; estos átomos de cesio se vuelven ionizados, se reevaporan y son colectados por un cilindro cargado negativamente que rodea al filamento. La corriente iónica del colector cilíndrico es una medida directa del número de átomos que alcanzan el filamento por segundo. El resultado es expresado en función de la altura $s$ del filamento en relación al haz horizontal, conforme a la Figura 3.17.

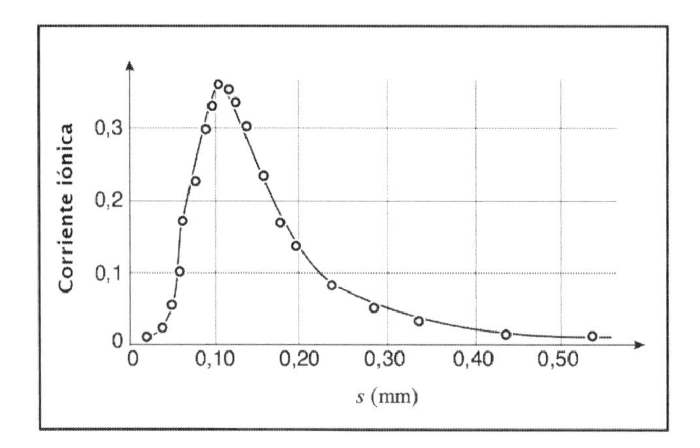


**Figura 3.17:** Resultado del experimento de Estermann, compatible con la ecuación (3.33).

Otro experimento, realizado en 1948, combinaba la utilización de un disco selector de velocidades y la técnica de detectar los átomos emitidos del horno a través de un filamento calentado alejado 20 cm de la ranura del horno

La distribución de velocidades esperada para los átomos da origen a una corriente eléctrica dependiente del tiempo en el sistema de detección. Como esta corriente es una medida del número de átomos que llegan al detector por unidad de tiempo, es posible "ver" gráficamente tal distribución acoplando un osciloscopio al sistema de detección. La Figura 3.18 muestra una fotografía particular del trazo dejado en la pantalla del osciloscopio.

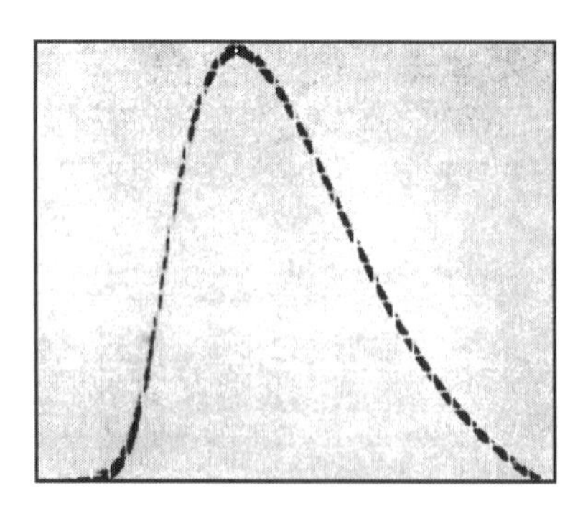

**Figura 3.18:** Fotografía de la pantalla del osciloscopio de un experimento para medir la distribución de velocidades de átomos térmicos, en el cual átomos de indio son capturados en un detector de filamento caliente, cuya corriente generada dependiente del tiempo fue observada en el osciloscopio

### 3.2.5 Experimento de Miller-Kush

La concordancia entre la distribución de velocidades observada y aquella deducida considerando que la distribución de las moléculas en el interior de un horno es maxwelliana y que su abertura es ideal[14] sólo fue verificada directamente en 1955, gracias a la concepción de un selector de velocidades de alta resolución (Figura 3.19). El esquema de ese aparato experimental, compuesto de dos discos paralelos, con pequeñas aberturas, desfasadas en un pequeño ángulo $\theta$, es mostrado la Figura 3.19.[15]

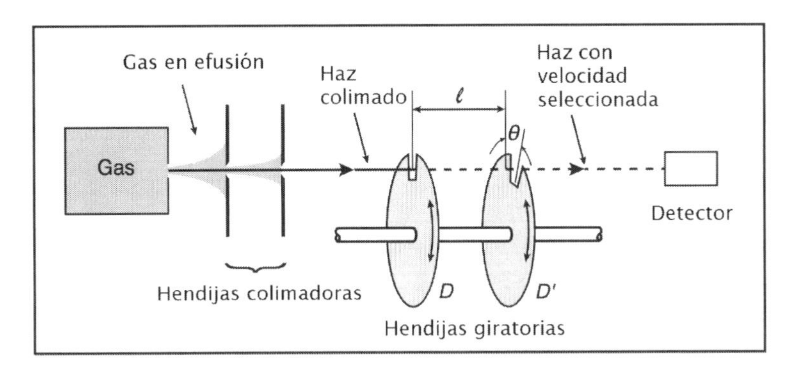


**Figura 3.19:** Esquema de un selector de velocidades moleculares.

En cierta forma, la idea de utilizar este tipo de aparato no era nueva, pero evolucionó de otros dos utilizados independientemente, en 1927, con la misma finalidad, por Eldridge y por Costa, Smyth y Karl Taylor Compton, ambos mostrados, respectivamente, en las Figuras 3.20 y 3.21.

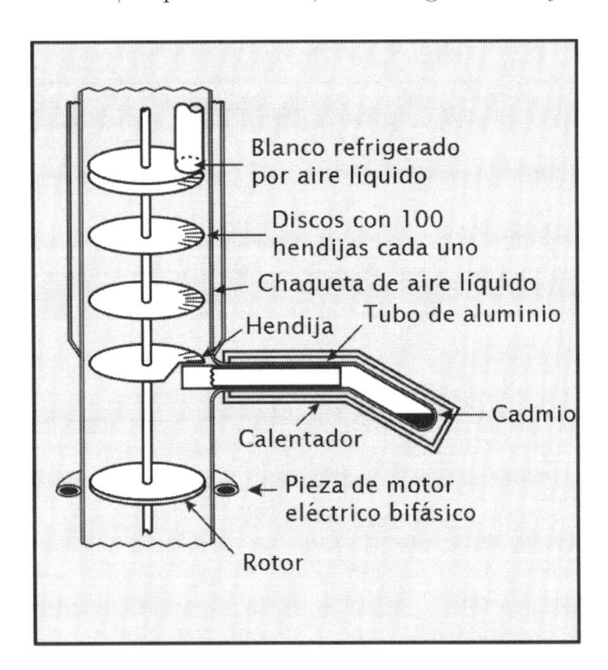


**Figura 3.20:** Esquema del selector de velocidades moleculares usado por Eldridge.

Cabe resaltar, una vez más, que hasta conseguir un selector de alta resolución y haces de alta intensidad, aliado a las mejoras en el *diseño* de la abertura del horno, los ajustes de los resultados experimentales a la curva teórica presentaban siempre cierto desacuerdo, al menos en alguna parte del espectro de velocidades

[14] Una abertura ideal es aquella cuya dimensión es mucho menor que el camino libre medio (Sección 3.3.1) de las moléculas del gas.

[15] En cierta forma, la idea de usar los discos con dientes nos recuerda la rueda dentada del primer experimento que involucra sólo medidas terrestres de la velocidad de la luz, hecho por el físico francés Armand Fizeau, en 1849.

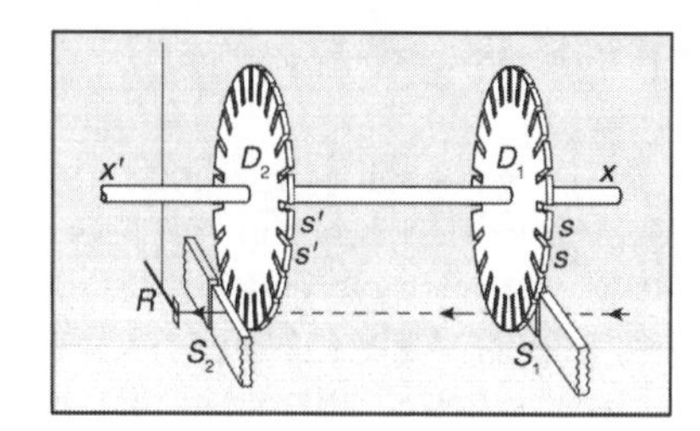


**Figura 3.21:** Detalle del selector de velocidades moleculares usado por Costa *et al.*

A título de ejemplo, la Figura 3.22 muestra una comparación de 1927 entre los datos y lo esperado teóricamente. Aunque el resultado sea mejor que los anteriores, algunas objeciones fueron planteadas poco tiempo después, refiriéndose a problemas en las medidas de la temperatura y la baja resolución del equipo.

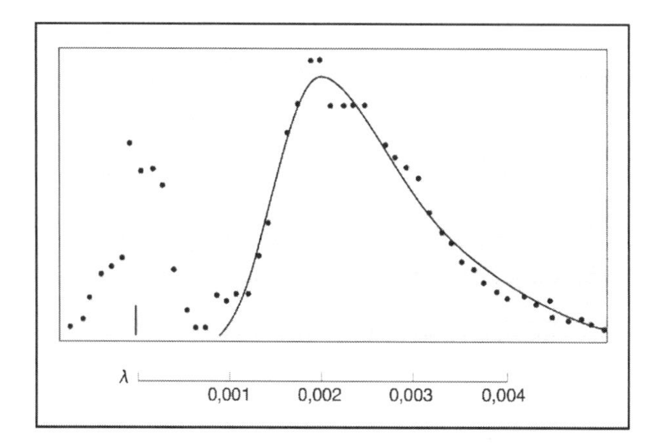


**Figura 3.22:** Distribución de velocidades obtenida por Eldridge, comparada con la expectativa teórica.

Ejemplos análogos se pueden encontrar en la literatura, sin que, sin embargo, la confiabilidad en la distribución de Maxwell-Boltzmann fuera cuestionada. Ésta continuó siendo objeto de investigación científica experimental incluso muchos años después de la introducción de las distribuciones cuánticas de Bose-Einstein y Fermi-Dirac, hasta que se obtuvieran resultados precisos para todo el espectro de velocidades.

Volviendo al selector de Miller-Kush, es evidente que sólo las partículas que pasan por las dos ranuras van a ser detectadas y que su velocidad debe ser $v = \ell w/\theta$, en la cual $w$ es la velocidad angular del disco.

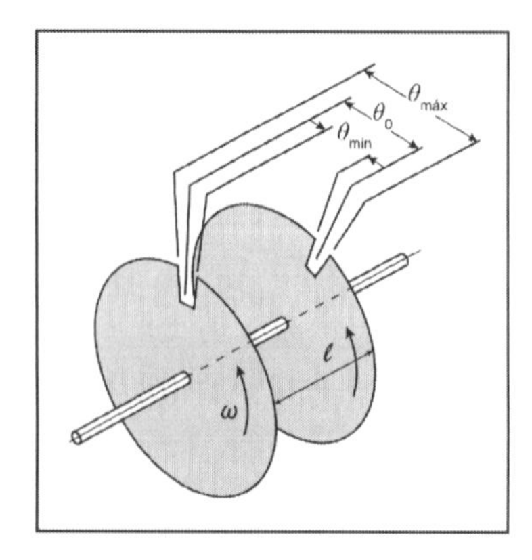


**Figura 3.23:** Detalle del desfase de las ranuras de los discos del selector de velocidades moleculares, mostrando las magnitudes involucradas y sus relaciones.

En realidad, como las dos ranuras tienen dimensiones finitas, las moléculas transmitidas tendrán velocidades comprendidas entre $v$ y $v + \Delta v$, donde $\Delta v$ es determinada por las relaciones entre $v_{\max\ [\min]}$ y $\theta_{\min\ [\max]}$ (Figura 3.23):

$$v_{\max\ [\min]} = \frac{\ell w}{\theta_{\min\ [\max]}}$$

Si el experimento fuera repetido para diferentes valores de $v$ (variando las velocidades de los discos), se puede obtener las distribuciones de las velocidades y de las energía de las moléculas, en perfecto acuerdo con las predicciones de Maxwell-Boltzmann, como indican, por ejemplo, los resultados reproducidos en la Figura 3.24.

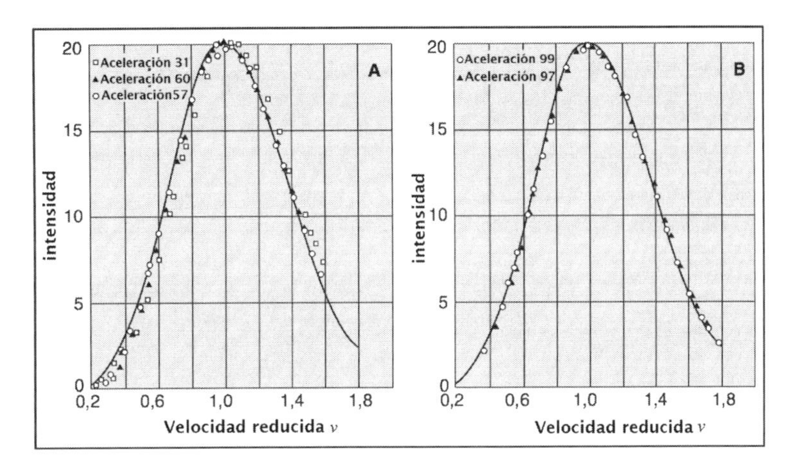


**Figura 3.24:** Distribuciones típicas de velocidades para vapor de potasio (a) y de talio (b), que corresponden a diferentes tomas de datos (diferentes temperaturas y presiones del horno de Miller). Los diferentes puntos experimentales (marcados con triángulos, cuadrados y círculos) corresponden a tres tomas de datos distintas.

## 3.3 El concepto de sección eficaz

*El concepto de sección eficaz está basado en la observación de un conjunto de partículas en un haz, y, por tanto, es una noción básicamente estadística, independiente de que el proceso sea tratado clásica o cuánticamente.*

Paul Roman

El concepto de sección eficaz de interacción, o simplemente *sección eficaz*, es fundamental para la caracterización de fenómenos que involucran la interacción de haces de partículas o de radiaciones, como la luz o los rayos X, con la materia. Generalmente, el proceso de interacción entre haces de partículas o de radiaciones y un blanco es denominado *dispersión* (Figura 3.25).

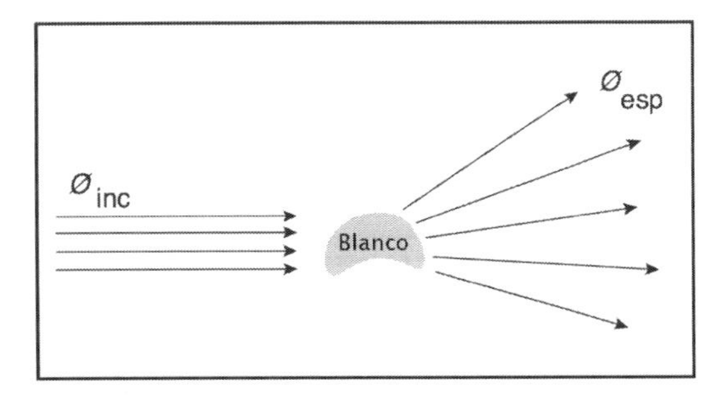


**Figura 3.25:** Esquema de la dispersión de un haz de partículas por un centro dispersor (blanco).

De hecho, la mayor parte de las informaciones sobre la estructura de la materia, o sea, de los sistemas microscópicos como los átomos, los núcleos y las partículas subatómicas, se obtuvieron a partir de procesos que involucran la dispersión de haces incidentes sobre un blanco, o por colisiones entre haces que se propagan en sentidos contrarios.

La sección eficaz es una magnitud física con dimensión de área, relacionada con la razón entre el flujo de partículas (o portadores de energía) antes y después de las colisiones (o interacciones) con algún sistema físico, como se verá a continuación.

### 3.3.1 El camino libre medio

Una cantidad introducida por Clausius, en 1862, es la distancia media recorrida por una molécula entre colisiones sucesivas, o *camino libre medio* ($\ell$).

La introducción de ese concepto se debe a la objeción hecha a la Teoría Cinética, según la cual, si las moléculas se mueven con velocidades del orden de $10^3$ m/s, la mezcla de dos gases debería ser casi instantánea o mucho más rápida que lo observado. Clausius supera el problema suponiendo que, a pesar del valor elevado de velocidades entre colisiones, el camino libre medio es grande en relación con el tamaño de la molécula, pero muy pequeño en relación con las dimensiones del recipiente que contiene al gas. De hecho, el diámetro de una molécula es del orden de 3Å$= 3 \times 10^{-8}$cm, mientras ella tiene, en promedio, un cubo de arista de 35Å para moverse libremente.

Suponiedo que las moléculas son esferas rígidas de radio $r$, pero perfectamente elásticas, en el instante de una colisión, la distancia entre sus centros será $d = 2r$, o sea, cuando la superficie de una esfera de centro $O'$ toca la superficie esférica de otra molécula con centro $O$ (Figura 3.26). Así, para el movimiento de una determinada molécula de centro $O$, en primera aproximación, se puede considerar que su radio efectivo sea igual a $d$ y que las demás moléculas estén en reposo o sean puntiformes (en $O''$). El área de la sección eficaz transversal al movimiento de esa molécula,

$$\sigma = \pi d^2$$

llamada *sección eficaz geométrica*, es el área efectiva que la molécula ofrece como blanco a las otras (Secciones 3.3.4 y 3.3.5).

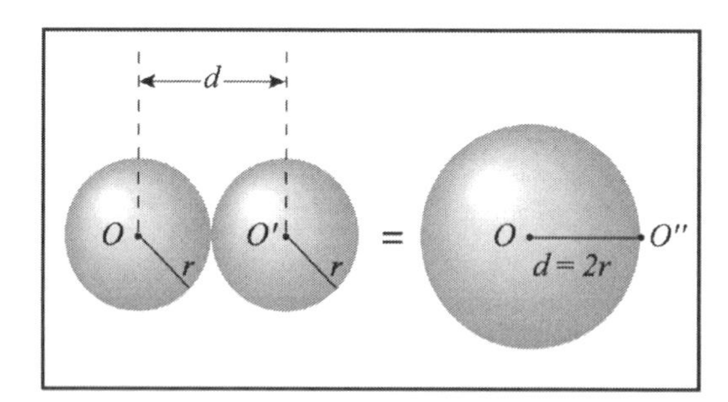


**Figura 3.26:** Colisión entre dos moléculas de un gas.

Así, durante un intervalo de tiempo $\Delta t$, esa molécula con velocidad media $\langle v \rangle$ recorre una distancia de orden de $\langle v \rangle \Delta t$ a lo largo de una trayectoria aleatoria, debido a las colisiones, barriendo un volumen $V$ igual a

$$V = \sigma \langle v \rangle \Delta t$$

Si $n$ es el número de moléculas por unidad de volumen, el número de colisiones durante el intervalo $\Delta t$ está dado por

$$n\sigma \langle v \rangle \Delta t$$

De este modo, la frecuencia ($f$) de colisiones – esto es, el número medio de colisiones por unidad de tiempo, proporcional a la sección eficaz – es dada por

$$\boxed{f = n\sigma\langle v\rangle} \tag{3.35}$$

y la distancia media entre colisiones, o camino libre medio ($\ell = \langle v\rangle/f$), es inversamente proporcional a la sección eficaz

$$\boxed{\ell = \frac{1}{n\sigma}} \tag{3.36}$$

Dado que, bajo condiciones normales de temperatura y presión, la densidad de un gas es del orden de $3 \times 10^{19}$ moléculas/cm$^3$ y la velocidad eficaz es del orden de $10^5$cm/s, la frecuencia de colisiones para un gas ideal es de aproximadamente $4 \times 10^9$ Hz (4 billones de colisiones por segundo) y el camino libre medio, aproximadamente $3 \times 10^{-5}$ cm, o sea, cerca de 1 000 veces el tamaño ($d \simeq 3 \times 10^{-8}$cm) de una molécula. La magnitud de ese valor para el camino libre medio justifica, *a posteriori*, en buena parte el éxito de la Teoría Cinética de los Gases.

La expresión para el camino libre medio, ecuación (3.36), puede ser escrita de una forma más general como

$$\ell = \frac{\alpha}{n\sigma} \tag{3.37}$$

donde $\alpha$ es un factor que depende de las hipótesis hechas sobre los movimientos relativos de las moléculas. La Tabla 3.3 resume los principales valores de $\alpha$, determinados entre 1859 y 1886, para diferentes hipótesis, respectivamente de Maxwell, Clausius y Peter Guthrie Tait.

**Tabela 3.3:** Valores del factor $\alpha$ de la ecuación (3.37) para algunas hipótesis diferentes sobre los movimientos relativos de las colisiones moleculares de un gas

| $\alpha$ | Hipótesis sobre la velocidad molecular | Autor |
|---|---|---|
| 1 | Una única molécula se mueve y las demás son consideradas estacionarias. | [Clausius, 1859] |
| $\frac{1}{\sqrt{2}}$ | El factor $\alpha$ es la relación entre la velocidad real de la molécula y su velocidad relativa a las demás, asumiendo que esta última tiene el mismo módulo que la primera. | [Maxwell, 1860] |
| $\frac{3}{4}$ | Todas las moléculas se mueven con la misma velocidad en direcciones aleatorias. | [Clausius, 1860] |
| 0,6775 | Se calcula el libre camino medio correspondiendo a cada valor posible de la velocidad y entonces se realiza los promedios sobre todas las velocidades. | [Tait, 1886] |

De acuerdo con Maxwell, $v$ es la velocidad de una determinada molécula y $w$, su velocidad en relación a otra molécula, se puede considerar que $\alpha = v/w$.

Si todas las otras moléculas tiene velocidades $u$, $w = \sqrt{v^2 + u^2}$. Suponiendo que $u = v$, se obtiene $w = v\sqrt{2}$, siendo $\alpha = 1/\sqrt{2}$.

Ese resultado fue criticado por Clausius, que argumentó que la velocidad relativa es en realidad una magnitud vectorial, $\vec{w} = \vec{u} - \vec{v}$, o sea,

$$w = (u^2 + v^2 - 2uv\cos\theta)^{1/2}$$

siendo $\theta$ el ángulo entre los versores $\hat{u}$ y $\hat{v}$. Tomando la media de $w(\theta) \equiv (a - b\cos\theta)^{1/2}$ sobre todos los valores de $\theta$, se obtiene

$$\overline{w} = \frac{1}{4\pi}\int w(\theta) \underbrace{\mathrm{d}\Omega}_{\operatorname{sen}\theta \mathrm{d}\theta \mathrm{d}\phi}$$

Como la función $w$ solo depende de $\theta$, integrando $\phi$ de 0 a $2\pi$, se obtiene

$$\overline{w} = \frac{1}{2}\int w(\theta)\,\mathrm{sen}\,\theta \mathrm{d}\theta = \frac{1}{2}\int_{1}^{-1} (a - bx)^{1/2}\,\mathrm{d}x \tag{3.38}$$

en donde $a = u^2 + v^2$, $b = uv$ y $x = \cos\theta$. Haciendo el cambio de variable $x = (a/b)y$, se llega a una integral exacta, cuyo resultado es

$$\overline{w} = \frac{1}{3b}\left[(a-b)^{3/2} - (a+b)^{3/2}\right]$$

o, en términos de las variables iniciales del problema,

$$\overline{w} = \frac{1}{6uv}\left[(u+v)^3 - (u-v)^3\right] \tag{3.39}$$

La ecuación (3.39) tiene dos resultados, dependiendo si $u > v$ o $u < v$, a saber:

$$\overline{w} = \begin{cases} u + \dfrac{v^2}{3u} & (u > v) \\[2ex] v + \dfrac{u^2}{3v} & (u < v) \end{cases} \tag{3.40}$$

El modo de calcular el camino libre medio a partir de la ecuación

$$\ell = \frac{1}{n\sigma}\frac{v}{w} \tag{3.41}$$

fue, más tarde, criticado por Tait. De hecho, su argumento es que, como la velocidad relativa depende de la dirección, o sea, $w = w(\theta)$, se debe calcular el camino libre medio para cada valor de la velocidad molecular $v$ y, entonces, hacer la media sobre todas las velocidades usando la distribución de Maxwell

$$f(u) = \frac{4}{a^3\sqrt{\pi}}u^2 e^{-u^2/a^2}$$

De este modo, en vez de la ecuación (3.41), se tiene

$$\ell = \frac{1}{n\sigma}\int_0^\infty \frac{v}{\overline{w}(v)} f(v)\,\mathrm{d}v \tag{3.42}$$

en donde, usando los resultados de la ecuación (3.40),

$$\overline{w}(v) = \int_0^v f(u)\left(v + \frac{u^2}{3v}\right)\,\mathrm{d}u + \int_v^\infty f(u)\left(u + \frac{v^2}{3u}\right)\,\mathrm{d}u$$

Calculando las cuatro integrales contenidas en $\overline{w}(v)$, se obtiene

$$\ell = \frac{1}{n\sigma}\int_0^\infty \frac{8z^4\,\mathrm{d}z}{(2z^2+1)\sqrt{\pi}\,\mathrm{erf}(z)e^{z^2} + 2z} \tag{3.43}$$

en donde $z = v/a$ e $\mathrm{erf}(z)$ es una función de error dada por

$$\mathrm{erf}(z) = \frac{2}{\sqrt{\pi}}\int_0^z e^{-x^2}\,\mathrm{d}x = \frac{2}{\sqrt{\pi}e^{z^2}\displaystyle\sum_{k=0}^{\infty} 2^k \frac{z^{2k+1}}{(2k+1)!!}}$$

La integral de la ecuación (3.43) se resuelve numéricamente. El cálculo hecho con el programa Maple da como resultado

$$\ell = \frac{0{,}677462}{n\sigma} \tag{3.44}$$

comparable con la previsión de Tait, indicada en la Tabla 3.3,

$$\ell = \frac{0{,}6775}{n\sigma} \tag{3.45}$$

### 3.3.2 Ley de distribución de caminos libres

Un problema históricamente relevante asociado al camino libre medio es el de la atenuación de un haz homogéneo de partículas al atravesar un gas, debida a las colisiones de sus partículas con las moléculas constituyentes del gas. Por ejemplo, sobre la base de este tipo de enfoque experimental, fue posible la primera determinación o estimación del número de electrones en átomos ligeros (Sección 8.2.3).

Para la realización del cálculo de atenuación de un haz, es necesario que se derive la distribución para las distancias recorridas, entre colisiones sucesivas, por las partículas del haz, también denominadas *caminos libres*, o una distribución que permita encontrar la probabilidad de que una partícula del haz recorra una cierta distancia sin sufrir colisiones, o, dicho aun de otra forma, una distribución de probabilidades para los caminos libres.

Considere que el número inicial de partículas en un haz sea $N_0$, el cual choca con una distribución uniforme de centros dispersores. Después de atravesar una distancia $\mathrm{d}x$, la variación fraccional $(-\mathrm{d}N/N)$ de un número de partículas $(N)$ o de intensidades $(I)$ del haz – igual a la fracción de partículas que sufren colisiones y no atraviesan la distancia $\mathrm{d}x$ – es proporcional a esa distancia, o sea,[16]

$$-\frac{\mathrm{d}N}{N} = -\frac{\mathrm{d}I}{I} = a\,\mathrm{d}x \tag{3.46}$$

en donde $a$ es una constante.

Integrando la ecuación anterior, la fracción de partículas que atraviesan la distancia $x$ resulta dada por

$$\frac{N(x)}{N_0} = e^{-ax}$$

siendo $N_0 = N(0)$. Esa fracción es proporcional a la distribución de probabilidades de que no haya colisión, o sea, la distribución de los caminos libres de las partículas del haz, que, normalizada, es dada por

$$\rho(x) = a\,e^{-ax}$$

Así, el camino libre medio $(\ell)$ puede ser calculado por

$$\langle x\rangle = \ell = a\int_0^\infty x\rho(x)\,\mathrm{d}x = a\left(-\frac{\mathrm{d}}{\mathrm{d}a}\right)\int_0^\infty e^{-ax}\,\mathrm{d}x = \frac{1}{a}$$

De la ecuación (3.36), $\ell = (n\sigma)^{-1}$, siendo $n$ el número de partículas-blanco por unidad de volumen, o la densidad de partículas blanco, y $\sigma$ la sección eficaz del proceso de dispersión. De ese modo, la intensidad $(I)$ de un haz de partículas atenuado por la interacción con un medio material de espesor $x$ puede ser escrita como

$$\boxed{I(x) = I_0 e^{-n\sigma x} = I_0 e^{-\mu x}} \tag{3.47}$$

donde $I_0$ es la intensidad inicial del haz y $\mu = n\sigma$ es el coeficiente de atenuación. Midiendo $I$ y $I_0$, se obtiene la sección eficaz de absorción, $\sigma$.

La concordancia entre el experimento y varios resultados de la Teoría Cinética, desarrollada por Clausius, Maxwell y Boltzmann – que se basa en la hipótesis molecular de la materia –, conjuntamente con el concepto científico de átomo elaborado por los químicos del siglo XIX, hizo que muchos otros científicos aceptaran la visión atomista del Mundo y contribuyó a la consolidación de una cosmovisión mecanicista. En esa época había una fuerte convicción acerca de la realidad del átomo y de su descripción en términos

[16] El mismo razonamiento vale cuando se considera el número de partículas de una muestra de material radiactivo que se desintegran en un pequeño intervalo de tiempo $\mathrm{d}t$, o sea,

$$-\frac{\mathrm{d}N}{N} = \lambda\,\mathrm{d}t \qquad \Longrightarrow \qquad \frac{N(t)}{N_0} = e^{-\lambda t}$$

En este caso, $\tau = 1/\lambda$ es denominado *vida media* de la partícula (Sección 9.3.3).

de la Mecánica Clásica de Newton, que puede resumirse en la siguiente definición de Lord Kelvin: *El átomo es un pedazo de materia con forma, movimiento y leyes, objeto inteligible de la investigación científica.*

Sin embargo, con respecto de esto no existía consenso. Ostwald y el físico alemán Ernest Mach, por ejemplo, creían poder basar todas las explicaciones de los fenómenos a partir de una visión macroscópica, basada en el concepto de *energía.* Dos trabajos que mucho contribuyeron al predominio de la concepción atomista de la materia fueron los resultados de J.J. Thomson sobre el electrón y el estudio teórico del movimiento browniano hecho por Einstein con las medidas hechas por Perrin (Capítulo 4), los cuales acabaron por convencer a los más escépticos a aceptar la visión atomista. Entre ellos estaba Ostwald, que acabó admitiendo que esos resultados

> *justifican que el más cauteloso de los científicos hable ahora de la prueba experimental de la naturaleza atómica de la materia. La hipótesis atómica es entonces elevada a la posición de una teoría científicamente bien fundamentada.*

Esas contribuciones experimentales de Perrin serán abordadas en detalle en el Capítulo 4. Aquí es suficiente adelantar que, alrededor de la mitad del siglo XIX, se creía que el movimiento aleatorio de partículas ínfimas de polen en suspensión, se debía al hecho de estar formadas de materia viva. Más tarde, se constató que el movimiento browniano es consecuencia de la agitación térmica de las moléculas de un fluido, la cual induce sobre los corpúsculos visibles al microscopio – que en él se hallan en suspensión – un movimiento desordenado y aleatorio. De las investigaciones de Einstein sobre ese efecto, fue posible calcular el número de Avogadro ($N_A$) y el resultado, obtenido en 1911, es impresionante: la previsión de $N_A = 6{,}56 \times 10^{23}$ (Sección 4.2), comparable con el valor de referencia actual, $N_A = (6{,}0221367 \pm 0{,}0000036) \times 10^{23}$.

Todo lo que se ha dicho hasta aquí parece confirmar el carácter indivisible del átomo, salvo tal vez la existencia de isótopos y isábaros. Pero, ¿son los átomos verdaderamente indivisibles? La respuesta dada por la Física es *no.*

Sin embargo, antes de presentar algunos experimentos que apuntan a la divisibilidad del átomo, es necesario que se discuta un poco más el útil concepto de sección eficaz.

### 3.3.3 La ecuación de la continuidad

De manera general, el *flujo* ($\Phi_X$) de una magnitud $X$,[17] asociado a un haz que incide sobre una superficie de área d$S$, en un intervalo de tiempo d$t$, a través de esa superficie, es definido como

$$\Phi_X = \frac{\mathrm{d}X}{\mathrm{d}S\ \mathrm{d}t} \tag{3.48}$$

Por ejemplo, el número de partículas $\mathrm{d}N_{\mathrm{inc}}$ de un haz homogéneo, con velocidad $\vec{v}$, que incide en una superficie d$S$ (Figura 3.27), en un intervalo de tiempo d$t$, puede ser expresado por

$$\mathrm{d}N_{\mathrm{inc}} = \rho v \cos\theta\ \mathrm{d}t\ \mathrm{d}S = \rho\ (\vec{v}.\hat{n})\ \mathrm{d}t\ \mathrm{d}S$$

en donde $\rho$ es la densidad de las partículas en el haz y $\theta$ es el ángulo entre la dirección del haz y la normal $\hat{n}$ de la superficie d$S$. De este modo, el flujo incidente $\Phi_{\mathrm{inc}}$ puede ser expresado por

$$\Phi_{\mathrm{inc}} = \frac{\mathrm{d}N_{\mathrm{inc}}}{\mathrm{d}S\ \mathrm{d}t} = (\rho\vec{v}) \cdot \hat{n} \tag{3.49}$$

La magnitud definida por $\vec{J} = \rho\vec{v}$, que expresa las propiedades direccionales de un haz, es denominada *densidad de corriente.* Su definición permite que se expresen las leyes de conservación por una relación entre las medidas del flujo.

[17] Si esa magnitud es la energía, el flujo medio es llamado también *intensidad.*

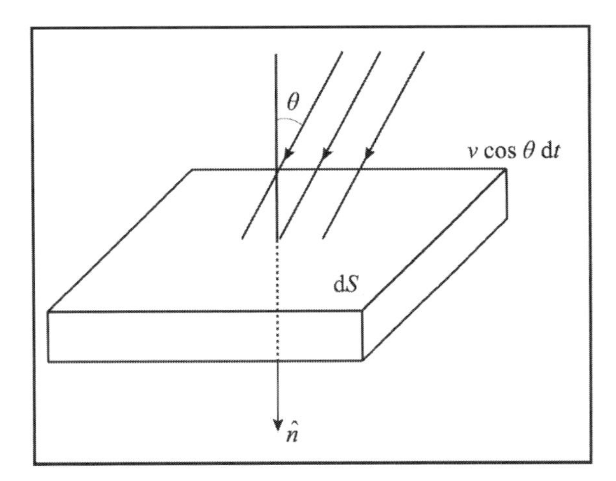


**Figura 3.27:** Flujo de un haz homogéneo de partículas a través de una superficie.

Sea d$S$ un elemento de superficie cerrada dentro de un volumen $V$ que es atravesado por un flujo de partículas con velocidad $\vec{v}$ (Figura 3.28).

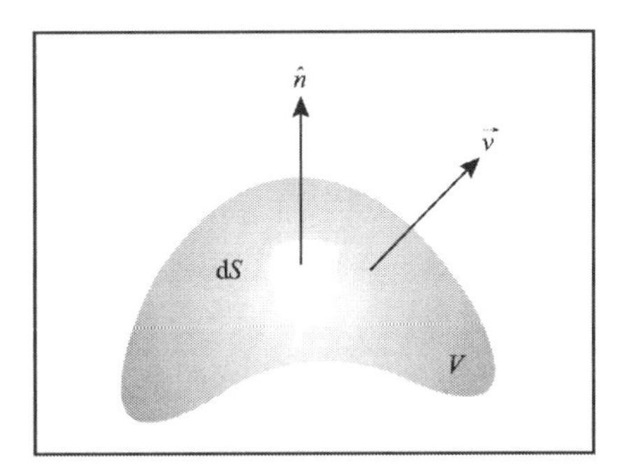


**Figura 3.28:** Flujo de partículas a través de una superficie cerrada.

El decremento temporal del número de partículas en un volumen está dado por

$$-\frac{\mathrm{d}N}{\mathrm{d}t} = \oint_S (\rho\, \vec{v}) \cdot \hat{n}\ \mathrm{d}S = \oint_S \vec{J} \cdot \hat{n}\ \mathrm{d}S$$

Esta relación expresa, de forma más general, la ley de conservación de partículas, pues indica que la disminución del número de partículas en un volumen es igual al número de partículas que atraviesan la superficie que lo limita, es decir, excluye la creación o la aniquilación de partículas, masa, carga o energía.[18]

Para un volumen de radio infinito, o cualquier otro volumen en cuya superficie limítrofe la densidad de corriente se anule, se puede expresar de forma más restringida una ley de conservación por

$$-\frac{\mathrm{d}N}{\mathrm{d}t} = 0 \iff N = \text{constante}$$

Expresando el número total de partículas contenidas en un volumen $V$ por $N = \int_V \rho\ \mathrm{d}V$ y utilizando el teorema de la divergencia de Gauss, la ley de conservación puede ser expresada por[19]

[18] En el dominio de la Física de Partículas o de Altas Energías, donde hay creación y aniquilación de partículas, sólo las leyes de conservación de carga y energía permanecen válidas.

[19] El operador $\vec{\nabla}$, denominado *nabla*, puede ser escrito en coordenadas cartesianas $(x, y, z)$ como

$$\vec{\nabla} = \hat{\imath}\frac{\partial}{\partial x} + \hat{\jmath}\frac{\partial}{\partial y} + \hat{k}\frac{\partial}{\partial z}$$

siendo $(\hat{\imath}, \hat{\jmath}, \hat{k})$ los vectores unitarios en las direcciones de los ejes cartesianos.

$$-\frac{\mathrm{d}}{\mathrm{d}t}\int_V \rho \, \mathrm{d}V = \oint_S \vec{J}\cdot\hat{n}\,\mathrm{d}S = \int_V \vec{\nabla}\cdot\vec{J}\,\mathrm{d}V$$

lo que implica

$$\int_V \left(\frac{\partial \rho}{\partial t} + \vec{\nabla}\cdot\vec{J}\right) \mathrm{d}V = 0$$

Así, si no hay singularidades en las distribuciones de carga y corriente, $\rho$ y $\vec{J}$, en una determinada región, la ley de conservación del número de partículas puede ser expresada, por medio de una forma local, denominada *ecuación de continuidad*, como

$$\boxed{\frac{\partial \rho}{\partial t} + \vec{\nabla}\cdot\vec{J} = 0} \tag{3.50}$$

Esa ecuación fue ampliamente utilizada en la interpretación de la Mecánica Cuántica (Sección 14.4) y en el descubrimiento por Dirac, en 1926, de la ecuación cuántico-relativista, que describe las interacciones entre partículas eléctricamente cargadas de *spin* 1/2, la ecuación de Dirac (Capítulo 16).

De manera análoga, si $\rho$ es igual a la densidad, $\mathrm{d}m/\mathrm{d}V$, o a la densidad de carga $\mathrm{d}q/\mathrm{d}V$, o a la densidad de energía, $\mathrm{d}\epsilon/\mathrm{d}V$, la ecuación de continuidad expresaría, respectivamente, las leyes de conservación de *masa*, de *carga* y de *energía*.

### 3.3.4 Definición experimental de la sección eficaz

En general, los haces incidentes sobre un blanco son homogéneos, monoenergéticos o monocromáticos, y colimados de tal forma que sean paralelos a una cierta dirección. O sea, en la práctica, los haces presentan pequeñas divergencias angular y espectral.

Dinámicamente, a bajas energías, las partículas que constituyen el haz dispersado pueden resultar de colisiones elásticas o inelásticas. En el caso elástico, el haz dispersado tiene la misma naturaleza que el incidente, es decir, sólo hay una desviación de la dirección inicial; en el caso inelástico, debido a la ocurrencia de procesos como la creación, la aniquilación, la excitación o la absorción, el haz dispersado puede tener una composición distinta de la original, incluyendo una alteración de la energía de las partículas.

Pictóricamente, la dispersión puede ser vista como la ocurrencia de procesos que remueven partículas del haz incidente, creando nuevas partículas o alterando las direcciones de propagación, la energía o el *momentum* de las partículas incidentes.

En este contexto, la *sección eficaz total*, $\sigma$, de la dispersión de partículas de un haz homogéneo por un único centro dispersor (blanco) se define como la razón entre la tasa temporal de partículas dispersadas en todas las direcciones (recuento de partículas por unidad de tiempo, $\mathrm{d}N_{\text{dis}}/\mathrm{d}t$) y el flujo incidente ($\Phi_{\text{inc}}$), o sea,

$$\sigma = \frac{1}{\Phi_{\text{inc}}}\left(\frac{\mathrm{d}}{\mathrm{d}t}N_{\text{dis}}\right) \tag{3.51}$$

Por otro lado, si el recuento de las partículas dispersadas se realiza en una dirección definida por un ángulo sólido $\mathrm{d}\Omega$ limitado por una superficie $\mathrm{d}S$ (Figura 3.29), se define la *sección eficaz diferencial* por la expresión

$$\mathrm{d}\sigma = \frac{1}{\Phi_{\text{inc}}}\left(\frac{\mathrm{d}}{\mathrm{d}t}N_{\text{dis}}\right)_{\theta,\phi} = \left(\frac{\Phi_{\text{dis}}}{\Phi_{\text{inc}}}\right)\mathrm{d}S = r^2\left(\frac{\Phi_{\text{dis}}}{\Phi_{\text{inc}}}\right)\mathrm{d}\Omega \tag{3.52}$$

en donde se utilizó la definición de flujo dada por la ecuación (3.48) y se expresó el elemento de área $\mathrm{d}S$ en términos del elemento de ángulo sólido $\mathrm{d}\Omega$.

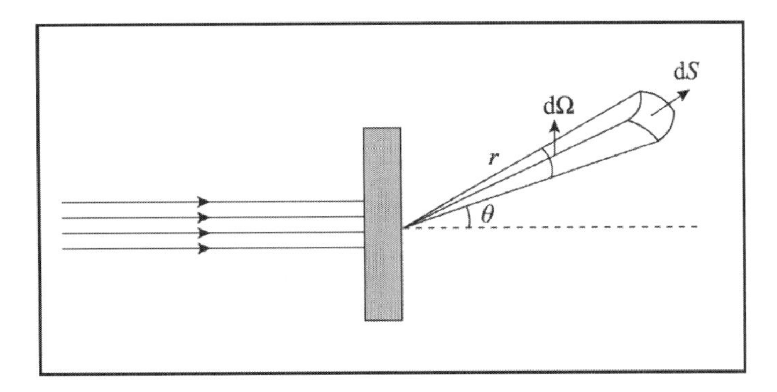


**Figura 3.29:** Dispersión de un haz de partículas por un blanco, en una dirección definida por un ángulo sólido.

De esa forma, la sección eficaz total es dada por

$$\sigma = \int \mathrm{d}\sigma = \int \left( \frac{\mathrm{d}\sigma_{r,\theta,\phi}}{\mathrm{d}S} \right) \mathrm{d}S = \int \left( \frac{\mathrm{d}\sigma}{\mathrm{d}\Omega} \right)_{\theta,\phi} \mathrm{d}\Omega$$

con las respectivas definiciones:

$$\begin{cases} \dfrac{\mathrm{d}\sigma_{r,\theta,\phi}}{\mathrm{d}S} = \dfrac{\Phi_{\mathrm{dis}}}{\Phi_{\mathrm{inc}}} \\[2ex] \dfrac{\mathrm{d}\sigma}{\mathrm{d}\Omega} = \dfrac{1}{\operatorname{sen}\theta} \dfrac{\mathrm{d}\sigma_{\theta,\phi}}{\mathrm{d}\theta\,\mathrm{d}\phi} = r^2 \dfrac{\Phi_{\mathrm{dis}}}{\Phi_{\mathrm{inc}}} \end{cases}$$

Introducida en el campo de la Física Nuclear, la sección eficaz tiene dimensiones de área, y su unidad práctica es el *barn*, definido por: $1\text{barn} = 10^{-24}\ \text{cm}^2$. Esta elección de unidades, por cuestiones históricas, se debe al hecho de que $10^{-24}\ \text{cm}^2$ es del orden de la magnitud de área transversal de un núcleo pesado.

### 3.3.5 Definición probabilística de la sección eficaz

El concepto de sección eficaz también puede ser construido a partir de un enfoque probabilístico.

En la dispersión elástica de un haz homogéneo por un centro dispersor, se puede definir la probabilidad de que, debido a una interacción con el blanco, una partícula del flujo incidente sea desviada de su dirección inicial como

$$P = \frac{\mathrm{d}N_{\mathrm{dis}}/\mathrm{d}t}{\mathrm{d}N_{\mathrm{inc}}/\mathrm{d}t} \qquad (0 \leq P \leq 1) \tag{3.53}$$

Si la sección perpendicular del haz incidente es igual a $S$, toda vez que, de acuerdo con la ecuación (3.49), $\mathrm{d}N_{\mathrm{inc}}/\mathrm{d}t = \Phi_{\mathrm{inc}} S$, se obtiene, de las ecuaciones (3.51) y (3.53), la expresión

$$PS = \frac{1}{\Phi_{\mathrm{inc}}} \frac{\mathrm{d}}{\mathrm{d}t} N_{\mathrm{dis}} = \sigma \tag{3.54}$$

Así, *la sección eficaz es una medida de la probabilidad de que ocurra la dispersión de un haz de partículas por un centro dispersor.*

Considere el caso de una dispersión elástica de un haz partículas por un blanco extenso, tal que la interacción ocurra sólo durante la colisión. Si las dimensiones características del blanco fueran mucho menores que la sección perpendicular del haz, la probabilidad de dispersión dependerá sólo de la geometría del blanco, es decir,

$$P = P_{\mathrm{geom}}$$

siendo $P_{\mathrm{geom}}$ la razón entre el área del blanco y el área de la sección perpendicular del haz incidente, esto es

$$P_{\mathrm{geom}} = A_b/S$$

Así, por la ecuación (3.54), se obtiene

$$\sigma = \sigma_{\text{geom}} = A_b$$

Es decir, la sección eficaz puede ser interpretada también como el área efectiva de un blanco que, multiplicada por el flujo incidente, indica el número de partículas dispersadas por unidad de tiempo.

Este resultado todavía se aplica a dispersiones elásticos en los cuales el número de blancos ($N_b$) por unidad de volumen ($V$), o densidad de blancos, es muy pequeño ($N_b/V << 1$), pues, en este caso, la posibilidad de que una partícula del haz incidente colisione con más de un blanco es extremamente remota. Mientras, en las situaciones en que haya posibilidad de interacciones múltiples, la sección eficaz es definida de tal modo que tenga en cuenta el número de blancos, como

$$\sigma = \frac{1}{\mathcal{L}} \left( \frac{\mathrm{d}}{\mathrm{d}t} N_{\text{dis}} \right)$$

en donde $\mathcal{L} = N_b \Phi_{\text{inc}}$ es denominada *luminosidad.*[20]

Expresando la tasa de partículas dispersadas en todas las direcciones por

$$\frac{\mathrm{d}}{\mathrm{d}t} N_{\text{dis}} = P \, \frac{\mathrm{d}}{\mathrm{d}t} N_{\text{inc}} = \left( \frac{P}{N_b/S} \right) (N_b \Phi_{\text{inc}})$$

en donde $S$ es el área de la sección perpendicular del haz incidente, la relación entre la probabilidad y la sección eficaz es dada por

$$\sigma = \frac{P}{n_b}$$

en la cual $n_b = N_b/S$ es la densidad superficial de los blancos interceptados por la sección perpendicular del haz incidente.

De este modo, la probabilidad de transmisión $T$, o sea, la probabilidad de que una partícula del haz incidente, al atravesar un sistema de pequeño espesor $\Delta x$, no sea desviada de su dirección inicial (no haya colisión), puede ser expresada por

$$T = 1 - P = 1 - \left( \frac{N_b}{S} \right) \sigma$$

y, como esa probabilidad de transmisión es proporcional a la razón entre la intensidad[21] del haz transmitido ($I$) y del haz incidente ($I_0$), se puede escribir

$$I = I_0 \left( 1 - \frac{N_b}{S} \sigma \right)$$

Así, la variación relativa de la intensidad es dada por

$$-\frac{\Delta I}{I_0} = \left( \frac{N_b}{S} \right) \sigma = \left( \frac{N_b}{V} \right) \sigma \Delta x$$

siendo $V$ el volumen del sistema-blanco interceptado por el haz. Por tanto, la intensidad de un haz homogéneo, después de atravesar un espesor finito $x$ del blanco, previamente indicada en la ecuación (3.47), es reobtenida:

$$I = I_0 e^{-n\sigma x}$$

La utilización de haces de partículas para obtener las propiedades del sistema-blanco o de las propiedades de los propios constituyentes de los haces a partir de mediciones de la sección eficaz, fue

[20] En el caso de flujos no homogéneos, la luminosidad es dada por

$$\mathcal{L} = \left( \frac{N_b}{S} \right) \frac{\mathrm{d}}{\mathrm{d}t} N_{\text{inc}} = n_b \frac{\mathrm{d}}{\mathrm{d}t} N_{\text{inc}}$$

siendo $S$ la sección perpendicular del haz al penetrar el sistema blanco.

[21] Número de partículas por unidad de tiempo y de área que atraviesan una superficie, multiplicado por la energía media por partícula, es decir, el flujo de energía que atraviesa una superficie.

efectivamente usada por el físico neozelandes Ernest Rutherford y colaboradores, al inicio del siglo XX, en los descubrimientos del núcleo atómico y del protón, y permitió establecer las principales propiedades atómicas y nucleares de la materia (Capítulo 11). Tal procedimiento desencadenó un avance sin precedentes en la investigación teórica y experimental de la estructura de la materia.

Algunos ejemplos de experimentos que involucran dispersión de partículas y que fueron de gran importancia para la comprensión de la estructura de la materia a lo largo de todo el siglo XX están citados en la Tabla 3.4.

**Tabela 3.4:** Experimentos realizados en el siglo XX, que invvolucran dispersión de partículas, y sus consecuencias para la comprensión de la naturaleza de la materia y de la luz

| Experimentos | Resultados o hipótesis |
|---|---|
| Choque elástico de partículas alfa contra átomos. **[Rutherford, E., 1911]** | Identificación del núcleo atómico. |
| Choque inelástico de electrones contra átomos y moléculas de un gas. **[Franck, J. & Hertz G., 1914]** | Evidencia de niveles discretos de energía para átomos y moléculas |
| Choque elástico de fotones contra electrones atómicos. **[Compton, A., 1923]** | Evidencia de la naturaleza corpuscular de la radiación electromagnética. |
| Difracción de rayos X. **[Friedrich, W., Knipping, P. & von Laue, M., 1912]** | Evidencia de la estructura atómica cristalina de los sólidos. |
| Difracción de electrones en cristales de Ni. **[Davisson, C. & Germer, L. 1927]** | Evidencia de dualidad onda-partícula. |
| Fragmentación de núcleos por neutrones lentos. **[Fermi, E.1936]** | Posibilidad de utilizar energía nuclear. |
| Colisión protón-protón. **[Chamberlain, O., Segrè, E., Wiegand, C. & Ypsilantis, T., 1955]** | Descubrimiento del antiprotón. |
| Dispersión electrón-protón profundamente inelástica (SLAC). **[Breidenbach, M. et al., 1969]** | Evidencia de partones como constituyentes de protones. |
| Dispersión protón-antiprotón (CERN). **[UA1 Collaboration, 1983]** | Descubrimiento de los bosones intermedios W y Z. |

## 3.4 Fuentes primarias

**Amaldi, E.; Fermi, E., 1936.** Sopra l'assorbimento e la diffusione dei neutroni lenti. *Ricerca Scientifica* **7**, n. 1, p. 454-503; On the absorption and the diffusion of slow neutrons. *Physical Review* **50**, n. 10, p. 899-928.

**Beams, J.W.; Skarstrom, C., 1939.** The concentration of isotopes by evaporative centrifuge method. *Physical Review* **56**, p. 266-272.

**Bernoulli, D., 1738.** *Hydrodynamica*, cuya traducción al inglés de la sección sobre la presión en un fluido está reproducida en **Brush, S.G., 1965**, p. 57-65.

**Boltzmann, L., 1872.** Weitere Studien über das Wärmegleichgewicht unter Gasmolekülen. *Sitzungsberichte der kaiserlichen Akademie der Wissenschaft zu Wien*, Part II, **66**, p. 275-370.

**Boltzmann, L., 1896-1898.** *Lectures on Gas Theory.* Republicado en inglés, University of California (1964).

**Cavendish, H., 1798.** Experiments to determine the density of the Earth. *Philosophical Transactions of the Royal Society*, part 2, **88**, p. 469-526.

**Clausius, R.J.E. 1857.** Über die Art der Bewegung Welche wir Wärme nennen. *Annalen der Physik* [2] **100**, p. 353-380. Traducción inglesa The Nature of the Motion which we call Heat, *Philosophical Magazine*, S. 4, **14**, p. 108-27, reproducida en **Brush, S.G., 1965**, p. 111-134.

**Clausius, R.J.E. 1858.** Über die mittlere Länge der Wege, welche bei Molecularbewegung gasförmigen Körper von den einzelnen Molecülen zuzückgelegt werden, nebst einigen anderen Bemerkungen über die mechanischen Wärmetheorie. *Annalen der Physik und Chemie*, Ser. 2, **105**, p. 239-258. Traducción inglesa On the Mean Lengths of the Paths Described by the Separate Molecules of Gaseous Bodies, *Philosophical Magazine*, S. 4, **17**, p. 81-91, reproducida en **Brush, S.G., 1965**, p. 140-147.

**Clausius, R.J.E. 1860.** On the dynamical theory of gases. *Philosophical Magazine* S. 4, **19**, p. 434-436.

**Clausius, R.J.E. 1865.** Ueber verschiedene für die Anwendung bequeme Formen der Hauptgleichungen der mechanischen Wärmetheorie. *Annalen der Physik und Chemie*, Ser. 2, **125**, p. 353-400. Artículo en el cual Clausius introduce el concepto de *entropía*.

**Cohen, V.W.; Ellett, A., 1937.** Velocity Analysis by Means of the Stern-Gerlach Effect. *Physical Review* **52**, n. 5, p. 502-508.

**Costa, J.L., Smyth, H.D.; Compton, K.T., 1927.** A Mechanical Maxwell Demon. *Physical Review* **30**, n. 3, p. 349-353.

**Einstein, A., 1916.** Die Grundlage der allgemeinen Relativitätstheorie. *Annalen der Physik*, Ser. 4, **49**, n. 7, p. 769-822. Publicado en inglés en **Lorentz, H.A.**, *et al.*, **1923**, con el título The Foundation of the General Theory of Relativity.

**Eldridge, J.A., 1927.** Experimental Test of Maxwell's Distribution Law. *Physical Review* **30**, n. 6, p. 931-935.

**Estermann, I., 1946.** Molecular Beam Technique. *Review of Modern Physics* **18**, n. 3, p. 300-323.

**Estermann, I., Simpson, O.C.; Stern, O., 1937.** The magnetic moment of the proton. *Physical Review* **52**, n. 6, p. 535-545.

**Estermann, I., Simpson, O.C.; Stern, O., 1947.** The Free Fall of Atoms and the Measurement of the Velocity Distribution in a Molecular Beam of Cesium Atoms. *Physical Review* **71**, n. 4, p. 238-249.

**Joule, J., 1847.** On Matter, Living Force, and Heat. Reproducido em **Brush, S.G., 1965**, p. 78-88.

**Ko, C.C., 1934.** The heat of dissociation of $Bi_2$ determined by the method of molecular beam. *Journal of Franklin Institute* **217**, p. 173-199.

**Kofsky, I.L. & Levinstein, H., 1948.** A Dynamical Method for the determination of the velocity Distribution of Thermal Atoms. *Physical Review* **74**, n. 4, p. 500.

**Maxwell, J.C., 1860.** Illustrations of the Dynamical Theory of Gases. *Philosophical Magazine*, S. 4, **19**, p. 19-32, **20**, p. 21-37. Reproducidos en **Niven, W.D. (Ed.), 1890**, p. 379-409 y **Brush, S.G., 1965**, p. 148-171.

**Maxwell, J.C., 1866.** On the Dynamical Theory of Gases. *Philosophical Transactions* **157**, p. 49-88. Reproducido en **Niven, W.D. (Ed.), 1890**, p. 27-78.

**Maxwell, J.C., 1888.** *Theory of Heat.* Nova York: Dover (2001).

**Miller, R.C.; Kusch, P., 1955.** Velocity Distributions in Potassium and Thallium Atomic Beams. *Physical Review* **99**, n. 4, p. 1314-1321.

**Rayleigh, Lord, 1896.** Theoretical considerations respecting the separation of gases by diffusion and similar processes. *Philosophical Magazine* **XLII**, p. 493-498.

**Stern, O., 1920.** Über eine Methode zur Berechnung der Entropie von Systemen elastisch gekoppelter Massenpunkte. *Annalen der Physik*, Ser. 4, **51**, n. 19, p. 237-260.

**Tait, P.G., 1886-88.** On the Foundations of the Kinetic Theory of Gases. *Transactions of the Royal Society of Edinburgh* **33**, p. 65-95 (1886); On the Foundations of the Kinetic Theory of Gases, II. *Idem* **33**, p. 251-277 (1887); On the Foundations of the Kinetic Theory of Gases, III. *Idem* **35**, p. 1029-1041 (1888).

**Urey, H.C., 1939.** Separation of Isotopes. *Reports on Progress in Physics* **6**, p. 48-77.

**Zartman, I.F., 1931.** A Direct Measurement of Molecular Velocities. *Physical Review* **37**, n. 4, p. 383-391.

## 3.5 Otras referencias y sugerencias de lectura

**Brush, S.G., 1957a.** Theory of Gases I. Herapath. *Annals of Science* **13**, p. 188-198.

**Brush, S.G., 1957b.** The Development of the Kinetic Theory of Gases II. Waterston. *Annals of Science* **13**, p. 273-282.

**Brush, S.G., 1957c.** The Development of the Kinetic Theory of Gases III. Clausius. *Annals of Science* **14**, p. 185-196.

**Brush, S.G., 1965.** Reproduce artículos importantes para la evolución de la Teoría Cinética de los Gases. Contiene los siguientes textos en inglés: Robert Boyle, *The Spring of the Air*; Isaac Newton, *The Repulsion Theory*; Daniel Bernoulli, *On the Properties and Motions of Elastic Fluids, especially air*; George Gregory, *The Existence of Fire*; Robert Mayer, *The Forces of Inorganic Nature*; James Joule, *On Matter, Living Force, and Heat*; Hermann von Helmholtz, *The Conservation of Force*; Rudolf Clausius, *The Nature of the Motion which we Call Heat*; Rudolf Clausius, *On the Mean Length of the Paths Described by the Separate Molecules of Gaseous Bodies*; James Clerk Maxwell, *Illustrations of the Dynamical Theory of Gases*; Rudolf Clausius, *On a Mechanical Theorem Applicable to Heat.*

**Brush, S.G., 1976.** Obra de referencia, en dos volúmenes, sobre la historia de la Teoría Cinética de los Gases en el siglo XIX. El volumen I, después de una introducción de unas 100 páginas, aborda, por separado, las contribuciones de Herapath, Waterson, Clausius, Maxwell, Boltzmann, van der Walls y Mach. Y en el volumen II aborda los problemas relacionados con los siguientes temas: La teoría ondulatoria del calor; Fundamentos de la Mecánica Estadística de 1845-1915; Fuerzas interatómicas y la ecuación de estado; Viscosidad y la teoría de transporte de Maxwell-Boltzmann; Conducción del calor y la ley de Stefan-Boltzmann; Aleatoriedad e irreversibilidad; Movimiento Browniano. Al final de este volumen, el autor ofrece al lector una vasta bibliografía sobre la Teoría Cinética.

**Cohen, I.B.. 1989.** Scientific Revolutions, Revolutions in Science, and a Probabilistic Revolution 1800-1930, em **Krüger, L.; Daston, L.J.; Heidelberger, M., 1989**, v. 1, p. 23-44. Interesante visión sobre el papel de las probabilidades en la Física.

**De Podesta, M. *et al.*, 2013.** A low-uncertainty measurement of the Boltzmann constant. *Metrologia* **50**, p. 354-376. Valor estimado: $k_B = 1{,}38065159(98) \times 10^{-23}$ JK$^{-1}$.

**Garber, E.; Brush, S.G.; Everitt, C.W.F., 1986.** Estudio de la contribución de Maxwell en la Teoría Cinética de los Gases y la Física Molecular.

**Golden, S., 1964.** Texto de Teoría Cinética de los Gases.

**Holton, G., 1979.** De particular interés para este Capítulo vea "Los temas del pensamiento científico", p. 17-34.

**Krüger, L.; Daston, L.J.; Heidelberger, M., 1989.** Obra importante, en dos volúmenes, para quien quiere profundizar sobre la Revolución Probabilística. En particular, el segundo tomo que trae cuatro artículos sobre el área de la Física

**Landsberg, P., 1961.** The Definition of the Perfect Gas. *American Journal of Physics* **29**, n. 10, p. 695-698.

**Miller, D.G. & Dennis, W., 1960.** Definition of the perfect Gas and Its Relation to the Second Law of Thermodynamics. *American Journal of Physics* **28**, p. 796-798.

**Oguri, V. (Org.) *et al.*, 2005.** Libro de texto introductorio sobre estimaticiones y errores en Física Experimental que puede ser útil para quien no esté familiarizado con el tratamiento estadístico utilizado en este capítulo.

**Reed, B.C. 2011.** Liquid Thermal Diffusion during the Manhattan Project. *Physics in Perspective* **13**, p. 161-188.

**Sears, F.W. 1972.** Texto básico sobre Teoría Cinética de los Gases.

**Sklar, L., 1995.** Aborda varias cuestiones filosóficas relacionadas con los fundamentos de la Mecánica Estadística.

**Ulich, H., 1946.** Texto básico de Físico-Química.

**Von Plato, J., 1998.** Presenta un enfoque histórico interesante de las bases físicas y matemáticas de la Teoría de Probabilidades.

**Zemansky, M.W., 1978.** Texto básico de Termodinámica.

## 3.6 Ejercicios

**Ejercicio 3.6.1** Calcule los valores de la integral $\displaystyle\int_0^\infty x^n e^{-\alpha x^2}\, dx$, para $n = 0, 1, 2, 3, 4$ y 5.

**Ejercicio 3.6.2** Determine, en función de la temperatura y de la masa molecular de un gas, la moda, la media, la media cuadrática y la desviación estándar para la distribución de los módulos de las velocidades de Maxwell.

**Ejercicio 3.6.3** Considere las moléculas de los siguientes gases: $CO$, $H_2$, $O_2$, $Ar$, $NO_2$, $Cl_2$ y $He$, todos mantenidos a una misma temperatura. Determine aquellos que, de acuerdo a la distribución de velocidades de Maxwell, tendrán, respectivamente, la mayor y la menor: moda, media, valor eficaz y desviación estándar

**Ejercicio 3.6.4** Considere que un gas de helio contenido en un recipiente sea una mezcla de dos isótopos, $He_3^2$ y $He_4^2$, en condiciones normales de temperatura y presión. Estime la razón entre las velocidades medias de los dos diferentes isótopos.

**Ejercicio 3.6.5** Muestre que, si $\rho$ y $P$ son, respectivamente, la densidad y la presión de un gas, la velocidad eficaz de sus moléculas puede ser expresada por $v_{\text{ef}} = \sqrt{3P/\rho}$. Determine, además, la razón entre la velocidad eficaz de las moléculas y la velocidad del sonido en ese gas, dada por $(5P/3\rho)^{1/2}$.

**Ejercicio 3.6.6** Calcule la energía cinética media por molécula para un gas ideal a temperaturas de $-33$ °C, 0 °C y 27 °C.

**Ejercicio 3.6.7** Estime la velocidad eficaz de las moléculas de nitrógeno ($N_2$) y de helio ($He$) a temperatura ambiente ($T \simeq 27$ °C).

**Ejercicio 3.6.8** Despreciando cualquier efecto relativista, determine la temperatura para la cual la energía cinética media de traslación de las moléculas de un gas ideal sea igual a la de un único ión cargado acelerado a partir del reposo por una diferencia de potencial de $10^3$ voltios, cuya masa es igual a la de una de las moléculas.

**Ejercicio 3.6.9** Muestre que el número, $N(0, v_x)$, de moléculas de un gas ideal con componentes $x$ de velocidades entre 0 y $v_x$ está dado por

$$N(0, v_x) = \frac{N}{2}\,\mathrm{erf}(\xi)$$

siendo $N$ el número total de moléculas y $\xi = (m/2kT)^{1/2} v_x$.

Muestre también que el número $N(v_x, \infty)$ de moléculas con componentes $x$ de velocidades mayores que $v_x$ es

$$N(v_x, \infty) = \frac{N}{2}\left[1 - \mathrm{erf}(\xi)\right]$$

Esos resultados están expresados en términos de la función error, erf($\xi$), definida por

$$\mathrm{erf}(\xi) = \frac{2}{\sqrt{\pi}} \int_0^{\xi} e^{-x^2} dx$$

**Ejercicio 3.6.10** Muestre que el número, $N(0, v)$, de moléculas de un gas ideal con velocidades entre 0 y $v$ está dado por

$$N(0, v) = N\left[\mathrm{erf}(\xi) - \frac{2}{\sqrt{\pi}}\xi e^{-\xi^2}\right]$$

en donde $\xi^2 = (mv^2/2kT)$.

**Ejercicio 3.6.11** Determine las probabilidades de que la velocidad de un molécula de hidrógeno ($H_2$), a temperatura ambiente, sea mayor que: 80km/h, $10^2$m/s y $10^3$m/s.

**Ejercicio 3.6.12** Determine el porcentaje de moléculas de oxigéno que tienen velocidades mayores que $10^3$m/s, cuando la temperatura de un gas sea de: a) $10^2$ K; b) $10^3$ K e c) $10^4$ K.

**Ejercicio 3.6.13** Calcule la velocidad media ($\langle v \rangle$), la velocidad eficaz ($v_{\mathrm{ef}}$) y la dispersión, $\sigma_v = \sqrt{\langle v^2 \rangle - \langle v \rangle^2}$ de las velocidades de las moléculas del hidrógeno ($H_2$), a temperatura ambiente. Determine la diferencia entre la energia media, $\langle \epsilon \rangle = m\langle v^2 \rangle/2$, y $m\langle v \rangle^2/2$.

**Ejercicio 3.6.14** Determine la densidad de moléculas (número de moléculas por unidad de volumen) de un gas ideal en las CNTP.

**Ejercicio 3.6.15** Si el radio de la molécula de oxígeno ($O_2$) es del orden de $1,8 \times 10^{-10}$m, estime la frecuencia de las colisiones de las moléculas, en condiciones normales de temperatura y presión.

**Ejercicio 3.6.16** Estime la distancia media ($d$) entre las moléculas a temperatura ambiente y muestre que

$$r < d < \ell$$

en donde $r$ es el radio de una molécula y $\ell$ es el camino libre medio.

**Ejercicio 3.6.17** Muestre que, según Tait, la expresión para el camino libre medio para las moléculas de un gas está dada por la ecuación (3.43), esto es,

$$\ell = \frac{1}{n\sigma} \int_0^{\infty} \frac{8z^4\,\mathrm{d}z}{(2z^2+1)\sqrt{\pi}\,\mathrm{erf}(z)e^{z^2} + 2z} \tag{3.55}$$

**Ejercicio 3.6.18** Supongamos que la energía de una molécula de un gas ideal sea dada solamente por su energía cinética de traslación. Muestre que, en ese caso, la fracción de moléculas con energía entre $\epsilon$ y $\epsilon + \mathrm{d}\epsilon$ está dada por

$$\frac{\mathrm{d}N}{N} = \frac{2}{\sqrt{\pi}}\left(\frac{1}{kT}\right)^{3/2} \sqrt{\epsilon}\, e^{-\epsilon/kT}\, \mathrm{d}\epsilon$$

**Ejercicio 3.6.19** Considere la distribución de la energía $\rho(\epsilon)\,\mathrm{d}\epsilon$. Muestre que la fracción de moléculas que poseen energía cinética mayor que un valor $\epsilon >> kT$ es

$$\frac{2}{\sqrt{\pi}}\left(\frac{\epsilon}{kT}\right)^{1/2} e^{-\epsilon/kT}\left[1+\frac{1}{2}\left(\frac{kT}{\epsilon}\right)-\frac{1}{4}\left(\frac{kT}{\epsilon}\right)^2+\ldots\right]$$

**Ejercicio 3.6.20** El flujo de neutrones a través de la sección de un reactor es del orden de $4 \times 10^{16}$ neutrones$\cdot$m$^{-2}\cdot$s$^{-1}$. Si los neutrones (térmicos) a temperatura ambiente ($T = 300$ K) obedecen a la distribución de velocidades de Maxwell, determine:

a) la densidade de neutrones;

b) la presión del gas de neutrones.

**Ejercicio 3.6.21** Determine el número total de choques moleculares por segundo, por unidad de área, de la pared de un contenedor que contenga un gas que obedece a la ley de distribución de Maxwell.

**Ejercicio 3.6.22** Un horno contiene vapor de cádmio (Cd) a la presión de $1,71 \times 10^{-2}$ mm Hg, a la temperatura de 550 K. En una pared del horno existe una ranura con una longitud de 1cm y anchura de $10^{-3}$cm. Del otro lado de la pared hay un altísimo vacío. Suponiendo que todos los átomos que llegan a la ranura la atraviesan, determine la corriente del haz de átomos.

**Ejercicio 3.6.23** Determine la longitud del lado de un cubo que contenga un gas ideal en las CNTP, cuyo número de moléculas es igual a la población de Brasil ($\simeq$ 170 millones de habitantes) al final del siglo XX.

**Ejercicio 3.6.24** Muestre que la probabilidad de que una molécula de un gas ideal que tenga *momentum* con módulo comprendido entre $p$ y $p+\mathrm{d}p$ está dada por

$$g(p)\mathrm{d}p = 4\pi\left(\frac{1}{2\pi mkT}\right)^{3/2}\exp\left[-(p^2/2mkT)\right]p^2\,\mathrm{d}p$$

**Ejercicio 3.6.25** Considere la distribución de Maxwell-Boltzmann para partículas que no interactúan entre sí y se mueven originalmente en la horizontal bajo la acción de un campo gravitacional uniforme, cuya energía es $p^2/2m + mgz$, siendo $z$ la altura de la partícula en relación a un punto de referencia. Determine para esas partículas:

a) la energía cinética media;

b) la energía potencial media;

c) la dispersión en la posición;

d) el valor de la dispersión en la posición a la temperatura de 300K, para moléculas de $H_2$.

**Ejercicio 3.6.26** La distribución ($\rho$) de las módulos de las velocidades de las moléculas de un gas ideal en equilibrio térmico a la temperatura $T$ puede ser escrita como

$$\rho(v) = a\,v^2\,e^{-\alpha v^2} \qquad \text{em donde} \qquad \begin{cases} a = \dfrac{4}{\sqrt{\pi}}\alpha^{3/2} \\[2ex] \alpha = \dfrac{\mu}{2RT} \end{cases}$$

y $R = 8{,}315 \times 10^7$erg/K$\cdot$mol.

a) Muestre que el valor modal ($v_{\rm mod}$) de la velocidad, está dado por $v_{\rm mod} = \sqrt{\dfrac{2RT}{\mu}}$

b) Determine el valor modal de la velocidad, si el gas es una muestra de helio ($He_2$) a temperatura ambiente.

**Ejercicio 3.6.27** La distribuición de las componentes de velocidades ($v_x$), en la dirección $x$, de las moléculas de un gas ideal en equilibrio térmico a temperatura $T$, está dada por

$$f(v_x) = A\,e^{-\alpha v_x^2}$$

en donde $\alpha = \dfrac{m}{2kT}$, $m$ es la masa de cada molécula, $k \simeq 1{,}38 \times 10^{-23}$ J/K es la constante de Boltzmann y $A = \sqrt{\dfrac{\alpha}{\pi}}$ es la constante de normalización.

a) Muestre que la velocidad media cuadrática de las moléculas en la dirección $x$ está dada por $\langle v_x^2 \rangle = \dfrac{kT}{m}$.

b) Determine la energía cinética media de las moléculas.

**Ejercicio 3.6.28** La condutividad térmica $K$ de un gas de moléculas poliatómicas, consideradas como esferas rígidas, está dada por la fórmula

$$K = \frac{5\pi}{32}\left(\bar{C}_V + \frac{9}{4}R\right)\ell\frac{< v >}{M}\rho$$

en la cual $\bar{C}_V$ es la capacidad térmica media a volumen constante de un gas, $R$ es la constante de los gases, $\ell$ es el camino libre medio de las moléculas y $\rho$, la densidad molecular del gas. Muestre que, en términos de la dimensión característica $d$ de las moléculas y de la temperatura $T$, la expresión anterior puede ser escrita como

$$K = \frac{5}{16}\left(\bar{C}_V + \frac{9}{4}R\right)\left(\frac{RT}{\pi M}\right)^{1/2}\frac{1}{N_A d^2}$$

**Ejercicio 3.6.29** Muestre que la sección eficaz diferencial, $\mathrm{d}\sigma/\mathrm{d}\Omega$, para la dispersión geométrica de una partícula por una esfera rígida de radio $R$ es

$$\frac{\mathrm{d}\sigma}{\mathrm{d}\Omega} = \frac{1}{4}R^2$$

y que la sección eficaz total es $\pi R^2$.

# 4

# El movimiento browniano y la hipótesis molecular

*(...) No puede haber ninguna certeza apodíctica en la ciencia, ninguna certeza conclusiva fuera del alcance de la crítica.*

Peter Medawar

## 4.1 El movimiento aleatorio ratifica la visión corpuscular de la materia

*Imaginar la existencia o las propiedades de objetos que todavía están más allá de nuestro conocimiento (...) aquí está la forma de inteligencia intuitiva a la cual, gracias a hombres como Dalton y Boltzmann, le debemos la atomística (...).*

Jean Perrin

En 1828, el botánico inglés Robert Brown describió de manera sistemática, por primera vez, lo que se hizo conocido en la ciencia como *movimiento browniano*. Él verificó, con el auxilio de un microscopio, que granos de polen de diversas flores, una vez colocados en el agua, se dispersaban en un gran número de partículas microscópicas, las cuales quedaban en suspención ejecutando movimientos irregulares. Repitiendo la experiencia con polen de diferentes plantas, Brown observó siempre el mismo tipo de fenómeno, llevándolo a pensar, inicialmente, que ese movimiento proviniese de la naturaleza orgánica de las partículas en suspensión. Pensó haber encontrado, así, en esas partículas, una especie de *molécula primitiva* de la materia viva. Sin embargo, él mismo observó más tarde movimientos análogos para partículas de materia inorgánica.

El movimiento browniano se tornó, en el inicio del siglo XX, una de las mas convincentes evidencias acerca de la realidad de las moléculas, o sea, de la hipótesis corpuscular de la materia. Su naturaleza intrigó a investigadores hasta los trabajos concluyentes de Einstein y Perrin. Mientras tanto, mas allá de los intereses científicos, ese fenómeno despertó también el interés de filósofos. Hubo, de hecho, especulaciones filosóficas que veían en ese movimiento irregular una manifestación natural en favor del libre albedrío; que agradaba a muchos de los opositores del determinismo mecanicista.

Resumidamente, se puede afirmar que, desde la observación de Brown hasta los estudios de Einstein, hubo poquísimas investigaciones experimentales relevantes sobre el movimiento browniano, que lo colocaban como un problema de la Física. Todo ese esfuerzo tuvo un resultado en clave de oro con el meticuloso trabajo de Perrin, que obtuvo 13 estimaciones compatibles del número de Avogadro. Así, estos dos físicos dieron la razón a la especulación de Séneca, en el siglo I d.C.: "*Incluso los fenómenos que, en apariencia, son desordenados e inciertos, no acontecen sin razón, por más imprevistos que sean.*"

En 1888, el francés Louis Georges Gouy verificó que el movimiento browniano es tanto más intenso cuanto menor es la viscosidad del líquido, aunque no sea prácticamente afectado por grandes variaciones de la intensidad de la luz incidente sobre el líquido, y menos por acción de intensos campos electromagnéticos. Él atribuía al movimiento a la agitación térmica de las moléculas del líquido y llegó a medir la velocidad de diferentes partículas, encontrándola en el orden de $10^{-8}$ veces el valor de la velocidad molecular media para una temperatura dada.

En 1900, el alemán Felix Maria Exner, siguiendo los pasos de su padre, el fisiólogo Sigmund Exner, mostró que la velocidad de las partículas en el movimento browniano decrece con el aumento de su tamaño y crece con el aumento de la temperatura.

De acuerdo con la hipótesis molecular, las observaciones de Gouy y Exner pueden ser comprendidas admitiéndose que los movimientos de las partículas en suspensión se originan en las colisiones sufridas por ellas con las moléculas en movimiento térmico del líquido en el cual se encuentran.

Al principio, se podría esperar que, debido al carácter aleatorio del movimiento de las moléculas, el número de colisiones sufridas por cada partícula browniana fuese el mismo para cualquier dirección, o sea, los choques se compensarían y la partícula permanecería inmóvil. Sin embargo, desde el punto de vista estadístico, los valores medios de magnitudes como la concentración de las partículas[1] y la presión exhiben fluctuaciones de modo que en un instante dado cualquier partícula está sujeta a choques no compensados (Figura 4.1).

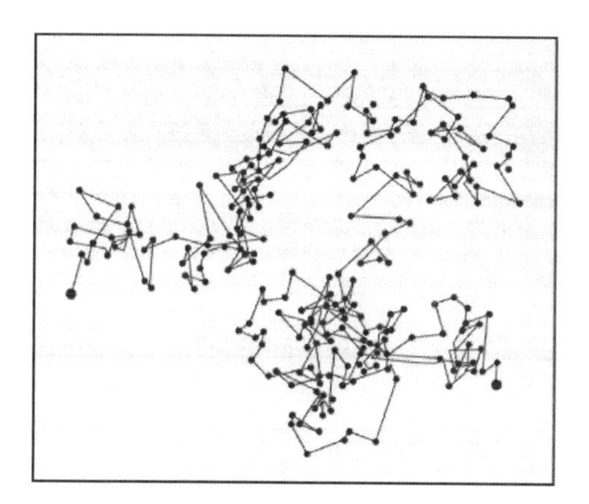

**Figura 4.1:** Movimiento de una partícula browniana.

Si el radio ($a$) y, por tanto, el volumen ($V$) y la masa ($m$) de las partículas brownianas fueran muchísimo mayores que los de las moléculas del líquido, cuyos radios son del orden de $10^{-7}$cm, el peso prevalecería, y, aun sufriendo colisiones, la partícula prácticamente no se movería. Sin embargo, para partículas con dimensiones del orden de $10^{-4} \sim 10^{-5}$cm, choques no compensados acarrearán una especie de movimiento convulsivo de las mismas. En ese sentido, el movimiento browniano revela la existencia del movimiento molecular desordenado de las moléculas de un líquido.

El efecto del tamaño de las partículas puede ser explicado notándose que, mientras el peso de un cuerpo, de dimensiones lineales del orden de $a$, es proporcional al volumen ($a^3$), la fuerza media, debida a la presión, que ese mismo cuerpo sufre en el interior de un fluido es proporcional al área ($a^2$) de su superficie. Así, mientras que en el movimiento de partículas muchísimo mayores que las moléculas del fluido predominan las fuerzas gravitacionales, para partículas brownianas predominan las fuerzas superficiales (Figura 4.2).

[1] El número de partículas por unidad de volumen.

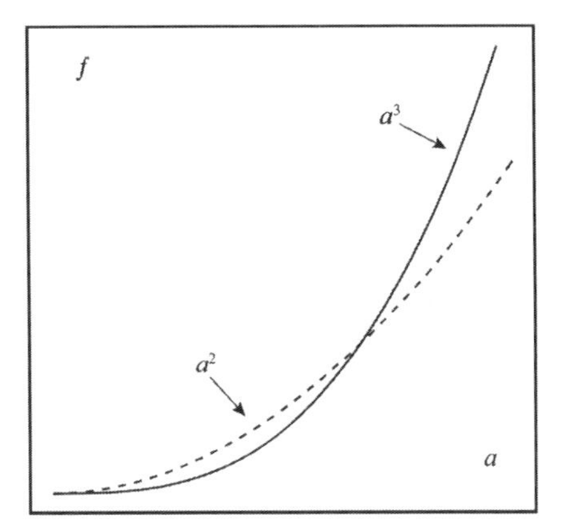


**Figura 4.2:** Efecto del tamaño ($a$) de las partículas sobre las fuerzas que actúan sobre ellas.

# 4.2 Las contribuciones de Einstein y Langevin

> *De acuerdo con [la Teoría Cinética], una molécula disuelta difiere de un cuerpo en suspensión sólo en el tamaño, y es difícil ver la razón por la cual cuerpos en suspensión no deban producir la misma presión osmótica que un número igual de moléculas disueltas.*
>
> Albert Einstein

## 4.2.1 Los trabajos de Einstein

Entre 1905 y 1908, Einstein publicó cinco artículos sobre el movimento browniano. Cronológicamente, el primero fue su tesis para obtener el título de *Doctor der Philosophie* en la Universidad de Zurich, en 1905,[2], en la cual él proponía, a partir de un estudio teórico sobre el equilibrio de moléculas disueltas en un fluido (solvente), un nuevo método para determinar las dimensiones lineales ($a$) de una molécula y del número de Avogadro ($N_A$).

Para Einstein, no había diferencia entre las moléculas de un soluto (como las moléculas de azúcar en agua) y las partículas en suspensión en un fluido (emulsión). Así, la difusión, el movimento browniano y las fluctuaciones en la concentración de las partículas en un fluido constituyen el mismo fenómeno, debido al movimiento de agitación térmica de las moléculas de un medio. Desde el punto de vista lagrangiano, la difusión de una cantidad de partículas en un medio es un efecto macroscópico que solo es posible porque las partículas realizan el movimiento browniano. Por otro lado, desde el punto de vista euleriano, el problema puede ser tratado como fluctuaciones en la concentraciones, o sea, considerándose un volumen fijo en el espacio en el cual hay un flujo de partículas que entran y salen de manera aleatoria.

Uno de los resultados cruciales de la tesis de Einstein establece que, cuando las moléculas de un soluto son disueltas en un solvente líquido cuya viscosidad es $\eta$, hay una variación de esa magnitud, expresada por $(\eta' - \eta)/\eta$, entre la viscosidad $\eta'$ de la mixtura y la del solvente, proporcional a la fracción $\varphi$ del volumen inicialmente ocupado por las moléculas del soluto, o sea,

$$(\eta' - \eta)/\eta = \alpha\varphi \qquad \Longrightarrow \qquad \eta' = \eta(1 + \alpha\varphi)$$

donde el parámetro $\alpha$, considerado inicialmente igual a la unidad, fue corregido, mas tarde, en 1911, para $\alpha = 2,5$.

La fracción de volumen ($\varphi$) puede ser escrita como

$$\varphi = \frac{N(4\pi/3)a^3}{V}$$

[2] A pesar de ser publicada recién 1906, la tesis fue concluida en abril de 1905.

siendo $N$ el número de moléculas del soluto, $a$, el radio efectivo (en relación al arrastre hidrodinámico) de cada molécula del soluto y $V$, el volumen total de la mixtura. Sabiendo que $N/N_A = M/\mu$, donde $M$ es la masa total de las moléculas, $\mu$, la masa molecular y $N_A$, el número de Avogadro (Sección 2.5.4), se obtiene

$$\varphi = \frac{4\pi}{3}\frac{\rho}{\mu}N_A a^3 = \frac{1}{\alpha}\left(\frac{\eta'}{\eta} - 1\right) \tag{4.1}$$

en la cual $\rho = M/V$ es la densidad del soluto.

Considerando el movimiento de las moléculas sólo en una dirección $x$, según la Teoría Cinética, la variación de la concentración ($n = N/V$) de las moléculas del soluto en equilibrio térmico a la temperatura $T$ es proporcional a la variación de la presión ($P$) en esa dirección. De hecho,

$$P = \frac{N}{V}kT = nkT \qquad \Longrightarrow \qquad \frac{\partial P}{\partial x} = kT\frac{\partial n}{\partial x}$$

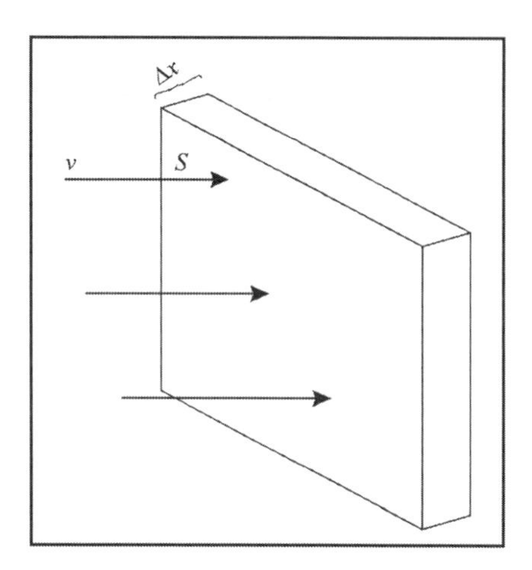


**Figura 4.3:** Esquema de la difusión de moléculas del soluto.

Por otro lado, la única fuerza capaz de provocar esa variación de presión a través de una superficie de área $S$ (Figura 4.3), que limita el volumen $\Delta V = \Delta x S$, es la fuerza de fricción viscosa $f_a = -bv$, proporcional a la velocidad $v$ de las moléculas. En esa expresión, conocida como *ley de Stokes*, establecida en 1845 por el matemático y físico irlandés George Stokes, $b$ es el coeficiente de fricción, dado por

$$b = 6\pi\eta a \tag{4.2}$$

Siendo $\Delta N$ el número de moléculas de un soluto en el volumen $\Delta V$, la variación de la presión puede ser escrita como

$$\Delta P = \Delta N \frac{f_a}{S}$$

Substituyendo $f_a = -bv$ y dividiendo ambos términos por $\Delta x$, se obtiene

$$\Bigg(\underbrace{\frac{\Delta N}{\Delta x S}}_{n}\Bigg)v = -\frac{1}{b}\frac{\Delta P}{\Delta x}$$

Así, el flujo $J = nv$ (Sección 3.3.3) de moléculas de un soluto a través de la superficie $S$ puede ser expresado por

$$J = -\frac{1}{b}\frac{\partial P}{\partial x} = -\frac{kT}{b}\frac{\partial n}{\partial x} = -D\frac{\partial n}{\partial x} \tag{4.3}$$

O sea, el flujo de moléculas del soluto es proporcional al gradiente de la concentración ($\partial n/\partial x$), donde el factor de proporcionalidad $D$, dado por

$$D = \frac{kT}{b} = \frac{kT}{6\pi\eta a} = \frac{RT}{6\pi\eta}\frac{1}{N_A a} \tag{4.4}$$

es el llamado *coeficiente de difusión.*

De esa manera, Einstein obtiene dos ecuaciones independientes que le permitieron calcular el orden de magnitud de las dimensiones moleculares, dada por el radio hidrodinámicamente efectivo de la molécula ($a$) y del número de Avogadro ($N_A$).

En efecto, reescribiendo las ecuaciones(4.1) y (4.4) como

$$N_A a^3 = \frac{3}{4\pi}\frac{\mu}{\rho}\varphi \tag{4.5}$$

y

$$N_A a = \frac{RT}{6\pi\eta}\frac{1}{D} \tag{4.6}$$

y utilizando, para una solución acuosa del azúcar, los siguientes datos:

$$\mu = 342 \text{ g/mol} \qquad D = 0{,}384 \text{ cm}^2/\text{dia}$$
$$\eta = 0{,}0135 \text{ g. cm}^{-1}.\text{s}^{-1} \qquad \varphi = 2{,}45$$
$$\rho = 1{,}00388 \text{ g/cm}^3 \qquad T = 282{,}5 \text{ K} \quad (9{,}5^\circ\text{C})$$

los valores, inicialmente, estimados por Einstein para $a$ y $N_A$ fueron, respectivamente:

$$a = 9{,}9 \times 10^{-8} \text{ cm}$$
$$N_A = 2{,}1 \times 10^{23}$$

Esos valores fueron alterados en una nota suplementaria, fechada en Enero de 1906, utilizando nuevos datos para el coeficiente de difusión del azúcar en el agua y para la viscosidad de la solución, siendo los nuevos valores encontrados:

$$a = 7{,}8 \times 10^{-8} \text{ cm}$$
$$N_A = 4{,}15 \times 10^{23}$$

Posteriormente, alertado por un colaborador de Perrin sobre un posible error en el valor de la viscosidad ($\eta'$) de la solución, Einstein encarga a uno de sus alumnos estudiar el problema, el cual descubre que el error estaba en el valor del parámetro $\alpha$, que alteraba el valor de la corrección a la viscosidad de la solución y, por tanto, el valor estimado para la fracción ($\varphi$) del volumen ocupado por las moléculas del azúcar. Con el valor de $\alpha$ cambiado a 2,5 y, por tanto, a partir de una nueva corrección para el valor de $\varphi$, Einstein obtiene, en 1911, los siguientes valores:

$$a = 4{,}9 \times 10^{-8} \text{ cm}$$
$$N_A = 6{,}56 \times 10^{23}$$

En su segundo artículo sobre el movimiento de las moléculas, considerando que las moléculas del soluto, que se desplazan en la dirección $x$, obedecen a la ecuación de continuidad (Sección 3.3.3)

$$\frac{\partial n}{\partial t} + \frac{\partial J}{\partial x} = 0$$

Einstein, utilizando un enfoque estadístico, argumenta que la concentración de moléculas del soluto debe obedecer a la ecuación de difusión

$$\frac{\partial n}{\partial t} = D\frac{\partial^2 n}{\partial x^2} \tag{4.7}$$

Suponiendo que en el instante inicial $t = 0$ el desplazamiento sea nulo, la solución de la ecuación (4.7) está dada por

$$n(x,t) \propto \frac{1}{\sqrt{4\pi Dt}} \exp\left(-\frac{x^2}{4Dt}\right) \tag{4.8}$$

Nótese que esa solución es proporcional a una distribución gaussiana para los desplazamientos de las partículas.[3] Así, el valor medio de cualquier magnitud asociada a las partículas brownianas puede ser calculado a partir de esa distribución.

De ese modo, la media de los cuadrados de los desplazamientos es proporcional al tiempo de observación del movimiento, o sea,

$$\boxed{\langle x^2\rangle = 2Dt = \left(\frac{kT}{3\pi\eta a}\right)t = \frac{RT}{3\pi\eta N_A a}t} \tag{4.9}$$

Por tanto, el desplazamiento medio cuadrático, o desplazamiento efectivo, en la dirección $x$ es

$$\boxed{\lambda_x = \sqrt{\langle x^2\rangle} = \sqrt{2Dt} = \sqrt{\left(\frac{kT}{3\pi\eta a}\right)t} = \sqrt{\left(\frac{RT}{3\pi\eta N_A a}\right)t}} \tag{4.10}$$

Considerando que la viscosidad del agua, a 17 °C, es de 0,0135 g.cm$^{-1}$.s$^{-1}$ para una partícula cuyo diámetro es del orden de $10^{-4}$cm, Einstein estimó que, en un segundo, las moléculas de azúcar disuelta en agua tendrían un desplazamiento efectivo en una dirección dada en $x$ igual a

$$\lambda_x = 0{,}8\,\mu\text{m}$$

En un minuto, de acuerdo con la ecuación (4.10), ese desplazamiento sería del orden de 6 $\mu$m.[4]

Por otro lado, observando $\lambda_x$ en un intervalo de tiempo $t$ dado, se puede determinar el coeficiente $D = \lambda_x^2/(2t)$ y, consecuentemente, el número de Avogadro por

$$N_A = \left(\frac{1}{D}\right)\frac{RT}{6\pi\eta a} \tag{4.11}$$

o, equivalentemente, la constante de Boltzmann, por

$$k = D\left(\frac{6\pi\eta a}{T}\right) \tag{4.12}$$

La fórmula de Einstein, ecuación (4.10), expresa el desplazamiento cuadrático medio del conjunto de todas las partículas brownianas. Sin embargo, la fórmula es válida también para la media cuadrática de los sucesivos desplazamientos de una única partícula, en intervalos de tiempo iguales. Ese fue el punto de vista utilizado por Perrin en sus experimentos.

Resultados similares a los de Einstein fueron obtenidos también por el físico polaco Marian Smoluchowski, en 1906. Sus análisis se inspiran en la Teoría Cinética de los Gases, abordando el problema a partir de la colisión de partículas. La ligera discrepancia entre los resultados de Einstein y Smoluckowski fue explicada por Langevin, mostrando que los métodos del segundo llevaban al mismo resultado del primero, si eran correctamente aplicados.

Langevin presentó una nueva deducción de la fórmula de Einstein, que, a partir de entonces, pasó a ser la forma más usual de exposición del movimento browniano.

### 4.2.2 El enfoque de Langevin

Desde el punto de vista estrictamente hidrodinámico, considerando que, en una solución diluida, las moléculas del soluto de masa $m$ son pequeñas esferas de radio $a$, las cuales individualmente se mueven de acuerdo con las leyes newtonianas de movimiento en un medio de viscosidad $\eta$, el desplazamiento

[3] La forma funcional de esa distribución es idéntica a la distribución de Gauss, con desviación estándar $\sqrt{2Dt}$.

[4] Ese fue el intervalo de tiempo que Perrin utilizó para observar los desplazamientos en un microscopio (Sección 4.3).

individual de cada molécula en una dirección $x$ obedece a la ecuación de movimiento propuesta por Langevin, en 1908,

$$m\frac{\mathrm{d}v}{\mathrm{d}t} = -bv + f(t) \tag{4.13}$$

donde $v$ es la velocidad de los constituyentes del soluto, $f(t)$ es una fuerza de intensidad aleatoria dependiente del tiempo $t$, debido a las colisiones de las moléculas del soluto con las del solvente, y $b$ es el coeficiente de fricción, dado por la ley de Stokes ($b = 6\pi\eta a$).

Multiplicando la ecuación (4.13) por el desplazamiento ($x$) de la molécula, se obtiene

$$mx\frac{\mathrm{d}v}{\mathrm{d}t} = m\left[\frac{\mathrm{d}}{\mathrm{d}t}(xv) - v^2\right] = -b\,xv + xf(t)$$

la cual puede ser escrita como

$$\frac{\mathrm{d}}{\mathrm{d}t}(xv) + \frac{b}{m}(xv) = v^2 + \frac{x}{m}f(t) \tag{4.14}$$

Suponga que la velocidad cuadrática media de las partículas en movimiento aleatorio en una dimensión, en equilibrio térmico con un sistema a la temperatura $T$, sea dada por la Teoría Cinética de los Gases (Sección 3.1.2) por

$$m\langle v^2\rangle = kT$$

y que, desde el punto de vista estadístico, los valores $x$ y $f$ no sean correlacionados, esto es,[5]

$$\langle x\,f\rangle = \langle x\rangle\langle f\rangle$$

Toda vez que el desplazamiento medio es nulo, $\langle x\rangle = 0$, la ecuación de movimiento, ecuación (4.14), puede entonces ser escrita para los valores medios como

$$\frac{\mathrm{d}}{\mathrm{d}t}\langle xv\rangle + \frac{b}{m}\langle xv\rangle = \langle v^2\rangle$$

La solución general de esa ecuación de movimiento para $\langle xv\rangle$ contiene un término transitorio proporcional a $e^{-t/\tau}$, donde $\tau = m/b$ es un tiempo de relajación, y otro permanente, que describe el comportamiento de la partícula para intervalos de tiempo mucho mayores que $\tau$, cuando el equilibrio térmico es alcanzado y, por tanto, $\langle v^2\rangle = kT/m$.

Así, para $t \gg \tau$, la solución puede ser escrita como

$$\langle xv\rangle = \frac{1}{2}\frac{\mathrm{d}}{\mathrm{d}t}\langle x^2\rangle = \frac{kT}{b} \tag{4.15}$$

Toda vez que la relajación es extremamente rápida, para intervalos de tiempo de observación mayores que el tiempo de relajación ($t \gg \tau$),[6] el valor medio de los cuadrados de los desplazamientos de las partículas del soluto es obtenido por integración directa de la ecuacón (4.15).

Teniedo en cuenta que $b = 6\pi\eta a$, el resultado no depende de sus masas y es dado por la fórmula de Einstein, ecuación (4.9),

$$\langle x^2\rangle = \left(\frac{kT}{3\pi\eta a}\right)t \qquad \left(t >> \frac{m}{6\pi\eta a}\right) \tag{4.16}$$

De ese modo, tanto el enfoque original de Einstein como el de Langevin muestran que el problema puede ser encarado a partir de una visión mecánica newtoniana, a pesar de los argumentos estadísticos.

[5] La covariancia entre dos magnitudes aleatorias $x$ e $y$ es definida por $\sigma_{xy} = \langle xy\rangle - \langle x\rangle\langle y\rangle$. Se dice que dos magnitudes no están correlacionadas cuando $\sigma_{xy} = 0 \Rightarrow \langle xy\rangle = \langle x\rangle\langle y\rangle$. Es importante notar que la covariancia nula entre dos magnitudes no implica que ellas sean independientes.

[6] Valores típicos para los parámetros relacionados son: $\eta \sim 10^{-2}$g.cm$^{-1}$.s$^{-1}$, $a \sim 10^{-4}$cm, $m \sim 10^{-15}$g. De modo que $\tau = m/(6\pi\eta a) \approx 10^{-10}$s.

### 4.2.3 El paseo aleatorio

Desde el punto de vista estrictamente estadístico, el resultado obtenido por Einstein puede ser entendido a partir del problema conocido como "paseo aleatorio", término acuñado por el matemático inglés Karl Pearson, en 1905, y cuya formulación fue desarrollada en la tesis de doctorado de Louis Bachelier, en 1900.

Si alguién, partiendo del punto $x = 0$, se desplaza a lo largo de la dirección de $x$, con pasos de la mismo longitud $\lambda$ y con la misma probabilidad de dar un paso en el sentido positivo $(+x)$ o negativo $(-x)$, ¿Cuán lejos estará ese alguien del punto de partida después de un número $N$ de pasos?

Como el problema es de carácter probabilístico, no se puede decir con certeza a qué distancia del origen estará esa persona. En esas circunstancias, el desplazamiento medio es nulo,$\langle x \rangle = 0$, mas el desplazamiento cuadrático medio, $\sqrt{\langle x^2 \rangle}$, si el paseo fuese repetido un gran número de veces, es dado por

$$\sqrt{\langle x^2 \rangle} = \lambda \sqrt{N} \tag{4.17}$$

La Figura 4.4 ejemplifica algunos de esos posibles desplazamientos aleatorios.

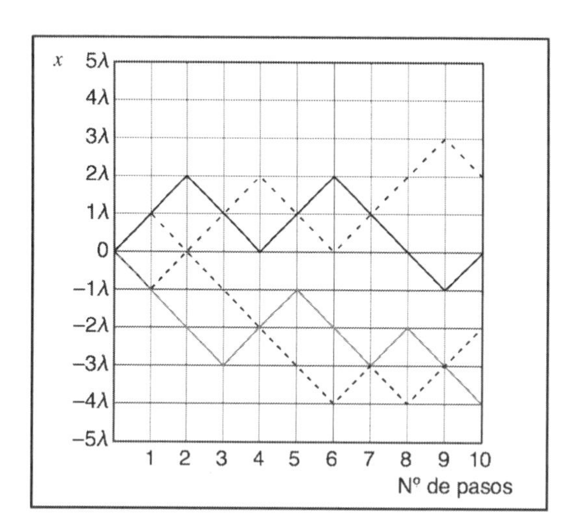


**Figura 4.4:** Simulación de varios paseitos aleatorios posibles, a partir del lanzamiento de una moneda.

Para llegar a ese resultado, se sabe que, después del primer paso, la posición $x_1$ es tal que

$$x_1 = \pm\lambda \quad \Longrightarrow \quad x_1^2 = \lambda^2 = \langle x_1^2 \rangle$$

Después $n$ pasos, la posición media cuadrática puede ser obtenida a partir de la posición anterior $x_{n-1}$, o sea,

$$x_n = x_{n-1} \pm \lambda \quad \Longrightarrow \quad x_n^2 = x_{n-1}^2 \pm 2x_{n-1}\lambda + \lambda^2$$

Toda vez que el valor medio de las posiciones, para cualquier número de pasos, es nulo, se obtiene

$$\langle x_n^2 \rangle = \langle x_{n-1}^2 \rangle \pm 2 \underbrace{\langle x_{n-1} \rangle}_{0} \lambda + \lambda^2$$

Así,

$$\langle x_1^2 \rangle = \lambda^2$$

$$\langle x_2^2 \rangle = \langle x_1^2 \rangle + \lambda^2 = 2\lambda^2$$

$$\langle x_3^2 \rangle = 3\lambda^2$$

$$\vdots$$

$$\vdots$$

$$\langle x_N^2 \rangle = N\lambda^2$$

Para una partícula browniana, se puede interpretar $x_N$ como la proyección del desplazamiento en la dirección $x$, a partir del origen, después de $N$ colisiones con las moléculas del fluido.

Si $T$ es el intervalo de tiempo medio entre dos colisiones, el tiempo total recorrido después de $N$ colisiones es dado por $t = NT$. Así, la media de los cuadrados de los desplazamientos de una partícula browniana es proporcional al tiempo total de observaci
on, o sea,

$$\langle x^2 \rangle \propto t$$

## 4.3 Los experimentos de Perrin

*Actualmente nuestro corazón tiene sentimientos sobre los átomos (...) para los cuales sería indiferente si no fuese por la Ciencia.*

Bertrand Russell

La determinación de la constante de difusión a partir del movimiento browniano fue definida por el físico francés León Brillouin, en un experimento sugerido por Perrin. En vez de tratar de observar los desplazamientos de las partículas, Perrin sugirió que se observase el número ($\mathcal{N}$) de partículas brownianas colectadas en una placa de vidrio, insertada perpendicularmente a la superficie de una emulsión, por unidad de área, en un intervalo de tiempo dado (Figura 4.5).

Si $n$ es la concentración de partículas brownianas, el número de partículas recogidas por unidad de área, en un intervalo de tiempo dado, se puede escribir como

$$\mathcal{N} \simeq \frac{1}{2} n \lambda_x = n\sqrt{\frac{D}{2}}\sqrt{t}$$

para lo cual se usó la ecuación (4.10); el factor $1/2$ proviene del hecho de que se observan las partículas que se desplazan sólo en un sentido.

Más que los trabajos de Einstein, fueron los experimentos de Perrin los que contribuirían decisivamente a terminar con el resto de escepticismo que aún había en la comunidad científica con respecto de la teoría atómica de la materia, a través de mediciones precisas del número de Avogadro.

El físico francés notó que el desplazamiento aleatorio de las partículas en suspensión en un fluido, como se observa en el movimiento browniano, (Figura 4.1), es muy semejante al movimiento caótico de las moléculas de un gas, en el cual se basaba, en último análisis, el éxito de la Teoría Cinética de los Gases, conforme se ha visto en el Capítulo 3.

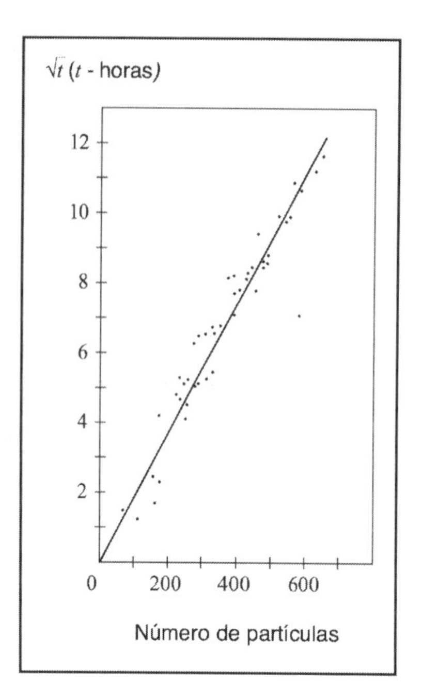


**Figura 4.5:** Resultado del experimento realizado por Brillouin, en el laboratorio de Perrin, que muestra el número de partículas brownianas recogidas en una placa de vidrio insertada en una emulsión, en función del tiempo de observación.

Aunque las dimensiones de los átomos y de las moléculas sean extremadamente pequeñas para que sean contadas directamente, el movimiento browniano se muestra como un fenómeno adecuado para superar ese problema y, así, proceder a un análisis cuantitativo, pues las partículas son lo suficientemente pequeñas para comportarse como constituyentes de un gas, pero lo suficientemente grandes para que sean contadas con el auxilio de un microscopio.

Por lo tanto, para los experimentos, Perrin precisaba preparar una suspensión acuosa, en la cual las partículas suspendidas satisficieran las siguientes condiciones:

- ser lo suficientemente grandes para ser vistas individualmente, pero lo bastante pequeñas para tener comportamiento térmico semejante al de los gases y, de esa forma, se pueda cuantificar su movimiento;[7]
- tener todas tamaño y masa uniformes.

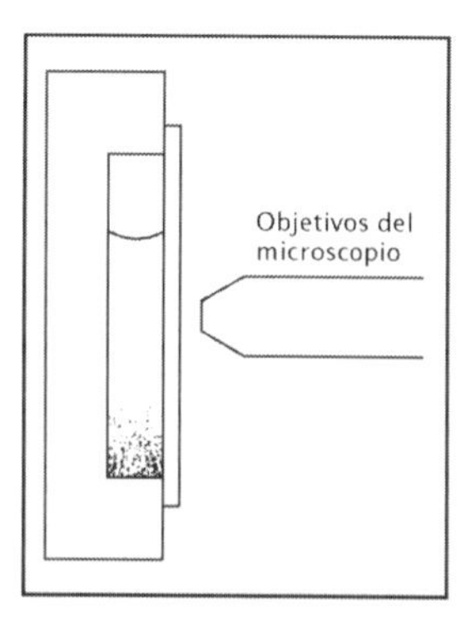


**Figura 4.6:** Esquema del equipo de Perrin para la observación de la distribución de partículas brownianas en el campo gravitacional terrestre.

Centrifugando una mezcla de agua con una especie particular de resina de goma más densa que el agua, Perrin pudo obtener una suspensión para la cual las condiciones enunciadas arriba fuesen satisfechas. A

[7] Esa condición implica que la concentración de las partículas en suspensión debe ser pequeña a tal punto que pueda ser considerado despreciable el efecto de las fuerzas entre ellas.

través de un proceso repetitivo de centrifugación, él pudo seleccionar el tamaño de las partículas que mejor le convenían.

La observación pudo ser hecha de dos maneras. Inicialmente, con la emulsión preparada verticalmente y el objetivo del microscopio posicionado horizontalmente (Figura 4.6).

De ese modo, fue posible observar de manera cualitativa la distribución de las partículas en suspensión en función de la altura (Figura 4.7).

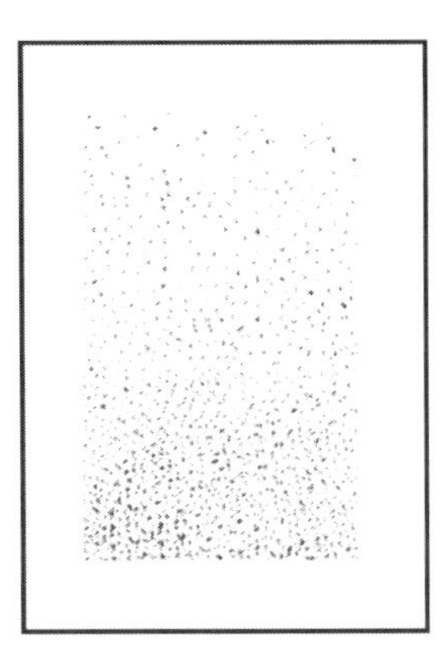

**Figura 4.7:** Distribución de partículas en suspensión en una solución acuosa.

En seguida, para hacer observaciones cuantitativas, la emulsión fue preparada en forma horizontal, con el objetivo del microscopio verticalmente posicionado (Figura 4.8).

Desde el punto de vista teórico, aunque mas densas que el agua, esas pequeñas partículas quedan en suspensión distribuidas como muestra la Figura 4.7, o sea, hay una densidad mayor de partículas en la región inferior del recipiente, que va disminuyendo a medida que se va aproximando a la superficie.

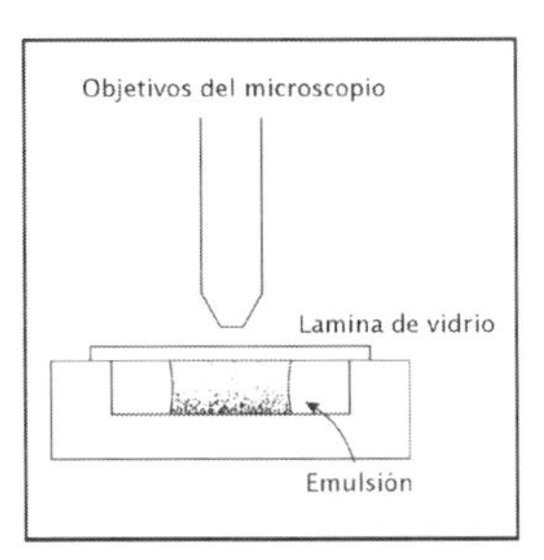


**Figura 4.8:** Esquema del equipo de Perrin para medir la concentración de partículas brownianas en varios niveles de la emulsión.

Admitiendo que, a lo largo de la vertical, la concentración ($n$) de partículas brownianas de masa $m$ y volumen $V$, en equilibrio térmico a la temperatura $T$, obedece a la fórmula barométrica, ecuación (3.24), se debe tener

$$\frac{n}{n'} = \exp\left(-\frac{mgh}{kT}\right) = \exp\left(-\frac{N_A mgh}{RT}\right)$$

en la cual $n$ y $n'$ son las concentraciones en dos alturas separadas por una distancia $h$ y $g$ es la aceleración local de la gravedad.

Si $\rho = m/V$ es la densidad de las partículas brownianas y $\rho'$ es la densidad del fluido en el cual ellas están en suspensión, tomando en cuenta el efecto del empuje ($\rho' V g$) sobre las partículas de volumen $V = m/\rho$, se debe utilizar, en la fórmula barométrica, el peso efectivo de las partículas dado por

$$mg - \rho' V g = mg - \frac{\rho'}{\rho} mg = mg\frac{(\rho - \rho')}{\rho}$$

De ese modo, se obtiene

$$\frac{n}{n'} = \exp\left[\frac{-N_A mg(\rho - \rho')h}{\rho RT}\right] \tag{4.18}$$

Esa expresión es conocida como la ecuación de equilibrio de sedimentación de una suspensión como resultado del movimiento browniano.

Una vez medida la razón $n/n'$, a partir de la fórmula (4.18), conocida como la ecuación de equilibrio de sedimentación de una suspensión que resulta del movimiento browniano, Perrin determinó el número de Avogadro. ¿Pero cómo medir $n/n'$?

Para superar el problema de contar miles de partículas desplazándose en todas las direcciones, muchas de las cuales salen al mismo tiempo que tantas otras entran en el campo del objetivo, Perrin redujo el campo de visión del microscopio de tal modo que apenas un pequeño número de partículas fuese observado en intervalos de tiempo regulares. Siguiendo esa técnica, que se mostró mucho mas eficiente que el uso de fotografías que abarcan todo el campo visual, él preferió hacer series de 100 lecturas para un cierto nivel de profundidad y otras 100 para otro, repitiendo miles de veces ese procedimiento para obtener una buena precisión en la medida. La observación de cada serie de 100 mediciones, que daba como resultado una secuencia de pequeños números, como

$$2, 2, 0, 3, 2, 2, 5, 3, 1, 2, \ldots\ldots$$

es equivalente a lo que se podría observar en una fotografía instantánea de un campo visual 100 veces mayor del utilizado para el conteo de las partículas.

Así, determinando de hora en hora la razón $n/n'$, dada por la ecuación (4.18), entre las concentraciones en dos niveles fijos, se constata que, después de una hora, de tres horas y en 15 días, la razón se mantenía estable. Eso denotaba el equilibrio de un proceso reversible, pues después de cualquier perturbación, como el enfriamiento de la emulsión, que fuerza a las partículas a acumularse en las regiones inferiores, el sistema retornaba al equilibrio termodinámico anterior.

Después de la observación de varias series, en diversos niveles, sus resultados no sólo permitieron confirmar la ecuación de sedimentación, sino también llevaron a determinar un valor medio para el número de Avogadro, a partir de esa ecuación, obteniendo $6{,}82 \times 10^{23}$.

En otro experimento, Perrin observó el movimiento de las partículas a través de un microscopio cuyo ocular estaba dotado de un reticulado, que servía de sistema de coordenadas.

Midiendo las proyecciones a lo largo del eje $x$ de los desplazamientos sucesivos de una partícula, en intervalos de tiempo del orden de un minuto, a partir de los segmentos de recta determinados por las posiciones sucesivas, Perrin obtuvo un cuadro semejante al de la Figura 4.9.

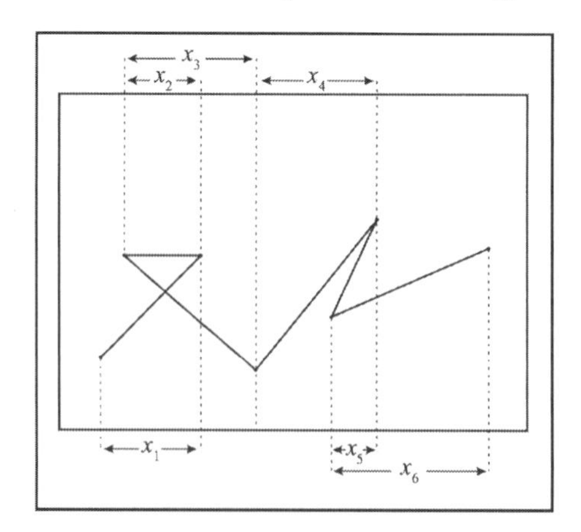


**Figura 4.9:** Desplazamientos sucesivos de una partícula browniana.

Está claro que, disminuyendo el intervalo de tiempo de observación, se notará que cada segmento rectilíneo, a su vez, resulta de varios otros segmentos aleatorios. O sea, lo que se observa es una imagen simplificada de la "trayectoria" de la partícula. La "verdadera trayectoria" será obtenida mediante la reducción de tiempo a una escala microscópica.

De cualquier manera, cuadrando cada proyección de los desplazamientos y determinando la media, se puede calcular la desviación cuadrática media, y así, por medio de la fórmula de Einstein,

$$N_A = \left(\frac{t}{\lambda_x^2}\right)\frac{RT}{3\pi\eta a}$$

determinar el número de Avogadro.

La medición del número de Avogadro consiste en más que contar, directa o indirectamente, el número de constituyentes de 1 mol de una sustancia. Durante muchas décadas ella estuvo vinculada a una cuestión central del conocimiento científico: Estaba en juego nada más y nada menos que la confirmación de la hipótesis atómica de la constitución de la materia.

En un artículo de 1866 sobre el tamaño de las moléculas de aire, el austriaco Josef Loschmidt estimó el diámetro de esas moléculas como siendo del orden de $10^{-9}$ m (1 nanómetro). Tal estimación es cerca de tres veces más que el valor actual, y las fuentes de error fueron, básicamente, imprecisiones en las medidas del camino libre medio y en el coeficiente de condensación del aire. Sin embargo, el número de moléculas en 1 $cm^3$, en las CNTP – que quedó conocido como número de Loschmidt ($L$) – puede ser estimado a partir de los resultados y de las fórmulas de ese artículo, encontrándose que $L \approx 2,0 \times 10^{18}$ moléculas/$cm^3$, de lo cual resulta, para el número de Avogadro, el valor $0,5 \times 10^{23}$ moléculas/mol. Los valores de referencia hoy para los números de Loschmidt y de Avogadro son $2{,}686\,7775 \times 10^{25}$ moléculas/$m^3$ y $6{,}022\,141\,99 \times 10^{23}$ moléculas/mol, respectivamente. A partir de entonces, varios investigadores de gran renombre contribuyeron en el cálculo del valor del número de Avogadro, conforme muestra la Tabla 4.1. Los resultados mas precisos sólo fueron obtenidos a partir de 1913.

**Tabela 4.1:** Medición del número de Avogadro en diferentes experimentos hasta 1935

| Año | Científico | Valor (nº/mol) x $10^{23}$ |
|---|---|---|
| 1811 | Avogadro | desconocido |
| 1811 | Ampère | desconocido |
| 1866 | Loschmidt | 0,5 |
| 1871 | Rayleigh | ≈ 4 |
| 1873 | Maxwell | 4,3 |
| 1900 | Planck | 6,175 |
| 1906 | Einstein | 6,56 |
| 1908 | Perrin | 6,5 – 6,9 |
| 1911 | Boltwood & Rutherford | 6,1 |
| 1913 | Millikan | 6,062 ± 0,012 |
| 1914 | Fletcher | 6,03 ± 0,12 |
| 1914 | Perrin | 6,03 |
| 1914 | Westgren | 6,85 ± 0,02 |
| 1917 | Millikan | 6,064 ± 0,006 |
| 1930 | Bond | 6,054 ± 0,03 |
| 1935 | Bearden | 6,0221 ± 0,0005 |

Probablemente ninguna otra constante fundamental despertó el interés de tantos físicos del porte de Ampere, Maxwell, Boltzmann, Thomson, Planck, Einstein, Rutherford, Millikan, Perrin y otros. Ese hecho por sí solo ya sugiere la fuerza de la concepción atómica de la materia y su papel básico en la construcción del conocimiento científico moderno que, concluyendo, puede muy bien ser resumido en las palabras del físico estadounidense Richard Feynman:

> *Si, en algún cataclismo, todo el conocimiento científico fuese destruido y solo una frase fuese transmitida a la siguiente generación de criaturas, ¿Qué enunciado contendría más información en menos palabras? Creo que es la* hipótesis atómica *(...) de que* todas las cosas son hechas de átomos *(...). En esta única expresión, usted verá, existe una* enorme *cantidad de información sobre el mundo.*

## 4.4 Fuentes primarias


**Bachelier, L., 1900.** Théorie de la Spéculation. *Annales Scientifiques de l'École Normale Superieur* **3**, n. 17, p. 21-86.

**Bond, W.N., 1930.** The values and inter-relationship of $c$, $e$, $h$, $M$, $G$ and $R$. *Philosophical Magazine* **10**, p. 994-1003.

**Bond, W.N., 1930.** The electric charge. *Ibid.* **12**, p. 632-640.

**Brown, R., 1828.** A Brief Account of Microscopical Observations Made in the Months of June, July, and August, 1827, on the Particles Contained in the Pollen of Plants; and the General Existence of Active Molecules in Organic and Inorganic Bodies. *Philosophical Magazine* **4**, p. 161-173.

**Einstein, A., 1905a.** Eine neue Bestimmung der Moleküldimensionen. Disertación de Doctorado, Universidade de Zurich. Publicada como artículo en *Annalen der Physik*, Ser. 4, **19**, p. 289-305 (1906). Traducida al portugués en **Stachel, J. (Org.), 2001**, p. 61-86, como una nueva determinación de las dimensiones moleculares.

**Einstein, A., 1905b.** Über die von der molekularkinetischen Theorie der Wärme geforderte Bewegung von in ruhenden Flüssigkeiten suspendierten Teilchen. *Annalen der Physik*, Ser. 4, **17**, p. 549-560. Traducido al portugués en **Stachel, J. (Org.), 2001**, p. 103-116, como Sobre el movimiento de pequeñas partículas en suspensión dentro de líquidos en reposo, tal como es exigido por la teoría cinético-molecular del calor.

**Einstein, A., 1906a.** *Annalen der Physik*, Ser. 4, **19**, p. 306. Traducido al inglés en **Einstein, A., 1909-1955.**, p. 191, como Supplement to A New Determination of Molecular Dimensions.

**Einstein, A., 1906b.** Zur Theorie der Brownschen Bewegung. *Annalen der Physik*, Ser. 4, **19**, p. 371-381. Traducido al inglês en **Einstein, A., 1926**, p. 19-35, como On the Theory of Brownian Motion.

**Einstein, A., 1907.** Theoretische Bemerkung über die Brownsche Bewegung. *Zeitschrift für Elektrochemie und angewandte physikalische Chemie* **13**, p. 41-42. Traducido al inglés em **Einstein, A., 1909-1955**, p. 229-231, como Theoretical Remarks on Brownian Motion.

**Einstein, A., 1908.** Elementare Theorie der Brownschen Bewegung. *Zeitschrift für Elektrochemie und angewandte physikalische Chemie* **14**, p. 235-239. Traducido al inglés em **Einstein, A., 1909-1955**, p. 318-328, como Elementary Theory of Brownian Motion.

**Einstein, A., 1911.** Berichtigung zu meiner Arbeit: Eine neue Bestimmung der Moleküldimensionen. *Annalen der Physik*, Ser. 4, **34**, p. 591-592. Traducido al inglés en **Einstein, A., 1909-1955**, p. 336-337, como Corrections of My Paper 'A new determination of Molecular Dimensions'.

**Exner, S., 1867.** Untersuchungen über Brown's Molecülarbewegung. *Sitzungsberichte der kaiserlichen Akademie der Wissenschaft zu Wien* **56**, Abteilung 2, p. 116.

**Exner, F.M., 1900.** Notiz zu Brown's Molecularbewegung. *Annalen der Physik*, Ser. 4, **2**, n. 8, p. 843-847.

**Gouy, L.-G., 1888.** Note sur le Mouvement Brownien. *Journal de Physique et de Radium* **7**, n. 2, p. 561-563.

**Gouy, L.-G., 1889.** Sur le Mouvement Brownien. *Comptes Rendus de l'Académie des Sciences de Paris* **109**, p. 102-105.

**Langevin, P., 1908.** Sur la théorie du movement brownien. *Comptes Rendus* **146**, p. 530-533, Traducido al inglés en *American Journal of Physics* **65**, n. 11, p. 1079-1081 (1997), como On the Theory of Brownian Motion.

**Loschmidt, J., 1866.** Zu Grösse der Luftmolecüle. *Sitzungsberichte der kaiserlichen Akademie der Wissenschaft zu Wien, Mathematisch-Naturwissenschafliche* Klasse II, Abteilung **52**, p. 395-413. Traducido al inglés, en *Journal of Chemical Education* **72**, n. 10, p. 870-875 (1995), como On the Sizes of Air Molecules.

**Millikan, R.A., 1913.** Brownian Moviments in Gases at Low Pressures. *Physical Review* **1**, n. 1, p. 218-221.

**Perrin, J., 1901.** Les hypothèses moleculaires. *Revue Scientifique* **15**, p. 449-461.

**Perrin, J., 1908a.** L'agitation moléculaire et le mouvement brownien. *Comptes Rendus* **146**, p. 967-1023; Grandeur des molécules et charge de l'électron. *Comptes Rendus* **147**, p. 594-596. Primera medición de Perrin.

**Perrin, J., 1908b.** La lois de Stokes et le mouvement brownien. *Comptes Rendus* **147**, p. 475-476.

**Perrin, J., 1908c.** L'origine de le mouvement brownien. *Comptes Rendus* **147**, p. 530-532.

**Perrin, J., 1909.** *Brownian Mouvement and Molecular Reality.* Nueva edición, Phoenix Collection, Nova York: Dover (2005).

**Perrin, J., 1911.** Les déterminations des grandeurs moléculaires. *Comptes Rendus* **152**, p. 1165-1168.

**Rayleigh, Lord, 1871.** On the light from the sky, its polarization and color. *Philosophical Magazine* **41**, p. 107-120.

**Smoluchowski, M.V., 1908.** Zur Kinetischen Theorie der Brownschen Molekularbewegung und der Suspensionen. *Annalen der Physik*, Ser. 4, **21**, p. 756-780.

**Smoluchowski, M.V., 1908.** Molekular-Kinetische Theorie der Opaleszenz von Gasen im kritischen Zustande, sowie einiger verwandter Erscheinungen. *Annalen der Physik*, Ser. 4, **25**, p. 205-226.

**Taiti, P.G., 1887.** The assumptions required for the proof of Avogadro's law. *Philosophical Magazine*, S. 5, **23**, p. 433-434.

**Westgren, A., 1915.** Bestimmung der Avogadrofchen Konstante Durch Messungen der Brownfchen Dewegung der Teilchen in Goldhydrosolen. *Zeistschrift für Anorganische und Allgemeine Chimie* **93**, p. 231-266.

## 4.5 Otras referencias y sugerencias de lectura

**Bearden, J.A., 1935.** The Measurement of X-Ray Wavelengths by Large Ruled Gratings. *Physical Review*, Second series, **48**, n. 5, p. 385-390.

**Becker, P., 2001.** History and Progress in the accurate determination of the Avogadro constant. *Reports on Progress in Physics* **64**, n. 12, p. 1945-2008.

**Chaudesaigues, 1908.** Le Mouvement brownien et la formule d'Einstein. *Comptes Rendus* **147**, p. 1044-1046.

**Deslattes, R.D., 1980.** The Avogadro Constant. *Annual Review of Physics and Chemistry* **31**, p. 435-461.

**Einstein, A., 1926.** Ese libro contiene una traducción al inglés de cinco artículos de Einstein sobre su investigación del Movimento Browniano, con una serie de notas útiles de R. Fürth. Al utilizar esta edición, note, entretanto, que debido a la alteración de algunas constantes, los resultados numéricos no coinciden con los de Einstein.

**Lunn, A.C., 1922.** Atomic Constants and Dimensional Invariants. *Physical Review*, Series 2, **20**, n. 1, p. 1-14.

**Morse, P.M., 1965.** Libro de texto que presenta el movimiento browniano como consecuencia de las fluctuaciones térmicas de las partículas de un fluido, con buena discusión sobre la teoría de las probabilidades.

**Nye, M.-J., 1972.** Presenta una perspectiva del trabajo científico de Jean Perrin y su impacto sobre la realidad de la visión molecular de la materia.

**Perrin, J., 1913.** *Les Atoms.* Paris: Librairie Félix Alcan. Traducción en inglés *Atoms.* Woodbridge: Ox Bow, (1990). Excelente libro en el cual el autor expone su trabajo de investigación experimental orientado a determinar el número de Avogadro. Su lectura es todavía actual e indispensable.

**Pesic, P. 2005.** Estimating Avogadro's number from skylight and airlight. *European Journal of Physics* **26**, p. 183-187.

**Schilpp, P.A. (Ed.), 1988.** Autobiografía de Einstein, con 26 ensayos críticos sobre su obra y las réplicas de Einstein a las críticas, además de una vasta bibliografía.

**Staumanis, M.E., 1953.** Absolute Value of Avogadro's Number and the Soundness of Crystals. *Physical Review* **92**, n. 5, p. 1155-1157.

**Sturm, J.E., 1998.** Ernest Rutherford, Avogadro's number and chemical kinetics revisited. *Journal of Chemical Education* **75**, p. 998-1003.

**Uhlenbeck, G.E.; Goudsmit, S., 1929.** A Problem in Brownian Motion. *Physical Review* **34**, n. 1, p. 145-151.

**Virgo, S.E., 1933.** Loschmidt's Number. *Science Progress* **27**, p. 634-649. Muestra que en 1933 ya era grande el número de modos diferentes de obtener el número de Avogadro.

**Wertenstein, L., 1928.** New Method of Determination of the volume of 1 curie radon. *Philosophical Magazine* **6**, n. 34, p. 17-33.

## 4.6 Ejercicios

**Ejercicio 4.6.1** Partículas de hollín de radio $0{,}4 \times 10^{-4}$cm están inmersas en una solución acuosa de viscosidad $0{,}0278\text{g.cm}^{-1}.\text{s}^{-1}$ a la temperatura de 18,8 °C. Si el desplazamiento efectivo observado en una dirección dada durante 10 s es del orden de $1{,}82 \times 10^{-4}$cm, estime el número de Avogadro.

**Ejercicio 4.6.2** Una partícula de radio $a$ (cm) se mueve con velocidad constante $v$ (cm/s) a través de un fluido de viscosidad $\eta$ ($\text{g.cm}^{-1}.\text{s}^{-1}$). Si la fuerza de fricción que actúa sobre ella depende de $a$, $v$ y $\eta$, muestre que un análisis dimensional lleva a la ley de Stokes.

**Ejercicio 4.6.3** Obtenga la ecuación (4.9).

**Ejercicio 4.6.4** De acuerdo con la ecuación (4.10), estime el desplazamiento cuadrático medio en una dirección para moléculas de azúcar disueltas en agua a 17 °C, al transcucurrir 2 minutos.

**Ejercicio 4.6.5** Utilizando los datos disponibles en la época de Einstein, determine el valor de la constante de Boltzmann, a partir de la ecuación (4.12).

**Ejercicio 4.6.6** Partiendo de la ecuación (4.10), esboce la dependencia del desplazamiento cuadrático medio, $\lambda_x$, en términos del tiempo $t$.

**Ejercicio 4.6.7** La solución de la ecuación de difusión en el movimiento browniano,

$$\frac{\partial}{\partial t} n(x,t) = D\,\frac{\partial^2}{\partial x^2} n(x,t)$$

puede ser determinada por el método de transformaciones de Fourier, suponiendo que toda función de $x$, como la concentración de moléculas disueltas, $n(x,t)$, puede ser representada por la superposición de funciones armónicas exponenciales

$$n(x,t) = \int_{-\infty}^{\infty} n(k,t)\, e^{ikx}\, \mathrm{d}k$$

siendo $k$ una variable real asociada al período de cada componente armónica, y $n(k,t)$ es un factor de peso asociado a cada componente, denominado transformada de Fourier de $n(x,t)$, dado por

$$n(k,t) = \frac{1}{2\pi} \int_{-\infty}^{\infty} n(x,t)\, e^{-ikx}\, \mathrm{d}x$$

Considerando que la concentración de las moléculas disueltas obedece a la condición de contorno

$$n(-\infty,t) = n(\infty,t) = 0$$

y la concentración inicial es prácticamente nula, excepto en el plano definido por $x = 0$, o sea, la concentración inicial es dada por

$$n(x,0) \propto \delta(x)$$

donde $\delta(x)$, la función delta de Dirac, satisface la relación $\int_{-\infty}^{\infty} \delta(x)\, \mathrm{d}x = 1$.

Muestre que:

a) sustituyendo la superposición de Fourier en la ecuación difusión se obtiene la ecuación diferencial

$$\frac{\mathrm{d}}{\mathrm{d}t} n(k,t) = -Dk^2 n(k,t)$$

cuya solución es dada por $n(k,t) = n(k,0)\, e^{-Dk^2 t}$;

b) la transformada de Fourier de la concentración inicial, $n(k,0)$, es proporcional a $1/(2\pi)$;

c) substituyendo la transformada $n(k,t)$ en la superposición de Fourier para la concentración,

$$n(x,t) = \frac{1}{2\pi} \int_{-\infty}^{\infty} e^{-Dt[k^2 - ikx/(Dt)]}\, \mathrm{d}k$$

el resultado para la concentracción en cualquier instante y posición, es dado por

$$\frac{1}{\sqrt{4\pi Dt}}\, e^{-x^2/(4Dt)}$$

(Sugerencia: Complete cuadrados en la variable $k$, en la integral de Fourier.)

# 5

# La naturaleza de la luz: concepciones clásicas

*Lo que llevó finalmente a los físicos, después de una duradera indecisión, a abandonar la creencia en la posibilidad de que toda la Física tenga como base la Mecánica de Newton fue la Electrodinámica de Faraday y Maxwell.*

Albert Einstein

## 5.1 La naturaleza de la luz:¿Discreta o continua?

*La verdad, aprendemos, es de diferentes tipos, no todos completamente compatibles.*

Peter Medawar

El debate científico que envolvía la dicotomía *discreto* × *continuo* no quedó circunscrito al estudio y la descripción de la materia. La discusión acerca de la naturaleza de la luz tampoco estuvo nunca libre de esa polémica.

De la Grecia Clásica no quedaron registros de un interés por la naturaleza de la luz comparable al interés por la materia y su constitución. El estudio de la Óptica en aquel período resultó de la confluencia de diferentes intereses: fisiológico, fisico-filosófico y matemático. Con relación al primero, se puede afirmar que a ese período se remonta el origen de la Oftalmología, pues había una motivación práctica para comprender el origen de la ceguera y tratar las dolencias de la vista. Lo que se llama de interés fisico-filosófico engloba cuestiones epistemológicas, psicológicas y la búsqueda de las causas físicas de la visión. Por último, el interés matemático involucra a la Geometría como herramienta para explicar la percepción del espacio.

En el período presocrático se destacan, principalmente, dos corrientes sobre el mecanismo de la visión. La primera, atribuida a los pitagóricos, sustentaba que el ojo envía un haz de luz o de *fuego* que incide sobre los objetos, esa idea que va influir en la teoría platónica de la visión. La segunda, de autoría de los atomistas, defendía que el ojo recibe más o menos pasivamente efluvios o imágenes provenientes de los objetos. Empédocles, en tanto, suponía que la luz era una sustancia que fluye siempre, emitida por la fuente de luz, aunque, a veces, según Aristóteles, se considerara la posibilidad de que los ojos emitirían luz. Como no podía dejar de ser, los atomistas creían en la naturaleza corpuscular de las imágenes que llegaban a los ojos, imaginando que éstas se formaban a partir de un haz de partículas del aire, existente entre el objeto y el observador, que llegaba a la retina. Y los estoicos formularon una explicación basada en lo continuo, análoga a la propagación de ondas.[1]

[1] Un fenómeno ondulatorio, o la propagación de ondas acústicas en un medio elástico, consiste en un proceso de vibración

A pesar de que ese debate acerca de la naturaleza *discreta* o *continua* de la luz, que envolvía la visión, estaba en el terreno de la pura especulación filosófica, digna de notar fue la contribución sistemática de Euclides de Alejandría a la Óptica, que tornó menos especulativa esa discusión.

Euclides presentó la primera teoría matemática de la visión, en la mejor tradición platónica, concentrándose en presentar una fundamentación geométrica de la Óptica. Ignorando la causa primaria de los fenómenos y cualquier interés fisiológico, se preocupó sólo de lo que es observado y puede ser expresado geométricamente, siguiendo el método descrito en sus *Elementos*. Su contribución al ideal de geometrizar la Física, en cierto sentido, fue más allá de Platón – que se restringió a lanzar las bases de una Cosmología y de una visión de la estructura de la materia fundamentadas en el mundo de las ideas (Sección 1.3), en el ámbito de lo que se puede llamar una filosofía geométrica. De hecho, Euclides usó una descripción geométrica de los fenómenos luminosos, en el sentido más actual de ese término – un sentido casi galileano –, separando la cuestión de la propagación física de la luz de otras para las cuales él no tenía respuesta. Al aplicar la Geometría al estudio de la Óptica, mostró que fenómenos reales podían ser descritos cualitativa y cuantitativamente.[2] Ése fue un marco importante, normalmente no enfatizado, en la historia de la geometrización de la Física, que contará, más tarde, con las contribuciones de Descartes, Galileo y Newton, y ganará una nueva dimensión con Einstein. Como nos recuerda el historiador de la Física Max Jammer,

> *fue Einstein quien esclareció cómo la Geometría (...) cesa de ser una ciencia axiomático-dedutiva y se torna una entre las ciencias naturales: la más vieja de todas, en verdad.*

Durante la Edad Media, la luz despertó el interés de varios estudiosos y, debido a su naturaleza única de propagarse en la Tierra y en el Cielo, fue vista como de carácter divino. Como ejemplo, el erudito inglés Robert Grosseteste consideraba que *la luz, por su extensión, condensación y rarefacción explicaba todos los fenómenos del Universo.*

La primera contribución moderna a la comprensión de la naturaleza de los fenómenos luminosos que se destaca es la de Descartes, uno de los fundadores de la *Nueva Filosofía*. La formulación de sus ideas sobre la naturaleza de la luz se basaba en sus concepciones metafísicas. Por no creer en el vacío, Descartes veía la luz como una presión transmitida, análoga a la propagación del sonido, a través de un medio perfectamente elástico, el *éter*, medio muy leve y enrarecido, capaz de penetrar todos los cuerpos sin ser percibido. La existencia o no de ese medio, de ese sustrato para la propagación de la luz, va a ser tema de mucha discusión e investigación científica hasta el surgimiento de la Teoría de la Relatividad Especial, en 1905 (Sección 5.7 y Capítulo 6).

Sobre la cuestión de la propagación de la luz, es importante citar la contribución del matemático francés Pierre de Fermat, que introdujo un principio fundamental, a partir del cual se proponía deducir la trayectoria de los rayos de luz. En agosto de 1657, estableció el *Principio del Mínimo Tiempo* al afirmar que *la naturaleza siempre actúa por el menor camino.*

Se trata de un principio metafísico, pero extremamente importante en el desarrollo del futuro de la Física Teórica. Muchos se preguntaron sobre lo que debería ser *mínimo* durante la propagación de la luz y también de otros cuerpos, o incluso, de forma más general, sobre lo que sería lo mínimo en la evolución de un sistema físico. Históricamente, las respuestas fueron muchas. Esa discusión está relacionada al cálculo variacional y, con el desarrollo de la Mecánica Analítica, al *Principio de Mínima Acción*. A partir de ahí, se abrieron nuevos horizontes; no sólo se llegó a diferentes formulaciones de la Mecánica de Newton, como también fue posible extender ese principio para obtener las ecuaciones de Maxwell para el Electromagnetismo que, a diferencia de la Mecánica, son la base de una teoría de campos. Más que eso, el *Principio de Mínima Acción* ha servido como punto de partida para la formulación de nuevas teorías hasta hoy. Su papel unificador, según el matemático húngaro Cornelius Lanczos, reside en el hecho de que, por medio de él, se ha llegado a la comprensión de que existe *un principio* detrás del conjunto de

---

colectivo de las partículas del medio, que resulta en la transferencia de energía de una región a otra. Macroscópicamente, el fenómeno puede ser descrito o caracterizado por la perturbación o variación continua en el tiempo y el espacio de una magnitud o propiedad del medio, como la presión o la densidad (Sección 5.2).

[2] Otro ejemplo de la aplicación práctica de la Geometría fue la estimación del radio de la Tierra hecha por Eratóstenes, cerca de 200 a.C., midiendo la sombra de una varilla en el solsticio de verano en dos ciudades (Ejercicio 1.8.2).

ecuaciones que describen la dinámica de un sistema físico, por más complicado que sea, que expresa el sentido de todo ese conjunto. Dada una cantidad fundamental – *acción* –, el principio de que ésta sea estacionaria lleva al conjunto completo de ecuaciones diferenciales que describen el sistema considerado.

Volviendo a la cuestión específica de la naturaleza de la luz, sólo después de que el importante papel del método experimental en las ciencias físicas fue evidenciado por Galileo, la Óptica comenzó a edificarse sobre bases sólidas, en el siglo XVII, como una ciencia experimental.

En ese contexto, una de las primeras leyes cuantitativas de la Física, establecida por el holandés Willebrord van Roijen Snell, en 1621, pero publicada sólo en 1637, por Descartes, en su Libro *Dióptrica*, fue la *ley de la refracción*.[3]

En 1666, el joven Newton realizó un experimento muy simple, pero importante para el estudio de la luz. Así, mas tarde, él describió lo que hizo:

> *Habiendo oscurecido mi dormitorio y hecho un pequeño orificio en mi cortina, para permitir la entrada de una cantidad suficiente de luz del Sol, coloqué mi prisma próximo a la entrada de la luz, de forma que ella pudiese ser refractada sobre la pared opuesta.*

**Figura 5.1:** Newton descomponiendo la luz del Sol con un prisma para un estudio de Óptica. Imagen hecha a partir de un cuadro de J.A. Houston, 1879.

El resultado es bien conocido: la luz solar fue descompuesta en varios colores, y, utilizando otro prisma, Newton fue capaz de recomponerla. Su interpretación para ese fenómeno fue que la luz solar sería compuesta de diferentes colores, cada cual con un índice de refracción diferente. En este caso, como la luz se refracta dos veces en el prisma, al pasar del aire al vidrio y, en seguida, del vidrio nuevamente al aire, cada componente (color) sufre un cambio de dirección diferente y, por tanto, hay una separación, o una dispersión de los colores, dando origen al espectro del arco iris. De acuerdo con la teoría ondulatoria do siglo XIX, ese fenómeno es comprendido atribuyéndose a cada color una *longitud de onda* diferente

[3] Para incidencia oblícua, la ley de la refracción relaciona las direcciones de un haz de luz al atravesar la superficie de separación de dos medios homogéneos e isótropos por la ecuación

$$\frac{\operatorname{sen}\theta_i}{\operatorname{sen}\theta_r} = n$$

siendo $\theta_i$ y $\theta_r$ los ángulos de incidencia y de refracción del haz con relación a la normal a la superficie, y $n$, el índice de refracción relativo de los medios. Desde un punto de vista más profundo, el índice de refracción relaciona las velocidades de fase de la luz en los dos medios.

(Sección 5.2.4), de modo que el desvío en la dirección de cada componente de la luz por el prisma depende de esa magnitud. Cuanto menor la longitud de onda, mayor la refracción.

Otro hecho importante relacionado con la naturaleza y la propagación de la luz fue el descubrimiento del fenómeno conocido como *difracción*, en el cual se ve luz proyectada en la región que debería ser exclusivamente de sombra. Ese fenómeno fue descubierto por el físico italiano Francesco Maria Grimaldi, que, al parecer, acuñó el término *difracción*. Escribiendo sobre la propagación de la luz, él afirma, en su Libro publicado póstumamente, en 1665, que *la luz se propaga (...) no sólo directamente, refractivamente y por reflexión, sino también, en otro modo, difractivamente.*[4]

Ya los fenómenos de interferencia fueron observados por Boyle y por el físico inglés Robert Hooke. Mientras que Boyle era partidario de la hipótesis corpuscular y creía en el vacío, Hooke, al no aceptar el vacío, tenía una concepción ondulatoria para los fenómenos luminosos.

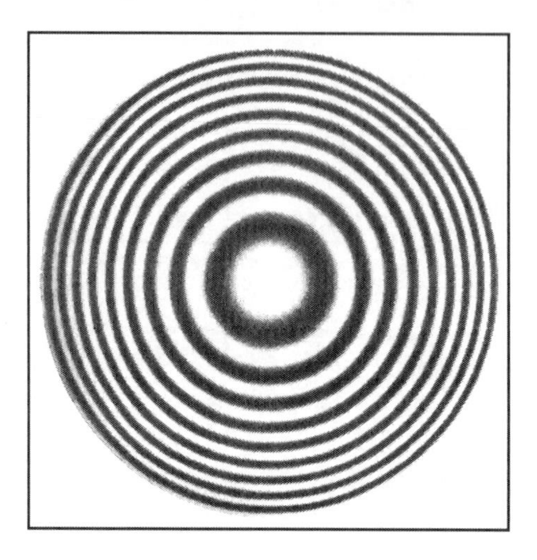

**Figura 5.2:** Patrones de interferencia luminosa.

Teniendo ese escenario como base, ocurrió el debate entre Newton y el físico holandés Christiaan Huygens acerca de la naturaleza de la luz,[5] como será visto en la Sección 5.3.

## 5.2 Fenómenos ondulatorios

*No es del todo fácil establecer una definición que sea precisa y, al mismo tiempo, cubra los varios fenómenos físicos para los cuales el término "onda" es comúnmente aplicado.*

Horace Lamb

Hasta el siglo XVIII, las concepciones preclásicas de los fenómenos acústicos, ópticos y térmicos eran basadas, esencialmente, en los sentidos del hombre. Asociado a la audición, el *sonido* era (y aún es) caracterizado como el efecto producido por perturbaciones longitudinales de la presión o de la densidad del aire al mover o interactuar con los tímpanos, haciéndolos vibrar con frecuencias de 20 Hz a 20 kHz. Asociada a la visión, la luz pudo ser caracterizada, en el siglo XIX, como el efecto producido por perturbaciones transversales de los *campos electromagnéticos*, con frecuencias en otra escala, del orden de $5 \times 10^{14}$ kHz.

La generalización del concepto de *energía* y de su conservación en la Física Clásica, resultante de los trabajos del físico y médico alemán Hermann Ludwig von Helmholtz, de Julius Robert Mayer y de Joule, permitió la caracterización de los fenómenos naturales y de las interacciones entre los sistemas físicos

[4] *Lumen propagatur (...) non solum Directer, Refracter, ac Reflexe, sed etiam alio quodam Quarto modo, diffracte.*
[5] En realidad, entre los partidarios de las visiones corpuscular y ondulatoria.

como procesos de transformaciones, transferencias o intercambio de energía. Así, el *calor*, inicialmente asociado al tacto, sería el efecto colectivo resultante de la transferencia de energía de un sistema de partículas/moléculas a otro, por conducción en el contacto directo, por convección, a través del desplazamiento de la materia, o por la propagación de ondas electromagnéticas de frecuencias menores que de la luz visible, en la región del infrarrojo, en el rango de $10^{12} - 4{,}3 \times 10^{14}$ Hz.

A partir del siglo XIX, con la hipótesis científica de la constitución atómica de la materia, surge también la convicción de que tanto los fenómenos que involucran el movimiento de cuerpos macroscópicos como los fenómenos biológicos, químicos, moleculares y atómicos, en nivel microscópico, resultaban o de las *interacciones electromagnéticas*, caracterizadas por la transferencia de energía entre cuerpos con carga eléctrica, o de las *interacciones gravitacionales*, caracterizadas por la transferencia de energía entre cuerpos con masa, entre algunos constituyentes básicos (partículas) de la materia.

El éxito de la Teoría Cinética de los Gases reforzó esa visión mecanicista y reduccionista de la naturaleza. Aunque haya, todavía hoy, críticas filosóficas y metodológicas al reduccionismo, cuando es cuestionado como un método eficaz del análisis de la Ciencia, y no como un dogma, se debe comprender que él permitió, en última instancia, el desarrollo durante el siglo XX no sólo de la Física, incluyendo varias ramificaciones, desde la Materia Condensada a la Astrofísica, sino también de la Química Molecular y de la Biología Genética.

En ese sentido, los fenómenos acústicos, que ocurren en medios elásticos líquidos, sólidos y gaseosos, se caracterizan, desde el punto de vista microscópico, por el movimiento colectivo y organizado de un número considerable de partículas constituyentes (átomos y moléculas) del medio. El efecto resultante de las interacciones entre esos constituyentes puede ser caracterizado por las perturbaciones o alteraciones de algunas propiedades macroscópicas del medio, tales como la densidad y la presión.

Al comportamiento colectivo de las partículas de un sistema que resulta en la transferencia de energía de una región a otra de un medio, de modo sistemático, organizado, continuo y persistente,[6] se denomina *movimiento ondulatorio* o *propagación de ondas.*

Microscópicamente, las llamadas *ondas acústicas* resultan del movimiento local (vibraciones u oscilaciones) de los átomos o moléculas constituyentes de un medio, que transfiere energía de un átomo a otro, a una baja tasa temporal (baja frecuencia).

A pesar de la naturaleza discreta de la materia, la perturbación asociada a un movimiento ondulatorio, en general, es descrita por campos escalares, vectoriales, tensoriales o espinoriales continuos, representados por *funciones de onda*, que describen las variaciones espacio-temporales de alguna propiedad macroscópica de un medio. Localmente, esos campos obedecen a ecuaciones diferenciales parciales, denominadas *ecuaciones de onda.*

### 5.2.1 La ecuación de onda clásica de d'Alembert

Desde el punto de vista clásico, movimientos ondulatorios en medios lineales, homogéneos y no disipativos son descritos por la llamada *ecuación de onda de d'Alembert*,[7]

$$\boxed{\left(\nabla^2 - \frac{1}{v^2}\frac{\partial^2}{\partial t^2}\right)\Psi(\vec{r},t) = 0} \tag{5.1}$$

en la cual $v$ es una constante, característica del medio, denominada *velocidad de propagación* de la onda, $\Psi(\vec{r},t)$ es la función de onda en un instante $t$, que describe las variaciones de una propiedad del medio, en un punto genérico $\vec{r}$, y $\nabla^2$ es el operador laplaciano que, en coordenadas cartesianas $(x, y, z)$, es expresado por

$$\nabla^2 = \frac{\partial^2}{\partial x^2} + \frac{\partial^2}{\partial y^2} + \frac{\partial^2}{\partial z^2}$$

[6] Si las perturbaciones no son sistemáticas y organizadas, se dice que hubo un *ruido*.

[7] Establecida por el matemático francés Jean-le-Rond d'Alembert, en 1750.

Si el movimiento ondulatorio fuera caracterizado por una perturbación que depende sólo de una coordenada espacial ($x$), la ecuación de onda se reduce a la forma espacialmente unidimensional,

$$\left(\frac{\partial^2}{\partial x^2} - \frac{1}{v^2}\frac{\partial^2}{\partial t^2}\right)\Psi(x,t) = 0$$

### 5.2.2 Medios no dispersivos

El ejemplo de movimiento ondulatorio más simple de ser descrito es la propagación de un *pulso*, en una dirección dada $x$, en una cuerda homogénea larga y templada.

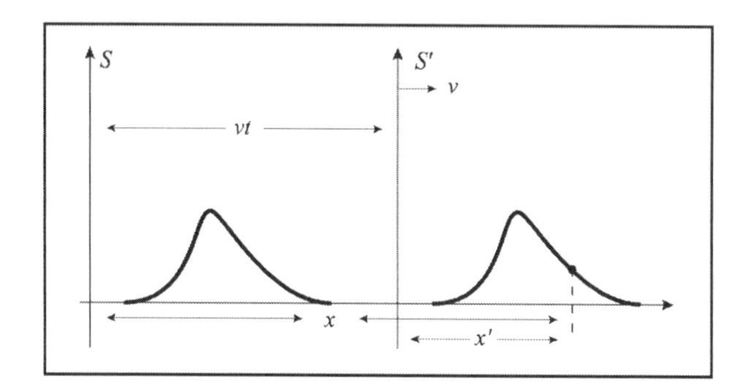


**Figura 5.3:** Propagación de un pulso que se desplaza en una cuerda con velocidad constante, según dos sistemas de referencia que se desplazan uno en relación al otro con la misma velocidad del pulso.

La característica fundamental de la propagación en ese medio, denominado *medio no dispersivo*, es que el pulso se propaga sin alterar su forma o perfil (Figura 5.3), con velocidad ($v$) constante, dada por

$$v = \sqrt{\frac{F}{\rho}}$$

siendo $F$ la fuerza de tensión aplicada a la cuerda y $\rho$ su densidad.

Esa relación puede ser establecida a partir del esquema de un pulso que se propaga en una cuerda de densidad $\rho$, templada en sus extremos (Figura 5.4). Sea $\Psi(x,t)$ el desplazamiento transversal $y$, en un instante $t$, de un punto de la cuerda cuya abscisa es $x$.

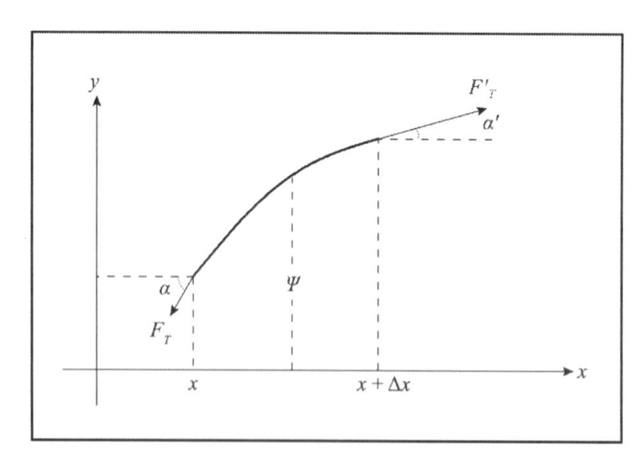


**Figura 5.4:** Esquema de propagación de un pulso en una cuerda templada.

Para pequeñas oscilaciones, de acuerdo con las leyes de Newton, el trozo de cuerda representado en la figura obedece a las relaciones

$$\begin{cases} F' \cos\alpha' - \underbrace{F\cos\alpha}_{F_x} = 0 \quad \Longrightarrow \quad F' = F \\ F'\text{sen }\alpha' - \underbrace{F\text{sen }\alpha}_{F_y} \simeq F(\text{tg }\alpha' - \text{tg }\alpha) = F\left(\left.\dfrac{\mathrm{d}y}{\mathrm{d}x}\right|_{x+\Delta x} - \left.\dfrac{\mathrm{d}y}{\mathrm{d}x}\right|_{x}\right) = \rho\Delta x\,\dfrac{\mathrm{d}^2y}{\mathrm{d}t^2} \end{cases} \tag{5.2}$$

en donde $\rho\Delta x$ es igual a la masa del elemento $\Delta x$ de la cuerda.

Teniendo en cuenta que $y \equiv \psi(x,t)$, se tiene

$$\frac{\mathrm{d}y}{\mathrm{d}x} = \frac{\partial\Psi}{\partial x} \quad \text{y} \quad \frac{\mathrm{d}^2y}{\mathrm{d}t^2} = \frac{\partial^2\Psi}{\partial t^2}$$

y tomando el límite $\Delta x \to 0$ de la ecuación (5.2),

$$F \lim_{\Delta x\to 0}\frac{1}{\Delta x}\left[\frac{\partial\Psi}{\partial x}(x+\Delta x,t) - \frac{\partial\Psi}{\partial x}(x,t)\right] = \rho\,\frac{\partial^2\Psi}{\partial t^2}(x,t)$$

se obtiene, así, la ecuación de d'Alembert,

$$\frac{\partial^2\Psi}{\partial x^2} = \frac{1}{(F/\rho)}\,\frac{\partial^2\Psi}{\partial t^2}$$

que describe la propagación de una onda con velocidad $v = (F/\rho)^{1/2}$.

Así, la función de onda $\Psi$ que describe el pulso según un sistema de referencia estacionario $S$ indica los desplazamientos ($y_i$) de cada punto de la cuerda, en el transcurso del tiempo ($t$), con relación a su configuración de equilibrio. El valor inicial de la función de onda, $\Psi(x, t=0)$, denominado perfil del pulso, indica la forma inicial de la cuerda $f(x)$,

$$\Psi(x,0) = f(x)$$

Introduciendo un sistema de referencia $S'$, que se desplaza con la velocidad de propagación del pulso, un observador en $S'$ notaría un perfil estacionario dado por (Figura 5.3)

$$\Psi(x',0) = f(x')$$

De ese modo, la función de onda con relación a $S$ sería dada por

$$\Psi(x,t) = f(x - vt)$$

La cuerda homogénea es el ejemplo más simple de un medio en el cual la propagación de ondas se da sin distorsiones y obedece a la ecuación de onda de d'Alembert, denominado genéricamente *medio homogéneo no dispersivo*.

Toda vez que las variaciones de la magnitud (desplazamiento) que describe la función de onda en una cuerda son transversales a la dirección de propagación, se dice que en ella se propagan *ondas transversales*. En medios fluidos, como los gases y los líquidos, la propagación del sonido ocurre por medio de *ondas longitudinales*, toda vez que las variaciones de las magnitudes (presión y densidad) que describen la función de onda en el fluido ocurren en la dirección de propagación. En medios rígidos como los sólidos, las ondas resultantes de las variaciones de tensiones internas pueden ser de ambos tipos: longitudinales y transversales.

Si las vibraciones de todas las partes ocurren en un mismo plano, como lo considerado en el ejemplo del pulso (Figura 5.3), la onda se dice *planopolarizada* (en plano $x \times y$) o *linealmente polarizada* (en la dirección del eje $y$).

### 5.2.3 Solución general de la ecuación de d'Alembert

La solución general para la ecuación de ondas que se propagan en medios no dispersivos con velocidad $v$, característica del medio, puede ser encontrada a partir de las variables

$$\begin{cases} \xi = x - vt \\ \zeta = x + vt \end{cases}$$

De ese modo,

$$\begin{cases} \dfrac{\partial}{\partial x} = \underbrace{\dfrac{\partial \xi}{\partial x}}_{1} \dfrac{\partial}{\partial \xi} + \underbrace{\dfrac{\partial \zeta}{\partial x}}_{1} \dfrac{\partial}{\partial \zeta} & \Longrightarrow \quad \dfrac{\partial^2}{\partial x^2} = \dfrac{\partial^2}{\partial \xi^2} + 2\dfrac{\partial^2}{\partial \xi \partial \zeta} + \dfrac{\partial^2}{\partial \zeta^2} \\ \dfrac{\partial}{\partial t} = \left( \underbrace{\dfrac{\partial \xi}{\partial t}}_{-v} \dfrac{\partial}{\partial \xi} + \underbrace{\dfrac{\partial \zeta}{\partial t}}_{v} \dfrac{\partial}{\partial \zeta} \right) & \Longrightarrow \quad \dfrac{1}{v^2}\dfrac{\partial^2}{\partial t^2} = \dfrac{\partial^2}{\partial \xi^2} - 2\dfrac{\partial^2}{\partial \xi \partial \zeta} + \dfrac{\partial^2}{\partial \zeta^2} \end{cases}$$

y la ecuación de onda, ecuación (5.1), puede ser escrita como

$$\frac{\partial^2 \Psi}{\partial \xi \partial \zeta} = 0$$

Integrando primero en relación al $\xi$ y después en relación a $\zeta$,

$$\frac{\partial \Psi}{\partial \zeta} = h(\zeta) \quad \Longrightarrow \quad \Psi = f(\xi) + \int h(\zeta)\, \mathrm{d}\zeta$$

se obtiene

$$\Psi = f(\xi) + g(\zeta)$$

o sea,

$$\Psi(x,t) = f(x - vt) + g(x + vt)$$

Así, la solución general de la ecuación de onda de d'Alembert en una dimensión espacial es dada por la superposición lineal de dos ondas que se propagan en sentidos opuestos, con la misma velocidad.

### 5.2.4 Ondas monocromáticas

Otra característica de los medios no dispersivos es la posibilidad de propagación de ondas armónicas monocromáticas planopolarizadas, esto es, ondas cuyo perfil es periódico y dado por una función armónica (Figura 5.5), por ejemplo, del tipo

$$\Psi(x,0) = A \operatorname{sen} kx = f(x)$$

donde $A$ es la *amplitud* de la onda y $k$ es una constante positiva, denominada *número de propagación.*

De ese modo, la función que describe la propagación de una onda plana monocromática (Figura 5.6), en la dirección positiva de $x$, es dada por

$$\Psi(x,t) = A \operatorname{sen} k(x - vt)$$

La periodicidad de una función armónica permite que se definan los conceptos de *longitud de onda, período* y *frecuencia.*

La *longitud de onda* ($\lambda$) es el período espacial de la onda, o sea, la menor distancia para la cual los valores de la función de onda se repiten en un instante dado (Figura 5.5).

$$\Psi(x,t) = \Psi(x+\lambda, t) \quad \Longrightarrow \quad k(x+\lambda) = kx + 2\pi \quad \Longrightarrow \quad \boxed{k = \frac{2\pi}{\lambda}}$$

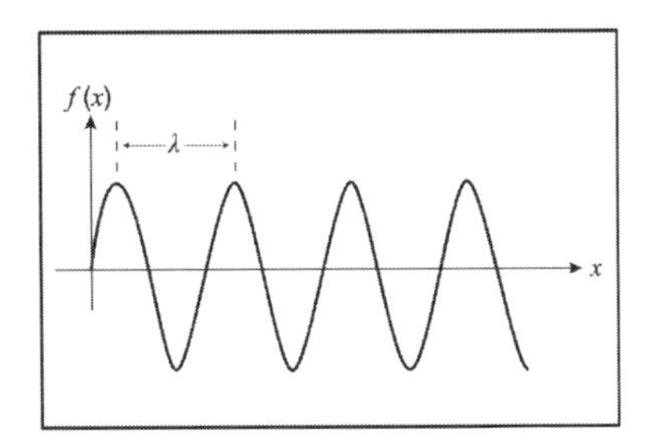


**Figura 5.5:** Perfil de una onda monocromática sinusoidal en un instante dado.

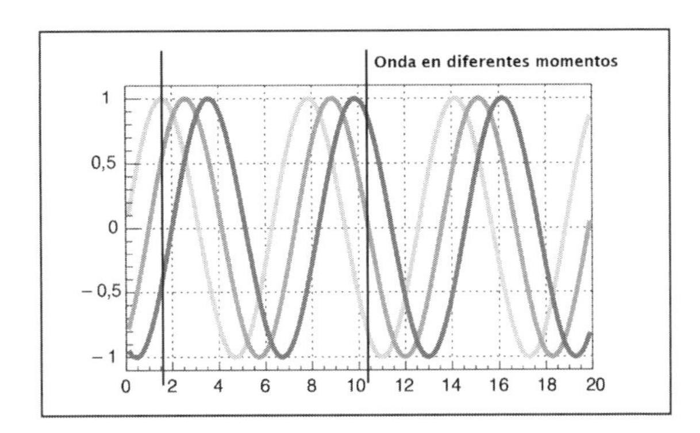


**Figura 5.6:** Perfil de una onda monocromática sinusoidal en varios instantes.

Análogamente, el *período* temporal ($T$) es definido por

$$\Psi(x,t) = \Psi(x,t+T) \implies kv(t+T) = kvt + 2\pi$$

donde

$$kvT = 2\pi \implies \boxed{vT = \lambda}$$

La *frecuencia* ($\nu$), que es el inverso del período temporal, es dada por

$$\nu = \frac{1}{T} \implies \boxed{v = \lambda\nu} \tag{5.3}$$

Es costumbre introducir también la *frecuencia angular* ($\omega$) y el *número de onda* ($K$), dados por

$$\left\{ \begin{array}{l} \omega = 2\pi\nu \\ \\ K = 1/\lambda \end{array} \right. \implies \boxed{\omega = kv} \quad \text{e} \quad \boxed{\nu = Kv}$$

De modo general, una onda monocromática puede ser expresada por

$$A \text{ sen}\left[k(x - vt) + \phi\right] = A \text{ sen}\left(kx - \omega t + \phi\right)$$

o

$$A \text{ sen}\left[2\pi\left(\frac{x}{\lambda} - \frac{t}{T}\right) + \phi\right] = A \text{ sen}\left[2\pi(Kx - \nu t) + \phi\right]$$

siendo $\phi$ denominada *constante de fase*.

De manera análoga, se puede utilizar cosenos o exponenciales complejas para representar las funciones de onda como

$$\Im\left\{Ae^{i(kx - \omega t)}\right\} \quad \text{o} \quad \Re\left\{Ae^{i(kx - \omega t)}\right\}$$

en donde $\Im$ denota la parte imaginaria y $\Re$, la parte real del argumento entre llaves. En general, en la representación compleja, la constante de fase es absorbida en la amplitud, que se torna, así, una cantidad compleja dada por

$$A = |A|e^{i\phi}$$

En el caso de la Física Clásica, la elección de la representación compleja es dictada por conveniencia o simplicidad de cálculo, recordando que, al final del cálculo de cualquier magnitud, el resultado debe ser necesariamente un número real. Esa arbitrariedad de elección que, a primera vista, puede parecer obvia y general no se aplica, por ejemplo, en la Mecánica Cuántica Ondulatoria, como será visto en el Capítulo 14.

### 5.2.5 Velocidad de fase

La periodicidad de una onda monocromática con número de propagación $k$ y frecuencia $\omega$, que se desplaza con velocidad $v = \omega/k$, implica que su fase, $\phi(x,t) = kx - \omega t + \phi$, en un punto $x$ y en un instante $t$, sea igual a la fase en un punto $x + \lambda$ en el instante $t + T$, siendo $\lambda$ la longitud de onda y $T$ el período, o sea,

$$\phi(x + \lambda, t + T) = \phi(x,t)$$

Toda vez que $\lambda = vT$, la velocidad de propagación de una onda monocromática también es denominada *velocidad de fase.*

### 5.2.6 Velocidad de grupo

Considere una perturbación obtenida por la superposición lineal de dos ondas monocromáticas de la misma amplitud ($A$), con frecuencias y longitud de onda muy próximos, $\omega' = \omega + \Delta\omega$ y $k' = k + \Delta k$,

$$\begin{cases} \Psi_1(x,t) = A\,\mathrm{sen}(kx - \omega t) \\ \Psi_2(x,t) = A\,\mathrm{sen}(k'x - \omega' t) \end{cases} \Longrightarrow \quad \Psi(x,t) = \underbrace{A\cos\frac{1}{2}(\Delta kx - \Delta\omega t)}_{A'(x,t)}\,\mathrm{sen}(kx - \omega t)$$

en la cual $\dfrac{\Delta\omega}{\omega} \ll 1$ y $\dfrac{\Delta k}{k} \ll 1$. La Figura 5.7 muestra que la perturbación resultante se propaga con amplitud variable, $A'(x,t)$, cuyo perfil se desplaza con velocidad igual a

$$v_g = \frac{\Delta\omega}{\Delta k}$$

La perturbación resultante es denominada *paquete* o *grupo* de ondas, y la velocidad de propagación del perfil de ese paquete, *velocidad de grupo.*

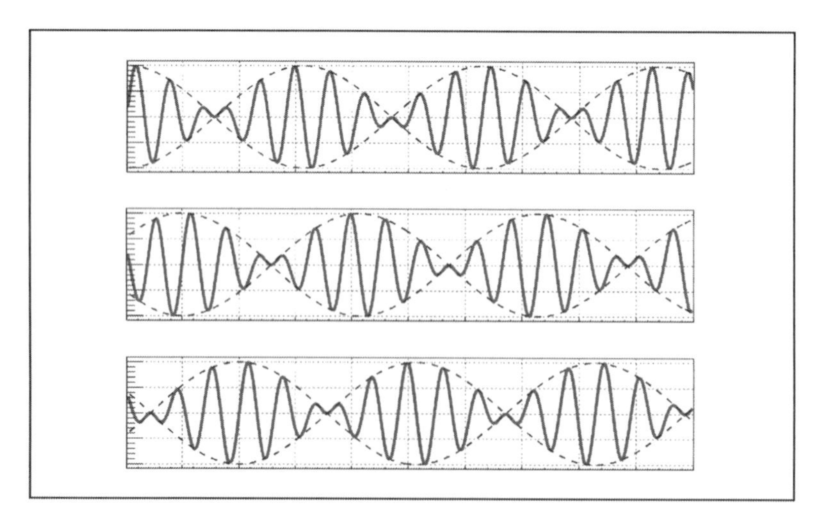

**Figura 5.7:** Ejemplo de un paquete o grupo de ondas en tres instantes distintos.

### 5.2.7 Medios dispersivos

La expresión para la velocidad de fase en una cuerda homogénea, $v = (F/\rho)^{1/2}$, muestra que la velocidad ($v = \omega/k = \text{constante}$) tiene el mismo valor para cualquier onda monocromática. Esto implica que la relación entre la frecuencia y el número de propagación, denominada *relación de dispersión*, es lineal, o sea,

$$\omega(k) \propto k$$

lo que caracteriza un medio *no dispersivo*.

Si la relación entre la frecuencia y el número de propagación fuera no lineal, se dice que el medio es *dispersivo*.

En medios dispersivos, la velocidad de fase de una onda monocromática depende de la longitud de onda

$$v = \frac{\omega(k)}{k}$$

o sea, tiene un valor distinto para cada longitud de onda o frecuencia. De ese modo, en un medio dispersivo, el perfil de un grupo de ondas es distorsionado a lo largo de su propagación.

### 5.2.8 Ondas planas monocromáticas

Las superficies sobre las cuales la función armónica

$$f(\vec{r}) = Ae^{i\vec{k}\cdot\vec{r}}$$

asume un mismo valor constituyen un conjunto de planos perpendiculares al vector constante $\vec{k}$, separados por una distancia $\lambda$, tal que $k = 2\pi/\lambda$, toda vez que esas condiciones para dos planos consecutivos (Figura 5.8), perpendiculares a $k$, son dadas por

$$\left\{\begin{array}{l} \vec{k}\cdot\vec{r} = \text{ constante} \\ \\ \vec{k}\cdot\vec{r}' = \text{ constante } + 2\pi \end{array}\right. \implies k\underbrace{(r'-r)\cos\theta}_{\lambda} = 2\pi \implies \boxed{k = \frac{2\pi}{\lambda}}$$

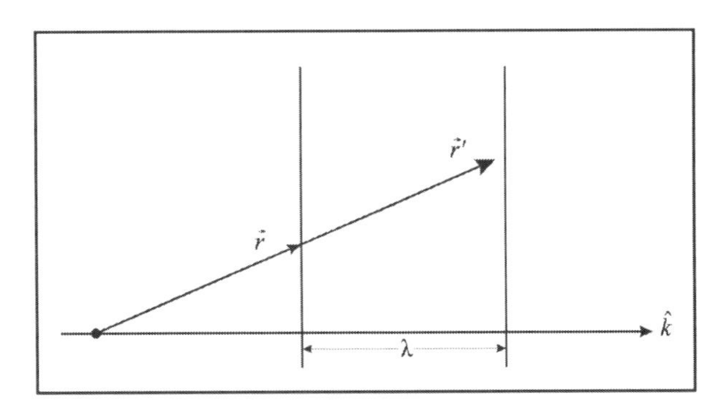


**Figura 5.8:** Propagación de dos frentes de ondas planas en la dirección $\hat{k}$.

Así, la función de onda

$$\Psi(\vec{r},t) = \Im\left\{Ae^{i(\vec{k}\cdot\vec{r}-\omega t)}\right\}$$

describe la propagación de una onda plana monocromática en tres dimensiones con velocidad de fase $v = \omega/k$ en la dirección del llamado *vector de propagación* $\vec{k}$. Los planos que determinan los puntos cuyas fases corresponden a un mismo valor de la función de onda son denominados *frentes de ondas planas*.

Orientando el sistema de referencia de modo que la dirección y el sentido del eje $x$ coincidan con la dirección y el sentido del vector $\vec{k}$, cualquier onda plana monocromática tridimensional que se propaga en el sentido del vector $k$ puede ser representada por la función de onda espacialmente unidimensional

$$\Psi(x,t) = \Im\left\{Ae^{i(kx - \omega t)}\right\}$$

### 5.2.9 Ondas esféricas

Otro tipo de mecanismo de propagación ocurre cuando la perturbación se origina en un centro, propagándose con velocidad $v$, en frentes de onda que son superficies esféricas concéntricas (Figura 5.9) perpendiculares a un vector de propagación $\vec{k} = k\hat{r}$, cuyo módulo es dado por $k = \omega/v$, siendo $\omega = 2\pi/T$ la frecuencia y $T$ el período.

Esas ondas, llamadas *ondas esféricas*, pueden ser representadas por

$$\Psi(r,t) = \frac{A}{r}\,\text{sen}\,(kr - \omega t) = A(r)\,\text{sen}\,(kr - \omega t)$$

siendo $r$ la distancia al centro $(O)$ de propagación desde cualquier punto del espacio.

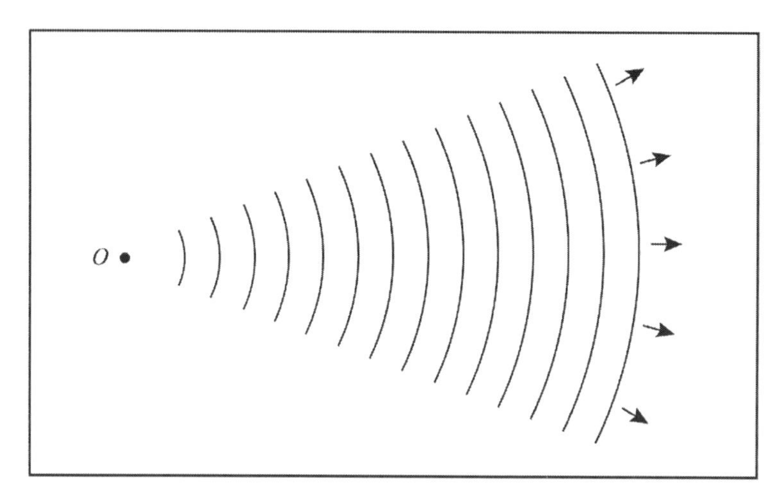


**Figura 5.9:** Porciones de frentes de ondas esféricas.

En rigor, una onda esférica no es monocromática; sin embargo, en las vecindad de puntos muy alejados del origen $(O)$, la amplitud de la onda esférica varía muy poco en relación a la fase, comportándose prácticamente como una onda plana del tipo

$$\Psi(r,t) = A\,\text{sen}\,(kr - \omega t)$$

Por eso, en diversos experimentos de interferencia de ondas, se considera sólo la propagación de ondas planas.

### 5.2.10 Energía y *momentum* de una onda monocromática

De acuerdo con la Figura 5.4, la *potencia* $(p_a)$ o la tasa temporal de energía absorbida por un trozo de cuerda para mantener la propagación de un pulso es dada por

$$p_a = F_y\left(\frac{\mathrm{d}y}{\mathrm{d}t}\right) = F_y\frac{\partial\Psi}{\partial t}$$

Toda vez que $F_y = -F \operatorname{sen}\alpha \simeq -F \operatorname{tg}\alpha = -F \dfrac{\partial\Psi}{\partial x}$, la potencia puede ser expresada por

$$p_a = -F\left(\frac{\partial\Psi}{\partial x}\right)\left(\frac{\partial\Psi}{\partial t}\right)$$

Para una onda monocromática, $\Psi = A\ \operatorname{sen}(kx - \omega t)$, se tiene

$$\begin{cases} \dfrac{\partial\Psi}{\partial x} = kA\cos(kx - \omega t) \\ \dfrac{\partial\Psi}{\partial t} = -\omega A\cos(kx - \omega t) \end{cases}$$

y la potencia es dada por

$$p_a = F\omega k A^2 \cos^2(kx - \omega t)$$

Ya la potencia media ($P = \langle p_a\rangle_T$) absorbida en un período ($T = 1/\nu = 2\pi/\omega$) es dada por

$$P = \langle p_a\rangle_T = F\omega kA^2\langle\cos^2(kx - \omega t)\rangle = \frac{1}{2}F\omega kA^2 \tag{5.4}$$

Toda vez que $F = v^2\rho$ y $k = \omega/v$, la potencia media puede ser expresada también como

$$P = \frac{1}{2}\rho v\omega^2 A^2$$

La proporcionalidad de la potencia con respecto del cuadrado de la amplitud ($A^2$) de la onda es característica de todos los tipos de movimientos ondulatorios descritos clásicamente; sin embargo, la proporcionalidad con respecto a $\omega^2$ ocurre sólo para ondas acústicas.

Así, la energía ($\epsilon$) cedida por una fuente de vibración externa y absorbida por la cuerda, durante un período ($T = \lambda/v$), es dada por

$$\epsilon = PT = \frac{1}{2}(\rho v)\,\omega^2 A^2 \times \frac{2\pi}{\omega} = \pi\rho v\omega A^2$$

Esa energía es transportada a lo largo de la cuerda y fluye con velocidad de propagación $v$. Para medios dispersivos, la energía fluye con la llamada velocidad de grupo ($v_g$).

Escribiendo la relación entre la potencia y la energía como

$$P = v\frac{\epsilon}{\lambda}$$

la tasa temporal media de la energía, o flujo medio de energía, que atraviesa una superficie $S$ (Figura 5.10), transversal a las oscilaciones de la cuerda, denominada *intensidad (I) de la onda*, es dada por

$$I = \frac{P}{S} = v\left(\frac{\epsilon}{V}\right) = uv \tag{5.5}$$

en donde $V = \lambda S$ es el volumen ocupado por la onda en un período y $u$, la densidad media de energía.

En ese sentido, la velocidad de propagación de una onda no es la velocidad de las partículas constituyentes del medio ni de materia alguna,[8] pero sí la tasa con la cual la energía asociada a ese campo continuo se propaga en un medio.

Asociado al transporte de energía debe haber también transporte de *momentum*. De hecho, ondas acústicas y electromagnéticas ejercen presión sobre una superficie colocada en su camino, y la existencia de esa presión debe estar ciertamente asociada a un *momentum*. Mientras que para ondas electromagnéticas monocromáticas esa asociación es inmediata (Sección 5.6.5), el caso acústico es mas complicado y depende de un análisis detallado de las propiedades del medio en el cual la onda se propaga.

[8] Las partículas simplemente ejecutan movimientos locales de vibración.

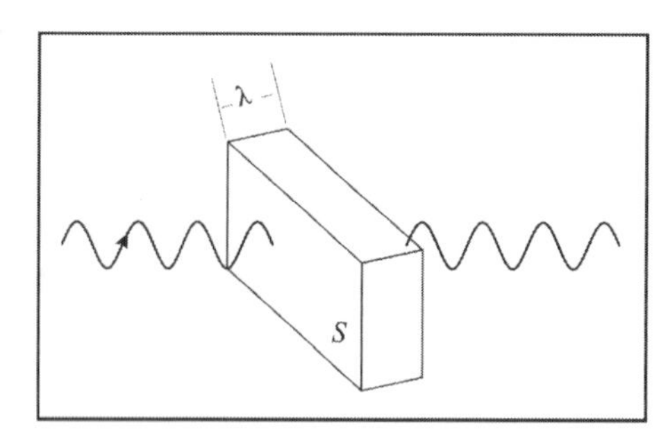


**Figura 5.10:** Representación de una región del espacio atravesada por una onda.

### 5.2.11 Ondas estacionarias

En general, el movimiento ondulatorio establecido en una cuerda no es descrito sólo por el movimiento de pulsos u ondas sin obstáculos a la propagación, a menos que la cuerda sea infinita y no haya discontinuidades en la densidad, o vínculos impuestos, como la fijación de sus extremos.

Al contrario de las llamadas *ondas de propagación*, puede ocurrir que, en una cuerda de densidad lineal $\rho$ y longitud $L$, sujeta a una fuerza de tensión $F$, resulte un movimiento ondulatorio en el cual todos los puntos de la cuerda oscilen armónicamente con misma frecuencia ($\omega$) y constante de fase, tal que la función de onda pueda ser expresada, por ejemplo, como

$$\Psi(x,t) = C \operatorname{sen} kx \cos \omega t \tag{5.6}$$

en la cual $C$ es una constante, y $\omega/k = v = (F/\rho)^{1/2}$.

La expresión anterior, ecuación (5.6), es una solución de la ecuación de onda de d'Alembert que describe una *onda estacionaria*, resultante de la superposición de dos ondas monocromáticas que se propagan en sentidos opuestos con velocidad de magnitud $v$, que fueron reflejados en sus extremos, supuestamente fijos,

$$\begin{aligned}\Psi(x,t) &= A \operatorname{sen}(kx - \omega t + \phi_A) + B\cos(kx + \omega t + \phi_B) \\ &= a(t) \operatorname{sen} kx \; + \; b(t)\cos kx\end{aligned}$$

donde $A$ y $B$ son constantes, y $a(t)$ y $b(t)$ son combinaciones lineales de $\cos\omega t$ y $\operatorname{sen}\omega t$. De hecho, cuando, se toma uno de los extremos como origen, se imponen las condiciones de contorno

$$\text{(extremos fijos)} \quad \begin{cases} \Psi(0,t) = 0 \quad \Longrightarrow \quad b(t) = 0 \\[2ex] \Psi(L,t) = 0 \end{cases}$$

y las condiciones iniciales

$$\begin{cases} \Psi(x,0) = C \operatorname{sen} kx \qquad \text{(perfil inicial)} \quad \Longrightarrow \quad a(0) = C \\[2ex] \dfrac{\partial \Psi}{\partial t}(x,0) = 0 \qquad \text{(velocidad inicial)} \quad \Longrightarrow \quad a(t) = C\cos\omega t \end{cases}$$

se obtiene la ecuación (5.6).

Mientras que la velocidad de fase de las componentes monocromáticas no depende de las condiciones de contorno, lo mismo no ocurre para la longitud de onda y la frecuencia, pues la condición para el extremo $x = L$ implica que

$$\operatorname{sen} kL = 0 \quad \Longrightarrow \quad kL = n\pi \quad (n = 1, 2, 3, \ldots)$$

o sea,

$$\lambda_n = \frac{2\pi}{k} = \frac{2L}{n} \qquad \text{y} \qquad \nu_n = \frac{v}{\lambda_n} = \frac{n}{2L}\sqrt{\frac{F}{\rho}}$$

Así, los valores posibles para la longitud de onda y la frecuencia constituyen un conjunto numérico discreto, de longitudes de onda y frecuencias propias, o características,

$$\{\lambda_n, \nu_n\} \qquad (n = 1, 2, 3, \ldots)$$

que corresponden a un conjunto de soluciones estacionarias $\Psi_n(x,t)$, denominadas *modos normales de vibración*,[9] dadas por

$$\Psi_n(x,t) = C_n \operatorname{sen}\left(\frac{n\pi}{L}x\right)\cos\omega_n t$$

siendo $\omega_n = 2\pi\nu_n$.

Debido a la linealidad de la ecuación de onda de d'Alembert, la solución más general para las ondas estacionarias es dada por la superposición lineal de los modos normales

$$\Psi(x,t) = \sum_{n=1}^{\infty}\Psi_n(x,t) = \sum_{n=1}^{\infty} C_n \operatorname{sen}\left(\frac{n\pi}{L}x\right)\cos\omega_n t \tag{5.7}$$

En el instante $t = 0$, esa solución se reduce al perfil inicial, $f(x)$, de la cuerda, o sea,

$$\Psi(x,0) = f(x) = \sum_{n=1}^{\infty} C_n\,\psi_n(x) \tag{5.8}$$

en donde $\psi_n(x) = \operatorname{sen}\,(n\pi x/L)$.

Toda vez que el perfil inicial de la cuerda es arbitrario, la expresión (5.8) sugiere que cualquier función puede ser descrita, en un intervalo dado, por una serie de funciones armónicas. Esa importante hipótesis, ya utilizada por D. Bernoulli, Euler y Lagrange, fue ampliamente utilizada por Jean-Baptiste Joseph Fourier, en 1807, en su trabajo sobre la propagación del calor. La representación de una función arbitraria por series de funciones trigonométricas es conocida como serie de Fourier.[10]

Calculando la energía cinética ($\epsilon_c$) de la cuerda vibrante, según la ecuación (5.7),

$$\epsilon_c = \frac{1}{2}\rho\int_0^L\left(\frac{\partial\Psi}{\partial t}\right)^2\mathrm{d}x$$

y la energía potencial ($\epsilon_p$),[11]

$$\epsilon_p = \frac{1}{2}F\int_0^L\left(\frac{\partial\Psi}{\partial x}\right)^2\mathrm{d}x$$

y teniendo en cuenta que

$$\int_0^L \operatorname{sen}\left(\frac{l\pi}{L}x\right)\operatorname{sen}\left(\frac{n\pi}{L}x\right)\mathrm{d}x = \int_0^L \cos\left(\frac{l\pi}{L}x\right)\cos\left(\frac{n\pi}{L}x\right)\mathrm{d}x = \frac{L}{2}\delta_{ln}$$

[9] También denominadas *funciones propias* o *autofunciones*, $\Psi_n(x,t)$, de la ecuación de onda de d'Alembert, que satisfacen las condiciones de contorno homogéneas en dos puntos 0 y $L$, esto es, $\Psi_n(0,t) = \Psi_n(L,t) = 0$.

[10] La representación de una función por medio de series de Fourier constituye la base de una de las técnicas más eficaces de la Matemática Aplicada, y a partir de las tentativas de procurar fundamentaciones matemáticas más rigurosas para su validez, el propio concepto de integral, uno de los más importantes para el Análisis Matemático, fue establecido por los matemáticos Bernhard Riemann y Henri Lebesgue.

[11] La energía potencial es elástica, y su expresión resulta de la aproximación para pequeñas oscilaciones de la deformación $(\mathrm{d}s - \mathrm{d}x)$ de un trecho de la cuerda, dada por

$$\mathrm{d}s = (\mathrm{d}x^2 + \mathrm{d}y^2)^{1/2} \simeq \mathrm{d}x\left[1 + \frac{1}{2}\left(\frac{\mathrm{d}y}{\mathrm{d}x}\right)^2\right] \qquad \Longrightarrow \qquad \mathrm{d}s - \mathrm{d}x = \frac{1}{2}\left(\frac{\partial y}{\partial x}\right)^2\mathrm{d}x$$

y del trabajo que debe ser hecho por la fuerza de tensión $F$ para deformarla,

$$\mathrm{d}\epsilon_p = F(\mathrm{d}s - \mathrm{d}x)$$

con $\delta_{ln} = 0\,(l \neq n)$ o $1\,(l = n)$, la expresión obtenida para la energía total ($\epsilon$) de la cuerda es dada por

$$\epsilon = \epsilon_c + \epsilon_p = \sum_{n=1}^{\infty} \frac{1}{4}(\rho L)\ \omega_n^2\ C_n^2 = \sum_{n=1}^{\infty} \epsilon_n$$

Ella muestra que la energía total es la suma de las energías de varios modos normales de vibraciones de la cuerda, o sea, los modos normales se comportan como componentes independientes por estas razones la energía total se halla distribuida. En ese sentido, se dice que la energía de un onda es transportada por portadores de energía discretos e independientes.

La gran crisis, en el inicio del siglo XX, que muchos apuntan como debida a la *dualidad onda-partícula*, ilustrada en la Figura 5.11 y discutida en el Capítulo 14, con origen en la formulación ondulatoria de la Mecánica Cuántica, sólo fue superada cuando se aceptó que, de modo complementario, los fenómenos acústicos, luminosos y electromagnéticos podían ser descritos tanto como procesos ondulatorios, o sea, por la propagación de ondas en un medio continuo,[12] como por la transferencia de energía por medio de *portadores discretos*, o *quanta*[13] de energía, que se desplazan como un haz de partículas a través del medio con la velocidad de propagación de una onda (Capítulo 14). Por ejemplo, los fenómenos acústicos en sólidos cristalinos pueden ser descritos tanto por la propagación de una onda acústica como por el comportamiento dinámico de partículas denominadas *fonones*.

**Figura 5.11:** Comportamiento dual del fotón.

Sin embargo, como se verificó posteriormente, tanto los *fonones* como los *quanta* de luz, los *fotones*,[14] a pesar de satisfacer las leyes de conservación de energía y *momentum*, no obedecían ya a las ecuaciones de movimiento derivadas de la Mecánica Clásica de Newton. Por el carácter relativista implícito en la formulación de Maxwell para el Electromagnetismo, la interacción de los *quanta* portadores de energía electromagnética con partículas cargadas sólo fue propiamente incorporada en una teoría Física a partir de la formulación cuantico-relativista de Dirac (Capítulo 16).

### 5.2.12 Reflexión y transmisión de ondas planas

El mecanismo para establecer ondas estacionarias en una cuerda puede ser descrito por la reflexión y por la transmisión de ondas a través de puntos de discontinuidad en la densidad de la cuerda. Toda vez que la ecuación de onda de d'Alembert incluye derivadas de segundo orden con relación a las coordenadas espaciales y temporales, tanto la función de onda ($\Psi$), como su primera derivada ($\partial\Psi/\partial x$) deben ser

[12] En los casos luminosos y electromagnéticos, incluso en el vacío.

[13] En latín, *quanta* es el plural de la palabra *quantum*.

[14] Esa denominación fue dada en 1926 por el químico Gilbert Lewis. Esencialmente, lo que distingue los *fonones* de los *fotones* es el hecho de que los primeros sólo existen en un medio material, mientras que los fotones existen también en el vacío.

continuas en toda la región en la cual ocurre movimiento ondulatorio, incluso en los puntos en los cuales la densidad sufre alguna modificación abrupta.

Considere que una cuerda seminfinita, compuesta de dos secciones, I y II, de densidades $\rho_1$ y $\rho_2$, respectivamente, es excitada en su extremo en la región I, de tal modo que inicialmente se establezca una onda armónica de frecuencia $\omega_1$,

$$A\,e^{ik_1x}e^{-i\omega t}$$

que se propaga en dirección a la región II (Figura 5.12) con velocidad $v_1 = \sqrt{(F/\rho_1)}$ y número de propagación $k_1 = \omega/v_1 = \omega\sqrt{(\rho_1/F)}$.

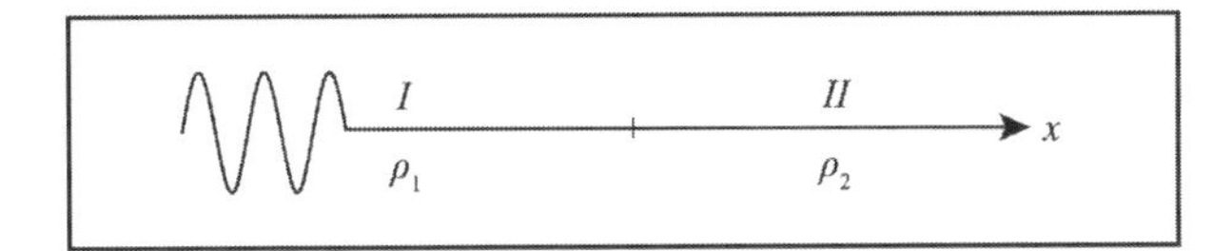


**Figura 5.12:** Cuerda vibrante de dos secciones.

Al llegar el punto de discontinuidad, que divide las dos secciones de la cuerda, una parte de la energía transportada por la onda incidente es reflejada, dando origen a una onda reflejada, también armónica, de la misma frecuencia y velocidad que la incidente,

$$B\;e^{-ik_1x}e^{-i\omega t}$$

y una parte es transmitida a la región II, por medio de la propagación de una onda armónica del tipo

$$C\;e^{ik_2x}e^{-i\omega t}$$

también de la misma frecuencia que la incidente, pero con velocidad $v_2 = \sqrt{(F/\rho_2)}$ y número de propagación $k_2 = \omega/v_2 = \omega\sqrt{(\rho_2/F)}$ distintos de la onda incidente.

Formalmente, la solución del problema puede ser escrita para las dos regiones I y II como

$$\begin{cases} \Psi_I &= \underbrace{A\,e^{ik_1x}e^{-i\omega t}}_{\text{onda incidente}} + \underbrace{B\,e^{-ik_1x}e^{-i\omega t}}_{\text{onda reflejada}} \\ \\ \Psi_{II} &= \underbrace{C\,e^{ik_2x}e^{-i\omega t}}_{\text{onda transmitida}} \end{cases}$$

Teniendo en cuenta las condiciones de contorno en el punto $(x = 0)$ de discontinuidad en la densidad, válidas en cualquier instante de tiempo $t$,

$$\begin{cases} \Psi_I(0,t) = \Psi_{II}(0,t) \\ \\ \dfrac{\partial\Psi_I}{\partial x}(0,t) = \dfrac{\partial\Psi_{II}}{\partial x}(0,t) \end{cases}$$

se obtiene

$$\begin{cases} A + B = C \\ \\ A - B = \dfrac{k_2}{k_1}C \end{cases}$$

lo que implica

$$\frac{B}{A} = \frac{k_1 - k_2}{k_1 + k_2} \qquad \text{e} \qquad \frac{C}{A} = \frac{2k_1}{k_1 + k_2}$$

Toda vez que la potencia de una onda monocromática, dada por la ecuación 5.4, es

$$P = \frac{1}{2}\,F\,\omega\,k\,A^2$$

los porcentajes reflejados y transmitidos de energía son dados por los llamados *coeficientes de reflexión* ($r$) y de *transmisión* ($t$), definidos por

$$r = \frac{P_{\text{refl}}}{P_{\text{inc}}} \quad \text{y} \quad t = \frac{P_{\text{trans}}}{P_{\text{inc}}}$$

siendo

$$\begin{cases} P_{\text{inc}} = \dfrac{1}{2} F\omega k_1\, A^2 \\ \\ P_{\text{refl}} = \dfrac{1}{2} F\omega k_1\, B^2 \\ \\ P_{\text{trans}} = \dfrac{1}{2} F\omega k_2\, C^2 \end{cases}$$

las respectivas potencias incidente, reflejada y transmitida.

Así, los coeficientes son dados por

$$\begin{cases} r = \left(\dfrac{B}{A}\right)^2 = \left(\dfrac{k_1 - k_2}{k_1 + k_2}\right)^2 \\ \\ t = \dfrac{k_2}{k_1}\left(\dfrac{C}{A}\right)^2 = \dfrac{4k_1 k_2}{(k_1 + k_2)^2} \end{cases}$$

Los coeficientes de reflexión y de transmisión satisfacen la relación $r + t = 1$, pues, por el principio de conservación de energía,

$$P_{\text{inc}} = P_{\text{refl}} + P_{\text{trans}} \quad \Rightarrow \quad k_1 A^2 = k_1 B^2 + k_2 C^2$$

## 5.3 La polémica Newton-Huygens

*¿No tienen los rayos de luz varios lados, dotados de varias propiedades originales?*
Isaac Newton

El debate sobre la naturaleza corpuscular u ondulatoria de la luz envolvió, durante siglos, estudiosos renombrados como Isaac Newton, Jean-Baptiste Biot, Roger Joseph Boscovich y Laplace – defensores de la visión corpuscular – y aquellos que, de una forma o de otra, no admitían el vacío, Robert Hooke, Christiaan Huygens, Thomas Young, Augustin-Jean Fresnel, Armand Hyppolyte Louis Fizeau y Jean-Baptiste Leon Foucault – defensores de la visión ondulatoria.

Aunque Newton no tuviese una opinión definitiva sobre la naturaleza de la luz, y a pesar del hecho de que todos los citados fueron partidarios del mecanicismo, la discusión fue conocida como la polémica entre Newton y Huygens. En realidad, en esa polémica dos cosas estaban en juego. La primera, de naturaleza metodológica, contraponía el papel central de la experiencia en el sistema newtoniano a la especulación de cuño cartesiano, adoptada por Huygens. La segunda envolvía la aceptación o no del concepto de vacío y sus implicaciones. ¿Cómo podrían ocurrir acciones a distancia en el vacío?

Newton, además de las contribuciones fundamentales a la Mecánica y a la Gravitación, contribuyó mucho también al desarrollo experimental y teórico de la Óptica, demostrando una notable habilidad para construir sus propios instrumentos y dedicando muchos años de su vida científica al estudio de los fenómenos ópticos.

Una de las hipótesis de Newton acerca de la naturaleza de la luz era que ella se constituía de haces de corpúsculos que se desplazaban en el vacío en línea recta.[15] Esos corpúsculos podrían penetrar en materiales transparentes y eran reflejados por las superficies de los materiales opacos. Esa teoría corpuscular de la luz explicaba fenómenos como las leyes de la *reflexión* y de la *refracción*, que serían, en último análisis, corolarios de las leyes de conservación para el movimiento de las partículas. Para tener una idea de la fuerza que la experimentación, introducida por Galileo, ya había alcanzado en esa época, Newton esboza la intención de su trabajo en el Libro *Opticks: Or a Treatise of the Reflexions, Inflections and Color of Light* como: *Mi deseo en este libro no es explicar las propiedades de la luz por hipótesis, sino proponerlas y probarlas por la razón y por experimentos (...).* He ahí lo que puede ser considerado un típico ejemplo de la famosa máxima newtoniana, *hipotheses non fingo.*[16]

Fue Huygens quien, en 1670, retomó el punto de vista ondulatorio de Hooke para la luz, a partir del cual fue capaz de explicar tanto los fenómenos de reflexión cuanto los de refracción.

Esa concepción ondulatoria de la luz era compatible con la no aceptación de la idea del vacío, pues, en analogía con las ondas sonoras, que necesitaban de un medio para propagarse, fue rescatado el concepto de un medio en el cual ocurren los fenómenos luminosos: el *éter* (Capítulo 6).

¿Sin embargo, si la propagación de la luz fuese un fenómeno ondulatorio, por qué ella, a semejanza de las ondas en la superficie calma de un lago, no se desviaría en los extremos de un obstáculo? O sea, ¿por qué no se observaba el fenómeno de difracción de la luz?[17] Ese hecho, sumado al prestigio científico de Newton, hizo que la hipótesis ondulatoria para la naturaleza de la luz no fuese prontamente aceptada. Solamente más tarde, después de los experimentos de Young y Fresnel sobre la interferencia y la difracción de la luz, y con las mediciones de la velocidad de propagación de la luz, hechas por Foucault en líquidos, entre otros, la situación fue revertida, y la concepción ondulatoria de la luz adquirió gran credibilidad.

A pesar de las diferentes concepciones acerca del espacio físico y de la luz, Newton, Huygens y sus

[15] Cuando Newton publicó por primera vez sus investigaciones sobre la luz, no se sabía si ella se propagaba instantáneamente o no. Quien primero comprobó su finitud, midiendo la velocidad de propagación de la luz, fue el astrónomo danés Ole Roemer, en 1675, a través de observaciones de eclipses de los satélites de Júpiter.

[16] *No hago hipótesis.*

[17] En verdad, en el caso óptico, la *difracción* es observada cuando las dimensiones de una rendija, por ejemplo, por donde la luz pase, son lo suficientemente pequeñas desde el punto de vista macroscópico, pero, aún así, grandes cuando son comparadas con la longitud de onda de la luz.

contemporáneos concordaban que la explicación para la propagación de la luz tenía que ser obtenida a partir de un modelo mecánico.

## 5.4 Los experimentos de Young y de Fresnel

*Por el genio de Young y Fresnel, la teoría ondulatoria de la luz fue establecida de modo tan fuerte que a partir de entonces la hipótesis corpuscular ya no fue capaz de reclutar ningún nuevo adepto entre los jóvenes.*

Edmund Whittaker

Los experimentos de Young, iniciados en 1800, se extendieron hasta 1803, cuando fueron publicadas sus observaciones sobre la interferencia y la difracción de la luz. La observación de que la composición de haces de luz que emanaban de dos fuentes distintas, al incidir sobre una pantalla, resultaba en patrones de intensidad análogos a los de interferencias de ondas sonoras (Figura 5.13) llevó a creer que los fenómenos ópticos serían resultantes de movimientos ondulatorios en un medio etéreo.

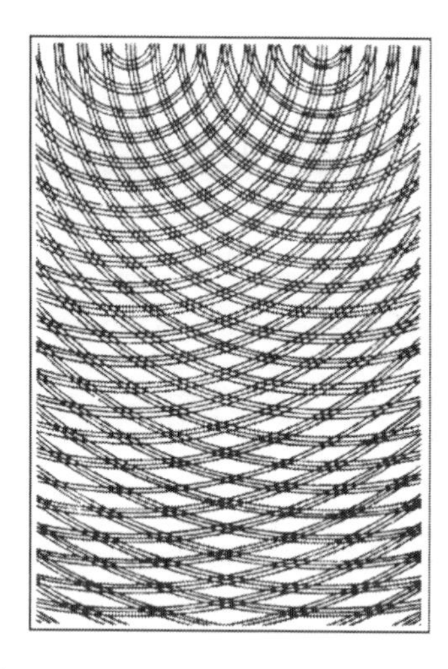

**Figura 5.13:** Interferencia de ondas.

A pesar del importante trabajo de Young, sus conclusiones, por ser de carácter cualitativo, no tuvieron gran impacto en el medio científico de la época. Fresnel, al aplicar el análisis matemático cuantitativo a su trabajo de investigación científica sobre la naturaleza de la luz, se aleja de las analogías con la acústica y de las consideraciones cualitativas de Young y rechaza varias objeciones contra la teoría ondulatoria de la luz. Con todo, solamente en 1826, después de una serie de experimentos y análisis cuantitativos de Fresnel, fue que se comenzó a aceptar la idea de que los fenómenos ópticos y la luz podían ser explicados por un modelo ondulatorio. Dignos de mención son sus importantes experimentos sobre la difracción y la transversalidad de la luz.

En cuanto a la difracción, uno de sus resultados notables fueron obtenidos colocando un pedazo de papel negro (absorbente de luz) en uno de los bordes de un difractor. De ese modo, se pudo percibir que las franjas luminosas que aparecían en la región de sombra desaparecían. A partir de ese resultado, Fresnel concluyó, correctamente, que esas franjas de luz en la región de sombra resultaban de la interacción de la luz con los *dos* bordes del difractor. Y la luz externa en la región de sombra, como no desaparecía con la colocación del papel negro, sería explicada admitiéndose que provenía de la reflexión de uno de los bordes.

En lo que se refiere a la transversalidad de la luz, Fresnel y Francois Arago hicieron un experimento, en 1816, en el cual mostraron que dos haces de luz polarizados a $90^\circ$ uno en relación al otro no interferían entre sí, como cualesquiera otros dos haces no polarizados. Además de eso, los dos haces polarizados mostraban mantener siempre la misma intensidad, independientemente de la diferencia de las trayectorias de ambos.

Esa sería la llave para la comprensión de la relación entre la teoría ondulatoria de la luz y los fenómenos de polarización: la *transversalidad* de las vibraciones luminosas o, simplemente, de la *luz*. En 1821, Fresnel, sobre la base de una serie de experimentos, pudo concluir que la luz consiste en ondas transversales, y no longitudinales, como el sonido.

Un último punto a ser destacado, antes de pasar a la descripción matemática de la contribución de Fresnel, es la objeción planteada en la época por el matemático francés Siméon-Denis Poisson tratando de invalidar la teoría de Fresnel con relación a la figura de difracción provocada por obstáculos circulares opacos. Según Poisson, debería haber un punto luminoso – conocido hoy como *spot* de Poisson – en el centro de la figura de difracción, casi tan intenso cuanto si no hubiese obstáculo. Lo que él no sabía es que ese fenómeno había sido observado, en 1723, por el astrónomo y matemático Giacomo F. Maraldi y sería confirmado luego después de su objeción, por Arago, y tampoco que ese hecho serviría, en verdad, para comprobar la teoría de Fresnel.

### 5.4.1 Difracción de la luz por una rendija estrecha

Originalmente, el término *difracción* surgió para designar el fenómeno que se manifiesta siempre que la luz encuentra un objeto u obstáculo cuyas dimensiones son suficientemente pequeñas desde el punto de vista macroscópico, pero, aún así, grandes comparadas con la longitud de onda de la luz. Tal fenómeno no podía ser explicado por la hipótesis de que la luz sería compuesta de rayos que, en un medio homogéneo e isotrópico, se propagaban en línea recta.

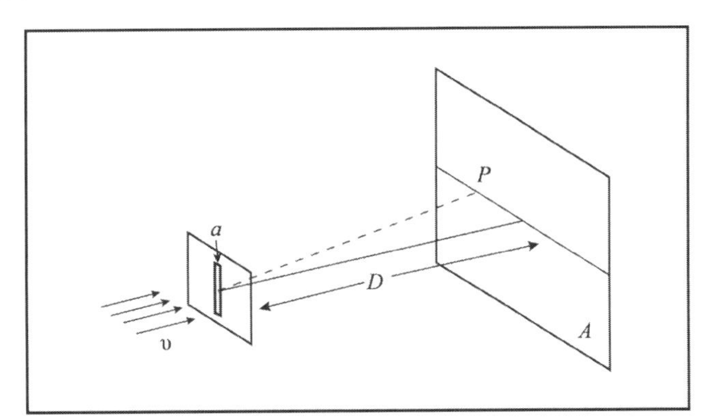


**Figura 5.14:** Esquema de difracción por una rendija estrecha.

La difracción por una rendija estrecha de espesor $a$, iluminada por una fuente de luz de frecuencia $\nu$ (Figura 5.14), puede ser analizada a partir del llamado principio de Huygens, el cual puede ser expresado como:

"*[La] perturbación en cualquier punto alcanzado por una onda resulta de la superposición de ondas esféricas secundarias de la misma frecuencia, que fueron emitidas por cada punto de un frente anterior de onda cualquiera.*"

Así, la perturbación o campo resultante ($\Psi$) en un punto genérico $P(r, \theta)$ de una pantalla $A$ a una distancia $D$ de la rendija (Figura 5.15) es dada por la superposición de cada onda esférica ($\Psi_j$), originaria de cada punto $\vec{r_j}$ de la rendija:

$$\Psi = \sum_j \Psi_j$$

siendo,

$$\Psi_j = \Psi_0 \frac{e^{ik|\vec{r}-\vec{r_j}|}}{|\vec{r}-\vec{r_j}|} \qquad (k = 2\pi\nu/c)$$

Para puntos distantes de la rendija, las ondas esféricas incidentes en la pantalla pueden ser aproximadas por ondas planas, de longitud de onda $\lambda = c/\nu$, y, así, se puede hacer las llamadas *aproximaciones de*

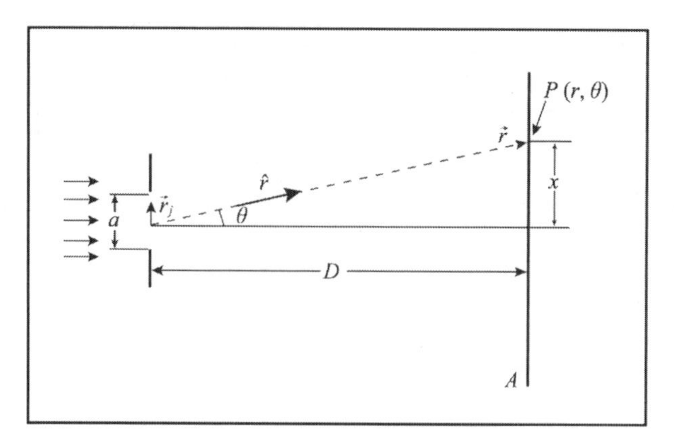


**Figura 5.15:** Vista desde arriba del esquema de difracción por una rendija estrecha.

*Fraunhofer*, para la amplitud y para la fase,

$$\begin{cases} |\vec{r} - \vec{r_j}| = r \quad \text{(amplitude)} \\ \\ |\vec{r} - \vec{r_j}| = r - \hat{r}.\vec{r_j} \quad \text{(fase)} \end{cases}$$

Denotando $\hat{r} \cdot \vec{r_j} = \xi \operatorname{sen} \theta$, donde $\xi = |r_j|$, la onda resultante en $P$ puede ser calculada por una integración en $\xi$ a lo largo de toda la región de la rendija,

$$\Psi = \Psi_0 \frac{e^{ikr}}{r} \frac{1}{a} \int_{-a/2}^{a/2} e^{ik\xi \operatorname{sen} \theta} \, d\xi = \Psi_0 \frac{e^{ikr}}{r} \frac{\operatorname{sen} \beta}{\beta}$$

en donde $\beta = \dfrac{ka \operatorname{sen} \theta}{2} = \dfrac{\pi a \operatorname{sen} \theta}{\lambda}$.

Dado que no es la amplitud ($\Psi$) sino la intensidad ($I$) de la onda, la cual es proporcional a $|\Psi|^2$, que es observada en la pantalla, los patrones de intensidades de las franjas observadas son dados por (Figura 5.16):

$$\boxed{I = I_0 \left( \frac{\operatorname{sen} \beta}{\beta} \right)^2} \tag{5.9}$$

siendo $I_0 = \Psi_0^2 / D^2$ la intensidad en $x = 0$.

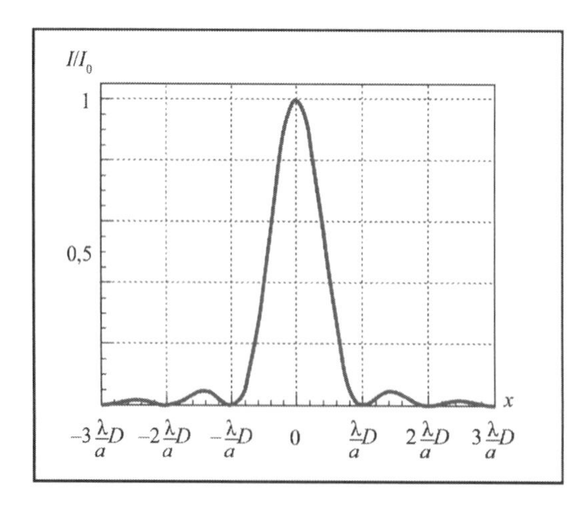


**Figura 5.16:** Intensidad relativa de la luz difractada en la dirección $x$, a lo largo de la pantalla.

Además del máximo principal en $x = 0$, para pequeños ángulos, $\operatorname{sen} \theta \simeq \theta \simeq x/D \quad \Rightarrow \quad \beta \simeq \pi \dfrac{x}{\lambda} \dfrac{a}{D}$, la intensidad presenta ceros y máximos secundarios dados por

$$\beta = \pm\pi, \pm 2\pi, \ldots \quad \Rightarrow \quad n\lambda = a \operatorname{sen}\theta \quad \Rightarrow \quad x = n\frac{\lambda}{a}D \quad \text{(ceros)} \qquad (n = \pm 1, \pm 2, \ldots)$$

y

$$x = \pm\left(n + \frac{1}{2}\right)\frac{\lambda}{a}D \quad \text{(máximos secundarios)} \qquad (n = 1, 2, \ldots)$$

Así, desde el punto de vista óptico, el fenómeno de la difracción resulta de un proceso colectivo de superposición, en el cual un gran número de perturbaciones interfiere en una región dada del espacio.

El principio de Huygens, o el enfoque de una rendija como fuente de ondas, puede ser explicado a partir de un esquema simple.

Suponga que la rendija de una mampara opaca $A$ iluminado por una fuente de onda $F$ sea sellado con un pequeño pasador (Figura 5.17).

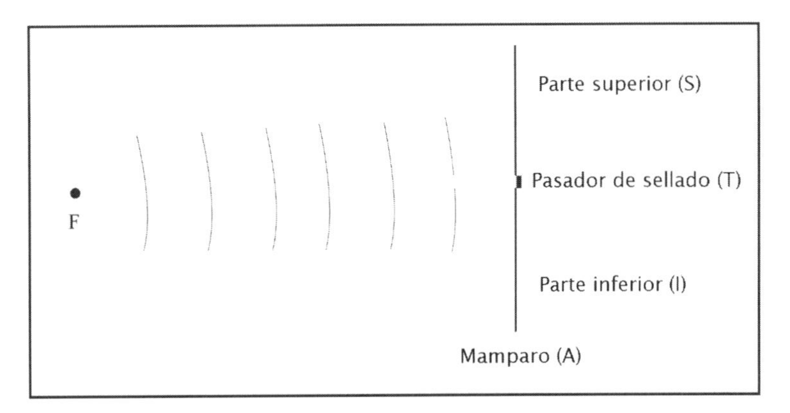


**Figura 5.17:** Mampara con rendija cerrada con un objeto alfiler.

Como el mamparo es opaco, considerando que la perturbación asociada a una onda luminosa es de origen electromagnético, en la forma de campos eléctricos y magnéticos, la intensidad de la luz y del campo resultante en la región atrás del mamparo son nulos.

De acuerdo con el Principio de la Superposición, ese campo nulo es resultante de la superposición de la onda incidente, proveniente de la fuente $F$, con las ondas resultantes de las interacciones entre la onda incidente y los átomos del mamparo y del pasador de sellado,

$$\vec{E}_{\text{inc}} + \vec{E}_S + \vec{E}_I + \vec{E}_T = 0$$

siendo $\vec{E}_{\text{inc}}$, $\vec{E}_S$, $\vec{E}_I$ y $\vec{E}_T$ los campos eléctricos asociados, respectivamente, a la onda incidente, a las ondas provenientes de los átomos de la parte superior ($S$) del mamparo, de los átomos de la parte inferior ($I$) del mamparo y del pasador ($T$) de sellado.

Si la rendija es lo suficientemente pequeña para no perturbar las interacciones de la onda incidente con los átomos de las partes superior e inferior del mamparo, el campo eléctrico ($\vec{E}$) en la región atrás del mamparo, después de la remoción del pasador de sellado, es dado por

$$\vec{E} = \vec{E}_{\text{inc}} + \vec{E}_S + \vec{E}_I = \underbrace{\vec{E}_{\text{inc}} + \vec{E}_S + \vec{E}_I + \vec{E}_T}_{0} - \vec{E}_T = -\vec{E}_T$$

O sea, la rendija se comporta como un pequeño emisor de ondas, compuesto por muchas fuentes secundarias.

El hecho de que el campo asociado a la rendija está desfasado en $\pi$ rad en relación al campo asociado al pasador no es importante para el cálculo de la intensidad de la onda proveniente de la rendija, visto que la intensidad depende del cuadrado de la amplitud del campo asociado a la onda.

### 5.4.2 El experimento de la doble rendija

Sobre la base del principio de Huygens, los argumentos de Young y Fresnel para el experimento de la doble rendija pueden ser presentados del siguiente modo.

Sean

$$\begin{cases} \psi_1 = \psi_0(r_1)\,\mathrm{sen}\,(kr_1 - \omega t) \\ \psi_2 = \psi_0(r_2)\,\mathrm{sen}\,(kr_2 - \omega t) \end{cases}$$

las funciones de onda que representan dos perturbaciones luminosas coherentes,[18] de amplitudes $\psi_0(r_1)$ y $\psi_0(r_2)$, la misma frecuencia $\nu = \omega/2\pi$ y longitud de onda $\lambda = 2\pi/k$, originadas en dos rendijas puntuales e idénticas $F_1$ y $F_2$, separadas una de la otra por una distancia $d$ (Figura 5.18), debido a la incidencia de una onda plana en una dirección perpendicular al plano que contiene las rendijas.

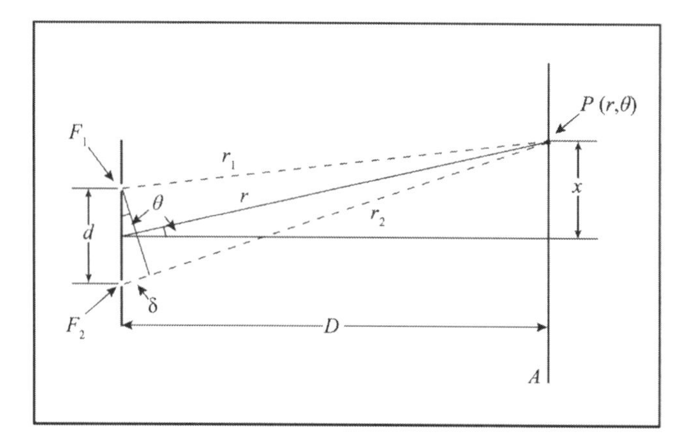


**Figura 5.18:** Esquema de interferencia de ondas originadas en dos rendijas en un mampara.

Para puntos $P(r, \theta)$, sobre una pantalla $A$, distantes del plano de las rendijas, ($r$, $r_1$, $r_2 >> d$), las amplitudes y la diferencia de camino entre dos ondas son dadas por las aproximaciones de Fraunhofer[19]

$$\begin{cases} \psi_0(r_1) = \psi_0(r_2) = \psi_0(r) \simeq \psi_0 \quad \text{(constante)} \\ \delta = r_2 - r_1 \simeq \; d\,\mathrm{sen}\,\theta \simeq d\,\mathrm{tg}\,\theta \simeq \; a\theta \end{cases}$$

O sea, para puntos distantes de las fuentes, las ondas originadas en $F_1$ y $F_2$ pueden ser consideradas planas.

La perturbación resultante en la pantalla es dada por la superposición lineal

$$\psi = \psi_1 + \psi_2$$

Como las ondas poseen la misma frecuencia, la intensidad $I$ observada en un punto genérico de la pantalla ($A$), a una distancia $D$ del plano de las rendijas, será proporcional a la media temporal del cuadrado de la función de onda resultante,

$$I \propto \langle \psi^2 \rangle_T = \langle (\psi_1 + \psi_2)^2 \rangle$$

[18] Dos fuentes de ondas casi monocromáticas, originadas en dos rendijas, o las ondas provenientes de dos fuentes, se dicen coherentes cuando las funciones armónicas que las representan mantienen una diferencia de fase constante, durante el tiempo de resolución ($\tau$) de un observador o de un detector. Por ejemplo, para el ojo humano, $\tau$ es del orden de 0,1 s, mientras que, para un rápido dispositivo electrónico, $\tau$ puede ser del orden de $10^{-10}$ s. Así, dos fuentes independientes en las cuales las fases varían en 0,01 s parecen incoherentes para un observador humano y altamente coherentes para un detector electrónico.

[19] Para incidencia no perpendicular, la diferencia de camino es dada por $\delta = d(\mathrm{sen}\,\theta_i + \; \mathrm{sen}\,\theta)$, siendo $\theta_i$ el ángulo de incidencia con respecto a la dirección perpendicular a las rendijas. Para puntos próximos a las rendijas, las ondas que interfieren ya no pueden ser aproximadas por ondas planas, y, en ese caso, se tiene la llamada difracción de Fresnel.

Toda vez que

$$\begin{aligned}\psi^2 &= (\psi_1 + \psi_2)^2 \\ &= \psi_0^2 \operatorname{sen}^2(kr - \omega t) \;+\; \psi_0^2 \operatorname{sen}^2(kr - \omega t + k\delta) \;+\; 2\,\psi_0^2 \operatorname{sen}(kr - \omega t) \operatorname{sen}(kr - \omega t + k\delta)\end{aligned}$$

se obtiene

$$I \;\propto\; \frac{1}{2}\psi_0^2 + \frac{1}{2}\psi_0^2 + \psi_0^2 \cos k\delta = \psi_0^2\,(1 + \cos k\delta)$$

De ese modo, la intensidad de la perturbación resultante, o el patrón de interferencia de las ondas, presentará máximos (resultantes de interferencias constructivas) y mínimos (resultantes de interferencias destructivas) en puntos tales que, para valores enteros de $n$,

$$k\delta = \begin{cases} 2n\pi & \text{(máximos)} \\ (2n+1)\pi & \text{(mínimos)} \end{cases}$$

Como $k = 2\pi/\lambda$, la interferencia constructiva entre dos fuentes coherentes, de la misma amplitud y frecuencia, sólo ocurrirá en puntos del espacio donde la diferencia de camino entre las ondas sea un múltiplo de la longitud de onda $\lambda$, o sea,

$$\boxed{\delta = n\lambda \qquad n = 0, \pm 1, \pm 2, ...} \tag{5.10}$$

Escribiendo la diferencia de camino en términos de la posición $x \simeq D\theta$ a lo largo de la pantalla, $\delta = \dfrac{d}{D}x$, la intensidad $I$ en cada punto de la pantalla será proporcional a

$$\psi_0^2 \left[1 + \cos\left(\frac{2\pi}{\lambda}\frac{d}{D}x\right)\right]$$

o sea,

$$\boxed{I = I_0 \cos^2\left(\frac{\pi}{\lambda}\frac{d}{D}x\right)} \tag{5.11}$$

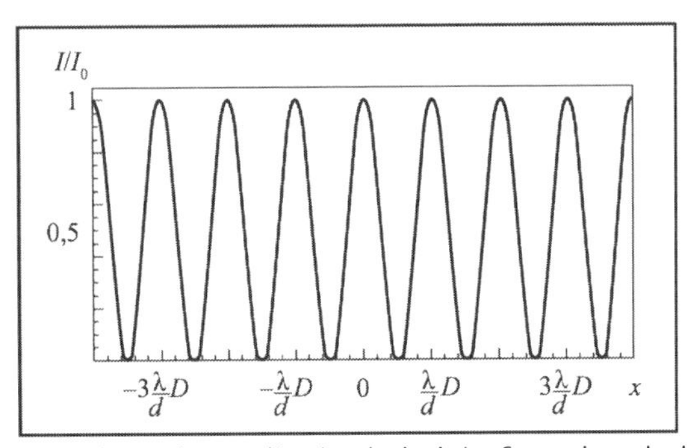


**Figura 5.19:** Intensidad relativa de la onda resultante de la interferencia a lo largo de la dirección $x$ sobre la pantalla.

La Figura 5.19 muestra los máximos y los ceros resultantes de la interferencia de la luz a lo largo de la pantalla $A$, localizados en los puntos

$$\boxed{x_n = n\frac{\lambda}{d}D \quad \text{(máximos)} \quad n = 0, \pm 1, \pm 2, ...} \tag{5.12}$$

y

$$\boxed{x_n = \pm\left(n + \tfrac{1}{2}\right)\frac{\lambda}{d}D \quad \text{(ceros)} \quad n = 0, 1, 2, ...} \tag{5.13}$$

Esos máximos y ceros son visualizados en la pantalla como franjas claras y oscuras. Sin embargo, no todas las franjas claras presentan la misma intensidad.

Dado que las rendijas, aunque estrechas, poseen un ancho finito, la intensidad debida a la interferencia de dos rendijas es modulada por el patrón de intensidad de la difracción en cada rendija. Así, a partir de la franja central más intensa, la intensidad de las franjas van decreciendo, de acuerdo con la relación entre la distancia ($d$) y el ancho ($a$) de las rendijas (Figura 5.20).

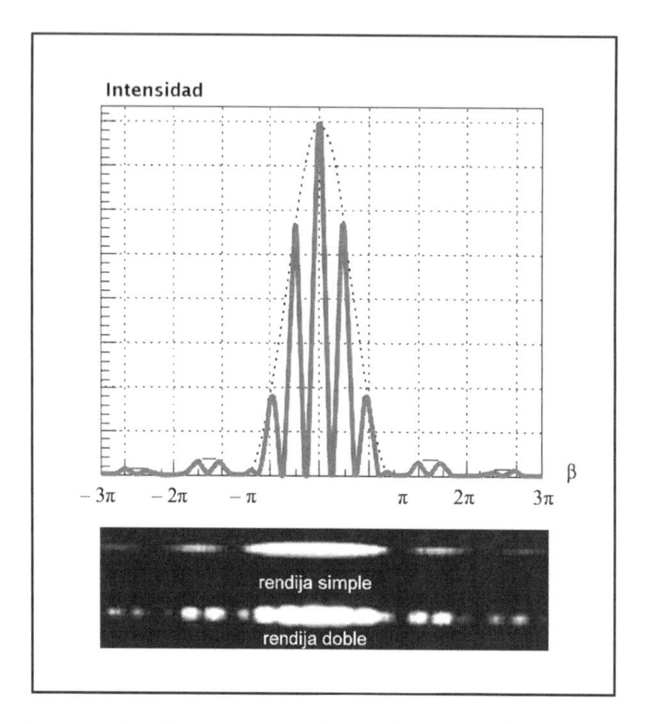


**Figura 5.20:** Intensidad relativa en función de la posición $x$ a lo largo de la mampara de un dispositivo de doble rendija de Young, para rendijas no puntuales (a=d/3). En la parte superior, la línea punteada es la curva de intensidad de la difracción en cada rendija. En la parte inferior, las franjas de interferencia para una rendija (difracción) y dos rendijas.

La expresión para la intensidad en un experimento de dos rendijas no puntuales es dada por

$$I = I_0 \underbrace{\left(\frac{\operatorname{sen}\beta}{\beta}\right)^2}_{\text{difracción}} \underbrace{\left(\frac{\operatorname{sen}2\gamma}{\operatorname{sen}\gamma}\right)^2}_{\text{interferencia}} \tag{5.14}$$

siendo

$$\begin{cases} \beta = \dfrac{\pi}{\lambda} a \operatorname{sen}\theta \\ \\ \gamma = \dfrac{\pi}{\lambda} d \operatorname{sen}\theta \end{cases} \qquad \text{(para pequeños ángulos, } \operatorname{sen}\theta \simeq \operatorname{tg}\theta \simeq \theta \simeq x/D\text{)}$$

Así, además de los máximos y ceros debidos a la interferencia, la intensidad presenta también los ceros debidos a la difracción para los valores

$$\beta = \pm\pi, \pm 2\pi, \ldots \quad \Rightarrow \quad n\lambda = a \operatorname{sen}\theta \quad \Rightarrow \quad x = n\frac{\lambda}{a}D \quad (\theta < 10^\circ) \qquad (n = \pm 1, \pm 2, \ldots) \tag{5.15}$$

### 5.4.3 Coherencia temporal

Además de la condición de que las dimensiones lineales ($d$) de los obstáculos que interactúan con la luz sean mucho mayores que la longitud de onda ($\lambda$),[20] $\lambda \ll d$, desde un punto de vista experimental, la característica fundamental para la ocurrencia de un patrón de interferencia de ondas en un experimento de Young es la existencia de una coherencia temporal entre las ondas originadas en las dos rendijas. Sólo así, ese patrón puede ser observado en una pantalla distante.

Esa coherencia, en general, es obtenida utilizando la luz de una única fuente ($F$), puntual y monocromática, para iluminar las dos rendijas (Figura 5.21).

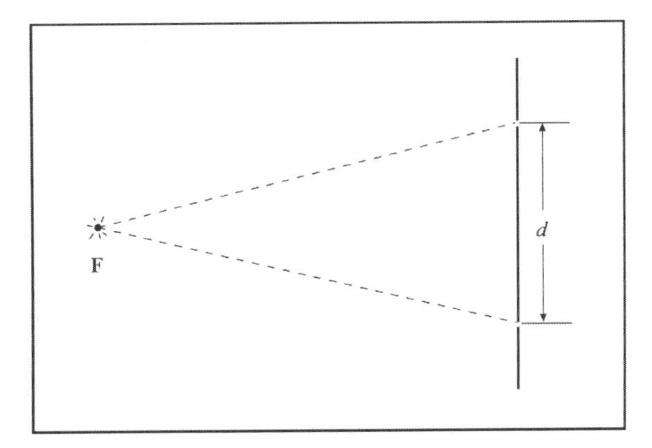


**Figura 5.21:** Esquema para iluminar coherentemente dos rendijas con una fuente puntual ($F$).

Dos factores limitan el grado de coherencia obtenido en un experimento de doble rendija de Young: la divergencia espectral y las dimensiones finitas de la fuente de luz.

Suponiendo que una fuente de frecuencia $\nu$ y período $T = 1/\nu$ pueda ser considerada puntual, pero presente una pequeña divergencia espectral ($\Delta\nu$) tal que

$$\Delta\nu \ll \nu$$

se define el *tiempo de coherencia* ($t_c$) de emisión de la luz por una fuente como el intervalo en el cual la fuente puede ser considerada casi monocromática, por

$$t_c = \frac{1}{\Delta\nu}$$

toda vez que, durante ese intervalo, habrá un gran número de oscilaciones de frecuencia $\nu$, dado por

$$\frac{t_c}{T} = \frac{\nu}{\Delta\nu} \gg 1$$

Por ejemplo, si la fuente es un tubo estándar de descarga en un gas, el tiempo de coherencia es el tiempo de vida medio de un estado atómico excitado del gas que, en principio, sería del orden de $10^{-8}$ s. Sin embargo, colisiones debidas al movimiento térmico reducen ese tiempo de emisión hasta cerca de $10^{-10}$ s.

De ese modo, sólo habrá un patrón de interferencia si la diferencia de camino introducida por la disposición es mucho menor que la distancia, denominada *longitud de coherencia* ($l_c$), que la luz puede recorrer durante el tiempo de coherencia, o sea,

$$\delta \ll l_c = ct_c$$

[20] Si las dimensiones de los objetos que intectúan con la luz son del mismo orden de longitud de onda ($\lambda \sim d$), el proceso es llamado *dispersión*.

Si la diferencia de camino fuese del orden de la longitud de coherencia, los haces que se superponen en cada punto de la pantalla vendrán de decaimientos de átomos distintos y, por tanto, serán no coherentes.

Mientras que para una fuente láser la divergencia espectral es pequeña ($\Delta\nu/\nu \approx 10^{-9}$) y, por tanto, el tiempo de coherencia es del orden de $10^{-6}$ s, para una simple lámpara incandescente de linterna ($\Delta\lambda/\bar{\lambda} \approx 0{,}3$) el mismo es del orden de $10^{-14}$ s (Tabla 5.1).

**Tabela 5.1:** Valores de divergencia espectral, longitud y tiempos de coherencia, para algunas fuentes de luz

| fuente | $t_c$ (s) | $l_c$ | $\Delta\nu/\nu$ |
|---|---|---|---|
| linterna | $10^{-14}$ | 3 $\mu$m | 0,3 |
| tubo | $10^{-10}$ | 3 cm | $10^{-5}$ |
| láser | $10^{-6}$ | 3 m | $10^{-9}$ |

Por otro lado, si las dimensiones de la fuente no pudieran ser despreciadas, las rendijas también serán iluminadas por haces originados en grupos atómicos distintos e independientes, sin correlaciones en sus posiciones o tiempos de vida de estados excitados. Esos haces serán totalmente incoherentes, incluso para una disposición espacial conveniente como la doble rendija.

Desde un punto de vista práctico, para evitar ese problema, se coloca una rendija simple entre la fuente y el dispositivo de doble rendija, a una distancia $D$ apropiada, limitando la sección transversal del haz (Figura 5.22).

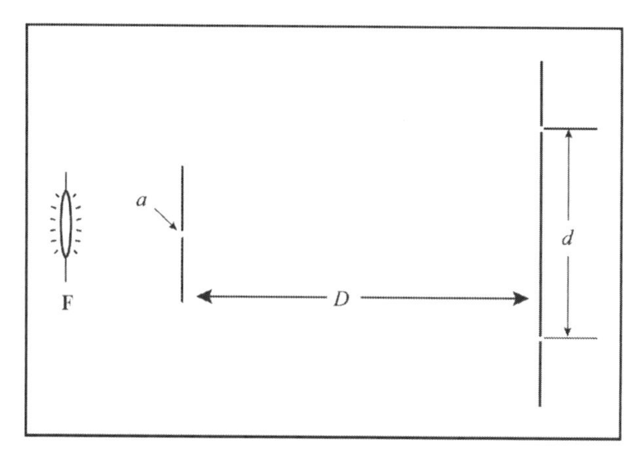


**Figura 5.22:** Arreglo para iluminar coherentemente dos rendijas con una fuente extensa ($F$).

En ese caso, el fenómeno de la difracción permite establecer un criterio simple para que una rendija iluminada por una fuente extensa pueda ser considerada una fuente de luz puntual.

Las rendijas sólo serán coherentemente excitadas, con diferencia de fase casi nula, si la distancia ($d$) entre ellas fuera menor que el ancho del máximo principal del patrón de difracción en el dispositivo de doble rendija, debido a la interferencia de los haces originados en la rendija simple, o sea,

$$d < 2D\frac{\lambda}{a}$$

Así, existe un compromiso entre las dimensiones de la disposición de doble rendija, el ancho de la rendija simple y la longitud de onda, en un experimento de Young con fuente de luz ordinaria, de descarga en gases, o incluso de láser.

Para una disposición de Young que utilice una rendija simple de ancho $a = 0{,}2$ mm y un dispositivo de doble rendija en el cual la distancia ($d$) entre las rendijas es de 0,25 mm, la distancia $D$ entre la rendija simple y el dispositivo de doble rendija, para que se pueda observar los patrones de interferencia con una fuente extensa ordinaria ($\bar{\lambda} \approx 0{,}5\ \mu$m), debe ser mayor que $(ad)/(2\bar{\lambda})$, *i.e.*,

$$D > \left(\frac{ad}{2\bar{\lambda}}\right) \simeq 5 \text{ cm}$$

siempre que la pantalla se encuentre a una distância $L$ del dispositivo de doble rendija, garantizando que la diferencia de camino sea menor que 3 $\mu$m.

### 5.4.4 Múltiples rendijas y redes de difracción

Desde el punto de vista microscópico, no existe diferencia entre los fenómenos de interferencia y de difracción. Ambos resultan de la superposición de ondas originadas en fuentes coherentes. Mientras que la superposición de dos o más ondas es designada como interferencia, la superposición de un gran número de ondas es llamada difracción.

La ecuación (5.14), para la intensidad resultante en un experimento de dos rendijas, es generalizada para un experimento de múltiples ($N$) rendijas no puntuales, de ancho $a$ e igualmente espaciadas en una distancia $d$, como

$$I = I_0 \left(\frac{\operatorname{sen}\beta}{\beta}\right)^2 \left(\frac{\operatorname{sen}N\gamma}{\operatorname{sen}\gamma}\right)^2 \quad \text{siendo} \quad \begin{cases} \beta = \dfrac{\pi}{\lambda} a \operatorname{sen}\theta \\ \gamma = \dfrac{\pi}{\lambda} d \operatorname{sen}\theta \end{cases} \tag{5.16}$$

Los ceros debidos a la difracción aún son dados por la ecuación 5.15.

$$\beta = n\pi \quad \Rightarrow \quad n\lambda = a \operatorname{sen}\theta \quad \Rightarrow \quad x = n\frac{\lambda}{a}D \quad (\theta < 10°) \qquad (n = \pm1, \pm2, \ldots)$$

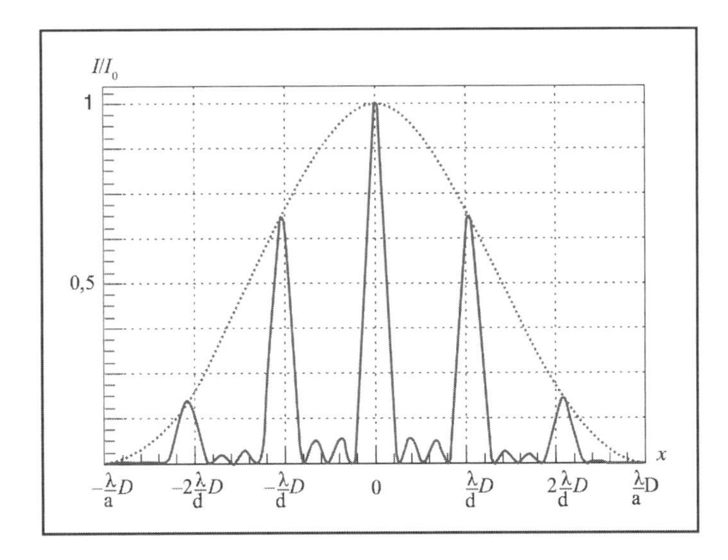


**Figura 5.23:** Intensidad relativa en función de la posición $x$ a lo largo de la pantalla de un dispositivo de cuatro rendijas ($N = 4$) no puntuales (a=d/3), que muestra tres ceros ($N - 1 = 3$) y dos máximos secundarios ($N - 2 = 2$) entre los máximos principales. La línea punteada es la curva de intensidad de la difracción en cada rendija.

Sin embargo, el patrón de interferencia (Figura. 5.23) presenta nuevas características, con máximos principales aún dados por

$$\gamma = n\pi \quad \Rightarrow \quad n\lambda = d \operatorname{sen}\theta \quad \Rightarrow \quad x = n\frac{\lambda}{d}D \quad (\theta < 10°) \qquad (n = 0, \pm1, \pm2, \ldots)$$

ceros dados por

$$\gamma = \frac{n\pi}{N} \quad \Rightarrow \quad n\lambda = N d \operatorname{sen}\theta \quad \Rightarrow \quad x = \frac{n}{N}\frac{\lambda}{d}D \quad (\theta < 10°) \qquad (n = \pm 1, \pm 2, \ldots)$$

y máximos secundarios entre esos ceros, localizados aproximadamente en los puntos

$$x = \left(\frac{n + 1/2}{N}\right)\frac{\lambda}{d}D \quad (\theta < 10°) \qquad (n = \pm 1, \pm 2, \ldots)$$

El número de ceros entre dos máximos principales es igual a $N-1$, y el número de máximos secundarios es igual a $N-2$.

Para $N = 4$ y $d = 3a$, los primeros ceros están localizados en $\pm\frac{1}{4}\frac{\lambda}{d}D$, $\pm\frac{1}{2}\frac{\lambda}{d}D$ e $\pm\frac{3}{4}\frac{\lambda}{d}D$, y los primeros máximos secundarios, en $\pm\frac{3}{8}\frac{\lambda}{d}D$ e $\pm\frac{5}{8}\frac{\lambda}{d}D$.

De acuerdo con la localización de los ceros, el ancho ($\delta x$) de un máximo principal es del orden de

$$\boxed{\delta x = \frac{\lambda}{N}\frac{D}{d} \quad \Rightarrow \quad \delta\theta = \frac{\lambda}{N d \cos\theta}} \tag{5.17}$$

o sea, para un número grande de rendijas interceptadas por una frente de onda, los máximos principales se presentan como líneas, y los máximos secundarios prácticamente no son visibles.

- **Redes de difracción**

Una disposición óptica constituida por un número ($N$) grande de líneas o ranuras igualmente espaciadas, en el cual la luz incidente es dispersada por las líneas o reflejadas en las ranuras, y los haces resultantes pueden interferir en una pantalla dada, se denomina red de difracción.

Dado que la luz difractada por una rendija estrecha o por un hilo es equivalente, la dirección de los haces difractados en una red depende del espacio entre las líneas, o entre las ranuras, y de la longitud de onda de la luz incidente, según

$$\boxed{d \operatorname{sen}\theta = n\lambda \qquad (n = 0, \pm 1, \pm 2, \ldots)} \tag{5.18}$$

En ese caso, el número $n$ es llamado orden de la difracción. La Figura 5.24 muestra el patrón de intensidad de luz monocromática difractada por una red.

Para haces de diferentes longitudes de onda, la separación angular es dada por

$$\boxed{\Delta\theta = \frac{n\Delta\lambda}{d\cos\theta} = \frac{\Delta\lambda}{\sqrt{(d/n)^2 - \lambda^2}}} \tag{5.19}$$

o sea, cuanto mayor el orden de difracción, mayor la separación angular entre dos haces de longitud de onda distintos (Figura 5.25).

Debido a esa propiedad, las redes de difracción son ampliamente usadas para seleccionar longitudes de onda en dispositivos monocromadores, o para análisis de la composición espectral de la luz en espectrómetros.

Comparando las expresiones para el ancho de un máximo principal y para la separación angular entre dos haces, la condición para que los dos haces de longitud de ondas próximos puedan ser discriminados en una red de difracción es dada por

$$\delta\theta = \frac{\lambda}{N d \cos\theta} < \Delta\theta = \frac{n\Delta\lambda}{d\cos\theta}$$

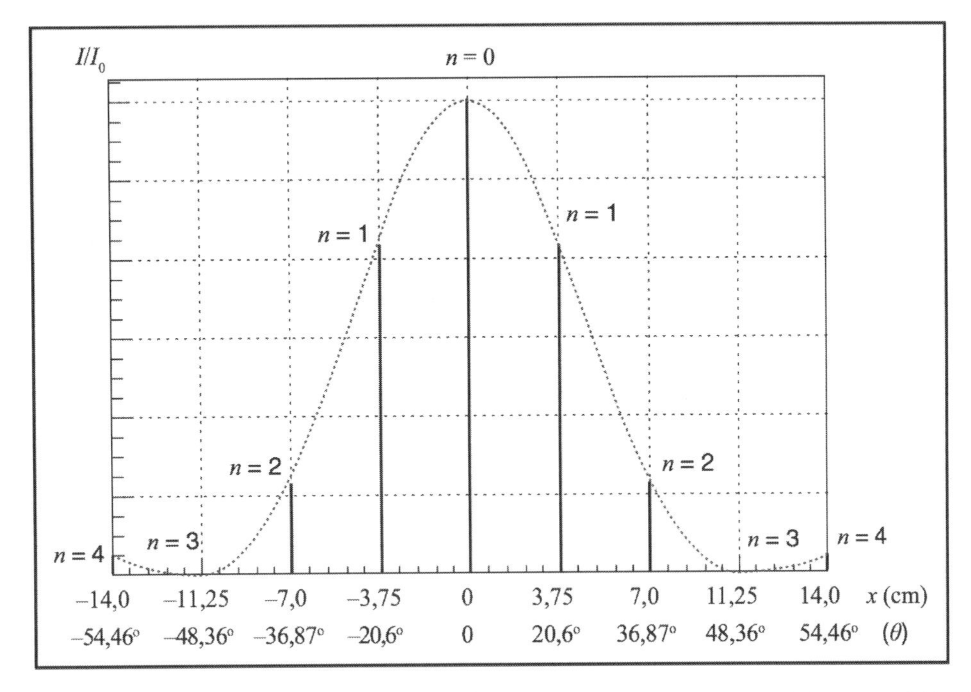


**Figura 5.24:** Intensidad de la luz roja ($\lambda = 0{,}625$ $\mu$m) al ser difractada por una red de transmisión de 1 cm de ancho, con 600 líneas/mm, para $n = 0, 1, 2, 4$, en función de la distancia ($x$) sobre una pantalla y del ángulo ($\theta$) entre la dirección del haz difractado y el incidente. La distancia ($D$) de la red a la pantalla, donde los campos interfieren, es igual a 10 cm. Para $a = d/3$, la intensidad que corresponde a $n = 3$ no está presente.

De ese modo, cuanto mayores el orden ($n$) de difracción y el número de líneas ($N$) de la red, mayor la capacidad de la red para discriminar longitudes de onda distintas, o sea, mejor la llamada *resolución de la red.*[21]

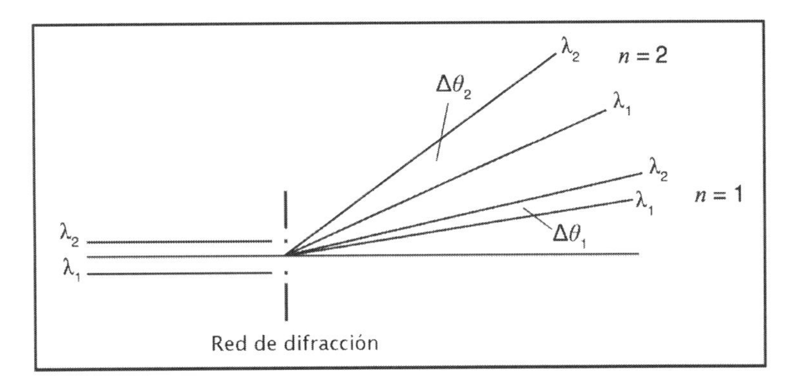


**Figura 5.25:** Separación angular de dos haces de longitud de onda diferentes en una red de difracción, para dos ordenes distintos.

Entonces, incluso basado en un modelo mecánico, que consideraba las vibraciones de un medio etéreo, parecía que el mecanismo de propagación de la luz era, definitivamente, ondulatorio. Cualquier modelo corpuscular para la naturaleza de la luz que la considerase un flujo de partículas que obedecían a la Mecánica de Newton no conseguía explicar cómo el movimiento de partículas, con la misma velocidad, desplazándose en la misma dirección y sentido, podría ser neutralizado en algunas regiones del espacio.

[21] Las expresiones $\dfrac{\Delta\theta}{\Delta\lambda} = \dfrac{n}{d\cos\theta}$ y $R = nN$ son denominadas, respectivamente, dispersión y resolución de la red.

## 5.5 Fourier y la propagación del calor

*Cualquiera que sea el ámbito de las teorías mecánicas, ellas no se aplican a los efectos del calor.*
Jean-Baptiste Fourier

Es en la descripción del calor, visto como algo que se propaga de modo continuo, que se encuentra el origen de un nuevo estilo de hacer Ciencia. En ese sentido, al contrario del enfoque utilizado en la Teoría Cinética, Fourier se preocupa en describir el modo por el cual el calor se propaga – a través de *leyes simples y constantes* – sin discutir la esencia del calor – sus *causas primarias* – como se desprende del Discurso Preliminar de su *Teoría Analítica del Calor*:

> *Las causas primarias nos son desconocidas, pero están sujetas a leyes simples y constantes, que pueden ser descubiertas por la observación, cuyo estudio constituye el objeto de la filosofía natural. El calor, como la gravedad, penetra todas las sustancias del Universo, sus rayos ocupan todas las partes del espacio. El objetivo de nuestro trabajo es establecer las leyes matemáticas a que ese elemento obedece. La teoría del calor, de aquí en adelante, constituirá una de las ramas más importantes de la Física General (...). Cualquiera que sea el ámbito de las teorías mecánicas, ellas no se aplican a los efectos del calor. Estos constituyen un tipo especial de fenómeno, y no pueden ser explicados por los principios del movimiento y del equilibrio.*

De cierta forma, Newton también hace algo semejante cuando, en su *Opticks*, admite la existencia de los átomos y procura, en los *Principia*, describir las interacciones de la materia y no explicar sus orígenes. Tanto en Newton cuanto en Fourier hay un desplazamiento de la pregunta de *por qué* al *cómo*. Siendo así, ¿en qué, entonces, van a diferir los dos programas? Es justamente la introducción de un fluido imponderable y sutil – lo *calórico* (Sección 2.4) – que va a hacer la diferencia: desde el punto de vista matemático, la propagación de una sustancia fluida en el espacio continuo involucrará variaciones continuas de cierta magnitud en el espacio y en el tiempo y, además de eso, las coordenadas espaciales, como el tiempo, pasan a ser también parámetros: eso implicará la adopción de *ecuaciones diferenciales parciales* para describir las leyes físicas. El enfoque del problema es, así, desviado a la búsqueda de una ecuación diferencial parcial que describa el fenómeno físico, o sea, a la búsqueda de una *forma matemática*. En otras palabras, la ecuación diferencial pasa a ser el centro del sistema explicativo: la *causa formalis* del fenómeno en cuestión.

La propagación del calor por conducción térmica de una región de un medio a otra ocurre siempre que haya diferencia de temperatura entre las regiones. Esa diferencia da origen a un flujo de energía o calor ($Q$) en el sentido en que la temperatura decrece. La hipótesis de Fourier, de 1815, construida de modo análogo a la difusión de partículas en un medio (Capítulo 4), fue de que el flujo de calor en una cierta dirección $x$, también denominado densidad de corriente térmica ($J$), era proporcional a la variación de temperatura ($T$) a lo largo de $x$,

$$J = -\kappa \frac{\partial T}{\partial x} \tag{5.20}$$

siendo el parámetro $\kappa$ la conductividad térmica del medio.[22] El signo negativo indica que el calor, considerado un fluido por Fourier, "fluye" en el sentido de mayor a menor temperatura.

La densidad de corriente térmica determina también la energía por unidad de tiempo ($t$) que cruza una superficie $S$,

$$\begin{aligned} \frac{\mathrm{d}Q}{\mathrm{d}t} &= (J_e - J_s)\,S = -(J_s - J_e)\,S = -(\Delta J)\,S \\ &= -\frac{\partial J}{\partial x}\,(S\,\mathrm{d}x) = \kappa\,\frac{\partial^2 T}{\partial x^2}\,(S\,\mathrm{d}x) \end{aligned} \tag{5.21}$$

siendo $J_e$ la densidad de corriente que incide en la superficie $S$ en el sentido positivo del eje $x$, y $J_s$ la densidad de corriente que atraviesa la misma superficie en el sentido opuesto.

[22] En tres dimensiones, $\vec{J} = -K\vec{\nabla}T$.

De acuerdo con la Calorimetría, el calor absorbido por un volumen $S\,dx$ de un medio de densidad $\rho$ y calor específico $c$ es dado por

$$Q = \rho\,(S\,\mathrm{d}x)\,c\,\Delta T$$

Por tanto, siegue que la energía por unidad de tiempo que cruza la superficie puede ser escrita como

$$\frac{\mathrm{d}Q}{\mathrm{d}t} = \rho\,(S\,\mathrm{d}x)\,c\,\frac{\partial T}{\partial t} \tag{5.22}$$

Igualando las ecuaciones (5.21) y (5.22), se obtiene la *ecuación de difusión de Fourier*,

$$\frac{\partial T}{\partial t} = \left(\frac{\kappa}{\rho c}\right)\frac{\partial^2 T}{\partial x^2}$$

En tres dimensiones espaciales, la ecuación de difusión del calor se escribe como

$$\frac{\rho c}{\kappa}\frac{\partial T}{\partial t} = \nabla^2 T \tag{5.23}$$

en donde $\nabla^2$ es el *operador laplaciano.*

Además de la ecuación de difusión, varias otras ecuaciones (Tabla 5.2) importantes en la Física[23] son de primer orden en la derivada temporal y poseen la siguiente forma genérica:

$$\frac{\partial \Psi}{\partial \tau} = H\Psi$$

en la cual $H$ es función del operador laplaciano, $\Psi$ es la magnitud cuya variación caracteriza el fenómeno y $\tau$, una variable proporcional al tiempo.

**Tabela 5.2:** Dependencia funcional de las ecuaciones de difusión y de la ecuación de Schrödinger. $\rho$ es la densidad del material difundido, $a$, la constante de difusión, $c$, el calor específico por unidad de volumen, $\kappa$, la conductividad térmica, $\hbar$, la constante de Planck dividida por $2\pi$ (Capítulo 10), y $m$, la masa de la partícula

| Ecuación $H\Psi = \frac{\partial\Psi}{\partial\tau}$ | Campo $\Psi$ | Parámetro $\tau$ |
|---|---|---|
| Difusión de materia | $\rho$ (Densidad) | $a^2t$ |
| Difusión de calor | $T$ (Temperatura) | $\frac{K}{c}t$ |
| Schrödinger | $\Psi$ (Función de onda) | $\frac{i\hbar}{2m}t$ |

El estudio de los fluidos imponderables y sutiles, como lo calórico y el fluido eléctrico, representó una cierta desmaterialización de las explicaciones causales en la Física, que preparó el terreno para la introducción de conceptos como líneas de fuerza, en el caso eléctrico, y, en última instancia, del concepto de *campo.* Eso coloca a la *causa formalis* en el primer plano de las explicaciones científicas del siglo XIX.

Además de Fourier, Lagrange tuvo también un papel fundamental en la afirmación de ese sistema explicativo causal. Al utilizar las ecuaciones de Lagrange, obtenidas a partir del llamado *principio de mínima acción*, para resolver un problema específico y explicar un fenómeno físico, se está atribuyendo al mismo, además de la *causa formalis* dada por una función de Lagrange, una *causa finalis*, expresada por el principio variacional. Fue el estudio de fenómenos y sistemas complejos – difusión de calor, Mecánica de los Medios Continuos y Teoría de Campos – que exigió la adopción de un sistema explicativo complejo y el abandono de mecanicismo *stricto sensu*, basado exclusivamente en la *causa efficiens.*

Todavía en el interior de la Física Clásica, el Electromagnetismo ofrece, también, un ejemplo interesante de explicación basada en la *causa formalis*, aunque las ecuaciones de Maxwell (Sección 5.6.1) hayan sido obtenidas a partir de un modelo mecánico del éter y, por tanto, en el fondo, partiendo de un esquema basado en la *causa efficiens.*

[23] La unidad imaginaria $i$ que aparece en la ecuación de Schrödinger (Capítulo 14) es lo que, en último análisis, asegura que ella no describe un proceso disipativo como la ecuación de difusión, y que se pueda definir una cantidad conservada asociada a ella.

## 5.6 Descripción electromagnética de la luz

*Parece ser una característica de la mente humana que conceptos familiares [como los de los modelos mecánicos] son abandonados solamente con gran renuencia, especialmente cuando un cuadro concreto de los fenómenos tiene que ser sacrificado.*

Max Born

### 5.6.1 Las ecuaciones de Maxwell

Basándose principalmente en las ideas de Faraday sobre un éter lleno de líneas de fuerza, que transmitiría las acciones electromagnéticas, Maxwell, realizó una de las síntesis más fundamentales en la historia de la Física, publicada en 1865, al mostrar que todos los fenómenos eléctricos, magnéticos y ópticos pueden ser descritos, unificadamente, a partir de un conjunto de ecuaciones diferenciales, conocidas como las *ecuaciones de Maxwell.*

Utilizando la notación vectorial, las ecuaciones de Maxwell son reducidas a cuatro ecuaciones vectoriales, usualmente, expresadas en el Sistema Internacional de Unidades (SI) como

$$\begin{aligned} &\vec{\nabla}.\vec{D} = \rho && \text{(ley de Gauss)} \\ &\vec{\nabla}.\vec{B} = 0 && \text{(ausencia de monopolo magnético)} \\ &\vec{\nabla} \times \vec{H} = \vec{J} + \frac{\partial \vec{D}}{\partial t} && \text{(ley de Ampère-Maxwell)} \\ &\vec{\nabla} \times \vec{E} = -\frac{\partial \vec{B}}{\partial t} && \text{(ley de Faraday)} \end{aligned} \tag{5.24}$$

en las cuales $\vec{E}$ y $\vec{D}$ son los campos eléctricos, $\vec{B}$ y $\vec{H}$ los campos magnéticos,[24] $\rho$ y $\vec{J}$ son, respectivamente, las densidades de carga y de corriente, $t$ es el tiempo y $\vec{\nabla}$ es el operador diferencial nabla que, en coordenadas cartesianas $(x, y, z)$, es expresado como

$$\vec{\nabla} = \hat{\imath}\frac{\partial}{\partial x} + \hat{\jmath}\frac{\partial}{\partial y} + \hat{k}\frac{\partial}{\partial z}$$

siendo $(\hat{\imath}, \hat{\jmath}, \hat{k})$ los vectores unitarios en las direcciones de los ejes cartesianos.

En un medio lineal homogéneo, isótropo y no dispersivo, esos campos obedecen a las llamadas relaciones constitutivas

$$\begin{cases} \vec{D} = \epsilon\vec{E} \\ \vec{B} = \mu\vec{H} \\ \vec{J} = \sigma\vec{E} \end{cases}$$

siendo $\epsilon$ la permisividad eléctrica, $\mu$, la permeabilidad magnética, y $\sigma$, la conductividad del medio donde están definidos los campos. Para el vacío,

$$\begin{cases} \sigma_0 = 0 \ \ (\Omega m)^{-1} \\ \epsilon_0 = 8{,}854\,187\,817 \times 10^{-12} \text{ F/m} \\ \mu_0 = 4\pi \times 10^{-7} \text{ H/m} \end{cases}$$

[24] La tendencia actual es referirse a los campos $\vec{E}$ y $\vec{B}$, respectivamente, como los campos eléctrico y magnético fundamentales, pues ellos aparecen en la expresión de la fuerza de Lorentz, la cual describe la interacción del campo electromagnético con la materia (Sección 5.6.2).

Además de Faraday, esa gran síntesis se apoyó en los trabajos de un enorme número de investigadores, como los ingleses William Gilbert, Stephen Gray y Oliver Heaviside, los italianos Luigi Galvani y Alessandro Volta, los franceses Charles Francois Dufay, Charles Augustin Coulomb, Jean-Baptiste Biot, Felix Savart y André-Marie Ampère, los alemanes George Simon Ohm y Wilhelm Eduard Weber, el danés Hans Christian Oersted, los estadounidenses Benjamin Franklin y Joseph Henry y el ruso Friedrich Emil Lenz.

Fueron Faraday y Henry los que descubrieron, en 1831, que el espacio sin materia ordinaria es capaz de transmitir acciones eléctricas y magnéticas, al constatar que a partir del movimiento acelerado de un imán se puede inducir una corriente eléctrica, o sea, se puede establecer un campo eléctrico a partir de un campo magnético variable. Ese es el contenido de la ley de Faraday, que puede ser escrita como la integral del campo magnético $\vec{B}$ a través de una superficie de área $S$,

$$\varepsilon = -\frac{\mathrm{d}}{\mathrm{d}t}\int_S \vec{B}\cdot \mathrm{d}\vec{S}$$

en la cual $\varepsilon$ es la fuerza electromotriz asociada a un campo eléctrico $\vec{E}$ a lo largo de la curva $C$ que limita la superficie $S$, tal que

$$\oint_C \vec{E}\cdot \mathrm{d}\vec{l} = \varepsilon$$

Esa fuerza electromotriz es generada por la variación temporal del flujo del campo magnético en $S$.

Otro concepto importante introducido por Faraday fue el de *líneas de fuerza*, idealizadas para facilitar la visualización de los fenómenos eléctricos y magnéticos; son líneas continuas en las cuales, en cada punto del espacio, los campos eléctricos y magnéticos son tangentes. Por ejemplo, para partículas cargadas positiva y negativamente, en reposo o en movimiento uniforme, con velocidad $v$ mucho menor que la velocidad de la luz en el vacío, los campos eléctricos pueden ser visualizados como se muestra en la Figura 5.26.

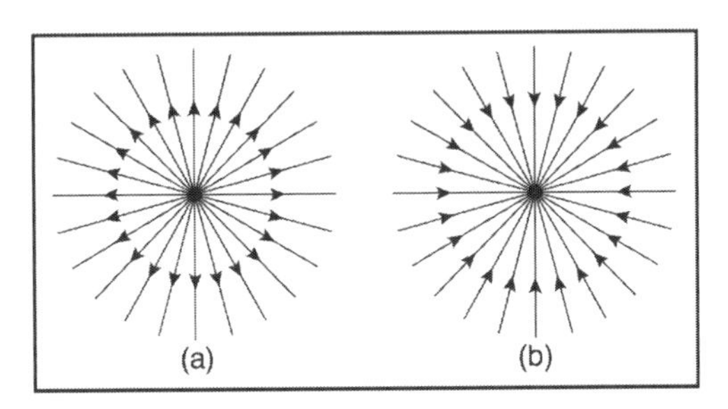


**Figura 5.26:** Líneas de fuerza del campo eléctrico en un plano alrededor de cargas positivas (a) y negativas (b) en reposo.

Esos campos satisfacen la ley de Gauss, la cual puede ser expresada en la forma integral como

$$\oint \vec{D}\cdot \mathrm{d}\vec{S} = q$$

siendo $q$ la carga eléctrica contenida en el interior de cualquier superficie cerrada de área $S$ en torno de $q$.

Para el campo magnético alrededor de un imán y para un dipolo eléctrico, también en reposo, las líneas de fuerza son representadas como en la Figura 5.27.

Así, la ausencia de monopolos magnéticos puede ser expresada por el hecho de las líneas de fuerza magnéticas serán siempre cerradas, o sea, el flujo de campo magnético a través de cualquier superficie cerrada es nulo,

$$\oint \vec{B}\cdot \mathrm{d}\vec{S} = 0$$

Las ecuaciones de Maxwell evidencian que el esquema de enfoque mecanicista de reducir los fenómenos a las interacciones entre partículas no es adecuado para el tratamiento de los fenómenos electromagnéticos. Se torna necesaria la introducción de campos continuamente distribuidos por el espacio vacío.

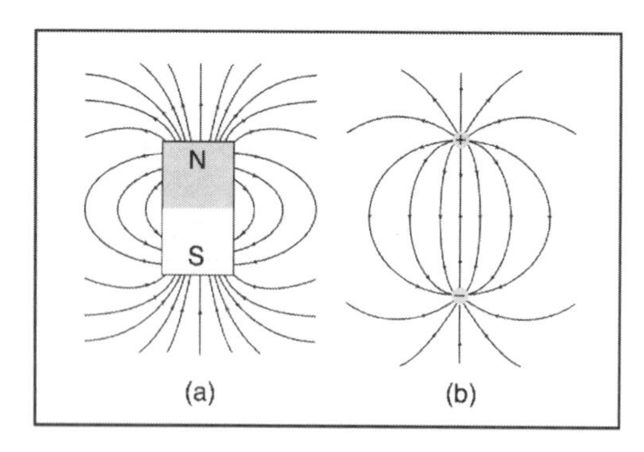


**Figura 5.27:** Líneas de fuerza en un plano alrededor de un imán (a) y de un dipolo eléctrico (b) en reposo.

El carácter ondulatorio de la luz ya había sido evidenciado por Young y Fresnel (Sección 5.4), mas solamente a partir de las ecuaciones de campo, ecuaciones (5.24), Maxwell mostró, en 1864, que un circuito eléctrico oscilante podría irradiar ondas electromagnéticas con la velocidad de propagación de la luz en el éter (o en el vacío), identificándolas con las ondas luminosas.

El cálculo de la velocidad de la luz (Sección 5.2) en el vacío puede ser hecho a partir de las propiedades eléctricas y magnéticas en ese medio ($\epsilon_0$ e $\mu_0$), o sea, por el Electromagnetismo de Maxwell, del mismo modo que, a partir de las leyes de la Mecánica Clásica de Newton, se puede predecir la velocidad de las ondas acústicas en los medios gaseosos, líquidos y sólidos.

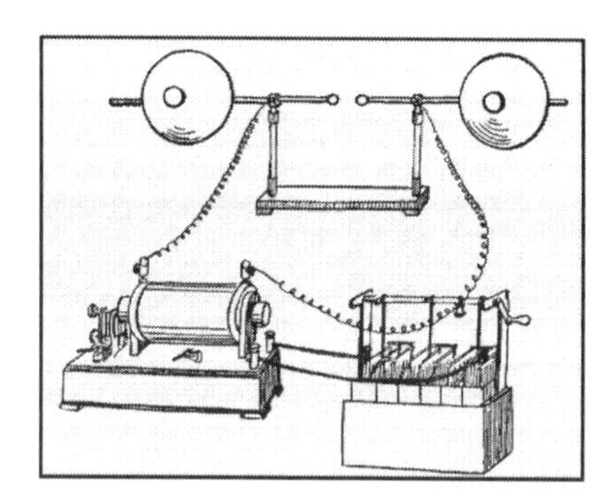

**Figura 5.28:** Esquema del aparato usado por Hertz para mostrar la existencia de ondas electromagnéticas.

La observación experimental de ondas electromagnéticas fue realizada en 1887 por el alemán Heinrich Rudolph Hertz, utilizando el aparato esquematizado en la Figura 5.28.

La generación de ondas electromagnéticas en su laboratorio (Figura 5.29) parecía ser la consagración de la síntesis de Maxwell para el Electromagnetismo y el triunfo de la concepción ondulatoria de la luz, que pasa a ser descrita como una onda electromagnética de pequeña longitud de onda cuando es comparada con las ondas acústicas, aunque quedara aún por aclarar cuánto de esa importante predicción de Maxwell dependía de una visión aún mecanicista, implícita en el modelo mecánico del éter, el cual se consideraba el sustrato necesario para la realización de los fenómenos electromagnéticos, que se deformaba como un medio elástico (Sección 5.7).

Reflexionando sobre el significado de la teoría de Maxwell, Hertz afirma que: *La teoría de Maxwell es el sistema de ecuaciones de Maxwell.* Ese sistema de ecuaciones diferenciales para los campos eléctricos y magnéticos constituye la base de la explicación causal – la *causa formalis* – de los fenómenos electromagnéticos. Tal sistema explicativo es fundamentalmente diferente de aquél apoyado en la Mecánica de Newton, basado en la *causa efficiens* (Sección 2.3). Diferencias estructurales marcadas entre las dos teorías estarán en el centro del análisis crítico de Einstein sobre la relatividad de los movimientos de las partículas cargadas en la Electrodinámica Clásica (Capítulo 6).

**Figura 5.29:** Laboratorio en el cual Hertz hizo el descubrimiento de las ondas electromagnéticas.

Solamente a partir de los trabajos de Einstein, se admitió que la luz – o la radiación electromagnética – era algo tan fundamental como un electrón o cualquier otra partícula material elemental.[25] O sea, los portadores no materiales de energía de las radiaciones y las partículas materiales elementales son los constituyentes básicos de la naturaleza. De ese modo, la transferencia de energía electromagnética de un punto a otro del espacio, a diferencia de los fenómenos acústicos, se puede dar sin el transporte de materia, por intermedio de la radiación electromagnética. En ese sentido, la propia pregunta "¿pero qué es una onda?" pasa a ser respondida como "aquello que obedece a una ecuación de onda", como la ecuación de d'Alembert, por ejemplo.

En la interpretación de Einstein de 1905, la Teoría electromagnética de Maxwell prescinde de un medio material para la propagación de ondas electromagnéticas (Capítulo 6). Esa idea tiene respaldo en la observación de que la luz se propaga en el vacío. En otras palabras, es posible la transferencia de energía por interacciones electromagnéticas de altísimas frecuencias (de orden de $10^{14}$ Hz) de una región a otra del espacio vacío.

Sin embargo, a diferencia de la Mecánica de Newton, que aliada a un modelo clásico de estructura de la materia puede prever los valores de diversos parámetros macroscópicos termodinámicos, el Electromagnetismo de Maxwell no es capaz de prever el valor de parámetros como la permisividad y la conductividad, característicos de un medio macroscópico, ni explicar sus dependencias con respecto de la frecuencia del campo electromagnético, ni prever tampoco las cargas y las masas de las partículas; por eso a la Teoría electromagnética se la consideraba fenombrenológica.

## 5.6.2 La Electrodinámica clásica de Lorentz

Una de las primeras tentativas para la elaboración de una teoría interpretativa clásica capaz de explicar las interacciones de los campos electromagnéticos con la materia data de 1895 y se debe al físico holandés Hendrik Antoon Lorentz, que combina el Electromagnetismo y la Mecánica Clásica con un modelo atomístico de la materia, el llamado modelo de Drude-Lorentz (Sección 8.1.6),[26] y desarrolla inicialmente una Electrodinámica Clásica del tipo newtoniana.

De acuerdo con esa teoría, una partícula de masa $m$ y carga $q$ que se mueve con velocidad $\vec{v}$ en una región en la cual el campo electromagnético es caracterizado por los vectores $\vec{E}$ y $\vec{B}$ sufre la acción de la llamada *fuerza de Lorentz* ($\vec{F}$),

[25] Lavoisier (Capítulo 2), en su tabla de las sustancias simples (1789), coloca la *luz* al tope de su lista, seguida de lo *calórico* y de los elementos químicos conocidos hasta entonces (Tabla 2.4).

[26] El modelo según el cual el mundo físico sería compuesto de materia ponderable, de partículas móviles electricamente cargadas y de éter, tal que los fenómenos electromagnéticos y ópticos serían basados en la posición y en el movimiento de esas partículas.

$$\boxed{\vec{F} = q\vec{E} + q\vec{v} \times \vec{B}} \tag{5.25}$$

tal que la ecuación de movimiento de la partícula es dada por

$$\boxed{\frac{\mathrm{d}\vec{p}}{\mathrm{d}t} = \frac{\mathrm{d}}{\mathrm{d}t}(m\vec{v}) = q(\vec{E} + \vec{v} \times \vec{B})}$$

Es importante enfatizar que, al escribir esa ecuación, Lorentz admitió la validez de la ecuación dinámica de Newton y de las transformaciones de Galileo entre sistemas de referencia inerciales.

A pesar de la obtención de muchos resultados satisfactorios, como la explicación de la dispersión de la luz, la Electrodinámica Clásica de Lorentz encuentra serias dificultades en el siglo XX. La existencia de nuevos fenómenos luminosos, como el efecto fotoeléctrico (Sección 10.3.1), que consiste en la emisión de electrones por un metal sobre el cual incide radiación electromagnética y otros fenómenos relacionados con los procesos de emisión y absorción de la luz que no admitían una explicación ondulatoria, ni tampoco eran compatibles con la concepción corpuscular calcada de la Mecánica de Newton y de la Electrodinámica de Lorentz, llevó a Einstein a una nueva concepción corpuscular de la luz, con la cual él consiguió explicar el efecto fotoeléctrico, en 1905, utilizando la idea del *quantum* de Planck (Capítulo 10), postulando que la energía de un haz luminoso, en vez de estar distribuida de manera continua a través del espacio en los campos eléctrico y magnético, estaría distribuida discretamente por *pequeños paquetes de energía* o *fotones* (los *quanta* de luz).

Desde el punto de vista conceptual, Einstein afirma que

> *la debilidad de esa teoría [de Lorentz] reside en el hecho de que intentó determinar los fenómenos por una combinación de ecuaciones diferenciales parciales (...) y ecuaciones diferenciales ordinarias (...), procedimiento que obviamente no es natural.*

Ese cuadro da origen a la idea de un comportamiento dual para la luz. En otras palabras, por primera vez en la historia, parece que la naturaleza de la luz depende del tipo de experimento realizado, manifestándose ora como un fenómeno ondulatorio resultante de vibraciones colectivas de un medio, ora como un haz de partículas que se desplazan con *momentum* definido. Es como si la luz tuviese dos faces, y cada tipo de experimento pudiese desvelar apenas una. Así, la vieja concepción presocrática de que una cosa *es* o *no es* – considerada una verdad incuestionable durante el desenvolvimiento de la Física hasta aquí – queda sacudida y, con ella, el propio concepto de *Ser* y el papel epistemológico de un experimento, tejiendo nuevas relaciones entre teoría y experimento e imponiendo serias limitaciones sobre el observador newtoniano.

Esa *dualidad onda-corpúsculo*, término que puede ser entendido como resultado del fracaso de las tentativas clásicas de interpretación de los fenómenos relacionados con la luz, es, en su esencia, una expresión de la inexistencia en esa época de una teoría dinámica para la descripción de la luz y sus interacciones con la materia, sólo alcanzada con la *Electrodinámica Cuántica* (QED); a partir de entonces, la teoría de mayor éxito en la descripción de los fenómenos que abarcan una de las interacciones fundamentales de la Física: la interacción de la luz con las partículas materiales eléctricamente cargadas.

### 5.6.3 Ecuaciones de las ondas electromagnéticas

Tomando el rotacional de las expresiones diferenciales de las leyes de Faraday y de Ampère-Maxwell en el vacío ($\rho = 0$ y $\vec{J} = 0$), ecuaciones (5.24), y teniendo en cuenta las relaciones constitutivas entre los campos en ausencia de un medio, $\vec{D} = \epsilon_0 \vec{E}$ e $\vec{B} = \mu_0 \vec{H}$, se obtiene

$$\begin{cases} \dfrac{1}{\mu_0} \vec{\nabla} \times (\vec{\nabla} \times \vec{B}) = \dfrac{1}{\mu_0} \left[ \vec{\nabla}(\vec{\nabla} \cdot \vec{B}) - \nabla^2 \vec{B} \right] = \dfrac{\partial}{\partial t}(\vec{\nabla} \times \vec{D}) = -\epsilon_0 \dfrac{\partial^2 \vec{B}}{\partial t^2} \\[2ex] \vec{\nabla} \times (\vec{\nabla} \times \vec{E}) = \vec{\nabla}(\vec{\nabla} \cdot \vec{E}) - \nabla^2 \vec{E} = -\dfrac{\partial}{\partial t}(\vec{\nabla} \times \vec{B}) = -\mu_0 \epsilon_0 \dfrac{\partial^2 \vec{E}}{\partial t^2} \end{cases}$$

Toda vez que en el vacío y en ausencia de partículas las divergencias de los campos son nulas, son válidas las ecuaciones de onda para los campos $\vec{E}$ y $\vec{B}$:

$$\begin{cases} \nabla^2 \vec{E} - \mu_0 \epsilon_0 \dfrac{\partial^2 \vec{E}}{\partial t^2} = 0 \\ \\ \nabla^2 \vec{B} - \mu_0 \epsilon_0 \dfrac{\partial^2 \vec{B}}{\partial t^2} = 0 \end{cases} \tag{5.26}$$

Así, las interacciones de los campos electromagnéticos se propagan en el vacío con velocidad

$$c = \frac{1}{\sqrt{\mu_0 \epsilon_0}} = 299\,792\,458 \text{ m/s } \simeq 3{,}0 \times 10^8 \text{ m/s} \tag{5.27}$$

o sea, con la velocidad de la luz.[27]

El hecho de que las ecuaciones de ondas para los campos en el vacío son lineales y homogéneas implica que cada componente de los campos $\vec{E}$ y $\vec{B}$ satisface también la ecuación de onda de d'Alembert.

En un medio lineal y homogéneo sin cargas libres ($\rho = 0$ y $\vec{J} = 0$) y no magnético ($\mu = \mu_0$), tal que $\vec{D} = \epsilon\vec{E}$, los campos obedecen también a la ecuación de onda de d'Alembert, pero con velocidad de propagación ($v$) dada por

$$v = \frac{1}{\sqrt{\mu_0 \epsilon}} \tag{5.28}$$

De ese modo, la teoría de Maxwell establece que el índice de refracción ($n$) de un medio dieléctrico, definido por la razón entre la velocidad de la luz en el vacío ($c$) y en el medio ($v$), depende de las constantes dieléctricas y es dado por la *relación de Maxwell*,

$$n = \sqrt{\frac{\epsilon}{\epsilon_0}} \tag{5.29}$$

El sistema usualmente utilizado para expresar el comportamiento de los campos electromagnéticos en el dominio microscópico es el *sistema gaussiano* (para el cual, en el vacío, $\mu_0 = \epsilon_0 = 1$), que incorpora la velocidad de la luz en el vacío en las ecuaciones de Maxwell:

$$\begin{cases} \vec{\nabla} \cdot \vec{D} = 4\pi\rho \\ \\ \vec{\nabla} \times \vec{E} = -\dfrac{1}{c} \dfrac{\partial \vec{B}}{\partial t} \end{cases} \qquad \begin{cases} \vec{\nabla} \cdot \vec{B} = 0 \\ \\ \vec{\nabla} \times \vec{H} = \dfrac{4\pi}{c} \vec{J} + \dfrac{1}{c} \dfrac{\partial \vec{D}}{\partial t} \end{cases}$$

En ese sistema, la fuerza de Lorentz sobre una partícula de carga $q$, que se desplaza con velocidad $v$, es escrita como

$$\boxed{\vec{F} = q \left( \vec{E} + \frac{\vec{v}}{c} \times \vec{B} \right)} \tag{5.30}$$

A partir de ahora, las ecuaciones básicas del Electromagnetismo serán escritas en el sistema gaussiano de unidades.

Una característica fundamental de los campos electromagnéticos en el vacío, observada experimentalmente y deducida de las ecuaciones de Maxwell, es que sus perturbaciones se propagan como ondas transversales.

[27] La convención de usar la letra "c" para la velocidad de la luz probablemente viene de la inicial del término latino *celeritas*, velocidad.

Por ejemplo, para soluciones de tipo onda plana monocromática, linealmente polarizada, de frecuencia $\nu$, que se propagan en la dirección del vector de propagación $\vec{k}$, los campos $\vec{E}$ y $\vec{B}$ pueden ser escritos como ondas planas linealmente polarizadas del tipo

$$\begin{cases} \vec{E}(\vec{r},t) = \vec{E}_0 \mathrm{sen}(\vec{k}\cdot\vec{r} - \omega t) = \Im\left[\vec{E}_0 e^{i(\vec{k}\cdot\vec{r} - \omega t)}\right] \\ \\ \vec{B}(\vec{r},t) = \vec{B}_0 \mathrm{sen}(\vec{k}\cdot\vec{r} - \omega t) = \Im\left[\vec{B}_0 e^{i(\vec{k}\cdot\vec{r} - \omega t)}\right] \end{cases}$$

en donde $\vec{E}_0$ y $\vec{B}_0$ son vectores complejos constantes que, además de representar las amplitudes de los campos, indican también las constantes de fase, $k = |\vec{k}| = \omega/c = 2\pi/\lambda$, $\lambda = c/\nu = cT$ y $\omega = 2\pi\nu = 2\pi/T$.

Toda vez que las acciones de los operadores $\vec{\nabla}$ y $\partial/\partial t$ sobre las funciones exponenciales[28] equivalen, respectivamente, a multiplicarlas por $i\vec{k}$ y $-i\omega$, las ecuaciones de Maxwell para campos armónicos implican

$$\begin{cases} \vec{k}\cdot\vec{E}_0 = 0 \\ \\ \vec{k}\times\vec{E}_0 = \dfrac{\omega}{c}\vec{B}_0 \end{cases} \qquad \begin{cases} \vec{k}\cdot\vec{B}_0 = 0 \\ \\ \vec{k}\times\vec{B}_0 = -\dfrac{\omega}{c}\vec{E}_0 \end{cases}$$

Así, los vectores $\vec{E}$, $\vec{B}$ y $\vec{k}$ constituyen un triedro ortogonal dextrógiro (Figura 5.30), o sea, en cualquier instante y posición, los campos $\vec{E}$ y $\vec{B}$ son ortogonales entre sí y ortogonales a la dirección de propagación da onda, de tal modo que sus amplitudes están relacionadas por[29]

$$\vec{E}_0 \times \vec{B}_0 = E_0^2 \hat{k} \qquad (E_0 = B_0)$$

o sea, *los campos electromagnéticos se propagan en el vacío como ondas transversales.*[30]

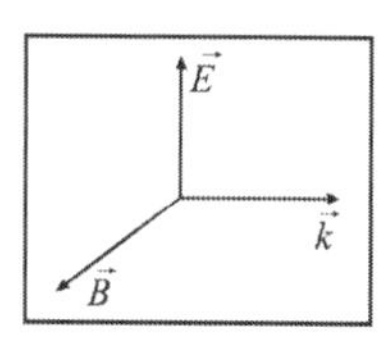


**Figura 5.30:** Triedro representando el vector de propagación y los vectores de los campos eléctrico y magnético de una onda plana monocromática, en un instante y posición dados en el espacio.

**Tabela 5.3:** Espectro electromagnético, donde se destaca los diversos tipos de radiación para los cuales se indican los ordenes de magnitud de la frecuencia y de la longitud de onda

| Tipo de radiacion | Frecuencia $\upsilon$ (Hz) | Longitud de onda ($\lambda$) |
|---|---|---|
| Ondas de radio | $< 10^9$ | $> 300$ mm |
| Microondas | $10^9 - 10^{12}$ | (300 – 0,3) mm |
| Infrarrojo | $10^{12} - 4{,}3 \times 10^{14}$ | (300 – 0,8) $\mu$m |
| Luz (visible) | $(4{,}3 - 5{,}7) \times 10^{14}$ | (0,8 – 0,4) $\mu$m |
| Ultravioleta | $5{,}7 \times 10^{14} - 10^{16}$ | (0,4 – 0,03) $\mu$m |
| Rayos X | $10^{16} - 10^{19}$ | (300 – 0,3) Å |
| Rayos gamma ($\gamma$) | $> 10^{19}$ | $< 0{,}3$ Å |

[28] Debido a la linealidad de las ecuaciones de Maxwell, en lugar de funciones trigonométricas, el uso de funciones exponenciales facilita el manejo de las relaciones entre los campos.

[29] En el SI, $E_0 = cB_0$.

[30] Cualquiera que sea la dependencia espacio-temporal de un campo electromagnético en el vacío, siempre puede ser representado por una superposición de ondas monocromáticas transversales linealmente polarizadas. De ese modo, la resultante también se propaga como una onda transversal.

La Tabla 5.3 presenta un resumen del espectro electromagnético en el vacío, en donde la relación entre la longitud de onda ($\lambda$) y la frecuencia ($\nu$) es dada por $\lambda\nu = c$ ($3{,}0 \times 10^8$ m/s). Se observa que la parte visible (luz) corresponde a un rango muy estrecho de ese espectro.

### 5.6.4 Energía de una onda electromagnética

La densidad de energía asociada a un campo electrostático puede ser establecida a partir del siguiente esquema, que consta de un sistema de placas paralelas, uniformemente cargadas con cargas $q$ y $-q$, de áreas iguales a $A$, separadas por una distancia $d$, y un dieléctrico de permisividad $\epsilon$: el capacitor de placas paralelas (Figura 5.31).

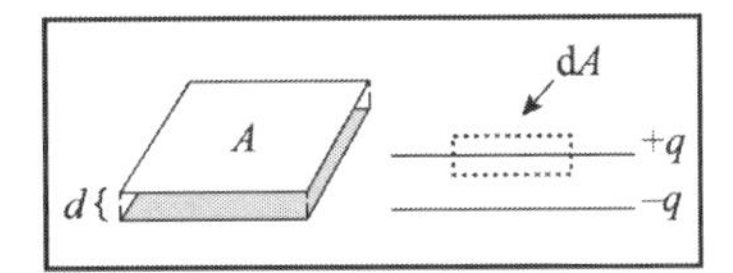


**Figura 5.31:** Capacitor de placas paralelas.

El pequeño rectángulo representa la vista lateral de una superficie de área $\mathrm{d}A$, cuyas caras son paralelas a las placas del capacitor.

Toda vez que la magnitud de la carga eléctrica ($q$) almacenada en cada una de las placas metálicas del capacitor es proporcional a la diferencia de potencial (d.d.p.) $v$ entre las placas, $q \propto v$, se define la *capacitancia* ($C$) por la relación

$$C = \frac{q}{v}$$

Aplicando la ley de Gauss a la superficie mostrada en la Figura 5.31,

$$\epsilon E\,\mathrm{d}A = 4\pi\sigma\,\mathrm{d}A$$

en donde $\sigma = q/A$ es la densidad superficial de carga, se obtiene para el campo eléctrico ($E$) uniforme en el interior del dieléctrico

$$E = \frac{4\pi}{\epsilon}\frac{q}{A}$$

De ese modo, la d.d.p. ($v$) entre las placas es dada por

$$v = Ed = \frac{4\pi}{\epsilon}\frac{d}{A}\,q$$

y la capacitancia, por

$$C = \epsilon\frac{A}{4\pi d}$$

La energía electrostática ($U_e$) necesaria para almacenar una carga $q$ puede ser calculada por

$$U_e = \int_0^q v\,\mathrm{d}q = C\int_0^v v\,\mathrm{d}v = \frac{1}{2}Cv^2$$

o sea,

$$U_e = \epsilon\frac{E^2}{8\pi}\underbrace{Ad}_{V}$$

De no haber dieléctrico, la densidad de energía ($u_e = U_e/V$) asociada al campo eléctrico en la región de vacío es dada por

$$u_e = \frac{E^2}{8\pi}$$

Por otro lado, la densidad de energía asociada a un campo magnetostático puede ser establecida a partir del siguiente esquema, que consta de un solenoide con $N$ espiras, de sección recta $S$ y longitud $l$, enrollado en un material de permisividad $\mu$, en el cual fue establecida una corriente $i$ (Figura 5.32).

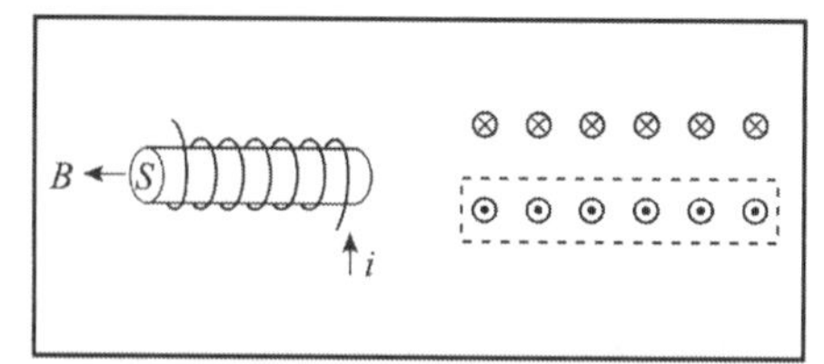


**Figura 5.32:** Solenoide de $N$ espiras.

En ese caso, la corriente $i$ es proporcional al flujo a través de la superficie $S$ de cada espira, $i \sim \phi = BS$, y la *inductancia* ($L$) es definida por

$$L = \frac{N\phi}{ic} = \frac{NBS}{ic}$$

Aplicando la ley de Ampère a lo largo del solenoide, en el camino indicado en la Figura 5.32, se obtiene para el campo magnético ($B$) en el interior del material magnético

$$\frac{B}{\mu}\,\mathrm{d}x = \frac{4\pi}{c} ni\,\mathrm{d}x$$

en donde $n = N/l$ es el número de espiras por unidad de longitud. De ese modo, la inductancia es dada por

$$L = N^2 \mu \frac{4\pi S}{c^2 l}$$

La energía magnetostática ($U_m$), necesaria para mantener una corriente $i$ y una tensión inducida $\epsilon = \frac{N}{c}\frac{\mathrm{d}\phi}{\mathrm{d}t} = L\frac{\mathrm{d}i}{\mathrm{d}t}$ puede ser calculada por

$$U_m = \int_0^i \epsilon i\,\mathrm{d}t = L \int_0^i i\,\mathrm{d}i = \frac{1}{2} L i^2$$

o sea,

$$U_m = \frac{1}{\mu}\frac{B^2}{8\pi} \underbrace{Sl}_{V}$$

Si el medio fuese el vacío, la densidad de energía ($u_m = U_m/V$) asociada al campo magnético en la región es dada por

$$u_m = \frac{B^2}{8\pi}$$

Del mismo modo que en el caso de campos estacionarios, la fórmula de la energía por unidad de volumen $u_{\text{em}}$ (densidad de energía) asociada al campo electromagnético en el vacío es dada por

$$\boxed{u_{\text{em}} = \frac{1}{8\pi}\left(E^2 + B^2\right)} \tag{5.31}$$

con la diferencia de que ahora $\vec{E}$ y $\vec{B}$ dependen del tiempo.

Así, la tasa de variación de la energía electromagnética en un volumen V es dada por

$$\frac{\mathrm{d}U_{\text{em}}}{\mathrm{d}t} = \frac{\mathrm{d}}{\mathrm{d}t}\int_V u_{\text{em}}\mathrm{d}V = \frac{\mathrm{d}}{\mathrm{d}t}\int_V \frac{(E^2 + B^2)}{8\pi}\mathrm{d}V \tag{5.32}$$

Para una onda plana de frecuencia $\nu$, que se propaga en la dirección $z$, tal que $\vec{k}\cdot\vec{r} = kz$, los campos pueden ser expresados por[31]

$$\begin{cases} \vec{E} = \hat{\imath}E_{_0}\text{sen}(kz - \omega t) = \hat{\imath}E_x(z,t) \\ \\ \vec{B} = \hat{\jmath}B_{_0}\text{sen}(kz - \omega t) = \hat{\jmath}B_y(z,t) \end{cases} \tag{5.33}$$

y las leyes de Ampère-Maxwell y Faraday pueden ser escritas, respectivamente, como

$$\begin{cases} \left(\dfrac{1}{c}\dfrac{\partial \vec{E}}{\partial t}\right)_x = \left(\vec{\nabla}\times\vec{B}\right)_x = -\dfrac{\partial B_y}{\partial z} \\ \\ \left(\dfrac{1}{c}\dfrac{\partial \vec{B}}{\partial t}\right)_y = -\left(\vec{\nabla}\times\vec{E}\right)_y = -\dfrac{\partial E_x}{\partial z} \end{cases}$$

Explicitando la derivada temporal de los campos en la ecuación (5.32), se obtiene

$$\begin{aligned} \frac{\mathrm{d}}{\mathrm{d}t}\int_V u_{_\text{em}}\mathrm{d}V &= \frac{1}{4\pi}\int_V \left(E_x\frac{\partial E_x}{\partial t} + B_y\frac{\partial B_y}{\partial t}\right)\mathrm{d}V \\ &= -\frac{c}{4\pi}\int_V \underbrace{\left(E_x\frac{\partial B_y}{\partial z} + B_y\frac{\partial E_x}{\partial z}\right)}_{\frac{\partial}{\partial z}(E_xB_y) = \vec{\nabla}\cdot(\vec{E}\times\vec{B})} \mathrm{d}V \\ &= -\int_V \vec{\nabla}\cdot\left[\frac{c}{4\pi}(\vec{E}\times\vec{B})\right]\mathrm{d}V \end{aligned}$$

Así, la energía electromagnética obedece a una ley de conservación expresada por el teorema establecido en 1884 por el inglés John Henry Poynting, o sea,

$$\boxed{\frac{\partial u_{_\text{em}}}{\partial t} + \vec{\nabla}\cdot\vec{P} = 0} \tag{5.34}$$

en donde la magnitud

$$\boxed{\vec{P} = \frac{c}{4\pi}(\vec{E}\times\vec{B})} \tag{5.35}$$

es denominada *vector de Poynting* e indica el flujo de energía que cruza la superficie $S$ que delimita el volumen $V$ considerado.

Utilizando el teorema de la divergencia de Gauss, se puede expresar el teorema de Poynting en la forma integral como

$$-\frac{\mathrm{d}U_{_\text{em}}}{\mathrm{d}t} = \oint_S \vec{P}\cdot\mathrm{d}\vec{s} \tag{5.36}$$

De ese modo, para una onda plana monocromática de frecuencia $\nu$ que se propaga en la dirección de $\vec{k}$, el vector de Poynting es dado por

$$\vec{P} = \frac{c}{4\pi}\hat{k}E_{_0}^2\ \text{sen}^2(\vec{k}\cdot\vec{r} - \omega t)$$

y la densidad de energía, por

$$u_{_\text{em}} = \frac{E^2}{4\pi} = \frac{E_{_0}^2}{4\pi}\ \text{sen}^2(\vec{k}\cdot\vec{r} - \omega t)$$

[31] Dado que la densidad de energía implica relaciones no lineales, no se puede usar directamente la forma exponencial compleja para sustituir las cantidades trigonométricas reales.

Luego, el vector de Poynting y la densidad de energía asociados a una onda electromagnética plana monocromática, en el vacío, están relacionados por

$$\boxed{\vec{P} = u_{\text{em}} c\, \hat{k}}$$

Considerando que, desde el punto de vista experimental, las frecuencias ópticas son del orden de $10^{14}$ Hz, que corresponden a intervalos de tiempo mucho menores que la resolución temporal de cualquier detector (fotocélulas, películas, retinas *etc.*), se concluye que la cantidad observada es, en realidad, la media temporal del vector de Poynting en la dirección de propagación, denominada intensidad ($I$) de una onda electromagnética. Así, se obtiene una expresión que relaciona una magnitud experimental – la intensidad – y otra de definición teórica conveniente, la densidad de energía:

$$\boxed{I = \langle \vec{P}.\hat{k} \rangle = uc = \frac{c}{4\pi}\langle E^2 \rangle = \frac{c}{8\pi} E_0^2} \tag{5.37}$$

en donde $u = \langle u_{\text{em}} \rangle$ representa la media en un período.

Ese es un resultado extensamente utilizado en cualquier teoría que describa la propagación de energía con una concepción ondulatoria, que puede ser resumido como: *La intensidad, o el flujo de energía, de una onda monocromática es proporcional al cuadrado de su amplitud.*

Si la detección fuera hecha en una dirección ($\hat{n}$) cualquiera (Figura 5.33),

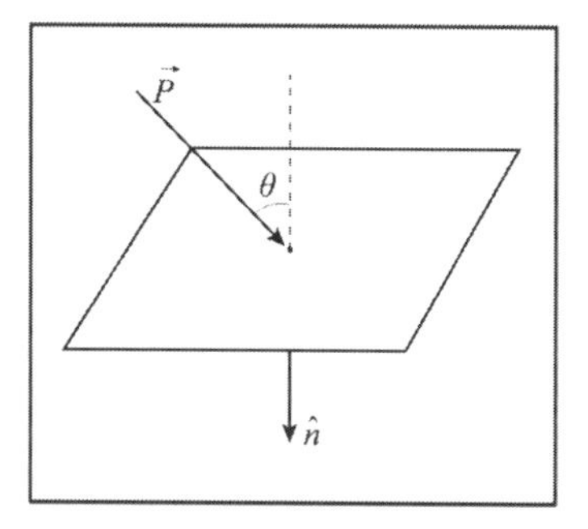


**Figura 5.33:** Incidencia oblícua de la radiación sobre la superficie de un detector.

$$\boxed{I = \langle \vec{P}.\hat{n} \rangle = uc\cos\theta = \frac{c}{8\pi} E_0^2 \,\cos\theta} \tag{5.38}$$

## 5.6.5 *Momentum* de una onda plana electromagnética

Si una onda plana electromagnética que se propaga en el vacío en una dirección $\hat{k}$ interactúa con una partícula de carga $q$, que se mueve con velocidad $\vec{v}$, a través de la fuerza de Lorentz, expresada por la ecuación (5.25), obligándola a oscilar en un pequeña región ($a \sim 10^{-8}$ cm), la velocidad ($v$) de la partícula puede ser estimada, para frecuencias ópticas ($\nu \sim 10^{14}$ Hz), como $v = a\,\nu$, de lo que resulta $v << c$.

Por conservación de la energía, la potencia absorbida por la partícula debe ser igual (en módulo) a la tasa de variación de la energía ($U_{\text{em}}$) de radiación,

$$\left\langle \frac{\text{d}U}{\text{d}t} \right\rangle_{\text{part}} = \left\langle \frac{\text{d}\vec{p}}{\text{d}t} \cdot \vec{v} \right\rangle_{\text{part}} = -\left\langle \frac{\text{d}U_{\text{em}}}{\text{d}t} \right\rangle$$

Como la perturbación se propaga con velocidad constante $c\hat{k}$, la tasa de variación de la energía de la radiación puede ser expresada por la variación de un *momentum* asociado al campo electromagnético

$$\left\langle \frac{\mathrm{d}\vec{p}_{\mathrm{em}}}{\mathrm{d}t} \right\rangle \cdot (c\hat{k}) = \left\langle \frac{\mathrm{d}U_{\mathrm{em}}}{\mathrm{d}t} \right\rangle \quad \Longrightarrow \quad \boxed{\vec{p}_{\mathrm{em}} = \frac{U_{\mathrm{em}}}{c}\hat{k}}$$

Definiendo la *densidad de momentum* ($\vec{g}$) por

$$\vec{p}_{\mathrm{em}} = \int \vec{g}\,\mathrm{d}V$$

se sigue que[32]

$$\boxed{\vec{g} = \frac{u_{\mathrm{em}}}{c}\,\hat{k} = \frac{E^2}{4\pi c}\,\hat{k}} \tag{5.39}$$

La forma general para la densidad de *momentum* en el vacío es dada por

$$\boxed{\vec{g} = \frac{\vec{E} \times \vec{B}}{4\pi c}} \tag{5.40}$$

### 5.6.6 La presión de la luz

Al atribuir un *momentum* al campo electromagnético, se puede concluir también que una onda electromagnética debe ejercer presión cuando es absorbida o reflejada por una superficie.

De acuerdo con la ecuación (3.5), la presión de un gas sobre las paredes del recipiente que lo contiene es proporcional a su densidad de energía media ($u$),

$$P = \frac{2}{3}u$$

Análogamente, la presión de la radiación ejercida por una onda electromagnética en una superficie perfectamente reflectora también es proporcional a la densidad de la energía de radiación.

El factor 2 en la fórmula de la presión del gas molecular viene de la relación no relativista entre el *momentum* ($p = mv$) y la energía cinética ($pv = 2\epsilon$) de una partícula libre, cuando es sustituida en la fórmula de Joule, ecuación (3.4), es reescrita como

$$P = \frac{1}{3}\frac{N}{V}\langle pv \rangle$$

De forma análoga a las ondas acústicas estacionarias, considerando que la energía ($U_{\mathrm{em}}$) de una onda electromagnética está distribuida entre $N$ portadores de energía ($\gamma$) discretos e independientes, con energía $\epsilon_\gamma$ y *momentum* $p_\gamma = \epsilon_\gamma / c$ medios, tal que $U_{\mathrm{em}} = N\epsilon_\gamma$, la presión ($P$) ejercida por la onda en el interior de una cavidad cuyas paredes son perfectamente reflectoras es dada por la ecuación de estado

$$\boxed{P = \frac{1}{3}u} \tag{5.41}$$

siendo $u = \dfrac{U_{\mathrm{em}}}{V} = N\dfrac{\epsilon_\gamma}{V} = \dfrac{N}{V}p_\gamma c$ la densidad de energía media resultante de las varias componentes monocromáticas de la radiación

Así, la radiación electromagnética se comporta como un gas capaz de ejercer presión sobre las paredes de un obstáculo sin obedecer, sin embargo, a la ecuación de Clapeyron.

[32]En el Capítulo 6, será visto que relación análoga vale para los fotones.

En 1901, la presión ejercida por la radiación solar fue medida por el ruso Piotr Nikolaievich Lébedev y por los estadounidenses Edward Leamington Nichols y Gordon Ferrie Hull.

Una de las consecuencias de atribuir energía y *momentum* a la radiación electromagnética sería la absorción de su energía por los electrones de una superficie y, posiblemente, la liberación de algunos de ellos, con energías suficientes para abandonar la superficie de un cuerpo. Ese fenómeno, que ocurre en superficies metálicas bombardeadas por radiaciones electromagnéticas de altas frecuencias, descubierto por Hertz, en 1887, es denominado *efecto fotoeléctrico* (Sección 10.3.1), y no será posible describirlo en términos de la teoría de Lorentz-Maxwell.

### 5.6.7 La fórmula de Larmor

Suponga que una partícula con carga $e$ se encuentre ya algún tiempo en reposo en una cierta posición $O$. En ese régimen estacionario, las líneas de fuerzas son rectas que nacen de la partícula (Figura 5.26), y el campo eléctrico asociado, en cualquier punto del espacio sólo depende de la distancia del punto a la partícula, presentando simetría radial con relación a la posición de la partícula. Si la partícula se desplaza en movimiento rectilíneo y uniforme con velocidad ($v$) mucho menor que la velocidad de la luz en el vacío ($c$), o sea, $v \ll c$, la configuración de las líneas de fuerza permanece esencialmente la misma, con la diferencia de que las líneas de fuerza ahora nacen de la posición actual de la partícula, mientras que el campo eléctrico continua presentando la misma simetría radial.[33]

Considere que, en un instante $t = 0$, la partícula que estaba en reposo en la posición $O$ sufra aceleración constante $a$. Después de un pequeño intervalo de tiempo $\tau$, la partícula alcanza la posición $O'$, la aceleración se anula y su velocidad es igual a $v = a\tau \ll c$. A partir de ese instante, la partícula continua desplazándose en movimiento uniforme con esa velocidad.

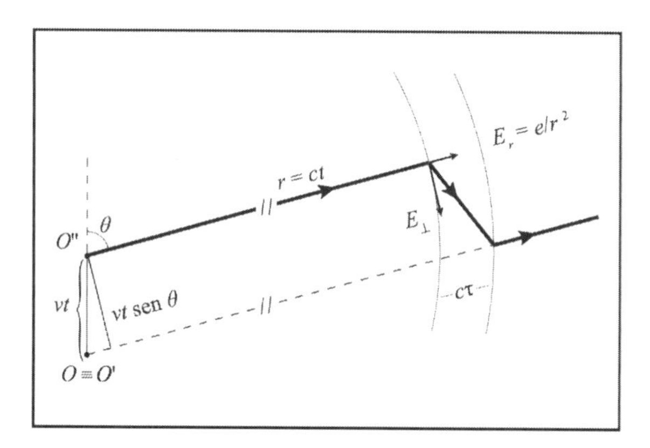


**Figura 5.34:** Variación de una línea de fuerza, asociada al campo eléctrico debido a que la partícula fue acelerada durante un pequeño intervalo de tiempo. La zona de radiación está comprendida entre los dos frentes de onda prácticamente planos.

En esas circunstancias, durante el período ($\tau$) de aceleración, la simetría radial de las líneas de fuerza o del campo eléctrico es perdida. Sin embargo, después de un intervalo de tiempo $\Delta t \gg \tau$, durante el cual la partícula se desplaza con velocidad constante $v$, ella alcanza una posición $O''$, determinada por $\overline{O''O'} = v\Delta t$, y la configuración de las líneas de fuerza presenta nuevamente simetría radial. Así, teniendo en cuenta que la información no puede desplazarse con una velocidad mayor que la de la luz en el vacío, en un instante $t = \tau + \Delta t \simeq \Delta t$, la configuración de las líneas de fuerza asociadas a la partícula se presenta con simetría radial en dos regiones distintas (Figura 5.35).

Para puntos muy alejados, o sea, cuya distancia ($r$) de la partícula es tal que $r > ct$, las líneas de fuerzas se originan en la posición inicial de la partícula cuando está en reposo. Para puntos dentro de

[33] Ese resultado, a pesar de tener en cuenta el hecho de que la información no se puede desplazar con velocidad mayor que la de la luz en el vacío, es sorprendente, pues expresa el hecho de que, incluso para puntos muy alejados de la partícula, el campo, en un instante $t$, depende de su posición actual.

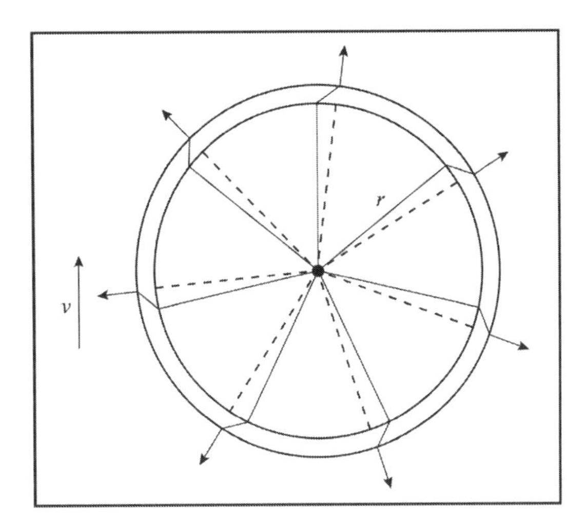


**Figura 5.35:** Líneas de fuerza producidas por una partícula cargada, que se desplaza con velocidad mucho menor que la de la luz, adquirida durante un pequeño intervalo de tiempo, en el cual fue acelerada.

una esfera de radio $ct$, centrada en la partícula, o sea, tal que $r \leq ct$, las líneas se originan en la posición actual de la partícula.

Así, el campo eléctrico ($E_r$) debido a la partícula en la región definida por $r \leq ct$ es radial en relación a su posición en ese instante $t$ y tiene, básicamente, la misma dependencia espacial que la de un campo electrostático. Excepto en una pequeña región de ancho $c\tau$ (*zona de radiación*), que corresponde al período en que la partícula fue acelerada, el campo eléctrico es de nuevo radial (Figura 5.34).

En la zona de radiación, además de una componente radial estacionaria, dada por

$$E_r = \frac{e}{r^2}$$

existe una componente transversal del campo eléctrico ($E_\perp$), no estacionaria, que caracteriza la radiación emitida en el intervalo $\tau$.

Para calcular $E_\perp$ en un determinado punto del espacio basta recordar que el campo eléctrico es tangente a la línea de fuerza que pasa por ese punto, la cual debe ser continua (Figura 5.34). Así,

$$\frac{E_\perp}{E_r} = \frac{vt \operatorname{sen}\theta}{c\tau}$$

Sustituyendo $t = r/c$ y $\tau = v/a$ en la ecuación anterior, se obtiene, para la componente no estacionaria,

$$E_\perp = \frac{a \operatorname{sen}\theta}{c^2} \, (r\, E_r) \;=\; \frac{ea \operatorname{sen}\theta}{c^2 r} \tag{5.42}$$

Por tanto, la intensidad ($I$) de la radiación emitida, debida a la aceleración de la partícula, obtenida de las ecuaciones (5.37) y (5.42), es dada por

$$I(\theta) = \frac{c}{4\pi} \langle E_\perp^2 \rangle = \frac{e^2 \langle a^2 \rangle \operatorname{sen}^2\theta}{4\pi c^3 r^2} \tag{5.43}$$

La potencia total ($P$) de la radiación emitida por la partícula es obtenida integrando la ecuación anterior sobre una superficie esférica de radio $r$, cuyo elemento de área es $\mathrm{d}A = 2\pi r^2 \operatorname{sen}\theta\, \mathrm{d}\theta$.

$$\begin{aligned} P &= \int I \mathrm{d}A = 2\pi r^2 \int_0^{\pi} I(\theta) \operatorname{sen}\theta\, \mathrm{d}\theta \\ &= \frac{e^2}{2c^3} \langle a^2 \rangle \underbrace{\int_0^{\pi} \operatorname{sen}^3\theta\, \mathrm{d}\theta}_{4/3} \end{aligned}$$

Así, se llega a la fórmula, obtenida en 1897 por el físico irlandés Joseph Larmor, para la potencia emitida por una carga eléctrica acelerada

$$\boxed{P = \frac{2e^2}{3c^3} \langle a^2 \rangle} \tag{5.44}$$

que es válida para cualquier tipo de movimiento acelerado de la partícula, siempre que $v \ll c$.[34]

En esa fórmula, si la potencia irradiada por la partícula es evaluada en un instante $t$, la aceleración corresponde a la que la partícula tenía en $t - r/c$, o sea, se debe considerar el tiempo que la radiación empleó para alcanzar el punto de observación.

Fue a partir de la fórmula de Larmor que Bohr y sus colaboradores – el holandés Hendrich Anthony Kramers, John Clarke Slater y Heisenberg – calcularon la intensidad de las líneas espectrales del hidrógeno y, después, Heisenberg, Max Born y Ernest Pascual Jordan establecieron la Mecánica Cuántica en su forma matricial inicial en 1925 (Capítulo 13).

### 5.6.8 La sección eficaz de Thomson

Según la Electrodinámica Clásica de Lorentz, una partícula eléctricamente cargada, en presencia de un campo electromagnético monocromático, sin vínculos que restrinjan su movimiento, oscila con la frecuencia del campo. Si la partícula estuviera ligada a otras, como los iones de un cristal, la oscilación tendrá una amplitud tanto mayor cuanto mas próximas fuesen las frecuencias de las vibraciones propias del sistema y de la luz incidente (efecto resonante).

En cualquiera de los casos, una partícula eléctricamente cargada vibrando actúa como una antena dipolar, que absorbe energía del campo externo con el cual está interactúando y emite ondas electromagnéticas isotrópicamente de la misma frecuencia que el campo externo.

¿Cómo determinar qué porcentaje de la energía incidente, por unidad de tiempo, es convertido en energía emitida por el dipolo eléctrico? Para un electrón libre o débilmente ligado al átomo, la emisión es isotrópica y descrita por la llamada sección eficaz de Thomson.

Sean $e$ y $m$, respectivamente, la carga eléctrica y la masa de la partícula oscilante en presencia de un campo eletromagnético externo monocromático de amplitud $E_0$. En esa situación, ella va a vibrar con aceleración dada por

$$a = \frac{E_0 e}{m} \tag{5.45}$$

Toda vez que la componente del campo eléctrico de la radiación ($\vec{E}$), debido a una carga con aceleración $a$, en un punto $P$ cuya distancia al dipolo es $r$, es dada por la ecuación (5.42)

$$E = \frac{ea}{rc^2} \operatorname{sen}\chi = \frac{e^2 E_0}{rmc^2} \operatorname{sen}\chi \tag{5.46}$$

[34] En el caso relativista, la potencia irradiada depende del tipo de trayectoria descrita por la partícula.

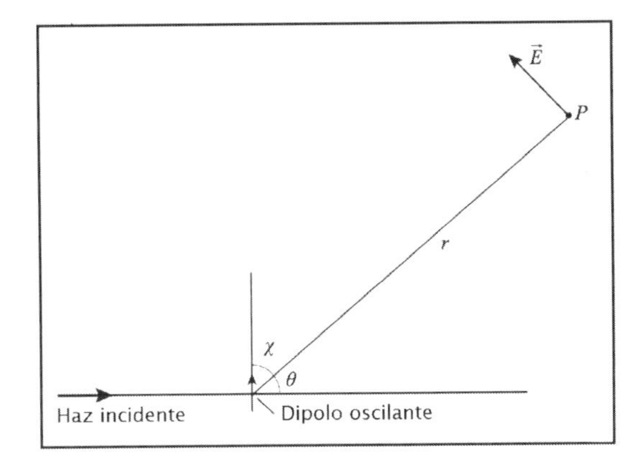


**Figura 5.36:** Dipolo oscilante en presencia de un campo electromagnético externo.

la intensidad de la radiación emitida por el dipolo, ecuación (5.37), es igual a

$$I = \frac{1}{r^2}\left(\frac{e^2}{mc^2}\right)^2 \mathrm{sen}^2\chi \; I_{\mathrm{inc}} \tag{5.47}$$

siendo $I_{\mathrm{inc}} = (c/8\pi)E_0^2$ la intensidad de la radiación incidente. En las dos ecuaciones anteriores, $\chi$ es el ángulo entre la dirección en la que el dipolo oscila y el segmento de recta que une al origen del dipolo con el punto de observación $P$ (Figura 5.36).

Para luz incidente no polarizada, el campo eléctrico incidente ($E_0$) se puede representar como resultante de dos componentes independientes, $E_y$ y $E_z$ (Figura 5.37), tal que las respectivas intensidades sean iguales y dadas por $I_y = I_z = I_{\mathrm{inc}}/2$.

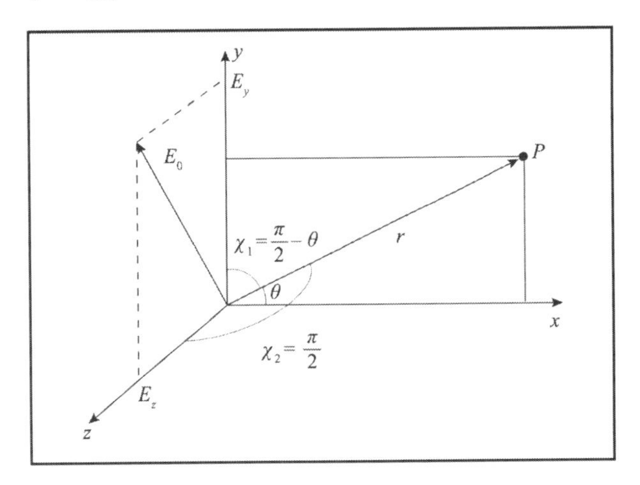


**Figura 5.37:** Descomposición del campo del dipolo oscilante.

Así, las intensidades $I_1$ y $I_2$, debidas a cada una de las componentes, son expresadas por

$$\begin{cases} I_1 = \dfrac{1}{r^2}\left(\dfrac{e^2}{mc^2}\right)^2 \mathrm{sen}^2\chi_1 \; I_y = \dfrac{1}{2r^2}\left(\dfrac{e^2}{mc^2}\right)^2 \cos^2\theta \; I_{\mathrm{inc}} \\[2ex] I_2 = \dfrac{1}{r^2}\left(\dfrac{e^2}{mc^2}\right)^2 \mathrm{sen}^2\chi_2 \; I_z = \dfrac{1}{2r^2}\left(\dfrac{e^2}{mc^2}\right)^2 I_{\mathrm{inc}} \end{cases}$$

y la intensidad total de la radiación emitida por el dipolo será dada por

$$I(\theta) = I_1 + I_2 = \frac{1}{r^2}\left(\frac{e^2}{mc^2}\right)^2 \frac{(1+\cos^2\theta)}{2} \; I_{\mathrm{inc}} \tag{5.48}$$

Integrando la ecuación (5.48) sobre la superficie ($S$) de una esfera de radio $r$, en torno de la carga, se obtiene la potencia total ($P$) de la radiación emitida por la carga oscilante,

$$P = \int_S I \, \mathrm{d}S = r^2 \int_{\theta,\phi} I(\theta) \, \mathrm{d}\Omega = 2\pi r^2 \int_0^{\pi} I(\theta) \operatorname{sen}\theta \, \mathrm{d}\theta \tag{5.49}$$

en donde $\mathrm{d}\Omega = 2\pi \operatorname{sen}\theta \, \mathrm{d}\theta$ es el ángulo sólido en torno del eje $x$, asociado al ángulo $\theta$. Usando la ecuación (5.48), para $I(\theta)$, se obtiene

$$P = 2\pi \left(\frac{e^2}{mc^2}\right)^2 \underbrace{\frac{1}{2}\int_0^{\pi} (1+\cos^2\theta) \operatorname{sen}\theta \, \mathrm{d}\theta}_{4/3} \; I_{\text{inc}}$$

Así,

$$P = \frac{8\pi}{3}\left(\frac{e^2}{mc^2}\right)^2 I_{\text{inc}} \tag{5.50}$$

La razón entre la energía electromagnética total dispersada por unidad de tiempo (tasa de energía), $P$, por una partícula cargada, y la intensidad de la onda incidente (flujo incidente) es la sección eficaz de la partícula (Sección 3.3.5). Esa área efectiva es llamada sección eficaz ($\sigma$) de Thomson

$$\boxed{\sigma = \frac{8\pi}{3}\left(\frac{e^2}{mc^2}\right)^2} \tag{5.51}$$

Considerando que la partícula oscilante sea un electrón, cuya forma, por hipótesis, es una esfera rígida de radio $r_e$ (Sección 8.1.7), J.J. Thomson, comparando la ecuación (5.51) con la sección eficaz geométrica $\sigma \simeq \pi r_e^2$, estimó el radio clásico del electrón como

$$r_e = \frac{e^2}{mc^2} \simeq 2{,}8 \times 10^{-13} \text{ cm} \tag{5.52}$$

La ecuación (5.51) fue obtenida por J.J. Thomson para calcular la sección eficaz de un electrón en la dispersión de rayos X por la materia (Sección 8.2.1). Debido a la alta frecuencia de los rayos X, los electrones, a pesar de estar ligados a los átomos, se comportan como partículas prácticamente libres, que oscilan con la misma frecuencia de la radiación incidente. Por tanto, clásicamente, la longitud de onda $\lambda$ del rayo X dispersado no se altera, al contrario de lo que fue posteriormente observado por Compton (Sección 10.3.3).

De la ecuación (5.49), se puede expresar la potencia emitida por unidad de ángulo sólido como

$$\frac{\mathrm{d}P}{\mathrm{d}\Omega} = \left(\frac{e^2}{mc^2}\right)^2 \frac{(1+\cos^2\theta)}{2} I_{\text{inc}} = \frac{\mathrm{d}\sigma}{\mathrm{d}\Omega} I_{\text{inc}} \tag{5.53}$$

de la cual se obtiene la llamada sección eficaz diferencial de Thomson:

$$\boxed{\left(\frac{\mathrm{d}\sigma}{\mathrm{d}\Omega}\right)_{\text{Th}} = \left(\frac{e^2}{mc^2}\right)^2 \frac{(1+\cos^2\theta)}{2}} \tag{5.54}$$

## 5.7 La propagación de la luz y el éter, según Maxwell y Einstein

*El modelo mecánico de Maxwell para el campo electromagnético es uno de los más imaginativos y menos creíbles jamás propuesto.*
William Berkson

Maxwell construyó, en 1865, y sistematizó, en 1873, su teoría electromagnética a partir de una visión mecanicista del éter, tomado como un soporte material para la propagación de ondas electromagnéticas. En el Capítulo XX de su tratado sobre Electricidad y Magnetismo, intitulado "Teoría electromagnética de la Luz", Maxwell afirma que la teoría ondulatoria de la luz también presupone la existencia de un medio, que él se propone mostrarlo idéntico al éter luminífero. En verdad, tal identificación es presentada mucho más como forma de dar soporte a la existencia física del éter. De hecho, Maxwell escribió a propósito lo siguiente:

> *Llenar el espacio con un nuevo medio cada vez que cualquier nuevo fenómeno deba ser explicado no es absolutamente filosófico, pero si el estudio de dos diferentes ramas de la ciencia sugiere, independientemente, la idea de un medio, y si las propiedades que deben ser atribuidas al medio para dar cuenta de los fenómenos electromagnéticos son del mismo tipo de aquellas que atribuimos al medio luminífero para dar cuenta de los fenómenos de la luz, la evidencia a favor de la existencia física del medio será considerablemente reforzada.*

Mas adelante, Maxwell se refirió a la importancia de medir la velocidad de propagación de las ondas electromagnéticas en ese medio de la siguiente forma:

> *Si se encontrara que la velocidad de propagación de las perturbaciones electromagnéticas es la misma que la velocidad de la luz, y eso no sólo en el aire, sino en otros medios transparentes, tendremos fuertes razones para creer que la luz es un fenómeno electromagnético, y la combinación de la evidencia óptica con la eléctrica producirá una convicción acerca de la realidad del medio, similar a aquella que se obtiene en el caso de otros tipos de materia, por la evidencia combinada de los sentidos.*

Ese medio luminífero para Maxwell, en el caso de la concepción ondulatoria de la luz, es un receptáculo de energía.

A pesar del esfuerzo de Maxwell, Hertz, Lorentz y seguidores, Einstein llama la atención ante el hecho de que nunca se consiguió

> *(...) imaginar un modelo mecánico para el éter, capaz de proporcionar una interpretación mecánica satisfactoria de las leyes de los campos electromagnéticos de Maxwell. Las leyes eran claras y simples, las interpretaciones mecánicas, pesadas y contradictorias.*

La teoría electromagnética permitió el enfoque y la explicación de varios problemas de interacción de la luz con la materia, a través de la fuerza de Lorentz, de la deducción de la fórmula de Larmor, de la fórmula del desdoblamiento de las líneas espectrales en el efecto Zeeman (Sección 7.2.2), de la sección eficaz de Thomson (Sección 5.6.8) y de la fórmula para la presión de radiación, que evidenciaron el carácter compuesto de los átomos y la propia existencia de la primera partícula elemental (el electrón) del actual modelo de las partículas elementales y sus interacciones, el llamado *Modelo Estándar*. En todos esos ejemplos, no fue posible comprobar realmente la existencia de un éter.

A pesar de los intentos de Lorentz de combinar el Eletromagnetismo de Faraday y de Maxwell con la concepción atomística de la materia para, así, establecer una mecánica de partículas eléctricamente cargadas, no se fue capaz de concebir una explicación y una deducción para la fórmula de Balmer (Sección 7.2.1) a partir de la Electrodinámica Clásica. De ese modo, la utilización de modelos basados en la Mecánica Clásica de Newton comienza a ser cuestionada, evidenciando sus limitaciones en la comprensión de la naturaleza.

Uno de los últimos esfuerzos, aún basado parcialmente en la Mecánica Clásica, fue emprendido por Niels Bohr, en 1913, al deducir la fórmula de Balmer, a partir del modelo atómico planetario de Rutherford para el átomo de hidrógeno (Sección 11.4). Ese procedimiento híbrido constituye una de las últimas tentativas en la cual la Mecánica Clásica fue usada como punto de apoyo de teorías explicativas de la Física Moderna.

Einstein hace una revisión profunda de los conceptos relacionados con la estructura de simetría de la Electrodinámica Clásica, lo que lo lleva a construir la teoría de la Relatividad Especial, que fue el inicio para la reformulación de conceptos pilares de la Física y para el desarrollo de nuevos modelos para la interacción de la materia con la luz (Capítulo 6).

Mas es preciso tener en mente que, por otro lado, hubo también, según Einstein, una tentativa en sentido contrario, o sea, de reducir los principios mecánicos a los principios electromagnéticos. Para Hertz, por ejemplo, la materia es vista no sólo como un sustrato de velocidades, de energía cinética y de fuerzas de presión mecánica, mas también como sustrato de los campos electromagnéticos. Otro paso en ese sentido puede ser identificado en las tentativas de atribuir un origen electromagnético a la masa de las partículas (Sección 8.1.7).

Todas esas contribuciones apuntan a una confusión aún mayor entre los conceptos de *éter* y *materia*, aunque reforzando la característica mecánica del primero. Fue Lorentz quien, al construir su Electrodinámica, hizo una gran contribución en el sentido de ya no atribuir propiedades mecánicas al éter, exceptuando una: su *imovilidad*.

La teoría de Maxwell-Lorentz sirvió de base para que Einstein desarrollara la teoría de la Relatividad Especial, en la cual no hay espacio para el concepto de un éter en reposo absoluto. De ahí, pueden resultar dos conclusiones. La primera es que el éter simplemente no existe y los campos electromagnéticos son realidades independientes, que no pueden ser reducidos a otros conceptos, ni representan estados de un medio particular. La segunda conclusión, lógicamente posible, es que la negativa del éter no es algo necesariamente exigido por el principio de la Relatividad Especial – *supérfluo*, dice Einstein en su artículo *Sobre la electrodinámica de los cuerpos en movimiento*, de 1905; lo que es obligatorio es que no se atribuya un estado de movimiento específico al éter. Esa segunda posibilidad, a los ojos del propio Einstein, encuentra respaldo en la Teoría de la Relatividad General, como él enfatizó en una conferencia que dictó en Leyden, en 1920.

En ese período, Einstein concibió el mundo a partir de dos realidades que, aunque ligadas por una conexión causal, son separadas una de la otra desde el punto de vista lógico: el *éter gravífico* y el *campo electromagnético* o, como él mismo los llama, el *espacio* y la *materia*.[35] Esto porque él es capaz de admitir una porción de espacio sin campo electromagnético, mientras que ninguna región espacial puede ser concebida sin campo gravitacional, pues es éste el que le confiere al espacio sus propiedades métricas. Por tanto, desde el punto de vista de la hipótesis de la existencia de un éter, los campos gravitacional y electromagnético presentan una diferencia crucial.

Por otro lado, Einstein creía entonces que las partículas elementales constituyentes de la materia serían resultado de condensaciones del campo electromagnético (Sección 8.1.7). He ahí el origen de su afirmación, ya citada, acerca de la existencia de dos realidades distintas: el *éter gravífico* y el *campo electromagnético*. De ese modo, Einstein es llevado a concluir la conferencia considerando que,

> (...) *de acuerdo con la Teoría de la Relatividad General, el espacio es dotado de propiedades físicas; en este sentido, consecuentemente existe un éter. Según la Teoría de la Relatividad General, un espacio sin éter es inconcebible, pues no solamente la propagación de la luz sería imposible, sino también no habría ninguna posibilidad de existencia para las reglas y los relojes y, consecuentemente, para las distancias espacio-temporales en el sentido de la Física. Éste éter no debe, sin embargo, ser concebido como dotado de la propiedad que caracteriza los medios ponderables, o sea, como constituido de partes que pueden ser seguidas en el tiempo; la noción de movimiento no le debe ser aplicada.*

En síntesis, la tentativa posterior de unificar la Gravitación y el Electromagnetismo, que ocupó el intelecto de Einstein por mucho tiempo, puede ser encarada como consecuencia de un ideal geométrico,

[35] Aquí Einstein admite explícitamente que la materia no es nada más que la condensación del campo electromagnético.

en el cual las dicotomiías *éter*/*materia* dejan de existir, y *espacio* y *materia* son unificados en una teoría de campos, que corona una especie de proyecto neocartesiano.

Independientemente de eso, para tener una idea de cómo el concepto de *éter* estaba arraigado en la Física, en la Conferencia de Solvay de 1928, por tanto pasados 23 años de la publicación de *Sobre la electrodinámica de los cuerpos en movimiento*, todavía se vé a Lorentz afirmando que, desde su punto de vista, la Teoría de la Relatividad *no* excluye necesariamente la existencia de un medio universal.

## 5.8 Fuentes primarias


**Ampère, A.-M., 1827.** Mémoire sur la théorie mathématique des phénomènes électrodynamiques, uniquement déduite de l'expérience, dans lequel se trouvent réunis les Mémoires que M. Ampère a communiqués à l'Académie Royale des Sciences, dans les séances de 4 et 26 décembre 1820, 10 juin 1822, 22 décembre 1823, 12 septembre et 23 novembre 1825. *Mémoires de la Classe des Sciences Mathématiques et Physiques de l'Institut de France* **6**, p. 175-387.

**Biot, J.B.; Savart, F., 1820.** Note sur le Magnétisme de la pile de Volta. *Annales de Chimie et Physique* **15**, p. 222-223; Expériences électro-magnétiques [sur la mesure de l'action exercée à distance sur une particule de magnétisme, par un fil conjonctif, par MM. Biot et Savart]. *Journal de Physique, de Chemie, d'Histoire Naturelle et des Arts* **91**, p. 151.

**Coulomb, Ch.A., 1785-1791.** Serie de siete memorias, originalmente publicadas en *Mémoirs des Accademie des Sciences*. En particular, las memorias referentes a la electricidad y al magnetismo se encuentran en las pp. 107-318.

**Coulomb, Ch.A., 1884.** *Collections de Mémoires Relatifs a la Physique*, publiés par la Societé Française de Physique, Tome 1. Paris: Gauthier-Villars.

**Descartes, R., 1637.** *La Dioptrique.* In *Œuvres de Descartes.* Paris: Librairie Philosophique J. Vrin (1996).

**Earnshaw, S., 1842.** On the Nature of the Molecular Forces which Regulate the Constitution of the Luminiferous Ether. *Transactions of the Cambridge Philosophical Society* **7**, Part I, p. 97-112.

**Einstein, A., 1920.** El éter y la teoría de la relatividad. Conferencia hecha en la Universidad de Leyden, en mayo de 1920, publicada en francés en **Einstein, A., 1972**, p. 63-74.

**Euclides, s/d.** *Los Elementos.* Vea la edición *The Thirteen Books of Euclid's Elements*, traducido con introducción y comentarios de *Sir* Thomas L. Heath. Nueva York: Dover, 3 volumes, s/d.

**Faraday, M., 1834.** Experimental researches in electricity. *Philosophical Transactions of the Royal Society*, Seventh Series, p. 77-122. Reproducido en **Hutchins, R.M. (Ed.), 1980**, p. 361-390.

**Fourier, J.B.J., 1822.** *The Analytical Theory of Heat.* Traducción inglesa, Nueva York: Dover (2003).

**Fresnel, A., 1824.** Mémoire sur la double diffraction. *Académie des Sciences*, tome **7**, p. 45-176.

**Fresnel, A., 1826.** Mémoire sur la diffraction de la lumière. *Mémoires de l'Académie Royale des Sciences de L'Institut de France*, vol. **5**, p. 339-475; reproducido en inglés en **Shamos, M.H., 1987**, p. 108-120.

**Grassmann, H., 1845.** Neue Theorie der Elektrodynamik. *Annalen der Physik und Chemie*, Ser. 2, **64**, p. 1-18. Artículo en el cual el autor presenta la forma moderna de la fuerza de Biot-Savart.

**Grimaldi, F.M., 1665.** *Physico-Mathesis de Lumine, coloribus et iride.* Bononiae. Republicado por Arnaldo Forni, Bologna, 1963.

**Helmholtz, H. 1881.** The Modern Development of Faraday's Conception of Electricity. The Faraday Lecture, delivered before the Fellows of the Chemical Society in London, on April 5, 1881.

**Henry, J., 1832.** On the Production of Currents and Sparks of Electricity from Magnetism. *American Journal of Science and Arts* **22**, p. 403-408.

**Hertz, H., 1893.** *Electric Waves.* Macmillan and Co.; nueva edición, Nueva York: Dover (1962).

**Landau, L., 1941.** Theory of Superfluidity of He II. *Journal of Physics (Moscow, U.S.S.R.)* **5**, p. 71-90.

**Larmor, J., 1897.** On the Theory of the Magnetic Influence on Spectra and on the Radiation from Moving Ions. *Philosophical Magazine* **44**, p. 503-512.

**Larmor, J., 1910.** On the Statistical Theory of Radiation. *Philosophical Magazine* **20**, p. 350-353.

**Lorentz, H.A., 1904.** Electromagnetic phenombrena in a system moving with any velocity less than that of light. *Koninklijke Akademie van Wetenschappen te Amsterdam* **12**, p. 986-1009. Traducido al inglés en *Proceedings of the Academy of Sciences of Amsterdam* **6**, p. 809-831 (1903-1904).

**Lorentz, H.A., 1904-1905.** The Motion of electrons in metallic bodies, I-III. Artículos publicados en *Proceedings of Koninklijke Nederlandse Akademie van Wetenschappen te Amsterdam* **7**, pp. 438-453, pp. 585-593 e p. 684-691, respectivamente.

**Maxwell, J.C., 1855-1856.** On Faraday's Lines of Force. *Transactions of the Cambridge Philosophical Society* **10**, p. 27-83. Reproducido en **Niven, W.D. (Ed.), 1890**, v. 1, p. 155-229.

**Maxwell, J.C., 1865.** A Dynamical Theory of the Electromagnetic Field. *Royal Society Transactions* **155**, p. 459-512. Reproducido en **Niven, W.D. (Ed.), 1890**, v. 1, p. 526-597.

**Maxwell, J.C., 1873.** *A Treatise on Electricity and Magnetism*, v. 1 e 2. Nova York: Dover (1972).

**Newton, I., 1704.** *Opticks.* Republicado por Dover, New York, en 1952. Edición en portugués, *Óptica.* Sao Paulo: EdUsp (1996).

**Oersted, H.Ch., 1820a.** Conflictus eletrici in Acum magneticam. *Journal für die Chemie und Physik* **29**, p. 275.

**Oersted, H.Ch., 1820b.** Experiments on the effect of a current of electricity on the magnetic needle. *Annals of Philosophy* **16**, p. 274-275.

**Oersted, H.Ch., 1820c.** Expériences sur l'effet du conflict electrique sur l'aiguille aimantée. *Annales de Chimie et Physique* **14**, p. 417-425.

**Ohm, G.S., 1826.** Ein Nachtrag zum Aussatz. *Poggendorff's Annalen der Physik und Chemie* **7**, p. 117-118. *Schweigger's Journal der Chemie und Physik* **46**, p. 137-166.

**Poynting, J.H., 1884.** On the Transfer of Energy in the Electromagnetic Field. *Philosophical Transactions of the Royal Society of London*, **175**, p. 343-361. Reimpreso en *Collected Scientific Papers by John Henry Poynting.* Cambridge: Cambridge University Press (1920).

**Poynting, J.H., 1903.** Radiation in the Solar System: its Effect on Temperature and its Pressure on Small Bodies. *Philosophical Transactions of the Royal Society of London* **175**, p. 343-361.

**Thomson, J.J., 1906.** *Conduction of Electricity through Gases.* 2 ed., Cambridge: University Press.

**Volta, A., 1793.** Account of some Discovery made by Mr. Galvani [...] in Two Letters from Mr. A. Volta [...] to Mr. Tiberius Cavallo. *Philosophical Transactions of the Royal Society of London* **83**, p. 10-44.

**Volta, A., 1800.** Mémoire sur l'électricité excitée par le contact mutuel des conducteurs mêmes les plus parfait. *Philosophical Transactions of the Royal Society of London* **90**, pt. 2, p. 403-431.

**Young, T., 1802.** The Bakerian Lecture, On the theory of light and colours. *Philosophical Transactions of the Royal Society of London* **92**, p. 12-48.

**Young, T., 1804.** Experiments and calculations relative to physical optics (1803 Bakerian Lecture). *Philosophical Transactions of the Royal Society of London* **94**, p. 1-16. Reimpreso en **Shamos, M.H., 1987**, p. 96-107. Propuesta de que el principio de interferencia es la causa de los efectos de difracción de la luz.

## 5.9 Otras referencias y sugerencias de lectura

**Achinstein, P., 1991.** Contiene 11 ensayos sobre Filosofía de la Ciencia dedicados a temas como: ondas luminosas, moléculas y electrones y la polémica que se generó sobre la dualidad onda-partícula, a partir de la experiencia científica del siglo XIX.

**Berkson, W., 1974.** Escrita de forma muy clara, es una obra de referencia para quien se interesa por la historia del concepto de *campo* en la Física. El autor focaliza el período en que se construyó una nueva cosmovisión, que va de Faraday a Einstein.

**Born, M.; Wolf, E., 1980.** Texto clásico avanzado de Óptica, que hace la deducción de la Óptica Física a partir de las ecuaciones de Maxwell. En particular, de interés para este capítulo, vea su introducción histórica.

**Buchwald, J.Z., 1989.** Aborda el origen de la teoría ondulatoria de la luz en el inicio del siglo XIX, a partir de estudios teóricos y experimentales en el área de la Óptica.

**Darius, J., 1984.** Libro de fotografía en el cual se puede encontrar reproduciones de algunas fotografías que marcaron la historia de la Física Moderna.

**Einstein, A., 1972** Colección de artículos sobre Electromagnetismo, Éter, Geometría y Relatividad.

**Greiner, W., 1998.** Libro de texto de graduación sobre Electrodinámica Clásica.

**Harrison, M.E.; Marek, C.T.; White, J.D., 1997.** Rediscovering Poisson's Spot. *The Physics Teacher* **35**, p. 18-19.

**Hesse, M.B., 1962.** Cubriendo el período que va desde la Antigüedad Clásica hasta el siglo XIX, la autora presenta una discusión sobre la cuestión central de como los cuerpos actúan unos sobre los otros a través del espacio, desde el punto de vista de la Historia de la Física.

**Huygens, C.; Fresnel, A., 1945.** Trae la traducción al español del *Tratado de la Luz*, de Christiaan Huygens, y la *Naturaleza de la Luz*, de Augustin Fresnel.

**Jackson, J.D., 1999.** Libro de texto avanzado sobre Electrodinámica Clásica, frecuentemente utilizado en cursos de posgraduación en Física.

**Lanczos, 1986.** Texto sobre el principio variacional aplicado a la Mecánica, incluyendo consideraciones históricas y filosóficas relacionadas al tema.

**Lindberg, D.C., 1976.** Enfoque histórico de diversas teorías de la visión, en la Antigüedad, en la Edad Media y en el Renacimiento.

**Moreira Xavier, R., 1986.** Notas sobre la evolución del concepto de causa en la física posnewtoniana: de la causa eficiente a la causa formal. *Notas de Física* CBPF-NF-053/86, Río de Janeiro: Centro Brasileiro de Pesquisas Físicas.

**Moreira Xavier, R., 1993.** Bachelard y el Libro del calor: el nacimiento de la Física Matemática en la época de la articulación causal del mundo. *Revista Filosófica Brasileira* **6**, n. 1, p. 100-113.

**Munro, J., 1912.** Texto elemental sobre la historia de la electricidad.

**Niven, W.D. (Ed.), 1890** Colección de los trabajos científicos de Maxwell.

**Pearce Williams, L., 1980.** Orígenes de la Teoría de Campos, dando énfasis a las contribuciones de Faraday y Maxwell.

**Rohrlich, F., 1965.** Texto clásico avanzado sobre las interacciones de las partículas cargadas con los campos electromagnéticos.

**Rupert Hall, A., 1995.** Libro que ayuda al lector a comprender el tratado *Optiks* de Newton.

**Sabra, A.I., 1967.** Estudio histórico dedicado al desarrollo de la Óptica en el siglo XIX, que aborda las contribuciones de Descartes, Hooke, Huygens, Fresnel y Newton.

**Whittaker, E., 1951.** Una historia de las teorías del éter y de la electricidad. Obra de referencia, rica en detalles históricos y bibliográficos.

**Yourgrau, W.; Mandelstan, S., 1968.** Aborda la evolución del principio variacional en teorías dinámicas, con particular énfasis en el desarrollo de la Mecánica Cuántica.

## 5.10 Ejercicios

**Ejercicio 5.10.1** Muestre que los coeficientes de reflexión $r$ y de transmisión $t$ de un pulso que se propaga en una cuerda con dos densidades diferentes, como los definidos en el texto, satisfacen la relación $r+t=1$.

**Ejercicio 5.10.2** Calcule el valor medio cuadrático, en un período ($T$), de la función sen $(kx-\omega t)$, que describe una onda monocromática de frecuencia $\omega = 2\pi/T$ y número de propagación $k$.

**Ejercicio 5.10.3** A partir del principio de Huygens y de las aproximaciones de Fraunhoufer, muestre que la integral que determina el patrón de interferencia en el experimento de la doble rendija de Young es igual a

$$e^{\beta+\gamma}\left(\frac{\operatorname{sen}\beta}{\beta}\right)\left(\frac{\operatorname{sen}2\gamma}{\operatorname{sen}\gamma}\right)$$

siendo $\beta = \dfrac{\pi}{\lambda} a \operatorname{sen}\theta$ y $\gamma = \dfrac{\pi}{\lambda} d \operatorname{sen}\theta$.

**Ejercicio 5.10.4** A partir del principio de Huygens y de las aproximaciones de Fraunhoufer, muestre que la integral que determina el patrón de interferencia en una disposición de $N$ rendijas es igual a

$$e^{[\beta+(N-1)\gamma]}\left(\frac{\operatorname{sen}\beta}{\beta}\right)\left(\frac{\operatorname{sen}N\gamma}{\operatorname{sen}\gamma}\right)$$

con $\beta$ y $\gamma$ definidos en el problema anterior.

**Ejercicio 5.10.5** Luz de longitud de onda igual a 5 000 Å es utilizada en un experimento de doble rendija, en el cual el ancho de cada rendija es 0,025 mm y la distancia entre las rendijas es 0,1 mm. Las franjas de interferencia son observadas en un pantalla colocada a una distancia de las rendijas del orden de 50 cm. Determine:

a) la separación en la pantalla entre los máximos principales;
b) la distancia entre el máximo central y el primer mínimo de difracción;
c) el número de franjas brillantes que son observadas dentro del pico central de difracción.

**Ejercicio 5.10.6** Dos ondas planas luminosas de longitudes de onda iguales a 4 500 Å y 6 000 Å inciden perpendicularmente sobre una red de difracción. Determine el número mínimo de líneas por milímetro de la red tal que la separación angular entre los respectivos máximos principales de orden 1 sea igual a 20°.

**Ejercicio 5.10.7** Una lámpara de vapor de sodio emite luz amarilla constituida por dos componentes espectrales de longitud de onda 589,00 nm y 589,59 nm, el llamado doblete del sodio. La franja límite observada subtendiendo un ángulo de 10° en una red de difracción es de orden 3. Determine:

a) la distancia entre las líneas de la red;
b) la anchura total de la red.

**Ejercicio 5.10.8** Una red de difracción tiene 600 líneas/mm. Calcule cuántas franjas claras pueden ser observadas cuando luz monocromática de 4 500 Å es difractada por esa red.

**Ejercicio 5.10.9** Determine cuántas líneas debe tener una red de difracción para ser capaz de discriminar la luz de una fuente que emite dos ondas monocromáticas de longitud de onda cuya suma es 13126 Å y la diferencia igual a 1,8 Å.

**Ejercicio 5.10.10** Las componentes del campo magnético de una onda electromagnética de frecuencia $\omega$ y número de propagación $k$ que se propaga en el vacío son $B_x = B_0$ sen $(ky+\omega t)$, $B_y = B_z = 0$. Determine las componentes del campo eléctrico y la dirección y el sentido de la propagación de la onda.

**Ejercicio 5.10.11** Deduzca la ecuación de continuidad para la carga eléctrica a partir de las ecuaciones de Maxwell.

**Ejercicio 5.10.12** Muestre que la presión $P$ ejercida por una luz monocromática de intensidad $I$ que incide perpendicularmente sobre una superficie que la absorbe completamente es dada por

$$P = \frac{I}{c}$$

**Ejercicio 5.10.13** La intensidad de la radiación del Sol que penetra en la atmósfera terrestre es del orden de $1{,}4 \times 10^3$ W/m$^2$. Compare la presión de la radiación con la presión atmosférica al nivel del mar.

**Ejercicio 5.10.14** Considere que en una región del espacio hay un campo magnético paralelo al eje $z$ y con simetría axial, o sea, su módulo, aunque pueda variar en el tiempo, depende sólo de la distancia $r$ al eje $z$. Determine el campo eléctrico en cada punto del espacio.

**Ejercicio 5.10.15** Un ion, de carga eléctrica $q$ y masa $m$, se desplaza en una órbita circular de radio $r$ bajo la acción de una fuerza centrípeta $F$. En un cierto intervalo de tiempo, un campo magnético débil y uniforme es establecido en la dirección perpendicular al plano de la órbita. Muestre que la variación en el módulo de la velocidad $v$ del ion, en el SI, es $\Delta v = \pm qrB/2m$.

**Ejercicio 5.10.16** Muestre que, en el SI, la variación en el momento magnético, $\Delta\vec{\mu}$, de un ion sujeto a la variación de velocidad en la situación descrita en el problema anterior es igual a

$$\Delta\vec{\mu} = \pm\left(\frac{q^2r^2}{4m}\right)\vec{B}$$

**Ejercicio 5.10.17** Considere que un electrón de coordenada $y$ oscila con amplitud $y_0$ en torno de un origen con frecuencia $\nu$, o sea, $y = y_0 \cos(2\pi\nu t)$. Muestre que la potencia media irradiada por ese electrón es

$$P = \frac{16\pi^4\nu^4e^2}{3c^3}y_0^2$$

siendo $e$ la carga del electrón.

**Ejercicio 5.10.18** Usando el resultado del problema anterior, estime el valor de la potencia media irradiada por el electrón, cuya carga eléctrica es del orden de $-4{,}8 \times 10^{-10}$ ues, sabiendo que la frecuencia es del orden de $5{,}0 \times 10^{14}$ Hz, y suponiendo que la amplitud de oscilación del electrón sea del orden de las dimensiones atómicas.

**Ejercicio 5.10.19** Con base en la fórmula de Larmor para la potencia media irradiada por una carga acelerada, ecuación (5.44), dé una explicación de por qué el cielo es azul.

**Ejercicio 5.10.20** Un protón recorre una órbita circular de radio $r = 1$ m a través del campo magnético uniforme de un ciclotrón, con energía cinética igual a 50 MeV. Calcule la energía perdida por el protón durante su movimiento orbital.

**Ejercicio 5.10.21** Haga un esbozo de la sección eficaz diferencial de Thomson, ecuación (5.54), en función del ángulo $\theta$ de dispersión.

# 6

# La Electrodinámica y la Teoría de la Relatividad Especial de Einstein

*Una generalización hecha no por el mero placer de generalizar, sino para resolver problemas previamente existentes, es siempre una generalización fructífera.*

Henri Lebesgue

## 6.1 El movimento y el espacio

*El sentido del espacio se reduce (...) a una asociación constante entre ciertas sensaciones y ciertos movimientos, o a la representación de esos movimientos.*

Henri Poincaré

Es prácticamente imposible separar la historia de la Física de la historia del concepto de *espacio.* Esa afirmación es particularmente verdadera al mirar la génesis de la Teoría de la Relatividad.

Históricamente, se destacan las contribuciones de Aristóteles, Newton y Einstein, que lograron definir de forma clara, coherente y operacional lo que es el *espacio.* De cierto modo, se puede decir que todos los otros trabajos sobre este concepto base de la Física son comentarios de las obras de ellos tres. Sin embargo, lo que gustaría enfatizar es que, guardando las debidas diferencias de cada período histórico, el problema del *movimiento* siempre estuvo presente o en el centro de las principales críticas a una concepción espacial dada, o en la base de la reestructuración del propio concepto del espacio.

El espacio de Aristóteles es concebido como una cantidad continua, la suma de *lugares – topos.* Estos, a su vez, son partes del espacio cuyos límites coinciden con los de los cuerpos que los contienen. Así, el lugar ocupado por el agua de un jarro es la superficie del jarro inmediatamente en contacto con el agua. Esa definición no acarrea problemas epistemológicos mientras no sea aplicada a una situación de movimiento. Una objeción clásica a ese concepto aristotélico viene cuando uno se pregunta cuál es el lugar de una piedra situada en el cauce de un río. Ahora, como en el ejemplo de la jarra, el lugar de la piedra sería la superficie del agua del río inmediatamente en contacto con ella. Mas el río corre, luego, esa agua cambia y, por tanto, muda también el lugar de la piedra, aunque ella no se mueva en relación al cauce del río. Paradojas de este tipo fueron minando la teoría aristotélica del espacio durante la Edad Media.

Newton se dispone a describir el movimiento, la dinámica de las partículas y de los cuerpos, a partir de una teoría mecánica basada en una *causa eficiente*: las fuerzas. Su intención está clara en el pasaje:

*Derivar de los fenómenos de la naturaleza dos o tres principios generales del movimiento y entonces explicar de qué modo las propiedades y las acciones de todas las cosas corpóreas derivan de estos principios evidentes es realizar un gran progreso en la Filosofía.*

Siendo la Mecánica la teoría del movimiento medido a partir de reglas y relojes, es preciso definir *espacio* y *tiempo*. Luego en el inicio de los *Principios* se encontró la afirmación de que

*el espacio absoluto, considerado en su naturaleza sin relación a cualquier cosa extraña, permanece siempre homogéneo e inmóvil; el espacio relativo es una dimensión o medida móvil del espacio absoluto, que se revela a nuestros sentidos mediante su relación con los cuerpos, y es comúnmente confundido con el espacio inmóvil.*

El *espacio absoluto* para Newton era una necesidad lógica y ontológica. Mas no se podía perder de vista tambíen sus concepciones religiosas, que lo llevaron a concebir el espacio como el *sensorium* de Dios. Su caráter absoluto es, por ejemplo, indispensable en su sistema para la comprensión de la primera ley de Newton. Es a través del concepto de espacio absoluto que el gran físico inglés reunificará la Física de los fenómenos terrestres y celestes por medio de la *Ley de la gravitación universal* (Figura 6.1), afirmando que una manzana cae en la Tierra por el mismo motivo – según la misma ley – que la Tierra se mueve alrededor del Sol.

**Figura 6.1:** Universalidad de la Gravitación de Newton.

Uno de los argumentos para probar la existencia de un movimiento absoluto, reflejo de la existencia de un espacio absoluto, se relaciona con las fuerzas centrífugas, y fue presentado por Newton en su clásico *experimento del balde giratorio* lleno de agua, suscitando polémica y críticas, como las del físico y filósofo austriaco Ernest Mach. Sin embargo, las preguntas envueltas en ese experimento sólo pudieron ser comprendidas con base en el principio de equivalencia de Einstein, a la luz de la Teoría de la Relatividad General.

Por último, la crítica de Einstein a la Eletrodinámica de los cuerpos en movimiento tiene su inicio en la observación de que el conjunto de las ecuaciones de Maxwell, tomando por base las transformaciones de Galileo (Sección 6.4.1), daría lugar a fenómenos distintos, si se considerase el *movimiento relativo* entre un cable, en el cual se establece una corriente, y un imán, ora en el sistema de referencia inercial en el cual el cable está en reposo, ora en el que el imán está en reposo. Estos son apenas algunos ejemplos históricos en que la cuestión del *movimiento*, observada a través de otro prisma, proporcionó el progreso de la Física.

## 6.2 Las dos nubes de Lord Kelvin

*Los pensamientos retornan, las convicciones se propagan, las situaciones pasan irrevocablemente.*
Johann W. von Goethe

A finales del siglo XIX entrando al XX, en una conferencia dada el 27 de abril de 1900, Lord Kelvin, partidario de la visión mecanicista, afirmó que en el cielo azul de la Física Clásica sólo existían dos nubes: el problema de la no detección del viento del *éter* y el problema de la partición de energía. Su artículo, publicado en 1901, dedicado a las nubes del siglo XIX, se inicia así:

> *La belleza y la claridad de la teoría dinámica, que sustenta que calor y luz son modos de movimiento, en el presente es oscurecida* [sic.] *por dos nubes. I. La primera se relaciona con la teoría ondulatoria de la luz, y fue tratada por Fresnel y por el Dr. Thomas Young; ella implica la cuestión ¿cómo puede la Tierra moverse através de un sólido elástico, tal como es esencialmente el éter luminífero?' II. La segunda es la doctrina de Maxwell-Boltzmann, referente a la partición de la energía.*

Ese es un ejemplo notable, en el cual la presunción se mezcla con la perspicacia. Tal vez estimulado por el espíritu de que el final de un siglo marca el *fin* de muchas cosas, Lord Kelvin, por un lado, apunta que el conjunto de teorías que se convino en llamar Física Clásica daba cuenta de prácticamente todos los fenómenos observados y, por otro lado, fue capaz de identificar exactamente los dos problemas más importantes de su época, de los cuales tuvieran origen dos grandes revoluciones científicas.

La disipación de estas dos nubes fue el punto de partida de un cambio radical de conceptos en la Física, que resultó en la construcción y desarrollo de las *teorías cuánticas y relativistas*. Conceptos como el de *espacio*, *tiempo*, *simultaneidad*, *energía*, *masa*, *trayectoria*, *partícula*, *interacción* y *vacío* fueron revisados a la luz de esas nuevas teorías. Utilizando una terminología atribuida al filósofo francés Gaston Bachelard, hubo, en ese momento, un corte epistemológico en la Ciencia, o sea, los nuevos resultados ya no podían ya ser explicados por las viejas teorías y los antiguos paradigmas kuhnianos tendrían que ser revisados.

En ese contexto, el inicio del siglo XX fue marcado por la publicación, en Alemania, de dos trabajos teóricos fundamentales: uno de Planck (1900) y otro de Einstein (1905), que acabarían por tener influencia decisiva en los estudios de los fenómenos en escala atómica.

## 6.3 Los experimentos de Michelson y Morley

*La existencia del éter resulta siendo incompatible con la teoría [de la relatividad]; un éter fijo implicaría la posibilidad de detectar un "movimiento absoluto". Mas, sin un medio, ¿cómo se puede explicar la propagación de ondas luminosas? En la teoría electromagnética, la velocidad de una perturbación electromagnética es igual al inverso da raíz cuadrada del producto de las permeabilidades eléctrica y magnética. ¿Cómo explicar la constancia de la propagación, la hipótesis fundamental (al menos en la teoría especial), si no existe un medio?*
Albert Abraham Michelson

La alusión de *Lord* Kelvin a la no detección del viento del *éter* sigue a los experimentos de dos estadounidenses Albert Abraham Michelson y Edward Williams Morley, en los cuales no fue posible observar diferencia alguna en la medida de las velocidades de la luz causada por el movimiento de la Tierra en relación a un posible medio etéreo.

Según las reglas de la cinemática clásica, se esperaba que la velocidad de propagación de la luz en relación a la Tierra dependiera de la dirección de propagación, como es diferente la velocidad de un barco en relación al margen de un río, por moverse en direcciones diferentes a su corriente. Michelson intentaba, desde 1881, cuando concebió su interferómetro, confirmar la existencia de un sistema de referencia privilegiado asociado al éter. En 1887, él y Morley, construyendo un nuevo aparato, realizaron experimentos en los cuales esperaban, finalmente, medir la diferencia de tiempo que la luz demoraría para recorrer una cierta distancia en la dirección del movimiento de la Tierra, en su órbita en torno del Sol, en comparación con el tiempo que la luz demoraría para recorrer la misma distancia en una dirección perpendicular.

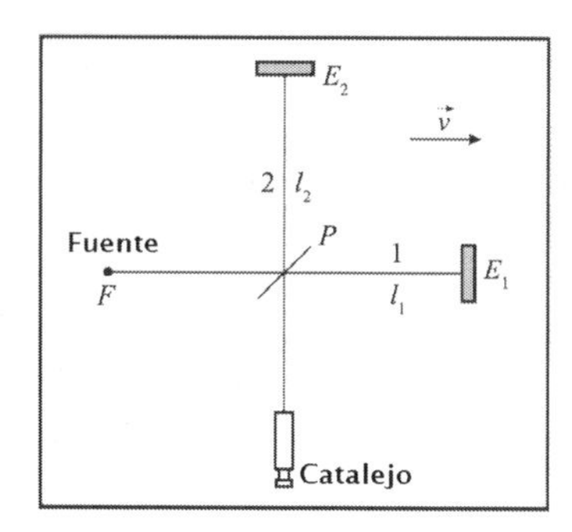


**Figura 6.2:** Esquema del interferómetro de Michelson y Morley para detectar el viento del éter.

Los experimentos de 1881 a 1887 se basaron en la misma concepción, de acuerdo con el esquema de la Figura 6.2, en el cual un rayo luminoso, de longitud de onda ($\lambda$) en el rango del amarillo ($5{,}89 \times 10^{-7}$m), emitido por una fuente $F$, es dividido en dos partes (1 y 2), por transmisión y reflexión, al incidir sobre una lámina de vidrio $P$, sobre el cual se deposita una fina capa de plata. Los rayos 1 y 2 son reflejados en los espejos $E_1$ y $E_2$ y retornan a la placa $P$; debido a la diferencia de camino de los rayos, se pueden observar franjas de interferencia en un catalejo. La localización exacta de las franjas depende de la diferencia de las longitudes $l_1$ y $l_2$.

Suponga que el aparato, conjuntamente con la Tierra, se mueva con velocidades $v \simeq 30$km/s ($v \ll c$) en relación al éter. A lo largo del brazo de longitud $l_1$, para un observador en reposo en relación al éter, el intervalo de tiempo ($t_1$) despendido por los rayos 1 para recorrer la distancia $\overline{PE_1}$ y después $\overline{E_1P}$, según las transformaciones de Galileo (Sección 6.4.1), está dado por

$$t_1 = l_1 \left[ \frac{1}{c-v} + \frac{1}{c+v} \right] = \frac{2l_1/c}{1 - v^2/c^2} \simeq 2\frac{l_1}{c} \left( 1 + \frac{v^2}{c^2} \right) \tag{6.1}$$

Durante el intervalo de tiempo ($t_2$) que el rayo 2 lleva para retornar a la lámina $P$, recorriendo una distancia $ct_2$, el aparato se desplaza una distancia $vt_2$ (Figura 6.3), tal que

$$(ct_2/2)^2 = (vt_2/2)^2 + l_2^2$$

Así, el intervalo de tiempo $t_2$ resulta dado por

$$t_2 = \frac{2l_2/c}{\sqrt{1 - v^2/c^2}} \simeq 2\frac{l_2}{c} \left( 1 + \frac{1}{2}\frac{v^2}{c^2} \right) \tag{6.2}$$

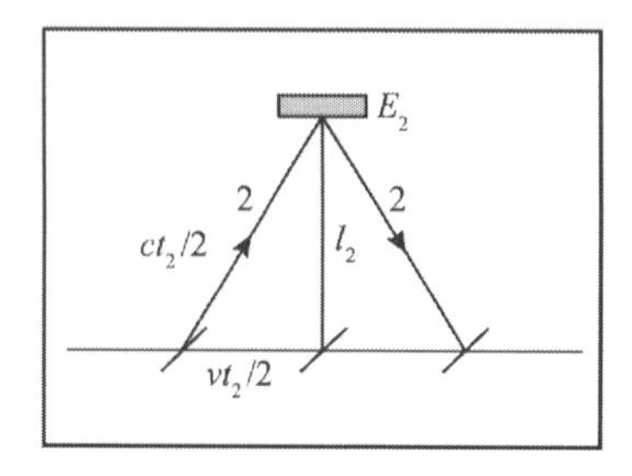


**Figura 6.3:** Trayectoria de los rayos luminosos según un sistema privilegiado.

Debido a las supuestas invariancias del intervalo de tiempo y de la distancia, $t_1$ y $t_2$ son iguales a los intervalos atribuidos por un observador en la Tierra.

Cuando interfieren en los diversos puntos del catalejo, la diferencia del tiempo, $\Delta t = t_1 - t_2$, implica diferencias de camino entre los rayos 1 y 2 determinadas por

$$\delta = c\Delta t = 2(l_1 - l_2) + (2l_1 - l_2)\frac{v^2}{c^2} \tag{6.3}$$

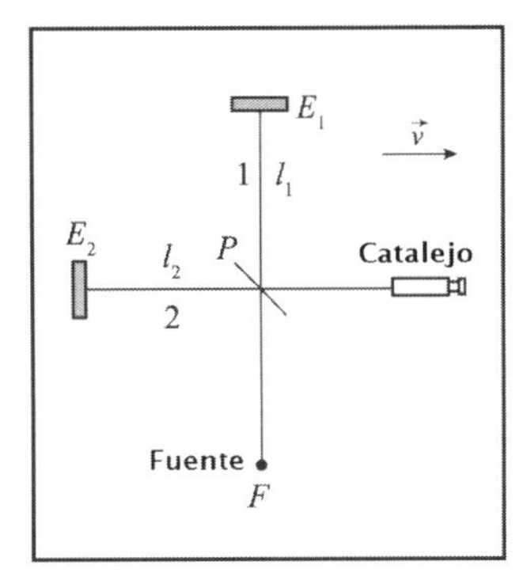


**Figura 6.4:** Aparato de Michelson girado en $90^\circ$ con relación al esquema de la Figura 6.2.

Si el aparato es girado en 90º en sentido antihorario (Figura 6.4), los tiempos ($t_1^*$ y $t_2^*$) despendidos, respectivamente, por los rayos 1 y 2 para regresar a lâmina $P$ son dados por

$$t_1^* = \frac{2l_1/c}{\sqrt{1 - v^2/c^2}} \simeq 2\frac{l_1}{c}\left(1 + \frac{1}{2}\frac{v^2}{c^2}\right) \tag{6.4}$$

$$t_2^* = \frac{2l_2/c}{1 - v^2/c^2} \simeq 2\frac{l_2}{c}\left(1 + \frac{v^2}{c^2}\right) \tag{6.5}$$

La diferencia de tiempo, $\Delta t^* = t_1^* - t_2^*$, implica diferencia de los caminos de los rayos 1 y 2 determinadas por

$$\delta^* = c\Delta t^* = 2(l_1 - l_2) + (l_1 - 2l_2)\frac{v^2}{c^2} \tag{6.6}$$

De ese modo, se esperaba que, con la rotación del aparato, las franjas de interferencia en las dos situaciones se desplazasen en una cantidad del orden de

$$\frac{\delta - \delta^*}{\lambda} = \frac{(l_1 + l_2)}{\lambda}\frac{v^2}{c^2} \tag{6.7}$$

En los experimentos de 1881, las longitudes de los brazos eran prácticamente iguales a 1,2 m, lo que correspondería a un desplazamiento $\delta - \delta^* = 0{,}04$ franjas. Como el deslplazamiento observado fue del orden de 0,02 franjas, el resultado no fue concluyente.

Al repetir los experimentos con Morley, en 1887, la longitud efectiva de los brazos, por medio de múltiples reflexiones, fue extendida aproximadamente 11 m, lo que correspondería a un desplazamiento del orden de 0,4 franjas. Pero esa vez, el desplazamiento observado fue de apenas 0,01 franjas, y, por tanto, el resultado del experimento de Michelson-Morley fue negativo: *ningún efecto fue observado.* Por lo tanto, el resultado de la experiencia no confirmó la existencia del viento del éter.

Cabe resaltar que el análisis de Michelson suponía que la luz era un ente cuya velocidad se componía de acuerdo a la fórmula de adición de velocidades derivada de las transformaciones de Galileo.

Lorentz y el físico irlandés George Fitzgerald llegaron a proponer que todo objeto sufriría una contracción en su longitud a lo largo de la dirección de su movimiento. Después de otras tentativas de Larmor, del propio Lorentz, y del matemático francés Jules Henri Poincaré, el resultado nulo en el experimento de Michelson-Morley pudo ser comprendido, en 1905, con el artículo intitulado "Sobre la eletrodinámica de los cuerpos en movimiento", en el cual Einstein establece que la hipótesis de un *éter* lumínífero es superflua para la validez del Electromagnetismo y, por tanto, de la Óptica (Sección 5.7). Según los postulados de Einstein, el resultado nulo de los experimentos de Michelson-Morley proviene del hecho de que, independientemente del movimiento de la Tierra, el intervalo de tiempo ($t$) (para un observador en la Tierra) que la luz tarda en recorrer una distancia $l$ es dado simplemente por $t = l/c$.

## 6.4 La covariancia de las leyes físicas

*Un resultado de mi trabajo fue la afirmación de que las transformaciones de Lorentz transcienden sus conexiones con las ecuaciones de Maxwell y se refieren a la naturaleza del espacio y el tiempo en general. Otro resultado es que la "invariancia de Lorentz" es una condición general para cualquier teoría física.*

Albert Einstein

Los resultados de los experimentos de Michelson y los trabajos de Lorentz, que precedieron a la Teoría da Relatividad Especial, evidenciaron algunos de los problemas relacionados con la síntesis de la Mecánica de Newton con el Electromagnetismo de Maxwell. A pesar de eso, las motivaciones que llevaron a Einstein a elaborar una nueva teoría del espacio y del tiempo deben buscarse en su propio programa de investigación de la naturaleza.

En las palabras de Gerald Holton,[1] historiador de la ciencia, Einstein siempre fue fiel a la *seducción jónica.* De la misma manera que los primeros pensadores griegos, Einstein siempre creyó en la unidad del Universo y, por tanto, de la Ciencia. Para él, existiría una realidad física objetiva y el papel del científico sería elaborar teorías que describiesen esa realidad.

Sin embargo; una teoría física sería una creación libre de la mente, basada en intuiciones. Su aceptación *a posteriori* estaría condicionada a los resultados de experimentos, así como a la predicción de nuevos hechos a ser observados. En tanto, nada garantiza que una teoría sea realmente correcta, incluso si interpreta convincentemente una clase particular de fenómenos. Éste fue el caso de la Mecánica Clásica de Newton para la mayoría de los fenómenos que involucran cuerpos que se desplazaban a velocidades mucho menores que la velocidad de la luz en el vacío.

Aunque Einstein no creía en la existencia de estándares para la elaboración de teorías físicas, creía en los principios básicos que podrían guiarlo en la dirección correcta. O sea, según sus propias palabras: "*Yo mismo elaboré la teoría física de la relatividad basada en preconceptos metafísicos.*"

En este punto, Einstein no es la "excepción"; se pueden citar antes y después de él físicos de la talla de Galileo y Dirac, que también elaboraron teorías sobre la base de preconceptos metafísicos explícitos.

En la elaboración de la teoría de la relatividad especial pueden destacarse los siguientes principios básicos, o preconceptos metafísicos:

i) principio de la unidad;

ii) principio de simetría e invariancia;

iii) principio de la causalidad newtoniana;

iv) principio del *continuum.*

En *Ideas and Opinions*,[2] un texto escrito en homenaje a Planck, Einstein afirma que no sólo es posible construir una "representación simplificada del mundo que proporcione una visión de conjunto", sino que

[1] *El sueño de Einstein: En busca de la Teoría del Todo*, Pietro Grecco, Ed. de Unicamp, 2011.
[2] A. Einstein, 1954.

ésta es "la tarea suprema del científico". Esta visión amplia y la búsqueda de respuestas a preguntas generales, al contrario, tienen dificultades para afirmarse en las universidades, donde las disciplinas proporcionan una después de otra, una visión fragmentada del conocimiento científico y los investigadores prefieren especializarse en sectores cada vez más restringidos.

### 6.4.1 Las transformaciones de Galileo

La idea de que la física debería ser la misma para los observadores que se mueven uno con respecto al otro en un movimiento de traslación uniforme, fue defendida por Galileo en su *Diálogo*. La argumentación comienza con las siguientes palabras de Salviati, uno de los tres personajes del libro:

*Enciérrese con un amigo en una habitación grande debajo del puente de un navío y haga volar moscas, mariposas y otros animales pequeños; tenga también un recipiente grande con agua conteniendo peces; suspenda un balde con agua cayendo gota a gota al piso por un orificio. Con el barco parado, observe cuidadosamente los pequeños animales volando, los peces nadando a la misma velocidad para todos lados, las gotas cayendo en el vaso posado en el piso; y usted mismo lance a su amigo un objeto y verifique que lo puede hacer con la misma facilidad en una y en otra dirección, cuando las distancias sean iguales, y que saltando a pies juntos usted atraviesa espacios iguales en todos los sentidos. Cuando haya observado cuidadosamente todas estas cosas (aunque no dude de que todo pasa así con el barco parado) haga avanzar el navío tan rápido como quiera siempre que el movimiento sea uniforme sin oscilaciones para un lado u otro. Usted no descubrirá ningún cambio en todos los efectos precedentes y en ninguno de ellos sabrá si el navío está en marcha o está parado (...), y la razón por la cual todos esos efectos permanecen iguales es que el movimiento es común al navío a todo lo que contiene, incluyendo el aire.*

El principio de absoluta equivalencia entre dos sistemas de referencia que se mueven relativamente en traslación uniforme, esto es, entre *sistemas de referencia inerciales*, concebido en una época de primacía de la Mecánica, es la base del principio de la relatividad de Galileo, el cual implica el abandono de cualquier posibilidad de movimiento absoluto. Se puede todavía enunciarlo de forma diferente a la de Galileo:

*Si las leyes de la Mecánica son válidas en un sistema de referencia dado, entonces son igualmente válidas en cualquier otro sistema de referencia que se mueva en traslación uniforme con relación al primero.*

El contenido de ese principio es que todo sistema de referencia inercial debe ser equivalente para la descripción del movimiento; él puede aún ser enunciado como sugiere la tira cómica de la Figura 6.5.

**Figura 6.5:** El principio de la relatividad de Galileo.

A pesar del carácter absoluto que el espacio y el tiempo tienen en su Mecánica, Newton admitía que las medidas absolutas sobre el movimiento no podían ser observadas y que las leyes de la Mecánica se referían a intervalos espaciales y temporales relativos:

*El movimiento de cuerpos encerrados en un espacio dado son los mismos entre sí, esté este espacio en reposo o moviéndose uniformemente en una línea recta sin ningún movimiento circular.*

El principio de la relatividad de Galileo, aunque verdadero para la Mecánica de Newton, no sería necesariamente válido para el Electromagnetismo de Maxwell, visto que son teorías fundamentalmente distintas. El hecho de no existir en la Mecánica un experimento con el cual se sea capaz de decidir si un cuerpo está en reposo o en movimiento rectilíneo uniforme no excluye, por lo menos *a priori*, la posibilidad de que haya un experimento dentro del Electromagnetismo que permita diferenciar las dos situaciones.

Las leyes de Newton, leyes fundamentales de la Mecánica Clásica, presuponen relaciones definidas entre las coordenadas espaciales y temporales de una partícula, $(x, y, z, t)$ y $(x', y', z', t')$, según dos sistemas de referencia inerciales distintos. Considerando sistemas de referencia que utilizan sistemas cartesianos de coordenadas, $S$ y $S'$, de ejes que son paralelos, cuyos orígenes coinciden en $t' = t = 0$, y $S'$ se desplaza en movimiento de traslación uniforme según $S$, con velocidad $\vec{V}$, en la dirección y sentido positivo del eje $x$ (Figura 6.6), las relaciones entre sus coordenadas están dadas por las ecuaciones

$$\begin{cases} x' = x - Vt \\ y' = y \\ z' = z \\ t' = t \end{cases} \quad \Longleftrightarrow \quad \begin{cases} x = x' + Vt' \\ y = y' \\ z = z' \\ t = t' \end{cases} \tag{6.8}$$

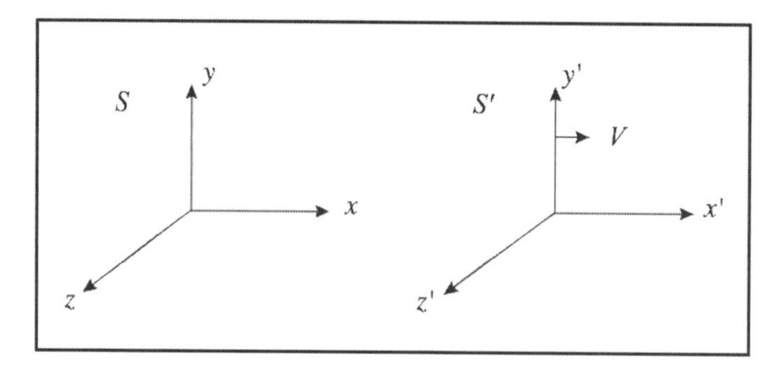


**Figura 6.6:** Sistemas de coordenadas $S$ y $S'$, de ejes paralelos, en dos sistemas de referencia distintos.

Las ecuaciones (6.8), que permiten relacionar las coordenadas espaciales y temporales de un mismo evento, cuando las mediciones son efectuadas en sistemas de referencia distintos, son denominadas *transformaciones de Galileo*, y se sobreentiende que:

- Las escalas de tiempo no dependen del sistema de referencia, esto es, el intervalo de tiempo de un evento medido en sistemas de referencias distintos es invariante.

  Si $T$ y $T'$ son las medidas de las duraciones de un mismo evento según los sistemas $S$ y $S'$,

$$\boxed{T = T'}$$

  El hecho de que la duración de un evento o del intervalo de tiempo entre eventos sea invariante con relación a la localización o al estado de movimiento de un observador implica que relojes sincronizados en un instante dado permanecen sincronizados incluso si se mueven uno en relación al otro. La invariancia del sincronismo, con relación a observadores en sistemas de referencia distintos, implica la existencia de una escala de tiempo universal.

- Las medidas de longitudes son invariantes, sea cual sea el movimiento del sistema inercial. Si $L$ y $L'$ son las medidas de las longitudes de un objeto según los sistemas $S$ y $S'$,

$$\boxed{L = L'}$$

  Se debe recordar que, para la determinación de la longitud de un objeto que se desplaza, las coordenadas de los extremos del objeto deben ser determinadas simultáneamente, o sea, en un mismo instante.

- las relaciones entre las velocidades ($\vec{v}\,'$ y $\vec{v}$) y las aceleraciones ($\vec{a}\,'$ y $\vec{a}$) de una partícula, según los sistemas $S'$ y $S$, están dadas por

$$\vec{v}\,' = \vec{v} - \vec{V} \tag{6.9}$$

  y

$$\vec{a}\,' = \vec{a} \tag{6.10}$$

  o sea, la aceleración es un invariante según una transformación de Galileo.

La ecuación de movimiento de una partícula de masa $m$ bajo la acción de una fuerza $\vec{F}$ está dada por la segunda ley de Newton

$$\frac{\mathrm{d}\vec{p}}{\mathrm{d}t} = \frac{\mathrm{d}}{\mathrm{d}t}(m\vec{v}) = m\vec{a} = \vec{F}$$

en la cual la fuerza depende de combinaciones invariantes de la posición o de la velocidad de la partícula, o de intervalos temporales también invariantes.

$$\begin{cases} \vec{F} = -\vec{\nabla}\epsilon_P & (\epsilon_P(\vec{r} - \vec{r}_0) - \text{energía potencial}) \\ \vec{F} = -b\,(\vec{v} - \vec{v}_0) & (b - \text{coeficiente de fricción}) \\ \vec{F} = \vec{F}_0 \cos\omega(t - t_0) & (\omega - \text{frecuencia}) \end{cases}$$

Toda vez que la masa de una partícula es constante a lo largo del tiempo, y no depende del sistema de referencia según el cual fue determinada, la ecuación clásica de movimiento, o la segunda ley de Newton, mantiene la misma forma cuando se expresa en cualquier sistema de referencia inercial. Se dice que ella es *covariante* con relación las transformaciones de Galileo.

### 6.4.2 Las transformaciones de Lorentz

Admitiendo el principio de la relatividad como válido también para el Electromagnetismo, Lorentz dedujo las relaciones entre las coordenadas espacio-temporales de un punto del espacio, $(x, y, z, t)$ y $(x', y', z', t')$, según dos sistemas de referencia inerciales que utilizan sistemas cartesianos de coordenadas, $S$ y $S'$, de ejes paralelos cuyos orígenes coinciden en $t' = t = 0$, y $S'$ se desplaza en movimiento de traslación uniforme con relación a $S$, con velocidad $\vec{V}$, en la dirección y sentido positivo del eje $x$ (Figura 6.6). Las relaciones deducidas por Lorentz son las llamadas transformaciones de Lorentz:

$$\begin{cases} x' = \gamma(V)(x - Vt) \\ y' = y \\ z' = z \\ t' = \gamma(V)(t - Vx/c^2) \end{cases} \iff \begin{cases} x = \gamma(V)(x' + Vt') \\ y = y' \\ z = z' \\ t = \gamma(V)(t' + Vx'/c^2) \end{cases} \tag{6.11}$$

siendo $\gamma(V) = \dfrac{1}{\sqrt{1 - V^2/c^2}} \geq 1$ el denominado factor de Lorentz.

A diferencia de las transformaciones de Galileo, las transformaciones de Lorentz implican que:

- si $T$ y $T'$ son las medidas de las duraciones de un mismo evento, según los sistemas $S$ y $S'$, pero ocurridos en el mismo punto según un observador en $S'$,

$$\boxed{T = \gamma(V)T' \qquad \text{(dilatación temporal)}}$$

- si $L$ y $L'$ son las medidas de las longitudes de un mismo objeto según los sistemas $S$ y $S'$, pero en reposo según un observador en $S'$,

$$\boxed{L = \frac{L'}{\gamma(V)} \qquad \text{(contracción de la longitud)}}$$

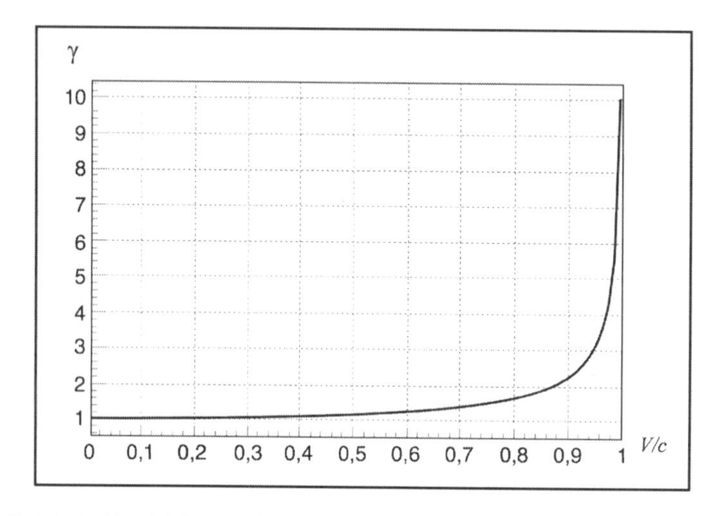


**Figura 6.7:** Variación del factor de Lorentz con respecto a la velocidad de la partícula.

Así, según las transformaciones de Lorentz, las medidas de los intervalos de tiempo y de las longitudes dependen del sistema de referencia, o sea, del observador, al contrario de lo admitido en las transformaciones de Galileo.

Por otro lado, analizando el comportamiento del factor de Lorentz con respecto a la velocidad (Figura 6.7), para que esos efectos sean observados es necesario que la magnitud de la velocidad ($V$) de un sistema de referencia en relación a otro sea igual a una fracción apreciable de la velocidad de la luz ($c$), caso contrario, el factor de Lorentz tiende a la unidad.

$$V/c \to 0 \Longleftrightarrow c \to \infty \qquad \Longrightarrow \qquad \gamma(V) = 1 \qquad \text{(limite clásico)} \tag{6.12}$$

En ese límite clásico, todos los resultados de una teoría relativista condicionada por las transformaciones de Lorentz se igualan a los de las teorías clásicas, para las cuales son válidas las transformaciones de Galileo.

## 6.5 La Relatividad Especial

*No hay duda de que si hacemos una retrospectiva de su desarrollo, la Teoría de la Relatividad Especial estaba lista para ser formulada en 1905. Lorentz ya había observado que las transformaciones que ahora llevan su nombre son esenciales para el análisis de las ecuaciones de Maxwell y Poincaré ya había penetrado más profundamente en estas conexiones.*

Albert Einstein

En Agosto de 1899, el joven Einstein escribió una carta a su mujer, Mileva Maric, en la cual se lee:

> *(...) ahora estoy releyendo a Hertz al respecto de la propagación de la fuerza eléctrica, con mucho cuidado, porque no entendí el tratamiento de Helmholtz sobre el principio de mínima acción en Electrodinámica. Estoy cada vez más convencido de que la electrodinámica de los cuerpos en movimiento, como es presentada hoy no corresponde a la realidad, y que será posible presentarla de un modo más simple.*

Después de un breve comentario de que le parece que las fuerzas eléctricas se pueden definir sin usar el *éter*, continúa diciendo que *la electrodinámica sería entonces la teoría de los movimientos de las electricidades y de los magnetismos en movimiento en el espacio vacío.* Sobre cual de las dos visiones va a prevalecer, él concluyó su raciocinio apostando por *los resultados de las experiencias con radiación.*

Cerca de un mes después, en otra carta a Mileva, retoma el tema así:

> *Tuve una buena idea en Aarau para investigar la forma en que el movimiento relativo de un cuerpo en relación con el éter afecta la velocidad de propagación de la luz en cuerpos transparentes. Incluso pensé en una teoría sobre el fenómeno que me pareció plausible.*

Estos pasajes son muy importantes porque atestiguan que las grandes ideas de Einstein no brotaron repentinamente en el año 1905.[3] Los artículos publicados en ese año fueron fruto de mucho trabajo previo. Con respecto a su artículo *Sobre la electrodinámica de los cuerpos en movimiento*, Einstein reflexionó y maduró sus ideas durante casi seis años. Afirmación análoga puede ser hecha para el problema de la luz y de la radiación del cuerpo negro (Sección 10.3), con base en otra carta, fechada en marzo de 1901, en la cual se puede leer: *Me parece que no está fuera de discusión que la energía cinética latente del calor en sólidos y fluidos pueda verse como la energía de los resonadores eléctricos.*

De cierto modo, la esencia de la Teoría de la Relatividad Especial no es sólo la relativización de los conceptos de espacio y tiempo, sino, también, la reafirmación de que las leyes de la naturaleza deben ser independientes de los sistemas de referencia. Y esa es la base del *espacio-tiempo.*

Para Lorentz, uno de los sistemas de referencia de sus transformaciones sería un sistema de referencia privilegiado – el *éter*. Einstein, a su vez, obtiene las transformaciones de Lorentz, reformulando, entre otros, los conceptos de espacio y tiempo, hasta entonces considerados como primarios e intuitivos, a partir de dos postulados:

- principio de la relatividad especial – las leyes de la Física deben ser las mismas en todos los sistemas inerciales de referencia;
- principio de la invariancia de la velocidad de la luz – la velocidad de propagación de la luz en el vacío tiene un valor constante, dado por

$$c = 299\,792\,458 \text{ m/s}$$

  independientemente del estado de movimiento del emisor, para cualquiera que sea el observador.

[3] En 1905, denominado *annus mirabilis* de Einstein, además de su trabajo sobre el movimiento del electrón bajo la acción del campo electromagnético, en el cual establece los principios de la Teoría de la Relatividad Especial, publica otros cuatro artículos relevantes; dos sobre algunas consecuencias de la hipótesis molecular de la materia, como el movimiento browniano, uno sobre la naturaleza de la luz y otro sobre la relación entre la masa y la energía de una partícula.

Cabe notar que, aunque Maxwell ya había mostrado que $c = 1/\sqrt{\mu_0\epsilon_0}$, en aquella época todavía se creía que la velocidad de la luz podría variar según la velocidad del sistema inercial adoptado en relación con el éter, medio en el cual $c$ adquiere el valor determinado por Maxwell. Hoy, sin embargo, $\mu_0$ y $\epsilon_0$ son consideradas *constantes universales* asociadas al vacío exactamente por causa de la invariancia de la luz propuesta por Einstein.

A partir de esos dos postulados, Einstein también desarrolla una nueva teoría dinámica, más adecuada que la dinámica newtoniana, para describir el movimiento de una partícula cargada bajo la acción de un campo electromagnético, restableciendo el principio de que todo sistema de referencia inercial es equivalente para la descripción de los fenómenos físicos. Las relaciones entre coordenadas espacio-temporales en dos marcos inerciales distintos, sin embargo, ya no son dadas por las transformaciones de Galileo, sino más bien por las transformaciones de Lorentz.

**Figura 6.8:** El nuevo concepto de espacio-tiempo.

Además de estos postulados, Einstein también admite, como en la Física Clásica, la homogeneidad e isotropía del espacio. Por lo tanto, las transformaciones entre sistemas de coordenadas en marcos inerciales distintos continúan siendo lineales.

## 6.5.1 Mediciones propias y no propias

Como consecuencia de los postulados de Einstein, la Teoría de la Relatividad Especial establece que algunas magnitudes, cuyas medidas eran tenidas como absolutas, como la longitud de un objeto y la duración de un fenómeno, no son invariantes. Por otro lado, establece que una serie de otras magnitudes tienen medidas invariables con respecto a las transformaciones entre marcos inerciales.

Por ejemplo, admitiendo la isotropía espacial, la medida de la longitud de una barra es invariante para observadores que se desplazan perpendicularmente a la dirección longitudinal de la barra.

La medida de la longitud determinada por observadores en un sistema de referencia para el cual la barra está en reposo es denominada *medida de longitud propia*, o *longitud propia*. Así, para observadores que se desplazan a lo largo de una recta perpendicular a la barra, la medida de la longitud determinada por ellos, $L_\perp$, será igual a la medida propia, $L_0$.

$$L_\perp = L_0$$

Por otro lado, para observadores que se desplazan a lo largo de la barra, la medida de la longitud, $L_\parallel$, será diferente de la medida propia, $L_0$.

$$L_\parallel \neq L_0$$

Medidas de la duración de los eventos que ocurren en un mismo punto de un sistema de referencia, llamados *eventos locales*, son denominadas medidas propias de intervalos de tiempo o, brevemente, *tiempo propio*.

La evaluación de los instantes de ocurrencia de *eventos no locales* exige la medición del tiempo en diferentes regiones del espacio, o sea, la existencia de observadores con relojes sincronizados en varios puntos de un sistema de referencia inercial dado.

Antes de los análisis de Einstein, se creía que relojes sincronizados en un sistema de referencia dado estarían sincronizados para cualquier otro sistema de referencia, o sea, el sincronismo no dependería del estado de movimiento de los relojes. La desincronización de relojes en movimiento entre sí implica la relatividad del concepto de simultaneidad.

### 6.5.2 Sincronismo, simultaneidad y escalas del tiempo

Una escala de tiempo presupone la existencia de relojes sincronizados, los cuales, a su vez, presuponen la definición de un método de sincronización y la permanencia de la sincronismo. Tanto la sincronización como la permanencia se basan en el principio de la invariancia de la velocidad de la luz. En palabras de Einstein:

> *Si existe un reloj en un punto $A$ del espacio, un observador en $A$ puede determinar el tiempo para eventos en su vecindad inmediata, observando las posiciones de los punteros cuando los eventos ocurren. Si, en otro punto $B$, también existe un reloj, bajo todos los aspectos semejante al de $A$, un observador en $B$ podrá también determinar el tiempo para eventos en su vecindad inmediata.*[4] *Mas no es posible, sin otras hipótesis, comparar el instante de ocurrencia de los eventos en $A$ y $B$; definimos sólo "un instante de tiempo $A$" y "un instante de tiempo $B$", mas no un "instante de tiempo comúm" para $A$ y $B$. Ese tiempo común puede ser determinado estableciendo, por definición, que el "tiempo" necesario para que la luz vaya de $A$ hasta $B$ es igual al "tiempo" necesario para ir de $B$ hasta $A$. Suponiedo que un rayo luminoso, en el instante $t_A$ del "tiempo $A$", parta de $A$ hacia $B$, al alcanzar $B$ es reflejado de vuelta hacia $A$, en el instante $t_B$ del "tiempo $B$", y retorna a $A$ en el instante $t'_A$ del "tiempo $A$". De acuerdo con la definición, los dos relojes estarán sincronizados si*[5]
>
> $$t_B - t_A = t'_A - t_B$$
>
> *Admitimos que esa definición de sincronismo es libre de contradicciones y posiblemente para cualquier número de puntos, y que las siguientes relaciones son universalmente válidas:*
>
> 1. *Si el reloj en $B$ estuviera sincronizado con el reloj en $A$, el reloj en $A$ estará sincronizado con el reloj en $B$.*
> 2. *Si el reloj en $A$ está sincronizado con el reloj en $B$, y también con un reloj en $C$, entonces los relojes en $B$ y $C$ estarán sincronizados entre sí.*
>
> *Con apoyo de ciertos experimentos físicos (idealizados), establecemos lo que debe ser entendido por relojes sincronizados en estado de reposo relativo y localizados en diferentes puntos del espacio, y tenemos, evidentemente, las definiciones de "sincronismo" y de "instante de tiempo". El "instante de tiempo" de ocurrencia de un evento es aquel que es leído simultáneamente con ese evento por un reloj en reposo en el lugar de ocurrencia del evento. Para todas las medidas de tiempo, ese reloj está sincronizado con un reloj dado en reposo relativo.*

Así, Einstein establece un método de sincronización que permite la evaluación de la simultaneidad de eventos no locales, desde que, una vez sincronizados en un sistema de referencia dado, los relojes permanezcan en sincronismo. La permanencia del sincronismo es establecida también a partir del principio de la invariancia de la velocidad de la luz, como será visto en seguida.

---

[4] Los relojes en $A$ y $B$ están en reposo entre sí, o sea, están en un mismo sistema de referencia inercial.

[5] Esa expresión es equivalente a $t_B = (t_A + t'_A)/2$. Si el "tiempo $B$" es diferente de ese valor, por ejemplo, $t'_B$, el reloj en $B$ puede ser sincronizado con el de $A$, atrasando o adelantando el tiempo de $|(t_A + t'_A)/2 - t'_B|$.

Sean $A$ y $B$ relojes que fueron inicialmente sincronizados en reposo, según un observador $O'$ (Figura 6.9). Una fuente de luz localizada en el punto medio entre los dos relojes emite ondas esféricas, y se observan los eventos:

- evento 1: $A$ recibe una señal de un frente de onda dado.
- evento 2: $B$ recibe una señal del mismo frente de onda recibida por $A$.

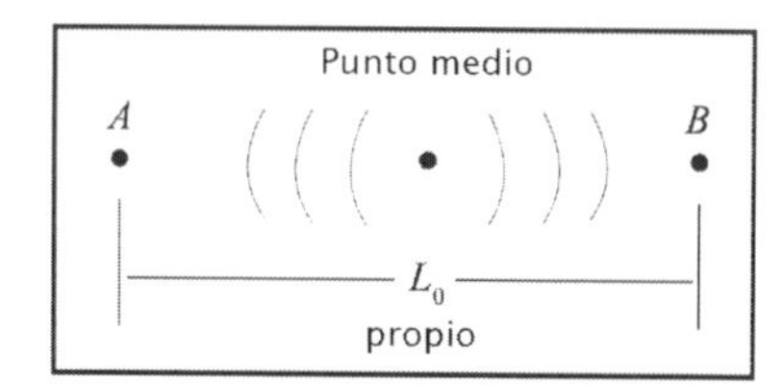


**Figura 6.9:** Relojes sincronizados en el sistema de referencia propio.

Para el observador $O'$, si un frente de onda es enviado en $t = 0$, el tiempo necesario para que la señal alcance el reloj $A$ es igual a $t'_A = \dfrac{L_0/2}{c}$, y el tiempo necesario para que la señal alcance el reloj $B$ es igual a $t'_B = \dfrac{L_0/2}{c}$, siendo $L_0$ la medida propia de la distancia entre $A$ y $B$. Así

$$t'_A = t'_B \quad \Rightarrow \quad \Delta t' = t'_A - t'_B = 0$$

Según $O'$, los relojes permanecen sincronizados y reciben las señales de un mismo frente de onda simultáneamente, o sea, los eventos 1 y 2 son simultáneos para $O'$.

El hecho de que los relojes sincronizados en un sistema de referencia inercial dado permanezcan sincronizados, permite establecer una escala de tiempo común para un número cualquiera de relojes en el sistema.

### 6.5.3 Desincronización de relojes en movimiento y la simultaneidad relativa

Mientras se pueda establecer un conjunto de relojes sincronizados en un sistema de referencia inercial, para otro sistema inercial los relojes no estarán sincronizados. El sincronismo y, por tanto, la simultaneidad dependen del estado de movimiento del observador.[6]

Sean $A$ y $B$ los relojes sincronizados entre sí, y los eventos definidos anteriormente en la Sección 6.5.2 (Figura 6.9).

Para un observador $O$, para el cual los relojes y la fuente se desplazan con velocidad $v$, $A$ y $B$ no reciben las señales de un mismo frente de onda en un mismo instante (Figura 6.10).

Según el observador $O$, un frente de onda enviado en $t = 0$, alcanza el reloj $A$ en $t_A = \dfrac{L/2}{c+v}$ y el reloj $B$ en $t_B = \dfrac{L/2}{c-v}$. La distancia ($L$) entre los relojes $A$ y $B$ para $O$ no es necesariamente igual a la medida propia ($L_0$), según $O'$. Así,

$$\Delta t = t_B - t_A = \frac{L}{2}\left[\frac{(c+v)-(c-v)}{c^2 - v^2}\right] = \frac{Lv/c^2}{1 - v^2/c^2} \quad \Rightarrow \quad \Delta t = \gamma^2 L \frac{v}{c^2} \neq 0$$

[6]El término "observador", como está utilizado en el texto, no debe ser interpretado como alguien que sólo visualiza la ocurrencia o la evolución de un evento (fenómeno). El término representa la capacidad de acceso a medir magnitudes físicas asociadas a un evento, principalmente, tiempo y espacio, con relación a un sistema de referencia dado. Según ese marco de referencia, en todos los puntos de su sistema de coordenadas están localizados relojes en reposo y sincronizados entre sí, que determinan el tiempo del sistema de referencia, o del "observador".

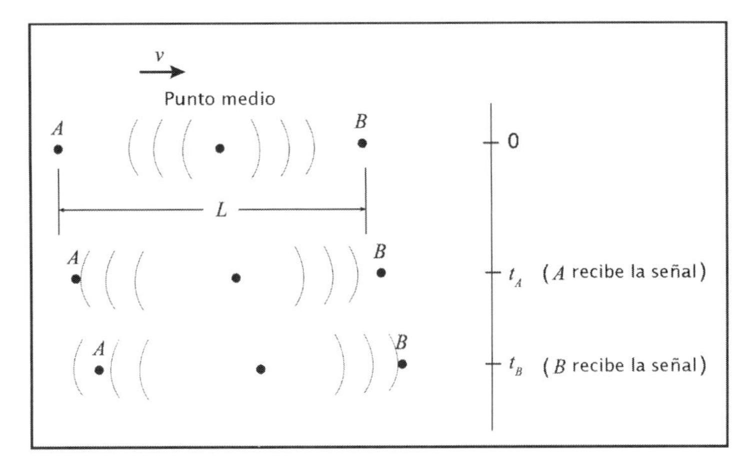


**Figura 6.10:** Relojes según un sistema de referencia no propio.

siendo $\gamma(v)$ el factor de Lorentz.

De ese modo, los eventos 1 y 2 no son simultáneos para el observador $O$, porque

$$\Delta t \neq \Delta t'$$

Para el observador $O$, para el cual los relojes están en movimiento, los relojes no permanecen sincronizados, y, por tanto, eventos espacialmente no locales, cuando son simultáneos para un sistema de referencia, no son simultáneos para otros.[7] La simultaneidad depende del movimiento de los observadores, o sea, es relativa.

### 6.5.4 Como el movimiento relativo afecta las medidas de longitud

La medida de la longitud de una barra, para un observador $O$ que se desplaza a lo largo de la barra, resulta de la evaluación de la ocurrencia de dos eventos (Figura 6.11):

- evento 1: coincidencia del punto extremo $A$ de la barra con un punto $P_1$ de una regla dada en reposo para el observador $O$.
- evento 2: coincidencia del otro punto extremo $B$ de la barra con un punto $P_2$ de la regla.

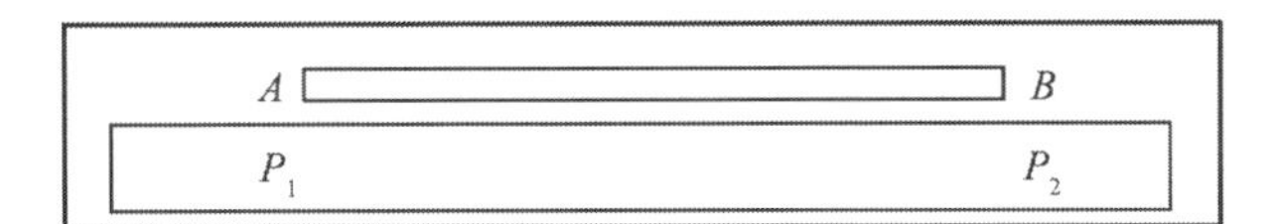


**Figura 6.11:** Medida de la longitud de una barra con una regla.

Si la regla y la barra están en reposo entre sí, sólo las condiciones de simultaneidad que definen separadamente los eventos 1 y 2 son necesarias para determinar la distancia entre $A$ y $B$, o sea, la distancia propia de la barra ($L_0$). La simultaneidad entre los eventos 1 y 2 no es necesaria, y, toda vez que los puntos están en reposo entre sí, los eventos 1 y 2 pueden ser evaluados en instantes distintos.

Si la barra se mueve en relación a la regla, la determinación de la distancia entre $A$ y $B$, o sea, de la longitud no propia de la barra ($L$), según el observador $O$, más allá de las condiciones de simultaneidad

[7] Según la cinemática no relativista, no habría discordancia sobre el intervalo de tiempo entre los eventos. Tanto el observador $O'$ como el observador $O$ atribuirían a los eventos 1 y 2 los tiempos $t_A = \frac{L_0/2}{c+v}$ e $t_B = \frac{L_0/2}{c-v}$, respectivamente. Para $O'$, $(c+v)$ e $(c-v)$ serían las velocidades de la luz en los dos sentidos. Y, para $O$, la medida de la longitud $L$ sería igual a la longitud propia $L_0$.

que definen separadamente los eventos 1 y 2, se exige también la simultaneidad de esos eventos entre sí. Por tanto, el observador debe ser capaz de evaluar las coincidencias de los puntos $A$ y $P_1$ y de los puntos $B$ y $P_2$, en un mismo instante.

Toda vez que la simultaneidad de eventos no locales es relativa, la longitudes propia y no propia son diferentes. O sea, las medidas de la longitud de una barra para observadores que se desplazan paralelamente a la barra son relativas.

$$L \neq L_0$$

### 6.5.5 La invariancia de la medida de la longitud en la dirección transversal al movimiento

Mientras que la medida de la longitud de una barra a lo largo del movimiento es relativa, la medida de la longitud de una barra perpendicular al movimiento es invariante.

Sean dos barras $A$ y $B$ de la misma longitud propia ($L_0$), que se aproximan una a la otra, perpendicularmente al suelo (Figura 6.12), y en movimiento uniforme.

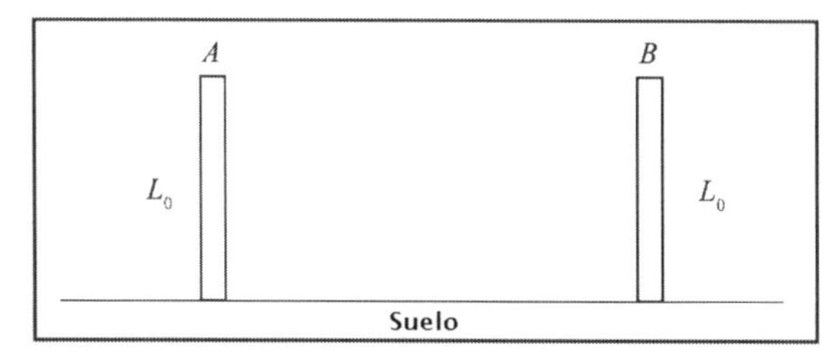


**Figura 6.12:** Barras que se aproximan perpendicularmente al suelo.

Para un observador que se desplaza con la barra $B$, la barra $A$ se aproxima con velocidad constante $v$ y tiene longitud $L$ (Figura 6.13), no necesariamente igual a la longitud propia $L_0$ de la barra $B$.

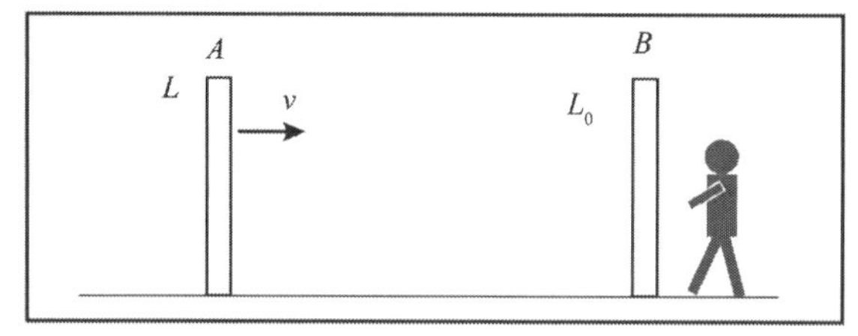


**Figura 6.13:** Barra $A$ aproximándose a $B$, según el observador solidario con $B$.

Suponiendo que, ahora se crucen, la barra $A$ deja una marca en la barra $B$ abajo de su extremo (Figura 6.14), entonces,

$$L < L_0$$

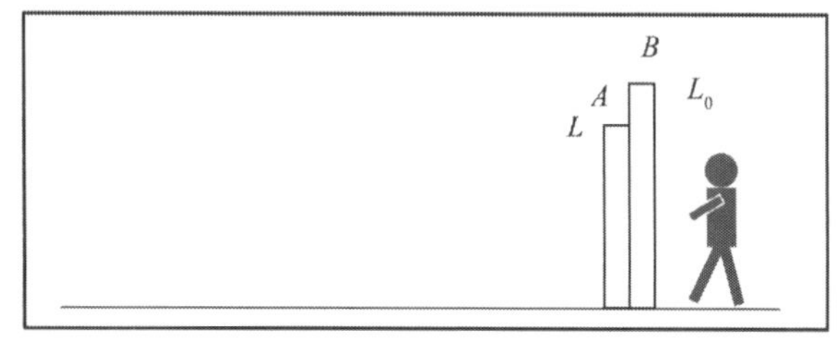


**Figura 6.14:** Barras cruzándose, según observador solidario con $B$.

Recíprocamente, para un observador que se desplaza con la barra $A$, la barra $B$ se aproxima con velocidad constante $v$ (Figura 6.15), la longitud $L'$ parecerá menor que la longitud propria $L_0$.

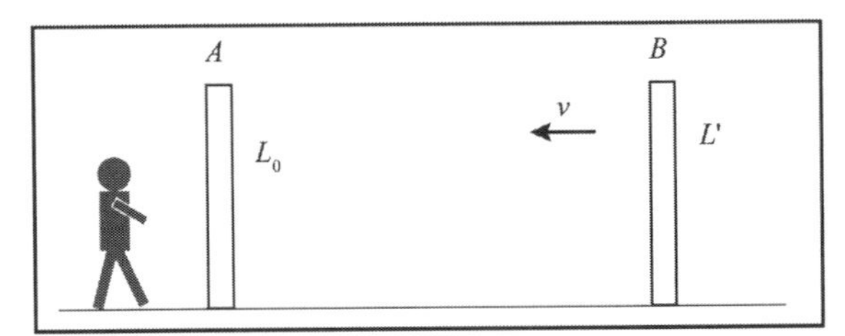


**Figura 6.15:** Barra $B$ aproximándose a $A$, según observador solidario con $A$.

Por tanto, la barra $B$ debería dejar una marca en la barra $A$ abajo de su extremo (Figura 6.16), o sea,

$$L' < L_0$$

De manera análoga, suponiendo que para ambos observadores las medidas no propias sean mayores que

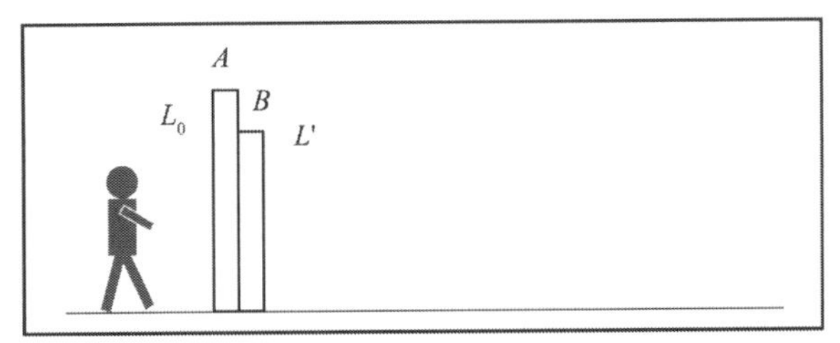


**Figura 6.16:** Barras cruzándose, según observador solidario con $A$.

la longitud propia, se obtiene otra contradicción. Esas contradicciones son removidas solo si

$$L = L' = L_0$$

o sea, las medidas de longitud de una barra para observadores que se desplazan perpendicularmente a ella son invariantes.

En ese ejemplo, el argumento utilizado para remover las contradicciones sólo es posible porque uno de los extremos de cada barra está permanentemente en contacto con el suelo y, por tanto, se evalúa lo que ocurre sólo en uno de los extremos de cada barra. De ese modo, ambos observadores evalúan la simultaneidad de un mismo evento (local) y, por tanto, no deben haber ambigüedades en las conclusiones de cada observador.

### 6.5.6 La dilatación temporal

Del mismo modo que las medidas de longitud o las distancias entre puntos del espacio son relativas, la duración temporal de un evento también depende del estado de movimiento del observador.

Sea un observador $O'$, en reposo en el interior de un tren que se desplaza con velocidad $v$ en relación a un observador $O$ (Figura 6.17), y ambos observan la reflexión de una señal luminosa que parte del piso, en el techo de un tren.

La duración ($\tau_0$) de ese proceso para $O'$ será dada por

$$\tau_0 = 2\,\frac{\overline{BD}'}{c}$$

Como la partida y la llegada de la señal ocurren en un mismo punto del espacio para el observador $O'$, $\tau_0$ es un intervalo de tiempo propio.

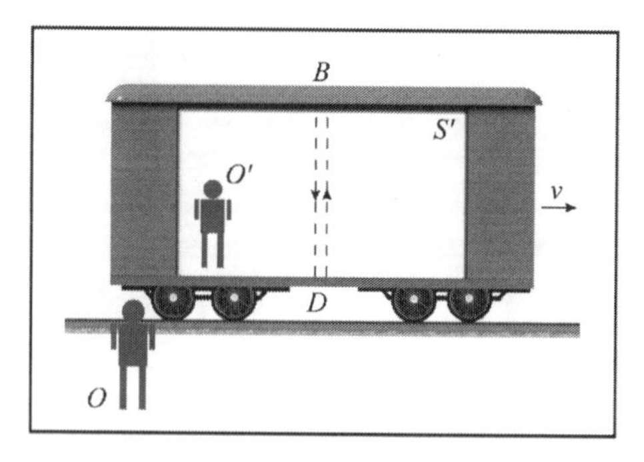


**Figura 6.17:** Esquema de la reflexión de una señal luminosa en el techo de un tren, según un observador en su interior.

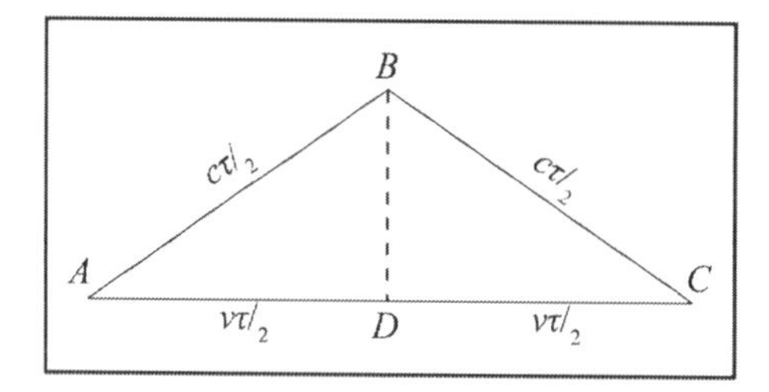


**Figura 6.18:** Reflexión de una señal luminosa en el techo de un tren, según un observador exterior.

Para el observador externo $O$, el camino recorrido por la señal está representado en la Figura 6.18, o sea, la señal es emitida en el punto $A$, reflejada en el punto $B$ y detectada en el punto $C$.

Así, debido al movimiento del tren, para el observador $O$, los eventos no ocurrirán en un mismo punto (eventos no locales), y el intervalo de tiempo $(\tau)$ no propio entre sus ocurrencias es dado por

$$\tau = \frac{\overline{AB} + \overline{BC}}{c} = 2\,\frac{\overline{AB}}{c} \qquad \left(\overline{AB} = \overline{BC}\right)$$

De ese modo, la relación entre los dos intervalos de tiempo es dada por

$$\frac{\tau_0}{\tau} = \frac{\overline{BD}'}{\overline{AB}}$$

Toda vez que la línea que determina la altura del tren es perpendicular al movimiento, la altura del tren $\overline{BD}$ es invariante para los observadores, y puede ser expresada como

$$\overline{BD}' = \overline{BD} = \sqrt{\overline{AB}^2 - \overline{AD}^2}$$

en el cual $\overline{AD} = \overline{DC} = v\tau/2$ y $\overline{AB} = c\tau/2$, se obtiene

$$\frac{\tau_0}{\tau} = \frac{\sqrt{\overline{AB}^2 - \overline{AD}^2}}{\overline{AB}} = \sqrt{1 - \left(\frac{\overline{AD}}{\overline{AB}}\right)^2} = \sqrt{1 - \left(\frac{v}{c}\right)^2}$$

o

$$\boxed{\tau = \gamma(v)\,\tau_0 \qquad \Longrightarrow \qquad \tau \geq \tau_0} \tag{6.13}$$

siendo $\gamma(v) = \left(1 - v^2/c^2\right)^{-1/2}$ el factor de Lorentz.

O sea, la medida del intervalo de tiempo no propio es mayor que la medida de intervalo de tiempo propio. Ese resultado, propuesto por Larmor, en 1900, es denominado *dilatación temporal*.

### 6.5.7 La contracción de la medida de longitud en la dirección del movimiento

La relación entre la medida de la longitud propia de un objeto y la determinada por un observador que se mueve paralelamente a la dirección longitudinal del objeto puede ser establecida del modo descrito en seguida.

Sea un trecho de camino cuya longitud propia es $L_0$ (Figura 6.19), en el cual un observador $A$ se desplaza con velocidad $v$ en relación a un observador $B$ en reposo en el camino.

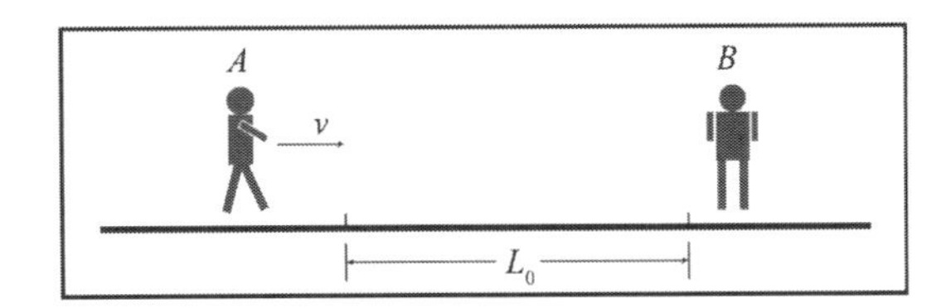


**Figura 6.19:** Longitud propia de un trecho de camino.

Para el observador $B$, el intervalo de tiempo ($\tau$) que $A$ recorre el trecho indicado de camino es dado por

$$\tau = \frac{L_0}{v}$$

Para el observador $A$, el intervalo de tiempo necesario para recorrer el trecho es un intervalo de tiempo propio igual a $\tau_0$, tal que

$$\tau_0 = \frac{\tau}{\gamma(v)} = \frac{L_0}{v}\sqrt{1 - \frac{v^2}{c^2}}$$

Toda vez que el observador $A$ puede determinar la longitud ($L$) no propia del trecho de camino por

$$L = v\tau_0$$

se obtiene

$$\boxed{L = \frac{L_0}{\gamma(v)} \qquad \Longrightarrow \qquad L \leq L_0} \tag{6.14}$$

O sea, la medida de la longitud no propia es menor que la medida propia. Ese resultado, propuesto por Lorentz y Fitzgerald, es denominado *contracción espacial.*

La relatividad de las medidas de posición y tiempo puede ser ilustrada con el análisis de los siguientes ejemplos:

I) Un cohete (ficticio) en movimiento uniforme pasa por una estación espacial (evento 1) en la dirección y sentido positivo del eje $x$ del sistema de coordenadas de un observador ($O$) en la estación, con velocidad $v = 0{,}6c$. En ese instante, el astronauta ($O'$) en el cohete y el observador en la estación sincronizan sus relojes y sus posiciones, para $t_1 = t'_1 = 0$ y $x_1 = x'_1 = 0$, respectivamente. Diez minutos ($t_2$) más tarde, el observador en la estación envía un pulso luminoso al encuentro del cohete (evento 2). Además, según el observador en la estación, el pulso alcanza al astronauta (evento 3) en el instante $t_3$.

Toda vez que la velocidad de $O'$ en $O$ es igual $v = 0{,}6c$, el factor de Lorentz está dado por

$$\gamma(v) = \frac{1}{\sqrt{1 - v^2/c^2}} = 5/4$$

De acuerdo con el esquema que sigue, según la visión de cada observador,

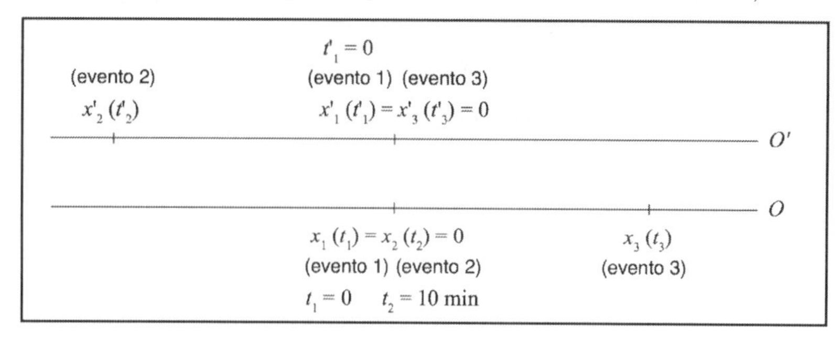


se puede establecer:

- Los eventos 1 y 2 ocurren en un mismo punto para el observador ($O$) en la estación, *es decir*, $(t_2 - t_1)$ es un intervalo de tiempo propio.
  Así, $t'_2 - t'_1 = \gamma(t_2 - t_1) \quad \Rightarrow \quad t'_2 = \frac{5}{4} \times 10 = 12{,}5$ min.
  O sea, mientras para el astronauta el pulso fue enviado 12,5 min después de que habían sincronizado sus relojes, para el observador en la estación, el evento 2 ocurre después de un intervalo de tiempo propio igual a 10 min.

- Toda vez que para el astronauta ($O'$) la velocidad de la estación es igual a $v' = -v$, la coordenada $x'_2$ de la estación cuando el pulso es enviado está dada por

$$x'_2 - x'_1 = v'(t'_2 - t'_1) \quad \Rightarrow \quad x'_2 = -1{,}35 \times 10^8 \text{ km}$$

  O sea, para el astronauta, la distancia de la estación al cohete era igual a $d'_2 = 1{,}35 \times 10^8$ km.
  Por otro lado, para el observador en la estación, cuando el pulso es enviado, la distancia entre ellos es dada por

$$d_2 = v(t_2 - t_1) \quad \Rightarrow \quad d_2 = 1{,}08 \times 10^8 \text{ km}$$

- Los eventos 2 y 3 ocurren en los puntos asociados con coordenadas distintas para ambos os observadores.

- Según el astronauta, el intervalo de tiempo (no propio) en el cual el pulso se desplaza de la estación al cohete, o sea, el intervalo de tiempo entre los eventos 2 y 3, está dado por

$$t'_3 - t'_2 = \frac{d'_2}{c} = 7{,}5 \text{ min} \quad \Rightarrow \quad t'_3 = t'_2 + \frac{d'_2}{c} = 20 \text{ min}$$

- Los eventos 1 y 3 ocurren en un mismo punto para el astronauta ($O'$), o sea, $(t'_3 - t'_1)$ en un intervalo de tiempo propio.
  Así, $t_3 - t_1 = \gamma(t'_3 - t'_1) \quad \Rightarrow \quad t_3 = \frac{5}{4} \times t'_3 = \frac{5}{4} \times 20 = 25$ min
  O sea, mientras para el observador en la estación el pulso alcanza al astronauta 25 min después de sincronizar los relojes, para el astronauta, el evento 3 ocurre después de un intervalo de tiempo propio igual a 20 min.

- Para el observador en la estación, la distancia entre el cohete y la estación cuando el pulso alcanza al astronauta, o sea, la separación espacial entre los eventos 2 y 3, o entre 1 y 3, es dada por

$$d_3 = x_3 - x_2 = c(t_3 - t_2) \quad \Rightarrow \quad d_3 = 2{,}25 \times 10^8 \text{ km}$$

  Para el astronauta, cuando es alcanzado por el pulso, la distancia entre el cohete y la estación corresponde a

$$d'_3 = d'_2 + v(t'_3 - t'_2) \quad \Rightarrow \quad d'_3 = 2{,}16 \times 10^8 \text{ km}$$

II) El tiempo propio de vida ($\tau_0$) de los muones es del orden de 2,2 $\mu$s. Si un flujo de muones penetra a la atmósfera, a 10 km de altura ($h_0$), con velocidad de 0,99 $c$, estime el tiempo de vida para un observador en el suelo.

Calculando el factor de Lorentz,

$$v = 0{,}99c \quad \Rightarrow \quad \gamma \simeq 7{,}089$$

Para un observador en el suelo, el tiempo de vida está dado por

$$\tau = \gamma\,\tau_0 = 15{,}6\ \mu\text{s}$$

De acuerdo con la ley de decaimiento de una partícula inestable, después de un intervalo de tiempo $t = h/c$ (tiempo necesario para que la partícula con velocidad próxima a la de la luz recorra la distancia $h$) el número de partículas sobrevivientes está dado por

$$N = N_0 e^{-t/\tau}$$

De ese modo, el número de muones que consiguen alcanzar el suelo es del orden de

$$N = \frac{N_0}{e^{h_0/c\tau}} \simeq \frac{N_0}{8{,}5}$$

o sea, cerca de 10% de los muones.

Si no hubiese el efecto de la dilatación temporal, ese número estaría dado por

$$N = \frac{N_0}{e^{h_0/c\tau_0}} \simeq \frac{N_0}{3{,}8 \times 10^6}$$

o sea, cerca de 0,00003%.

Así, para cada diez millones ($10^7$) de muones, presentes en un momento dado en la atmósfera, que se desplazan hacia el suelo con velocidad del orden de $c$, cerca de un millón ($10^6$) alcanza el suelo, y no sólo tres (3) como está previsto por la cinemática no relativista.

Por otro lado, como $h_0$ es una medida propia, la distancia ($h$) a ser recorrida por los muones hasta el suelo, en el sistema de referencia de los muones, está dada por

$$h = \frac{h_0}{\gamma} \simeq 1{,}41\ \text{km}$$

de modo que la estimación para el número de muones que consigue alcanzar puede ser expresada también como

$$N = \frac{N_0}{e^{h/c\tau_0}} \simeq \frac{N_0}{8{,}5}$$

III) Una nave espacial (ficticia) cuya longitud propia es igual a 30 m se desplaza con velocidad igual a $6{,}0 \times 10^4$ km/s, según un observador en la Tierra. Un tripulante lanza una bola hacia arriba y la misma retorna a su mano en 3,0 s (según él). Determine el tiempo de vuelo de la bola y la longitud de la nave, para un observador en la Tierra.

En ese caso, el factor de Lorentz es dado por

$$v = 6{,}0 \times 10^4 \text{ km/s} \quad \Rightarrow \quad \gamma = \frac{1}{\sqrt{1-\left(\frac{v}{c}\right)^2}} = \frac{1}{\sqrt{1-\left(\frac{6{,}0 \times 10^4}{3{,}0 \times 10^5}\right)^2}} = 1{,}0206$$

Toda vez que el lanzamiento y el retorno de la bola ocurren en un mismo punto, para el tripulante, $\tau_0 = 3{,}0$s es un intervalo de tiempo propio. Así, para el observador en la Tierra, el tiempo de vuelo de la bola está dado por

$$\tau = \gamma\,\tau_0 = 3{,}02 \text{ s}$$

Como la longitud determinada por un tripulante en el sistema de referencia de la nave es propia, la longitud de la nave, para el observador en la Tierra, está dada por

$$L = \frac{L}{\gamma} = 29{,}39 \text{ m}$$

### 6.5.8 El efecto Doppler

A pesar de que la velocidad de la luz en el vacío tiene un valor constante ($c$) para cualquier sistema de referencia, la frecuencia ($\nu$), la longitud de onda ($\lambda$) y, por tanto, el color de la luz dependen del sistema de referencia. Ese fenómeno, denominado *efecto Doppler*, ocurre siempre que la fuente de ondas ($F$) y el observador estén en movimiento relativo. (Figura 6.20).

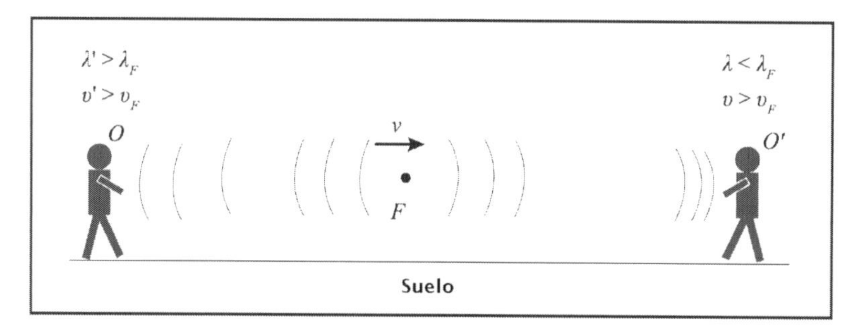


**Figura 6.20:** Esquema del efecto Doppler longitudinal.

Sean $O$ y $O'$ observadores en el suelo, para los cuales la fuente se aleja y se aproxima, respectivamente. Los relojes de ambos observadores fueron sincronizados con el reloj de un observador que se desplaza con la fuente, en el instante $t = 0$, cuando un frente de onda $\Sigma_1$ es enviado por ella.

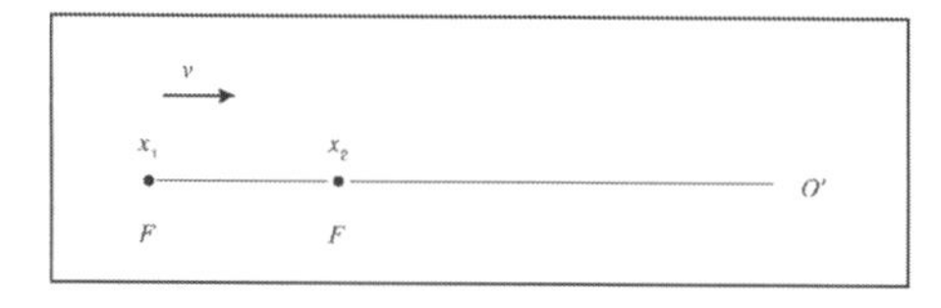


**Figura 6.21:** Fuente aproximándose al observador, que se encuentra en la línea de acción de la velocidad de la fuente.

Según el observador $O'$, para el cual la fuente se está aproximando (Figura 6.21):

• el frente de onda $\Sigma_1$, que lo alcanza en el instante $t_1$, fue emitido cuando la fuente estaba en $x_1$, o sea,

$$t_1 = \frac{x_1}{c}$$

• el frente de onda $\Sigma_2$ emitida cuando la fuente estaba en $x_2$ después de un período propio $T_F$, que corresponde, por la ecuación (6.13), a un intervalo de tiempo $\gamma T_F$ en $O'$, lo alcanza en un instante $t_2$, o sea,

$$t_2 = \frac{x_2}{c} + \gamma T_F$$

Así, el período de la onda ($T'$) determinado por $O'$ está dado por

$$T' = t_2 - t_1 = \frac{(x_2 - x_1)}{c} + \gamma T_F \tag{6.15}$$

Por otro lado, el tiempo $\gamma T_F$ es también igual a la distancia recorrida por la fuente, dividida por su velocidad, o sea,

$$\gamma T_F = \frac{(x_1 - x_2)}{v}$$

Escribiendo

$$\frac{(x_2 - x_1)}{c} = -\frac{(x_1 - x_2)}{v}\frac{v}{c} = -\gamma T_F \frac{v}{c}$$

La ecuación (6.15) puede ser expresada como

$$T' = T_F \gamma \left(1 - \frac{v}{c}\right) = T_F \frac{\left(1 - \frac{v}{c}\right)}{\sqrt{1 - \frac{v^2}{c^2}}} = T_F \sqrt{\frac{1 - v/c}{1 + v/c}}$$

Luego, la relación entre las respectivas frecuencias está dada por

$$\boxed{\nu' = \nu_F \sqrt{\frac{1 + v/c}{1 - v/c}}} \qquad \text{(la fuente se aproxima)} \tag{6.16}$$

En el límite no relativista ($v \ll c$),

$$\nu' = \nu_F \left(1 + \frac{v}{c}\right)$$

Recíprocamente, para el observador $O$, para el cual la fuente se aleja,

$$\boxed{\nu = \nu_F \sqrt{\frac{1 - v/c}{1 + v/c}}} \qquad \text{(la fuente se aleja)} \tag{6.17}$$

La ecuación (6.17) describe el llamado *efecto Doppler longitudinal*, cuando el observador está en la misma línea de acción de la velocidad de la fuente. En el caso general, cuando el observador ($O$) no está en la misma línea de acción del movimiento de la fuente (Figura 6.22), los instantes $t_1$ y $t_2$ son dados por

$$\begin{cases} t_1 = \dfrac{r_1}{c} \\[2ex] t_2 = \dfrac{r_2}{c} + \dfrac{x_1 - x_2}{v} \end{cases}$$

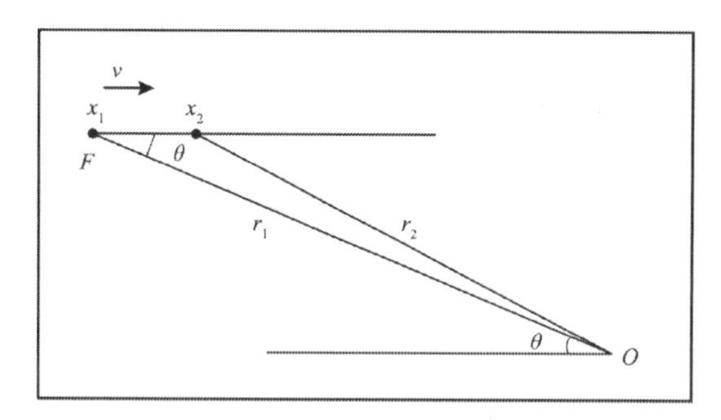


**Figura 6.22:** Efecto Doppler para un observador fuera de la línea de acción del movimiento de la fuente.

Para puntos apartados, toda vez que $r_1 - r_2 \simeq (x_1 - x_2)\cos\theta$, el período de la onda ($T$), según el observador $O$, está dado por

$$T = t_2 - t_1 = \left(\frac{x_1 - x_2}{v}\right)\left(1 - \frac{v}{c}\cos\theta\right)$$

o sea,

$$T = T_F \frac{\left(1 - \frac{v}{c}\cos\theta\right)}{\sqrt{1 - \frac{v^2}{c^2}}}$$

y la relación entre las respectivas frecuencias está dada por

$$\boxed{\nu = \nu_F \frac{\sqrt{1 - v^2/c^2}}{1 - \frac{v}{c}\cos\theta}} \tag{6.18}$$

La ecuación (6.18) generaliza todos los casos para el efecto Doppler.

$$\begin{cases} \theta = 0 \text{ rad} \quad \text{(la fuente se aproxima)} \quad \Rightarrow \quad \nu = \nu_F \sqrt{\dfrac{c+v}{c-v}} \\ \\ \theta = \pi \text{ rad} \quad \text{(la fuente se aleja)} \quad \Rightarrow \quad \nu = \nu_F \sqrt{\dfrac{c-v}{c+v}} \\ \\ \theta = \pi/2 \text{ rad} \quad \text{(Doppler transversal)} \quad \Rightarrow \quad \nu = \nu_F \sqrt{1 - v^2/c^2} \end{cases}$$

### 6.5.9 Las transformaciones espacio-temporales entre sistemas de referencia inerciales

A partir de los efectos de dilatación temporal y contracción espacial, se pueden establecer las relaciones generales entre las medidas del espacio y del tiempo efectuadas por dos observadores en sistemas de referencia inerciales distintos.

Sean dos sistemas de coordenadas $S$ y $S'$ en dos sistemas de referencia inerciales distintos, tal que $S'$ se mueve con velocidad $\vec{V}$ en relación a $S$ (Figura 6.23).

Una partícula que se desplaza de $P$ a $M$, según un observador en $S'$, recorre un desplazamiento propio cuyas componentes (paralela y transversal) son dadas por

$$\begin{cases} \Delta\vec{r}_\perp{}' \\ \\ \Delta\vec{r}_\parallel{}' \qquad (|\Delta\vec{r}_\parallel{}'| = \overline{PQ}) \end{cases}$$

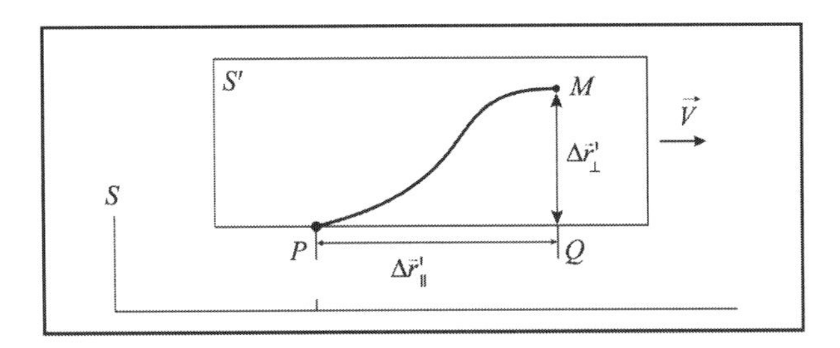


**Figura 6.23:** Sistemas de referencia inerciales distintos.

Para un observador en $S$, mientras la componente transversal al movimiento es invariante,

$$\Delta\vec{r}_{\perp} = \Delta\vec{r}_{\perp}{}' \tag{6.19}$$

la componente en la dirección del movimiento, debida a la contracción espacial de la medida de distancia $\overline{PQ}$ y al desplazamiento de $S'$, es dada por

$$\Delta\vec{r}_{\parallel} = \frac{\Delta\vec{r}_{\parallel}{}'}{\gamma(V)} + \vec{V}\Delta t \tag{6.20}$$

siendo $\gamma(V) = \left(1 - V^2/c^2\right)^{-1/2}$ el factor de Lorentz y $\Delta t$ el intervalo de tiempo determinado por $S$. Así, las medidas de los dos observadores se relacionan

$$\Delta\vec{r}_{\parallel}{}' = \gamma(V)\,(\Delta\vec{r}_{\parallel} - \vec{V}\Delta t) \tag{6.21}$$

De manera recíproca, para un observador en $S$, la partícula se desplaza de $P$ hacia $M$, recorriendo un desplazamiento propio cuyas componentes (paralela y transversal) son dadas por

$$\begin{cases} \Delta\vec{r}_{\perp} = \Delta\vec{r}_{\perp}{}' \\ \Delta\vec{r}_{\parallel} \end{cases}$$

Para un observador en $S'$, debido a la contracción espacial y al desplazamiento de $S$, se puede escribir

$$\Delta\vec{r}_{\parallel}{}' = \frac{\Delta\vec{r}_{\parallel}}{\gamma(V)} - \vec{V}\Delta t' \tag{6.22}$$

o sea, las medidas de los dos observadores se relacionan también por

$$\Delta\vec{r}_{\parallel} = \gamma(V)\,(\Delta\vec{r}_{\parallel}{}' + \vec{V}\Delta t') \tag{6.23}$$

siendo $\Delta t'$ la medida del tiempo determinada por un observador en $S'$.

De ese modo, sustituyendo en la ecuación (6.21) en (6.23), se obtiene

$$\Delta t' = \gamma(V)\left(\Delta t - \frac{\vec{V}\cdot\Delta\vec{r}}{c^2}\right) \tag{6.24}$$

y, sustituyendo en la ecuación (6.23) em (6.21), se obtiene

$$\Delta t = \gamma(V)\left(\Delta t' + \frac{\vec{V}\cdot\Delta\vec{r}'}{c^2}\right) \tag{6.25}$$

Si los orígenes temporales y espaciales coinciden, o sea,

$$\begin{cases} t_0 = t'_0 = 0 \\ \vec{r}(0) = \vec{r}'(0) = 0 \end{cases}$$

las coordenadas de movimiento de una partícula, en los dos sistemas de referencia, están relacionadas por

$$\begin{cases} \vec{r}_{\parallel}{}' = \gamma(\beta)(\vec{r}_{\parallel} - \vec{\beta}ct) = \gamma(\beta)\left[\dfrac{(\vec{\beta}\cdot\vec{r})}{\beta^2} - ct\right]\vec{\beta} \\ \\ \vec{r}_{\perp}{}' = \vec{r}_{\perp} = \vec{r} - \dfrac{(\vec{\beta}\cdot\vec{r})}{\beta^2}\,\vec{\beta} \\ \\ t' = \gamma(\beta)\left[t - \dfrac{(\vec{\beta}\cdot\vec{r})}{c}\right] \end{cases} \tag{6.26}$$

en donde $\vec{\beta} = \vec{V}/c$.

Toda vez que valen las relaciones

$$\gamma^2 = \frac{1}{1-\beta^2} \qquad \Longrightarrow \qquad \frac{\gamma^2 - 1}{\gamma^2} = \beta^2$$

se puede escribir la posición de la partícula como

$$\vec{r}\,' = \vec{r}_{\parallel}{}' + \vec{r}_{\perp}{}' = \vec{r} - \vec{\beta}\left[\frac{(1-\gamma)}{\beta^2}(\vec{\beta}\cdot\vec{r}) + \gamma ct\right]$$

o sea,

$$\boxed{\vec{r}\,' = \vec{r} - \gamma\vec{\beta}\left[\frac{-\gamma}{1+\gamma}(\vec{\beta}\cdot\vec{r}) + ct\right]} \tag{6.27}$$

Para dos sistemas de referencia inerciales que utilizan sistemas cartesianos de coordenadas, $S$ y $S'$, de ejes paralelos, cuyos orígenes temporales y espaciales inicialmente coinciden, y el movimiento entre ellos, en $S$, ocurre a lo largo del sentido positivo del eje $x$, se obtiene las usuales transformaciones de Lorentz,

$$\begin{cases} x' = \gamma(V)(x - Vt) \\ y' = y \\ z' = z \\ t' = \gamma(V)(t - Vx/c^2) \end{cases} \qquad \Longleftrightarrow \qquad \begin{cases} x = \gamma(V)(x' + Vt') \\ y = y' \\ z = z' \\ t = \gamma(V)(t' + Vx'/c^2) \end{cases} \tag{6.28}$$

siendo $\gamma(V) = \dfrac{1}{\sqrt{1 - V^2/c^2}} \geq 1$ el factor de Lorentz y $V$ la velocidad de $S'$ en relación a $S$.

### 6.5.10 Transformaciones de las velocidades

De ese modo, las velocidades de las partícula según los dos sistemas de coordenadas $S$ y $S'$ están relacionadas por

$$\frac{\mathrm{d}\vec{r}\,'}{\mathrm{d}t'} = \vec{v}\,' = \frac{\mathrm{d}\vec{r} - \gamma\vec{\beta}\left[\dfrac{-\gamma}{1+\gamma}(\vec{\beta}.\mathrm{d}\vec{r}) + c\,\mathrm{d}t\right]}{\gamma\left[\mathrm{d}t - (\vec{\beta}.\mathrm{d}\vec{r})/c\right]}$$

o sea,

$$\boxed{\vec{v}\,' = \frac{\vec{v} - \gamma\vec{\beta}\left[\dfrac{-\gamma}{1+\gamma}(\vec{\beta}.\vec{v}) + c\right]}{\gamma\left[1 - (\vec{\beta}.\vec{v})/c\right]}} \tag{6.29}$$

Si la partícula se desplaza, según un observador en $S$, con velocidad $\vec{v}$ paralela a la velocidad de $S'$, esto es, $\vec{v} \parallel \vec{V}$, la relación entre las velocidades según los dos sistemas de referencia es dada por la fórmula de Einstein para la composición de velocidades

$$\boxed{\vec{v}\,' = \frac{\vec{v} - \vec{V}}{1 - vV/c^2}} \tag{6.30}$$

Si $S'$ se desplaza en relación a $S$ en la dirección y en el sentido positivo del eje $x$, esto es, $\vec{V} = V\hat{\imath}$, se puede escribir las transformaciones que describen la relación entre las coordenadas según sistemas cartesianos en dos sistemas de referencias inerciales, o sea, las transformaciones de Lorentz, en la forma usual, como

$$\begin{cases} x' = \gamma(V)(x - Vt) \\ y' = y \\ z' = z \\ t' = \gamma(V)(t - Vx/c^2) \end{cases}$$

y las relaciones entre las velocidades como

$$\begin{cases} {v_x}' = (v_x - V) \cdot \left(1 - v_x V/c^2\right)^{-1} \\ \\ {v_y}' = v_y\sqrt{1 - V^2/c^2} \cdot \left(1 - v_x V/c^2\right)^{-1} \\ \\ {v_z}' = v_z\sqrt{1 - V^2/c^2} \cdot \left(1 - v_x V/c^2\right)^{-1} \end{cases} \tag{6.31}$$

Así, de acuerdo con las reglas de transformación de velocidades, el factor de Lorentz se transforma como

$$\begin{aligned} \gamma(v') &= \left(1 - v'^2/c^2\right)^{-1/2} = \frac{\left(1 - v^2/c^2\right)^{-1/2}\left(1 - V^2/c^2\right)^{-1/2}}{\left(1 - v_x V/c^2\right)^{-1}} \\ &= \gamma(v)\gamma(V)\left(1 - v_x V/c^2\right) \end{aligned} \tag{6.32}$$

### 6.5.11 Transformaciones de los campos electromagnéticos

Tradicionalmente, las fórmulas que explicitan las transformaciones de los campos electromagnéticos con relación a los cambios de sistemas de referencia inerciales son obtenidas a partir del procedimiento utilizado por Einstein, imponiendo la covariancia de las ecuaciones de Maxwell, en forma diferencial, con respecto a las transformaciones de Lorentz.

Al discutir la ley de Faraday en su reputado libro *Classical Electrodynamics*, el físico estadounidense John David Jackson calcula el flujo del campo magnético y la circulación del campo eléctrico en superficies y contornos móviles. En seguida, utilizando el principio de la relatividad, establece las relaciones entre los campos electromagnéticos en dos sistemas de referencia inerciales cuya velocidad relativa es mucho menor que $c$. O sea, las transformaciones de los campos electromagnéticos cuando las coordenadas espacio-temporales están relacionadas por las transformaciones de Galileo.

Abordando el problema de forma análoga, pero teniendo en consideración, además del principio de la relatividad, el efecto cinemático más llamativo de la Teoría de la Relatividad Especial, la dilatación temporal, las relaciones entre los campos electromagnéticos en dos sistemas de referencia inercial con velocidad relativa arbitraria pueden ser establecidas a partir de las ecuaciones de Maxwell en su forma integral.

Con relación a cualquier sistema de referencia inercial, las ecuaciones de Maxwell, para los campos electromágneticos $\vec{E}$ y $\vec{B}$ en una región dada del vacío, pueden ser escritas en el sistema gaussiano en forma integral como:

$$\left\{\begin{aligned} &\oint_L \vec{E}\cdot \mathrm{d}\vec{l} = -\frac{1}{c}\int_S \frac{\partial \vec{B}}{\partial t}\cdot \mathrm{d}\vec{s} \\ &\oint_L \vec{B}\cdot \mathrm{d}\vec{l} = \frac{1}{c}\int_S \frac{\partial \vec{E}}{\partial t}\cdot \mathrm{d}\vec{s} \end{aligned}\right. \qquad \left\{\begin{aligned} &\oint \vec{E}\cdot \mathrm{d}\vec{s} = 0 \\ &\oint \vec{B}\cdot \mathrm{d}\vec{s} = 0 \end{aligned}\right. \tag{6.33}$$

siendo $S$ la superficie delimitada por el contorno de integración $L$.

Sean $K'$ y $K$ dos sistemas de referencia inerciales tales que la velocidad de traslación de $K'$ según $K$ sea $\vec{v}$. Si $L$ es un contorno plano, en reposo para un observador en $K'$, perpendicular a $\vec{v}$, cualquier elemento de línea en el contorno será invariante para un observador en el sistema referencia $K$. Lo mismo tendrá lugar con el área de la superficie $S$ por él limitada. O sea,

$$\left\{\begin{aligned} &\mathrm{d}\vec{l} = \mathrm{d}\vec{l}' \\ &\mathrm{d}\vec{s} = \mathrm{d}\vec{s}' \end{aligned}\right.$$

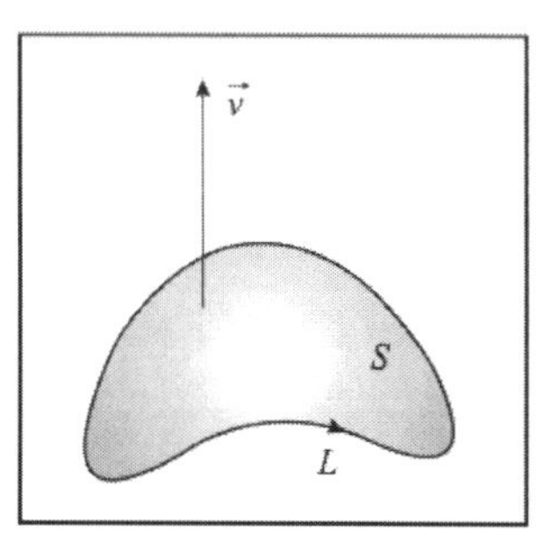


**Figura 6.24:** Contorno de integración móvil.

El flujo $\phi_B(t)$ del campo magnético a través de la superficie $S$, en un instante $t$, según el observador en $K$, está dado por

$$\phi_B(t) = \int_{S(t)} \vec{B}(t)\cdot \mathrm{d}\vec{s}$$

y su tasa de variación, por

$$\frac{\mathrm{d}\phi_B}{\mathrm{d}t} = \lim_{\Delta t\to 0}\frac{1}{\Delta t}\left\{\int_{S(t+\Delta t)} \vec{B}(t+\Delta t)\cdot \mathrm{d}\vec{s} - \int_{S(t)} \vec{B}(t)\cdot \mathrm{d}\vec{s}\right\}$$

Restando y adicionando en el lado derecho de la ecuación anterior el término

$$\int_{S(t+\Delta t)} \vec{B}(t)\cdot \mathrm{d}\vec{s}$$

teniendo en cuenta que el flujo total del campo magnético, a través del volumen $V$ generado por el movimiento del contorno (Figura 6.25), durante un intervalo de tiempo $\Delta t$, es nulo,

$$\int_{S(t+\Delta t)} \vec{B}(t)\cdot \mathrm{d}\vec{s} - \int_{S(t)} \vec{B}(t)\cdot \mathrm{d}\vec{s} + \int_{S_l} \vec{B}(t)\cdot \mathrm{d}\vec{s}_l = 0$$

y escribiendo el elemento de área de la superficie lateral $S_l$ como

$$\mathrm{d}\vec{s}_l = \mathrm{d}\vec{l}\times \vec{v}\Delta t$$

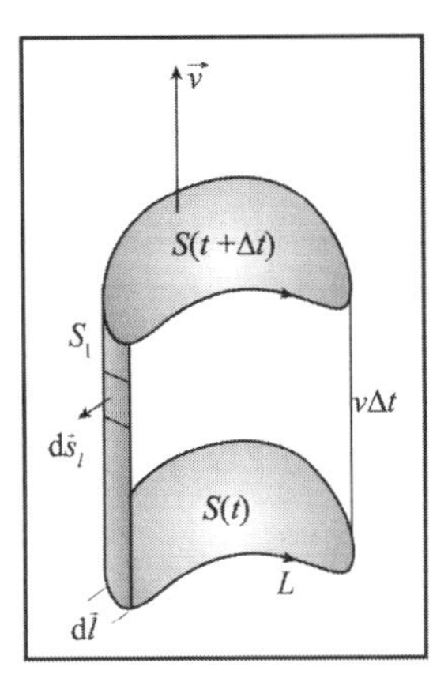


**Figura 6.25:** Volumen generado por el contorno de integración móvil.

la tasa de variación del flujo está dada por

$$\frac{\mathrm{d}\phi_B}{\mathrm{d}t} = \frac{\mathrm{d}}{\mathrm{d}t}\int_S \vec{B}(t)\cdot \mathrm{d}\vec{s} = \int_S \frac{\partial \vec{B}}{\partial t}\cdot \mathrm{d}\vec{s} \; - \; \oint_L \underbrace{\vec{B}\cdot(\mathrm{d}\vec{l}\times\vec{v})}_{(\vec{v}\times\vec{B})\cdot\mathrm{d}\vec{l}}$$

Según el observador en $K$, el volumen $V$ está limitado por las superficies $S(t)$ y $S(t+\Delta t)$ y por una superficie lateral $S_l$, paralela a la velocidad $\vec{v}$, de dimensiones $|\vec{v}|\Delta t$ y $l$ (longitud de contorno). Así, la ecuación de Maxwell que expresa la ley de Faraday puede ser escrita como

$$\oint_L \vec{E}\cdot \mathrm{d}\vec{l} = -\frac{1}{c}\frac{\mathrm{d}}{\mathrm{d}t}\int_S \vec{B}\cdot \mathrm{d}\vec{s} - \oint_L \left(\frac{\vec{v}}{c}\times\vec{B}\right)\cdot \mathrm{d}\vec{l} \tag{6.34}$$

o

$$\oint_L \left(\vec{E} + \frac{\vec{v}}{c}\times\vec{B}\right)\cdot \mathrm{d}\vec{l} = -\frac{1}{c}\frac{\mathrm{d}}{\mathrm{d}t}\int_S \vec{B}\cdot \mathrm{d}\vec{s} \tag{6.35}$$

Para un observador en $K'$, la ley de Faraday es expresada por

$$\oint_L \vec{E}'\cdot \mathrm{d}\vec{l} = -\frac{1}{c}\frac{\mathrm{d}}{\mathrm{d}t'}\int_S \vec{B}'\cdot \mathrm{d}\vec{s} \tag{6.36}$$

en donde $\mathrm{d}t'$ es el intervalo de tiempo entre eventos que ocurren en los mismos puntos de un sistema de referencia (como el flujo del campo magnético a través de la superficie fija $S$), o sea, es un intervalo de tiempo propio, relacionado con el intervalo $dt$ por

$$\mathrm{d}t = \gamma(v)\,\mathrm{d}t'$$

siendo $\gamma(v)$ el factor de Lorentz.

Comparando las expresiones para la ley de Faraday en los dos sistemas de referencia, ecuaciones (6.35) y (6.36), resulta

$$\begin{cases} \vec{E}'_\perp = \gamma(v)\left(\vec{E}_\perp + \dfrac{\vec{v}}{c}\times\vec{B}\right) \\ \\ \vec{B}'_\parallel = \vec{B}_\parallel \end{cases} \tag{6.37}$$

siendo $\vec{E}'_\perp$ y $\vec{E}_\perp$ las componentes del campo eléctrico perpendiculares a la velocidad $\vec{v}$ y $\vec{B}'_\parallel$ y $\vec{B}_\parallel$ las componentes del campo magnético paralelas a ese mismo vector $\vec{v}$.

Con respecto a las componentes $\vec{E}_{\|}$ y $\vec{B}_{\perp}$ de los campos, debido a la simetría de las ecuaciones de Maxwell en el vacío, se obtiene, de forma enteramente análoga,

$$\begin{cases} \vec{B}'_{\perp} = \gamma(v)\left(\vec{B}_{\perp} - \dfrac{\vec{v}}{c} \times \vec{E}\right) \\ \\ \vec{E}'_{\|} = \vec{E}_{\|} \end{cases} \tag{6.38}$$

siendo $\vec{B}'_{\perp}$ y $\vec{B}_{\perp}$ las componentes del campo magnético perpendiculares a la velocidad $\vec{v}$, y $\vec{E}'_{\|}$ y $\vec{E}_{\|}$ las componentes del campo eléctrico paralelas a esta misma velocidad.

De acuerdo al principio de la Relatividad Especial que establece que no existe un sistema de referencia privilegiado para las leyes de la Física – sean ellas mecánicas o electromagnéticas –, la hipótesis de un *éter*, cuya existencia había sido admitida por Huygens, Young, Fresnel, Faraday, Maxwell y Lorentz, ya no era necesaria en la teoría electromagnética. Según Einstein, las ecuaciones de Maxwell, así como una de sus principales previsiones, la propagación de ondas en el vacío, *no necesitan* presuponer ninguna imagen o soporte material para ser validadas (Sección 5.7). En la verdad, tal concepto era necesario a la teoría de Maxwell para posibilitar la interpretación de los campos electromagnéticos como campos de deformaciones elásticas, dictada por su concepto mecanicista del mundo. Sin embargo, al mismo tiempo que el éter tendría una enorme rigidez para permitir la propagación de la luz con altísima velocidad y soportar oscilaciones de frecuencias altísimas ($10^{14}$Hz), ese modelo era incapaz de explicar la ausencia de ondas electromagnéticas longitudinales.

A diferencia de los fenómenos acústicos, que resultan de pequeñas vibraciones de las partículas constituyentes de un medio discreto y sólo macroscópicamente se presentan como procesos continuos, la abolición del *éter* de los modelos físicos y la ocurrencia de la propagación de la luz a través del espacio, por ejemplo, del Sol a la Tierra, indican que los procesos ondulatorios electromagnéticos ocurren en el mismo vacío, a través de un acoplamiento entre los campos eléctricos y magnéticos. Sin embargo, a pesar de poseer naturaleza distinta, las ondas electromagnéticas y las acústicas son descritas por una misma ecuación, la ecuación de ondas de d'Alembert, ecuación (5.1), lo que implica analogías formales entre varios procesos, como los de interferencia y difracción.

## 6.6 La Eletrodinámica Relativista de Einstein

*Si tuviese que escribir ahora el último capítulo, ciertamente le habría dado un lugar de mayor importancia a la Teoría de la Relatividad de Einstein, en la cual el estudio de los fenómenos electromagnéticos en sistemas móviles gana una simplicidad que yo no pude obtener. La causa de mi falta de éxito se debe a la idea fija de que solo la variable t pudiese representar el tiempo verdadero; el tiempo local t′ sería apenas una cantidad matemática auxiliar. En la teoría de Einstein, t′ tienen el mismo* status *que t.*

Hendrik Lorentz

Entre tantas consecuencias físicas y filosóficas de las hipótesis de Einstein, están aquellas que indican la relación estrecha entre *espacio* y *tiempo* y exigen el abandono de los conceptos de *espacio* y *tiempo absolutos* admitidos por Newton. Otras consecuencias importantes de la teoría de Einstein son la unificación y la redefinición de los principios de conservación de energía y del *momentum* en un único principio, que sólo pudieron ser verificados experimentalmente en los estudios relacionados con partículas observadas a grandes altitudes, en rayos cósmicos, o en colisiones en los grandes aceleradores de partículas.

De otro modo, dando continuidad al análisis y revisión del concepto de espacio, Einstein, en 1916, generaliza el principio de la relatividad, con la hipótesis de que cualquier sistema de referencia (incluido los acelerados) debe ser equivalente para la descripción de los fenómenos físicos, y elabora una nueva teoría de la Gravitación, la *Relatividad General*.

### 6.6.1 La Electrodinámica de las partículas relativistas

Una vez establecidas las relaciones entre las coordenadas de una partícula y entre los campos electromagnéticos en dos sistemas de referencia inerciales, Einstein propone una electrodinámica relativista, que describe el movimiento de una partícula cargada, lentamente acelerada, bajo la acción de un campo electromagnético. Einstein se refiere explícitamente al electrón, que, en 1905, ya era conocido (Capítulo 8).

Así, sea una partícula con masa $m$ y carga $e$, que se desplaza en relación a un sistema de coordenadas cartesianas $S$ en un sistema de referencia inercial, tal que su velocidad en un instante $t$ es $\vec{v}(t)$ (Figura 6.26).

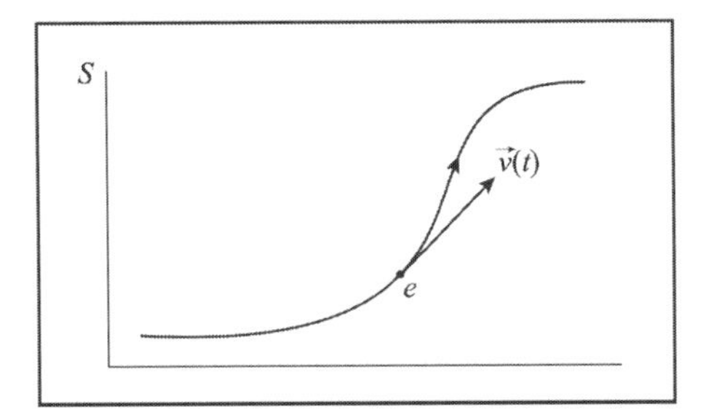


**Figura 6.26:** Movimiento de una partícula según un sistema cartesiano S.

Sea otro sistema cartesiano $S'$ en otro sistema de referencia inercial, que se desplaza en movimiento de traslación uniforme con relación a $S$ con velocidad $\vec{V}$, tal que en el instante $t$ su velocidad es la misma que la de la partícula, o sea, $\vec{V} = \vec{v}(t)$.

Si la partícula se mueve bajo la acción de un campo electromagnético tal que, según un observador en $S'$, el campo magnético sea nulo ($\vec{B}\,' = 0$) y el campo eléctrico sea paralelo a $\vec{V}$ ($\vec{E}\,' \parallel \vec{V}$), en un pequeño intervalo de tiempo ($\mathrm{d}t'$), durante el cual la velocidad de la partícula (en $S'$) es tal que se puede utilizar la Electrodinámica Clásica de Lorentz, la ecuación de movimiento de la partícula es expresada por

$$m\frac{\mathrm{d}^2\vec{r}\,'}{\mathrm{d}t'^2} = e\vec{E}\,' \qquad (\vec{B}\,' = 0)$$

siendo $\vec{r}\,'$ y $t'$ las coordenadas de la partícula según $S'$ (Figura 6.27).

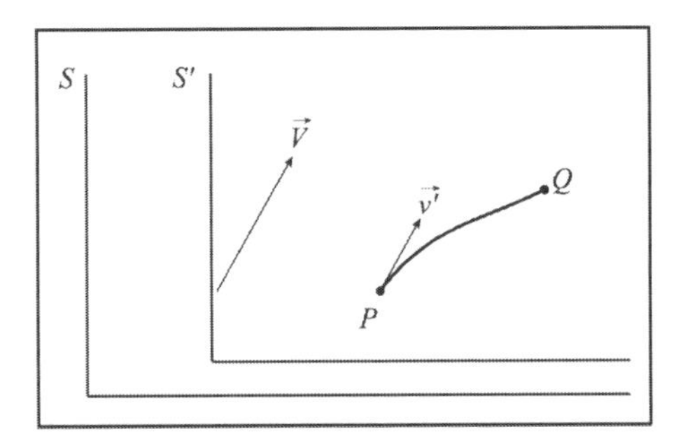


**Figura 6.27:** Movimiento de una partícula según dos sistemas cartesianos S y S'.

Las medidas realizadas por un observador en $S'$ son iguales a las medidas propias. En ese contexto, el pequeño intervalo de tiempo ($\mathrm{d}t'$) que un observador en $S'$ asocia al desplazamiento de la partícula, del punto $P$ al punto $Q$, es igual al intervalo de tiempo propio ($\mathrm{d}\tau$) que el sistema de referencia de la partícula determina como el intervalo de tiempo en que el punto $Q$ llega a su posición, o sea,

$$\mathrm{d}t' = \mathrm{d}\tau$$

y, por tanto, se relaciona al intervalo de tiempo ($\mathrm{d}t$) determinado por un observador en $S$ por

$$\mathrm{d}t' = \frac{\mathrm{d}t}{\gamma(v)}$$

siendo $v$ el módulo de la velocidad (el cual es igual a $V$) de la partícula en el instante $t$, según el sistema de referencia $S$.

Para un observador en $S$, el desplazamiento $(\mathrm{d}\vec{r})$ hecho por la partícula entre dos puntos de su sistema de referencia, durante el intervalo de tiempo $\mathrm{d}t$, se relaciona con el desplazamiento $(\mathrm{d}\vec{r}\,')$ determinado por un observador en $S'$ por

$$\begin{cases} \mathrm{d}\vec{r}_\perp{}' = \mathrm{d}\vec{r}_\perp \\ \mathrm{d}\vec{r}_\parallel{}' = \gamma(v)\,\mathrm{d}\vec{r}_\parallel \end{cases}$$

y, además de un campo eléctrico $\vec{E}$, existe un campo magnético $\vec{B}$, tal que sus componentes paralela y transversal a la velocidad de la partícula están relacionadas a las componentes de los campos en $S'$ por

$$\begin{cases} \vec{E}'_\parallel = \vec{E}_\parallel \\ \vec{E}'_\perp = \gamma(v)\left(\vec{E}_\perp + \dfrac{\vec{v}}{c}\times\vec{B}\right) \end{cases}$$

De ese modo, las ecuaciones relativistas que rigen el movimiento de una partícula cargada bajo la acción de un campo electromagnético, según un observador inercial cualquiera, pueden ser escritas como

$$\begin{cases} \gamma^3 m\dfrac{\mathrm{d}^2\vec{r}_\parallel}{\mathrm{d}t^2} = e\vec{E}_\parallel = \vec{F}_\parallel \\ \gamma m\dfrac{\mathrm{d}^2\vec{r}_\perp}{\mathrm{d}t^2} = e\left(\vec{E}_\perp + \dfrac{\vec{v}}{c}\times\vec{B}\right) = \vec{F}_\perp \end{cases} \tag{6.39}$$

A diferencia de las ecuaciones de movimiento newtonianas, en las cuales las fuerzas involucradas, que satisfacen la condición de invariancia según las transformaciones de Galileo, son de naturaleza diversa (peso, contacto, fricción, eléctrica, gravitacional, *etc.*), las ecuaciones de movimiento relativistas están asociadas a los fenómenos electromagnéticos, porque sólo para la fuerza de Lorentz las ecuaciones de movimiento de Einstein son invariantes con relación a las transformaciones de Lorentz. Esa es una característica de todas las teorías cuantico-relativistas. Cada teoría se refiere a un tipo especial de interacción.

### 6.6.2 Energía y *momentum* de una partícula relativista

Es interesante notar que, así como Einstein fue el primero, después de Planck, en considerar seriamente la hipótesis de cuantización de la energía, extendiendo su aplicación a las oscilaciones atómicas de un cristal, Planck, a su vez, fue el primero en publicar sobre la Electrodinámica de Einstein.

Según Planck, las ecuaciones de movimiento de una partícula pueden ser escritas de forma análoga a las ecuaciones de movimiento de Newton, utilizada por la Electrodinámica de Lorentz,

$$\boxed{\frac{\mathrm{d}\vec{p}}{\mathrm{d}t} = \vec{F} = e\left(\vec{E} + \frac{\vec{v}}{c}\times\vec{B}\right)} \tag{6.40}$$

si el *momentum* $(\vec{p})$ de una partícula de masa $m$, que se desplaza con velocidad $\vec{v}$, fuera definido como

$$\boxed{\vec{p} = \gamma(v)m\vec{v}} \tag{6.41}$$

De ese modo, el *momentum* de una partícula libre será conservado a largo del tiempo. En efecto, explicitando la ecuación (6.40), y multiplicándola escalarmente por $\vec{v}$,

$$\frac{\mathrm{d}}{\mathrm{d}t}(\gamma m\vec{v}) = m\left[\frac{\mathrm{d}\gamma}{\mathrm{d}t}\vec{v} + \gamma\frac{\mathrm{d}\vec{v}}{\mathrm{d}t}\right] = \vec{F} \quad\Longrightarrow\quad m\left[\frac{\mathrm{d}\gamma}{\mathrm{d}t}v^2 + \gamma\vec{v}\cdot\frac{\mathrm{d}\vec{v}}{\mathrm{d}t}\right] = \vec{F}\cdot\vec{v}$$

y notando que

$$\frac{\mathrm{d}\gamma}{\mathrm{d}t} = \gamma^3 \frac{\vec{v}}{c^2} \cdot \frac{\mathrm{d}\vec{v}}{\mathrm{d}t} \quad \Longrightarrow \quad \gamma\vec{v} \cdot \frac{\mathrm{d}\vec{v}}{\mathrm{d}t} = \frac{c^2}{\gamma^2}\frac{\mathrm{d}\gamma}{\mathrm{d}t}$$

se obtiene

$$\boxed{\frac{\mathrm{d}}{\mathrm{d}t}(\gamma mc^2) = \vec{F} \cdot \vec{v}} \tag{6.42}$$

La ecuación (6.42) corresponde a la ecuación de la Mecánica Clásica para la variación de la energía cinética de una partícula de masa $m$ y velocidad $\vec{v}$, bajo la acción de una fuerza $\vec{F}$,

$$\frac{\mathrm{d}}{\mathrm{d}t}\left(\frac{1}{2}mv^2\right) = \vec{F} \cdot \vec{v} \tag{6.43}$$

Cuando la energía de una partícula libre es su energía cinética, se puede identificar

$$\boxed{\epsilon = \gamma mc^2} \tag{6.44}$$

como la expresión relativista para la energía de una partícula libre.

En palabras del propio Einstein,

> *un cuerpo en reposo tiene masa, mas ninguna energía cinética, esto es, energía de movimiento. Un cuerpo en movimiento tiene tanto masa como energía cinética. Resiste más fuertemente a la alteración de su velocidad que un cuerpo en reposo. Parece que la energía cinética aumenta su resistencia al movimiento. Si dos cuerpos tienen la misma masa en reposo, aquel con mayor energía cinética resiste más fuertemente a la acción de una fuerza externa.*

**Figura 6.28:** La relación de Einstein entre energía y masa.

Teniendo en cuenta la ecuación (6.42), la ecuación (6.40) puede ser escrita como

$$\gamma m \frac{\mathrm{d}\vec{v}}{\mathrm{d}t} = \vec{F} - \frac{\vec{v}}{c^2}(\vec{F} \cdot \vec{v})$$

y, utilizando las componentes paralela y transversal,

$$\gamma m \left(\frac{\mathrm{d}\vec{v}_\parallel}{\mathrm{d}t} + \frac{\mathrm{d}\vec{v}_\perp}{\mathrm{d}t}\right) = \vec{F}_\parallel \underbrace{\left(1 - \frac{v^2}{c^2}\right)}_{1/\gamma^2} + \vec{F}_\perp$$

se obtiene las ecuaciones de Einstein, ecuación (6.39),

$$\begin{cases} \gamma^3 m \dfrac{\mathrm{d}\vec{v}_\parallel}{\mathrm{d}t} = e\vec{E}_\parallel \vec{F}_\parallel \\ \\ \gamma m \dfrac{\mathrm{d}\vec{v}_\perp}{\mathrm{d}t} = e\left(\vec{E}_\perp + \dfrac{\vec{v}}{c} \times \vec{B}\right) = \vec{F}_\perp \end{cases}$$

A partir de las definiciones relativistas para una partícula libre dotada de *momentum*, ecuación (6.41), y de energía, ecuación (6.44), resulta que la relación entre esas magnitudes puede ser expresada por

$$\boxed{\vec{p} = \frac{\epsilon}{c^2}\vec{v}} \tag{6.45}$$

Alternativamente, se puede elevar al cuadrado la ecuación (6.44), sustituir la expresión explícita para $\gamma^2$ y eliminar el término $v^2$ a partir de la ecuación (6.45), obteniéndose

$$\boxed{\epsilon^2 = (pc)^2 + (mc^2)^2} \tag{6.46}$$

La ecuación (6.46) muestra que la energía de una partícula libre no es sólo cinética. La energía tiene una componente debida al movimiento ($pc$) y otra, denominada *energía de reposo*, ($\epsilon_0$), dada por

$$\boxed{\epsilon_0 = mc^2}$$

en una composición que mnemotécnicamente obedece al teorema de Pitágoras (Figura 6.29).

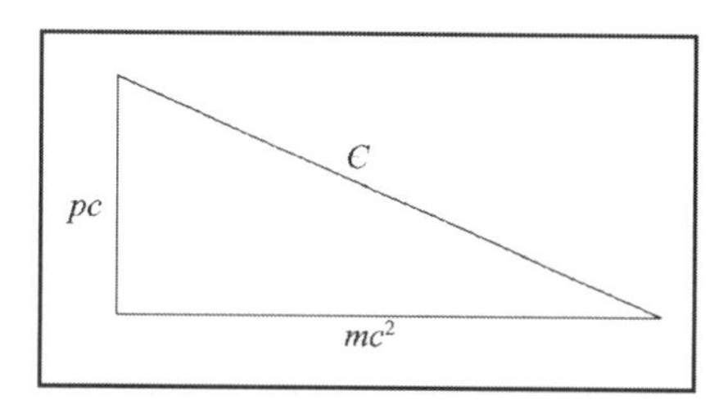


**Figura 6.29:** Relación entre la energía y el *momentum* de una partícula libre.

Por otro lado, expresando la masa de una partícula libre como

$$\boxed{m = \left(\frac{\epsilon}{c^2}\right)\sqrt{1 - \frac{v^2}{c^2}}} \tag{6.47}$$

se concluye que sólo partículas de masa nula y, por tanto, no materiales se pueden desplazar con la velocidad de la luz. Para esas partículas, la relación entre la energía ($\epsilon$) y el *momentum* ($\vec{p}$) es dada por

$$\boxed{\epsilon = pc} \qquad (m = 0) \tag{6.48}$$

Además de ser compatible con la existencia de partículas (no materiales) de masa nula, la ecuación (6.47) es compatible también con la existencia de partículas libres con masas negativas. Ese concepto, aparentemente no físico, fue utilizado por Dirac en la elaboración de una Mecánica Cuántica Relativista (Capítulo 16), y lo llevó a la hipótesis de la existencia de una antipartícula asociada al electrón, posteriormente denominada *positrón* (Capítulo 16), cuyo descubrimiento experimental solo fue hecho en 1932, por el estadounidense Carl David Anderson.

De acuerdo con las reglas de transformación para el factor de Lorentz, ecuación (6.32), y para las velocidades, ecuación (6.31), las relaciones entre los *momenta* ($\vec{p}$, $\vec{p}\,'$) y las energías ($\epsilon$, $\epsilon'$) de una partícula de masa $m$, que se desplaza con velocidades $\vec{v}$ y $\vec{v}\,'$, según dos sistemas cartesianos de ejes paralelos $S$ y $S'$, tales que $S'$ se mueve con velocidad $\vec{V} = V\hat{\imath}$ en relación a $S$, son dadas por

$$\begin{cases} \epsilon' = \gamma(v')mc^2 = \gamma(V)\Big[\gamma(v)mc^2 - \gamma(v)mv_xV\Big] = \gamma(V)(\epsilon - p_xV) \\ p'_x = \gamma(v')mv'_x = \gamma(V)\Big[\gamma(v)mv_x - \gamma(v)mV\Big] = \gamma(V)(p_x - \epsilon V/c^2) \\ p'_y = \gamma(v')mv'_y = \gamma(v)mv_y = p_y \\ p'_z = \gamma(v')mv'_z = \gamma(v)mv_z = p_z \end{cases} \tag{6.49}$$

o sea,

$$\begin{cases} \epsilon' = \gamma(V)\big(\epsilon - \vec{p}\cdot\vec{V}\big) \\ \vec{p}_{\parallel}\,' = \gamma(V)\big(\vec{p}_{\parallel} - \epsilon\vec{V}/c^2\big) \\ \vec{p}_{\perp}\,' = \vec{p}_{\perp} \end{cases} \tag{6.50}$$

Visto que las ecuaciones (6.49) implican que la combinación

$$\big(\epsilon'/c\big)^2 - p_x'^2 - p_y'^2 - p_z'^2 = \big(\epsilon/c\big)^2 - p_x^2 - p_y^2 - p_z^2$$

es invariante cuando la energía y el *momentum* son expresados en sistemas de referencia inerciales distintos y que, según la ecuación (6.46),

$$\big(\epsilon/c\big)^2 - p^2 = m^2c^2$$

las relaciones de transformación cinemáticas entre los *momenta* y las energías presuponen que la masa de una partícula libre, además de conservarse a lo largo del tiempo, es invariante de Lorentz. O sea, no depende del sistema de referencia utilizado para describir el movimiento de la partícula.

### 6.6.3 Algunas consecuencias de las ecuaciones de Einstein

Para campos uniformes, la ecuación (6.40) puede ser formalmente integrada,

$$\vec{p}(t) = \vec{p}(0) + \int_0^t \vec{F}(t')\,\mathrm{d}t'$$

y a partir de esa expresión se puede establecer que:

(i) para una fuerza de magnitud constante o creciente con el tiempo, el *momentum* crece indefinidamente, o sea,

$$\lim_{t\to\infty} F(t) \to \infty \qquad \Longrightarrow \qquad p(t) \to \infty$$

(ii) existe un límite para la velocidad de una partícula de masa $m$ (Figura 6.30).

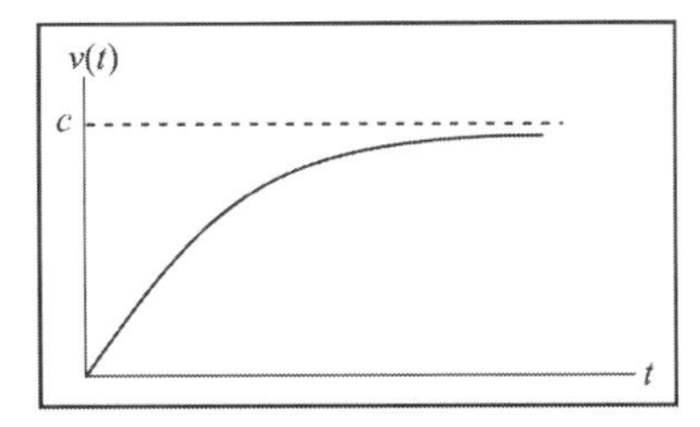


**Figura 6.30:** Límite de la velocidad de una partícula.

Toda vez que

$$\vec{p}(t) = \frac{m\vec{v}}{\sqrt{1 - v^2/c^2}} \qquad \Longrightarrow \qquad v^2 = \left(\frac{p}{m}\right)^2 (1 - v^2/c^2)$$

implica que

$$v(t) = \frac{p(t)/m}{\sqrt{1 + (p/mc)^2}}$$

o sea,

$$\lim_{t\to\infty} p(t) \to \infty \qquad \Longrightarrow \qquad \lim_{t\to\infty} v(t) \to c \qquad \Longrightarrow \qquad \lim_{t\to\infty} a(t) \to 0$$

Así, a pesar de que la energía $\epsilon = \gamma(v)mc^2$ de una partícula de masa $m$ pueda alcanzar cualquier valor, ya que el factor de Lorentz crece muy rápidamente para velocidades próximas a la de la luz en el vacío, para altas energías la aceleración se anula.

**Figura 6.31:** Límite de la velocidad en los aceleradores de partículas.

(iii) Para una partícula de masa $m$ y carga eléctrica $e$, inicialmente en reposo, en un campo eléctrico uniforme independiente del tiempo ($E_0$),

$$F = eE_0 \qquad \Longrightarrow \qquad p(t) = eE_0 t$$

donde

$$v(t) = \frac{(eE_0/m)t}{\sqrt{1 + (eE_0 t/mc)^2}} \qquad \Longrightarrow \qquad \lim_{t\to\infty} v(t) \to c$$

o sea,

$$a(t) = \frac{eE_0/m \left\{ \sqrt{1 + (eE_0 t/mc)^2} - (eE_0 t/mc)^2 \left[1 + (eE_0 t/mc)^2\right]^{-1/2} \right\}}{1 + (eE_0 t/mc)^2}$$

Así,

$$\lim_{t\to\infty} a(t) \to 0$$

y, en el límite clásico ($c \to \infty$),

$$\lim_{c\to\infty} \begin{cases} v(t) = \dfrac{eE_0}{m}\, t \\[2ex] a(t) = \dfrac{eE_0}{m} = a(0) \quad (\text{constante}) \end{cases}$$

(iv) Para una partícula de masa $m$ y carga eléctrica $-e$, que se desplaza bajo la acción de un campo magnético uniforme independiente del tiempo $\vec{B}_0$, la fuerza de Lorentz

$$\vec{F} = -e\frac{\vec{v}}{c} \times \vec{B}_0 \quad \Longrightarrow \quad \vec{F} \cdot \vec{v} = 0 \quad \Longrightarrow \quad \frac{\mathrm{d}}{\mathrm{d}t}(\gamma mc^2) = 0 \quad \Longrightarrow \quad v = \text{ constante}$$

implica que el movimiento es circular y uniforme.

Por otro lado,

$$v = \text{ constante} \quad \Longrightarrow \quad \gamma = \text{ constante} \quad \Longrightarrow \quad \gamma m\frac{\mathrm{d}\vec{v}}{\mathrm{d}t} = \vec{F} \quad \Longrightarrow \quad \gamma m a_c = e\frac{v}{c}B_0$$

toda vez que la aceleración centrípeta $a_c$ es igual a $v^2/r$, se obtiene

$$\gamma mv = p = \frac{reB_0}{c} \tag{6.51}$$

y

$$r = \gamma\underbrace{\left(\frac{mcv}{eB_0}\right)}_{r_0} = \frac{v/c}{\sqrt{1 - v^2/c^2}}\,\frac{mc^2}{eB_0} \qquad (r > r_0) \tag{6.52}$$

en donde $r_0$ es el radio clásico de la trayectoria, determinado por la Electrodinámica Clásica.

Las expresiones anteriores están asociadas a las evidencias experimentales que disiparon algunas de las dudas iniciales acerca de la validez de la Teoría de la Relatividad. A través de observaciones de la deflexión de rayos $\beta$, procedentes de decaimientos radioactivos y sometidos a campos magnéticos, fueron realizados los primeros experimentos con resultados compatibles con la ecuación (6.52). En esa época, no se sabía con certeza que los rayos $\beta$ eran electrones con altas velocidades, y los resultados fueron presentados como medidas de la relación carga-masa de partículas radiactivas (Capítulo 9).

Desde el punto de vista experimental, la ecuación (6.51) constituye la base para la medición del *momentum* de partículas en altas energías.

## 6.7 Conservación de la energía y del momento lineal en sistemas de partículas

*La nueva Mecánica será caracterizada, encima de todo, por la regla de que ninguna velocidad puede exceder la velocidad de la luz.*

Henri Poincaré

El hecho de que la ecuación de movimiento relativista de una partícula sea formalmente idéntica a la ecuación de movimiento expresada por la 2ª ley de Newton implica que, tanto para la Mecánica Clásica de Newton como para la Electrodinámica Relativista de Einstein, el *momentum* ($\vec{p}$) y la energía ($\epsilon$) de una partícula libre ($\vec{F} = 0$) son magnitudes que se conservan a lo largo del tiempo.

Para un sistema de partículas cuyas velocidades, según un sistema de coordenadas $S$ en un marco de referencia inercial, son mucho menores que la velocidad de la luz, se define el *centro de masa* del sistema ($\vec{r}_{\text{cm}}$) en $S$ por

$$\vec{r}_{\text{cm}} = \frac{\sum_i m_i\vec{r}_i}{M}$$

siendo $\vec{r}_i$ la posición de la partícula de masa $m_i$ y $M = \sum_i m_i$ la masa del sistema.

Así, la *velocidad del centro de masa* ($\vec{v}_{\text{cm}}$) es dada por

$$\vec{v}_{\text{cm}} = \frac{\sum_i m_i\vec{v}_i}{M} = \frac{\vec{P}}{M}$$

siendo $\vec{v}_i$ la velocidad de la partícula de masa $m_i$ y $\vec{P} = \sum_i m_i\vec{v}_i$ el *momentum* total del sistema.

Si las partículas obedecen a las leyes de Newton, la 3ªley asegura que la resultante de las fuerzas internas es nula. Así, si el sistema estuviera aislado, o sea, si la resultante de las fuerzas externas fuera nula, eso implica que el *momentum* total de un sistema aislado se conserva a lo largo del tiempo.

Cualquier sistema de referencia inercial que se desplaza en movimiento de traslación uniforme con la velocidad del centro de masa de un sistema aislado es denominado *sistema de referencia del centro de masa.* Alternativamente, se puede definir el sistema de referencia del centro de masa como aquel para el cual el *momentum* total de un sistema aislado sea nulo.

Si las partículas del sistema no obedecen a las leyes de Newton, como un sistema de partículas eléctricamente cargadas observadas en un sistema de referencia según el cual sus velocidades son fracciones apreciables de la velocidad de la luz, no hay una ley para asegurar que la resultante de las fuerzas internas sea nula, pues la 3ra ley de Newton presupone que las interacciones entre las partículas del sistema son instantáneas y que las fuerzas de acción y reacción tienen el mismo apoyo, lo que no ocurre con las fuerzas electromagnéticas.

Sin embargo, considerando que los campos electromagnéticos que median las interacciones entre partículas cargadas también poseen *momentum* y energía, se puede postular las leyes de conservación de *momentum* y la energía que incluyan a las partículas que interactúan y a los campos asociados a las interacciones entre aquellas de un sistema aislado.

En diversos casos, el *momentum* y la energía total de un campo pueden ser atribuidos a portadores que se comportan como partículas independientes. En el caso de un campo electromagnético monocromático, esos portadores de energía y *momentum* son partículas no masivas, denominadas *fotones.*

Al contrario de la Mecánica Clásica de Newton, en la cual las leyes de conservación de energía y *momentum* total de un sistema aislado son teoremas que se derivan de las leyes de Newton, en la Electrodinámica Relativista de Einstein esas leyes son postuladas como principios fundamentales de la teoría, a saber:

- principio de la conservación de energía – la energía total de un sistema aislado de partículas se conserva;

- principio de la conservación de *momentum* – el *momentum* lineal total de un sistema aislado de partículas se conserva.

### 6.7.1 Sistema de referencia del centro de masa

Al adoptar el principio de conservación del *momentum* total de un sistema aislado de partículas, uno puede definir el llamado sistema de referencia del centro de masa como se describe a continuación.

Las transformaciones para los *momenta* y para las energías de un conjunto aislado de partículas según dos sistemas de coordenadas cartesianas $S$ y $S'$ asociados a sistemas de referencia inerciales distintos, tal que $S'$ se desplaza en movimiento de traslación uniforme con velocidad $\vec{V}$ según $S$, pueden ser escritas como

$$\begin{cases} \vec{P}_{\|} = \sum_i \vec{p}_{i\|} = \gamma(V)\Big(\sum_i \vec{p}_{i\|}{}' + \sum_i \epsilon_i'\vec{V}/c^2\Big) = \gamma(V)\big(\vec{P}_{\|}' + E'\vec{V}/c^2\big) \\ \vec{P}_{\perp} = \sum_i \vec{p}_{i\perp} = \sum_i \vec{p}_{i\perp}{}' = \vec{P}\,' - (\vec{P}\,'\cdot\vec{V})\vec{V}/V^2 = \vec{P}\,' - \vec{P}_{\|}' \\ E = \sum_i \epsilon_i = \gamma(V)\Big(\sum_i \epsilon_i' + \sum_i p_{i\|}{}'V\Big) = \gamma(V)\big(E' + \vec{P}\,'\cdot\vec{V}\big) \end{cases} \tag{6.53}$$

o sea,

$$\begin{cases} \vec{P} = \vec{P}\,' + \big[\gamma(V) - 1\big](\vec{P}\,' \cdot \vec{V})\vec{V}/V^2 + \gamma(V)E'\vec{V}/c^2 \\ E = \gamma(V)\big[E' + (\vec{P}\,' \cdot \vec{V})\big] \end{cases} \tag{6.54}$$

El sistema de referencia del centro de masa asociado a un sistema aislado de partículas se define a partir de la condición de que, con relación a ese sistema de referencia inercial, el *momentum* total del sistema es nulo, o sea,

$$\vec{P}\,' = 0 \quad \Longrightarrow \quad \begin{cases} \vec{P} = \gamma(V_{\rm cm})E'\,\vec{V}_{\rm cm}/c^2 \\ E = \gamma(V_{\rm cm})E' \end{cases} \quad \Longrightarrow \quad \boxed{\vec{P} = \frac{E}{c^2}\,\vec{V}_{\rm cm}} \tag{6.55}$$

Así, la velocidad del centro de masa para un sistema aislado se define por

$$\boxed{\vec{V}_{\rm cm} = \frac{\vec{P}}{E/c^2}} \tag{6.56}$$

### 6.7.2 Gases relativistas

Para sistemas en los cuales, en la mayor parte del tiempo, las partículas constituyentes de masas $m_i$ son eléctricamente neutras y están tan separadas unas de las otras como en los gases, de modo que las energías de interacción pueden ser despreciadas, se pueden considerar sólo los *momenta* ($\vec{p}_i = \gamma_i m_i \vec{v}_i$) y las energías ($\epsilon_i = \gamma_i m_i c^2$) individuales de las partículas masivas.

En esos casos, el límite clásico ($c \to \infty$) muestra que la velocidad del centro de masa corresponde a la expresión clásica

$$\lim_{c\to\infty} \vec{V}_{\rm cm} = \lim_{c\to\infty} \frac{\sum_i \gamma_i m_i \vec{v}_i}{\sum_i \gamma_i m_i} = \frac{\sum_i m_i \vec{v}_i}{\sum_i m_i} = \frac{\vec{P}}{M}$$

De modo análogo al caso de una partícula, las ecuaciones (6.53) implican que

$$E^2 - \Big(\underbrace{\vec{P}_{\parallel} + \vec{P}_{\perp}}_{P^2}\Big)^2 c^2 = E'^2 - \Big(\underbrace{\vec{P}_{\parallel}' + \vec{P}_{\perp}'}_{P'^2}\Big)^2 c^2$$

o sea, que la combinación

$$\Big(E/c\Big)^2 - P^2 \geq 0$$

es invariante con relación a las transformaciones cinemáticas entre sistemas de referencia inerciales. Esa relación permite que la masa invariante total de un gas relativista se defina como

$$M = \sqrt{\left(\frac{E}{c^2}\right)^2 - \left(\frac{P}{c}\right)^2} \tag{6.57}$$

Teniendo en cuenta la ecuación (6.56), la ecuación (6.57) puede ser expresada como

$$M = \left(\frac{E}{c^2}\right)\sqrt{1 - \frac{V_{\rm cm}^2}{c^2}} = \Big(\sum_i \gamma_i m_i\Big)\sqrt{1 - \frac{V_{\rm cm}^2}{c^2}} \tag{6.58}$$

Dado que

$$0 < \sqrt{1 - V_{\rm cm}^2/c^2} < 1$$

la expresión anterior, ecuación (6.58), implica que la masa invariante total de un sistema aislado de partículas que prácticamente no interactúa, como un gas, no es igual a la suma de las masas individuales de cada partícula del sistema, o sea, a pesar de ser un invariante de Lorentz, la masa no es una magnitud aditiva.

$$\boxed{M < \sum_i m_i \qquad \text{(gas)}} \tag{6.59}$$

### 6.7.3 Sistemas nucleares

Considere que la energía de reposo ($E_0$) de una partícula no elemental de masa $M$, como un átomo, un núcleo atómico, un neutrón o un protón, sea dada por la expresión

$$E_0 = Mc^2$$

y admita también que esa energía resulta de las energías ($\gamma_i m_i c^2$) de sus partículas constituyentes (de masas $m_i$) y de la energía potencial ($U_{\text{int}}$) de las interacciones internas entre ellas, como

$$E_0 = Mc^2 = \sum_i \gamma_i m_i c^2 + U_{\text{int}}$$

Así, se verifica que la masa de un sistema no es igual a la suma de las masas individuales de sus constituyentes, o sea, la masa no es una magnitud aditiva,

$$\boxed{M \neq \sum_i m_i} \tag{6.60}$$

En la Física Nuclear, toda vez que las energías cinéticas ($T_i = m_i v_i^2/2$) de las partículas son bastante menores que las energías de reposo ($\epsilon_{0i} = m_i c^2$), para el factor de Lorentz generalmente se utiliza un límite semirelativista,

$$\gamma(v) = \lim_{v/c \ll 1} \left(1 - v^2/c^2\right)^{1/2} \simeq 1 + \frac{1}{2}\frac{v^2}{c^2} \qquad \text{(límite semirrelativista)}$$

de modo que la energía de reposo puede ser expresada como

$$E_0 = Mc^2 = \Big(\sum_i m_i\Big)c^2 + \sum_i \frac{m_i v_i^2}{2} + U_{\text{int}}$$

Desde el punto de vista clásico, la energía potencial de interacción sólo depende de la configuración instantánea de las partículas que constituyen un sistema. Sin embargo, debido a la velocidad finita de propagación de cualquier perturbación, relativísticamente, la energía potencial depende también de las configuraciones previas de las partículas. Por tanto, de manera general, no se puede escribir una expresión explícita para esa energía.

- Si la suma de las masas $\left(\sum_i m_i\right)$ de las partículas constituyentes es mayor que la masa ($M$) del sistema, o sea,

  $$\sum_i m_i > M$$

  la diferencia $\Delta M = \sum_i m_i - M$, denominada *defecto de masa*, permite determinar la *energía de ligadura* ($E_l$) del sistema por

  $$\boxed{E_l = \Delta M\, c^2} \tag{6.61}$$

  la cual constituye una medida de la estabilidad de un sistema.

  Esa energía, necesaria para descomponer un sistema en sus constituyentes, es también la energía liberada cuando un sistema estable es formado a partir de la aglutinación de partículas masivas, en un proceso denominado *fusión.*

- Si la suma de las masas $\left(\sum_i m_i\right)$ de las partículas constituyentes es menor que la masa $(M)$ del cuerpo, o sea,

$$\sum_i m_i < M$$

el sistema es inestable y se puede descomponer espontáneamente en subsistemas, liberando la energía

$$\boxed{Q = \left(M - \sum_i m_i\right)c^2} \tag{6.62}$$

denominada factor $Q$ de la reacción, en un proceso denominado *fisión*.

Por ejemplo, un átomo de plutonio (Pu), de masa 237,998858 u, sufre una transmutación espontánea, emitiendo una partícula $\alpha$, que es el núcleo de He (Sección 9.2), cuya masa es 4,00150618u, transformándose en un átomo de uranio (U), de masa 233,991302 u, o sea,

$$\texttt{Pu} \rightarrow \alpha + \texttt{U}$$

En ese caso, la mayor parte de la energía liberada (98%) es bajo la forma de energía cinética de la partícula $\alpha$

$$Q = \left[M_{\texttt{Pu}} - \left(m_\alpha + M_{\texttt{U}}\right)\right]c^2 = 5{,}63 \text{ MeV}$$

Cronológicamente, la primera evidencia experimental de las consecuencias de las relaciones energéticas relativistas fue obtenida en 1932, por el inglés John Douglas Cockcroft y por el irlandés Ernest Thomas Sinton Walton, cuando consiguieron producir partículas $\alpha$, en sentidos opuestos, a partir del bombardeo de blancos de litio (Li), de masa 7,0104 u, y flúor (F), con protones $(p)$, de masa 1,0072 u, acelerados a energías de 0,7 MeV.

Considerando que la energía cinética $(\epsilon_c)$ de los protones incidentes era bastante menor que la energía de reposo $(\epsilon_0)$,

$$\left(\frac{\epsilon_c}{\epsilon_0}\right)_p = \frac{m_p v^2/2}{m_p c^2} \simeq \frac{1}{2}\left(\frac{v}{c}\right)^2 = 9 \times 10^{-4}$$

el balance energético de la reacción nuclear

$$p + \texttt{Li} \rightarrow 2\alpha$$

es dado por

$$Q = \left[\left(m_p + M_{\texttt{Li}}\right) - 2m_\alpha\right]c^2 \simeq 14{,}3 \text{ MeV}$$

Esa energía liberada, dividida en las dos partículas $\alpha$ como energía cinética, es compatible con el valor obtenido, del orden de 8,5 MeV, a partir de la determinación del alcance de las partículas $\alpha$ en el aire. La discrepancia se debe a la incerteza en la masa del litio en aquella época.

### 6.7.4 Colisiones de partículas a altas energías

Además de la fisión y de la fusión de partículas no elementales, en colisiones en altas energías pueden ocurrir procesos de creación o aniquilación de partículas (Capítulo 16). Si las partículas que participan en los procesos son las mismas antes y después de la colisión, la colisión es llamada elástica.

Desde el punto de vista relativista, la ley de conservación de la energía en colisiones de partículas a altas energías, o sea, que solo interactúan en cortísimas distancias, se desprende de la ley de conservación del *momentum*.

Sea la colisión de dos partículas $(a, b)$ que, inicialmente, poseen *momenta* $\left(\vec{p}_a,\, \vec{p}_b\right)_i$ y energías $\left(\epsilon_a,\, \epsilon_b\right)_i$, según un sistema de coordenadas $S$, en un sistema de referencia inercial dado (Figura 6.32).

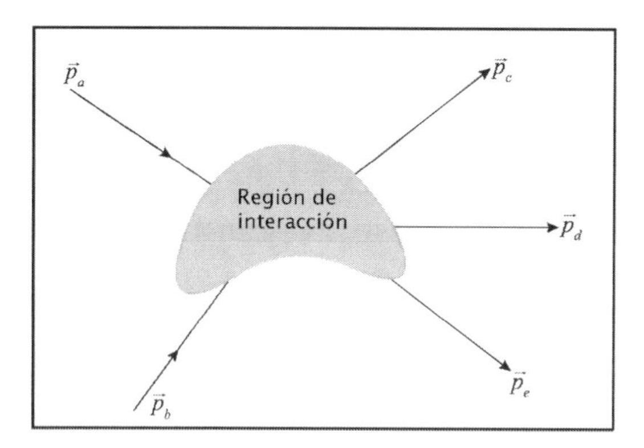


**Figura 6.32:** Colisión de dos partículas a altas energías.

Si, también según $S$, después de la colisión resultan tres partículas $(c, d, e)$ con *momenta* y energías dados, respectivamente, por $(\vec{p}_c, \vec{p}_d, \vec{p}_e)_f$ y $(\epsilon_c, \epsilon_d, \epsilon_e)_f$, la ley de conservación del *momentum* puede ser expresada como

$$(\vec{p}_a + \vec{p}_b)_i = (\vec{p}_c + \vec{p}_d + \vec{p}_e)_f \tag{6.63}$$

Si la ley de conservación del *momentum* es válida en otro sistema de coordenadas $S'$, que se desplaza en movimiento de traslación uniforme con velocidad $\vec{V}$, según un observador en $S$, o sea, es válida en cualquier sistema de referencia inercial,

$$(\vec{p}_a{}' + \vec{p}_b{}')_i = (\vec{p}_c{}' + \vec{p}_d{}' + \vec{p}_e{}')_f \tag{6.64}$$

las transformaciones de Lorentz implican que

$$\gamma(V)\Big[(\vec{p}_a + \vec{p}_b)_{\|i} - (\epsilon_a + \epsilon_b)_i \vec{V}/c^2\Big] = \gamma(V)\Big[(\vec{p}_c + \vec{p}_d + \vec{p}_e)_{\|f} - (\epsilon_c + \epsilon_d + \epsilon_e)_f \vec{V}/c^2\Big]$$

Toda vez que, según la ecuación (6.63),

$$(\vec{p}_a + \vec{p}_b)_{\|i} = (\vec{p}_c + \vec{p}_d + \vec{p}_e)_{\|f}$$

se obtiene la ley de conservación de energía en $S$:

$$\boxed{(\epsilon_a + \epsilon_b)_i = (\epsilon_c + \epsilon_d + \epsilon_e)_f} \tag{6.65}$$

Expresando la ecuación (6.65) en términos de las mediciones de un observador en $S'$,

$$\gamma(V)\Big[(\epsilon_a' + \epsilon_b')_i + (\vec{p}_a{}' + \vec{p}_b{}')_{\|i} \cdot \vec{V}\Big] = \gamma(V)\Big[(\epsilon_c' + \epsilon_d' + \epsilon_e')_f + (\vec{p}_{c\|}' + \vec{p}_d{}' + \vec{p}_e{}')_{\|f} \cdot \vec{V}\Big]$$

y teniendo en cuenta que, según la ecuación (6.64),

$$(\vec{p}_a{}' + \vec{p}_b{}')_{\|i} = (\vec{p}_c{}' + \vec{p}_d{}' + \vec{p}_e{}')_{\|f}$$

se obtiene la ley de conservación de energía en $S'$:

$$\boxed{(\epsilon_a' + \epsilon_b')_i = (\epsilon_c' + \epsilon_d' + \epsilon_e')_f} \tag{6.66}$$

## 6.8 El impacto de la Relatividad

*El gran logro de la teoría de Einstein fue la relativización y la objetivización de los conceptos del espacio y tiempo.*

Max Born

A partir de la Relatividad, surge una nueva visión del mundo, una nueva *Weltanschauung*, para usar el consagrado término alemán. El espacio en el cual se miden las distancias y el tiempo, cuantificados con reglas y relojes, no son ni absolutos, ni independientes. Forman ahora una variedad de cuatro dimensiones: el *espacio-tiempo* (Figura 6.33).

**Figura 6.33:** Representación humorística del espacio-tiempo.

Las medidas del espacio y del tiempo dependen, esencialmente, como fue visto, de las condiciones de movimiento de los observadores. En esa nueva *Weltanschauung*, es innegable la doble contribución de Einstein, haciendo una profunda crítica del concepto de tiempo y tomando la Teoría de Maxwell como paradigma de la teoría física en lugar de la Mecánica Newtoniana. Se atribuyó, así, al *principio de la relatividad* un carácter más universal, extendiéndolo a los fenómenos electromagnéticos y, más tarde, a la Gravitación. A esto, Einstein llegó en tres etapas:

- la formulación de la Relatividad Especial, de 1905, en el que sólo consideraba movimientos rectilíneos y uniformes;

- la formulación de la Relatividad General,[8] de 1916, cuando extiende el principio de relatividad a movimientos acelerados, lo que resulta en una nueva Teoría de la Gravitación y es la base teórica de una Cosmología científica;

- la formulación de la Teoría del Campo Unificado, de 1950, con la cual extiende las ideas de la Relatividad General al Electromagnetismo, como cerrando un ciclo.

La Teoría de la Relatividad también contribuye a la superación de la noción clásica del *vacío*, a partir del trabajo de Dirac, que llegó a una ecuación cuantico-relativista para describir al electrón (Capítulo 16). Como consecuencia de las simetrías de esa ecuación, el concepto de *vacío* será drásticamente reformulado, pasando a ser considerado ya no la ausencia de cualquier cosa material, sino una estructura extremadamente compleja. Tan compleja que no se puede decir que sea un medio menos extraño que el *éter*.

[8] Históricamente, la primera evidencia experimental relevante de la Relatividad General se dió el 29 de mayo de 1919, con la observación del desvío de la trayectoria de la luz emitida por estrellas distantes, causado por el campo gravitacional del Sol. Tal observación, hecha por una misión científica internacional, ocurrió en la ciudad de Sobral, en el Ceará, y otra, en la isla de Príncipe.

## 6.9 Fuentes primarias

**Bucherer, A.H., 1909.** Die experimentelle Bestätigung des Relativitätsprizips. *Annalen der Physik*, Ser. 4, **28**, p. 513-536.

**Einstein, A., 1905a.** Zur Elektrodynamik bewegter Körper. *Annalen der Physik*, Ser. 4, **17**, p. 891-921. Traducido al portugués con el título Sobre la electrodinámica de los cuerpos en movimiento, en **Stachel, J. (Org.), 2001**, p. 143-182.

**Einstein, A., 1905b.** Ist die Trägheit eines Körpers von seinem Energieinhalt abhängig?. *Annalen der Physik*, Ser. 4, **17**, p. 639-641. Traducido al portugués con el título ¿La inercia de un cuerpo depende de su contenido de energía?, en **Stachel, J. (Org.), 2001**, p. 183-199.

**FitzGerald, G.F., 1889.** The Ether and the Earth's Atmosphere. *Science*, **13**, n. 328, p. 390.

**Kaufmann, W., 1899.** Ueber die diffuse Zerstreuung der Kathodenstrahlen in verschiedenen Gasen. *Annalen der Physik und Chemie*, Ser.3, **69**, n. 9, p. 95-118.

**Kaufmann, W., 1901.** Die elektromagnetische Masse des Elektrons. *Nachrichten von der Königliche Gesellschaft der Wissenschaften zu Göttingen* **2**, p. 143-155. Die magnetische und elektrische Ablenkbarkeit der Becquerelstrahlen und die scheinbare Masse der Elektronen. *Idem*, **8**.

**Kaufmann, W., 1902.** Ueber die elektromagnetische Masse des Elektrons. *Nachrichten von der Königliche Gesellschaft der Wissenschaften zu Göttingen* **5**, p. 291-296.

**Kaufmann, W., 1903.** Über die 'elektromagnetische Masse' der Elektronen. *Nachrichten von der Königliche Gesellschaft der Wissenschaften zu Göttingen, Mathematisch-Physikalische Klasse* **3**, p. 90-103, 148 (errata).

**Kaufmann, W., 1905.** Über die Konstitution des Elektrons. *Königlich Preussische Akademie der Wissenschaften (Berlin). Sitzungsberichte*, p. 949-956.

**Kaufmann, W., 1906.** Über die Konstitution des Elektrons. *Annalen der Physik*, Ser.4, **19**, n. 3, p. 487-553.

**Kelvin, Lord, 1901.** Nineteenth Century Clouds over the Dynamical Theory of Heat and Light. *Philosophical Magazine*, S. 6, v. **2**, n. 7, p. 1-40.

**Larmor, J., 1900.** *Aether and Matter: A Development of the Dynamical Relations of the Aether to Material Systems on the Basis of the Atomic Constitution of Matter.* Cambridge: University Press.

**Lorentz, H.A., 1892.** The Relative Motion of the Earth and the Ether. *Verslagen Koninklijke Akadamie van Wetenschappen Amsterdam* , v. **1**, p. 74-79.

**Michelson, A.A., 1927.** *Studies in Optics.* University of Chicago. Reedición, Nueva York: Dover (1995).

**Planck, M., 1906.** Das Prinzip der Relativität und die Grundgleichungen der Mechanik. *Verhandlungen der Deutschen Physicalishen Gesellschaft* **8**, p. 136-141.

**Poincaré, H., 1904.** *Bulletin de la Societé Mathématique de Belgique*; traducido al inglés como The Principles of Mathematical Physics. *Monist* **15**, n. 1, p. 1-24 (1905).

**Rossi, B.; Hall, D.B., 1941.** Variation of the Rate of Decay of Mesotrons with Momentum. *Physical Review* **59**, n. 3, p. 223-228.

## 6.10 Otras referencias y sugerencias de lectura

**Bergmann, P.G., 1942.** Texto clásico introductorio, en el cual la Teoría de la Relatividad es presentada para alumnos no familiarizados con el tema.

**Cushing, J. 1981.** Electromagnetic mass, relativity, and the Kaufmann experiments. *American Journal of Physics* **49**, p. 1133-1149.

**Einstein, A., 1916.** Este texto sobre la Relatividad Especial y General logró una traducción al portugués en 1999.

**Einstein, A., 1955.** *Technische Rundschau* **20**, p. 47. Jahrgand, Bern, 6, Mai.

**Einstein, A., 1972.** Reflexiones de Einstein sobre la electrodinámica, el éter, la geometría y la relatividad.

**Einstein, A., 1909-1955.** Ya fueron publicados doce volúmees de las obras de Einstein.

**Einstein, A.; Infeld, L., 1938.** Libro de divulgación sobre la evolución de la Física.

**Frisch, D.; Smith, J., 1963.** Measurement of the Relativistic Time Dilation Using Mesons. *American Journal of Physics* **31**, p. 342-355. Artículo didáctico sobre los muones cósmicos que llegan a la Tierra debido a la dilatación temporal.

**Greene, B., 2001.** Divulgación científica sobre la Teoría de las Supercuerdas, Dimensiones Ocultas y la Búsqueda de la Teoría Definitiva.

**Jaffe, B., 1960.** Biografía de Michelson que aborda de una manera clara su contribución a la medición de la velocidad de la luz y a la Física Experimental.

**Jammer, M., 1993.** Historia del concepto de espacio en la Física. En particular, de sus aspectos relacionados con la Teoría de la Relatividad, tanto de la Especial cuanto de la General.

**Landau, L.; Rumer, Y., 2004.** Divulgación científica que se propone responder a la pregunta "¿Qué es la Teoría de la Relatividad?".

**Lorentz, H.A.,** *et al.*, **1923** Traducción al portugués de los trabajos pioneros de Lorentz, Einstein y Minkowski. También presenta otros textos de Einstein, Sommerfeld y Weyl.

**Lorentz, H.A., 1935-1939** Obra en nueve volúmenes que recopila los trabajos científicos de Lorentz.

**Miller, T.S., 1981.** Contiene en el apéndice la traducción inglesa del artículo de Einstein intitulado "Sobre la electrodinámica de los cuerpos en movimiento", y cada capítulo del libro se ocupa en analizar cada párrafo de ese artículo, poniendo énfasis en aspectos históricos y filosóficos.

**Novello, M., 1988.** En particular, el capítulo "Cosmología y Partículas Elementales".

**Pais, A., 1987.** Biografía y contribución científica de Einstein.

**Pauli, W., 1921** Teoría de la Relatividad, escrito por Wolfgang Pauli cuando tenía apenas 21 años.

**Schaffner, K.F., 1972.** Vasta introducción al problema del éter en el siglo XIX, seguida de 11 textos sobre el asunto.

**Schilpp, P.A. (Ed.), 1988.** Autobiografía de Einstein, 26 ensayos críticos sobre su obra y las réplicas de Einstein a las críticas, además de una vasta bibliografía.

**Sesmat, A., 1937.** Aborda problemas como el movimiento relativo, la cinemática, la óptica, la dinámica relativista y la teoría de la gravitación.

**Stachel, J. (Org.), 2001.** *El año milagroso de Einstein: Cinco artículos que cambiaron el rostro de la Física.* Rio de Janeiro: Ed. UFRJ.

**Swenson, L.S., 1972.** *The ethereal aether. A history of the Michelson-Morley-Miller aether-drift experiments, 1880-1930.* Austin: University of Texas Press.

**Tonnelat, M.A., 1971.** Historia del principio de la Relatividad.

**Ushenko, A.P., 1937.** Aspectos filosóficos de la Relatividad.

**Zahar, E., 1989.** Texto de Relatividad escrito con un enfoque historico-metodológico diferente del que normalmente es presentado a los graduandos.

## 6.11 Ejercicios

**Exercício 6.11.1** Dada la ecuación de onda de d'Alembert

$$\nabla^2\Psi - \frac{1}{c^2}\frac{\partial^2\Psi}{\partial t^2} = 0$$

en la cual $\Psi(x, y, z, t)$ es un campo escalar, muestre que:

a) la ecuación no es invariante bajo la transformación de Galileo

$$\begin{cases} x' = x - Vt \\ y' = y \\ z' = z \\ t' = t \end{cases}$$

b) la ecuación es invariante bajo la transformación de Lorentz

$$\begin{cases} x' = \gamma(V)(x - Vt) \\ y' = y \\ z' = z \\ t' = \gamma(V)(t - xV/c^2) \end{cases}$$

siendo $\gamma(V) = (1 - V^2/c^2)^{-1/2}$.

$(x', y', z', t')$ y $(x, y, z, t)$ son las coordenadas espacio-temporales en dos sistemas de referencia inerciales $S'$ y $S$, cuyos orígenes coinciden en el instante inicial ($t' = t = 0$), y $S'$ se desplaza en relación a $S$, en la dirección y sentido positivo del eje $x$, con velocidad $V$.

**Ejercicio 6.11.2** Estime el valor de $\sqrt{1 - v^2/c^2}$ para

a) $v = 10^{-2}$ c

b) $v = 0{,}9998$ c

**Ejercicio 6.11.3** Los brazos del interferómetro original de Michelson-Morley tenían cerca de 10 m y la fuente de luz era de sodio, con longitud de onda de 5 900 Å.

- Determine las diferencias de tiempo y de camino esperados cuando el haz de luz es paralelo a la velocidad de la Tierra.
- Si la sensibilidad del dispositivo al desplazamiento de las franjas fuese 0.005, estime cuál sería la menor velocidad que la Tierra podría mostrar en relación con el éter.

**Ejercicio 6.11.4** Un tren de longitud propia igual a 900 m pasa por la plataforma de una estación con velocidad igual a 180 km/h, según un observador en la plataforma. Cada fuente de señal colocada en los extremos del tren emite un pulso de luz hacia el otro extremo. Según el observador en la plataforma, los pulsos se emitieron simultáneamente. Determine el intervalo de tiempo entre las emisiones de estos dos pulsos para un pasajero del tren.

**Ejercicio 6.11.5** La longitud de un cohete en movimiento uniforme, en relación a un observador en la Tierra, es cerca de 1% menor de la que tiene cuando está en reposo. Calcule la velocidad del cohete.

**Ejercicio 6.11.6** Dos cohetes, $A$ y $B$, con la misma longitud propia $L_\circ = 90$ m, se aproximan uno al encuentro del otro, a lo largo de la misma dirección. Según el astronauta de $A$, el frente del cohete $B$ emplea $1{,}5 \times 10^{-6}$ s para pasar enteramente por el cohete $A$. Determine, para el astronauta en $B$:

a) el intervalo de tiempo que el frente de $A$ lleva para cruzar el cohete $B$;

b) el intervalo de tiempo que el cohete $A$ lleva para pasar enteramente por el cohete $B$.

**Ejercicio 6.11.7** Según un observador $O'$, que se desplaza en relación a otro observador $O$ con velocidad $v = 0{,}4$ c, dos eventos separados por una distancia de 550 m ocurrieron simultáneamente. Determine, para el observador $O$, la distancia y la diferencia de tiempo de ocurrencia entre los dos eventos.

**Ejercicio 6.11.8** Un avión se mueve en relación al suelo con velocidad de 600 m/s. Su longitud propia es de 50 m. Determine la medida de esa longitud para un observador en el suelo.

**Ejercicio 6.11.9** Un avión se desplaza en relación al suelo con velocidad de 600 m/s. Determine después de cuánto tiempo un reloj en el suelo y otro en el interior del avión podrán diferir en 2 $\mu$s.

**Ejercicio 6.11.10** Un cubo tiene volumen propio de 1 000 cm$^3$. Determine el volumen para un observador que se mueve con velocidad igual a 0,8 c en relación al cubo, en una dirección paralela a una de las aristas.

**Ejercicio 6.11.11** Dos observadores $O$ y $O'$ se aproximan uno hacia el otro con velocidad relativa de 0,6 $c$. Para $O$, la posición inicial de $O'$ en relación a él es igual a 20 m. Determine, según $O'$, el intervalo de tiempo necesario para que se encuentren.

**Ejercicio 6.11.12** Según un observador en un sistema de referencia inercial, tres eventos separados por distancias de $9{,}0 \times 10^8$ m, $7{,}5 \times 10^8$ m y $5{,}0 \times 10^8$ m ocurren en intervalos de tiempo 5,0s, 2,5s y 1,5s, respectivamente. Determine los respectivos intervalos de tiempo propios.

**Ejercicio 6.11.13** A una persona en la Tierra le gustaría alcanzar una galaxia a una distancia (según ella) de 160 000 años-luz, durante su tiempo (propio) de vida restante de cerca de 60 años. Determine la velocidad mínima, según un observador en la Tierra, de un cohete capaz de hacer ese viaje.

**Ejercicio 6.11.14** Una barra se encuentra en reposo en el plano $x'y'$ de un sistema de referencia $S'$ que se desplaza con velocidad de módulo igual 0,4 $c$ en la dirección $+x$, según un sistema de referencia inercial $S$. Según $S'$, un extremo de la barra está localizada en el origen, y el otro extremo a una distancia igual a 1,0 m, haciendo un ángulo igual a 30° con el eje $x'$. Los ejes de los sistemas de referencia $S$ y $S'$ son coincidentes en $t = t' = 0$.

a) Calcule la longitud de la barra según $S$;

b) Calcule el ángulo de la barra con el eje $x$ de $S$;

c) Esboce el gráfico de longitud de la barra en función del ángulo, según $S$.

**Ejercicio 6.11.15** Una tabla a continuación contiene algunos datos obtenidos por Kaufmann mostrando la dependencia esperada por la razón $e/m$ con respecto a la velocidad $v$ de los electrones.

| Velocidad ($10^{10}$ cm/s) | e/m ($10^8$ C/g) |
|---|---|
| 1,00 | 1,7 |
| 1,50 | 1,52 |
| 2,36 | 1,31 |
| 2,48 | 1,17 |
| 2,59 | 0,97 |
| 2,72 | 0,77 |
| 2,83 | 0,63 |

Haga un esbozo de esa dependencia y compárelo con el resultado esperado relativistamente, o sea, $e/(\gamma m)$.

**Ejercicio 6.11.16** En el complejo de aceleradores de Stanford (SLAC), un electrón puede ser acelerado hasta energías de 50 GeV, a lo largo de una ruta de 3,2 km, según observadores en el laboratorio. Determine:

a) el intervalo de tiempo que el electrón emplea para adquirir esa energía, según un observador en el laboratorio;

b) el intervalo de tiempo que el electrón emplea en la ruta, según un observador en un sistema de referencia para el cual el electrón está en reposo;

c) la longitud de la ruta, según el observador en el sistema de referencia para el cual el electrón está en reposo.

**Ejercicio 6.11.17** Un cohete se aleja de la Tierra con velocidad $v$, según un observador en la Tierra. Una señal luminosa de longitud de onda $\lambda_o$ es enviada desde la Tierra al cohete. Calcule el valor de $v$ para el cual la longitud de onda de la señal detectado en el cohete sea igual a $2\lambda_o$.

**Ejercicio 6.11.18** Para un observador en la Tierra, la frecuencia de la luz emitida por una estrella es desplazada del azul en 1%, o sea, $\nu_{\text{obs}} = 1{,}01\,\nu_{\text{azul}}$.

a) Indique si la estrella se aleja o se aproxima de la Tierra.

b) Determine la velocidad de la estrella en relación a la Tierra.

**Ejercicio 6.11.19** Un cohete se aleja de la Tierra con velocidad $v$. Una señal luminosa amarilla ($\lambda_F = 575$ nm) es enviada de la Tierra. Determine el valor de $v$ para que el color de la señal sea percibido como rojo ($\lambda_F = 675$ nm) por el astronauta en el cohete.

**Ejercicio 6.11.20** Dos electrones son expulsados por un átomo radiactivo, en reposo en el laboratorio. El módulo de la velocidad de cada electrón, según un observador en el laboratorio, es igual a 0,67 $c$. Determine la velocidad de un electrón en relación al otro. Compare con el resultado clásico.

**Ejercicio 6.11.21** Para un observador en la Luna, dos naves espaciales (ficticias) se aproximan una de la otra con velocidad 0,8$c$ y 0,9$c$. Calcule la velocidad de una nave en relación a la otra.

**Ejercicio 6.11.22** Un flujo de electrones es sometido, a partir de reposo, a una diferencia de potencial de 4,5 MV en un acelerador lineal. Determine:

a) la energía adquirida por los electrones;

b) la velocidad adquirida por los electrones.

**Ejercicio 6.11.23** Un acelerador circular mantiene en órbita un flujo de protones, en el cual cada protón tiene energía de 500 GeV. El radio de órbita de los protones es del orden de 750 m. Determine:

a) la intensidad del campo magnético que mantiene los protones en órbita;

b) el período del movimiento de los protones.

**Ejercicio 6.11.24** Cuando dos moléculas de hidrógeno ($H_2$) se combinan con una molécula de oxígeno ($O_2$) para formar dos moléculas de agua ($H_2O$),

$$2H_2 + O_2 \to 2H_2O$$

la energía liberada es del orden de 5,0 eV. Determine:

a) el defecto de masa ($\Delta M$);

b) la variación relativa de la masa ($\Delta M/M_{\circ}$).

**Ejercicio 6.11.25** Un cuerpo inicialmente en reposo en un sistema de referencia inercial $S$ se desintegra en dos partes, que se desplazan en sentidos opuestos. Las masas de cada fragmento tienen 3,0 kg y 4,0 kg, y las respectivas velocidades, $0{,}8\,c$ y $0{,}6\,c$. Calcule la masa del cuerpo antes de la desintegración.

**Ejercicio 6.11.26** El mesón $K^{\circ}$ (kaón neutro) es una partícula eléctricamente neutra de masa igual a $m_K = 498$ MeV$/c^2$, que decae en dos piones cargados ($\pi^+$ y $\pi^-$) según

$$K^{\circ} \rightarrow \pi^+\pi^-$$

Esos piones tienen cargas eléctricas del mismo valor absoluto, signos contrarios y la misma masa, igual a $m_\pi = 140$ MeV$/c^2$. Determine las energías y las velocidades de los piones en el sistema de referencia del kaón.

**Ejercicio 6.11.27** Un pión de carga eléctrica positiva ($\pi^+$) y masa $m_\pi = 139{,}6$ MeV$/c^2$, en reposo en el laboratorio, decae en un muón de la misma carga eléctrica ($\mu^+$) y un neutrino muónico ($\nu_\mu$),

$$\pi^+ \rightarrow \mu^+\nu_\mu$$

La masa del muón es igual a $m_\mu = 105{,}7$ MeV$/c^2$ y la del neutrino es prácticamente nula. Determine la velocidad del muón según un observador en el laboratorio.

# 7

# La deconstrucción del átomo: alguntas evidencias del siglo XIX

*Cuanto más la materia es, en apariencia, positiva y sólida, más sutil y laborioso es el trabajo de la imaginación.*

Charles Pierre Baudelaire

La Física experimental de la segunda mitad del siglo XIX fue muy rica, especialmente cuando se observa el impacto que tuvo en la comprensión del átomo. De hecho, un gran número de experimentos fueron realizados, y los datos fueron acumulados antes que se dispusiese de un conocimiento teórico exhaustivo de la subestrutura atómica. Por primera vez se consideró que el átomo podría ser divisible. Tres momentos de ese período, que comenzó a cambiar la cara del atomismo científico, serán considerados en este capítulo: la electrólisis de Faraday, la espectroscopía del átomo de hidrógeno y el efecto Zeeman. Aunque ocurrieron prácticamente en la misma época, se optó por presentar separadamente los descubrimientos provenientes de los estudios con los rayos catódicos, esto es, del electrón y de los rayos X (Capítulo 8), y el descubrimiento de la Radioactividad (Capítulo 9).

## 7.1 El átomo de la electricidad: Faraday y la eletrólisis

*No excluimos la hipótesis de que cada masa atómica puede resultar de una cantidad de materia más fina (...).*

Rudolph Clausius

### 7.1.1 Los átomos de electricidad

Paralelamente al estudio de los gases, se desarrollaron estudios sobre los fenómenos eléctricos y magnéticos. Al principio, no se establecían conexiones entre los átomos y las propiedades eléctricas y magnéticas de la materia. Sin embargo, una vez aceptada su constitución atómica, ¿cómo explicar los fenómenos de la magnetización y electrización de ciertos materiales por fricción, si los átomos son eléctricamente neutros? El camino para una respuesta a esa pregunta fue largo, mas puede ser resumido como se sigue.

Alrededor de 1780, el anatomista y médico italiano Luigi Galvani había descubierto que, cuando se tocaban dos extremos de un músculo de una rana disecada con metales diferentes, éste se contraía. Galvani atribuyó tal fenómeno a las propiedades del propio músculo, postulando la existencia de una *electricidad animal* que, de alguna forma, se relacionaría con la *vida*.

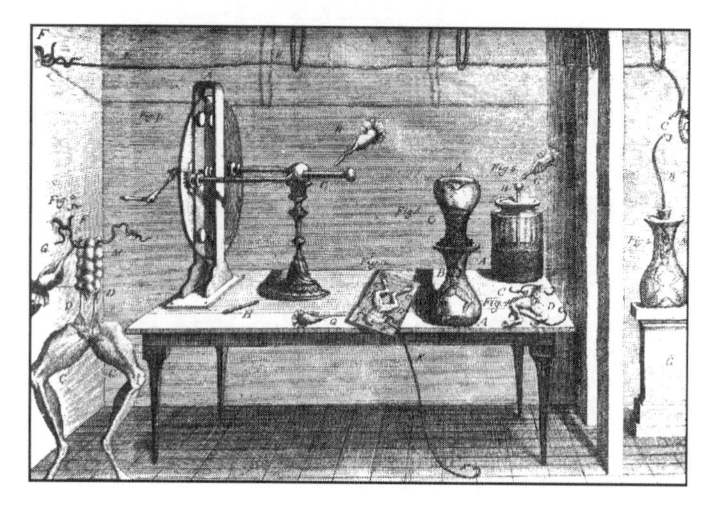

**Figura 7.1:** Ilustración original del principal trabajo de Galvani sobre sus estudios como la "electricidad animal".

El físico italiano Alessandro Volta polemizó con Galvani durante décadas. Según Volta, el experimento con la rana nada tenía que ver con ella, pero sí con los dos metales diferentes. Al final de 1799, para probar su tesis, Volta concluyó su experimento con lo que llamó, tal vez no sin ironía, *órgano de electricidad artificial*, hoy conocido como la *pila voltaica*.

El dispositivo estaba formado por una serie de discos de metales distintos, como plata y zinc, apilados, alternadamente, uno sobre otros, como una *pila*. Entre los discos se habían colocado pedazos de tela o papel empapados de agua con sal o carbonato de potasio ($K_2CO_3$), o alguna sustancia ácida (Figura 7.2). Otros metales, como cobre, estaño y plomo, también podían ser utilizados, pero Volta obtuvo mejor resultado con la plata (Ag).

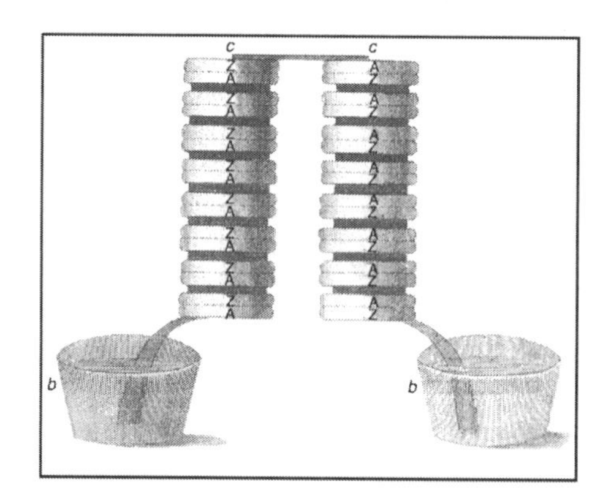


**Figura 7.2:** Pila voltaica.

Sus resultados, comunicados por carta en marzo de 1800 al presidente de la *Royal Society of London*, fueron leídos en Junio y publicados en setiembre de ese mismo año. ¿Pero por qué era necesario el ácido entre las placas metálicas?

En el mismo año de la publicación de Volta, dos científicos ingleses, William Nicholson y Anthony Carlisle, construyeron una pila e hicieron la primera electrólisis del agua (Figura 7.3), o sea, mostraron que la sustancia en un medio ácido se descompone. En particular, el agua es descompuesta en hidrógeno y oxígeno.

Ese fue un experimento importante en el cual se mostró, por primera vez, que la electricidad puede ser utilizada para descomponer enlaces químicos. Bueno, hasta entonces, se pensaba que las transformaciones químicas eran debidas a fuerzas químicas y ahora se veía que las fuerzas eléctricas son capaces de provocar reacciones químicas. Por asociación directa, se puede imaginar que las fuerzas de los enlaces químicos son de naturaleza eléctrica. Eso fue el inicio de la *electroquímica*.

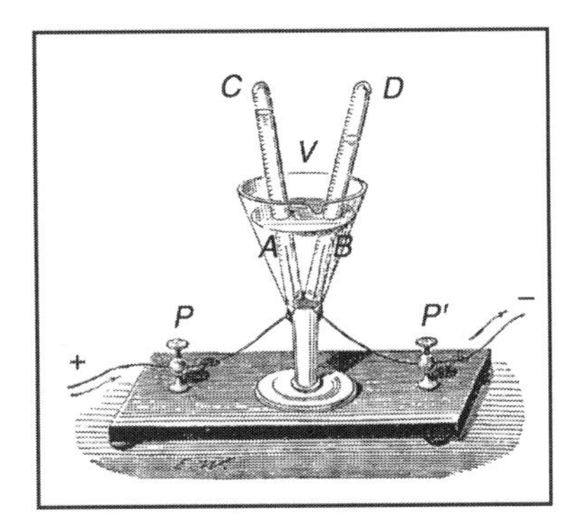


**Figura 7.3:** Esquema del aparato utilizado para la primera electrólisis del agua.

En 1807, el químico inglés Humphry Davy construyó la mas potente batería hecha hasta entonces, usando 250 placas metálicas, lo que le permitió hacer pasar una fuerte corriente eléctrica a través de una solución acuosa de potasio (Figura 7.4). Así, fue aislado, por primera vez, el *potasio* (K). Poco después, con la misma técnica, aisló el elemento al cual le dio el nombre de *sodio* (Na), a partir de la soda cáustica.

**Figura 7.4:** Davy y la electrólisis.

Para tener una noción del impacto del descubrimiento de la electrólisis, Davy se refirió a ella, en 1826, como *el verdadero origen de todo lo que se ha hecho en la ciencia de la electroquímica.*

En ese sentido, fueron importantes los trabajos de Faraday, descritos a continuación, de los cuales resultaron informaciones cuantitativas cruciales para que se estableciesen relaciones más profundas entre la constitución última de la materia, la electricidad y los enlaces químicos.

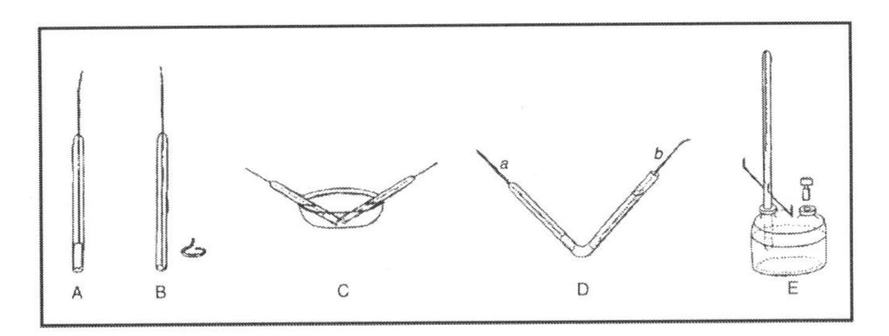


**Figura 7.5:** Esquemas de los aparatos idealizados por Faraday para hacer la descomposición electrolítica de varias sustancias.

Los experimentos de Faraday de 1833 sobre el efecto de la corriente eléctrica en soluciones, la *electrólisis*, dieron lugar a las primeras evidencias cuantitativas en favor de la existencia de constituyentes eléctricamente cargados en el interior de la materia, los llamados *átomos de electricidad.*[1] La Figura 7.5 muestra los diseños de algunos de los instrumentos concebidos por Faraday y publicados en su artículo seminal.

La Figura 7.6 muestra la fotografía de uno de los aparatos originales, utilizados por Faraday, que propiciarían el descubrimiento de la estructura discreta (discontinua) de las cargas eléctricas, la cual puede ser vista como un corolario de las leyes de la electrólisis establecidas por él. Sección (7.1.2).

**Figura 7.6:** Aparato utilizado por Faraday para obtener las leyes de la electrólisis.

El primer paso de ese descubrimiento, que abrió nuevos caminos para la comprensión del átomo, puede ser ejemplificado por medio del esquema de la Figura 7.7.

Colocando, en una cubeta, dos placas eléctricamente cargadas con polarizaciones opuestas – los electrodos – sumergidas en una solución de una sal, como el sulfato de cobre ($CuSO_4$), o de un ácido, como el nitrato de plata ($AgNO_3$), se llega a la producción de un campo eléctrico que va actuar sobre el fluido. Como consecuencia de la acción de ese campo, se observa que los metales (*iones positivos*) de tal solución se depositan en el electrodo negativo (cátodo), mientras que los no metales (*iones negativos*) se desplazan en dirección a los electrodos positivos (ánodo).

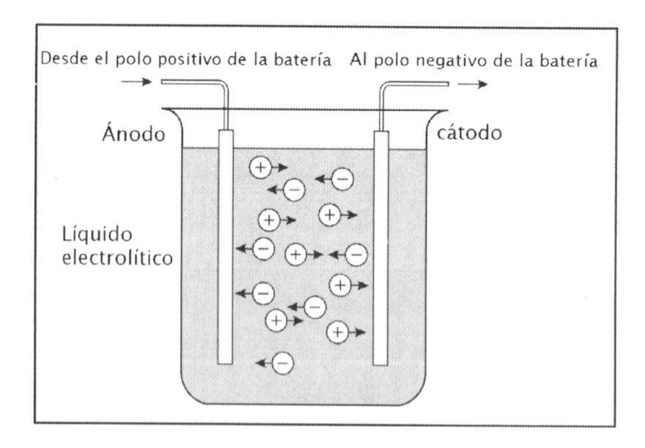


**Figura 7.7:** Esquema de la disociación iónica en la electrólisis.

Ese fenómeno sugiere que las moléculas de la sustancia disuelta son disociadas en dos especies diferentes de partes cargadas: los *iones*. Cuando los iones alcanzan los electrodos, ellos se neutralizan; los iones negativos (no metales), al entrar en contacto con el electrodo positivo, y los iones positivos (los metales), con el electrodo negativo.

[1] En este artículo, Faraday acuña varios términos de origen griego utilizados hasta hoy, como: *ánodo*, *cátodo*, *electrodo*, *electrólisis*, *ion*, *catión* y *anión*.

Faraday observó que, cuando una misma cantidad de electricidad pasa a través de diferentes electrodos, la cantidad de sustancia liberada en las soluciones de iones monovalentes será proporcional a sus pesos atómicos, independientemente de la concentración de la solución, del tamaño de los electrodos y del voltaje aplicado entre las placas.

### 7.1.2 Leyes de Faraday

Los resultados de los experimentos de Faraday sobre el fenómeno de la electrólisis, realizados durante el período de 1831-1834, pueden ser sintetizados por dos leyes:

- la cantidad de masa ($m$) de sustancia depositada en cada uno de los electrodos, durante un intervalo de tiempo dado, es proporcional a la carga ($Q$) que recorre el circuito, o sea,

$$m = KQ \qquad (1^{\underline{a}} \text{ ley})$$

  donde el factor $K$, denominado *equivalente electroquímico*, representa la masa liberada por unidad de carga durante la electrólisis;

- el equivalente electroquímico ($K$) es proporcional al llamado equivalente químico $\mu/n$, siendo $\mu$ el peso atómico del elemento que constituye la sustancia depositada en uno de los electrodos y $n$ su valencia, o sea,

$$\frac{\mu}{n} = FK \qquad (2^{\underline{a}} \text{ ley})$$

  El factor de proporcionalidad $F$, cuyo valor es del orden de $9{,}65 \times 10^4$, es denominado *constante de Faraday* y representa la carga depositada en el electrodo por un mol de sustancia de valencia unitaria.

Sabiendo que el equivalente electroquímico para el ion de hidrógeno es $K_{\mathrm{H}} = 0{,}01045\mathrm{mg/C}$, se puede estimar, a partir de la $1^{\underline{a}}$ ley de Faraday, que la relación de carga-masa de ese ion, $(Q/m)_{\mathrm{H}}$, es del orden de $10^5$ C/g.

Si la masa del ion de hidrógeno, la masa del protón ($m_p \simeq 1{,}67 \times 10^{-24}$g), fuese conocida, la carga podría ser estimada como

$$(Q)_{\mathrm{H}} = \left(\frac{Q}{m}\right)_{\mathrm{H}} m_p \sim 10^{-19} \text{ C}$$

Sin embargo, la masa del protón solo fue determinada en 1919 por Rutherford (Capítulo 11).

De cualquier modo, utilizando también la $2^{\underline{a}}$ ley de Faraday, la carga del ion de hidrógeno puede ser estimada. De hecho, escribiendo la constante de Faraday como

$$F = \left(\frac{\mu}{m}\right)\left(\frac{Q}{n}\right)$$

y teniendo en cuenta que $\mu/m = N_A/N$, donde $N_A$ es el número de Avogadro y $N$ es el número de iones, la carga depositada por ion, $q = Q/N$, puede ser expresada como

$$q = \left(\frac{F}{N_A}\right) n \tag{7.1}$$

Como la corriente en una solución iónica es debida al movimiento de los iones, la expresión anterior muestra que la carga de cada ion de una sustancia es proporcional a su valencia $n$. De ese modo, la carga mínima $e = F/N_A$ corresponde a la carga de un ion monovalente, o sea, la carga del ion de hidrógeno. Como la valencia de un elemento es un entero, la carga de cualquier ion es un múltiplo de la carga mínima elemental,

$$q = ne$$

Así, las leyes de Faraday, junto con la hipótesis atómica, permiten prever también una estructura atómica para la electricidad. Fue el irlandés George Johnstone Stoney quien, en 1874, utilizando la fórmula anterior, el primo a estimar el valor de la carga elemental ($e$), presentando su resultado en una reunión de la *British Association for Advancement of Science*, pero publicándolo apenas en 1881, cuyo valor fue $10^{-20}$C. De acuerdo con los valores actuales,

$$e = \frac{F}{N_A} = \frac{9{,}65 \times 10^4}{6{,}02 \times 10^{23}} \simeq 1{,}6 \times 10^{-19} \text{ C}$$

Hablando en homenaje a Faraday, Helmholtz destacó lo que sería su resultado más importante con las siguientes palabras:

> *Si aceptamos la hipótesis de que las sustancias elementales son compuestas de átomos, no podemos dejar de concluir que también la electricidad, tanto positiva cuanto negativa, se subdivide en porciones elementales que se comportan como átomos de electricidad.*

Ahí está, por tanto, la primera indicación en favor de la existencia de una carga elemental, que sería posteriormente identificada como la carga del *electrón*, denominación dada a los *átomos de electricidad* por el propio Stoney. Esa interpretación generó condiciones para una mejor comprensión de la naturaleza atómica de la electricidad, principalmente debido a la observación de fenómenos resultantes de descargas eléctricas en gases enrarecidos (Capítulo 8).

En principio, la expresión para la carga mínima permitiría la determinación de la carga del electrón a partir del número de Avogadro. Sin embargo, los métodos para determinar esa constante son menos precisos que los que miden la carga del electrón. Por eso, al contrario, la ecuación (7.1) es utilizada para determinar el número de Avogadro en función de la constante de Faraday y de la carga del electrón.

Aún comentando la importancia de las investigaciones de Faraday sobre la electrólisis, Maxwell puede ser evocado, pues afirma, con mucha propiedad, que,

> *de todos los fenómenos eléctricos, la electrólisis parece ser el que mejor nos ofrece un mayor discernimiento sobre la verdadera naturaleza de la corriente eléctrica, porque encontramos corrientes de materia ordinaria y corrientes de electricidad formando partes esenciales del mismo fenómeno.*

Así, se puede decir que el concepto de una carga elemental, o *quantum de electricidad*, se fue delineando a partir de las contribuciones de Faraday al estudio de la electrólisis. Sin embargo, sólo al final del siglo XIX, entre 1895 y 1897, evidencias más fuertes fueron obtenidas por el holandés Peter Zeeman (Sección 7.2.2) y por J.J.Thomson, con las primeras mediciones directas de la relación de la carga-masa para el electrón (Capítulo 8).

Por otro lado, los resultados de Faraday como la electrólisis permitieron el desarrollo de un nuevo método independiente para determinar los pesos equivalentes de los elementos químicos, mas no fue de inmediato implementado por los químicos debido a la negativa inicial de Berzelius en aceptar la contribución de Faraday.

Sin embargo, Berzelius quedó muy impresionado con el aparecimiento de cargas opuestas en los dos electrodos y de la capacidad de ellos de atraer y repeler cargas opuestas. Parecía, así, inevitable, con la electrólisis, que la afinidad química[2] tuviera que ver con la electricidad. De hecho, Berzelius supuso que todo átomo tiene cargas positivas y negativas, siendo, por tanto, polarizable, y consideró que la cantidad de electricidad almacenada en cada átomo dependía de las diferencias electroquímicas mutuas. Así, él creía que la cantidad de electricidad encontrada en el punto de unión de dos átomos debería aumentar con su afinidad. Los resultados de los experimentos de Faraday fueron contrarios a las hipótesis de Berzelius. En

[2] Ese concepto se remonta al químico francés Claude-Louis Berthollet, partidario del sueño newtoniano de utilizar las ecuaciones de movimiento para explicar la realidad natural y, en particular, los fenómenos químicos: *las potencias que producen los fenómenos químicos derivan todas de la atracción mutua de las moléculas de los cuerpos, la cual recibió el nombre de afinidad para distinguirla de la atracción astronómica.*

particular, Faraday demostró que la cantidad de electricidad originada en la descomposición electrolítica *no* depende del grado de afinidad de las substancias, sino de la valencia.

La medida de la carga del electrón sólo fue directamente determinada en 1909, por el físico norteamericano Robert Millikan, cuando su carácter discreto fue confirmado (Capítulo 8). La carga eléctrica elemental es una constante fundamental de la naturaleza, y todos los electrones tienen esa misma carga. Los átomos como un todo son neutros; lo que significa que la carga del núcleo atómico, descubierto por Rutherford, debe ser positiva para neutralizar la carga de los electrones de las capas electrónicas (Sección 11.4). En el caso del hidrógeno, el núcleo es simplemente el protón. A pesar de que protones y electrones tienen muchas propiedades fundamentalmente diferentes, la explicación de por qué ellos tienen cargas eléctricas ($e_p$, $e$) con exactamente el mismo módulo aún es un gran desafío para la Física. Una medida de 1963 impuso el siguiente límite superior para la diferencia relativa de las cargas de esas dos partículas

$$\frac{|e_p - e|}{e} < 1 \times 10^{-15}$$

## 7.2 espectroscopía de los elementos químicos

*El valor de una ley empírica se prueba haciendo de ella base de un razonamiento.*
Gaston Bachelard

Muchas de las ideas sobre la estructura atómica y molecular que surgieron al inicio del siglo XX estaban, de cierto modo, íntimamente ligadas al desarrollo de la investigación de la radiación emitida por la materia sólida o gaseosa, gracias al trabajo pionero de los alemanes Robert Wilhelm Bunsen y Gustav Kirchhoff, a partir de la invención del espectrógrafo óptico (Figura 7.8) y del desarrollo de lo que convencionalmente se llama *espectroscopía*, entre 1855 y 1863.

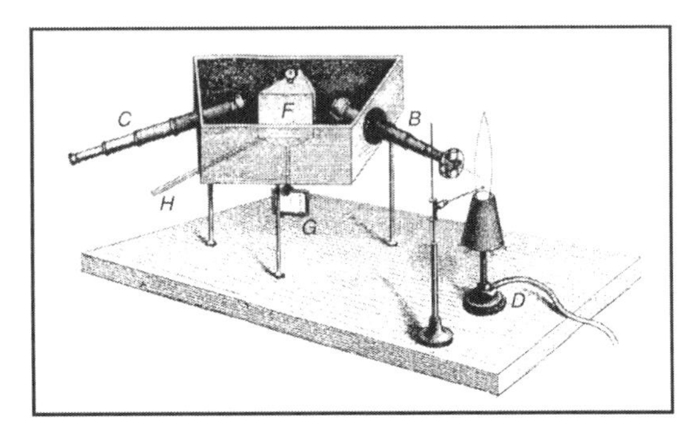


**Figura 7.8:** Ilustración del aparato idealizado y utilizado por Kirchhoff y Bunsen, en 1860, para la observación de espectros de diversos materiales.

Se puede afirmar que el marco inicial de la espectroscopía fue el descubrimiento de Newton, en 1666, de que los paquetes de luz de diferentes colores son refractados en diferentes ángulos cuando inciden en un prisma (Sección 5.1). La configuración que se obtiene al colocar una pantalla para proyectar los rayos luminosos provenientes del prisma se llama *espectro* (Figura 7.9).

Fue una *llama* que permitió los primeros pasos para el análisis químico por medio de la espectroscopía. De hecho, a partir de los trabajos de Bunsen y Kirchhoff, en los cuales varias sustancias eran llevadas a la

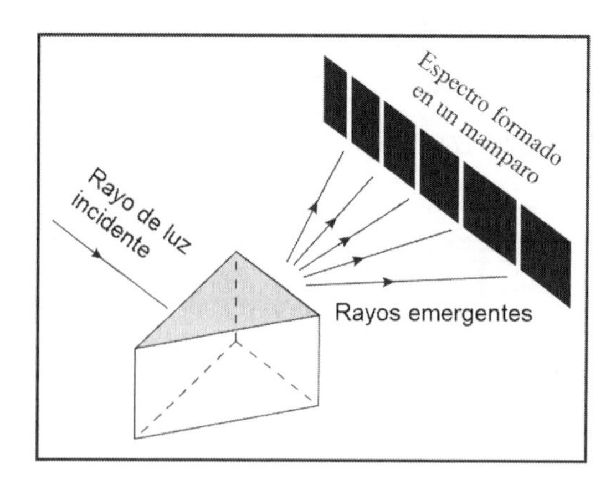


**Figura 7.9:** Una experiencia simple de descomposición de la luz por un prisma.

llama del *mechero de Bunsen* (a la derecha de la Figura 7.8), y del estudio de descargas entre electrodos de diversos materiales, fueron descubiertos nuevos elementos químicos, como el rubidio (`Rb`), el indio (`In`), el talio (`Ta`) y el cesio (`Ce`). El propio helio (`He`) fue descubierto en 1869 por técnicas espectrales. Kirchhoff y Bunsen determinaron también que en la atmósfera solar hay mucho más hierro (`Fe`) que cobre (`Cu`), inaugurando una importante área de investigación astrofísica.

La misma llama de un mechero de Bunsen condujo a las primeras evidencias sobre la existencia del propio *electrón* como partícula elemental, a partir de la espectroscopía de la luz emitida por gases, bajo acción de campos magnéticos, como el llamado efecto Zeeman.[3]

La emisión de luz por las substancias puede ser obtenida por diferentes métodos. Uno de ellos sería por medio de la excitación de un gas por elevación de su temperatura hasta un valor bastante alto, lo que provocaría la emisión de luz por choques entre los átomos y moléculas. Otros procesos tienen la denominación general de *luminiscencia* (en la cual la energía cinética térmica no es esencial para el mecanismo de excitación). Un ejemplo es la llamada *electroluminiscencia* que involucra descargas en gases, a partir de la cual fueron descubiertos los rayos catódicos, en 1869 – más tarde identificados como electrones –, y los rayos X, como será visto en el Capítulo 8. La excitación, en ese caso, es resultado del choque entre electrones o iones acelerados por un campo eléctrico con los átomos y las moléculas del propio gas.

Cada elemento químico da lugar a un espectro de emisión característico, como si fuese una especie de "impresión digital", única para cada elemento. Para los gases monoatómicos, esos espectros, proyectados en una pantalla o visualizados por medio de un microscopio, se presentan, en general, como un conjunto de *líneas* espaciadas y paralelas (Figura 7.10) y, para los gases que contienen dos o más átomos, como *bandas* continuas (Figura 7.11).[4]

Cuando la luz blanca solar, o la luz emitida por un sólido, como un filamento de una bombilla incandescente, que incide sobre un gas o vapor, pasa por un prisma, se observan algunas zonas, rayas o líneas oscuras, que corresponden a las frecuencias de las radiaciones que fueron absorbidas por el gas. El espectro así obtenido es denominado *espectro de absorción*, y, en otras palabras, se puede llamar un proceso de "sustracción de luz". Esa absorción selectiva de energía fue una de las primeras evidencias del carácter compuesto de los átomos, y de que estos estaban, de alguna forma, asociados a determinadas frecuencias características.

[3] A partir de la espectroscopía, Michelson tuvo la idea de definir un nuevo patrón de longitud para sustituir la barra de platino-iridio de Sevres. Históricamente, él eligió medir líneas de sodio, mercurio y finalmente cadmio, para el cual encontró el mejor resultado: 1 metro = 1 553 163,5 longitudes de onda de la línea roja de ese metal, con una precisión estimada de una parte en 10 millones. Esa técnica es utilizada hasta hoy, incluso para definir el patrón de tiempo. Mientras que hasta 1960 el *segundo* se definía como una fracción 1/86 400 del día solar medio, actualmente esa unidad es definida como la duración de 9 192 631 770 períodos de la radiación emitida por la transición entre dos niveles (hiperfinos) de energía del estado fundamental del átomo de cesio 133.

[4] Las moléculas compuestas de varios átomos que no sufren disociación también emiten luz, que puede ser analizada en un espectrómetro, dando origen a un enorme número de líneas tan próximas unas de las otras que parecen formar una banda continua.

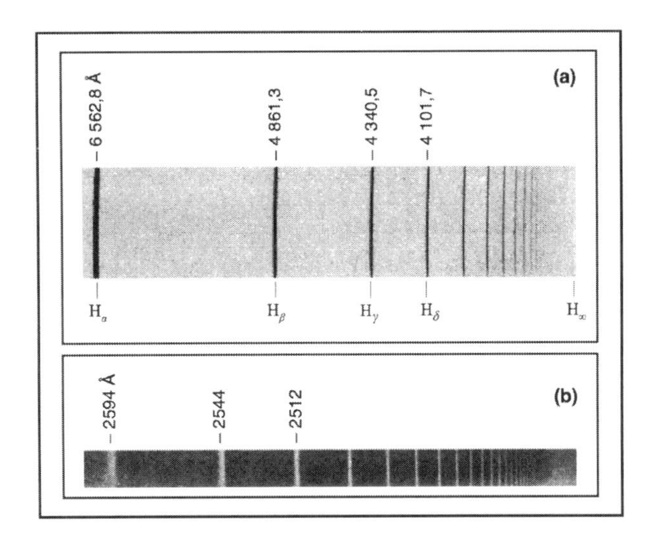


**Figura 7.10:** (a) Espectro de emisión del hidrógeno; (b) espectro de absorción del sódio.

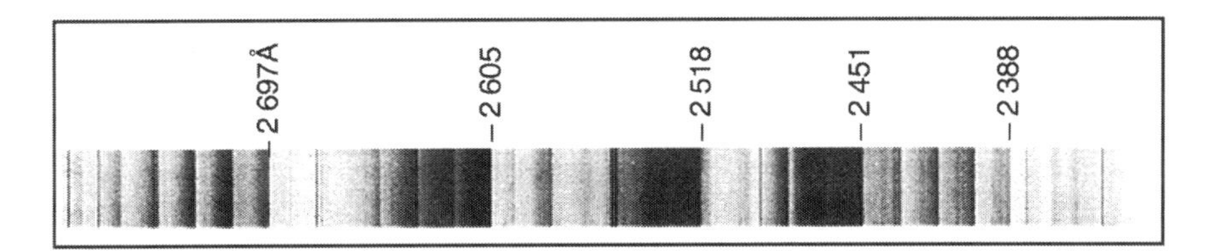


**Figura 7.11:** Espectro de bandas de una molécula.

Una gran utilidad de los espectros de absorción es la posibilidad de permitir detectar cantidades mínimas de ciertas sustancias en una muestra a través del *análisis espectral*. Las primeras investigaciones sistemáticas se iniciaron en 1814 con el alemán Joseph Fraunhofer, que clasificó las líneas oscuras, posteriormente denominadas *líneas de Fraunhofer*, en medio del arco iris de colores del espectro solar.

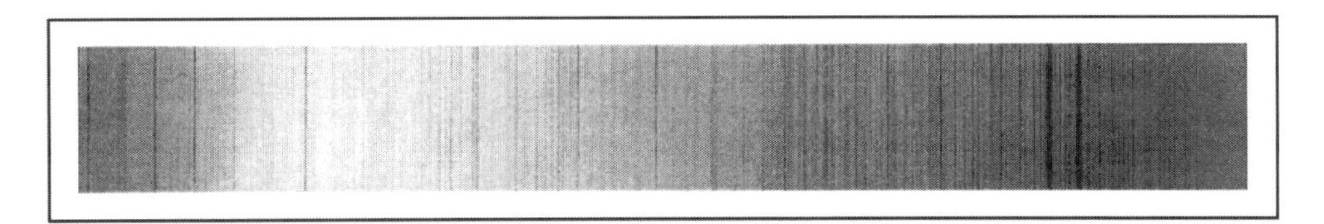

**Figura 7.12:** Espectro de la radiación solar obtenido por Fraunhofer.

Observando el espectro de absorción en la descarga eléctrica entre electrodos de carbono (C), iluminado con luz del Sol, Foucault, en 1849, concluyó que la sustancia que emite luz de una frecuencia dada también absorbe mejor la luz en esa frecuencia. Esa conclusión parece reforzar la idea de que los fenómenos de emisión y absorción serían debidos a una especie de resonancia entre la radiación y los átomos de una sustancia, o sea, sugiere que los átomos serían sistemas compuestos. Según Maxwell,

> *fueron esas observaciones que primero llevaron a la conclusión de que el espectro implicaba que los átomos tuviesen estructura, o sea, fuesen un sistema capaz de ejecutar movimientos internos de vibración.*

Por último, cabe resaltar que la investigación de esos espectros sirvió también para establecer que solamente ciertos niveles de energía discretos son posibles para un átomo o una molécula (Sección 12.1.2).

En el lenguaje de la Física Atómica Moderna, el espectro de emisión de un elemento químico es la imagen de la radiación electromagnética emitida por sus átomos excitados al retornar a su estado energético normal.

### 7.2.1 Espectro del átomo de hidrógeno

Una vez aceptada la concepción de que la materia estaba constituida por átomos osciladores, las características de cada átomo serían bien determinadas estudiando la materia en el estado físico en el cual esos osciladores fuesen más independientes, o sea, en los gases. De ese modo, un lugar destacado en la historia de la espectroscopía es ocupado por los experimentos con descargas en gases, por medio de los cuales fueron estudiados los espectros de varias sustancias gaseosas, lo que se reveló de la mayor importancia para el desarrollo de la Mecánica Cuántica a partir, inicialmente, del trabajo del físico danés Niels Bohr (Capítulo 12) y, enseguida, debido a la contribución de Heisenberg (Capítulo 13).

El espectro de líneas más simple, correspondiente también al átomo más simple – el átomo de hidrógeno –, fue primero observado por el sueco Anders Jöns Ångström, en 1853. La Figura 7.13 ilustra la secuencia de líneas espectrales emitidas por el átomo de hidrógeno.

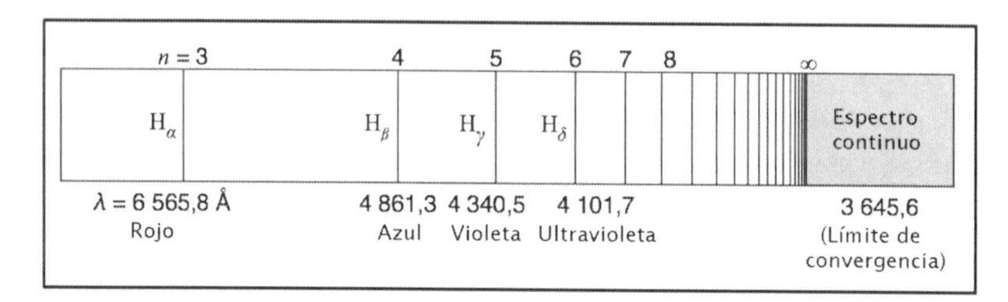


**Figura 7.13:** Esquema del espectro del átomo de hidrógeno.

Sin embargo, sólo después de cerca de 30 años, en 1885, un profesor de Matemática y Latín, el suizo Johann Jakob Balmer, con una edad de 60 años, matematizó las regularidades de ese espectro. Movido por la convicción de que *el mundo entero, naturaleza y arte, es una gran armonía unificada*, Balmer dedicó toda su vida a expresar esas relaciones de armonía numéricamente. Basándose en las medidas de Ångström para las longitudes de onda de apenas cuatro líneas espectrales, a saber 6 562,10; 4 860,74; 4 340,1; 4 101,2, todas expresadas en angstroms (Å), siendo 1Å $= 10^{-8}$ cm, Balmer consiguió escribir el término general de una serie matemática capaz de reproducir las longitudes de onda ($\lambda$) de cada raya del espectro observado:

$$\boxed{\lambda = 3\,645{,}6 \, \frac{n^2}{n^2 - 4}} \qquad (n = 3, 4, 5, 6) \tag{7.2}$$

El modo como Balmer se refirió, en esa época, a sus estudios sobre el espectro de hidrógeno puede ser considerado profético, a la luz de los desarrollos futuros y del papel que la comprensión del átomo de hidrógeno tendría para el desarrollo de la Física Cuántica. De hecho, él afirmó lo siguiente:

> *Me parece que el hidrógeno (...), más que cualquier otra sustancia, está destinado a abrir nuevos caminos para el conocimiento de la estructura de la materia y de sus propiedades. A ese respecto, la relación numérica entre las longitudes de onda de las primeras cuatro líneas espectrales del hidrógeno debe atraer particularmente nuestra atención.*

En 1888, el sueco Johannes Robert Rydberg escribe la fórmula de Balmer de modo mas sugestivo (Sección 12.1.3), en términos del inverso de la longitud de onda ($1/\lambda$), llamado *número de onda* ($K$), como

$$\boxed{\frac{1}{\lambda} = K = R_H \left( \frac{1}{2^2} - \frac{1}{n^2} \right)} \tag{7.3}$$

La nueva constante introducida, $R_H = 1{,}09737 \times 10^5$ cm$^{-1}$, es la llamada *constante de Rydberg* para el átomo de hidrógeno.

Después de los trabajos de Ångström, varios investigadores, al determinar el espectro del hidrógeno, como el alemán Friedrich Paschen y los estadounidenses Theodore Lyman, Frederick Sumner Brackett y August Herman Pfund, observaron otros conjuntos de líneas espectrales, en regiones no visibles del espectro, que pudieron ser descritas por la generalización de la fórmula de Balmer, hecha por Rydberg y por el suizo Walter Ritz,

$$\frac{1}{\lambda} = R_H \left( \frac{1}{m^2} - \frac{1}{n^2} \right) \tag{7.4}$$

de la cual, para diferentes valores de $m$, se obtienen las series indicadas en la Tabla 7.1.

**Tabela 7.1:** Principales series espectroscópicas

| Serie | Región del espectro | *m* | *n* | Año |
|---|---|---|---|---|
| Lyman | Ultravioleta | 1 | 2,3, ... | 1906-14 |
| Balmer | Ultravioleta y visible | 2 | 3,4, ... | 1885 |
| Paschen | Infrarrojo | 3 | 4,5, ... | 1908 |
| Brackett | Infrarrojo | 4 | 5,6, ... | 1922 |
| Pfund | Infrarrojo | 5 | 6,7, ... | 1924 |

Toda vez que la frecuencia ($\nu$) es inversamente proporcional a la longitud de onda ($\lambda$), $\nu = c/\lambda$, se puede escribir

$$\nu_{mn} = cR_H \left( \frac{1}{m^2} - \frac{1}{n^2} \right) \tag{7.5}$$

Así, Ritz enuncia un principio de combinación, el cual establece que cualquier línea del espectro y, por tanto, la frecuencia de la radiación asociada sería dada por la diferencia entre dos términos espectrales,

$$\nu_{ln} = \nu_{lk} - \nu_{kn}$$

A pesar de la generalización, la fórmula de Balmer aún era empírica, no explicada ni por la Mecánica, ni por el Electromagnetismo. La primera explicación compatible con los datos ocurrió solo en 1913, con Niels Bohr (Capítulo 12).

### 7.2.2 El efecto Zeeman

Otra técnica espectroscópica fue derivada de algunas tentativas de Faraday, en 1862, para evidenciar los efectos de un campo magnético intenso sobre el espectro de la luz de una vela. A propósito, Maxwell comenta que no existe fuerza en la naturaleza capaz de alterar la masa y la frecuencia de oscilación de los "pequeños cuerpos" que componen la materia. Algunos años más tarde, inspirado en ese comentario, Zeeman, en su época de asistente de Lorentz, consideró relevante rehacer los experimentos de Faraday, con redes de difracción de Rowland de gran poder de resolución en la época (cerca de 600 líneas/mm) y campos magnéticos más intensos, obtenidos con bobinas de Ruhmkorff (Figura 7.14), que producían campos del orden de $10^4$ gauss. Al final del siglo XX, ya se tenía redes con $2 \times 10^{-8}$ m de espaciamiento entre las líneas.

En 1896, Zeeman sólo consiguió observar el ensanchamiento de las rayas espectrales del vapor de sodio (Na). Además de eso, en una de las primeras aplicaciones de la expresión de la fuerza de Lorentz, ese resultado le permitió poner en evidencia la existencia de una carga fundamental en el interior del átomo, la cual ya había sido motivo de especulación por Stoney, en 1874, como se adelantó, mas sin confirmación experimental. De hecho, su resultado fue suficiente para estimar el orden de magnitud de la razón carga-masa de lo que hoy se llama *electrón* (Capítulo 8), siendo $e/m = 10^7$abcoulomb/g, un valor

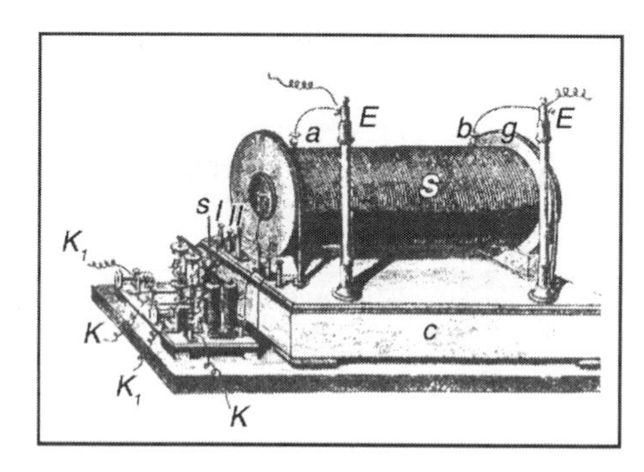


**Figura 7.14:** Bobina de Ruhmkorff disponible en la época de Zeeman.

sorprendentemente próximo del valor actual $e/m = (1{,}75881962 \pm 0{,}00000053) \times 10^7$ abcoulomb/g.[5] Sobre ese asunto, Zeeman escribió lo siguiente en su diario:

> *Finalmente confirmado que de hecho existe una acción de la magnetización sobre la vibración de la luz (...) [Lorentz] llamó a esto una prueba directa de la existencia de iones.*

En 1897, fue efectivamente observado por Zeeman el desdoblamiento de la línea azul del espectro atómico del cadmio (Cd) en varias líneas más finas, bajo la influencia de un campo magnético, conforme muestra la Figura 7.15.

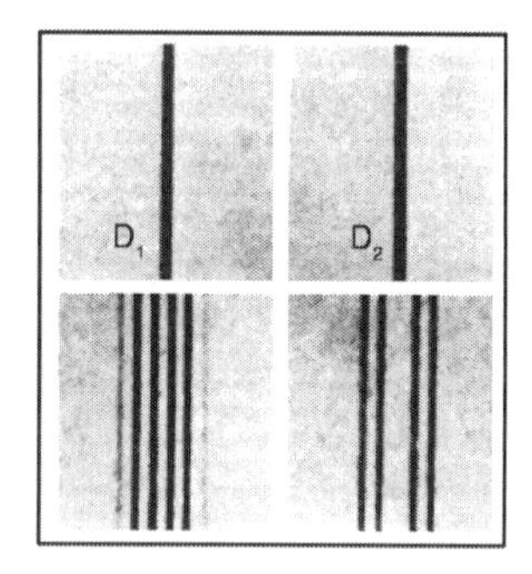


**Figura 7.15:** Desdoblamiento de las rayas del espectro atómico del cadmio.

La teoría clásica del efecto Zeeman fue desarrollada por Lorentz, basándose en la hipótesis de que la luz emitida por un átomo tiene su origen en el movimiento vibratorio de los electrones en el interior de los átomos.[6] En pocas palabras, el *efecto Zeeman* tiene que ver con el hecho de que la frecuencia de la luz emitida por los átomos en una descarga en gases es alterada cuando el gas se encuentra sometido a un campo magnético externo. Luego, de cierta forma, Zeeman tenía razón en querer rehacer el experimento de Faraday y, así, dar una respuesta definitiva, con base empírica, al comentario de Maxwell, o sea, es posible alterar la frecuencia de oscilación de las partículas atómicas bajo acción de campos magnéticos intensos.

Así, en 1897, Zeeman determinó la razón carga-masa de esas partículas, tanto como el signo negativo de sus cargas. El mejor valor obtenido entonces fue $e/m = 1,7570 \times 10^{11}$ C/kg, muy próximo del valor que Thomson determinaría, en ese mismo año, con los tubos de rayos catódicos, utilizando, además de un campo magnético, un campo eletrostático (Capítulo 8).

Uno de los grandes éxitos de la Eletrodinámica Clásica de Lorentz fue la explicación del efecto Zeeman. Considerando al electrón de un átomo un oscilador bajo la acción de la fuerza de Lorentz, debida al campo magnético externo uniforme ($\vec{B}$), el movimiento es regido por la ecuación

$$m\frac{d^2\vec{r}}{dt^2} = \vec{f}(r) - e\frac{\vec{v}}{c} \times \vec{B} \tag{7.6}$$

[5] La unidad electromagnética de carga, el *abcoulomb*, es igual a 10 coulomb. Por tanto, el valor estimado por Zeeman (en el SI) fue de $e/m = 10^{11}$ C/kg.

[6] En rigor, Lorentz utiliza el término *electrón* recién en 1899, empleando antes de eso, como Zeeman, el término *ion*.

en la cual $m$, $-e$, $\vec{r}$ y $\vec{v}$ son, respectivamente, la masa, la carga, la posición y la velocidad del electrón; $\vec{f}(r)$ es la fuerza elástica sobre el electrón oscilante y $c$ es la velocidad de la luz en el vacío.

En ausencia del campo externo, la solución en la cual el electrón describe una órbita circular de radio $r$ es dada por

$$m\omega_o^2 r = f(r) \tag{7.7}$$

siendo $\omega_o = v/r$ la frecuencia angular del movimiento.

Para un campo magnético moderado, se puede suponer que el radio de la órbita permanece constante, mientras que hay una pequeña variación relativa en el módulo de la velocidad ($v = \omega r$) o en la frecuencia angular ($\omega$) del movimiento del electrón, o sea,

$$\omega = \omega_o \left(1 + \frac{\Delta\omega}{\omega_o}\right)$$

y

$$m\frac{d^2r}{dt^2} = \frac{dv}{dt} = m\omega\frac{dr}{dt} = m\omega^2 r$$

De acuerdo con esa hipótesis de que la variación de $\omega$ es pequeña, la solución para el radio de la órbita del electrón puede ser escrita como

$$m\omega^2 r = f(r) \pm e\frac{\omega}{c}rB \tag{7.8}$$

En esa ecuación, el signo $\pm$ depende del sentido de rotación de los electrones con relación a la dirección del campo magnético. Sustituyendo la ecuación (7.7) en la ecuación (7.8),

$$m(\omega^2 - \omega_o^2) = m\underbrace{(\omega - \omega_o)}_{\Delta\omega}(\omega + \omega_o) = \pm e\frac{\omega}{c}B \tag{7.9}$$

Para una pequeña variación relativa de la frecuencia, se puede considerar $\omega \simeq \omega_0$ y, por tanto,

$$\Delta\omega = \pm\frac{e}{2mc}B = \pm\gamma B \tag{7.10}$$

La magnitud $\gamma = e/(2mc)$, denominada *razón giromagnética orbital del electrón*, es del orden de $8{,}8 \times 10^6$ uem. Por tanto, para un campo magnético del orden de $10^4$ gauss, la variación relativa de la frecuencia es típicamente del orden de $\Delta\omega/\omega_0 \sim 10^{-4}$. La variación de la frecuencia, responsable por la aparición de las líneas, no depende del radio de la órbita; depende sólo del factor giromagnético. Como la velocidad del electrón no es exactamente perpendicular al campo magnético externo, esa variación de frecuencia ($\Delta\omega$) fue interpretada, posteriormente, de manera correcta, por Larmor, como la frecuencia ($\Omega$) con la cual la órbita atómica descrita por el electrón ejecuta un movimiento de precesión en torno de la dirección del campo magnético hasta orientarse con él. Recordando que, en ese caso, el plano de la órbita es perpendicular al vector de momento angular, $\vec{L}$, se puede decir que éste, inicialmente, ejecuta una precesión en torno de la dirección de $\vec{B}$ con la frecuencia de Larmor, $\Omega$ (Figura 7.16).

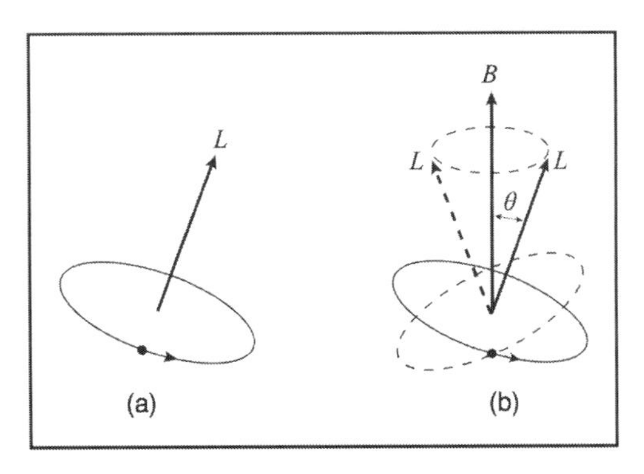


**Figura 7.16:** Precesión de Larmor.

La observación del desdoblamiento de las líneas espectrales depende, en verdad, de la dirección, en relación al campo magnético, según la cual se observa la luz emitida por el gas. Considerando que el electrón ejecuta un movimiento oscilatorio y periódico de frecuencia $\omega$ en el plano $xy$, por ejemplo, en la dirección $x$, entre los puntos $A$ y $B$ (Figura 7.17),

$$\vec{r} = r_o \cos\omega t\, \hat{\imath} \qquad \Longrightarrow \qquad |\vec{v}| = \omega r_o$$

el movimiento puede ser descrito por la composición de dos movimientos circulares en sentidos opuestos,

$$\begin{cases} \vec{r}_1 = \dfrac{r_o}{2}\cos\theta\, \hat{\imath} + \dfrac{r_o}{2}\operatorname{sen}\theta\, \hat{\jmath} \\[2ex] \vec{r}_2 = \dfrac{r_o}{2}\cos\theta\, \hat{\imath} - \dfrac{r_o}{2}\operatorname{sen}\theta\, \hat{\jmath} \end{cases} \qquad \Longrightarrow \qquad \vec{r} = \vec{r}_1 + \vec{r}_2$$

en donde $\theta = \omega t$.

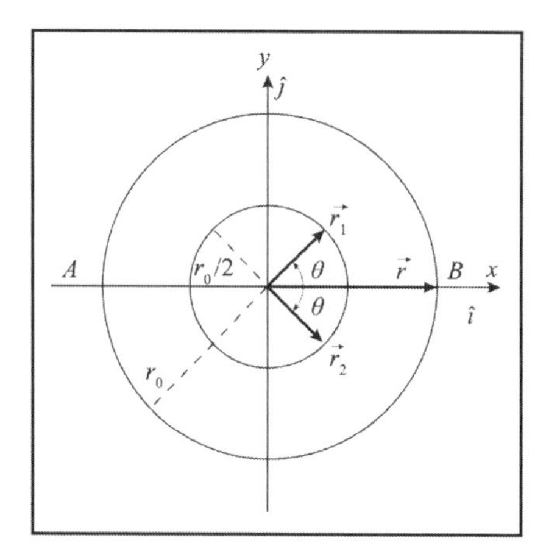


**Figura 7.17:** Composición de dos movimientos circulares.

Luego, el efecto de un campo magnético $\vec{B}$, perpendicular al plano $xy$, sobre cada uno de los movimientos circulares será diferente (Figura 7.18)

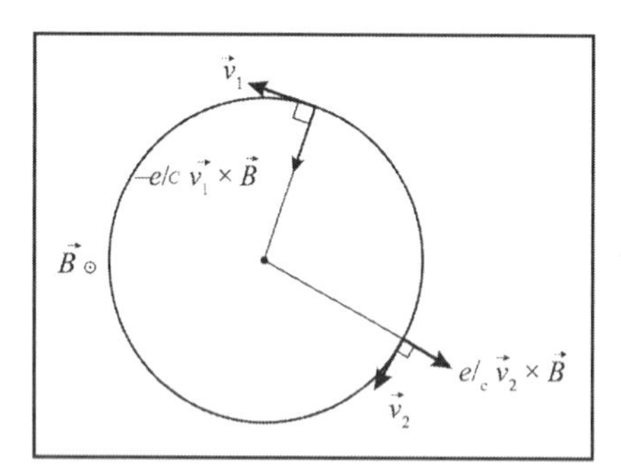


**Figura 7.18:** Efecto de un campo magnético sobre dos movimientos circulares en sentidos opuestos.

De hecho, cuando se examina una línea transversalmente, esto es, con el campo magnético perpendicular a la dirección de la luz emitida por el gas, aquella se descompone en tres líneas. Las líneas debidas a las oscilaciones en la dirección del campo magnético no son alteradas ($\nu_o$). De las otras dos direcciones, una de ellas tampoco contribuye por estar en una dirección frontal al observador ($\theta = 0$), de acuerdo con la ecuación (5.43). Así, las oscilaciones a lo largo de la tercera dirección dan lugar a dos líneas asociadas a las frecuencias de dos movimientos circulares ($\nu_1$ y $\nu_2$), conforme a la Figura 7.19.

Cuando la observación es longitudinal, aparecen sólo dos líneas. En ese caso, las oscilaciones a lo largo del campo magnético no contribuyen a la emisión de la luz, pues se encuentran en la dirección frontal al

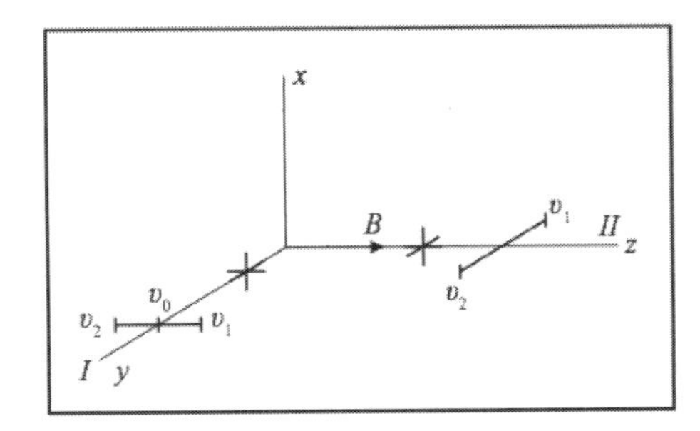


**Figura 7.19:** Observación del desdoblamiento de las líneas asociadas al efecto Zeeman.

observador. Sólo las oscilaciones en las otras direcciones dan lugar a dos líneas asociadas a las frecuencias de dos movimientos circulares ($\nu_1$ y $\nu_2$), conforme la Figura 7.19.

Eso es lo que convencionalmente se llama *efecto Zeeman normal*,[7] el cual permitió concluir experimentalmente – en las palabras usadas por el propio Zeeman en su *Nobel Lecture* – que *las oscilaciones de la luz resultan de la vibración de los electrones.* De ahí su importancia histórica.

El efecto Zeeman se tornó también un método poderoso para esclarecer la estructura atómica fina de la materia y decisivo para que Wolfgang Pauli estableciese el *principio de exclusión.* Fue igualmente importante para la comprensión del *spin* del electrón (Sección 16.6) y de su papel en la constitución de la materia, a través de lo que se conoce hasta hoy como *efecto Zeeman anómalo*,[8] que no puede ser explicado por la Electrodinámica Clásica.

Los fenómenos presentados en este capítulo no fueron, en la realidad, los únicos, en el siglo XIX, que contribuyeron a la deconstrucción del concepto de *átomo*, entendido como algo realmente sin estructura, algo, como escribió Maxwell en una introducción para la Enciclopedia Británica, *que no puede ser dividido en dos.* Tanto la electrólisis cuanto la espectroscopía pusieron en evidencia la naturaleza atómica de la electricidad y tuvieron, ambas, un enorme impacto directo sobre el desarrollo de la Química, contribuyendo al descubrimiento o a la separación de varios elementos. Desde el punto de vista de la Física, la investigación científica en esas áreas tuvo el mérito de llamar la atención hacia el problema de la interacción de la materia (electrones) con la radiación, que se tornó central en las primeras décadas del siglo XX.

Otros descubrimientos vinieron a continuación, contribuyendo también a la deconstrucción de ese átomo eterno e indivisible, y serán presentados en los próximos capítulos, a saber: los descubrimientos de los rayos catódicos y de los rayos X (Capítulo 8) y de la Radioactividad (Capítulo 9).

## 7.3 Fuentes primarias

**Balmer, J.J., 1885a.** Notiz über die Spektrallinien des Wasserstoffes. *Verhandlungen der Naturforschenden Gesellschaft Basel* **7**, p. 548-560. *Idem*, p. 750.

**Balmer, J.J., 1885b.** Notiz über die Spektrallinien des Wasserstoffs. *Annalen der Physik und Chemie* **25**, n. 5, p. 80-87. Traducción inglesa en **Boorse, H.A.; Motz, L., 1966**. El autor resume los resultados de estos dos trabajos en: Notiz über die Spektrallinien des Wasserstoffes. *Annalen der Physik und Chemie*, Ser. 3, **25**, n. 5, p. 80-86. Traducción inglesa en **Boorse, H.A.; Motz, L., 1966**.

**Balmer, J.J., 1897.** *Ein neue Formel für Spektralwellen*, Leipzig.

**Brackett, F., 1922.** A New Series of Spectrum Lines. *Nature* **109**, p. 209.

**Davy, H., 1826.** On the relations of electrical and chemical changes. *Philosophical Transactions of the Royal Society of London* **116**, p. 383-422.

**Debye, P., 1916.** Quantenhypothese und Zeeman-Effekt. *Physikalische Zeitschrift* **17**, n. 20, p. 507-516.

**Faraday, M., 1834.** Experimental Researches in Electricity. *Philosophical Transactions of the Royal Society*, Seventh Series, p. 77-122. Reproducido en **Hutchins, R.M. (Ed.), 1980**, p. 361-390.

**Galvani, L., 1791.** *De Viribus Electracitatis in Moto Musculari Commentarius*, Bononiae.

**Kirchhoff, G.; Bunsen, R., 1860** Chemical Analysis by Observation of Spectra. *Annalen der Physik und Chemie*, Ser. 2, **110**, p. 161-189.

[7] La primera explicación cuántica del efecto Zeeman normal fue presentada en 1916 por Sommerfeld y Debye.

[8] En el efecto Zeeman anómalo son observadas más de tres líneas.

**Larmor, J., 1897.** On the Theory of the Magnetic Influence on Spectra; and the Radiation from Moving Ions. *Philosophical Magazine* **44**, p. 503-512.

**Lyman, T., 1914.** An Extension of the Spectrum in the Extreme-Violet. *Physical Review* **3**, n. 6, p. 504-505.

**Nicholson, N., 1800.** Account of the new electrical or galvinic apparatus of Sig. Alex. Volta, and experiments performed with the same. *Journal of Natural Philosophy, Chemistry and Arts* **4**, p. 179-187. Publicado también en alemán: Beschreiburg des neuen electrischen oder galvanishen Apparats Alexander Volta's, und einiger wichtigen damit angestellten Versusche. *Annalen der Physik* **6**, p. 340-359 (1800).

**Paschen, F., 1897.** Über Gesetzmäßigkeiten in den Spektren fester Körper. *Wiedemannsche Annalen der Physik*, Ser. 4, **60**, p. 662-723.

**Paschen, F., 1908.** Zur Kenntnis ultraroter Linienspektra. I. (Normalwellenlängen bis 27000Å.—*E.*). *Annalen der Physik* **27**, n. 13, p. 537-570.

**Pfund, A.H., 1924.** The emission of nitrogen and hydrogen in the infrared. *Journal of the Optical Society of America* **9**, p. 193-196.

**Plucker, J., 1857.** Über die Einwirkung des Magneten auf die elektrische Entlandlung in verdunnten Gasen. *Annalen der Physik und Chemie*, Ser. 2, **103**, p. 88-106; traducción inglesa en *Philosophical Magazine* **16**, p. 119, 408 (1858).

**Rydberg, J.R., 1889.** On the Emission Spectra of the Chemical Elements. *Den Kongliga Sven ska Vetenskaps Akademiens Handlingar* **23**, p. 11.

**Sommerfeld, A., 1916.** Zur Theorie des Zeeman-Effekts der Wasserstofflinien, mit einem Anhang über den Stark-Effekt. *Physikalische Zeitschrift* **17**, p. 491-507.

**Stoney, G.J. 1881.** On the physical units of nature. *Philosophical Magazine*, S. 5, **11**, p. 381-391.

**Volta, A. 1800.** On the Electricity excited by the mere Contact of conducting Substances of different kinds (texto em francês). *Philosophical Tansactions of the Royal Society of London* **2**, p. 403-431. Traducción al inglés en *Philosophical Magazine* **7**, p. 289-311.

**Zeeman, P., 1896.** Over den invloed eener magnetisatie op den aard van het door uitgezonden licht. *Verhandelingen der Koninklijke Akademie Nederlandse van Wetenschappen te Amsterdam* **5**, p. 181-185 e p. 242-248; traducción al inglés, On the influence of magnetism on the nature of the light emitted by a substance. *Philosophical Magazine* **43**, p. 226-239 (1897).

**Zeeman, P., 1897a.** Over doubletten en tripletten in het spectrum, teweeggebracht door uitwendige magnetische krachten. *Verhandelingen der Koninklijke Akademie Nederlandse van Wetenschappen te Amsterdam* **6**, p. 13-18, 99-102, 260-262; traducción al inglés, Doublets and triplets in the spectrum produced by external magnetic force. *Philosophical Magazine* **44**, p. 55-66 e 255-259 (1897).

**Zeeman, P., 1897b.** The Effect of Magnetisation on the Nature of Light Emitted by a Substance. *Nature* **55**, p. 347.

**Zeeman, P., 1897c.** Lignes doubles et triples dans le espectre, produites sous l'influence d'un champ magnétique extérieur. *Comptes Rendus de l'Académie de Sciences Française* **124**, p. 1444-1445.

## 7.4 Otras referencias y sugerencias de lectura

**Carazza, B.; Guidetti, G.P., 1984.** Spettroscopia e Modelli Atomici Prima di Bohr. *Rendiconti del Seminario della Facoltà di Scienza dell'Università di Cagliari* **54**, fasc. 1, p. 73-86.

**Carazza, B.; Robotti, N., 2002.** Explaining Atomic Spectra within Classical Physics: 1897-1913. *Annals of Science* **59**, p. 299-320.

**Chagas, A.P., 2000.** Los 200 años de la pila eléctrica. *Química Nueva* **23**, n. 3, p. 427-429.

**Helmholtz, H., 1881.** The Modern Development of Faraday's Conception of Electricity. The Faraday Lecture, delivered before the Fellows of the Chemical Society in London, on April 5, 1881.

**Herzberg, G., 1937.** *Espectros atómicos y estructura atómica.* Presentación concisa de los principios básicos de la espectroscopía atómica.

**Hindmarsch, W.R., 1967.** *Atomic Spectra.* Oxford: Pergamon Press. En la primera parte, el libro presenta una vasta introducción general a la espectroscopía y, en la segunda parte, reproduce 17 textos fundamentales sobre el asunto.

**Kox, A.J., 1997.** The Discovery of the Electron II. The Zeeman Effect. *European Journal of Physics* **18**, p. 139-144.

**Sommerfeld, A., 1919.** *Atombaum und Spektrallinien.* Vieweg: Braunschweig. Traducción inglesa: *Atomic Structure & Spectral Lines.* Londres: Mathuen & Co., Third Edition, 2 vol. (1934). Libro clásico sobre espectroscopía y la estructura atómica.

**Trífonov, D.N.; Trífonov, V.D., 1984.** Pequeña historia de cómo fueron encontrados los elementos químicos.

**White, H.E., 1934.** *Introducción a los espectros atómicos.* Presenta una descripción más completa y más extensa del tema *espectroscopía.*

**Zeeman, P., 1903.** Texto leído por el autor por ocasión de recibir el premio Nobel en el cual revisa su contribución a la Física.

## 7.5 Ejercicios

**Ejercicio 7.5.1** Calcule las longitudes de onda para las primeras transiciones del átomo de hidrógeno en las series de:

a) Lyman;

b) Paschen;

c) Brackett.

**Ejercicio 7.5.2** En 1871, Stoney había demostrado que las longitudes de onda de las tres primeras líneas del espectro del átomo de hidrógeno, denotadas por $H_\alpha$ (la de mayor longitud de onda), $H_\beta$ y $H_\gamma$, guardaban la siguiente proporción:

$$H_\alpha : H_\beta : H_\gamma = \frac{1}{20} : \frac{1}{27} : \frac{1}{32}$$

que representan, usando sus términos, "el 20avo, 27avo y 32avo armónicos de una vibración fundamental". Muestre que esas razones resultan de la fórmula de Balmer para los valores $m = 2$ y $n = 3, 4, 6$.

**Ejercicio 7.5.3** Determine la mayor y la menor longitud de onda de la serie de Lyman.

**Ejercicio 7.5.4** Determine el número de líneas/mm de una red de difracción cuyo espaciamiento entre líneas es de $2 \times 10^{-8}$ m.

**Ejercicio 7.5.5** Determine el número de moles de hidrógeno ($H_2$) obtenidos por la electrólisis de 1,08 kg de agua.

**Ejercicio 7.5.6** Determine la cantidad de cloro, en gramos, que puede ser producida por una corriente de 10 A durante 5 minutos, en la electrólisis de $NaCl$ fundido.

**Ejercicio 7.5.7** Determine el tiempo necesario para electrodepositar 6,3 g de $Cu^{++}$ en un circuito de corriente de 2 A.

**Ejercicio 7.5.8** Calcule el volumen de hidrógeno liberado, a 27 °C y 700 mmHg, por el paso de una corriente de 1,6 A durante 5 minutos por una cubeta conteniendo hidróxido de sodio.

**Ejercicio 7.5.9** Calcule la carga eléctrica necesaria en un circuito para electrodepositar 28 g de $Fe^{++}$.

**Ejercicio 7.5.10** Al someter a un átomo de hidrógeno en el estado fundamental ($n = 1$) a un campo magnético débil, cada línea del espectro se desdobla en dos. Ese efecto se debe al *spin* del electrón (Capítulo16) en el interior del átomo y es conocido como efecto Zeeman anómalo.

La diferencia de frecuencia entre los dos niveles es dada por

$$\frac{e}{mc} B$$

Usando el valor aproximado de $B \simeq 0{,}5$ gauss para el campo magnético medio terrestre, estime esa diferencia de frecuencia entre los dos niveles, en Hz.

**Ejercicio 7.5.11** Determine el valor de la razón giromagnética del electrón en el SI (Sistema Internacional de Unidades).

**Ejercicio 7.5.12** A partir de un ajuste lineal del tipo $y = ax$, utilizando los datos de Faraday mostrados en la tabla de abajo, determine el valor de la constante de Faraday.

| Elemento | $\mu$ | $K$ (mg/C) | $\mu / n$ |
|---|---|---|---|
| Hidrógeno | 1,008 | 0,01945 | 1,008 |
| Oxígeno | 16,0 | 0,08293 | 8,0 |
| Cobre | 63,57 | 0,3294 | 63,57 |
| Cloro | 35,46 | 0,3674 | 37,785 |
| Plata | 107,9 | 1,118 | 107,9 |

# 8

# Los rayos catódicos: el descubrimiento del electrón y de los rayos X

*Tenemos en los rayos catódicos materia en un nuevo estado, un estado en el cual la subdivisión de la materia es llevada mucho más allá del estado gaseoso ordinario: un estado en el cual toda materia – esto es, materia derivada de diferentes fuentes, como hidrógeno, oxígeno etc. – es una y del mismo tipo; esta materia es la sustancia de la cual están hechos todos los elementos químicos.*

Joseph John Thomson

## 8.1 El descubrimiento del electrón

*Parece, finalmente, que tenemos en nuestras manos, y bajo nuestro control, las pequeñas partículas indivisibles que, con buen margen de certeza, parecen constituir la base física del Universo.*

William Crookes

### 8.1.1 Los rayos catódicos

Lo que se vio en los primeros capítulos de este libro fue una gradual consolidación de una concepción atomística de la materia, fuertemente relacionada con los desarrollos de la Química, de la Teoría Cinética de los Gases y de los estudios del Movimiento Browniano, en la cual la naturaleza indivisible del átomo no es cuestionada. En el Capítulo 7, se presentó un conjunto de evidencias experimentales que sugieren la *divisibilidad* del átomo. En este capítulo se presentan otras evidencias en ese sentido, obtenidas a partir del surgimiento de los llamados *tubos de Geissler, ampollas de Crookes*, o mejor *tubos de rayos catódicos*, y de los estudios de los nuevos fenómenos descubiertos con esos tubos, como se describirá a continuación. A partir de las conclusiones de esas investigaciones aparece la confirmación inequívoca de que el átomo posee una subestructura, hecho que, sin embargo, sólo será comprendido en el siglo XX.

Fue a partir de 1857, con el perfeccionamiento de las técnicas del trabajo con vidrio y de las máquinas de hacer vacío, desarrolladas por el vidriero y mecánico alemán Johann Heinrich Geissler, que empezaron a surgir condiciones favorables para la realización de experimentos con esos tubos, orientados a la comprensión de la estructura de la materia.

La posibilidad de que se produzca una descarga eléctrica en gases enrarecidos había sido descubierta por el alemán Gottfried Heinrich Grummert y el inglés William Watson. Este último, utilizando una botella de Leyden como batería, pudo hacer pasar una corriente por un tubo de vidrio de cerca de 90 cm de largo por 8 cm de diámetro, en el interior del cual se había hecho vacío.[1]

En 1859, Gleissler junto con el matemático y físico alemán Julius Plücker descubrieron los rayos conocidos hoy como rayos catódicos, término introducido, en 1876, por el físico alemán Eugene Goldstein. Fue durante la extracción del aire del tubo, mantenido en una habitación oscura, que se tuvo la oportunidad de observar por primera vez que, después de un cierto grado de enrarecimiento del gas, surgía una luminosidad en el interior interior del tubo (Figura 8.1).

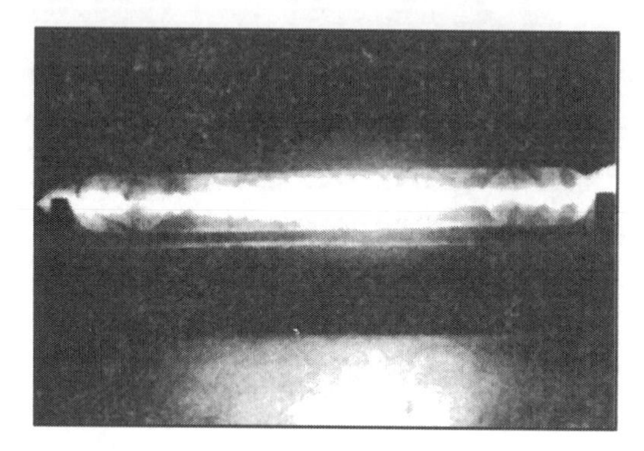

**Figura 8.1:** Luminosidad provocada por la descarga en gases en una ampolla de Crookes.

En estos tubos, que propiciaron el estudio de los gases en diferentes condiciones de presión (en la época, cerca de $10^{-2}$ mm Hg), la descarga eléctrica era producida entre dos electrodos metálicos[2] fijos, localizados en su interior.

El motivo por el cual las técnicas de vacío fueron importantes en ese estudio es que, a presión ordinaria, la cantidad de moléculas del gas dieléctrico en un tubo impide la descarga eléctrica. Por ejemplo, para hacer saltar una chispa entre dos placas metálicas colocadas a una distancia de 1 cm en el aire libre, es necesario que se aplique a ellas una diferencia de potencial del orden de 3 000 voltios.

Se puede decir que estos desarrollos técnicos, junto con la bobina de Rühmkorff (Figura 7.14), crearon las condiciones necesarias para el desarrollo de lo que se puede llamar hoy, mirando en retrospectiva, el primer acelerador de partículas: el *tubo de rayos catódicos*. Si el hito de la era de los aceleradores se puso efectivamente ahí, queda evidente que ella ya comienza con una íntima relación entre la ciencia básica y la tecnología, relación que se está estrechando cada vez más, tornándose indispensable para el desarrollo de la Física de Partículas y de tecnologías asociadas.

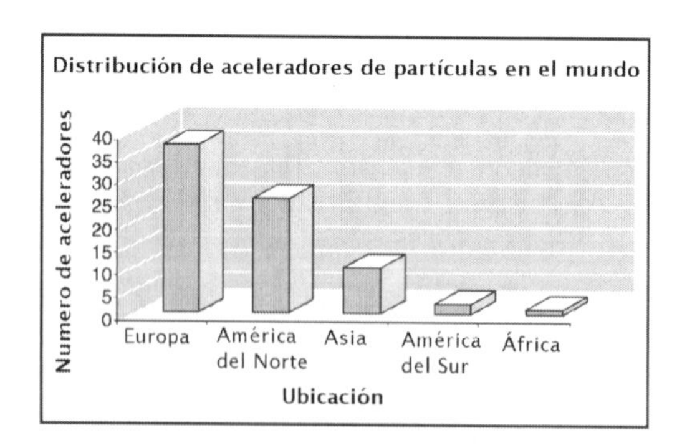


**Figura 8.2:** Distribución mundial de aceleradores de partículas dedicados a la investigación básica, en 2003.

[1] Watson y Franklin contribuyeron a la definición de cargas positivas y negativas y a las primeras ideas de conservación de la carga eléctrica

[2] El electrodo conectado al terminal negativo de la fuente de tensión fue llamado por Faraday *cátodo*. Como se comprobó que los rayos partían del cátodo, se le dio el nombre *rayos catódicos*.

Para tener una idea del crecimiento del empleo de los aceleradores en las investigaciones científicas, se muestra, en la Figura 8.2, la actual distribución mundial de esas máquinas dedicadas sólo a la investigación básica.

Fue a partir de los trabajos experimentales sistemáticos de los físicos ingleses William Crookes y J.J. Thomson, buscando explicar la naturaleza del haz que aparece dentro de esos tubos, que esa área de la investigación científica ganó mayor interés.

Con un tubo similar mostrado en la Figura 8.3, Crookes observó que el haz luminoso que atravesaba el tubo desde el cátodo se propagaba en línea recta, en ausencia de acciones externas.

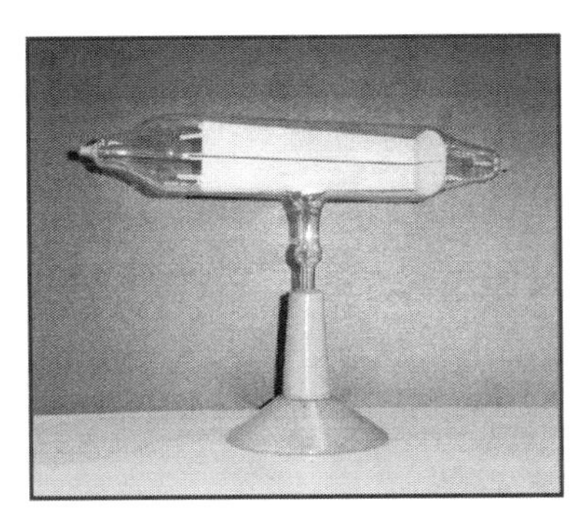

**Figura 8.3:** Tubo utilizado para mostrar la trayectoria rectilínea de los rayos catódicos en la ausencia de interacciones externas, resaltada por una placa blanca al fondo, colocada en el interior del tubo.

Gracias a una serie de experimentos, se llegó a la conclusión de que el haz luminoso era consecuencia de excitaciones de las moléculas del gas, resultantes de los choques con las partículas cargadas procedentes del cátodo. Es esa luminosidad la que va a permitir la identificación de la trayectoria de los electrones. En 1897, Thomson logró medir la razón entre la carga y la masa de esas partículas, encontrando un valor mucho mayor que el de los iones en electrólisis.

Así, las partículas que constituían los rayos catódicos, los electrones, tendrían cargas eléctricas muy grandes, o serían extremadamente leves. De ese resultado concluyó, correctamente, que la masa del electrón sería 1 836 veces menor que la del hidrógeno ionizado ($H^+$), pues se sabía de la Química que el hidrógeno es monovalente y, por tanto, $H^+$ tiene, en módulo, la misma carga del electrón.

En ese mismo artículo, él verificó que esos corpúsculos cargados eran exactamente los mismos, cualesquiera que fueran los elementos del cátodo, del ánodo y del gas dentro del tubo. Parecían ser constituyentes universales de la materia (los electrones), mostrando, empíricamente, que el *átomo no es indivisible*.

**Figura 8.4:** J.J. Thomson en el laboratorio Cavendish, observando un tubo de rayos catódicos.

Es necesario tener en mente que esos fenómenos de descargas en gases, aunque hoy en día pueden parecer muy simples, fueron parte integrante de la "Física de frontera" durante la mitad del siglo

XIX. En este contexto, es digno de destacar el laboratorio Cavendish, de la Universidad de Cambridge, en Inglaterra, donde se realizaron inicialmente las experiencias de rayos catódicos, que resultaron en el descubrimiento del electrón y posteriormente aquellas de radioactividad, de las cuales resultó el descubrimiento del neutrón. A pesar de haber sido dirigido, desde su fundación en 1874, por dos grandes exponentes de la Física inglesa, Maxwell y Rayleigh, fue a partir de 1884, bajo la dirección y guía de J.J. Thomson, que el laboratorio inició su período de gran prestigio internacional, alcanzando su apogeo bajo la dirección de Rutherford. La Figura 8.4 muestra Thomson en una banca de Cavendish, con un tubo de rayos catódicos en funcionamiento,[3] indicando la escala de estos aceleradores de electrones.

Volviendo a la cuestión de la esencia de esos rayos catódicos, tal vez la naturaleza luminosa del haz sugería más intuitivamente que los rayos catódicos fueran un haz de luz. La sombra producida por la cruz de malta del aparato de la Figura 8.5.a, proyectada en el fondo del tubo, da soporte a esa interpretación.

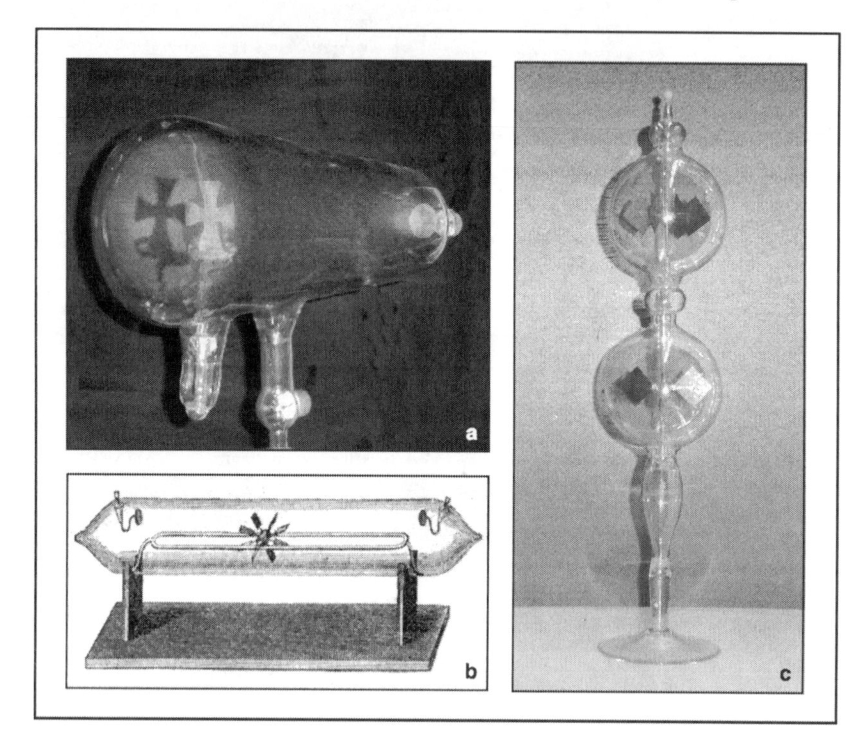


**Figura 8.5:** Diferentes tubos para verificar cualitativamente la naturaleza corpuscular de los rayos catódicos.

Sin embargo, desde 1869, el alemán Johann Wilhelm Hittorf, al aproximar un imán al "haz luminoso", y notar que éste sufrió una desviación, había concluido que los rayos catódicos *no* podían ser luz, pues ésta no es desviada por un campo magnético. Es necesario tener en mente, sin embargo, que en aquella época aún no estaba claro que ese hecho fuera una consecuencia de las ecuaciones de Maxwell, debido en parte a su fuerte vinculación con el concepto de éter.

La Figura 8.5.b muestra un tubo proyectado para reforzar la hipótesis de que los rayos catódicos estarían formados por haces de partículas. En ese tubo se introdujo un pequeño molino, capaz de girar prácticamente sin fricción alrededor de su eje, a la altura del haz. Siendo los rayos formados por partículas, el momento lineal transferido por éstas al molino sería capaz de hacerlo girar.[4] Otros tubos fueron todavía diseñados para ese mismo propósito, como el de la Figura 8.5.c.

Dos años después del descubrimiento de Hittorf, el inglés Cromwell Fleetwood Varley, en 1871, ratificó que los rayos catódicos eran desviados por campos magnéticos como si fueran un haz de partículas con carga eléctrica negativa.

[3] Época en que un acelerador lineal de partículas cabía encima de una mesa.

[4] *El momentum* asociado a una onda electromagnética no sería capaz de hacer girar el molino.

Después de los intentos no muy exitosos, en 1883, de deflexión de los rayos catódicos por campos eléctricos, Hertz muestra, en 1891, que los rayos catódicos tienen la capacidad de atravesar láminas metálicas delgadas, continuando su propagación en la misma dirección incidente. Este resultado, en la época, hizo que la discusión sobre la naturaleza de los rayos catódicos se inclinara más hacia la interpretación ondulatoria de Hertz, pues parecía difícil conciliar la permeabilidad de las hojas metálicas a los rayos catódicos con la hipótesis de que éstos estaban constituidos por partículas cargadas.

Así, alrededor de 1894, por el hecho de que la propia naturaleza de la luz aún no estaba bien comprendida, la comunidad física en general no estaba todavía convencida de la naturaleza de los rayos catódicos. Mientras investigadores ingleses, como Varley y Crookes, se decidieron a favor de su naturaleza corpuscular, Goldstein, Hertz y el hungaro Philipp Lenard creían que los rayos catódicos eran ondas electromagnéticas. Ciertamente, en esa discusión había un peso muy grande de "autoridad", debido a la opinión de Hertz en favor de la visión ondulatora.

El primero en mostrar, en 1895, que los rayos catódicos depositaban carga negativa en un colector colocado en el interior de un tubo de Crookes fue Perrin.

Optar por la visión corpuscular implica encontrar respuestas para las cuestiones sobre el origen y la naturaleza de esas "partículas". ¿Qué son? ¿Cuál es su masa y su carga? Aceptarlas como átomos no era plausible, ya que estas partículas son eléctricamente cargadas, al contrario de los átomos, que son neutros y constituyen la materia que, en general, es manifiestamente neutra. ¿Son esas partículas, entonces, los átomos de electricidad a los que se aludió en la sección sobre la electrólisis (Sección 7.1)? ¿O son esas las partículas cargadas en el interior del átomo, responsables por el efecto Zeeman (Sección 7.2.2)?

Sólo para complementar el razonamiento, hay que recordar, una vez más, que J.J. Thomson mostró que las partículas constituyentes de los rayos catódicos tendrían una masa aproximadamente 1 840 veces menor que la del hidrógeno ionizado, el cual, a su vez, ya es el más ligero de los átomos. Se puede concluir que esas partículas serían *constituyentes* de los átomos. Pero entonces, surge la pregunta: "¿qué son los *átomos* (hasta entonces definidos como las partes indivisibles de la materia)?", la cual nítidamente sacude el paradigma de átomo como algo *indivisible*, el ladrillo fundamental de la materia según la Química. La Física había puesto en evidencia su naturaleza compuesta.

### 8.1.2 Los experimentos de Thomson

Al iniciar sus estudios sobre la naturaleza de los rayos catódicos, en 1884, Thomson estableció que, además de campos magnéticos, los rayos eran desviados también por campos electrostáticos.[5] Esto sólo fue posible gracias al aumento del vacío en el interior de los tubos. Estos resultados fueron decisivos en favor de la visión corpuscular. El tubo original utilizado por Thomson y su esquema se muestra en la Figura 8.6.

En el esquema de la Figura 8.7, $V$ es la diferencia de potencial entre las dos placas metálicas $P$ y $P'$ colocadas paralelamente en la dirección inicial del haz; $d$ es la distancia entre ellas, y $l$, sus longitudes, de tal modo que el campo eléctrico uniforme entre las placas es $E = V/d$. Cuando se establece una pequeña tensión en el filamento del tubo, las partículas cargadas (los electrones) y, originadas en el cátodo $C$, cuando pasan por la región entre las placas, sufren, según la expresión de Lorentz, ecuación (5.25), la acción deflectora de una fuerza eléctrica $F_e = eE$, que es perpendicular a la trayectoria inicial del haz. La distancia entre el centro de las placas y la mampara (el propio vidrio del tubo pintado con un material fosforescente) es $L$ ($L \gg l$) y $y$ es la desviación vertical ($\overline{OO'}$) producida en el haz.

Mientras que la componente horizontal ($v_x$) de las partículas no se altera, permaneciendo igual a la velocidad inicial $v_0$ al dejar el cátodo, la componente vertical ($v_y$), adquirida al final de la región de las placas, es dada por

$$v_y = \frac{e}{m} E \frac{l}{v_0}$$

donde $eE/m$ es la aceleración impuesta a la partícula y $l/v_0$ es el intervalo de tiempo que una partícula emplea para recorrer la región entre las placas.

[5] Al parecer, algunas evidencias en ese sentido también fueron obtenidas por Goldstein

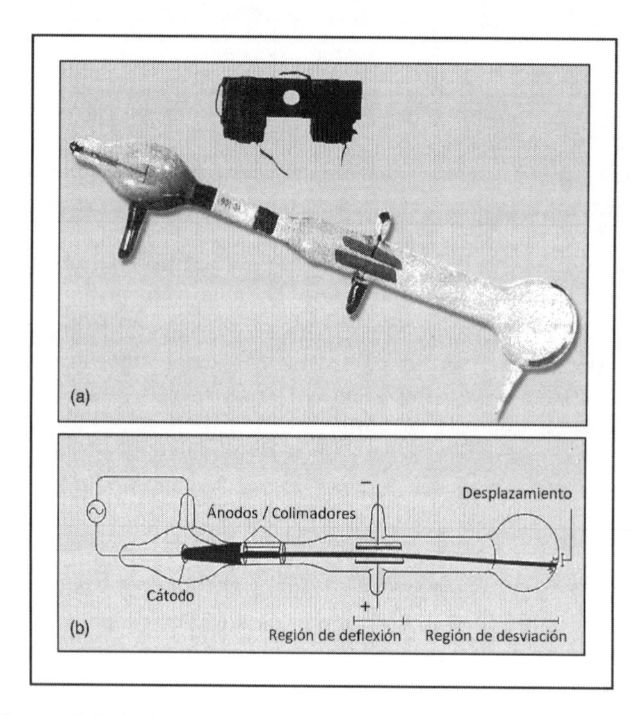


**Figura 8.6:** Tubo de rayos catódicos original de J.J. Thomson.

Así, la pequeña desviación $\theta$ que sufre el haz resulta dada por (Figura 8.7)

$$\operatorname{tg}\theta = \frac{v_y}{v_x} = \frac{e}{m}E\,\frac{l}{v_0^2} \simeq \theta \simeq \frac{y}{L} \tag{8.1}$$

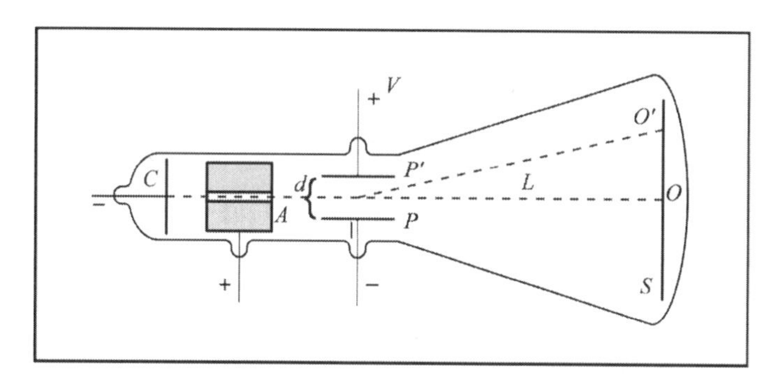


**Figura 8.7:** Deflexión del haz de rayos catódicos.

Para poder medir la razón $e/m$, Thomson precisaba conocer la velocidad inicial, $v_0 = v_x$, cantidad muy difícil de medir directamente. Para ello, él hizo una medición separada, en la que, además del campo eléctrico ($\vec{E}$) entre las placas, le aplicaba un campo magnético ($\vec{B}$), generado por bobinas de Helmholtz,[6] siendo este perpendicular tanto a la dirección de la velocidad inicial de las partículas como a la del campo eléctrico (Figura 8.8). Toda vez que la partícula cargada en movimiento interactúa con el campo magnético y con eléctrico de acuerdo con la fuerza de Lorentz,[7]

$$\vec{F} = -e(\vec{E} + \vec{v} \times \vec{B})$$

él podía ajustar convenientemente el campo magnético para anular la desviación del haz, condición que

[6] Las bobinas de Helmholtz constituyen un arreglo de dos grandes bobinas paralelas, tal que el campo magnético entre ellas sea prácticamente uniforme.

[7] Thomson utilizó el llamado sistema electromagnético de unidades, en el cual la expresión de la fuerza de Lorentz es idéntica al SI, pero con el campo magnético medido en gauss y el eléctrico en abvolt/cm.

se satisface si $|\vec{F}| = 0$, o sea,

$$E = v_0 B \iff v_0 = \frac{E}{B}$$

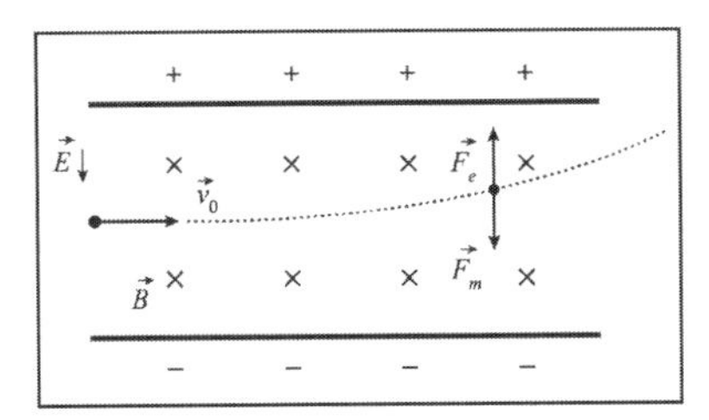


**Figura 8.8:** Deflexión de una partícula negativamente cargada en una región en la que hay un campo eléctrico entre las placas y un campo magnético perpendicular al plano, indicado por (×).

De este modo, la desviación del haz, ecuación (8.1), se puede expresar como

$$\theta \simeq \frac{y}{L} = \left(\frac{e}{m}\right) \underbrace{\left(\frac{lB^2}{E}\right)}_{\xi} \tag{8.2}$$

Considerando que $\theta$ es una función lineal de $\xi$, cuyo valor depende sólo de magnitudes conocidas, la razón $e/m$ puede ser determinada a partir de un ajuste lineal de tipo $\theta = a\xi$. Utilizando los datos de la Tabla 8.1, Thomson fue capaz de determinar el valor da razón $e/m$ para el electrón, encontrando[8]

$$\frac{e}{m} = (0{,}73 \pm 0{,}14) \times 10^7 \text{ abcoulomb/g} \tag{8.3}$$

**Tabela 8.1:** Valores utilizados por Thomson, respectivamente, para el campo magnético de las bobinas de Helmholtz, el campo eléctrico entre las placas deflectoras, y la desviación angular del haz. Los valores de la tabla corresponden a la longitud de L = 5 cm

| *B* (gauss) | *E* (abvolt/cm) | *θ* (rad) |
|---|---|---|
| 5,0 | 1,8 × 10¹⁰ | 6/110 |
| 3,6 | 1,0 × 10¹⁰ | 7/110 |
| 5,5 | 1,5 × 10¹⁰ | 8/110 |
| 6,3 | 1,5 × 10¹⁰ | 9/110 |
| 5,4 | 1,5 × 10¹⁰ | 9,5/110 |
| 6,9 | 1,5 × 10¹⁰ | 11/110 |
| 6,6 | 1,5 × 10¹⁰ | 13/110 |

El valor obtenido por Thomson para la razón $e/m$ es menor que el conjunto de valores medidos en los años siguientes por otros investigadores con otras técnicas, como muestra la Tabla 8.2, aunque son todos del mismo orden de magnitud del valor esperado actual

$$\frac{e}{m} = (1{,}75881962 \pm 0{,}00000053) \times 10^8 \text{ coulomb}/g$$

El ajuste lineal de los datos de Thomson (Figura 8.9) muestra que su resultado, desde un punto de vista estadístico, no es compatible al nivel de $2\sigma$ con el valor de referencia actual.[9]

[8] La unidad de carga del sistema electromagnético (uem), o abcoulomb, es igual a 10 coulomb. Por tanto, el valor de la razón $e/m$ encontrado por Thomson en el SI es $7{,}3 \times 10^{10}$ C/kg.

[9] La compatibilidad de dos resultados $r_1 \pm \sigma_1$ y $r_2 \pm \sigma_2$ es establecida por la comparación de la discrepancia ($|r_1 - r_2|$)

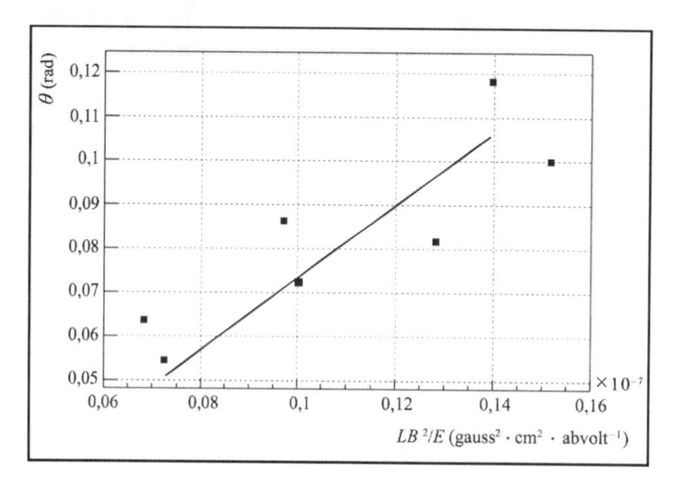


**Figura 8.9:** Ajuste lineal de los datos de Thomson.

Esto, sin embargo, no quita en absoluto mérito a la hipótesis de la existencia del electrón y de la medición pionera de Thomson. Así, fue utilizando un tubo de rayos catódicos que Thomson, en 1897, logró establecer el carácter corpuscular de los rayos catódicos, o sea, la existencia de la primera partícula elemental del actual Modelo Estándar (Capítulo 17), el *electrón*, y determinar la razón $(e/m)$ entre su carga $(e)$ y su masa $(m)$, cuyo valor ya había sido estimado por Zeeman (Sección 7.2.2). Transcurridos más de 100 años todavía no se ha observado estructura alguna para el electrón y tampoco se sabe el origen de su masa y de su carga (Sección 8.1.7).

**Tabela 8.2:** Valores de e/m para el electrón, obtenidos en diversos experimentos en el período de 1904-1937

| Fuente de electrones | $\frac{e}{m}$ (uem/g) | Referencia |
|---|---|---|
| Óxidos alcalinotérreos | $1{,}48\times 10^7$ | [Wehnelt, A., 1904] |
| Rayos catódicos | $1{,}763\times 10^7$ | [Bucherer, A.H., 1908] |
| Rayos catódicos | $1{,}775\times 10^7$ | [Classen, J., 1908] |
| CaO calentado | $1{,}773\times 10^7$ | [Classen, J., 1908] |
| Luz ultravioleta | $1{,}756\times 10^7$ | [Alberti, E., 1912] |
| Corrientes termoiónicas | $1{,}76\times 10^7$ | [Dushman, S., 1914] |
| Rayos catódicos | $1{,}768\times 10^7$ | [Bush, H., 1922] |
| Efecto Zeeman | $1{,}761\times 10^7$ | [Babcock, H.D., 1923] |
| Espectroscopía H y He | $1{,}7606\times 10^7$ | [Houston, W.V., 1927] |
| Rayos β | $1{,}761\times 10^7$ | [Perry, C.T., & Chaffee, E.L., 1930] |
| Rayos β | $1{,}759\times 10^7$ | [Kirchner, F., 1932] |
| Filamentos | $1{,}7584\times 10^7$ | [Dunnington, F.G., 1937] |

Como ya se ha citado, Thomson pudo constatar que la razón $e/m$ para los rayos catódicos era aproximadamente 1 836 veces mayor que la misma razón para el hidrógeno ionizado.Teniendo en cuenta los valores de los campos magnéticos y eléctricos, la velocidad de los electrones sería del orden de $0{,}25\,c$, o sea, cerca de $1/4$ de la velocidad $(c)$ de la luz en el vacío; lo que muestra que los constituyentes de los rayos catódicos podían adquirir velocidades mayores de la adquirida hasta entonces por cualquier otro cuerpo.

con la composición $(\sigma = \sqrt{\sigma_1^2 + \sigma_2^2})$ de los errores de cada resultado. Dos resultados son compatibles al nivel de $2\sigma$, si

$$|r_1 - r_2| < 2\sigma$$

En este caso,

$$\left(\frac{e}{m}\right)_{\rm Th} - \left(\frac{e}{m}\right)_{\rm ref} > 2 \times\ 0{,}14 \times 10^7\ \text{abcoulomb/g}$$

El establecimiento del electrón como constituyente subatómico llevó al propio Thomson a proponer un modelo para el átomo. Toda vez que los átomos como un todo son eléctricamente neutros, admitir que los electrones son constituyentes atómicos implicaba suponer que el átomo tendría también alguna "cosa" que tuviera carga positiva. De ese raciocinio nació el modelo atómico de Thomson, como se verá en el Capítulo 11.

**Figura 8.10:** Electrón, partícula elemental centenaria.

Además de Zeeman y Thomson, el alemán Walter Kaufmann también determinó la razón $e/m$ para los rayos catódicos, pero no los identificó como un haz de partículas. Sin embargo, a partir de 1901, cuando se pasó a hacer uso de rayos $\beta$ provenientes de decaimiento de sales de radio, Kaufmann observó variaciones en la razóna de $e/m$, con relación a los valores obtenidos utilizando las expresiones clásicas.

Mientras para los rayos catódicos $v/c \sim 0{,}3$, para los rayos $\beta$, $v/c \sim 0{,}9$. Con ese valor, de acuerdo con la electrodinámica relativista de Einstein, el movimiento de una partícula de masa $m$ que incide con velocidad $v_0$ en una dirección $x$ perpendicular a un campo eléctrico uniforme $E$ en la dirección $y$ es gobernado por

$$\begin{cases} p_x = \gamma(v) m v_0 \\ p_y = eEt \end{cases}$$

Después de recorrer una distancia $l$, en la dirección $x$,

$$\frac{p_y}{p_x} = \frac{eEl}{\gamma m v_0^2}$$

la deflexión vertical $(y)$ observada en una pantalla a una distancia $L$, en vez de expresada por la ecuación (8.2), está dada por

$$\frac{y}{L} = \left(\frac{e}{m}\right)\frac{1}{\gamma}\left(\frac{lB^2}{E}\right)$$

siendo $B$ el módulo del campo magnético.

En 1908, tres años después de la publicación de la Teoría de la Relatividad de Einstein, el también alemán Alfred Heinrich Bucherer afirmó que los mejores ajustes para los datos de $e/m$ requerían tener en cuenta el factor de Lorentz $\gamma(v) = 1/\sqrt{1 - v^2/c^2}$, en la ecuación anterior.

El tipo de experimento descrito en esta sección no permitió conocer los valores de la carga *(e)* y de la masa *(m)* del electrón independientemente, sino sólo la razón entre estas magnitudes. El motivo de fondo es que teóricamente, en última instancia, se igualó la fuerza de inercia a la fuerza eléctrica que actúa sobre la partícula. Se suma a esto el hecho de no tener, hasta el presente, ningún modelo o teoría capaz de atribuir un origen electromagnético a las masas, aunque, en el pasado, eso haya sido intentado

(Sección 8.1.7). En este caso se tendría una masa eletrónica $m = m(e)$ y se podría utilizar el resultado de Thomson para determinar el valor de la carga eléctrica y, así, de la masa. Medir separadamente el valor de $e$ sólo fue conseguido en experimentos diferentes realizados por John Sealy Townsend, Harald Albert Wilson y Thomson en 1900 y por Millikan en los años de 1909 a 1911.

### 8.1.3 La gota esquiva de Wilson

Los iones en un gas no se distribuyen uniformemente, sino por un proceso de difusión. Aplicando una tensión (de saturación) a través de un gas, es posible dirigir todos los iones hacia uno u otro electrodo. La carga total depositada en cada electrodo es igual al número de iones de un cierto tipo multiplicado por la carga iónica. Siendo así, cualquier modo de medir la carga eléctrica de un ion en un gas dependería de que se encuentre una forma de medir el número de iones en un medio gaseoso.

Una contribución importante en ese sentido fue dada por el escocés Charles Thomson Rees Wilson, que descubrió que los iones pueden servir de núcleos para la condensación de vapor de agua supersaturado.

De hecho, la condensación ocurre en torno a los iones negativos cuando la presión del vapor de agua alcanza cuatro veces el valor de saturación y, alrededor de los positivos, cuando alcanza seis veces ese valor. Con base en ese principio, Wilson construyó su *cámara de niebla*, importante instrumento en la investigación de la radiación y de las partículas elementales.

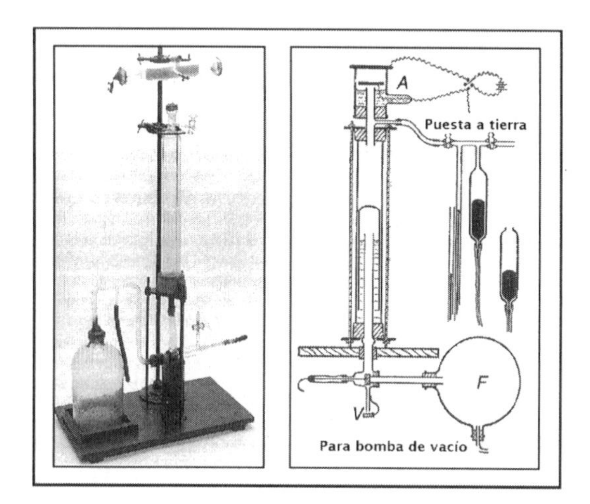


**Figura 8.11:** Primera cámara de niebla de Wilson.

En la Figura 8.11 se ven la foto y el esquema de su primera cámara rudimentaria, mientras que la Figura 8.12 muestra la foto y el esquema de una cámara posterior.

Su dispositivo fue mejorado en 1911. En él, el gas (que puede ser aire o una mezcla de argón ($Ar$) con alcohol etílico, $C_2H_5OH$ o $C_2H_6O$), saturado con vapor, sufre una expansión adiabática a través del movimiento rápido de un pistón y su temperatura és disminuida. El efecto del enfriamiento es mayor que el efecto de la expansión volumétrica y el gas queda supersaturado con vapor de agua. Si, en ese instante, un rayo ionizante cualquiera penetra en la cámara, los iones formados sirven para nuclear puntos de condensación del vapor y la trayectoria del rayo aparece, entonces, como un trazo de gotitas brillantes de agua en el vapor, cuando la cámara se ilumina lateralmente, de forma adecuada. Mediante una máquina fotográfica, colocada encima de la cámara de niebla, se puede registrar el rastro de la ionización, dejado por la radiación o por la partícula ionizante. La figura 8.13 muestra una de esas fotografías, hecha por el propio Wilson.

Esta técnica de registrar trazas de partículas fue mejorada con la invención de la cámara de burbujas, en 1952, por el físico norteamericano Donald Glaser. La diferencia esencial entre ellas es que la segunda se llena con un líquido (no con un gas, como la primera), en el que el paso de partículas cargadas, a grandes velocidades, bajo condiciones controladas de presión de la cámara, produce un rastro de minúsculas

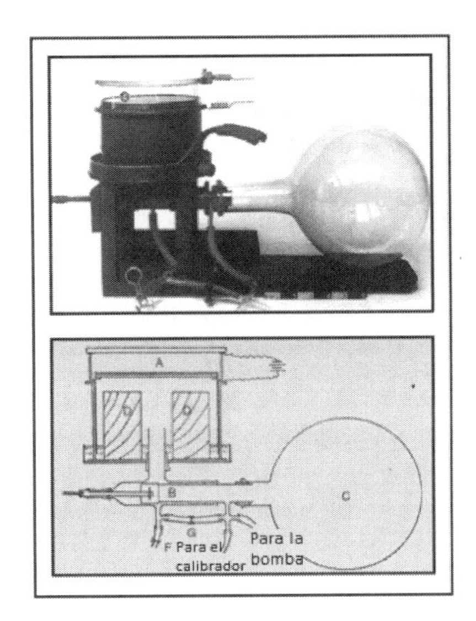


**Figura 8.12:** Cámara de niebla de Wilson.

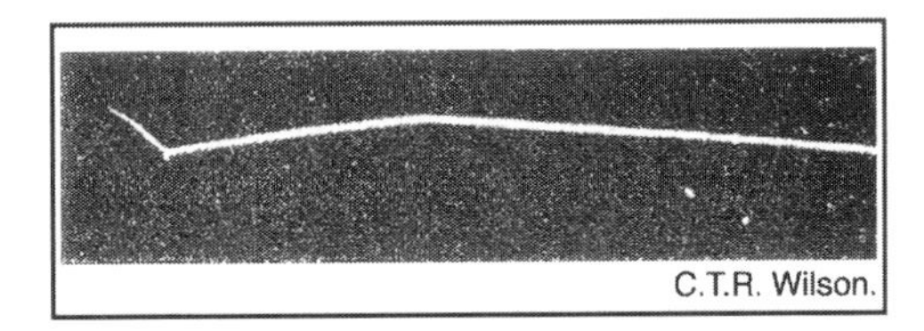


**Figura 8.13:** Rastro de la ionización provocada por el paso de una partícula cargada en una cámara de niebla de Wilson.

burbujas, que puede ser fotografiado. Otra ventaja práctica de este nuevo dispositivo es en cuanto al tiempo necesario para poder utilizarlo de nuevo: mientras que en la cámara de niebla ese tiempo puede ser de unos minutos, en la cámara de burbujas es de apenas un segundo

Las ideas y la cámara de Wilson fueron empleadas por primera vez en 1898 para determinar el valor de la carga eléctrica por J.J. Thomson (Figura 8.14) y por Harald Albert Wilson, en 1903.

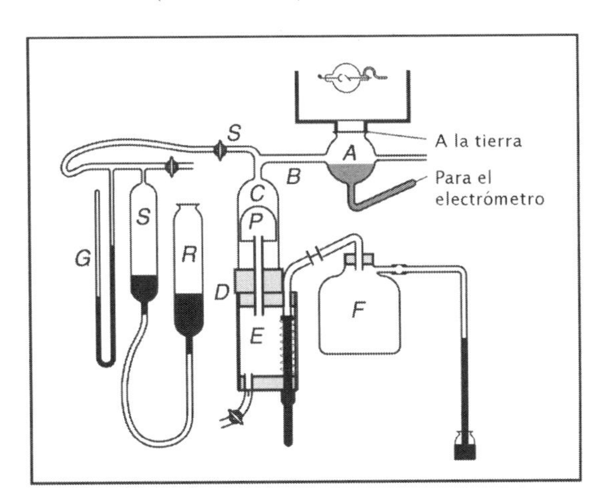


**Figura 8.14:** Aparato experimental de Thomson para medir la carga eléctrica.

Sin embargo, ambos experimentos estaban sujetos a un problema sistemático serio. El problema es que el gas, después de la expansión, empieza a calentarse por conducción e irradiación del recinto, y, consecuentemente, el espacio alrededor de las gotas deja de estar saturado. Así, las gotas comienzan a evaporarse y sus masas disminuyen sensiblemente durante la experiencia.

Encontrar un medio de tener una gota más estable fue el desafío vencido por Millikan. En ese sentido, los experimentos de Millikan tienen sus orígenes en las investigaciones realizadas en el laboratorio Cavendish.

### 8.1.4 Los experimentos de Millikan

La demostración sin ambigüedades de la naturaleza discreta de las cargas eléctricas y las primeras determinaciones fiables del valor de la carga del electrón mediante la medición de las cargas de partículas aisladas fueron realizadas por Millikan a partir de 1909.

De la experiencia de la electrólisis de Faraday ya se sabe que, si existen los *quanta* de electricidad, el valor de su carga es extremadamente pequeño:

$$e = \frac{96520}{N_A} \simeq 1{,}602 \times 10^{-19}\ \mathrm{C} \tag{8.4}$$

Por lo tanto, desde el punto de vista experimental, era necesario idear un experimento que envolviera pequeños cuerpos cargados, cuyas cargas totales no fueran muy grandes y que, con el mismo aparato, se pudiera calcular la masa del electrón. La figura 8.15 muestra el montaje del aparato de Millikan en su laboratorio.

**Figura 8.15:** Detalle de laboratorio de Millikan.

El método experimental utilizado por Millikan satisface estos puntos y consiste en la determinación directa de la carga de pequeñas gotas de aceite y de otras sustancias que se mueven en un cierto medio. La figura 8.16 muestra el esquema de su aparato experimental. El detalle de la cámara puede ser visto en la Figura 8.17.

Después de rociar gotitas de aceite en la región comprendida entre las dos placas de un capacitor, inicialmente descargado (ausencia de campo eléctrico), las fuerzas que actúan sobre una gota de aceite de masa $m$, radio $a$ y densidad $\rho$, en un medio (aire) de densidad $\rho_{\mathrm{ar}}$, son (Figura 8.18)

- peso de la gota: $mg = \rho V g$
  siendo $g$ la aceleración de la gravedad y $V = 4/3\,\pi a^3$ el volumen de la gota;
- fuerza de la fricción viscosa: $bv$
  proporcional a la velocidad ($v$) de la gota, en la cual, siguiendo la ley de Stokes, $b = 6\pi\eta a$, y $\eta$ es la viscosidad del medio;
- fuerza de empuje: $\rho_{\mathrm{ar}} V g$.

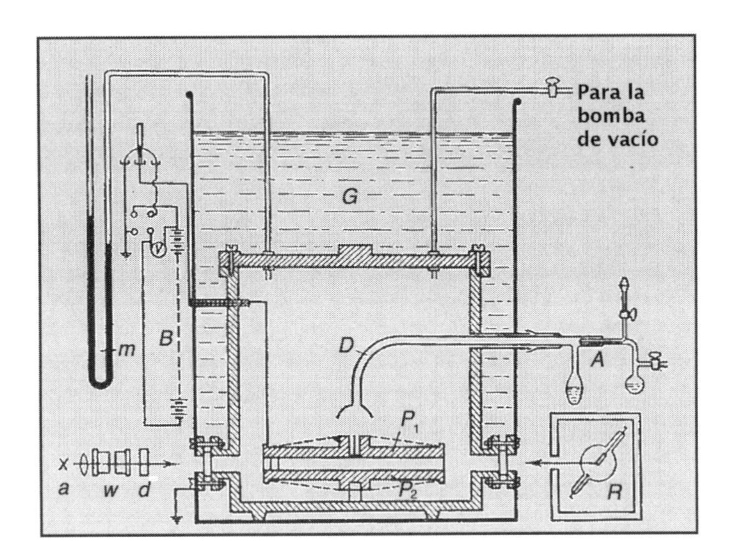


**Figura 8.16:** Esquema del aparato experimental utilizado por Millikan: (a) = fuente de luz; (w) y (d) = filtros capaces de absorber los rayos térmicos; (P1) y (P2) son las placas del condensador; (AD) es el pulverizador para la obtención de las gotitas de aceite; (G) es un recipiente de aceite (termostato); (B) = batería; (m)=manómetro y (R)=tubo de rayos X.

**Figura 8.17:** Detalle del aparato experimental utilizado por Millikan.

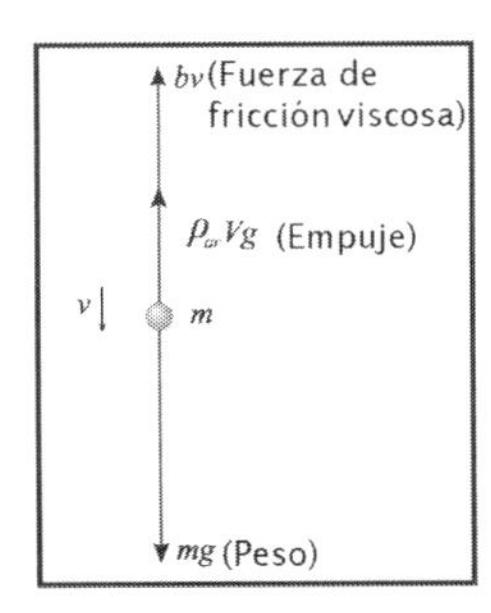


**Figura 8.18:** Fuerzas que actúan sobre una gota de aceite que cae en un medio de viscosidad $\eta$ y densidad $\rho$.

Así, la resultante $R$ de las fuerzas que actúan sobre la gota de aceite está dada por (Figura 8.18)

$$R = \frac{4\pi}{3}a^3\rho g - \frac{4\pi}{3}a^3\rho_{\text{ar}}g - bv = \frac{4\pi}{3}a^3(\rho - \rho_{\text{ar}})g - 6\pi\eta a v$$

Como la intensidad de la fuerza de resistencia viscosa aumenta linealmente con la velocidad, existirá un valor de esa fuerza para el cual la resultante y la aceleración se anulan. A partir de ese instante se moverá con una velocidad constante, $v_g$, llamada velocidad terminal, que satisface la expresión

$$6\pi\eta v_g = \frac{4\pi}{3}a^2(\rho - \rho_{\text{ar}})g \tag{8.5}$$

De la ecuación anterior, se puede fácilmente obtener una expresión para el radio de la gota en función de la velocidad terminal, como

$$a = \frac{3}{\sqrt{2}}\left[\frac{\eta v_g}{(\rho - \rho_{\text{ar}})g}\right]^{\frac{1}{2}} \tag{8.6}$$

Determinando el valor de $v_g$, la ecuación (8.6) permite calcular el radio $a$; luego de $m = \frac{4}{3}\pi a^3\rho_{\text{ar}}$ y, finalmente, el valor de la carga $q$ de la gota. Anticipando el resultado de este experimento, después de un número enorme de observaciones, Millikan observó que las cargas ($q$) de las gotas eran siempre un múltiplo entero ($n$) de un cierto valor:

$$q \simeq n \times 1{,}602 \times 10^{-19}\ \text{C}$$

Él interpretó esto como la cuantificación de la carga eléctrica, esto es, toda carga eléctrica que se mide en la naturaleza es un múltiplo entero de una carga fundamental.

$$e = 1{,}602 \times 10^{-19}\ \text{C}$$

que puede ser identificada como la carga del electrón. Se destaca ahora, con más detalle, el ingenio de Millikan para llegar a ese resultado.

Teóricamente, el valor de $v_g$ de una cierta gota es siempre el mismo, desde que se pueda garantizar que el líquido que la constituye no se evapore. Por eso es conveniente la elección de un aceite que se evapore muy poco, posibilitando la utilización de una misma gota para varias observaciones. De este modo, su masa será siempre la misma, permitiendo un número mucho mayor de mediciones.

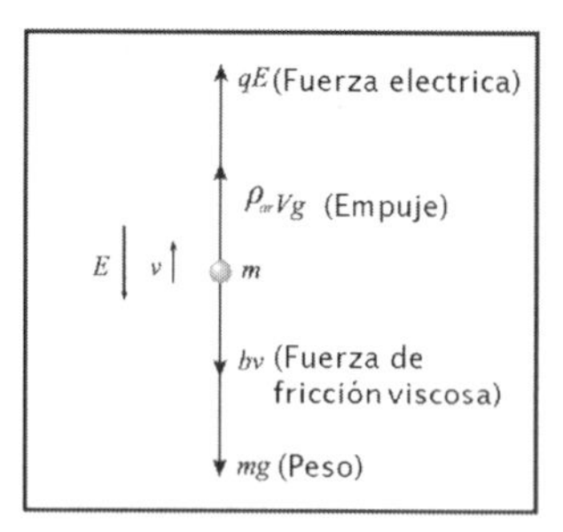


**Figura 8.19:** Fuerzas que actúan sobre una gota de aceite cargada, en un medio viscoso, bajo la acción de un campo eléctrico.

Cuando las gotículas cargadas son forzadas a subir por la acción de un campo eléctrico externo $E$, la resultante ($R$) de las fuerzas sobre cada una de ellas es dada por (Figura 8.19)

$$R = qE - \frac{4\pi}{3}a^3(\rho - \rho_{\text{ar}})g - 6\pi\eta a v$$

Teniedo en cuenta la ecuación (8.5), se obtiene

$$R = qE - 6\pi\eta a(v + v_g)$$

En ese caso, la velocidad terminal de subida, $v_E$, alcanzada cuando la resultante es nula, es dada por

$$q = \underbrace{\frac{6\pi\eta a}{E}}_{\text{(I)}} \times \underbrace{(v_g + v_E)}_{\text{(II)}}$$

El término (I) es obtenido una vez, en ausencia del campo eléctrico, mientras que el término (II) es medido varias veces, en presencia del campo.

Sustituyendo el valor de $a$, dado por la ecuación (8.6), en la ecuación anterior, se obtiene[10]

$$\boxed{q = \frac{9\pi\sqrt{2}}{E} \frac{\eta^{3/2} v_g^{1/2}}{(\rho - \rho_{\text{ar}})^{1/2} g^{1/2}} (v_g + v_E)} \tag{8.7}$$

La cuantización de la carga parecía ser verdad excepto para gotas muy pequeñas, para las cuales $q$ parecía decrecer rápidamente con la disminución del radio $a$

Millikan explicó este hecho haciendo notar que la expresión de la ley de Stokes para la fricción viscosa no era válida para gotículas muy pequeñas. De hecho, son dos las hipótesis básicas implícitas en la forma usual de esta ley: los cuerpos en movimiento tienen una forma esférica y el medio donde se mueven es continuo. Ahora bien, cuando la dimensión de la gota es comparable al camino libre medio ($l$) de las moléculas del medio en el que la gota se mueve, esta segunda hipótesis deja de ser válida. Por tanto, la razón $l/a$ expresa el límite de la validez de la ley de Stokes: si $l/a << 1$, la ley de Stokes es aplicable, en caso contrario, se debe encontrar una alternativa. Una expresión empírica, sugerida por Millikan, que tiene en cuenta este efecto es

$$F = \frac{6\pi\eta a v_g}{1 + Al/a}$$

en la cual $A$ es una nueva constante. Note que, cuando $Al/a \to 0$, se vuelve a la fórmula usual de Stokes.

Millikan encontró un modo ingenioso de obtener el valor de las cargas con la fórmula modificada de la ley de Stokes sin conocer esa constante. Con esta corrección, en lugar de la ecuación (8.7), se tiene

$$\boxed{q_S = \frac{9\pi\sqrt{2}}{E} \frac{\eta^{3/2} v_g^{1/2}}{(\rho - \rho_{\text{ar}})^{1/2} g^{1/2}} \frac{v_g + v_E}{(1 + Al/a)^{3/2}}} \tag{8.8}$$

Expresando esa ecuación en función de $q$, el valor de la carga sin la corrección de la ley de Stokes, se puede escribir

$$\frac{q_S}{q} = (1 + Al/a)^{-3/2} \qquad \Longrightarrow \qquad q_S^{2/3}(1 + Al/a) = q^{2/3}$$

Siendo el camino libre medio $l$ inversamente proporcional a la presión del gas, $P$, es posible todavía escribir

$$q^{2/3} = q_S^{2/3}\left(1 + \frac{B}{aP}\right) \tag{8.9}$$

en donde $B$ es otra constante.

La ecuación (8.9) muestra que hay una relación lineal entre $q^{2/3}$ y $(aP)^{-1}$ (Figura 8.20). De este modo, a partir de un ajuste lineal, variando $P$, se determina, para cada caso, el valor aparente de la carga $q$ (sin la corrección de Stokes). Como, en realidad, el término $B/(aP)$ es un término de la corrección, se puede tomar para $a$ el valor de la ecuación (8.6) sin la corrección a la fórmula de Stokes.

[10] Tenga en cuenta que esta expresión *no* significa que la carga eléctrica depende de la aceleración de la gravedad local. De hecho, como se ha visto, ella proviene del término (I) utilizado para calcular por una sola vez el radio de la gota. Cualquier variación en el valor de $g$ será numéricamente compensada por variaciones del término $v_g + v_E$. De otro modo, se tendría $q = q(g)$, de hecho no observado experimentalmente.

**Tabela 8.3:** Valores del radio de las gotas obtenidos con $a$ en cm, la presión en cm de Hg y la carga en statC

| 1/rP | 22,5 | 40,85 | 44,88 | 45,92 | 46,85 | 48,11 | 48,44 | 49,52 | 51,73 | 54,09 | 55,52 | 56,15 | 59,94 | 60,78 | 61,03 | 61,33 | 61,69 | 71,74 | 74,77 | 78,40 | 85,08 | 88,70 | 89,35 |
|---|---|---|---|---|---|---|---|---|---|---|---|---|---|---|---|---|---|---|---|---|---|---|---|
| $q^{2/3}$ | 61,90 | 62,82 | 62,75 | 63,00 | 62,82 | 62,93 | 62,82 | 63,12 | 63,13 | 63,08 | 63,12 | 63,24 | 63,35 | 63,53 | 63,33 | 63,54 | 63,43 | 63,82 | 64,00 | 64,22 | 64,36 | 64,40 | 64,59 |

A partir de los datos de Millikan (Tabla 8.3), el resultado del ajuste lineal encontrado para el valor de la carga del electrón es[11]

$$e = (4{,}774 \pm 0{,}008) \times 10^{-10} \text{ statC} \tag{8.10}$$

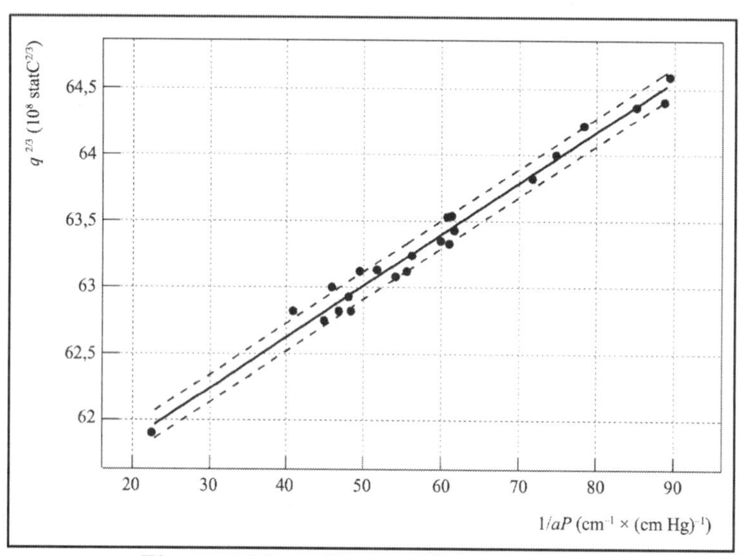


**Figura 8.20:** Gráfico de $q^{2/3}$ *versus* $1/(aP)$.

La Figura 8.20 muestra el gráfico de $q^{2/3}$ en función de $1/(aP)$. Al extrapolar la recta que ajusta los datos experimentales hasta el origen, Millikan obtuvo el valor de $q_S^{2/3}$. Esa extrapolación corresponde al límite perfecto de validez de la ley de Stokes (recuerde que $1/P \to 0$ equivale a $a \to \infty$ o todavía a $1/a \to 0$), de lo que resulta $q = q_S$.

Todavía queda por demostrar que esta carga elemental (la carga del electrón) no depende ni de la naturaleza de la materia elegida para formar las gotas, ni del tipo de gas elegido para llenar la cámara de Millikan. En este sentido, basta una rápida inspección en la Figura 8.21 – que presenta el resultado de cuatro ajustes lineales para diferentes situaciones experimentales diferentes – para concluir que este es realmente el caso.

Note que todas las rectas extrapoladas para el valor $1/P \to 0$ interceptan la ordenada en el mismo punto. Esto significa que la carga del electrón (carga mínima) no depende ni de la naturaleza de la sustancia que compone la gota, ni de la naturaleza del gas en el que está inmersa.

[11] La unidad de carga en el sistema eletrostático (ues), o statcoulomb (statC), es igual a $333{,}5641 \times 10^{-12}$ coulomb.

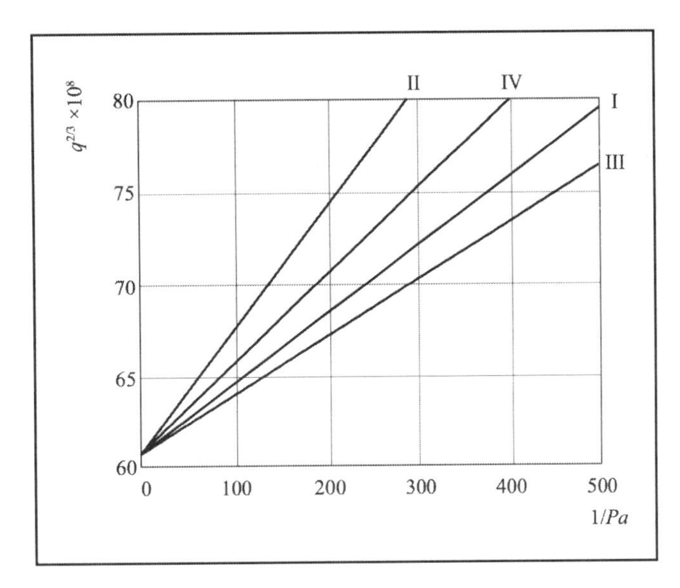


**Figura 8.21:** Curvas análogas a las de la Figura 8.20 así obtenidas: I - gotas de aceite en aire; II - gotas de aceite en hidrógeno; III - gotas de mercurio en aire; IV - partículas de cenizas en aire.

En suma, los experimentos de Millikan llevaron no sólo a la constatación de la existencia de una carga elemental en la naturaleza – la carga del electrón –, sino permitieron también la primera determinación precisa de su valor, que combinado con el resultado de la electrólisis de Faraday, lleva a una determinación también precisa del número de Avogadro. Estos hechos lo llevaron a afirmar que

> *[La carga eléctrica] ha sido vista cada vez más, no sólo como la más fundamental de las constantes físicas o químicas, sino también como de la más suprema importancia en la solución de problemas numéricos de la Física Moderna.*

Algunos de los primeros valores medidos para la carga eléctrica están resumidos en la Tabla 8.4.

**Tabela 8.4:** Medición de la carga del electrón especificando la técnica experimental

| Método | *e* (statC) | Referencia |
|---|---|---|
| Medida de carga de partículas α | $4{,}65 \times 10^{-10}$ | [Rutheford & Geiger, 1908] |
| Medida de carga de partículas α | $4{,}79 \times 10^{-10}$ | [Regener, 1909] |
| Observación de gotas de agua (método original de Thomson) | $4{,}76 \times 10^{-10}$ | [Begeman, 1910] |
| Observación de gotas de aceite y mercurio | $4{,}774 \times 10^{-10}$ | [Millikan, 1911] |
| Observación de gotas de azufre | $4{,}17 \times 10^{-10}$ | [Roux, 1911] |
| movimiento browniano | $4{,}24 \times 10^{-10}$<br>$5{,}01 \times 10^{-10}$ | [Perrin, 1911]<br>[Fletcher, 1911] |
| Teoría de la radiación | $4{,}69 \times 10^{-10}$ | [Planck, 1913] |
| Mediciones de rayos X | $4{,}806 \times 10^{-10}$ | [Bearden, 1931] |

Combinando los resultados de los experimentos de Thomson y Millikan, se obtiene el siguiente valor para la masa del electrón:

$$m = \frac{(e)_{\text{Millikan}}}{(e/m)_{\text{Thomson}}} = 9{,}11 \times 10^{-31} \text{ kg}$$

Millikan dedico grande parte de su vida científica a determinar la carga del electrón. La Tabla 8.5 muestra la evolución y el perfeccionamiento de sus medidas durante poco más de dos décadas.

**Tabela 8.5:** Evolución de los valores encontrados por Millikan para la carga del electrón

| Año | *e* ($10^{-10}$ statC) |
|---|---|
| 1909 | 4,65 |
| 1910 | 4,891 |
| 1913 | 4,774 ± 0,009 |
| 1917 | 4,774 ± 0,005 |
| 1930 | 4,770 ± 0,005 |

Queda por entender, teóricamente, el origen de la cuantización de la carga eléctrica. Sólo una tentativa se mencionará aquí, vinculada a la existencia de *monopolos magnéticos*. Clásicamente, serían partículas hipotéticas que existirían de forma análoga a las partículas eléctricamente cargadas, a las que estarían asociadas una carga magnética $g$, una densidad de carga magnética $\rho_M$ y una densidad de corriente magnética $\vec{j}_M$, que tornarían a las ecuaciones de Maxwell simétricas con relación a las fuentes. Sin embargo, hasta hoy, eso no pasa de una conjetura, pues todos los experimentos realizados en el sentido de comprobar su existencia revelan que los efectos magnéticos resultan de dipolos magnéticos, aunque en cada nuevo acelerador construido, con energía mayor, se siga intentando encontrarlo.

Sin embargo, cabe resaltar un importante trabajo de Dirac, de 1931, en el que intenta encontrar una explicación teórica para la cuantización de la carga eléctrica, en el ámbito de la Física Cuántica. En este trabajo se encuentra una relación entre las cargas ($e$) y magnética ($g$) en términos de la constante de Planck $\hbar$ (Capítulo 10) y la velocidad de la luz, $c$,

$$eg = n\frac{\hbar c}{2}$$

siendo $n = 1, 2, 3, ....$ Así, la cuantización de la carga eléctrica estaría íntimamente ligada a la existencia de un monopolo magnético.

### 8.1.5 ?'Existen cargas fraccionarias?

En 1909, el físico austriaco Felix Ehrenhaft publicó un trabajo con mediciones de lo que llamó *quantum elemental de electricidad* y, además en los dos trabajos siguientes, encontró valores que parecían estar de acuerdo con los de Millikan. Sin embargo, posteriormente, en una serie de trabajos, pasó a sostener que había encontrado objetos cargados con carga eléctrica mucho menor que la del electrón.

A partir de ahí se desató una larga polémica entre Millikan y Ehrenhaft,[12] sobre la posibilidad de que existieran submúltiplos de la carga elemental del electrón. Al analizar la polémica, Gerald Holton plantea una cuestión muy interesante, desde el punto de vista de de la prática de la investigación científica experimental: *¿cuándo el resultado de una medición puede y debe ser despreciado?*

[12] Esta cuestión fue discutida también por Planck, Perrin, Einstein, Sommerfeld y otros.

**Figura 8.22:** Inexistencia de monopolos magnéticos.

El un artículo publicado en Febrero de 1910, Millikan hizo la siguiente observación:

*Dejé de lado una observación incierta y no reproducida, aparentemente sobre una gota aislada cargada, de la cual resultaría un valor de carga cerca del 30% inferior al valor final de "e".*

Aunque parezca – exceptuando Ehrenhaft – que todos concuerden que el problema haya sido fruto de un error de medida, en realidad, esa discusión expuso el tenue límite entre la aceptación y el rechazo de datos obtenidos en un experimento. Tal decisión puede ser esencial para la conclusión de una investigación científica, o incluso para el descubrimiento de un nuevo fenómeno, y depende de la metodología, de las convicciones y de la ética de los investigadores implicados.

Por otro lado, la Física de Partículas (Capítulo 17) propone la existencia de *quarks* con cargas eléctricas fraccionarias, con módulos iguales a $1/3$ o $2/3$ de la carga del electrón.

Entonces, ¿existen o no las cargas fraccionarias?

Se puede citar, como ejemplo de la búsqueda experimental de cargas fraccionarias tras la introducción del concepto de *quarks*, el artículo de 1968, de David Rank, que utiliza técnicas de espectroscopía ultravioleta y la de las gotas de aceite. Como no se observó ningún efecto, el autor concluyó que, en el caso de las gotas de aceite, la densidad de *quarks* es muy pequeña, $10^{-20}$ *quarks*/nucleón. En 1997, L. Saminadayer, D.C. Glattli, Y. Jin y B. Etienne reportaron la observación de una carga fraccionaria $e/3$.

### 8.1.6 El modelo de Drude

Tres años después del descubrimiento del electrón, el físico alemán Paul Drude propuso un modelo fenombrenológico para explicar la conducción eléctrica y la conductividad térmica de los metales, partiendo de la hipótesis de que pueden ser tratados como un gas de partículas cargadas y, así, utilizando los resultados Teoría Cinética de los Gases. Este fue el primer trabajo capaz de calcular cantidades asociadas a los sólidos macroscópicos, a partir de una concepción microscópica de la constitución de la electricidad y de la materia.

Drude consideró al metal un gas eléctricamente neutro como un todo, pero formando un "mar" de partículas libres cargadas negativa y positivamente. Otra hipótesis, más fuerte y restrictiva, fue suponer que todas las partículas cargadas de un mismo tipo tuvieran la misma velocidad media, de acuerdo con la distribución de Maxwell-Boltzmann.

En presencia de un campo eléctrico uniforme ($E$), cada partícula cargada adquiere un componente de velocidad en la dirección del campo. En el sentido del campo, para las partículas positivamente cargadas, y en el sentido opuesto al campo, en el caso de las negativas.

Según la Teoría Cinética, entre dos colisiones sucesivas con las otras partículas del metal, cada partícula de un tipo $i$ se desplaza una distancia de orden de su camino libre medio ($\ell_i$). En razón de que entre cada colisión la aceleración es constante, el valor medio de la velocidad de cada tipo de partícula de masa $m_i$ y carga $q_i$ será dado por

$$\langle v_i \rangle = \frac{1}{2}\frac{q_i}{m_i} E \, \tau_i$$

en donde $\tau_i$, denominado tiempo de relajación, es igual al intervalo de tiempo entre colisiones sucesivas.

Así, la densidad de corriente ($J$) total resulta dada por

$$J = \sum_i n_i q_i \langle v_i \rangle = \left( \sum_i \frac{n_i q_i^2 \tau_i}{2m_i} \right) E \tag{8.11}$$

siendo $n_i$ el número de partículas de tipo $i$ por unidad de volumen.

La proporcionalidad entre la densidad de corriente y el campo eléctrico, dada por la ecuación (8.11), expresa la ley de Ohm, por medio de la cual se obtiene la conductividad eléctrica ($\sigma$) del metal

$$\sigma = \sum_i \frac{n_i q_i^2 \tau_i}{2m_i} \tag{8.12}$$

El tiempo de relajación $\tau_i$ puede ser eliminado de la ecuación (8.12), expresándolo en términos del camino libre medio $\ell_i$ y de la velocidad media $\langle v_i \rangle$ de las partículas de tipo $i$, o sea,

$$\tau_i = \frac{\ell_i}{\langle v_i \rangle}$$

Por lo tanto, la contribución del modelo de Drude a la conductividad eléctrica de los metales, debido a las partículas negativas y positivas, es

$$\sigma = \sum_i \frac{n_i q_i^2 \ell_i}{2m_i \langle v_i \rangle} \tag{8.13}$$

Haciendo el mismo tipo de consideración sobre los constituyentes elementales del metal, Drude determinó su conductividad térmica, $\kappa$ – definida por la ley de Fourier, ecuación (5.20) –, encontrando

$$\kappa = \sum_i \frac{1}{3} c_i \langle v_i \rangle^2 \tau_i \tag{8.14}$$

siendo $c_i = (3/2) n_i k$ el calor específico asociado a las partículas de tipo $i$. Nuevamente eliminando $\tau_i$ y $c_i$ de la ecuación (8.14), se obtiene

$$\kappa = \sum_i \frac{k}{2} n_i \langle v_i \rangle \ell_i \tag{8.15}$$

De las ecuaciones (8.13) y (8.15), en caso de que todas las masas y las cargas de todas las partículas posean, respectivamente, las mismas magnitudes, $m_i = m$ y $q_i = e$, se obtiene la razón

$$\frac{\kappa}{\sigma} = \frac{mk\langle v \rangle^2}{e^2} \tag{8.16}$$

Según la Teoría Cinética, para un sistema de partículas en equilibrio térmico a temperatura $T$, la velocidad cuadrática media de las partículas es dada por

$$\langle v^2 \rangle = \frac{3kT}{m} \simeq \langle v \rangle^2$$

donde $k$ es la constante de Boltzmann.

Así, Drude llegó a la razón[13]

$$\frac{\kappa}{\sigma} = 3\left(\frac{k}{e}\right)^2 T \tag{8.17}$$

que es un resultado muy cercano al de la ley establecida empíricamente en 1853 por los químicos alemanes Gustav Heinrich Wiedemann y Johann Carl Rudolf Franz, hasta entonces sin una explicación teórica.

Como el resultado para la razón $\kappa/\sigma$ sólo depende de dos constantes fundamentales, además de la temperatura, eso significa que el modelo de Drude prevé que esa razón sea la misma para todos los metales. Aunque eso no sea verdad, no deja de ser una buena aproximación, en comparación con los resultados experimentales conocidos en la época.

El modelo de Drude fue, más tarde, perfeccionado por Lorentz, que partió de tres nuevas premisas:

- todas las partículas negativas móviles son, en realidad, un único tipo de electrón, común a todos los metales;
- todos los electrones son descritos por la distribución de velocidades de Maxwell en equilibrio;
- las partículas positivamente cargadas permanecen fijas en la materia.

Lorentz llegó a referirse al modelo de Drude-Lorentz como un buen comienzo para comprender las propiedades eléctricas y térmicas de un cristal. Incluso sin atenerse a los detalles del modelo y de sus problemas, lo que es importante destacar desde el punto de vista histórico es que fue un hito en la Física del Estado Sólido y amplió el horizonte de la visión corpuscular de la electricidad y de la materia. En particular, la descripción, aunque aproximada, de la *ley de Wiedemann-Franz* puede evidenciar que tanto el transporte de calor como el de electricidad en los metales implicaban desplazamientos de electrones libres en esos cuerpos. A pesar del éxito que el modelo de Drude-Lorentz tuvo, éste no fue capaz de prever, separadamente, los valores de $\kappa$ y de $\sigma$, ni de explicar, como enfatizó el propio Lorentz, en 1915, por qué el movimiento térmico de los electrones en los metales no contribuye a los calores específicos de los sólidos (Sección 10.3.2).

### 8.1.7 Primeras teorías del electrón

El primer modelo del electrón fue el de una esfera rígida con distribución de carga esfericamente simétrica, propuesto en 1902 por el físico alemán Max Abraham, y elaborado por él en un largo artículo publicado al año siguiente. Éste fue el primer paso de un debate duradero sobre la naturaleza del electrón y de sus interacciones, que dio margen a una serie de conjeturas, modelos y teorías, hasta que se desarrollara una Teoría Cuántica Relativista capaz de describir el electrón y sus interacciones con el campo electromagnético, la *Electrodinámica Cuántica*. Para ilustrar la belleza y la riqueza de este embate de ideas, se puede presentar, de manera muy general, un problema que interesó a físicos del porte de Lorentz, Max Born, Dirac y otros, además de los brasileños Mario Schenberg y José Leite Lopes: el *electrón puntiforme*.

Suponiendo, como hizo Abraham, que la carga del electrón se encuentra distribuida simétricamente en una esfera de radio a, su densidad de energía de reposo, asociada al campo electrostático en el vacío, sería dada, como se vio en la Sección 5.6.4, por la ecuación

$$u_{\text{em}} = \frac{1}{8\pi}\left(E^2\right) = \frac{1}{8\pi}\frac{e^2}{r^4} \tag{8.18}$$

En este caso, la energía total sería

$$U_{\text{em}} = \frac{4\pi}{8\pi}\int_a^\infty \left(\frac{e^2}{r^2}\right)\,\mathrm{d}r = \frac{1}{2}\frac{e^2}{a} \tag{8.19}$$

[13] El factor numérico correcto para esa razón es igual a 3/2.

Considerando que esa energía es la energía de reposo del electrón, la relación entre el radio, la masa y la carga del electrón difería apenas en un factor 1/2 de la estimación de Thomson, dada por

$$a = \frac{e^2}{2mc^2} \simeq 10^{-13} \text{ cm}$$

Incluso considerando las menores dimensiones espaciales sondeadas hasta hoy en Física de Partículas ($\simeq 10^{-18}$m), nunca hubo ninguna evidencia de que el electrón no fuera puntiforme. Ahora bien, si eso es verdad, se debe tomar el límite de $a \to 0$ en la ecuación (8.19), lo que daría una energía infinita. Por tanto, la energía de formación del electrón, o su masa (Seción 6.6.2), debería ser infinita. Es necesario, por tanto, buscar alternativas para evitar esa divergencia en la teoría clásica del electrón.

Una posibilidad sería modificar las ecuaciones de Maxwell, ya que en esta teoría el electrón es visto como algo *a priori*. De hecho, las fuentes y corrientes en las ecuaciones de Maxwell son cantidades fenombrenológicas. El primer intento de derivar la existencia de partículas elementales cargadas (en este caso, electrones) de una teoría clásica de campos fue hecha por el físico alemán Gustav Mie. Su propósito era cambiar las ecuaciones y el tensor *momentum*-energía de la Electrodinámica de Maxwell-Lorentz de tal forma que la repulsión coulombiana en el interior del electrón fuese equilibrada por otras fuerzas, también de naturaleza eléctrica, pero imperceptibles fuera de la región de la partícula.

Este tipo de enfoque fue seguido también por Max Born, que propuso una teoría no lineal, que contenía un nuevo parámetro de escala, la cual se reducía a la electrodinámica usual de Maxwell en un cierto límite, así como la dinámica galileana de una partícula libre puede ser obtenida de la dinámica relativista en el límite $v \ll c$. En otros trabajos con el físico polaco Leopold Infeld, esta nueva Electrodinámica, también construída con campos vectoriales análogamente a la de Maxwell, fue mejorada y deducida formalmente a partir de principios de simetría bastante generales, como las invariancias espacio-temporales, siendo conocida en la literatura como Eletrodinámica de Born-Infeld. Hoy en día, el interés por este tipo de teoría ha sido revivido en el ámbito de la Gravitación. Pero en ese momento, una de las preocupaciones de Born era mostrar que era posible, siguiendo el sueño de Abraham, que la masa del electrón tuviera una fuente electromagnética, así como calcular ese valor. Hecho el cálculo de la energía electrostática de esa teoría, que resulta una cantidad finita, ella fue igualada a la expresión relativista de la energía de reposo, $\epsilon_0 = mc^2$. Sin embargo, ese valor de la masa depende de la nueva constante de escala introducida en la teoría, que no es medida, sino estimada.

Otra idea interesante sobre el electrón fue propuesta en 1948 por el físico holandés Hendrikc Casimir. Antes, sin embargo, es mejor describir lo que es el *efecto Casimir*. Este efecto se refiere a una fuerza de atracción muy tenue que aparece entre dos placas planas metálicas no cargadas colocadas en el vacío, separadas por una distancia del orden de micrones. Esa fuerza, prevista por Casimir en 1948, fue verificada experimentalmente por otro físico holandés, Marcus Sparnaay, en 1958. La causa de este efecto son las fluctuaciones del vacío cuántico (Capítulo 16) del campo electromagnético entre las placas. Aprovechando esa idea, Casimir hizo la conjetura de que una fuerza de esa naturaleza podría contrabalancear la fuerza de repulsión coulombiana en el interior del electrón. Sin embargo, partiendo de un modelo muy ingenuo para lo que sería el electrón, encontró una *fuerza de Casimir* también repulsiva. En 1999, se mostró, a partir de un modelo diferente para el electrón, un poco más más realista, con otras condiciones de contorno en su superficie, que es posible obtener una fuerza de Casimir *atractiva*, sugiriendo que, tal vez, la intuición de Casimir estuviese correcta.

Sólo a manera de conclusión es preciso afirmar que incluso la solución técnica encontrada en la Electrodinámica Cuántica para resolver el problema de la autoenergía del electrón – la llamada *renormalización de la masa* – no está libre de críticas. Dirac, por ejemplo, así se refiere a este problema:

> *Podemos decir que la masa del electrón, que se coloca inicialmente en las ecuaciones, no es la misma que la masa observada. En efecto, cuando tomamos en cuenta la interacción del electrón con el campo electromagnético, la interacción cambia la masa y le da un valor diferente al del parámetro de masa original en las ecuaciones de movimiento. Ahora, ésta es una idea física bastante razonable si la variación en la masa es pequeña o, incluso no siendo pequeña, se mantiene finita. Sin embargo, es muy difícil atribuir un sentido a eso cuando la variación de la masa es infinitamente grande.*

Mas adelante, declarándose insatisfecho con la teoría, aunque la mayoría no esté, por "dejar afuera" términos infinitos de forma arbitraria, Dirac concluye su crítica de modo enfático, diciendo que *una matemática sensible implica despreciar una cantidad cuando ella resulta pequeña – no despreciarla porque ella es infinitamente grande y usted no la desea.* Se puede, por lo tanto, concluir que los orígenes de la masa y de la carga de los electrones son todavía problemas abiertos en la Física de Partículas y en la Teoría de Campos.

## 8.2 Descubrimiento de los rayos X

*Otra diferencia muy marcada entre el comportamiento de los rayos catódicos y los rayos X reside en el hecho de (...) no haber obtenido una deflexión de los rayos X por un imán, incluso con campos magnéticos muy intensos*

Wilhelm Röntgen

### 8.2.1 Una ventana indiscreta: Los rayos X

Otro descubrimiento que resultó del estudio empírico relacionado con los tubos de rayos catódicos fue el de los rayos X, por el alemán Wilhelm Röntgen, cuando los físicos comenzaron a preguntarse si los rayos catódicos se propagarían fuera de los tubos.

En 1894, Lenard, entonces asistente de Hertz, ideó el aparato mostrado esquemáticamente en la Figura 8.23, con el que estudió lo que ocurría con los rayos catódicos al propagarse en el aire, fuera del tubo

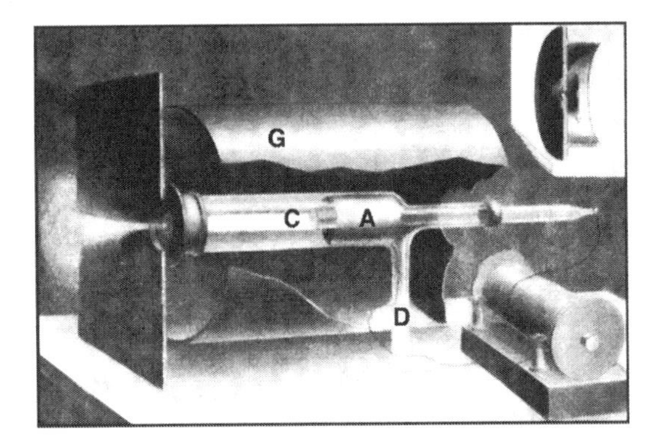


**Figura 8.23:** Esquema del aparato de Lenard que consiste en un ánodo cilíndrico de latón (A), un cátodo de aluminio con un orificio de 1,7 mm de diámetro en una lámina cuyo espesor es de 3 milésimas de milímetro (C), una salida para una bomba de vacío (D), todo envuelto en una caja metálica (G).

Con ese dispositivo, Lenard pudo observar que los rayos catódicos se propagaban hasta una distancia de unos pocos centímetros del tubo, no sólo en el aire, sino también en otros gases. Verificó también que los rayos eran capaces de impresionar placas fotográficas y de hacer fluorescentes ciertos materiales, como por ejemplo el cianuro de platino-bario($Ba\ Pt\ (CN)_4.4H_2O$), sólido cristalino que presenta tonalidades verde y amarillo según la incidencia de luz que lo ilumina.

Fue utilizando un tubo de Lenard que Röntgen se propuso estudiar, en noviembre de 1895, la fluorescencia de ciertas sustancias.[14]

[14] Algunos autores afirman que Röntgen habría utilizado inicialmente un tubo de Hittorf, destinado originalmente a estudiar el efecto calorífico de los rayos catódicos sobre láminas delgadas. Para ello, Hittorf había sustituido el cátodo plano por una superficie metálica cóncava en cuyo foco colocaba la lámina a ser examinada. El propio Röntgen, en su artículo original, cita que utilizó uno de esos tubos. Sin embargo, hay quien afirma que problemas con ese tubo habrían forzado a Röntgen a hacer uso de un tubo de Lenard. A esto se suman disputas entre esos dos científicos sobre la autoría del descubrimiento de los rayos X, lo que hace muy difícil establecer la verdad acerca de ese detalle histórico de qué equipo fue utilizado

Para eliminar efectos indeseables, Röntgen introdujo el tubo con el que iba a trabajar en una caja de papel negro, para bloquear rayos visibles y ultravioleta procedentes del tubo. De este modo, sólo los rayos catódicos pasarían por la ventana de Lenard, siendo colimados en la dirección de los objetos que contienen las sustancias fluorescentes. Con la sala completamente oscura, Röntgen observó que una cartulina cubierta por una solución de cianuro de platino-bario estaba iluminada. Sin embargo, los rayos catódicos se propagan en el aire por apenas unos pocos centímetros, y la cartulina impactada estaba localizada a mucho más que eso; cerca de 2 m.

Con el tubo aislado, ¿cuál sería el origen de la fluorescencia? Más sorprendente aún fue el hecho de que el papel no estaba en la línea del haz de rayos catódicos. ¿Qué provocaba, entonces, aquella luminiscencia? Intrigado y perplejo con su origen desconocido, Röntgen dio a esos rayos el nombre provisorio de rayos X – basado en la letra normalmente atribuida la incógnita de un problema a resolver – nombre este que pasó a ser definitivamente adoptado.

Al contrario de los rayos catódicos, los rayos X no son desviados por campos electromagnéticos; sin embargo, Röntgen verificó, más tarde, el poder de penetración de esos rayos y comprendió que su centro de irradiación en todas las direcciones es el lugar de la pared del tubo de rayos catódicos donde la fluorescencia es más fuerte. Los rayos X son, por lo tanto, producidos por los rayos catódicos al chocar con las paredes del tubo de vidrio.

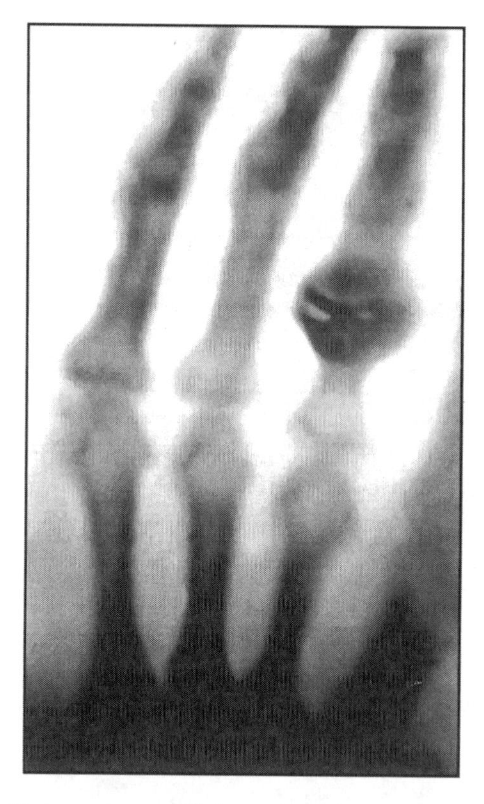

**Figura 8.24:** Primera radiografía tomada por Röntgen de la mano del profesor de anatomía, A. Kollicker.

Pasados dos años del descubrimiento de Röntgen, todavía se discutía sobre la natureza de los rayos X. Algunos físicos de prestigio, como Stokes y Thomson, habían concluido que *los rayos de Röntgen no son ondas de longitud de onda muy pequeñas, sino impulsos.*[15] Rayleigh se sorprende con esa afirmación argumentando:

> *Si las ondas cortas son inadmisibles, las ondas largas son aún más inadmisibles. ¿Qué sería, entonces, del teorema de Fourier y su aseveración de que cualquier perturbación puede ser analizada en ondas regulares?*

[15] Partículas que no serían eléctricamente cargadas.

Y, más adelante, completa su defensa de la visión ondulatoria con la frase:

> *El comportamiento peculiar de la radiación con respecto a la difracción y la refracción debe ser atribuido meramente a las longitudes de onda extremadamente pequeñas que componen [los rayos X].*

Es esa visión de Rayleigh la que se mostrará de acuerdo con un conjunto de observaciones experimentales.

Los tubos modernos de rayos X fueron desarrollados por el estadounidense Willian David Coolidge; en ellos se ha hecho alto vacío en el interior del tubo (Figura 8.25), y los electrones son emitidos por un filamento calentado ($C$), en general de tungsteno (`W`), hasta un ánodo ($A$) enfriado, normalmente de cobre (`Cu`), molibdeno (`Mo`) o tungsteno. La presión en el interior del tubo es tan baja que el gas es involucrado en la producción de rayos X.

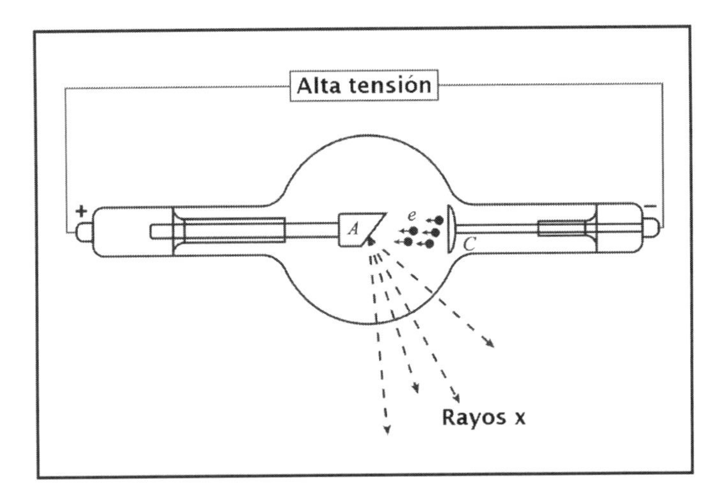


**Figura 8.25:** Esquema de un tubo moderno de rayos X, o tubo de Coolidge.

## 8.2.2 La difracción de rayos X y la ley de Bragg

Para los sentidos del hombre, los rayos X son rayos invisibles, mucho más penetrantes que los rayos catódicos, y capaces de atravesar el papel y la madera, y hasta el cuerpo humano. Ningún descubrimiento fue tan inmediatamente explorado como los rayos X. Ya alrededor de 1896, eran ampliamente utilizados para diagnósticos médicos en los principales hospitales de Europa.

Sin embargo, a pesar de que los experimentos del inglés Charles Glover Barkla, en 1905, sobre la polarización de los rayos X, indicaron que la propagación de esos rayos se daría por una perturbación transversal,[16] la concepción ondulatoria de los rayos X sólo fue reforzada en 1912, cuando Von Laue propuso el experimento de difracción de los rayos X por la estructura ordenada de materiales cristalinos,[17] realizado por los físicos experimentales alemanes, alumnos de Von Laue, Walther Friedrich y Paul Knipping.

Toda vez que los primeros experimentos con rayos X establecieron que sus longitudes de onda serían del orden de décimos de angstrom ($\sim 10^{-9}$ cm), mientras la distancia interatómica en un sólido sería del orden de 1Å ($10^{-8}$ cm), se le ocurrió a Von Laue que, si los rayos X fueran realmente ondas electromagnéticas, cuando exciten a los átomos espacialmente ordenados de un cristal, forzándolos a oscilar, la radiación dispersada resultaría de la interferencia de varias fuentes coherentes, debido al arreglo atómico regular. O sea, un cristal serviría como una red de difracción para los rayos X.

[16] Conforme a la relación entre la dirección de propagación de una onda y aquella en la que ocurre la variación de la propiedad perturbada del medio, la onda es llamada *transversal* o *longitudinal*.

[17] La gran mayoría de los elementos de la tabla periódica exhibe una estrutura cristalina, cuando son sólidos.

De manera análoga al experimento de Young, Von Laue desarrolló una teoría elemental para explicar los patrones de difracción observados y resultantes del paso de los rayos X por un arreglo periódico de átomos, como una difracción de Fraunhofer. Sin embargo, una simple analogía con la difracción por un cristal fue establecida, en 1913, por los ingleses William Henry Bragg y William Lawrence Bragg.[18]

Considere una onda electromagnética que incida sobre dos átomos ($A$ y $B$), separados por una distancia $a$, conforme a la 8.26.

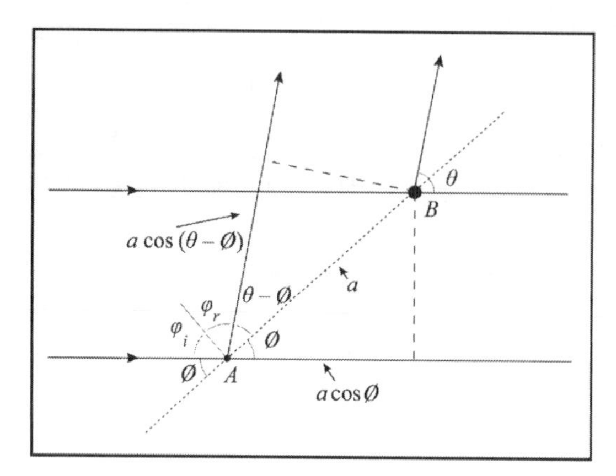


**Figura 8.26:** Interferencia de rayos X por dos átomos A y B de una red cristalina.

Al ser excitados, los átomos se vuelven emisores de radiación en todas las direcciones, tal que la diferencia de camino ($\delta_{AB}$) de las ondas originadas en $A$ y $B$, en la dirección correspondiente al ángulo $\theta$, es dada por

$$\delta_{AB} = a\cos\phi - a\cos(\theta - \phi) \tag{8.20}$$

Así, si $\theta = 2\phi$, o sea, $\delta_{AB} = 0$, habrá interferencia constructiva en cualquier mampara o detector colocado a lo largo de esa dirección.

En términos de los llamados ángulos de incidencia, $\varphi_i = \pi/2 - \phi$, y de reflexión, $\varphi_r = \pi/2 - (\theta - \phi)$, la diferencia de camino ($\delta_{AB}$) puede ser escrita como

$$\delta_{AB} = a(\operatorname{sen}\varphi_i - \operatorname{sen}\varphi_r) \tag{8.21}$$

De ese modo, la condición para la ocurrencia de los máximos de difracción para una red plana de átomos regularmente espaciados puede ser expresada por

$$\varphi_i = \varphi_r$$

o sea, la difracción de rayos X puede ser vista como la reflexión de una onda electromagnética por un plano.

Para una red tridimensional, cuyos planos atómicos están separados por una distancia $d$ (Figura 8.27), interferencias constructivas ocurren, para átomos en planos distintos, cuando la diferencia de camino sea un múltiplo de la longitud de onda ($\lambda$) de la radiación incidente, o sea,

$$\boxed{2d\operatorname{sen}\phi = n\lambda} \qquad n = 1, 2, 3, \ldots \tag{8.22}$$

Tal relación es conocida como *ley de Bragg*, y los planos relativos a $n = 1, 2, 3, \ldots$ corresponden a difracciones de primero, segundo, tercero, ..., $n$-ésimo órdenes.

Para un cristal tridimensional, los máximos de difracción ocurren sólo para ciertos ángulos de reflexión (Figura 8.28). Para $n = 1$, el ángulo es dado por $\phi_1 = \operatorname{sen}^{-1}(\lambda/2d)$, y cuanto mayor el orden de difracción, mayor el ángulo de reflexión $\phi_n = \operatorname{sen}^{-1}(n\lambda/2d)$.

[18] Lo interesante es que el padre, Henry Bragg, por haber realizado experimentos con materiales radiactivos, inicialmente, era partidario de la concepción del corpuscular de los rayos X.

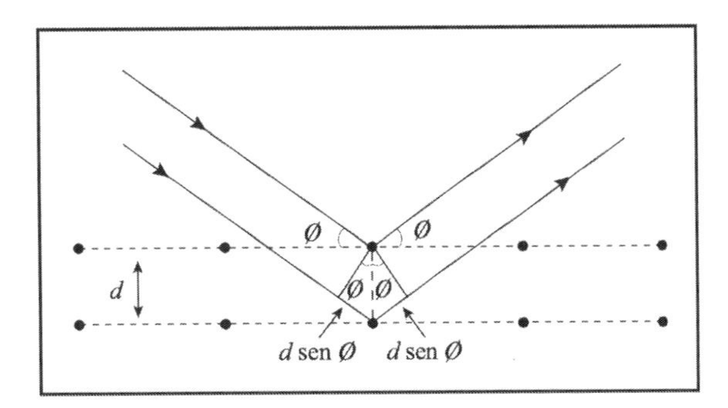


**Figura 8.27:** Difracción de rayos X por los planos de un cristal.

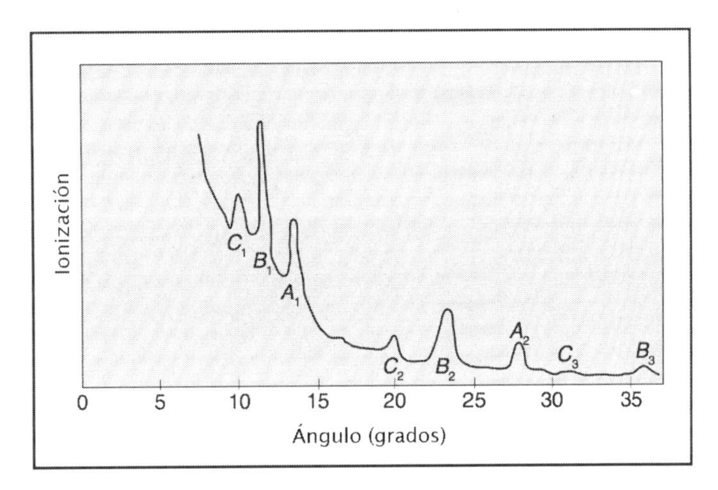


**Figura 8.28:** Primer espectro de rayos X obtenido por Bragg.

De este modo, al incidir un haz de rayos X no monocromáticos, con varias longitudes de onda, en una dirección dada, se puede imaginar el cristal como un arreglo de planos atómicos distintos (Figura 8.29).

Toda vez que la dirección del haz incidente es fijo, existen pocos planos paralelos que producen difracción intensa, correspondientes a una determinada longitud de onda. Este hecho explica el pequeño número de *spots* producidos en el experimento de von Laue, Friedrich y Knipping (Figura 8.30).

Desde el punto de vista experimental, una vez conocida la distancia entre dos planos atómicos, se puede calcular la longitud de onda de los rayos X que posibilita un máximo y viceversa, utilizando rayos X de longitudes de onda conocidos, se pueden calcular las distancias interatómicas en un cristal. Así es como las estructuras de los sólidos cristalinos fueron precisamente determinadas, en los inicios de la Física del Estado Sólido. A modo de ejemplo, se puede mostrar un esquema de la estructura de la sal (`NaCl`) conforme al diseño del final del siglo XIX.

Se sabe, a partir de las técnicas de rayos X, que los átomos de `Na` y `Cl` están alternadamente en los vértices de un cubo y la distancia entre los planos atómicos (caras del cubo) es $d = 2{,}826$ Å.

Ésta fue una importante contribución del estudio de los rayos X a la Cristalografía y a la consolidación del atomismo científico. Desde el punto de vista atomista, la materia en estado cristalino sería, como ya está visto, un arreglo regular de átomos y moléculas dispuestos en capas. Desde el punto de vista matemático, se puede mostrar que el número de formas posibles para los cristales es bastante limitado. Más precisamente, existen 32 "clases de cristales" diferentes previstas, definidas por diferentes propiedades de simetría. Si, por un lado, esto confirma la "ley de los índices racionales" descubierta por los mineralogistas, por otro, el hecho de que *todas* las 32 clases son encontradas en la naturaleza, no habiendo evidencias experimentales de la existencia de ninguna clase más, ni menos, es un punto más a favor de la realidad de los átomos.

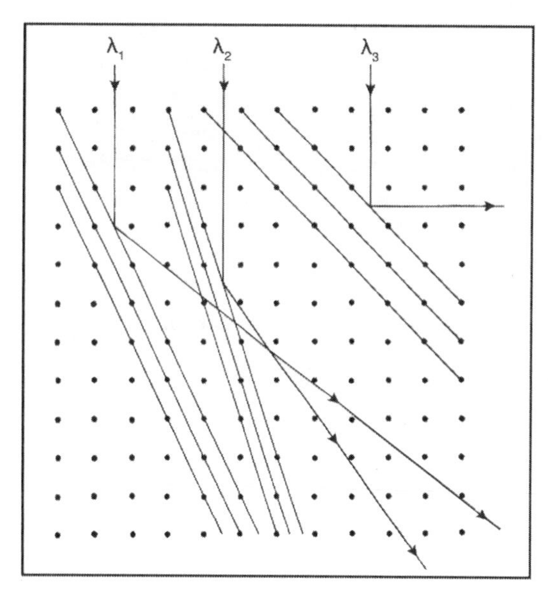


**Figura 8.29:** Difracción de rayos X de diversas longitues de onda por planos de un cristal.

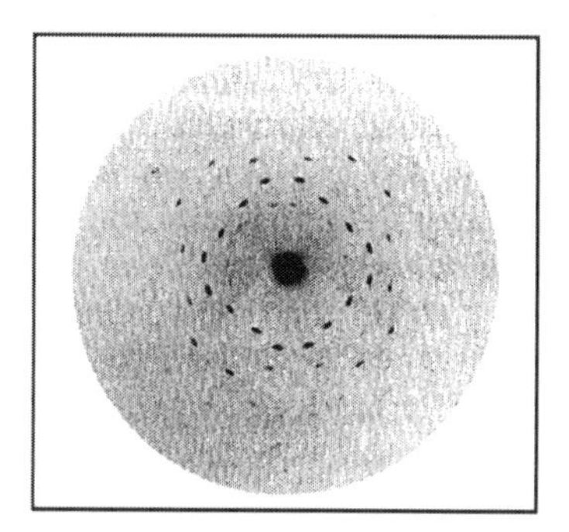

**Figura 8.30:** Típico patrón de difracción de rayos X.

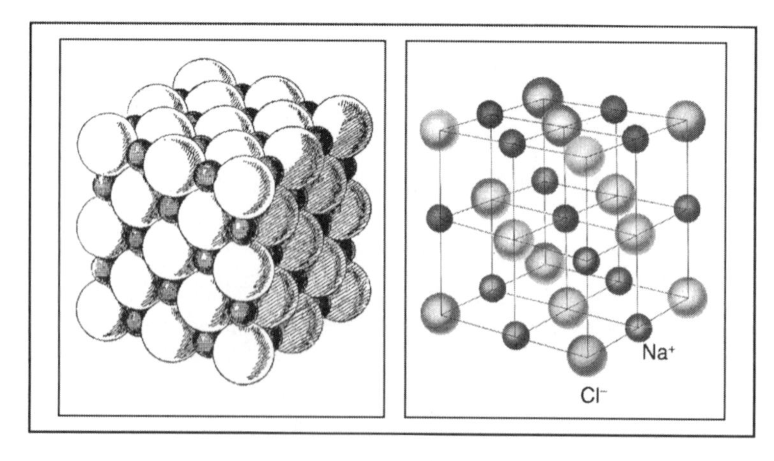


**Figura 8.31:** Esquema de un cristal de sal: a la izquierda, representación del final del siglo XIX y, a la derecha, una mas reciente.

Por otro lado, fue a partir de experimentos con rayos X que el físico estadounidense Arthur Holly Compton, en 1922, obtuvo evidencias de que la radiación electromagnética, en la interacción con la materia, se comportaba, en algunos casos, como si fuera compuesta de haces de partículas que obedecían las leyes de conservación relativistas del *momentum* y de la energía (Capítulo 10).

### 8.2.3 Medida del número de electrones

Charles Barkla, alumno de J.J. Thomson, ya había descubierto, en 1904, que los rayos X podían ser parcialmente polarizados. A partir de ese año, se dedicó a determinar experimentalmente el número de electrones de átomos ligeros, valiéndose de la dispersión de rayos X por la materia. Ya se mostró (Sección 3.3.2) que, midiendo la atenuación de un haz homogéneo después de cruzar un espesor finito $x$ del blanco, se puede determinar la sección eficaz de absorción, $\sigma$. Viceversa, si la sección eficaz fuera conocida, se puede determinar el número $n$ de partículas del blanco por unidad de volumen. Así, Barkla consideró, en 1904, la posibilidad de medir indirectamente el número de electrones de los átomos del blanco, midiendo la atenuación de los rayos X dispersados por esos electrones, siguiendo una sugerencia de Thomson. Para eso, se usa la ecuación (3.47),

$$\frac{I}{I_0} = e^{-n\sigma x} \tag{8.23}$$

El número de átomos por volumen, $n'$, es dado por

$$n' = \frac{N_A m'}{AV} = \frac{N_A}{A}\rho'$$

en donde $N_A$ es el número de Avogadro, $m'$, la masa del átomo y $\rho'$, la densidad atómica. Suponiendo todavía que cada átomo dispone de $z$ electrones libres, que serán considerados los centros dispersadores, se tiene

$$n = zn' = z\frac{N_A}{A}\rho'$$

Tomando el logaritmo de la ecuación (8.23), se obtiene

$$n = \frac{1}{\sigma x}\ln\left(\frac{I_0}{I}\right) = z\frac{N_A}{A}\rho'$$

o

$$z = \frac{A}{\sigma x N_A \rho'}\ln\left(\frac{I_0}{I}\right)$$

En ese caso, Barkla tomó para la sección eficaz $\sigma$ la fórmula de Thomson, ecuación (5.51),

$$\sigma = \frac{8\pi}{3}\left(\frac{e^2}{mc^2}\right)^2$$

obteniendo, así

$$z = \frac{3m^2c^4 A}{8\pi e^4 N_A} \times \underbrace{\frac{1}{x\rho'}\ln\left(\frac{I_0}{I}\right)}_{F}$$

Para el coeficiente $F$, Barkla encontró, excepto para el hidrógeno, el valor 0,2. Por tanto, su resultado condujo a la expresión

$$z = \left(\frac{3m^2c^4}{40\pi e^4 N_A}\right) A \tag{8.24}$$

Solamente en 1911, disponiendo de valores más precisos para todas las constantes físicas involucradas en el coeficiente de la ecuación (8.24), Barkla pudo mostrar que, para los átomos ligeros, se encuentra la siguiente relación entre el número de electrones y el número de masa $A$:

$$z \simeq \frac{1}{2}A \tag{8.25}$$

### 8.2.4 Moseley y los espectros de rayos X

Henry Moseley hizo un estudio sistemático de los espectros de rayos X en el bienio 1913-14, utilizando 38 elementos químicos diferentes como blanco. En este período observó que los espectros de líneas emitidas por estos elementos correspondían a dos tipos de series, identificadas con los tipos $K$ y $L$ de la radiación fluorescente característica previamente observada por Barkla y Charles Albert Sadler[19]

Como no había en la época un método general de análisis espectral, los tipos característicos de rayos X que un átomo dado emite cuando es debidamente excitado por una fuente externa eran, hasta entonces, descritos en términos de la absorción de esos rayos por el aluminio (`Al`). Siendo así, sobre la base del éxito de los trabajos de W.H. Bragg y W.L. Bragg ya mencionados, Moseley presenta en su trabajo, publicado en 1913, un método fotográfico, por medio del cual el análisis de los espectros de rayos X se torna tan simple como el de cualquier otra rama de la espectroscopía.

Examinando en detalle los espectros de 12 elementos con pesos atómicos entre 40 y 65, ese trabajo confirma algunas de las ideas de Rutherford y de Bohr sobre la constitución atómica de la materia (Capítulos 11 y 12).

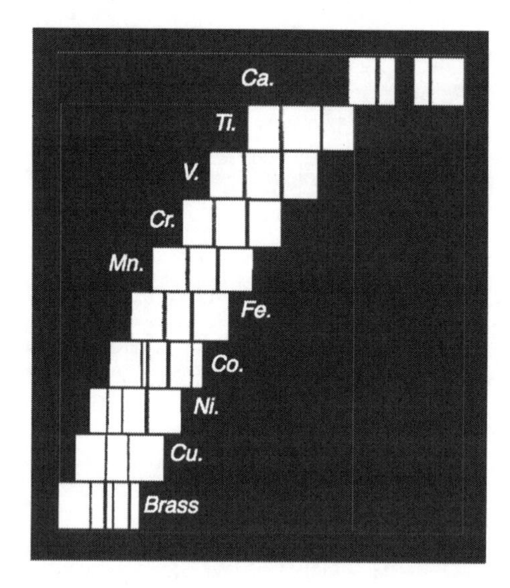


**Figura 8.32:** Espectros de rayos X de los primeros diez elementos estudiados por Moseley.

La Figura 8.32 muestra un conjunto de fotografías de las líneas de menores longitudes de onda (serie $K$) del espectro de rayos X de diez elementos elegidos de modo que formen una serie continua, con una única excepción entre el `Ca` y el `Ti`).

Las fotografías fueron ordenadas de modo que las partes que representan el mismo ángulo de reflexión de Bragg estén en la misma línea vertical. Note la extrema regularidad de esos espectros compuestos cada uno de dos líneas; cada elemento exhibe un espectro idéntico al de los demás, excepto por la escala de las longitudes de onda que se altera. Los casos en los que aparecen más de dos líneas, debidas a impurezas en las muestras, sugieren que la técnica empleada por Moseley puede constituirse en un poderoso método de análisis químico, capaz incluso de descubrir nuevos elementos, como de hecho ocurrió.

Las regularidades observadas por Moseley son tan fuertes que, aunque que no se supiera de la existencia del elemento escandio (`Sc`) entre el calcio (`Ca`) y el titanio (`Ti`), una simple inspección de la Figura 8.32 habría sugerido fuertemente su existencia.

Examinando todos esos espectros, Moseley concluyó que la raíz cuadrada de la frecuencia ($\sqrt{\nu}$) de cualquiera de las dos líneas espectrales es prácticamente proporcional al número atómico del elemento

[19] Barkla había dado a los dos primeros tipos de emisiones características, correspondiendo a longitudes de onda específicas, los nombres de serie $K$ para las emisiones más penetrantes y serie $L$ para las menos penetrantes. Más tarde, se observaron otras series de emisión.

analizado, o sea,

$$\sqrt{\nu} = k\,(Z - \sigma) \tag{8.26}$$

en donde $k$ y $\sigma$ son las constantes para una serie y $Z$ es el número atómico. Ésta es conocida como *ley de Moseley*. Ajustando los valores de $k$ y $\sigma$, la misma ecuación también es válida para a serie $L$. Aunque experimentos posteriores más precisos hayan demostrado que esa ley no es exacta, ella tuvo un papel importante en la comprensión del origen de los espectros y de la propia estructura atómica (Sección 8.2.4).

## 8.3 Fuentes primarias


**Abraham, M., 1902.** Prinzipien der Dynamik des Elektrons. *Physicalische Zeitschrift* **4**, p.57-63.

**Abraham, M., 1903.** Prinzipien der Dynamik des Elektrons. *Annalen der Physik*, Ser. 4, **10**, p. 105-179.

**Alberti, E., 1912.** Neubestimmung der spezifischen Ladung lichtelektrich ausgelöster Elektronen. *Annalen der Physik* **39**, n. 16, p. 1133-1164.

**Babcock, H.D., 1923.** A Determination of $e/m$ from Measurements of the Zeeman Effect. *Astrophysical Journal* **58**, p. 149-163.

**Barkla, C.G., 1904a.** Polarization in Röntgen Radiation. *Nature* **69**, p. 463.

**Barkla, C.G., 1904b.** Energy of Secondary Röntgen Radiation. *Philosophical Magazine* **7**, p. 543-560.

**Barkla, C.G., 1911.** Note on the Energy of Scattered X-Radiation. *Philosophical Magazine* **21**, p. 648-652.

**Bearden, J., 1931.** Absolute Wave-length of the *Cu* and *Cr* K-Series. *Physical Review* **37**, n. 10, p. 1210-1229.

**Begeman, L., 1910.** An Experimental Determination of the Charge of an Electron by the Cloud Method. *Physical Review*, Series I, n. 1, **31**, p. 41-54.

**Bragg, L., 1912.** The Diffraction of Short Electromagnetic Waves by a Crystal. *Proceedings of Cambridge Philosophical Society* **17**, p. 43-57.

**Bucherer, A.H., 1905.** Das deformierte Elektron und die Theorie des Elektromagnetismus. *Physikalische Zeitschrift* **6**, p. 833-834.

**Bucherer, A.H., 1908a.** *Verhandlungen der Deutschen physikalischen Gesellschaft* **6**, p. 688.

**Bucherer, A.H., 1908b.** Messungen an Becquerelstrahlen. Die experimentelle Bestätigung der Lorentz-Einsteinschen Theorie. *Physikalische Zeitschrift* **9**, p. 755-762.

**Bucherer, A.H., 1909.** Die experimentelle Bestatigung des Relativitatsprinzips. *Annalen der Physik* **29**, n. 3, p. 513-536.

**Busch, H., 1922.** Eine neue Methode zur $e/m$-Bestimmung. *Physikalische Zeitschrift* **23**, p. 438-439.

**Casimir, H.B.G., 1948.** On the attraction between two perfectly conducting plates. *Verhandelingen der Koninkllijke Akademie Nederlandse van Wetenschappen* **51**, p. 793-795.

**Classen, J. 1908.** "Eine Neubestimmung von $\epsilon/\mu$ für Kathodenstrahlen. *Physikalische Zeitschrift* **9**, n. 22, p. 762-765.

**Compton, A.H., 1919.** The size and the shape of the electron: I. The Scattering of High Frequency Radiation. *Physical Review* **14**, n. 1, p. 20-43 e The size and the shape of the electron: II. The Absorption of High Frequency Radiation. *Idem*, n. 3, p. 247-259.

**Coolidge, W., 1913.** A Powerful Röntgen Ray Tube with a Pure Electron Discharge. *Physical Review* **2**, n. 6, p. 409-430.

**Crookes, W., 1861.** Early Researches on the Spectra of Artificial Light from Different Sources. *Chemical News* **3**, p. 184-185; 261-263; 303-307.

**Crookes, W., 1878.** On the illumination of lines of molecular pressure and the trajectory of molecules. *Proceedings of the Royal Society of London* **28**, n. 191, p. 103-111.

**Crookes, W., 1879a.** Contributions to molecular physics in high vacua. *Proceedings of the Royal Society of London* **28**, n. 195, p. 477-482.

**Crookes, W., 1879b.** Radiant matter. *Chemical News* **40**, pp. 91-93, 104-107, 127-131.

**Crowther, J.A., 1907.** On the Secondary Röntgen Radiation from Gases and Vapour. *Philosophical Magazine* **14**, p. 653-675.

**Dirac, P.A.M., 1931.** Quantised Singularities in the Electromagnetic Field. *Proceedings of the Royal Society of London A* **133**, p. 60-71.

**Drude, P., 1900.** Zur Elektronentheorie der Metalle. *Annalen der Physik*, Ser. 4, **1**, n. 3, p. 566-613.

**Ehrenhaft, F., 1910.** Ueber eine neue Methode zur Messung von Ladung die Ladung des Elektrons erheblech unsterschriten *etc*. *Physikalische Zeitschrift* **11**, p. 619.

**Fitz, H.C.; Good, W.B.; Kassner Jr., J.L.; Ruark, A.E., 1958.** Cloud Chamber Search for Particles Ionizing Less Than an Electron. *Physical Review* **111**, n. 5, p. 1406-1416.

**Fletcher, H., 1911a.** A Contribution to the Theory of Brownian Movements with Experimental Applications". *Physical Review*, Series I, **32**, n. 2, p. 251.

**Fletcher, H., 1911b.** A Verification of the Theory of Brownian Movements and a Direct Determination of the Value of NE For Gaseous Ionization.*Physical Review*, Series I, **33**, n. 2, p. 81-110.

**Fletcher, H., 1914.** A Determination of Avogadro's Constant $N$ from Measurements of the Brownian Movements of Small Oil Drops Suspended in Air. *Physical Review* **4**, Second Series, n. 5, p. 440-453.

**Friedrich, W.; Knipping, P.; von Laue, M., 1912.** Interferenz-Erscheinungen bei Röntgenstrahlen. *Königlich bayerischen Akademie der Wissenschaften zu München, Sitzungsberichte* **42**, p. 303-322. Reproducido com notas adicionales en *Annalen der Physik*, Ser. 4, **41**, p. 971-988.

**Goldstein, E., 1888.** Über die Entladung der Elektrizität in verdünnten Gasen. *Königlisch preussischen Akademie der Wissenschaft (Berlin), Sitzungsberichte*, p. 82-124.

**Henry, J., 1832.** On the Production of Currents and Sparks of Electricity from Magnetism. *The American Journal of Science and Arts* **22**, p. 403-408.

**Houston, W.V., 1927.** A Spectroscopic Determination of $e/m$. *Physical Review* **30**, n. 5, p. 608-613.

**Hull, A.W.; Williams, N.H., 1925.** Determination of Elementary charge E from Measurements of the Shot-Effect. *Physical Review* **25**, n. 2, p. 147-173.

**Kaufmann, W.; Aschkinass, E., 1897.** Über die Deflexion der Kathodenstrahlen. *Annalen der Physik und Chemie*, Ser. 3, **62**, p. 588-595.

**Laue, M., 1913.** Röntgenstrahlinterferenzen. *Physikalische Zeitschrift* **14**, p. 1075-1079.

**Lenard, P., 1894.** Ueber Kathodenstrahlen in Gasen von atmosphärischem Druck und im äussersten Vakuum. *Annalen der Physik und Chemie*, Ser. 3, **51**, n. 2, p. 225-268.

**Lenard, P., 1900.** Erzeungung von Kathodenstrahlen durch ultraviolettes Licht. *Annalen der Physik* **2**, n. 2, p. 359-375; *Sitzungsberichte der kaiserlichen Akademie der Wissenschaft zu Wien*, S. ber., Oct. 19th, 1899.

**Lorentz, H.A., 1904-1905.** The Motion of electrons in metallic bodies, I-III. Artículos publicados en *Proceedings of Koninklijke Nederlandse Akademie van Wetenschappen te Amsterdam* **7**, p. 438-453, p. 585-593 e p. 684-691, respectivamente.

**Millikan, R.A., 1910.** A New Modification of the Cloud Method of Determining the Elementary Electrical Charge and the Most Probable Value of that Charge. *Philosophical Magazine*, S. 6, **19**, n. 110, p. 209-228.

**Millikan, R.A., 1911.** The Isolation of an Ion, a Precision Measurement of its Charge, and the Correction of Stockes's Law. *Physical Review*, Series I, **32**, n. 4, p. 349-397. Primera medida concluyente de la carga eléctrica.

**Millikan, R.A., 1913.** On the Elementary Electrical Charge and the Avogadro Constant. *Physical Review* **2**, Series 2, n. 2, p. 109-143. Primera medida precisa de la carga del electrón y la constante de Avogadro.

**Millikan, R.A., 1916a.** The Existence of a Subelectron?. *Physical Review* **8**, n. 6, p. 595-625.

**Millikan, R.A., 1916b.** Radiation and Atomic Structure. Presidential Address delivered at the New York Meeting of the Physical Society, December 27, 1916, publicado en *Physical Review* **10**, n. 2, p. 194-213 (1917).

**Millikan, R., 1917.** A New Determination of $e$, $N$ and Related Constants. *Philosophical Magazine* **34**, n. 6, p. 1-30.

**Millikan, R., 1930.** The most probable 1930 values of the electron and related constants. *Physical Review* **35**, n. 10, p. 1231-1237.

**Millikan R.A.; Fletcher, H., 1911.** The Question of Valency in Gaseous Ionization. *Physical Review*, Series I, **32**, n. 2, p. 239.

**Moseley, H.G.J. 1913.** The High-Frequency Spectra of Elements. *Philosophical Magazine* **26**, p. 1024-1034.

**Moseley, H.G.J. 1914.** The High-Frequency Spectra of Elements, Part II. *Philosophical Magazine* **27**, p. 703-713.

**Perrin, J., 1895.** Nouvelles proprietés des rayons cathodiques. *Comptes Rendus* **121**, p. 1130-1134.

**Perrin, J., 1896.** New Experiments on the Kathode Rays. *Nature* **53**, p. 298-299.

**Perrin, J., 1909.** Mouvement Brownien et Réalité Moléculaire. *Annales de Chemie et Physique*, 8ᵉ série, **18**, p. 1-114.

**Perrin, J., 1911.** Les déterminations de grandeurs moléculaires. *Comptes Rendu* **152**, p. 1165.

**Plücker, J. von, 1859.** Ueber die Constitution der elektrischen Spektra der Verschiedenen Gase und Dämpfer. *Annalen der Physik und Chemie* **107**, Ser. 2, p. 497-539.

**Rayleigh, Lord, 1898.** Röntgen Rays and Ordinary Light. *Nature* **57**, p. 607.

**Regener, E, 1909** *Königlich preussischen Akademie der Wissenschaften (Berlin). Sitzungsberichte* **37**, p. 948.

**Röntgen, W.C., 1895.** Über eine neue Art von Strahlen Vorläufige Mittheilung. *Sitzunsgberichte Physik-med. Gesselschaften Würzburg* **137** (dec. 1895).

**Röntgen, W.C., 1896.** On a new kind of rays. *Nature* **53**, n. 1369, p. 274-277.

**Roux, J., 1911.** La carga del electrón. *Comptes Rendus* **152**, p. 1168-1169.

**Sparnaay, M.J., 1958.** Measurements of Attractive Forces Between Flat Plates. *Physica* **34**, p. 751-764.

**Starke, H., 1903.** Die magnetische und elektrische Ablenkbarkeit reflektierter und von dünne Metallblättchen hindurchgelassener Kathodenstrahlen. *Vehrandlungen der Deutschen Physikalischen Gesellschaft* **5**, p. 14-22. Medida de la razón $e/m$.

**Stokes, G.G., 1897.** On the Nature of the Röntgen Rays. *Memoirs and Proceedings of the Manchester Literary and Philosophical Society* **XLI**, p. 1-28.

**Stoney, G.J., 1898.** Evidence that Röntgen rays are ordinary light. *Philosophical Magazine* **45**, p. 532-536.

**Stover, R.W.; Moran, T.I.; Trischka, J.W.,1967.** Search for an Electron-Proton Charge Inequality by Charge Measurements on an Isolated Macroscopic Body. *Physical Review* **164**, n. 5, p. 1599-1609.

**Thomson, J.J., 1897a.** Cathode Ray. *Philosophical Magazine*, S. 5, **44**, p. 293-316.

**Thomson, J.J., 1897b.** On the Kathode Rays. *Nature* **55**, p. 453.

**Thomson, J.J., 1898a.** On the Charge of Electricity carried by the Ions produced by Röntgen Rays. *Philosophical Magazine* **46**, p. 528.

**Thomson, J.J., 1898b.** Charge carried by Rontgen Ions. *Philosophical Magazine*, S. 5, **46**, p. 528-545.

**Thomson, J.J., 1899.** On the Masses of the Ions in Gases at Low Pressure. *Philosophical Magazine*, S. 5, **48**, p. 547-567.

**Thomson, J.J., 1907.** On Rays of Positive Electricity. *Philosophical Magazine*, S. 6, **13**, n. 77, p. 561-575.

**Varley, C.F., 1871.** On the Discharge of Electricity. *Proceedings of the Royal Society of London* **19**, p. 236-242.

**Watson, W., 1748-1752.** An Account of the Experiments made by some Gentlemen of the Royal Society, in order to Measure the Absolute Velocity of Electricity. *Philosophical Transactions of the Royal Society of London* **45**, p. 93. A Letter of Mr. Watson, F.R.S., to the Royal Society, concerning the Electrical Experiments in England upon Thunder-Clouds. *Ibid* **47**, p. 567-570 (1751-1752).

**Weidemann, G.; Franz, R., 1853.** Ueber Wärme-Leitungstähigkeit der Metalle. *Annalen der Physik und Chemie* **89**, p. 497-531.

**Wiechert, E., 1896.** Die Theorie der Elektrodynamik und die Röntgensche Entdeckung. *Schriften der Physikalisch-Ökonomischen Gesellschaft zu Königsberg in Preussem* **37**, p. 1-48; *idem Sitzungsber* **37**, p. 29; Experimentelles über die Kathodenstrahlen. *Ibid.* **38**, p. 12-16 (1897).

**Wilson, C.T.R., 1897.** Condensation of Water Vapour in the Presence of Dust-free Air and Other Gases. *Philosophical Transactions* **A189**, p. 265-307, vea también *ibid* **A192**, p. 403 (1899).

**Wilson, C.T.R., 1911.** On a Method of making Visible the Paths of Ionising Particles through a Gas. *Proceedings of the Royal Society* **A85**, p. 285-288.

**Wilson, C.T.R., 1923a.** Investigations on X-Rays and $\beta$-Rays by the Cloud Method Part I. – X-Rays. *Proceedings of the Royal Society of London* **A104**, n. 724, p. 1-24.

**Wilson, C.T.R., 1923b.** Investigation on X-Rays and $\beta$-Rays by the Cloud Method. Part II. – $\beta$-Rays. *Proceedings of the Royal Society* **A104**, p. 192-212.

**Wilson, H.A., 1903.** A Determination of the Charge on the Ions Produced in Air by Röntgen Rays. *Philosophical Magazine*, S. 6, **5**, p. 429-441.

## 8.4 Otras referencias y sugerencias de lectura


**Anderson, D.L., 1964.** Libro escrito por un importante físico que describe, de forma concisa y clara, el descubrimiento del electrón y el desarrollo de la concepción atómica de la electricidad.

**Ashcroft, N.W.; Mermin, N.D., 1976.** Libro de texto de Estado Sólido muy adoptado.

**Babcock, H.D., 1929.** Revision of the Value of $e/m$ Derived from Measurements of the Zeeman Effect. *Astrophysical Journal* **69**, p. 43-48.

**Bartky, W.; Dempster, A.J., 1929.** Paths of Charged Particles in Electric and Magnetic Fields. *Physical Review* **33**, n. 6, p. 1019-1022.

**Bearden, J.A., 1935.** The Measurement of X-Ray Wavelengths by Large Ruled Gratings. *Physical Review* **48**, n. 5, p. 385-390.

**Bearden, J.A., 1939.** The Spectroscopic and Free Electron Value of $e/m$. *Physical Review* **55**, n. 6, p. 584.

**Bragg, L., 1975.** Libro clásico sobre las técnicas de análisis con rayos X, escrito por uno de sus protagonistas.

**Brown, L.M.; Pais, A.; Pippard, B., 1995.** Gran obra sobre la Física del siglo XX que puede ser útil en éste y en los demás capítulos.

**Caruso, F.; Neto, N.P.; Svaiter, B.F.; Svaiter, N.F., 1991.** Attractive or repulsive nature of Casimir force in D-dimensional Minkowski spacetime. *Physical Review* **D43**, n. 4, p. 1300-1306. Discute el efecto Casimir en $D$-dimensiones.

**Caruso, F.; De Paola, R.; Svaiter, N.F., 1999.** Zero Point Energy of Massless Scalar Fields in the Presence of Soft and Semihard Boundaries in $D$ Dimensions. *International Journal of Modern Physics A* **14**, n. 3, p. 2077-2089. Se argumenta qué condiciones de contorno más realistas para un modelo del electrón pueden llevar a una fuerza de Casimir atractiva en tres dimensiones.

**Carvalho, R., 1955.** Presenta de manera muy simple, con un lenguaje muy accesible, sin usar la Matemática, la historia del átomo. En particular, se sugiere la lectura de la parte que cuenta la historia de la evolución de los rayos catódicos.

**Cork, J.M., 1930.** Molybdenum $L$-Series Wave-Lengths by Ruled Gratings. *Physical Review* **35**, n. 12, p. 1456-1462.

**Crowther, J.A., 1947** Importante libro de texto sobre la Física de los iones, de los electrones y de las radiacioes ionizantes, que pone énfasis en los aspectos experimentales.

**Darrigol, O., 1994.** The Electron Theories of Larmor and Lorentz: A Comparative Study. *Historical Studies in Physical and Biological Sciences* **24** part 2, p. 265-336.

**DuMond, J.W.M.; Bollman, V.L., 1936.** Tests of the Validity of X-Ray Crystal Methods of Determining $e$. *Physical Review* **50**, n. 6, p. 524-537.

**Dunnington, F.G., 1937.** A Determination of $e/m$ for an Electron by a New Deflection Method. II. *Physical Review* **52**, n. 5, p. 475-501.

**Dunnington, F.G.; Hemenway, C.L.; Rough, J.D., 1954.** Determination of the $h/e$ by a new method. *Physical Review* **94**, n. 3, p. 592-598.

**Dushman, S., 1914a.** Determination of $e/m$ from Measurements of the Thermoionic Currents. *Physical Review* **3**, n. 1, p. 65-66.

**Dushman, S., 1914b.** Determination of $e/m$ from Measurements of the Thermoionic Currents. *Physical Review* **4**, n. 2, p. 121-134.

**Ehrenhaft, F., 1928.** New Evidence of the Existence of Charges Smaller than the Electron. *Philosophical Magazine*, Series 7, **5**, n. 28, p. 225-241.

**Epstein, P.S., 1948.** Robert Andrews Millikan as Physicist and Teacher. *Review of Modern Physics* **20**, n. 1, p. 10-25.

**Hirosige, T., 1969.** Origins of Lorentz' theory of electron and the concept of the electromagnetic field. *Historical Studies in the Physical Sciences* **1**, p. 151-209.

**Hoddeson, L.H.; Baym, G., 1980.** The Development of the quantum mechanical electron theory of metals: 1900-28. *Proceedings of the Royal Society of London* **A371**, p. 8-23. Cabe notar que todo ese volumen es dedicado a los inicios de la Física del Estado Sólido.

**Houston, W.V., 1937.** The Viscosity of Air. *Physical Review* **52**, n. 7, p. 751-757.

**Kinsler, L.E.; Houston, W.V., 1934.** The Value of $e/m$ from the Zeeman Effect. *Physical Review* **45**, n. 2, p. 104-108.

**Kirchner, F., 1932.** Determination of specific charging of electrons from the measurement of speed. *Annalen der Physik* **12**, n. 4, p. 503-508.

**Kittel, C., 1978.** Clásico libro de texto de Estado Sólido.

**Kox, A.J., 1997.** The Discovery of the Electron II. The Zeeman Effect. *European Journal of Physics* **18**, p. 139-144.

**Lemmerich, J., 1998.** The Discovery of the Electron. A. De Roeck; A. Wagner (Eds.), *XVIII International Symposium on Lepton-Photon Interactions*. Singapore: World Scientific, p. 617-627.

**Lorentz, H.A., 1909.** Libro clásico sobre la teoría del electrón.

**Maris, H.J., 2000.** On the Fission of Elementary Particles and the Evidence for Fractional Electrons in Liquid Helium. *Journal of Low Temperature Physics* **120**, n. 3/4, p. 173-204.

**McCormmach, R., 1970a.** H.A. Lorentz and the electromagnetic views of nature. *Isis* **61**, p. 459-497.

**McCormmach, R., 1970b.** Einstein, Lorentz, and the electron theory. *Historical Studies in the Physical Sciences* **2**, p. 41-87.

**Millikan, R.A., 1944.** Importante libro que, de cierta forma, puede ser visto como un libro sobre los primeros tiempos de la Física de Partículas.

**Nathanson, J.B., 1913.** A Determination of $e/m$ and $v$ by the Measurement of an Helix of Wehnelt Cathode Rays. *Physical Review* **2**, n. 4, p. 307-313.

**Perl, M.L.; Lee, E.R., 1997.** The search for elementary particles with fractional electric charge and the philosophy of speculative experiments. *American Journal of Physics* **65**, n. 8, p. 698-706.

**Perrin, J., 1911.** Les grandeurs moléculaires [nouvelles mesures]. *Comptes Rendus* **152**, p. 1569.

**Perry, C.T.; Chaffee, E.L., 1930.** A Determination of $e/m$ for an Electron by Direct Measurement of the Velocity of Cathode Rays. *Physical Review* **36**, n. 5, p. 904-918.

**Rank, D.M., 1968.** Search for Stable Fractionally Charged Particles. *Physical Review* **176**, n. 5, p. 1635-1643.

**Reahead, P.A., 1998.** The birth of electronics: Thermionic emission and Vacuum. *Journal of Vacuum Science & Technology* **A16**, n. 3, p. 1394-1401.

**Rechenberg, H., 1997.** The electron in physics – selection from a chronology of the last 100 years. *European Journal of Physics* **18**, p. 145-149.

**Robotti, N., 1979.** L'Elettrone di Stoney. *Physis* **21**, p. 103-143.

**Robotti, N., 1997.** The Discovery of the Electron: I. *European Journal of Physics* **18**, p. 133-138.

**Rutherford, E., 1925.** Moseley's work on X-rays. *Nature* **116**, p. 316-317.

**Schönberg, M., 1945.** Classical Theory of Point Electron. *Physical Review* **67**, n. 3-4, p. 122.

**Schönberg, M., 1945b.** The Electron Self Energy. *Physical Review* **67**, n. 5-6, p. 193.

**Schönberg, M., 1945c.** A Self Energy do Electron. *Anais da Academia Brasileira de Ciências* **17**, p. 163-165.

**Schönberg, M., 1946.** Estado de Energía Negativa del Electrón. *Anais da Academia Brasileira de Ciências* **18**, p. 93-101.

**Sexl, Th., 1925.** On Electric Charges Carried by Individual Microscopic Particles. *Physical Review* **26**, n. 1, p. 92-96.

**Shaw, A.E., 1938.** A New Precision Method for the Determination of $e/m$ for Electron. *Physical Review* **54**, n. 3, p. 193-209.

**Smith, G.E., 1997.** J.J. Thomson and the Electron: 1897-1899 An Introduction. *The Chemical Educator* **2**, n. 6, p. 1-42.

**Springford, M. (Ed.), 1997.** Volumen comemorativo del centenario del descubrimiento del electrón, conteniendo artículos sobre cuestiones científicas actuales relacionados con esa partícula.

**Stauss, H.E., 1930.** The Use of Refracting of X-Rays for the Determination of the Specific Charge of the Electron. *Physical Review*, Series 2, **36**, n. 7, p. 1101-1108.

**Wille, K., 2000.** Este libro, que presupone buen conocimiento de Electromagnetismo, intenta explicar, de forma sistemática los principios físicos básicos que están detrás de los aceleradores de partículas utilizados en Física de Altas Energías. El libro presenta un panorama general de los diversos tipos de aceleradores y luego se concentra en el anillo de almacenamiento de electrones, muy útil en Física de Altas Energías y en la producción de radiación sincrotrónica.

## 8.5 Ejercicios

**Ejercicio 8.5.1** Discuta cuáles fueron las principales contribuciones de los estudios de descargas en gases en el contexto de la Física al pasar del siglo XIX al siglo XX.

**Ejercicio 8.5.2** Determine la razón entre la fuerza eléctrica que actúa sobre una partícula cargada en un campo eléctrico de 20 V/m y el peso de la partícula para:

a) un electrón;

b) un protón.

**Ejercicio 8.5.3** Determine la velocidad que un electrón adquiere cuando es acelerado a partir del reposo a través de una diferencia de potencial de 600 V, en el plano $xy$.

**Ejercicio 8.5.4** Después de alcanzar la velocidad calculada en el problema anterior, el electrón penetra en una región ($x \geq 0$) donde hay un campo eléctrico de 40 V/m, en el sentido $-y$. Determine:

a) las coordenadas del electrón después de $5 \times 10^{-8}$ s, sabiendo que su velocidad al penetrar en la región hacía un ángulo de 30° con la dirección $x$;

b) la dirección de la velocidad en este instante.

**Ejercicio 8.5.5** Muestre que la sensibilidad, $S$, de un tubo de rayos catódicos, definida como la razón entre la deflexión máxima, $Y$, del haz y la tensión máxima, $V$, aplicada entre las placas deflectoras, es dada por

$$S = \frac{Y}{V} = \frac{lD}{2dV_a}$$

donde $l$ es la longitud de las placas deflectoras, $d$ y $D$ son, respectivamente, las distancias entre las placas y de las placas a la mampara, y $V_a$, el potencial acelerador.

**Ejercicio 8.5.6** Considere las siguientes dimensiones de un típico tubo de rayos catódicos comercial:

- longitud de las placas de un capacitor: $l = 1{,}6$ cm;
- distancia entre las placas: $d = 0{,}5$ cm;
- distancia entre el final de un capacitor y el detector: $D = 15$ cm.

a) Sabiendo que los electrones parten del reposo en el cátodo y son acelerados en la dirección $x$ por una d.d.p. de 2 400 V entre el ánodo y el cátodo, calcule la velocidad con que ellos penetran en el capacitor.

b) Siendo 500 V/m el valor del campo eléctrico entre las placas del capacitor, calcule el desplazamiento del haz con respecto al eje $x$.

**Ejercicio 8.5.7** Dos iones positivos de la misma carga $q$ y masas diferentes, $m_1$ y $m_2$, son acelerados a lo largo de la dirección $y$, a partir del reposo, por una diferencia de potencial $V$.

Muestre que si el haz entra en una región donde hay un campo magnético a lo largo de la dirección $x$ los valores de las coordenadas $y_1$ y $y_2$ para pequeñas deflexiones de cada haz, considerando el mismo intervalo de tiempo $t$, satisfacen la siguiente relación:

$$\left|\frac{y_1}{y_2}\right| = \left(\frac{m_2}{m_1}\right)^{1/2}$$

**Ejercicio 8.5.8** Una partícula cargada entra en una región entre dos placas metálicas paralelas, muy grandes. La velocidad de la partícula es paralela a las placas en el instante en que penetra en esa región. Las placas están separadas por una distancia de 2 cm, y la diferencia de potencial entre ellas es de 2 000 V.

Después de que la partícula haya penetrado 5 cm en el espacio entre las dos placas, se verifica que ella fue deflectada 0,6 cm.

Manteniendo el campo eléctrico, se aplica un campo magnético cuya densidad de flujo es igual a 0,1 T y se verifica que la partícula ya no sufre ninguna deflexión.

Calcule la razón entre la carga y la masa de esa partícula.

**Ejercicio 8.5.9** Muestre que, en el experimento de Millikan, el campo eléctrico $E$, necesario para hacer subir una gota de aceite, de masa $m$ y carga $q$, con una velocidad igual al doble de la de caída de la gota en ausencia de campo tiene un módulo igual a $E = 3mg/q$, despreciando la resistencia del aire.

**Ejercicio 8.5.10** Determine la diferencia de potencial que se debe aplicar a las placas de un capacitor, separadas 5 mm, para equilibrar una gota de aceite, cuya masa es $3{,}119 \times 10^{-3}$ g y cuya carga es igual a 5 veces la carga del electrón.

**Ejercicio 8.5.11** Cite tres factores importantes en la definición del espesor delgado de la hoja donde se encuentra la ventana de Lenard, justificándolos.

**Ejercicio 8.5.12** Determine cuántos electrones por segundo atraviesan la sección transversal de un conductor cuando se afirma que en él hay una corriente eléctrica igual a 1 amperio.

**Ejercicio 8.5.13** Los datos mostrados en la tabla que sigue se refieren al experimento de Millikan para medir la carga del electrón.

| Datos generales | |
|---|---|
| Separación de platos | 0,016 m |
| Voltaje de la placa | 5 085 V |
| Desplazamiento de gota | $1{,}021 \times 10^{-2}$ m |
| Viscosidad del aire | $1{,}824 \times 10^{-5}$ N s/m$^2$ |
| Densidad de aceite | $0{,}92 \times 10^{3}$ kg/m$^3$ |
| Densidad del aire | 1,2 kg/m$^3$ |
| **Tiempos medidos (s)** | |
| Tiempo medio de caída de gota (sin campo) | 11,88 |
| Cinco medidas del tiempo de subida de la gota (con campo) | 22,37 |
| | 34,80 |
| | 29,25 |
| | 19,70 |
| | 42,30 |

Estime el valor de la carga del electrón a partir de esos datos.

**Ejercicio 8.5.14** La figura que sigue muestra el detalle de una cámara de burbujas, rellenada con un gas, expuesta a protones de alta energía (16 GeV). Observando la geometría de los trazos de la figura y considerando que la colisión elemental del protón $p$ con una partícula del blanco es elástica, determine el gas que llena la cámara.

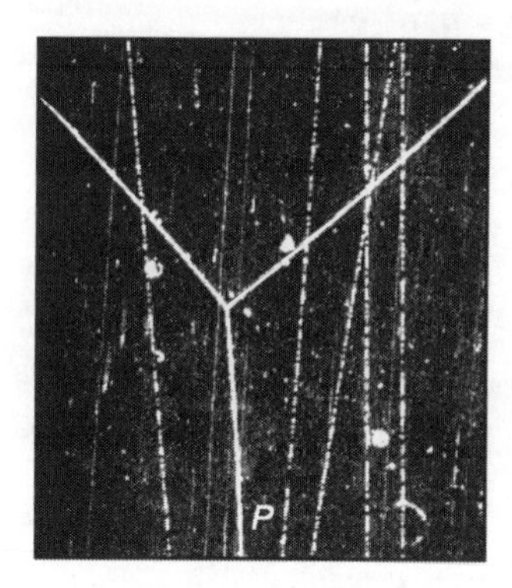


**Ejercicio 8.5.15** Considerando que el cristal de sal (`NaCl`) tiene los átomos de `Na` y `Cl` distribuidos alternadamente en los vértices de un cubo, la distancia entre los planos atómicos puede ser determinada por

$$d = \left(\frac{1}{n}\right)^{1/3}$$

donde $n$ es el número de átomos por $\text{cm}^3$. Sabiendo que el peso molecular del sodio es 58,45 y su densidad relativa es $\rho = 2{,}163$, determine el valor de $d$.

# 9

# La radiactividad

*La gran semejanza de los cambios en el radio, torio y actinio es muy notable e indica alguna peculiaridad de la constitución atómica que aún está para ser aclarada.*

Ernest Rutherford

## 9.1 Los primeros descubrimientos

*La espontaneidad y la constancia de la radiación del uranio se presentan como un fenómeno físico absolutamente extraordinario.*

Madame Curie

El primero en divulgar en Francia algunas de las fotografías obtenidas por Röntgen con los rayos X (Sección 8.2) fue Henri Poincaré, en el inicio de 1896, en una reunión de la Academia de Ciencias de París. En esa ocasión, preguntado por el físico francés Henri Becquerel sobre el origen de los rayos X en el tubo de rayos catódicos, respondió que estos provenían de la región fluorescente del tubo, opuesta al cátodo. Sin embargo, la verdadera causa de esa emisión no era aún conocida, lo que dio origen a mucha especulación en la época. Como Becquerel ya se interesaba por el estudio de los fenómenos de fluorescencia y fosforescencia, comenzó a se indagar sobre las relaciones entre la emisión de rayos X y la fluorescencia. Su punto de partida fue investigar si algunas sustancias, que notablemente se tornaban fosforescentes bajo incidencia de luz, eran capaces de emitir algún tipo de radiación penetrante, como los rayos X.
Después una serie de resultados negativos, Becquerel resolvió investigar una sal de uranio, cuya fosforescencia intensa, inducida por la acción de la luz ultravioleta, ya le era peculiar. Así, él envolvió una placa fotográfica con un papel negro de buen espesor, a fin de proteger la película de la luz solar, y colocó su muestra conteniendo uranio sobre la película, exponiendo todo al sol durante varias horas. Después de la revelación, descubrió que la imagen de la silueta del objeto (muestra) aparecía en el negativo.

Todo parecía indicar que los rayos X habían sido emitidos por la sal de uranio mientras estaba fluorescente, como resultado de su exposición previa al sol, dando soporte a la tesis original del físico francés. Sin embargo, un resultado, de cierta forma casual, cambió el rumbo de la historia. En un día totalmente nublado, Becquerel no pudo repetir su experimento como pretendía hacerlo. Pero igual, dejó la sal de uranio sobre la placa fotográfica, que acabó siendo revelada. Aún creyendo en su premisa, al revelar la película, esperaba encontrar un efecto mucho menos intenso. Para su sorpresa, al contrario, la silueta de la muestra se mostró más intensa en la imagen recién revelada. Se descubría, así, algo nuevo, muy importante: la sal de uranio emitía rayos capaces de penetrar el papel negro, independientemente de haber o no sido expuesta al Sol. En realidad, el propio Becquerel mostró, más tarde, que esa era una característica de todos las sales de uranio que pudo comprobar y del propio elemento uranio (`U`). La primera imagen obtenida con los llamados "rayos de Becquerel", o todavía, "rayos de uranio", publicada en 1896, puede ser vista en la Figura 9.1.

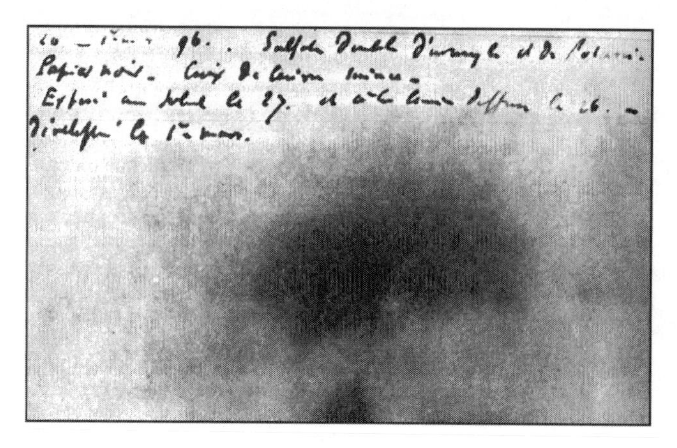

**Figura 9.1:** Reproducción de la primera imagen publicada, obtenida con los "rayos de Becquerel".

Becquerel continuó trabajando en el asunto algún tiempo, aunque también estaba interesado, en el mismo período, en el efecto Zeeman (Sección 7.2.2), y publicó, en 1903, un gran artículo de revisión sobre el asunto, ocupando todo el volumen 46 de la *Mémoire de l'Académie des Sciences de Paris.*

Sus principales observaciones sobre la radiación de uranio fueron que:

(*i*) son capaces de ionizar gases, tornándolos buenos conductores;

(*ii*) son capaces de descargar cuerpos cargados;

(*iii*) son independientes del estado cristalino de uranio;

(*iv*) producen un efecto sobre las películas fotográficas que disminuye con el aumento de la distancia entre la muestra y la película.

Pero, lo que más intrigaba era la *naturaleza espontánea* del fenómeno de emisión de esos rayos; no había la necesidad de alguna causa externa. Esa cuestión movilizó a muchos físicos y sólo fue comprendida décadas más tarde con la Mecánica Cuántica.

Los trabajos de Becquerel fueron repetidos por la polaca Maria Sklodowska, más conocida como Madame Curie, a partir de 1897, con el propósito inicial de ir más allá de la descripción esencialmente cualitativa de su colega, obteniendo resultados cuantitativos. Para eso, hechó mano a un método basado en mediciones eléctricas, similar al que había sido desarrollado en estudios de conductividad eléctrica en los gases.

En primer lugar, ella confirmó que la emisión de los rayos de Becquerel era una *propiedad atómica* del elemento uranio y, en seguida, verificó que el siguiente elemento más pesado que el uranio – el *torio* (`Th`) – también emitía el mismo tipo de rayos, aunque más activamente. Así, la denominación "rayos de uranio" se mostró inapropiada, y Madame Curie propuso el término *radiactividad* para ese fenómeno, después del descubrimiento del radio (`Ra`).

Aunque los efectos fotográficos y eléctricos producidos por los rayos de esos elementos radiactivos fuesen semejantes a los de los rayos X, hay una enorme diferencia entre ellos en cuanto al poder de penetración, luego percibido por Madame Curie. Los rayos emitidos por el uranio y el torio son capaces de propagarse por apenas pocos centímetros, y no penetran más de unos pocos milímetros en la materia sólida.

A partir de ahí, ella analiza una serie de rocas y minerales, confirmando que aquellos que contienen uranio o torio son radiactivos, al mismo tiempo que descubre algunos cuya radiactividad llegaba a ser de un orden tres o cuatro veces mayor que la medida para esos dos elementos. Su conclusión fue audaz: esas muestras deberían contener algún elemento mucho más radiactivo de los hasta entonces estudiados. Al formular esa hipótesis, Madame Curie estaba, en verdad, abriendo nuevos caminos para la

Física, señalando la posibilidad de usar el análisis de la radiactividad de muestras para descubrir nuevos elementos, así como, en el pasado (Capítulo 7), el análisis espectral reveló nuevos elementos químicos, camino que se mostró muy fructífero y al cual dedicó gran parte de su vida.

De vuelta al método experimental empleado por Madame Curie en 1899, era preciso medir la conductividad adquirida por el el aire en presencia de sustancias radiactivas. Para eso, utilizó un aparato simple, compuesto, esencialmente, de un electrómetro y un capacitor de placas paralelas $A$ y $B$, como indica la Figura 9.2.

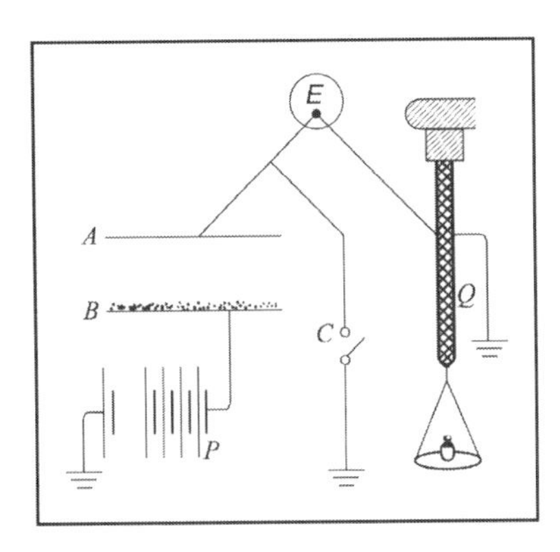


**Figura 9.2:** Esquema del aparato utilizado en las experimentos de Madame Curie.

Sobre la placa $B$ es depositado directamente, por pulverización, el material radiactivo que se desea estudiar. Cuando la puesta a tierra de la placa $A$, indicada en la Figura 9.2, es rota se abriendo la llave $C$, se establece una corriente eléctrica entre las placas $A$ y $B$, y el potencial eléctrico de $A$ es registrado por el electrómetro $E$. La velocidad del desvío del electrómetro, siendo proporcional a la intensidad de la corriente, podría ser usada para medirla, mas eso sería complicado y poco preciso. Es más simple y eficiente encontrar otro efecto, más fácil de ser medido con mayor precisión, que puede ser usado para anular el efecto que se desea medir, siguiendo el tipo de artificio ingenioso empleado por J.J. Thomson para medir la velocidad de los rayos catódicos, que introdujo un campo magnético capaz de anular el efecto del campo electrostático (Sección 8.1.2). En el caso en cuestión, las cargas a ser medidas son muy pequeñas. Así, Madame Curie prefirió equilibrar la carga generada en el capacitor con una carga opuesta generada por un cuarzo piezoeléctrico $Q$ (Figura 9.3), de modo que la lectura del electrómetro sea cero.

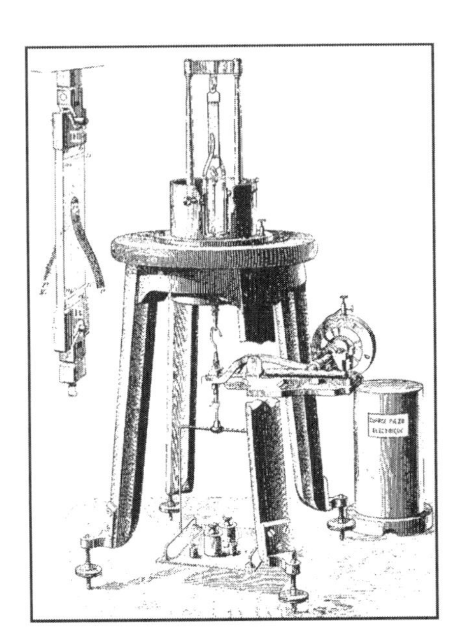

**Figura 9.3:** Ilustración del aparato piezoeléctrico del tipo utilizado por Madame Curie.

Se sabe que el *efecto piezoelétrico* es la aparición de una diferencia de potencial entre las caras de un cristal, como el cuarzo, por ejemplo, cuando es sometido a una compresión. La diferencia de potencial $V$ producida entre las dos caras de un cristal de cuarzo de anchura $\ell$, resultante de una compresión $p$, es dada por

$$V = a\ell \frac{p}{\epsilon}$$

siendo $\epsilon$ la permisividad del material y $a$ una constante de proporcionalidad, que puede variar de $10^{-10}$ a $10^{-20}$ C/N. La carga eléctrica inducida en el cristal por una fuerza de intensidad $F$ es

$$Q = aF$$

En el experimento en cuestión (Figura 9.2), la cara derecha del cristal está puesta a tierra y la izquierda ligada al electrómetro. Con una fuerza de tracción conocida, se puede generar una carga eléctrica de signo contrario a la acumulada en la placa $A$, capaz de anular la muestra del electrómetro. De esa forma, Madame Curie pudo medir el valor absoluto de la cantidad de electricidad que atraviesa el capacitor durante un cierto tiempo, obteniendo, así, la intensidad de corriente eléctrica. Una muestra de sus resultados es presentada en la Tabla 9.1.

**Tabela 9.1:** Resultados reportados en la tesis de Madame Curie sobre las medidas de las corrientes producidas por substancias radiactivas, utilizando el aparato descrito en el texto

| Material radioactivo | Grosor de la capa (mm) | Corriente $i \times 10^{11}$ A |
|---|---|---|
| Óxido de uranio | 0,5<br>3,0 | 2,7<br>3,0 |
| Óxido de tório | 0,25<br>0,5<br>3,0 | 2,2<br>2,5<br>5,5 (promedio) |

Fue también mostrado experimentalmente que el poder de penetración de la radiación emitida por el torio es mayor que el del uranio. La Tabla 9.2 proporciona los valores originales de la fracción porcentual de rayos emitidos por diferentes sustancias que es transmitida por una fina lámina de aluminio de $10^{-3}$ cm de espesor. Note que, como la actividad del torio depende del espesor del material depositado en la placa del capacitor, los respectivos valores de los espesores usados son indicados en la tabla para el óxido de torio ($ThO_2$).

Retornando a la posibilidad de existencia de un elemento mucho más radiactivo que el uranio y el torio, Madame Curie se concentra en aislar impurezas de los minerales de uranio capaces de presentar mayores índices de radiactividad que el uranio puro. La tarea no fue fácil; con la colaboración de su marido, Pierre Curie, descubren un nuevo elemento al cual dieron el nombre de *polonio*, cuyo descubrimiento fue anunciado en julio de 1898. Esa nueva sustancia presentaba la característica de desaparecer espontáneamente (Sección 9.3.3).

**Tabela 9.2:** Resultados reportados en la tesis de Madame Curie sobre el porcentaje de radiación que conseguía atravesar una lámina delgada de aluminio

| Sustancias radioactivas | | % de rayos transmitidos por la lamina |
|---|---|---|
| Uranio | | 18 |
| Óxido de uranio ($U_2O_5$) | | 20 |
| Sulfato de tório | | 38 |
| Óxido de tório | 0,25 mm | 38 |
| | 0,5 mm | 47 |
| | 6 mm | 70 |

En seguida, la pareja Curie descubre un elemento radiocativo en el grupo compuesto por los elementos bario (Ba), estroncio (Sr) y calcio (Ca), anunciando esa nueva sustancia radiactiva, a la cual fue dado el nombre de *radio* (Ra), en setiembre de 1898. En poco más de las tres décadas que se sucedieron, Madame Curie se dedicó obstinadamente a alcanzar niveles cada vez mayores de purificación y concentraciones crecientes de esos nuevos elementos radiactivos. Todos esos elementos emiten rayos. Comprender la naturaleza de esos rayos fue un desafío muy estimulante, lo que es tratado en las Secciones 9.2 y 9.3.3.

## 9.2 Los rayos $\alpha$, $\beta$ y $\gamma$

*Una de las más impresionantes propiedades de la emanación del torio es su poder de excitar la radiactividad en todas las superficies con las cuales entra en contacto (...).*

Ernest Rutherford y Frederick Soddy

Rutherford quedó particularmente interesado por la naturaleza de las nuevas radiaciones descubiertas por Becquerel y por la pareja Curie. ¿Serían ellas de hecho semejantes a los rayos X?

En poco tiempo, él concluyó que había dos tipos de radiación, denominadas provisoriamente *alfa* ($\alpha$) y *beta* ($\beta$). Así, como en el caso de los rayos X, esa nomenclatura es usada hasta hoy. Las principales diferencias observadas entre ellos se relacionaban al poder de ionización y al poder de penetración en la materia. Los rayos $\alpha$ eran fuertemente ionizantes, mas podían ser interceptados por una hoja de papel. Ya los rayos $\beta$ eran menos ionizantes, más capaces de atravesar cartones y finas hojas metálicas. La Figura 9.4 presenta una "radiografía" obtenida con los rayos $\beta$.

**Figura 9.4:** Imagen de una pequeña bolsa conteniendo algunos objetos, obtenida con rayos $\beta$ en los inicios de los estudios sobre la radiactividad.

Más tarde, el francés Paul Ulrich Villard encontró una tercera componente de esas nuevas radiaciones, "más dura", o sea, con poder de penetración en la materia aún mucho mayor, y eléctricamente neutra, denominada rayos $\gamma$. Esos tres tipos de radiación pueden todavía ser diferenciados por la desviación causada por un campo magnético perpendicular a la dirección del movimiento. La Figura 9.5 muestra el clásico esquema presentado en la tesis de Mme. Curie.

Con el tiempo, se percibió que, de los tres rayos, sólo los $\gamma$ eran semejantes a los rayos X; eran, en verdad, ondas electromagnéticas de longitud de onda aún menor que los rayos X y, por tanto, más penetrantes.

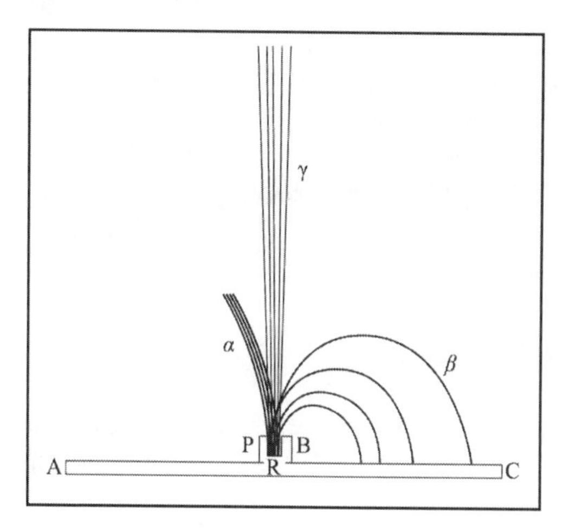


**Figura 9.5:** Esquema de la desviación de los rayos $\alpha$, $\beta$ y $\gamma$ por un campo magnético perpendicular al plano del movimiento, extraído de la tesis de Madame Curie.

El hecho de que los rayos $\alpha$ y $\beta$ sean desviados por un imán significa que ambos son eléctricamente cargados. Como la desviación producida es en direcciones opuestas, ellos poseen cargas opuestas. La Figura 9.6 muestra la deflexión de partículas $\alpha$ por un campo magnético, registrada en una cámara de Wilson.

**Figura 9.6:** Fotografía de registros de la desviación de partículas $\alpha$ en una cámara de Wilson.

Becquerel, en 1899, utilizando un procedimiento análogo al de Thomson, determinó que la razón carga-masa para los rayos $\beta$ era prácticamente igual a la de los electrones. Otras mediciones fueron realizadas con mayor precisión por Kaufmann, en 1907. De ese modo, los rayos $\beta$ acabaron por ser identificados con los electrones, aunque típicamente presentasen energía y velocidades mayores que aquellos producidos en rayos catódicos. En cuanto a los rayos $\alpha$, a pesar de ser mucho más difíciles de ser deflectados con campos eléctricos y magnéticos, Rutherford, en 1903, consiguió medir la razón carga-masa de esas partículas y, a partir de experimentos más precisos en 1906, estableció que esa razón para los rayos $\alpha$ era cerca de la mitad del valor de la razón para los iones de hidrógeno, o sea,

$$\left(\frac{q}{m}\right)_\alpha \simeq \frac{1}{2}\frac{e}{m_{\mathrm{H}^+}} \simeq \frac{1}{2}\frac{e}{m_p}$$

Eso podría indicar que las partículas $\alpha$ eran iones con carga eléctrica igual a la carga elemental del ion de $\mathrm{H}^+$ y peso atómico igual al doble del hidrógeno. Esa hipótesis fue descartada, toda vez que no se conocía elemento químico con peso atómico igual a 2. Así, Rutherford pudo concluir que las partículas $\alpha$ eran iones positivos del átomo de helio (He), el cual tiene peso atómico igual a 4 y carga eléctrica dos veces la carga elemental, o sea,

$$\left(\frac{q}{m}\right)_\alpha = \frac{2e}{4u} = \frac{e}{2u} \simeq \frac{1}{2}\frac{e}{m_{\mathrm{H}^+}}$$

Una medida directa de la carga eléctrica de las partículas $\alpha$ sólo fue obtenida en 1908 por Rutherford, Hans Geiger y Ernest Regener. Fue en esa época que Geiger desarrolló un contador que consistía en un condensador cilíndrico con un filamento que desempeña el papel de electrodo central. Las partículas $\alpha$, al penetrar en el contador, provocan pequeñas descargas que pueden ser observadas por medio de un electrómetro (Figura 9.7). El número de esas breves descargas eléctricas es igual al número de partículas $\alpha$ que pasa por el interior del contador, el cual quedó conocido como *contador Geiger*.

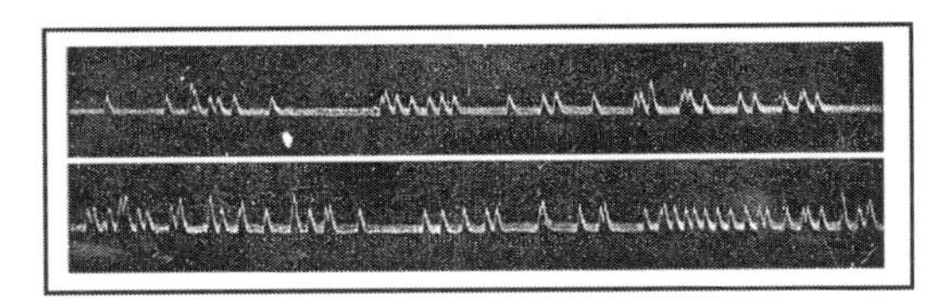

**Figura 9.7:** Registro fotográfico de las descargas en el electrómetro del contador Geiger, realizado sobre una película en movimiento.

La radiactividad natural poseía, por tanto, dos componentes formadas de partículas y una de naturaleza electromagnética (una luz de altísima frecuencia). En particular, esas nuevas partículas $\alpha$ se transformarían, en poco tiempo, en un instrumento esencial para sondear la materia (Capítulo 11), constituyéndose en una técnica experimental que llevó al descubrimiento del *núcleo atómico*.

## 9.3 La teoría de la transmutación

*Los elementos transuránicos representan la realización de los sueños de los alquimistas, relativos a la transmutación.*

Glenn Seaborg

### 9.3.1 La contribución de Rutherford y Soddy

El historiador rumano Mircea Eliade afirma que la Química nació de la descomposición de la ideología alquímica. Parafraseándolo, se puede decir que fue la descomposición de la ideología química lo que hizo surgir la radiactividad.

Hasta aquí se ha presentado un resumen fenomenológico de los primeros estudios sobre los elementos radiactivos y sus transformaciones.

En 1902, Rutherford y Soddy propusieron una teoría para la radiactividad, frecuentemente llamada *teoría de la transmutación*. El punto principal de esa teoría es la admisión de que las sustancias radiactivas contiene *átomos inestables*, de los cuales una fracción fija se desintegra espontáneamente por unidad de tiempo. Como resultado de ese proceso, son creados nuevos átomos de otros radioelementos, distintos de los átomos padres tanto física cuanto químicamente. Ese nuevo átomo, a su vez, también es inestable, desintegrándose con la emisión de cierto tipo de radiación característica, y así en adelante, por medio de un número finito de etapas, hasta que un elemento estable sea alcanzado. (Figura 9.8).

Esa teoría describió con éxito la transmutación espontánea de algunos elementos químicos, como el uranio (U) y el torio (Th). Es casi imposible resistir a la tentación de ver en ese nuevo fenómeno una cierta reafirmación del sueño alquimista. Si Rutherford atribuyó el hecho de que las ideas alquimistas hayan persistido durante siglos a una fuerte concepción filosófica acerca de la naturaleza de la materia, de sello aristotélico, hay también quien afirma, de forma complementaria, que la *Alquimia probablemente se origina en la frustración del empirismo*. La verdad es que él, conjuntamente con Becquerel, la pareja Curie, Soddy y otros tantos investigadores, mostró, por fuerza de la Física experimental, que una "nueva alquimia" es posible, reforzando, en otras bases, el sentido de que *el concepto de la transmutación alquímica es la fabulosa coronación de la fe en la posibilidad de modificar la Naturaleza por medio del trabajo humano*, como bien destaca Eliade. Esa no es apenas una opinión, pues, sólo para tocar un punto

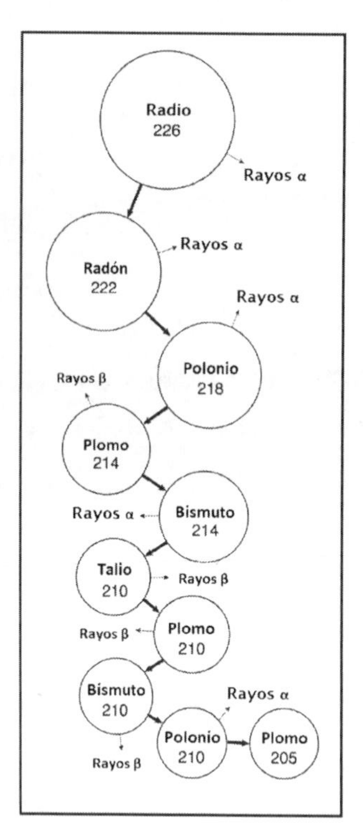


**Figura 9.8:** Esquema del decaimiento del radio, ilustrativo de la teoría de la transmutación de Rutherford y Soddy.

emblemático para los alquimistas – la transformación de otras sustancias en oro –, hoy es posible producir cantidades ínfimas de ese metal noble, mas a partir de la transmutación de otro metal aún mas valioso: el platino (Pt).

Hay, entre tanto, diferencias a resaltar entre las transformaciones radiactivas y las transformaciones químicas. La radiactividad lleva a la ruptura del propio átomo, en cambio las reacciones químicas implican la quiebra de moléculas en átomos y sus recombinaciones. Por otro lado, los procesos radiactivos naturales son espontáneos e incontrolables y, se creía, hasta 1934, que no podrían ser influenciados por agentes físicos o químicos; un descubrimiento hecho en ese año por Irene Curie y Frederic Joliot amplió la comprensión de los procesos radiactivos: el descubrimiento de la *radiactividad artificial*.

Bombardeando aluminio (Al) con partículas $\alpha$, ellos mostraron que, incluso después de remover la fuente de esas partículas, el blanco continuaba emitiendo una radiación semejante a los rayos $\beta$. Observaron, además, que esa actividad decaía exponencialmente con el tiempo, con una vida media de aproximadamente tres minutos. Su interpretación de ese hecho fue correcta y puede ser resumida por la fórmula

$$\mathtt{Al}^{27} + \mathtt{He}^{4} \rightarrow \mathtt{P}^{30} + n^{1}$$

o sea, el bombardeo de aluminio con partículas $\alpha$ daba origen a un neutrón ($n^1$), descubierto en 1932 por el físico inglés James Chadwick (Figura 9.9), y un isótopo de fósforo (P), no encontrado en la naturaleza. Este isótopo artificial es inestable y decae en silicio ($\mathtt{Si}^{30}$), emitiendo un positrón, $e^+$ (Capítulo 16), como en la ecuación

$$\mathtt{P}^{30} \rightarrow \mathtt{Si}^{30} + e^{+}$$

A partir de entonces, varios otros isótopos radiactivos fueron producidos en otros experimentos de desintegración, y, hoy en día, son conocidos isótopos de *todos* los elementos, desde el hidrógeno hasta el uranio, con varias aplicaciones en la Biología, la Química, la Medicina y la Tecnología.

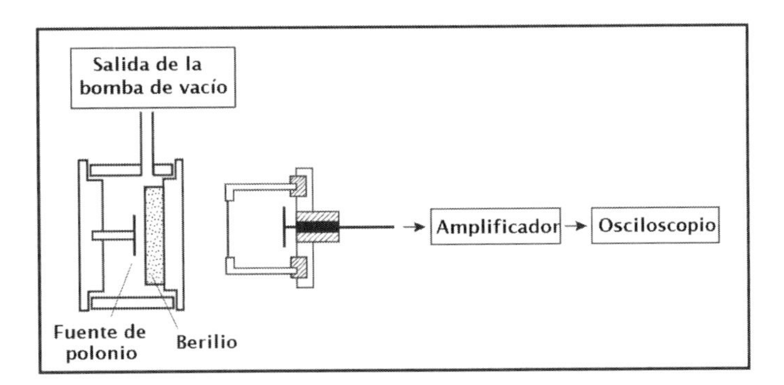


**Figura 9.9:** Esquema del experimento que llevó a Chadwick al descubrimiento del neutrón.

### 9.3.2 El decaimiento $\beta$ y la conservación de energía

El decaimiento $\beta$ del bismuto (Bi)

$$\mathtt{Bi}_{83}^{210} \rightarrow \mathtt{Po}_{84}^{210} + \beta + Q \tag{9.1}$$

tuvo un importante papel histórico. En esa desintegración, cuya vida media es de cinco días, $Q$ es la energía de desintegración o la energía liberada en la reacción como resultado de la diferencia de masa de las partículas de los estados final e inicial. En ese caso – un decaimiento del tipo $1 \rightarrow 2$ (una partícula que decae en otras dos) – lo esperado sería que todas las partículas $\beta$ tuviesen la misma velocidad. Sin embargo, cuando esas velocidades son medidas por medio de un espectrógrafo magnético, se encuentra una *distribución continua* de velocidades, que corresponde a una *distribución continua de energías* de las partículas $\beta$. ¿Cómo explicar el hecho de que la energía sea compartida de manera continua entre sólo dos partículas en el estado final del decaimiento del bismuto?

La Figura 9.10 muestra la distribución de energía entre las partículas $\beta$ emitidas por el $\mathtt{Bi}^{210}$. Note que la energía es distribuida de manera continua hasta un valor máximo y después decrece.

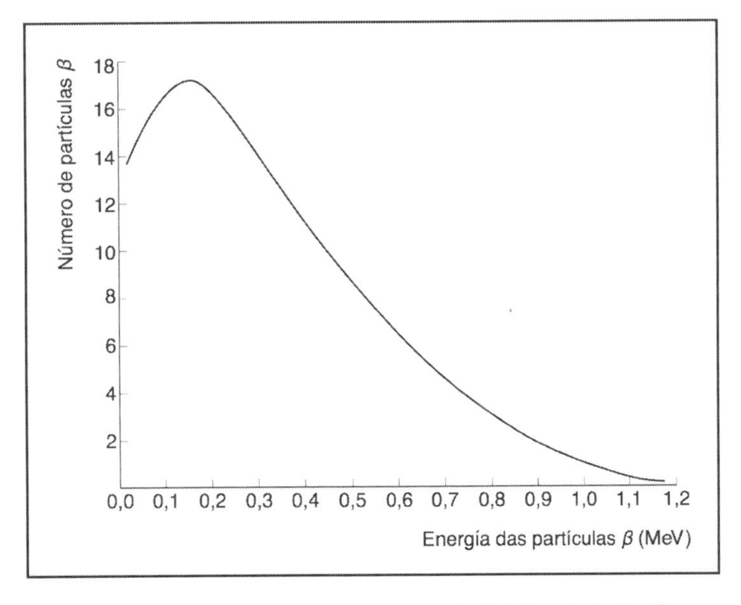


**Figura 9.10:** Distribución de energía del decaimiento $\beta$.

Se puede imaginar que ese decaimiento tenga origen en el interior del núcleo, con el neutrón decayendo en un protón y un electrón ($\beta$)

$$n \rightarrow p + \beta$$

Sin embargo, ese proceso elemental tampoco podría explicar el espectro contínuo de energía del decaimiento $\beta$, pues involucra sólo a dos partículas en el estado final. La solución para ese problema fue sugerida por Wolfgang Pauli, en 1931, al postular la existencia de un nuevo tipo de partícula: el *neutrino* ($\nu$), término italiano para el diminutivo del neutrón, que tampoco poseería carga eléctrica. De esta forma, el decaimiento $\beta$ tendría origen en el siguiente proceso elemental:

$$n \to p + \beta + \bar{\nu}$$

El neutrino tiene masa nula o muy pequeña comparada con la masa del electrón, cuestión ésta aún abierta en la Física de Partículas.

Con la hipótesis de Pauli, se comprende que la energía total disponible puede ser repartida entre el electrón y el neutrino, de forma que, si el electrón lleva la mayor fracción, el neutrino lleva la menor y viceversa.

Hay todavía otro motivo para justificar la hipótesis del neutrino en el decaimiento $\beta$: la conservación del momento angular total.

La comprensión del decaimiento $\beta$ a partir de un proceso elemental que involucra al neutrino fue históricamente importante, pues algunos físicos, entre los cuales Niels Bohr, llegaron a pensar, con base en el resultado presentado en la Figura 9.10, que el *principio de la conservación de energía* pudiese ser violado en el microcosmos.

### 9.3.3 Ley de Decaimiento radiactivo

*(...) se debe comprender (...) que hay "más" y no "menos" en una organización cuantitativa de lo real que en una descripción cualitativa del experimento.*

Gaston Bachelard

La primera indicación de que la actividad radiactiva decrece con el pasar del tiempo fue observada por el físico Gerhard Carl Schmidt, al constatar que compuestos de torio emitían continuamente partículas radiactivas, cuyo poder radiactivo duraba apenas algunos minutos. En 1900, ya se sabía que el vapor emanado por el torio, $\mathtt{Rn}^{220}$, perdía mitad de su actividad en 60 s (el valor actual es 56 s). Hasta 1906 no hubo, en verdad, una preocupación sistemática por estudiar la dependencia temporal de la actividad radiactiva. La ley de la desintegración radiactiva fue una de las dos importantes contribuciones teóricas de Rutherford.

La transformación radiactiva ocurre de tal modo que en cada unidad de tiempo la misma fracción de la sustancia presente en una cierta muestra sufre desintegración en cada instante considerado. Luego, si $N$ es la cantidad de sustancia, esto es, el número de átomos que queda inalterado en el tiempo $t$, y $\mathrm{d}N$ es la cantidad que se desintegra durante el intervalo de tiempo $\mathrm{d}t$, el cociente $\mathrm{d}N/N$ es proporcional a $\mathrm{d}t$. De esa forma,

$$\frac{\mathrm{d}N}{N} = -\lambda\,\mathrm{d}t \tag{9.2}$$

siendo $\lambda$ una constante, y el signo menos significa que $N$ decrece con el tiempo. En otras palabras, el cambio de un sistema por emisión radiactiva en cualquier instante es siempre proporcional a la cantidad de la sustancia que compone el sistema y que permanece inalterada.

La ecuación (9.2) puede ser integrada, obteniéndose

$$N = N_o\, e^{-\lambda t} \tag{9.3}$$

en la cual $N_o$ es el número de partículas en el instante $t = 0$.

La constante $\lambda$ es llamada *constante radiactiva* o *constante de decaimiento* de la sustancia considerada. La cantidad $\tau = 1/\lambda$ es normalmente llamada *vida media*, concepto introducido por Rutherford.

La tasa de decaimiento de las substancias radiactivas es generalmente expresada por lo que se llama *semivida*, esto es, el tiempo necesario para que mitad de la muestra original se desintegre. Denotando ese tiempo por $T_{1/2}$, se tiene de la ecuación anterior

$$\frac{N_o}{2} = N_o\, e^{-\lambda T_{1/2}}$$

o

$$T_{1/2} = \frac{\ln 2}{\lambda} = \frac{0{,}693}{\lambda} = 0{,}693\tau \qquad (9.4)$$

Ese resultado expresa la relación entre la constante radiactiva $\lambda$ (o la vida media $\tau$) y la semivida $T_{1/2}$.

Naturalmente, la constante de decaimiento $\lambda$ varía de sustancia en sustancia. Entre tanto, se verifica experimentalmente que hay una relación simple entre $\lambda$ y el alcance $R$ de las partículas $\alpha$ emitidas por los elementos radiactivos, conocida como *relación de Geiger-Nuttall* (Figura 9.11),

$$\log \lambda = A + B \log R$$

donde $A$ y $B$ son constantes.

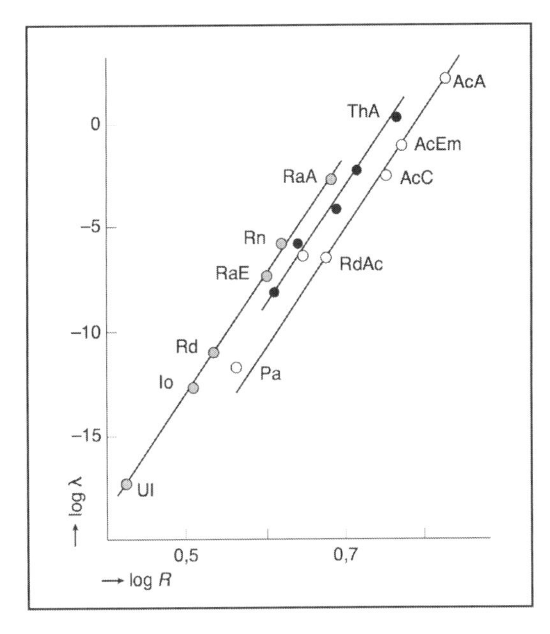


**Figura 9.11:** Relación entre la constante de decaimiento y el alcance de las partículas $\alpha$ emitidas, para diferentes elementos radiactivos.

La Figura 9.12 muestra la relación entre la constante de decaimiento $\lambda$ y la energía de las partículas $\alpha$, de la cual se puede concluir que cuanto menor es la vida media ($\tau = 1/\lambda$) mayor será la energía de las partículas $\alpha$ emitidas durante la desintegración. Una interpretación de ese hecho solo fue posible bastante más tarde, en el ámbito de la Física Nuclear.

Con el tiempo, muchas regularidades fueron siendo observadas con relación a las propiedades químicas de los miembros de una serie radiactiva, como las regularidades físicas presentadas en las Figuras 9.11 y 9.12. Cada vez que una partícula $\alpha$ es emitida, la valencia del átomo se altera (disminuye) en dos unidades. Por otro lado, cada vez que una partícula $\beta$ es emitida, la valencia varía en una unidad en el sentido opuesto. En 1911, Soddy ya había observado que cada vez que un átomo emitía una partícula $\alpha$ se transmutaba en otro, correspondiendo a un elemento dos posiciones abajo en la lista de masas atómicas. Esas observaciones pueden ser consideradas, de cierta forma, precursoras de la idea de *número atómico* (Sección 8.2.4).

Dos años mas tarde, en 1913, Soddy y el químico polaco Kasimir Fajans llegaron, independientemente, a la llamada *ley del desplazamiento*:

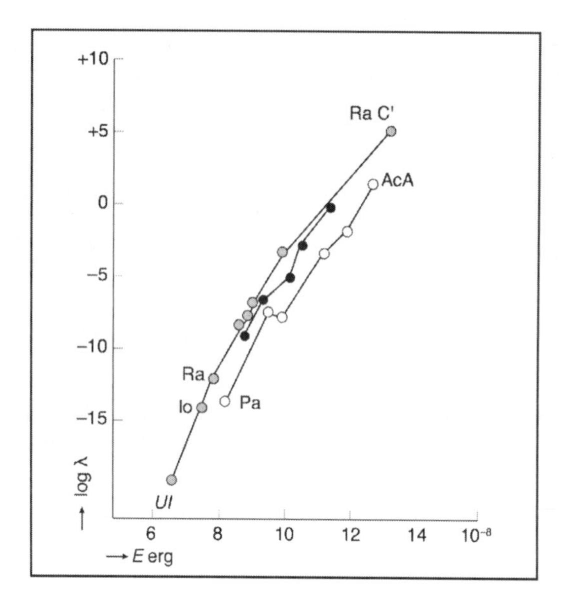


**Figura 9.12:** Relación entre la constante de decaimiento y la energía de las partículas $\alpha$, emitidas para diferentes elementos radiactivos.

> *La emisión de una partícula $\alpha$ causa una disminución de dos en el número atómico, esto es, un desplazamiento de dos posiciones a la izquierda en la Tabla Periódica. La emisión de una partícula $\beta$ causa un aumento de uno en el número atómico, esto es, un desplazamiento de una posición a la derecha en la Tabla Periódica.*

Conocida la ley matemática del decaimiento radiactivo, de naturaleza probabilística, restaba conocer sus causas.

La Teoría Cinética de los Gases (Capítulo 3) y la Termodinámica parten de la aceptación tácita de un cierto determinismo molecular, aunque el tratamiento matemático de ambas apunte en la dirección de un cierto indeterminismo, inherente al tratamiento estadístico. Como fue visto en otros capítulos, esa "infiltración" de la Estadística en la Física aparece en varios momentos: en la descripción del movimiento browniano; en la derivación del espectro de la radiación del cuerpo negro hecha por Planck, con base en la interpretación estadística de la entropía, hecha por Boltzmann; en la teoría de fotones de Einstein para la luz y en sus trabajos sobre la emisión y absorción de fotones por la materia; y en la propia interpretación de la Mecánica Cuántica.

A ese grupo se debe aún incluir el descubrimiento de la ley del decaimiento radiactivo, que se basa en concepciones probabilísticas. Desde el punto de vista del atomismo estricto, esa ley levanta una importante cuestión epistemológica. De hecho, si todos los átomos son rigurosamente idénticos, como se pensaba hasta el final del siglo XIX, ¿cómo algunos átomos de una misma muestra podrían decaer en un cierto intervalo de tiempo y otros no? Una respuesta satisfactoria para esta pregunta sólo será dada por la Mecánica Cuántica. Entre tanto, cabe presentar, incluso resumidamente, algunos caminos que podrían llevar a una respuesta plausible todavía en el ámbito de la Física Clásica.

El punto de partida que parece ser natural es intentar comprender cuales son las causas de los decaimientos radiactivos, pues, como bien enfatiza el físico italiano Edoardo Amaldi,

> *sin ningún conocimiento de las causas que determinan en casos simples la desintegración de un átomo específico, podemos comprender este proceso como un evento puramente accidental en el sentido del cálculo de la probabilidad.*

Lo que Rutherford y Soddy ya tenían claro se refiere a la *probabilidad* y no a la *causa* de los decaimientos. De hecho, en medio de una complejidad de fenómenos, ellos habían comprendido que cada átomo radiactivo poseía una probabilidad definida de decaer por unidad de tiempo, la cual es rigurosamente constante en el tiempo. Esa probabilidad es característica de la sustancia radiactiva estudiada y no depende absolutamente de nada más.

En 1909, Soddy escribe:

> *La causa de la desintegración atómica permanece desconocida. Es difícil construir algún modelo para el mecanismo de desintegración, principalmente teniendo en cuenta ciertas características relacionadas con el proceso. En particular, debe ser mencionado el hecho de que el período de vida media de los átomos que se desintegran es el mismo si consideramos los átomos recientemente formados o aquellos que ya sobreviven varias veces al período medio de desintegración. Lo que puede ser llamado inevitabilidad del proceso, y su entera independencia de todas las condiciones, sugiere que la causa de la desintegración sea exterior al átomo. Es difícil creer que la causa resida en el espacio externo al átomo. Parece más probable que ella exista dentro del átomo y, al mismo tiempo, no sea influenciada por él. La cuestión sobre la cual se debe discutir es si necesariamente sólo un modo de inestabilidad puede existir dentro del átomo al mismo tiempo.*

Estar de acuerdo con Soddy en cuanto al hecho de que la causa última de las transformaciones radiactivas es interna al átomo llevó al químico y físico francés André Debierne a proponer, en 1912, que el átomo debería tener una estructura compleja, capaz de introducir un elemento de desorden. En el fondo, parece evidente la analogía con un gas ideal clásico compuesto por un número prácticamente infinito de constituyentes. Un número enorme de constituyentes daría origen a fluctuaciones estadísticas. Por otro lado, la agitación desordenada podría dar origen, en ciertos casos, a estados de inestabilidad. Claro que, como bien notó Langevin, las ideas de Debierne de una estructura compleja para cada átomo necesariamente van a requerir un gran número de parámetros para fijar la configuración del átomo. Es interesante notar aquí la analogía entre este átomo de Debierne y lo que se llamó *Bag Model* para los hadrones, desarrollado en la década de 1970, en el cual esas partículas "elementales" eran vistas como un gas de *quarks* sin masa, en el interior de una bolsa.

De cualquier forma, una interpretación convincente en nivel clásico no fue conseguida ni por Debierne ni por ninguno. Era preciso una nueva visión sobre el microcosmos que aún estaba por venir con la Mecánica Cuántica (Sección 13.1.1). A pesar de eso, la ley de los decaimientos radiactivos tienen una consecuencia epistemológica importante, pues permitió la determinación del valor del número de Avogadro de un modo totalmente diferente e inesperado.

## 9.4 El número de Avogadro

> *Una admirable investigación de Rutherford, que ampliaba aún más la idea de átomo de electricidad, permite que [la] magnitud [del número de Avogadro] sea obtenida de varios modos diferentes, a partir de observaciones relativas a los cuerpos radiactivos.*
>
> Jean Perrin

En la Sección 9.3.3, fue mostrada y discutida la ley del decaimiento exponencial, que relaciona el número $N$ de átomos presente en una muestra en un tiempo dado $t$ con el número de átomos presentes en $t = 0$, o sea,

$$N = N_o\, e^{-\lambda t} \tag{9.5}$$

en la cual la constante $\lambda$ depende del tipo de material radiactivo. La semivida del material, $T_{1/2}$, es definida como el tiempo que a la mitad de los átomos presentes en la muestra en el instante $t = 0$ le lleva decaer y es expresada por la ecuación (9.4).

Por otro lado, diferenciando la ecuación (9.5) en relación al tiempo $t$, se obtiene una expresión para la tasa de decaimiento de átomos, dada por

$$-\frac{\mathrm{d}N}{\mathrm{d}t} = \lambda\left(N_o e^{-\lambda t}\right) = N\lambda \tag{9.6}$$

Rutherford utilizó esos resultados para calcular el número de Avogadro a partir del decaimiento de sustancias radiactivas, que emitían partículas $\alpha$. En aquella época, se creía que la semivida del radio fuese del orden de 2 000 años ($6{,}3 \times 10^{10}$ s), de lo que resulta $\lambda = 1{,}09 \times 10^{-11}\mathrm{s}^{-1}$. Era también sabido que 1 gramo de radio emite $3{,}4 \times 10^{10}$ partículas $\alpha$ por segundo. Sustituyendo esos dos valores en la ecuación (9.6), se obtiene $N = 3{,}12 \times 10^{21}$ partículas por gramo de radio. Suponiendo que cada partícula es emitida por un átomo, para saber el número de átomos de radio en un mol, basta multiplicar el número encontrado por el peso atómico de ese elemento, que es 226. De ese modo, Rutherford encontró[1] $N_A = 7{,}05 \times 10^{23}$.

## 9.5 Datación radiológica

*En términos de principios físicos, es claro, un método que funciona por mil años puede extenderse en el camino hasta cincuenta mil.*
W.F. Libby

Otra importante aplicación de la ley de decaimiento radiactivo de Rutherford fue realizada por el grupo del químico estadounidense Willard Frank Libby, en 1947, al utilizar el carbono 14 ($\mathtt{C}^{14}$) para la determinación de edades cronológicas de muestras de materiales orgánicos antiguos. Ese isótopo de carbono tiene semivida ($T_{1/2}^{\mathtt{C}^{14}}$) del orden de 5 730 años.

Esa semivida está asociada al decaimiento del carbono 14 en nitrógeno 14 por emisión $\beta$, o sea,

$$\mathtt{C}^{14} \to \mathtt{N}^{14} + \beta$$

Gran parte del dióxido de carbono ($\mathtt{CO}_2$) existente en la atmósfera es constituida de carbono 12, y una pequeña parte, de carbono 14. La razón entre la cantidad de núcleos de carbono 12 y de carbono 14, $N_{\mathtt{C}^{12}}/N_{\mathtt{C}}^{14}$, denominada *abundancia relativa*, es del orden de $7{,}7 \times 10^{11}$.

En el proceso de fotosíntesis, el dióxido de carbono es absorbido por las plantas, que serán ingeridas por los animales y por el hombre. De ese modo, se admite que los organismos vivos contienen carbono 14, en relación al carbono 12, en la misma proporción que la atmósfera.

Después de la muerte, el organismo no absorbe ya dióxido de carbono. Por tanto, la masa de carbono 12 permanece constante, mientras que el carbono 14 continua decayendo. Así, a partir de la actividad del carbono 14 en una muestra de organismo muerto, como el fósil de una planta, un pedazo de carbón vegetal o parte de huesos de animales, se puede estimar a edad de la muestra.

De acuerdo con la ley de Rutherford, la tasa de decaimiento de un núcleo radiactivo puede ser expresada como

$$-\frac{\mathrm{d}N}{\mathrm{d}t} = \frac{N_0}{\tau}\,e^{-t/\tau}$$

o

$$A = A_0\,e^{-t/\tau}$$

siendo $A$ la *actividad* y $A_0$ la actividad inicial del núcleo.

En el SI, la unidad para la actividad es el becquerel (Bq), tal que 1Bq = 1 decaimiento/segundo. Otra unidad utilizada es el curie (Ci), tal que $1\mathrm{Ci} = 3{,}7 \times 10^{10}\mathrm{Bq}$.

[1] Corrigiendo los valores de la semivida del radio y de su tasa de emisión de partículas $\alpha$ por lo que se conoce hoy, el resultado obtenido sería $N_A = 6{,}0 \times 10^{23}$.

Considerando que la cantidad de núcleos de carbono 12 en una muestra de material orgánico muerto permanece constante a lo largo del tempo, el número inicial de carbono 14 es dado por

$$N_0(\mathtt{C}^{14}) = \frac{N(\mathtt{C}^{12})}{\left[\frac{N_{\mathtt{C}^{12}}}{N_{\mathtt{C}}^{14}}\right]}$$

Una vez calculada la cantidad inicial de núcleos de carbono 14, se determina la actividad inicial por

$$A_0 = \frac{N_0(\mathtt{C}^{14})}{\tau_{\mathtt{C}^{14}}} = 0{,}693\,\frac{N_0(\mathtt{C}^{14})}{T_{1/2}^{\mathtt{C}^{14}}}$$

Luego, a partir de la medición de la actividad ($A$) actual de la muestra y de la determinación de la masa de carbono 12, $M(\mathtt{C}^{12})$, existente en la muestra, se puede estimar la edad de la muestra por

$$t = \tau_{\mathtt{C}^{14}} \ln\left(\frac{A_0}{A}\right) = \frac{T_{1/2}^{\mathtt{C}^{14}}}{0{,}693} \ln\left(\frac{A_0}{A}\right)$$

en la cual la actividad inicial es determinada a partir del número de núcleos de carbono 12 en la muestra, por $N(\mathtt{C}^{12}) = \dfrac{N_A}{12} \times M(\mathtt{C}^{12})$.

Teniendo a la vista el valor de la semivida del carbono 14, su uso sólo es efectivo para datar objetos con edad hasta cerca de 50 mil años. Sin embargo, el principio usado en la datación por carbono 14 también se aplica a otros isótopos. Además del carbono 14, se puede usar el potasio 40 – con vida media de $1{,}28 \times 10^9$ años – o el uranio 235 – con vida media de 704 millones de años –, y muchos otros elementos radiactivos.

Mientras el potasio 40 ($\mathtt{K}^{40}$) puede decaer en argón 40 ($\mathtt{Ar}^{40}$) por emisión de un positrón ($\beta^+$),

$$\mathtt{K}^{40} \to \mathtt{Ar}^{40} + \beta^+$$

el uranio 235 ($\mathtt{U}^{235}$) puede decaer en cascada hasta el plomo 207 ($\mathtt{Pb}^{207}$).

Toda vez que el argón es un gas noble, se puede suponer que todo el $\mathtt{Ar}^{40}$ en una roca terrestre se originó del decaimiento del $\mathtt{K}^{40}$. El número actual de $\mathtt{K}^{40}$, en el instante presente $t$, es dado por

$$N(\mathtt{K}^{40}) = N_0\, e^{-t/\tau_{\mathtt{C}^{14}}}$$

siendo $N_0$ el número de $\mathtt{K}^{40}$ en el instante inicial de formación de la roca. Por tanto, el número actual de $\mathtt{Ar}^{40}$ es dado por

$$N(\mathtt{Ar}^{40}) = N_0 - N(\mathtt{K}^{40})$$

De esas relaciones se tiene que

$$N(\mathtt{K}^{40}) = \left[N(\mathtt{Ar}^{40}) + N(\mathtt{K}^{40})\right] e^{-t/\tau_{\mathtt{C}^{14}}} \quad \Rightarrow \quad t = \tau_{\mathtt{C}^{14}} \ln\left[\frac{N(\mathtt{Ar}^{40})}{N(\mathtt{K}^{40})} + 1\right]$$

Sabiendo que la razón entre la cantidad de núcleos de argón y de potasio es del orden de

$$\frac{N_{\mathtt{Ar}^{40}}}{N_{\mathtt{K}}^{40}} \simeq 10{,}3$$

se puede estimar la edad de la roca, la cual es aproximadamente la edad de la Tierra, como

$$t = \frac{T_{1/2}^{\mathtt{K}^{40}}}{0{,}693} \times \ln 11{,}3 = \frac{1{,}28 \times 10^9}{0{,}693} \times \ln 11{,}3 \simeq 4{,}48 \times 10^9 \text{ anos}$$

Se trata, como el lector puede percibir, de un método muy poderoso y de largo alcance. Eso sí, resultados confiables dependen mucho de la calidad de la muestra y de cuanto se consigue dimensionar diversos factores relacionados al ambiente en el cual la muestra fue producida o conservada, lo que no siempre es tarea fácil.

## 9.6 Fuentes primarias

**Anderson, E.C.; Libby, W.F.; Weinhouse, S.; Reid, A.F.; Grosse, A.V., 1947.** Natural Radiocarbon from Cosmic Radiation. *Physical Review* **72**, n. 10, p. 931-936.

**Becquerel, H., 1896a.** Sur les radiations émises par phosphorescence. *Comptes Rendus* **122**, p. 420-421.

**Becquerel, H., 1896b.** Sur les radiations invisibles émises par les corps phosphorescents. *Comptes Rendus* **122**, p. 501-503.

**Becquerel, H., 1896c.** Sur quelques proprietés nouvelles des radiations invisibles émises par divers corps phosphorescents. *Comptes Rendus* **122**, p. 559-564.

**Becquerel, H., 1896d.** Sur les radiations invisibles émises par les sels d'uranium. *Comptes Rendus* **122**, p. 689-694.

**Becquerel, H., 1896e.** Sur les propriétés différentes des radiations invisibles émises par les sels d'uranium, et du rayonnement de la paroi anticathodique d'un tube de Crookes. *Comptes Rendus* **122**, p. 762-767.

**Becquerel, H., 1896f.** Émission de radiations nouvelles par l'uranium métallique. *Comptes Rendus* **122**, p. 1086-1088.

**Becquerel, H., 1903.** Recherches sur une propriété nouvelle de la Matière, Activité Radiante. *Mémoire de l'Académie des Sciences de Paris* **46**, p. 1-364.

**Boltwood, B.B.; Rutherford, E., 1909.** Production of Helium by Radium. *Memoires of the Manchester Literary and Philosophical Society* IV, **52**, n.6, p.1-2. Vea también Die Erzeugung von Helium durch Radium. *Akademie Wissenschaften in Wien* **120**, p. 313-336 (1911).

**Curie, S., 1898.** Rayons émis par les composés de l'uranium et du thorium. *Comptes Rendus* **126**, p. 1101-1103.

**Curie, S., 1899.** Les rayons de Becquerel et le polonium. *Révue Générale des Sciences* **10**, p. 41-50.

**Curie, M$^{\text{me.}}$ S., 1904.** *Recherches sur les Substances Radioactives.* Thèse présentée a la Faculté des Sciences de Paris pour obtenir le grade de Docteur ès Sciences Physiques. Paris: Gauthiers-Villars, deuxième édition.

**Fajans, K., 1913.** Radioactive transformations and the periodic system of the elements. *Berichten der deutschen chemischen Gesellschaft* **46**, p. 422-439.

**Fajans, K., 1914.** Die Radioelemente und das periodische System. *Naturwissenschaft* **2**, n. 19, p. 463-468.

**Rutherford, E., 1903** The Magnetic and Electrical Deviation of the Easily Absorved Rays from Radium. *Philosophical Magazine*, S. 6, **5**, p. 177-187. Descubrimiento de que la partícula $\alpha$ tiene carga eléctrica positiva.

**Rutherford, E., 1913.** The Structure of the Atom. *Nature* **92**, n. 2302, p. 423.

**Soddy, F., 1913a.** Intra-atomic Charge. *Nature* **92**, n. 2301, p. 399-400.

**Soddy, F., 1913b.** The Radio-elements and the Periodic Law. *Chemical News* **107**, p. 97-99.

**Van der Broek, A., 1913.** Intra-atomic Charge. *Nature* **92**, n. 2301, p. 372-373.

## 9.7 Otras referencias y sugerencias de lectura

**Badash, L. (Ed.), 1969.** Correspondencia entre Rutherford y el químico Bertram Borden Boltwood sobre la Radiactividad, que cubre un período de 20 años (1904-1924).

**Curie, M$^{\text{me.}}$ S., 1904.** *Recherches sur les Substances Radioactives.* Tesis de Doctorado presentada en la Faculdad de Ciencias de París.

**Curie, Madame P., 1910.** *Tratado de radiactividad*, 2 v. Paris: Gauthier-Villars. Corresponde a las clases sobre Radiocatividad dadas por la autora en La Sorbonne.

**Curie, M.S., 1954.** Edición de las obras de Madame Curie bajo responsabilidad de su hija.

**Fajans, K., 1931.** Libro sobre las fuerzas químicas y las propiedades ópticas de los radioelementos y de los isótopos.

**Leenson, I.A., 1998.** Ernest Rutherford, Avogadro's Number, and Chemical kinetics. *Journal of Chemical Education* **75**, n. 8, p. 998-1003.

**Martins, R.A., 1990.** Cómo Becquerel no descubrió la radiactividad. *Caderno Catarinense de Ensino de Física*, v. 7, p. 27-45. *Journal of Chemical Education* **75**, n. 8, p. 998-1003.

**Rutherford; E. Chadwick, J.; Ellis, C.D., 1930.** Uno de los libros de texto más importantes sobre la radiactividad.

**Rutherford, E., 2004.** Nueva edición en inglés del libro clásico de Rutherford sobre la Radiactividad.

**Segrè, E., 1980.** Presenta de forma bastante clara una historia de la Física Moderna que va del descubrimiento de los rayos $X$ al descubrimiento de los *quarks*.

## 9.8 Ejercicios

**Ejercicio 9.8.1** La energía cinética de las partículas $\alpha$ emitidas por el Ra fue estimada por Rutherford, en 1905, a partir de los siguientes datos: $e = 3{,}4 \times 10^{-10}$ues, $e/m = 6{,}3 \times 10^{3}$uem (abcoulomb/g) para la partícula $\alpha$, cuya velocidad es $v = 2{,}5 \times 10^{9}$cm/s. Determine el valor por él estimado.

**Ejercicio 9.8.2** La tasa de emisión de calor por 1 g de Ra es igual a $1{,}2\times10^{6}$ erg. Considerando que el efecto de calentamiento de la muestra sea debido sólo a las partículas $\alpha$ emitidas, determine el número de estas partículas que debe ser expulsado por segundo.

**Ejercicio 9.8.3** Considerando que hoy el valor de la semivida del $\text{Ra}^{226}$ es de 1 602 años, determine:

a) la actividad de un gramo de $\mathtt{Ra}^{226}$;

b) el número de Avogadro.

**Ejercicio 9.8.4** Considere que la probabilidad $P$ de desintegración de un átomo radiactivo dependa sólo del intervalo de tiempo de observación considerado $\Delta t$, o sea, $P = \lambda\Delta t$, en donde $\lambda$ es la constante de decaimiento. La probabilidad de que un átomo dado *no* se desintegre en ese intervalo de tiempo es $Q_1 = 1-P = 1-\lambda\Delta t$. De este modo, la probabilidad de que un cierto átomo *no* se desintegre transcurridos $n$ intervalos de tiempo $\Delta t$ es

$$Q_n = (1 - \lambda\Delta t)^n$$

Si la observación se da en un intervalo finito de tiempo $t$, durante el cual el número $n$ de intervalos $\Delta t$ es muy grande, se puede escribir

$$Q_n = \left(1 - \frac{\lambda t}{n}\right)^n$$

Muestre que, si $n$ es muy grande, se obtiene la relación

$$N = N_o\, e^{-\lambda t}$$

**Ejercicio 9.8.5** Considere una muestra radiactiva conteniendo 3 mg de $\mathtt{U}^{234}$. Sabiendo que $T_{1/2} = 2{,}48 \times 10^5$años y $\lambda = 8{,}88 \times 10^{-14}\ \mathrm{s}^{-1}$, determine la masa de ese isótopo de uranio que no se habrá desintegrado después de $6{,}2 \times 10^4$años.

**Ejercicio 9.8.6** Considere en una serie de radioisótopos el decaimiento de un elemento $A$ en otro $B$, sabiendo que $B$ decae en $C$. Sea $N_o$ el número inicial de átomos do tipo $A$, cuya constante de decaimiento es $\lambda_A$ y sea $\lambda_B$ la constante de decaimiento de $B$. Muestre que el número de átomos de tipo $B$ que *no* hayan decaído después de un tiempo $t$ es dado por

$$N_B = \frac{N_o\lambda_A}{\lambda_B - \lambda_A}\left[e^{-\lambda_A t} - e^{-\lambda_B t}\right]$$

**Ejercicio 9.8.7** Se sabe que la semivida del isótopo de yodo $\mathtt{I}_{53}^{133}$ es igual a 20 h. Considerando una muestra de ese isótopo de 2 g, determine el tiempo transcurrido, en horas, para que esa masa se reduzca a 0,25 g.

**Ejercicio 9.8.8** Una muestra de carbón vegetal contiene aproximadamente 25 g de carbono 12, y la actividad del carbono 14 en la muestra es igual a 250 desintegraciones por minuto. Determine la edad de la muestra.

**Ejercicio 9.8.9** Suponga que todo el plomo 207 en la Tierra se originó del decaimiento de uranio 235. Sabiendo que la abundancia relativa del plomo en relación a ese elemento es del orden de 29, determine la edad de la Tierra y compárela con la datación basada en el potasio 40 (Sécción9.5).

**Ejercicio 9.8.10** La semivida del neutrón es del orden de 10 minutos. Un haz de neutrones se propaga en el vacío. Determine la distancia recorrida por el haz cuando la intensidad se redujo a la mitad, si la energía de cada neutrón es igual a 5 eV;

**Ejercicio 9.8.11** La actividad del $\mathtt{Au}_{79}^{200}$ es igual a 58,9 Ci. Sabiendo que 1 Ci $= 3{,}7 \times 10^{10}$ desintegraciones/s, determine la semivida de ese isótopo.

**9.8.12** La actividad de una muestra de $\mathtt{Cr}_{24}^{55}$ en intervalos de 10 minutos, en milicuries, es dada por

| 1118,8 | 123,9 | 19,2 | 2,68 | 0,36 |
|---|---|---|---|---|

Determine la semivida del $\mathtt{Cr}_{24}^{55}$.

# 10

# La radiación del cuerpo negro y el retorno a la concepción corpuscular de la luz

*Nunca en la historia de la Física hubo una interpolación matemática tan imperceptible con tan amplias consecuencias físicas y filosóficas.*

Max Jammer

La segunda nube a la cual Kelvin se refirió, en la aurora del siglo XX (Sección 6.2), se refiere a la teoría de Maxwell-Boltzmann y fue parcialmente disipada por Planck al término del año 1900. Es curioso notar que, a pesar de que la hipótesis de un *quantum* de energía, introducida por Planck, ha tenido una influencia marcante en la Física Atómica y Molecular del siglo XX, su descubrimiento no está ligado a los principales tópicos de esa área de la Física, en el período de 1895-1900. El origen del trabajo de Planck fue el estudio de la radiación de calor de un cuerpo negro,[1] a temperaturas del orden de centenas de grados Celsius, o sea, el análisis de espectros electromagnéticos continuos de emisión y de absorción.

Los primeros resultados del análisis espectroscópico de la emisión de la radiación de cuerpo negro, obtenidos por el físico alemán Friedrich Paschen, en 1894, involucraban longitudes de onda relativamente cortas, del orden de 5 $\mu$m, en la rango del infrarrojo. De esas observaciones, Paschen y el también alemán Wilhelm Wien sugirieron, independientemente, en 1896, una fórmula semiempírica que se ajustaba a las curvas experimentales de la intensidad de la radiación emitida (Figura 10.4).

A pesar del éxito inicial de la fórmula de Wien (Sección 10.2.1), sus límites fueron pronto evidenciados cuando, en el inicio del siglo XX, más precisamente en 1900, los dos grupos de *Physicalish-Technische Reichsanstalt*, de Berlin, constituidos por Otto Lummer, Ernst Pringsheim, Ferdinand Kurlbaum y Heinrich Rubens, extendieron las observaciones hacia longitudes de onda mayores, inicialmente hasta 18 $\mu$m y, luego después, en el rango de 30 a 50 $\mu$m (Figura 10.7), a temperaturas entre 200°C y 1 600°C. Los resultados así obtenidos, principalmente por Kurlbaum y Rubens, establecieron definitivamente que, para esas frecuencias menores, bien alejadas de la región visible, en vez de la fórmula de Wien, la recién propuesta fórmula de Rayleigh (Sección 10.2.3) era la que más adecuadamente se ajustaba a los datos.
Fueron esos resultados los que forzaron a Planck a reevaluar sus conceptos y estudios iniciales de la radiación del cuerpo negro, en un clásico y fructífero ejemplo de interacción entre experimento y teoría.

Así, al final del verano europeo de 1900, Planck obtuvo la fórmula de interpolación (Sección 10.2.4), cuyos límites eran la expresión de Rayleigh (para bajas frecuencias) y la de Wien (para altas frecuencias), y partió en búsqueda de una interpretación física para su ley del comportamiento de la intensidad de la radiación del cuerpo negro.

[1] Un cuerpo negro absorbe toda la energía de la radiación electromagnética que incide sobre él.

Desde el inicio, el enfoque de Planck se basaba en un modelo en el cual la materia sería constituida por osciladores elementales, cuyas vibraciones darían origen a la radiación, en un proceso en el cual la materia y la radiación estarían en equilibrio térmico; esos osciladores, en última instancia, serían los átomos, a pesar de su resistencia a la hipótesis atómica.

Con los resultados experimentales de los grupos de Berlín, Planck se ve obligado a abandonar su visión sobre la constitución de la materia y adoptar el enfoque estadístico de Boltzmann para la defínción de entropía de un gas (Sección 10.1.1). Así, concluye que la frecuencia de cada componente monocromática de la radiación emitida sería igual a la frecuencia natural de vibración de osciladores elementales, cuyas energías solo podrían asumir valores discretos, múltiplos enteros de un *quantum* de energía proporcional a esa frecuencia.

Del mismo modo que la velocidad de la luz en el vacío ($c$) es la constante fundamental de la Teoría de la Relatividad Especial (Capítulo 6), la constante de proporcionalidad entre el *quantum* de energía y la frecuencia de la radiación, posteriormente denominada *constante de Planck* ($h$), es la constante fundamental de la nueva teoría física que emergió, al término del primer cuarto del siglo XX, para describir la evolución o la dinámica de las partículas microscópicas, la Mecánica Cuántica (Capítulos 13 y 14).

A pesar de que la hipótesis de un *quantum* de energía se constituyó como el principal factor de la génesis de la Mecánica Cuántica, permitiendo una excelente descripción de los datos experimentales, Planck, resistiéndose a esa idea, que contrariaba las leyes de la Física Clásica, pasó varios años procurando, sin éxito, otra forma de explicar la ley de la radiación del cuerpo negro.

Las primeras utilizaciones de la hipótesis de Planck de cuantización de la energía, con la subsecuente extensión de su ámbito de aplicación, aparecieron en dos trabajos de Einstein: uno, en 1905, sobre la cuantización de la propia radiación (Sección 10.3), y otro sobre los calores específicos de los sólidos, en 1907 (Sección 10.3.2).

Un punto de contacto entre los trabajos de Rayleigh y los de Einstein es que, desde el inicio, ambos se concentraron en la propia radiación, o sea, en el campo electromagnético, al contrario de Planck, que se concentraba en los osciladores de los cuales la radiación provenía. Así, en su trabajo de 1905, Einstein, después de mostrar que cualquier componente monocromática de alta frecuencia de la radiación del cuerpo negro se comportaba como un gas (Sección 10.3), en el cual la energía de sus partículas, posteriormente denominadas *fotones*, era igual al *quantum* de energía de Planck, explica, dentro de otros, el fenómeno del *efecto fotoeléctrico*, que es la emisión de electrones de un metal, en el cual incide radiación electromagnética de alta frecuencia, principalmente en el rango ultravioleta (Sección 10.3.1).

Por reiterar una visión corpuscular de la luz y estar basada en argumentos estadísticos, hubo mucha resistencia en la comunidad científica de la época a la idea de cuantización del campo electromagnético. Sin embargo, esa hipótesis, reforzada por otro argumento estadístico del propio Einstein, en 1909, es lo que da origen a la percepción de que la luz manifiesta un comportamiento dual, evidenciando ora un carácter corpuscular, ora un carácter ondulatorio.

## 10.1 La Mecánica Estadística

*La irreversibilidad es un efecto puramente estadístico.*

Jan Von Plato

Como fue visto en capítulos anteriores, la concepción atomística de la materia estuvo ligada a las investigaciones de Maxwell y Boltzmann, al final del siglo XIX, sobre el comportamiento de los gases moleculares (Capítulo 3), y, finalmente, a los trabajos de Einstein y Perrin sobre el movimiento browniano. Esos enfoques, además de coronar a la Mecánica Clásica como la base de teorías interpretativas de los sistemas complejos constituidos de muchas partículas, les dieron una descripción estadística.

Inicialmente, a partir de hipótesis y modelos acerca de los mecanismos de colisiones entre las moléculas de un gas, fue elaborada la Teoría Cinética de los Gases. En seguida, se buscó una teoría estadística de carácter más general, no sólo para gases, sino incluso apoyada en las leyes de la Mecánica Clásica.

En el contexto clásico, esa teoría estadística, iniciada por Boltzmann, fue elaborada y establecida por el físico estadounidense Josiah Willard Gibbs, en 1901, a partir de la formulación de la Mecánica Clásica hecha por el matemático irlandés William Rowan Hamilton, y fue por Gibbs denominada *Mecánica Estadística.*

Con los trabajos de Planck y Einstein, el enfoque estadístico pasa a ser un instrumento eficaz y poderoso en el análisis de los processos físicos de naturaleza distinta de los compuestos moleculares. Ambos llegan a resultados que se tornaron verdaderos estímulos de la gran revolución de ideas y nuevas concepciones ocurrida en la Física, en el inicio del siglo XX, que culminó no solo con la generalización y afirmación de la Mecánica Estadística, sino con la creación de la Mecánica Cuántica, la teoría física sobre la cual se debería apoyar cualquier teoría interpretativa posterior para el microcosmos.

La formulación estadística clásica para sistemas cuyos constituyentes casi no interactúan, sólo lo suficiente para establecer el equilibrio térmico,[2] es suficientemente general para explicar las principales teorías desarrolladdas por Planck y Einstein acerca de la radiación del cuerpo negro y de los calores específicos de los sólidos, como será visto a lo largo de este capítulo.

Desde el punto de vista de la Mecánica Clásica, la energía ($\epsilon$) de una partícula de masa $m$, en un campo conservativo, puede ser expresada en función de su posición $(x, y, z)$ y *momentum* $(p_x, p_y, p_z)$ como

$$\epsilon(x, y, z, p_x, p_y, p_z) = \epsilon_p(x, y, z) + \frac{p_x^2}{2m} + \frac{p_y^2}{2m} + \frac{p_z^2}{2m}$$

siendo $\epsilon_p(x, y, z)$ la energía potencial de la partícula.

De ese modo, la evolución o el comportamiento de la partícula puede ser representado en un *espacio de fase* de seis dimensiones, en el cual cada punto $(x, y, z, p_x, p_y, p_z)$, que depende del valor de la energía $\epsilon$, caracteriza el *estado* dinámico de la partícula.

Para partículas que se mueven sólo a lo largo de una dirección $x$, con *momentum* $p$, el espacio de fase es un "plano" $(x, p)$ en el cual la evolución de cada partícula puede ser visualizada como una trayectoria en ese plano (Figura 10.1).

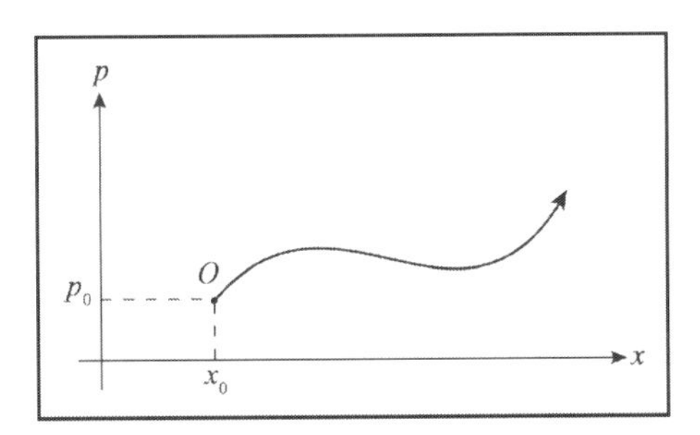


**Figura 10.1:** Posible trayectoria de una partícula en su espacio de fase, a partir de un punto inicial $O$.

Cada punto de ese plano, compatible con la energía y otros vínculos externos, representa un *estado* posible para la partícula. El área $(\mathrm{d}x\, \mathrm{d}p)$ de una región de ese plano es proporcional al número de estados accesibles a la partícula.

En ese contexto, la probabilidad de ocupar una determinada región de área $\mathrm{d}x\, \mathrm{d}p$ de ese espacio de fase, por una partícula con energía $\epsilon(x, p)$, que forma parte de un sistema en equilibrio térmico a la temperatura $T$, es proporcional a

[2] A pesar de no interactúar entre sí, los constituyentes pueden interactuar con un campo externo, como el gravitacional terrestre o el electromagnético.

$$\exp\left[-\frac{\epsilon(x,p)}{kT}\right] \mathrm{d}x\,\mathrm{d}p$$

en donde, a su vez, el factor de Boltzmann $e^{-\epsilon/kT}$ es proporcional al número medio de partículas en la región de área $\mathrm{d}x\mathrm{d}p$, y $k$ es la constante de Boltzmann.[3]

Así, el valor medio de cualquier magnitud $f(x,p)$ asociada a la partícula, expresada en función de la posición y del *momentum*, puede ser calculado por

$$\langle f\rangle = \frac{1}{z}\int f(x,p)\exp\left[-\frac{\epsilon(x,p)}{kT}\right] \mathrm{d}x\,\mathrm{d}p$$

y la dispersión en relación a la media, caracterizada por la desviación estándar, por

$$\Delta f = \sqrt{\langle f^2\rangle - \langle f\rangle^2}$$

siendo $z = \displaystyle\int e^{-\epsilon/kT}\mathrm{d}x\,\mathrm{d}p$ un factor de normalización denominado *función de partición.*

Por ejemplo, para un sistema de partículas de masa $m$ que se comportan como osciladores armónicos unidimensionales, idénticos e independientes, de la misma frecuencia $\omega_o$, en equilibrio térmico a la temperatura $T$, la energía de cada oscilador es dada por

$$\epsilon = \frac{p^2}{2m} + \frac{1}{2}m\omega_o^2 x^2$$

y sus posibles estados en el plano de fase $(x,p)$ están a lo largo de una elipse (Figura 10.2) cuya área[4] $(A)$ es proporcional a la energía, o sea,

$$A \propto \epsilon$$

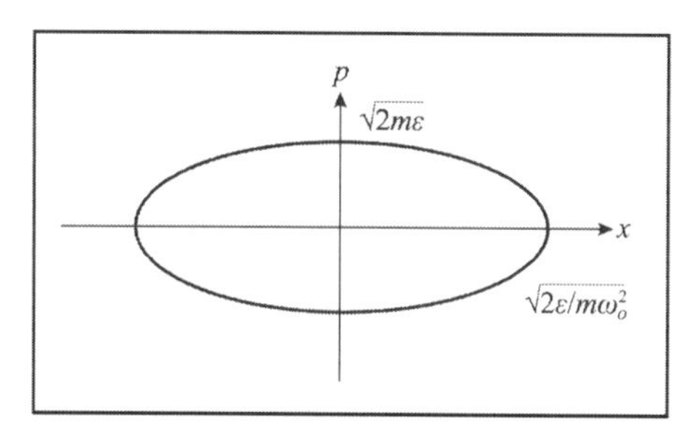


**Figura 10.2:** Lugar geométrico de los estados de un oscilador armónico unidimensional en su plano de fase.

Así, para un oscilador armónico unidimensional, el elemento de área $\mathrm{d}x\,\mathrm{d}p$ en el plano de fase, o el número de estados accesibles a cada oscilador en la región cuya área es $\mathrm{d}x\,\mathrm{d}p$, es proporcional al elemento de energía $\mathrm{d}\epsilon$, o sea,

$$\mathrm{d}x\ \mathrm{d}p \propto \mathrm{d}\epsilon$$

Como, en forma clásica, no existen restricciones para el valor de la energía,[5] el valor medio de cualquier magnitud, $f(\epsilon)$, asociada a un oscilador unidimensional, que dependa sólo de la energía, puede ser calculado por

$$\langle f\rangle = \frac{1}{z}\int_0^\infty f(\epsilon)\ e^{-\beta\epsilon}\ \mathrm{d}\epsilon$$

con $z = \displaystyle\int_0^\infty e^{-\beta\epsilon}\ \mathrm{d}\epsilon$ y $\beta = 1/kT$.

[3] Como fue notado en el Capítulo 3, la constante de Boltzmann, a pesar de estar implícita en los trabajos de Boltzmann, sólo fue explícitamente determinada, por primera vez, en los trabajos de Planck sobre la radiación del cuerpo negro.

[4] El área de esa elipse es $A = \pi ab$, con $a = \sqrt{2\epsilon/(m\omega_o^2)}$ y $b = \sqrt{2m\epsilon}$, por tanto, $A = 2\pi\epsilon/\omega_o$.

[5] Desde el punto de vista de la Mecánica Clásica, $\epsilon$ puede asumir cualquier valor en el intervalo $(0,\infty)$, esto es, puede variar continuamente.

En general, para sistemas cuyos constituyentes son distintos de un oscilador armónico, el elemento de área $dx\,dp$, proporcional al número de estados accesibles a los constituyentes del sistema, en una pequeña región del espacio de fase, puede ser expresado como

$$dx\,dp \;\propto\; g(\epsilon)d\epsilon$$

en donde $g(\epsilon)$ es la llamada *densidad de estados* de energía, y la función de partición pasa a ser definida por

$$z = \int_0^{\infty} g(\epsilon)e^{-\beta\epsilon}\,d\epsilon \tag{10.1}$$

En ese sentido, la densidad de estados para un oscilador armónico clásico es uniforme y, simplemente, dada por $g(\epsilon) = 1$.

La densidad de estados de energía puede ser determinada para casos simples, como los gases moleculares o sistemas cuyos constituyentes no interactúan, a partir del número de estados accesibles a los constituyentes en una región dada del espacio de fase, expresado como función de la energía. Por ejemplo, para un gas molecular ideal que ocupa un volumen $V$, el número de estados para una molécula de masa $m$ con *momentum* entre $p$ y $p+\,dp$ es proporcional a[6]

$$Vp^2\,dp \tag{10.2}$$

Expresando en términos de la energía ($p = \sqrt{2m\epsilon}$), el número de estados para una molécula con energía entre $\epsilon$ y $\epsilon +\,d\epsilon$ es proporcional a

$$V\epsilon^{1/2}\,d\epsilon \tag{10.3}$$

De ese modo, la densidad de estados de energía, $g(\epsilon)$, para una molécula de un gas ideal es proporcional a $\epsilon^{1/2}$. Mientras la expresión (10.2) es de carácter general, la expresión (10.3) depende de la relación entre la energía ($\epsilon$) y el *momentum* ($p$) de una partícula libre. Desde el punto de vista clásico, esa relación es dada por $p = \sqrt{2m\epsilon}$. Para partículas libres con altas energías (Sección 6.6.2), el *momentum* es proporcional a la energía, $p \propto \epsilon$. Además de las partículas con altas energías, esa proporcionalidad entre la energía y el*momentum* se verifica también para otros sistemas físicos (Tabla 10.1). En esos casos, la densidad de estados $g(\epsilon)$ de energía es proporcional al cuadrado de la energía, $g(\epsilon) \propto \epsilon^2$. Sin embargo, el número medio de partículas con energía $\epsilon$ ya no es proporcional al factor de Boltzmann.

La Tabla 10.1 muestra algunos sistemas y las correspondientes densidades de estados asociadas a sus constituyentes.

**Tabela 10.1:** Densidades de estado para diversos sistemas

| Sistemas | Constituyentes | $g(\epsilon)$ |
|---|---|---|
| Gases moleculares | Moléculas | $\epsilon^{1/2}$ |
| Radiación en una cavidad | Osciladores clásicos | 1 |
| Radiación en una cavidad | Osciladores cuánticos | $\sum_{n=0}^{\infty} \delta(\epsilon - \epsilon_n)$ |
| Radiación en una cavidad | Modos de vibración | $\epsilon^2$ |
| Sólidos cristalinos | Modos de vibración | $\epsilon^2$ |

[6] El número total ($G$) de estados accesibles para una partícula libre, de masa $m$, de un gas, hasta un valor de *momentum* igual a $p$, es obtenido integrando el elemento de volumen de su espacio de fase $dx\,dy\,dz\,dp_x\,dp_y\,dp_z$ hasta el volumen $V$ y el *momentum* $p$. Debido a la isotropía, el movimiento de las moléculas en el subespacio de los *momenta* está restringido a una esfera de radio $p = \sqrt{p_x^2 + p_y^2 + p_z^2}$, donde se obtiene $G = V(4\pi/3)\,p^3$.

Para osciladores y partículas no relativistas, considerando la función de partición como dependiente de $\beta = 1/kT$,

$$z(\beta) = \int_0^\infty g(\epsilon)e^{-\beta\epsilon}\, \mathrm{d}\epsilon$$

la energía media de cada constituyente,

$$\langle\epsilon\rangle = \frac{1}{z}\int_0^\infty \epsilon\, g(\epsilon)\, e^{-\beta\epsilon}\, \mathrm{d}\epsilon$$

puede ser expresada como

$$\langle\epsilon\rangle = -\frac{1}{z}\frac{\mathrm{d}z}{\mathrm{d}\beta} = -\frac{\mathrm{d}}{\mathrm{d}\beta}\ln z$$

Así, basta calcular la función de partición para determinar la energía media por constituyente.

Ese fue el enfoque de Einstein (Sección 10.2.6) para explicar tanto el resultado clásico obtenido por Rayleigh como el de Planck para la energía media de un oscilador que forma parte de un sistema en equilibrio térmico. Planck, a su vez, utilizó el método combinatórico de Boltzmann, basado en la definición de *entropía.*

## 10.1.1 Boltzmann y el problema de la irreversibilidad

Uno de los principales obstáculos conceptuales para la aceptación de la Teoría Cinética era el argumento de que ella no podría describir fenómenos y procesos termodinámicos irreversibles, como el establecimiento del equilibrio térmico, siendo ella una teoría microscópica basada en la Mecánica de Newton, cuya ley fundamental ($\vec{F} = m\mathrm{d}^2\vec{r}/\mathrm{d}t^2$) es invariante en una transformación temporal $t \to -t$, o sea, reversible.

De hecho, en 1876, Loschmidt argumentó en ese sentido al afirmar que, para cada posible movimiento de los constituyentes de un sistema, que lleva a su equilibrio, existe otro, igualmente posible, que lo aleja del equilibrio, y, por tanto, los procesos de origen mecánico, en último análisis, serían siempre reversibles.

El problema de la irreversibilidad, desde el punto de vista macroscópico, está ligado a las leyes que rigen el intercambio de energía entre los sistemas. Mientras que la 1$^{\text{era}}$ ley de la Termodinámica expresa la conservación de la energía interna ($U$) de un sistema,

$$\Delta U = Q - W \tag{10.4}$$

y no prohíbe la transformación integral del trabajo ($W$) realizado por un sistema en calor ($Q$), la 2$^{\text{da}}$ ley de la Termodinámica impone límites a la transformación inversa, o sea, a la conversión de calor en trabajo.

La magnitud definida por Clausius, en 1854, para caracterizar esos límites se denomina *entropía* y, usualmente, es denotada por $S$.[7] Según Clausius, la variación de la entropía de un sistema, desde una condición o estado $A$ a un estado $B$, al recibir o ceder una pequeña cantidad de calor $Q$, a la temperatura $T$, es tal que

$$S_B - S_A = \Delta S \geq \frac{Q}{T} \tag{10.5}$$

en el cual la igualdad solo es verificada si la evolución fuese reversible.

De ese modo, la conservación de la energía para procesos reversibles puede ser expresada por

$$\Delta U = T\Delta S - W \tag{10.6}$$

[7] Vea el comentario sobre una controversia al respecto en el libro de S.G. Brush (1965), p. 576.

y, para un gas ideal – toda vez que el trabajo ($W$) realizado a la presión $P$, al expandirse o al comprimirse en un volumen $\Delta V$, es $W = P\Delta V$ –, por

$$\Delta U = T\Delta S - P\Delta V \tag{10.7}$$

Luego, la temperatura y la presión de un sistema en equilibrio térmico pueden ser expresadas por

$$\frac{1}{T} = \left(\frac{\partial S}{\partial U}\right)_V \tag{10.8}$$

$$\frac{P}{T} = \left(\frac{\partial S}{\partial V}\right)_U \tag{10.9}$$

La ecuación (10.9) puede ser utilizada para determinar la ecuación de estado del sistema, y la ecuación (10.8) fue utilizada por Planck y Einstein al estudiar la radiación del cuerpo negro (Sección 10.2).

La relación de Clausius, ecuación (10.5), se basa en la $2^{\text{da}}$ ley de la Termodinámica y expresa el hecho de que el calor ($Q$) no pasa, espontáneamente, de un cuerpo a otro con temperatura ($T$) más alta.

Así, el *principio de la irreversibilidad* macroscópica puede ser expresado como

| *La entropía de un sistema aislado nunca decrece:* $\Delta S \geq 0$ |
|---|

o

| *El equilibrio de un sistema aislado es un estado de entropía máxima.* |
|---|

La interpretación microscópica de ese principio fue hecha por Boltzmann, sobre bases estadísticas, al identificar la entropía $S$ de un sistema de $N$ partículas, que ocupa un volumen $V$ y tiene energía $U$, en equilibrio térmico a la temperatura $T$, como una medida de su desorden, expresadoa por[8]

$$S(N,V,U) \propto \ln G(N,V,U) \tag{10.10}$$

siendo $G(N,V,U)$ el número total de configuraciones microscópicas compatibles con los vínculos externos impuestos al sistema. En lenguaje estadístico, se dice que el conjunto de valores $(N,V,U)$ define un macroestado del sistema y $G(N,V,U)$ es el número de microestados compatibles con ese macroestado. En ese sentido, cuanto mayor el número de partículas o el volumen de un sistema, mayor el número total de configuraciones, mayor el desorden y, consecuentemente, mayor la entropía del sistema.

Admitiendo que la ocurrencia de cada microestado sea igualmente probable, la probabilidad $P(N,V,U)$ de ocurrencia de un macroestado dado $(N,V,U)$ es proporcional al número de microestados correspondientes,

$$P(N,V,U) \propto G(N,V,U) \quad \Longrightarrow \quad P(N,V,U) \propto e^S$$

De ese modo, la probabilidad relativa de que cualquier parámetro macroscópico ($X$) que dependa de la cantidad de materia, como la energía ($U$), el volumen ($V$) o el número total de partículas ($N$), exhiba un valor dado en relación a su valor de equilibrio ($X_0$) puede ser expresada por la variación de la entropía, o sea,

$$\frac{P(X)}{P(X_0)} = \exp[S(X) - S(X_0)] = \frac{G(X)}{G(X_0)}$$

[8] Fue a partir de la definición de entropía como $S = k \ln G$ que Planck, en 1900, introdujo la constante de Boltzmann ($k$).

A partir de esa expresión, se puede calcular, por ejemplo, la probabilidad relativa de que un gas reduzca, espontáneamente, su volumen a la mitad, $P(V/2)/P(V) = P_{1/2}$. Utilizando el argumento de Einstein de 1905, de que, si el volumen $V$ ocupado por un gas ideal, con $N$ partículas y energía $U$, en equilibrio térmico, fuese dividido en regiones de volumen $V_0$, el número de estados accesibles a cada partícula del gas es dado por $V/V_0$. Para $N$ partículas independientes, el número total ($G$) de esos microestados es proporcional a

$$\left(\frac{V}{V_0}\right)^N$$

y, por tanto,

$$P_{1/2} = \frac{G(V/2)}{G(V)} = \frac{1}{2^N}$$

Como $N \simeq 10^{23}$, ese valor es extremadamente pequeño, y, en ese sentido, se dice que el fenómeno es macroscópicamente irreversible.

Así, la entropía de un gas ideal, obtenida por argumentos puramente probabilísticos, a partir de la ecuación (10.10), es dada por

$$S = \alpha \ln V + C$$

siendo $\alpha$ y $C$ constantes, lo que implica, según la ecuación (10.9), la ecuación de estado

$$\frac{P}{T} = \left(\frac{\partial S}{\partial V}\right)_U = \frac{\alpha}{V} \implies \frac{PV}{T} = \alpha$$

Por un argumento semejante, en general, la entropía depende de las variables $(N, V, U)$ que definen un macroestado, según

$$S \propto \mu \ln N + \alpha \ln V + \gamma \ln U + C$$

siendo $\mu$, $\alpha$, $\gamma$ y $C$ constantes.

Cabe notar que la arbitrariedad en la división del volumen $V$, o sea, de elegir un volumen $V_0$, a menos de un valor absoluto para la entropía, no acarrea ningún problema, toda vez que sólo las variaciones de entropía son relevantes para la determinación de cualquier propiedad macroscópica de un gas. Sin embargo, desde el punto de vista cuántico, como fue mostrado por primera vez por Planck, en 1900, se puede atribuir una escala absoluta para la entropía (Sección 10.2.5).

## 10.2 La radiación del cuerpo negro

*Intenté inmediatamente incorporar de alguna forma el* quantum *elemental de acción "h" en el contexto de la teoría clásica. Pero, frente a todos estos intentos, esta constante se mostró obstinada.*

Max Planck

Desde cierto punto de vista, las teorías cuánticas tuvieron origen en la adopción de métodos estadísticos para el estudio de sistemas físicos, cuando Max Planck, en 1900, dedujo una expresión que describía el comportamiento de la radiación del cuerpo negro. Desde 1895, cuando inició sus investigaciones en ese dominio, Planck procuró concentrarse en los osciladores elementales (átomos radiantes) en vez de hacerlo en la radiación en sí, como ya se ha mencionado.

Con anterioridad al trabajo de Planck, en el período entre 1854 y 1859, los precursores de la espectroscopía, Bunsen e Kirchhoff, habían establecido que, a pesar de que los poderes de absorción[9] ($a$)

[9] $a$ (poder de absorción) = fracción de energía total de la radiación que es absorbida por un cuerpo, por unidad de tiempo. Por ejemplo, para un cuerpo negro, $a = 1$ y, para el tungsteno (W), a la temperatura de 2 450 K, $a = 0,24$.

y de emisión[10] $(I)$ de un cuerpo irradiador dependieran de la temperatura y de su naturaleza, la razón $(I/a)_\lambda$, para una determinada longitud de onda $(\lambda)$, sólo depende de la temperatura; de otro modo, no podría existir el equilibrio de la radiación en el interior de una cavidad que contuviera sustancias diferentes:

$$\left(\frac{I}{a}\right)_\lambda \text{ (cuerpo cualquiera) } = I_\lambda(T) \text{ (cuerpo negro)}$$

En palabras del propio Kirchhoff, *para rayos de la misma longitud de onda y la misma temperatura, la razón del poder emisivo y de absorción es la misma para todos los cuerpos.* Así, la intensidad espectral de la radiación de un cuerpo negro es dada por una función universal $I_\lambda(T)$, que depende de la longitud de onda $(\lambda)$ y de su temperatura $T$.

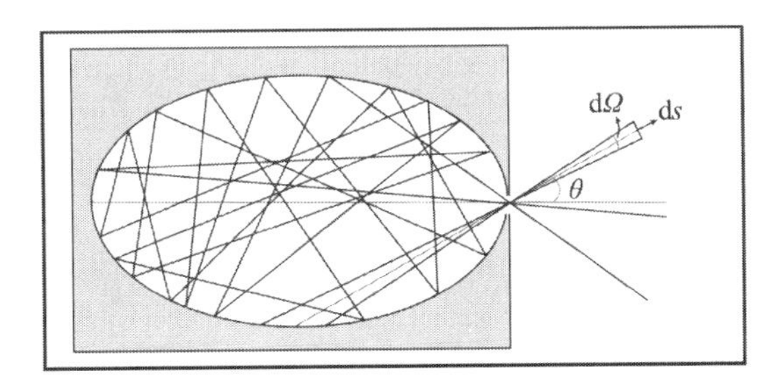


**Figura 10.3:** Radiación de cuerpo negro por una cavidad.

Conforme a lo mostrado por Kirchhoff, desde el punto de vista experimental, cualquier cavidad con paredes totalmente reflectoras en el interior de un sólido que tenga una pequeña abertura (Figura 10.3) se comporta como un cuerpo negro. De hecho, toda radiación venida del exterior que pase por el orificio es reflejada varias veces en las paredes internas hasta ser totalmente absorbida por ellas. Por otro lado, cuando el sólido se calienta, estas paredes emiten radiación electromagnética, cuya mayor parte permanece en el interior de la cavidad. En equilibrio térmico, a través de reflexiones sucesivas, la energía de la radiación emitida por las paredes es igual a la absorbida. Por esa razón, la radiación en el interior de la cavidad y, por tanto, también la pequeña fracción de la radiación que de ella emerge a través de la abertura deben poseer exactamente la distribución espectral de intensidad característica de la radiación del cuerpo negro.

Toda vez que la fracción de energía por unidad de tiempo y de área de la radiación de densidad de energía media $u$ que escapa por el orificio de una cavidad en una dirección $\theta$, en un ángulo sólido $\mathrm{d}\Omega$ (Figura 10.3), es dada, de acuerdo con la ecuación (5.38), por

$$uc\cos\theta\,\frac{\mathrm{d}\Omega}{4\pi}$$

la intensidad $(I)$ de la radiación isótropa emitida por la cavidad, en un hemisferio, se relaciona con la densidad media de energía $(u)$ por

$$\boxed{I = \frac{uc}{4}} \tag{10.11}$$

## 10.2.1 Leyes de Stefan y Wien

En la tentativa de encontrar la función universal $I_\lambda(T)$, dos leyes que expresan la dependencia de la radiación del cuerpo negro con respecto a la temperatura, y que desempeñan papel importante en los trabajos de Planck y Einstein, fueron:

[10] $I$ (poder de emisión) = intensidad de la radiación térmica emitida por un cuerpo. Por ejemplo, para el tungsteno a la temperatura de 2 450 K, $I = 50$ W/cm$^2$.

- la ley de Stefan (1879) – "La intensidad de la radiación emitida por un cuerpo negro es proporcional a la cuarta potencia de su temperatura."[11]

$$\boxed{I = \sigma T^4} \tag{10.12}$$

siendo $\sigma = (5{,}670\,51 \pm 0{,}00019) \times 10^{-12}$ W·cm$^{-2} \cdot K^{-4}$ la llamada constante de Stefan-Boltzmann;

- la ley de desplazamiento de Wien (1893) – "La longitud de onda ($\lambda_M$) correspondiente a la máxima densidad espectral de energía de la radiación emitida por un cuerpo negro es inversamente proporcional a su temperatura."

$$\boxed{\lambda_M T = b} \tag{10.13}$$

con $b = (0{,}2897756 \pm 0{,}0000024)$ cm·K.

La ley de Stefan fue deducida por Boltzmann en 1884. Usando la teoría de Maxwell y argumentos estadísticos, Boltzmann mostró que la presión de un "gas de radiación" es igual a un tercio de la densidad de energía y, a partir de ahí, que $I = \sigma T^4$ (Ejercicio 10.6.11).

A su vez, la ley de desplazamiento fue establecida experimentalmente sobre bases sólidas en 1897, después de que Paschen constatara que la densidad espectral de energía de la radiación de un cuerpo negro, en función de la longitud de onda, para varias temperaturas, se comportaba como lo mostrado en la Figura 10.4, y con base en los trabajos de Lummer & Pringsheim y C.E. Mendenhall & F.A. Saunders.

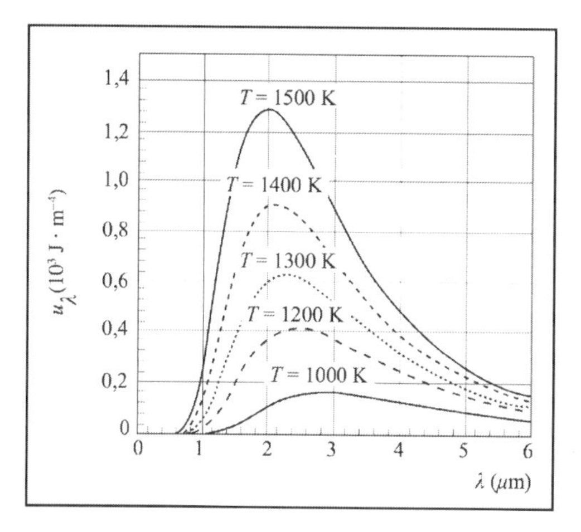


**Figura 10.4:** Isotermas de las distribuciones espectrales de energía para varias longitudes de onda, que muestra el desplazamiento hacia la derecha, del máximo de la energía, a medida que la temperatura decrece.

El gráfico de la Figura 10.4 muestra que, para cada curva, existe una longitud de onda ($\lambda_M$) para el cual la densidad espectral de energía es máxima, y que, para dos temperaturas $T_1$ y $T_2 < T_1$, la posición relativa del punto del máximo se desplaza hacia un mayor valor, o sea,

$$T_2 < T_1 \quad \Longrightarrow \quad \lambda_{M_2} > \lambda_{M_1}$$

Esas dos leyes pueden ser explicadas por la expresión para la densidad espectral de energía ($u_\lambda$) de la radiación de un cuerpo negro, deducida por Wien, en 1893,

$$\boxed{u_\nu = \nu^3 \phi\left(\frac{\nu}{T}\right)} \tag{10.14}$$

en donde $\phi$ es una función de la razón entre $\nu$ y $T$.

[11] La intensidad de la radiación emitida por un cuerpo cualquiera puede ser expresada como $I = e\,\sigma T^4$, en donde $e$, denominada *emisividad* del cuerpo, es igual al poder de absorción y, para el cuerpo negro, $e = a = 1$.

Para llegar a ese resultado, Wien admitió como correcta la ley de Stefan y desarrolló un ingenioso argumento, basado en la invariancia de escala, que puede ser comprendido de la siguiente forma. Admita que un cuerpo negro sea modelado por una esfera vazia cuyas paredes son perfectamente conductoras, con un pequeño orificio. Suponga ahora que esta esfera de radio $r$ se esté contrayendo uniformemente, con velocidad $v = \mathrm{d}r/\mathrm{d}t$, durante un tiempo $t$ (Figura 10.5).

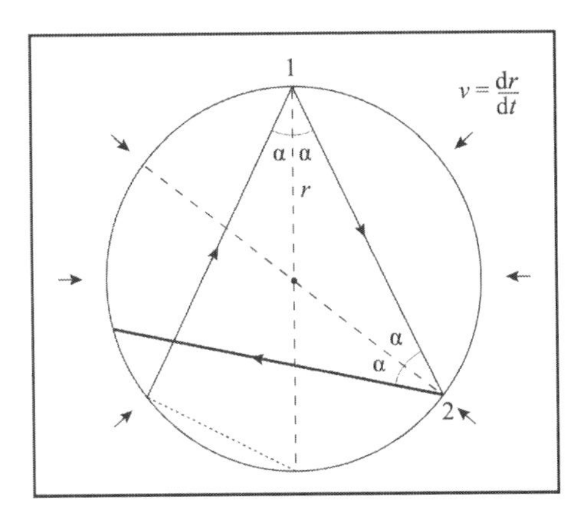


**Figura 10.5:** Esquema de la reflexión de rayos de luz en el interior de una esfera que se contrae.

Considere un haz de luz cuya velocidad de propagación es $c$ y el período es $\tau$, dispersado por la superficie interna de la esfera según un ángulo $\alpha$. Como la pared se está moviendo, habrá un efecto Doppler, según el cual la variación relativa del período será

$$\frac{\delta\tau}{\tau} = \frac{2v\cos\alpha}{c} = \frac{2\cos\alpha}{c}\frac{\mathrm{d}r}{\mathrm{d}t} \tag{10.15}$$

Recuerde que el *efecto Doppler* (Sección 6.5.8) consiste en la modificación de la frecuencia emitida por una fuente, percibida por un observador cuando hay movimiento relativo entre él y la fuente. Ese efecto puede ser igualmente comprendido y descrito a partir de la hipótesis corpuscular de la luz y del modelo atómico de Bohr (Sección 12.1.9).

Sea una fuente de luz $S$ de frecuencia $\nu$ y longitud de onda $\lambda$, que se mueve en la dirección de un observador estacionario con una velocidad $u$ que forma un ángulo $\theta$ en relación a la recta que los une (Figura 10.6).

De acuerdo con la teoría ondulatoria, para un observador en el punto $O$, si $u \ll c$, la consecuencia del movimiento será una disminución de la longitud de onda, de $\lambda$ a

$$\lambda' = \lambda - \frac{u}{\nu}\cos\theta$$

Toda vez que $\lambda\nu = c$,

$$\left|\frac{\Delta\lambda}{\lambda}\right| = \left|\frac{\Delta\nu}{\nu}\right|$$

El observador en $O$ percibirá, por tanto, una variación en la frecuencia en relación al caso en el cual la fuente está en reposo, dada por

$$\frac{\Delta\nu}{\nu} = \left|\frac{\lambda' - \lambda}{\lambda}\right| = \frac{u}{c}\cos\theta \tag{10.16}$$

En el caso considerado aquí, como la distancia andada por la luz entre dos reflexiones es $\ell = 2r\cos\alpha$, el tiempo que emplea en ese trayecto es igual a

$$\frac{\ell}{c} = \frac{2r\cos\alpha}{c}$$

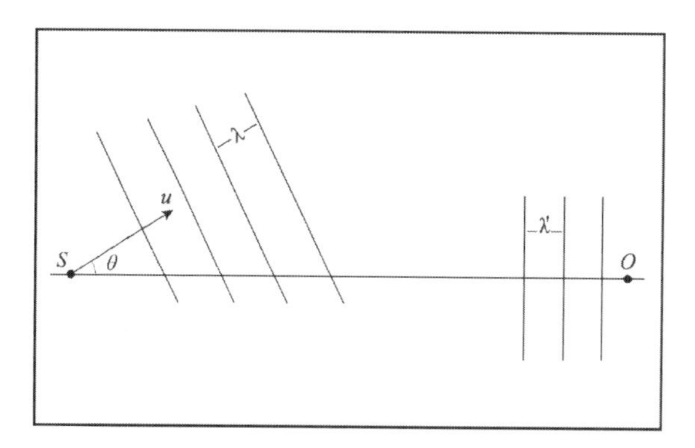


**Figura 10.6:** Esquema del efecto Doppler.

Denotando $\mathrm{d}\tau/\mathrm{d}t$ como la variación del período en un segundo, la variación $\delta\tau$ en el período, correspondiente al intervalo de tiempo entre las dos reflexiones, es obtenida multiplicando el tiempo empleado, en el trayecto considerado, por esa cantidad, o sea,

$$\delta\tau = \left(\frac{2r\cos\alpha}{c}\right)\frac{\mathrm{d}\tau}{\mathrm{d}t} \tag{10.17}$$

Igualando las ecuaciones (10.15) y (10.17), se llega a

$$\frac{\mathrm{d}r}{r} = \frac{\mathrm{d}\tau}{\tau} \qquad \Longrightarrow \qquad \tau \propto r(t)$$

Lo que significa que el período es proporcional al radio, o sea, mientras que la esfera se contrae en una transformación adiabática, el período de la luz también se contrae de tal modo que permanece proporcional al radio $r$.

La luz sufre también una variación $\delta\lambda$ en su longitud de onda. Como $\lambda\nu = c$ $(\tau = \lambda/c)$,

$$\lambda \propto r(t) \tag{10.18}$$

Denotando por $\epsilon$ la cantidad de energía de esa luz para una longitud de onda particular y recordando que esta cantidad envuelve una media en el período, se debe tener

$$\frac{\delta\epsilon}{\epsilon} = -\frac{\delta\tau}{\tau} = -\frac{2\cos\alpha}{c}\frac{\mathrm{d}r}{\mathrm{d}t} \tag{10.19}$$

Note que la ecuación (10.19) puede aún ser escrita en términos de la variación de la frecuencia $\nu$ de la luz como

$$\frac{\delta\epsilon}{\epsilon} = \frac{\delta\nu}{\nu} \tag{10.20}$$

Eso significa que la relación entre las magnitudes $\epsilon$ y $\nu$ es *lineal*, cuando la luz es considerada una onda. Por tanto, se verifica, ya en ese punto, que no hay contradicción, en lo que se refiere a la luz, entre el resultado clásico y la propuesta posterior de Planck según la cual la relación lineal entre esas dos magnitudes es mantenida, con la introducción de una nueva constante $h$, esto es, $\epsilon = h\nu$.

Definiendo $\mathrm{d}\epsilon/\mathrm{d}t$ como la variación de la energía por segundo, se encuentra para la variación en la energía

$$\frac{\delta\epsilon}{\epsilon} = \left(\frac{2r\cos\alpha}{c}\right)\frac{\mathrm{d}\epsilon}{\mathrm{d}t} \tag{10.21}$$

en donde

$$\frac{\mathrm{d}\epsilon}{\epsilon} = -\frac{\mathrm{d}r}{r} \Longrightarrow \epsilon \propto r^{-1}(t) \tag{10.22}$$

Luego, la densidad de energía por unidad de volumen ($V$), para una cierta longitud de onda, varía como

$$\frac{\epsilon}{V} \propto r^{-4}(t)$$

Ese resultado vale para cualquier longitud de onda. Como, por la ley de Stefan, la densidad de energía total varía como $T^4$, por conseguiente que la temperatura varía como

$$T \propto r^{-1}(t) \tag{10.23}$$

Con esos resultados, se puede ahora evaluar lo que ocurre con la ley de Stefan,

$$u = \int F(\lambda, T)\,\mathrm{d}\lambda = aT^4 \tag{10.24}$$

en una transformación de escala del tipo

$$r \to \eta r$$

Usando los resultados de las ecuaciones (10.18) y (10.23), la energía total se transforma como

$$u = aT^4 \to \int F(\eta\lambda, \eta^{-1}T)\,\mathrm{d}(\eta\lambda) = a\eta^{-4}T^4$$

Sustituyendo el término $aT^4$ por la ecuación (10.24), se sigue que

$$\int F(\eta\lambda, \eta^{-1}T)\,\mathrm{d}\lambda = \eta^{-5} \int F(\lambda, T)\,\mathrm{d}\lambda$$

donde se obtiene que

$$F(\lambda, T) = \eta^5\, F(\eta\lambda, \eta^{-1}T) \tag{10.25}$$

Considere que la forma general para la función $F$ sea

$$F(\lambda, T) = \lambda^a T^b\, \phi(\lambda T)$$

en la cual $a$ y $b$ son constantes a determinar y $\phi$ es una función invariante de escala, por construcción. Sustituyendo esta función en la ecuación (10.25), se obtiene

$$\lambda^a T^b\, \phi(\lambda T) = \eta^{a-b+5}\, \lambda^a T^b\, \phi(\lambda T)$$

o sea, la función $F$ es determinada por la relación que garantiza la invariancia de escala,

$$a = b - 5$$

La primera solución, que corresponde a la elección $b = 1 \Longrightarrow a = -4$, implica la forma funcional

$$F(\lambda, T) = \lambda^{-4} T\, \phi(\lambda T) \tag{10.26}$$

Ese resultado es conocido como teorema de Wien. Combinando las ecuaciones (10.18) y (10.23), se ve que $\lambda$ es inversamente proporcional a la temperatura, en la transformación adiabática considerada. Por tanto, si existe un valor $\lambda_{\text{max}}$ para cada distribución de energía a una temperatura dada, debe satisfacer la relación

$$\lambda_{\text{max}} T = \text{constante}$$

conocida como la *ley del desplazamiento de Wien*. La ecuación (10.26) puede, entonces, ser reescrita como

$$F(\lambda, T) = C\lambda^{-5}\, \phi(\lambda T) \tag{10.27}$$

siendo $C$ una constante. Ese fue el resultado obtenido por Wien, en 1893-1894. La forma de la función $\phi(\lambda T)$ fue investigada por él en 1896-1897.

Para determinar la función $\phi(\lambda T)$, Wien recurre a un modelo para el cuerpo radiante planteando la hipótesis que, de cierta forma, la radiación de un cuerpo negro se comporta como un gas que satisface la distribución de velocidades de Maxwell. En seguida, admite que cada molécula de ese gas emite vibraciones cuyas longitudes de onda e intensidades dependen sólo de la velocidad $v$ de las moléculas, ésta hipótesis difícil de justificar. Admitiéndola, si $\lambda = \lambda(v) \Longrightarrow v = v(\lambda)$. La función $F(\lambda, T)$, que es la intensidad de la radiación con longitudes de onda entre $\lambda = \lambda + \mathrm{d}\lambda$ es, por tanto, proporcional al número de moléculas que emiten radiación en ese intervalo. Ese número es dado por la expresión de Maxwell, pudiendo además depender de la velocidad, que, por hipótesis, depende solo de $\lambda$. Así, Wien postula que

$$F(\lambda, T) = g(\lambda)\, e^{-f(\lambda)/T} \tag{10.28}$$

en donde $f$ y $g$ son funciones desconocidas. Comparando las ecuaciones (10.27) y (10.28), se llega a la ley de la radiación de Wien para la densidad espectral de energía

$$\boxed{F(\lambda, T) = u_\lambda = A\frac{e^{-B/\lambda T}}{\lambda^5} \qquad \left(u_\nu \sim \nu^3 e^{-C\nu/T}\right)} \tag{10.29}$$

siendo $B = 1{,}44$ cm·K, $A = 0{,}5 \times 10^{-21}$ J·cm y $C = B/c$.

Esa fórmula fue deducida de un modo bien diferente y más rigoroso por Planck, en 1899, como puede ser visto en la próxima Sección 10.2.2. Sin embargo, aunque la derivación de Wien fuese basada en una hipótesis *ad hoc*, su resultado tuvo el mérito indiscutible de reproducir correctamente la ley del desplazamiento.

Es evidente que, haciendo el camino inverso, se puede mostrar que la ley de Stefan resulta inmediatamente del cálculo de la integral de la expresión de Wien, ecuación (10.14),

$$\begin{aligned} u &= \int_0^\infty u_\nu \,\mathrm{d}\nu = \int_0^\infty \nu^3 \phi\left(\frac{\nu}{T}\right) \mathrm{d}\nu \\ &= T^4 \underbrace{\int_0^\infty x^3 \phi(x)\, \mathrm{d}x}_{\text{constante}} \qquad (x = \nu/T) \end{aligned}$$

Por tanto, de acuerdo con la ecuación (10.11), $I = \sigma T^4$.

Por otro lado, toda vez que

$$u_\nu |\mathrm{d}\nu| = u_\lambda |\mathrm{d}\lambda|$$

y que

$$\lambda\nu = c \quad \Longrightarrow \quad |\mathrm{d}\nu| = \frac{c}{\lambda^2}|\mathrm{d}\lambda|$$

se obtiene la densidad espectral de energía en función de la longitud de onda,

$$\boxed{u_\lambda = \frac{\phi(\lambda T)}{\lambda^5}} \tag{10.30}$$

De ese modo, la longitud de onda ($\lambda_M$) para la cual la densidad espectral de energía es máxima, esto es, aquella que maximiza la expresión de Wien, satisface la

$$\frac{\mathrm{d}u_\lambda}{\mathrm{d}\lambda} = T\,\frac{\phi'(\lambda T)}{\lambda^5} - 5\,\frac{\phi(\lambda T)}{\lambda^6} = 0$$

O sea, $b = \lambda_M T$ es la raíz de la ecuación

$$x\phi'(x) - 5\phi(x) = 0$$

Sin embargo, como ya se ha citado, los resultados de Rubens y Kurlbaum para la variación de la densidad espectral de energía con respecto a la temperatura (Figura 10.7) evidenciaron que, a pesar

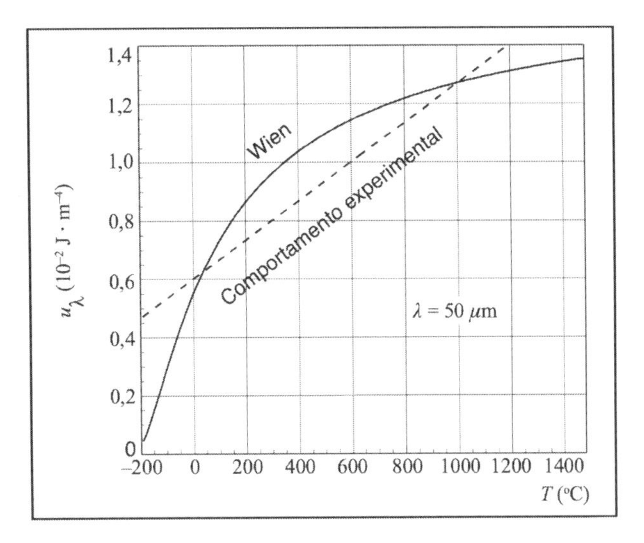


**Figura 10.7:** Comparación de la ley de Wien (línea continua), con un ajuste de los datos de Rubens y Kurlbaum a la fórmula de Rayleigh (línea discontinua), para radiación de longitud de onda del orden de 50 $\mu$m.

de describir la parte de altas frecuencias (ondas cortas), la expresión de Wien, en la forma de la ecuación (10.29), no la describía adecuadamente en la región de bajas frecuencias.

Esa dependencia lineal con respecto a la temperatura fue obtenida por primera vez por Rayleigh, en 1900, con el factor numérico corregido por el inglés James Jeans, en 1905, y propiamente establecida por Einstein, también en 1905.

## 10.2.2 Los osciladores de Planck

Los primeros trabajos de Planck sobre la radiación del cuerpo negro se basaron en la Termodinámica, principalmente para justificar la ley de Wien. Inicialmente, Planck consideró que los osciladores de las paredes de la cavidad estaban en equilibrio térmico con la radiación electromagnética establecida en su interior, de modo que la pérdida de energía de cada oscilador sería compensada por la absorción de energía de la radiación.

Una partícula de carga $e$ y masa $m$, con aceleración $a$, en movimiento oscilatorio no relativista, en una dirección $x$, emite radiación, y la energía media irradiada por segundo (potencia $P$) es dada por la fórmula de Larmor, ecuación (5.44),

$$P = \frac{2e^2}{3c^3}\langle a^2\rangle$$

en la cual, se recuerda, el valor medio es calculado durante el período de oscilación ($T = 1/\nu$).

Toda vez que la energía ($\epsilon$) de un oscilador armónico simple obedece a la relación

$$\epsilon = \langle\epsilon\rangle = \langle\epsilon_p\rangle + \langle\epsilon_c\rangle = 2\langle\epsilon_c\rangle = 2\langle\epsilon_p\rangle = m(2\pi\nu)^2\langle x^2\rangle$$

en donde $\langle\epsilon_p\rangle$ y $\langle\epsilon_c\rangle$ son, respectivamente, las energías medias potencial y cinética, y la aceleración media cuadrática, en términos de la frecuencia natural del oscilador y de su desplazamiento, es dada por

$$a = -(2\pi\nu)^2 x \quad\Longrightarrow\quad \langle a^2\rangle = (2\pi\nu)^2\frac{\langle\epsilon\rangle}{m}$$

de modo que la potencia emitida puede ser escrita como

$$P = \underbrace{\frac{2e^2}{3mc^3}(2\pi\nu)^2}_{\gamma}\langle\epsilon\rangle = -\left\langle\frac{d\epsilon}{dt}\right\rangle \tag{10.31}$$

Esa pérdida de energía muestra que los osciladores, para frecuencias en la franja del infrarrojo ($\nu < 10^{14}$ Hz), se comportan como osciladores débilmente amortiguados, cuya constante de amortiguamiento $\gamma$ es dada por

$$\gamma = \frac{8\pi^2 e^2 \nu^2}{3mc^3} \ll 1 \qquad (\sim 10^{-34}\nu^2)$$

Por otro lado, el movimiento de un oscilador amortiguado bajo la acción de un campo electromagnético monocromático $E_{ox}(\nu') \cos 2\pi\nu' t$ de frecuencia $\nu' = 1/T'$, en la dirección $x$, obedece a la ecuación de un movimiento armónico forzado

$$\ddot{x} + \gamma\dot{x} + (2\pi\nu)^2 x = \frac{e}{m} E_{ox}(\nu') \cos 2\pi\nu' t$$

La solución no transitoria de ese problema puede ser escrita en términos de componentes elásticas ($x_e$) y absorbentes ($x_a$) como

$$x = \underbrace{A_e \cos 2\pi\nu' t}_{x_e} + \underbrace{A_a \operatorname{sen} 2\pi\nu' t}_{x_a} \tag{10.32}$$

Sustituyendo esa solución formal en la ecuación de movimiento del oscilador, se obtiene el siguiente sistema de ecuaciones para las amplitudes:

$$\begin{cases} 2\pi(\nu^2 - \nu'^2)A_a - \gamma\nu' A_e = 0 \\ \gamma\nu' A_a + 2\pi(\nu^2 - \nu'^2)A_e = \dfrac{e}{m}\dfrac{E_{ox}(\nu')}{2\pi} \end{cases}$$

cuya solución es

$$A_a = \left(\frac{eE_{ox}(\nu')}{m}\right) \frac{\gamma\nu'/2\pi}{(2\pi)^2(\nu^2 - \nu'^2)^2 + (\gamma\nu')^2}$$

$$A_e = \left(\frac{eE_{ox}(\nu')}{m}\right) \frac{(\nu^2 - \nu'^2)}{(2\pi)^2(\nu^2 - \nu'^2)^2 + (\gamma\nu')^2}$$

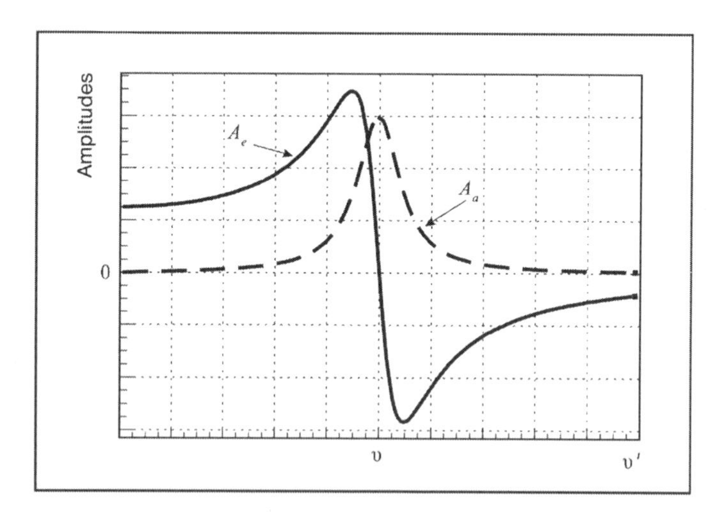


**Figura 10.8:** Amplitudes elástica y absorbente del oscilador.

Toda vez que la radiación del cuerpo negro no es monocromática, la potencia absorbida por el oscilador bajo la acción de cada componente monocromática de frecuencia $\nu'$ del campo de radiación es dada por $P_{\nu'}\,\mathrm{d}\nu' = \langle F \cdot v\rangle_{T'}\,\mathrm{d}\nu'$, o sea, por la componente absorbente

$$P_{\nu'}\,\mathrm{d}\nu' = \langle eE_x\dot{x}\rangle_{T'}\,\mathrm{d}\nu' = \left[\frac{e^2 E_{ox}^2(\nu')}{4m\pi}\right] \frac{\nu'^2\gamma/2\pi}{(\nu^2 - \nu'^2)^2 + \left(\gamma\nu'/2\pi\right)^2}\,\mathrm{d}\nu'$$

De la ecuación (10.32),

$$\dot{x} = -2\pi\nu' A_e \operatorname{sen} 2\pi\nu' t + 2\pi\nu' A_a \cos 2\pi\nu' t$$

Siendo $E_x = E_{ox}(\nu')\cos 2\pi\nu' t$, entonces

$$\begin{aligned}
\langle eE_x\dot{x}\rangle_{T'} &= \langle eE_{ox}(\nu')\cos 2\pi\nu' t\,[-2\pi\nu' A_e \operatorname{sen} 2\pi\nu' t + 2\pi\nu' A_a \cos 2\pi\nu' t]\rangle_{T'} \\
&= 2\pi\nu' eE_{ox}(\nu')\left[\underbrace{\langle \cos 2\pi\nu' t \cdot \operatorname{sen} 2\pi\nu' t\rangle_{T'}}_{=0} A_e + \underbrace{\langle \cos^2 2\pi\nu' t\rangle_{T'}}_{=1/2} A_a\right]
\end{aligned}$$

Luego,

$$\langle eE_x\dot{x}\rangle_{T'} = \pi\nu' eE_{ox}(\nu')A_a = \left[\frac{e^2E_{ox}^2(\nu')}{4\pi m}\right]\frac{\gamma\nu'^2/(2\pi)}{(\nu^2-\nu'^2)^2 + \left(\gamma\nu'/(2\pi)\right)^2}$$

Así, la potencia total absorbida $P'$ por un oscilador de frecuencia natural $\nu$ es dada por

$$P' = \int_0^\infty P_{\nu'}\mathrm{d}\nu' = \frac{e^2}{4m\pi}\int_0^\infty \frac{E_{ox}^2(\nu')\nu'^2\gamma/2\pi}{(\nu^2-\nu'^2)^2 + \left(\gamma\nu'/2\pi\right)^2}\,\mathrm{d}\nu'$$

Como muestra la Figura 10.8, la absorción apreciable de energía sólo ocurre para frecuencias próximas a la frecuencia natural del oscilador, se puede utilizar las aproximaciones

$$\begin{cases} \nu' \simeq \nu \\ \nu^2 - \nu'^2 = (\nu+\nu')(\nu-\nu') \simeq 2\nu(\nu-\nu') \end{cases}$$

y extender el límite inferior de integración hasta $-\infty$, obteniendo[12]

$$P' = \frac{e^2E_{0x}^2(\nu)}{8m\pi}\underbrace{\int_{-\infty}^\infty \frac{(\gamma/4\pi)}{(\nu'-\nu)^2 + (\gamma/4\pi)^2}\,\mathrm{d}\nu}_{=\pi}$$

o sea,

$$P' = \frac{e^2}{8m}E_{0x}^2(\nu)$$

Toda vez que la radiación también es isotrótipa, la densidad espectral de energía está relacionada a cada componente cartesiana del campo eléctrico por

$$u_\nu = \frac{3}{8\pi}E_{0x}^2(\nu) \tag{10.33}$$

de modo que la potencia total absorbida por oscilador también puede ser expresada por

$$P' = \frac{\pi e^2}{3m}u_\nu \tag{10.34}$$

Como en el caso de equilibrio, las dos ecuaciones (10.31) y (10.34) deben ser iguales, esto es,

$$P = P'$$

se obtiene

$$\boxed{u_\nu = \frac{8\pi\nu^2}{c^3}\,\langle\epsilon\rangle} \tag{10.35}$$

[12] Se puede hacer uso del resultado

$$I = \int_{-\infty}^\infty \frac{\mathrm{d}x}{(ax^2+2bx+c)^n} = \frac{(2n-3)!!\pi a^{n-1}}{(2n-2)!!(ac-b^2)^{n-1/2}}$$

siendo $a > 0$, $ac > b^2$.

Esa ecuación (10.35) fue obtenida por Planck, en 1899, e indica que la densidad espectral de energía $u_\nu$ de la radiación es determinada por la energía media de cada oscilador $\langle\epsilon\rangle$.

Así, según la expresión de Wien, ecuación (10.29), para altas frecuencias, la energía media de cada oscilador sería dada por

$$\boxed{\langle\epsilon\rangle \sim \nu e^{-c\nu/T}} \tag{10.36}$$

## 10.2.3 Rayleigh y los modos de vibración de la radiación

Rayleigh, al contrario de Planck, se fijó en la propia radiación, estableciendo que la expresión de Planck, ecuación (10.35), que relaciona la densidad espectral de energía con la energía media de cada oscilador, era consecuencia sólo del Electromagnetismo Clásico de Maxwell, después de mostrar que el campo electromagnético en una cavidad era equivalente a un conjunto discreto e infinito de osciladores armónicos independientes.

Rayleigh calcula las frecuencias de los osciladores a partir de la ecuación de onda de d'Alembert,

$$\left(\nabla^2 - \frac{1}{c^2}\frac{\partial^2}{\partial t^2}\right)\Psi(\vec{r},t) = 0$$

siendo $\Psi$ la función que describe un campo establecido en el interior de una cavidad cúbica de lado $a$, volumen $V = a^3$, sujeto a las condiciones de contorno[13]

$$\Psi(0,0,0,t) = \Psi(a,a,a,t)$$

Para vibraciones armónicas de frecuencia $\nu = \omega/(2\pi)$,

$$\Psi(\vec{r},t) = \psi(\vec{r})\, e^{-i\omega t}$$

la parte espacial de la función de onda satisface la llamada *ecuación de Helmholtz*,

$$\left(\nabla^2 + k^2\right)\psi(\vec{r}) = 0$$

en la que $k = \omega/c$.

El problema, entonces, admite un conjunto infinito y discreto de soluciones del tipo

$$\psi_{lmn} \sim \operatorname{sen} k_l x \, \operatorname{sen} k_m y \, \operatorname{sen} k_n z$$

en donde los valores de $k_l$, $k_m$ e $k_n$ son discretos para la condición de contorno anterior y dados por

$$\begin{pmatrix} k_l \\ k_m \\ k_n \end{pmatrix} = \begin{pmatrix} l \\ m \\ n \end{pmatrix} \frac{\pi}{a} \qquad (l, m, n, = 0, 1, \ldots)$$

y los valores posibles de $k = \sqrt{k_l^2 + k_m^2 + k_n^2}$ son dados por

$$k = \sqrt{l^2 + m^2 + n^2}\,\left(\frac{\pi}{a}\right) = \frac{2\pi\nu}{c}$$

Así, la solución general del problema puede ser escrita como una superposición de los llamados modos normales de vibración $(lmn)$

$$\Psi = \sum_{l,m,n} \psi_{lmn}\, e^{-i2\pi\nu_{lmn}t}$$

[13] Para el campo electromagnético, las condiciones son diferentes para las componentes normales y tangenciales a la superficie de contorno; sin embargo, resultan en los mismos valores para las posibles frecuencias de los osciladores.

siendo $\nu_{lmn} = \sqrt{l^2 + m^2 + n^2}\,(c/2a)$ la frecuencia del modo $(lmn)$.

De ese modo, Rayleigh estableció que el campo electromagnético en el interior de una cavidad resulta de la superposición de modos de vibración análogos a los que producen las ondas acústicas estacionarias establecidas en un medio continuo, como la cuerda vibrante con extremos fijos.

Como para cada modo normal corresponde un conjunto de tres números enteros positivos $(l, m, n)$, considerando esos números como coordenadas de un punto en un sistema de tres ejes de coordenadas, $\alpha = \sqrt{l^2 + m^2 + n^2}$ es la distancia de cada punto al origen. Por tanto, para una alta densidad de puntos, el número de puntos entre $\alpha$ y $\alpha + \mathrm{d}\alpha$ es dado por el volumen de un octante[14] correspondiente a la capa esférica de radio $\alpha$, o sea,

$$\mathrm{d}G = 2 \times \frac{1}{8} 4\pi\alpha^2\ \mathrm{d}\alpha = \pi\alpha^2\ \mathrm{d}\alpha$$

en donde el factor 2 se debe a las dos direcciones de polarizaciones independientes de una onda electromagnética transversal.

Toda vez que $\alpha$ puede además ser escrito, a partir de la ecuación, como $\alpha = 2a\nu/c$, donde $\nu = \alpha c/2a$, el número $(\mathrm{d}G)$ de modos de frecuencia entre $\nu$ y $\nu +\ \mathrm{d}\nu$ es dado por

$$\mathrm{d}G = \pi \frac{(2a)^3}{c^3} \nu^2\ \mathrm{d}\nu = \frac{8\pi V}{c^3} \nu^2\ \mathrm{d}\nu$$

Introduciendo el concepto de *densidad de modos*, definido por

$$g(\nu) = \frac{\mathrm{d}G}{\mathrm{d}\nu} = V \frac{8\pi}{c^3} \nu^2 \tag{10.37}$$

y denotando por $\langle\epsilon\rangle$ la energía media asociada a cada modo de vibración, la energía media total $U$ del campo puede ser expresada por

$$U = \int \langle\epsilon\rangle g(\nu)\ \mathrm{d}\nu = V \int \frac{8\pi}{c^3} \nu^2 \langle\epsilon\rangle\ \mathrm{d}\nu$$

Toda vez que la densidad espectral de energía $(u_\nu)$ es definida por

$$\frac{U}{V} = \int u_\nu\ \mathrm{d}\nu$$

de una comparación directa entre las dos últimas fórmulas resulta la expresión de Planck, ecuación (10.35),

$$u_\nu = \frac{8\pi}{c^3} \nu^2 \langle\epsilon\rangle \tag{10.38}$$

Admitiendo que el principio de equipartición de energía sería válida para cada modo normal de vibración de la radiación, la energía media de cada modo, $\langle\epsilon\rangle$, sería dada por

$$\boxed{\langle\epsilon\rangle \sim T} \tag{10.39}$$

Así, para bajas frecuencias, la densidad espectral de energía $(u_\nu)$ sería dada por la llamada fórmula de Rayleigh-Jeans,

$$\boxed{u_\nu \sim \nu^2\, T} \tag{10.40}$$

[14] Originalmente, Rayleigh consideró todo el volumen de la esfera. La corrección para el octante fue hecha por Jeans, en 1905.

A ese resultado Poincaré se refirió de forma contundente:

> *Es difícil adoptar esa manera de ver [de Jeans]; su teoría, que no prevé nada, no está en contradicción con la experiencia, pero deja sin explicación todas las leyes conocidas que ella se limita a no contradecir y que no aparecen más que como el efecto de que no conozco esa feliz oportunidad.*

En verdad, a pesar de ser compatible con los resultados experimentales de Rubens e Kurlbaum (Figura 10.7) en el dominio de altas longitudes de onda (frecuencias bajas), la expresión de Rayleigh, ecuación (10.40), implica que

$$\lim_{\nu\to\infty} u_\nu(T) = \infty$$

El hecho de que, para altas frecuencias, o sea, para pequeños longitudes de onda, la densidad de energía de la radiación prevista por la fórmula de Rayleigh fuese bien mayor que la obtenida experimentalmente, tendiendo incluso a valores infinitos (ver la Figura 10.10 más adelante), se hizo conocido como "la catástrofe ultravioleta", expresión acuñada por el físico austriaco Paul Ehrenfest, en 1911. Esa denominación refleja el espanto causado por el fracaso del enfoque clásico de Rayleigh-Jeans al problema.

### 10.2.4 La fórmula de Planck

Al ser comunicado, en 1900, por Rubens y Kurlbaum de que la ley de Wien, confirmando los resultados de Lummer y Pringsheim, no cubría de modo satisfatorio todo el espectro de la radiación del cuerpo negro, Planck, todavía a partir de argumentos termodinámicos, propone con éxito una fórmula de interpolación para la densidad espectral de la energía irradiada por un cuerpo negro.

Toda vez que, para bajas frecuencias, la energía media por oscilador $\langle\epsilon\rangle$, dada por la expresión de Rayleigh, ecuación (10.39),

$$\langle\epsilon\rangle \sim T \quad \Longrightarrow \quad \frac{1}{T} = \frac{\mathrm{d}\langle s\rangle}{\mathrm{d}\langle\epsilon\rangle} \sim \frac{1}{\langle\epsilon\rangle}$$

en donde $\langle s\rangle = S/N$ es el valor medio de la entropía por oscilador, lo que implica

$$\frac{\mathrm{d}^2\langle s\rangle}{\mathrm{d}\langle\epsilon\rangle^2} \sim -\frac{1}{\langle\epsilon\rangle^2} \tag{10.41}$$

y, para altas frecuencias, a partir de la expresión de Wien, ecuación (10.36),

$$\langle\epsilon\rangle \sim \nu e^{-c\nu/T} \quad \Longrightarrow \quad \frac{1}{T} = \frac{\mathrm{d}\langle s\rangle}{\mathrm{d}\langle\epsilon\rangle} \sim -\ln\langle\epsilon\rangle$$

se obtiene

$$\frac{\mathrm{d}^2\langle s\rangle}{\mathrm{d}\langle\epsilon\rangle^2} \sim -\frac{1}{\langle\epsilon\rangle} \tag{10.42}$$

Planck propone, entonces, que la expresión para la segunda derivada de la entropía, que cubriese todo el espectro, cuyos límites son dados por las ecuaciones (10.41) y (10.42), sería dada por la siguiente fórmula de interpolación [15]

$$\frac{d^2\langle s\rangle}{d\langle\epsilon\rangle^2} = \frac{-a}{\langle\epsilon\rangle(b+\langle\epsilon\rangle)}$$

en el cual $a$ y $b(\nu)$ serían dos parámetros a determinar, tal que

$$\begin{cases} \lim\limits_{\nu\to 0} b \to 0 \\ \\ \lim\limits_{\nu\to\infty} b \to \infty \end{cases}$$

[15] Para Planck, la segunda derivada de la entropía con relación a la energía sería una medida de la irreversibilidad de un proceso termodinámico.

Integrando la expresión propuesta por Planck,

$$\frac{d\langle s\rangle}{d\langle\epsilon\rangle} = -\int \frac{a}{\langle\epsilon\rangle(b+\langle\epsilon\rangle)}\, d\langle\epsilon\rangle = -\frac{a}{b}\Big[\ln\langle\epsilon\rangle - \ln(b+\langle\epsilon\rangle)\Big]$$

$$\frac{1}{T} = \frac{a}{b}\ln\left(1+\frac{b}{\langle\epsilon\rangle}\right)$$

se obtiene, para la energía media, la célebre fórmula de Planck

$$\boxed{\langle\epsilon\rangle = \frac{b}{e^{b/aT}-1}} \tag{10.43}$$

Comparando, en el límite de altas frecuencias, con la ecuación (10.36), derivada de la fórmula de Wien, los parámetros $a$ y $b$ deben ser tales que

$$\begin{cases} b \sim \nu \\ a = \text{constante} \end{cases}$$

Al procurar dar un contenido físico a su fórmula, Planck se da cuenta de que la entropía de los osciladores podría ser determinada por argumentos probabilísticos, o mejor, a partir de la Mecánica Estadística desarrollada por Boltzmann.

### 10.2.5 Planck y el *quantum* de energía

En su segundo trabajo de 1900, Planck utiliza la definición de entropía de Boltzmann, ecuación (10.10), para calcular la entropía de la radiación. Dividiendo la energía $U$ de un conjunto de $N$ osciladores, en $M$ elementos indistinguibles de energía $\epsilon = \epsilon = U/M$, distribuyó esos $M$ elementos en los $N$ osciladores, obteniendo para el número ($G$) total de estados la expresión[16]

$$G = \frac{(N+M-1)!}{M!\,(N-1)!} \simeq \frac{(N+M)^{N+M}}{M^M N^N}$$

Por ejemplo, para un conjunto $(A, B, C)$ de $N = 3$ osciladores distinguibles y $M = 2$ células $(\alpha, \beta)$ indistinguibles, se obtiene solo $G = 6$ estados para el sistema (Tabla 10.2).

**Tabela 10.2:** Distribución de dos elementos de energía indistinguibles en tres osciladores distinguibles

| A | B | C |
|---|---|---|
| α | β | — |
| β | α | — |
| α | — | β |
| β | — | α |
| — | α | β |
| — | β | α |
| α, β | — | — |
| — | α, β | — |
| — | — | α, β |

Para un conjunto $(A, B)$ de $N = 2$ osciladores distinguibles y $M = 3$ células $(\alpha, \beta, \gamma)$ indistinguibles, se obtiene $G = 4$ estados (Tabla 10.3).

[16] Esa expresión tiene en cuenta el límite del factorial para grandes números (fórmula de Stirling).

**Tabela 10.3:** Distribución de tres elementos de energía indistinguibles en dos osciladores distinguibles

| A | B |
|---|---|
| a, $\beta$ | $\gamma$ |
| a, $\gamma$ | $\beta$ |
| $\beta$, $\gamma$ | a |
| $\gamma$ | a, $\beta$ |
| $\beta$ | a, $\gamma$ |
| a | $\beta$, $\gamma$ |
| a, $\beta$, $\gamma$ | — |
| — | a, $\beta$, $\gamma$ |

De ese modo, la entropía ($S = k \log G$) pasa a ser dada por[17]

$$\begin{aligned}
S &= k\left[(N+M)\log(N+M) - N\log N - M\log M\right] \\
&= k\left[N\log N\left(1+\frac{M}{N}\right) + M\log N\left(1+\frac{M}{N}\right) - N\log N - M\log M\right] \\
&= k\left[N\left(1+\frac{M}{N}\right)\log\left(1+\frac{M}{N}\right) - N\frac{M}{N}\log\frac{M}{N}\right] \\
&= Nk\left[\left(1+\frac{\langle\epsilon\rangle}{\epsilon}\right)\log\left(1+\frac{\langle\epsilon\rangle}{\epsilon}\right) - \frac{\langle\epsilon\rangle}{\epsilon}\log\frac{\langle\epsilon\rangle}{\epsilon}\right]
\end{aligned}$$

lo que implica que

$$\frac{1}{T} = \frac{\mathrm{d}\langle s\rangle}{\mathrm{d}\langle\epsilon\rangle} = \frac{k}{\epsilon}\log\left(1+\frac{\epsilon}{\langle\epsilon\rangle}\right) \tag{10.44}$$

o sea,

$$\boxed{\langle\epsilon\rangle = \frac{\epsilon}{e^{\epsilon/kT}-1}} \tag{10.45}$$

Para que la energía media no dependa de la división de células, el elemento de energía no puede ser arbitrario. Comparando la ecuación (10.45) con la ecuación (10.43), se puede identificar los parámetros $a$ y $b$ con

$$\begin{cases} b = \epsilon \sim \nu \\ a = k \end{cases}$$

A partir de ese resultado, Planck concluye que el elemento de energía, al contrario de lo que sucedía para la entropía calculada para células distinguibles, no es arbitrario, en el sentido de que posee un valor mínimo determinado por la frecuencia de la componente de la radiación emitida, o sea, debe ser igual a un *quantum* de energía,

$$\epsilon = h\nu$$

siendo la constante de proporcionalidad $h$ denominada *constante de Planck*.

De esa manera, Planck introdujo y calculó[18] dos constantes universales de la Física: la constante de

[17] La constante de proporcionalidad implícita en la definición de Boltzmann fue explicitada y denotada por Planck como $k$, y llamada *constante de Boltzmann*.

[18] Los valores calculados por Planck fueron

$$\begin{cases} k = 1{,}346 \times 10^{-16}\ \text{erg/K} = 1{,}346 \times 10^{-23}\ \text{J/K} \\ h = 6{,}55 \times 10^{-27}\ \text{erg}\cdot\text{s} = 6{,}55 \times 10^{-34}\ \text{J.s} \end{cases}$$

Boltzmann ($k$) y la constante de Planck ($h$), cuyos valores de referencia hoy son

$$\begin{cases} k = (1{,}380658 \pm 0{,}000012) \times 10^{-23} \text{ J/K} \\ h = (6{,}62606876 \pm 0{,}00000052) \times 10^{-34} \text{ J} \cdot \text{s} \end{cases}$$

La Tabla 10.4 resume algunos valores de $h$.

**Tabela 10.4:** Algunas medidas de la constante de Planck

| Valor (× $10^{-27}$ erg · s) | Referencia |
|---|---|
| 6,55 | [Planck, 1900] |
| 6,57 | [Millikan, 1914] |
| 6,39 | [Duane & Hunt, 1915] |
| 6,654 | [Mendenhall, 1917] |
| 6,547 | [Millikan, 1917] |
| 6,5543 | [Birge, 1919] |
| 6,556 | [Duane, Palmer & Yeh, 1921] |
| 6,6206891 | [Williams *et al.*, 1998] |

A partir de las fórmulas para la entropía de un gas ideal y de las leyes de Faraday para la electrólisis, en el mismo trabajo, Planck hizo también estimaciones para el número de Avogadro ($N_A$) y para la carga elemental de electricidad, el módulo de la carga del electrón ($e$), como

$$\begin{cases} k = \dfrac{R}{N_A} \quad \Longrightarrow \quad N_A = 6{,}175 \times 10^{23} \\ e = \dfrac{F}{N_A} \quad \Longrightarrow \quad e = 4{,}69 \times 10^{-10} \text{ ues} \end{cases}$$

siendo $R \simeq 8{,}31 \times 10^{-7}$ erg·mol$^{-1}$·K$^{-1}$ la constante universal de los gases y $F \simeq 9{,}65 \times 10^4$ C la constante de Faraday.

### 10.2.6 Einstein y la ley de Planck

Admitiendo que los osciladores unidimensionales de Planck se comportan como sistemas clásicos, cuyos términos de energía son cuadráticos, y que, por tanto, obedecen al teorema de la equipartición de energía, la energía media $\langle \epsilon \rangle$ será dada por

$$\boxed{\langle \epsilon \rangle = kT} \tag{10.46}$$

La energía media de un oscilador de un sistema en equilibrio térmico a la temperatura $T$ puede ser obtenida también, como fue mostrado por Einstein en su artículo de 1907 sobre el calor específico de los sólidos, a partir de la función de partición

$$z = \int_0^\infty e^{-\beta\epsilon} \, \mathrm{d}\epsilon = \frac{1}{\beta}$$

con $\beta = 1/kT$, y la energía $\epsilon$ puede asumir cualquier valor en el intervalo $(0, \infty)$, o sea, puede variar continuamente.

Así, la energía media de un oscilador es dada por

$$\langle \epsilon \rangle = -\frac{\mathrm{d}}{\mathrm{d}\beta} \log z = \frac{1}{\beta} = kT$$

Sustituyendo la ecuación (10.46) en (10.35), se obtiene la ley de Rayleigh

$$\boxed{u_\nu = \frac{8\pi\nu^2}{c^3}\, kT} \tag{10.47}$$

Por otro lado, admitiendo la hipótesis de cuantización de Planck, según la cual, en la interacción con una onda electromagnética monocromática, la energía de un átomo en la absorción o emisión de la radiación solo podría ser proporcional a múltiplos enteros de la frecuencia de la onda, o sea, suponiendo que los valores de las energías de cada oscilador armónico solo pudiesen ser múltiplos enteros de un cierto valor mínimo $\epsilon_0 = h\nu$,

$$\boxed{\epsilon_n = n\epsilon_0 = nh\nu \qquad (n = 0, 1, 2, \cdots)}$$

en la cual $h = 6{,}626 \times 10^{-34}$ J·s era una nueva constante universal, Einstein puede calcular la función de partición con las energías discretizadas, por

$$z = \sum_{n=0}^{\infty} e^{-\beta\epsilon_n} = 1 + e^{-\beta\epsilon_0} + e^{-2\beta\epsilon_0} + \cdots\cdots$$

o sea,

$$\begin{aligned} \langle \epsilon \rangle &= -\frac{\mathrm{d}}{\mathrm{d}\beta} \ln \sum_{n=0}^{\infty} e^{-\beta\epsilon_n} \\ &= -\frac{\mathrm{d}}{\mathrm{d}\beta} \ln \left\{1 + e^{-\beta\epsilon_0} + e^{-2\beta\epsilon_0} + \cdots\cdots\right\} \end{aligned}$$

Teniendo en cuenta la expansión en serie de Taylor,[19]

$$\frac{1}{1-x} = 1 + x + x^2 + x^3 + \cdots\cdots$$

se puede escribir la energía media como

$$\langle \epsilon \rangle = -\frac{\mathrm{d}}{\mathrm{d}\beta} \ln \left\{\frac{1}{1 - e^{-\beta\epsilon_0}}\right\} = \frac{\epsilon_0 e^{-\beta\epsilon_0}}{1 - e^{-\beta\epsilon_0}}$$

o también[20]

$$\boxed{\langle \epsilon \rangle = \frac{h\nu}{e^{\beta h\nu} - 1}} \qquad (\beta = 1/kT) \tag{10.48}$$

Así, cuando la expresión anterior, ecuación (10.48), es sustituida en la fórmula que relaciona la densidad de energía con la energía media, ecuación (10.35), se obtiene la ley de radiación de Planck, representada para algunas temperaturas en la Figura 10.9.

[19] Se llega al mismo resultado calculando la suma de los términos de una progresión geométrica infinita, con primer término igual a 1 y razón $e^{-\beta\epsilon_0}$.

[20] Ese procedimiento equivale a considerar la densidad de estados que aparece en la ecuación (10.1) como

$$g(\epsilon) = \sum_n \delta(\epsilon - \epsilon_n)$$

$$u_\nu = \frac{8\pi h\nu^3}{c^3} \frac{1}{e^{h\nu/kT} - 1} \tag{10.49}$$

O, en términos de la longitud de onda,

$$u_\lambda = \frac{8\pi ch}{\lambda^5} \frac{1}{e^{hc/k\lambda T} - 1} \tag{10.50}$$

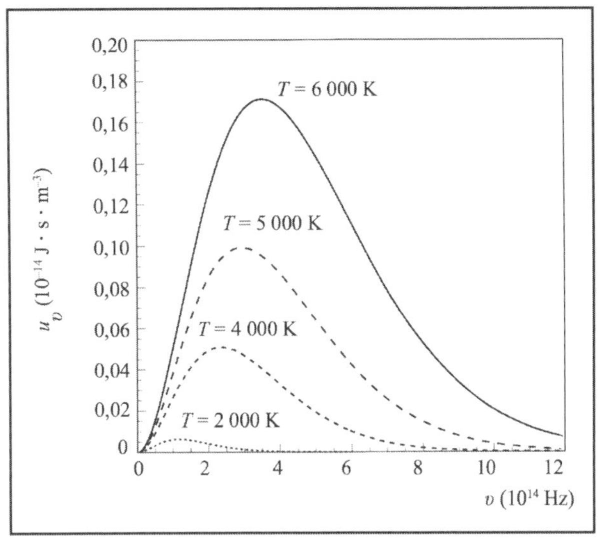


**Figura 10.9:** Isotermas de las distribuciones espectrales de energía.

Note el papel central de la ecuación (10.35) en esa deducción. A propósito, Poincaré hace la siguiente observación que destaca una vertiente importante de la creatividad científica:

> *Esta hipótesis [de Planck] consiguió dar una buena explicación de los hechos conocidos desde que se admita que la relación entre la energía del oscilador y su radiación sea la misma que en las teorías antiguas [la Electrodinámica de Maxwell]. Y ahí está la primera dificultad; ¿por qué conservarla después de haber destruido todo? Mas es preciso conservar alguna cosa, de lo contrario no será posible construir.*

Como ejemplo de aplicación de la fórmula de Planck, toda vez que la temperatura de la superficie del Sol es del orden de 5 800 K, las curvas de la Figura 10.9 muestran que gran parte de la energía de la radiación solar se encuentra en la parte visible del espectro ($\nu_{\rm luz} \simeq 5 \times 10^{14}$ Hz). Por otro lado, como la temperatura del filamento de tungsteno de una lámpara no puede ser mayor que la de su punto de fusión (3 683 K), se comprende por qué su eficiencia es baja.

Los dos límites asintóticos de la ley de Planck implican:

- $\dfrac{h\nu}{kT} << 1$ (bajas frecuencias) $\Longrightarrow$ $e^{h\nu/kT} \simeq 1 + \dfrac{h\nu}{kT}$

$$u_\nu = \frac{8\pi\nu^2}{c^3} kT \quad \text{(fórmula de Rayleigh)}$$

- $\dfrac{h\nu}{kT} >> 1$ (altas frecuencias) $\Longrightarrow$ $e^{h\nu/kT} >> 1$

$$u_\nu = \frac{8\pi h\nu^3}{c^3} e^{-h\nu/kT} \quad \text{(fórmula de Wien)}$$

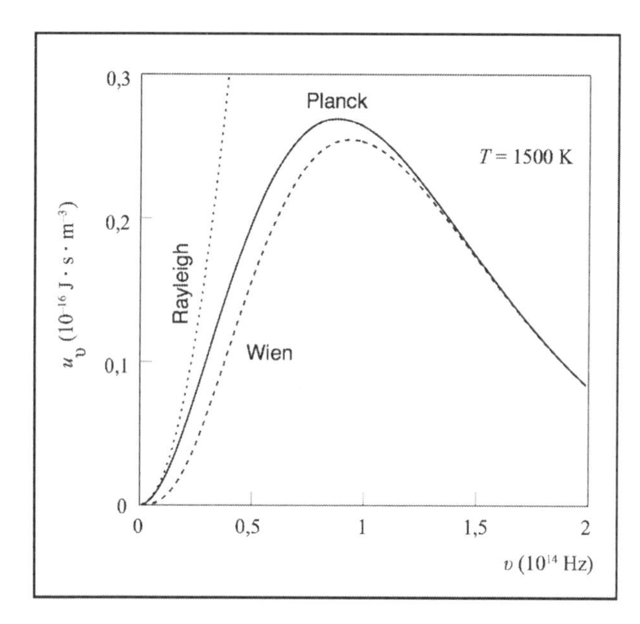


**Figura 10.10:** Comparación de la ley de Planck con las predicciones de las fórmulas de Rayleigh y Wien.

Así, la fórmula de Planck para la densidad espectral de la energía sintetiza todas las leyes y fórmulas previamente establecidas para la radiación del cuerpo negro, como se puede ver en la Figura 10.10.

Cabe destacar nuevamente que, al deducir la fórmula de la radiación del cuerpo negro, Planck introdujo dos constantes universales, la constante de Planck ($h$) y la constante de Boltzmann ($k$), que pueden ser determinadas a partir de las leyes del desplazamiento ($\lambda_M T = b$) y de Stefan ($I = \sigma T^4$), y presentó también estimaciones para el número de Avogadro y para la carga elemental, a través de las relacioness $N_A = R/k$ y $e = F/N_A$, siendo $R \simeq 8{,}3$ J/K y $F \simeq 96\ 500$ C/mol. El pequeño valor encontrado por Planck para la carga elemental, de $4{,}69 \times 10^{-10}$ ues, fue motivo de duda hasta los experimentos de Rutherford y Geiger, en 1908, con partículas $\alpha$, que estimaron la carga como $9{,}3 \times 10^{-10}$ ues. Tanto la carga del electrón cuanto la constante de Planck[21] fueron determinadas de manera no ambigua por Millikan, respectivamente, en 1909 y 1914 (Capítulo 8).

La deducción de la ley de Planck a partir del enfoque de Einstein, en su trabajo sobre el calor específico de los sólidos, tuvo el gran mérito de separar, por primera vez, los aspectos estadísticos y dinámicos del problema. Los métodos de la Física Estadística pueden ser utilizados en cualquier contexto. Los resultados diferentes obtenidos por Rayleigh y Planck, como fuera mostrado por Einstein, no provienen de la utilización de métodos estadísticos diferentes, pero sí de diferentes hipótesiss acerca de cómo calcular el espectro de energía del oscilador armónico. Utilizando el espectro continuo de energía, resultante de la Mecánica Clásica, se obtiene la fórmula de Rayleigh. Por otro lado, adoptando la hipótesis de cuantización de la energía, resulta la fórmula de Planck.

En ese sentido, la conclusión casi evidente es que las leyes de la Mecánica Clásica deberían ser modificadas para describir fenómenos que involucran a la dinámica de partículas atómicas. Sin embargo, el desarrollo de la Física no ocurrió de ese modo. Solamente al final del primer cuarto del siglo XX es que esa hipótesis fue propiamente considerada, y de ella emergió la Mecánica Cuántica.

Una de las demostraciones más impresionantes del espectro de radiación del cuerpo negro y de la fórmula de Planck viene de la llamada *radiación cósmica de fondo*, descubierta en 1965 por Arnold Allan Penzias y Robert Woodrow Wilson. Esa es una radiación isótropa, en el espectro de microondas, que permea todo el espacio, y que, se cree, se originó en el inicio de la formación de nuestro Universo, con el *Big Bang*, ocurrido hace cerca de 15 mil millones de años, involucrando la radiación y algunas partículas elementales.

[21] Obtenida a partir de la ecuación de Einstein para el efecto fotoeléctrico.

En ese escenario, después de alcanzar un equilibrio térmico inicial, la expansión del Universo causó el enfriamiento de la radiación abajo de 3 000 K, y las partículas, entonces, se combinaron para constituir los primeros átomos. A partir de ahí, se supone que hubo poca interacción entre la radiación y la materia, y, mientras que la materia se condensó en galaxias y estrellas, la radiación continuó enfriándose. Esa es hoy la radiación de fondo, que, después de miles de millones de años, ha alcanzado la temperatura de 2,73 K.

La distribución de Planck puede ser ajustada a la distribución espectral de la radiación cósmica de fondo correspondiente a la temperatura de 2,73 K, con los datos obtenidos del satélite COBE (*Cosmic Background Explorer*), en 1989. Otra posibilidad interesante es utilizarla para establecer un límite para la dimensionalidad del espacio.

De hecho, la densidad de modos de Rayleigh $g(\nu)$, ecuación (10.37), puede ser generalizada para un espacio de $d$ dimensiones,

$$g_d(\nu) = \frac{2(d-1)\pi^{d/2}}{\Gamma(d/2)} \frac{V}{c^d} \nu^{d-1}$$

En ese caso, la ecuación (10.49) se torna

$$u_\nu = \frac{2(d-1)\pi^{d/2}}{\Gamma(d/2)} \left(\frac{\nu}{c}\right)^d \frac{h}{e^{h\nu/kT} - 1} \tag{10.51}$$

Esa fórmula muestra como la fórmula de Planck depende de la dimensionalidad $d$ del espacio. Ella ofrece una posibilidad única de imponer límites sobre $d$, fuera de un laboratorio, a larga escala, aplicándola al espectro de la radiación de fondo. En 1986, los italianos Anna Grassi, Giorgio Sironi y Giuliano Strini obtuvieron, así, un límite superior para la dimensionalidad del espacio[22]

$$|d - 3| < 0{,}02$$

En 2009, los autores hicieron un ajuste de los datos de la COBE utilizando la ecuación (10.51). El resultado es mostrado en la Figura 10.11 y corresponde al valor

$$(d - 3) = -(0{,}957 \pm 0{,}006) \times 10^{-5}$$

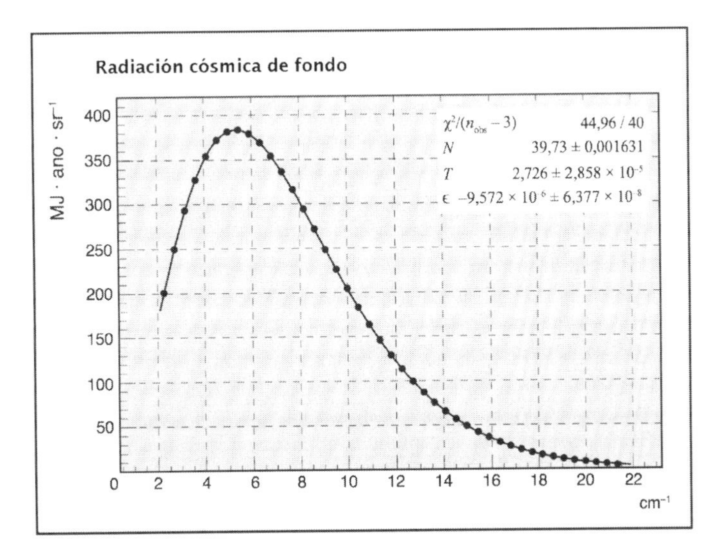


**Figura 10.11:** Comparación de la ley de Planck con la distribución espectral de la radiación cósmica de fondo correspondiente a la temperatura de 2,726 K.

[22] Ese resultado, en verdad, no tiene en cuenta correctamente todos los $d-1$ modos transversales de vibración.

La precisión de ese resultado es mucho mejor que la de los anteriores y por primera vez fue posible mostrar que la cantidad $d - 3$ es negativa, lo que trae, por ejemplo, algunas ventajas para la Teoría de Campos en lo que concierne a algunas divergencias que pasarían a ser evitadas.

## 10.3 Einstein y la cuantización de la luz

*[Einstein] bien pudo haber sido el primero en percibir que el advenimiento de la teoría cuántica representaba una crisis en la Ciencia.*

Abraham Pais

Para Planck, la hipótesis de que la energía de un oscilador en equilibrio térmico con la radiación sólo podría intercambiarse en cantidades discretas, múltiplos de un *quantum* de energía, era un efecto que solo se manifestaría en la interacción de ondas electromagnéticas, confinadas en una región, con la materia. Quien realmente defendió la hipótesis de la cuantización de la energía de un oscilador, independientemente de su interacción con la radiación, durante la primera década del siglo XX, fue Einstein, en 1907, al explicar el comportamiento de los calores específicos de los sólidos.

El hecho de que el *quantum* de energía fuese determinado por la frecuencia de la radiación emitida o absorbida podría, ya en 1900, ser atribuido a la propia naturaleza de la radiación, y haber llevado a la conclusión de que la luz monocromática, de frecuencia $\nu$, sería constituida de corpúsculos de energía igual a $h\nu$, o sea, una vuelta a la visión corpuscular de la luz, considerada un haz de partículas. Esa fue la hipótesis formulada por Einstein en su trabajo de 1905 sobre la naturaleza de la luz. A partir de la ley de Wien, límite de la fórmula de Planck para altas frecuencias, y de la defινción estadística de Boltzmann para la entropía, Einstein mostró que la entropía de cualquier componente monocromática de la radiación del cuerpo negro, o sea, que la entropía de una onda electromagnética de frecuencia $\nu$, en equilibrio térmico, es igual a la de un gas ideal cuya energía de sus partículas sea igual al *quantum* de energía de Planck, $h\nu$, estableciendo, por primera vez, la llamada cuantización de la radiación del campo electromagnético.

Admitiendo que la propia radiación fuese constituida por *quanta* de energía $h\nu$, los *fotones*, o sea, atribuyendo a la luz una naturaleza discreta, Einstein explica algunas propiedades peculiares de los metales, cuando estos son irradiados con luz visible y ultravioleta, como la regla de Stokes [23] y el efecto fotoeléctrico.

Así, después de mostrar que la entropía de un gas no degenerado con $N$ partículas contenido en un volumen $V$, en equilibrio térmico, puede ser expresada por (Sección 10.1.1)

$$S = Nk \ln V + \text{constante}$$

Einstein deduce que, para una variación de volumen $(V_2 - V_1)$ con energía $U$ constante, la variación de entropía es dada por

$$(\Delta S)_U = Nk \ln \frac{V_2}{V_1} \tag{10.52}$$

Definiendo la densidad espectral de entropía por

$$\frac{S}{V} = \int s_\nu \mathrm{d}\nu$$

la relación que define la temperatura de un sistema en equilibrio térmico puede ser expresada por

$$\frac{1}{T} = \left(\frac{\partial S}{\partial U}\right)_V = \frac{\mathrm{d}s_\nu}{\mathrm{d}u_\nu}$$

[23] La frecuencia de la luz emitida es menor o igual a la de la luz incidente.

Sabiendo que, en el límite de altas frecuencias ($\nu \gg 1$) y baja densidad de energía, la densidad espectral de energía de la radiación del cuerpo negro es dada por la ley de Wien,

$$u_\nu = \frac{8\pi h\nu^3}{c^3}\, e^{-h\nu/kT}$$

se obtiene

$$\frac{\mathrm{d}s_\nu}{\mathrm{d}u_\nu} = -\frac{k}{h\nu}\ln\frac{c^3 u_\nu}{8\pi h\nu^3}$$

lo que, después de la integración, resulta en

$$s_\nu = \frac{ku_\nu}{h\nu}\left(1 - \ln\frac{c^3 u_\nu}{8\pi h\nu^3}\right)$$

De ese modo, la entropía y la energía de la radiación electromagnética en un volumen $V$, en un pequeño intervalo de frecuencia $(\nu, \nu + \Delta\nu)$, están relacionadas por

$$S = \frac{kU}{h\nu}\left(1 - \ln\frac{c^3 U}{8\pi h\nu^3 \Delta\nu V}\right) + \text{constante} = \frac{kU}{h\nu}\ln V + \text{constante}(U,\nu,\Delta\nu)$$

Así, para una variación de volumen $(V_2 - V_1)$ con energía constante $U$, la variación de entropía de la componente de frecuencia $\nu$ de la radiación es también dada por

$$(\Delta S)_U = \left(\frac{U}{h\nu}\right) k \ln\frac{V_2}{V_1} \tag{10.53}$$

Comparando las ecuaciones (10.52) y (10.53), Einstein concluyó que la componente de frecuencia $\nu$ de la radiación electromagnética de un cuerpo negro se comporta como un gas ideal con $N$ partículas, cada una con energía $h\nu$ ($U = Nh\nu$).

Admitiendo la hipótesis de cuantización de la luz de Einstein, se puede explicar, cualitativamente, los espectros discretos de emisión y de absorción de los gases. Considerando que el fenómeno resulta de varios procesos discretos, que involucran el intercambio de energía entre un átomo y un fotón, la energía del átomo después de la emisión ($\epsilon'$) debe ser menor de aquella ($\epsilon$) antes, de tal modo que la diferencia ($\epsilon - \epsilon'$) sea igual a la energía ($\epsilon_\gamma$) del fotón emitido.

Toda vez que la energía de un fotón es proporcional a la frecuencia de la radiación emitida, eso implica que

$$|\epsilon - \epsilon'| \sim \nu$$

El espectro de líneas de un gas, determinado por las frecuencias características de cada sustancia, implica, a su vez, que las energías de los átomos de esas sustancias constituyen también un conjunto discreto de valores, o sea, se puede concluir de la espectroscopía que los átomos de los gases poseen un espectro discreto de energía.

En ese sentido, recayó en Bohr, en 1913, a partir de un modelo dinámico para el movimiento del electrón en un átomo de hidrógeno, la tarea de deducir las frecuencias características del átomo de hidrógeno, o los niveles de energía asociados a su espectro (Capítulo 12).

De modo análogo a lo que hizo Planck, Bohr se concentró en el emisor de la radiación, el átomo, y, así, consiguió explicar por qué sólo ciertas líneas aparecen en el espectro de hidrógeno, dando una coherencia teórica a la fórmula de Balmer (Sección 12.1.3).

El problema de la radiación del cuerpo negro fue abordado por Einstein en más de dos ocasiones. En 1916, introduciendo el concepto de emisión espontánea (Capítulo 13), y en 1924, basándose en los trabajos del físico indio Satyandranath Bose, cuando presentó las bases para un enfoque estadístico de gases constituidos de partículas indistinguibles que pudiesen compartir los mismos estados cuánticos. A partir de entonces, esas partículas son conocidas como *bosones*, que tienen siempre *spin* entero, y la estadística que las describe pasó a ser conocida como *estadística de Bose-Einstein.*

### 10.3.1 El efecto fotoeléctrico

El fenómeno del efecto fotoeléctrico consiste en la liberación de electrones por la superficie de un metal, después de absorber energía proveniente de la radiación electromagnética que incide sobre él, de tal modo que la energía total de la radiación es parcialmente transformada en energía cinética de los electrones expulsados. Ese fenómeno fue observado por primera vez por Hertz, em 1887, y ampliamente estudiado por Lenard, em 1902, y por Millikan, de 1906 a 1916.

La constatación de que las partículas emitidas eran electrones se dio en 1899, cuando Thomson, al exponer a la radiación ultravioleta en una superficie metálica en el interior de un tubo de Crookes, estableció que esas partículas eran de la misma naturaleza que aquellas que constituían los rayos catódicos.

En los experimentos realizados, un fotocátodo es iluminado por un haz de luz monocromática, liberando electrones, y la corriente $I$ resultante es, en seguida, anulada ajustando un potencial retardador hasta un valor de corte $V$.

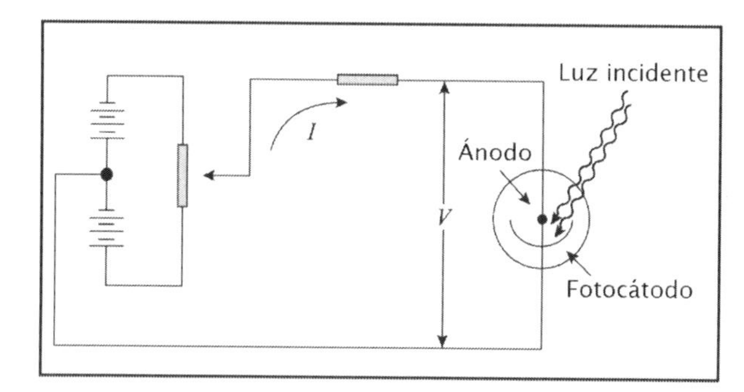


**Figura 10.12:** Esquema de un circuito para observación del efecto fotoeléctrico.

Los principales resultados de las observaciones de Lenard pueden ser resumidos como:

- la ocurrencia de la emisión de electrones no depende de la intensidad de la luz incidente;
- cuando hay emisión, la corriente es proporcional a la intensidad de la luz, cuando la frecuencia y el potencial retardador son mantenidos constantes;
- la ocurrencia de la emisión depende de la frecuencia de la luz;
- para cada metal hay un umbral de frecuencia, abajo del cual no hay emisión;
- para una determinada frecuencia, el potencial de corte es independiente de la intensidad de la luz;
- la energía cinética de los electrones y el potencial de corte crecen con la frecuencia de la luz.

Los resultados de Lenard fueron explicados por Einstein, en 1905, admitiendo que la luz de frecuencia $\nu$, en su interacción con la materia, fuese constituida por *quanta* de luz de energía $\epsilon = h\nu$. De acuerdo con Einstein, al penetrar en la superficie del metal, cada fotón interactúa con un electrón, transmitiéndole toda su energía. Sin embargo, para que un electrón abandone la superficie del metal, es necesario que adquiera una cierta cantidad de energía $\phi$, denominada *función trabajo.* Admitiendo que es poco probable la absorción de dos o más fotones por un electrón, los electrones sólo consiguen abandonar el metal si $h\nu > \phi$. Por tanto, aquellos que escapan, emergen con energía cinética máxima $\epsilon_c$, dada por

$$\epsilon_c = h\nu - \phi$$

La ecuación anterior es compatible con el hecho de que, al aumentar la intensidad de la luz, aumentando el número de fotones incidentes, aumenta también el número de electrones emitidos y, por tanto, la corriente, mas no la energía cinética máxima que cada electrón puede adquirir.

De ese modo, el potencial de corte $V$, necesario para detener el flujo de electrones, es determinado por la condición de que la energía potencial $eV$ deba ser igual a la energía cinética máxima de los electrones expulsados, o sea,

$$\boxed{eV = h\nu - \phi} \tag{10.54}$$

Después de determinar la carga del electrón, Millikan, a pesar de no creer en la idea del fotón de luz, estableció, de forma definitiva, la expresión lineal propuesta por Einstein y la utilizó para determinar de manera precisa y exacta otra constante universal: la constante de Planck. Después de una sucesión de mediciones, en 1914, el valor experimental establecido por Millikan fue

$$h = 6{,}57 \times 10^{-34} \text{ J.s}$$

con error relativo menor que 0,5%. En ese mismo año, Millikan afirma que

> *a pesar entonces del aparente completo éxito de la ecuación de Einstein* [ecuación (10.54)], *la teoría física a partir de la cual ella fue concebida para ser la expresión simbólica es considerada tan insostenible que el propio Einstein, yo creo, no la sustente más. Pero, ¿de qué otra forma la ecuación puede ser obtenida?*

El argumento utilizado para obtener la ecuación de Einstein se basó en la suposición de que la energía es distribuida sólo entre el electrón y el fotón. Sin embargo, para existir un balance del *momentum*, es necesario un tercer cuerpo.[24] Ese tercer cuerpo es la red cristalina del metal que absorbe una parte del *momentum*. Toda vez que la red es mucho más pesada que el electrón, se puede suponer también que ella retrocede con energía despreciable. Así, una característica del efecto fotoeléctrico es que es un proceso que evidencia la transferencia prácticamente total de la energía de un fotón a un electrón ligado de un átomo de una red cristalina.

Otro tipo de mecanismo, que prevalece para fotones de energías más altas, o sea, radiaciones electromagnéticas de frecuencias mayores que la de la luz, como los rayos X, ocurre cuando sólo una parte de la energía es transferida al electrón. En ese caso, el proceso – denominado *efecto Compton* – resulta de la colisión del fotón con electrones prácticamente libres en la materia. Su comprensión se constituyó en un argumento definitivo a favor de la idea de cuantización de la radiación (Sección 10.3.3), o sea, de la existencia de fotones.

A pesar de que la explicación del efecto fotoeléctrico suscitó grandes polémicas teóricas, el fenómeno fue rápidamente utilizado por la industria electrónica para el desarrollo de una serie de componentes sensibles a la luz, llamados *elementos fotosensibles*, que se basan en dos procesos distintos: (i) emisión fotoeléctrica; (ii) quiebra de enlaces covalentes en semiconductores[25] debido a la acción de los fotones.

Entre los componentes electrónicos de la categoría (i) están las válvulas fotomultiplicadoras, válvulas captadoras de imagen y células fotoeléctricas.

Una célula fotoeléctrica al vacío es una válvula constituida de un cátodo fotosensible (fotocátodo), de gran área, colocado en el interior de una bombilla sellada y de un ánodo colector de electrones bajo la forma de un hilo o anillo colocado frente al fotocátodo (Figura 10.13).

El propósito de hacer el ánodo pequeño es el de obstruir lo menos posible el paso de los rayos luminosos hacia el cátodo. Para elegir el material que va a componer el fotocátodo, es preciso conocer

[24] En 1905, Einstein considera al fotón sólo un *quantum* energético de luz, y no una partícula real con *momentum*. La asociación de un *momentum* al fotón sólo es realizada por Einstein en su artículo de 1909 y confirmada, mas tarde, por el efecto Compton (Sección 10.3.3).

[25] Son elementos químicos de estructura cristalina con propiedades eléctricas intermedias entre los dieléctricos y los metales.

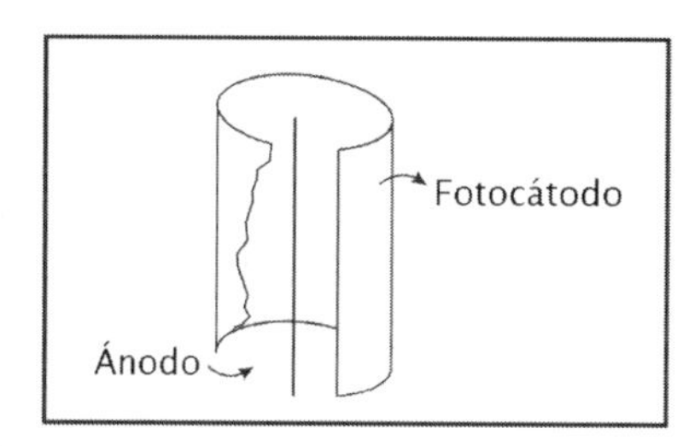


**Figura 10.13:** Esquema de una célula fotoeléctrica al vacío.

cuales elementos químicos poseen menor función de trabajo, para que se obtenga la mayor eficiencia del dispositivo. Los metales alcalinos, en virtud de la baja función trabajo, son los mejores emisores fotoeléctricos expuestos a la luz visible, siendo el cesio (Cs) el de menor función de trabajo y, por eso, muy usado en las válvulas fotoemisoras.

Se puede verificar que, para ese tipo de válvula, a partir de una cierta tensión anódica, en torno de 25 volts para la mayoría de las células al vacío, la corriente no depende de la tensión en el ánodo, dependiendo, sólo, del flujo luminoso incidente sobre el fotocátodo. En algunas válvulas se introduce gas con la finalidad de aumentar la corriente de salida (resultante de la ionización) para un flujo luminoso dado.

De ese modo, la corriente en un circuito se puede comandar por la luz incidente, para el control automático de entrada y salida, para parar casi instantáneamente una prensa, o incluso reconstruir los sonidos registrados en películas cinematográficas.

La aplicación más utilizada en la Física es la válvula fotomultiplicadora, que es constituida de una fotocélula y de un conjunto de ánodos auxiliares (dinodos) que tienen la función de multiplicar el número de electrones fotoemitidos, que, para tal fin, son hechos de sustancias de baja función de trabajo, responsables por una emisión secundaria de electrones en número considerablemente mayor que el incidente.

Con relación a los componentes de la categoría (ii), la rotura de enlaces covalentes en semiconductores debido a la acción de los fotones, llamado efecto fotoeléctrico interno, es muy utilizada en las resistencias fotoeléctricas, denominadas LDR, o en dispositivos que transforman la energía luminosa en eléctrica, como los fotómetros, que permitem evaluar la intensidad de la iluminación a partir de la corriente eléctrica. En el mismo proceso se basa el funcionamiento de las pilas solares utilizadas en cohetes espaciales o en cualquier calculadora electrónica portátil.

## 10.3.2 Calores específicos de los sólidos

La marcada diferencia entre los sólidos cristalinos y los amorfos es la existencia, en los primeros, de correlaciones de largo alcance, como consecuencia del orden, de la periodicidad y de las simetrías en el arreglo de sus constituyentes.

Un sólido cristalino es constituido por la repetición de una unidad básica de patrón geométrico regular, denominada célula unitaria, en la cual sus átomos o moléculas se distribuyen. De ese modo, los átomos o moléculas se comportan como osciladores que se encuentran en posiciones relativas, cuyas distancias medias son fijas, o sea, como elementos localizados en una red cristalina.

El calor específico de los sólidos varía ampliamente de una sustancia a otra. Sin embargo, en 1819, los franceses Pierre Dulong y Alexis Petit descubrieron que el calor específico molar de los sólidos cristalinos tenía un valor constante aproximado de 6 $\text{cal}\cdot\text{mol}^{-1}\cdot{}^{\circ}\text{C}^{-1}$, lo que quedó conocido como *ley de Dulong-Petit*, originalmente enunciada así: *los átomos de todos los cuerpos simples tienen exactamente la misma capacidad para el calor.* A pesar de haber sido históricamente muy importante para la revisión de diversos valores de los pesos atómicos (Tabla 10.5), la primera explicación para la ley de Dulong-Petit sólo fue obtenida por Boltzmann, en 1876, cerca de medio siglo después de haber sido establecida.

**Tabela 10.5:** Estimaciones de diversos pesos atómicos a partir de mediciones de calores específicos

| Elemento | Calor específico cal · K⁻¹ · g⁻¹ | Peso atómico $\mu$ | | |
|---|---|---|---|---|
| | | Berzelius (1813) | Estimado (1819) | Valor actual |
| Cu | 0,0922 | 129,04 | 64,62 | 63,55 |
| Au | 0,0306 | 397,41 | 194,71 | 196,97 |
| Fe | 0,10 | 110,98 | 59,58 | 55,85 |
| Pb | 0,0308 | 415,58 | 193,44 | 207,20 |
| K | 0,178 | 156,48 | 33,47 | 39,10 |
| Ag | 0,0565 | 430,11 | 105,45 | 107,87 |
| S | 0,169 | 32,16 | 32,25 | 32,04 |
| Zn | 0,0928 | 129,03 | 64,20 | 65,39 |

Toda vez que la razón entre el calor molar ($C_{\text{molar}}$) y el calor específico ($c$) de un elemento es igual a la razón entre la masa ($m$) de un elemento y el número de moles ($n$), o sea, el peso atómico ($\mu$),

$$C_{\text{molar}}/c = m/n = \mu$$

éste puede ser determinado a partir de mediciones térmicas. Dulong y Petit abren, así, una posibilidad de medir, por medios físicos, una magnitud normalmente determinada por la Química: de esta forma, fueron corregidos varios valores de pesos atómicos de ciertos elementos.

Considerando que un cristal con $N$ átomos pudiese ser representado por un conjunto de $3N$ osciladores idénticos, independientes y que obedecen a las leyes de Newton de la Mecánica Clásica, Boltzmann aplica el principio de la equipartición de energía a esos $3N$ osciladores, que equivalen a $6N$ términos cuadráticos independientes en la expresión de la energía, y obtiene para la energía media (energía interna) ($U$) del cristal, en equilibrio térmico a la temperatura $T$, la expresión

$$U = 3NkT = 3nRT$$

De ese modo, el calor específico molar a volumen constante sería dado por

$$c_V = \frac{1}{n}\left(\frac{\partial U}{\partial T}\right)_V = 3R \sim 6\,\text{cal}\cdot\text{mol}^{-1}\cdot{}^{\text{o}}\text{C}^{-1}$$

lo que concuerda con el comportamiento a temperatura ambiente, normalmente referido como ley de Dulong-Petit.

La hipótesis de que el valor del calor específico de un sólido sería una constante independiente de la temperatura comenzó a ser cuestionada cuando, a fines del siglo XIX, más precisamente en 1898, el químico y físico escocés *Sir* James Dewar licuó el hidrógeno. La bajas temperaturas alcanzadas, utilizando mezclas refrigerantes, evidenciaron una dependencia con respecto a la temperatura del tipo

$$\lim_{T\to 0\text{K}} c_V \to 0$$

o sea, a bajas temperaturas, el calor específico de un sólido cristalino disminuye con la temperatura.

Esa discrepancia llevó a Einstein a extender la hipótesis de cuantización de la energía de Planck a cualquier oscilador, en cualquier circunstancia, no sólo en interacción con la radiación, de tal modo que la energía media de un oscilador unidimensional de frecuencia $\nu_E$ sería dada por

$$\langle\epsilon\rangle = \frac{h\nu_E}{e^{h\nu_E/kT} - 1}$$

en vez del resultado clásico $\langle\epsilon\rangle = kT$.

De ese modo, para un total de $3N$ osciladores idénticos e independientes en el cristal, la energía interna sería dada por

$$U = \frac{3Nh\nu_{_E}}{e^{h\nu_{_E}/kT} - 1}$$

Toda vez que $Nk = nR$, definiendo la temperatura de Einstein por $T_{_E} = h\nu_{_E}/k$, se puede escribir

$$U = \frac{3nRT_{_E}}{e^{T_{_E}/T} - 1}$$

Así, el calor específico molar a volumen constante sería entonces dado por

$$\begin{aligned} c_{_V} &= \frac{1}{n}\left(\frac{\partial U}{\partial T}\right)_{_V} = \frac{1}{n}\underbrace{\left(\frac{\partial \beta}{\partial T}\right)_{_V}}_{-1/T^2}\left(\frac{\partial U}{\partial \beta}\right)_{_V} \qquad (\beta = 1/T) \\ &= 3R\,\frac{T_{_E}}{T^2}\,\frac{\partial}{\partial \beta}\left(\frac{-1}{e^{\beta T_{_E}} - 1}\right) = 3R\left(\frac{T_{_E}}{T}\right)^2 \frac{e^{T_{_E}/T}}{\left(e^{T_{_E}/T} - 1\right)^2} \end{aligned} \tag{10.55}$$

A través de su único parámetro, la temperatura $T_{_E}$, correspondiente a la frecuencia de oscilación de cada átomo de la red, la fórmula de Einstein reprodujo el límite clásico de altas temperaturas y, de inicio, aparentemente se ajustaba a las observaciones de Heinrich Friedrich Weber, hechas en 1875, en experimentos con el diamante a bajas temperaturas.

La teoría del calor específico de los sólidos de Einstein, al describir el hecho de que éste diminuye con la temperatura, desempeñó un papel importante en el establecimiento de la llamada $3^{\text{era}}$ ley de la Termodinámica, por el químico alemán Walther Hermann Nernst.

Además de la cuantización de la energía, la hipótesis básica de Einstein fue que los átomos del cristal oscilarían con una misma frecuencia, o sea, que los osciladores serían idénticos e independientes. Desde el punto de vista clásico, al aplicar el teorema de la equipartición de la energía, no importa si los osciladores son idénticos o no; sólo importa que sean independientes, pues, cualesquiera que sean las frecuencias, la dependencia cuadrática de la energía de cada átomo, en las variables cinemáticas, es la que determina la energía media del cristal.

Entre tanto, esos osciladores, a pesar de idénticos, son acoplados, de modo que sus frecuencias de oscilaciones son de hecho distintas, pues son las frecuencias propias de las vibraciones del cristal.[26] En el fondo, es por ese motivo que el resultado de Einstein no reproduce correctamente el comportamiento de $c_{_V}$ cuando $T \to 0$. De hecho, su predicción, ecuación (10.55), en este límite, se reduce a

$$c_{_V} \sim R\left(\frac{T_{_E}}{T}\right)^2 e^{-T_{_E}/T}$$

Identificando los modos de bajas frecuencias con la propagación del sonido en un medio continuo (elástico e isótropo) y admitiendo además que las frecuencias de las oscilaciones de los átomos en el interior del sólido deben tener un valor máximo $\nu_{_D}$, el holandés Peter Debye, en 1912, obtiene una expresión para el calor específico de los sólidos.

Para eso, se puede partir de la densidad de modos de vibración de Rayleigh, ecuación (10.37), recordando sólo sustituir la velocidad de propagación de la luz por la del sonido. Como en un cristal puede haber vibraciones longitudinales, además de las transversales, habría un nuevo término que corresponde a las primeras. Denotando esas velocidades, respectivamente, por $v_\parallel$ e $v_\perp$, la nueva densidad de modos se escribe

$$u_\nu \to 4\pi V\left[\frac{2}{v_\perp^3} + \frac{1}{v_\parallel^3}\right]\nu^2\langle\epsilon\rangle$$

[26] Frecuencias de los llamados modos propios o normales de vibración del cristal.

o aún, usando el resultado de Planck,

$$\frac{U}{V} = \int u_\nu \, \mathrm{d}\nu = 4\pi \left[ \frac{2}{v_\perp^3} + \frac{1}{v_\parallel^3} \right] \int_0^{\nu_D} \frac{h\nu}{e^{\beta h\nu} - 1} \nu^2 \, \mathrm{d}\nu$$

La frecuencia máxima $\nu_D$ es fijada requiriendo que el número total de modos normales de vibración sea igual al número total, $3N$, de grados de libertad del cristal

$$4\pi \left[ \frac{2}{v_\perp^3} + \frac{1}{v_\parallel^3} \right] \int_0^{\nu_D} \nu^2 \, \mathrm{d}\nu = 3N$$

en donde

$$\nu_D^3 = \frac{9N}{4\pi \left[ \frac{2}{v_\perp^3} + \frac{1}{v_\parallel^3} \right]}$$

Luego, se puede escribir

$$\frac{U}{V} = \frac{9N}{\nu_D^3} \int_0^{\nu_D} \frac{h\nu}{e^{\beta h\nu} - 1} \nu^2 \, \mathrm{d}\nu$$

Para explicitar la dependencia de esa cantidad con respecto a $T$, es conveniente definir

$$T_D = \frac{h\nu_D}{k} \qquad \Longrightarrow \qquad \nu_D = \frac{kT_D}{h}$$

y hacer el cambio de variable

$$x = \frac{h\nu}{kT}$$

obteniendo, así,

$$\frac{U}{V} = \frac{9Nk}{T_D^3} T^4 \int_0^{T_D/T} \frac{x}{e^x - 1} \, \mathrm{d}x$$

y, finalmente, la capacidad térmica

$$C_V = \left( \frac{\partial U}{\partial T} \right)_V = \frac{9NkV}{T_D^3} \frac{\mathrm{d}}{\mathrm{d}T} \left[ T^4 \int_0^{T_D/T} \frac{x}{e^x - 1} \, \mathrm{d}x \right] \tag{10.56}$$

El calor específico es obtenido por la relación $c_V = C_V/M$, siendo $M$ la masa del cristal. En el límite $T_D/T << 1$, se reobtiene el valor clásico $C_V = 3NkV$, aproximando el exponencial del integrando por $1 + x$.

El comportamiento de $C_V$ a bajas temperaturas puede ser calculado de la ecuación (10.56) sustituyendo el límite superior de la integral por $\infty$, obteniendo

$$C_V \simeq R \left( \frac{T}{T_D} \right)^3 \qquad (T \to 0)$$

siendo $T_D = h\nu_D/k$, la llamada *temperatura de Debye*.

La comparación entre las predicciones de Einstein y de Debye para bajas temperaturas puede ser vista en la Figura 10.14.

La teoría de Debye permitió encontrar una fórmula de interpolación que describe de manera satisfactoria el comportamiento del calor específico de una enorme variedad de sólidos cristalinos. Sin embargo, la concordancia no se verifica para varios cristales, incluso cuando es aplicada al único cristal

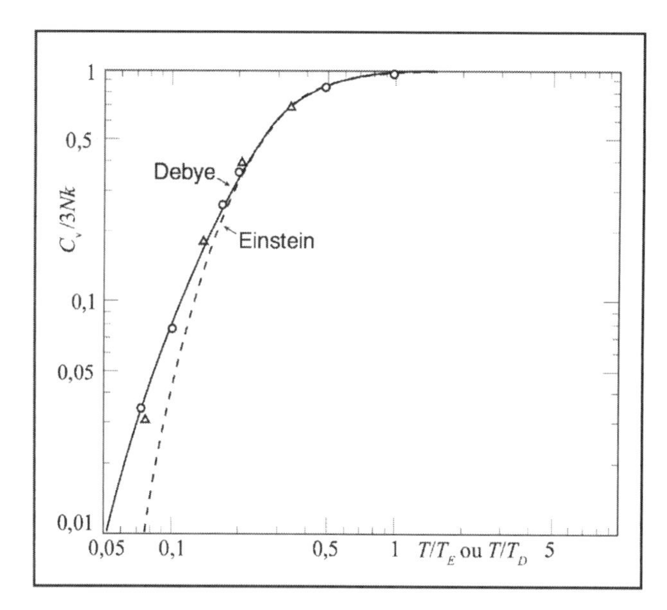


**Figura 10.14:** Comparación entre las predicciones de Einstein y Debye. En este gráfico las temperaturas de las dos curvas están normalizadas a las respectivas temperaturas críticas.

cúbico (tungsteno) para el cual la hipótesis básica de sólido isótropo es satisfecha. En las palabras del físico inglés Moses Blackman, debido a su enorme éxito inicial en comparación con diversos datos experimentales, la teoría de Debye se tornó en un ejemplo de aquello que se puede llamar "*canonización* a priori" de una teoría.

### 10.3.3 El efecto Compton

A pesar de los importantes trabajos experimentales y teóricos realizados en Berlín durante la primera década del siglo XX, pocos estaban convencidos o siquiera conocían las hipótesis de Planck y de Einstein. En realidad, las hipótesis de cuantización de la energía y de la radiación sólo eran consideradas por poquísimos investigadores alemanes. Mientras que la cuantización de la energía pasa a ser aceptada a partir de 1913, con la teoría de Bohr para el átomo de hidrógeno (Sección 12.1.2), los fotones sólo serían definitivamente aceptados en 1922, cuando el físico estadounidense Arthur Holly Compton, después de cinco años de experimentos ininterrumpidos, establece, definitivamente, que la radiación de cortísima longitud de onda (en la región de los rayos X) que él hacía incidir sobre un blanco de grafito era dispersada de un modo no explicable por la teoría clásica del Electromagnetismo.

Compton explicó ese hecho suponiendo que la colisión entre el fotón y el electrón atómico pudiese ser considerada una colisión entre dos partículas libres, que obedecían a la cinemática relativista, o sea, a las leyes de conservación de la energía y *momentum* según la Teoría de la Relatividad Especial de Einstein.

El principal argumento contrario a esa idea, utilizado por Lorentz y Bohr, fue el mismo que el de los partidarios de la visión ondulatoria de la luz utilizaron en la polémica Newton-Huygens: *¿Cómo es que partículas que se mueven como un haz podrían dar lugar a fenómenos como los de interferencia y difracción?* En la palabras de Bohr,

> *a pesar de su valor heurístico (...), la hipótesis [de Einstein] de los* quanta *de luz, que es prácticamente irreconciliable con los llamados fenómenos de interferencia, no es capaz de dar luces sobre la naturaleza de la radiación.*

La idea de asociar, además de la energía, un *momentum* al fotón ya había sido considerada por Einstein y por el físico alemán Johannes Stark, en 1909. Stark llega incluso a imponer la ley de conservación del *momentum* a la interacción de una onda electromagnética con un electrón, a pesar de no considerar la expresión correcta, relativista, para el *momentum* del electrón.

Con Compton, el concepto de fotón como partícula es integralmente establecido. Según él, se debe admitir que un fotón ($\gamma$), asociado a la radiación monocromática de frecuencia $\nu$, que se propaga en la dirección $\hat{k}$, se comporta como una partícula de masa nula que se mueve a la velocidad ($c$) de la luz en el vacío, tal que:

- $\epsilon_\gamma = h\nu$ (energía)
- $\vec{p}_\gamma = \dfrac{\epsilon_\gamma}{c}\hat{k} = \dfrac{h\nu}{c}\hat{k} = \dfrac{h}{\lambda}\hat{k}$ (*momentum*)

El efecto Compton fue, en realidad, la evidencia experimental que faltaba para que la comunidad científica admitiese la existencia del fotón como constituyente de la luz, colocando un punto final en esa cuestión que fue asunto de gran polémica. Lo que era aceptado hasta entonces por la mayoría de los físicos era el resultado de las discusiones surgidas en la conferencia de Solvay de 1911, donde fue aceptada sólo la discontinuidad en la emisión y absorción de luz, y no de la propia energía de la luz, como había propuesto Einstein.

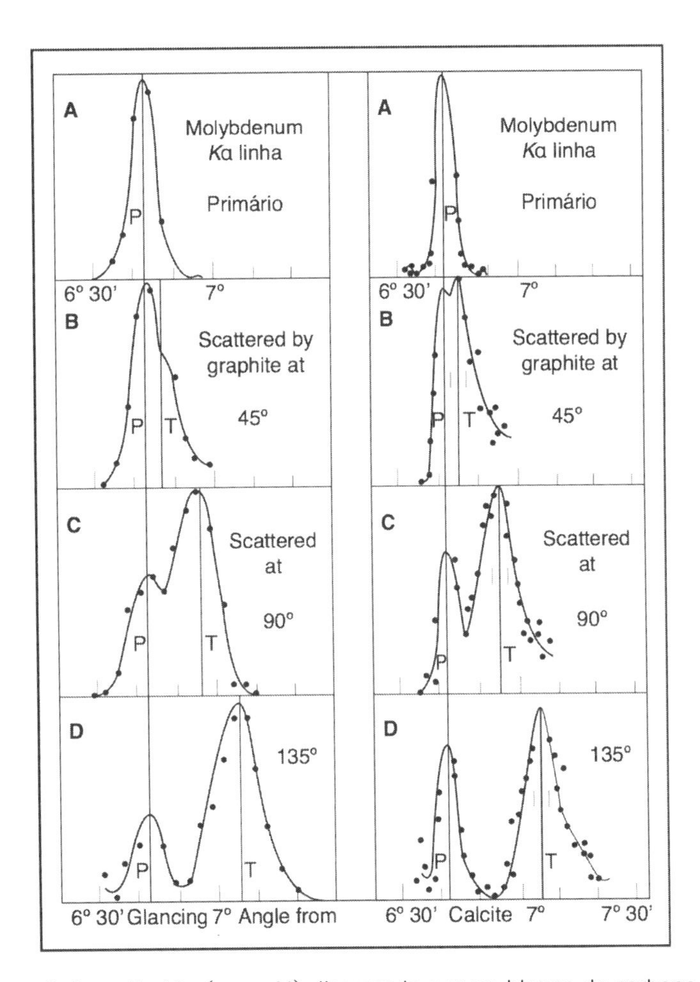


**Figura 10.15:** Espectro de la radiación (rayos X) dispersada por un blanco de carbono en el efecto Compton.

Los espectros de la radiación dispersada por blancos de molibdeno (Mo) y de grafito, obtenidos experimentalmente, son mostrados en la Figura 10.15. En esas figuras, el pico de la izquierda es lo que era esperado teóricamente. De acuerdo con la teoría clásica de Thomson de la dispersión de rayos X, la longitud de onda de la radiación dispersada en una dirección cualquiera debe ser igual al de la radiación incidente ($\lambda$).

La Figura 10.15 muestra también un segundo pico, relativo a una longitud de onda $\lambda'$, que no es explicado clasicamente. De esa forma, Compton descubrió que la radiación dispersada tiene dos componentes, verificando que las longitudes de onda de los rayos X dispersados son mayores que la longitud de onda de la radiación incidente. La relación entre $\lambda'$ y $\lambda$ depende del ángulo $\theta$ entre la dirección de la radiación dispersada y la de la incidente, y es dada por la fórmula de Compton,

$$\lambda' = \lambda + A \operatorname{sen}^2 \frac{\theta}{2} \tag{10.57}$$

Para llegar a ese resultado y determinar la constante $A$, Compton supuso que los aspectos cinemáticos del proceso de dispersión de rayos X por la materia pudiesen ser descritos por la colisión elástica entre un fotón y un electrón atómico (Figura 10.16), a la cual se aplica la conservación de energía y *momentum*. Como la energía de los fotones de un haz de rayos X es mucho mayor que la energía del movimiento de los electrones en los átomos, se puede considerarlos, inicialmente, en reposo.

Sean $(\epsilon_\gamma, \epsilon_0)$ y $(\epsilon'_\gamma, \epsilon)$, respectivamente, las energías del fotón y del electrón, antes y después de la colisión, o sea,

$$\begin{cases} \epsilon_\gamma = h\nu = \dfrac{hc}{\lambda} \\ \epsilon_0 = mc^2 \end{cases} \quad \text{y} \quad \begin{cases} \epsilon'_\gamma = h\nu' = \dfrac{hc}{\lambda'} \\ \epsilon^2 = (pc)^2 + (mc^2)^2 \end{cases}$$

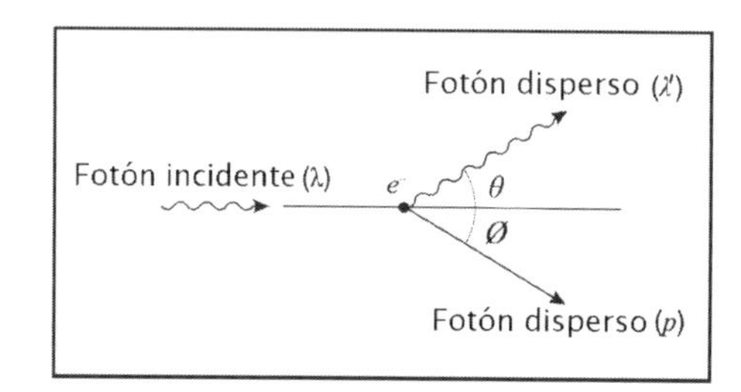


**Figura 10.16:** Colisión de un fotón con un electrón, inicialmente en reposo.

Luego, las leyes de conservación de la energía y del *momentum* son expresadas como

$$\begin{cases} \epsilon_\gamma + mc^2 = \epsilon'_\gamma + \epsilon \\ \vec{p}_\gamma = \vec{p}_\gamma{}' + \vec{p} \end{cases}$$

De la conservación de la energía, se sigue que la energía del electrón puede ser expresada también por

$$\epsilon^2 = (\epsilon_\gamma - \epsilon'_\gamma + mc^2)^2 = \underbrace{(\epsilon_\gamma - \epsilon'_\gamma)^2 + 2(\epsilon_\gamma - \epsilon'_\gamma)mc^2}_{p^2c^2} + m^2c^4$$

de la cual resulta

$$p^2c^2 = \epsilon_\gamma^2 + \epsilon'^2_\gamma - 2\epsilon_\gamma\epsilon'_\gamma + 2(\epsilon_\gamma - \epsilon'_\gamma)mc^2 \tag{10.58}$$

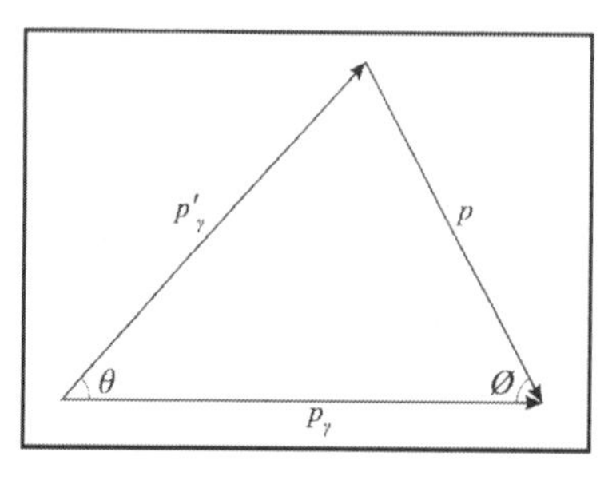


**Figura 10.17:** Diagrama de conservación del *momentum* para el efecto Compton.

De la conservación del *momentum*, expresada por la Figura 10.17, resulta

$$p^2 = p'^2_\gamma + p^2_\gamma - 2p'_\gamma p_\gamma \cos\theta$$

y teniendo en cuenta que $p_\gamma = \epsilon_\gamma/c$ y $p'_\gamma = \epsilon'_\gamma/c$, se obtiene

$$p^2c^2 = \epsilon^2_\gamma + \epsilon'^2_\gamma - 2\epsilon_\gamma\epsilon'_\gamma \cos\theta \tag{10.59}$$

Igualando las ecuaciones (10.58) y (10.59), resulta

$$(\epsilon_\gamma - \epsilon'_\gamma)mc^2 = \epsilon_\gamma\epsilon'_\gamma(1 - \cos\theta) \tag{10.60}$$

o sea,

$$\frac{1}{\epsilon'_\gamma} - \frac{1}{\epsilon_\gamma} = \frac{1}{mc^2}(1 - \cos\theta)$$

Toda vez que $\epsilon_\gamma = hc/\lambda$ y $\epsilon'_\gamma = hc/\lambda'$, se llega a la relación de Compton

$$\boxed{\lambda' - \lambda = \frac{h}{mc}(1 - \cos\theta) = \left(\frac{2h}{mc}\right)\operatorname{sen}^2\frac{\theta}{2}} \tag{10.61}$$

Además, de acuerdo con la conservación del *momentum*, expresada por la Figura 10.17, se puede escribir

$$\operatorname{cotg}\phi = \frac{p_\gamma - p'_\gamma\cos\theta}{p'_\gamma \operatorname{sen}\theta} = \left(\frac{\epsilon_\gamma}{\epsilon'_\gamma} - \cos\theta\right)\frac{1}{\operatorname{sen}\theta} \tag{10.62}$$

Reescribiendo la relación de Compton como

$$\frac{\epsilon_\gamma}{\epsilon'_\gamma} = \frac{\lambda'}{\lambda} = 1 + \frac{h\nu}{mc^2}(1 - \cos\theta) = \left(\frac{2h}{mc}\right)\operatorname{sen}^2\frac{\theta}{2}$$

y sustituyéndola en la ecuación (10.62), se obtiene

$$\begin{aligned}
\operatorname{cotg}\phi &= \left[1 + \frac{h\nu}{mc^2}(1 - \cos\theta) - \cos\theta\right]\frac{1}{\operatorname{sen}\theta} \\
&= \left(1 + \frac{h\nu}{mc^2}\right)\frac{(1 - \cos\theta)}{\operatorname{sen}\theta}
\end{aligned}$$

o sea,

$$\operatorname{cotg}\phi = (1 + \alpha)\operatorname{tg}\frac{\theta}{2} \tag{10.63}$$

siendo $\alpha = h\nu/(mc^2)$.

La ecuación (10.63), obtenida por Debye, en 1923, muestra que, mientras que el fotón puede ser dispersado en cualquier ángulo $(-\pi \leq \theta \leq \pi)$, el electrón dispersado está confinado en la región frontal $(-\pi/2 \leq \phi \leq \pi/2)$.

Además de establecer la cinemática de la dispersión de ondas de cortísimas longitudes de onda, como los rayos X, por la materia, los estudios de Compton mostraron, decisivamente, que, además del cambio de longitud de onda, la teoría clásica de Thomson era incapaz de explicar los bajos valores y la asimetría *forward-backward* en la distribución angular de la sección eficaz. La sección eficaz para el fotón dispersado en el efecto Compton fue calculada en 1929, por Oskar Benjamin Kleyn y Yoshio Nishina, usando la segunda cuantización, y puede ser escrita como

$$\left(\frac{d\sigma}{d\Omega}\right)_{KN} = \left(\frac{d\sigma}{d\Omega}\right)_{Th}\frac{f(\theta)}{[1 + \alpha(1 - \cos\theta)]^2} \tag{10.64}$$

en la cual

$$\left(\frac{d\sigma}{d\Omega}\right)_{Th} = \left(\frac{e^2}{mc^2}\right)^2 \frac{(1+\cos^2\theta)}{2}$$

es la sección eficaz de Thomson, y

$$f(\theta) = \left\{1 + \frac{\alpha^2(1-\cos\theta)^2}{(1+\cos^2\theta)\,[1+\alpha(1-\cos\theta)]}\right\}$$

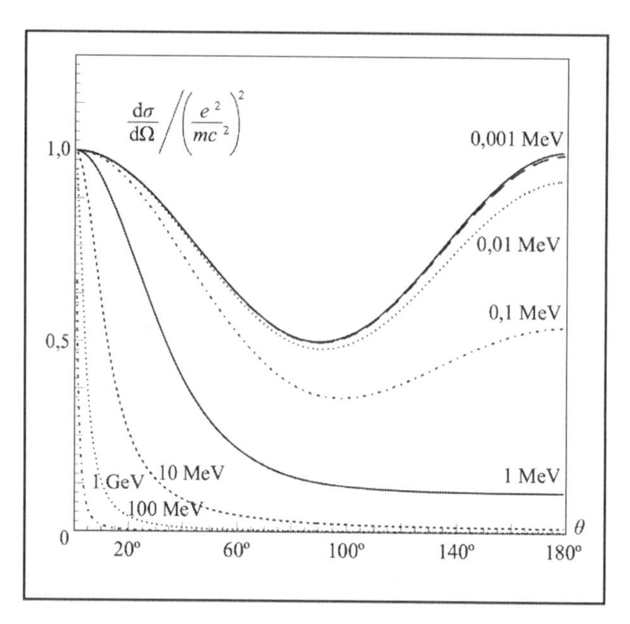


**Figura 10.18:** Comparación de las secciones eficaces de Thomson (curva simétrica con línea continua en la parte superior del gráfico) y de Kleyn-Nishina para varias energías del fotón incidente.

La Figura 10.18 muestra la comparación de las secciones eficaces de Thomson y de Kleyn-Nishina, para varias energías del fotón incidente. Note que las dos secciones eficaces coinciden para bajas energías y, en ese caso, poseen una distribución angular simétrica. Al contrario de la simetría de la sección eficaz a bajas energías, cuanto mayor la energía de los fotones incidentes en el efecto Compton, más fotones y electrones son dispersados en la región frontal. De hecho, la figura muestra que, para una energía del fotón incidente de 100 MeV, todos los fotones son dispersados para ángulos menores de 20°.

## 10.4 Fuentes primarias


**Birge, R.T., 1919.** The Most Probable Value of the Planck Constant *h*. *Physical Review* **14**, n. 4, p. 361-368.

**Boltzmann, L., 1884.** Ableytung des Stefan'schen Gesetzes betreffend die Abhängigkeit der Wärmestrahlung von der Temperatur aus der elektromagnetischen Lichttheorie. *Wiedemannsche Annalen der Physik* **22**, p. 291-294.

**Bose, S.N., 1924.** Plancks Gesetz und Lichtquantenhypothese. *Zeitschrift für Physik* **26**, p. 178-181. Traducido al portugués en *Revista Brasileyra de Ensino de Física* **27**, n. 3, p. 463-465 (2005), como la ley de Planck y la hipótesis de los quanta de luz.

**Clausius, R.J.E. 1854.** Über eine veränderte Form des zweiten Hauptsatzes der mechanischen Wärmetheorie. *Annalen der Physik und Chemie*, Ser. 2, **93**, p. 481-506.

**Compton, A.H., 1923.** A Quantum Theory of the Scattering of X-Rays by Light Elements. *Physical Review* **21**, n. 5, p. 483-502.

**Debye, P., 1910.** Der Wahrscheinlichkeitsbegriff in der Theorie der Streahlung. *Annalen der Physik* **33**, p. 1427-1434.

**Debye, P., 1912.** Zur theorie der spezifischen Wärme. *Annalen der Physik* **39**, p. 789-839. Reimpreso en **Debye, P., 1954**, p. 650-696.

**Duane, W.; Hunt, F.L., 1915.** On X-Ray Wave-Lengths. *Physical Review*, Series 2, **6**, n. 2, p. 166-171.

**Einstein, A., 1905.** Über einen die Erzeugung und Verwandlung des Lichtes betreffenden heuristischen Gesichtspunkt. *Anallen der Physik* (leypzig) **17**, p. 132-148, Traducido al portugués en **Stachel, J. (Org.), 2001**, p. 201-222, como Sobre un punto de vista heurístico al respecto de la producción y transformación de la luz.

**Einstein, A., 1906.** Zur Theorie der Lichterzeugung und Lichtabsorption. *Annalen der Physik* (leypzig) **20**, p. 199-206.

**Einstein, A., 1907.** Die Plancksche Theorie der Strahlung und die Theorie der spezifischen Wärme. *Annalen der Physik*, Ser. 4, **22**, p. 180-190. Traducido al inglés en **Einstein, A. 1909-1955.**, p. 214-224, como Planck's Theory of Radiation and the Theory of Specific Heat.

**Einstein, A., 1909a.** Zum gegenwärhgen Stand des Strahlungsproblems. *Physikalische Zeitschrift* **10**, p. 185-193. Traducido al inglés en **Einstein, A. 1909-1955**, p. 357-375, On the Present Status of the Radiation Problem.

**Einstein, A., 1909b.** Entwicklung unserer Anschauungen über das Wesen und die Konstitution der Strahlung. *Deutsche Physikalische Gesellschaft, Verhandlungen* **7**, p. 482-500. *Physikalische Zeistschrift* **10**, p. 817-825. Traducido al portugués en la *Revista Brasileyra de Física* **27**, n. 1, p. 77-85 (2005), como Sobre el desarrollo de nuestras concepciones sobre la naturaleza y la constitución de la radiación.

**Franck, J.; Hertz, G., 1912a.** Über Zusammentstöße zwischen Elektronen und den Molekülen des Quecksilberdampfes und die Ionizierungsspannung derselben. *Verhandlungen der Deutschen Physikalischen Gesellschaft Berlin* **14**, p. 457-467.

**Franck, J.; Hertz, G., 1912b.** Über die Erregung der Quecksilberresonanzlinie 253,6 $\mu\mu$ durch Elektronenstöße. *Ibid.*, **14**, p. 512-517.

**Gibbs, J.W., 1901.** *Elementary Principles in Statistical Mechanics.* Reimpreso por Ox Bow (1981).

**Haskins, C.N., 1914.** Note on the Evaluation of the Constant $C_2$ in Planck's Radiation Equations. *Physical Review* **3**, n. 6, p. 476-478.

**Jeans, J.H., 1905.** On the partition of energy between matter and ether. *Philosophical Magazine* **10**, p. 91-98.

**Kirchhoff, G.R., 1859.** – "Über den Zusammenhang zwischen Emission und Absorption von Licht und Wärme". *Monatsberichte der Akademie der Wissenchaften zu Berlin* (December), p. 783-787.

**Kleyn, O.; Nishina, Y., 1929.** Ueber die Streuung von Strahlung durch freie Elektronen nach der neuer relativistischen Quantendynamik von Dirac. *Zeitschrift für Physik* **52**, p. 853-869.

**Kunz, J., 1909.** On the Electron Theory of Thermal Radiation for Small Values of $\lambda T$. *Physical Review*, Series I, **28**, n. 5, p. 313-323.

**Mendenhall, C.E., 1917** A Determination of the Planck Radiation Constant $C_2$. *Physical Review* **10**, n. 5, p. 515-524.

**Mendenhall, C.E.; Saunders, F.A., 1901.** The Radiation of a Black Body. *Astrophysical Journal* **13**, n. 1, p. 25-47.

**Meyer, E.; Gerlach, W., 1914.** Über den photoelektrischen Effekt an ultramikroskopischen Metallteilchen. *Annalen der Physik*, Ser. 4, **45**, n. 18, p. 177-236.

**Meyer, E.; Gerlach, W., 1915.** Über die Abhängigkeit der photoelektrischen Verzögerungszeit vom Gasdruck bei Metallteilchen ultramikroskopischer Größenordnung. *Annalen der Physik*, Ser. 4, **47**, n. 10, p. 227-244.

**Millikan, R.A., 1914.** A Direct Determination of '$h$'. *Physical Review* **4**, n. 1, p. 73-75.

**Millikan, R.A., 1916.** A Direct Photoelectric Determination of Planck's $h$. *Physical Review* **7**, n. 3, p. 355-388.

**Nernst, W., 1911.** Zur Theorie der spezifischen Wärme und über die anwendung Lehre von den Energiequantum auf physikalisch-chemische Fragen überhaupt. *Zeitschrift für Elektrochemie* **17**, n. 7, p. 265-275.

**Petit, A.T.; Dulong, P.L., 1819.** Recherches sur quelques points importants de la Théorie de la Chaleur. *Annales de Chimie et de Physique* [2], **10**, p. 395-413. Traducción inglesa en *Annals of Philosophy* **14**, p. 189-198.

**Planck, M., 1900a.** Über eine Verbesserung der Wienschen Spektralgleychung. *Verhandlungen der Deutschen Physikalishen Gesellschaft* **2**, p. 202-204. Traducido al portugués en *Revista Brasileyra de Ensino de Física* **22**, n. 4, p. 536-537 (2000), como Sobre un perfeccionamiento de la ecuación de Wien para el espectro. Comunicación hecha en octubre de 1900, en la Sociedad Alemana de Física, sobre la dependencia funcional de la densidad de energía de la radiación del cuerpo negro.

**Planck, M., 1900b.** Zur Theorie des Gesetzes der Energieverteilung im Normalspektrum. *Verhandlungen der Deutschen Physikalishen Gesellschaft* v. **2**, p. 237-245. Artículo en el cual Planck introdujo la constante física universal $h$. Ver Kangro, 1976.

**Planck, M., 1900c.** Über irreversible Strahlungsvorgänge. *Annalen der Physik*, Ser. 4, **1**, p. 69-122.

**Planck, M., 1901a.** Über das Gesetz der Energieverteilung im Normalspektrum. *Annalen der Physik*, Ser. 4, **4**, p. 553-563. Versión modificada de **Planck, M., 1900b**, traducida al portugés en *Revista Brasileyra de Ensino de Física* **22**, n. 4, p. 538-542 (2000), como Sobre la ley de la distribución de energía en el espectro normal. Artículo en el cual Planck define y calcula las dos constantes universales $h$ y $k$.

**Planck, M., 1901b.** Über die Elementarquanta der Materie und der Elektricität. *Annalen der Physik*, Ser. 4, **4**, p. 564-566.

**Rayleigh, Lord, 1900.** Remarks upon the law of a complete radiation. *Philosophical Magazine* **49**, p. 539-540.

**Rayleigh, Lord, 1905.** The Dynamical Theory of Gases and of Radiation. *Nature* **71**, p. 559, *idem* **72**, p. 54-55 e p. 243-244. Reproducidos en la Obra de Lord Rayleigh, p. 248-253.

**Rubens, H.; Kurlbaum, F., 1900.** Über die Emission langwelliger Wärmestrahlen durch den schwarzen Körper bei verschiedenen Temperaturen. *Stizungberichte der Königlich-Preußischen Akademie der Wissenschaften (Berlin)*, Sesión del 25 de octubre, p. 929; Über die Emission langwellinger Wärmstrahlen durch den schwarzen Körper bei verschiedenen Temperaturen. *Berliner Berichte*, p. 929-941.

**Rubens, H.; Kurlbaum, F., 1901.** Anwendung der Methode der Reststrahlen zur Prüfung des Strahlungsgesetzes. *Annalen der Physik* **4**, p. 649-666.

**Stefan, J., 1879.** Über die Beziehung zwischen der Wärmstrahlung und der Temperatur. *Wiener Berichte* **79**, p. 391-428.

**Wien, W., 1893.** Ein neue Beziehung der Strahlung schwarzer Körper zum zweiten Hauptsatz der Wärmetherorie. *Königlich Preussische Akademie der Wissenschaften (Berlin) Sitzungsberichte* (9 de febrero), p. 55-62.

**Wien, W., 1894.** Temperatur und Entropie der Strahlung. *Wiedmannsche Annalen der Physik* **52**, p. 132-165.

**Wien, W., 1896.** Über die Energievertheilung im Emissionsspektrum eines schwarzen Körpers. *Wiedmannsche Annalen der Physik* **58**, p. 662-669.

## 10.5 Otras referencias y sugerencias de lectura

**Bergia, S.; Navarro, L., 1988.** Recurrences and continuity in Einstein's research on radiation between 1905-1916. *Archives for History of Exacts Sciences* **38**, n. 1, p. 79-99.

**Blackman, M., 1941.** The Theory of the Specific Heat of Solids. *Reports on Progress in Physics* **8**, p. 11-30.

**Blevin, W.R.; Brown, W.J., 1971.** A precise measurement of the Stefan-Boltzmann constant. *Metrologia* **7**, n. 1, p. 15.

**Bradley, M.P.** *et all.*, **1999.** Penning Trap Measurements of the Masses of $^{133}$Cs, $^{87,85}$Rb, and $^{23}$Na with Uncertainties $\leq$ 02 ppb. *Physical Review Letters* **83**, n. 22, p. 4510-4513. Medida de la constante de Planck.

**Buckingham, E., 1912.** On the Deduction of Wien's Displacement Law. *Philosophical Magazine* **23**, p. 920-931.

**Caruso, F.; Oguri, V., 2009.** The Cosmic Microwave Background Spectrum and the Upper Limit for Fractal Space Dimensionality. *Astrophysical Journal*, **694**, n. 1, p. 151-153.

**Compton, A.H.; Alison, S.K.,1935]** *X-rays in Theory and Experiment.* Nova York: D. van Nostrand.

**Debye, P., 1954.** Colección de artículos de Debye.

**Duane, W.; Palmer, H.H.; Yeh, C.-S., 1921.** A Remeasurement of the Radiation Constant, $h$, By Means of X-Rays. *Proceedings of the National Academy of Science* **7**, n. 8, p. 237-242; *Journal of the Optical Society of America* **5**, p. 376-387.

**Dunnington, F.G., 1954.** Determination of $h/e$ by a new method. *Physical Review* **94**, n. 3, p. 592-598.

**Eddington, A.S., 1925.** On the Derivation of Planck's Law from Einstein's Equation. *Philosophical Magazine* **50**, n. 6, p. 803-808.

**Ehrenfest, P., 1911.** Welche Züge der Lichtquantenhypothese spielen in der Theorie der Wärmestrahlung eine wesentliche Rolle?. *Annalen der Physik* **36**, p. 91-118.

**Einstein, A.; Stern, O., 1913.** Einige Argumente für die Annahme einer molekularen Agitation beim absoluten Nullpunkt. *Annalen der Physik* **40**, p. 551-560.

**Grassi, A.; Sironi, G.; Strini, G., 1986.** Fractal Space-Time and Black Body Radiation. *Astrophysics and Space Science* **124**, p. 203-205.

**Heisenberg, W., 1958** Una lectura complementaria interesante para este capítulo es el Capítulo 2 de este libro: "La historia de la Teoría Cuántica".

**Kangro, H. (Ed.), 1972.** Presenta la traducción de los dos trabajos originales de Planck al inglés, además de contener los originales en alemán.

**Kangro, H., 1976.** Éste es un texto clásico de Historia de la Física acerca de los trabajos teóricos y experimentales comprendidos en el período de 1880-1901, que constituyen un conjunto de presupuestos y resultados acerca de la emisión de radiación por cuerpo negro, los cuales condujeron, en último análisis, a la "ley de Planck". Es una obra de referencia para quien desea profundizar en el asunto.

**Kleyn, M.J., 1962.** Max Planck and the beginning of the quantum theory. *Archives for History of Exact Sciences* **1**, p. 459-479.

**Kleyn, M.J., 1965.** Einstein, specific heats and the early quantum theory. *Science* **148**, p. 173-180.

**Kuhn, T.S., 1978.** El autor procura, en ese libro, presentar la gradual evolución del concepto de discontinuidad en la Física en las dos primeras décadas del siglo XX. Al contrario de la mayoría de los historiadores de la Ciencia, Kuhn sustenta que el concepto revolucionario de la discontinuidad no es originario del trabajo de Planck, mas surge entre los físicos que tentaban comprender el éxito de su nueva teoría del cuerpo negro. En particular, Kuhn analiza las contribuciones de Ehrenfest, Einstein y Lorentz a la aparición del concepto de discontinuidad.

**Langevin, P.; de Broglie, M. (Eds.), 1912.** Anales de la famosa primera Conferencia de Solvay, realizada en Bruselas, del 30 de octubre al 3 noviembre de 1911, en la cual estuvieron presentes físicos como Lorentz, Nernst, Planck, Rubens, Sommerfeld, Wien, Jeans, Rutherford, Brillouin, Madame Curie, Langevin, Perrin, Poicaré, Knudsen y otros, para discutir la teoría de la radiación y los *quanta*.

**Larmor, J., 1910.** On the Statistical Theory of Radiation. *Philosophical Magazine* **20**, p. 350-353.

**Lavenda, B.H., 1990.** Underlying probability distributions of Planck's Radiation Law. *International Journal of Theoretical Physics (Historical Archive)* **29**, n. 12, p. 1379-1392.

**McKie, D.; Heathote, N.H.V., 1935.** Libro dedicado a la cuestión de los calores específicos.

**Mehra, J., 1975.** Importante texto en el cual se discuten los impactos de las varias conferencias de Solvay sobre el desarrollo de la Física Moderna. De mayor interés para el asunto del presente libro son los capítulos: La Teoría de la radiación y los *Quanta*; La estructura de la materia; Átomos y Electrones; La Conductividad Eléctrica de los Metales; y Electrones y Fotones.

**Mehra, J.; Rechenberg, H., 1999.** Planck's half-quanta: A history of the concept of zero-point energy. *Foundations of Physics* **29**, n. 1, p. 91-132.

**Peddie, W., 1911.** The Problem of Partition of Energy especially in Radiation. *Philosophical Magazine* **22**, p. 663-668.

**Penzias, A.A.; Wilson, R.W., 1965.** A Measurement of Excess Antenna Temperature at 4080 mc/s (Effective Zenith Noise, Temperature of Horn-Reflector Antenna at 4080 mc Due to Cosmic Black Body Radiation, Atmospheric Absorption, etc.). *Astrophysical Journal* **142**, p. 419-421.

**Planck, M., 1914.** Libro de texto sobre la radiación del calor.

**Planck, M., 1958.** Reproducción de parte significativa de la obra de Planck en alemán.

**Quinn, T.J.; Martin, J.E., 1985.** A radiometric determination of the Stefan-Boltzmann constant and thermodynamic temperatures between -40 degrees C and + 100 degrees C. *Philosophical Transactions of the Royal Society A* **316**, n. 1536, p. 85-189.

**Robotti, N.; Badino, M., 2001.** Max Planck and the 'constants of nature'. *Annals of Science* **58**, n. 2, p. 137-162.

**Schankland, R.S. (Ed.), 1973.** Artículos científicos de Arthur Compton.

**Sloggett, G.J.; Clothier, W.K.; Ricketts, B.W., 1986.** Determination of $2e/h$ and $h/e^2$ in SI Units. *Physical Review Letters* **57**, n. 26, p. 3237-3240.

**Steiner, R., 2013.** History and progress on accurate measurements of the Planck constant. *Reports on Progress in Physics* **76**, n. 1, a.n. 016101.

**Studart, N., 2000.** La invención del concepto de quantum de energía según Planck. *Revista Brasileyra de Ensino de Física* **22**, n. 4, p. 523-535.

**Stuewer, R.H., 1975.** Éste es un libro muy interesante de título autosugestivo. Trae una descripción minuciosa del estudio del efecto Compton y de su impacto en la Física.

**Tagliaferri, G., 1985.** Libro de historia de la Mecánica Cuántica, desde sus orígenes al estabelecimiento de la Mecánica Ondulatoria.

**Williams, E.R.; Steiner, R.L.; Newell, D.B.; Olsen, P.T., 1998.** Accurate Measurement of the Planck Constant. *Physical Review Letters* **81**, n. 12, p. 2404-2407.

**Wilson, H.A., 1910.** On the Statistical Theory of Heat Radiation. *Philosophical Magazine* **20**, p. 121-125.

## 10.6 Ejercicios

**Ejercicio 10.6.1** En 1895, Paschen propuso para la función $F(\lambda, T)$ la forma

$$F(\lambda, T) = b\lambda^{-\gamma}\, e^{-a/\lambda T}$$

en la cual $a$ y $b$ son constantes y $\gamma \simeq 5{,}66$. Muestre que, a menos que $\gamma = 5$, esta ley de Paschen es irreconciliable con la ley de Stefan-Boltzmann.

**Ejercicio 10.6.2** Muestre que no es posible que ocurra el efecto fotoeléctrico si el electrón fuese libre.

**Ejercicio 10.6.3** Muestre que la constante de Planck tiene las mismas dimensiones del momento angular.

**Ejercicio 10.6.4** Determine la energía, en eV, de un fotón cuya longitud de onda es de 912 Å.

**Ejercicio 10.6.5** Una esfera de tungsteno de 0,5 cm de radio está suspendida en una región de alto vacío, cuyas paredes están a 300 K. La emisividad del tungsteno es del orden de 35%. Despreciando la conducción de calor a través de los soportes, determine la potencia que debe ser cedida al sistema para mantener la temperatura a 3 000 K.

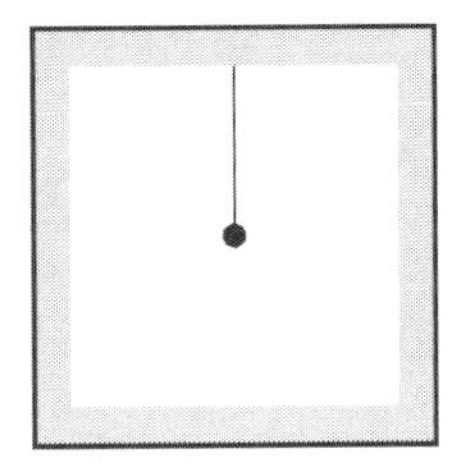

**Ejercicio 10.6.6** Suponga que solo el 5% de la energía proporcionada a una lámpara incandescente sea irradiado bajo la forma de luz visible y que la longitud de onda de esa luz sea 5 600 Å. Calcule el número de fotones emitidos por segundo por una lámpara de 100 W.

**Ejercicio 10.6.7** En la superficie de la Tierra, una área de 1 cm$^2$, perpendicular a los rayos solares, recibe 0,13 J de energía irradiada por segundo. Sabiendo que el radio del Sol es del orden de $7 \times 10^8$ m, que la distancia entre el Sol y la Tierra es del orden de $1{,}5 \times 10^8$ km y, suponiendo que el Sol sea un cuerpo negro, determine la temperatura en la superficie del Sol.

**Ejercicio 10.6.8**
a) Muestre que el máximo de la expresión de Planck para $u_\lambda$ es obtenido como solución de la siguiente ecuación transcendental:

$$e^{-x} + \frac{1}{5}x - 1 = 0$$

en donde $x = \dfrac{ch}{k\lambda_M T}$
b) Usando el método de las aproximaciones sucesivas o el método de Newton, muestre que la raíz es dada por $x = 4{,}9651$.
c) A partir del resultado anterior, muestre que

$$\frac{h}{k} \simeq 4{,}8 \times 10^{-11}\ \mathrm{s \cdot K}$$

**Ejercicio 10.6.9** A partir de la integración de la ley de Planck (en función de la frecuencia) y de la ley de Stefan, muestre que

$$\frac{k^4}{h^3} \simeq 1{,}25 \times 10^8\ \mathrm{J \cdot s^{-3} \cdot K^{-4}}$$

**Ejercicio 10.6.10** Considerando los resultados de los dos ejercicios anteriores, obtenga estimaciones para las constantes $h$ y $k$.

**Ejercicio 10.6.11** A partir de la 1$^{era}$ ley de la Termodinámica y de la ecuación de estado para la radiación electromagnética, $P = u/3$, en la cual $P$ y $u$ son, respectivamente, la presión y la densidad de energía de la radiación, muestre que (ley de Stefan)

$$u = aT^4$$

**Ejercicio 10.6.12**

Utilizando los datos de la Tabla 10.6, obtenidos con un experimento realizado en el laboratorio de Física Moderna del curso de Física de la Universidad del Estado de Rio de Janeiro (Uerj), cuyo esquema está representado en la Figura 10.12, determine la constante de Planck.

**Tabela 10.6:** Datos relativos a un experimento sobre el efecto fotoeléctrico

| $\upsilon$ ($10^{14}$ Hz) | $V$ (volt) |
|---|---|
| 5,19 | 0,75 |
| 5,49 | 0,81 |
| 6,88 | 1,41 |
| 7,41 | 1,61 |
| 8,22 | 1,95 |

**Ejercicio 10.6.13** Muestre que la energía de retroceso del electrón en la dispersión Compton es dada por

$$\epsilon = h\nu \,\frac{2\alpha \cos^2 \phi}{[(1+\alpha)^2 - \alpha^2 \cos^2 \phi]} + mc^2$$

resultado obtenido por Debye en 1923.

# 11

# Los modelos atómicos clásicos

*El gran problema de los modelos [atómicos] con electrones radicaba en que eran inestables si se consideraban los electrones inicialmente en reposo.*

Abraham Pais

## 11.1 El átomo de Thomson

*La electrización implica esencialmente la separación del átomo (...).*

Joseph John Thomson

Se puede decir que el concepto de *modelo* tuvo su origen en la propia filosofía de Tales de Mileto, que buscaba entender la Naturaleza de manera racional, exigiendo además que la *simplicidad* estuviese contenida en tal entendimiento.

**Figura 11.1:** Ilustración del método de observación indirecta.

Desde la Antigüedad, el hombre tenía el hábito de contemplar, admirar y observar la Naturaleza. Pero los filósofos y científicos van mas allá: quieren comprender esa Naturaleza de forma racional. De ahí que manipularon lógicamente sus impresiones sobre lo que contemplan, sometiéndolas al análisis. Este proceso de producción de conocimiento, por regla general, exige un cierto grado de abstracción de la realidad tangible. Abstraerse de lo real, hacer analogías, plantear hipótesis sobre un cierto fenómeno, apuntando a entenderlo, y construir un *modelo*.

En este proceso, es necesario circunscribirse al problema que se desea estudiar o comprender, lo que significa, muchas veces, simplificarlo. Galileo hizo esto de forma magistral, creando un nuevo método científico. Sólo para dar un ejemplo, él restringió en mucho el alcance del concepto aristotélico de *movimiento*, que, además de lo que hoy se entiende por movimiento en Física, incluía el crecimiento de los seres vivos, dentro otras formas de transición. Ese fue un punto esencial para el desarrollo de la cinemática y de la dinámica que siguió. Con eso, Galileo estaba haciendo lo que se llama *abolición del cosmos*, o sea, estaba aislando lo que es posible aislar del resto del cosmos, a favor de tener mayor control sobre los agentes y las causas del fenómeno, así como de las posibilidades de su matematización. Desde el punto de vista empírico, esto es esencial.

Un modelo físico debe ser capaz no sólo de permitir la explicación del fenómeno estudiado, sino también de hacer predicciones; puede o no ser coherente con otros modelos o teorías relacionados con el fenómeno. La discordancia puede, algunas veces, ser indicio de nuevos fenómenos y apuntar a la necesidad de nuevas explicaciones. La historia de la Estructura de la Materia esta hecha de estos ejemplos, como puede ser visto a lo largo de este libro.

Admitido inicialmente como un objeto sin estructura, el átomo era más que un objeto de conteo en la estructura de la materia. Thomson es el primero en construir un modelo atómico con estructura activa, procurando estudiar su dinámica interna. Como será presentado en seguida, con ese primer "modelo atómico físico", Thomson fue capaz de explicar la emisión de radiación por cuerpos a temperaturas mayores que el cero absoluto y tener una primera explicación cualitativa de algunas regularidades de la Tabla Periódica. Sin embargo, su modelo no fue capaz de explicar satisfactoriamente algunos resultados importantes como la estabilidad de la materia, la regularidad de los espectros discretos de descargas en gases y el desvío de un flujo de partículas $\alpha$ por una lámina metálica delgada.

Es claro que no hay ninguna "prueba directa", como la visualización, de la existencia de átomos mediante ningún experimento. Mas, en rigor, desde el punto de vista dinámico tampoco hay una prueba directa de la fuerza mecánica, a no ser a través de su relación con la aceleración, vía segunda ley de Newton. Lo que los más escépticos pueden concluir es que varios experimentos, modelos y teorías no contradicen la hipótesis atómica. Recuérdese, sin embargo, lo que dijo Ostwald respecto de la teoría atómica (Sección 3.3.2). De este modo, "verificar una hipótesis" o "ver un objeto" al nivel microscópico se basa en la aceptación de evidencias de que no se contradicen, es decir, son consistentes entre sí.

### 11.1.1 La emisión de energía por cargas aceleradas

A una temperatura mayor que el cero absoluto, todo cuerpo emite radiación electromagnética, perdiendo energía, disminuyendo su temperatura, si no está aislado.

¿A quśe debe esa emisión? De acuerdo con la Electrodinámica Clásica, es posible dar una explicación microscópica de este fenómeno macroscópico admitiendo que la radiación emitida por un átomo tiene su origen en el movimiento de los electrones en su interior.

Si una partícula cargada aislada se encuentra estacionaria, se puede imaginar que la energía del sistema está almacenada en el campo electrostático asociado a la partícula y, por tanto, si hubiera emisión de radiación, el principio de conservación de la energía estaría siendo violado. Por otro lado, si la partícula se estuviera moviendo con velocidad constante, la energía almacenada se desplazaría conjuntamente con ella. Eso porque, en este caso, se puede siempre encontrar un sistema de referencia inercial donde la partícula esté en reposo, y, así, se recae en el caso anterior. Como, por el principio de la Relatividad Especial, la descripción de un fenómeno físico no puede depender del sistema de referencia inercial en que es estudiado, se concluye que, cuando el movimiento de la partícula cargada es uniforme, ésta no emite radiación y la energía se mueve con ella.

Como la emisión de radiación por un cuerpo es un dato empírico, se puede concluir que en el modelo de Thomson los electrones, en el interior de los átomos, están acelerados y, por eso, pierden energía, emitiendo radiación electromagnética.

La concepción del átomo como un sistema de partículas cargadas en movimiento acelerado nos remite al problema de la estabilidad de los sistemas atómicos.

### 11.1.2 Las hipótesis de Thomson

Dos años después de la medición de la razón carga/masa del electrón, Thomson, en 1899, comenzó a elaborar un modelo para el átomo, imaginándolo como compuesto de un gran número de electrones[1] y "alguna" carga positiva que balancease a la carga negativa total. Esa idea vaga sobre la carga positiva del átomo fue sustituida, en 1904, por el modelo en el cual el átomo sería una distribución esférica homogénea de carga positiva,[2] en el interior del cual los electrones estarían distribuidos uniformemente, en anillos concéntricos. De la dinámica y la estabilidad del movimiento de esos anillos es lo que trata su artículo de 1904.

Partiendo de tal modelo, Thomson discute el problema del movimiento de $n$-electrones en anillos inmersos en una esfera cargada uniformemente. Supone además que el espaciamiento angular de los electrones, en la situación de equilibrio, es igual, y, así, investiga la estabilidad y los períodos de oscilación de los $n$-corpúsculos en la situación descrita anteriormente y aplica tales resultados para describir la estructura atómica. En la realidad, él asumió que, en el caso de un átomo de muchos electrones, estos estarían distribuidos en órbitas concéntricas para que fuesen satisfechas las condiciones de estabilidad que asegurasen el equilibrio, postulando además que el número de esas órbitas fuese mínimo. Esto nada tiene que ver con la imagen de un *pudin de ciruelas*, que muchos autores hacen del modelo de Thomson, toda vez que esta analogía sugiere una distribución aleatoria de las ciruelas.

Con ese modelo, se puede mostrar que los electrones ejecutan movimientos periódicos acelerados, lo que permitió a Thomson explicar, cualitativamente, el fenómeno de la emisión de radiación electromagnética por un cuerpo, fenómeno bien conocido en la época.

Thomson admitía que la distribución positiva de cargas no poseía masa. En este caso, la masa atómica debería ser dada por la masa del número total de electrones constituyentes del átomo. Siendo así, cada átomo de hidrógeno, por ejemplo, posería millares de electrones, pues, como ya fue visto, la masa del electrón es cerca de 1 840 veces menor que la del ion de hidrógeno.

Esa hipótesis de Thomson luego se va a demostrar incorrecta, principalmente cuando fue confrontada con un problema dinámico nuevo: los experimentos de dispersión de partículas $\alpha$, provocada por la incidencia de un flujo de esas partículas sobre una lámina metálica delgada. A partir de eso, quedó comprobada la posibilidad de propagación en ángulos entre las direcciones de incidencia y de dispersión mayores que 90°, que no era explicado por el modelo de Thomson, como será visto en seguida.

### 11.1.3 Las predicciones del modelo de Thomson

#### 11.1.3.1 La emisión de radiación por un átomo

Con base en el modelo atómico de Thomson, se puede considerar, por simplicidad, la fuerza que un substrato esférico de radio $a$, en el cual estaría distribuida uniformemente una carga positiva $(+e)$, de magnitud igual al del electrón, ejercería sobre este único electrón. Así, la densidad de cargas positivas será dada por

$$\rho = \frac{e}{\frac{4}{3}\pi a^3} \tag{11.1}$$

[1] Thomson no emplea el término *electrón*, refiriéndose, genéricamente, a *corpúsculos*. Sin embargo, por simplicidad y por vicios de lenguaje, el término *electrón* será utilizado a lo largo del capítulo.

[2] En 1902, *Lord* Kelvin ya había propuesto que la carga eléctrica positiva estaría distribuidos uniformemente en el volumen atómico.

Ese es un simple problema de interacción de una partícula cargada con una distribución homogénea esférica de cargas que la envuelve.

Trazando una superficie esférica gaussiana $S$, de radio $r$, que pasa por el electrón, representada por la línea trazada en la Figura 11.2, el valor de la carga, $q_{\text{in}}$, contenida en el interior de esa superficie es dado por

$$q_{\text{in}} = \rho V_{\text{in}} = e\left(\frac{r}{a}\right)^3$$

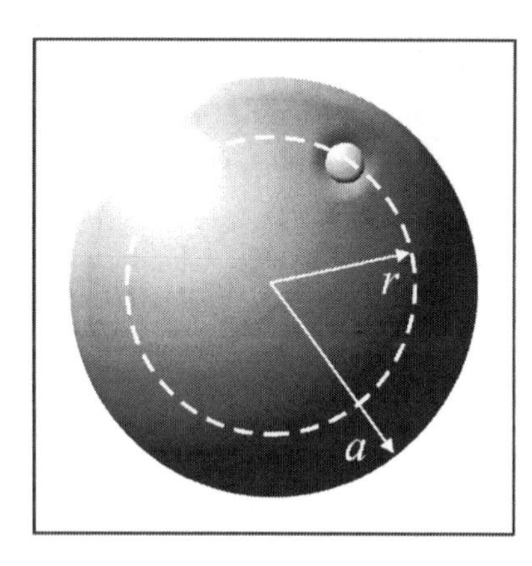


**Figura 11.2:** Modelo de Thomson para un átomo con un electrón, sin guardar las debidas proporciones entre los rayos clásicos del electrón y del átomo.

Según la ley de Gauss, y considerando la simetría esférica del problema, se sigue que el campo eléctrico radial a una distancia $r$ del centro es el mismo creado por una partícula con carga $q_{\text{in}}$ localizada en el centro de la esfera,

$$\int_S E\, \mathrm{d}S = 4\pi q_{\text{in}} \quad \Longrightarrow \quad E\,(4\pi r^2) = 4\pi\, e\left(\frac{r}{a}\right)^3 \quad \Longrightarrow \quad E = \frac{e}{a^3}r$$

Así, la fuerza que actúa sobre el electrón, a esa distancia $r$, es una fuerza del tipo elástica, expresada por

$$\vec{F} = -\frac{e^2}{a^3}\,\vec{r} \tag{11.2}$$

en la cual $\vec{r}$ es la posición del electrón con relación al centro de la esfera positiva de radio $a$.

La característica más general del movimiento que resulta de ese tipo de fuerza es la *periodicidad.* Dependiendo de la relación entre la velocidad y la posición inicial de la partícula, el movimiento se puede degenerar en una oscilación lineal o un movimiento circular uniforme.

De acuerdo con la segunda ley de Newton, la ecuación de movimiento de una partícula de masa $m$, sometida a la fuerza de Thomson, es expresada por

$$\frac{\mathrm{d}^2\vec{r}}{\mathrm{d}t^2} + \left(\frac{e^2}{ma^3}\right)\vec{r} = 0$$

cuya solución general es dada por

$$\vec{r} = \vec{r}_o \cos\omega t + \frac{\vec{v}_o}{\omega}\operatorname{sen}\omega t \quad \Longrightarrow \quad \vec{v} = \vec{v}_o \cos\omega t - \omega\vec{r}_o\, \operatorname{sen}\omega t$$

siendo $\vec{r}_o$ y $\vec{v}_o$, respectivamente, la posición y la velocidad inicial del electrón, y $\omega = \sqrt{e^2/(ma^3)}$.

Así, independientemente de las condiciones iniciales, la partícula ejecuta un movimiento periódico plano de frecuencia igual a

$$\nu = \frac{\omega}{2\pi} = \frac{1}{2\pi}\sqrt{\frac{e^2}{ma^3}} \tag{11.3}$$

Según el modelo de Thomson, esa sería la frecuencia de la radiación emitida por un átomo hipotético compuesto sólo por un electrón.[3]

Sustituyendo en la ecuación (11.3) los valores de la carga $e$ (1,67 × $10^{-19}$ C) y de la masa $m$ (9,11 × $10^{-31}$kg) del electrón, para una frecuencia ($\nu \approx 10^{15}$Hz) típica de la luz emitida por un gas, se obtiene, para el radio atómico ($a$),

$$a \simeq 10^{-8} \text{ cm} = 1 \text{ Å}$$

un valor del mismo orden de magnitud obtenido por la Teoría Cinética de los Gases.

Para verificar si esa cantidad representa bien las dimensiones de la región donde está distribuidas las cargas positivas en los átomos, Hans Geiger y Ernest Marsden, estimulados por los trabajos y las ideas de Rutherford, realizaron experimentos de bombardear los átomos de un blanco con partículas $\alpha$. El esquema del aparato utilizado (Figura 11.3) fue publicado en su artículo de 1913 (Sección 11.4).

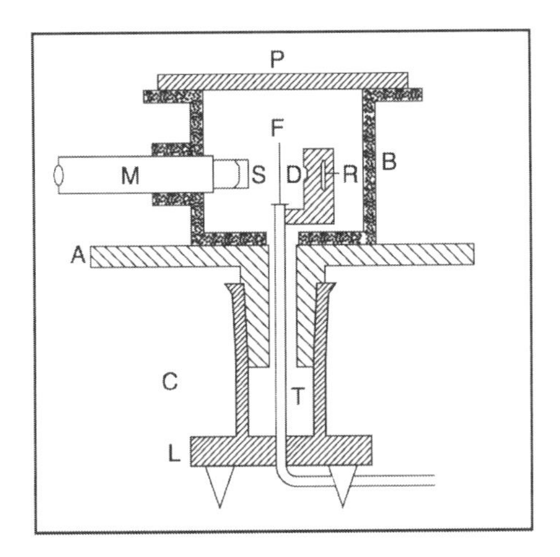


**Figura 11.3:** Esquema del aparato utilizado en la experiencia de Geiger y Marsden.

A pesar de estimar el orden de magnitud de las frecuencias de emisión de la luz por un átomo, el modelo de Thomson implicaba la perdida de energía por radiación, que llevaría al sistema a un colapso, o sea, el átomo de Thomson sería inestable.

Como se ha visto en la Sección 5.6.7, de acuerdo con la fórmula de Larmor, la potencia media ($P$) irradiada por una partícula con carga $e$, en un período $T$, es proporcional al valor medio cuadrático de su aceleración es $a$,

$$P = \frac{2e^2}{3c^3}\langle a^2\rangle = \left\langle \frac{\mathrm{d}\epsilon}{\mathrm{d}t} \right\rangle$$

Así, según el modelo de Thomson, para un átomo con un electrón, donde la aceleración es dada por

$$\vec{a} = -(\omega^2 \vec{r}_0 \cos\omega t + \omega \vec{v}_0 \operatorname{sen}\omega t) \quad \Longrightarrow \quad \langle a^2\rangle = \frac{\omega^2}{2}(\omega^2 r_0^2 + v_0^2)$$

la perdida de energía media ($\langle \mathrm{d}\epsilon/\mathrm{d}t\rangle = -P$) del átomo sería igual a

$$\left\langle \frac{\mathrm{d}\epsilon}{\mathrm{d}t} \right\rangle = -\frac{2e^2}{3c^3}\frac{\omega^2}{2}(\omega^2 r_0^2 + v_0^2)$$

Admitiendo que la perdida de energía es lenta comparada con el período ($T \sim 10^{-15}$ s) de movimiento del electrón, la energía media del átomo en cada ciclo puede ser escrita como

$$\langle\epsilon\rangle = \frac{1}{2}m\langle v^2\rangle + \frac{1}{2}m\omega^2\langle r^2\rangle$$

[3] Para Thomson (Sección 11.1.3.2), el átomo de hidrógeno debería poseer no solo uno, sino millares de electrones, que originarían las diversas líneas espectrales.

o sea,

$$\langle\epsilon\rangle = \frac{1}{2}m\left[\frac{1}{2}(\omega^2 r_0^2 + v_0^2) + \frac{1}{2}(\omega^2 r_0^2 + v_0^2)\right] = \frac{1}{2}m(\omega^2 r_0^2 + v_0^2)$$

De ese modo,

$$\frac{\mathrm{d}\epsilon}{\mathrm{d}t} = -\left(\frac{2e^2\omega^2}{3mc^3}\right)\langle\epsilon\rangle = -\frac{\langle\epsilon\rangle}{\tau}$$

y, por tanto, la energía media por ciclo decaería exponencialmente según la fórmula

$$\langle\epsilon\rangle = \epsilon_o\, e^{-t/\tau} \tag{11.4}$$

siendo $\tau = \dfrac{3mc^3}{2e^2\omega^2}$ la vida media del átomo.[4]

A pesar del movimiento débilmente amortiguado ($\omega\tau \gg 1$), considerando la frecuencia típica de la luz ($\nu \simeq 10^{14}$Hz), la vida media de un átomo, de acuerdo con el modelo de Thomson, sería del orden de

$$\tau \simeq 10^{-8}\,\mathrm{s}$$

En ese caso, al tener en cuenta la perdida de energía por radiación, la solución general para el movimiento de un electrón debe ser escrita como

$$\vec{r} = e^{-t/2\tau}\left(\vec{r}_0 \cos\omega t + \frac{\vec{v}_0}{\omega}\operatorname{sen}\omega t\right)$$

Introduciendo un sistema de coordenadas oblicuo $(\xi, \zeta)$, cuyos ejes son paralelos $\vec{r}_0$ y $\vec{v}_0$, las coordenadas del electrón son dadas por

$$\begin{cases} \xi = r_0 e^{-t/2\tau}\cos\omega t \\ \zeta = \dfrac{v_0}{\omega} e^{-t/2\tau}\operatorname{sen}\omega t \end{cases}$$

y la ecuación de la trayectoria, por

$$\left(\frac{\xi}{r_0}\right)^2 + \left(\frac{\zeta}{v_0/\omega}\right)^2 = e^{-t/\tau}$$

La representación gráfica de esa trayectoria en el sistema de coordenadas $(\xi, \zeta)$ es una espiral elíptica (Figura 11.4), que muestra la inestabilidad de un átomo con un electrón, debido a la radiación electromagnética, según el modelo de Thomson.

Esa cuestión ya había sido planteada por Larmor después de que Thomson midiera la razón $e/m$ del electrón. Según Larmor, para un sistema con varios electrones, si la media de la suma de sus aceleraciones en una determinada órbita fuese constantemente nula, no habría o habría muy poca perdida por radiación y, por tanto, el movimiento de varios electrones en una órbita podría ser estable. Por otro lado, si el sistema no irradiase, no habría líneas espectrales. ¿Cómo evitar esa paradoja? Esa paradoja será nuevamente abordada en la Sección 11.4, en la cual se discute el modelo de Rutherford.

#### 11.1.3.2 La estabilidad atómica

A pesar de saber, que a partir de un enfoque inicial simplificado, que un sistema de partículas cargadas circulando en órbitas concéntricas perdería energía por emisión de radiación electromagnética y, por tanto, llevaría al colapso del sistema, Thomson discute la estabilidad de su modelo sin tener en cuenta el problema de la radiación, considerando la estabilidad del equilibrio solamente desde un punto de vista mecánico.

---

[4] La *vida media* del estado de un sistema caracterizado por una magnitud física que tiene una ley de decaimiento exponencial es el intervalo de tiempo en que el valor de la magnitud decae a $1/e$ de su valor inicial (Sección 9.3.3).

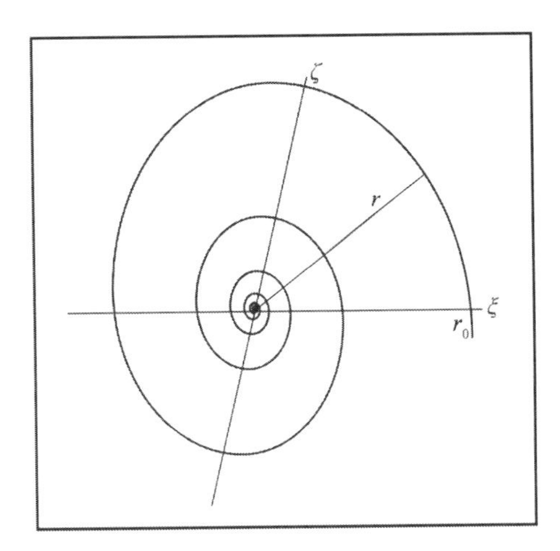


**Figura 11.4:** Trayectoria espiral que un electrón describiría en el interior de una distribución homogénea de cargas positivas.

Al pensar en el problema de la distribución electrónica en el interior del átomo, Thomson se inspiró en los resultados del experimento de Alfred Marshall Mayer, de 1878, cuyo esquema es mostrado en la Figura 11.5.

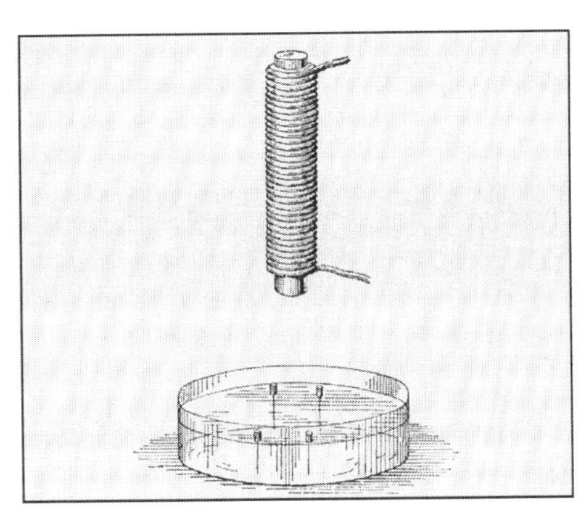

**Figura 11.5:** Esquema de la experiencia de Mayer.

La idea de ese experimento es muy simple: mostrar como pequeños polos magnéticos se organizan en la presencia de un campo magnético intenso. Para eso, pequeñas agujas imantadas son atrapadas por pequeñas cortezas que fluctúan en una cubeta con agua. Al interactuar con un campo magnético ellas se mueven hasta alcanzar una configuración de equilibrio. La Figura 11.6 muestra las distribuciones de equilibrio para configuraciones de 2 hasta 12 agujas

La analogía que Thomson hizo fue evidente: las cargas eléctricas están para los polos magnéticos, así como el campo eléctrico, debido a distribución positiva de cargas, desempeña un papel análogo al del campo magnético en el experimento de Mayer. Ese resultado sirvió de orientación a Thomson para proponer cómo los electrones se organizarían en el interior del átomo. Las configuraciones de hasta 12 electrones están representadas en la Figura 11.7. Aunque la analogía y el modelo sean muy ingenuos, Thomson creía que los patrones de configuración de Mayer podrían llevar a una comprensión de las propiedades de los elementos químicos de la Tabla Periódica, que se repetían a intervalos regulares (Sección 2.5.5). Por ejemplo, subgrupos de sólo dos electrones serían encontrados en átomos con 2, 8 ó 9 electrones y después reaparecerían cuando el número de electrones fuese 19 ó 20. De cualquier forma, esa fue la primera tentativa de describir la distribución espacial de los constituyentes eléctricamente cargados de la materia (Sección 11.1.3.4).

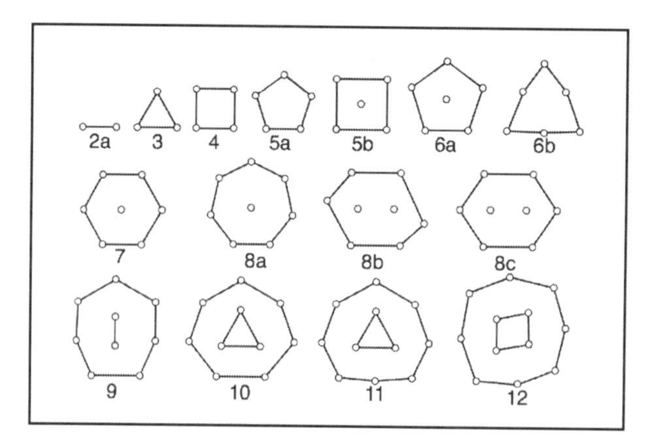


**Figura 11.6:** Algunas configuraciones de equilibrio de las agujas de Mayer.

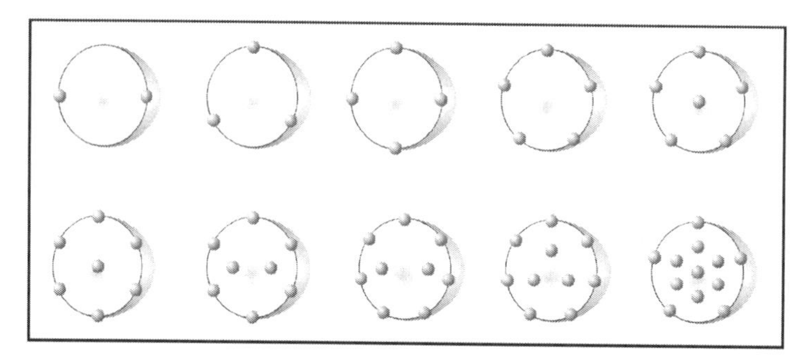

**Figura 11.7:** Representación esquemática de la distribución de electrones en el átomo de Thomson conteniendo de 2 hasta 12 electrones.

En 1904, Thomson creía que el átomo de hidrógeno poseía millares de electrones. Sin embargo, dos años mas tarde, cambia de idea y afirma que *el número de corpúsculos en un átomo (...) es del mismo orden que el peso atómico de la sustancia.* Se recuerda que el propio Thomson había sugerido a Barkla, todavía en 1904, que midiese ese número a partir de técnicas de rayos X, lo que finalmente fue hecho exitosamente en 1911 (Sección 8.2.3).

Para un átomo con muchos electrones, la distribución de cargas positivas, de valor $Ze$, en una región esférica de radio $a$, ejerce una fuerza sobre cada uno de los electrones en una órbita de radio $r$, dada por

$$F = Ze^2 \frac{r}{a^3}$$

Si los electrones están en reposo, esa fuerza de atracción debe ser equilibrada por la resultante de las fuerzas de todos los demás electrones sobre ese electrón.

Considerando las magnitudes definidas en la Figura 11.8, se sigue que la proyección radial de la fuerza de repulsión entre dos electrones sea

$$F_r = F_{\text{ee}} \cos\alpha = F_{\text{ee}} \cos\left(\frac{\pi}{2} - \frac{\theta}{2}\right) = F_{\text{ee}} \,\text{sen}\, \frac{\theta}{2}$$

donde la fuerza coulombiana entre los dos electrones es dada por

$$F_{\text{ee}} = \frac{e^2}{4r^2 \text{sen}^2 \frac{\theta}{2}} \qquad \Longrightarrow \qquad F_r = \frac{e^2}{4r^2 \text{sen} \frac{\theta}{2}}$$

Si el espaciamiento angular entre los electrones de una órbita es constante, $\theta = 2\pi/n$, la fuerza total

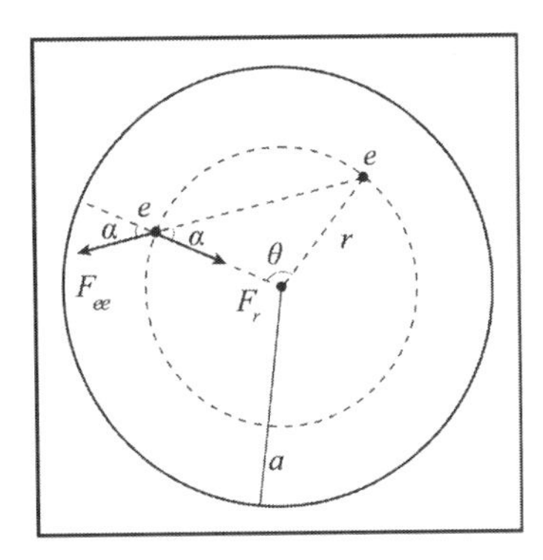


**Figura 11.8:** Esquema ilustrativo de la distribución de 2 electrones en el modelo de Thomson, indicando el diagrama de fuerzas.

de repulsión debida a la distribución de cargas negativas, $F_R$, es dada por

$$F_R = \frac{e^2}{4r^2}\left[\mathrm{cosec}\frac{\pi}{n} + \mathrm{cosec}\frac{2\pi}{n} + \cdots + \mathrm{cosec}\frac{(n-1)\pi}{n}\right] \equiv \frac{e^2}{4r^2}S_n$$

Imponiendo la condición de equilibrio ($F = F_R$), se obtiene

$$\frac{Ze^2 r_{\mathrm{eq}}}{a^3} = \frac{e^2}{4r_{\mathrm{eq}}^2}S_n \qquad \Longrightarrow \qquad \frac{r_{\mathrm{eq}}^3}{a^3} = \frac{S_n}{4Z} \tag{11.5}$$

En el caso particular en que todos los electrones están en una única órbita, la ecuación anterior puede ser escrita como

$$\frac{r}{a} = \left(\frac{S_n}{4n}\right)^{1/3} \tag{11.6}$$

Para dos electrones en una única órbita ($n = 2 \Longrightarrow r = a/2$), esa órbita se encuentra exactamente en el medio de la distribución positiva de cargas. El radio de la órbita se aproxima al radio del átomo cuando $n$ crece.

Sin embargo, el equilibrio de ese sistema de distribución de cargas eléctricas es inestable, pues, considerando la fuerza total ($F_T$) para un valor de $r$ cualquier,

$$F_T = \frac{e^2 S_n}{4r^2} - \frac{Ze^2 r}{a^3}$$

y su derivada en relación a la variable $r$,

$$\frac{\mathrm{d}F_T}{\mathrm{d}r} = \left[-\frac{e^2 S_n}{2r^3} - \frac{Ze^2}{a^3}\right]$$

se muestra que el punto de equilibrio,

$$r_{\mathrm{eq}} = a\left(\frac{S_n}{4Z}\right)^{1/3}$$

no es estable,

$$\left.\frac{\mathrm{d}F_T}{\mathrm{d}r}\right|_{r_{\mathrm{eq}}} = -\frac{3Ze^2}{a^3} < 0$$

Ese resultado llevó a Thomson a considerar la situación en que la distribución de electrones no es estática. Admitiendo que los electrones estaban en movimiento, analizó el problema de la estabilidad mecánica de las órbitas de forma sistemática hasta $n = 8$ (Figura 11.7). Su conclusión puede ser resumida con sus propias palabras:

*Tenemos así, en primer lugar, una esfera de electricidad positiva uniforme y, dentro de esa esfera, un número de corpúsculos* [electrones] *dispuestos en una serie de órbitas paralelas, con el número de corpúsculos en una órbita variando de órbita en órbita: cada corpúsculo se mueve a alta velocidad sobre la circunferencia de la órbita en el cual está situado y las órbitas están dispuestas de modo que aquellas que contienen un gran número de corpúsculos están próximas a la superficie de la esfera, mientras que aquellas en las que hay un número menor de corpúsculos están más en el interior.*

De cualquier forma, no está demás repetir, la simetría de la distribución de los electrones, por si solo, deja evidencia que la imagen frecuentemente usada de un "pudin de ciruelas" para describir el modelo de Thomson es inadecuada.

#### 11.1.3.3 Las líneas espectrales

Si los átomos de un gas de hidrógeno tuviesen sólo un electrón, habría emisión de luz de una única frecuencia, dada por la ecuación (11.3). ¿Como explicar, entonces, las diversas líneas del espectro de hidrógeno, por ejemplo, descrito por la fórmula de Balmer?

Antes de responder la pregunta, cabe recordar que en aquella época la espectroscopía no era parte de los principales intereses de Thomson, los cuales estaban más orientados hacia el problema de la regularidad de la Tabla Periódica de Mendeleyev (Secciones 2.5.5 y 11.1.3.4).

Volviendo a la pregunta, se puede afirmar cualitativamente que esa variedad de líneas espectrales aparecería porque, para Thomson, el átomo de hidrógeno estaría constituido por millares de electrones, de tal modo que la interacción coulombiana entre ellos sería responsable por la aparición de oscilaciones propias de diversas frecuencias. En verdad, esto es solo una descripción cualitativa de lo que puede acontecer. Sin embargo, Thomson no intentó calcular las frecuencias de las rayas espectrales a partir de su modelo. Quien intentó hacerlo fue Rayleigh, en 1906, extendiendo el número de electrones en el modelo de Thomson hasta el infinito y considerando la distribución de cargas negativas como un fluido, encontrando soluciones oscilatorias cuyas frecuencias $\nu$ dependerían de números enteros $n$ de acuerdo con la expresión

$$\nu \propto 1 - \frac{1}{2n}$$

De ese modo, a partir del modelo de Thomson, se obtiene resultados que *no* están de acuerdo con la fórmula de Balmer, en la cual la frecuencia depende inversamente del cuadrado de un número entero (Sección 7.2.1).

#### 11.1.3.4 Las órbitas de los electrones y la Tabla Periódica

Se vio que Thomson considera al átomo una distribución esférica uniforme de cargas positivas, en cuyo interior los electrones se distribuyen en una serie de órbitas paralelas, en las cuales se mueven a altas velocidades. El número de corpúsculos varía de órbita en órbita, las cuales están dispuestas de modo que la órbita que contiene el mayor número de electrones es la más externa (más próxima a la superficie de la esfera), mientras que la que contiene el menor número de corpúsculos es la más interna.

En la práctica, la distribución electrónica de Thomson es dictada por un ideal de simplicidad. De hecho, él va a buscar determinar las configuraciones que corresponden al número mínimo de órbitas capaz de acomodar, cada una, el mayor número de electrones posibles que puede estar en equilibrio con los demás electrones internos.

En la Tabla 11.1 se muestra la distribución de corpúsculos por órbitas considerando un número total de partículas que varía de 5 a 60 en intervalos de cinco.

La Tabla 11.2 presenta las posibles configuraciones con número de corpúsculos entre 59 e 67, todas conteniendo 20 corpúsculos en la órbita más externa.

Tabela 11.1: Distribución de corpúsculos en órbitas según Thomson

| Número de corpúsculos | 60 | 55 | 50 | 45 | 40 | 35 |
|---|---|---|---|---|---|---|
| Número de corpúsculos en anillos sucesivos | 20<br>16<br>13<br>8<br>3 | 19<br>16<br>12<br>7<br>1 | 18<br>15<br>11<br>5<br>1 | 17<br>14<br>10<br>4 | 16<br>13<br>8<br>3 | 16<br>12<br>6<br>1 |
| Número de corpúsculos | 30 | 25 | 20 | 15 | 10 | 5 |
| Número de corpúsculos en anillos sucesivos | 15<br>10<br>5 | 13<br>9<br>3 | 12<br>7<br>1 | 10<br>5 | 8<br>2 | 5 |

Tabela 11.2: Distribución de corpúsculos en órbitas según Thomson, para un total de corpúsculos que varía de 59 a 67

| Número de corpúsculos | 59 | 60 | 61 | 62 | 63 | 64 | 65 | 66 | 67 |
|---|---|---|---|---|---|---|---|---|---|
| Número de corpúsculos en anillos sucesivos | 20<br>16<br>13<br>8<br>2 | 20<br>16<br>13<br>8<br>3 | 20<br>16<br>13<br>9<br>3 | 20<br>17<br>13<br>9<br>3 | 20<br>17<br>13<br>10<br>3 | 20<br>17<br>13<br>10<br>4 | 20<br>17<br>14<br>10<br>4 | 20<br>17<br>14<br>10<br>5 | 20<br>17<br>15<br>10<br>5 |

Considere el caso de un átomo de 59 corpúsculos, en cuyo interior el número de corpúsculos es el mínimo para garantizar la estabilidad mecánica. Este es un típico ejemplo de una situación en la que sería relativamente fácil arrancar un corpúsculo de la última órbita por medio de fuerzas fuerzas externas. En ese caso, el átomo fácilmente perdería un electrón más externo, tornándose un ion positivo. Un átomo de este tipo se comportaría como el átomo de un elemento fuertemente electropositivo. La adición sucesiva de más electrones en las capas más internas, variando el número total de 60 a 67 (Tabla 11.2), va tornando el sistema más estable, haciendo cada vez más difícil extraer un electrón de la órbita externa hasta alcanzar una situación de máxima estabilidad en el caso de 67 corpúsculos. Ya la situación con un total de 68 corpúsculos sería análoga a la de 59. De esta forma cualitativa Thomson sugería una explicación para la electronegatividad de los elementos químicos. En sus propias palabras,

> *si consideramos una serie de arreglos de corpúsculos en la cual una órbita más externa contiene un número constante de corpúsculos tenemos, al principio y al final, sistemas que se comportan como átomos de un elemento incapaces de retener una carga de electricidad positiva o negativa; en tanto (procediendo en el sentido de aumentar el número de corpúsculos) tenemos primero un sistema que se comporta como el átomo de un elemento electropositivo monovalente, seguido de uno que se comporta como el átomo de un elemento electropositivo bivalente, mientras, en el otro extremo de la serie, tenemos un sistema que se comporta como el átomo de valencia cero; inmediatamente antes de éste, uno que se comporta como el átomo de un elemento electronegativo monovalente (...). Esta secuencia de propiedades es muy parecida a la observada en el caso de los átomos de los elementos. Entonces tenemos la serie de elementos:*
>
> He Li Be B C N O F Ne
> Ne Na Mg Al Si P S Cl Ar
>
> *El primero y el último elementos en cada una de estas series tienen valencia cero, el segundo es un elemento electropositivo monovalente, el penúltimo es un elemento electronegativo monovalente (...) y así sucesivamente.*

Thomson va más allá y prevé también la posibilidad de explicar otras características comunes de los elementos químicos, comentando así la presencia de regularidades en las configuraciones de las órbitas de su modelo:

> *Podemos (...) dividir los varios grupos de átomos en serie, cada miembro de la serie derivado del miembro precedente (esto es, del miembro de peso atómico inmediatamente inferior) con la adición de una ulterior órbita de electrones (...). Cuando el átomo del p-ésimo miembro es formado a partir de (p − 1)-ésimo por la adición de una única órbita de corpúsculos, estos átomos pertenecen ambos a elementos que se encuentran en el ordenamiento de los elementos según la ley periódica en un mismo grupo, o sea, forman una serie que, si es ordenada según la Tabla de Mendeleyev, debería encontrarse toda en una misma columna vertical.*

Esa fue la primera tentativa de explicar las regularidades de la Tabla Periódica en términos del número y la distribución de los electrones en los átomos, aunque de forma vaga y, sobre todo, basada en la hipótesis equivocada de que los átomos eran compuestos de millares de electrones.

Una vez comprendido que el número de electrones en el átomo es dado por el *número atómico Z* (Sección 8.2.4), todavía fue preciso aguardar la sustitución del concepto de *órbita clásica* por el concepto de *orbital*, introducido por la Mecánica Cuántica y, posteriormente, el descubrimiento del *spin* del electrón, para llegar a una verdadera comprensión de la distribución electrónica en los átomos.

Concluyendo su artículo de 1904, Thomson intenta aún encontrar una justificación para la radiactividad en el ámbito de su modelo, teniendo en cuenta su característica de que las condiciones de equilibrio para las órbitas electrónicas dependían de una velocidad angular crítica. Si, por un lado, velocidades superiores a la crítica hacen que los electrones emitan luz, por otro la disminución progresiva de la velocidad orbital de los electrones en las órbitas podría llevar a otro valor crítico para el cual, según Thomson, se verificaría una *explosión*. En este sentido, él conjetura que *podemos tener, como acontece en el radio, que una parte del átomo sea lanzado hacia afuera. Como consecuencia de la lentísima disipación de energía por radiación, la vida del átomo debería ser muy larga.*

#### 11.1.3.5 La dispersión de partículas $\alpha$ por un átomo

Otro hecho que debería ser explicado por el modelo de Thomson es la dispersión de un flujo de partículas $\alpha$ al incidir sobre una lámina delgada metálica.

La Figura 11.9 muestra un esquema de la partícula $\alpha$ atravesando el átomo de hidrógeno de Thomson. La deflexión de una partícula $\alpha$ puede ser calculada por la ley de Coulomb y por las leyes de la Mecánica Clásica, ya que la velocidad ($v_\alpha$) de la partícula es tal que $v_\alpha/c \sim 1/20$.

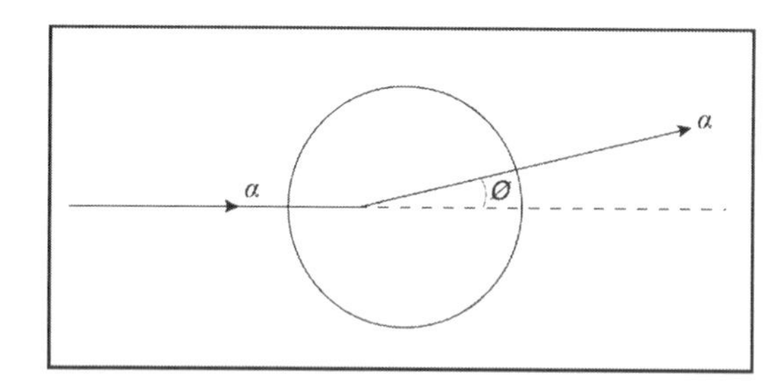


**Figura 11.9:** Esquema de la dispersión de una partícula $\alpha$, de acuerdo con el modelo de Thomson.

A primera vista, puede parecer que el electrón atómico sería capaz de producir una gran deflexión en la partícula $\alpha$, ya que $F \to \infty$ cuando $r \to 0$. Existen, pero, otros vínculos. Las leyes de conservación de la energía y del *momentum* imponen que, para una colisión de un cuerpo masivo, que se mueve inicialmente con velocidad de módulo $v_o$, con un cuerpo de pequeña masa, la velocidad que la partícula puede adquirir después de la colisión no puede exceder $2v_o$.

Considerando que la masa ($M$) de la partícula $\alpha$ que se mueve inicialmente con velocidad $v_o$ es mucho mayor que la masa ($m$) del electrón, a éste podemos considerarlo inicialmente en reposo. Siendo $\vec{v}_\alpha$ y $\vec{v}_e$ las velocidades finales de la partícula $\alpha$ y del electrón, respectivamente, de la conservación del *momentum* se tiene

$$M\vec{v}_o = M\vec{v}_\alpha + m\vec{v}_e \tag{11.7}$$

y, por la conservación de energía,

$$\frac{1}{2}\,Mv_o^2 = \frac{1}{2}\,Mv_\alpha^2 + \frac{1}{2}\,mv_e^2 \tag{11.8}$$

Así, para $m \ll M$, resulta

$$v_e = 2v_o \cos\theta \qquad \Longrightarrow \qquad v_e \leq 2v_o$$

donde $\theta$ es el ángulo entre la dirección de la partícula $\alpha$ incidente y la dirección de retroceso del electrón.

Consecuentemente, el máximo *momentum* que puede ser transferido al electrón en esa colisión es dado por $2mv_o$, y ese valor debe ser igual al máximo *momentum* perdido ($\Delta p_\alpha$) por la partícula $\alpha$ durante la colisión,

$$\Delta p_\alpha = 2mv_o$$

De ese modo,

$$\Delta p_\alpha \ll p_\alpha = Mv_o \qquad \Longrightarrow \qquad \phi_{\text{max}} = \frac{\Delta p_\alpha}{p_\alpha} = \frac{2m}{M} \sim 10^{-4}\ \text{rad} \tag{11.9}$$

siendo $\phi_{\text{max}}$ el ángulo máximo de desvío de la partícula $\alpha$ por el electrón.

Esa es la predicción del modelo de Thomson para la dispersión debido sólo a un electrón. Pero el ángulo de dispersión debido a varios electrones es del mismo orden de magnitud, pues, debido a la velocidad de la partícula $\alpha$ y a las dimensiones del átomo, es muy pequeña la probabilidad de que haya más de dos colisiones entre las partícula $\alpha$ y electrones de un mismo átomo.

Además del electrón, la partícula $\alpha$ también es desviada por las fuerzas coulombianas de interacción entre ella y la distribución de cargas positivas del átomo.

De acuerdo con la ley de Coulomb, la fuerza ejercida por un elemento de volumen del átomo, con una carga positiva $\mathrm{d}q$, a una distancia $r$ de la partícula $\alpha$, en un instante dado, esta dada por

$$\mathrm{d}F = 2e\,\frac{\mathrm{d}q}{r^2} \tag{11.10}$$

siendo $2e$ la carga de la partícula $\alpha$.

La fuerza de interacción entre la partícula $\alpha$ y toda la distribución positiva se obtiene a partir de la integración

$$F = 2e \int \frac{\mathrm{d}q}{r^2}$$

Mientras tanto, para determinar el orden de magnitud del desvío, se puede considerar el radio del átomo ($a$) como la distancia en la cual la fuerza de interacción tiene un valor significativo,y utilizarlo como límite superior para la fuerza de repulsión coulombiana,

$$F_{\text{max}} \sim 2e\frac{q}{a^2}$$

donde $q = Ze$ es la carga positiva total de un átomo hidrogenoide.

De ese modo, la máxima variación del *momentum* ($\Delta p_\alpha$) de la partícula $\alpha$ durante su paso por un átomo está dada por

$$\Delta p_\alpha = F_{\text{max}}\Delta t$$

en la cual $\Delta t = a/v_\alpha$ es el tiempo medio que una partícula emplea para atravesar un átomo.

Luego, el ángulo de desvío máximo ($\phi_{\text{max}}$) de la partícula $\alpha$ por la distribución de cargas positivas del átomo está dado por

$$\phi_{\text{max}} = \frac{\Delta p_\alpha}{p_\alpha} = \frac{2Ze^2}{Mav_\alpha^2} \tag{11.11}$$

cuyo valor, para átomos pesados ($Z \simeq 100$), es $\phi_{\text{max}} \sim 10^{-4}$ rad.

De este modo, las cargas positivas también producen sólo pequeñas deflexiones. Como ellas están distribuidas uniformemente, las partículas $\alpha$ nunca interactúan con una porción de cargas positivas suficiente para provocar grandes deflexiones. Para átomos más ligeros ($Z < 100$), las desviaciones serán todavía menores.

Hasta ahora se obtiene el ángulo de dispersión producido por un único átomo; para una comparación con datos experimentales, es necesario saber lo que el modelo prevé para el caso real cuando el flujo de partículas $\alpha$ incide sobre una hoja delgada de metal. Thomson hizo ese cálculo en 1910, encontrando un resultado incompatible con las observaciones de Geiger y Marsden.

## 11.2 El átomo de Nagaoka

*Cada átomo debe consistir (...) en uno o más soles positivos (...) y pequeños planetas negativos.*

Jean Perrin

### 11.2.1 Las hipótesis de Nagaoka

El objetivo del físico japonés Hantaro Nagaoka, en 1904, era proponer un modelo que explicase las regularidades de las líneas espectrales y, paralelamente, diera cuenta de la emisiones radioactivas de partículas $\beta$ por elementos pesados.[5]

El modelo consiste en un sistema con un gran número de electrones distribuidos en una órbita circular y con intervalos angulares iguales, los cuales se repelen de acuerdo con la ley de Coulomb. En el centro de la órbita se encuentra una partícula con masa y carga positiva, ambas respectivamente mucho mayores que la masa y la carga (en módulo) del electrón, que los atrae, siendo nula la carga eléctrica total. Tal sistema es conocido también como "sistema saturniano" y difiere del considerado por Maxwell al estudiar los anillos de Saturno, por el hecho de contener electrones que se repelen, en vez de satélites que se atraen.

Los electrones ejecutarían pequeñas oscilaciones que podrían ser radiales o perpendiculares al plano de la órbita, lo que provocaría alteraciones en las posiciones de los electrones en la órbita, esto es, existirían regiones con diferentes densidades de electrones. Ese fue el mecanismo propuesto por Nagaoka para explicar las líneas espectrales.

En esa época ya se sabía, de la espectroscopía, que la mayoría de los elementos podría tener más de una serie espectral y, en ese caso, el átomo tendría tantas órbitas como el número de series, si los espectros de los elementos fuesen realmente debidos al movimiento de los electrones en las órbitas circulares que podrían estar o no en un mismo plano. En el caso de átomos con más de una órbita, al interactuar dos órbitas vecinas comenzarían a oscilar y podría ocurrir una resonancia debido a las oscilaciones de los otros átomos, resultando una quiebra de la órbita. Eso puede haber llevado a Nagaoka a concluir que un elemento sólo puede emitir partículas $\beta$ en caso de que posea más de una serie espectral. Sin embargo, se sabe hoy que el proceso de emisión $\beta$ es un proceso nuclear que no tiene ninguna relación con las series espectrales.

Asimismo, los espaciados de las líneas fueron atribuidos a una pequeña influencia de la amplitud de oscilación de una órbita sobre el período de oscilación de las órbitas vecinas, lo que podría causar fluctuaciones en las líneas espectrales.

[5] Se sabe hoy que esas partículas son *electrones* emitidos por los núcleos, provenientes de decaimientos débiles.

### 11.2.2 Los problemas del modelo de Nagaoka

Entre los problemas de ese modelo, se destacan los siguientes. En ningún punto de su artículo Nagaoka menciona el número de electrones contenido en cada órbita. Así, el átomo de hidrógeno podría tener varios electrones en una órbita, como en el modelo de Thomson. Sin embargo, ya se sabe que el átomo de hidrógeno posee apenas un electrón.

En cuanto a la emisión de radiación $\beta$ por un átomo, se puede decir que, al quebrarse una de esas órbitas, habría emisión de un gran número de electrones, lo que era, de hecho, verificado experimentalmente. Sin embargo, la naturaleza de esa observación se derivaba de la gran cantidad de átomos contenida en la muestra estudiada, lo que, obviamente, no implica que cada átomo tenga un gran número de electrones.

La tercera restricción al modelo está tambíen en su inestabilidad. El propio Nagaoka muestra tener conciencia de ese problema al escribir que

> *(...) la objección a tal modelo de electrones es que el sistema debe finalmente tender al reposo, como consecuencia de la perdida de energía por radiación, si la perdida no fuera convenientemente compensada.*

## 11.3 Un ejemplo del método de observación indirecta

*La Ciencia puede imponer límites al conocimiento,*
*mas no debe imponer límites a la imaginación.*
Bertrand Russell

¿Cómo observar los átomos u otra entidad cuyo tamaño sea del orden o menor que $10^{-8}$ cm, como es conocido actualmente, ya que un microscopio ordinario tiene un poder de resolución aproximadamente del orden de $10^{-4}$ cm? Esa pregunta se asemeja a otra más ligada a la vida cotidiana: ¿Cómo medir el espesor de una hoja de papel si solo se dispone de una regla milimetrada como instrumento de medida?(Figura 11.10). Tales preguntas sugieren un método de *observación indirecta*. La última pregunta es fácilmente respondida si se mide el espesor de una cantidad razonable de hojas y se divide el resultado por el número total de hojas, se obtiene, así, el valor medio del espesor individual, aunque sin el instrumento adecuado, con precisión razonable.

**Figura 11.10:** Caricatura que aborda el problema de medir sin el instrumento apropiado.

¿Y en cuanto a los átomos? La respuesta a esa pregunta fue dada por Rutherford y colaboradores por medio de experimentos en los cuales un flujo de partículas (*sondas*) incide sobre una lámina metálica (*objetivo*), permitiendo, así, la obtención de informaciones sobre la constitución atómica de la materia a partir de mediciones de magnitudes asociadas a las partículas del flujo emergente (Figura 11.11). Ese procedimiento es, en verdad, utilizado hasta hoy y, de cierta forma, muestra las limitaciones en las observaciones directas hechas por el hombre. Para observar regiones cada vez menores del microcosmos, es preciso que la energía de la sonda sea cada vez mayor, lo que llevó al abandono de las fuentes radioactivas para generar los flujos y a la construcción de máquinas cada vez mayores para acelerar partículas a fin de obtener flujos – usados como sonda – cada vez más energéticos.

Un ejemplo muy interesante que permite obtener resultados cuantitativos por el método de observación indirecta fue desarrollado por el grupo del "Laboratorio Circulante" de la UFRJ,[6] que será descrito en seguida, con algunas alteraciones, para tornarlo un poco más próximo al procedimiento de Rutherford.

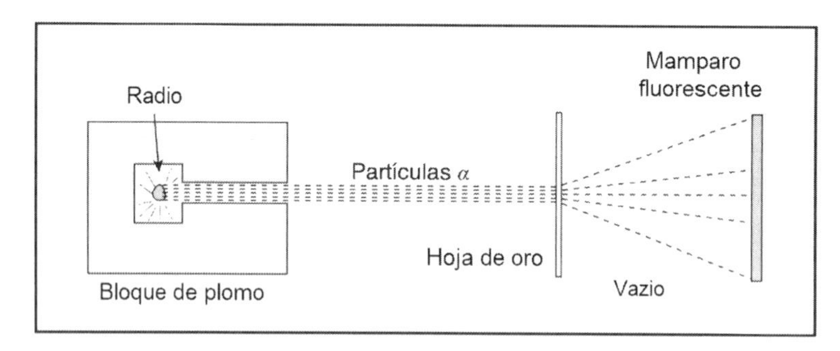


**Figura 11.11:** Esquema del experimento de Rutherford.

Imagine una caja de madera, en forma de paralelepípedo, pero que no tiene dos caras laterales opuestas (Figura 11.12). En su interior, se coloca un pequeño número conocido de canicas atrapadas según el esquema de la Figura 11.13. Este esquema permite que la posición relativa de las bolitas varíe. El sistema se entrega a alguien que desconoce lo que hay dentro, y se le solicita que diga cuál es el radio medio de los cuerpos que existen dentro de la *caja negra*.

Después de reflexionar un poco, la persona tiene la siguiente idea. Ella construyó una rampa (un plano inclinado) cuyo ancho $\ell$ es igual al de la cara que falta en la caja, dividida en 12 rayas iguales, que será utilizada para lanzar otra canica.

Así, ella monta su experimento como muestra la Figura 11.12. Con la ayuda de un dado de 12 caras, para garantizar la aleatoriedad de los lanzamientos, el observador podría entonces *escuchar* el ruido de las colisiones, que es una forma de observación indirecta, pues no está *viendo* los constituyentes de la caja.

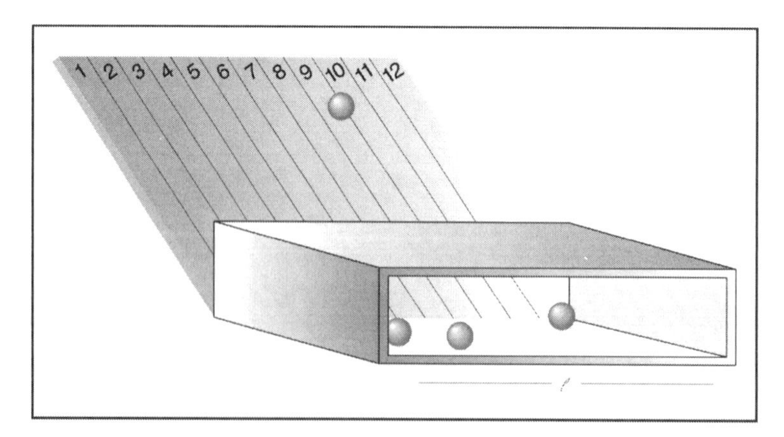


**Figura 11.12:** Esquema ilustrativo de un experimento simple de colisiones entre canicas capaz de permitir una fácil comprensión de las ideas involucradas en el experimento de Rutherford.

[6] Se tomó conocimiento de esa experiencia en la reunión anual de la SBPC de 1980. Ella hacía parte del Laboratorio Circulante (UFRJ) bajo la responsabilidad de Susana de Souza Barros y Rui Pereira. El título del trabajo citado es: "Determinación de las dimensiones de un objeto utilizando probabilidades de colisión".

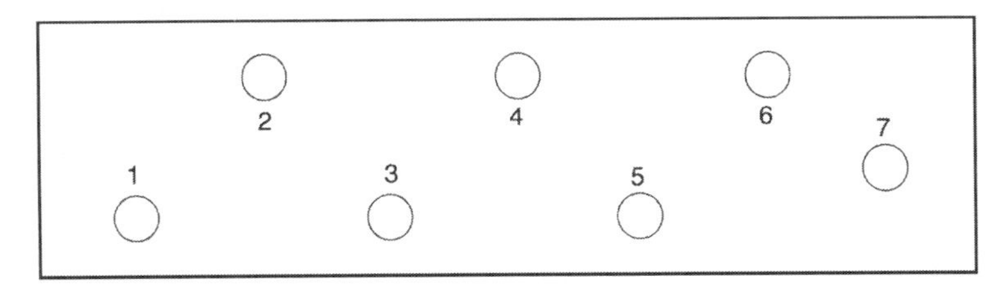


**Figura 11.13:** Esquema de las posibles posiciones de las canicas objetivo.

En ese caso, cada bolita presenta una sección eficaz geométrica para la bola incidente, igual al área efectiva. El observador puede definir la probabilidad de choque $p$ como la razón entre el número de choques $(f)$ que él cuenta y el número $(n)$ de lanzamientos efectuados, que debe ser por lo menos del orden de 100.

¿Cuál debe ser la dependencia de esa función de probabilidad?

En primer lugar, intuitivamente ella debe depender de la densidad de los objetivos. Para un tamaño fijo de la caja, cuanto mayor sea el número $N$ de objetivos, mayor será la probabilidad de choque, y, por tanto, $p$ debe ser directamente proporcional a $N$. Suponiendo ahora que este número $N$ sea fijo, la probabilidad $p$ va a depender del inverso del ancho $\ell$, esto es, cuanto mayor la extensión del tablero, y consecuentemente $\ell$, menor será la densidad de objetivos, y, luego, $p$ disminuye. Se puede ver aún que $p$ debe depender también del radio $r$ de la sección transversal del objetivo. Esto es visto mejor de la siguiente manera. Para que haya choque, es preciso que la distancia entre la bola incidente y la bola objetivo sea menor que una cierta distancia crítica $D$ que será determinada en seguida.

Sea $r_a$ el radio de la bola objetivo y $r_b$ el radio de la bola incidente. La probabilidad de que $b$ pase a la izquierda o a la derecha de $a$ debe ser igual. Luego se observa, por la Figura 11.14, que el centro de la partícula incidente debe pasar a una distancia menor o igual a $D/2$ del centro del objetivo, tanto por la derecha cuanto por la izquierda, para que haya colisión.

Por la propia figura, se deduce que $D = 2\,(r_a + r_b)$. Por tanto, la probabilidad de colisión debe depender directamente de $D$, pues cuanto mayores fueran $r_a$ y/o $r_b$, mayor será $p$.

Resumiendo los resultados, la probabilidad de colisión es dada por

$$p = \frac{f}{n} = \frac{2(r_a + r_b)N}{\ell} \tag{11.12}$$

Este resultado solo es válido si la densidad de objetivos es suficientemente baja de modo que la probabilidad de colisión no sea igual a uno.

Considerando, como posterior hipótesis simplificadora, que $r_a = r_b = r$, se obtiene, de la expresión arriba,

$$\frac{f}{n} = \frac{4rN}{\ell} \qquad \Longrightarrow \qquad r = \frac{f\ell}{4nN} \tag{11.13}$$

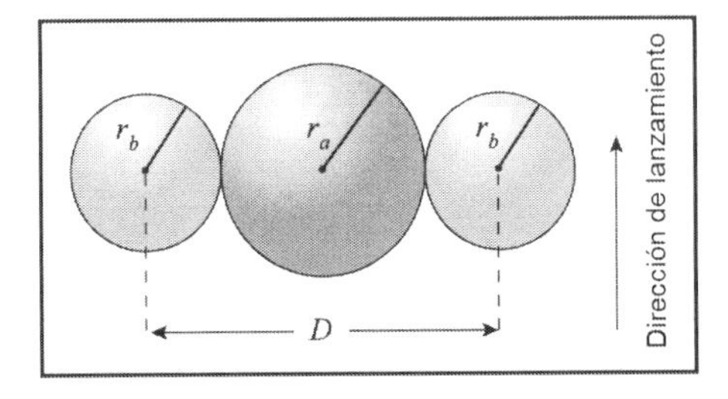


**Figura 11.14:** Diagrama ilustrativo de la condición para que haya colisión en el caso de dos esferas rígidas.

En la ecuación (11.13), todos los valores de la derecha son conocidos después del experimento, lo que permite calcular el valor medio del radio $(r)$ o del diámetro $(d = 2r)$ de la bola *sin* verla.

La incerteza en la medida del radio o del diámetro de la bola puede ser reducida repitiendo los $n$ lanzamientos un gran número de veces para varias configuraciones de objetivos, manteniendo una baja densidad de objetivos. En ese caso, la frecuencia media relativa de las colisiones ($\bar{f}/n$) es proporcional a la densidad lineal ($N/\ell$) de objetivos,

$$\frac{\bar{f}}{n} = d\,\frac{2N}{\ell}$$

Ese experimento fue realizado por el alumno Nilton Cesar de Freitas, repitiendo 80 veces cada conjunto de 100 lanzamientos, para configuraciones diferentes de 2, 3 y 4 objetivos. Los dados obtenidos están presentados en la Tabla 11.3.

**Tabela 11.3:** Distribución de frecuencia en función del número de objetivos

| $N$ | $\bar{f}$ |
|---|---|
| 2 | 31,0 |
| 3 | 45,1 |
| 4 | 55,7 |

Sabiendo que el ancho ($\ell$) de la rampa es igual a 32,3 cm, a partir de un ajuste lineal, el valor estimado para el diámetro de la bola es

$$d = (2{,}34 \pm 0{,}07)\,\text{cm}$$

Comparando con el valor avalado con un vernier $(2{,}440 \pm 0{,}005)\,\text{cm}$ se puede afirmar que los dos resultados son compatibles al nivel de $2\sigma$ (Sección 8.1.2).

# 11.4 El átomo de Rutherford

*[La dispersión de partículas $\alpha$ para atrás] fue tan increíble como si Ud. disparase una bala de cañon de 15 pulgadas sobre una hoja de papel y la bala retrocediese y le atingiese a Ud.*

Ernest Rutherford

## 11.4.1 Las hipótesis de Rutherford

Rutherford, al contrario de Nagaoka, estaba preocupado en explicar los resultados de Geiger y Marsden, proponiendo, para eso, un modelo para el átomo que consistía en un núcleo central con carga $\pm Ze$, envuelto por una distribución uniforme de carga $\mp Ze$, en una esfera de radio $a$. El *núcleo* atómico introducido en ese modelo tendría un radio del orden de $10^4$ veces menor que el radio atómico, conforme será visto en seguida, y sería el responsable por las dispersiones a grandes ángulos, siempre que la partícula incidente pase lo suficientemente cerca para experimentar una fuerza apreciable.

La elección del signo positivo o negativo para la carga nuclear no influye en absoluto en el resultado obtenido por Rutherford, que, por convención, escogió la carga $+Ze$. Sin embargo, se puede encontrar un argumento a favor de esa elección, que aparece implícito en su trabajo. El argumento es que partículas cargadas positivamente, emitidas por un núcleo pesado, adquieren grandes velocidades, lo que es más fácilmente comprendido a partir de la premisa de que esas partículas son parte del núcleo y pudieran adquirir gran velocidad por causa de la repulsión del campo eléctrico del núcleo, en vez de suponer que ellas ya se movieran rápidamente en el átomo.

Con ese modelo, Rutherford consiguió explicar la dispersión a grandes ángulos de partículas $\alpha$ por átomos. Por otro lado, él no discute el problema de la estabilidad del átomo porque, dándole la palabra,

**Figura 11.15:** Caricatura abordando el problema de la escala del átomo.

> *(...) el problema de la estabilidad del átomo propuesto no precisa ser considerada en esta etapa, pues eso va depender obviamente de la estructura diminuta del átomo y del movimiento de las partes cargadas que lo constituyen.*

En realidad, al final de ese artículo, Rutherford considera la hipótesis de que la carga negativa se puede presentar como partículas alrededor del núcleo, como en el modelo de Nagaoka, en vez de una distribución homogénea de cargas, y, por tanto, también ese átomo sería *inestable*.

Si los electrones estuviesen estacionarios, es claro que nada impediría que ellos fuesen atraídos por el núcleo. Por otro lado, si circulasen alrededor del núcleo, serían constantemente acelerados y, de acuerdo con la Electrodinámica Clásica, emitirían radiación y perderían energía, como en los modelos de Thomson y Nagaoka.

## 11.4.2 El problema de la estabilidad del átomo

Con la confirmación de la existencia del núcleo, se agrava el problema de la estabilidad del átomo. En una visión simplificada, si los electrones circulasen alrededor de un núcleo, serían constantemente acelerados y, por tanto, perderían energía por la emisión de radiación electromagnética, de tal modo que los radios de sus órbitas irían disminuyendo hasta que ellos colisionasen con el núcleo. Entonces se puede concluir que tal átomo emitiría un espectro continuo, lo que estaría en desacuerdo con los datos obtenidos por la espectroscopía.

De acuerdo con la fórmula de Larmor, ecuación (5.44), la potencia de la radiación emitida por una partícula de masa $m$, carga $e$ y aceleración $a$ puede ser escrita como

$$P = \frac{2}{3c^3}\left\langle \left|\ddot{\vec{d}}\right|^2 \right\rangle$$

en donde $c$ es la velocidad de la luz en el vacío, $\vec{d} = e\vec{r}$ es el momento dipolar eléctrico, y $\vec{r}$ es la posición de la partícula.

Esa fórmula puede ser extendida para un sistema de partículas, en el que ahora $\vec{d}$ es el momento dipolar total, dado por

$$\vec{d} = \sum_i q_i \vec{r}_i \qquad \Longrightarrow \qquad \dot{\vec{d}} = \sum_i q_i \vec{v}_i$$

siendo $\vec{r}_i$ y $\vec{v}_i$, respectivamente, las posiciones y las velocidades de cada partícula $i$ del sistema.

Para un sistema de partículas idénticas, que, por tanto, tiene la misma relación carga/masa,

$$\frac{q_i}{m_i} = \frac{e}{m}$$

el momento dipolar eléctrico total de la distribución resulta en

$$\vec{d} = \frac{e}{m}(\sum_i m_i \vec{r}_i) \quad \Longrightarrow \quad \dot{\vec{d}} = \frac{e}{m}\left(\sum_i \underbrace{m_i \vec{v}_i}_{\vec{p}_i}\right) = \frac{e}{m}\vec{P}$$

en donde $\vec{P}$ es el *momentum* total del sistema.

Para un sistema aislado de partículas idénticas y cargadas, en el cual el *momentum* se conserva,

$$\vec{P} = \text{constante} \qquad \Longrightarrow \qquad \ddot{\vec{d}} = 0$$

no habría contribuciones dipolares para la radiación. De ese modo, se puede decir que la emisión de radiación por un átomo sería debida a la pequeñas contribuciones de momentos multipolares superiores y que, por tanto, considerando sólo el movimiento de los electrones, no habría colapso atómico. Sin embargo, las intensidades de las líneas espectrales debido a las contribuciones multipolares son tan débiles que sería imposible observarlas.

El problema de la estabilidad atómica va a ser retomado por Niels Bohr, que elaborará una solución sorprendente, como será visto en la Sección 12.1.2.

### 11.4.3 Estimación del radio nuclear

De acuerdo con el modelo de Rutherford, un átomo constituido por un núcleo, con carga positiva $Ze$, localizado en el origen de un sistema de coordenadas, en torno del cual las cargas negativas están uniformemente distribuidas en una esfera de radio $a$, produce, en un punto $P$, a una distancia $r$, un campo eléctrico radial $\vec{E}$ de módulo igual a

$$E = Ze\left[\frac{1}{r^2} - \frac{r}{a^3}\right] \tag{11.14}$$

en donde el primer término es la contribución de las cargas positivas y el segundo es debido a las cargas negativas, conforme ecuación (11.2).

Se sabe que el campo eléctrico estacionario deriva de un potencial eléctrico escalar $V$ tal que

$$\vec{E} = -\vec{\nabla}V \tag{11.15}$$

Se puede pensar en el potencial generado por las cargas positivas separadamente del potencial generado por la distribución negativa, en vista de que es válida la relación

$$V = V_+ - V_- \quad \Longrightarrow \quad \vec{E} = -\vec{\nabla}(V_+ - V_-)$$

Teniendo en cuenta la expresión general del gradiente en coordenadas polares $(r, \theta)$, dada por

$$\vec{\nabla} = \hat{e}_r \frac{\partial}{\partial r} + \hat{e}_\theta \frac{1}{r}\frac{\partial}{\partial \theta} \tag{11.16}$$

Se obtiene, para los potenciales $V_+$ y $V_-$,

$$\begin{aligned} V_+(r) &= Ze\left[\frac{1}{r} + C_1\right] \\ V_-(r) &= -Ze\left[\frac{r^2}{2a^3} + C_2\right] \end{aligned} \tag{11.17}$$

siendo $C_1$ y $C_2$ constantes a determinar.

Las constantes se determinan tomándose como origen del potencial la esfera de radio $r = a$,

$$V_+(a) = V_-(a) \quad \Longrightarrow \quad \frac{1}{a} + C_1 = -\frac{1}{2a} - C_2$$

luego, $C_1 + C_2 = -\dfrac{3}{2a}$.

Así, $V = V_+ - V_-$ resulta dado por

$$V(r) = Ze\left[\frac{1}{r} - \frac{3}{2a} + \frac{r^2}{2a^3}\right]$$

En ese caso, una partícula de masa $m$ y de carga eléctrica $Z'e$, moviéndose en dirección al centro del átomo, irá a parar a una distancia $r = d$ del átomo, y, por la conservación de energía, se obtiene, en ese punto,

$$\frac{1}{2}\,mv_o^2 = ZZ'e^2\left[\frac{1}{d} - \frac{3}{2a} + \frac{d^2}{2a^3}\right] \tag{11.18}$$

Para un blanco de uranio ($Z = 92$), bombardeado por partículas $\alpha$ ($Z'_\alpha = 2$), con una velocidad inicial $v_o = 2 \times 10^9$ cm/s, se obtiene

$$a \simeq 3 \times 10^{-12} \text{ cm}$$

Tomando esa distancia como dimensión de la región donde la carga eléctrica positiva está concentrada – el núcleo atómico –, se verifica que el radio del núcleo es $10^4$ veces menor que el radio atómico. Esto muestra que el átomo es constituido mucho más de vacío que de materia sólida.

Rutherford mostró así que las desviaciones producidas por los electrones son despreciables comparadas con la acción del núcleo, que posee casi toda la masa del átomo, concentrada en una región de dimensión lineal de orden de $10^{-12}$ cm. Se puede, entonces, para efecto de la descripción de la dispersión de partículas $\alpha$, despreciar la acción del potencial generado por la distribución negativa de cargas y tomar sólo la contribución de cargas positivas:

$$V(r) = \frac{Ze}{r} \tag{11.19}$$

### 11.4.4 El movimiento bajo la acción de una fuerza central

Si una fuerza conservativa $\vec{f}(r)$ que actúa sobre una partícula de masa $m$ está siempre en la dirección radial, entonces la energía potencial $\epsilon_p$ sólo puede depender del módulo del vector de posición $\vec{r}$, tal que $\vec{f}(r) = -\vec{\nabla}\epsilon_p(r)$. Como la energía potencial sólo depende de la distancia radial, el problema posee simetría esférica, esto es, cualquier rotación en torno de un eje fijo no va influir en la solución del problema y, consecuentemente, el momento angular resulta conservado, lo que implica un movimiento plano.

En ese caso, se puede escribir la velocidad ($\vec{v}$) de la partícula en coordenadas polares como

$$\vec{v} = \frac{\mathrm{d}r}{\mathrm{d}t}\hat{r} + r\frac{\mathrm{d}\theta}{\mathrm{d}t}\hat{\theta}$$

donde $\hat{r}$ es un vector unitario en la dirección radial y $\hat{\theta}$, un unitário perpendicular al $\vec{r}$ en el plano de la órbita.

Así, la energía total ($\epsilon$) de la partícula puede ser escrita como

$$\epsilon = \frac{1}{2}mv^2 + \epsilon_p(r) = \frac{1}{2}m\left(\dot{r}^2 + r^2\dot{\theta}^2\right) + \epsilon_p(r)$$

Ya que el módulo del momento angular ($\vec{L}$), en ese caso, es constante y dado por

$$L = mr^2\dot{\theta} \tag{11.20}$$

la energía total puede ser escrita como

$$\epsilon = \frac{1}{2}m\dot{r}^2 + \frac{L^2}{2mr^2} + \frac{\alpha}{r} \tag{11.21}$$

en donde $\epsilon_p(r) = \alpha/r$ es una energía potencial debida a fuerzas centrales, y $\alpha$ es una constante positiva para fuerzas repulsivas y negativa para fuerzas atractivas.

Las características de la trayectoria del movimiento son determinadas por la energía total y por el tipo de interacción. El diagrama de energía (Figura 11.16) muestra que, para un campo atractivo ($\alpha < 0$), las órbitas pueden ser cerradas, cuando la energía total fuese negativa ($\epsilon < 0$), y sin límites, cuando la energía fuese positiva ($\epsilon > 0$).

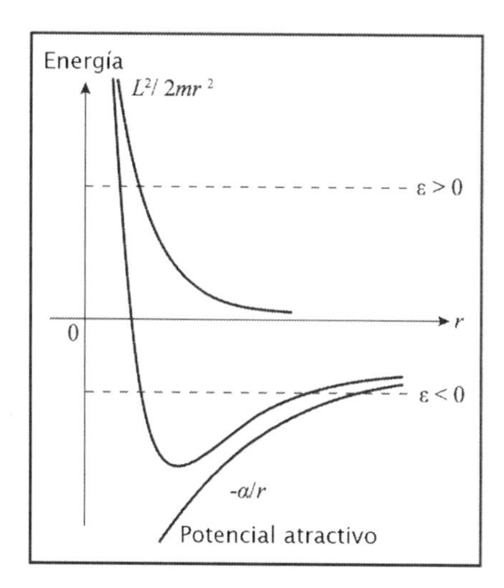


**Figura 11.16:** Diagrama de energía para el movimiento de una partícula bajo la acción de una fuerza central atractiva.

Dividiendo la ecuación (11.21), que expresa la conservación de energía, por la ecuación (11.20), que expresa la conservación del momento angular, y eliminando el tiempo, se obtiene la ecuación diferencial de la órbita de la partícula, para un campo atractivo,

$$\left(\frac{1}{r^2}\frac{\mathrm{d}r}{\mathrm{d}\theta}\right)^2 = -\frac{1}{r^2} + \frac{2m|\alpha|}{L^2 r} + \frac{2m\epsilon}{L^2} \tag{11.22}$$

En vez de integrar directamente la ecuación de movimiento, ecuación (11.22), un método más simple alternativo consiste en substituir $\mathrm{d}r$ por $-r^2\,\mathrm{d}(1/r)$ y escribir el lado derecho de la ecuación en términos de $1/r$,

$$\left[\frac{\mathrm{d}(1/r)}{\mathrm{d}\theta}\right]^2 = -\left(\frac{m|\alpha|}{L^2} - \frac{1}{r}\right)^2 + \left(\frac{m|\alpha|}{L^2}\right)^2\left(1 + \frac{2\epsilon L^2}{m\alpha^2}\right)$$

Denotando $u = 1/r$, $\rho = L^2/(m|\alpha|)$, $y = 1/\rho - u$ y

$$\xi = \sqrt{1 + \frac{2\epsilon L^2}{m\alpha^2}} \tag{11.23}$$

la ecuación de movimiento puede ser escrita como

$$\left(\frac{\mathrm{d}y}{\mathrm{d}\theta}\right)^2 = \left(\frac{\xi}{\rho}\right)^2 - y^2 = \left(\frac{\xi}{\rho}\right)^2\left[1 - \left(\frac{y\rho}{\xi}\right)^2\right]$$

o

$$\frac{\mathrm{d}(y\rho/\xi)}{\sqrt{1 - \left(\frac{y\rho}{\xi}\right)^2}} = \mathrm{d}\theta$$

Haciendo $y\rho/\xi = \cos\phi$, eso resulta en

$$-\mathrm{d}\phi = \mathrm{d}\theta \qquad \Longrightarrow \qquad -\phi = \theta - \theta_o \qquad \Longrightarrow \qquad y = \frac{\xi}{\rho}\cos(\theta - \theta_o)$$

o sea,

$$\frac{1}{r} = \frac{1}{\rho} - \left(\frac{\xi}{\rho}\right)\cos(\theta - \theta_o) \qquad \Longrightarrow \qquad \boxed{r = \frac{\rho}{1 - \xi\cos(\theta - \theta_o)}} \tag{11.24}$$

La ecuación (11.24), solución para la trayectoria de la partícula, representa la ecuación de una sección cónica, y las constantes $\rho$ y $\xi$ son denominadas, respectivamente, *parámetro* y *excentricidad* de la órbita. La naturaleza de la órbita depende del valor de la excentricidad y, consecuentemente, de la energía total del sistema, conforme la Tabla 11.4.

**Tabela 11.4:** Relación entre el valor de la energía y la excentricidad de las posibles órbitas genéricas en un movimiento bajo la acción de una fuerza central atractiva

| Excentricidad | Energía | Orbita |
|---|---|---|
| $\xi > 1$ | $\epsilon > 0$ | Hipérbole |
| $\xi = 1$ | $\epsilon = 0$ | Parábola |
| $\xi < 1$ | $\epsilon < 0$ | Elipse |
| $\xi = 0$ | $\epsilon = -m\alpha^2/2L^2$ | Circulo |

Haciendo

$$\begin{cases} x = r\cos(\theta - \theta_o) \\ y = r\,\mathrm{sen}\,(\theta - \theta_o) \end{cases} \qquad \Longrightarrow \qquad r^2 = x^2 + y^2$$

y escribiendo la solución de la trayectoria como

$$r - \xi r\cos(\theta - \theta_o) = \rho \qquad \Longrightarrow \qquad r^2 = (\xi x + \rho)^2$$

resulta en

$$(\xi x)^2 + 2\rho\xi x + \rho^2 = x^2 + y^2$$

o sea,

$$(1 - \xi^2)\left(x - \frac{\rho\xi}{1 - \xi^2}\right)^2 + y^2 - \rho^2\left(\frac{\xi^2}{1 - \xi^2} + 1\right) = 0$$

Denotando $x' = \left(x - \dfrac{\rho\xi}{1 - \xi^2}\right)$ y $y' = y$, la solución puede ser escrita en la forma canónica de las cónicas como

$$\left(\frac{x'}{a}\right)^2 + \left(\frac{y'}{b}\right)^2 = 1$$

siendo $a = \dfrac{\rho}{1 - \xi^2}$ y $b = \dfrac{\rho}{\sqrt{1 - \xi^2}}$.

En el caso particular de la elipse, cuando $\epsilon < 0$, $a$ y $b$ son, respectivamente, los semiejes mayor y menor, dados por

$$a = \frac{|\alpha|}{2|\epsilon|} > 0 \qquad \text{y} \qquad b = \frac{L}{\sqrt{2m|\epsilon|}} > 0 \tag{11.25}$$

Según la Figura 11.17, el área ($\mathrm{d}A$) del sector indicado y la conservación del momento angular implica:

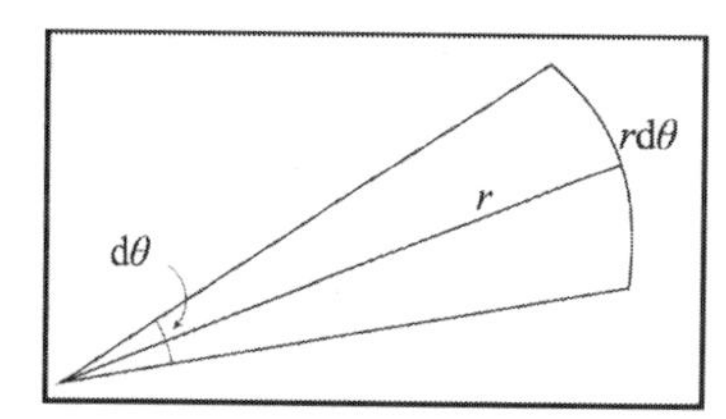


**Figura 11.17:** Elemento de arco de la trayectoria.

$$\left\{\begin{array}{l} \mathrm{d}A = \dfrac{1}{2} r^2 \,\mathrm{d}\,\theta \\ \\ L = m r^2 \dot{\theta} \end{array}\right. \qquad \Longrightarrow \qquad 2m\dot{A} = L\,(\text{constante})$$

Integrando en un período $(T)$,

$$2mA = LT \qquad \Longrightarrow \qquad T = \frac{2\pi mab}{L}$$

La Tabla 11.5 resume algunas magnitudes físicas referentes al movimiento circular, correspondiente a un potencial central en el cual $\alpha = -e^2$, o sea, $\epsilon_p = -e^2/r$, en términos de la carga $e$, de la masa $m$ y del momento angular $L$ de la partícula que se mueve.

**Tabela 11.5:** Magnitudes físicas del movimiento circular no relativista en términos de las constantes $e$, $m$ y $L$

| Grandeza | Fórmula |
|---|---|
| Radio de órbita | $r = \dfrac{L^2}{me^2}$ |
| Velocidad | $v = \dfrac{e^2}{L}$ |
| Velocidad angular | $\omega = \dfrac{me^4}{L^3}$ |
| Frecuencia | $\upsilon = \dfrac{m^2e^4}{2\pi L^3}$ |
| Energía cinética | $T = \dfrac{me^4}{2L^2}$ |
| Energía potencial | $U = \dfrac{me^4}{L^2}$ |
| Energía total | $E = \dfrac{me^4}{2L^2}$ |

## 11.5 Dispersión de partículas $\alpha$ por los núcleos atómicos

*El estudio de las propiedades de los radios $\alpha$ ha tenido un papel notable en el desarrollo de la radioactividad y se ha cooatituido en un instrumento para sacar a la luz una serie de hechos y relaciones de primera importancia.*

Ernest Rutherford

La energía $\epsilon$ de una partícula $\alpha$ en el campo coulombiano de un núcleo pesado de carga $Ze$ es dada por

$$\epsilon = \frac{1}{2}mv^2 + \frac{2Ze^2}{r}$$

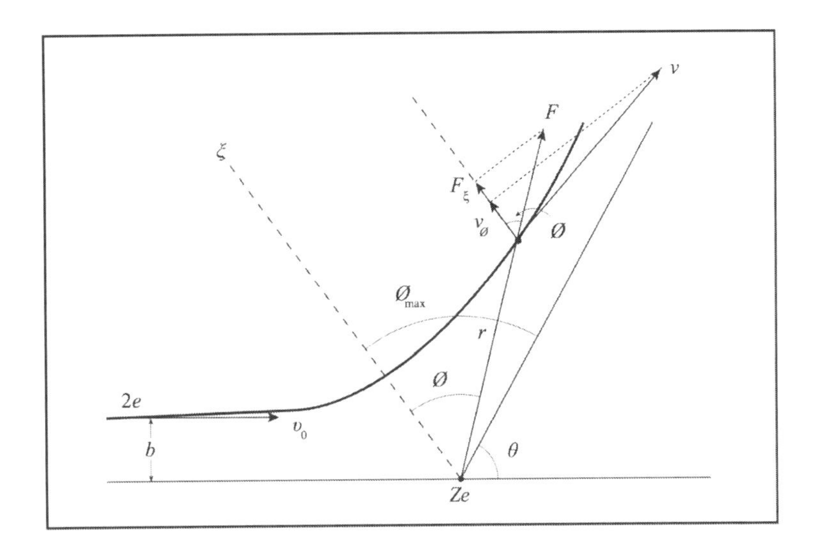


**Figura 11.18:** Diagrama de la dispersión de una partícula $\alpha$ por un núcleo pesado.

Para una colisión no frontal, si el núcleo no interactuase con la partícula, la distancia más corta entre los dos sería igual al llamado parámetro de impacto ($b$). El ángulo de dispersión ($\theta$) es definido como el ángulo entre la dirección incidente y la de la partícula dispersada. De ese modo, cuanto mayor es el parámetro de impacto, menor es el ángulo de dispersión, y cuanto menor el parámetro de impacto, mayor el ángulo de dispersión (Figura 11.19).

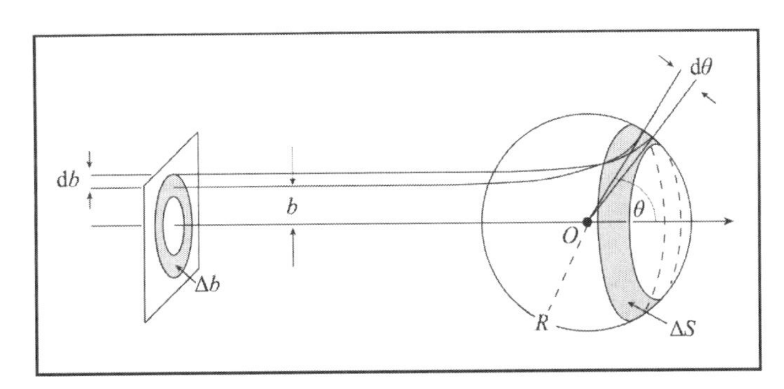


**Figura 11.19:** Parámetro de impacto y ángulo de dispersión.

Las partículas desviadas según las direcciones definidas por los ángulos $\theta$ y $\theta + d\theta$ provienen de una corona circular de área igual a $2\pi b\, db$.

Si $J_\alpha^{\rm inc}$ es la densidad de corriente de las partículas $\alpha$ incidentes, la tasa de partículas $(\mathrm{d}N/\mathrm{d}t)$ que serán dispersadas entre $\theta$ y $\theta + \mathrm{d}\theta$ es dada por

$$\frac{\mathrm{d}N}{\mathrm{d}t} = J_\alpha^{\rm inc}\, 2\pi b\, \mathrm{d}b$$

Por otro lado, la tasa de partículas dispersadas se relaciona con la sección eficaz por (Sección 3.3.3)

$$\frac{\mathrm{d}N}{\mathrm{d}t} = J_\alpha^{\rm inc}\, \mathrm{d}\sigma$$

De ese modo, la sección eficaz, en términos del parámetro de impacto, es dada por

$$\mathrm{d}\sigma = 2\pi b\, \mathrm{d}b \quad \Longrightarrow \quad \frac{\mathrm{d}\sigma}{\mathrm{d}\cos\theta} = 2\pi b\, \frac{\mathrm{d}b}{\mathrm{d}\cos\theta} \quad \Longrightarrow \quad \frac{\mathrm{d}\sigma}{\underbrace{2\pi\,\mathrm{sen}\,\theta\,\mathrm{d}\theta}_{\mathrm{d}\Omega}} = \frac{b}{\mathrm{sen}\,\theta}\left|\frac{\mathrm{d}b}{\mathrm{d}\theta}\right| \tag{11.26}$$

o sea, dada por el área de la corona circular de radios $b$ y $b + \mathrm{d}b$.

De acuerdo con la conservación del momento angular $(\vec{L})$, en cualquier punto de la trayectoria,

$$L = mv_o b = m\, v_\phi\, r = m\, \dot{\phi}\, r^2$$

Toda vez que la colisión es elástica, y considerando que el núcleo es mucho más pesado que la partícula $\alpha$, la variación $(\Delta p)$ del *momentum* de la partícula $\alpha$ es dada por (Figura11.20)

$$\Delta p = 2mv_o\,\mathrm{sen}\,\frac{\theta}{2} \tag{11.27}$$

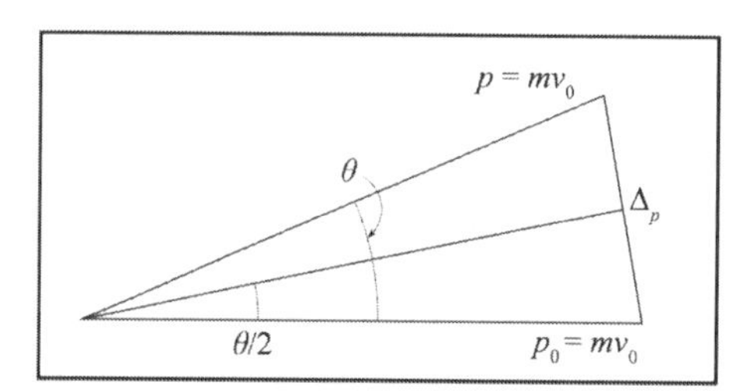


**Figura 11.20:** Diagrama de la conservación del *momentum* en una dispersión elástica.

La variación del *momentum* en la dirección $\xi$ resulta del impulso de la fuerza de interacción coulombiana entre la partícula $\alpha$ y el núcleo $(F = 2Ze^2/r^2)$, durante toda la trayectoria. Como sólo la componente de la fuerza en la dirección de $\xi$, $F\cos\phi$, contribuye a ese impulso, se tiene

$$\begin{aligned} \Delta p &= \int F\cos\phi\,\mathrm{d}t = \frac{2Ze^2}{v_o b}\int \cos\phi\,\dot{\phi}\,\mathrm{d}t \\ &= \frac{2Ze^2}{v_o b}\int_{-\phi_{\rm max}}^{\phi_{\rm max}} \cos\phi\,\mathrm{d}\phi = \frac{4Ze^2}{v_o b}\,\mathrm{sen}\,\phi_{\rm max} \end{aligned}$$

Como $2\phi_{\rm max} + \theta = \pi$, eso resulta en

$$\Delta p = \frac{4Ze^2}{v_o b}\cos\frac{\theta}{2} \tag{11.28}$$

Comparando las ecuaciones (11.27) y (11.28), se obtiene

$$\mathrm{tg}\,\frac{\theta}{2} = \frac{Ze^2}{(mv_o^2/2)b} \qquad \Longrightarrow \qquad b = \left(\frac{Ze^2}{mv_o^2/2}\right)\mathrm{cotg}\,\frac{\theta}{2}$$

Sustituyendo el valor de $b$ en la ecuación (11.26), se encuentra, finalmente,

$$\boxed{\frac{\mathrm{d}\sigma}{\mathrm{d}\Omega} = \left(\frac{Ze^2}{mv_o^2}\right)^2 \frac{1}{\operatorname{sen}^4\theta/2}} \tag{11.29}$$

La ecuación (11.29) es la fórmula de Rutherford para la sección eficaz de colisión entre partículas $\alpha$ de masa $m$ y un núcleo puntual, de masa $M \gg m$, de tal modo que se puede despreciar el retroceso del núcleo y considerarlo en el origen del sistema de referencia al cual se refiere el ángulo $\theta$. Sin embargo, en caso general en que hay retroceso, el ángulo observado no es igual al calculado.

Esa fórmula puede ser utilizada para determinar el número atómico $Z$ de elementos utilizados como objetivo, y se obtiene el valor de $Z$ con un error menor que 2%, lo que confirma la naturaleza nuclear del átomo propuesto por Rutherford.

Por otro lado, la expresión para la menor distancia de aproximación ($r_{\min}$) entre la partícula $\alpha$ y el núcleo, en función del ángulo de dispersión ($\theta$),

$$r_{\min} = \frac{Ze^2}{(1/2)mv_0^2}\left[1 + \frac{1}{\operatorname{sen}\theta/2}\right] \tag{11.30}$$

muestra que la menor distancia ocurre cuando $\theta = \pi$. En ese caso, $r_{\min}$ puede ser interpretada como la suma de los radios de la partícula y del núcleo, siempre que la energía inicial de la partícula $\alpha$ no exceda un valor para el cual la sección eficaz de Rutherford ya no sea válida.

De hecho, para valores mayores que una determinada energía limite, la partícula podría penetrar en la región nuclear, y, así, se estaría en el dominio de las interacciones fuertes, cuyo campo de fuerzas no es de naturaleza coulombiana.

El *modelo atómico nuclear* fue introducido, con un intervalo de siete años, por dos físicos que tentaban explicar fenómenos bien distintos. Sin embargo, todo el procedimiento experimental relacionado a la dispersión de partículas fue extremamente importante como origen de una metodología utilizada hasta hoy en día en los aceleradores de partículas.

## 11.6 Fuentes primarias


**Geiger, H.; Marsden, E., 1909.** On a Diffuse Reflection of the $\alpha$-Particles. *Proceedings of the Royal Philosophical Society* **82**, p. 495-500.

**Geiger, H., 1910.** The Scattering of $\alpha$-Particles by Matter. *Proceedings of the Royal Society A* **83**, p. 492-504.

**Geiger, H.; Marsden, E., 1913.** The Laws of Deflexion of $\alpha$ Particles through Large Angles. *Philosophical Magazine* **25**, n. 148, p. 604-623.

**Iwanenko, D.D., 1932.** The Neutron Hypothesis. *Nature* **129**, p. 798.

**Kelvin, Lord (William Thomson), 1902.** Aepinus Atomized. *Philosophical Magazine*, S. 6, **3**, n. 15, p. 257-283.

**Mayer, A.M., 1878.** A Note on Experiments with Floating Magnets. *American Journal of Science* **15**, p. 276-477; *ibid.*, **16**, p. 247. Reimpreso en *Nature* **17**, p. 487; **18**, p. 258-260 (1878).

**Nagaoka, H., 1904.** Kinetics of a system of particles illustrating the line and the band spectrum and the phenomena of radioactivity. *Philosophical Magazine* **7**, p. 445-455.

**Rayleigh, Lord, 1906.** On electrical vibrations and the constitution of the atom. *Philosophical Magazine* **11**, p. 117-123. Republicado em **Rayleigh, Lord, 1964**, p. 287-291.

**Rutherford, E., 1906.** Retardation of the alpha-particle from radium passing through matter. *Philosophical Magazine* **12**, p. 134-146. Primera observación de dispersión $\alpha$.

**Rutherford, E.; Marsden, H., 1908a.** A method of counting the number of $\alpha$ particles from radio-active matter. *Memoirs of the Manchester Literary and Philosophical Society* **52**, n. 9, p. 1-3.

**Rutherford, E.; Marsden, H., 1908b.** An electrical method of counting the number of $\alpha$ particles from radio-active substances. *Proceedings of the Royal Society of London A* **81**, p. 141-161.

**Rutherford, E., 1911.** The Scattering of $\alpha$ and $\beta$ Particles by Matter and the Structure of the Atom. *Philosophical Magazine* **21**, p. 669-688. Artículo en el que Rutherford propuso su modelo atómico. Reproducido en **Beyer, R.T. (Ed.), 1949**.

**Rutherford, E., 1913a.** The Structure of the Atom. *Nature* **92**, n. 2302, p. 423.

**Rutherford, E., 1913b.** The Structure of the Atom. *Philosophical Magazine* **27**, n. 158, p. 488-498.

**Rutherford, E., 1919.** Collision of $\alpha$ Particles with Light Atoms IV. An Anomalous Effect in Nitrogen. *Philosophical Magazine* **37**, n. 222, p. 581-587.

**Thomson, J.J., 1899.** On the masses of the Ions in Gases at Low Pressures. *Philosophical Magazine* **48**, p. 547-567.

**Thomson, J.J., 1904.** On the structure of the atom: an investigation of the stability and periods of oscillation of a number of corpuscules arranged at equal intervals around the circumference of a circle; with application of the results to the theory of atomic structure. *Philosophical Magazine*, S. 6, **7**, p. 237-265.

**Thomson, J.J., 1907.** On Rays of Positive Electricity. *Philosophical Magazine* **13**, n. 77, p. 561-575.

**Thomson, J.J., 1910.** On the scattering of rapidly moving electrified particles. *Cambridge Literary and Philosophical Society* **15**, part 5, p. 456-467.

## 11.7 Otras referencias y sugerencias de lectura

**Bethe, H.A., 1953.** Molière's theory of multiple scattering. *Physical Review* **89**, n. 6, p. 1256-1266.

**Birks, J.B., 1963.** Biografía de Ernest Rutherford.

**Bohr, N., 1958.** The Rutherford Memorial Lecture 1958. *Proceedings of the Royal Society* **78**, n. 6, p. 1083-1115.

**Carazza, B.; Guidetti, G.P., 1984.** Spettroscopia e modelli atomici prima di Bohr. *Rendiconti del Seminario della Facoltà di Scienze dell'Università di Cagliari* **54**, fascicolo 1, p. 73-86.

**Carazza, B.; Robotti, N., 2002.** Explaining Atomic Spectra within Classical Physics: 1897-1913. *Annals of Science* **59**, n. 3, p. 299-320.

**Robotti, N., 1978.** Libro rico en detalles sobre la historia de los primeros modelos atómicos, desde el descubrimiento de los electrones hasta el átomo de Bohr.

**Rutherford, E., 1962-1965** Colección en tres volúmenes de los trabajos científicos de Ernest Rutherford.

**Schott, G.A., 1906.** On the Electrical Theory of Matter and the Explanation of Fine Spectrum Lines and of Gravitation. *Philosophical Magazine*, S. 6, **12**, n. 67, p. 21-26.

**Schott, G.A., 1907.** On the Electrical Theory of Matter and of Radiation. *Philosophical Magazine*, S. 6, **13**, n. 74, p. 189-213.

**Thomson, G.P., 1964.** Detalles de la vida y obra de J.J. Thomson en el laboratorio Cavendish, registrados por su hijo.

**Zatzkis, H., 1958.** Thomson Atom. *American Journal of Physics* **26**, n. 9, p. 635-638.

## 11.8 Ejercicios

**Ejercicio 11.8.1** Muestre que, en el modelo de Thomson para muchos electrones, la condición de equilibrio electrostático estable implica que el número máximo de electrones situados en una única órbita es de 574.

**Ejercicio 11.8.2** Determine la condición, en términos de longitud de onda de la radiación y de la vida media del átomo, para que la perdida de energía media por ciclo de la radiación emitida por un átomo clásico de Thomson sea pequeña.

**Ejercicio 11.8.3** Estime la vida media del átomo de Thomson dada por

$$\tau = \frac{3mc^3}{2e^2\omega^2}$$

**Ejercicio 11.8.4** Considerando el modelo de Thomson, muestre que para períodos de oscilación $T << \tau$ se puede considerar

$$\left\langle \frac{\mathrm{d}\epsilon}{\mathrm{d}t} \right\rangle = \frac{\mathrm{d}\langle \epsilon \rangle}{\mathrm{d}t}$$

**Ejercicio 11.8.5** Estime la razón entre la máxima aceleración a la que una partícula $\alpha$ puede ser sometida en la dispersión debido a un átomo de oro en el modelo de Thomson y la aceleración de la gravedad.

**Ejercicio 11.8.6** Estime el ángulo máximo de dispersión de una partícula $\alpha$ provocada por una distribución positiva de cargas, según la ecuación (11.11).

**Ejercicio 11.8.7** Rehaga los cálculos hechos para el modelo de Rutherford considerando el núcleo negativo. Comente el resultado.

**Ejercicio 11.8.8** Muestre que en el modelo de Rutherford la menor distancia de aproximación ($r_{\text{min}}$) entre la partícula $\alpha$ y el núcleo, en función del ángulo de dispersión ($\theta$), es dada por la ecuación (11.30).

$$r_{\text{min}} = \frac{Ze^2}{(1/2)mv_0^2}\left[1 + \frac{1}{\operatorname{sen}\theta/2}\right]$$

# 12

# Los modelos cuánticos del átomo

*La teoría cuántica es sobre la compatibilidad de dos opuestos aparentemente irreconciliables.*
Paul Strathern

## 12.1 El átomo de Bohr

*Debe haber alguna cosa detrás de todo eso (...). No creo que el valor de la constante de Rydberg haya podido ser obtenida correctamente por casualidad.*
Albert Einstein

### 12.1.1 Los inicios de la descripción cuántica de la materia

La solución para la inestabilidad del átomo en el modelo de Rutherford fue presentada por Niels Bohr, que adicionó reglas de cuantización a la dinámica del átomo. Sin embargo, estas reglas fueron adicionadas sin la preocupación de un nexo lógico, esto es, se colocaron *ad hoc* en el modelo, para poder seguir utilizando el formalismo clásico para calcular magnitudes observables. Este ejemplo de "inconsistencia" ilustra cómo a veces los caminos del desarrollo científico no son lineales. Mientras en otro ejemplo presentado en el Capítulo 10, el corte epistemológico provocado por el trabajo de Planck, apuntaba a limitar la Física Clásica en cuanto a la descripción de la luz, aunque estuviese circunscrito al problema de la radiación del cuerpo negro, el trabajo de Bohr tiene el mérito de poner en duda una adecuada concepción clásica de la materia a partir de la relación entre la estabilidad del átomo y la constante de Planck establecida en su modelo semiclásico.

A pesar de las restricciones de naturaleza epistemológica, mostrar que la descripción clásica de la materia tampoco era satisfactoria, fue la mayor aportación de Bohr para el desarrollo de la Física Moderna, porque despertó en la comunidad científica la conciencia de que era necesario elaborar una nueva teoría capaz de describir los fenómenos atómicos: la Mecánica Cuántica. En particular, el trabajo de Bohr influenció directamente las ideas de Heisenberg y de Louis de Broglie, siendo este último, a su vez, quien tuvo gran influencia sobre Schrödinger.

En septiembre de 1913, Jeans fue el primero en reconocer públicamente el valor del trabajo de Bohr, cuando declaró: *El Dr. Bohr logró una explicación ingeniosa y sugestiva, y pienso que debemos añadir convincentemente, de las leyes de las líneas espectrales.*

Sobre la justificación de las hipótesis fundamentales de Bohr, se limitó a decir que había una justificación muy fuerte: *el éxito.*

**Figura 12.1:** Sátira sobre el modelo de Bohr.

Fue en su artículo "Sobre la constitución de átomos y moléculas" que Bohr lanzó las bases de una nueva mecánica, capaz de describir satisfactoriamente algunos fenómenos atómicos. Y en ese artículo que aparece, por primera vez, el ejemplo de tomar el caso límite de grandes números cuánticos y verificar si los nuevos resultados se reducen a los resultados clásicos. A este poderoso instrumento heurístico al que Bohr solía referirse como "argumento de correspondencia".

El hecho de que la teoría clásica de la radiación de un átomo aparece (al menos matemáticamente) como un límite de la teoría cuántica es ventajoso en el sentido de que la nueva teoría (cuántica) tiene un soporte empírico no sólo en los nuevos resultados sino también en aquellos ya predichos por la teoría clásica.

En resumen, considerando la época en que la Mecánica Cuántica aún era desconocida, es casi intuitivo el postulado de que, cualquiera que sea esa nueva teoría, debe contener como algún límite particular a la antigua Mecánica Clásica.

### 12.1.2 Los postulados de Bohr

La postura de Bohr ante las inconsistencias entre los nuevos descubrimientos de los fenómenos cuánticos y la descripción clásica de la Física, de cierta forma, recuerda el dicho maquiavélico "si no puedes vencer al enemigo, entonces únete a él". El físico Leon Rosenfeld se refiere al origen de esa postura y la escribe, en la introducción del libro que contiene los tres artículos de Bohr sobre la constitución de átomos y moléculas del modo siguiente:

> *La fuente de la seguridad de Bohr al proponer sus postulados debe buscarse en las meditaciones epistemológicas de su primera juventud, las cuales le habían permitido reconquistar ese sentido de la naturaleza dialéctica de nuestros procesos mentales que habían sido completamente suprimido en la tradición científica.*
> *Esta actitud le había ayudado a comprender que el conflicto entre la representación clásica de los fenómenos y sus características cuánticas era irreductible, y que el problema real no era eliminarlo de nuestra visión del mundo, sino integrar los dos aspectos en conflicto en una síntesis racional.*

La principal motivación de Bohr al proponer un nuevo modelo atómico fue contornar, simultáneamente, las dificultades de los modelos clásicos de Thomson y Rutherford relacionados con la estabilidad de la materia. Según él mismo dice en la introducción de su artículo "Sobre la constitución de átomos y moléculas", de 1913, no existen, aparentemente, configuraciones estables para el átomo de Rutherford, a pesar de que puede explicar bien la dispersión de partículas $\alpha$. Por otro lado, el modelo de Thomson, aunque no explicara esa dispersión, presentaba ciertas configuraciones estables.

Bohr ya tenía conocimiento de algunos fenómenos recién descubiertos en la época que permitían cuestionar la validez de la aplicación de la Electrodinámica Clásica en sistemas de dimensiones atómicas. Él tenía la intuición que era necesario incluir la constante de Planck en el contexto de la Física Atómica, y es sobre eso que él trata en su artículo de 1913, lo cual puede ser sintetizado en dos postulados:

(i) Un sistema atómico basado en el modelo de Rutherford sóloo puede existir en determinados estados estacionarios (órbitas) con energías definidas:

$$\{\epsilon_1, \epsilon_2, \epsilon_3, \dots\}$$

y puede ser parcialmente descrito por las leyes de la Mecánica Clásica

(ii) La emisión (o absorción) de radiación electromagnética solo ocurre durante la transición entre estados estacionarios, tal que la frecuencia ($\nu$) de la radiación emitida (o absorbida) está dada por:

$$\nu = \frac{|\epsilon_f - \epsilon_i|}{h} \tag{12.1}$$

en donde $h$ es la constante de Planck, $\epsilon_f$ y $\epsilon_i$ son, respectivamente, los valores de energía de los dos estados involucrados en la transición. Es decir, la energía ($\epsilon$) del fotón emitido o absorbido es igual a:

$$\epsilon = h\nu$$

Sin embargo, en el trabajo de Bohr hay implícita una serie de otras hipótesis que vale la pena explicar, resumiéndolas como sigue:

1) los átomos producen las líneas espectrales una cada vez;

2) el átomo de Rutherford ofrece una base satisfactoria para los cálculos exactos de las longitudes de onda de las líneas espectrales;

3) la producción de los espectros atómicos es un fenómeno cuántico;

4) un simple electrón es el agente de ese proceso;

5) dos estados distintos de un átomo están involucrados en la producción de una línea espectral;

6) la expresión $\epsilon = h\nu$, que relaciona la energía y la frecuencia de la radiación, es válida tanto para la emisión como para la absorción.

A esa lista de puntos el inglés Edmund Whittaker añade un último, que, dada su importancia epistemológica, merece ser destacado. Es el principio de que

> *debemos renunciar a todos los intentos de visualizar o de explicar clásicamente el comportamiento del electrón activo durante una transición del átomo entre un estado estacionario y otro.*

Whittaker comenta, en este punto, que éste es un principio nunca antes soñado por ningún predecesor de Bohr, principio que es el elemento nuevo decisivo para la creación de una ciencia para la espectroscopía teórica, lo que es absolutamente verdad. Pero, más que eso, Bohr está proporcionando la solución para la formulación de la Mecánica de las Matrices, como fue conocida la formulación de la Mecánica Cuántica de Heisenberg, Born y Jordan (Capítulo 13).

### 12.1.3 La fórmula de Balmer como consecuencia de los postulados de Bohr

A partir del modelo de Rutherford, en el cual el átomo sería formado por un núcleo de dimensiones muy pequeñas, con carga eléctrica positiva ($Ze$), donde $e$ es la carga elemental, y por un electrón con carga negativa ($-e$), muy ligero en relación al núcleo, Bohr admite que el electrón describiría orbitas elípticas estacionarias con velocidades $\nu$ mucho menores que la de la luz ($c$) en el vacío, y que no habría pérdida de energía por radiación. Además, la interacción entre el electrón y el núcleo podría ser descrita por una fuerza ($F$) electrostática coulombiana, dada por:

$$F = -\frac{Ze^2}{r^2}$$

siendo $r$ la distancia entre ellos.

Según las fórmulas de la Sección 11.4, las relaciones entre la frecuencia de revolución ($f$) del electrón de masa ($m$) y el semieje ($a$) mayor de la elipse descrita por él para una determinada energía ($\epsilon$) son dadas por:

$$\begin{cases} f = \dfrac{1}{\pi Z e^2}\sqrt{\dfrac{2|\epsilon|^3}{m}} \\ 2a = \dfrac{Ze^2}{|\epsilon|} \end{cases} \tag{12.2}$$

No habiendo restricciones a los valores de la energía, de la frecuencia o de los ejes de la elipse, las medidas de estas magnitudes sólo estarían limitadas apenas por las relaciones anteriores. De acuerdo con el postulado (i), sin embargo, el conjunto de valores para la energía de los estados estacionarios es discreto, es decir

$$\{\epsilon_n\} \qquad (n = 1, 2, \dots)$$

Admitiendo además que la energía de cada estado dependa de la frecuencia de revolución, Bohr impone una segunda relación entre la energía y la frecuencia de revolución de un estado estacionario

$$|\epsilon_n| = h f_n g(n) \tag{12.3}$$

donde $g(n)$ es una función desconocida.

Sustituyendo la frecuencia dada por la ecuación (12.3) en la correspondiente ecuación (12.2), se obtiene:

$$\frac{|\epsilon_n|}{hg(n)} = \frac{1}{\pi Z e^2}\sqrt{\frac{2|\epsilon_n|^3}{m}} \qquad \Longleftrightarrow \qquad \frac{1}{\pi^2 Z^2 e^4}\frac{2|\epsilon_n|^3}{m} = \frac{|\epsilon_n|^2}{h^2 g^2(n)}$$

lo que implica

$$\begin{cases} |\epsilon_n| = \dfrac{\pi^2 m Z^2 e^4}{2h^2}\dfrac{1}{g^2(n)} \\ f_n = \dfrac{\pi^2 m Z^2 e^4}{2h^3}\dfrac{1}{g^3(n)} \end{cases}$$

De acuerdo con el postulado (ii), habiendo emisión o absorción, debido a la transición entre estados de las energías $\epsilon_n$ y $\epsilon_l$, la frecuencia ($\nu$) de la radiación emitida o absorbida será dada por:

$$\nu = \nu_{ln} = \frac{|\epsilon_l - \epsilon_n|}{h} = \frac{\pi^2 m Z^2 e^4}{2h^3}\left|\frac{1}{g^2(l)} - \frac{1}{g^2(n)}\right| \tag{12.4}$$

Note que la frecuencia de la radiación es diferente a la frecuencia de revolución.

Para un átomo de hidrógeno para el cual $Z = 1$, la expresión anterior, ecuación (12.4) sólo es compatible con la fórmula de Rydberg (7.4), si es reescrita como:

$$\nu = cR_H \left( \frac{1}{l^2} - \frac{1}{n^2} \right)$$

si $g(n) = bn$, siendo $b$ una constante.

Así, se puede escribir para el átomo de hidrógeno:

$$\begin{cases} |\epsilon_n| = \dfrac{\pi^2 me^4}{2h^2} \dfrac{1}{b^2 n^2} \\ \\ f_n = \dfrac{\pi^2 me^4}{2h^3} \dfrac{1}{b^3 n^3} \end{cases}$$

La constante $b$ puede ser determinada a partir de la transición entre dos estados vecinos con energías $\epsilon_n$ y $\epsilon_l$, tal que $n = l+1$, en el límite de grandes valores de $n$. En este límite, $f_n = f_l$ y Bohr considera que la frecuencia ($\nu_{ln}$) de la radiación emitida debe ser igual a la frecuencia ($f_n$) de revolución del electrón. Esta hipótesis fue denominada por Bohr como el *Principio de Correspondencia.*

Así,

$$\lim_{n\to\infty} \nu_{ln} = \frac{\pi^2 me^4}{2h^3} \frac{1}{b^2 n^2} \left| \left( \frac{n}{l} \right)^2 - 1 \right|$$

Este límite puede ser calculado recordando que el término

$$\left( \frac{n}{l} \right)^2 = \left( \frac{l+1}{l} \right)^2 = \left( 1 + \frac{1}{l} \right)^2$$

Para valores grandes de $l$,

$$\left( 1 + \frac{1}{l} \right)^2 \simeq \left( 1 + \frac{2}{l} \right) \qquad \Rightarrow \qquad \left( \frac{n}{l} \right)^2 - 1 = \frac{2}{l}$$

Pero para valores muy grandes de $l$, $l = n$, donde el límite vale

$$\lim_{n\to\infty} \nu_{ln} = \frac{\pi^2 me^4}{2h^3} \frac{2}{b^2 n^3}$$

y, de acuerdo con el Principio de Correspondencia,

$$\lim_{n\to\infty} \nu_{ln} = \lim_{n\to\infty} f_n \quad \Longrightarrow \quad b = 1/2$$

De este modo, la hipótesis de Bohr, ecuación (12.3), queda expresada por (Sección 12.1.6)

$$|\epsilon_n| = \frac{nhf_n}{2}$$

y el espectro atómico de energía es dado por:

$$\epsilon_n = -\left( \frac{2\pi^2 me^4}{h^2} \right) \frac{1}{n^2} \qquad (n = 1, 2, \dots) \tag{12.5}$$

De acuerdo con el postulado (ii), se obtiene para la frecuencia de la radiación emitida o absorbida la fórmula de Ritz

$$\nu_{ln} = cR_\infty \left| \frac{1}{l^2} - \frac{1}{n^2} \right| \tag{12.6}$$

siendo $R_\infty = \dfrac{2\pi^2 me^4}{ch^3} \simeq 1{,}097 \times 10^5\ \mathrm{cm}^{-1} \simeq R_H$, y el subíndice ($\infty$) de la constante significa que se está considerando infinita la masa del núcleo.

Fijando $l = 2$ y variando $n$, se obtiene la serie de Balmer. Para $l = 3$, se obtiene la serie de Paschen y, así, todas las series experimentalmente observadas. De este modo, según el modelo de Bohr, la diferencia entre los términos espectrales de Ritz (Sección 7.2.1) corresponde a la transición del electrón entre los diversos niveles de energía del átomo.

$$\nu_{ln} = \nu_{lk} - \nu_{kn} = \frac{\epsilon_l - \epsilon_k}{h} - \frac{\epsilon_k - \epsilon_n}{h} = \frac{\epsilon_l - \epsilon_n}{h}$$

La frecuencia de la radiación emitida en la transición entre la n-ésima órbita y la siguiente es igual a la frecuencia de revolución del electrón en la n-ésima órbita, sólo para valores grandes de n. Al contrario de Bohr, sus predecesores, como Lorentz, Zeeman, Larmor y Thomson, en todos los cálculos clásicos de la frecuencia de radiación a partir del movimiento de los constituyentes de los átomos, admitían, equivocadamente, que ésta era igual a la frecuencia de revolución del electrón.

Bohr mostró que, para el estado fundamental y para los estados atómicos excitados de niveles más bajos, esa hipótesis no es válida. Lo que existe es un límite asintótico del resultado cuántico, para grandes valores de $n$, que coincide con el clásico.

A pesar del éxito de su predicción, Bohr tenía conciencia de que sería muy difícil (y poco probable) progresar limitándose a los estudios de los espectros atómicos. Esta dificultad fue expresada una vez por él con una metáfora, aludiendo a la belleza, a las regularidades y al colorido de las alas de una mariposa y concluyendo *que nadie pensó que se podría obtener las bases de la Biología a partir del colorido del ala de una mariposa.*

Se puede tener una noción del impacto del éxito de Bohr en reproducir teóricamente la serie de Balmer a partir de la afirmación de Whittaker de que ese hecho *tuvo un efecto que puede ser comparado al efecto del cálculo hecho por Maxwell de la velocidad de la luz a partir de su teoría electromagnética.*

Sin embargo, sin disminuir el trabajo de Bohr ni el comentario de Whittaker, cabe notar una diferencia crucial entre las contribuciones de Maxwell y de Bohr aquí citadas: mientras que el primero estaba realizando una de las mayores síntesis teóricas de la historia de la Física, el segundo estaba en verdad, con su resultado, minando decisivamente el cuerpo de la Física Clásica, abriendo un nuevo capítulo de la Física, cuya síntesis sería hecha sólo 12 años más tarde por Heisenberg (Capítulo 13) y Schrödinger (Capítulo 14).

### 12.1.4 El origen de la cuantización del momento angular

Mientras que la cuantización de la energía del oscilador armónico de Planck está asociada al problema de la radiación del cuerpo negro, la cuantización del momento angular tiene sus raíces en los estudios de la espectroscopía atómica y molecular, realizados entre 1910 y 1913. Fue en ese contexto que surgió la idea de la cuantización del momento angular.

El éxito de la explicación de Einstein para el efecto fotoeléctrico (Sección 10.3.1) había puesto en evidencia la importancia de la constante de Planck ($h$) para la descripción del comportamiento de sistemas atómicos, pero no su verdadero papel, que será poco a poco revelado a partir de la espectroscopía atómica y molecular. Este hecho, por un lado, suscitó algunos intentos de encontrar una interpretación mecánica o electromagnética para $h$ y, por otro lado, permitió, poco a poco, que se comprendiese la estructura cuántica de la materia.

Digna de destacar en esta década de transición es el aporte de Arthur Erich Haas, quien fue el primero que intentó relacionar la constante de Planck con la constitución del átomo, tomando como base el modelo atómico de Thomson. Hay quienes afirman que Haas habría sido influenciado por la idea de Einstein de que debería haber un modo de relacionar dos hechos no explicados por la Electrodinámica Clásica de

Maxwell: la naturaleza cuántica de la radiación y la existencia de los electrones. El pasaje al que se alude es el siguiente:

> *Me parece que podemos concluir, de $h = e^2/c$, que la misma modifcación de la teoría que contenga el* quantum *elemental* ($e$) *contendrá, como consecuencia, la estructura cuántica de la radiación.*

Motivado por esa idea, Haas obtuvo una relación para la constante de Planck en términos de la carga eléctrica del electrón ($e$) y del radio ($a$) del átomo de hidrógeno, que consideraba cantidades fundamentales.

Haas partió de la hipótesis de que los electrones se mueven en la órbita más externa posible, que corresponde al radio $a$ de la distribución de cargas positivas. Dadas la simetría esférica del modelo de Thomson y la naturaleza coulombiana de la fuerza eléctrica, esa hipótesis lleva automáticamente al mismo resultado que se obtendría para un átomo de un electrón considerando el modelo nuclear de Rutherford. Por otro lado, siguiendo los pasos de Planck, Haas fue llevado a considerar los átomos reales como osciladores armónicos ideales, de modo que se pueda utilizar la regla de cuantización de Planck para la energía. De esa forma, Haas postula que la relación entre la energía potencial ($\epsilon_p$) de un electrón de masa $m$ y la frecuencia ($\nu$) de la radiación emitida por un átomo estaría dada por:

$$|\epsilon_p| = \frac{e^2}{a} = h\nu \tag{12.7}$$

Considerando un movimiento circular, de radio a y velocidad $v = \omega a$, siendo $\omega = 2\pi f$ la frecuencia angular del electrón, de acuerdo con la Mecánica Clásica,

$$m\frac{v^2}{a} = m\omega^2 a = (2\pi f)^2 ma = \frac{e^2}{a^2} \qquad \Longrightarrow \qquad f = \frac{e}{2\pi a}\frac{1}{\sqrt{ma}}$$

Tomando la frecuencia $\nu$ de la radiación emitida, dada por la ecuación (12.7), como siendo igual a la frecuencia orbital $f$ del electrón, es decir:

$$\frac{e^2}{ha} = \frac{e}{2\pi a}\frac{1}{\sqrt{ma}}$$

Haas pudo obtener, así, la ecuación

$$h = 2\pi e\sqrt{ma} \tag{12.8}$$

según su intención de obtener una expresión para $h = h(e, a)$.

Si la ecuación anterior fuera resuelta para $a$, se encontrará

$$a = \frac{h^2}{4\pi^2 e^2 m} \tag{12.9}$$

que es el llamado radio de Bohr para el estado fundamental del átomo de hidrogeno, el estado correspondiente a la órbita de menor radio.

Es importante enfatizar que la ecuación (12.7) es sólo es válida para el estado fundamental del átomo, no se aplica a sus estados excitados. Aunque se han producido otros intentos de investigar el papel de la constante de Planck en la Física Atómica, antes del trabajo de Bohr, que lograron algunos éxitos, tuvieron que ser abandonadas cuando Rutherford puso en evidencia las limitaciones del modelo de Thomson.

Dos cambios en el modo de concebir el origen de las líneas espectrales, al inicio del siglo XX, fueron esenciales para el perfeccionamiento de los modelos atómicos. El primero fue el abandono de la idea de que el conjunto de líneas espectrales expresaba las frecuencias naturales de oscilación de un átomo y la subsiguiente comprensión de que el espectro completo de un elemento químico depende de un gran número de átomos, cada uno, a través del movimiento de los electrones, produciendo una línea espectral. En ese sentido, fueron importantes los aportes de Arthur William Conway, Walther Ritz y Penry Vaughan Bevan. El segundo cambio, debido a John William Nicholson, fue la comprensión de que los espectros atómicos eran esencialmente fenómenos cuánticos. En sus palabras:

> *Las leyes fundamentales de la Física deben basarse en la teoría cuántica de la radiación, recientemente desarrollada por Planck y otros, de acuerdo con la cual los intercambios de energía entre sistemas periódicos solamente pueden ocurrir en ciertas cantidades definidas, determinadas por las frecuencias de los sistemas.*

Adoptando el recién introducido modelo atómico de Rutherford, Nicholson postula que el momento angular de un átomo puede aumentar o disminuir en cantidades discretas.

Nicholson aplicó sus ideas al estudio del espectro de nebulosas, aceptando la idea de que el espectro tiene su origen en átomos diferentes, definiendo lo que se puede llamar *estados* diferentes de los átomos, caracterizados por sus movimientos internos, como se ven en la cita:

> *Las líneas de una serie no pueden emanar de un mismo átomo, sino de átomos cuyos momentos angulares internos hayan, por radiación o de otro modo, decrecido varias cantidades discretas a partir de un valor patrón. Por ejemplo, en este enfoque, existen varios tipos de átomos de hidrógeno, idénticos en sus propiedades químicas e incluso en peso, pero diferentes en sus movimientos internos.*

En realidad, Nicholson sólo compartía en parte las ideas de Conway, pues no admitía que una línea espectral sea producida por un único electrón del átomo. De hecho, él estudia la contribución de un anillo oscilante y, de esta forma, se enfrenta al problema de la inestabilidad mecánica del modelo, ya mencionada. Además, comete el error (entonces recurrente), como el propio Bohr llama la atención, de admitir que la frecuencia de las líneas en un espectro es identificada con la frecuencia de vibración de un sistema mecánico en estado de equilibrio bien definido.

Con respecto a la cuantización del momento angular, Nicholson tiene una posición muy interesante, expresada en la siguiente cita:

> *Es posible admitir una visión diferente de la teoría de Planck, que puede ser brevemente presentada. Como la parte variable de la energía de un sistema atómico (...) es proporcional a $mna^2\omega^2$, la razón entre la energía y la frecuencia es proporcional a $mna^2\omega$, o $mnav$, que es el momento angular total del electrón alrededor del núcleo. Por lo tanto, la constante de Planck tiene, como Sommerfeld sugirió, un significado atómico, puede significar que el momento angular de un átomo sólo puede aumentar o disminuir en cantidades discretas cuando los electrones se van o regresan. Es fácil ver que esta visión trae menos dificultades para la mente que la interpretación más usual, que crea implicar una constituyente atómica de la energía.*

Las ideas de Nicholson, aunque relevantes, no lograron explicar la fórmula de Balmer. Bohr fue, de hecho, el primer físico en considerar fenómeno cuántico a la producción de una línea espectral por un único electrón atómico, postulando a la cuantización del momento angular. Sin embargo, cabe señalar que data de 1912 la primera aplicación exitosa de los principios cuánticos a la espectroscopía. Esto se debe al trabajo del químico danés Niels Bjerrum en ámbito de la espectroscopía molecular, y no de la atómica.

Algunas regularidades de los espectros de absorción de algunos ácidos en estado gaseoso pueden explicarse suponiendo que los dos átomos que forman la molécula del ácido son polarizados (uno positiva y el otro negativamente) y que oscilan uno en relación al otro a lo largo de la línea que los une con una frecuencia $\nu_0$. Además, siguiendo la sugerencia de Lorentz, Bjerrum supuso que la línea que une los dos átomos gira en un plano y admitió, inspirado en un trabajo de Nernst, que la energía de rotación debería ser un múltiplo de $h\nu$, siendo $\nu$ el número de revoluciones por segundo de la molécula. Así, denotando por $I$ el momento de inercia de la molécula, se obtiene, según Bjerrum,

$$\frac{1}{2}I\omega^2 = \frac{1}{2}I(2\pi\nu)^2 = nh\nu \qquad (n = 1, 2, 3, \cdots) \tag{12.10}$$

Denotando por $\nu_n$ los posibles valores discretos de la frecuencia, se tiene,

$$\nu_n = \frac{nh}{2\pi^2 I}$$

De este modo, el espectro de absorción en la región del infrarrojo debe contener frecuencias equidistantes dadas por $\nu = \nu_0 + \nu_n$, en donde $\nu_0$ es la frecuencia de la radiación absorbida.

Ehrenfest, en 1913, mostró que la energía de rotación debe ser igual a $h\nu/2$ , y no $h\nu$ como postuló Bjerrum, porque esa energía es puramente cinética. Así, en lugar de la ecuación (12.10), se debe escribir

$$\frac{1}{2}I\omega^2 = \frac{1}{2}I(2\pi\nu)^2 = \frac{1}{2}nh\nu$$

en donde

$$I\omega = n\frac{h}{2\pi} \tag{12.11}$$

Pero $I\omega$ es exactamente el momento angular ($L$) de la molécula, que es cuantizado y debe ser múltiplo entero de $\hbar = h/2\pi \simeq 1{,}054 \times 10^{-34}$ J· s,

$$L = n\hbar \qquad (n = 1, 2, 3, \cdots) \tag{12.12}$$

### 12.1.5 Los niveles de energía de los átomos como consecuencia de la cuantización del momento angular

Después de mostrar cómo la fórmula de Balmer podría ser deducida, a partir de un postulado cuántico y del principio de correspondencia, Bohr alternativamente suposo, como Haas, que un eléctron de carga $-e$ y masa $m$ describe una trayectoria circular de radio $r$ bajo la acción de una fuerza de atracción coulombiana, ejercida por un núcleo de carga positiva $Ze$, tal que

$$\frac{mv^2}{r} = \frac{Ze^2}{r^2} \quad \Longrightarrow \quad mv^2 = \frac{Ze^2}{r} \quad \Longrightarrow \quad (mvr)^2 = mZe^2 r \tag{12.13}$$

siendo $v$ la velocidad del eléctron.

Toda vez que el momento angular $L$ orbital del electrón en relación al núcleo es dado por

$$L = mvr = m\omega r^2$$

se puede escribir el radio de la órbita y la energía como función del momento angular en relación al núcleo como (Tabla 11.5)

$$\begin{cases} r = \dfrac{L^2}{mZe^2} \\[2ex] \epsilon = \dfrac{1}{2}mv^2 - \dfrac{Ze^2}{r} = -\dfrac{Ze^2}{2r} = -\dfrac{mZ^2e^4}{2L^2} \end{cases}$$

Desde el punto de vista clásico, puesto que el momento angular puede asumir cualquier valor, cualquier órbita centrada en el núcleo corresponde a un posible estado del átomo, y, al parecer, no hay ningún motivo por el cual el átomo, en su estado fundamental, deba tener algún radio particular. Sin embargo, asumiendo un nuevo postulado, el de la cuantización del momento angular

$$L = n\hbar \qquad (n = 1, 2, 3, ...)$$

se obtiene para el radio

$$r_n = n^2 \frac{\hbar^2}{mZe^2}$$

Note que las posibles trayectorias de los electrones poseen radios que varían con el cuadrado del número cuántico $n$. Al calcular el radio del estado fundamental, es decir, el menor radio $a$, que corresponde a $n = 1$, llamado radio de Bohr, se obtiene para $Z = 1$

$$a = \frac{\hbar^2}{me^2} \simeq 0{,}529 \times 10^{-8} \text{ cm}$$

cuyo orden de magnitud corresponde a lo previsto por la Teoría Cinética de los Gases

De manera análoga, la energía total puede ser escrita como

$$\epsilon_n = -\frac{1}{2}\frac{mZ^2e^2}{\hbar^2}\frac{e^2}{n^2} = -\frac{Z^2e^2}{2a}\frac{1}{n^2} \tag{12.14}$$

y la energía del estado fundamental, para Z=1, que corresponde al potencial de ionización del átomo de hidrógeno, por

$$\epsilon_0 = -13{,}6 \text{ eV}$$

De ese modo, admitiendo que la órbita del electrón en los estados estacionarios de un átomo sea circular, y sustituyendo el Principio de la Correspondencia por la cuantización del momento angular, se obtiene la cuantización de la energía y, por lo tanto, la fórmula de Balmer. Así, la cuantización del momento angular conlleva a la *cuantización de la energía.*

La teoría de Bohr estaría perfectamente de acuerdo con los datos experimentales, siempre y cuando la constante $R_\infty$ de la ecuación (12.6) fuese exactamente igual a la constante de Rydberg, $R_H$, lo que, sin embargo, no se verificaba.

Si $r$ es la distancia entre el electrón de masa $m$ y el núcleo de masa $M$, y $x$, la distancia del núcleo al centro de masa del sistema, se puede escribir (Figura 12.2)

$$x = \frac{m}{M+m}r \qquad \Longrightarrow \qquad r - x = \frac{M}{M+m}r$$

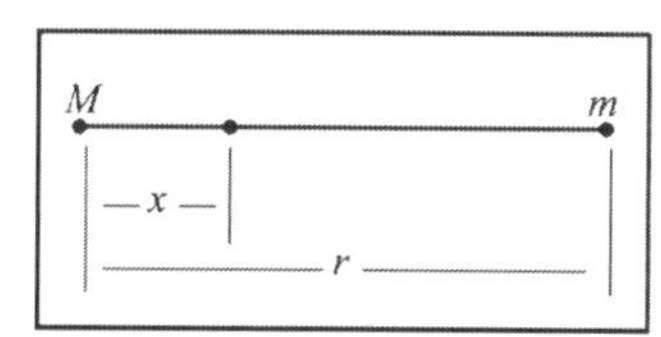


**Figura 12.2:** Centro de masa del sistema electrón-núcleo.

Si el electrón circula alrededor del centro de masa con velocidad angular $\omega$, el núcleo también circulará con la misma velocidad angular $\omega$.

En relación al centro de masa, el momento angular ($L$) total interno del sistema es dado por

$$L = m\omega(r-x)^2 + M\omega x^2$$

Sustituyendo los valores de $x$ y $r - x$ se obtiene

$$L = \frac{mM}{m+M}\omega r^2 = \mu\omega r^2 = \mu v r \tag{12.15}$$

en donde $\mu = \dfrac{mM}{M+m}$, es la masa reducida del sistema.

Al corregir el postulado de la cuantización del momento angular para - "las órbitas permitidas, son tales que el momento angular total interno es un múltiplo entero de $\hbar$", la teoría de Bohr resultaba de acuerdo con la espectroscopía, esto es, el valor teórico de la constante

$$R_H = \frac{2\pi^2\mu e^4}{ch^3}$$

coincidía con el valor de la constante de Rydberg, y, por lo tanto, Bohr consiguía obtener teóricamente la expresión de Balmer.

### 12.1.6 El átomo de Bohr como un oscilador armónico

Según el modelo circular de Bohr, la energía de un electrón de masa $m$ en movimiento con frecuencia $\omega = 2\pi f$, en una órbita de radio $r_0 = a$ y velocidad $v_0 = \omega r_0$ puede ser escrita como

$$|\epsilon_{\text{Bohr}}| = \frac{\omega L}{2} = \frac{1}{2}m\omega^2 r^2 = \frac{1}{2}mv_0^2 \tag{12.16}$$

en donde $L = mv_0 r_0$ es el momento angular orbital del electrón en relación al núcleo.

Por otro lado, una partícula de masa $m$ sujeta a una fuerza central del tipo $\vec{F} = -m\omega^2\vec{r}$ oscila con frecuencia igual a frecuencia $f = \omega/2\pi$. La solución general para el movimiento de ese oscilador, en cualquier instante $t$, es dada por

$$\vec{r} = \vec{r}_0 \cos\omega t \; + \; \frac{\vec{v}_0}{\omega}\,\text{sen}\,\omega t$$

siendo $\vec{r}_0$ y $\vec{v}_0$, respectivamente, la posición y velocidad inicial de la partícula, y $\vec{r}$ la posición en un instante $t$.

Asumiendo que $\omega$, $\vec{r}_0$ y $\vec{v}_0$ poseen los mismos valores que sus correspondientes en el modelo circular de Bohr, la energía total del oscilador es dada por

$$\epsilon_{\text{osc}} = m\omega^2 r_0^2$$

Comparando con la energía del modelo de Bohr, se obtiene

$$|\epsilon_{\text{Bohr}}| = \frac{\epsilon_{\text{osc}}}{2} \qquad \Longrightarrow \qquad \omega L = \epsilon_{\text{osc}}$$

Así, si la energía del oscilador obedece a la cuantización de Planck, la energía del modelo circular de Bohr, postulada como dada en la ecuación (12.3), puede ser escrita – comparando el resultado anterior con la ecuación (12.16) – como

$$\epsilon_{\text{Bohr}} = \frac{nhf}{2}$$

y, por consiguiente, el momento angular es cuantizado:

$$L = n\hbar \qquad (n = 1, 2, 3, ...)$$

### 12.1.7 El postulado innecesario

Teniendo en cuenta lo que se ha visto hasta aquí sobre el modelo de Bohr, se puede preguntar si ese escenario es único o si es el más simple. ¿Sería que Bohr podría haber renunciado a alguno de sus postulados? ¿Podría Bohr haber llegado a los mismos resultados sin introducir el *principio de correspondencia de la frecuencia* – un postulado que depende, en el último análisis, de la hipótesis poco usual de que la frecuencia de la radiación emitida es igual a la mitad de la frecuencia de revolución del electrón en su órbita final. En un artículo de 2009, los autores argumentaron que las respuestas a estas preguntas son *sí*. Pero, entonces, ¿por qué Bohr no adoptó ese camino alternativo?

De hecho, Bohr podría haber pensado diferente. En lo que se refiere al problema de la órbita del electrón en su modelo semiclásico, era perfectamente posible, en aquella época, explorar ciertos resultados clásicos, como se verá a continuación, incluyendo sólo dos postulados: los electrones describen órbitas estacionarias en el interior del átomo (*el postulado cuántico*); y la energía de *cualquier* oscilador armónico simple es dada por la ley de cuantización de Planck.

Por lo tanto, considerando, por simplicidad, el movimiento circular clásico de una carga eléctrica en un plano con frecuencia $\omega = 2\pi f$, como se indica en la Figura 12.3.[1]

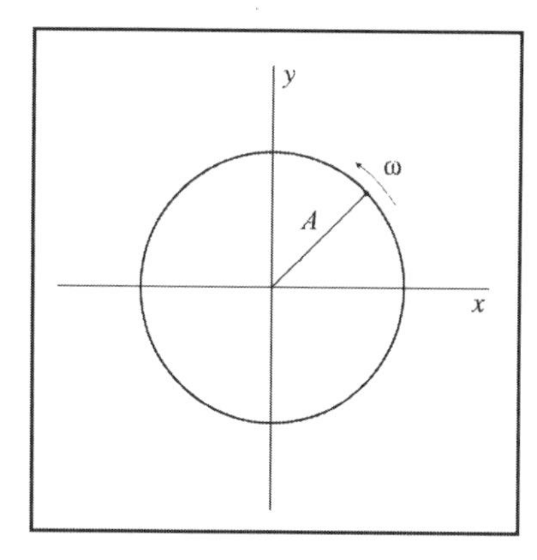


**Figura 12.3:** Movimiento circular de una partícula con frecuencia $\omega$ y radio $A$.

El movimiento circular es caracterizado por una aceleración $a = \omega^2 r$. Es bien conocido de la Acústica que ese movimiento puede ser considerado una superposición de dos osciladores armónicos simples mutuamente perpendiculares, con amplitudes

$$\begin{cases} x = A\cos(\omega t + \theta) \\ y = A\,\text{sen}\,(\omega t + \theta) \end{cases} \tag{12.17}$$

con las componentes de aceleración dadas por

$$\begin{cases} a_x = -\omega^2 A = -\omega^2 A\cos(\omega t + \theta) \\ a_y = -\omega^2 A = -\omega^2 A\,\text{sen}\,(\omega t + \theta) \end{cases} \tag{12.18}$$

La energía potencial de un oscilador (en la dirección $x$) es

$$E_p = \frac{kx^2}{2} = \frac{kA^2}{2}\cos^2(\omega t + \theta) \tag{12.19}$$

con $k = m\omega^2$, y la energía cinética es

$$E_k = \frac{1}{2}mv^2 = \frac{1}{2}kA^2\,\text{sen}^2\,(\omega t + \theta) \tag{12.20}$$

Luego, la energía total de cada oscilador ($i = x, y$) es

$$E_i = E_p + E_k = \frac{1}{2}kA^2 \tag{12.21}$$

y la energía total es

$$E = E_x + E_y = kA^2 \tag{12.22}$$

Por otro lado, es sabido que, cuando el movimiento circular de una partícula masiva y cargada es debido a una fuerza central atractiva (coulombiana), su radio $A$ puede expresarse en función del momento angular

[1]Lo mismo puede ser hecho para la trayectoria elíptica.

y otras constantes asociadas a la partícula (masa y carga) como (Tabla 11.5)

$$A = \frac{L^2}{me^2} \tag{12.23}$$

Elevando el radio al cuadrado y sustituyendo su valor junto con la expresión $k = m\omega^2$ la energía total se obtiene

$$E = \frac{\omega^2 L^4}{me^4} \tag{12.24}$$

La frecuencia angular puede todavía ser expresada en términos del momento angular (Tabla 11.5) como

$$\omega = \frac{me^4}{L^3} \tag{12.25}$$

Por lo tanto, de las ecuaciones (12.24) y (12.25), se llega a la siguiente relación entre la energía y el momento angular.

$$E = \frac{me^4}{L^2} = L\omega \tag{12.26}$$

Este es estrictamente un resultado clásico. En este punto, se puede introducir la cuantización de Planck para la energía de ambos osciladores armónicos simples, $E = n\hbar\omega$, obteniéndose

$$E = n_1\hbar\omega + n_2\hbar\omega = (n_1 + n_2)\hbar\omega \qquad \Rightarrow \qquad \boxed{E = n\hbar\omega} \tag{12.27}$$

y de la ecuación (12.26), sigue la cuantización del momento angular orbital

$$\boxed{L = n\hbar} \tag{12.28}$$

Note que ese resultado no depende de *ningún* tipo de consideración sobre la transición, del electrón entre dos órbitas. Sólo el movimiento circular de una *órbita estacionaria* está siendo descrito por la composición formal de dos osciladores armónicos simples de la misma frecuencia, y se postula que la energía de *todo* oscilador armónico es cuantizada de acuerdo con la ley de cuantización de Planck. Este modo de tratar el problema del movimiento del electrón en el modelo semiclásico de Bohr parece más "económico": el postulado de la frecuencia, dado por la ecuación $\nu = f/2$, o, equivalentemente, el postulado de la cuantización del momento angular pueden ser evitados.

Cabe entonces la pregunta: ¿Por qué Bohr no consideró esa posibilidad? En primer lugar, simplemente porque él no tomaba muy en serio el concepto de *órbitas clásicas*. De hecho, como, recuerda el historiador de la ciencia Henry Folse,

> *Las hoy conocidas "órbitas de los electrones" eran simplemente un modo pseudoclásico de representar los estados estacionarios. Aunque el grado de seriedad con que Bohr tomó ese modelo aumentara y disminuyera a lo largo de este período, ciertamente él fue poco tentado en tomar al electrón en órbita como una descripción espacial-temporal literal de la situación física dentro del sistema atómico. Es más, él estaba alarmado con la tendencia de que muchos otros físicos hicieran eso.*

En cierto sentido, podemos argumentar que hay una segunda razón histórica más fuerte: el hecho de que Bohr no haya sido capaz de percibir cómo introducir la constante de Planck en la descripción de la materia hasta que él desarrolló su teoría de la estructura atómica para incluir no *uno* sino *una serie* de estados estacionarios, entre los cuales las transiciones atómicas eran *discontinuas*. Esta discontinuidad era esencial para la comprensión de la fórmula de Balmer, al menos cualitativamente. La pista que relaciona teoría y experimento, como ya se ha visto, es el principio de correspondencia de la frecuencia, lo que llevó a una descripción cuantitativa correcta del espectro observado de los átomos de hidrógeno. Por lo tanto, la percepción de Bohr de que un sistema atómico deba tener cambios de estado discontinuos es una consecuencia necesaria de su creencia de que las únicas transiciones posibles son aquellas entre *estados estacionarios. Dos* – no sólo *uno* – estados son necesarios (punto 7 de la lista de postulados de Whittaker, reproducida anteriormente). En este punto es casi inevitable no recordar el comentario de Dirac relativo al punto principal de la idea de Heisenberg de 1925, según el cual la teoría debe concentrarse en cantidades observadas:

> *Ahora, las cosas que usted observa son sólo muy remotamente conectadas con las órbitas de Bohr. Entonces, Heisenberg dijo que las orbitas de Bohr no son muy importantes. Las cosas que son observadas, o que están estrechamente conectadas con las cantidades observadas, están todas asociadas con dos orbitas de Bohr y no sólo con una órbita de Bohr: dos y no una.*

Esta discusión mencionada sugiere que tal punto de vista de Heisenberg no era tan extraño para Bohr doce años antes, cuando él basó su modelo atómico en dos hipótesis: el *postulado de la frecuencia* y el *principio de correspondencia de la frecuencia*. Su elección parece ser mucho más filosófica que dictada por cuestiones físicas. El raciocinio presentado en esta sección parece ser una forma alternativa para establecer la cuantización tanto de la energía como del momento angular del electrón en un *estado estacionario* sin pasar por más estados. Tal vez, una exploración de este raciocinio en ese momento podría conducir a una versión de la regla de cuantización de Wilson-Sommerfeld, tal como se sugirió en la primera conferencia que Bohr dio en homenaje a C. Christiansen, publicada en 1918. De hecho, en pocas palabras, fue en ese artículo que Bohr mostró el resultado ahora bien conocido de que la ley de cuantización de Planck para la energía de un oscilador armónico unidimensional es equivalente a la condición

$$\oint \mathrm{pd}q = nh$$

donde la integral es hecha sobre una oscilación completa de la variable $q$ entre sus límites y $p$ es el *momentum* canónicamente conjugado.

Bohr llegó a esa conclusión después de haber percibido cuánto la *hipótesis adiabática*, introducida por Ehrenfest (Sección 12.1.11) que la llamó *principio de transformabilidad mecánica*, podría dar soporte a su definición de *órbitas estacionarias*, o, en otras palabras, como él podría justificar la fijación de una serie de estados atómicos *entre la continua multiplicidad de posibles movimientos mecánicos*. Ese principio, como Bohr menciona en 1918,

> *nos permite superar una dificultad fundamental que a primera vista parece estar envuelta en la definición de la diferencia de energía entre dos estados estacionarios que aparece en la relación* $[E' - E'' = h\nu]$. *De hecho, nosotros suponemos que la transacción directa entre estos dos estados no puede ser descrita por la mecánica común, mientras que, por otro lado, no se poseemos medios para definir una diferencia de energía entre los dos estados si no existe ninguna posibilidad de una continua ligazón mecánica entre ellos.*

En resumen, se mostró que hay una alternativa, a través de la cual es posible fijar no sólo la energía para la transacción entre estados estacionarios, sino también determinarla, así como el momento angular, para cada órbita estacionaria.

### 12.1.8 Moseley, el modelo de Bohr y el número atómico

Los primeros resultados de Moseley para las líneas espectrales $\alpha$ (más intensas) emitidas por 12 elementos diferentes fueron presentados en Sección 8.2.4 y pueden ser resumidos por la ecuación (8.26)

$$\sqrt{\nu} = k\,(Z - \sigma)$$

La constante universal $k$ es expresada por Moseley como

$$k = \sqrt{\frac{3}{4}\nu_0}$$

la cual se relaciona con la constante de Rydberg por la ecuación $R_H = \nu_0/c$, donde

$$k = \sqrt{\frac{3}{4} c R_H}$$

Quedó evidente, desde el inicio de su investigación, que la cantidad

$$\sqrt{\frac{\nu}{3\nu_0/4}}$$

aumenta siempre un valor constante al pasar de un elemento químico al próximo, siguiendo el orden de la Tabla Periódica. Con excepción del Co y del Ni, ese orden también era de los pesos atómicos. En las palabras de Moseley,

> *tenemos aquí una prueba de que existe en el átomo una cantidad fundamental que aumenta a pasos regulares cuando se pasa de un elemento al próximo. Esta cantidad sólo puede ser la carga del núcleo central positivo, de cuya existencia ya tenemos prueba definitiva.*

A partir de la dispersión de partículas alfa por el átomo nuclear, Rutherford había mostrado que esa cantidad fundamental a la que Moseley se refiere es aproximadamente $A = 2$, siendo A es el peso atómico. Por otro lado, como ya fue mencionado, Barkla había comprendido, a partir de la dispersión de rayos $X$, que el número de electrones en un átomo sería aproximadamente $A/2$. Ambos resultados son compatibles con la idea de átomo eléctricamente neutro. Sabiendo que el peso atómico de los elementos crece, en promedio, dos unidades a la vez, esto sugiere fuertemente que el número atómico crece de una unidad al pasar de un átomo hacia el siguiente, correspondiendo a una unidad electrónica. Así, Moseley concluye:

> Por lo tanto, somos llevados por la experiencia a la visión de que $Z$ es lo mismo que el número del lugar ocupado por el elemento en el sistema periódico [de Mendeleyev]. Este número atómico es, por lo tanto, *1* para el H, *2* para el He, *3* para el Li (...), *20* para el Ca (...), *30* para el Zn *etc.*

De esta forma, Moseley confirma la regla establecida por el físico holandés Antonius Johannes Van den Broek, según la cual *el número de serie de todo elemento en la secuencia ordenada por el peso atómico creciente es igual a la mitad del peso atómico y por lo tanto la carga interatómica.* En realidad, probar esta regla fue la motivación original de los trabajos de Moseley sobre los espectros de rayos X.

Para comprender toda esa regularidad, Moseley recurrió al modelo atómico de Bohr. Alrededor de 1912, había evidencias de que las líneas de los espectros de rayos X corresponderían a transiciones de electrones entre las órbitas más internas del átomo. Moseley, como Bohr, admite que estos electrones están en movimiento circular uniforme y, por lo tanto, la velocidad angular $\omega$ y el radio de la órbita se relacionan por la ecuación.

$$m\omega^2 r = \frac{e^2}{r^2}(Z - \sigma_n) \tag{12.29}$$

en la cual $Z$ es el número atómico y $\sigma_n$ (a veces llamado *constante de blindaje*), un término debido a la influencia de los demás electrones del anillo considerada pequeña, pero dominante en relación a la de los electrones de otros anillos. El factor $Q = (Z - \sigma_n)$ no es otra cosa que el número efectivo de unidades electrónicas de cargas del núcleo en la aproximación considerada

Con la validez de la ecuación (12.29), al pasar de un elemento de número atómico $Z$ a otro de $Z + 1$, el número de electrones en el anillo central permanece inalterado,

$$(\omega^2 r^3)_{Z+1} - (\omega^2 r^3)_Z = \text{constante} \tag{12.30}$$

Por otro lado Moseley demostró que experimentalmente que:

$$\nu_{Z+1}^{1/2} - \nu_Z^{1/2} = \text{constante} \tag{12.31}$$

Combinando las ecuaciones (12.30) y (12.31),se tiene

$$\frac{\omega^2 r^3}{\sqrt{\nu}} = \text{constante}$$

Considerando el principio de la correspondencia de Bohr, Moseley admite que $\nu \propto \omega$, de donde se obtiene que

$$(\omega^{1/2} r)^3 = \text{constante} \quad \Rightarrow \quad \omega r^2 = \text{constante}$$

o, equivalentemente, el momento angular del electrón es constante

$$L = m\omega r^2 = \text{constante}$$

para *todos* los diferentes átomos. Se tiene, así, una comprobación experimental a partir de técnicas de rayos X de la constancia de $L$ propuesta por Nicholson y Bohr.

La frecuencia de transición de un electrón entre una órbita $n_i$ y otra $n_f$ fue obtenida por Moseley, en términos de la carga efectiva $Q = (Z - \sigma)$, de forma análoga a la ecuación (12.6),

$$\nu = cR_{_H} Q^2 \left| \frac{1}{n_f^2} - \frac{1}{n_i^2} \right| \tag{12.32}$$

Considerando la transición correspondiente a $n_i = 1$ y $n_f = 2$, se obtiene

$$\nu = \frac{3}{4} cR_{_H} (Z - \sigma)^2$$

a ser comparada con el cuadrado de la expresión de la ley de Moseley,

$$\nu = \frac{3}{4} \nu_0 (Z - \sigma)^2$$

Sobre el acuerdo numérico entre las constantes multiplicativas de las dos últimas ecuaciones, Moseley hizo el siguiente comentario:

> *El acuerdo numérico entre los valores experimentales y aquellos calculados por una teoría concebida para explicar el espectro ordinario del hidrógeno es notable, pues las longitudes de onda involucradas en los dos casos difieren aproximadamente de un factor 2 000.*

En su trabajo siguiente, publicado en 1914, Moseley investiga sistemáticamente más de 30 otros elementos, encontrando nuevamente leyes simples para describir sus resultados. En la Figura 12.4 se ve que los valores de $\sqrt{\nu}$ para todas las líneas tanto de la serie $K$ como de la serie $L$ están sobre curvas regulares que se aproximan mucho a líneas rectas, mostrando la dependencia lineal entre $\sqrt{\nu}$ y el número atómico $Z$.

Los resultados precisos de Moseley se pueden resumir como él mismo concluye el artículo de 1914:

1) Todo elemento, del aluminio al oro, se caracteriza por un entero $Z$ que determina su espectro de rayos X. Todo detalle en el espectro de un elemento puede, por lo tanto, ser predicho a partir de los espectros de sus vecinos;
2) Este entero $Z$, el número atómico del elemento, es identificado con el número de unidades positivas de electricidad contenidas en el núcleo atómico;
3) Los números atómicos de todos los elementos del (Al) al (Au) fueron tabulados con la hipótesis de que $Z = 13$ para el (Al);
4) El orden de los números atómicos es el mismo que el de los pesos atómicos, excepto cuando el último no está de acuerdo con el orden de las propiedades químicas;

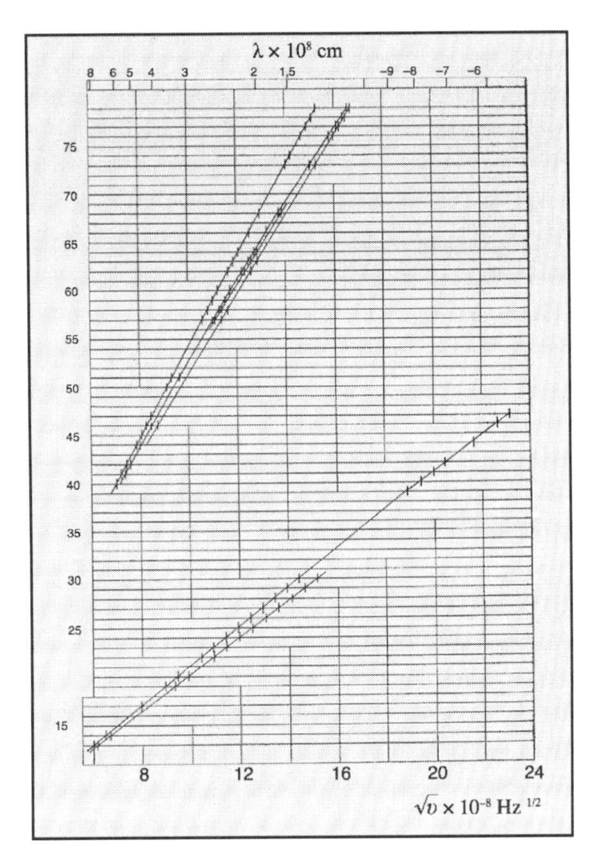


**Figura 12.4:** Gráfico de la relación entre la raíz cuadrada de la frecuencia de las líneas espectrales de la serie $K$ y los números atómicos de diferentes elementos.

5) Los elementos conocidos corresponden a todos los números entre 13 y 79, con excepción de tres. Hay aquí tres posibles elementos todavía no descubiertos;

6) La frecuencia de toda línea en el espectro de rayos X es aproximadamente proporcional a $A(Z-b)^2$, siendo $A$ y $b$ constantes.

Los elementos hafnio (`Hf`), con Z = 72, y renio (`Re`), con $Z = 75$, fueron descubiertos a partir de análisis de rayos X, respectivamente, en 1923 y 1925.

El hecho de que la posición de un elemento en la Tabla Periódica esté más directamente relacionada al número atómico que al peso atómico, muestra claramente que las propiedades químicas se relacionan directamente con la carga nuclear y no se determinan por la magnitud del peso atómico, como creía Mendeleyev. Tal vez por eso Rutherford, en 1917, comparó la contribución científica de Moseley y la de Mendeleyev, no sin razón.

El gráfico del potencial de ionización de los átomos, es decir, la energía necesaria para retirar un electrón del átomo en función del número atómico (Figura 12.5), así como el gráfico de Meyer (Figura 2.9), evidencia la periodicidad de los elementos químicos.

### 12.1.9 El efecto Doppler

Para interpretar el efecto Doppler (Sección 6.5.8) desde el punto de vista corpuscular, se debe analizar el proceso elemental de la emisión de un fotón de frecuencia $\nu$, por un átomo fuente, de masa $M$, que se mueve con una velocidad $v_1 = u$, *momentum* $p_1 = Mv_1$ y energía $\epsilon_1$, aplicando, de modo idéntico al efecto Compton (Sección 10.3.3), la conservación de *momentum* y de energía.

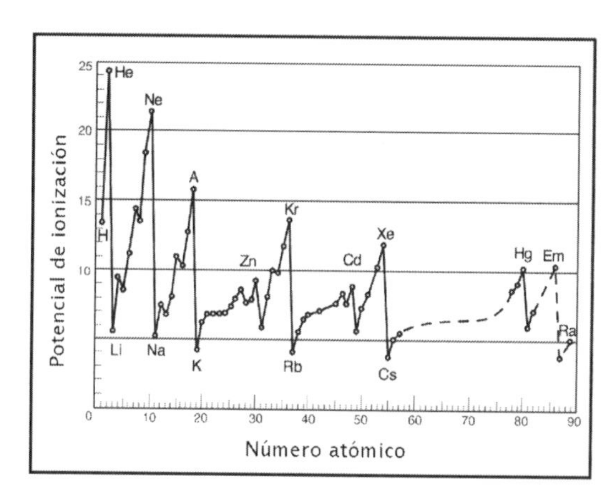


**Figura 12.5:** Gráfico del potencial de ionización de los átomos en función del número atómico.

Sean $v_2$, $p_2 = Mv_2$ y $\epsilon_2$, respectivamente, la velocidad, el *momentum* y la energía del átomo, después de haber emitido un fotón de energía $\epsilon_\gamma$ y *momentum* $p_\gamma = \epsilon_\gamma / c$ en el punto $O$ de la Figura 12.6.

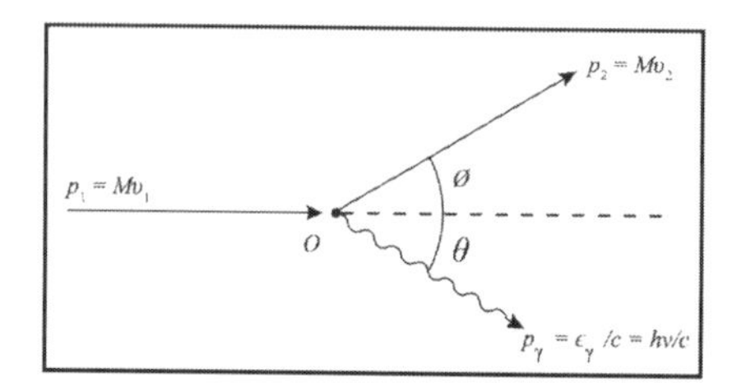


**Figura 12.6:** Diagrama de conservación del momentum para el efecto Doppler, considerando la luz como compuesta de fotones.

De acuerdo con la Figura 12.7, la conservación de momentum, puede ser expresada como *momentum*, $\vec{p}_1 = \vec{p}_2 + \vec{p}_\gamma$, puede ser expresada como

$$\begin{cases} p_2^2 = p_1^2 + p_\gamma^2 - 2p_1 p_\gamma \cos\theta \\ \Downarrow \\ (Mv_2)^2 = (Mv_1)^2 + \left(\frac{\epsilon_\gamma}{c}\right)^2 - 2Mv_1 \frac{\epsilon_\gamma}{c} \cos\theta \end{cases}$$

Así, la variación de la energía cinética ($\Delta\epsilon_c$) del átomo puede ser escrita como

$$\frac{1}{2}Mv_2^2 - \frac{1}{2}Mv_1^2 = \frac{\epsilon_\gamma^2}{2Mc^2} - v_1 \frac{\epsilon_\gamma}{c} \cos\theta = \Delta\epsilon_c \tag{12.33}$$

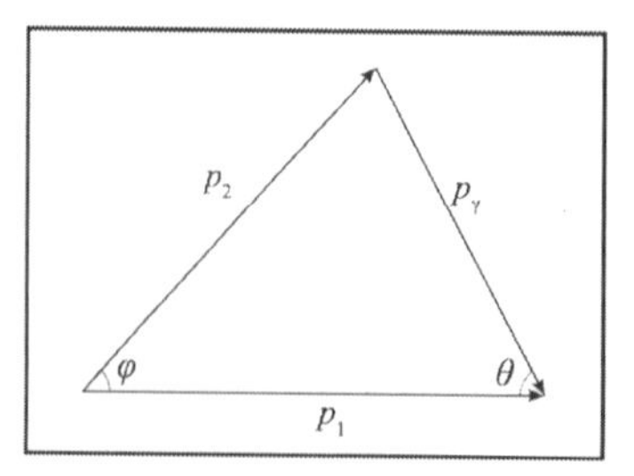


**Figura 12.7:** Diagrama de conservación del *momentum* para el efecto Doppler.

Por otro lado, la conservación de la energía

$$\epsilon_{c1} + \epsilon_1 = \epsilon_{c2} + \epsilon_2 + \epsilon_\gamma$$

siendo $\epsilon_1$ la energía de Bohr del átomo en el estado estacionario antes de la emisión y la energía $\epsilon_2$ en el estado final, implica que la energia del fotón emitido sea dada por

$$\epsilon_\gamma = (\epsilon_1 - \epsilon_2) + (\epsilon_{c1} - \epsilon_{c2})$$

El término $(\epsilon_1 - \epsilon_2)$ es la diferencia de energía del átomo entre dos estados estacionarios y correspondería, según los postulados de Bohr, a la energía $h\nu$ del fotón en el referencial del átomo. El segundo término, $(\epsilon_{c1} - \epsilon_{c2}) = -\Delta\epsilon_c$, corresponde a la corrección de la energía del fotón $(\Delta\epsilon_\gamma)$ debida al efecto Doppler, es decir,

$$\Delta\epsilon_\gamma = h\Delta\nu = \Delta\epsilon_c \tag{12.34}$$

Comparando las ecuaciones (12.33) y (12.34) y recordando que $v_1 = u$, se puede expresar la variación relativa de la frecuencia como

$$\frac{\Delta\epsilon_\gamma}{\epsilon_\gamma} = \frac{\Delta\nu}{\nu} = \frac{u}{c}\cos\theta - \frac{h\nu}{2Mc^2} \tag{12.35}$$

La ecuación (12.35) debe compararse con la ecuación (10.16), deducida a partir de la teoría ondulatoria clásica. El segundo término del lado derecho de la ecuación (12.35), por ejemplo, para la radiación emitida en la región del violeta ($h\nu \sim 2$ eV) por un átomo de hidrogeno ($2Mc^2 \sim 2$ GeV), es del orden de $10^{-9}$. Como el proceso no es relativista, el valor máximo del primer término, $u/c$, no puede ser grande. En efecto, para los átomos de un gas de hidrógeno, cuyas velocidades se distribuyen según la distribución de Maxwell, la velocidad efectiva debida a la agitación térmica es del orden de $\sqrt{2kT/M}$ y, por tanto, $u/c \simeq 10^{-5}$. Estos valores, que difieren en un factor $10^{-4}$, justifican por qué, en primera aproximación, se puede considerar la energía del fotón emitido como

$$\epsilon_\gamma = h\nu\left(1 + \frac{\Delta\nu}{\nu}\right) \simeq h\nu$$

y representar la transición entre dos niveles de energía del átomo en movimiento por el diagrama de la Figura 12.8, considerando la energía del fotón como $h\nu = \epsilon_1 - \epsilon_2$, de acuerdo con los postulados de Bohr, válidos para el átomo en reposo.

Desde el punto de vista experimental, el efecto Doppleres responsable por la no monocromaticidad de la luz emitida por un átomo.

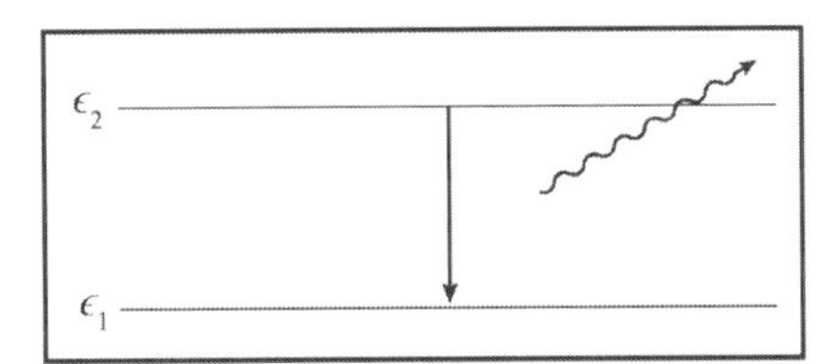


**Figura 12.8:** Diagrama de la emisión de un fotón entre dos niveles atómicos.

### 12.1.10 La vieja Mecánica Cuántica

*Se pregunta si no es necesario introducir en las leyes naturales discontinuidades, no aparentes, sino esenciales (...).*

Henri Poincaré

### 12.1.11 Los invariantes adiabáticos

En el intento de extender los procedimientos o las reglas de cuantización a otros sistemas atómicos diferentes al hidrógeno, Ehrenfest, en 1917, generaliza la regla de cuantización del momento angular con los llamados *invariantes adiabáticos*.

Un invariante adiabático es un parámetro que resulta de la combinación de otras magnitudes asociadas a un sistema, que permanece constante si otros parámetros varían "lentamente" durante la evolución del sistema.

Para sistemas mecánicos periódicos, con un grado de libertad cuya frecuencia es $\nu$, un invariante adiabático es dado por

$$2\frac{\langle\epsilon_c\rangle}{\nu}$$

en donde $\langle\epsilon_c\rangle$ es el valor medio temporal de la energía cinética del sistema.

Por ejemplo, sea un oscilador armónico simple de masa $m$ y frecuencia angular $\omega$, cuya energía ($\epsilon$) es dada por

$$\epsilon = \underbrace{\frac{1}{2}mv^2}_{\epsilon_c} + \underbrace{\frac{1}{2}m\omega^2x^2}_{\epsilon_p} = \frac{1}{2}kA^2 \tag{12.36}$$

siendo $\omega^2 = k/m$, $k$ es la constante elástica, $x$ y $v$, la posición y la velocidad respectivamente y $A$, la amplitud del movimiento, la energía media es dada por:

$$\langle\epsilon\rangle = \epsilon = \langle\epsilon_c\rangle + \langle\epsilon_p\rangle = 2\langle\epsilon_c\rangle = 2\langle\epsilon_p\rangle$$

Si las propiedades elásticas del oscilador variaran lentamente, se puede expresar la energía como

$$\epsilon' = \epsilon + \Delta\epsilon$$

en donde,

$$\Delta\epsilon = \frac{1}{2}\,\Delta k\,A^2$$

Así

$$\frac{\Delta\epsilon}{\epsilon} = \frac{1}{2}\frac{\Delta k}{k} = \frac{1}{2}\frac{\Delta\omega}{\omega} = \frac{1}{2}\frac{\Delta\nu}{\nu}$$

lo que implica que la cantidad

$$\frac{\epsilon}{\nu} = \text{constante} = 2\frac{\langle\epsilon_c\rangle}{\nu}$$

la denominada invariante adiabático permanece constante con respecto a variaciones lentas de $k$.

Luego, la regla de cuantización postulada por Planck para un oscilador armónico

$$\epsilon = nh\nu \qquad (n = 1, 2, ...)$$

es equivalente a la hipótesis de que el invariante adiabático es cuantizado y dado por

$$2\frac{\langle\epsilon_c\rangle}{\nu} = nh \qquad (n = 1, 2, ...)$$

Por otro lado, toda vez que la ecuación (12.36) para la energía puede ser expresada, en términos del *momentum*, como

$$\frac{x^2}{2\epsilon/m\omega^2} + \frac{p^2}{2m\epsilon} = 1$$

o incluso como

$$\frac{x^2}{a^2} + \frac{p^2}{b^2} = 1 \tag{12.37}$$

la trayectoria del oscilador en el plano de fase $(x, p)$ es una elipse (Figura 10.1), en donde los semiejes son dados por

$$\begin{cases} a = \sqrt{2\epsilon/m\omega^2} \\ b = \sqrt{2m\epsilon} \end{cases}$$

De este modo, el área de la elipse dada por

$$I = \oint p\,\mathrm{d}x = \pi ab = 2\pi\frac{\epsilon}{\omega} = \frac{\epsilon}{\nu}$$

es cuantizada y, debido a la cuantización de energía de un oscilador, se da por

$$I = \oint p\,\mathrm{d}x = nh \qquad (n = 1, 2, ...) \tag{12.38}$$

Esta cantidad, que tiene la dimensión de momento angular, es genéricamente denominada *variable acción.*

### 12.1.12 Regla de cuantización de Wilson-Sommerfeld

Aún siguiendo en la línea de intentar "salvar" la Física Clásica y conseguir un argumento teórico favorable a los postulados de Bohr, en 1915 y 1916, el inglés William Wilson y el profesor alemán Arnold Sommerfeld, independientemente, generalizaron los postulados de cuantización de Planck, Bohr y Ehrenfest, proponiendo que:

> *Si una de las coordenadas* ($q$) *que describen un sistema es periódica y dependiente del tiempo, la integral del* momentum ($p_q$), *conjugado a esa coordenada, sobre el período, es un múltiplo de la constante de Planck.*

$$\boxed{\oint p_q\,\mathrm{d}q = n_q h} \qquad (n_q = 1, 2, ...) \tag{12.39}$$

O sea, extendiendo los procedimientos de cuantización a otros sistemas periódicos, Sommerfeld y Wilson postulan que las energías de los estados estacionarios son aquellas que corresponden a las órbitas clásicas, para las cuales las condiciones de cuantización de la variable acción es satisfecha.

A partir de la ecuación (12.39), las reglas de cuantización de Bohr y Planck resultan como casos particulares.

- **El modelo circular de Bohr**

  Considere un electrón de masa $m$ que se mueve con velocidad angular constante, en una órbita circular de radio $r$; la posición de la partícula puede ser determinada por las coordenadas polares $r$ y $\theta$. Sus dependencias con respecto al tiempo se muestran en la Figura 12.9.

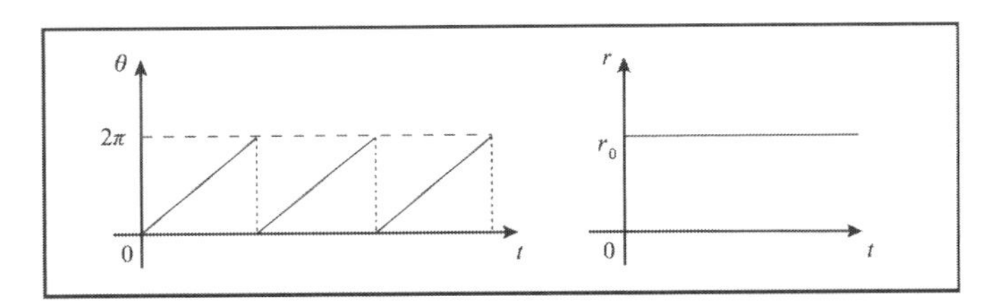


**Figura 12.9:** Dependencia temporal de las variables polares de un electrón atómico en el caso de una órbita circular.

El *momentum* asociado a la coordenada polar $\theta$ es el momento angular

$$L = mr^2\dot{\theta} = mr^2\omega = \text{constante}$$

y el *momentum asociado* a la coordenada radial es nulo, pues

$$r = \text{constante} \qquad \Longrightarrow \qquad \mathrm{d}r/\mathrm{d}t = 0$$

Aplicando la regla de Wilson-Sommerfeld para la coordenada $\theta$, se obtiene

$$\oint L\,\mathrm{d}\theta = L\int_0^{2\pi}\mathrm{d}\theta = n_\theta h \qquad (n_\theta = 1, 2, ....)$$

donde

$$2\pi L = n_\theta h \qquad \Longrightarrow \qquad L = n_\theta \hbar \qquad (n_\theta = 1, 2, \cdots)$$

que es la regla de cuantización del momento angular de Bohr.

- **El oscilador armónico de Planck**

Considere una partícula de masa $m$ que realiza un movimiento armónico simple con frecuencia $\nu$, tal que su posición ($x$) varía con el tiempo según la expresión

$$x = A\,\mathrm{sen}\,2\pi\nu t \qquad \Longrightarrow \qquad \dot{x} = 2\pi\nu A\cos 2\pi\nu t$$

el momentum asociado es dado por

$$p = m\dot{x} = m(2\pi\nu)A\cos 2\pi\nu t$$

Aplicando la regla de cuantización de Wilson-Sommerfeld,

$$\oint p\,\mathrm{d}x = m(2\pi\nu)A\oint \cos 2\pi\nu t\,\mathrm{d}x = n_x h \qquad (n_x = 1, 2, ....)$$

Expresando $\cos\omega t$ en función de $x$ e integrando, se obtiene

$$\oint p\,\mathrm{d}x = m(2\pi^2\nu)A^2 = n_x h \qquad (n_x = 1, 2, ....) \tag{12.40}$$

Toda vez que la energía ($\epsilon$) total del oscilador armónico es dada por

$$\epsilon = \frac{1}{2}\,m(2\pi\nu)^2A^2$$

se obtiene la regla de cuantización de Planck,

$$\frac{\epsilon}{\nu} = nh \qquad \Longleftrightarrow \qquad \epsilon = nh\nu \qquad (n = 1, 2, ....)$$

- **El pozo de potencial infinito**

El movimiento de una partícula bajo la acción de un campo de fuerza singular tal que la energía potencial ($\epsilon_p$) sea del tipo

$$\epsilon_p(x) = \begin{cases} \infty & x < 0,\ x > a \\ 0 & 0 < x < a \end{cases}$$

es unidimensional, y mientras la partícula se mueve dentro del "pozo de potencial"($\epsilon_p = 0$), en el sentido $+x$, su *momentum* lineal $p$ permanece constante y pasa a $-p$ después de que la partícula se refleja en la pared ($\epsilon_p = \infty$), y se mueve entonces en el sentido $-x$.
Aplicando la regla de cuantización de Wilson-Sommerfeld,

$$\oint p\,\mathrm{d}x = 2p\int_0^a \mathrm{d}x = nh \qquad (n = 1, 2, ....)$$

resulta que los niveles de energía asociados al movimiento de la partícula son dados por

$$p_n = \frac{nh}{2a} \qquad \Longrightarrow \qquad \epsilon_n = \frac{p_n^2}{2m} = \frac{n^2h^2}{8ma^2} \qquad (n = 1, 2, ....)$$

Estos son los valores de energía posibles para una partícula en un pozo de potencial (Capítulo 15).

### 12.1.13 Estructura fina de los espectros atómicos

Con el perfeccionamiento de la espectroscopía, se verificó que cada línea del espectro del hidrógeno estaba formada por rayas más finas, que distan una de las otras el equivalente a $10^{-4}$ veces la distancia entre dos rayas adyacentes; eso es lo que se llama *estructura fina* del átomo de hidrógeno (Figura 12.10).

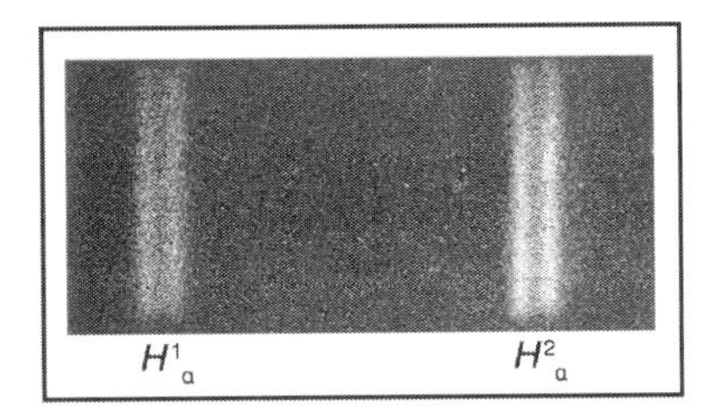


**Figura 12.10:** Ejemplo de la estructura fina del átomo de hidrógeno.

Inicialmente, Sommerfeld intentó explicar el fenómeno restableciendo el modelo más general de Bohr, al considerar que un electrón podría describir órbitas elípticas. Sin embargo, ?'cómo el electrón, describiendo una órbita elíptica, explicaría la estructura fina del hidrógeno?

Como se ve en el modelo de Bohr, la energía o la frecuencia del electrón está asociada a un único número cuántico. Sin embargo, a cada raya de la estructura fina está asociada una energía diferente; de lo contrario, se tendría una sola raya. Así, la energía del electrón en un estado cuántico debería tener asociada a ella un segundo número cuántico que permitiría distinguir dentro de una raya la estructura fina del hidrógeno. Por tanto, la órbita elíptica introduciría este segundo número cuántico, que se originaría en la regla de cuantización de Wilson-Sommerfeld ligada a la componente radial. En el caso de la órbita circular, ese número cuántico, $n_r$, es nulo, ya que el radio de la órbita es constante, lo que ya no ocurre en la órbita elíptica.

Sommerfeld calculó, entonces, la forma y el tamaño de la órbita elíptica, así como la energía del electrón moviéndose en tal órbita, utilizando las ecuaciones de la Mecánica Clásica (Sección 11.4.4).

Aplicando las condiciones de cuantización de Wilson-Sommerfeld a las coordenadas $r$ y $\theta$, correspondientes a los momentos conjugados $p_r$ y $L$, se obtiene

$$\oint p_r \, \mathrm{d}r = n_r h \tag{12.41}$$

$$\oint L \, \mathrm{d}\theta = n_\theta h \tag{12.42}$$

Toda vez que $L$ es una constante del movimiento, de la ecuación (12.42) sigue el resultado ya conocido $L = n_\theta h$.

Para resolver la ecuación (12.41), se puede expresar la coordenada $r$ en función de $\theta$. Sabiendo que $p_r = m\mathrm{d}r/\mathrm{d}t$, según la ecuación (11.20), la relación entre los operadores $\mathrm{d}/\mathrm{d}t$ y $\mathrm{d}/\mathrm{d}\theta$ puede ser escrita como

$$\frac{\mathrm{d}}{\mathrm{d}t} = \frac{L}{mr^2}\frac{\mathrm{d}}{\mathrm{d}\theta}$$

Así,

$$p_r \mathrm{d}r = \frac{L}{r^2}\frac{\mathrm{d}r}{\mathrm{d}\theta}\mathrm{d}r = \frac{L}{r^2}\frac{\mathrm{d}r}{\mathrm{d}\theta}\frac{\mathrm{d}r}{\mathrm{d}\theta}\mathrm{d}\theta = L\left(\frac{1}{r}\frac{\mathrm{d}r}{\mathrm{d}\theta}\right)^2 \mathrm{d}\theta$$

Invirtiendo la ecuación de la órbita, ecuación (11.24),

$$r = \frac{L^2/(m|\alpha|)}{(1 - \xi\cos\theta)}$$

en donde $|\alpha| = Ze^2$ y la fase inicial $\theta_o = 0$. Luego,

$$\frac{\mathrm{d}r}{\mathrm{d}\theta} = -\left[L^2/(m|\alpha|)\right] \frac{\xi \operatorname{sen}\theta}{(1-\xi\cos\theta)^2}$$

donde

$$\oint p_r \,\mathrm{d}r = \int_0^{2\pi} L \left[\frac{1}{r}\frac{\mathrm{d}r}{\mathrm{d}\theta}\right]^2 \mathrm{d}\theta = L \int_0^{2\pi} \left[\frac{\xi \operatorname{sen}\theta}{1-\xi\cos\theta}\right]^2 \mathrm{d}\theta$$

Como el integrando es una función par, se puede calcular la integral

$$I = \oint p_r \,\mathrm{d}r = 2L \int_0^{2\pi} \left[\frac{\xi \operatorname{sen}\theta}{1-\xi\cos\theta}\right]^2 \mathrm{d}\theta$$

haciendo el cambio de variable $t = \operatorname{tg}(\theta/2)$ y reescribiéndola como

$$I = 16\xi^2 \int_0^{\infty} \left[\frac{t^2}{(1+t^2)(at^2+b)^2}\right] \mathrm{d}t$$

siendo $a = 1+\xi$ e $b = 1-\xi$. Utilizando el método de las fracciones parciales, se puede escribir

$$\frac{t^2}{(1+t^2)(at^2+b)^2} = \frac{At+B}{(1+t^2)} + \frac{Ct+D}{(at^2+b)^2} + \frac{Ft+E}{(at^2+b)}$$

La aplicación de algebra elemental permite determinar que

$$A = C = F = 0; \quad B = -\frac{1}{4\xi^2}; \quad E = \frac{1+\xi}{4\xi^2}; \quad D = -\frac{2\xi(1-\xi)}{4\xi^2}$$

Así,

$$I = 4\left(-\int_0^{\infty} \frac{\mathrm{d}t}{1+t^2} - \frac{2\xi(1-\xi)}{(1+\xi)^2}\int_0^{\infty} \frac{\mathrm{d}t}{(t^2+k^2)^2} + \int_0^{\infty} \frac{dt}{t^2+k^2}\right)$$

o

$$I = -4I_1 - \frac{8e(1-\xi)}{(1+\xi)^2} I_2 + 4I_3$$

con

$$k = \sqrt{\frac{b}{a}} = \left(\frac{1-\xi}{1+\xi}\right)^2$$

que debe ser un número positivo para la órbita elíptica, para la cual $\xi < 1$.

La primera integral es simplemente

$$I_1 = \frac{1}{2}\int_0^{\pi} \mathrm{d}\theta = \frac{\pi}{2}$$

Las integrales $I_2$ e $I_3$ pueden ser reducidas a una integral del tipo $I_1$ haciendo $t = k \operatorname{tg}\theta/2$, de lo que resulta

$$I_2 = \frac{\pi}{2k} \quad \text{e} \quad I_3 = \frac{\pi}{4k^3}$$

Luego,

$$I = -2\pi + \frac{2\pi}{k} - 2\pi\frac{\xi(1-\xi)}{(1+\xi)^2}\frac{1}{k^3}$$

Al reemplazar el valor de $k$,

$$I = 2\pi\left[-1 + \left(\frac{1+\xi}{1-\xi}\right)^{1/2} - \frac{\xi(1-\xi)}{(1+\xi)^2}\left(\frac{1+\xi}{1-\xi}\right)^{3/2}\right]$$

o todavía

$$I = 2\pi\left[(1-\xi^2)^{-1/2} - 1\right]$$

Por tanto, el resultado buscado es,

$$\oint p_r\,\mathrm{d}r = 2\pi L\left[(1-\xi^2)^{-1/2} - 1\right] = n_r h$$

pero $2\pi L = n_\theta h$, y, por tanto,

$$n_r = n_\theta\left[\left(1-\xi^2\right)^{-1/2} - 1\right] \qquad \Longrightarrow \qquad n_r + n_\theta = n_\theta\left(1-\xi^2\right)^{-1/2}$$

Sustituyendo el valor de la excentricidad, dado por la ecuación (11.23), en función de la energía, se obtiene

$$n_r + n_\theta = \frac{n_\theta}{\left[-\dfrac{2L^2\epsilon}{mZ^2e^4}\right]^{1/2}}$$

o

$$(n_r + n_\theta)^2 = \frac{n_\theta^2}{\left[-\dfrac{2L^2\epsilon}{mZ^2e^4}\right]}$$

donde

$$\epsilon = -\frac{n_\theta^2 m Z^2 e^4}{(n_r + n_\theta)^2 2L^2}$$

Teniendo en cuenta que $L = n_\theta \hbar$, se puede escribir, finalmente,

$$\epsilon_n = -\frac{mZ^2e^4}{2n^2\hbar^2} \qquad n = n_r + n_\theta \tag{12.43}$$

En la realidad, como ya se ha visto, se debe utilizar la masa reducida del electrón y del núcleo, entonces la ecuación (12.43) se escribe como

$$\epsilon_n = -\frac{\mu Z^2e^4}{2n^2\hbar^2} \qquad n = n_r + n_\theta \tag{12.44}$$

Se suele llamar a $n = n_r + n_\theta$ número cuántico principal, mientras que, $n_r$ es el número cuántico debido a la cuantización del *momentum* relacionado con la coordenada radial, y $n_\theta$ – a veces llamado de número cuántico secundario – es debido a la cuantización del momento angular.

Para $n_r = 0$, la ecuación (12.44) se torna idéntica a la ecuación prevista por el modelo de Bohr, teniendo en cuenta la masa reducida y una órbita circular. La energía de la órbita circular es denotada por $\epsilon_0$. Para todos los demás casos en que $n_r \neq 0$, con $\epsilon < 0$, se tiene una órbita elíptica.

Los posibles valores de $n_r$, $n_\theta$ y $n$ son los siguientes:

$$\begin{aligned} n_r &= 0, 1, 2, \cdots, (n-1) \\ n_\theta &= n, (n-1), \cdots, 1 \\ n &= 1, 2, 3, \cdots \end{aligned}$$

A partir de la ecuación (12.44), se puede concluir que, a pesar de que el electrón puede describir diferentes órbitas para un dado número cuántico $n$, la energía de esas órbitas es la misma, pues sólo depende del cuadrado de $n$.

Para explicar la estructura fina, la energía debería ser función de $n_r$ y $n_\theta$, pero no como una suma al cuadrado, pues, en este caso, no importa cuál sea la órbita descrita por el electrón, la energía dependerá sólo de $n^2$ y, por lo tanto, será la misma para un conjunto de valores de $(n_r, n_\theta)$. Siendo así, ese modelo no relativista de órbitas elípticas todavía no explica la estructura fina del hidrógeno. Se ha mostrado que la energía total del electrón sólo depende de un único número entero, $n$. Las varias órbitas caracterizadas por un mismo número cuántico son denominadas *degeneradas*. Las energías de diferentes estados *se degeneran* en una misma energía total.

La solución encontrada por Sommerfeld fue la corrección relativista de su modelo.

### 12.1.14 La teoría relativista de Sommerfeld

Al tratar el "movimiento de Kepler" de un electrón en una órbita atómica dada usando la Relatividad Especial (Capítulo 6), Sommerfeld logró remover la degeneración de la energía de los electrones, que fue discutida en la sección anterior. La corrección relativista de la masa del electrón es del orden de $(v/c)^2$, pero, a pesar de que este factor es del orden de $10^{-4}$, la corrección es justamente del orden de magnitud necesaria para explicar la estructura fina del espectro del hidrógeno.

Considerando que la masa ($M$) de un núcleo de carga $+Ze$ es mucho mayor que la masa ($m$) de un electrón, se puede despreciar el movimiento relativo del núcleo y considerarlo en el origen de un sistema de coordenadas polares $r$ y $\theta$. La ecuación de la órbita obtenida por Sommerfeld fue

$$\frac{1}{r} = \text{constante} + A\cos\gamma\theta \tag{12.45}$$

que difiere del valor encontrado para el caso no relativista del movimiento de Kepler, ecuación (11.24), por el factor

$$\gamma = [1 - Z^2e^4/p^2c^2]^{1/2}$$

definido convenientemente, que tiende a la unidad en el caso no relativista.

Con la ecuación (12.45), se verifica que las órbitas ya no son elipses cerradas (Figura 12.11). De hecho, admitiendo que, para $\theta = 0$, la posición inicial del electrón está en el perihelio, la órbita alcanza su siguiente perihelio no cuando $\theta = 2\pi$, sino cuando $\gamma\theta = 2\pi$, donde $\theta = 2\pi/\gamma > 2\pi$. El desplazamiento angular del movimiento será, entonces,

$$\Delta\theta = \frac{2\pi}{\gamma} - 2\pi$$

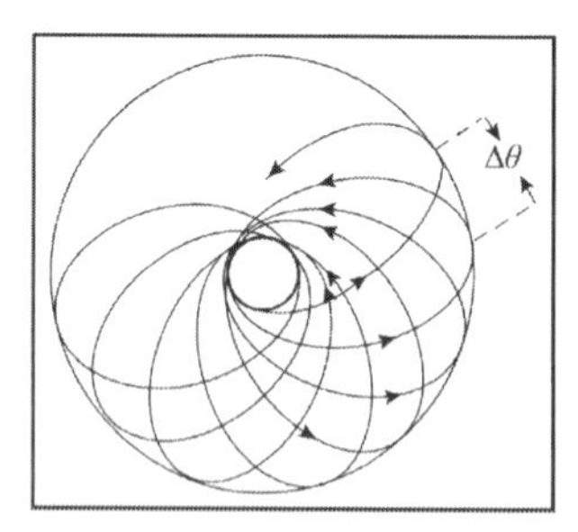


**Figura 12.11:** Representación de la trayectoria de un electrón orbital en relación al núcleo, teniendo en cuenta la corrección relativista para su movimiento, que implica una elipse en precesión, formando la figura conocida como rosácea.

La aplicación de la regla de cuantización de Wilson-Sommerfeld a este problema fue hecha por Sommerfeld utilizando el formalismo de Hamilton-Jacobi de la Mecánica Clásica y no será reproducida aquí.

Lo que es importante llamar la atención es que el resultado así obtenido para la frecuencia de transición del electrón entre dos órbitas indicadas por 1 y 2 se da por

$$\nu = \frac{mc^2}{h}\left\{\left[1+\frac{\alpha^2 Z^2}{[n_r+\sqrt{n_\theta^2-\alpha^2 Z^2}]^2}\right]_{(1)}^{-1/2} - \left[1+\frac{\alpha^2 Z^2}{[n_r+\sqrt{n_\theta^2-\alpha^2 Z^2}]^2}\right]_{(2)}^{1/2}\right\} \tag{12.46}$$

en la cual los sub índices 1 y 2 significan que $n_r$ y $n_\theta$ asumirán los valores relativos a las órbitas 1 y 2, y $\alpha = e^2/\hbar c$ es la llamada *constante de estructura fina*. La novedad traída por este resultado es que, al contrario del caso no relativista, la expresión anterior para la frecuencia no depende sólo de la suma de $n_r$ y $n_\theta$, de donde se puede afirmar que la *estructura fina de los espectros atómicos es explicada por la corrección relativista de la masa del electrón*. Para $Z$ pequeños ($\mathtt{H}$, $\mathtt{He}^+$, $\mathtt{Li}^{++}$, ...), una buena aproximación para $\nu$ es obtenida expandiendo los corchetes $[\,]_{(1)}$ y $[\,]_{(2)}$ de la ecuación (12.46) en potencias de la pequeña cantidad $\alpha^2$ y considerando sólo los dos primeros términos de la expansión. Para valores de $Z$ un poco más grandes se debe considerar además el tercer término de la expansión, obteniendo así

$$\nu_n = R_\infty Z^2\left[\frac{1}{n^2}+\frac{\alpha^2 Z^2}{n^4}\left(\frac{n}{n_\theta}-\frac{3}{4}\right)\right] \qquad (n = 1, 2, ...)$$

o $\epsilon_n = -h\nu_n$, visto que, para un estado ligado, $\epsilon < 0$. Introduciendo la masa reducida en lugar de la masa del electrón, por motivos ya mencionados, se obtiene la ecuación de la energía de un electrón de un átomo ligero, en una órbita representada por $(n, n_\theta)$,

$$\boxed{\epsilon_{n,n_\theta} = \underbrace{-\frac{\mu Z^2 e^4}{2n^2\hbar^2}}_{\epsilon_n}\left[1+\frac{\alpha^2 Z^2}{n}\left(\frac{1}{n_\theta}-\frac{3}{4n}\right)\right]} \tag{12.47}$$

siendo $n = n_r + n_\theta$.

La teoría de Bohr-Sommerfeld quedó conocida como "la vieja teoría cuántica", y logró reproducir, de manera satisfactoria, muchos de los resultados experimentales de la época. Sin embargo, el propio Bohr hizo varias críticas para mostrar la necesidad de una "nueva teoría" capaz de explicar los fenómenos atómicos: la Mecánica Cuántica.

Entre esas críticas, las principales eran:

(i) las reglas de cuantización fueron agregadas a la Física Clásica sin ninguna conexión lógica;

(ii) la teoría sólo describe el comportamiento de los sistemas físicos cuyas magnitudes dinámicas varían periódicamente;

(iii) la teoría sólo se aplica con éxito a los átomos de un electrón.

## 12.2 ¿De qué se ha hecho el núcleo atómico?

*La teoría nuclear de la estructura atómica (...) implica la necesidad de una gran energía almacenada en el átomo y lanza una luz interesante sobre la naturaleza de los cambios que un átomo radiactivo sufre bajo la transformación.*

James Chadwick

Otros experimentos como el de Rutherford reforzaron la hipótesis de la naturaleza nuclear de la materia, o sea, de que los átomos se componen de un núcleo y electrones orbitales. Al mismo tiempo, hubo otras evidencias experimentales que sugirieron una subestructura para el núcleo mismo, como las relacionadas con la radiactividad, que ya se ha visto en el Capítulo 9.

Pero, ¿cuáles serían las partículas que constituyen el núcleo? Como se sabía que la masa del átomo era aproximadamente un múltiplo entero de la masa del protón, era necesario suponer la existencia de $A$ protones en el interior del núcleo para obtener el número de masa $A$ correcto para cada elemento. Por otro lado, esto acarrearía la necesidad de que existieran $(A - Z)$ partículas cargadas negativamente (y de masa muy pequeña comparada a los protones) en el interior del núcleo, para neutralizar en parte la carga del núcleo. El otro argumento histórico favorable a la hipótesis de que el núcleo tiene también constituyentes negativos es el de la estabilidad del núcleo, que no sería asegurada si éste fuese constituido sólo de protones, debido a la gran repulsión coulombiana que resultaría entre los protones contenidos en una región del orden de $10^{-12}$ cm.

El origen de la idea de una subestructura constituida de protones y de electrones para el núcleo puede, de cierta forma, ser atribuida a la teoría de Prout (1815), que explicaba el hecho de que los pesos atómicos fueran enteros, suponiendo que el átomo de hidrogeno fuese el constituyente elemental de los demás (Capítulo 2). En este modelo de constitución nuclear, un elemento $\mathtt{E}_Z^A$ tendría $A$ protones y $(A-Z)$ electrones.

Este modelo, sin embargo, presentaba ciertas contradicciones, entre ellas la predicción de un momento angular semientero para el núcleo del nitrógeno $\mathtt{N}_7^{14}$, mientras se verificaba experimentalmente que su momento angular es entero. Para entender mejor este punto, se debe notar que, en ese modelo, tal núcleo tiene 14 protones y 7 electrones, y cada uno tiene un spin semientero. Por lo tanto, con un total impar de partículas de *spin* semientero, la predicción teórica sería que ese núcleo tendría un momento angular semientero, en desacuerdo con los experimentos.

Esta contradicción sólo pudo ser resuelta en 1932 con el descubrimiento del neutrón por Chadwick. El modelo que consideraba el núcleo formado por protones y neutrones se mostró en excelente acuerdo con varios resultados experimentales. En este modelo, un núcleo $\mathtt{E}_Z^A$ contiene $Z$ protones y $(A-Z)$ neutrones, ya que se verifica que la masa del neutron difiere muy poco de la masa del protón. Sabiendo que tanto el proton como el neutrón tienen *spin* igual a 1/2, este modelo predice un momento angular entero para $\mathtt{N}_7^{14}$ (número de protones = 7 y número de neutrones = 7).

Con la comprobación posterior de que la interacción entre protones y neutrones dentro del núcleo no depende de la carga eléctrica del protón y como $m_p \simeq m_n$, se suele decir que los dos son estados diferentes de una misma partícula: el nucleón

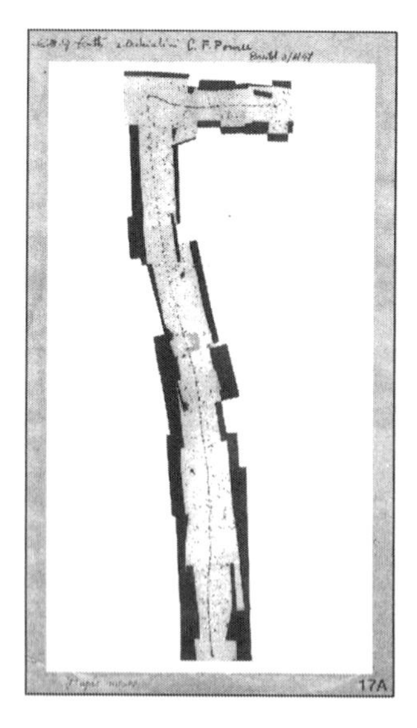

**Figura 12.12:** Fotografía de un decaimiento del mesón pi, firmada por César Lattes, Giuseppe Occhialini y Cecil Powell, gentilmente cedida por Alfredo Marques.

En 1934, el físico japonés Hideki Yukawa propuso que la interacción entre protones y neutrones dentro de un núcleo se hiciera a través de un *quantum* hipotético. Hoy se sabe que este *quantum* es, en verdad, el mesón $\pi$, cuya detección experimental (Figura 17), en la cual participó el brasileño César Lattes, ocurrió en 1947.

## 12.3 Fuentes primarias


**Bjerrum, N., 1912.** Über die ultraroten Absorptionsbanden der Case. *Festschrift Walther Nernst*, Halle: Knapp, p. 90-98.

**Bohr, N., 1913.** On the Constitution of Atoms and Molecules. *Philosophical Magazine* S. 6, **26**, n. 151, p. 1-25. On the Constitution of Atoms and Molecules, Part II. Systems Containing Only a Single Nucleon. *Ibid*, p. 476-502. On the Constitution of Atoms and Molecules, Part III. *Ibid*, p. 857-875. Los tres artículos fueron traducidos al portugués y publicados en el libro *Sobre a constituición de átomos y moléculas*. Lisboa: Fundación Calouste Gulbenkian (1969).

**Ehrenfest, P., 1916.** Adiabatische Invarianten und Quantentheorie. *Annalen der Physik* **51**, n. 19, p. 327-352. Traducción al inglês, Adiabatic Invariants and the Theory Of Quanta, em Van der Waerden (Ed.), 1968, p. 79-93.

**Haas, A.E., 1910.** Über eine neue theoretische Methode zur Bestimmung des elektrischen Elementar-quantums und des Halbemessers des Wasserstoffatoms. *Physikalische Zeitschrift* **11**, n. 12, p. 537-538.

**Kent, N.A.; Taylor, L.B.; Pearson, H., 1927.** Doublet Separation and Fine Structure of the Balmer Lines of Hidrogen. *Physical Review* **30**, n. 3, p. 266-283.

**Nernst, W., 1911.** Zur Theorie der spezifischen Wärme and über die Anwendung der Lehre von den Energiequanten auf physikalisch-chemische Fragen überhaupt. *Zeistschrift für Elektrotechnik und Elektrochemie* **17**, p. 265-275.

**Nicholson, J.W., 1912.** The Constitution of the Solar Corona. *Monthly Notices of the Royal Astronomical Society* **72**, p. 677-693.

**Sommerfeld, A., 1916a.** Zur Quantentheorie der Spektrallinien I. Theorie der Balmerschen Serie. *Annalen der Physik* **51**, n. 17, p. 1-94.

**Sommerfeld, A., 1916b.** Zur Quantentheorie der Spektrallinien II. Theorie der Röntingenspektrum. *Annalen der Physik* **51**, n. 18, p. 125-167.

**Sommerfeld, A., 1916c.** Zur Theorie des Zeeman-Effekts der Wasserstofflinien, mit einem Anhang über den Stark-Effekt. *Physikalische Zeitschrift* **17**, p. 491-507.

**Wilson, W., 1915-16.** The Quantum-Theory of Radiation and Line Spectra. *Philosophical Magazine*, S. 6, **24**, n. 173, p. 795-802; *ibid.*, **31**, p. 156 (1916).


## 12.4 Otras referencias y sugerencias de lectura


**Beller, M., 1992.** The birth of Bohr's complementarity: The context and the dialogues. *Studies in History and Philosophy of Science Part A* **23**, n. 1, p. 147-180.

**Beyer, R.T. (Ed.), 1949.** Colección de artículos originales relacionados al origen de la Física Nuclear.

**Bohr, N., 1918-1922.** La Teoría Cuántica de las líneas espectrales según Bohr.

**Bohr, N., 1932-1957.** Colección de ensayos sobre Física Atómica y Conocimiento Humano, publicados en el período de 1932 a 1957.

**Bohr, N., 1972-2005.** Colección de los trabajos científicos y de divulgación científica de Bohr en 12 volúmenes.

**Caruso, F.; Oguri, V., 2009.** Bohr's Atomic Model Revisited. *Old and New Concepts of Physics* **6**, n. 2, p. 139-162.

**Debye, P.; Scherrer, P., 1918.** Atombau. *Physikalische Zeitschrift* **10**, p. 474-483.

**Folse, H.J., 1985.** The Philosophy of Niels Bohr: The Framework of Complementarity. Amsterdã: North-Holland.

**Furçat, F., 1990.** Biografía contextualizada de Bohr.

**Heilbron, J.L. & Kuhn, T.S., 1969.** The Genesis of the Bohr atom. *Historical Studies in the Physical Sciences* **1**, p. 211-290.

**Hermann, A., 1971.** Libro de historia de la Teoría Cuántica que cubre el período de 1899 a 1913.

**Jammer, M., 1966** Obra clásica de historia de la Mecánica Cuántica que enfatiza su desarrollo conceptual. Rica en detalles y referencias bibliográficas.

**Kinoshita, T., 1996.** The fine structure constant. *Reports on Progress of Physics* **59**, p. 1459-1492.

**Kragh, H., 2003.** Magic Numbers: A Partial History of the Fine Structure Constant. *Archive for History of Exact Science* **57**, n. 5, p. 395-431.

**Krajewski, W., 1977.** Libro avanzado dedicado a un público interesado en Historia y Filosofía de la Ciencia, que considera el Principio de Correspondencia de Bohr un principio básico para el desarrollo del conocimiento científico.

**Liboff, R.L., 1984.** The Correspondence Principle Revisited. *Physics Today*, febrero, p. 50-55.

**Pais, A., 1991.** Obra relevante para quien desea profundizar sobre la contribuición científica de Bohr.

**Rozental, S. (Ed.), 1967.** Colección de artículos sobre la vida y obra de Niels Bohr.

**Strathern, P. 1999.** Peque°libro de divulgación científica sobre las contribuiciones de Niels Bohr.

**Tanona, S. 2004.** Idealization and Formalism in Bohr's Approach to Quantum Theory. *Philosophy of Science* **71**, p. 683-695.

## 12.5 Ejercicios

**Ejercicio 12.5.1** Calcule la relación entre el momento orbital magnético dipolar ($\mu_\ell$) y el momento angular total ($L$) para un electrón en una órbita circular del átomo de Bohr.

**Ejercicio12.5.2** En el modelo de Bohr para el átomo de hidrógeno, el electrón circula alrededor del núcleo en una trayectoria circular de $5{,}1 \times 10^{-11}$ m de radio, con una frecuencia de $6{,}8 \times 10^{15}$ Hz. Determine el valor del campo magnético producido en el centro de la órbita.

**Ejercicio12.5.3** A partir de los datos del ejercicio anterior, determine el momento magnético correspondiente a la órbita circular del electrón.

**Ejercicio12.5.4** Determine la relación entre las frecuencias de los fotones $\gamma$ y $\gamma'$ emitidos en las transiciones indicadas en el esquema siguiente.

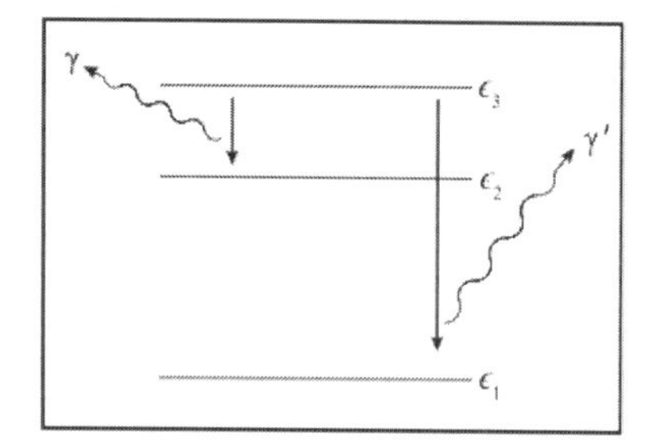


**Ejercicio12.5.5** Determine la energía de ionización del hidrógeno si la longitud de onda más baja en la serie de Balmer es igual a 3 650 Å.

**Ejercicio12.5.6** Considere la radiación emitida por átomos de hidrógeno que realizan transición del estado $n = 5$ al estado fundamental. Determine cuántas longitudes de onda diferentes están asociadas a la radiación emitida.

**Ejercicio12.5.7** Considere que es posible sustituir el electrón de un átomo de hidrogeno por un muón, que tiene la misma carga eléctrica y masa cerca de 200 veces mayor que la del electrón. Con base en el modelo de Bohr, determine:

a) el radio de la órbita del estado fundamental de este nuevo átomo en relación al primero; b) la energía de ionización del átomo muónico.

**Ejercicio 12.5.8** Muestre que en el estado fundamental del átomo de hidrógeno la velocidad del electrón puede ser escrita como $v = \alpha c$, donde $c$ es la velocidad de la luz y $\alpha = e^2/(\hbar c)$ es la constante de estructura fina introducida por Sommerfeld.

**Ejercicio12.5.9** Los valores de la constante de Rydberg para el hidrógeno (H) y para el ion de (He), teniendo en cuenta las masas reducidas, son, respectivamente, $10967757{,}6^{-1}$ y $10972226{,}3^{-1}$. Sabiendo que la relación entre las masas de los núcleos de estos elementos es

$$M_{\mathtt{He}} = 3,9726\ M_{\mathtt{H}}$$

calcule la razón entre la masa del protón y la del electrón.

**Ejercicios12.5.10** El espectro de un tubo de rayos X con filamento de cobalto (Co) se compone de la serie $K$ del cobalto más una serie de líneas $K$ más débil debidas a impurezas. La longitud de onda de la línea $K_\alpha$ de cobalto es 1 785 Å; para las impurezas, las longitudes de onda son 2 285 Å y 1 537 Å. Usando la ley de Moseley y recordando que $\sigma = 1$ para la serie $K$, determine los números atómicos de las dos impurezas.

# 13

# La Mecánica Cuántica Matricial

*(...) las reglas formales que son usadas en la (vieja) teoría cuántica para el cálculo de cantidades observables como la energía del átomo de hidrógeno pueden ser seriamente criticadas, toda vez que contienen, como elementos básicos, relaciones entre cantidades, en principio, no observables, esto es, la posición y el período de revolución del electrón*

Werner Heisenberg

El modelo de Bohr, aplicado con éxito en la espectroscopía atómica, con relación a la determinación de la frecuencia de la luz emitida por un átomo, todavía utilizaba, básicamente, la Mecánica Clásica. Sin embargo, esa "vieja mecánica cuántica" no determinaba la intensidad de la radiación correspondiente a una determinada línea espectral dada.

La expresión *Mecánica Cuántica* fue acuñada por Max Born, en un artículo intitulado *Über Quantenmachanick*, enviado para su publicación en la revista alemana *Zeitschrift für Physik*, el día 13 de julio de 1924.

La estructura básica de una teoría cuántica no relativista fue construida colectivamente, en el período de 1900 a 1926, a partir de los trabajos de Planck, Einstein, Rutherford, Arthur Haas, Nicholson, Bjerrum, Bohr, Ehrenfest, Sommerfeld, Wilson, Stern, Gerlach, Landam, Ladenburg, Kramers, Slater, Van Vleck, Kuhn, Thomas, Uhlenbeck, Goudsmit, Compton y Debye. Finalmente, Heisenberg, Born, Jordan, Pauli, Louis de Broglie, Schrodinger y Dirac consiguieron romper con la Física Clásica, sin introducir los postulados cuánticos *ad hoc* de la "vieja teoría" para explicar los fenómenos microscópicos. De ese contexto emergió una nueva teoría dinámica, la *Mecánica Cuántica*, para la descripción del comportamiento de sistemas atómicos. Dos formulaciones, aparentemente distintas, fueron presentadas, respectivamente, por el alemán Werner Heisenberg, en 1925, y por el austriaco Erwin Schrödinger, en 1926, el cual, en ese mismo año, mostró además la equivalencia de ambos formalismos.

La estructura de una teoría cuántica de la radiación, o sea, de una teoría cuántica relativista, iniciada por Einstein, en 1905, fue construida por Heisenberg, Rosenfeld, Weisskopf, Pauli, Jordan, Gordon, Fierz, Fock, Podolsky, Landau, Peierls, Oppenheimer, Nishina, Klein, Wigner y Dirac, y completada en 1947, con los trabajos de Rutherford, Lamb, Kramers, Bethe, Feynman, Schwinger, Dyson y Tomonaga, con la *Electrodinámica Cuántica*, la más efectiva teoría de la Física, a partir de entonces. Vale destacar, en ese proceso, el establecimiento, por el inglés Paul Dirac, en 1932, de una ecuación relativista para describir el comportamiento del electrón al interactuar con el campo electromagnético (Capítulo 16).

## 13.1 Los nuevos argumentos probabilísticos de Einstein

*(...) en 1917, Einstein utiliza otros argumentos termodinámicos para examinar con detalle la naturaleza de la interacción entre ondas electromagnéticas y sistemas cuanticomecánicos. Y una revisión de sus conclusiones sugiere casi inmediatamente un medio por el cual átomos o moléculas pueden de hecho amplificar [la radiación].*

Charles Hard Townes

### 13.1.1 Las probabilidades de transición y la radiación del cuerpo negro

En 1917, a partir de nuevos argumentos probabilísticos, Einstein deriva de modo diferente la fórmula de Planck para las densidades de energía del cuerpo negro. Esta nueva derivación puede ser hecha a partir de las hipótesis de Bohr sobre los estados estacionarios, de la distribución de probabilidades de Maxwell-Boltzmann y de la expresión clásica de Rayleigh para la densidad de energía de la radiación del cuerpo negro. Tales hipótesis son resumidas como:

i) los átomos que constituyen un cuerpo negro son equivalentes a osciladores, y sus estados estacionarios son caracterizados por un conjunto discreto de valores de la energía, $\{\epsilon_n\}$, tal que, en la absorción o en la emisión de un fotón entre dos estados de energía $\epsilon_l$ y $\epsilon_n$, la frecuencia ($\nu$) de la radiación es dada por

$$\nu = \frac{|\epsilon_n - \epsilon_l|}{h} = |\nu_{nl}| = |\nu_{ln}|$$

siendo $h \simeq 6{,}63 \times 10^{-34}$ J·s la constante de Planck;

ii) el conjunto de osciladores del cuerpo negro se comporta como un gas ideal en equilibrio térmico, tal que, para una temperatura $T$ dada, el número ($N_m$) de átomos en cada estado ($m$) de energía ($\epsilon_m$) es proporcional al factor de Boltzmann, o sea,

$$N_m \propto p_m \, e^{-\epsilon_m/kT} \qquad \Longrightarrow \qquad \frac{N_l}{N_n} = \frac{p_l}{p_n} \, e^{(\epsilon_n - \epsilon_l)/kT}$$

siendo $k \simeq 1{,}38 \times 10^{-23}$ J/K la constante de Boltzmann y $p_m$ el peso estadístico, o la probabilidad de ocurrencia, del estado $m$;

iii) en el límite clásico de bajas frecuencias ($h\nu \ll kT$), la densidad espectral de la energía ($u_\nu$) de la radiación es dada por la fórmula de Rayleigh,[1]

$$u_\nu = \frac{8\pi\nu^2}{c^3} kT$$

en la cual $c \simeq 3{,}00 \times 10^8$ m/s es la velocidad de la luz en el vacío.

La radiación del cuerpo negro resulta de la interacción entre los osciladores y el campo eletromagnético de la radiación, de manera que haya equilibrio entre la absorción y la emisión de fotones. Mientras que el proceso de absorción es siempre inducido por un campo, Einstein considera que el de emisión puede ser espontáneo o inducido.

La emisión inducida, o estimulada, ocurre después de la absorción de un fotón por un átomo el que, un tiempo después, emite espontáneamente otro fotón e induce a un segundo átomo, ya en un estado excitado, a emitir otro fotón de la misma frecuencia. El resultado final es la emisión de dos fotones de igual frecuencia. Tanto el proceso de emisión estimulada cuanto el de absorción son procesos resonantes,

[1] Einstein utilizó el límite de altas frecuencias, o sea, la ley de Wien.

que ocurren con más frecuencia cuando la energía de los fotones es igual a la diferencia de energía entre los dos estados estacionarios implicados.

Estos mismos mecanismos de absorción y emisión de fotones, concebidos por Einstein, ocurren también en la emisión de la radiación electromagnética por cualquier sistema en el que sus estados estacionarios son excitados. Mientras que en la radiación de cuerpo negro la excitación de los estados superiores resulta de la transmisión de calor, en la radiación de los gases la excitación es hecha por descargas eléctricas.

Considerando dos estados $n$ y $l$, tal que $\epsilon_n > \epsilon_l$, y denotando por $A_{n\to l}$ la tasa de probabilidad de la emisión espontánea, por $B_{n\to l}\, u_\nu$ la tasa de probabilidad de emisión inducida por una radiación de densidad $u_\nu$, y por $B_{l\to n}\, u_\nu$ la tasa de probabilidad de absorción entre los estados $l$ y $n$, las respectivas frecuencias de transiciones entre esos estados son proporcionales a

$$\begin{cases} A_{n\to l}\, N_n & \text{(emisión espontánea)} \\ B_{n\to l}\, N_n\, u_\nu & \text{(emisión inducida)} \\ B_{l\to n}\, N_l\, u_\nu & \text{(absorción)} \end{cases}$$

Según ese argumento, la fracción $(\mathrm{d}N/N)$ de átomos que realizan transiciones espontáneas entre un estado de energía $\epsilon_n$ y el estado fundamental, en un intervalo de tiempo $\mathrm{d}t$, es dada por

$$\frac{\mathrm{d}N}{N} = A_{n\to o}\, \mathrm{d}t$$

De ese modo, el número de átomos en el nivel $n$ decrece exponencialmente como

$$N = N_o\, e^{-t/\tau}$$

siendo $N_o$ la muestra inicial del estado $n$, y $\tau = 1/A_{n\to o}$ el tiempo medio de vida, o *vida media*, de ese estado.

Así, Einstein, em 1916, fue el primero en percibir que la comprensión de la tasa de desintegración radiactiva sería posible en el contexto de la teoría cuántica. Esto queda evidente cuando afirma que la ley estadística que usó para la emisión espontánea no es más que la ley de la desintegración radioactiva de Rutherford. Su coeficiente $A_{n\to l}$ y el coeficiente $\lambda$ de la ecuación (9.2) tendrían una misma raíz cuántica. La derivación teórica del coeficiente $A_{n\to l}$ sólo fue publicada por Dirac en 1927.

La condición de equilibrio entre la emisión y la absorción de la radiación por un cuerpo negro es, entonces, dada por

$$A_{n\to l}\, N_n + B_{n\to l}\, N_n\, u_\nu = B_{l\to n}\, N_l\, u_\nu \qquad \Longrightarrow \qquad u_\nu = \frac{A_{n\to l}}{B_{l\to n}\left(\dfrac{N_l}{N_n}\right) - B_{n\to l}} \tag{13.1}$$

y, de acuerdo con las hipótesis (i) y (ii), se puede escribir

$$u_\nu = \frac{p_n\, A_{n\to l}}{p_l\, B_{l\to n}\, e^{h\nu/kT} - p_n\, B_{n\to l}} \tag{13.2}$$

Según la hipótesis (iii), en el límite clásico de bajas frecuencias, la densidad de la energía es dada por la fórmula de Rayleigh,

$$u_\nu = \frac{p_n\, A_{n\to l}}{p_l\, B_{l\to n} - p_n\, B_{n\to l} + p_l\, B_{l\to n}\, h\nu/kT} = \frac{8\pi\nu^2}{c^3} kT$$

Así, los llamados coeficientes de Einstein, $A_{n\to l}$, $B_{n\to l}$ y $B_{l\to n}$, obedecen las relaciones

$$\boxed{p_l\, B_{l\to n} = p_n\, B_{n\to l}} \tag{13.3}$$

y

$$\boxed{\frac{A_{n\to l}}{B_{n\to l}} = \frac{8\pi h\nu^3}{c^3}} \tag{13.4}$$

Recordando que $\nu \propto |\epsilon_n - \epsilon_l|$, la ecuación (13.4) muestra que, cuanto mayor es la diferencia entre dos niveles de energía, mayor es la tasa de emisión espontánea, cuando es comparada con la emisión inducida.

Sustituyendo las ecuaciones (13.3) y (13.4) en la ecuación (13.2), se obtiene la fórmula de Planck, ecuación (10.49),

$$u_\nu = \frac{8\pi h\nu^3/c^3}{e^{h\nu/kT} - 1}$$

Así, la relación entre las frecuencias de las transiciones (de emisión) espontáneas y estimuladas es dada por:

$$\frac{A_{n\to l}}{B_{n\to l}u_\nu} = e^{h\nu/kT} - 1 \tag{13.5}$$

Mientras que en la banda de las microondas ($\nu \sim 2 \times 10^{10}$ Hz) las transiciones estimuladas son mas frecuentes que las espontáneas, en la banda de radiación del cuerpo negro (infrarrojo, para la cual $\nu \sim 3 \times 10^{13}$Hz), las ocurrencias de los procesos de emisión espontánea y estimulada son equivalentes; ya en el dominio óptico ($\nu \sim 6 \times 10^{14}$Hz), las transiciones espontáneas son bastante más frecuentes que las estimuladas.

La característica fundamental de este trabajo de Einstein fue evidenciar la existencia de procesos elementales aleatorios en la absorción y en la emisión de la radiación por sistemas atómicos. Además de las probabilidades de ocurrencia de cada estado, Einstein introduce también las probabilidades de transiciones entre los estados. El término $A_{n\to l}\Delta t$ es simplemente la probabilidad de que un único átomo en el estado $n$ efectúe una transición espontánea a un estado $l$, emitiendo un fotón de energía $\hbar\omega_{nl}$ durante un intervalo de tiempo $\Delta t$.

En este sentido, según los argumentos de Einstein, cualquiera que fuera el programa de construcción de una Mecánica Cuántica, éste debería resultar en una teoría que posibilitase el cálculo tanto de las probabilidades de ocurrencia de los estados como de las probabilidades de transición entre los estados.

### 13.1.2 Fuentes de láser

El concepto de emisión inducida, introducido por Einstein, anticipa en cerca de 50 años la explicación para la operación del dispositivo que revolucionó la industria electrónica del siglo XX, la fuente de láser[2], que produce radiación electromagnética con alto grado de coherencia, casi monocromática y direccional. Por poseer pequeñísimas divergencias espectral y angular, la luz proveniente de una fuente de láser se aproxima a una onda plana.

Según la condición de equilibrio, ecuación (13.1), la razón entre las probabilidades de emisión ($P_{\text{em}}$) y de absorción ($P_{\text{abs}}$) es dada por:

$$\frac{P_{\text{em}}}{P_{\text{abs}}} = \frac{N_l}{N_n}$$

En general, en equilibrio térmico, la muestra asociada a los niveles superiores de energía es considerablemente menor que la mostra de los niveles inferiores, o sea,

$$\epsilon_n > \epsilon_l \qquad \Longrightarrow \qquad N_n \ll N_l$$

Sin embargo, si por algún proceso externo las mostras de estos niveles pudieran ser invertidas, el proceso de emisión sería más frecuente que el de absorción y las emisiones estimuladas, más frecuentes

[2] La palabra LASER es un acrónimo de la expresión *Light Amplification by Stimulated Emission of Radiation.*

que las espontáneas. En ese caso, el resultado efectivo sería la producción de radiación de frecuencia $\nu = |\epsilon_n - \epsilon_l|/h$, constituida de componentes monocromáticas y coherentes, pues las ondas inducidas estarían en fase con aquellas que inducen las transiciones.

Los primeros dispositivos de generación de radiaciones monocromáticas fueron construidos en 1953 por el estadounidense Charles Townes y colaboradores, en la banda de microondas ($\nu \sim 24$ GHz),[3] a partir de la inversión de la mostra entre dos niveles de energía de moléculas de amoniaco ($NH_3$). Según Townes, *¿por qué no usar osciladores atómicos y moleculares ya listos para nosotros por la naturaleza?*

Debido al corto tiempo de vida del nivel superior, el proceso era bastante inestable, y, por lo tanto, los períodos de emisión de radiación coherente eran muy breves.

El tiempo medio de vida ($\tau$) de la mayoría de los estados atómicos excitados es del orden de $10^{-8}$ s, y de los denominados *metaestables*, del orden de $10^{-3}$ s. Por ese motivo, los rusos Nikolai Basov y Alexander Prokhorov, en vez de sólo dos niveles, utilizaron un tercer nivel de energía (Figura 13.1), con un tiempo de vida mucho mas largo, o sea, un nivel correspondiente a un estado metaestable, obteniendo haces coherentes de larga duración.

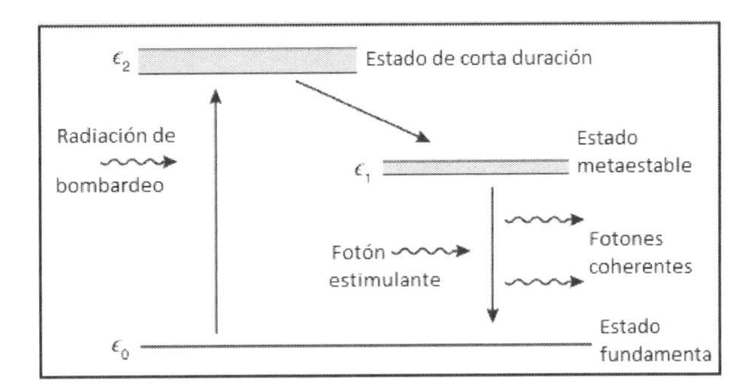


**Figura 13.1:** Emisión estimulada en tres niveles de energía.

En 1958, Townes y Schawlow establecieron el principio de funcionamiento para un dispositivo de producción de radiación en el espectro visible, y en 1960 el también estadounidense Theodore Maiman construyó el primer láser sólido de rubí ($Al_2O_3$), con radiación de longitud de onda del orden de 6 940 Å.

## 13.2 La Mecánica Matricial de Heisenberg, Born y Jordan

*Claro que yo conocía la teoría [de Heisenberg], pero me sentía desanimado, por no decir repelido, por los métodos del álgebra trascendental, lo cual me parecía muy difícil, y por la falta de visualización.*

Erwin Schrödinger

En el camino señalado por Bohr en su trabajo de 1917 sobre los espectros atómicos, Heisenberg, admitiendo que el oscilador armónico sería el modelo adecuado para el cálculo de la intensidad de la radiación de frecuencia $\nu$ emitida por un átomo, y teniendo como guía el Principio de Correspondencia, buscó una versión cuántica para la expresión de Larmor, ecuación (5.44), reescrita como

$$P = \frac{2}{3}\frac{e^2}{c^3}\,\omega^4\,\langle x^2\rangle = \frac{4}{3}\frac{e^2}{c^3}\,\omega^4\,|X|^2 \tag{13.6}$$

en la cual $x = X\big(e^{i\omega t} + e^{-i\omega t}\big)$ y $\omega = 2\pi\nu$.

[3] Esos dispositivos fueron denominados MASER, debido a la expresión *Microwave Amplification by Stimulated Emission of Radiation.*

La solución encontrada por Heisenberg se basaba en la hipótesis de Bohr de que las frecuencias correspondientes a las líneas emitidas serían determinadas por la diferencia de energía de los llamados estados estacionarios de los osciladores atómicos, o sea, por el espectro de energía $\{\epsilon_n\}$, y que las probabilidades de transición entre esos estados serían proporcionales a los elementos $x_{nl}$ de una matriz, que describiera las coordenadas espaciales de los átomos asociadas a cada posible transición.

Heisenberg abandonó las tentativas de encontrar las trayectorias de un sistema atómico y resolvió el problema con la determinación de dos matrices: una que representaba la energía ($H$) y la otra, las posibles coordenadas espaciales ($x$) del sistema:

$$H = \begin{pmatrix} \epsilon_1 & 0 & 0 & 0 & 0 \\ 0 & \epsilon_2 & 0 & 0 & 0 \\ 0 & 0 & \ddots & 0 & 0 \\ 0 & 0 & 0 & \epsilon_n & 0 \\ 0 & 0 & 0 & 0 & \ddots \end{pmatrix} \qquad x = (x_{nk}) = \begin{pmatrix} x_{11} & x_{12} & \dots & x_{1n} & \dots \\ x_{21} & x_{22} & \dots & x_{2n} & \dots \\ \vdots & \vdots & \ddots & \vdots & \vdots \\ x_{l1} & x_{l2} & \dots & x_{ln} & \dots \\ \vdots & \vdots & \vdots & \vdots & \ddots \end{pmatrix}$$

con $x_{ln} = x^*_{nl}$, o sea, la matriz $x$ es hermitiano.[4]

Si la probabilidad de que un átomo en el estado de energía $\epsilon_n$ irradie durante un intervalo de tiempo $\Delta t$, efectuando una transición espontánea a un estado de energía $\epsilon_l$ ($\epsilon_n > \epsilon_l$), es dada por:

$$A_{n\to l}\Delta t$$

el número de átomos que realizan la transición será dado por

$$N_n\, A_{n\to l}\, \Delta t$$

y la potencia ($P_{\circ}$) de la radiación emitida, por

$$P_{\circ} = h\nu_{nl}\, N_n\, A_{n\to l} \tag{13.7}$$

en la cual $A_{n\to l}$ es el coeficiente de Einstein que indica la tasa de probabilidad de emisión espontánea.

De acuerdo con la fórmula de Larmor, en el límite del Principio de Correspondencia, la potencia emitida por $N_n$ átomos, en la transición del estado de energía $\epsilon_n$ a un estado de energía $\epsilon_l$, es dada por:

$$P_{\circ} = \frac{4}{3}\frac{e^2}{c^3}(2\pi\nu_{nl})^4 N_n |X_{nl}|^2 \tag{13.8}$$

siendo $\nu_{nl} = (\epsilon_n - \epsilon_l)/h$.

Igualando las ecuaciones (13.7) y (13.8), para el coeficiente de emisión espontánea se obtiene

$$\boxed{A_{n\to l} = \frac{8\pi e^2}{3hc^3}(2\pi\nu_{nl})^3\,|X_{nl}|^2} \tag{13.9}$$

Según la teoría clásica de la dispersión de Drude-Lorentz, el desplazamiento ($x$) de un átomo oscilador, de masa $m$ y frecuencia propia $\nu_o$, bajo la acción de un campo eléctrico de frecuencia $\nu$ y amplitud $E_o$, puede ser expresado como

$$x = \frac{eE_o}{m}\frac{1}{(2\pi)^2(\nu_o^2 - \nu^2)}\cos 2\pi\nu t$$

En 1924, el alemán Rudolph Ladenburg y el holandés Hendrik Kramers, utilizando también el Principio de Correspondencia, habían expresado las coordenadas espaciales asociadas al átomo como

$$x_{nl} = \underbrace{\frac{eE_o}{m}\frac{f_{nl}}{(2\pi)^2(\nu_o^2 - \nu_{nl}^2)}}_{X_{nl}} e^{i2\pi\nu_{nl}t} \tag{13.10}$$

[4] Quien identificó el carácter matricial y hermitiano de los arreglos numéricos propuestos por Heisenberg fue Max Born.

donde $f_{nl}$ indican el peso estadístico de cada transición de un estado $n$ a un estado $l$ y, por tanto, satisfacen la relación $\sum_n f_{nl} = 1$, llamada regla de la suma de Thomas-Kuhn.

De acuerdo con la ecuación (13.9) y la expresión de Kramers, ecuación (13.10), el cuadrado de esos pesos es proporcional a los coeficientes de Einstein y, según la fórmula de Larmor, ecuación (13.6), determina las intensidades de las líneas de absorción.

Si la probabilidad de transición inducida por la absorción entre los estados $l$ y $n$ ($\epsilon_n > \epsilon_l$), en un intervalo de tiempo $\Delta t$, por un único átomo, puede ser escrita como

$$B_{l\to n}\, u_\nu\, \Delta t$$

entonces la potencia absorbida ($P_{\text{a}}$) será dada por

$$P_{\text{a}} = h\nu_{nl}\, B_{l\to n}\, u_\nu \tag{13.11}$$

siendo $B_{l\to n}$ el coeficiente de Einstein que indica la tasa de probabilidad de absorción.

La fórmula de Planck, $(\pi e^2/3m)u_\nu$, ecuación (10.34), multiplicada por el peso estadístico de la transición, en el límite del Principio de Correspondencia, también expresa la potencia absorbida por un único átomo durante las transiciones entre los estados $n$ y $l$,

$$P_{\text{a}} = f_{nl}\, \frac{\pi e^2}{3m}\, u_\nu \tag{13.12}$$

Igualando las ecuaciones (13.11) y (13.12), se obtiene, para el coeficiente de absorción,

$$\boxed{B_{l\to n} = \frac{f_{nl}}{h\nu_{nl}}\, \frac{\pi e^2}{3m}} \tag{13.13}$$

y, teniendo en cuenta los resultados de Einstein, ecuaciones (13.3) y (13.4), se puede escribir el coeficiente de emisión espontánea como

$$\boxed{A_{n\to l} = \frac{8\pi^2 e^2}{3mc^3}\, \nu_{nl}^2\, f_{nl}} \tag{13.14}$$

Así, los coeficientes de Einstein, que representan tasas de probabilidades espontáneas e inducidas, pueden ser estimados a partir de medidas de dispersión de la luz.

Comparando la expresión anterior, ecuación (13.14), con la ecuación (13.9), se obtiene

$$f_{nl} = \frac{2m(2\pi\nu_{nl})}{h/2\pi}|X_{nl}|^2$$

De acuerdo con la regla de la suma de Thomas-Kuhn, se puede, entonces, escribir

$$\boxed{\frac{h}{2\pi} = 2m\sum_n \omega_{nl}|X_{nl}|^2} \tag{13.15}$$

siendo $\omega_{nl} = 2\pi\nu_{nl}$.

La ecuación (13.15), obtenida por Heisenberg en 1925, expresa la principal condición impuesta a la teoría en la formulación matricial de la Mecánica Cuántica y fue generalizada en el mismo año por los alemanes Max Born y Pascual Jordan.

### 13.2.1 Regla de conmutación entre la posición y el *momentum*

La representación de las magnitudes físicas cinemáticas por matrices implica la posibilidad de no comutatividad entre pares de magnitudes.

Sean $x_{nl} = X_{nl}\, e^{i\omega_{nl}t}$ y $p_{nl} = m\dot{x}_{nl} = im\omega_{nl}X_{nl}\, e^{i\omega_{nl}t} = im\omega_{nl}x_{nl}$ las variables de posición y de *momentum* asociadas a un átomo, tal que $\omega_{nl} = -\omega_{ln}$ y $x_{nl}$ es un elemento de la matriz hermitiano $x$ ($x^*_{nl} = x_{ln}$).

Así, la relación de Heisenberg, ecuación (13.15), puede ser escrita como

$$\begin{aligned} \frac{h}{2\pi} &= m\sum_n \Big(\omega_{nl}x^*_{nl}x_{nl} - \omega_{ln}x^*_{nl}x_{nl}\Big) \\ &= -i\sum_n \Big(\underbrace{im\omega_{nl}x_{nl}}_{p_{nl}}\, x_{ln} - \underbrace{im\omega_{ln}x_{ln}}_{p_{ln}}\, x_{nl}\Big) \end{aligned}$$

o sea, la ecuación (13.15) puede también ser vista como una regla de conmutación entre las matrices que representan la coordenada espacial y el *momentum* de una partícula,

$$\sum_n \Big(x_{ln}p_{nl} - p_{ln}x_{nl}\Big) = i\big(h/2\pi\big)$$

o incluso como

$$\big(xp - px\big)_{lk} = i\hbar\delta_{lk} \qquad \Longleftrightarrow \qquad \boxed{\big[x, p\big] = i\hbar} \tag{13.16}$$

siendo[5] $\hbar = h/2\pi \simeq 1{,}05 \times 10^{-34}$J·s.

En su artículo de 1927, Heisenberg escribe: *cuanto más precisamente la posición es determinada, menos precisamente el* momentum *es conocido en este instante y viceversa.*

La regla de conmutación entre las matrices de posición y de *momentum* es la relación fundamental de la formulación matricial de la teoría cuántica.[6]

### 13.2.2 Ecuaciones de movimiento de Heisenberg

De modo general, cualquier magnitud periódica ($q$) asociada a un oscilador armónico puede ser escrita como

$$q_{nl}(t) = Q_{nl}\, e^{i\omega_{nl}t} \qquad \text{en donde} \quad \omega_{nl} = (\epsilon_n - \epsilon_l)/\hbar$$

lo que implica

$$\begin{aligned} \dot{q}_{nl}(t) &= i\omega_{nl}Q_{nl}\, e^{i\omega_{nl}t} = i\omega_{nl}q_{nl} \\ &= \frac{i}{\hbar}\big(\epsilon_n q_{nl} - \epsilon_l q_{nl}\big) = -\frac{i}{\hbar}\big(\epsilon_l q_{nl} - \epsilon_n q_{nl}\big) \\ &= -\frac{i}{\hbar}\Big(\sum_m \underbrace{\epsilon_m\delta_{ml}}_{H_{ml}}\, q_{nm} - \sum_k \underbrace{\epsilon_k\delta_{nk}}_{H_{nk}}\, q_{kl}\Big) \\ &= -\frac{i}{\hbar}\Big[(qH)_{nl} - (Hq)_{nl}\Big] = -\frac{i}{\hbar}\big(qH - Hq\big)_{nl} \end{aligned}$$

o sea, la evolución temporal de la magnitud $q$ es dada por la ecuación de movimiento de Heisenberg,

$$\boxed{i\hbar\frac{\mathrm{d}q}{\mathrm{d}t} = \big[q, H\big]} \tag{13.17}$$

[5] Bajo muchos aspectos, la constante $\hbar$ sería mas apropiada que $h$ para ser considerada la constante fundamental de la Mecánica Cuántica, mas por motivos históricos la constante de Planck $h$ fue descubierta antes y así, se tornó en la constante fundamental.

[6] La importancia de esa relación en la conexión entre la Mecánica Clásica y la Cuántica fue evidenciada por Dirac al relacionar los comutadores con los paréntesis de Poisson.

A pesar de haber sido establecidas aquí para un sistema cuyo comportamiento es periódico, las ecuaciones de movimiento de Heisenberg, debido al carácter lineal de la teoría, son válidas para describir la evolución temporal de las magnitudes asociadas a cualquier sistema cuya matriz hamiltoniana $H$ represente su interacción con la vecindad.

### 13.2.3 El oscilador armónico: las intensidades de las líneas espectrales del hidrógeno

A partir de las ecuaciones de movimiento de Heisenberg para las matrices de posición y de *momentum*, se puede entonces determinar la intensidad de la radiación asociada a las líneas espectrales del hidrógeno, considerando el problema del oscilador armónico.

Sea un oscilador armónico de masa $m$ y frecuencia propia $\omega_o$, cuya energía potencial ($\epsilon_p$) es dada por

$$\epsilon_p = \frac{1}{2} m\omega_o^2 x^2$$

y $x$ representa la coordenada espacial.

La matriz hamiltoniana es expresada como

$$H = \frac{p^2}{2m} + \frac{1}{2} m\omega_o^2 x^2$$

donde $p$ representa el *momentum* del oscilador.

Determinando los conmutadores

$$\begin{aligned}
[x, H] &= [x, p^2/2m] = \frac{1}{2m}[x, p^2] = \frac{1}{2m}(xpp - ppx) \\
&= \frac{1}{2m}\big(\underbrace{xpp - pxp}_{[x,p]\,p} + \underbrace{pxp - ppx}_{p\,[x,p]}\big) = i\hbar\frac{p}{m}
\end{aligned}$$

y

$$\begin{aligned}
[p, H] &= [p, m\omega_o^2 x^2/2] \\
&= -i\hbar m\omega_o^2 x
\end{aligned}$$

se derivan las ecuaciones de movimiento

$$\begin{cases}
i\hbar\dot{x} = [x, H] = i\hbar\dfrac{p}{m} & \Longrightarrow \quad p = m\dot{x} \\[2ex]
i\hbar\dot{p} = [p, H] = -i\hbar m\omega_o^2 x = i\hbar m\ddot{x} & \Longrightarrow \quad \ddot{x} + \omega_o^2 x = 0
\end{cases}$$

Admitiendo como solución de la última ecuación, $x_{nl}(t) = X_{nl}\, e^{i\omega_{nl}t}$, con $\omega_{nl} = (\epsilon_n - \epsilon_l)/\hbar$, los elementos de matriz $X_{nl}$ obedecen a la relación

$$\left(\omega_o^2 - \omega_{nl}^2\right) X_{nl} = 0$$

o sea, sólo los elementos tales que $\omega_{nl} = \pm\omega_o$ o $(\epsilon_n - \epsilon_l) = \pm\hbar\omega_o$ no son nulos,

$$\begin{cases}
X_{nl} = 0 \quad \text{se} \quad \omega_{nl} \neq \pm\omega_o \\[2ex]
X_{nl} \neq 0 \quad \text{se} \quad \omega_{nl} = \pm\omega_o
\end{cases}$$

Ordenándolos según $n = 0, 1, 2, \ldots$, tal que los procesos de emisión correspondan a transiciones de tipo $n+1 \to n$, y los de absorción, de $n-1 \to n$ (Figura 13.2), eso implica que

$$\omega_{n,n\pm1} = \mp\omega_o \quad \text{y} \quad \begin{cases}
X_{nl} = 0 & \text{se } l \neq n \pm 1 \\[2ex]
X_{nl} \neq 0 & \text{se } l = n \pm 1
\end{cases}$$

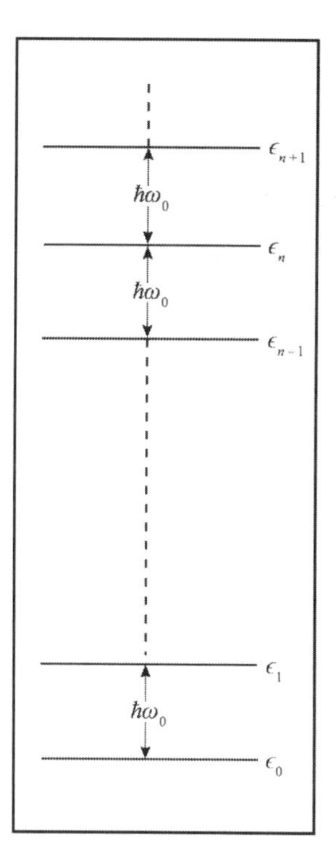


**Figura 13.2:** Estructura del espectro de energía del oscilador.

Así, resulta que

$$\begin{aligned}
x = (x_{nl}) &= \begin{pmatrix} 0 & X_{01}e^{i\omega_{01}t} & 0 & 0 & \dots \\ X_{10}e^{i\omega_{10}t} & 0 & X_{12}e^{i\omega_{12}t} & 0 & \dots \\ 0 & X_{21}e^{i\omega_{21}t} & 0 & X_{23}e^{i\omega_{23}t} & \dots \\ 0 & 0 & X_{32}e^{i\omega_{32}t} & 0 & \dots \\ \vdots & \vdots & \vdots & \vdots & \ddots \end{pmatrix} \\
&= \begin{pmatrix} 0 & X_{01}e^{-i\omega_o t} & 0 & 0 & \dots \\ X_{01}^{*}e^{i\omega_o t} & 0 & X_{12}e^{-i\omega_o t} & 0 & \dots \\ 0 & X_{12}^{*}e^{i\omega_o t} & 0 & X_{23}e^{-i\omega_o t} & \dots \\ 0 & 0 & X_{23}^{*}e^{i\omega_o t} & 0 & \dots \\ \vdots & \vdots & \vdots & \vdots & \ddots \end{pmatrix}
\end{aligned}$$

y

$$\begin{aligned}
p = (p_{nl}) &= m\dot{x} \\
&= im\omega_o \begin{pmatrix} 0 & -X_{01}e^{-i\omega_o t} & 0 & 0 & \dots \\ X_{01}^{*}e^{i\omega_o t} & 0 & -X_{12}e^{-i\omega_o t} & 0 & \dots \\ 0 & X_{12}^{*}e^{i\omega_o t} & 0 & -X_{23}e^{-i\omega_o t} & \dots \\ 0 & 0 & X_{23}^{*}e^{i\omega_o t} & 0 & \dots \\ \vdots & \vdots & \vdots & \vdots & \ddots \end{pmatrix}
\end{aligned}$$

De acuerdo con la regla de conmutación de Heisenberg entre $x$ y $p$,

$$\left(xp - px\right)_{nk} = i\hbar\delta_{nk}$$

se puede escribir

$$\begin{cases} (xp)_{00} - (px)_{00} = i\hbar = im\omega_o\Big[|X_{01}|^2 + |X_{01}|^2\Big] & \Longrightarrow \quad |X_{01}|^2 = \hbar/2m\omega_o \\ (xp)_{11} - (px)_{11} = i\hbar = im\omega_o 2\Big[|X_{12}|^2 - |X_{01}|^2\Big] & \Longrightarrow \quad |X_{12}|^2 - |X_{01}|^2 = \hbar/2m\omega_o \\ (xp)_{22} - (px)_{22} = i\hbar = im\omega_o 2\Big[|X_{23}|^2 - |X_{12}|^2\Big] & \Longrightarrow \quad |X_{23}|^2 - |X_{12}|^2 = \hbar/2m\omega_o \\ \qquad\vdots \\ \qquad\vdots \end{cases}$$

y, por tanto,

$$\begin{cases} |X_{01}|^2 = |X_{10}|^2 = \hbar/2m\omega_o \\ |X_{12}|^2 = |X_{21}|^2 = 2\hbar/2m\omega_o \\ |X_{23}|^2 = |X_{32}|^2 = 3\hbar/2m\omega_o \\ \qquad\vdots \\ \qquad\vdots \end{cases} \Longrightarrow \begin{cases} |X_{n,n+1}|^2 = (n+1)\,\dfrac{\hbar}{2m\omega_o} & \text{(emisión)} \\ |X_{n,n-1}|^2 = n\,\dfrac{\hbar}{2m\omega_o} & \text{(absorción)} \end{cases} \tag{13.18}$$

De ese modo, de acuerdo con la fórmula de Larmor y el *Principio de Correspondencia*, Heisenberg mostró que la potencia asociada a una línea de emisión entre los estados $n+1$ y $n$ puede ser calculada por

$$\boxed{P_{n+1\to n} = \frac{2e^2\omega_o^3\hbar}{3mc^3}\,(n+1)} \tag{13.19}$$

mientras que la intensidad asociada a la línea de absorción entre los estados $n-1$ y $n$ es dada por

$$\boxed{P_{n-1\to n} = \frac{2e^2\omega_o^3\hbar}{3mc^3}\,n} \tag{13.20}$$

Estos resultados, que se derivan de la estructura de la matriz de las coordenadas espaciales ($x_{ln}$), muestran que sólo ocurren transiciones que corresponden a la emisión o a la absorción de la luz entre niveles de energía vecinos, o sea, cuando la diferencia ($\Delta n$) entre los números cuánticos que caracterizan a los niveles de energía sea tal que

$$\Delta n = \pm 1$$

Restricciones de esa especie, que limitan la ocurrencia de transiciones entre estados cuánticos, son denominadas *reglas de selección*.

Para determinar el espectro de energía, es necesario el cálculo de $x^2$ y $p^2$,

$$x^2 = \begin{pmatrix} |X_{01}|^2 & 0 & X_{01}X_{12}e^{-2i\omega_o t} & 0 & \dots \\ 0 & |X_{01}|^2 + |X_{12}|^2 & 0 & X_{12}X_{23}e^{-2i\omega_o t} & \dots \\ X_{12}^*X_{01}^*e^{2i\omega_o t} & 0 & |X_{12}|^2 + |X_{23}|^2 & 0 & \dots \\ 0 & X_{12}^*X_{23}^*e^{2i\omega_o t} & 0 & |X_{23}|^2 + |X_{34}|^2 & \dots \\ \vdots & \vdots & \vdots & \vdots & \ddots \end{pmatrix}$$

$$p^2 = m^2\omega_o^2 \begin{pmatrix} |X_{01}|^2 & 0 & -X_{01}X_{12}e^{-2i\omega_o t} & 0 & \dots \\ 0 & |X_{01}|^2+|X_{12}|^2 & 0 & -X_{12}X_{23}e^{-2i\omega_o t} & \dots \\ -X_{12}^*X_{01}^*e^{2i\omega_o t} & 0 & |X_{12}|^2+|X_{23}|^2 & 0 & \dots \\ 0 & -X_{12}^*X_{23}^*e^{2i\omega_o t} & 0 & |X_{23}|^2+|X_{34}|^2 & \dots \\ \vdots & \vdots & \vdots & \vdots & \ddots \end{pmatrix}$$

y, a continuación, de la matriz hamiltoniana,

$$\begin{aligned} H &= \frac{p^2}{2m} + \frac{1}{2}m\omega_o^2 x^2 \\ &= m\omega_o^2 \begin{pmatrix} |X_{01}|^2 & 0 & 0 & 0 & \dots \\ 0 & |X_{01}|^2+|X_{12}|^2 & 0 & 0 & \dots \\ 0 & 0 & |X_{12}|^2+|X_{23}|^2 & 0 & \dots \\ 0 & 0 & 0 & |X_{23}|^2+|X_{34}|^2 & \dots \\ \vdots & \vdots & \vdots & \vdots & \ddots \end{pmatrix} \end{aligned}$$

A partir de la expresión explícita para la matriz $H$ y teniendo en cuenta las ecuaciones (13.18), resulta que el espectro de energía de un oscilador cuya frecuencia propia es $\omega_o$ no depende de su masa, siendo dado por

$$H_{00} = \frac{\hbar\omega_o}{2} = \epsilon_o = \frac{1}{2}\hbar\omega_o$$

$$H_{11} = \hbar\omega_o\left(\frac{1}{2}+\frac{2}{2}\right) = \frac{3}{2}\hbar\omega_o = \epsilon_1 = \left(\frac{1}{2}+1\right)\hbar\omega_o$$

$$H_{22} = \hbar\omega_o\left(\frac{2}{2}+\frac{3}{2}\right) = \frac{5}{2}\hbar\omega_o = \epsilon_2 = \left(\frac{1}{2}+2\right)\hbar\omega_o$$

$$H_{33} = \hbar\omega_o\left(\frac{3}{2}+\frac{4}{2}\right) = \frac{7}{2}\hbar\omega_o = \epsilon_3 = \left(\frac{1}{2}+3\right)\hbar\omega_o$$

$$\vdots$$

$$H_{kk} = \hbar\omega_o\left(\frac{k}{2}+\frac{k+1}{2}\right) = \hbar\omega_o\left(\frac{2k+1}{2}\right) = \epsilon_k = \left(\frac{1}{2}+k\right)\hbar\omega_o$$

$$\vdots$$

o sea, de acuerdo con la Mecánica Cuántica Matricial,

$$\epsilon_n = \left(\frac{1}{2}+n\right)\hbar\omega_o \qquad (n = 0, 1, 2, \dots)$$

La expresión de Planck, $\epsilon_n = n\hbar\omega_o$, para la energía del oscilador es válida sólo en el límite de grandes números cuánticos. La nueva Mecánica Cuántica asigna una energía no nula en el estado $n = 0$.

La solución de problemas basada en la Mecánica Cuántica Matricial envuelve un número infinito de ecuaciones lineales y, aparentemente, constituye una barrera insuperable. Sin embargo, Heisenberg consiguió encontrar la solución para el espectro de energía del oscilador armónico, determinando las intensidades de las radiaciones asociadas a las líneas espectrales de emisión y de absorción. El problema del campo central, o sea, el espectro de energía para el átomo de hidrógeno, así como el efecto Zeeman fueron resueltos por Pauli.

En el próximo capítulo, se presentará el otro camino que llevó a la formulación ondulatoria de la Mecánica Cuántica.

## 13.3 Fuentes primarias


**Born, M.; Jordan, P., 1925.** Zu Quantenmechanik. *Zeitschrift für Physik* **34**, p. 858-888. Traducido al inglés en **Van der Waerden (Ed.), 1968**, p. 277-306, como On Quantum Mechanics. Regla de conmutación en la forma matricial y ecuación de movimento de Heisenberg.

**Dirac, P.A.M., 1926.** The Fundamental Equations of Quantum Mechanics. *Proceedings of the Royal Society of London A* **109**, p. 642-653. Conexión entre conmutadores y paréntesis de Poisson.

**Dirac, P.A.M., 1927.** The Quantum Theory of the Emission and Absorption of Radiation. *Proceedings of the Royal Society of London* **A114**, p. 243-265. Artículo base de la Eletrodinámica Cuántica.

**Einstein, A., 1917.** Quantentheorie der Strahlung. *Physikalische Zeitschrift* **18**, p. 121-128. Traducido al portugués en la *Revista Brasileira de Física* **27**, n. 1, p. 93-99 (2005), como Sobre la Teoría Cuántica de la Radiación.

**Heisenberg, W., 1925.** Über quantentheoretische Umdeutung Kinematischer und mechanischer Beziehungen. *Zeitschrift für Physik* **33**, p. 879-893. Traducido en **Van der Waerden (Ed.), 1968**, p. 261-276, como Quantum-Theoretical Re-Interpretation of Kinematic and Mechanical Relations. Regla de conmutación y solución para el oscilador armónico.

**Maiman, T.H., 1960.** Stimulated Optical Radiation in Ruby. *Nature* **187**, n. 187, p. 493-494. El primer láser.

**Kramers, H.A., 1924.** The Law of Dispersion and Bohr's Theory of Spectra. *Nature* **113**, p. 673-676. Republicado en **Van der Waerden (Ed.), 1968**, p. 177-180.

**Kuhn, W., 1925.** Über die Gesamtstärke der von eirem Zustande ausgehenden Absorptionslinien. *Zeitschrift für Physik* **33**, p. 408-412. Traducido al inglés en **Van der Waerden (Ed.), 1968.**, p. 253-257, con el título On the Total Intensity of Absorption Lines Emanating from a Given State.

**Pauli, W., 1926.** Über das Wasserstoffspektrum vom Standpunkt der neuen Quantenmechanik. *Zeitschrift für Physik* **36**, p. 336-363. Traducido al inglés en **Van der Waerden (Ed.), 1968**, p. 387-415, como On the Hydrogen Spectrum from the Standpoint of the New Quantum Mechanics.

**Thomas, W., 1925.** Über die Zahl der Dispersionelektronen, die einem stationärien Zustande zugeordnet sind. *Naturwissenschaft* **13**, p. 627.


## 13.4 Otras referencias y sugerencias de lectura


**Auletta, G., 2001.** Libro sobre los fundamentos y las interpretaciones de la Mecánica Cuántica.

**Basov, N.G.; Prokhorov, A.M., 1954.** 3 level gas oscillator. *Zhurnal Eksperimental'noi y Teoretischeskoi Fiziki* **27**, p. 431. MASER en tres niveles.

**Basov, N.G.; Prokhorov, A.M., 1955.** *Zhurnal Eksperimental'noi y Teoretischeskoi Fiziki* **28**, p. 249. Traducido como Possible Methods of Obtaining Active Molecules for a Molecular Oscilato. *Soviet Physics JETP* **1**, p. 184 (1955). Ver también *Uspekhi Fizicheskikh Nauk* **57**, p. 485-501 (1955).

**Born, M., 1935.** Presentación clara y resumida de la Mecánica de las Matrices, por uno de sus fundadores.

**Born, M.; Auger, P.; Schrödinger, E.; Heisenberg, W., 1969.** Pequeño libro en portugués conteniendo cuatro artículos sobre la Fśica Moderna.

**Cassidy, D.; Baker, M., 1984.** Werner Heisenberg: A Bibliography of His Writings. *Berkeley Paper in History of Science* **IX**, n. VI, 153 pp.

**Dirac, P.A.M., 1930.** Una gran síntesis de la Mecánica Cuántica, escrita por uno de sus creadores.

**Gordon, J.P.; Zeiger, H.J.; Townes, C.H., 1954.** Molecular Microwave Oscillator and New Hyperfine Structure in the Microwave Spectrum of $NH_3$. *Physical Review* **95**, n. 1, p. 282-284. El MASER de gas de amoniaco.

**Heisenberg, W., 1930.** Obra clásica que corresponde a una serie de charlas dadas por el autor en la Universidad de Chicago, en la cual se presenta una visión física completa de la Teoria Cuántica, incluyendo además de lo suyo, también, las contribuciones de Bohr, Einstein, Louis de Broglie, Schrödinger, Dirac, Pauli y otros.

**Heisenberg, W., 1971.** Autobiografía del autor.

**Jammer, M., 1974.** Obra que presenta la evolución de la Mecánica Cuántica y sus interpretaciones en una perspectiva histórica.

**Piza, de Toledo A.F.R., 2002.** Un texto avanzado, en portugués, que desarrolla la formulación matricial de la Mecánica Cuántica.

**Popper, K., 1982.** En este libro, Popper aborda aspectos de la Teoría Cuántica, según su filosofía de la Ciencia, buscando defender una interpretación objetiva de esa teoría.

**Reichenbach, H., 1959.** Libro sobre la filosofía de la Mecánica Cuántica.

**Schawlow, A.L., Townes, C.H., 1958.** Infrared and Optical Masers. *Physical Review* **112**, n. 6, p. 1940-1949. Una concepción del láser.

**Van der Waerden (Ed.), 1968.** Contiene todos los artículos listados como fuentes primarias. Esos artículos presuponen un conocimiento razonable de las formulaciones de la Mecánica Clásica de Hamilton, Lagrange y Jacobi.

## 13.5 Ejercicios

**Ejercicio 13.5.1** Muestre que la energía media $\langle\epsilon\rangle$ de un conjunto de osciladores armónicos de frecuencia natural $\omega_o$, en equilibrio térmico a la temperatura $T$, es dada por

$$\langle\epsilon\rangle = \frac{\hbar\omega_o}{2}\,\text{cotgh}\left(\frac{\hbar\omega_o}{2kT}\right)$$

**Ejercicio 13.5.2** Análogo al efecto Zeeman para el campo magnético, el desplazamiento de los niveles de energía de un sistema bajo la acción de un campo eléctrico es denominado efecto Stark, descubierto en 1913. Muestre que los niveles de energía de un oscilador armónico de frecuencia natural $\omega_o$, masa $m$ y carga eléctrica $e$, bajo la acción de un campo eléctrico uniforme $E$ en la dirección de su movimiento, son dados por

$$\epsilon_n = \left(n + \frac{1}{2}\right)\hbar\omega_o - \frac{e^2E^2}{2m\omega_o^2} \qquad (n = 0, 1, 2, \ldots\ldots)$$

**Ejercicio 13.5.3** Si $\left[x, p\right] = i\hbar$ y $H = T + V$, donde $V = m\omega_o^2 x^2/2$ y $T = p^2/2m$, muestre que:

a) $\left[p, H\right] = \left[p, V\right] = -i\hbar m\omega_o^2 x$;

b) $\left[x, H\right] = \left[x, T\right] = i\hbar p/m$;

c) $\left[x^2, H\right] = \left[x^2, T\right] = i\hbar(xp + px)/m$;

d) $\left[xp, T\right] = \left[px, T\right] = i\hbar p^2/m$.

**Ejercicio 13.5.4** Definiendo

$$\begin{aligned} x &= \sqrt{\frac{\hbar}{2\omega m}}\,(a + a^\dagger) \\ p &= i\sqrt{\frac{\hbar\omega m}{2}}\,(a^\dagger - a) \end{aligned} \tag{13.21}$$

donde $a$ y $a^\dagger$ operadores, muestre que:

a) el operador hamiltoniano del oscilador harmónico simple puede ser escrito como

$$H = \frac{1}{2}\,(a^\dagger a + aa^\dagger)\,\hbar\omega;$$

b) los operadores $a$ y $a^\dagger$ satisfacen la regla de conmutación $\left[a, a^\dagger\right] = 1$;

c) $\left[H, a^\dagger\right] = \hbar\omega a^\dagger \qquad [H, a] = -\hbar\omega a$

d) el autovalor mínimo de la energía del oscilador es $\hbar\omega/2$.

# 14

# La Mecánica Cuántica Ondulatoria

*Cuanto más pienso en el contenido físico de la teoría [de Schrödinger], más repulsiva la encuentro (...) Lo que Schrödinger escribe sobre el carácter visual de su teoría "probablemente no es correcto" (...).*

Werner Heisenberg

Otro camino en la construcción de la Mecánica Cuántica se originó con los trabajos del francés Louis de Broglie, que culminaron con su tesis de doctorado presentada en La Sorbonne, el 25 de noviembre de 1924. A partir de esos trabajos, Schrödinger, en 1926, en una serie de artículos seminales, desarrolló la formulación ondulatoria de la Mecánica Cuántica.

## 14.1 Las hipótesis de Louis de Broglie

*¿De qué cosa al fin se trataba? Esencialmente, de establecer un cierto modo de asociar al movimiento de todo corpúsculo la propagación de una cierta onda, siendo las magnitudes características de la onda relacionadas con las magnitudes dinámicas por medio de relaciones en las cuales aparecería la constante $h$.*

Louis de Broglie

A partir de los trabajos de Planck sobre la radiación del cuerpo negro, en los cuales es introducida la constante fundamental $h$, Einstein mostró que era posible asociar a una onda electromagnética plana monocromática, de frecuencia $\nu$, un conjunto de partículas, los fotones, que llevan, cada uno, una parte o *quantum* de energía $E$, proporcional a la frecuencia de la radiación ($E = h\nu$), tal que la energía total de la onda, en una región dada del espacio, es expresada como la suma de las energías de los fotones. En ese sentido, una onda electromagnética presentaría una naturaleza discreta, siendo constituida de corpúsculos energéticos no de materia: los *fotones*.

De manera análoga, L. de Broglie consideró que, así como a un conjunto de fotones de energía $E$ corresponde una onda electromagnética de frecuencia $\nu = E/h$, se puede asociar a un haz de partículas libres de masa $m$ y la misma velocidad un comportamiento ondulatorio.

Para un observador en un sistema de referencia según el cual las partículas están en reposo, de acuerdo con la relación de Einstein, la energía de reposo de cada partícula es dada por

$$E_o = mc^2$$

en donde $c$ es la velocidad de la luz en el vacío.

Según la relación de Planck, a cada partícula se puede asociar la frecuencia

$$\nu_o = \frac{E_o}{h} = \frac{mc^2}{h}$$

Para otro observador, según el cual las partículas se desplazan con velocidad $v$ y energía $E = \gamma(v)mc^2$, la frecuencia asociada a cada partícula sería dada por

$$\nu = \frac{E}{h} = \gamma(v)\frac{mc^2}{h} = \gamma(v)\nu_o$$

siendo $\gamma(v) = \left(1 - v^2/c^2\right)^{-1/2}$ el factor de Lorentz.

En esencia, para de Broglie, el comportamiento dual presentado por la luz no sería único en la naturaleza y debería aplicarse también a la materia en los casos en que la magnitud de la constante de Planck – que tiene dimensiones de *acción* – no puede ser despreciada en comparación con otras acciones; de manera recíproca, el electrón también presentaría un comportamiento ondulatorio. Propone, entonces, que en el sistema de referencia propio según el cual las partículas están en reposo, la frecuencia $\nu_o$ correspondería a un proceso periódico, genéricamente descrito por la función armónica

$$\Psi \sim \exp\left( - 2\pi i\, \nu_o t_o\right)$$

donde $t_o$ representa intervalos de tiempo propios.

Para un observador según el cual las partículas se desplazan en la dirección $x$ con velocidad $v$, los intervalos de tiempo ($t$) determinados por él y los intervalos de tiempo propios ($t_o$) se relacionan según la transformación de Lorentz, ecuación (6.11),

$$t_o = \gamma\left(t - xv/c^2\right)$$

Así, el proceso periódico asociado a una partícula como el electrón sería descrito por una función que describe una propagación del tipo onda plana monocromática,

$$\Psi(x,t) \sim \exp\left[2\pi i\, \gamma\nu_o\left(xv/c^2 - t\right)\right] = \exp\left[2\pi i\, \nu\left(x/v_f - t\right)\right] = \exp\left[2\pi i\,\left(x/\lambda - \nu t\right)\right]$$

en la cual $v_f = c^2/v > c$ es la velocidad de fase y $\lambda = v_f/\nu = c^2/(v\nu)$ es el período espacial de la perturbación o longitud de onda asociada a la partícula.

Toda vez que el *momentum* $p$ y la energía $E$ de cada partícula son, respectivamente, iguales $p = \gamma mv$ y $E = \gamma mc^2$, la longitud de onda también puede ser expresado como

$$\lambda = \frac{c^2}{v\nu} = \frac{8mc^2h}{pE} = \frac{h}{p} \qquad \Rightarrow \qquad p = \frac{h}{\lambda} \tag{14.1}$$

De ese modo, expresando el *momentum* como

$$p = \hbar k$$

en donde $k = 2\pi/\lambda$, la función de onda es escrita usualmente como

$$\Psi(x,t) \sim \exp\left[i\,\left(kx - \omega t\right)\right] = \exp\left[i\,\left(px - E\,t\right)/\hbar\right]$$

con $\omega = 2\pi\nu = E/\hbar$

Partículas libres y ondas planas monocromáticas son idealizaciones aparentemente incompatibles. El concepto de partícula libre supone que la energía y el *momentum* sean definidos de forma unívoca en un punto del espacio. Y el concepto de onda plana monocromática exige que la frecuencia y la longitud de onda también sean unívocamente definidos, con la amplitud variando indefinidamente en el tiempo y en el espacio de forma armónica, a lo que corresponden duración temporal y extensión espacial infinitas.

Como señalaba el físico ruso Dmitri Ivanovich Blokhíntsev, si en la relación de L. de Broglie, ecuación (14.1), se entiende por $\lambda$ una longitud de onda, no tiene sentido decir que una partícula está en una posición definida, toda vez que la longitud de onda es, por definición, la característica de una onda plana monocromática que presupone una extensión que se repite periódicamente en el infinito espacial $(-\infty \leq x \leq \infty)$.

Mientras tanto, el mayor problema enfrentado por De Broglie tenía origen en el hecho de que la velocidad de fase de la onda plana asociada a las partículas sería mayor que la velocidad de la luz en el vacío y, por tanto, no podría representar un transporte de energía asociado a partículas materiales, pues éstas se desplazan, necesariamente, con velocidades inferiores a la velocidad de la luz en el vacío. De Broglie admitió entonces que, en vez de asociar una única onda plana monocromática al movimiento de una partícula, se debería representar el proceso ondulatorio asociado a ella por la superposición de varias ondas planas monocromáticas, o sea, por un paquete de ondas que interfirieren destructivamente en casi todo el espacio, excepto en una cierta región en torno de las partículas. Ese paquete se desplazaría con la llamada *velocidad de grupo* (Sección 14.1.1), $v_g$, dada por

$$v_g = \frac{\mathrm{d}\omega}{\mathrm{d}k} = \frac{\mathrm{d}E}{\mathrm{d}p}$$

Toda vez que la relación entre el *momentum* y la energía de una partícula material también puede ser expresada como

$$E^2 = p^2c^2 + m^2c^4$$

se obtiene, para la velocidad de grupo,

$$v_g = c^2p\big(p^2c^2 + m^2c^4\big)^{-1/2} = c^2\frac{p}{E} = v$$

El paquete de ondas se propagaría, por tanto, con la misma velocidad $v$ de las partículas, resultado compatible con el transporte de energía asociado a partículas materiales.

De esa forma, el movimiento de una partícula sería gobernado por las propiedades del movimiento ondulatorio de un *paquete piloto*, ya no monocromático, ligado a la partícula, cuya relación de dispersión, en el caso relativista, para el cual vale la relación de Einstein, $E = c\sqrt{p^2 + m^2c^2}$, sería dada por

$$\omega = c\left[k^2 + \left(\frac{mc}{\hbar}\right)^2\right]^{1/2}$$

y, en el limite no relativista, para el cual $E = p^2/(2m)$, por[1]

$$\omega = \frac{\hbar k^2}{2m}$$

Esas hipótesis va al encuentro de la visión de Heisenberg de no asociar mas trayectorias clásicas, en el sentido de una sucesión temporal de posiciones definidas, al movimiento de partículas. Sin embargo, la relación de dispersión propuesta por de Broglie implica la dispersión espacial de los paquetes piloto al transcurrir el tiempo y, consecuentemente, una condición final caracterizada también por una extensión espacial ilimitada, similar a una onda plana monocromática (Sección 14.7).

Del mismo modo que un paquete piloto no puede ser caracterizado por una única frecuencia o longitud de onda, la partícula asociada al paquete tampoco puede ser caracterizada por un único valor de energía o *momentum*. Esa asociación, por tanto, implica la imposibilidad de una definición precisa tanto de la posición cuanto del *momentum*, introduciendo *incertidumbre* tanto en los valores de la posición como

[1] En el límite no relativista, la velocidad de fase $(v_f)$ no es mayor que la velocidad de la luz en el vacío, o sea, $v_f = \lambda\nu = v/2$.

en los *momenta* de una partícula. Ese hecho, de inmediato, sugiere que, en el microcosmos, no se debe esperar que la primera ley de Newton pueda caracterizar el movimiento de la partícula libre, pues ni su velocidad, ni su trayectoria son exactamente definidas.

La aceptación de esas hipótesis, aparentemente contradictorias, solo ocucurrió después de la interpretación probabilística adecuada de los llamados experimentos de difracción de partículas (Sección 14.2).

### 14.1.1 Los paquetes de ondas-piloto

El mejor argumento a favor de la idea de asociar un paquete piloto a una partícula resulta del hecho de que ese paquete, al contrario de una onda plana monocromática, puede ser, de algún modo, espacialmente localizado. Su amplitud no se extiende por todo el espacio, siendo no nula apenas en una cierta región.

- Un ejemplo simple de un paquete de ondas puede ser obtenido a través de la superposición lineal de dos ondas planas monocromáticas y coherentes, $\Psi_1$ y $\Psi_2$, de la misma amplitud ($A$), que se propagan a lo largo de la dirección $x$, con frecuencias $\omega$ y $\omega + \mathrm{d}\omega$, siendo $\mathrm{d}\omega \ll \omega$, y números de onda $k$ y $k + \mathrm{d}k$ bien próximos, o sea, $\mathrm{d}k \ll k$,

$$\begin{cases} \Psi_1(x,t) = A \operatorname{sen}(kx - \omega t) \\ \Psi_2(x,t) = A \operatorname{sen}\big[(k + \mathrm{d}k)x - (\omega + \mathrm{d}\omega)t)\big] = A \operatorname{sen}\Big\{(kx - \omega t) + \big[(\mathrm{d}k)\,x - (\mathrm{d}\omega)\,t\big]\Big\} \end{cases}$$

  Teniendo en cuenta que $\operatorname{sen}\theta_1 + \operatorname{sen}\theta_2 = 2\operatorname{sen}\dfrac{\theta_1+\theta_2}{2}\cos\dfrac{\theta_2-\theta_1}{2}$, resulta para la superposición $\Psi = \Psi_1 + \Psi_2$,

$$\Psi = 2A\cos\frac{1}{2}\Big[(\mathrm{d}k)\,x - (\mathrm{d}\omega)\,t\Big]\operatorname{sen}(k_o x - \omega_o t) = A'(x,t)\operatorname{sen}(kx - \omega t)$$

  en donde $k_o = k + \mathrm{d}k/2 \simeq k$ y $\omega_o = \omega + \mathrm{d}\omega/2 \simeq \omega$.

  Así, se obtiene una onda plana casi monocromática, de frecuencia $\nu_o = 2\pi/\omega_o$ y longitud de onda $\lambda_o = 2\pi/k_o$, que se propaga en la dirección $x$, con amplitud variable $A'(x,t) = 2A\cos\frac{1}{2}\Big[(\mathrm{d}k)\,x - (\mathrm{d}\omega)\,t\Big]$.

  En un instante dado, el perfil de la onda (Figura 14.1) se presenta como la función denominada portadora, $\operatorname{sen}(k_o x - \omega_o t)$, cuya amplitud es modulada por la función $\cos\big[(\mathrm{d}k)\,x - (\mathrm{d}\omega)\,t\big]/2$, tal que la distancia entre dos máximos relativos consecutivos de la portadora es dada por $2\pi/k_o$. Mientras que la portadora se desplaza con velocidad de fase $v = \omega_o/k_o$, su envolvente moduladora representa un paquete de ondas que se propaga con velocidad igual a $v_g = \mathrm{d}\omega/\mathrm{d}k$, llamada velocidad de grupo.

  Para un medio no dispersivo, en el cual vale la relación lineal $\omega(k) = vk$, todas las componentes se desplazan con la misma velocidad de fase, de tal modo que el paquete se propaga sin distorsión en su perfil, con la velocidad de grupo dada por $v_g = v$, igual a la velocidad de fase. Sin embargo, toda vez que la amplitud de ese paquete se extiende indefinidamente en el tiempo y en el espacio, un paquete de ese tipo aún describe una situación idealizada.

- Una superposición más próxima de lo esperado puede ser obtenida si las ondas planas que forman un paquete poseen números de onda ($k$) que varían continuamente en el intervalo $(0,\infty)$. En ese caso, se puede escribir el paquete asociado a una partícula de masa $m$, que obedece a la relación de dispersión de L. de Broglie, $\omega(k) = \hbar\, k^2/(2m)$, como

$$\Psi(x,t) = \int_0^\infty a(k)\,\exp\big\{i\big[kx - \omega(k)t\big]\big\}\,\mathrm{d}k \tag{14.2}$$

  siendo $a(k)$ el peso de cada componente monocromática del paquete.

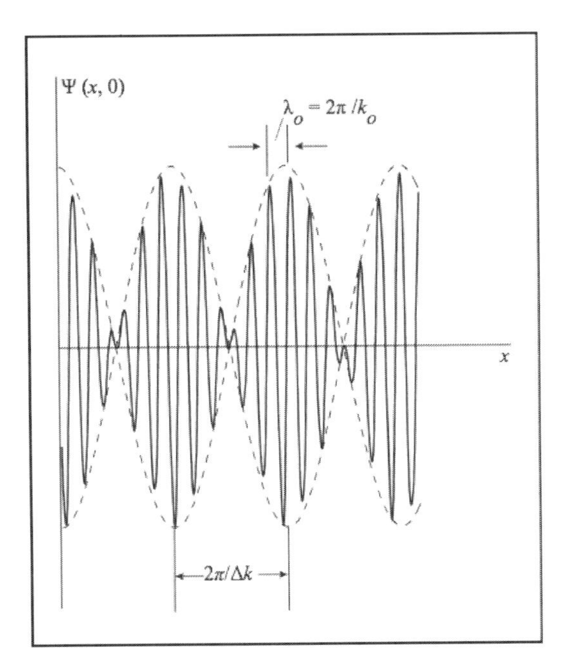


**Figura 14.1:** Perfil del paquete resultante de la superposición de dos ondas monocromáticas, con valores de longitud de onda y frecuencias bien próximas, en un instante dado, a lo largo de la dirección $x$.

Así,

$$\Psi(x,0) = \int_0^\infty a(k)\, e^{ikx}\, \mathrm{d}k$$

y multiplicando ambos los lados de esa ecuación por $e^{-ik'x}$ e integrando en relación a $x$,

$$\begin{aligned}\int_{-\infty}^{\infty} \Psi(x,0)\, e^{-ik'x}\, \mathrm{d}x &= \int_0^\infty \int_{-\infty}^{\infty} a(k)\, e^{i(k-k')x}\, \mathrm{d}x\, \mathrm{d}k = \int_0^\infty a(k)\, \frac{e^{i(k-k')x}}{i(k-k')}\bigg|_{-\infty}^{\infty} \mathrm{d}k \\ &= \lim_{\alpha\to\infty} 2\int_0^\infty a(k)\, \frac{\mathrm{sen}(k-k')\alpha}{k-k'}\, \mathrm{d}k \end{aligned} \tag{14.3}$$

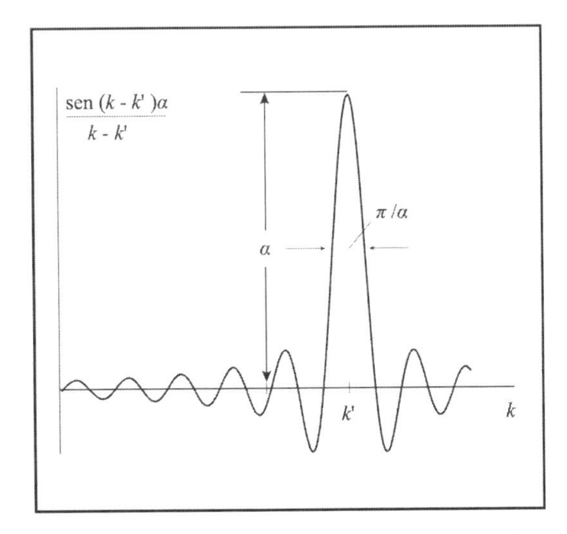


**Figura 14.2:** Comportamiento de la función $\frac{\mathrm{sen}(k-k')\alpha}{k-k'}$ $(k'>0)$.

Toda vez que la función trigonométrica en el integrando de la ecuación (14.3) sólo es apreciable en una pequeña vecindad de $k'$ (Figura 14.2), en la cual varía muy rápidamente, se puede considerar la función $a(k)$ como constante, sacándola fuera de la integral, de tal modo que el peso de cada onda monocromática es dado por el perfil inicial del paquete, se obtiene

$$a(k) = \frac{1}{2\pi}\int_{-\infty}^{\infty} \Psi(x,0)\, e^{-ikx}\, \mathrm{d}x$$

El peso $a(k)$ de cada componente monocromática, en la superposición lineal que describe un paquete de ondas, es denominado *transformada de Fourier* de la función $\Psi(x,0)$.

- Un ejemplo típico es el de una partícula de masa $m$, confinada inicialmente en un pequeño intervalo $(x_o, x_o + a)$, tal que el paquete que la representa tenga el perfil

$$\Psi(x,0) = A \operatorname{sen} k_o(x - x_o) \qquad\qquad x_o < x < x_o + a$$

con $k_o = 2\pi/\lambda_o$.

En ese caso, la incertidumbre $\Delta x$ asociada a la localización inicial de la partícula es del orden del ancho $a$.

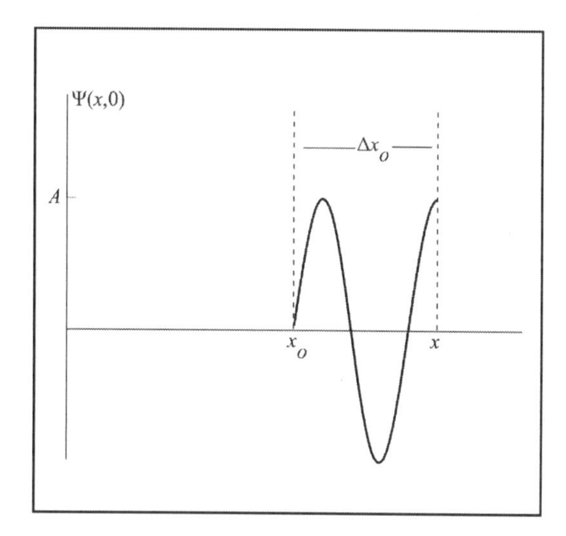


**Figura 14.3:** Ejemplo de un perfil inicial de un paquete de ondas.

Escribiendo el perfil inicial como

$$\Psi(x,0) = A\left(\frac{e^{ik_o(x-x_o)} - e^{-ik_o(x-x_o)}}{2i}\right)$$

el peso de cada componente monocromática puede ser calculado por

$$\begin{aligned}
a(k) &= \frac{A}{2\pi}\int_{x_o}^{x_o+a}\left[\frac{e^{-ik_o x_o}e^{-i(k-k_o)x} - e^{ik_o x_o}e^{-i(k+k_o)x}}{2i}\right]\mathrm{d}x \\
&= \frac{A}{2\pi}\, e^{-ikx_o}\int_0^a \left[\frac{e^{-i(k-k_o)y} - e^{-i(k+k_o)y}}{2i}\right]\mathrm{d}y
\end{aligned}$$

en donde $y = x - x_o$.

Así,

$$\begin{aligned}
a(k) &= \frac{A}{2\pi}\, e^{-ikx_o}\left[\frac{e^{-i(k-k_o)y}}{2(k-k_o)}\bigg|_0^a - \frac{e^{-i(k+k_o)y}}{2(k+k_o)}\bigg|_0^a\right] \\
&= \frac{A}{2\pi}\, e^{-ikx_o}\left[\frac{e^{-i(k-k_o)a} - 1}{2(k-k_o)} - \frac{e^{-i(k+k_o)a} - 1}{2(k+k_o)}\right] \\
&= \frac{Ai}{2\pi}\, e^{-ikx_o}\left[-e^{-i\alpha a/2}\,\frac{\operatorname{sen}(\alpha a/2)}{\alpha} + e^{-i\beta a/2}\,\frac{\operatorname{sen}(\beta a/2)}{\beta}\right]
\end{aligned}$$

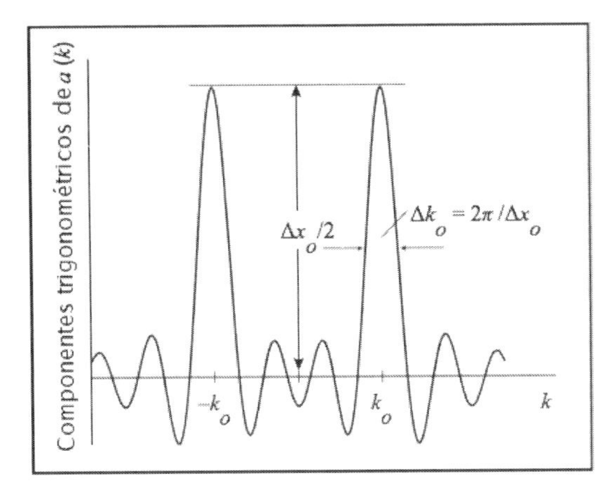


**Figura 14.4:** Componentes trigonométricos de un paquete cuyo perfil inicial es dado por $A \operatorname{sen} k_o x$.

siendo $\alpha = k - k_o$ y $\beta = k + k_o$.

Toda vez que las funciones trigonométricas (Figura 14.4) sólo son apreciables en pequeñas vecindades de $-k_o$ y $k_o$, y $k$ debe ser positivo, sólo el primer término de la expresión anterior contribuye al peso de las componentes monocromáticas del paquete,

$$|a(k)| = \left(\frac{A}{2\pi}\right) \left|\frac{\operatorname{sen}(k - k_o)\Delta x/2}{k - k_o}\right|$$

Así, la incertidumbre ($\Delta x$) en la localización espacial inicial de la partícula está asociada a una dispersión ($\Delta k$) del número de onda en torno del valor $k_o$ y, por tanto, a una dispersión ($\Delta p$) de su *momentum*, en torno de un valor dado $p_o$.

- $\Delta x \to \infty \quad \Longrightarrow \quad \Delta k \to 0 \quad \Longrightarrow \quad \Delta p \to 0$ (límite de onda plana)
- $\Delta x \to 0 \quad \Longrightarrow \quad \Delta k \to \infty \quad \Longrightarrow \quad \Delta p \to \infty$ (límite de confinamiento)

Se debe destacar que las incertidumbres $\Delta x$ y $\Delta p$ no fijan ningún valor para $x_o$ o $p_o$. El valor de $p_o$ es determinado por $\lambda_o$, el cual no es correlacionado con $x_o$ ni con la posición de la partícula. Asociadas al estado inicial de la partícula, esas incertidumbres representan las dispersiones en torno de los valores de $x_o$ y $p_o$, los cuales pueden tener, independientemente, cualesquiera valores.

Cuanto mayor la incertidumbre $\Delta x$, el paquete se aproxima más a una onda plana y, por tanto, más definido es el *momentum* de la partícula, que, sin embargo, puede tener cualquier valor. Por otro lado, cuanto mayor la incertidumbre $\Delta p$, más localizada estará la partícula, o sea, más definida su posición, que, sin embargo, también puede tener cualquier valor.

Ese compromiso, que de hecho expresa un vínculo entre las medidas de la dispersión de la posición y del *momentum* de una partícula en torno sus valores medios, es conocido como relación de incertidumbre entre la posición y el *momentum*, y fue cuantificado apropiadamente por Heisenberg como (Sección 14.6)

$$\boxed{\Delta x \Delta p \geq \frac{h}{4\pi}} \tag{14.4}$$

o sea, *cuanto más precisamente la posición es determinada, menos preciso es el conocimiento del* momentum *en ese instante, y viceversa.*

Según el enfoque de L. de Broglie, la relación de incertidumbre es una consecuencia matemática de la transformada de Fourier.

Si la posición ($x$) de una partícula confinada en una región dada de dimensiones lineales del orden de $a$ se refiere a algún punto de esa región, la posición o localización de la partícula es limitada por la incertidumbre $\Delta x$. De ese modo, la distancia $r$ de un electrón al núcleo satisface la relación

$$r \leq \Delta r \sim a/2$$

siendo $\Delta r$ la incertidumbre en la posición y $a$ una constante que define el radio característico de un átomo ($a \sim 10^{-8}$ cm). En ese caso, según la relación de Heisenberg, ecuación (14.4), la incertidumbre mínima asociada al *momentum* es del orden de

$$(\Delta p)_{\min} \sim \frac{h}{2\pi a} \sim 10^{-26}\,\mathrm{kg \cdot m/s}$$

Los conceptos clásicos de partículas y ondas fueron elaborados con base en experimentos realizados a escala macroscópica y, por tanto, son idealizaciones que, en principio, no se aplican a fenómenos cuya escala espacial sea de orden de las dimensiones atómicas. El concepto del electrón como partícula resultó de experimentos que involucraban el movimiento de haces de electrones en campos electromagnéticos generados por aparatos macroscópicos, tal que su movimiento, a partir de posición y velocidad iniciales conocidas, pudiese ser descrito por una sucesión de posiciones y velocidades al transcurrir el tiempo, o sea, por curvas parametrizadas por el tiempo, o trayectorias.

La asociación de electrones a paquetes de ondas implica que ni su posición ni su *momentum* son unívocamente definidos. Según las relaciones de incertidumbre de Heisenberg, todo el que se puede afirmar es que los electrones se localizan en una cierta región finita del espacio con una distribución de valores de *momentum*, de modo que cuanto menor la región ocupada, mayor la dispersión de *momentum*, y viceversa. Las relaciones de incertidumbre reflejan, en gran parte, la analogía del comportamiento de partículas y ondas establecida por Louis de Broglie, o sea, la *dualidad onda-partícula.*

**Figura 14.5:** La dualidad onda-partícula.

### 14.1.2 La cuantización de Wilson-Sommerfeld, según Louis de Broglie

Como consecuencia de sus hipótesis, de Broglie consiguió también explicar las reglas de cuantización previamente establecidas por la "vieja teoría cuántica".

Según de Broglie, un electrón ligado al núcleo de un átomo, que describe órbitas circulares solamente podría tener asociada también a él una onda piloto si esta fuese estacionaria, lo que preservaría la estabilidad del átomo (Figura 14.6a), al contrario de que ocurriría en la situación representada en la Figura 14.6b, en la cual habría interferencia destructiva.

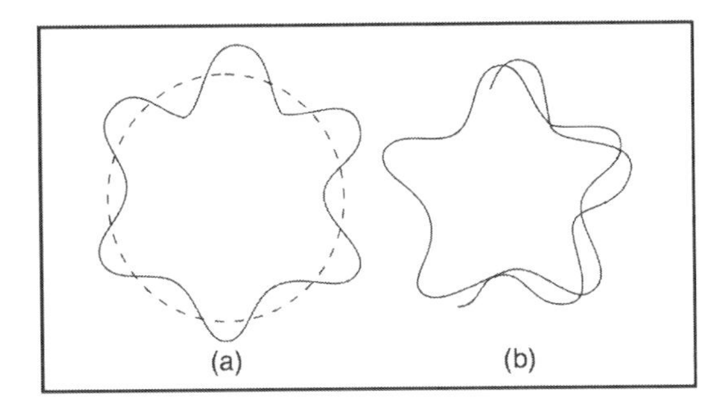


**Figura 14.6:** Órbitas y ondas estacionarias asociadas al movimiento del electrón en un átomo.

En esas circunstancias, el perímetro de una posible órbita debería ser un múltiplo entero de longitudes de onda de la onda piloto, o sea,

$$\oint \frac{\mathrm{d}s}{\lambda} = n \qquad (n = 1, 2, \ldots)$$

en la cual $\mathrm{d}s$ es un elemento de arco a lo largo de la trayectoria del electrón.

Teniendo en cuenta la relación entre el *momentum* y la longitud de onda, $p = h/\lambda$, se obtiene

$$\oint p\,\mathrm{d}s = nh$$

que es, esencialmente, la regla de cuantización de Wilson-Sommerfeld.[2]

De manera similar a Louis de Broglie, Schrödinger, en su teoría, sustituyó las reglas de cuantización *ad hoc* por condiciones de contorno impuestas a las soluciones de una ecuación diferencial de onda.

# 14.2 Difracción de electrones

*Todas las partículas pueden exhibir efectos de interferencia, y todos los movimientos ondulatorios tienen energía en forma de* quanta.

Paul Dirac

Mientras que el desarrollo de la formulación matricial de la Mecánica Cuántica ocurrió asociado a experimentos que involucraban a sistemas de partículas ligadas en átomos, la formulación ondulatoria se originó con las hipótesis de Louis de Broglie, asociadas al comportamiento de partículas materiales libres, como los electrones de un haz.

## 14.2.1 Experimentos de Davisson, Kunsman y Germer

Los primeros experimentos con haces de electrones, como los realizados por Zeeman y Thomson utilizando tubos de rayos catódicos, evidenciaron los aspectos corpusculares del electrón, como la masa y la carga. Las primeras evidencias experimentales acerca del comportamiento ondulatorio del electrón fueron

[2] Toda vez que

$$\begin{cases} \mathrm{d}\vec{r} = \hat{\imath}\,\mathrm{d}x + \hat{\jmath}\,\mathrm{d}y \\ \vec{p} = \hat{\imath}\,p_x + \hat{\jmath}\,p_y \end{cases}$$

y $p\,\mathrm{d}s = \vec{p}\cdot\mathrm{d}\vec{r}$, esas expresiones implican

$$\oint p_x\,\mathrm{d}x = n_x h \qquad \text{y} \qquad \oint p_y\,\mathrm{d}y = n_y h.$$

reportadas por los estadounidenses Clinton Davisson y Charles Kunsman, en 1921, cuando, casualmente, observaron reflexiones selectivas de electrones por superficies metálicas de platino (Pt) y magnesio (Mg). La Figura 14.7 muestra un esquema del aparato utilizado por Davisson.

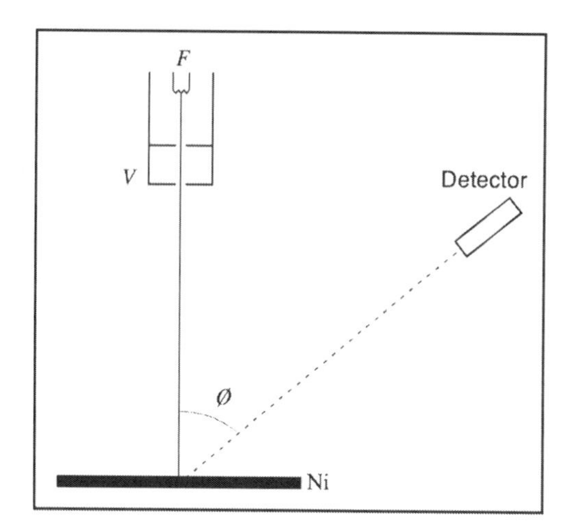


**Figura 14.7:** Esquema del aparato utilizado por Davisson, en el cual un filamento ($F$) de tungsteno libera electrones, que son acelerados por un potencial ($V$), colimados, dispersados y reflejados en un cristal metálico de níquel (Ni), detectados en varios ángulos ($\phi$).

Mientras que en los experimentos de J.J. Thomson fueron utilizados tubos de rayos catódicos, en el interior de los cuales se hacía vacío para facilitar la propagación de los haces de electrones, en los experimentos de Davisson los electrones se propagaban en cámaras de vacío para minimizar la dispersión por las moléculas gaseosas presentes en las cámaras.

La dispersión de electrones, realizados entre 1921 y 1923 por Davisson, fueron interpretados como experimentos de difracción, a la luz de las hipótesies de L. de Broglie, por un asesorado de Max Born, el alemán Walter Elsasser.

Davisson y Germer, en 1927, ya considerando las hipótesis de L. de Broglie, observaron fuertes reflexiones para ángulos del orden de 50°, correspondientes a 54 V, y 44°, para 65 V, con electrones acelerados por potenciales entre 30 y 600 V. En esos experimentos, los cristales de níquel (Ni) fueron cortados de forma tal que los átomos de sus superficies pertenecieran a planos equidistantes (Figura 14.8) y el haz de electrones incidiese perpendicularmente a la superficie del cristal.

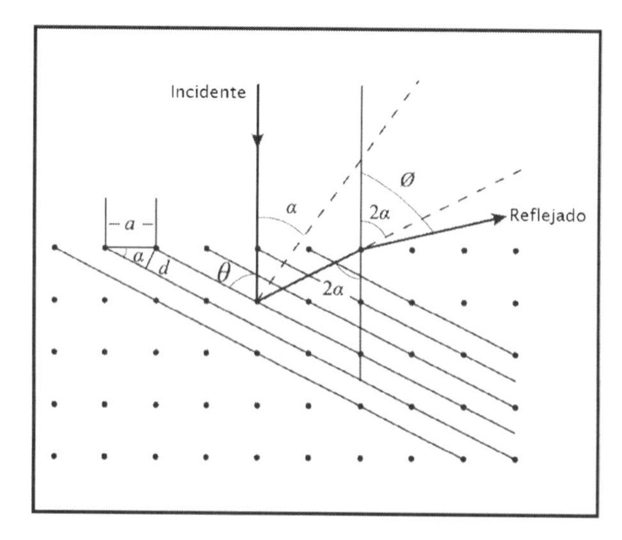


**Figura 14.8:** Difracción de electrones por una red cristalina, en la cual $d = a\,\text{sen}\alpha$.

Las distancias ($a$) entre esos planos, determinadas por difracción de rayos X, eran del orden de 2,15 Å.

Para establecer la analogía con la difracción de rayos X, se torna necesario considerar la refracción del haz al penetrar y al dejar el cristal. Para una incidencia normal, si la longitud de onda asociada a los electrones es $\lambda$ antes de la penetración en el cristal, y en el interior del cristal es $\lambda'$, el índice de refracción ($\mu$) los relaciona por[3]

$$\mu = \frac{\lambda}{\lambda'} = \frac{\operatorname{sen}\phi}{\operatorname{sen}2\alpha}$$

en donde $\phi$ es el ángulo entre el haz (reflejado) que deja el cristal y el haz incidente, y $\alpha$, el ángulo entre el haz incidente y la normal a los planos de reflexión.

Si la condición de Bragg, ecuación (8.22), fuera satisfecha en el interior del cristal,

$$n\lambda' = 2d\operatorname{sen}\theta = 2d\cos\alpha$$

implicaría que

$$n\lambda = \frac{2d\cos\alpha\operatorname{sen}\phi}{2\operatorname{sen}\alpha\cos\alpha} = \left(\frac{d}{\operatorname{sen}\alpha}\right)\operatorname{sen}\phi = a\operatorname{sen}\phi$$

Calculando la longitud de onda que correspondería a un máximo de difracción de orden $n = 1$, para $\phi = 50°$, se obtiene

$$\lambda = a\operatorname{sen}\phi = 2{,}15 \times \operatorname{sen}50° = 1{,}65 \text{ Å}$$

Ese valor corresponde también a la longitud de onda de la onda piloto asociada por de Broglie a un electrón acelerado por un potencial $V = 54$ V, que adquiere energía $E = eV$ y *momentum* $p = \sqrt{2mE}$,

$$\lambda = \frac{h}{p} = \frac{h}{\sqrt{2mE}} = \frac{h}{\sqrt{2meV}} = 1{,}67 \text{ Å}$$

siendo $e$ la carga y $m$ la masa del electrón.

Así, experimentos con haces de partículas materiales como los electrones pueden ser interpretados de manera análoga a los experimentos de interferencia en Óptica, como aquellos en los cuales ondas electromagnéticas son difractadas por la estructura periódica de un cristal, que sirve como una red de difracción.

De esa manera, si un haz homogéneo y colimado de electrones, correspondiente a una onda cuasiplana y monocromática, incide sobre un cristal, se espera que sean observadas reflexiones selectivas del haz de partículas, análogas a las observadas en la difracción de ondas electromagnéticas, como los rayos X, de modo que los haces reflejados sean más intensos en direcciones que dependen de la longitud de onda asociada a las partículas. Además de electrones, patrones de difracción fueron obtenidos con haces de neutrones, átomos y moléculas. Las difracciones de átomos y moléculas fueron realizadas por primera vez por Stern y colaboradores, utilizando el selector de velocidades (Sección 3.2.3), empleado para el estudio de las distribuciones de velocidades de haces moleculares.

Con relación al uso de la difracción de partículas eléctricamente neutras para la determinación de la estructura de los materiales, la principal dificultad es la obtención de haces bien colimados y monoenergéticos, o sea, haces homogéneos con pequeñísima divergencia espectral. Esa falta de monocromaticidad es más acentuada cuando son utilizados neutrones térmicos con energía del orden de 0,025 eV. Sin embargo, la técnica de la doble difracción (Figura 14.9) utiliza el propio fenómeno de la difracción para la obtención de haces colimados y monoenergéticos.

Esa técnica puede ser utilizada tanto para haces de rayos X y de electrones cuanto para neutrones. De acuerdo con la Figura 14.9, la difracción por planos atómicos conocidos en el primer cristal (1), denominado monocromador, permite la selección de energías o longitudes de onda deseados para las partículas que serán dispersadas por el segundo cristal (2), cuya estructura se desea determinar.

[3] Para rayos X, el índice de refracción es prácticamente uno, en la mayoría de los casos.

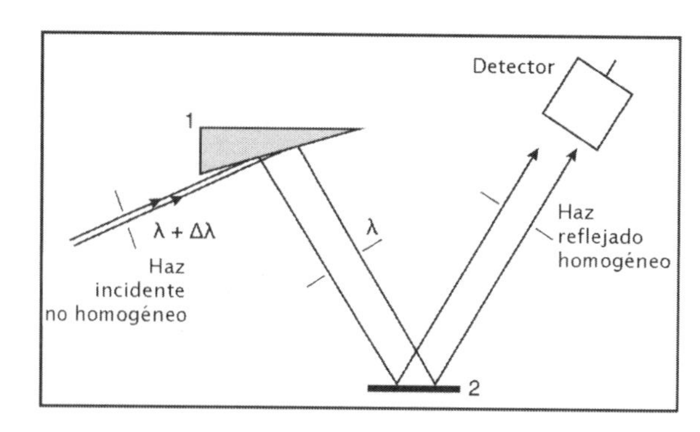


**Figura 14.9:** Esquema de un arreglo de doble difracción.

### 14.2.2 Experimentos de G.P. Thomson

El inglés George Paget Thomson, hijo de J.J. Thomson, utilizando haces de electrones (Figura 14.10) con energía del orden de 10 a 60 keV – mucho mayor que la de los electrones utilizados por Davisson –, consiguió observar, aún en 1927, patrones de intensidad similares a los obtenidos con la difracción de rayos X por transmisión en cristales pulverizados (Figura 14.11).

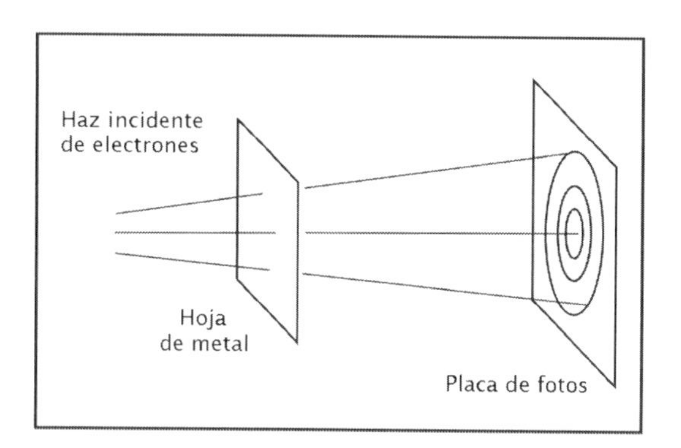


**Figura 14.10:** Esquema del aparato utilizado por G.P. Thomson.

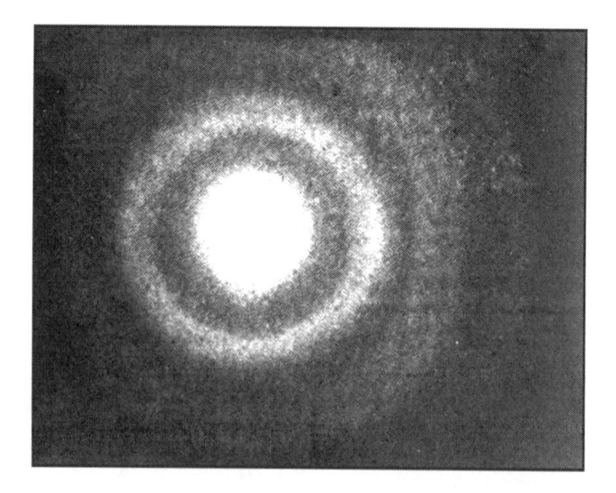

**Figura 14.11:** Figura de difracción de electrones obtenida por G. P. Thomson.

El experimento consistía en registrar en una placa fotográfica[4] los electrones que atravesaban finas láminas metálicas. La longitud de onda asociada a esos electrones, según la relación de L. de Broglie, variaba de 0,05 Å a 0,12 Å, del mismo orden de los rayos X duros. Las láminas metálicas, fuesen de

[4] Experimentos con películas de celulosa ya habían sido realizados por G.P. Thomson y Alexander Reid.

aluminio (`Al`), de oro (`Au`), de platino (`Pl`) o de plomo (`Pb`), consistían en agregados de pequeños cristales aleatoriamente orientados, de modo que siempre algún plano del cristal estuviese presente en la dirección apropiada, para la cual la condición de Bragg sería satisfecha.

Con el objetivo de evitar múltiples dispersiones, que destruirían los patrones de interferencia visibles en la placa fotográfica y sólo revelarían un desenfoque luminoso, las láminas eran suficientemente finas, con espesores del orden de 0,1 $\mu$m, para impedir que los electrones colisionaran más de una vez al atravesarlas.

Además de esos resultados cualitativos, G.P. Thomson comparó los valores de las distancias entre los planos atómicos, calculadas a través de la difracción de rayos X y de electrones (Tabla 14.1),[5] encontrando discrepancias relativas del orden de 6%.

**Tabela 14.1:** Medidas de las distancias entre planos atómicos para algunos metales, según G.P. Thomson

| Metal | $d$(Å) | |
|---|---|---|
| | Rayos X | Electrones |
| Al | 4,05 | 4,06 |
| Au | 4,06 | 4,18 |
| Pl | 3,91 | 3,88 |
| Pb | 4,92 | 4,99 |

### 14.2.3 El efecto Kapitza-Dirac

Los experimentos de Davisson, Kunsman, Germer y G.P. Thomson mostraron que haces de partículas, como el electrón, podían, en determinadas situaciones, manifestar comportamientos ondulatorios, además del comportamiento corpuscular usual en otras situaciones.

De modo complementario, un haz de luz, que fue tenido como el resultado de procesos ondulatorios electromagnéticos, podía, en ciertos fenómenos, como los efectos fotoeléctrico y de Compton (Capítulo 10), manifestar un comportamiento clásicamente esperado de un haz de partículas.

El físico russo Piotr Leonidovich Kapitza y Dirac formularon, en 1933, un experimento muy interesante que contribuiría a aumentar la comprensión del comportamiento dual de ondas y partículas. La propuesta, aparentemente inverosímil, fue la de realizar la dispersión de electrones por ondas estacionarias de luz, o sea, en un único experimento se evidenciarían los comportamientos duales del electrón y de la luz.

Ese experimento, esquematizado en la Figura 14.12, puede ser descrito así: la luz de una fuente intensa, que parte de un punto ($O$), atraviesa una lente ($L$) e incide sobre un espejo ($E$) en el cual es reflejada, formando ondas estacionarias entre la lente y el espejo; un haz de electrones, originados en un filamento ($F$), es acelerado y colimado en la dirección del punto $P$, pero una parte es desviada por las ondas estacionarias hacia el punto $P'$.

Todo el aparato debería ser montado en una cámara de vacío, y el efecto solo podría ser realmente observado si la intensidad del haz en $P'$ fuese de magnitud comparable a aquella en $P$. Sin embargo, la intensidad de las fuentes disponibles en la época no era suficiente para tal observación. Patrones de difracción de haces de partículas por la luz emitida por una fuente de láser fueron observados, por Gordon Gould y colaboradores, solamente en 1986, utilizando haces de átomos.

[5] J.J. e G.P. Thomson fueron laureados con el premio Nobel de Física. El padre, por evidenciar la existencia y los aspectos corpusculares del electrón; el hijo, por evidenciar propiedades ondulatorias ligadas al comportamiento de esta partícula elemental.

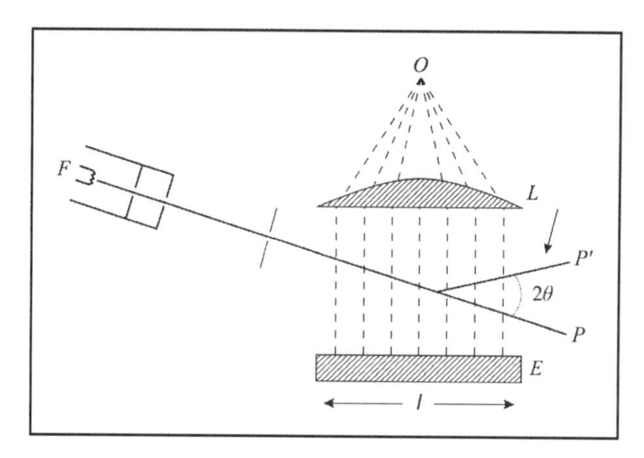


**Figura 14.12:** Esquema del experimento de Kapitza-Dirac.

El tratamiento teórico del problema consiste en la descripción de la interacción del haz de electrones con los campos producidos por dos haces de ondas progresivas de la misma frecuencia $\nu$ y longitud de onda $\lambda$ que se propagan en sentidos opuestos, en lugar de hacerlo con el campo de ondas estacionarias. Según Kapitza y Dirac, el fenómeno se debe a la llamada dispersión Compton estimulada, en la cual un electrón absorbe un determinado fotón de energía $h\nu$, reflejado por el espejo $E$, adquiriendo un *momentum* de orden de $h\nu/c = h/\lambda$. Este fotón, luego, es reemitido, después de que el electrón haya sido estimulado por otro fotón de la misma energía del haz que se propaga al encuentro del espejo. El resultado final es que el electrón vuelve a tener la misma energía, pero sufre una variación de *momentum* de orden de $2h\nu/c$. Luego, el ángulo de dispersión $2\theta$ (Figura 14.13) será dado por

$$\operatorname{sen}\theta = \frac{h/\lambda}{p}$$

siendo $p$ el *momentum* del electrón incidente.

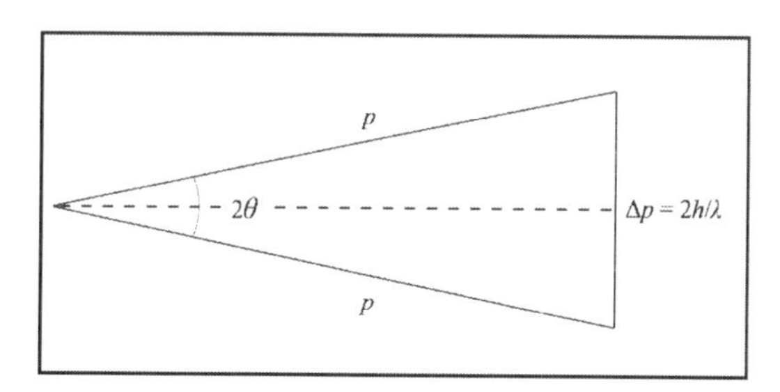


**Figura 14.13:** Variación de *momentum* en la dispersión de un electrón por ondas eletromagnéticas.

Así, de acuerdo con la relación de Louis de Broglie, como la longitud de onda ($\lambda_e$) asociada al electrón es dada por

$$\lambda_e = \frac{h}{p}$$

se obtiene la relación

$$\lambda_e = \lambda \operatorname{sen}\theta \tag{14.5}$$

que es exactamente la condición de Bragg de orden 1, con un espaciamiento de la red igual a $d = \lambda/2$, conforme a la ecuación (8.22). Por tanto, el campo estacionario se comporta aquí como una red de difracción con constante de red igual a la mitad de su longitud de onda, mientras que el haz de electrones se comporta como un haz de rayos X.

## 14.3 La ecuación de Schrödinger

*[La ecuación de onda de Schrödinger] probablemente es la ecuación más reinterpretada jamás escrita.*

Mario Bunge

En la Física Clásica, las leyes y las ecuaciones fundamentales, como las leyes de Newton y las ecuaciones de Maxwell, son utilizadas para la deducción de otras ecuaciones de carácter general que cubren una amplia gama de fenómenos, como la ecuación de onda de d'Alembert, que describe el comportamiento ondulatorio colectivo de un medio.

En la Física Cuántica, sin embargo, las llamadas ecuaciones de ondas, que describen el comportamiento de partículas materiales, como la ecuación de Schrödinger o la ecuación de Dirac (Capítulo 16), no pueden ser deducidas a partir de una teoría o de principios básicos de la Física. Las ecuaciones de onda cuánticas son propuestas y aceptadas a partir de sus consistencias teóricas y de la compatibilidad de sus consecuencias con los resultados experimentales; son establecidas a partir de analogías y argumentos que las tornan más plausibles, como las propias leyes de Newton, que, según el filósofo alemán Emmanuel Kant, Newton impuso a la Naturaleza, y el conjunto de las ecuaciones de Maxwell.

### 14.3.1 La analogía de Hamilton y la ecuación independente del tiempo

Tanto de Broglie cuanto Schrödinger se basaron en los estudios de Hamilton, de 1835, en los cuales establece analogías formales entre la Óptica y la Mecánica Clásica. En las palabras del propio Louis de Broglie,

> *[Schrödinger] profundizando la analogía señalada (...) por Hamilton, entre la Óptica Geométrica y la Mecánica Analítica, consiguió escribir la ecuación general de propagación, válida en la aproximación no relativista, para una onda asociada a un corpúsculo en un campo dado (...).*

Hamilton expresó la ecuación de movimiento de una partícula de masa $m$, bajo la acción de un campo de fuerzas, de un modo bastante similar a las ecuaciones que describen la trayectoria de un rayo de luz en un medio no homogéneo, cuyo índice de refracción depende de la posición. Las variaciones del índice de refracción modifican la trayectoria de los rayos luminosos de la misma manera que la variación de la energía potencial de interacción hace que las trayectorias de las partículas (Figura 14.14) sean curvas.

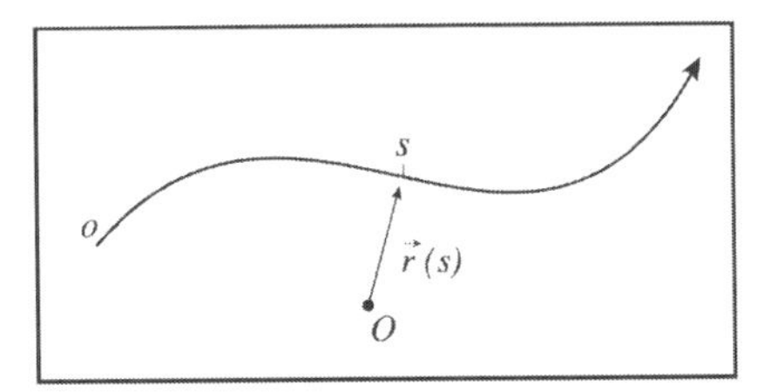


**Figura 14.14:** Trayectoria de un rayo luminoso.

Sea $\vec{r}(s)$ la posición a lo largo de la trayectoria de un rayo luminoso, parametrizada por la longitud de arco $s$ sobre la trayectoria. En ese caso, a partir del vector unitario tangente a la trayectoria en cada punto $\hat{t} = \mathrm{d}\vec{r}/\mathrm{d}s$, se puede escribir

$$(n\hat{t}) \cdot (n\hat{t}) = n^2$$

en donde $n(\vec{r})$ es el índice de refracción del medio, que varía de punto a punto.

Luego, resulta que

$$\hat{t} \cdot \mathrm{d}(n\hat{t}) = \mathrm{d}n = \vec{\nabla}n \cdot \mathrm{d}\vec{r} = \vec{\nabla}n \cdot \left(\frac{\mathrm{d}\vec{r}}{\mathrm{d}s}\right) \mathrm{d}s = \left(\hat{t} \cdot \vec{\nabla}n\right) \mathrm{d}s$$

o

$$\hat{t}\cdot\frac{\mathrm{d}}{\mathrm{d}s}\left(n\frac{\mathrm{d}\vec{r}}{\mathrm{d}s}\right)=\hat{t}\cdot\vec{\nabla}n$$

de lo cual se obtiene la llamada ecuación diferencial de los rayos luminosos

$$\boxed{\vec{\nabla}n=\frac{d}{ds}\left(n\frac{d\vec{r}}{ds}\right)} \tag{14.6}$$

Según la Dinámica de Newton, una partícula de masa $m$ y energía $E$, sujeta a un campo de fuerzas tal que la energía potencial de interacción sea dada por $V(\vec{r})$, obedece a la ecuación

$$\frac{d\vec{p}}{dt}=-\vec{\nabla}V(\vec{r})$$

siendo $|\vec{p}|=p=\left[2m(E-V)\right]^{1/2}$. De ese modo, se puede escribir

$$\vec{\nabla}p=\frac{\partial p}{\partial x}\hat{\imath}+\frac{\partial p}{\partial y}\hat{\jmath}+\frac{\partial p}{\partial z}\hat{k}=\frac{\partial p}{\partial V}\left(\frac{\partial V}{\partial x}\hat{\imath}+\frac{\partial V}{\partial y}\hat{\jmath}+\frac{\partial V}{\partial z}\hat{k}\right)=-\left(\frac{m}{p}\right)\vec{\nabla}V$$

o

$$-\vec{\nabla}V=\frac{p}{m}\vec{\nabla}p$$

Notando que

$$\frac{\mathrm{d}\vec{p}}{\mathrm{d}t}=\frac{\mathrm{d}\vec{p}}{\mathrm{d}s}\underbrace{\frac{\mathrm{d}s}{\mathrm{d}t}}_{v=p/m}=\frac{p}{m}\frac{\mathrm{d}}{\mathrm{d}s}\underbrace{\left(m\frac{\mathrm{d}\vec{r}}{\mathrm{d}t}\right)}_{\vec{p}}=\frac{p}{m}\frac{\mathrm{d}}{\mathrm{d}s}\left(m\frac{\mathrm{d}\vec{r}}{\mathrm{d}s}\frac{\mathrm{d}s}{\mathrm{d}t}\right)=\frac{p}{m}\frac{\mathrm{d}}{\mathrm{d}s}\left(p\frac{\mathrm{d}\vec{r}}{\mathrm{d}s}\right)$$

implica que, para el movimiento de una partícula clásica, vale la ecuación

$$\boxed{\vec{\nabla}p=\frac{\mathrm{d}}{\mathrm{d}s}\left(p\frac{\mathrm{d}\vec{r}}{\mathrm{d}s}\right)} \tag{14.7}$$

Comparando la ecuación (14.7) con la ecuación de los rayos, ecuación (14.6), se puede establecer que

> *la trayectoria de una partícula de masa $m$ y energía $E$, en una región donde su energía potencial es dada por $V(\vec{r})$, es idéntica a la trayectoria de un rayo de luz, en un medio de índice de refracción $n(\vec{r})$ proporcional a $\left[E-V(\vec{r})\right]^{1/2}$.*

Toda vez que la luz en un medio no homogéneo de índice de refracción $n(\vec{r})$ se propaga como una onda electromagnética cuya variación espacial de la función de onda $\Psi$ obedece a la ecuación de Helmholtz (Capítulo 15),

$$-\nabla^2\psi\sim n^2(\vec{r})\,\psi$$

por medio de la analogía de Hamilton,

$$n^2(\vec{r})\sim 2m\left[E-V(\vec{r})\right]=p^2$$

se puede suponer que la onda piloto de Louis de Broglie obedece a la ecuación diferencial parcial lineal y homogénea,

$$-\nabla^2\psi=\frac{p^2}{\hbar^2}\,\psi(\vec{r})$$

llamada *ecuación de Schrödinger independiente del tiempo,*

$$\boxed{\left[-\frac{\hbar^2}{2m}\nabla^2+V(\vec{r})\right]\psi(\vec{r})=E\,\psi(\vec{r})} \tag{14.8}$$

siendo $\hbar$ una constante cuya dimensión es de momento angular.

Admitiendo que la interacción entre el protón y el electrón fuese dada por la energía potencial de interacción electrostática coulombiana, $V(\vec{r}) = -e^2/r$, Schrödinger determinó el espectro de energía del átomo de hidrógeno y, comparando su resultado para el espectro con la fórmula de Bohr, pudo identificar que la constante $\hbar$ se relaciona con la constante de Planck por

$$\hbar = \frac{h}{2\pi} = (1{,}05457168 \pm 0{,}00000018) \times 10^{-34} \text{ J.s}$$

La ecuación de Schrödinger, entonces, describe el comportamiento dinámico de una partícula no relativista de masa $m$ y energía $E$, en una región dada del espacio, sujeta a la acción de un campo de fuerzas cuya energía potencial de interacción es $V(\vec{r})$, por medio de un campo escalar representado por una función de onda $\psi(\vec{r})$.

En una dimensión espacial $x$, la ecuación de Schrödinger independiente del tiempo es escrita como

$$\boxed{\left[-\frac{\hbar^2}{2m}\frac{\mathrm{d}^2}{\mathrm{d}x^2} + V(x)\right]\psi(x) = E\psi(x)} \tag{14.9}$$

Schrödinger utilizó la ecuación independiente del tiempo en problemas de contorno para determinar, con éxito, los espectros de energía del átomo de hidrógeno y del oscilador armónico, sin establecer, por cierto, una interpretación convincente de las soluciones para las funciones de onda.

Esa interpretación de la función de onda como una cantidad auxiliar a partir de la cual se puede determinar las distribuciones de probabilidad para la ocurrencia de los valores de las magnitudes físicas asociadas a una partícula sólo fue establecida por Max Born, en 1926, después de que el propio Schrödinger determinara una ecuación de onda dependiente del tiempo, válida para la descripción de una partícula en campos no conservativos, pero todavía en el dominio no relativista. Conforme declaró en su *Nobel Lecture*, Max Born se inspiró en una interpretación sugerida por Einstein, según la cual el cuadrado de las amplitudes de las ondas luminosas podría ser visto como una densidad de probabilidad de la ocurrencia de los fotones.

### 14.3.2 La ecuación de Schrödinger dependiente del tiempo

El 23 de noviembre de 1925, Schrödinger pronunció un coloquio, por invitación de Debye, sobre la tesis de Louis de Broglie, al final del cual oyó al propio Debye comentar que había aprendido con su maestro, Professor Arnold Sommerfeld, que el mejor modo de tratar con ondas era disponer de una ecuación diferencial de onda. ¿Cuál sería, entonces, la ecuación para la onda de Louis de Broglie?, le preguntó Debye. Algunas semanas más tarde, Schrödinger le informó que había llegado a una ecuación diferencial para la onda de Louis de Broglie asociada al movimiento de un electrón: la *ecuación de Schrödinger*,

$$H\Psi(\vec{r},t) = i\hbar\frac{\partial}{\partial t}\Psi(\vec{r},t) \tag{14.10}$$

en la cual $H$ es el operador hamiltoniano que, en el caso de sistemas conservativos, corresponde a la energía del electrón.

Al buscar una ecuación de onda dependiente del tiempo, Schrödinger consideró que la función de onda asociada a una partícula con energía $E$, en una región del espacio, bajo la acción de un campo de fuerzas conservativo, tuviese una dependencia temporal armónica del tipo

$$\Psi(\vec{r},t) = \psi(\vec{r})\, e^{\pm iEt/\hbar}$$

siendo $\vec{r}$ un punto genérico del espacio y $t$ cualquier instante de tiempo.

Así, además de la ecuación independiente del tiempo, la función de onda debería obedecer también las ecuaciones

$$-\hbar^2 \frac{\partial^2 \Psi}{\partial t^2} = E^2\, \Psi(\vec{r}, t) \qquad \text{y} \qquad \mp\, i\hbar \frac{\partial \Psi}{\partial t} = E\, \Psi(\vec{r}, t)$$

A partir de la expresión que involucra a la derivada segunda, se puede eliminar la dependencia explícita de la energía, obteniendo

$$\left[-\frac{\hbar^2}{2m}\nabla^2 + V(\vec{r})\right]^2 \Psi(\vec{r}, t) = -\hbar^2 \frac{\partial^2 \Psi}{\partial t^2}$$

y, a partir de la expresión que relaciona la primera derivada,

$$\left[-\frac{\hbar^2}{2m}\nabla^2 + V(\vec{r})\right] \Psi(\vec{r}, t) = \pm\, i\hbar \frac{\partial \Psi}{\partial t} \tag{14.11}$$

Utilizando el argumento de la simplicidad, Schrödinger optó por la ecuación (14.11) y por el signo positivo para describir el comportamiento de una partícula de masa $m$, incluso en un campo de fuerzas no conservativo, $V(\vec{r}, t)$, en una región dada del espacio, pero todavía en el dominio no relativista, estableciendo, así, aquella que quedó conocida como la ecuación de Schrödinger dependiente del tiempo, o, simplemente, *ecuación de Schrödinger*,

$$\boxed{\left[-\frac{\hbar^2}{2m}\nabla^2 + V(\vec{r}, t)\right] \Psi(\vec{r}, t) = i\hbar \frac{\partial \Psi}{\partial t}} \tag{14.12}$$

De acuerdo con la elección de Schrödinger, la solución para la onda asociada a una partícula libre de masa $m$ y energía $E$, que se propaga con *momentum* de magnitud $|\vec{p}| = \sqrt{2mE}$, es dada por la onda plana de L. de Broglie

$$\Psi(\vec{r}, t) = A\, e^{i(\vec{p}\cdot\vec{r} - Et)/\hbar}$$

en donde $A$ es una constante.

- La presencia de la unidad imaginaria $i$ en la ecuación de Schrödinger implica que el valor de la función de onda $\Psi(\vec{r}, t)$ sea complejo, pues representándola como

  $$\Psi(\vec{r}, t) = f(\vec{r}, t) + i\, g(\vec{r}, t)$$

  en donde $f$ y $g$ son funciones reales de la posición ($\vec{r}$) y del tiempo ($t$), sustituyéndola en la ecuación (14.12) y agrupando las partes real y compleja de la ecuación obtenida, resulta que

  $$\begin{cases} -\dfrac{\hbar^2}{2m}\, \nabla^2 f + V f = -\hbar\, \dfrac{\partial g}{\partial t} \\[2ex] -\dfrac{\hbar^2}{2m}\, \nabla^2 g + V g = -\hbar\, \dfrac{\partial f}{\partial t} \end{cases}$$

  Como las funciones $f(\vec{r}, t)$ y $g(\vec{r}, t)$ están acopladas por las dos ecuaciones anteriores y no existen soluciones no triviales, dependientes del tiempo, correspondientes a $f = 0$ o $g = 0$, eso implica que el valor de $\Psi$ nunca es real ni puramente imaginario, generando serias dificultades para interpretar esa ecuación.

  En ese sentido, la onda piloto de Louis de Broglie no puede ser asociada directamente a ninguna variable dinámica o propiedad característica de una partícula. Además de eso, la generalización de la ecuación de Schrödinger para átomos multielectrónicos, con $N$ electrones, presupone una función de onda cuya dependencia espacial envuelve las $3N$ coordenadas espaciales de los electrones, lo que constituye otro argumento contrario a la realidad de la onda piloto.

### 14.3.3 El límite de las órbitas clásicas

La ecuación de Schrödinger independiente del tiempo para una partícula que se mueve en una dirección $x$, bajo la acción de un potencial $V(x)$, con energía $E$, puede ser escrita como

$$\hbar^2 \frac{\mathrm{d}^2\psi}{\mathrm{d}x^2} + p^2(x)\,\psi(x) = 0 \tag{14.13}$$

en donde

$$p(x) = \sqrt{2m[E - V(x)]}$$

La solución para $V = 0$ es del tipo onda plana, $e^{ipx/\hbar}$. Admitiendo que para $V \neq 0$ exista una solución del tipo $\psi(x) = A \exp\left[\frac{i}{\hbar}\,\beta(x)\right]$, la ecuación (14.13) se torna

$$\left[i\hbar \frac{\mathrm{d}^2\beta}{\mathrm{d}x^2} - \left(\frac{\mathrm{d}\beta}{\mathrm{d}x}\right)^2\right]\psi(x) = -p^2\,\psi(x) \tag{14.14}$$

Considerando el límite en el cual el valor de $\hbar$ es muy pequeño, se puede considerar una buena aproximación

$$\left(\frac{\mathrm{d}\beta}{\mathrm{d}x}\right)^2 = p^2 \qquad \Longrightarrow \qquad \beta(x) = \pm\int p\,\mathrm{d}x$$

De ese modo, la solución general de la ecuación (14.13) es dada por

$$\begin{aligned}\psi(x) &= C_1 \exp\left(\frac{i}{\hbar}\int p\,\mathrm{d}x\right) + C_2 \exp\left(-\frac{i}{\hbar}\int p\,\mathrm{d}x\right)\\ &= A\,\mathrm{sen}\left(\frac{1}{\hbar}\int p\,\mathrm{d}x\right) + B\cos\left(\frac{1}{\hbar}\int p\,\mathrm{d}x\right)\end{aligned}$$

Si la partícula está confinada en un intervalo $(a, b)$, las condiciones de contorno en los extremos $a$ y $b$ implican que

$$\begin{cases} \psi(a) = 0 \qquad \Longrightarrow \qquad \psi(x) = A_1\,\mathrm{sen}\left(\dfrac{1}{\hbar}\displaystyle\int_a^x p\,\mathrm{d}x\right)\\[2ex] \psi(b) = 0 \qquad \Longrightarrow \qquad \psi(x) = A_2\,\mathrm{sen}\left(\dfrac{1}{\hbar}\displaystyle\int_x^b p\,\mathrm{d}x\right)\end{cases}$$

Para que las expresiones coincidan en todo el intervalo $(a, b)$, se debe tener

$$A_1 \mathrm{sen}\,\theta_1 = A_2 \mathrm{sen}\,\theta_2$$

o sea,

$$\frac{A_2}{A_1} = \begin{cases} 1 & (n = 1, 3, ...)\\ -1 & (n = 2, 4, ...)\end{cases}$$

y la suma de los argumentos de las autofunciones debe ser un múltiplo entero de $\pi$,

$$\theta_1 + \theta_2 = \frac{1}{\hbar}\left[\int_a^x p\,\mathrm{d}x + \int_x^b p\,\mathrm{d}x\right] = n\pi \qquad (n = 1, 2, 3, .....)$$

Si el movimiento de la partícula es periódico, se puede escribir

$$\frac{1}{\hbar}\oint p\,\mathrm{d}x = 2\pi n \qquad \Longrightarrow \qquad \oint p\,\mathrm{d}x = nh \tag{14.15}$$

que es exactamente la condición de cuantización de Wilson-Sommerfeld.

Por tanto, las ideas que parecían extrañas, colocadas *ad hoc* en la "vieja mecánica cuántica", pasan a ser comprendidas en el ámbito de la formulación cuántica de Schrödinger.

## 14.4 La interpretación probabilística de Born

*Predicciones estadísticas pueden ser, generalmente hablando, tan ciertas (o inciertas) como cualquier otro tipo de predicción (...).*

Mario Bunge

La interpretación de la función de onda se basa en el comportamiento del cuadrado de su módulo, $|\Psi|^2 = \Psi^*\Psi$, pues, derivando $|\Psi|^2$ en relación al tiempo,

$$\begin{aligned}\frac{\partial|\Psi|^2}{\partial t} &= \frac{\partial\Psi^*}{\partial t}\Psi + \Psi^*\frac{\partial\Psi}{\partial t}\\ &= \frac{i}{\hbar}\left[\Psi\left(-\frac{\hbar^2}{2m}\nabla^2 + V\right)\Psi^* - \Psi^*\left(-\frac{\hbar^2}{2m}\nabla^2 + V\right)\Psi\right]\end{aligned}$$

y teniendo en cuenta la relación

$$\Psi^*\,\nabla^2\Psi - \Psi\,\nabla^2\Psi^* = \vec{\nabla}\cdot\left(\Psi^*\vec{\nabla}\,\Psi - \Psi\,\vec{\nabla}\Psi^*\right)$$

se obtiene

$$\frac{\partial|\Psi|^2}{\partial t} = -\frac{i\hbar}{2m}\vec{\nabla}\cdot\left(\Psi\vec{\nabla}\,\Psi^* - \Psi^*\,\vec{\nabla}\Psi\right)$$

Denotando $|\Psi|^2 = \rho$ y $\dfrac{i\hbar}{2m}\left(\Psi\vec{\nabla}\Psi^* - \Psi^*\vec{\nabla}\Psi\right) = \vec{J}$, se puede escribir

$$\boxed{\frac{\partial\rho}{\partial t} + \vec{\nabla}\cdot\vec{J} = 0} \tag{14.16}$$

Así, las cantidades $\rho$ y $\vec{J}$ obedecen a una ecuación análoga a la ecuación de continuidad de la masa o de la carga eléctrica, ecuación (3.50).

Schrödinger, entonces, interpretó $e|\Psi|^2$ – donde $e$ es la carga del electrón – como una densidad de carga. A pesar de que esa interpretación puede ser aplicada en algunos casos especiales, la interpretación aceptada para la función de onda $\Psi$ se debe a Max Born. Un argumento de Einstein, que buscaba comprender la dualidad onda-corpúsculo, interpretando la intensidad y la densidad de energía asociadas a una onda electromagnética como proporcionales a la distribución de probabilidades para la aparición de fotones en una región dada del espacio, llevó a Born, por analogía, a extender esa idea a las ondas de L. de Broglie, retomando el caráter probabilístico previamente establecido por los propios argumentos de Einstein al describir los procesos de emisión y absorción de la radiación por la materia (Sección 13.1).

Considerando que la luz de frecuencia $\nu$ es compuesta de fotones, la densidad de energía ($u$) de un haz de fotones, que se desplazan con velocidad $c$, es dada por el número ($N$) de fotones por unidad de volumen ($V$), o densidad de fotones ($N/V$),[6] multiplicado por la energía ($h\nu$) de cada fotón,

$$u = (N/V)h\nu$$

[6] En rigor, el número de fotones no es una cantidad definida, mas , a partir de la densidad de energía, se puede calcular la densidad ($N/V$) de fotones.

De acuerdo con el Electromagnetismo de Maxwell, la ecuación (5.31) muestra que la densidad de energía de una onda electromagnética en el vacío es proporcional al cuadrado del módulo del campo eléctrico ($\vec{E}$),

$$u \propto |\vec{E}|^2$$

Luego, el cuadrado del módulo del campo eléctrico es proporcional a la densidad de fotones en un región dada.

Es posible hacer una analogía entre un haz de electrones y un haz luminoso: si al fotón corresponde el electrón, al campo eléctrico $\vec{E}$ corresponde la función de onda $\Psi$, de tal modo que el producto $\Psi^*\Psi = |\Psi|^2$, esto es, el cuadrado del módulo de la función de onda, sea igual al número de electrones por unidad de volumen.

Born interpretó, así, el cuadrado del módulo de la función de onda, $|\Psi|^2 = \rho$, como una *densidad de probabilidad de presencia*, que representa la distribución de probabilidad de las posiciones ocupadas por una partícula durante su movimiento por una región dada del espacio, y $\vec{J} = i\hbar\left(\Psi\,\vec{\nabla}\Psi^* - \Psi^*\vec{\nabla}\Psi\right)/2m$ como una *densidad de corriente de probabilidad.*

En ese sentido, a pesar de no haber una denominación equivalente en la teoría de probabilidades, la función de onda $\Psi$ asociada a una partícula es llamada también *amplitud de probabilidad* de presencia.

El elemento unificador de la descripción de fenómenos corpusculares y ondulatorios, que es la interpretación probabilística de Born, puede ser enunciado así:

> *la probabilidad* $\mathrm{d}P(\vec{r},t)$ *de que una partícula asociada a una función de onda* $\Psi(\vec{r},t)$ *sea encontrada, en un instante dado* $t$*, en el interior de un elemento de volumen* $\mathrm{d}V = \mathrm{d}x\,\mathrm{d}y\,\mathrm{d}z$ *en torno del punto localizado por* $\vec{r}$*, es igual a* $\Psi^*(\vec{r},t)\Psi(\vec{r},t)\,\mathrm{d}V$.

Por tanto,

$$\mathrm{d}P(\vec{r},t) = |\Psi(\vec{r},t)|^2\,\mathrm{d}V \quad \Longrightarrow \quad \boxed{\rho = |\Psi|^2 = \Psi^*\Psi} \tag{14.17}$$

La ecuación de continuidad de la probabilidad de presencia, ecuación (14.16), muestra que, en un volumen $V$ delimitado por una superficie $S$, si la probabilidad de que un electrón sea encontrado en su interior disminuye con el tiempo es porque hay una variación igual y contraria en la probabilidad de que él atraviese la superficie $S$.

Es importante resaltar que la amplitud de probabilidad asociada a una partícula no debe ser identificada como una propiedad o característica intrínseca de la partícula, mas sí como una medida de la distribución de probabilidades de que ocurran eventos asociados a ella, que depende de la interacción con su vecindad.

De acuerdo con el filósofo de ciencia austriaco Karl Popper, una de las principales fuentes de divergencias en un enfoque probabilístico de la Mecánica Cuántica es la no discriminación entre categorías distintas, o sea, la asociación de los comportamientos análogos de algunas propiedades de los elementos de un sistema con la naturaleza de esos elementos. Por ejemplo, la distribución gaussiana de los pesos de las personas residentes en cierta calle no revela ni está asociada a ninguna característica intrínseca de cada individuo. Del mismo modo, los salarios de los lectores de un periódico, o las notas de la prueba de los alumnos de una escuela, en general, presentan esa misma distribución. A pesar de que los elementos de cada conjunto tienen todos un "carácter gaussiano", y algunos de sus atributos presentan comportamientos análogos, *sus naturalezas son completamente distintas.*

Así, los elementos de sistemas que presentan comportamientos análogos o duales, en el sentido de que algunos de sus atributos o magnitudes obedecen a la misma distribución o ecuación, *no poseen*, necesariamente, la misma naturaleza.

Ese tipo de analogía es encontrado en la comparación del comportamiento de las partículas subatómicas, como electrones y protones, con el de las ondas electromagnéticas. El hecho de que el campo $\Psi$, asociado a una partícula como el electrón, obedezca a una ecuación diferencial lineal y, por tanto, al Principio de la Superposición,[7] refleja propiedades que se manifiestan también en el comportamiento de partículas de naturaleza distinta, no de materia, como los fotones.

Debido a la no visualización de los fenómenos microscópicos, al analizarse un experimento imaginario de doble rendija de Young con partículas, se consideró la distribución resultante de las partículas como la evidencia de que poseían la misma naturaleza que los fotones, y no la manifestación de comportamientos análogos de sistemas compuestos por elementos distintos. Ese argumento fue crucial para que fuesen aceptados, al final del siglo XIX, el carácter ondulatorio y la naturaleza continua de los fenómenos ópticos.

El hecho de que la ecuación de Schrödinger describa el comportamiento de una única partícula implica que el patrón de interferencia mostrado en un experimento de difracción de electrones no es el resultado de un proceso colectivo, en el cual participa simultáneamente un número muy grande de partículas. El patrón de interferencia, que sigue del carácter lineal de la ecuación de Schrödinger, o sea, del hecho de que la densidad de probabilidad de presencia de la partícula presente una variación análoga a la variación de la intensidad de los rayos X al ser difractados por un cristal, es un fenómeno asociado a la interacción de sólo una partícula con la estructura cristalina. La presencia de muchas partículas sólo acentúa la intensidad del fenómeno, aumentando la estadística del experimento.

Se puede conjeturar, recíprocamente, que la propia difracción de la luz sigue del comportamiento individual de cada fotón. Experimentos en ese sentido, realizados por el francés Alain Aspect y colaboradores, en 1986, evidenciaron las correlaciones esperadas en el experimento de doble rendija, al aplicarse el Principio de Superposición de estados cuánticos al fotón.[8]

Las analogías, a pesar de su carácter no verificable, son fructíferas; la gran crisis en la Física, al final del siglo XIX, fue configurada a partir de tentativas para establecer analogías más que formales entre los fenómenos ondulatorios, acústicos y electromagnéticos.[9] De esa crisis surgieron las dos teorías fundamentales de la Física Moderna: la Teoría de la Relatividad Especial y la Mecánica Cuántica, que requirieron la revisión y la modificación de varios conceptos geométricos y dinámicos acerca de la naturaleza, creados y aceptados hasta entonces por el hombre.

La utilización de analogías basadas en la Mecánica Clásica constituyó un procedimiento tan fuerte, durante la construcción de la teoría cuántica, enmascarando varias problemas de cuño interpretativo, que muchas controversias así originadas perduran hasta los días de hoy.

El resultado de esos procedimientos es que tanto la Teoría de la Relatividad Especial (Capítulo 6) cuanto la Mecánica Cuántica (Capítulos 13 y 14) poseen estructuras formales condicionadas por la Mecánica Clásica, a través de correspondencias establecidas para la forma y la expresión de sus conceptos, magnitudes y leyes.

La Teoría de Probabilidades y la Estadística establecen distribuciones de probabilidades[10] y métodos de análisis de carácter tan general que son utilizados en los modelos propuestos en las más diversas áreas del conocimiento. El empleo de argumentos probabilísticos en la Física presenta, sin embargo, características específicas.

Desde el punto de vista de la Física Experimental, la adopción de una descripción probabilística viene de la aleatoriedad de los procesos de medición de magnitudes. En esos casos, se utilizan las distribuciones básicas de probabilidades y los métodos de la Estadística, como el de la máxima probabilidad, para fundamentar los resultados de una medición.

---

[7] Para Dirac, el Principio de la Superposición de estados cuánticos es la hipótesis fundamental de la Mecánica Cuántica, a partir de la cual se establece la estructura lineal de la teoría.

[8] En ese sentido, las ecuaciones de onda clásicas para el campo electromagnético describen tanto la propagación de un haz de fotones cuanto la de un único fotón.

[9] Fueron varias las tentativas de explicar los fenómenos eléctricos a partir de modelos materiales mecánicos que obedeciesen a las leyes de movimiento de Newton de la Mecánica Clásica, o sea, la reducción del Electromagnetismo a la Mecánica.

[10] Las distribuciones básicas de probabilidades son: de Bernoulli, de Gauss y de Poisson.

Desde el punto de vista de la Física Teórica Clásica, los métodos estadísticos son utilizados para la descripción de sistemas macroscópicos, debido al gran número de partículas o de variables involucradas y, consecuentemente, a la imposibilidad de definir las magnitudes necesarias para la caracterización completa del estado de un sistema. El comportamiento de los constituyentes de los sistemas físicos, condicionado por la leyes de la Mecánica y del Electromagnetismo Clásico, resulta, entre tanto, en distribuciones de probabilidades distintas de las establecidas por la Estadística, como la distribución de Maxwell-Boltzmann, establecida por la Teoría Cinética de los Gases (Capítulo 3).[11]

El enfoque probabilístico, según la hipótesis básica de la interpretación de la Mecánica Cuántica hecha por Born, no ocurre por la complejidad de los sistemas físicos, mas, sí, por una característica intrínseca de la propia evolución de esos sistemas, incluso de aquellos con pocos grados de libertad; para cada sistema se debe calcular una distribución específica de probabilidades, a partir de la ecuación de Schrödinger, para los posibles eventos asociados al sistema, por más simple que sea.

Mientras que las teorías clásicas de la Mecánica de Newton y del Electromagnetismo de Maxwell describen los fenómenos de manera causal y determinista, la Mecánica Cuántica Ondulatoria de Schrödinger y de Born describe los fenómenos de modo causal y no determinista.

La causalidad ocurre cuando, de la asociación del estado inicial de una partícula, en un instante $t = 0$,a una función de onda inicial, $\Psi(\vec{r}, 0) = \psi_o(\vec{r})$, a partir de la ecuación de Schrödinger, se determina la función de onda, $\Psi(\vec{r}, t)$, o el estado de la partícula en cualquier instante posterior, $t > 0$. A menos que el estado inicial sea especialmente preparado, las medidas resultantes de la medición de cualquier magnitud asociada la partícula son aleatorias. En ese sentido, los resultados de la teoría cuántica no son afirmaciones determinísticas, sino proposiciones probabilísticas, como la probabilidad de ocurrencia de un valor dado, o conjunto de valores, de la energía, de la posición o del *momentum* de una partícula.

Refiriéndose a los fundamentos de la Mecánica Cuántica, Heisenberg afirma que en la formulación más estricta de la ley de causalidad – *"si conocemos el presente exactamente, podemos calcular el futuro" – no es la conclusión que está errada, sino la premisa.*

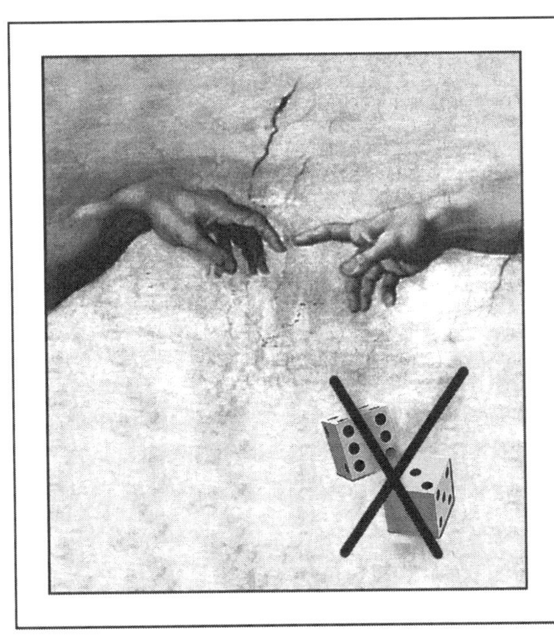

**Figura 14.15:** "Dios no juega a los dados con el Universo."

[11] En el dominio cuántico, los gases obedecen a otras distribuciones, como las de Planck, Bose-Einstein y Fermi-Dirac.

### 14.4.1 La normalización de la función de onda

De acuerdo con la interpretación de Born, para todo el espacio debe valer la llamada *condición de normalización* para la función de onda,

$$\int_V \rho(\vec{r},t)\,\mathrm{d}V = \int_V \Psi^*(\vec{r},t)\,\Psi(\vec{r},t)\,\mathrm{d}V = 1 \qquad (V \to \infty) \qquad (14.18)$$

La condición de normalización simplemente expresa el hecho de que la partícula debe ser encontrada en algún lugar del espacio.

En tanto, para una interpretación consistente, además de la conservación local de probabilidad, es necesario que haya también la conservación global, expresada por

$$\frac{\mathrm{d}}{\mathrm{d}t}\left[\int_V \rho(\vec{r},t)\,\mathrm{d}V\right] = 0 \qquad (14.19)$$

o sea, la normalización de la función no debe depender del tiempo.

- De acuerdo con la ecuación de continuidad de la probabilidad, ecuación (14.16), se puede escribir

$$\frac{\mathrm{d}}{\mathrm{d}t}\int_V \rho(\vec{r},t)\,\mathrm{d}V = \int_V \frac{\partial}{\partial t}\rho(\vec{r},t)\,\mathrm{d}V = \int_V -\vec{\nabla}\cdot\vec{J}(\vec{r},t)\,\mathrm{d}V$$

y, aplicando el teorema de la divergencia, se obtiene

$$\frac{\mathrm{d}}{dt}\int_V \rho(\vec{r},t)\,\mathrm{d}V = -\oint_S \vec{J}(\vec{r},t)\cdot\mathrm{d}\vec{S}$$

donde $S$ es la superficie de radio infinitamente grande, que delimita el volumen $V$.

Toda vez que $\vec{J} = i\hbar\left(\Psi\,\vec{\nabla}\Psi^* - \Psi^*\,\vec{\nabla}\Psi\right)/2m$, la conservación global sólo es satisfecha si la función de onda $\Psi$ se anula en toda la superficie $S$,

$$\Psi(x=\pm\infty, y=\pm\infty, z=\pm\infty) = 0$$

lo que implica $\oint_S \vec{J}\cdot\mathrm{d}\vec{S} = 0$ y por tanto, la conservación global da probabilidad, ecuación (14.19).

Para un haz homogéneo constituido de una enorme cantidad ($N$) de electrones que poseen prácticamente la misma energía y, por tanto, están asociados a la misma función de onda, los electrones ocupan regiones distintas del espacio, tal que la probabilidad de presencia de cualquiera de ellos en una región dada $\mathrm{d}V = \mathrm{d}x\,\mathrm{d}y\,\mathrm{d}z$ es proporcional a $|\Psi|^2\,\mathrm{d}V$. En esas circunstancias, $\Psi$ puede ser normalizada como

$$\int_V \Psi^*(\vec{r},t)\,\Psi(\vec{r},t)\,\mathrm{d}V = N \qquad (14.20)$$

se puede interpretar $|\Psi|^2$ como una densidad de partículas y $e|\Psi|^2$ como una densidad de carga en una región dada. O sea, la interpretación de Schrödinger es aplicable, y las densidades de carga y corriente clásicas, asociadas al haz de partículas, pueden ser calculadas a partir de la función de onda, solución de la ecuación de Schrödinger para una partícula.

### 14.4.2 Incertidumbres y valores medios de la posición

Al admitirse la interpretación probabilística de Born, se admite también que, en general, los resultados de la medición de una magnitud física asociada a una partícula, o a un sistema de partículas, sean aleatorios.

Así, en vez de una posición ($\vec{r}$) definida para una partícula, cuyo comportamiento es descrito por una función de onda $\Psi(\vec{r},t)$, lo que se puede calcular, a partir de la Mecánica Cuántica, es la media de las posiciones en una región dada de volumen $V$,

$$\langle\vec{r}\rangle = \langle x\rangle\,\hat{\imath} + \langle y\rangle\,\hat{\jmath} + \langle z\rangle\,\hat{k}$$

en donde los *valores medios* de las componentes $x$, $y$ y $z$ son dados por

$$\begin{cases} \langle x\rangle = \displaystyle\int_V x\,\rho(\vec{r},t)\,\mathrm{d}V = \int_V \Psi^*(\vec{r},t)\;x\;\Psi(\vec{r},t)\,\mathrm{d}V \\ \langle y\rangle = \displaystyle\int_V y\,\rho(\vec{r},t)\,\mathrm{d}V = \int_V \Psi^*(\vec{r},t)\;y\;\Psi(\vec{r},t)\,\mathrm{d}V \\ \langle z\rangle = \displaystyle\int_V z\,\rho(\vec{r},t)\,\mathrm{d}V = \int_V \Psi^*(\vec{r},t)\;z\;\Psi(\vec{r},t)\,\mathrm{d}V \end{cases}$$

y las dispersiones asociadas a cada componente, en torno de sus valores medios, son caracterizadas por

$$\begin{cases} \Delta x = \sqrt{\langle x^2\rangle - \langle x\rangle^2} \\ \Delta y = \sqrt{\langle y^2\rangle - \langle y\rangle^2} \\ \Delta z = \sqrt{\langle z^2\rangle - \langle z\rangle^2} \end{cases}$$

Esas medidas de dispersión son denominadas, en la Teoría de Probabilidades, desviación estándar y, en la Mecánica Cuántica, *incertidumbre* en la posición de la partícula.

En general, el valor medio de cualquier magnitud física $f$, representada por una función de la posición, $f(\vec{r})$, es calculado por

$$\langle f\rangle = \int_V f(\vec{r})\,\rho(\vec{r},t)\,\mathrm{d}V$$

y la incertidumbre ($\Delta f$) en torno del valor medio es dada por

$$\Delta f = \sqrt{\langle f^2\rangle - \langle f\rangle^2}$$

Las incertidumbres *no* están asociadas a procedimientos experimentales de determinación de una magnitud, que acarreen errores de medición; ellas indican que las posibles medidas para una magnitud son aleatorias, hasta en la hipotética ausencia de errores experimentales.

### 14.4.3 La invariancia de la ecuación de Schrödinger

Sea $V(x,y,z,t)$ y $V'(x',y',z',t')$ las energías potenciales de una partícula en dos sistemas de referencia inerciales $K$ y $K'$, respectivamente, tal que $K'$ se desplace con velocidad $v$ en relación a $K$, en el sentido positivo del eje $x$. Las coordenadas espaciales y temporales $(x, y, z, t)$ y $(x', y', z', t')$ en el dominio no relativista se relacionan por la transformación de Galileo

$$\begin{cases} x' = x - vt \\ y' = y \\ z' = z \\ t' = t \end{cases} \implies \begin{cases} \partial/\partial x = \partial/\partial x' \\ \partial/\partial y = \partial/\partial y' \\ \partial/\partial z = \partial/\partial z' \\ \partial/\partial t = \partial/\partial t' - v\partial/\partial x' \end{cases} \tag{14.21}$$

Como el potencial es una función escalar, cuyo valor no depende del sistema de referencia,

$$V'(x', y', z', t') = V(x, y, z, t) \tag{14.22}$$

en relación al sistema $K$, la ecuación de Schrödinger es dada por

$$\left[\frac{-\hbar^2}{2m}\,\nabla^2 + V(x, y, z, t)\right]\Psi(x, y, z, t) = i\hbar\frac{\partial\Psi}{\partial t} \tag{14.23}$$

Como la densidad de probabilidad también es un invariante escalar y, por tanto, no debe depender del sistema de referencia, las funciones de onda según los sistemas $K$ y $K'$ deben satisfacer la igualdad

$$|\Psi(x, y, z, t)|^2 = |\Psi'(x', y', z', t')|^2$$

Se sigue, entonces, que las funciones $\Psi$ y $\Psi'$ sólo pueden diferir entre si por un número complejo unitario o un factor de fase,

$$e^{i\alpha}\,\Psi'(x', y', z', t') = \Psi(x, y, z, t) \quad \implies \quad \Psi'(x', y', z', t') = e^{-i\alpha}\,\Psi(x, y, z, t) \tag{14.24}$$

en donde $\alpha$ es una función real de $(x', y', z', t')$ o, equivalentemente, de $(x, y, z, t)$.

Teniendo en cuenta las relaciones entre las derivadas en los dos sistemas de referencia, la ecuación de Schrödinger puede ser expresada según las coordenadas del sistema $K'$, por

$$\left[-\frac{\hbar^2}{2m}\,\nabla'^2 + V'\right](e^{i\alpha}\Psi') = i\hbar\left(\frac{\partial}{\partial t'} - v\,\frac{\partial}{\partial x'}\right)e^{i\alpha}\,\Psi' \tag{14.25}$$

o

$$\begin{aligned} i\hbar\,\frac{\partial\Psi'}{\partial t'} &= -\frac{\hbar^2}{2m}\,\nabla'^2\Psi' + i\hbar\left(\frac{\hbar}{m}\,\vec{\nabla}'\alpha - \vec{v}\right)\cdot\vec{\nabla}'\Psi' + \\ &+ \left[V' - \frac{i\hbar^2}{2m}\,\nabla'^2\alpha + \frac{\hbar^2}{2m}\,|\vec{\nabla}'\alpha|^2 - \hbar(\vec{v}\cdot\vec{\nabla}'\alpha) - \hbar\,\frac{\partial\alpha}{\partial t'}\right]\Psi' \end{aligned}$$

en donde $\vec{v} = v\hat{\imath}$.

Para que la forma original de la ecuación de Schrödinger sea restablecida, es preciso determinar una función $\alpha$ que satisfaga a las ecuaciones

$$\begin{cases} \dfrac{\hbar}{m}\,\vec{\nabla}'\alpha - \vec{v} = 0 \\[2ex] \dfrac{i\hbar^2}{2m}\,\nabla'^2\alpha - \dfrac{\hbar^2}{2m}|\vec{\nabla}'\alpha|^2 + \hbar\,(\vec{v}\cdot\vec{\nabla}'\alpha) + \hbar\,\dfrac{\partial\alpha}{\partial t'} = 0 \end{cases}$$

La función

$$\alpha(x', y', z', t') = \frac{m}{\hbar}\,\vec{v}\cdot\vec{r}\,' - \frac{mv^2}{2\hbar}\,t'$$

satisface las dos condiciones.

Luego, la ecuación de Schrödinger es invariante en transformaciones de Galileo si es que la relación entre $\Psi$ y $\Psi'$, en dos sistemas de referencia inerciales $K$ y $K'$, tal que $K'$ se desplace en relación a $K$ con velocidad $\vec{v}$, sea dada por

$$\Psi(x, y, z, t) = \exp\left[i\left(-\frac{m}{\hbar}\,\vec{v}\cdot\vec{r}\,' + \frac{mv^2}{2\hbar}\,t'\right)\right]\Psi(x', y', z', t') \tag{14.26}$$

Toda vez que un factor de fase, de módulo unitario, no altera la distribución de probabilidad de presencia, la invariancia de la ecuación de Schrödinger con relación a las transformaciones de Galileo implica que las previsiones de la teoría no dependen del sistema de referencia inercial utilizado para la descripción del movimiento de una partícula.

La diferencia de ese resultado con relación a la invariancia de las leyes de Newton bajo una transformación de Galileo es, que mientras la ecuación de movimiento clásica es invariante, *independientemente* de cualquier condición adicional, en la Mecánica Cuántica, el concepto probabilístico desempeña un papel fundamental en la fijación de un factor de fase, que asegura la invariancia de la ecuación de Schrödinger.

## 14.5 Movimiento de la partícula en campos conservativos

*Cualquier estado [cuántico] puede ser considerado resultado de la superposición de dos o mas estados, de un número infinito de modos. Recíprocamente, cualesquiera dos o más estados pueden ser superpuestos para obtener un nuevo estado.*

Paul Dirac

Para campos conservativos, la ecuación de Schrödinger dependiente del tiempo, ecuación (14.12), debe ser reducida a la ecuación independiente del tiempo, ecuación (14.8). Un procedimiento sistemático, ya utilizado en la obtención de la propia ecuación dependiente de tiempo, es el método de separación de las variables, en el cual se escribe la solución como el producto de funciones que dependen de variables distintas,

$$\Psi(\vec{r},t) = \psi(\vec{r})\,\phi(t)$$

Sustituyendo en la ecuación (14.12),

$$-\frac{\hbar^2}{2m}\,\phi(t)\,\nabla^2\psi(\vec{r}) + V(\vec{r})\,\psi(\vec{r})\,\phi(t) = i\hbar\,\psi(\vec{r})\,\frac{\mathrm{d}}{\mathrm{d}t}\phi(t)$$

y dividiendo por el producto $\psi(\vec{r})\,\phi(t)$, se obtiene

$$-\frac{\hbar^2}{2m}\,\frac{1}{\psi(\vec{r})}\,\nabla^2\psi(\vec{r}) + V(\vec{r}) = i\hbar\,\frac{1}{\phi(t)}\,\frac{\mathrm{d}}{\mathrm{d}t}\phi(t)$$

Como el lado izquierdo de la expresión anterior depende solo de la posición, mientras que el lado derecho depende apenas del tiempo, la ecuación sólo puede ser satisfecha si ambos miembros fuesen iguales a una constante de separación $E$ con dimensión de energía que, en principio, puede ser compleja, resultando el siguiente sistema de ecuaciones diferenciales

$$\begin{cases} i\hbar\,\dfrac{\mathrm{d}\phi}{\mathrm{d}t} = E\,\phi(t) \\[2ex] \Big[-\dfrac{\hbar^2}{2m}\nabla^2 + V(\vec{r})\Big]\psi(\vec{r}) = E\,\psi(\vec{r}) \end{cases}$$

La primera ecuación diferencial en el dominio del tiempo no depende de la dinámica de interacción y puede ser inmediatamente integrada,

$$\phi(t) \;\propto\; e^{-iEt/\hbar}$$

La segunda es la ecuación de Schrödinger independiente del tiempo, ecuación (14.8), y, desde el punto de vista matemático, constituye un *problema de autovalores*, tal que, dependiendo de las condiciones impuestas a la función de onda $\psi(\vec{r})$, el *autovalor* $E$, esto es, la energía de la partícula, puede asumir valores discretos o continuos. Sus soluciones, $\psi_E(\vec{r})$, asociadas a cada autovalor $E$, son denominadas *autofunciones* de la energía.

Así, la cuantización de la energía para sistemas estables, como los sistemas atómicos de partículas confinadas en campos de fuerzas, es obtenida a partir de condiciones de contorno impuestas a la función de onda.

Toda vez que las interacciones de un electrón con otras partículas en el interior de un átomo, o con un campo externo, son de carácter electromagnético y, por eso, la energía potencial de interacción es proporcional al potencial eléctrico, el término de energía potencial en la ecuación de Schrödinger es citado simplemente como potencial. Se dice, entonces, que una partícula está bajo la acción de un potencial, está confinada en un pozo de potencial o incide sobre una barrera de potencial (Capítulo 15).

Como la ecuación diferencial de Schrödinger independiente del tiempo, ecuación (14.8), es de segundo orden, y la energía $E$, el potencial $V$ y la función de onda $\psi$ deben ser cantidades finitas, la solución $\psi$ y sus primeras derivadas deben ser continuas en todo el espacio para que la ecuación tenga soluciones, incluso en los puntos donde el potencial $V(\vec{r})$ no sea continuo.[12] En realidad, un potencial real no presenta discontinuidades; las que aparecen en varios ejemplos son debidas a las aproximaciones realizadas, cuando el potencial real $V(\vec{r})$ sufre grandes variaciones cerca a un cierto punto del espacio.

A cada posible valor de energía $E$ puede corresponder uno o más estados de la partícula. Si a un valor dado de energía están asociados dos o más estados independientes, ese autovalor se dice que es *degenerado*. Por ser representados por autofunciones $\psi_E$ de la ecuación de Schrödinger, son llamados *autoestados de energía*, y el conjunto de los autovalores, *espectro de energía*.

En general, la ecuación de Schrödinger independiente del tiempo, para una partícula de masa $m$, en un campo conservativo $V(\vec{r})$, es escrita como

$$\boxed{H\Psi = E\Psi} \tag{14.27}$$

en donde $H = -\dfrac{\hbar^2}{2m}\nabla^2 + V(\vec{r})$ es el llamado *operador hamiltoniano*.

De ese modo, se dice que *el espectro de energía de un sistema es constituido por los autovalores del operador* $H$.

- Según la ecuación de continuidad, ecuación (14.16), la constante de separación que aparece en la solución de la ecuación de Schrödinger en un campo conservativo, o la energía de la partícula, es necesariamente real. Ese hecho muestra la consistencia de la formulación de Schrödinger. En efecto, partiendo de la hipótesis de que $E$ sea complejo, se puede escribir

$$\begin{cases} \Psi(\vec{r},t) = \psi(\vec{r})\, e^{-iEt/\hbar} \\ \Psi^*(\vec{r},t) = \psi^*(\vec{r})\, e^{iE^*t/\hbar} \end{cases} \implies \rho(\vec{r},t) = \Psi^*(\vec{r},t)\,\Psi(\vec{r},t) = |\psi(\vec{r})|^2\, e^{-i(E-E^*)t/\hbar}$$

  Derivando la densidad de probabilidad en relación al tiempo,

$$\frac{\partial\rho}{\partial t} = -\frac{i}{\hbar}(E - E^*)\,|\psi(\vec{r})|^2$$

  y expresando la ecuación de la continuidad como

$$\int_V \frac{\partial\rho}{\partial t}\,\mathrm{d}V = -\oint_S \vec{J}\cdot\mathrm{d}\vec{S} = 0$$

  se obtiene

$$(E - E^*)\int_V |\psi(\vec{r})|^2\,\mathrm{d}V = 0$$

[12] Excepto para potenciales que tienden al infinito en el punto de discontinuidad.

Como $\int_V |\psi(\vec{r})|^2\,\mathrm{d}V > 0$, si $\psi(\vec{r})$ no es idénticamente nula, $E = E^*$ es un parámetro real.

### 14.5.1 Estados estacionarios

Las autofunciones de la ecuación de Schrödinger corresponden a los estados estacionarios de Bohr, pues, si el estado inicial, $\Psi(\vec{r},0)$, asociado a una partícula es un autoestado dado $\psi_E$ de energía,

$$\Psi(\vec{r},0) = \psi_E(\vec{r})$$

la solución de la ecuación de Schrödinger, $\Psi(\vec{r},t)$, que representa el estado de la partícula, en un instante $t$, será dada por

$$\Psi(\vec{r},t) = \psi_E(\vec{r})\,e^{-iEt/\hbar}$$

Así, las densidades de probabilidades de la presencia, asociadas a las soluciones que evolucionen de un autoestado de energía no dependen del tiempo,

$$\boxed{\rho(\vec{r}) = \psi_E^*(\vec{r})\,\psi_E(\vec{r})}$$

Por eso, los autoestados de energía de una partícula en un campo conservativo son también denominados *estados estacionarios.*

### 14.5.2 Estados no estacionarios

Incluso cuando el estado inicial, $\Psi(\vec{r},0)$, no sea uno de los autoestados de energía, toda vez que la ecuación de Schrödinger es lineal y homogénea, la solución general, para una partícula confinada en un campo conservativo, puede ser expresada como una combinación lineal de sus posibles estados estacionarios,[13]

$$\Psi(\vec{r},t) = \sum_n c_n\,\psi_n(\vec{r})\,e^{-i(E_n/\hbar)t} = \sum_n c_n(t)\,\psi_n(\vec{r}) \tag{14.28}$$

en donde $\{E_n\}$ es el espectro de energía, $\{\psi_n(\vec{r})\}$ es el conjunto de autoestados, y los coeficientes $c_n(t) = c_n\,e^{-iE_nt/\hbar}$ son determinados por el estado inicial de la partícula.

En ese caso general, en tanto, la densidad de probabilidad de la presencia depende del tiempo,

$$\boxed{\rho(\vec{r},t) = \sum_{l,n} c_l^*(t)\,c_n(t)\,\psi_l^*(\vec{r})\,\psi_n(\vec{r})} \tag{14.29}$$

y el estado $\Psi(\vec{r},t)$ es llamado no estacionario.

### 14.5.3 Ortogonalidad de los autoestados de energía

La ortogonalidad es una de las principales propiedades de las soluciones de la ecuación de Schrödinger independiente del tiempo, $\{\psi_n(\vec{r})\}$, que representan los autoestados estacionarios de energía de una partícula de masa $m$, confinada en una región dada del espacio, bajo la acción de un campo conservativo $V(\vec{r})$, esto es,

$$\boxed{\int_V \psi_l^*(\vec{r})\,\psi_n(\vec{r})\,\mathrm{d}V = 0 \qquad (l \neq n)} \tag{14.30}$$

[13] Se considera que el espectro es no degenerado, a menos que se explicite lo contrario.

Toda vez que $\psi_n(\vec{r})$ y $\psi_l(\vec{r})$ satisfacen la ecuación de Schrödinger,

$$H\psi_n(\vec{r}) = \Big[ -\frac{\hbar^2}{2m}\nabla^2 + V(\vec{r})\Big]\psi_n(\vec{r}) = E_n\,\psi_n(\vec{r}) \tag{14.31}$$

y

$$H\psi_l^*(\vec{r}) = \Big[ -\frac{\hbar^2}{2m}\nabla^2 + V(\vec{r})\Big]\psi_l^*(\vec{r}) = E_l\,\psi_l^*(\vec{r}) \tag{14.32}$$

multiplicando la ecuación (14.31) por $\psi_l^*(\vec{r})$, la ecuación (14.32) por $\psi_n(\vec{r})$, y restándolas, resulta que

$$-\frac{\hbar^2}{2m}\left[\psi_l^*\,\nabla^2\psi_n - \psi_n\,\nabla^2\psi_l^*\right] = (E_n - E_l)\,\psi_l^*\,\psi_n$$

o sea,

$$-\frac{\hbar^2}{2m}\vec{\nabla}\cdot\left[\psi_l^*\,\vec{\nabla}\psi_n - \psi_n\,\vec{\nabla}\psi_l^*\right] = (E_n - E_l)\,\psi_l^*\,\psi_n$$

Integrando en todo el espacio,

$$\int_V \vec{\nabla}\cdot\left[\psi_l^*\,\vec{\nabla}\psi_n - \psi_n\,\vec{\nabla}\psi_l^*\right]\mathrm{d}V = \frac{2m}{\hbar^2}(E_l - E_n)\int_V \psi_l^*\,\psi_n\mathrm{d}V$$

y aplicando el teorema de la divergencia, resulta una integral sobre una superficie de radio arbitrariamente grande en la cual las autofunciones se anulan. Así, si $\psi_l$ y $\psi_n$ son autofunciones asociadas a distintos autovalores de energía, $E_l \neq E_n$, se obtiene la relación de ortogonalidad, ecuación (14.30).

En lenguaje matemático, las funciones que gozan de esa propiedad se denominan ortogonales, y, de ese modo, se puede afirmar que *los autoestados de energía de una partícula en un campo conservativo son representados por autofunciones ortogonales y normalizadas.*

- La condición de normalización y la ortogonalidad implican que los coeficientes, $c_n(t)$, de la expansión de la función de onda, $\Psi(\vec{r},t)$, en términos de las autofunciones normalizadas, $\{\psi_n\}$, de la ecuación de Schrödinger independiente del tiempo, obedecen a la *relación de completitud*,

$$\boxed{\sum_n |c_n(t)|^2 = \sum_n |c_n|^2 = 1} \tag{14.33}$$

Toda vez que

$$\begin{cases} \Psi(\vec{r},t) = \sum_n c_n(t)\,\psi_n(\vec{r}) \\ \Psi^*(\vec{r},t) = \sum_l c_l^*(t)\,\psi_l^*(\vec{r}) \end{cases}$$

en donde $c_n(t) = c_n\,e^{-iE_nt/\hbar}$ y $c_l^*(t) = c_l^*\,e^{iE_lt/\hbar}$, de acuerdo con la condición de normalización, se obtiene

$$\int_V \Psi^*(\vec{r},t)\,\Psi(\vec{r},t)\,\mathrm{d}V = \sum_{l,n} c_l^*\,c_n\,e^{i(E_l-E_n)t/\hbar}\int_V \psi_l^*(\vec{r})\,\psi_n(\vec{r})\,\mathrm{d}V = 1$$

Si las autofunciones además de ortogonales son normalizadas,

$$\int_V \psi_l^*(\vec{r})\,\psi_n(\vec{r})\mathrm{d}V = \delta_{ln} = \begin{cases} 0 & (l \neq n) \\ 1 & (l = n) \end{cases}$$

se obtiene la relación de completitud, ecuación (14.33), donde $\delta_{ln}$ es el delta de Kronecker.

- La propiedad de ortogonalidad de las autofunciones normalizadas permite también que se determine el peso $c_n(t)$ de cada autoestado $\psi_n$ en el estado actual de la partícula, $\Psi(\vec{r},t)$, de modo sistemático, a partir del conocimiento del estado inicial, $\Psi(\vec{r},0)$, por

$$\boxed{c_n = \int_V \psi_n^*(\vec{r})\,\Psi(\vec{r},0)\,\mathrm{d}V} \tag{14.34}$$

Escribiendo el estado inicial como

$$\Psi(\vec{r},0) = \sum_n c_n\, \psi_n(\vec{r})$$

multiplicando por $\psi_l^*(\vec{r})$ e integrando,

$$\int_V \psi_l^*(\vec{r})\, \Psi(\vec{r},0)\, \mathrm{d}V = \sum_n c_n \underbrace{\int_V \psi_l^*(\vec{r})\, \psi_n(\vec{r})\, \mathrm{d}V}_{\delta_{ln}}$$

se obtiene la ecuación (14.34).

### 14.5.4 La conservación de energía

Los coeficientes $c_n(t)$ de la expansión lineal de una función de onda con relación a las soluciones estacionarias representan el peso de cada autoestado en su estado actual, y, debido a la relación de completitud, ecuación (14.33), el cuadrado de sus módulos es identificado con la probabilidad, $P(E_n)$, de ocurrencia del autovalor $E_n$ para la medida de la energía de la partícula,

$$P(E_n) = |c_n|^2$$

Si el estado inicial de una partícula es un autoestado estacionario normalizado dado $\psi_l(\vec{r})$,

$$\Psi(\vec{r},0) = \psi_l(\vec{r}) \qquad \Longrightarrow \qquad P(E_l) = 1 \qquad \text{y} \qquad P(E_m) = 0 \quad (m \neq l)$$

el valor medio de la energía es igual a $E_l$, y la incertidumbre es nula ($\Delta E = 0$). La energía, por tanto, es conservada.

En la Mecánica Clásica, la energía de una partícula en un campo conservativo tiene un valor constante en el tiempo. En la Mecánica Cuántica, si la partícula no se encuentra en uno de sus autoestados estacionarios, la energía no es unívocamente definida, y existe la probabilidad de ocurrencia de varios valores posibles de su espectro. Entre tanto, la probabilidad de ocurrencia de cualquier valor particular $E_n$, según la relación de completitud, ecuación (14.33), no depende del tiempo; la distribución de su espectro de energía es estacionaria, y, por tanto, el valor medio de la energía, $\langle E \rangle$,

$$\boxed{\langle E \rangle = \sum_n P(E_n)\, E_n = \sum_n |c_n|^2\, E_n} \tag{14.35}$$

es constante a lo largo del tiempo.

De ese modo, la ley de conservación de energía en la Mecánica Cuántica es de carácter estadístico y, en general, sólo es válida para los valores medios,

$$\frac{\mathrm{d}}{\mathrm{d}t}\langle E \rangle = 0$$

La gran ventaja de la formulación de Schrödinger viene del hecho de que el cálculo del valor medio de cualquier magnitud $A$ – no solo de la posición – puede ser hecho a partir de la función de onda de la partícula, por la expresión

$$\boxed{\langle A \rangle = \int_V \Psi^*(\vec{r},t)\, \mathcal{A}\, \Psi(\vec{r},t)\, \mathrm{d}V} \tag{14.36}$$

donde $\mathcal{A}$ es el operador asociado a la magnitud $A$, que puede ser comparada a la ecuación (3.16).

- De inmediato, se puede mostrar que, en el caso de la energía, esa expresión es consistente con la Teoría de Probabilidades, pues para una partícula en un estado arbitrario $\Psi(\vec{r},t)$, de acuerdo con la expansión $\Psi(\vec{r},t) = \sum c_n(t)\psi_n(\vec{r})$, si el valor medio de la energía de la partícula en un campo conservativo, asociado a un operador hamiltoniano $H$, es dado por

$$\langle E\rangle = \int_V \Psi^*(\vec{r},t)\, H\, \Psi(\vec{r},t)\, \mathrm{d}V = \sum_{l,n} c_l^*(t)\, c_n(t) \int_V \psi_l^*(\vec{r})\, H\, \psi_n(\vec{r})\, \mathrm{d}V$$

teniendo en cuenta que $H\psi_n = E_n\psi_n$ y la validez de la relación de ortogonalidad, se obtiene

$$\langle E\rangle = \sum_n c_n^*\, c_n E_n = \sum_n |c_n|^2\, E_n$$

o sea, la ecuación (14.35).

- De ese modo, el valor medio de cualquier magnitud $A$, representada por un operador $\mathcal{A}$, puede ser expresado por

$$\langle A\rangle = \sum_{l,n} c_l^*\, c_n\, e^{i(E_l-E_n)t/\hbar} \int_V \psi_l^*(\vec{r})\, \mathcal{A}\, \psi_n(\vec{r})\, \mathrm{d}V \tag{14.37}$$

Si $\mathcal{A}$ no depende explícitamente del tiempo, la evolución temporal del valor medio será descrita por una serie de términos oscilantes cuyas frecuencias ($\omega_{ln}$), denominadas *frecuencias de Bohr*,[14]

$$\omega_{ln} = \frac{|E_l - E_n|}{\hbar}$$

son características del sistema, independientes de la magnitud $A$ y del estado inicial.

Las únicas frecuencias permitidas para la emisión o absorción de la luz por un sistema son las frecuencias de Bohr, que corresponden a las frecuencias de oscilación de los valores medios de las magnitudes atómicas, como el momento dipolar.

Las cantidades determinadas por la magnitud $A$ y por los autoestados de energía del sistema

$$A_{ln} = \int_V \psi_l^*(\vec{r})\, \mathcal{A}\, \psi_n(\vec{r})\, \mathrm{d}V \tag{14.38}$$

representan el peso de cada término oscilante en la expansión del valor medio de la magnitud $A$, y los valores nulos corresponden a las frecuencias ausentes en la absorción o emisión de la luz por un átomo. Ese es el origen de las reglas de selección (Sección 13.2.3).

- **Valor medio de la energía en un estado no estacionario**

Si el estado inicial de una partícula en un campo conservativo, asociado a un operador hamiltoniano $H$, es dado por la siguiente combinación lineal de dos de sus autoestados, $\psi_1$ y $\psi_2$,

$$\Psi(\vec{r},0) \;=\; c_1\,\psi_1(\vec{r}) \;+\; c_2\,\psi_2(\vec{r}) \;=\; \frac{1}{\sqrt{2}}\,\psi_1(\vec{r}) \;+\; \frac{1}{\sqrt{2}}\,\psi_2(\vec{r})$$

las probabilidades de ocurrencia de cualquier autovalor de energía son dadas por

$$P(E_1) = |c_1|^2 = |c_2|^2 = P(E_2) = \frac{1}{2} \qquad \text{y} \qquad P(E_{n\neq 1,2}) = 0$$

En ese caso, el valor medio da energía es constante y dado por

$$\langle E\rangle = \frac{E_1 + E_2}{2} \tag{14.39}$$

la media del cuadrado, por

$$\langle E^2\rangle = \frac{E_1^2 + E_2^2}{2}$$

[14] Si $\mathcal{A}\,\psi_n = a_n\psi_n$, donde $a_n$ es un autovalor de $A$, o sea, las autofunciones de energía también son autofunciones de la magnitud $A$, el valor medio será constante.

y la incertidumbre, por

$$\Delta E = \sqrt{\langle E^2 \rangle - \langle E \rangle^2} = \frac{|E_1 - E_2|}{2} \tag{14.40}$$

A partir de ese estado inicial, toda vez que $c_n(t) = c_n e^{-iE_n t/\hbar}$, el estado actual de la partícula, en un instante $t$, es dado por

$$\Psi(\vec{r}, t) = \frac{1}{\sqrt{2}}\, \psi_1(\vec{r})\, e^{-iE_1 t/\hbar} \; + \; \frac{1}{\sqrt{2}}\, \psi_2(\vec{r})\, e^{-iE_2 t/\hbar}$$

y la densidad de probabilidad de presencia, por

$$\rho(\vec{r}, t) = |\Psi|^2 = \frac{1}{2}\left[|\psi_1|^2 \; + \; |\psi_2|^2 \; + \; \psi_1^* \psi_2\, e^{i(E_1 - E_2)t/\hbar} \; + \; \psi_1 \psi_2^*\, e^{-i(E_1 - E_2)t/\hbar}\right]$$

Esa distribución oscila con frecuencia $|E_1 - E_2|/\hbar$, mostrando un patrón de interferencia con período $2\pi\hbar/|E_1 - E_2|$, y, de acuerdo con las ecuaciones (14.39) y (14.40), representa un estado de incertidumbre en la energía igual a $\Delta E = |E_1 - E_2|/2$, en el cual, en general, el valor medio de cualquier magnitud oscila con período $\pi\hbar/\Delta E$.

De ese modo, el intervalo de tiempo ($\tau$) en el cual las magnitudes asociadas a la partícula tiene variación máxima es del orden de

$$\tau \sim \frac{\hbar}{\Delta E} \tag{14.41}$$

### 14.5.5 Estados cuasi estacionarios

Se refiere usualmente a la ecuación (14.41) como la relación de Heisenberg entre la energía y el tiempo. Sin embargo, el tiempo en la Mecánica Cuántica no es una magnitud intrínsecamente aleatoria, como la energía, la posición o el *momentum* de una partícula. El tiempo es simplemente un parámetro real que permite expresar la ordenación temporal de los eventos asociados a un sistema, como en la Física Clásica. El parámetro $\tau$ no es la incertidumbre cuántica asociada a las ocurrencias de los valores para la medida de un intervalo de tiempo, pero sí la duración temporal en la cual las propiedades del estado de un sistema tienen la máxima variación. Si esa duración fuera infinita, el sistema se encontraría en un estado estacionario.

Sin embargo, la propia existencia de estados estacionarios de sistemas atómicos es cuestionable: un átomo en un estado estacionario debería permanecer como tal indefinidamente, si ese fuese un autoestado de energía. Sin embargo, como átomos de un gas excitado emiten radiación electromagnética, después de un intervalo de tiempo del orden de su vida media, retornando a su estado fundamental, se puede decir que los autoestados asociados a un átomo son cuasiestacionarios y que la incertidumbre ($\Delta E$) en la energía de un autoestado, cuya vida media es $\tau$, es dada por

$$\Delta E = \frac{\hbar}{\tau}$$

La inestabilidad de un estado no fundamental, que implica incertidumbre en la energía, se debe a los campos electromagnéticos no estacionarios siempre presentes en la interacción de partículas cargadas. En general, en el dominio no relativista, la determinación de los autoestados de energía de un átomo aislado es hecha a partir de un operador hamiltoniano que describe las interacciones de sus partículas constituyentes, teniendo en cuenta sólo las interacciones electrostáticas coulombianas.

Como consecuencia de esa incertidumbre, la frecuencia y la longitud de onda de la radiación emitida no son perfectamente definidas y, por tanto, las líneas espectrales de la radiación de un gas presentan una cierta anchura que, en principio, sería dada por la vida media natural ($\tau \sim 10^{-8}$ s) de un átomo. Mientras que, colisiones debidas al movimiento térmico reducen ese tiempo a cerca de $10^{-10}$ s. Eso implica una divergencia espectral ($\Delta\nu/\nu$) del orden de $10^{-5}$ y una anchura de línea ($\Delta\lambda$) del orden de 0,05 Å, para una longitud de onda del orden de 5 000 Å.

En caso de fuentes de láser, el tiempo de vida, denominado tiempo de coherencia, es del orden de $1\mu$s, lo que implica una divergencia espectral del orden de $10^{-9}$.

Admitir que las coordenadas temporal y espacial son de naturaleza distintas, por otro lado, no está de acuerdo con la Teoría de la Relatividad Especial. De hecho, en la Electrodinámica Cuántica, ni la posición ni el tiempo son variables aleatorias; ambos son parámetros que definen un dominio al cual se asocia un campo espinorial (Capítulo 16).

### 14.5.6 Relación entre las formulaciones matricial y ondulatoria

Según las ecuaciones (14.37) y (14.38), el valor medio de una magnitud $A$ puede ser calculado como

$$\langle A\rangle = \sum_{l,n} c_l^* \, c_n \, e^{i(E_l-E_n)t/\hbar} \, A_{ln} = \sum_{l,n} c_l^*(t) \, c_n(t) \, A_{ln} \tag{14.42}$$

en donde $c_n(t) = e^{-iE_n t/\hbar}$, o como

$$\langle A\rangle = \sum_{l,n} c_l^* \, c_n \, A_{ln} \, e^{i\omega_{ln} t} = \sum_{l,n} c_l^* \, c_n \, a_{ln}(t) \tag{14.43}$$

donde $a_{ln} = A_{ln} \, e^{i\omega_{ln} t}$, y $\omega_{ln} = (E_l - E_n)/\hbar$.

Las cantidades $a_{ln}$ pueden ser agrupadas en una matriz

$$A(t) = (a_{nl}) = \begin{pmatrix} A_{11}e^{i\omega_{11}t} & A_{12}e^{i\omega_{12}t} & \dots & A_{1n}e^{i\omega_{1n}t} & \dots \\ A_{21}e^{i\omega_{21}t} & A_{22}e^{i\omega_{22}t} & \dots & A_{2n}e^{i\omega_{2n}t} & \dots \\ \vdots & \vdots & \vdots & \vdots & \vdots \\ A_{l1}e^{i\omega_{l1}t} & A_{l2}e^{i\omega_{l2}t} & \dots & A_{ln}e^{i\omega_{ln}t} & \dots \\ \vdots & \vdots & \vdots & \vdots & \ddots \end{pmatrix}$$

que corresponde a la matriz que representa la magnitud $A$ en la formulación de Heisenberg.

Esos dos modos de calcular el valor medio expresan la diferencia básica de las formulaciones de Heisenberg y Schrödinger. En el primero, ecuación (14.42), la dependencia temporal está asociada a los estados del sistema, mientras que en el segundo, ecuación (14.43), a la magnitud física. De modo general, en la formulación ondulatoria de Schrödinger, las magnitudes físicas son representadas por operadores lineales que no dependen del tiempo, y la evolución del estado de un sistema, que depende de su interacción con la vecindad a través del operador hamiltoniano, es determinada como solución de la ecuación de Schrödinger. De manera equivalente, en la formulación matricial, las magnitudes físicas son representadas por matrices que obedecen a las ecuaciones de Heisenberg. Ambos enfoques involucran problemas de valor inicial, tornándose necesario asociar probabilidades a los autoestados del sistema.

Problemas a los cuales es posible asociar un estado inicial y, por tanto, probabilidades iniciales de ocurrencia de valores de algunas magnitudes son llamados problemas que envuelven *estados puros* y corresponden a situaciones que generalmente relacionan un número reducido de partículas en interacción. Para los problemas que involucran un gran número de partículas, del mismo modo que en la Física Clásica, son empleados métodos estadísticos, y, como involucran sistemas a los cuales no se puede atribuir un estado puro inicial, son llamados problemas que envuelven *estados de mezcla*.

### 14.5.7 La partícula libre

Para una partícula libre ($V = 0$), de masa $m$ y energía $E > 0$, que se desplaza en una dirección $x$, las autofunciones $\psi_E(x)$ de su hamiltoniano $H$ son dadas por

$$\psi_E^+(x) \sim e^{i\sqrt{2mE}\,x/\hbar} \qquad \text{y} \qquad \psi_E^-(x) \sim e^{-i\sqrt{2mE}\,x/\hbar}$$

en donde $\psi_E^+$ corresponde a los autoestados en los cuales la partícula se desplaza en el sentido $+x$, con *momentum* $p = \sqrt{2mE}$, y $\psi_E^-$ corresponde aquellos en los cuales ella se desplaza en el sentido $-x$, con $p = -\sqrt{2mE}$.

Esas funciones satisfacen las ecuaciones de autovalores

$$H\left(e^{\pm i\sqrt{2mE}\,x/\hbar}\right) = -\frac{\hbar^2}{2m}\frac{\partial^2}{\partial x^2}\left(e^{\pm i\sqrt{2mE}\,x/\hbar}\right)$$
$$= E\left(e^{\pm i\sqrt{2mE}\,x/\hbar}\right)$$

Los autovalores asociados al operador hamiltoniano de una partícula libre son, por tanto, doblemente degenerados.

La evolución de la autofunción $\psi_E^+(x)$ de la partícula libre es dada por

$$\Psi(x,t) = \psi_E^+(x)\,e^{-i(E/\hbar)t} = A\,e^{i(\sqrt{2mE}x - Et)/\hbar}$$

en donde $A$ es una constante de normalización. Esa es la expresión de una onda plana que se desplaza en el sentido $+x$, con *momentum* $p = \sqrt{2mE}$.

La densidad de probabilidad de presencia asociada a la autofunción de la partícula libre es uniforme en todo el espacio, y, por tanto, la probabilidad de presencia es la misma en cualquier región del espacio. Así, las autofunciones de la partícula libre no pueden ser normalizadas de modo usual, pues no pueden satisfacer la condición de que la función de onda y sus primeras derivadas se anulen en los extremos del intervalo $(-\infty, \infty)$. Por tanto, no pueden representar estados físicos de la partícula. Sin embargo, la superposición lineal de esas autofunciones puede resultar en paquetes de extensiones finitas que prácticamente se anulan a grandes distancias de la partícula, reforzando la hipótesis de L. de Broglie: a la partícula libre se debe asociar un paquete de ondas constituido de autofunciones de su hamiltoniano, que son del tipo ondas planas monocromáticas y no poseen energía y *momentum* unívocamente definidos.

Para solucionar el problema de normalizar las funciones de ondas planas, todavia es posible normalizarlas en un intervalo finito de longitud $L$ y, al final del proceso que esté siendo estudiado, tomar el límite $L \to \infty$.

Así, del mismo modo que son utilizadas ondas planas en muchos problemas ópticos, en experimentos que relacionan la preparación de un haz de partículas de la misma especie y prácticamente la misma energía, como aquellos utilizados en los experimentos de difracción de electrones y neutrones, se pueden utilizar las autofunciones del tipo ondas planas para representar el estado de cualquier partícula del haz.

Esa representación también es extremadamente útil en el estudio de colisiones y dispersión de partículas en Física de Altas Energías, por medio de las cuales son investigadas las estructuras de las partículas y sus interacciones fundamentales. En esos casos, el flujo de probabilidad, asociado a cada partícula o al haz de partículas que se desplace en el sentido $+x$, es dado por

$$\boxed{J = \frac{p}{m}\,|A|^2} \tag{14.44}$$

y en el sentido $-x$, por

$$\boxed{J = -\frac{p}{m}\,|A|^2} \tag{14.45}$$

donde $A = 1\sqrt{L}$. En el caso tridimensional, $A = 1/\sqrt{V}$, donde $V$ es el volumen de un cubo de arista $L$.

### 14.5.8 El operador *momentum*

Escribiendo el operador hamiltoniano ($H$), que, para una partícula de masa $m$ en un campo conservativo, $V(\vec{r})$, representa la energía de la partícula, en una forma análoga a la relación clásica,

$$\boxed{H = \frac{p^2}{2m} + V(\vec{r})} \tag{14.46}$$

se puede identificar el operador *momentum* por

$$\boxed{\vec{p} = -i\hbar\,\vec{\nabla}} \tag{14.47}$$

toda vez que $p^2 = -\hbar^2\,\nabla^2$.

El operador *momentum* es un operador vectorial y, por tanto, puede ser expresado como la suma de operadores escalares, que son los operadores que representan las componentes de *momentum* según los ejes cartesianos $x, y$ y $z$,

$$\vec{p} = \hat{\imath}\,p_x + \hat{\jmath}\,p_y + \hat{k}\,p_z$$

en donde $p_x = -i\hbar\,\dfrac{\partial}{\partial x}$, $p_y = -i\hbar\,\dfrac{\partial}{\partial y}$ y $p_z = -i\hbar\,\dfrac{\partial}{\partial z}$.

Para una partícula libre que se desplaza en una dirección $x$, resulta que

$$\begin{aligned} p_x\left(e^{i\sqrt{2mE}\,x/\hbar}\right) &= -i\hbar\,\frac{\partial}{\partial x}\left(e^{i\sqrt{2mE}\,x/\hbar}\right) \\ &= \underbrace{\sqrt{2mE}}_{p}\left(e^{i\sqrt{2mE}\,x/\hbar}\right) \end{aligned}$$

Así, $e^{i\sqrt{2mE}\,x/\hbar}$ es una autofunción del operador $p_x$ asociada al autovalor $p = \sqrt{2mE}$.

A pesar de $\psi_E^+$ y $\psi_E^-$ ser autofunciones que corresponden a un mismo autovalor de $H$, o energía de la partícula,

$$\begin{aligned} H\,\psi_E^+(x) &= E\,\psi_E^+(x) \\ H\,\psi_E^-(x) &= E\,\psi_E^-(x) \end{aligned}$$

con respecto al operador $p_x$, ellas son autofunciones que corresponden a autovalores distintos,

$$\begin{aligned} p_x\,\psi_E^+(x) = p\,\psi_E^+(x) \qquad &\Longrightarrow \qquad \psi_E^+(x) = \psi_p(x) \\ p_x\,\psi_E^-(x) = -p\,\psi_E^-(x) \qquad &\Longrightarrow \qquad \psi_E^-(x) = \psi_{-p}(x) \end{aligned}$$

Para el operador hamiltoniano $H$, $\psi_E^+$ y $\psi_E^-$ son autofunciones de un mismo autovalor degenerado $E$, y para el operador *momentum* $\psi_E^+ = \psi_p$ y $\psi_E^- = \psi_{-p}$ son autofunciones asociadas, respectivamente, a autovalores distintos $p$ y $-p$.

Usualmente, se representa por $\Psi(x,t) = \psi_p(x)\,e^{iEt/\hbar}$ el autoestado simultáneo de energía y *momentum* de una partícula libre de masa $m$, que se desplaza en el sentido $+x$ con energía $E$ y *momentum* $p = \sqrt{2mE}$, por la expresión del tipo onda plana propuesta por de Broglie

$$\Psi(x,t) = A\;e^{i(px-Et)/\hbar}$$

donde la constante de normalización $A$ es, usualmente, expresada como $1/\sqrt{2\pi\hbar}$.

Como el *momentum* $p$ puede tener cualquier valor en el intervalo $(-\infty, \infty)$, el paquete de L. de Broglie, dado por la superposición lineal

$$\boxed{\Psi(x,t) = \int A\, c(p)\, e^{i[px - E(p)t]/\hbar}\, \mathrm{d}p = \int c(p,t)\, \psi_p(x)\, \mathrm{d}p} \tag{14.48}$$

representa la solución general no estacionaria de la ecuación de Schrödinger para la partícula libre, donde el peso de cada componente, el coeficiente $c(p,t)$, es determinado por las condiciones iniciales.

Análogamente al caso de una onda plana (Sección 5.2), si la partícula de masa $m$ se desplaza en una dirección arbitraria definida por un vector unitario $\hat{p}$, con energía $E$ y *momentum* $\hat{p}\,p = \hat{p}\sqrt{2mE}$, la autofunción simultánea de esas magnitudes asociadas a la partícula libre es expresada por

$$\Psi(\vec{r},t) = A\,\exp\{i[p\hat{p}\cdot\vec{r} - E(p)t]/\hbar\}$$

en donde $A = 1/\sqrt{2\pi\hbar}$ es la constante de normalización, y $\psi_p(\vec{r}) = e^{i(p\hat{p}\cdot\vec{r})/\hbar}$ es autofunción del operador *momentum* $\vec{p} = -i\hbar\vec{\nabla}$, correspondiente al autovalor $p\hat{p}$,

$$\boxed{\vec{p}\,\psi_p(\vec{r}) = -i\hbar\,\vec{\nabla}\psi_p(\vec{r}) = p\hat{p}\,\psi_p(\vec{r})}$$

La solución general para el estado de la partícula libre, en ese caso, es dada por la superposición lineal

$$\boxed{\Psi(\vec{r},t) = \int c(\vec{p},t)\,\psi_p(\vec{r})\,\mathrm{d}^3\vec{p}} \tag{14.49}$$

en donde $\mathrm{d}^3\vec{p} = \mathrm{d}p_x\,\mathrm{d}p_y\,\mathrm{d}p_z$, y el coeficiente $c(\vec{p},t)$ es determinado por condiciones iniciales.

### 14.5.9 Incertidumbres y valores medios del *momentum*

El espectro de energía de una partícula confinada en un campo conservativo es siempre discreto, y el coeficiente $c_n(t)$ de la expansión lineal de la función de onda que la representa, en términos de sus autoestados de energía, está asociado a la probabilidad de ocurrencia de un valor dado de energía $E_n$ por $P(E_n) = |c_n|^2 = c_n^* c_n$.

Toda vez que los valores de los *momenta* asociados a una partícula libre son continuos, el coeficiente $c(\vec{p},t)$ de la superposición lineal de la función de onda que la representa, en términos de las autofunciones de su *momentum*, está asociado a la probabilidad de ocurrencia de valores del *momentum* en un intervalo entre $(p_x, p_y, p_z)$ y $(p_x + \mathrm{d}p_x, p_y + \mathrm{d}p_y, p_z + \mathrm{d}p_z)$, por

$$\mathrm{d}P(\vec{p},t) = |c(\vec{p},t)|^2\,\mathrm{d}^3\vec{p} = c^*(\vec{p},t)\,c(\vec{p},t)\,\mathrm{d}^3\vec{p}$$

Así, del mismo modo que $|\Psi(\vec{r},t)|^2 = \rho(\vec{r},t)$ es la distribución de probabilidades de la posición de la partícula, $|c(\vec{p},t)|^2$ es la distribución de probabilidades del *momentum*, tal que la media de los *momenta* puede ser calculada por

$$\langle\vec{p}\rangle = \langle p_x\rangle\,\hat{\imath} + \langle p_y\rangle\,\hat{\jmath} + \langle p_z\rangle\,\hat{k}$$

en donde los *valores medios* de las componentes $p_x$, $p_y$ e $p_z$ son dados por

$$\begin{cases} \langle p_x\rangle = \displaystyle\int_{-\infty}^{\infty} p_x\,|c(\vec{p},t)|^2\,\mathrm{d}^3\vec{p} \\ \langle p_y\rangle = \displaystyle\int_{-\infty}^{\infty} p_y\,|c(\vec{p},t)|^2\,\mathrm{d}^3\vec{p} \\ \langle p_z\rangle = \displaystyle\int_{-\infty}^{\infty} p_z\,|c(\vec{p},t)|^2\,\mathrm{d}^3\vec{p} \end{cases}$$

y las respectivas incertidumbres, $\Delta p_x$, $\Delta p_y$ y $\Delta p_z$, por

$$\begin{cases} \Delta p_x = \sqrt{\langle p_x^2 \rangle - \langle p_x \rangle^2} \\ \Delta p_y = \sqrt{\langle p_y^2 \rangle - \langle p_y \rangle^2} \\ \Delta p_z = \sqrt{\langle p_z^2 \rangle - \langle p_z \rangle^2} \end{cases}$$

En general, en vez de ser determinados los coeficientes de la expansión lineal de la solución de la ecuación de Schrödinger en términos de las autofunciones asociadas a alguna magnitud, como el *momentum*, sus valores medios pueden ser calculados a partir de la propia función de onda $\Psi(\vec{r}, t)$, como

$$\boxed{\langle \vec{p} \rangle = \int_V \Psi^*(\vec{r}, t)\,(-i\hbar\vec{\nabla})\,\Psi(\vec{r}, t)\,\mathrm{d}V} \tag{14.50}$$

## 14.6 Las relaciones de incertidumbre de Heisenberg

*Existe un límite para nuestros poderes de observación y para el mínimo de perturbación que acompaña a nuestro acto de observación, un límite que es inherente a la naturaleza de las cosas y que nunca puede ser vencido por el perfeccionamiento de la técnica y de la habilidad del observador.*

Paul Dirac

Una vez aceptada la interpretación probabilística de Born, Heisenberg estableció algunas relaciones de vínculo entre las incertidumbres de las componentes de la posición – $\Delta x$, $\Delta y$ y $\Delta z$ – y del *momentum* – $\Delta p_x$, $\Delta p_y$ y $\Delta p_z$ – de una partícula.

En la formulación matricial da Mecánica Cuántica, las matrices ($x$ y $p_x$) que representan la posición y el *momentum* de la partícula obedecen a la regla de comutación

$$(xp_x - p_x x) = [x, p_x] = i\hbar$$

En la formulación ondulatoria, los operadores $x$ y $p_x = -i\hbar\dfrac{\partial}{\partial x}$, asociados a la posición y al *momentum* de la partícula, también obedecen a la misma regla de comutación, pues las relaciones

$$\begin{cases} (xp_x)\,\psi(x,y,z) = -i\hbar\,x\,\dfrac{\partial}{\partial x}\psi(x,y,z) \\ (p_x x)\,\psi(x,y,z) = -i\hbar\left(1 + x\dfrac{\partial}{\partial x}\right)\psi(x,y,z) \end{cases}$$

implican que

$$(xp_x - p_x x)\,\psi(x,y,z) = [x, p_x]\psi(x,y,z) = i\hbar\,\psi(x,y,z)$$

El término $[x, p_x]$ es simplemente un operador cuya acción consiste en la multiplicación de una función por la constante $i\hbar$, esto es, un múltiplo del operador identidad.

Al definir

$$\begin{cases} x' = x - \langle x \rangle \\ p'_x = p_x - \langle p_x \rangle \end{cases}$$

en donde $\langle x \rangle$ y $\langle p_x \rangle$ son los valores medios de la posición y del *momentum* de una partícula descrita por una función de onda $\Psi(\vec{r}, t)$, se puede escribir

$$\begin{cases} \langle x'^2 \rangle = \displaystyle\int_V \Psi^* \big(x - \langle x \rangle\big)^2 \Psi \, \mathrm{d}V = (\Delta x)^2 \\ \langle p_x'^2 \rangle = \displaystyle\int_V \Psi^* \big(p_x - \langle p_x \rangle\big)^2 \Psi \, \mathrm{d}V = (\Delta p_x)^2 \end{cases}$$

lo que implica

$$\big[x', p_x'\big] = \big(x' p_x' - p_x' x'\big) = \big(x p_x - p_x x\big) = \big[x, p_x\big] = i\hbar$$

Definiendo también $\Psi' = (x' + i\alpha p_x')\Psi$, donde $\alpha$ es un parámetro real, se puede calcular la cantidad positiva

$$\int_V |\Psi'|^2 \, \mathrm{d}V = \int_V \Psi'^* \Psi' \, \mathrm{d}V = \int_V \big(x' - i\alpha p_x'^*\big)\, \Psi^* \Psi' \, \mathrm{d}V \geq 0$$

Como $p_x'^* = p_x^* - \langle p_x \rangle = -p_x - \langle p_x \rangle$, resulta

$$\int_V |\Psi'|^2 \, \mathrm{d}V = \int_V \Psi^* \big[x' + i\alpha \langle p_x \rangle\big]\, \Psi' \, \mathrm{d}V + i\alpha \int_V \Psi' \, \big(p_x \Psi^*\big) \, \mathrm{d}V \geq 0$$

Sustituyendo el operador $p_x = -i\hbar \partial/\partial x$ e integrando por partes el segundo término del lado derecho de la ecuación anterior,

$$\int_V \Psi^* \big[x' - i\alpha \underbrace{(p_x - \langle p_x \rangle)}_{p_x'}\big] \Psi' \, \mathrm{d}V = \int_V \Psi^* (x' - i\alpha p_x')(x' + i\alpha p_x') \Psi \, \mathrm{d}V \geq 0$$

De ese modo, resulta

$$\underbrace{\int_V \Psi^* x'^2 \Psi \, \mathrm{d}V}_{(\Delta x)^2} + i\alpha \int_V \Psi^* \underbrace{(x' p_x' - p_x' x')}_{[x', p_x'] = i\hbar} \Psi \, \mathrm{d}V + \alpha^2 \underbrace{\int_V \Psi^* p_x'^2 \Psi \, \mathrm{d}V}_{(\Delta p_x)^2} \geq 0$$

o sea,

$$(\Delta p_x)^2 \alpha^2 - \hbar\alpha + (\Delta x)^2 \geq 0$$

Esa condición sólo es satisfecha si

$$\hbar^2 - 4(\Delta x)^2 (\Delta p_x)^2 \leq 0$$

esto es,

$$\boxed{\Delta x \, \Delta p_x \geq \frac{\hbar}{2}} \tag{14.51}$$

La relación obtenida entre las incertidumbres expresa de modo apropiado el compromiso entre las dispersiones asociadas a la posición y al *momentum* de una partícula.

Análogamente, valen también las expresiones

$$\begin{cases} \Delta y \, \Delta p_y \geq \hbar/2 \\ \Delta z \, \Delta p_z \geq \hbar/2 \end{cases}$$

En general, las incertidumbres asociadas a los valores de cualquier par de magnitudes, o componentes de magnitudes, representadas por operadores lineales y hermíticos $A$ y $B$, cuyos comutadores no son nulos

$$\big[A, B\big] = AB - BA \neq 0$$

obedecen a la relación general de Heisenberg,

$$\boxed{\Delta A\,\Delta B \geq \frac{1}{2}\,\Big|\big\langle [A,B]\big\rangle\Big|} \tag{14.52}$$

Toda vez que $\big[x, p_x\big] = i\hbar$, esa relación general se reduce a la ecuación (14.51) cuando $A = x$, $B = p_x$.

- **operadores lineales hermíticos**

  Un operador lineal $A$ se dice hermítico si

$$\int_V \Psi^*(A\Psi)\,\mathrm{d}V = \int_V (A\Psi)^*\Psi\,\mathrm{d}V$$

Toda vez que a todo operador linear corresponde un *operador adjunto* $A^\dagger$, definido por

$$\int_V \Psi^*(A\Psi)\,\mathrm{d}V = \int_V (A^\dagger\Psi)^*\Psi\,\mathrm{d}V$$

la condición de hermiticidad puede ser expresada como

$$A^\dagger = A$$

Así,

i) $A = c$ (constante) $\Longrightarrow$ $A^\dagger = c^*$

ii) $A = A^\dagger$ y $B = B^\dagger$ $\Longrightarrow$ $\begin{cases} \big[A,B\big]^\dagger = -\big[A,B\big] \\ \big[A,B\big] = iC \quad \text{donde} \quad C = C^\dagger \end{cases}$

Definiendo

$$\begin{cases} A' = A - \langle A\rangle \\ B' = B - \langle B\rangle \end{cases} \Longrightarrow \quad \big[A', B'\big] = \big[A, B\big] = iC$$

y $\Psi' = (A' + i\alpha B')\Psi$, se sigue, de modo similar al desarrollo anterior,

$$\begin{aligned} \int_V |\Psi'|^2\,\mathrm{d}V &= \int_V \big[(A' + i\alpha B')\Psi\big]^*\,(A' + i\alpha B')\Psi\,\mathrm{d}V \geq 0 \\ &= \int_V \Psi^*(A' - i\alpha B')\,(A' + i\alpha B')\Psi\,\mathrm{d}V \geq 0 \end{aligned}$$

o sea,

$$\underbrace{\int_V \Psi^* A'^2\Psi\,\mathrm{d}V}_{(\Delta A)^2} + i\alpha\int_V \Psi^*\underbrace{(A'B' - B'A')}_{[A,B]=iC}\Psi\,\mathrm{d}V + \alpha^2\underbrace{\int_V \Psi^* B'^2\Psi\,\mathrm{d}V}_{(\Delta B)^2} \geq 0$$

La condición

$$(\Delta B)^2\alpha^2 - \langle C\rangle\alpha + (\Delta A)^2 \geq 0$$

sólo es satisfecha si

$$\langle C\rangle^2 - 4(\Delta A)^2(\Delta B)^2 \leq 0$$

esto es, si vale la ecuación (14.52),

$$\Delta A\,\Delta B \geq |\langle C\rangle|/2$$

La relación de incertidumbre entre la posición y el *momentum* es, algunas veces, interpretada como la expresión de la imposibilidad, por parte de un observador, de conocer *simultáneamente* la posición y el *momentum* de una partícula. Una partícula perfectamente localizada, tal que $\Delta x = 0$, implica una dispersión infinita del *momentum*, $\Delta p \to \infty$; para un *momentum* perfectamente definido, $\Delta p = 0$, implica la no localización, $\Delta x \to \infty$.

Cuanto más estricta la localización, más amplio el espectro del *momentum*. En ese sentido, la desigualdad de Heisenberg, como es llamada, entre otros, por los franceses Jean-Marc Lévy-Leblond y Françoise Balibar, sería mas bien expresada como:

> *El producto de la extensión espacial de una partícula por la anchura de su espectro de* momentum *posee un límite inferior.*

En verdad, se puede argumentar que la imposibilidad de localización del electrón no se restringe sólo a la tentativa de medir, al mismo tiempo, su *momentum*. Hay quien afirma que no se puede localizar exactamente un electrón, porque él no se encuentra en un lugar determinado. Su localización está relacionada a una extensión espacial, que depende de las condiciones que definen su estado.

Las magnitudes físicas asociadas a un fenómeno, o a un sistema físico, son representadas por *operadores*, que poseen un conjunto de autovalores numéricos, denominado *espectro*. Un espectro constituye un dominio en el cual los autovalores se distribuyen en torno de un *valor medio*, con dispersión medida por una desviación estándar, denominada *incertidumbre*. Como ya fue mencionado, esa incertidumbre no traduce el desconocimiento experimental de un valor definido para la medida de una magnitud, sino una indeterminación esencial, que no depende de la precisión instrumental con que se puede medir la magnitud.

- Un ejemplo típico de magnitud cuyo valor no es unívocamente definido es la frecuencia de una onda. Su frecuencia será caracterizada por un único valor solamente si su amplitud varía de forma armónica indefinidamente, lo que, en caso de una onda sonora, correspondería a un sonido eterno, sin comienzo o fin.

  Si $\tau$ es la duración de un pulso sonoro cuyo perfil en el tiempo está representado en la Figura 14.16, la incertidumbre asociada a la frecuencia no traduce un desconocimiento experimental de su valor, sino la inexistencia de un único valor para la frecuencia.

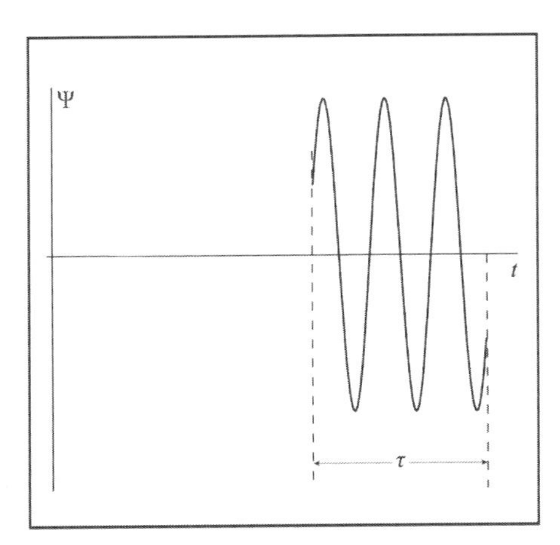


**Figura 14.16:** Perfil de un pulso sonoro en el tiempo.

De modo análogo, una partícula libre representada por un paquete de ondas no posee energía ni *momentum* definidos.

La relación de incertidumbre entre la posición y el *momentum* indica que el estado físico de una partícula no puede ser representado por una función de onda asociada a ella cuando, simultáneamente, su *momentum* y su localización sean perfectamente definidos. En lenguaje matemático, la función de onda que representa una partícula no puede ser autofunción simultánea de los operadores asociados a la posición y al *momentum* de la partícula.

### 14.6.1 Aplicaciones de las relaciones de incertidumbre

A la velocidad de la luz en el vacío ($c$), constante fundamental de la Teoría de la Relatividad Especial, corresponde, en la Mecánica Cuántica, la constante de Planck ($h$). El criterio para un límite clásico no relativista es establecido por la comparación directa entre las velocidades relativas involucradas en un fenómeno y el valor $c \simeq 3 \times 10^8$ m/s. El criterio para establecer un límite clásico no cuántico, por depender de las relaciones de incertidumbre de Heisenberg, no es tan inmediato.

Para una partícula confinada en una pequeña región de dimensión lineal $a$, tal que la posición $x$ es referida a un punto de esa región, el límite inferior para el producto de las incertidumbres, según la relación de Heisenberg, implica que la incertidumbre mínima $(\Delta p)_{\rm min}$ asociada al *momentum* ($p$) de la partícula satisface la relación

$$(\Delta p)_{\rm min} \sim \frac{\hbar}{a/2}$$

Considerando que esa incertidumbre mínima sea un límite para el propio valor absoluto ($p$) del *momentum* de la partícula, la condición

$$a\,p \gg \hbar \sim 10^{-34}\ \text{J·s} = 10^{-27}\ \text{erg·s}$$

puede ser utilizada como criterio para establecer el carácter no cuántico de un sistema, estableciendo una escala fundamental para que los fenómenos sean descritos por la Mecánica Cuántica.

El carácter clásico (no cuántico) de un fenómeno puede ser determinado a partir de la condición de que el producto de cualquier par de magnitudes, que tenga la misma dimensión del momento angular sea mucho mayor que la constante de Planck. Siguen algunos ejemplos.

- Un péndulo simple de masa ($m$) igual a 10 g, longitud igual a 1 m, período ($T$) del orden de 2 s, amplitud ($x$) de las oscilaciones igual a 1 cm, posee un *momentum* ($p = mv \simeq mx/T$) del orden de 10 g·cm/s, y como

$$x\,p \sim 10\ \text{erg·s} \gg \hbar$$

  ese sistema obedece a la Mecánica Clásica.

- Un oscilador de masa ($m$) igual a 20 g, período ($T$) igual a 1 s, amplitud ($x$) de oscilaciones del orden de 2 cm, y energía ($E$) expresada por

$$E = \frac{1}{2} m \left(\frac{2\pi}{T}\right)^2 x^2$$

  implica

$$E\,T \sim 10^3\ \text{erg·s} \gg \hbar$$

  y, por tanto, también obedece a la Mecánica Clásica.

- Las frecuencias de las vibraciones moleculares están en la región de infrarrojo ($\nu = 1/T \sim 10^{12}$ Hz), ocurren en una región de dimensión lineal ($a$) del orden de $10^{-8}$ cm, y la masa de una molécula es mayor que la masa del protón. La expresión de la energía ($E$)

$$E = \frac{1}{2} m (2\pi\nu)^2 a^2 \qquad \Longrightarrow \qquad E\,T \sim 10^{-27}\ \text{erg·s} \sim \hbar$$

  muestra que ese fenómeno debe ser descrito por la Mecánica Cuántica.

- En el caso de las vibraciones atómicas, cuyas frecuencias están en el espectro de la luz visible ($\nu = 1/T \sim 6 \times 10^{14}$ Hz) y ocurren en una región de radio ($a$) del orden de $10^{-8}$ cm, considerando que los electrones son los responsables por las vibraciones, la energía ($E$) expresada por

$$E = \frac{1}{2}m(2\pi\nu)^2 a^2$$

implica

$$ET \sim 10^{-27} \text{ erg·s} \sim \hbar$$

Ese fenómeno también debe ser descrito por la Mecánica Cuántica.

Las relaciones de incertidumbre permiten también la estimación de magnitudes asociadas a diversos sistemas cuánticos.

- Considerando que la incertidumbre en la posición del electrón en un átomo de hidrógeno es de orden del radio atómico $r$, de acuerdo con la relación de Heisenberg, la incertidumbre mínima asociada al *momentum* es de orden de $(\Delta p)_{\min} \sim \hbar/r$.

Suponiendo que el valor medio del *momentum* sea nulo, $\langle p \rangle = 0$, la energía media del electrón en cada ciclo es dada, aproximadamente, por

$$E = -\frac{e^2}{r} + \frac{(\Delta p)^2_{\min}}{2m} = -\frac{e^2}{r} + \frac{\hbar^2}{2mr^2}$$

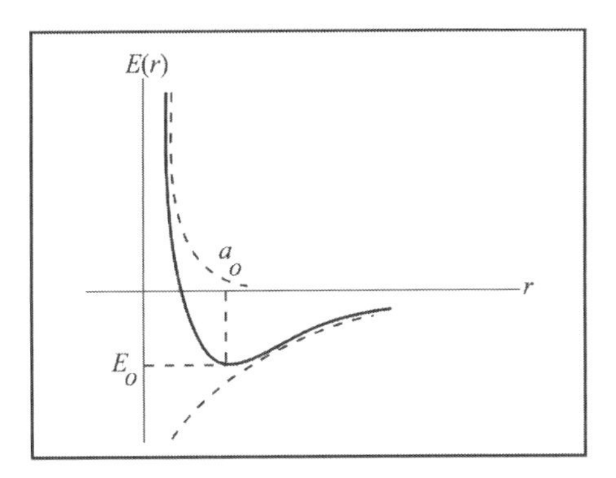


**Figura 14.17:** Variación de la energía media del electrón en el átomo de hidrógeno.

La Figura 14.17 muestra que, igualando la derivada de la energía con respecto al radio $r$ a cero,

$$\left.\frac{\mathrm{d}E}{\mathrm{d}r}\right|_a = \frac{e^2}{a^2} - \frac{\hbar^2}{ma^3} = 0$$

la energía mínima, la energía del estado fundamental, es dada por

$$E_o = -\frac{e^2}{2a} \simeq -13{,}6\,\text{eV}$$

donde $a = \hbar^2/me^2 \simeq 0{,}529 \times 10^{-8}$cm es el radio de Bohr.

- En primera aproximación, la energía potencial $V(x)$ de una partícula de masa $m$, confinada en una región dada de dimensión lineal $a$, puede ser representada por el llamado pozo de potencial rectangular (Figura 14.18), de profundidad constante igual a $V_o$.

En ese caso, la incertidumbre máxima, $\Delta x_{\max}$, en la posición de la partícula es del orden del ancho del pozo, y la incertidumbre mínima asociada al *momentum*,

$$\Delta p_{\min} \sim \frac{\hbar}{a/2}$$

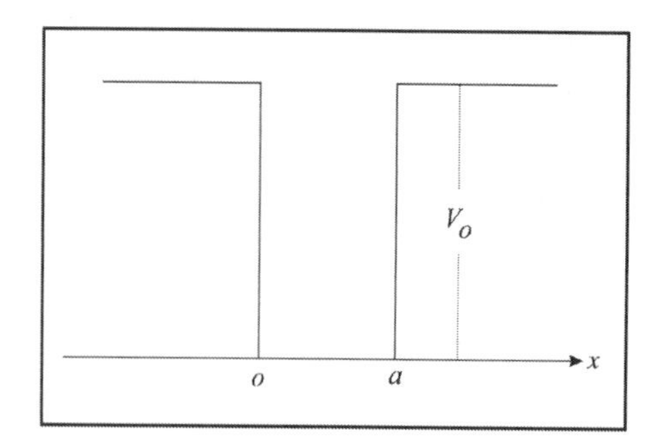


**Figura 14.18:** Pozo de potencial rectangular de ancho $a$.

Una vez que el valor medio del *momentum* es nulo, $\langle p \rangle = 0$, la energía mínima de la partícula en el pozo es dada por

$$E_{\min} = \frac{(\Delta p_{\min})^2}{2m} = \frac{2\hbar^2}{ma^2}$$

De ese modo, la energía de la partícula no puede ser nula, esto es, igual al valor mínimo de la energía potencial, y debe satisfacer la condición

$$E_{\min} \leq E \leq V_o$$

Ese límite inferior representa la profundidad mínima de un pozo de potencial para confinar una partícula, o sea,

$$V_o \geq \frac{2\hbar^2}{ma^2}$$

Así, el confinamiento y la estabilidad de un electrón en el átomo de hidrógeno, en una región de orden de $10^{-10}$ m, son compatibles con esa condición, pues la energía de ligadura del átomo, del orden de 13 eV, es mayor que

$$\frac{2 \times (10^{-34})^2}{10^{-30} \times 10^{-20}} \sim 10^{-18}\,\mathrm{J} = 10\,\mathrm{eV}$$

Ya el confinamiento de un electrón en un núcleo, en una región de orden de $10^{-14}$ m, no satisface esa condición, pues la energía de ligadura, del orden de 1 MeV, es mucho menor que la profundidad del pozo necesaria para confinarlo,

$$\frac{10^{-68}}{10^{-29} \times 10^{-28}} \sim 10^{-10}\,\mathrm{J} = 1\,\mathrm{GeV}$$

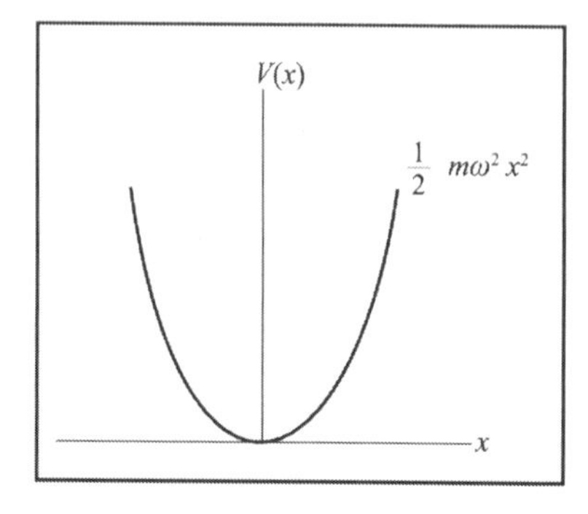


**Figura 14.19:** Diagrama de energía de un oscilador armónico.

- La energía mínima de un oscilador armónico de masa $m$ y frecuencia natural $\omega$ (Figura 14.19) puede ser estimada a partir de la expresión para la energía media

$$E = \frac{1}{2} m\omega^2 (\Delta x)^2 + \frac{(\Delta p)^2}{2m}$$

toda vez que los valores medios de la posición y del *momentum* son nulos, $\langle x \rangle = 0$ y $\langle p \rangle = 0$.

Utilizando el límite inferior de la relación de Heisenberg, la energía puede ser escrita sólo en términos de la incertidumbre en la posición,

$$E = \frac{1}{2} m\omega^2 (\Delta x)^2 + \frac{\hbar^2}{8m(\Delta x)^2}$$

y, de acuerdo con la condición de mínimo,

$$\frac{\mathrm{d}E}{\mathrm{d}(\Delta x)} = m\omega^2 (\Delta x) - \frac{\hbar^2}{4m} \frac{1}{(\Delta x)^3} = 0$$

resulta que

$$(\Delta x)^4 = \left( \frac{\hbar}{2m\omega} \right)^2 \qquad \Longrightarrow \qquad (\Delta x)^2 = \frac{\hbar}{2m\omega}$$

o sea,

$$E_{\text{min}} = \frac{\hbar\omega}{2}$$

## 14.7 Las ecuaciones de Ehrenfest

*Existe una indeterminación inevitable en el cálculo de los resultados; la teoría nos permite calcular solamente la probabilidad de obtener un resultado particular.*

Paul Dirac

El enfoque de Bohr para el átomo de hidrógeno y el de Planck para la radiación de cuerpo negro proporcionaron explicaciones parcialmente adecuadas a la descripción de esos fenómenos, indicando que el comportamiento de algunos magnitudes podía ser descrito por expresiones similares a las ecuaciones clásicas.

En ese sentido, Ehrenfest mostró que los valores medios de la posición $\vec{r}$ y del *momentum* $\vec{p}$ de una partícula de masa $m$, en un campo conservativo $V(\vec{r})$, obedecen a expresiones análogas a las ecuaciones de movimiento de la Mecánica Clásica de Newton,

$$\begin{cases} \dfrac{\mathrm{d}}{\mathrm{d}t} \langle \vec{r} \rangle = \dfrac{\langle \vec{p} \rangle}{m} \\[2ex] \dfrac{\mathrm{d}}{\mathrm{d}t} \langle \vec{p} \rangle = -\langle \vec{\nabla} V \rangle \end{cases} \qquad \Longrightarrow \qquad m \frac{\mathrm{d}^2}{\mathrm{d}t^2} \langle \vec{r} \rangle = -\langle \vec{\nabla} V \rangle$$

- Partiendo de la expresión para el valor medio de la posición,

$$\langle \vec{r} \rangle = \int_V \vec{r}\, \Psi^* \, \Psi \, \mathrm{d}V$$

derivando en relación al tiempo ($t$) y tomando en cuenta que $\Psi$ satisface a la ecuación de Schrödinger,

$$\begin{aligned}\frac{\mathrm{d}}{\mathrm{d}t}\langle\vec{r}\rangle &= \int_V \vec{r}\,\Psi^*\left(\frac{\partial\Psi}{\partial t}\right)\mathrm{d}V + \int_V \vec{r}\left(\frac{\partial\Psi^*}{\partial t}\right)\Psi\,\mathrm{d}V \\ &= \frac{i\hbar}{2m}\int_V \vec{r}\left[\Psi^*\,\nabla^2\Psi - (\nabla^2\Psi^*)\,\Psi\right]\mathrm{d}V \\ &= -\frac{i\hbar}{2m}\int_V \vec{r}\left[\vec{\nabla}\cdot\left(\Psi\,\vec{\nabla}\Psi^* - \Psi^*\,\vec{\nabla}\Psi\right)\right]\mathrm{d}V \\ &= -\int_V \vec{r}\,(\vec{\nabla}\cdot\vec{J})\,\mathrm{d}V\end{aligned}$$

Toda vez que los términos que contienen componentes distintas de $\vec{r}$ y $\vec{J}$ son nulos,

$$\int_{-\infty}^{\infty} x\,\frac{\partial J_y}{\partial y}\,\mathrm{d}y = x\int_{-\infty}^{\infty}\frac{\partial J_y}{\partial y}\,\mathrm{d}y = 0$$

la tasa de variación del valor medio de $\vec{r}$ es dada por términos del tipo

$$\int_{-\infty}^{\infty} x\,\frac{\partial J_x}{\partial x}\,\mathrm{d}x = -\int_{-\infty}^{\infty} J_x\,\mathrm{d}x$$

o sea,

$$\begin{aligned}\frac{\mathrm{d}}{\mathrm{d}t}\langle\vec{r}\rangle &= \int_V \vec{J}\,\mathrm{d}V = \frac{i\hbar}{2m}\int_V\left(\Psi\,\vec{\nabla}\Psi^* - \Psi^*\,\vec{\nabla}\Psi\right)\mathrm{d}V \\ &= \frac{i\hbar}{2m}\left[\int_V \Psi\left(\hat{\imath}\frac{\partial\Psi^*}{\partial x} + \hat{\jmath}\frac{\partial\Psi^*}{\partial y} + \hat{k}\frac{\partial\Psi^*}{\partial z}\right)\mathrm{d}V\ + \right. \\ &\qquad \left. - \int_V \Psi^*\left(\hat{\imath}\frac{\partial\Psi}{\partial x} + \hat{\jmath}\frac{\partial\Psi^*}{\partial y} + \hat{k}\frac{\partial\Psi}{\partial z}\right)\mathrm{d}V\right]\end{aligned}$$

Teniendo en cuenta que

$$\frac{\partial}{\partial x}(\Psi\Psi^*) = \Psi\,\frac{\partial\Psi^*}{\partial x} + \Psi^*\,\frac{\partial\Psi}{\partial x}$$

la primera integral de arriba se torna idéntica a la segunda (recordando que $\psi^*\psi \to 0$ cuando $r \to \infty$), luego

$$\frac{d}{dt}\langle\vec{r}\rangle = \frac{1}{m}\int_V \Psi^*\,(-i\hbar\vec{\nabla}\Psi)\,\mathrm{d}V = \frac{\langle\vec{p}\rangle}{m}$$

Derivando la expresión para el valor medio del *momentum* en relación al tiempo,

$$\begin{aligned}\frac{\mathrm{d}}{\mathrm{d}t}\langle\vec{p}\rangle &= -i\hbar\left[\int_V \Psi^*\,\vec{\nabla}\left(\frac{\partial\Psi}{\partial t}\right)\mathrm{d}V\ +\ \int_V\left(\frac{\partial\Psi^*}{\partial t}\right)(\vec{\nabla}\Psi)\,\mathrm{d}V\right] \\ &= \int_V \Psi^*\,\vec{\nabla}\left[\left(\frac{\hbar^2}{2m}\nabla^2 - V\right)\Psi\right]\mathrm{d}V\ +\ \int_V\left[\left(-\frac{\hbar^2}{2m}\nabla^2 + V\right)\Psi^*\right](\vec{\nabla}\Psi)\,\mathrm{d}V \\ &= \frac{\hbar^2}{2m}\left\{\int_V\left[\Psi^*\,\vec{\nabla}(\nabla^2\Psi) - (\nabla^2\Psi^*)\,(\vec{\nabla}\Psi)\right]\mathrm{d}V\ +\right. \\ &\qquad \left. +\ \int_V\left[-\Psi^*\,\vec{\nabla}(V\Psi) + V\Psi^*\,(\vec{\nabla}\Psi)\right]\mathrm{d}V\right\}\end{aligned}$$

La primera integral es nula, y de la segunda, integrando por partes dos veces en el término que contiene $\Psi^*$, resulta

$$\frac{\mathrm{d}}{\mathrm{d}t}\langle\vec{p}\rangle = -\int_V \Psi^*\,(\vec{\nabla}V\Psi)\,\mathrm{d}V = -\langle\vec{\nabla}V\rangle$$

- De manera general, de acuerdo con la ecuación de Schrödinger,

$$i\hbar\frac{\partial\Psi}{\partial t} = H\Psi$$

la evolución del valor esperado de una magnitud $A$, asociada a un operador hermítico $\mathcal{A}$, es dada por

$$\begin{aligned}\frac{d}{\mathrm{d}t}\langle A\rangle &= \int_V \underbrace{\left(\frac{\partial\Psi^*}{\partial t}\right)}_{iH\Psi^*/\hbar}\mathcal{A}\Psi\,\mathrm{d}V + \int_V \Psi^*\mathcal{A}\underbrace{\left(\frac{\partial\Psi}{\partial t}\right)}_{-iH\Psi/\hbar}\mathrm{d}V \\ &= \frac{i}{\hbar}\int_V \Psi^*(H\mathcal{A}-\mathcal{A}H)\Psi\,\mathrm{d}V = \frac{i}{\hbar}\big\langle[H,\mathcal{A}]\big\rangle\end{aligned}$$

o

$$\boxed{i\hbar\frac{d}{\mathrm{d}t}\langle A\rangle = \big\langle[\mathcal{A},H]\big\rangle} \tag{14.53}$$

De ese modo,

$$\big[\mathcal{A},H\big] = 0 \qquad \Longrightarrow \qquad \langle A\rangle = \text{constante}$$

Así,

*cualquier magnitud de un sistema asociada a un operador que comute con el hamiltoniano del sistema es estadísticamente conservada.*

En general, los operadores asociados a magnitudes cinemáticas, o magnitudes que son definidas incluso en ausencia de interacciones externas, como el *momentum* y la posición no exhiben dependencia temporal. Sólo operadores asociados a magnitudes que se manifiestan en presencia de interacciones, como la energía potencial, la polarización o la magnetización, pueden exhibir dependencia temporal explícita. En esos casos, la ecuación de evolución del valor esperado es dada por

$$\frac{d}{\mathrm{d}t}\langle A\rangle = \left\langle\frac{\partial A}{\partial t}\right\rangle + \frac{i}{\hbar}\big\langle[H,\mathcal{A}]\big\rangle$$

### 14.7.1 Límite clásico de la Mecánica Cuántica

De acuerdo con las ecuaciones de Ehrenfest, para una partícula que se desplaza en la dirección $x$,

$$m\frac{\mathrm{d}^2}{\mathrm{d}t^2}\langle x\rangle = -\left\langle\frac{\partial V}{\partial x}\right\rangle \tag{14.54}$$

Ese resultado es referido algunas veces, incorrectamente, como una expresión de la segunda ley de Newton. De hecho, denotando el gradiente de potencial como una fuerza $F$,

$$F(x) = -\frac{\partial V}{\partial x}$$

la ecuación (14.54) puede ser escrita como

$$m\frac{d^2}{dt^2}\langle x\rangle = \langle F(x)\rangle$$

Estrictamente hablando, esta ecuación solo sería análoga a la ecuación newtoniana de movimiento para el valor medio $\langle x\rangle$ si $\langle F(x)\rangle = F(\langle x\rangle)$. Sin embargo, expandiendo la fuerza $F$ en serie de Taylor, en torno del valor medio $\langle x\rangle$ de la posición,

$$F(x) = F\big(\langle x\rangle\big) + \big(x-\langle x\rangle\big)\left(\frac{\partial F}{\partial x}\right)_{\langle x\rangle} + \frac{1}{2}\big(x-\langle x\rangle\big)^2\left(\frac{\partial^2 F}{\partial x^2}\right)_{\langle x\rangle} + \dots$$

resulta

$$\langle F(x)\rangle = m\frac{d^2\langle x\rangle}{dt^2} = F\big(\langle x\rangle\big) \; - \; \frac{(\Delta x)^2}{2}\left(\frac{\partial^3 V}{\partial x^3}\right)_{\langle x\rangle} \; + \; \ldots$$

Por tanto, sólo para sistemas descritos por potenciales constantes como de primer o segundo orden en $x$ la ecuación de Ehrenfest coincide con la ecuación clásica de movimiento para el valor medio $\langle x\rangle$.

La partícula libre y el oscilador armónico, para los cuales

$$-\frac{\partial^3 V}{\partial x^3} = \frac{\partial^2 F}{\partial x^2} = 0$$

son ejemplos en los cuales las soluciones clásicas pueden ser útiles para la solución de problemas cuánticos análogos. Históricamente, fue a partir del uso de analogías que son parcialmente justificadas por las expresiones de Ehrenfest que ocurrió el proceso de construcción de la Mecánica de las Matrices por Heisenberg, Born, Jordan y Pauli (Sección 13.2).

La formulación matricial se originó del supuesto de que la ecuación de movimiento clásica debe ser mantenida en escala atómica, a pesar de que la variable $x(t)$ deja de ser vista como una función que determinaría la trayectoria de la partícula para ser considerada una matriz relacionada a las transiciones entre los autoestados de energía de la partícula.

Por ese mismo motivo, Bohr obtuvo resultados correctos para el átomo de hidrógeno. En su modelo, la cuantización del momento angular equivale a considerar los aspectos periódicos del movimiento, y, por tanto, implícitamente, utiliza el modelo del oscilador armónico.

De mismo modo que las ecuaciones de Ehrenfest describen la evolución de los valores medios de las magnitudes, describen también la variación de los valores medios cuadráticos y, por tanto, implican dispersiones de los valores en relación a los valores medios, lo que no ocurre en la Mecánica Clásica.

Toda vez que la incertidumbre $(\Delta A)$ asociada a una magnitud $A$ es determinada por los valores medios,

$$\Delta A = \sqrt{\langle A^2\rangle - \langle A\rangle^2}$$

las ecuaciones que describen la evolución del valor medio pueden ser utilizadas para el cálculo de incertidumbres.

- Para una partícula libre de masa $m$, tal que $H = p^2/2m$, donde $p$ representa el *momentum*, las ecuaciones de Ehrenfest,

$$\begin{cases} i\hbar\dfrac{\mathrm{d}}{\mathrm{d}t}\langle p\rangle = \big\langle [p, H]\big\rangle = 0 \\[2ex] i\hbar\dfrac{\mathrm{d}}{\mathrm{d}t}\langle x\rangle = \big\langle [x, H]\big\rangle = i\dfrac{\hbar}{m}\langle p\rangle \end{cases}$$

implican

$$\langle p\rangle = \langle p\rangle_{\circ} = \text{constante} \tag{14.55}$$

$$\langle x\rangle = \langle x\rangle_{\circ} + \frac{\langle p\rangle_{\circ}}{m}t \tag{14.56}$$

O sea, los valores medios obedecen a ecuaciones idénticas a las de la Mecánica Clásica.

Las incertidumbres asociadas al movimiento de la partícula pueden ser estimadas a partir de la generalización de las ecuaciones de Ehrenfest para los valores medios de cualquier magnitud,

$$\frac{\mathrm{d}}{\mathrm{d}t}\langle p^2\rangle = \frac{1}{i\hbar}\big\langle [p^2, H]\big\rangle = 0 \quad \Longrightarrow \quad \langle p^2\rangle = \langle p^2\rangle_{\circ} = \text{constante} \tag{14.57}$$

$$\frac{\mathrm{d}}{\mathrm{d}t}\langle x^2\rangle = \frac{1}{i\hbar}\big\langle [x^2, H]\big\rangle = \frac{1}{m}\Big[\langle xp\rangle + \langle px\rangle\Big] \tag{14.58}$$

Así, la incertidumbre asociada al *momentum* de la partícula libre es constante en el tiempo,

$$\Delta p = (\Delta p)_\circ = \sqrt{\langle p^2\rangle - \langle p\rangle^2} = \sqrt{\langle p^2\rangle_\circ - \langle p\rangle_\circ^2}$$

Por otro lado, las ecuaciones

$$\begin{cases} \dfrac{\mathrm{d}}{\mathrm{d}t}\langle xp\rangle = \dfrac{1}{i\hbar}\,\big\langle [xp, H]\big\rangle = \dfrac{\langle p^2\rangle_\circ}{m} = \text{constante} \\[2ex] \dfrac{\mathrm{d}}{\mathrm{d}t}\langle px\rangle = \dfrac{1}{i\hbar}\,\big\langle [px, H]\big\rangle = \dfrac{\langle p^2\rangle_\circ}{m} = \text{constante} \end{cases}$$

implican

$$\begin{cases} \langle xp\rangle = \langle xp\rangle_\circ + \dfrac{\langle p^2\rangle_\circ}{m}\,t \\[2ex] \langle px\rangle = \langle px\rangle_\circ + \dfrac{\langle p^2\rangle_\circ}{m}\,t \end{cases}$$

Sustituyendo esas expresiones en la ecuación que describe la evolución de $\langle x^2\rangle$, ecuación (14.58),

$$\frac{\mathrm{d}}{\mathrm{d}t}\langle x^2\rangle = \frac{1}{m}\Big[\langle xp\rangle_\circ + \langle px\rangle_\circ\Big] + 2\,\frac{\langle p^2\rangle_\circ}{m^2}\,t$$

e integrando, resulta

$$\langle x^2\rangle = \langle x^2\rangle_\circ + \frac{1}{m}\Big[\langle xp\rangle_\circ + \langle px\rangle_\circ\Big]\,t + \frac{\langle p^2\rangle_\circ}{m^2}\,t^2 \tag{14.59}$$

Teniendo en cuenta que, según la ecuación (14.56),

$$\langle x\rangle^2 = \langle x\rangle_\circ^2 + \frac{2}{m}\langle x\rangle_\circ\langle p\rangle_\circ\,t + \frac{\langle p\rangle_\circ^2}{m^2}\,t^2 \tag{14.60}$$

Restando la ecuación (14.60) de la ecuación (14.59), se obtiene

$$\underbrace{\langle x^2\rangle - \langle x\rangle^2}_{(\Delta x)^2} = \underbrace{\langle x^2\rangle_\circ - \langle x\rangle_\circ^2}_{(\Delta x)_\circ^2} + \underbrace{\frac{1}{m}\Big[\langle xp\rangle_\circ + \langle px\rangle_\circ - 2\langle x\rangle_\circ\langle p\rangle_\circ\Big]}_{\beta}\,t + \underbrace{\Big[\langle p^2\rangle_\circ - \langle p\rangle_\circ^2\Big]}_{(\Delta p)_\circ^2}\,\frac{t^2}{m^2}$$

o sea,

$$(\Delta x)^2 = (\Delta x)_\circ^2 + \beta\,t + \frac{(\Delta p)_\circ^2}{m^2}\,t^2 \geq 0 \tag{14.61}$$

> *la incertidumbre inicial asociada a la posición de la partícula libre siempre es mínima:*
>
> $$(\Delta x)_{\min} = (\Delta x)_\circ$$

Después de un largo intervalo de tiempo, la incertidumbre crece linealmente con el tiempo

$$\lim_{t\to\infty}\Delta x = \frac{(\Delta p)_\circ}{m}\,t$$

Así, incluso si la incertidumbre inicial asociada a la posición de la partícula sea prácticamente nula, ella aumenta indefinidamente (Figura 14.20), tornando inaplicable el concepto de trayectoria.

Cuando la ecuación (14.61) es multiplicada por $(\Delta p)^2 = (\Delta p)_\circ^2$, resulta

$$(\Delta x)^2(\Delta p)^2 = (\Delta x)_\circ^2(\Delta p)_\circ^2 + \beta(\Delta p)_\circ^2\,t + \frac{(\Delta p)_\circ^4}{m^2}\,t^2 \geq 0$$

y la relación de Heisenberg implica que $(\Delta x)_\circ(\Delta p)_\circ$ sea el límite inferior para el producto de las incertidumbres,

$$\big(\Delta x\,\Delta p\big)_{\min} = (\Delta x)_\circ(\Delta p)_\circ = \frac{\hbar}{2}$$

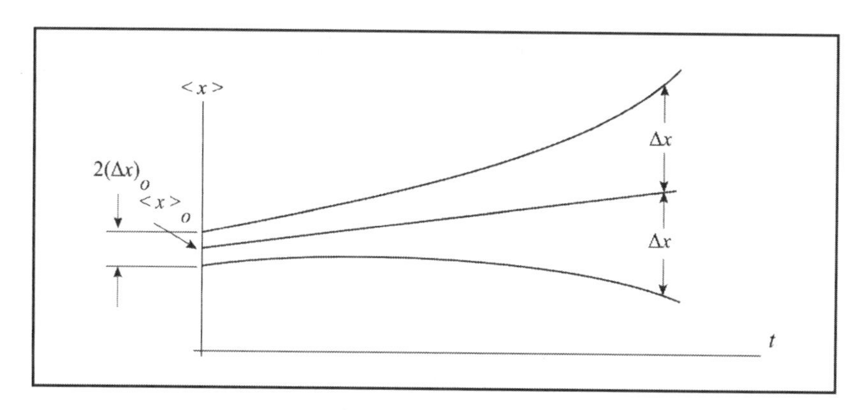


**Figura 14.20:** Incertidumbre en la localización de una partícula libre a lo largo de la dirección de su movimiento.

Para intervalos largos de tiempo, la incertidumbre asociada a la posición de una partícula libre crece como

$$\Delta x = \frac{1}{(\Delta x)_\circ} \frac{\hbar}{m} t \qquad (t \to \infty)$$

- Si un haz de electrones es acelerado en la dirección $x$ por un potencial ($\phi$) de $10^3$ eV, adquiriendo *momentum* ($p$) del orden de

$$p = \sqrt{2me\phi} \sim 10^{-23}\,\text{kg·m/s}$$

y la incertidumbre relativa ($\Delta\phi/\phi$) asociada al potencial es del orden de $10^{-2}$, la incertidumbre en el *momentum* será dada por

$$\frac{\Delta p_x}{p} = \frac{1}{2}\frac{\Delta\phi}{\phi} \qquad \Longrightarrow \qquad \Delta p_x \sim 10^{-25}\,\text{kg·m/s}$$

De ese modo,

$$\begin{cases} (\Delta x)_\circ = \dfrac{\hbar}{2\Delta p_x} \sim 10^{-9}\,\text{m} \\[2ex] \Delta x = \dfrac{\Delta p_x}{m}\, t \sim 10^5\, t \end{cases}$$

De acuerdo con la ecuación de Ehrenfest, el tiempo empleado para que un electrón del haz recorra una distancia de 30 cm es del orden de $d/(p/m) \sim 10^{-8}$ s, y la incertidumbre en torno de la posición media es dada por

$$\Delta x \sim 10^{-3}\,\text{m} = 1\,\text{mm}$$

En relación a las direcciones transversales al movimiento, $y$ y $z$, considerando que las incertidumbres en las componentes transversales de *momentum*, $\Delta p_y, \Delta p_z$ son mucho menores que la asociada a la componente longitudinal,

$$\Delta p_y, \Delta p_z \ll \Delta p_x$$

implica que las incertidumbres en las componentes transversales de la posición, $\Delta y, \Delta z$, también serán mucho menores que $\Delta x$,

$$\Delta y, \Delta z \ll \Delta x$$

En esas situaciones, el concepto de trayectoria puede ser utilizado, y el movimiento del haz de partículas puede ser descrito por la Electrodinámica Clásica o por la Relativista.

## 14.8 Generalizaciones y sistemas de partículas

*Si un sistema atómico contiene un número de partículas de la misma especie, como cierto número de electrones, las partículas son absolutamente indistinguibles unas de las otras. Ninguna alteración es observada cuando dos de ellas son intercambiadas.*
Paul Dirac

### 14.8.1 El operador del momento angular orbital

De manera análoga a la Mecánica Clásica, el operador del momento angular orbital ($\vec{L}$) de una partícula es definido como

$$\vec{L} = \vec{r} \times \vec{p} = -i\hbar\vec{r} \times \vec{\nabla}$$

donde $\vec{r}$ describe la posición y $\vec{p}$, el *momentum* de la partícula.

El operador $\vec{L}$ es un operador lineal vectorial cuyas componentes cartesianas son

$$\begin{cases} L_x = -i\hbar\left(y\dfrac{\partial}{\partial z} - z\dfrac{\partial}{\partial y}\right) \\[2ex] L_y = -i\hbar\left(z\dfrac{\partial}{\partial x} - x\dfrac{\partial}{\partial z}\right) \\[2ex] L_z = -i\hbar\left(x\dfrac{\partial}{\partial y} - y\dfrac{\partial}{\partial x}\right) \end{cases}$$

Al contrario del *momentum*, para el cual las incertidumbres asociadas a sus componentes no son necesariamente correlacionadas,

$$\begin{cases} [p_x, p_y] = 0 & \Longrightarrow & \Delta p_x\, \Delta p_y \geq 0 \\[1ex] [p_y, p_z] = 0 & \Longrightarrow & \Delta p_y\, \Delta p_z \geq 0 \\[1ex] [p_z, p_x] = 0 & \Longrightarrow & \Delta p_z\, \Delta p_x \geq 0 \end{cases}$$

y, por tanto, la función de onda plana $\Psi \sim e^{i\vec{p}\cdot\vec{r}}$ es autofunción simultánea de los operadores $p_x$, $p_y$ y $p_z$, el hecho de que las incertidumbres asociadas a las componentes del momento angular sean correlacionadas

$$\begin{cases} [L_x, L_y] = i\hbar\, L_z \\[1ex] [L_y, L_z] = i\hbar\, L_x \\[1ex] [L_z, L_x] = i\hbar\, L_y \end{cases}$$

implica que una partícula no puede ser representada por una autofunción simultánea de las tres componentes cartesianas del momento angular.

Toda vez que el operador $L^2 = L_x^2 + L_y^2 + L_z^2$ comuta con cualquiera de las componentes del momento angular,

$$[L^2, L_x] = [L^2, L_y] = [L^2, L_z] = 0$$

existen autofunciones simultáneas de $L^2$ y de una de las componentes de $\vec{L}$. Esas autofunciones pueden representar el estado de una partícula cuyo cuadrado del módulo y una de las componentes de momento angular sean precisamente definidos (Capítulo 15).

Como en la Mecánica Clásica, el operador del momento angular representa una magnitud asociada a la ley de conservación que sigue de la simetría de un sistema con relación a rotaciones. Por eso, su estudio es fundamental en la descripción del movimiento de partículas en campos centrales, como los sistemas atómicos, en los cuales el potencial de interacción posee simetría esférica.

Las componentes cartesianas del momento angular, en coordenadas esféricas, pueden ser escritas como

$$\begin{cases} L_x = i\hbar\left(\operatorname{sen}\phi\,\dfrac{\partial}{\partial\theta} + \operatorname{cotg}\theta\cos\phi\,\dfrac{\partial}{\partial\phi}\right) \\ L_y = i\hbar\left(-\cos\phi\,\dfrac{\partial}{\partial\theta} + \operatorname{cotg}\theta\operatorname{sen}\phi\,\dfrac{\partial}{\partial\phi}\right) \\ L_z = -i\hbar\,\dfrac{\partial}{\partial\phi} \end{cases}$$

pues las ecuaciones que relacionan las coordenadas cartesianas y esféricas son

$$\begin{cases} x = r\operatorname{sen}\theta\cos\phi & \Longrightarrow & \begin{cases} \partial x/\partial r = \operatorname{sen}\theta\cos\phi \\ \partial x/\partial\theta = r\cos\theta\cos\phi \\ \partial x/\partial\phi = -r\operatorname{sen}\theta\operatorname{sen}\phi \end{cases} \\ y = r\operatorname{sen}\theta\operatorname{sen}\phi & \Longrightarrow & \begin{cases} \partial y/\partial r = \operatorname{sen}\theta\operatorname{sen}\phi \\ \partial y/\partial\theta = r\cos\theta\operatorname{sen}\phi \\ \partial y/\partial\phi = r\operatorname{sen}\theta\cos\phi \end{cases} \\ z = r\cos\theta & \Longrightarrow & \begin{cases} \partial z/\partial r = \cos\theta \\ \partial z/\partial\theta = -r\operatorname{sen}\theta \\ \partial z/\partial\phi = 0 \end{cases} \end{cases}$$

y resulta que

$$\begin{cases} \dfrac{\partial}{\partial r} = \operatorname{sen}\theta\cos\phi\,\dfrac{\partial}{\partial x} + \operatorname{sen}\theta\operatorname{sen}\phi\,\dfrac{\partial}{\partial y} + \cos\theta\,\dfrac{\partial}{\partial z} \\ \dfrac{\partial}{\partial\theta} = r\cos\theta\cos\phi\,\dfrac{\partial}{\partial x} + r\cos\theta\operatorname{sen}\phi\,\dfrac{\partial}{\partial y} - r\operatorname{sen}\theta\,\dfrac{\partial}{\partial z} \\ \dfrac{\partial}{\partial\phi} = -r\operatorname{sen}\theta\operatorname{sen}\phi\,\dfrac{\partial}{\partial x} + r\operatorname{sen}\theta\cos\phi\,\dfrac{\partial}{\partial y} \end{cases}$$

luego, el operador $L^2$ puede ser escrito como

$$L^2(\theta,\phi) = -\hbar^2\left[\frac{1}{\operatorname{sen}\theta}\frac{\partial}{\partial\theta}\left(\operatorname{sen}\theta\,\frac{\partial}{\partial\theta}\right) + \frac{1}{\operatorname{sen}^2\theta}\frac{\partial^2}{\partial\phi^2}\right]$$

Imponiendo la continuidad en el dominio $(0, 2\pi)$, los autovalores y las autofunciones correspondientes a la componente $L_z$ son inmediatamente determinados como

$$L_z\,e^{im\phi} = m\,\hbar\,e^{im\phi} \qquad (m = 0, \pm1, \pm2, ....)$$

Toda vez que $L^2$ comuta con $L_z$, es conveniente determinar los posibles autoestados simultáneos de ambos operadores. La solución de ese problema (Capítulo 15) es fundamental en la determinación del espectro del átomo de hidrógeno, pues, al descomponer la energía cinética del electrón en partes radial y angular, la parte angular puede ser escrita en términos del operador $L^2$.

Las autofunciones simultáneas de $L^2$ y $L_z$, identificadas por dos índices enteros, $l$ y $m$, tal que $|m| \le l$, se llaman *funciones armónicas esféricas*, son representadas como (Sección 15.4.2.1)

$$Y_l^m(\theta,\phi) = A_{lm}\,P_l^m(\theta)\,e^{im\phi}$$

y obedecen a las relaciones

$$\begin{cases} L^2\, Y_l^m(\theta,\phi) = \hbar^2\, \lambda_l\, Y_l^m(\theta,\phi) \\ \\ L_z\, Y_l^m(\theta,\phi) = m\,\hbar\, Y_l^m(\theta,\phi) \end{cases} \qquad \begin{cases} l=0 & m=0 \\ l=1 & m=0,\pm1 \\ l=2 & m=0,\pm1,\pm2 \\ \vdots & \end{cases}$$

donde el autovalor $\lambda_l$ solo depende del índice $l$.

### 14.8.2 Acoplamiento del momento angular orbital con el campo magnético

Toda vez que electrones y protones poseen carga eléctrica y en movimiento generan campos magnéticos, el momento angular de los sistemas atómicos está íntimamente asociado a las propiedades magnéticas de los materiales.

Según el Electromagnetismo Clásico, si una partícula de masa $m$ y carga eléctrica negativa $-e$ ejecuta un movimiento circular de radio $r$, el momento dipolar magnético ($\vec{\mu}_l$) se relaciona al momento angular ($\vec{L}$) por

$$\vec{\mu}_l = -\gamma_l\, \vec{L} \tag{14.62}$$

donde la constante $\gamma_l = e/(2mc)$ es la razón giromagnética (Sección 7.2.2).

Bajo la acción de un campo magnético uniforme $B$, la dirección del momento angular ejecuta un movimiento de precesión, cuya frecuencia es dada por la frecuencia de Larmor ($\Omega$), ecuación (7.10),

$$\Omega = \gamma_l B$$

Esa interacción puede ser caracterizada por una energía potencial magnética $V$, expresada por

$$V = -\vec{\mu}_l \cdot \vec{B} = \gamma_l\, \vec{L}\cdot\vec{B} \tag{14.63}$$

Esa misma expresión fue utilizada en la Mecánica Cuántica por Pauli y Schrödinger para explicar el efecto Zeeman normal (Sección 7.2.2).

Suponiendo que el campo magnético actúe en la dirección $z$, los autovalores de la proyección del momento dipolar magnético en la dirección $z$ son dados por

$$\mu_z = -\gamma_l \hbar m = -\mu_B m \qquad (m = -l, -l+1, \ldots, l-1, l)$$

donde $\mu_B = e\hbar/(2mc) \simeq 9{,}27 \times 10^{-21}$ erg/G, denominado *magnetón de Bohr*, es la unidad natural para medida de momentos dipolares magnéticos de sistemas atómicos.

En general, para un átomo con varios electrones, los autovalores de la proyección del momento dipolar magnético en la dirección $z$ son expresados por

$$\mu_z = -g_L \mu_B m \tag{14.64}$$

donde $g_L$ es el *factor de Landé*.

- **El efecto Einstein - de Haas**

La relación entre las propiedades magnéticas de la materia y el momento angular fue determinada en 1915 en un experimento propuesto por Einstein y por el holandés Wander Johannes de Haas.

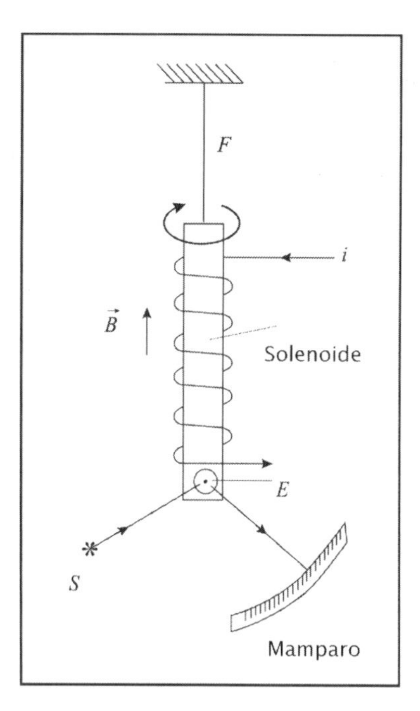


**Figura 14.21:** Esquema del experimento propuesto por Einstein-de Haas.

Cuando un campo magnético $\vec{B}$ es aplicado en la dirección longitudinal de una barra, supuestamente compuesta por dipolos magnéticos y suspendida por un hilo (Figura 14.21), ocurre el alineamiento de los dipolos en la dirección del campo y el surgimiento de un torque que provoca torsión en el hilo ($F$), detectada por la reflexión del haz originado en $S$ y reflejado por el espejo $E$.

Toda vez que el momento angular total de la barra, inicialmente nulo, debe permanecer como tal, hay una reacción de la barra que tiende a restaurar su estado macroscópico inicial. Así, a partir de la medición de la magnetización ($M$) y del momento angular ($L$) totales de la barra, se puede determinar la razón giromagnética ($\gamma$) como

$$\gamma = \frac{M}{L}$$

Las mediciones realizadas, en 1915, proporcionaron un valor cerca de dos veces mayor que el esperado debido sólo a la contribución del momento angular orbital del electrón, preanunciando que es necesario tomar en cuenta también su *spin*. Por otro lado, cabe notar que, aunque el efecto Einstein-de Haas relacione el magnetismo con el momento angular, este efecto es macroscópico. Por tanto, no se pode concluir que él sea suficiente para demostrar la cuantización del momento angular. Para eso, es preciso recurrir a experimentos que relacionen partículas en escala microscópica. El experimento clásico en este sentido fue el de Stern-Gerlach (Sección 16.6.2).

### 14.8.3 La ecuación de Schrödinger para $N$ partículas

La dinámica de un sistema de $N$ partículas bajo la acción de potenciales internos y externos es elaborada a partir de la definición de un operador hamiltoniano $H$, que representa la energía del sistema en el caso de campos conservativos, como

$$H = \sum_{i=1}^{N} \frac{p_i^2}{2m_i} + V(\vec{r}_1, \vec{r}_2, \ldots\ldots, \vec{r}_N, t)$$

donde $m_i$ es la masa; $\vec{p}_i = -i\hbar\vec{\nabla}_i$, el operador que representa el *momentum*; $\vec{\nabla}_i$, el gradiente según las coordenadas espaciales $x$, $y$ y $z$ de la partícula $i$; y $V$, el potencial que representa las interacciones internas entre todas las partículas, o la acción de un campo externo.

La ecuación de Schrödinger generalizada tiene la misma forma de la ecuación para una única partícula,

$$i\hbar\frac{\partial\Psi}{\partial t} = H\,\Psi$$

donde $\Psi(\vec{r}_1, \vec{r}_2, \ldots\ldots, \vec{r}_N, t)$ es una función de las $3N$ coordenadas espaciales de todas las partículas y del tiempo.

Para campos conservativos, la expresión

$$H\,\Psi = E\,\Psi$$

es la ecuación que determina la energía ($E$) del sistema.

De ese modo, la interpretación probabilística de Born es tal que

> $\mathrm{d}P = |\Psi(\vec{r}_1, \vec{r}_2, \ldots\ldots, \vec{r}_N, t)|^2\,\mathrm{d}V$ es la probabilidad de que, en un instante dado $t$, la partícula 1 esté en una región entre $(x, y, z)_1$ y $(x+\mathrm{d}x, y+\mathrm{d}y, z+\mathrm{d}z)_1$, la partícula 2 esté en una región entre $(x, y, z)_2$ y $(x+\mathrm{d}x, y+\mathrm{d}y, z+\mathrm{d}z)_2$, *etcétera*, y $\rho(\vec{r}_1, \vec{r}_2, \ldots\ldots, \vec{r}_N, t) = |\Psi|^2$ es la densidad de probabilidad de la presencia.

Si la solución de la ecuación de Schrödinger para una partícula ya abarca grandes desafíos matemáticos, las soluciones exactas para problemas que abarca $N$ partículas en interacción son inexistentes. De ese modo, las leyes de conservación y otras propiedades de simetría del sistema son usadas para un entendimiento cualitativo de sus principales características, y los métodos numéricos de aproximación, que usualmente requieren el uso de computadores, son imprescindibles para la obtención de soluciones cuantitativas.

A pesar de no haber sido, históricamente, la formulación original de la Mecánica Cuántica, la construcción y la elaboración de la teoría cuántica, a partir da formulación ondulatoria, pasaron a ser el método tradicional, cuasicanónico, de presentación de la teoría. Esa formulación utiliza una función de onda que, al menos para la descripción de una partícula, es un campo escalar definido en el espacio tridimensional ordinario, y también involucra ecuaciones diferenciales parciales lineales, las cuales eran más familiares a los físicos de la época de Schrödinger.

Incluso con la gran ruptura con conceptos resultantes de la Mecánica Clásica, como los de trayectoria de una partícula, un procedimiento que permaneció en la formulación de la Mecánica Cuántica[15] fue el método analítico newtoniano de focalizar o aislar un objeto de estudio y representar sus interacciones con el resto del Universo, o su vecindad, por un potencial que actúa sobre el objeto.

Esa característica, aún presente en las sofisticadas formulaciones analíticas de la Mecánica Clásica, de Hamilton, Jacobi y Lagrange, sólo fue modificada cuando, en 1947, a partir de los trabajos de Feynman, Schwinger, Tomonaga y Dyson en la elaboración de la Electrodinámica Cuántica, fueron descubiertos y creados métodos aproximados perturbativos, que permitieron el cálculo de procesos de interacción entre partículas eléctricamente cargadas que incorporan de modo eficaz sus acciones recíprocas.

## 14.9 Fuentes primarias

**Born, M., 1926.** Über Quantenmechanik. *Zeitschrift für Physik* **26**, n. 1, p. 379-395.

**Born, M., 1926.** Zur Quantenmechanik der Stoßvorgänge. *Zeitschrift für Physik* **37**, n. 12, p. 863-867.

**Davisson, C.; Germer, L.H., 1927.** Diffraction of Electrons by a Crystal of Nickel. *Physical Review* **30**, n. 6, p. 705-740.

**Davisson, C.; Germer, L.H., 1927a.** The scattering of electrons by a single crystal of Nickel. *Nature* **119**, n. 2998, p. 558-560.

**Davisson, C.; Germer, L.H., 1928.** Reflection of Electrons by a Crystal of Nickel. *Proceedings of the National Academy of Science* **14**, n. 2, p. 317-322.

**Davisson, C.; Germer, L.H., 1928b.** Reflection of Electrons by a Crystal of Nickel. *Proceedings of the National Academy of Science* **14**, n. 8, p. 619-627.

**Davisson, C.; Germer, L.H., 1929.** A Test for Polarization of Electron Waves by Reflection. *Physical Review* **33**, n. 5, p. 760-772.

[15] Tanto relativista cuanto no relativista.

**Davisson, C.; Calbick, C.J., 1932.** Electron Lenses. *Physical Review* **42**, n. 4, p. 580.

**Davisson, C.; Kunsman, C.H., 1921.** The Scattering of Electrons by Nickel. *Science* **54**, n. 1404, p. 522-524.

**Davisson, C.; Kunsman, C.H., 1923.** The Scattering of Low Speed Electrons by Platinum and Magnesium. *Physical Review* **22**, n. 3, p. 242-258.

**De Broglie, L., 1923a.** Ondes et Quanta. *Comptes Rendus* **177**, p. 507-510.

**De Broglie, L., 1923b.** Waves and Quanta. *Nature* **112**, n. 2815, p. 540.

**De Broglie, L., 1923c.** Quanta de Lumière, Diffraction et Interferences. *Comptes Rendus* **177**, p. 548-560.

**De Broglie, L., 1925.** Recherches sur la théorie des quanta. Thèse de Doctorat, publicada em *Annales de Physique* (10ème. serie) **3**, p. 22-128. Reeditado en París, por Masson & Cie., en 1963.

**Ehrenfest, P., 1927.** Bemerkungenuber die angenaherte Gultigkeit der klassischen Mechanik innerhalb der Quantenmechanik. *Zeitschrift für Physik* **45**, p. 455-457. Traducido al portugués en la *Revista Brasileira de Física*, **23**, n. 2, p. 190-195 (2001), en el artículo de A.O. Bolivar, como Nota sobre la validación aproximada de la Mecánica Clásica a partir de la Mecánica Cuántica.

**Einstein, A.; de Haas, W.J., 1915-1916.** Experimental Proof of the Existence of Ampère's Molecular Currents, *Koninklijke Akademie van Wetenschappen te Amsterdam.* Section of Science. *Proceedings* **18**, p. 696-711 (1915-1916); Vea también Notiz zu unserer Arbeit 'Experimenteller Nachweis der Ampèreschen Molekularströme'. *Deutsche Physikalische Gesellschaft. Verhandlungen* **17**, p. 152.

**Elsasser, W., 1925.** Bemerkungen zur Quantenmechanik. *Naturwissenchaften* **13**, p. 711.

**Gerlach, W.; Stern, O., 1922.** Der experimentelle Nachweis der Richtungsquantelung im Magnetfeld. *Zeitschrift für Physik* **9**, p. 349-352; Das magnetische Moment des Silberatoms. *Ibid*, p. 353-355.

**Gerlach, W.; Stern, O., 1924.** Über die Richtungsquantelung im Magnetfeld. *Annalen der Physik* **74**, p. 673-699.

**Heisenberg, W., 1927.** Über den anschaulichen Inhalt der quantentheoretischen Kinematik und Mechanik. *Zeitschrift für Physik*, **43**, p. 172-198. Relaciones de incertidumbre.

**Heisenberg, W., 1929.** Die Entwicklung der Quantentheorie 1918-1928. *Die Naturwissenschaften Heft* **26**, p. 490-496.

**Kapitza, P.L.; Dirac, P.A.M., 1933.** The reflection of electrons from standing light waves. *Proceedings of the Cambridge Philosophical Society* **29**, p. 297-300.

**Maiman, T.H., 1960.** Optical and Microwave-Optical Experiments in Ruby. *Physical Review Letters* **4**, n. 11, p. 564-566.

**Schrödinger, E., 1926.** Über das Verhältnis der Heisenberg-Born-Jordanschen Quantenmechanik zu der Meinen. *Annalen der Physik* **79**, p. 734-756. Traducido al inglés en **Schrödinger, E., 1926**, como On the Relation between the Quantum Mechanics of Heisenberg, Born, and Jordan, and that of Schrödinger.

**Schrödinger, E., 1926I.** Quantisierung als Eingenwertproblem. *Annalen der Physik*, Ser. 4, **79**, p. 361-76. Traducido al inglés en **Schrödinger, E., 1926.**, como Quantisation as a Problem of Proper Values (I). Ecuación de Schrödinger independiente del tiempo y el espectro del átomo de hidrógeno.

**Schrödinger, E., 1926II.** Quantisierung als Eingenwertproblem. *Annalen der Physik*, Ser. 4, **79**, p. 489-527. Traducido al inglés en **Schrödinger, E., 1926**, como Quantisation as a Problem of Proper Values (II). Analogía con la Óptica y el problema del oscilador armónico.

**Schrödinger, E., 1926III.** Quantisierung als Eingenwertproblem. *Annalen der Physik*, Ser. 4, **80**, p. 437-490. Traducido al inglés en **Schrödinger, E., 1926**, como Quantisation as a Problem of Proper Values (III). Teoría de perturbación estacionaria.

**Schrödinger, E., 1926IV.** Quantisierung als Eingenwertproblem. *Annalen der Physik*, Ser. 4, **81** p. 109-139. Traducido al inglés en **Schrödinger, E., 1926**, como Quantisation as a Problem of Proper Values (IV). Ecuación de Schrödinger y teoría de las perturbaciones dependientes del tiempo.

**Thomson, G.P.; Reid, A., 1927.** Diffraction of Cathode Rays by a Thin Film. *Nature* **119**, p. 890.

**Thomson, G.P., 1928.** Experiments on the Diffraction of Cathode Rays. *Proceedings of the Royal Society of London A* **117**, p. 600-609.

## 14.10 Otras referencias y sugerencias de lectura

**Altschuler, S., Frantz, L.M.; Braunstein, R., 1966.** Reflection of Atoms from Standing Light Waves. *Physical Review Letters* **17**, n. 5, p. 231-232.

**Altschuler, S., Frantz, 1968.** Photon-photon scatering by the Dirac-Kapitza mechanism. *Physical Letters A* **27**, n. 6, p. 399-400.

**Aspect, A., Grangier, P.; Roger, G., 1982.** Experimental Realization of Einstein-Podolski-Rosen-Bohm Gedankenexperiment: A New Violation of Bell's Inequalities. *Physical Review Letters* **49**, n. 2, p. 91-94.

**Aspect, A., Dalibard, J.; Roger, G., 1982.** Test of Bell's Inequalities Using Time-Varying Analizers. *Physical Review Letters* **49**, n. 25, p. 1804-1807.

**Batelaan, H., 2000.** The Kapitza-Dirac Effect. *Contemporary Physics* **41**, n. 6, p. 369-381.

**Bell, J.S., 1964.** On the Einstein Podolsky Rosen Paradox. *Physics* **1**, n. 3, p. 195-200.

**Bell, J.S., 1966.** On the Problem of Hidden Variables in Quantum-Mechanics. *Reviews of Modern Physics* **38**, n. 3, p. 447-452.

**Blokhintsev, D., 1981.** Principios de Mecánica Cuántica abordados por un importante autor ruso.

**Bohm, D., 1993.** Libro que invita a la reflexión sobre la causalidad y la Teoría Cuántica.

**De Broglie, L., 1937.** Tesis de doctorado de Louis de Broglie sobre la dualidad onda-materia aplicada al electrón.

**De Broglie, L., 1955.** Interesante conferencia sobre el problema de la dualidad onda-partícula en la obra de Einstein.

**De Broglie, L., 1982.** Texto en el cual de Broglie discute las relaciones de incertidumbre de Heisenberg y la interpretación probabilística de la Mecánica Cuántica.

**Dirac, P.A.M., 1930.** Síntesis original de la Mecánica Cuántica, escrita por uno de sus creadores.

**Forman, P., 1971.** Weimar culture, causality, and quantum theory, 1918-1927: Adaptation by German physicists and the mathematicians to a hostile intellectual environment. *Historical Studies in the Physical Sciences* **3**, p. 1-115.

**Einstein, A.; Podolsky, B.; Rosen, N., 2001.** Can Quantum-Mechanical Description of Physical Reality be Considered Complete?. *Physical Review* **47**, n. 10, p. 777-780.

**Freimund, D.L.; Aflatooni, K.; Batelaan, H., 2001.** Observation of the Kapitza-Dirac Effect. *Nature* **413**, p. 142-143.

**Frenkel, V.Ya., 1979.** On the History of the Einstein-de Haas Effect. *Soviet Physics Uspekhi* **22**, n. 7, p. 580-587.

**Gasiorowicz, S., 2003.** Texto introductorio a la Mecánica Cuántica, que puede ser fácilmente acompañado como texto complementario.

**Gould, P.L.; Ruff, G.A.; Pritchard, D.E., 1986.** Diffraction of Atoms by Light: The Near-Resonant Kapitza-Dirac Effect. *Physical Review Letters* **56**, n. 8, p. 827-830.

**Grangier, P.; Roger, G.; Aspect, A., 1986.** Experimental Evidence for a Photon Anticorrelation Effect on Beam Splitter; A New Light on Single-Photon Interferences. *Europhysics Letters* **1**, p. 173-179.

**Haas, A., 1928.** Uno de los primeros libros didácticos sobre la nueva Teoría Cuántica.

**Hendry, J., 1980.** The development of attitudes toward the wave-particle duality of light and quantum theory, 1900-1920. *Annals of Science* **37**, p. 59-79.

**Institut International de Physique Solvay, 1928.** Anales de la Conferencia de Solvay sobre "Electrones y Fotones".

**Jammer, M., 1966.** Obra clásica de historia de la Mecánica Cuántica enfatizando su desarrollo conceptual. Rica en detalles y en referencias bibliográficas.

**Jammer, M., 1974.** Obra que presenta la evolución de la Mecánica Cuántica y sus interpretaciones en una perspectiva histórica.

**Jauch, J.M., 1989.** Libro de divulgación, en la forma de un diálogo galileano, sobre la realidad de los *quanta*.

**Lawden, D.F., 1967.** Libro de texto que puede ser útil para más detalles sobre la estructura matemática de la Mecánica Cuántica.

**Leite Lopes, J.; Escoubès, B., 1995.** Colección de importantes textos fundadores de la Mecánica Cuántica traducidos al francés.

**Leite Lopes, J.; Paty, M., 1977.** Colección de artículos presentados en un coloquio sobre los 50 años de la Mecánica Cuántica, ocurrido en la Universidad Louis Pasteur. Contiene artículos de Wheeler, Frenkel, Jauch, D'Espagnat, Lévy-Leblond, Bohm, Paty y otros.

**Lévy-Leblond, J.M.; Balibar, F., 1990.** Libro sobre los fundamentos de la Mecánica Cuántica.

**Lévy-Leblon, J.M., 2004.** Análisis de varias antinomias entre principios y leyes de la Física.

**Martin Nieto, M., 1969.** Diffraction of electrons by standing electromagnetic waves: the Kapitza-Dirac effect. *American Journal of Physics* **37**, n. 2, p. 162-169. Además de revisar la presentación original de Kapitza–Dirac, el autor rehace los cálculos de una manera más general usando la aproximación de Born y la teoría de dispersión de la Mecánica Cuántica.

**McKinnon, E., 1976.** De Broglie's thesis: A critical retrospective. *American Journal of Physics* **44**, p. 1047-1055.

**Pauling, L.; Bright Wilson, E., 1935.** Libro clásico introductorio a la Mecánica Cuántica.

**Popper, K., 1982.** A Critical Note on the Greatest Days of Quantum Theory. *Foundations of Physics* **12**, n. 10, p. 971-976.

**Rae, A.I.M., 1994.** Libro de divulgación sobre las interpretaciones y la filosofía de la Mecánica Cuántica.

**Schrödinger, E., 1927.** La primera edición alemana de una colección de artículos seminales de Schrödinger, publicada en Leipzig, fue traducida al inglés y publicada por Chelsea, en 1982.

**Schrödinger, E., 1952a.** Are there Quantum Jumps? Part I. *The British Journal for the Philosophy of Science* **3**, p. 109-123.

**Schrödinger, E., 1952b.** Are there Quantum Jumps? Part II. *The British Journal for the Philosophy of Science* **3**, p. 233-242.

**Schrödinger, E., 1949-1955.** Colección de conferencias dadas por Schrödinger cuyo eje principal es la interpretación de la Mecánica Cuántica.

**Tarozzi, G.; Van der Merwe, A. (Eds.), 1985.** Colección de artículos presentados en una conferencia en Bari, que discuten las dificultades lógicas y conceptuales de la Mecánica Cuántica que aún persistían con ocasión del encuentro.

**Tarozzi, G.; Van der Merwe, A. (Eds.), 1988.** Libro que presenta un panorama exhaustivo de la contribución de científicos y filósofos italianos a los fundamentos de la Física Cuántica, incluyendo alternativas a la interpretación ortodoxa de la Escuela de Copenhague.

**Vander Merwe, A. (Ed.), 1982.** *Foundations of Physics* **12**, n. 10. Ese volumen especial reúne una colección de artículos dedicados a Louis de Broglie, con ocasión de la conmemoración de sus 90 años. Los artículos son los siguientes: *La evolución de las ideas de Louis de Broglie en la Interpretación de la Mecánica Ondulatoria* (George Lochak); *Reminiscencias de mi primera asociación con Louis de Broglie* (O. Costa de Beauregard); *Una nota crítica de los mayores días de la Teoría Cuántica* (Karl Popper); *Sobre la contribución de Louis de Broglie a la Teoría Cuántica de la Medida* (J. Andrade e Silva); *Sobre la onda piloto imposible* (J.S. Bell); *La Teoría de la Onda Piloto de De Broglie y el desarrollo interior de nuevas introspecciones nacidas de ella* (D.J. Bohm e B.J. Hiley); *¿Será que la Mecánica Cuántica acepta un suporte estocástico?* (L. de La Peña y A.M. Cetto).

**Wallis, T.M.; Moreland, J.; Kabos, P., 2006.** Einstein-de Has effect in a NiFe film deposited in a microcantilever. *Applied Physics Letters* **89**, a.n. 122502.

**Wheeler, J.A.; Zurek, W.H. (Eds.), 1983.** Ofrece al lector 49 artículos que discuten el tema de la Teoría Cuántica y sus relaciones con los procesos de medida.


## 14.11 Ejercicios

**Ejercicio 14.1.1** Discuta la afirmación del filósofo francés Gaston Bachelard: *la onda es un cuadro de juegos, el corpúsculo es una oportunidad.*

**Ejercicio 14.11.2** Estime la longitud de onda y la frecuencia asociadas a un electrón con:

a) velocidad igual a $10^8$ m/s;

b) energía igual a 1 GeV.

**Ejercicio 14.11.3** La longitud de onda de emisión espectral amarilla del sodio es 5 890 Å. Determine la energía cinética de un electrón que tenga la longitud de onda de L. de Broglie igual a ese valor.

**Ejercicio 14.11.4** Determine la longitud de onda de de Broglie asociada a un electrón en la órbita de Bohr correspondiente a $n = 1$.

**Ejercicio 14.11.5** La longitud de onda asociada a un átomo de helio (He) de un haz que fue difractado por un cristal es igual a 0,60 Å. Determine:

a) la velocidad de los átomos de helio;

b) la temperatura que corresponde a tal velocidad.

**Ejercicio 14.11.6** Calcule la longitud de onda de De Broglie para:

a) un electrón con energía cinética de 50 eV;

b) un electrón relativista con energía total de 20 MeV;

c) un neutrón en equilibrio térmico con el medio a $T = 500$ K (neutrón térmico);

d) una partícula alfa con energía cinética de 60 MeV.

**Ejercicio 14.11.7** Calcule la diferencia de potencial acelerador que debe ser utilizada para acelerar electrones, a partir del reposo, de modo que obtenga una longitud de onda de 0,5 Å.

**Ejercicio 14.11.8** Calcule la longitud de onda de un electrón con energía cinética de 13,6 eV. Determine la razón entre esta longitud de onda y el radio de la primera órbita de Bohr para el átomo de hidrógeno.

**Ejercicio 14.11.9** Muestre que la longitud de onda de de Broglie de una partícula de masa $m$ y carga $e$, acelerada a partir del reposo es dada como una función de potencial acelerador V como:

$$\lambda = \frac{h}{\sqrt{2meV}} \left( 1 + \frac{eV}{2mc^2} \right)^{-1/2}$$

**Ejercicio 14.11.10** El acelerador lineal de Stanford (LINAC) puede acelerar electrones hasta una energía de 50 GeV. Determine la longitud de onda de De Broglie para esos electrones. Compare ese valor con el diámetro de protones ($d \sim 2 \times 10^{-15}$ m).

**Ejercicio 14.11.11** En un experimento de dispersión de electrones, un máximo de reflexión es encontrado para $\phi = 32°$ en un cristal cuya distancia interatómica es de 0,23 nm. Determine el espaciamiento entre los planos cristalinos. Suponiendo que esa sea la difracción en primer orden, calcule la longitud de onda, el *momentum*, la energía cinética y la energía total de los electrones incidentes.

**Ejercicio 14.11.12** Obtenga la ecuación de Schrödinger independiente del tiempo haciendo una analogía con el problema de la "cuerda vibrante" y usando las hipótesis de L. de Broglie.

**Ejercicio 14.11.13** Verifique si $\psi$ puede ser real o compleja si la energía potencial puede ser compleja. Interprete el resultado.

**Ejercicio 14.11.14** Partiendo de la ecuación de Schrödinger unidimensional, muestre que problemas de estado ligado son siempre *no* degenerados en una dimensión, esto es, sólo existe *una* autofunción correspondiente a cada autovalor de energía.

**Ejercicio 14.11.15** Muestre que, si el hamiltoniano $H\left(-i\hbar\partial/\partial q, q\right)$ es simétrico con relación a $q$, esto es, $H\left(-i\hbar\partial/\partial q, q\right) = H\left(-i\hbar\partial/\partial q, -q\right)$ y, si sólo existe una autofunción $\psi_E(q)$ de $H$ con autovalor $E$ (no degenerado), esta solución es par o impar, o sea

$$\psi(q) = \lambda\psi(-q), \quad \lambda = \pm 1$$

**Ejercicio 14.11.16** A partir de las expresiones

$$\begin{cases} \langle E \rangle = \displaystyle\int_V \Psi^* H \Psi \, \mathrm{d}V \\ \langle E^2 \rangle = \displaystyle\int_V \Psi^* H^2 \Psi \, \mathrm{d}V \end{cases}$$

muestre que, si el estado de una partícula es representado por una expresión de tipo

$$\Psi(\vec{r}, t) = \psi_n(\vec{r}) \, e^{-iE_n t/\hbar}$$

en la cual $\psi_n(\vec{r})$ es un autoestado de $H$, la dispersión de la energía, $\Delta E = \sqrt{\langle E^2 \rangle - \langle E \rangle^2}$, es nula.

**Ejercicio 14.11.17** El estado inicial $\Psi(x, 0)$, en $t = 0$, de una partícula es expresado como

$$\Psi(x, 0) = \frac{N}{x^2 + \alpha^2}$$

donde $\alpha$ es un parámetro real y $N$ la constante de normalización. Determine:

a) la constante $(N)$ de normalización;

b) el valor medio, $\langle x \rangle$, y la incertidumbre $(\Delta x)$ de $x$;

c) el valor medio, $\langle p \rangle$, de *momentum* $p$ de la partícula.

**Ejercicio 14.11.18** El estado inicial de una partícula de masa $m$, confinada entre los límites $x = 0$ y $x = a$ de un pozo de potencial infinito, es dada por

$$\Psi(x, 0) = \frac{1}{2} \psi_1(x) + \frac{\sqrt{3}}{2} \psi_3(x)$$

donde $\psi_1$ y $\psi_3$ son los autoestados correspondientes a las energías $E_1$ e $E_3$. Determine:

a) las probabilidades de ocurrencia de los valores de energía $E_1$ y $E_3$;

b) la probabilidad de ocurrencia del valor de energía $E = E_1 + E_3$.

**Ejercicio 14.11.19** Sean $\Psi_1(x, t) = \psi_1(x) e^{-iE_1 t/\hbar}$ y $\Psi_2(x, t) = \psi_2(x) e^{-iE_2 t/\hbar}$ dos autoestados de una partícula asociados a las energías $E_1$ y $E_2 = 2E_1$. Las autofunciones $\psi_1$ y $\psi_2$ son reales.

a) Escriba una superposición lineal de esos autoestados que representa un estado para el cual el valor medio de la energía es igual a $7/4 E_1$.

b) Determine la incertidumbre en la energía para ese estado.

c) Muestre que la densidad de probabilidad de presencia oscila con el tiempo, y determine la relación entre el período de las oscilaciones y la incertidumbre en la energía.

**Ejercicio 14.11.20** La función de onda que describe el estado de una partícula de masa $m$, confinada entre los limites $x = 0$ y $x = a$ de un pozo de potencial infinito, es dada por

$$\Psi(x, t) = A \operatorname{sen} \frac{5\pi}{a} x \, e^{-i \frac{25\hbar\pi^2}{2ma^2} t}$$

a) Clasifique ese estado como estacionario o no estacionario. Justifique.

b) Determine los valores medios de la posición y del *momentum*.

c) Calcule la probabilidad de que la partícula sea encontrada entre $x = 0$ y $x = a/2$.

**Ejercicio 14.11.21** El estado inicial de una partícula es dado por

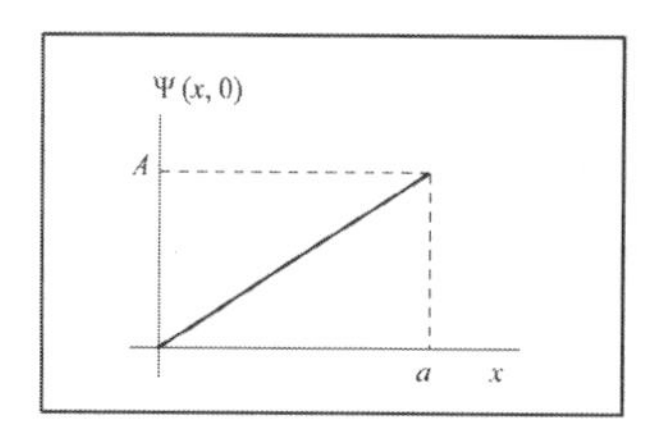


a) Normalice ese estado.

b) Esboce el gráfico de la densidad de probabilidad de presencia.

c) Calcule la probabilidad de presencia en el intervalo $a/2 < x < a$.

d) Determine el punto $b$, a partir del cual la probabilidad de presencia es igual a $1/2$, o sea, $P(b < x < a) = 0{,}5$.

**Ejercicio 14.11.22** El estado de una partícula de masa $m$, confinada en el intervalo $0 < x < a$, en un campo conservativo, es expresado por

$$\Psi(x,t) = A\left(\text{sen}\,\frac{\pi}{a}x\right)e^{-iEt/\hbar}$$

donde $E$ es la energía.

a) Clasifique ese estado como estacionario o no estacionario. Justifique.

b) Normalice ese estado.

c) Esboce el gráfico de la densidad de probabilidad de presencia, y determine la probabilidad de que la partícula sea encontrada entre $x = 0$ y $x = a/2$.

d) Determine los valores medios de la posición y del *momentum*.

**Ejercicio 14.11.23** Con relación al estado del problema anterior,

a) muestre que la incertidumbre en la posición es dada por $\Delta x = \dfrac{a}{\pi}\sqrt{\dfrac{\pi^2}{12} - \dfrac{1}{2}}$;

b) calcule la incertidumbre en el *momentum* y muestre que $\Delta x \Delta p \simeq 0{,}57\hbar$.

**Ejercicio 14.11.24** Una partícula está confinada en la región $0 < x < a$ tal que su estado inicial es dado por

$$\Psi(x,0) = Ax(a - x)$$

Determine

a) el valor medio, $\langle x\rangle$, y la incertidumbre ($\Delta x$) de la posición de la partícula;

b) el valor medio, $\langle p\rangle$, y la incertidumbre ($\Delta p$) del *momentum* de la partícula.

**Ejercicio 14.11.25** El estado de una partícula confinada en un intervalo $(0, L)$ es descrito por

$$\Psi = A\, e^{-iE_n t/\hbar} \operatorname{sen}\left(n\pi \frac{x}{L}\right)$$

donde $n$ es un entero positivo.

a) Determine la constante de normalización $A$.

b) Represente gráficamente la densidad de probabilidad de presencia.

c) Calcule la probabilidad de observar la partícula entre 0 y $L/4$.

**Ejercicio 14.11.26** El estado inicial de una partícula es dado por

$$\Psi(x,0) = \begin{cases} Ae^{ik_\circ(x-x_\circ)} & x_\circ < x < x_\circ + a \\ 0 & x < x_\circ \ \text{ y } \ x > x_\circ + a \end{cases}$$

donde $k_\circ = 2\pi/\lambda_\circ$.

a) Determine la constante de normalización.

b) Represente gráficamente la densidad de probabilidad de presencia.

c) Determine el valor medio y la incertidumbre de la posición.

**Ejercicio 14.11.27** Muestre que la densidad de probabilidad de presencia asociada a una partícula en un campo conservativo cuyo estado inicial es dado por la combinación lineal de dos de sus autoestados $\psi_1(\vec{r})$ y $\psi_2(\vec{r})$ puede ser expresada como

$$\rho(\vec{r}, t) = a(\vec{r}) + b(\vec{r}) \cos\left[\omega t + \phi(\vec{r})\right]$$

**Ejercicio 14.11.28** A todo operador diferencial lineal $A$, definido para las funciones complejas de una variable real $x$, que se anulan en el infinito, corresponde otro operador lineal adjunto $A^\dagger$, definido por

$$\int_{-\infty}^{\infty} \psi^*(x)\left[A\psi(x)\right] \mathrm{d}x = \int_{-\infty}^{\infty} \left[A^\dagger \psi(x)\right]^* \psi(x)\, \mathrm{d}x$$

Muestre que:

a) $A^\dagger = -\mathrm{d}/\mathrm{d}x$ es el adjunto de $A = \mathrm{d}/\mathrm{d}x$;

b) $A^\dagger = c^*$ es el adjunto de $A = c$, donde $c$ es un número complejo;

c) $A^\dagger = A$ si $A = i\mathrm{d}/\mathrm{d}x$;

d) la imposición de que el valor medio $\langle A \rangle$ de las medidas de una magnitud $A$ sea real implica que el operador asociado sea hermítico, o sea, $A^\dagger = A$.

**Ejercicio 14.11.29** Sea $A$ un operador hermítico que posee un espectro discreto de autovalores no degenerados, $\{a_n\}$, asociados a un conjunto de autofunciones, $\{\phi_n(\vec{r})\}$, tal que

$$A\, \phi_n(\vec{r}) = a_n\, \phi_n(\vec{r})$$

Muestre que:

a) los autovalores son reales;

b) las autofunciones asociadas a autovalores distintos son ortogonales, o sea,

$$\int_V \phi_l^*(\vec{r})\,\phi_n(\vec{r})\,\mathrm{d}V = 0 \qquad (l \neq n)$$

**Ejercicio 14.11.30** Sea $\Psi(\vec{r},t)$ la función de onda que representa el estado actual de una partícula. Si $\mathcal{A}$ es un operador hermítico asociado a una magnitud $A$, que posee un espectro discreto de autovalores no degenerados, $\{a_n\}$, y autofunciones, $\{\phi_n(\vec{r})\}$, o sea,

$$\mathcal{A}\,\phi_n(\vec{r}) = a_n\,\phi_n(\vec{r})$$

tal que $\Psi(\vec{r},t)$ puede ser expresado por una combinación lineal de las autofunciones $\phi_n(\vec{r})$, del tipo

$$\Psi(\vec{r},t) = \sum_n c_n(t)\,\phi_n(\vec{r})$$

muestre que la expresión para el valor medio de $A$

$$\langle A\rangle = \int_V \Psi^*(\vec{r},t)\mathcal{A}\Psi(\vec{r},t)\,\mathrm{d}V$$

es equivalente a

$$\langle A\rangle = \sum_n |c_n|^2\,a_n$$

**Ejercicio 14.11.31** Una partícula libre de masa $m$, tal que su energía es representada por $H = p^2/2m$, donde $p$ representa el *momentum*, se desplaza en la dirección $x$. Muestre que

a) $\big[x, H\big] = i\hbar\dfrac{p}{m}$

b) $\big[x^2, H\big] = i\dfrac{\hbar}{m}(xp + px)$

c) $\big[xp, H\big] + \big[px, H\big] = 2i\hbar\dfrac{p^2}{m}$

**Ejercicio 14.11.32** Muestre que, para una partícula de masa $m$, bajo la acción de un potencial central, $V(r)$, y, por tanto, asociada a un operador hamiltoniano $H = T + V$, donde $T = p^2/(2m)$, vale:

a) $\big[\vec{r}\cdot\vec{p}, T\big] = i\dfrac{\hbar}{m}p^2$, donde $\vec{p} = -i\hbar\vec{\nabla}$

b) $\big[\vec{r}\cdot\vec{p}, V\big] = -i\hbar r\dfrac{\mathrm{d}V}{\mathrm{d}r}$

**Ejercicio 14.11.33** Un protón se encuentra confinado en una región de dimensiones del orden de 0,2 nm. Determine:

a) el menor valor para la energía de ese protón;

b) el menor valor de energía para un electrón confinado en esa región.

**Ejercicio 14.11.34** A partir de una relación de incertidumbre, muestre que las oscilaciones de un circuito $LC$, excitado por una tensión eficaz de 1 mV, en el cual $L = 3$ mH y $C = 4{,}7$ nF, pueden ser descritas por el Electromagnetismo Clásico.

**Ejercicio 14.11.35** A partir de la igualdad $\displaystyle\lim_{\alpha\to\infty}\frac{\operatorname{sen} q\alpha}{q} = \int_0^\infty \cos qx\,\mathrm{d}x$, muestre que:

a) $\displaystyle\lim_{\alpha\to\infty}\frac{\operatorname{sen} q\alpha}{q} = \lim_{\epsilon\to 0}\frac{\epsilon}{q^2+\epsilon^2}$

b) $\displaystyle\lim_{\alpha\to\infty}\frac{\operatorname{sen} q\alpha}{q} = \pi\,\delta(q)$

# 15

# Aplicaciones de la ecuación de Schrödinger

*El único lugar en donde el éxito viene antes del trabajo es en el diccionario.*

Albert Einstein

Del mismo modo que los procesos y fenómenos macroscópicos abordados por la Mecánica Clásica son modelados por idealizaciones que permiten la determinación de soluciones aproximadas, lo mismo ocurre en el dominio microscópico. De manera análoga, la partícula libre, el oscilador armónico y el sistema de dos cuerpos constituyen los modelos básicos para el enfoque de cualquier problema por la Mecánica Cuántica.

A pesar de la estructura lineal de la teoría, hasta esos modelos básicos enfrentan dificuldades matemáticas de tal orden que, inicialmente, se utilizan modelos aún más simplificados, como partículas confinadas en pozos de potenciales rectangulares, o un haz de partículas que inciden sobre barreras de potenciales discontinuos, para los fenómenos reales.

## 15.1 La analogía entre la Mecánica Cuántica y la Óptica

*¡Estudie! No para saber una cosa más, sino para saberla mejor.*

Séneca

Las ecuaciones de Maxwell (Sección 5.6.3) para los campos electromagnéticos $\vec{E}$, $\vec{D}$ y $\vec{B}$, en un medio dieléctrico lineal e isótropo, en ausencia de cargas, pueden ser escritas, en el sistema gaussiano, como

$$\begin{aligned} &\vec{\nabla}\cdot\vec{D}=0 &\qquad &\vec{\nabla}\cdot\vec{B}=0 \\ &\vec{\nabla}\times\vec{E}=-\frac{1}{c}\frac{\partial\vec{B}}{\partial t} &\qquad &\vec{\nabla}\times\vec{B}=\frac{1}{c}\frac{\partial\vec{D}}{\partial t} \end{aligned} \tag{15.1}$$

en donde $\vec{D}=\epsilon\vec{E}$, y $\epsilon$ es la permisividad eléctrica del medio.

En un medio homogéneo, en el cual la susceptibilidad no depende de la posición

$$\vec{\nabla}\cdot\vec{D}=\epsilon\vec{\nabla}\cdot\vec{E}=0 \qquad\Longrightarrow\qquad \vec{\nabla}\cdot\vec{E}=0$$

y las ecuaciones de Maxwell son formalmente iguales a aquellas que describen la propagación de los campos electromagnéticos en el vacío, con velocidad de propagación

$$v = \frac{c}{\sqrt{\epsilon}}$$

Así, el Electromagnetismo Clásico establece que el índice de refracción ($n = c/v$) de un medio dieléctrico lineal es dado por la *relación de Maxwell*,

$$n = \sqrt{\epsilon}$$

En medios no homogéneos, en los cuales la variación de la permisividad con respecto a la posición es mucho más suave que las variaciones de los campos, se pueden además considerar que

$$\vec{\nabla} \cdot \vec{D} \simeq \epsilon \vec{\nabla} \cdot \vec{E} = 0 \qquad \Longrightarrow \qquad \vec{\nabla} \cdot \vec{E} = 0$$

En ese caso, el medio es caracterizado por un índice de refracción que depende de la posición,

$$n = \sqrt{\epsilon(r)}$$

En ambos casos, la dependencia espacial de la solución para las componentes de campos armónicos obedece a la ecuación de Helmholtz,

$$\left[\nabla^2 + n^2(r)\left(\frac{\omega}{c}\right)^2\right]\psi(\vec{r}) = 0 \tag{15.2}$$

en donde $\psi(\vec{r})$ representa cualquier componente de los campos.

De acuerdo con la Mecánica Cuántica, la parte espacial de la función de onda asociada a una partícula de masa $m$, en un campo conservativo $V(r)$, obedece a la ecuación de Schrödinger independiente del tiempo,

$$\left[-\frac{\hbar^2}{2m}\nabla^2 + V(r)\right]\psi(\vec{r}) = E\,\psi(\vec{r})$$

que también puede ser escrita como

$$\left\{\nabla^2 + \frac{2m}{\hbar^2}\left[E - V(r)\right]\right\}\psi(\vec{r}) = 0 \tag{15.3}$$

Definiendo un "índice de refracción cuántico" por

$$n(r) = \frac{c}{\hbar\omega}\sqrt{2m\left[E - V(r)\right]} \tag{15.4}$$

las ecuaciones (15.2) y (15.3) se tornan formalmente idénticas.

De ese modo, se puede asociar un problema de Mecánica Cuántica a un problema de Óptica. Esa analogía muestra que, a diferencia de la Mecánica Clásica, en la cual una partícula no puede estar en una región donde $E < V$, la Mecánica Cuántica prevé la posibilidad de que la partícula penetre en una región clasicamente prohibida.[1] Además de eso, si la partícula incide sobre una barrera de potencial $V$ con energía $E > V$, la probabilidad de ser reflejada no es nula.[2]

[1] Esta situación es análoga a la penetración de una onda electromagnética en un medio altamente disipativo.

[2] Éste es el caso en el cual una onda electromagnética es parcialmente reflejada y parcialmente transmitida a través de la superficie de separación entre dos medios dieléctricos.

## 15.2 Problemas de potenciales discontinuos: pozos y barreras de potencial

*Haga las cosas más simples que usted pueda, pero no se limite a las más simples.*

Albert Einstein

Las soluciones de la ecuación de Schrödinger para problemas que incluyen pozos y barreras de potenciales rectagulares unidimensionales, además de ser analíticamente determinadas, proporcionan las primeras estimaciones sobre el comportamiento de sistemas de partículas confinadas en un campo conservativo o dispersadas por otro sistema.

En ese sentido, las principales características del sistema pueden ser reveladas y comprendidas a partir del análisis del comportamiento de una partícula en un pozo de potencial del tipo (Figura 15.1)

$$V(x) = \begin{cases} \infty & -\infty < x < 0 \\ -V_o & 0 < x < a \\ 0 & a < x < \infty \end{cases}$$

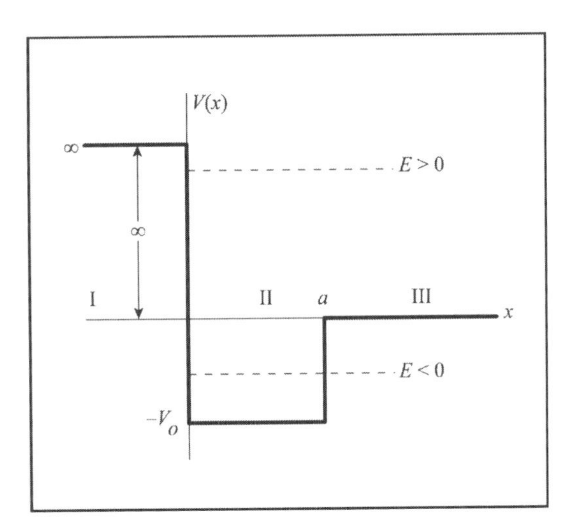


**Figura 15.1:** Pozo de potencial rectangular.

Ese perfil es similar al potencial radial en el cual un electrón sufre la acción de un campo de fuerzas central coulombiano debido a su interacción con un núcleo, por tanto, la solución del problema muestra las principales características del comportamiento de los electrones en los átomos.

Dependiendo de la energía de la partícula, los autoestados de energía representan movimientos limitados, denominados *estados ligados*, o movimientos ilimitados como la dispersión de un haz de partículas por um sistema blanco, llamados *estados no ligados*.

De acuerdo con la Mecánica Clásica, si la energía ($E$) de la partícula es negativa, comprendida entre $-V_o$ y 0, el movimiento es periódico y confinado entre los puntos de retorno en $x = 0$ y $x = a$, en los cuales la partícula es reflejada, sin superalos nunca. En cambio, si la energía es positiva, el movimiento es ilimitado a la derecha desde el único punto de retorno, en $x = 0$.

Los autoestados estacionarios de energía en un potencial unidimensional son descritos por funciones de onda del tipo

$$\Psi(x,t) = \psi(x)\, e^{-iEt/\hbar}$$

cuya parte espacial satisface la ecuación de Schrödinger independiente del tiempo,

$$-\frac{\hbar^2}{2m}\frac{\mathrm{d}^2\psi}{\mathrm{d}x^2} + V(x)\,\psi(x) = E\psi(x)$$

De modo análogo al problema de la cuerda vibrante (Sección 5.2.12), la manera sistemática de solucionar ese tipo de problema, que incluye discontinuidades, es determinar, inicialmente, las soluciones de la ecuación de Schrödinger en cada región en la cual el potencial es continuo.

Así, se puede definir los dominios

- región I: $-\infty < x < 0 \quad \Longrightarrow \quad \psi(x) = \psi_I$
- región II: $0 < x < a \quad \Longrightarrow \quad \psi(x) = \psi_{II}$
- región III: $a < x < \infty \quad \Longrightarrow \quad \psi(x) = \psi_{III}$

Como la función de onda y su derivada, además de anularse en el infinito, deben ser continuas en todo el espacio, las soluciones deben satisfacer condiciones de contorno en las fronteras de cada región. Debido al tipo de discontinuidad singular del potencial, la derivada de $\psi(x)$, a pesar de ser continua en $x = a$, es discontinua en $x = 0$.

### 15.2.1 Espectros discretos de energía: Autoestados ligados

Si la energía de la partícula es negativa ($E < 0$), ella se encuentra, basicamente, confinada en la región II, y el espectro de energía es discreto.

En la región I, toda vez que el potencial es infinito, la única solución finita es $\psi_I = 0$. Esa solución coincide con la predicción clásica, que caracteriza $x < 0$ como una región cuya presencia es prohibida a la partícula.

En la región II, la solución general de la ecuación de Schrödinger para $-V_o < E < 0$ es dada por

$$\psi_{II} = A_o\, e^{ik_o x} + B_o\, e^{-ik_o x}$$

siendo $A_o$ y $B_o$ constantes de integración a determinar, y $k_o = \dfrac{\sqrt{2m(V_o - |E|)}}{\hbar} > 0$.

Imponiendo la condición de contorno en $x = 0$,

$$\psi_I(0) = \psi_{II}(0) = 0 \quad \Longrightarrow \quad A_o + B_o = 0$$

resulta que

$$\psi_{II} = C \operatorname{sen} k_o x = A_o\, e^{ik_o x} - A_o\, e^{-ik_o x} \qquad (0 < x < a)$$

siendo $C = 2iA_o$.

Esa solución representa una onda estacionaria, resultante de la superposición de dos ondas viajeras que se desplazan en sentidos opuestos, lo que indica que la partícula ejecuta un movimento oscilatorio entre los extremos de la región, como es previsto también por el análisis clásico del movimiento en un pozo de potencial.

En la región III, clasicamente prohibida, a pesar de que el potencial nulo es mayor que la energía de la partícula, la solución, sin embargo, no es nula, siendo dada por una *onda evanescente*, que satisface la condición $\psi_{III}(\infty) = 0$,

$$\psi_{III} = D\, e^{-\alpha x} \qquad (x > a)$$

donde $D$ es una constante de integración y $\alpha = \dfrac{\sqrt{2m|E|}}{\hbar} > 0$ es el llamado *parámetro de atenuación*.

Esa solución, al contrario de la expectativa clásica, muestra que la partícula, a pesar de estar confinada, penetra en una región clasicamente prohibida, comportamiento análogo a la penetración de una onda electromagnética en un medio disipativo.

Como la función de onda y su derivada deben ser continuas también en $x = a$,

$$\begin{cases} \psi_{II}(a) = \psi_{III}(a) & \Longrightarrow \quad C \operatorname{sen} k_o a = D\, e^{-\alpha a} \\ \dfrac{\mathrm{d}\psi_{II}}{\mathrm{d}x}\bigg|_a = \dfrac{\mathrm{d}\psi_{III}}{\mathrm{d}x}\bigg|_a & \Longrightarrow \quad k_o\, C \cos k_o a = -\alpha\, D\, e^{-\alpha a} \end{cases}$$

dividiendo una ecuación por la otra,

$$k_o \operatorname{cotg} k_o a = -\alpha \tag{15.5}$$

resulta una ecuación transcendental que sólo es satisfecha por ciertos valores de los parámetros $\alpha$ y $k_o$, y toda vez que esos parámetros se relacionan también por

$$\alpha^2 + k_o^2 = \frac{2mV_o}{\hbar^2} = v^2 \tag{15.6}$$

las soluciones que representan los autoestados ligados y, simultáneamente, satisfacen las ecuaciones (15.5) y (15.6) son dadas por los puntos de intersección de las curvas (Figura 15.2)

$$\alpha = -k_o \operatorname{cotg} k_o a \qquad \text{y} \qquad \alpha^2 + k_o^2 = v^2$$

Una vez determinados los parámetros $\alpha$ y $k_o$, el espectro discreto de energía de la partícula es dado por

$$E_n = -\frac{\hbar^2 \alpha_n^2}{2m}$$

en la cual $n$ es un índice que depende del número de intersecciones, o sea, de la profundidad del pozo. En ese caso, se dice que la energía de la partícula es cuantizada.

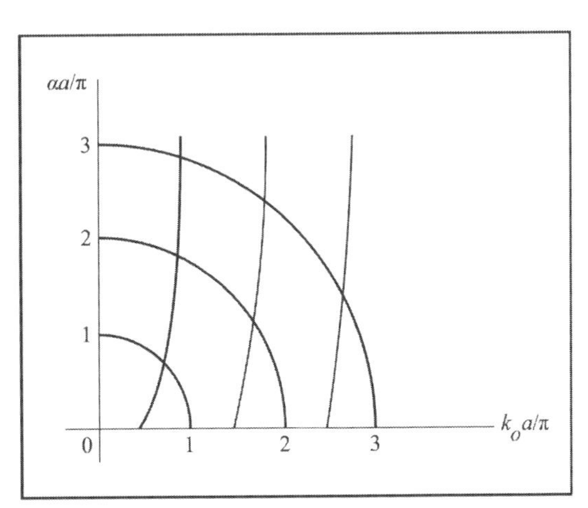


**Figura 15.2:** Relaciones entre los parámetros $\alpha$ y $k_o^2$ para $v = \pi/a, 2\pi/a$ y $3\pi/a$.

La Figura 15.2 muestra que el número de intersecciones y, por tanto, el número de autoestados ligados aumentan con la profundidad del pozo y que el valor mínimo para confinar una partícula es igual a (Sección 14.6.1)

$$V_o^{\min} = \frac{\pi^2 \hbar^2}{8ma^2}$$

Así,

- para $v < \dfrac{\pi}{2a} \qquad \Longleftrightarrow \qquad V_o < \dfrac{\pi^2\hbar^2}{8ma^2}$

  no existen estados ligados.

- para $\dfrac{\pi}{2a} < v < \dfrac{3\pi}{2a} \qquad \Longleftrightarrow \qquad \dfrac{\pi^2\hbar^2}{8ma^2} \leq V_o < \dfrac{9\pi^2\hbar^2}{8ma^2}$

  existe un único autoestado ligado, con energía del orden de

$$E = -0{,}63\,\frac{\pi^2\hbar^2}{2ma^2} \qquad \text{para} \qquad V_o = \frac{\pi^2\hbar^2}{2ma^2}$$

- para $\dfrac{3\pi}{2a} < v < \dfrac{5\pi}{2a} \qquad \Longleftrightarrow \qquad \dfrac{9\pi^2\hbar^2}{8ma^2} \leq V_o < \dfrac{25\pi^2\hbar^2}{8ma^2}$

  existen dos autoestados ligados, con energías del orden de

$$E_1 = -3{,}26\,\frac{\pi^2\hbar^2}{2ma^2} \qquad \text{y} \qquad E_2 = -1{,}17\,\frac{\pi^2\hbar^2}{2ma^2}$$

Si el pozo no tuviera fondo, $V_0 \to \infty$, el espectro discreto sería infinito.

### 15.2.2 Espectros continuos de energía: Estados no ligados

Si la partícula, inicialmente en la región III, se aproxima a la región de discontinuidad del potencial, con energía positiva ($E > 0$), debido al tipo de discontinuidad del potencial en $x = 0$, la región I continúa siendo una región prohibida. La partícula al incidir en la barrera infinita de potencial es totalmente reflejada (Figura 15.3).

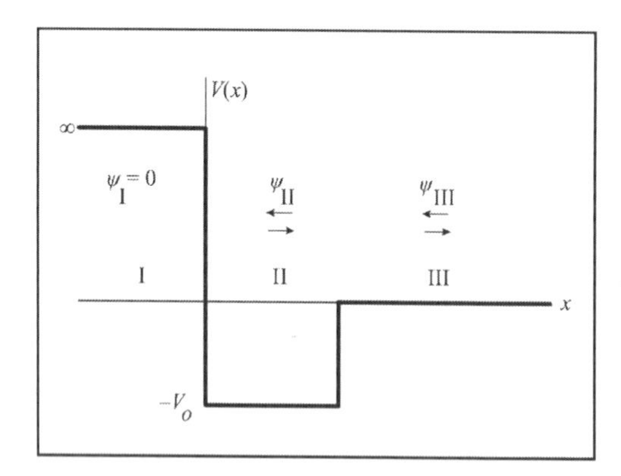


**Figura 15.3:** Partícula incidente en un pozo de potencial rectangular.

La solución para la región II, compatible con la condición de contorno en $x = 0$, todavía es dada por la onda estacionaria

$$\psi_{II} = C \operatorname{sen} k_o x = A_o\, e^{ik_o x} - A_o\, e^{-ik_o x} \qquad (0 < x < a)$$

siendo $C = 2iA_o$ y $k_o = \dfrac{\sqrt{2m(V_o + E)}}{\hbar} > 0$.

Toda vez que $E > -V_o$, la solución en la región III es dada por otra onda estacionaria de tipo

$$\psi_{III} = D \operatorname{sen}(kx + \delta) \qquad (x > a)$$

siendo $k = \dfrac{\sqrt{2mE}}{\hbar} > 0$ y $\delta$ un *corrimiento de fase* debido a la acción del potencial en $x = a$.

El mismo efecto ocurre en la dispersión de partículas por un sistema blanco, en el cual el efecto de la interacción provoca un corrimiento de fase en la función de onda que representa el haz incidente de partículas.

La solución $\psi_{III}$ puede ser escrita en términos de las ondas de propagación $e^{ikx}$ y $e^{-ikx}$,

$$\psi_{III} = A\, e^{-ikx} \; - \; A\, e^{2i\delta} e^{ikx}$$

siendo $A = -\dfrac{e^{-i\delta}}{2i} D$.

En ese caso, la relación entre los parámetros $k_o$ y $k$ es dada por

$$k_o^2 + k^2 = \frac{2mV_o}{\hbar^2} \tag{15.7}$$

y lo que sigue de las condiciones de contorno en $x = a$,

$$\begin{cases} \psi_{II}(a) = \psi_{III}(a) & \Longrightarrow \quad C \operatorname{sen} k_o a = D \operatorname{sen}(ka + \delta) \\[2ex] \left.\dfrac{\mathrm{d}\psi_{II}}{\mathrm{d}x}\right|_a = \left.\dfrac{\mathrm{d}\psi_{III}}{\mathrm{d}x}\right|_a & \Longrightarrow \quad k_o C \cos k_o a = -\alpha\, D \cos(ka + \delta) \end{cases}$$

$$\Downarrow$$

$$k_o \operatorname{cotg} k_o a = -k \operatorname{cotg}(ka + \delta) \tag{15.8}$$

no implican restricciones a los valores de los parámetros ($k_o$ y $k$) y, por tanto, a los valores de energía de la partícula, o sea, el espectro de energía es continuo. El corrimiento de fase permite que, para cualquier valor positivo de energía, los parámetros $k_o$ y $k$ satisfacen las ecuaciones (15.7) y (15.8).

En rigor, la solución estacionaria $\psi_{III}$ no puede representar un estado físico de la partícula, toda vez que no se anula en $x = \infty$. En esa región, el estado de la partícula es no estacionario y debe ser representado por la superposición de paquetes de ondas cuya energía no es unívocamente definida, denominadas ondas convergentes (*ingoing waves*),

$$\Psi^{\text{in}}(x,t) = \int_0^\infty c_{\text{in}}(E)\, e^{-i[px + E(p)t]/\hbar}\, \mathrm{d}E$$

y ondas emergentes (*outgoing waves*),

$$\Psi^{\text{out}}(x,t) = \int_0^\infty c_{\text{out}}(E)\, e^{i[px - E(p)t]/\hbar}\, \mathrm{d}E$$

Pero, si la dispersión de energía de esos paquetes fuera bien pequeña, se puede utilizar las componentes de propagación monocromáticas y las respectivas densidades de corriente de probabilidad, en términos del cuadrado del módulo de las amplitudes.

Así, si un haz casi monoenergético de partículas incide sobre una barrera de potencial, se puede considerar un régimen estacionario para el cual las condiciones de contorno impuestas a la función de onda que describe las partículas del haz no dependen del tiempo.

### 15.2.3 El pozo de potencial infinito

En el caso de partículas que se mueven como las moléculas de un gas, casi libres en el interior de una región, pero confinadas en esa región, las características del movimiento pueden ser determinadas analizando el comportamiento de una partícula en un pozo de potencial de altura infinita.

El confinamento de una partícula en un pozo de potencial infinito, de ancho $a$ (Figura 15.4), exhibe las principales características del comportamiento de los electrones en los metales.

$$V(x) = \begin{cases} \infty & x < 0 \quad \text{(región I)} \quad \Longrightarrow \quad \psi_I \\ 0 & 0 < x < a \quad \text{(región II)} \quad \Longrightarrow \quad \psi_{II} \\ \infty & x > a \quad \text{(región III)} \quad \Longrightarrow \quad \psi_{III} \end{cases}$$

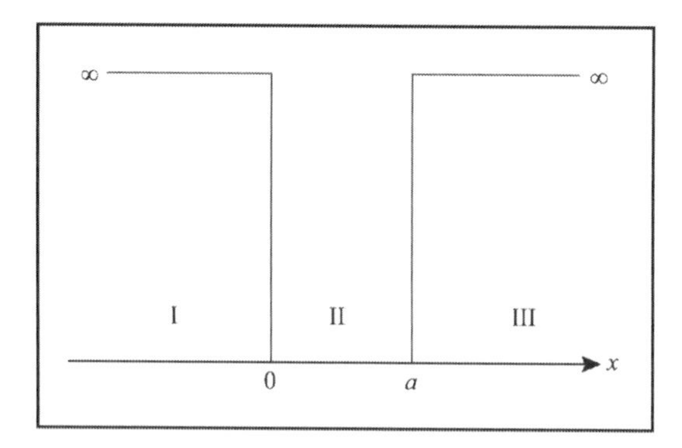


**Figura 15.4:** Pozo de potencial infinito.

De modo análogo a la predicción clásica, las regiones I ($x < 0$) y III ($x > a$) son regiones prohibidas para la partícula, y las respectivas funciones de ondas, $\psi_I$ e $\psi_{III}$, son idénticamente nulas.

En la región II ($0 < x < a$), el problema es análogo al de una cuerda vibrante, fija en sus dos extremos, en la cual se han establecido ondas estacionarias del tipo

$$\psi(x) = C \operatorname{sen} kx = A\, e^{ikx} - A\, e^{-ikx}$$

siendo $k = \sqrt{2mE}/\hbar$, y $C = 2iA$, de acuerdo con las condiciones de contorno $\psi_I(0) = \psi_{II}(0) = 0$.

La condición de contorno en el otro extremo, en $x = a$,

$$\psi_{II}(a) = \psi_{III}(a) = 0 \quad \Longrightarrow \quad ka = n\pi \quad \Longrightarrow \quad pa = n\pi\hbar \qquad (n = 1, 2, \ldots)$$

implica que el espectro discreto de energía es dado por

$$\boxed{E_n = n^2 \frac{\pi^2 \hbar^2}{2ma^2}} \qquad (n = 1, 2, \ldots) \tag{15.9}$$

Como era de esperar, para un pozo infinito el espectro es discreto e infinito, o sea, existe un número infinito de posibles níveles de energía.

Los autoestados normalizados de energía de la partícula confinada en el intervalo espacial $(0, a)$, idénticos a los modos normales de vibración de la cuerda vibrante fija en sus extremos (Sección 5.2.12), son dados por

$$\boxed{\psi_n(x) = \sqrt{\frac{2}{a}} \operatorname{sen}\left( n\pi \frac{x}{a} \right)} \qquad (n = 1, 2, \ldots)$$

Los valores medios y las incertidumbres de la posición y del *momentum* de la partícula, en cualquier autoestado estacionario $n$, son

$$\begin{cases} \langle x \rangle_n = \dfrac{a}{2} & (\Delta x)_n = \dfrac{a}{\sqrt{12}} \left( 1 - \dfrac{6}{n^2 \pi^2} \right) \\[2ex] \langle p \rangle_n = 0 & (\Delta p)_n = n \dfrac{\pi \hbar}{a} \end{cases}$$

El valor medio nulo para el *momentum* expresa el hecho de que la partícula es esencialmente libre en el interior del pozo, desplazándose con la misma probabilidad en ambos sentidos. Sin embargo, la dispersión de valores del *momentum* ($\Delta p \neq 0$) indica que los autoestados de energía no son autoestados del *momentum*, como en una partícula libre.

El valor medio de la posición se desprende de la total simetría del potencial con relación a la coordenada espacial.

Los autoestados estacionarios poseen la propiedad de ortogonalidad

$$\int_0^a \psi_l \, \psi_n \, \mathrm{d}x = \delta_{ln}$$

tal que cualquier estado inicial, $\Psi(x,0)$, de la partícula puede ser expresado por una superposición lineal de esos autoestados,

$$\Psi(x,0) = \sum_{n=1}^{\infty} c_n \, \psi_n(x)$$

siendo $c_n = \displaystyle\int_0^a \psi_n(x) \, \Psi(x,0) \, \mathrm{d}x$.

- Si el estado inicial de la partícula es caracterizado por

$$\Psi(x,0) = \frac{1}{2}\psi_1(x) + \frac{\sqrt{3}}{2}\psi_4(x)$$

y evoluciona según

$$\Psi(x,t) = \frac{1}{2}\psi_1(x) \, e^{-iE_1 t/\hbar} + \frac{\sqrt{3}}{2}\psi_4(x) \, e^{-iE_4 t/\hbar}$$

los valores medios asociados a ese estado no estacionario son

$$\begin{cases} \langle x \rangle_\Psi = a \left[ \dfrac{1}{2} + \dfrac{1}{80} \cos\left( \dfrac{15\pi^2 \hbar t}{2ma^2} \right) \right] \\[2ex] \langle p \rangle_\Psi = -\sqrt{3} \dfrac{16}{15} \dfrac{\hbar}{a} \,\mathrm{sen} \left( \dfrac{15\pi^2 \hbar t}{2ma^2} \right) \end{cases}$$

De acuerdo con la ecuación (15.9), la diferencia entre dos niveles de energía consecutivos en un pozo de potencial infinito es dada por

$$\Delta E_n = E_{n+1} - E_n = (2n+1)\frac{\pi^2 \hbar^2}{2ma^2}$$

Para un electrón, cuya masa es $m \sim 10^{-31}$ kg, confinado en un átomo de radio $a \sim 5 \times 10^{-10}$ m, esa diferencia es mayor que 1 eV. Por otro lado, si el electrón se encuentra en una región del orden de 10 cm, la diferencia, cerca de $10^{-16}$ eV, es tan menor que la energía térmica ($kT \geq 0{,}024$ eV) que el espectro puede ser considerado continuo.

Esa situación puede ser idealizada para los electrones de conducción en un metal. Los electrones se mueven casi libremente en su interior, pero no sobrepasan la superficie del metal, toda vez que la barrera de potencial es mucho mayor que las energías cinéticas de los electrones.

- Para una estimación más precisa, se considera el problema análogo tridimensional, en el cual el electrón se encuentra totalmente confinado en un metal cúbico de lado $a$, tal que la función de onda satisfaga las condiciones de contorno

$$\begin{cases} \psi(x=0,y,z) = \psi(x=a,y,z) = 0 \\[1ex] \psi(x,y=0,z) = \psi(x,y=a,z) = 0 \\[1ex] \psi(x,y,z=0) = \psi(x,y,z=a) = 0 \end{cases}$$

y obedezca a la ecuación de Schrödinger,

$$-\frac{\hbar^2}{2m}\left(\frac{\partial^2}{\partial x^2}+\frac{\partial^2}{\partial y^2}+\frac{\partial^2}{\partial z^2}\right)\psi(x,y,z)=E\,\psi(x,y,z)$$

En ese caso, las soluciones estacionarias son dadas por

$$\psi_{n_1n_2n_3}(x,y,z)=\left(\frac{2}{a}\right)^{\frac{3}{2}}\operatorname{sen}k_1x\,\operatorname{sen}k_2y\,\operatorname{sen}k_3z$$

con

$$\begin{cases} k_1=n_1\pi/a & (n_1=1,2,\ldots)\\ k_2=n_2\pi/a & (n_2=1,2,\ldots)\\ k_3=n_3\pi/a & (n_3=1,2,\ldots)\end{cases}$$

y el espectro, por

$$E_{n_1n_2n_3}=\frac{\pi^2\hbar^2}{2ma^2}(n_1^2+n_2^2+n_3^2) \quad .$$

Toda vez que a un autovalor dado de energía corresponden uno o más autoestados, el espectro es degenerado. Por ejemplo, para $n_1^2+n_2^2+n_3^2=6$, corresponden los tres autoestados $\psi_{211}$, $\psi_{121}$ y $\psi_{112}$.

En vez de contar el número de estados de la misma energía, se puede utilizar la aproximación continua para el espectro y expresarlo por el volumen de una capa esférica de espesor $\mathrm{d}n$, de un octante de radio $n=\sqrt{n_1^2+n_2^2+n_3^2}$ (Sección 10.2.3),

$$\frac{1}{8}\,4\pi n^2\,\mathrm{d}n$$

En términos de la energía, el número de estados entre los niveles $E$ y $E+\mathrm{d}E$ es dado por[3]

$$\frac{1}{2\pi^2}\left(\frac{\sqrt{2m}}{\hbar}\right)^3 VE^{1/2}\,\mathrm{d}E$$

siendo $V=a^3$ el volumen del metal.

Así, los electrones de conducción de um metal son caracterizados por la densidad de estados

$$g(E)=\frac{1}{2\pi^2}\left(\frac{\sqrt{2m}}{\hbar}\right)^3 VE^{1/2} \tag{15.10}$$

A partir de esa densidad de estados y utilizando la distribución estadística de Fermi-Dirac para los estados de un conjunto de electrones en equilibrio térmico, Sommerfeld determinó en 1928, a partir del modelo de Drude, la contribución de los electrones de conducción al calor específico de un metal.

[3] Ese número es obtenido multiplicando el resultado anterior por 2, debido a un nuevo grado de liberdad del electrón, el *spin* (Sección 16.6).

Las ecuaciones (15.10) y (10.37) permiten comprender por qué los niveles de energía de traslación en un gas perfecto pueden ser considerados tan cercanos como en una continuidad. De la ecuación (10.37), el número de estados $G$ es obtenido integrando

$$G = \int g(\nu)\, \mathrm{d}\nu = \int g(E)\, \mathrm{d}E$$

o, en términos de la energía $E$, usando la ecuación (15.10),

$$G = \frac{2}{3}\frac{1}{2\pi^2}\left(\frac{\sqrt{2m}}{\hbar}\right)^3 V E^{3/2} \qquad (15.11)$$

Considérese, ahora, dos niveles de energía consecutivos $E_1$ y $E_2$ muy próximos, tal que $\Delta E$ sea pequeño. En este caso, se puede escribir

$$G_1 = \frac{2}{3}\frac{1}{2\pi^2}\left(\frac{\sqrt{2m}}{\hbar}\right)^3 V E_1^{3/2}$$

y

$$G_2 = \frac{2}{3}\frac{1}{2\pi^2}\left(\frac{\sqrt{2m}}{\hbar}\right)^3 V (E_1 + \Delta E)^{3/2}$$

Sustrayendo la primera ecuación de la segunda y recordando que solo existe un estado entre los dos niveles ($G_2 - G_1 = 1$), entonces

$$\Delta E = \frac{1}{g(E)}$$

Considerando un gas de helio (He) que ocupa un volumen de 1 cm$^3$, para el cual $m \simeq 6{,}6 \times 10^{-24}$ g, la energía media es del orden de $1{,}4 \times 10^{-16}$ erg, y la diferencia entre dos niveles de energía es

$$\Delta E \simeq 10^{-37} \text{ erg}$$

Por tanto, el efecto cuántico sobre los niveles de energía de las partículas de un gas macroscópico es tan pequeño que la energía puede ser considerada una variable continua, como se supone en la Teoría Cinética de los Gases (Capítulo 3).

### 15.2.4 La barrera de potencial rectangular

La propiedad de penetración en una región clasicamente prohibida permite comprender fenómenos como el *tunelamiento de electrones*, o el *decaimento* $\alpha$ de un núcleo, a partir del análisis del comportamiento de una partícula que incide sobre una barrera de potencial rectangular (Figura 15.5), donde ella puede ser transmitida y reflejada.

$$V(x) = \begin{cases} 0 & x < 0 \quad \text{(región I)} \quad \Longrightarrow \quad \psi_I \\ V_o & 0 < x < a \quad \text{(región II)} \quad \Longrightarrow \quad \psi_{II} \\ 0 & x > a \quad \text{(región III)} \quad \Longrightarrow \quad \psi_{III} \end{cases}$$

En las regiones donde el potencial es nulo, la energía de la partícula no es unívocamente definida y su estado debe ser representado por un paquete de ondas.

Así, si la partícula de masa $m$ se aproxima de la barrera por la región I, el estado incidente debe ser representado por el paquete de ondas

$$\Psi_I^{\text{inc}}(x,t) = \int_0^\infty c_I^{\text{inc}}(E)\, e^{i[px - E(p)t]/\hbar}\, \mathrm{d}E,$$

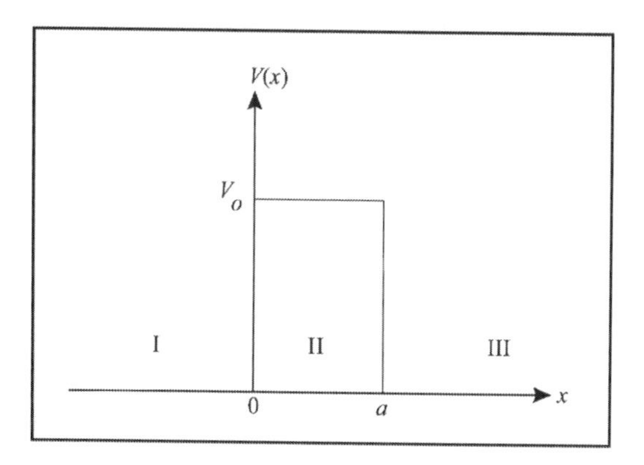


**Figura 15.5:** Barrera de potencial rectangular de altura $V_o$ y ancho $a$.

el estado asociado a la reflexión de la partícula por la barrera, por

$$\Psi_I^{\text{refl}}(x,t) = \int_0^\infty c_I^{\text{refl}}(E)\, e^{-i[px+E(p)t]/\hbar}\, \mathrm{d}E$$

y el estado asociado a la transmisión en la región III, por un paquete que se propaga en el sentido $+x$, pues la partícula no puede ser reflejada en ninguna posición $x > a$,

$$\Psi_{III}^{\text{trans}}(x,t) = \int_0^\infty c_{III}^{\text{trans}}(E)\, e^{i[px-E(p)t]/\hbar}\, \mathrm{d}E$$

siendo $E(p) = p^2/(2m)$.

Si el problema sirve de modelo para la dispersión de un haz colimado y casi monoenergético de partículas, las dispersiones de esos paquetes serán bastante pequeñas, y los coeficientes de reflexión y transmisión pueden ser determinados a partir de las componentes de propagación planas monocromáticas, autofunciones del hamiltoniano de la partícula libre, con energía $E$,

$$\psi_I^{\text{inc}} = A\, e^{ikx} \qquad \psi_I^{\text{refl}} = B\, e^{-ikx} \qquad \psi_{III}^{\text{trans}} = F\, e^{ikx}$$

con las respectivas densidades de corriente de probabilidades dadas por

$$J_I^{\text{inc}} = \frac{\hbar k}{m}|A|^2 \qquad J_I^{\text{refl}} = -\frac{\hbar k}{m}|B|^2 \qquad J_{III}^{\text{trans}} = \frac{\hbar k}{m}|F|^2$$

siendo $A$, $B$ y $F$ constantes de integración, y $k = \sqrt{2mE}/\hbar$.

Toda vez que en la región I la función de onda es dada por

$$\psi_I = \psi_I^{\text{inc}} + \psi_I^{\text{refl}} = A\, e^{ikx} + B\, e^{-ikx} \qquad \Longrightarrow \qquad J_I = J_I^{\text{inc}} + J_I^{\text{refl}} = \frac{\hbar k}{m}\left(|A|^2 - |B|^2\right)$$

la conservación de la probabilidad implica que

$$J_I = J_{III}^{\text{trans}} = \frac{\hbar k}{m}|F|^2 \qquad \Longrightarrow \qquad |A|^2 = |B|^2 + |F|^2$$

De ese modo, los coeficientes de reflexión $(r)$ y transmisión $(t)$

$$r = \left|\frac{J_I^{\text{refl}}}{J_I^{\text{inc}}}\right| = \left|\frac{B}{A}\right|^2 \qquad \text{y} \qquad t = \left|\frac{J_{III}^{\text{trans}}}{J_I^{\text{inc}}}\right| = \left|\frac{F}{A}\right|^2$$

satisfacen la relación

$$r + t = 1$$

y, por tanto, representan, respectivamente, las probabilidades de reflexión y de transmisión de la partícula por la barrera.

Si la energía de la partícula incidente fuese mayor que la altura de la barrera, $E > V_o$, la función de onda en la región II es dada por

$$\psi_{II} = C'\, e^{ik_o x} + D'\, e^{-ik_o x}$$

en donde $C'$, $D'$ son constantes de integración, y $k_o = \sqrt{2m(E - V_o)}/\hbar$.

- **El efecto túnel**

**Figura 15.6:** Ilustración humorística del efecto túnel.

Si la energía de la partícula incidente fuese positiva, pero menor que la altura de la barrera, $0 < E < V_o$, la solución en la región II es dada por

$$\psi_{II} = C\, e^{\beta x} + D\, e^{-\beta x}$$

siendo $C$, $D$ constantes de integración, y $\beta = \sqrt{2m(V_o - E)}/\hbar$.

En ese caso, la función de onda asociada a la partícula puede ser expresada por

$$\Psi(x) = \begin{cases} A\, e^{ikx} + B\, e^{-ikx} & (x < 0) \\ \\ C\, e^{\beta x} + D\, e^{-\beta x} & (0 < x < a) \\ \\ F\, e^{ikx} & (x > 0) \end{cases}$$

Las condiciones de contorno en $x = 0$ implican

$$\begin{cases} A + B = C + D \\ \\ ik(A - B) = \beta(C - D) \end{cases} \quad \Longrightarrow \quad 2ikA = (\beta + ik)C - (\beta - ik)D$$

y, en $x = a$,

$$\begin{cases} C\, e^{\beta a} + D\, e^{-\beta a} = F\, e^{ika} \\ \\ \beta(C\, e^{\beta a} - D\, e^{-\beta a}) = ikF\, e^{ika} \end{cases} \quad \Longrightarrow \quad F\, e^{ika} = \frac{2\beta e^{-\beta a}}{(\beta - ik)}\, D$$

Considerando que la barrera es suficientemente larga, tal que $\beta a \gg 1$, la penetración en la región II es fuertemente atenuada, de modo que $|C| \ll |D|$, y

$$2ikA \simeq -(\beta - ik)\, D$$

Así, el coeficiente de transmisión es dado por

$$t = \left|\frac{F}{A}\right|^2 = \frac{16k^2\beta^2}{(\beta^2 + k^2)^2}\, e^{-2\beta a} = \frac{16E(V_o - E)}{V_o^2}\, e^{-2\beta a} \tag{15.12}$$

o sea, la probabilidad de que la partícula atraviese la barrera decae exponencialmente con su ancho.

- **El microscopio de barrido por tunelamiento**

La fórmula para el coeficiente de transmisión de una partícula de masa $m$ y energía $E$ a través de una barrera de potencial ($V_o$), ecuación (15.12), indica que la variación relativa de la probabilidad de tunelamiento, con respecto al ancho ($a$) de la barrera, es dada por

$$\left|\frac{\Delta t}{t}\right| = 2\beta\, \Delta a$$

sendo $\beta = \sqrt{2m(V_o - E)}/\hbar$.

La energía necesaria para que el electrón en el interior de un metal lo abandone a través de su superficie, denominada función de trabajo (Capítulo 10), es del ordem de 10 eV. Toda vez que la energía cinética de los electrones es bastante menor que ese valor, existe una barrera de potencial en la región de la superficie del metal, tal que los electrones más energéticos sólo consiguen escapar cuando absorben la energía de un fotón, como en el efecto fotoeléctrico, o calor, cuando el metal es calentado (emisión termoiónica).

El efecto túnel indica la posibilidad de emisión de electrones de un metal a otro a través de la barrera de potencial establecida cuando las dos superficies metálicas se encuentran suficientemente próximas.

Ese fenómeno es utilizado en el microscopio de barrido por tunelamiento, en el cual una punta de prueba metálica se desplaza bien próxima a la superficie del material observado, de modo que las variaciones de la corriente establecida entre ambos, por tunelamiento, función de la separación entre la punta de prueba y la superficie observada, revelan las irregularidades de la superficie del material.

Para una barrera de altura ($V_o$) cerca de 5 eV más alta que la energía ($E$) de un electrón, el parámetro de penetración ($\beta$) es del orden de $10^{10}$ m$^{-1}$. Una estimación de la sensibilidad del efecto túnel indica que cambios de la distancia entre las dos superficies de apenas $10^{-2}$ Å implica una variación relativa de cerca de 2% en la probabilidad de tunelamiento.

## 15.3 El oscilador armónico simple

*Los errores son, al final de cuentas, fundamentos de la verdad.*

Carl Jung

El análisis del oscilador armónico permite comprender varios aspectos de otros problemas en los cuales una partícula de masa $m$, confinada en un pozo de potencial, ejecuta pequeñas oscilaciones en torno de un punto de equilibrio $x_o$. En esos casos, la partícula está bajo la acción de un potencial $V(x)$ que tiene un mínimo en $x = x_o$ (Figura 15.7).

Expandiendo el potencial en torno de $x_o$,

$$V(x) = V(x_o) + (x - x_o)\left.\frac{\mathrm{d}V}{\mathrm{d}x}\right|_{x_o} + \frac{1}{2}(x - x_o)^2 \left.\frac{\mathrm{d}^2V}{\mathrm{d}x^2}\right|_{x_o} + \cdots$$

como $V(x_o)$ es un mínimo, la derivada $\left.\frac{\mathrm{d}V}{\mathrm{d}x}\right|_{x_o}$ es nula, $\left.\frac{\mathrm{d}^2V}{\mathrm{d}x^2}\right|_{x_o} > 0$, y el origen de la energía potencial es arbitrario, tomando $x_o$ como el origem de las coordenadas, ese potencial se puede describir como

$$V(x) = \frac{1}{2}C\,x^2$$

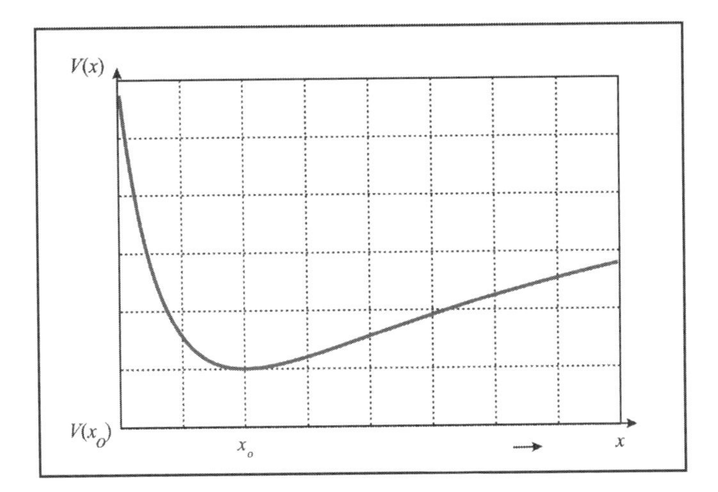


**Figura 15.7:** Pozo de potencial genérico asociado a pequeñas oscilaciones de una partícula.

siendo $C$ una constante positiva.

De ese modo, cualquier movimento en un pozo de potencial, como las oscilaciones de una molécula diatómica o las vibraciones de un átomo en una red cristalina, puede ser descrito por medio de las soluciones del oscilador armónico. Además de esos ejemplos, el oscilador armónico desempeña papel fundamental en la descripción del propio campo electromagnético. Según el enfoque de Rayleigh (Capítulo 10), el campo electromagnético sería equivalente a un conjunto de osciladores.

De acuerdo con la Mecánica Clásica, la partícula se movería bajo la acción de la fuerza restauradora

$$F = -\frac{\partial V}{\partial x} = -C\,x$$

realizando oscilaciones armónicas en torno del origen $x_o$, con frecuencia propia igual a

$$\nu = \frac{1}{2\pi}\sqrt{\frac{C}{m}} \qquad \Longleftrightarrow \qquad C = m(2\pi\nu)^2 = m\omega^2,$$

energía $E = m\omega^2 A^2/2$ y amplitud $A$ fijadas sólo por las condiciones iniciales. Clasicamente, como la frecuencia y la amplitud son independientes y pueden tener cualquier valor real, la energía del oscilador puede tener también cualquier valor real.

Según la hipótesis de Planck (Capítulo 10), el espectro de energía del oscilador es discreto y determinado por

$$E_n = nh\nu \qquad (n = 0, 1, 2, \ldots)$$

Mientras que, según la Mecánica Cuántica Matricial de Heisenberg, el espectro también es discreto, pero contiene un término más y está dado por

$$E_n = \left(n + \frac{1}{2}\right)h\nu \qquad (n = 0, 1, 2, \ldots)$$

¿Cuál es la predicción de la Mecánica Cuántica de Schrödinger?

### 15.3.1 Los niveles de energía del oscilador

De acuerdo con la ecuación de Schrödinger independiente del tiempo, los niveles de energía y los correspondientes autoestados estacionarios del oscilador armónico son soluciones de la ecuación

$$\boxed{-\frac{\hbar^2}{2m}\frac{\mathrm{d}^2\psi}{\mathrm{d}x^2} + \frac{1}{2}m\omega^2 x^2\,\psi(x) = E\,\psi(x)} \tag{15.13}$$

Debido a la simetría del potencial con relación a reflexiones especulares,

$$V(-x) = V(x)$$

la densidad de probabilidad para las posiciones de la partícula, en un estado estacionario, presenta la misma simetría,

$$\rho(x) = \rho(-x) \qquad \Longrightarrow \qquad |\psi(-x)|^2 = |\psi(x)|^2$$

y, por tanto,

$$\begin{cases} \psi(-x) = \psi(x) & \text{(par)} \\ \psi(-x) = -\psi(x) & \text{(ímpar)} \end{cases}$$

o sea, los autoestados estacionarios poseen paridades definidas.

Definiendo los parámetros

$$\alpha = \frac{m\omega}{\hbar} \qquad \text{y} \qquad \beta = \frac{2mE}{\hbar^2}$$

la ecuación de Schrödinger se torna

$$\frac{\mathrm{d}^2\psi}{\mathrm{d}x^2} + \left(\beta - \alpha^2 x^2\right)\psi = 0 \tag{15.14}$$

Haciendo el cambio de variable,

$$\xi = \sqrt{\alpha}\,x \qquad \Longrightarrow \qquad \frac{\mathrm{d}^2}{\mathrm{d}x^2} = \alpha\frac{\mathrm{d}^2}{\mathrm{d}\xi^2}$$

y reescribiendo la ecuación (15.14) en términos de la nueva variable, resulta

$$\frac{\mathrm{d}^2\psi}{\mathrm{d}\xi^2} + \left(\gamma - \xi^2\right)\psi(\xi) = 0 \tag{15.15}$$

en donde $\gamma = \beta/\alpha = 2E/\hbar\omega$.

- Como la función de onda debe ser finita para cualquier valor de $\xi$ en el intervalo $(-\infty,\ +\infty)$, asintóticamente, para $|\xi| \to \infty$, $\psi(\xi)$ se debe comportar como

$$\psi(\xi) \;\propto\; e^{-\xi^2/2}$$

El comportamiento asintótico de la función de onda sugiere, entonces, que los autoestados de energía sean de la forma

$$\boxed{\psi(\xi) \;=\; e^{-\xi^2/2} H(\xi)} \tag{15.16}$$

en donde $H(\xi)$ es una función a determinar.

Calculando las derivadas,

$$\begin{cases} \dfrac{\mathrm{d}\psi}{\mathrm{d}\xi} = -\xi\,e^{-\xi^2/2}H(\xi) + e^{-\xi^2/2}\dfrac{\mathrm{d}H}{\mathrm{d}\xi} \\[2ex] \dfrac{\mathrm{d}^2\psi}{\mathrm{d}\xi^2} = e^{-\xi^2/2}\left[(\xi^2 - 1)\,H \;-\; 2\xi\,\dfrac{\mathrm{d}H}{\mathrm{d}\xi} \;+\; \dfrac{\mathrm{d}^2H}{\mathrm{d}\xi^2}\right] \end{cases}$$

y sustituyendo $\psi$ y $\mathrm{d}^2\psi/\mathrm{d}\xi^2$ en la ecuación (15.15), se obtiene la *ecuación diferencial de Hermite*

$$\boxed{\frac{\mathrm{d}^2 H}{\mathrm{d}\xi^2} - 2\xi\,\frac{\mathrm{d}H}{\mathrm{d}\xi} + (\gamma - 1)\,H = 0} \tag{15.17}$$

La solución de la ecuación de Hermite puede ser obtenida por el método de las series de potencias en la variable $\xi$, admitiendo como solución formal la expresión

$$H(\xi) = \sum_{k=0}^{\infty} a_k\,\xi^k = a_0 + a_1\,\xi + a_2\,\xi^2 + \cdots$$

y, por tanto,

$$\begin{cases} \dfrac{\mathrm{d}H}{\mathrm{d}\xi} = \displaystyle\sum_{k=1}^{\infty} a_k\,k\,\xi^{k-1} = a_1 + 2a_2\,\xi + 3a_3\,\xi^2 + \cdots \\[2ex] \dfrac{\mathrm{d}^2 H}{\mathrm{d}\xi^2} = \displaystyle\sum_{k=2}^{\infty} a_k\,k(k-1)\,\xi^{k-2} = 2a_2 + 6a_3\,\xi + 12a_4\,\xi^2 + \cdots \end{cases}$$

Sustituyendo esos valores en la ecuación de Hermite, ecuación (15.17), se obtiene la ecuación algebraica para los coeficientes

$$\sum_{k=2}^{\infty} a_k\,k(k-1)\,\xi^{k-2} \;-\; 2\sum_{k=1}^{\infty} a_k\,k\,\xi^k \;+\; (\gamma-1)\sum_{k=0}^{\infty} a_k\,\xi^k \;=\; 0$$

la cual, haciendo en el primer término $k-2 \to k$ y en el segundo iniciando la sumatoria en $k=0$, puede ser reescrita como

$$\sum_{k=0}^{\infty}\Big[a_{k+2}\,(k+2)(k+1) - 2a_k\,k + (\gamma-1)a_k\Big]\xi^k = 0 \tag{15.18}$$

Esa ecuación sólo es satisfecha si el coeficiente de cada potencia de $\xi$ es identicamente nulo, lo que implica la *fórmula de recurrencia*

$$\boxed{a_{k+2} = -\frac{(\gamma-1) - 2k}{(k+2)(k+1)}\;a_k} \tag{15.19}$$

A partir de esa fórmula, se puede calcular los sucesivos coeficientes pares $a_2$, $a_4$, $\cdots$, $a_{2n}$ en función de $a_0$ y los impares, en función de $a_1$. Por tanto, la función $H(\xi)$ puede ser escrita como la suma de una función par y otra impar,

$$H(\xi) = a_0\left(1 + \frac{a_2}{a_0}\,\xi^2 + \frac{a_4}{a_0}\,\xi^4 \;+\; \cdots\right) + a_1\left(\xi + \frac{a_3}{a_1}\,\xi^3 + \frac{a_5}{a_1}\,\xi^5 \;+\; \cdots\right) \tag{15.20}$$

Las dos constantes arbitrarias $a_0$ y $a_1$ son consecuencia del hecho de que la ecuación de Hermite, la ecuación (15.17), es una ecuación diferencial de segundo orden.

Para un valor arbitrario de $\gamma$, tanto la serie par como la impar poseen un número infinito de términos, y el límite de esas series es el mismo que el de la serie de $e^{\xi^2}$.

- De hecho, el límite de $a_{k+2}/a_k$, en la fórmula de recurrencia, para $k \to \infty$,

$$\lim_{k\to\infty}\frac{a_{k+2}}{a_k} = -\lim_{k\to\infty}\left[\frac{\gamma - 1 - 2k}{(k+1)(k+2)}\right] \simeq \frac{2k}{k^2} = \frac{2}{k} \tag{15.21}$$

y la expansión en serie de Taylor de la función $e^{\xi^2}$,

$$e^{\xi^2} = 1 + \frac{\xi^2}{1!} + \frac{\xi^4}{2!} + \cdots + \frac{\xi^k}{(k/2)!} + \frac{\xi^{k+2}}{(k/2+1)!} + \cdots$$

cuya razón entre dos coeficientes sucesivos, para $k$ muy grande, es dada por

$$\frac{1/(k/2+1)!}{1/(k/2)!} = \frac{(k/2)!}{(k/2+1)!} = \frac{1}{k/2+1} \simeq \frac{2}{k}$$

implican que las series tengan el mismo límite.

Así, los términos de alta potencia en la seire de $e^{\xi^2}$ deben ser proporcionales a los de las series par e impar, y la función $H(\xi)$ puede ser expresada como

$$H(\xi) = C\, a_0\, e^{\xi^2} + D\, a_1\, \xi\, e^{\xi^2} \qquad (|\xi| \to \infty)$$

siendo $C$ y $D$ constantes a ser determinadas.

Sustituyendo esa expresión en la ecuación (15.16),

$$\psi = e^{-\xi^2/2} H(\xi) = C\, a_0\, e^{\xi^2/2} + D\, a_1\, \xi\, e^{\xi^2/2} \tag{15.22}$$

resulta una expresión para la función de onda que diverge, para $|\xi| \to \infty$.

Consecuentemente, la solución de la ecuación de Hermite no puede ser una serie infinita. El parámetro $\gamma$ debe ser tal que torne finita a la serie.

De acuerdo con la ecuación (15.19), la función $H(\xi)$ se transforma em un polinomio para $\gamma = 2n + 1$, admitiendo que una de las constantes arbitrarias sea nula. De hecho, con esos valores de $\gamma$, la serie termina en el sumando $k = n$, pues

$$a_{n+2} = -\frac{[(\gamma - 1) - 2n]}{(n+1)(n+2)}\, a_n = \frac{[2n + 1 - 1 - 2n]}{(n+1)(n+2)}\, a_n = 0 \tag{15.23}$$

La solución resultante $H(\xi)$ son los *polinomios de Hermite* de orden $n$.

Como la función $e^{-\xi^2/2}$ tiende mucho más rápidamente a cero que los polinomios de Hermite, la condición de contorno $\psi \to 0$ para $|\xi| \to \infty$ está asegurada.

Escribiendo la condición $\gamma = 2n + 1$ en términos de la energía y de la frecuencia,

$$\gamma = \frac{2E}{\hbar\omega} = 2n + 1$$

implica que los autovalores de energía del oscilador armónico en la teoría de Schrödinger son idénticos a los determinados por Heisenberg, o sea,

$$\boxed{E_n = \left(n + \frac{1}{2}\right)\hbar\omega} \qquad (n = 0, 1, 2, \ldots) \tag{15.24}$$

### 15.3.2 Los autoestados de energía del oscilador

De modo general, las propiedades de los autoestados de energía del oscilador puede ser determinadas por la construcción de los polinomios de Hermite, a partir de la función generatriz de los polinomios, de la fórmula de Rodrigues y de las llamadas fórmulas de recurrencia.

### 15.3.2.1 Función generatriz de los polinomios de Hermite

Introduciendo la función generatriz

$$\begin{aligned} g(\xi,t) &= e^{(2\,\xi\,t-t^2)} = \sum_n^{\infty} \frac{H_n(\xi)t^n}{n!} \\ &= H_0(\xi) + H_1(\xi)\,t + H_2(\xi)\,\frac{t^2}{2!} + \cdots \end{aligned} \tag{15.25}$$

las principales propiedades de los polinomios de Hermite son obtenidas sin necesidad de explicitarlos.

- Para verificación de la ecuación (15.25), es conveniente utilizar los polinomios

$$h_n(\xi) = a_n\,\xi^n + a_{n-2}\,\xi^{n-2} + a_{n-4}\,\xi^{n-4}\,\cdots$$

de forma que el último término sea $a_0$ o $a_1$, conforme $n$ sea *par* o *impar*.

Sustituyendo $\gamma = 2n+1$ en la ecuación (15.19),

$$a_{k+2} = -\frac{2(n-k)}{(k+1)(k+2)}\,a_k$$

y haciendo $k \to k-2$, los coeficientes $a_{n-2}$, $a_{n-4}$, $\cdots$, donde $a_n$, son dados por

$$a_{k-2} = -\frac{k(k-1)}{2(n-k+2)}\,a_k \tag{15.26}$$

Para $k = n,\ n-2,\ n-4,\ \cdots$, se obtiene

$$\begin{aligned} a_{n-2} &= -\frac{n(n-1)}{2\cdot 2}\,a_n \\ a_{n-4} &= -\frac{(n-2)(n-3)}{2\cdot 4}\,a_{n-2} = \frac{n(n-1)(n-2)(n-3)}{2^2\cdot 2\cdot 4}\,a_n \\ a_{n-6} &= -\frac{(n-4)(n-5)}{2\cdot 6}\,a_{n-4} = -\frac{n(n-1)(n-2)(n-3)(n-4)(n-5)}{2^3\cdot 2\cdot 4\cdot 6}\,a_n \\ \vdots & \quad \vdots \end{aligned}$$

a partir de lo que se puede escribir

$$\begin{aligned} h_n(\xi) = a_n \Bigg[ \xi^n &- \frac{n(n-1)}{2\cdot 2}\,\xi^{n-2} + \frac{n(n-1)(n-2)(n-3)}{2^2\cdot 2\cdot 4}\,\xi^{n-4} + \\ &- \frac{n(n-1)(n-2)(n-3)(n-4)(n-5)}{2^3\cdot 2\cdot 4\cdot 6}\,\xi^{n-6} + \cdots \\ &\cdots\cdots + (-1)^k\,\frac{n(n-1)\cdots(n-2k+1)}{2^k\cdot 2\cdot 4\cdot 6\cdots(2k)}\,\xi^{n-2k} + \cdots\cdots \Bigg] \end{aligned}$$

Toda vez que

$$n(n-1)(n-2)\cdots(n-2k+1) = \frac{n!}{(n-2k)!}$$

y el término general del denominador es dado por

$$2^k\cdot 2^k[1\cdot 2\cdot 3\cdot 4\cdots k] = 2^{2k}k!$$

el último término no nulo de la serie ocurre cuando $k = n/2$, y el polinomio $h_n(\xi)$ puede ser escrito como

$$h_n(\xi) = a_n \sum_{k=0}^{[n/2]} (-1)^k\,\frac{n!}{2^{2k}k!(n-2k)!}\,\xi^{n-2k} \tag{15.27}$$

en la qual $[n/2]$ es el mayor número entero $\leq n/2$.

Como la ecuación de Hermite es homogénea, el $n$-ésimo polinomio de Hermite no normalizado, $H_n(\xi)$, puede ser fijado haciendo $a_n = 2^n$,

$$H_n(\xi) = \sum_{k=0}^{[n/2]} (-1)^k \frac{n!}{k!(n-2k)!} (2\xi)^{n-2k} \tag{15.28}$$

Esta es una elección conveniente de $a_n$ que será útil para expresar las varias propiedades de los polinomios de Hermite.

- A partir de la ecuación (15.28), para obtener la ecuación que define la función generatriz, ecuación (15.25), se debe considerar el producto de dos series infinitas de potencias,

$$\left(\sum_{n=0}^{\infty} a_n t^n\right)\left(\sum_{n=0}^{\infty} b_n t^n\right) = \sum_{n=0}^{\infty}\left(\sum_{k=0}^{\infty} a_k b_{n-k}\right) t^n$$

Sin embargo, esa expresión no es conveniente cuando la primera serie sólo posee potencias pares, como

$$\left(\sum_{n=0}^{\infty} a_n t^{2n}\right)\left(\sum_{n=0}^{\infty} b_n t^n\right) = ?$$

Ese producto puede ser calculado agrupando de entre todos los posibles productos $a_k t^{2k} b_j t^j$ las potencias de orden $n = 2k + j$ que correspondan a los términos $a_k t^{2k}$ y $b_{n-2k} t^{n-2k}$, sujetos a las restricciones

$$\begin{cases} k \geq 0 \\ n - 2k \geq 0 \end{cases} \quad \Longrightarrow \quad 0 \leq k \leq \frac{n}{2}$$

Para cada $n \geq 0$, $k$ debe variar de 0 hasta el mayor entero $\leq n/2$, y, por tanto, el producto puede ser expresado por

$$\left(\sum_{n=0}^{\infty} a_n t^{2n}\right)\left(\sum_{n=0}^{\infty} b_n t^n\right) = \sum_{n=0}^{\infty}\left(\sum_{k=0}^{[n/2]} a_k b_{n-2k}\right) t^n \tag{15.29}$$

Sustituyendo la ecuación (15.28) en la ecuación (15.25) y teniendo en cuenta la ecuación (15.29), se obtiene

$$\begin{aligned} g(\xi, t) &= \sum_{n=0}^{\infty} \frac{H_n(\xi)}{n!} t^n = \sum_{n=0}^{\infty}\left(\sum_{k=0}^{[n/2]} \frac{(-1)^k (2\xi)^{n-2k}}{k!(n-2k)!}\right) t^n \\ &= \sum_{n=0}^{\infty}\left[\sum_{k=0}^{[n/2]} \underbrace{\frac{(-1)^k}{k!}}_{a_k} \times \underbrace{\frac{(2\xi)^{n-2k}}{(n-2k)!}}_{b_{n-2k}}\right] t^n = \left(\sum_{n=0}^{\infty} \frac{(-1)^n t^{2n}}{n!}\right) \times \left(\sum_{n=0}^{\infty} \frac{(2\xi)^n t^n}{n!}\right) \\ &= \left(\sum_{n=0}^{\infty} \frac{(-t^2)^n}{n!}\right) \times \left(\sum_{n=0}^{\infty} \frac{(2\xi t)^n}{n!}\right) \end{aligned}$$

que son, respectivamente, las expansiones en series de Taylor de $e^{-t^2}$ y de $e^{+2\xi t}$.

#### 15.3.2.2 Fórmula de Rodrigues para los polinomios de Hermite

Como aplicación inmediata de la función generatriz, ecuación (15.25), se puede determinar la fórmula que permite determinar los polinomios de Hermite a partir de la *fórmula de Rodrigues*,

$$\boxed{H_n(\xi) = (-1)^n e^{\xi^2} \frac{\mathrm{d}^n}{\mathrm{d}\xi^n}\, e^{-\xi^2}} \tag{15.30}$$

- Toda vez que los coeficientes de una serie de Taylor $f(x) = \sum_{n=0}^{\infty} a_n x^n$ son calculados por $a_n = \left.\frac{f^{(n)}}{n!}\right|_0$, los coeficientes $H_n$ de la serie de la función generatriz, ecuación (15.25), son dados por

$$H_n(\xi) = \left.\frac{\partial^n}{\partial t^n}\, e^{2\xi t - t^2}\right|_0$$

Completando el cuadrado en el exponente

$$H_n(\xi) = \left.\frac{\partial^n}{\partial t^n}\, e^{\xi^2} e^{-\xi^2 + 2\xi t - t^2}\right|_0 = e^{\xi^2}\left.\left(\frac{\partial^n}{\partial t^n}\, e^{-(\xi - t)^2}\right)\right|_0$$

e introduciendo una nueva variable $\eta = \xi - t$, tal que $\partial/\partial t = -\partial/\partial\eta$, se obtiene la ecuación (15.30),

$$H_n(\xi) = (-1)^n e^{\xi^2}\left.\left(\frac{\mathrm{d}^n}{\mathrm{d}\eta^n}\, e^{-\eta^2}\right)\right|_{\eta=\xi} \tag{15.31}$$

#### 15.3.2.3 Relaciones de recurrencia para los polinomios de Hermite

Dos relaciones de recurrencia útiles para la manipulación de los polinomios de Hermite son

$$H_{n+1}(\xi) = 2\xi H_n(\xi) - 2n H_{n-1}(\xi) \tag{15.32}$$

$$\frac{\mathrm{d}}{\mathrm{d}\xi}\, H_n(\xi) = 2n H_{n-1}(\xi) \tag{15.33}$$

- Derivando la ecuación que define la función generatriz, ecuación (15.25), con respecto a $t$,

$$\begin{aligned}
\frac{\partial g}{\partial t} &= \frac{\partial}{\partial t}\left(e^{-t^2 + 2\xi t}\right) = (2\xi - 2t)e^{-t^2+2\xi t} \\
&= 2\xi \sum_{n=0}^{\infty} H_n(\xi)\frac{t^n}{n!} - 2t\sum_{n=0}^{\infty} H_n(\xi)\frac{t^n}{n!} \\
&= 2\xi \sum_{n=0}^{\infty} H_n(\xi)\frac{t^n}{n!} - 2\sum_{n=0}^{\infty} H_n(\xi)\frac{t^{n+1}}{n!} \qquad (15.34) \\
&= \sum_{n=0}^{\infty} n H_n(\xi)\frac{t^{n-1}}{n!} \qquad (15.35)
\end{aligned}$$

implica que

$$2\xi \sum_{n=0}^{\infty} H_n(\xi)\frac{t^n}{n!} - 2\sum_{n=0}^{\infty} H_n(\xi)\frac{t^{n+1}}{n!} = \sum_{n=0}^{\infty} n H_n(\xi)\frac{t^{n-1}}{n!}$$

Haciendo $n+1 \to n$ en el segundo término del miembro izquierdo y $n-1 \to n$ en el miembro derecho,

$$\sum_{n=0}^{\infty}\left\{2\xi\frac{H_n(\xi)}{n!} - 2\frac{H_{n-1}(\xi)}{(n-1)!}\right\} t^n = \sum_{n=0}^{\infty}(n+1)\,\frac{H_{n+1}(\xi)}{(n+1)!}\, t^n$$

luego

$$2\xi\,\frac{H_n(\xi)}{n!} - 2\,\frac{H_{n-1}(\xi)}{(n-1)!} = (n+1)\,\frac{H_{n+1}(\xi)}{(n+1)!}$$

Como

$$\frac{1}{(n-1)!} = \frac{n}{n!} \qquad \text{y} \qquad \frac{n+1}{(n+1)!} = \frac{1}{n!}$$

se obtiene

$$\boxed{H_{n+1}(\xi) = 2\xi H_n(\xi) - 2n H_{n-1}(\xi)}$$

- Derivando la ecuación (15.25) con relación a $\xi$,

$$\begin{aligned}\frac{\partial g}{\partial \xi} &= \frac{\partial}{\partial \xi}\left(e^{-t^2+2t\xi}\right) = 2te^{-t^2+2t\xi} = \frac{\partial}{\partial \xi}\sum_{n=0}^{\infty} H_n(\xi)\frac{t^n}{n!} \\ &= 2t\sum_{n=0}^{\infty} H_n(\xi)\,\frac{t^n}{n!} = 2\sum_{n=0}^{\infty} H_n(\xi)\frac{t^{n+1}}{n!} = \sum_{n=0}^{\infty}\frac{\mathrm{d}H}{\mathrm{d}\xi}\,\frac{t^n}{n!}\end{aligned}$$

e igualando los coeficientes de las $n$-ésimas potencias, resulta que

$$2H_{n-1}(\xi)\,\frac{1}{(n-1)!} = \frac{\mathrm{d}H}{\mathrm{d}\xi}\,\frac{1}{n!}$$

o

$$\boxed{\frac{\mathrm{d}}{\mathrm{d}\xi}H_n(\xi) = 2nH_{n-1}(\xi)}$$

De acuerdo con la fórmula de Rodrigues y utilizando la relación de recurrencia, ecuación (15.32), se obtiene las fórmulas explícitas de los polinomios de Hermite no normalizados (Tabla 15.1).

**Tabela 15.1:** Primeros polinomios de Hermite no normalizados

| **Primeros polinomios de Hermite** |
|---|
| $H_0(\xi) = 1$ |
| $H_1(\xi) = 2\xi$ |
| $H_2(\xi) = 4\xi^2 - 2$ |
| $H_3(\xi) = 8\xi^3 - 12\xi$ |
| $H_4(\xi) = 16\xi^4 - 48\xi^2 + 12$ |
| $H_5(\xi) = 32\xi^5 - 160\xi^3 + 120\xi$ |
| $H_6(\xi) = 64\xi^6 - 480\xi^4 + 720\xi^2 - 120$ |

#### 15.3.2.4 Ortogonalidad y normalización de los autoestados de energía

De acuerdo con la interpretación de Born, los autoestados de energía del oscilador armónico constituyen un conjunto de funciones ortogonales que deben ser normalizadas. Esas propiedades pueden ser establecidas, individualmente, para cada autoestado o, de modo general, a partir de la ecuación de Schrödinger, ecuación (15.15), reescrita como

$$\frac{\mathrm{d}^2\psi_n}{\mathrm{d}\xi^2} + \left(2n+1-\xi^2\right)\psi_n = 0 \tag{15.36}$$

Si las soluciones

$$\psi_n(\xi) = e^{-\xi^2/2}H_n(\xi) \qquad (n = 0, 1, 2, \cdots) \tag{15.37}$$

son ortogonales, deben satisfacer la condición

$$\boxed{\int_{-\infty}^{\infty}\psi_m\,\psi_n\,\mathrm{d}x = \int_{-\infty}^{\infty}\left(\frac{\hbar}{m\omega}\right)^{1/2} e^{-\xi^2}H_m(\xi)H_n(\xi)\,\mathrm{d}\xi = 0} \qquad (m \neq n) \tag{15.38}$$

- Escribiendo la ecuación (15.36) para dos índices, $n$ y $m$,

$$\psi''_n + \left[(2n+1)-\xi^2\right]\psi_n = 0 \tag{15.39}$$

$$\psi''_m + \left[(2m+1)-\xi^2\right]\psi_m = 0 \tag{15.40}$$

en donde $\psi'' = \dfrac{\partial^2\psi}{\partial\xi^2}$, multiplicando la ecuación (15.39) por $\psi_m$, la ecuación (15.40) por $\psi_n$, y sustrayendo el segundo resultado del primero, se encuentra

$$\psi''_n\psi_m - \psi_n\psi''_m + 2(n-m)\psi_n\psi_m = 0$$

o

$$\frac{\mathrm{d}}{\mathrm{d}\xi}\left[\psi'_n\psi_m - \psi_n\psi'_m\right] + 2(n-m)\psi_n\psi_m = 0$$

Al integrar esa ecuación, sujeta a la condición

$$\left(\psi_n{}'\psi_m - \psi_n\psi'_m\right)\Big|_{-\infty}^{\infty} = 0$$

se obtiene

$$2(n-m)\int_{-\infty}^{\infty} \psi_m\psi_n\,\mathrm{d}\xi = 0$$

Para $n \neq m \implies \displaystyle\int_{-\infty}^{\infty} \psi_m\,\psi_n\,\mathrm{d}x = 0$, o sea, $\psi_m$ y $\psi_n$ son ortogonales.

- Para $n = m$, se debe calcular la integral

$$I = \left(\frac{\hbar}{m\omega}\right)^{1/2}\int_{-\infty}^{\infty} e^{-\xi^2}H_n(\xi)\,H_n(\xi)\,\mathrm{d}\xi$$

Usando la fórmula de Rodrigues, ecuación (15.31),

$$I = \left(\frac{\hbar}{m\omega}\right)^{1/2}\int_{-\infty}^{\infty} e^{-\xi^2}H_n(\xi)H_n(\xi)\,\mathrm{d}\xi = (-1)^n\left(\frac{\hbar}{m\omega}\right)^{1/2}\int_{-\infty}^{\infty} H_n(\xi)\frac{\mathrm{d}^n}{\mathrm{d}\xi^n}\,e^{-\xi^2}\,\mathrm{d}\xi$$

e integrando por partes,

$$I = \left(\frac{\hbar}{m\omega}\right)^{1/2}\int_{-\infty}^{\infty} \frac{\mathrm{d}H_n}{\mathrm{d}\xi}\,\frac{\mathrm{d}^{n-1}}{\mathrm{d}\xi^{n-1}}\,e^{-\xi^2}\,\mathrm{d}\xi$$

Así,

$$\int_{-\infty}^{\infty} H_n(\xi)\,\frac{\mathrm{d}^n}{\mathrm{d}\xi^n}\,e^{-\xi^2}\mathrm{d}\xi = (-1)^{n+1}\int_{-\infty}^{\infty} H'_n(\xi)\frac{\mathrm{d}^{n-1}}{\mathrm{d}\xi^{n-1}}\,e^{-\xi^2}\,\mathrm{d}\xi \tag{15.41}$$

es una fórmula de recurrencia y puede ser utilizada para obtener la integral del segundo miembro haciendo $n \to n-1$ en el primero miembro,

$$I = (-1)^{n+2}\left(\frac{\hbar}{m\omega}\right)^{1/2}\int_{-\infty}^{\infty} H''_n(\xi)\frac{\mathrm{d}^{n-2}}{\mathrm{d}\xi^{n-2}}\,e^{-\xi^2}\,\mathrm{d}\xi$$

Iterando $n$-veces,

$$I = (-1)^{2n}\left(\frac{\hbar}{m\omega}\right)^{1/2}\int_{-\infty}^{\infty} H_n^{(n)}(\xi)e^{-\xi^2}\,\mathrm{d}\xi$$

Toda vez que el término de más alto orden de $H_n(\xi)$ es $2^n\xi^n$, su $n$-ésima derivada en relación a $\xi$, $H_n^{(n)}(\xi)$, es igual a $2^n n!$, donde

$$I = 2^n n!\left(\frac{\hbar}{m\omega}\right)^{1/2}\int_{-\infty}^{\infty} e^{-\xi^2}\,\mathrm{d}\xi \;= 2^n n!\sqrt{\pi}\left(\frac{\hbar}{m\omega}\right)^{1/2}$$

Resumiendo los resultados en una única fórmula,

$$\boxed{\int_{-\infty}^{\infty} e^{-\xi^2}H_l(\xi)\,H_n(\xi)\,\mathrm{d}\xi = 2^n n!\left(\frac{\pi\hbar}{m\omega}\right)^{1/2}\delta_{ln}} \tag{15.42}$$

De esa manera, las autofunciones de energía normalizadas del oscilador armónico son dadas por

$$\boxed{\psi_n(\xi) = \left(\frac{m\omega}{\pi\hbar}\right)^{1/4} \left(\frac{1}{2^n n!}\right)^{1/2} e^{-\xi^2/2} H_n(\xi)} \tag{15.43}$$

en donde $\xi = \sqrt{\alpha}\, x$ y $\alpha = m\omega/\hbar$.

O, en función de $x$ (Figura 15.8), por

$$\boxed{\psi_n(x) = \left(\frac{m\omega}{\pi\hbar}\right)^{1/4} \left(\frac{1}{2^n n!}\right)^{1/2} \exp\left(\frac{-m\omega}{2\hbar}x^2\right) H_n\left(\sqrt{\frac{m\omega}{\hbar}}x\right)} \tag{15.44}$$

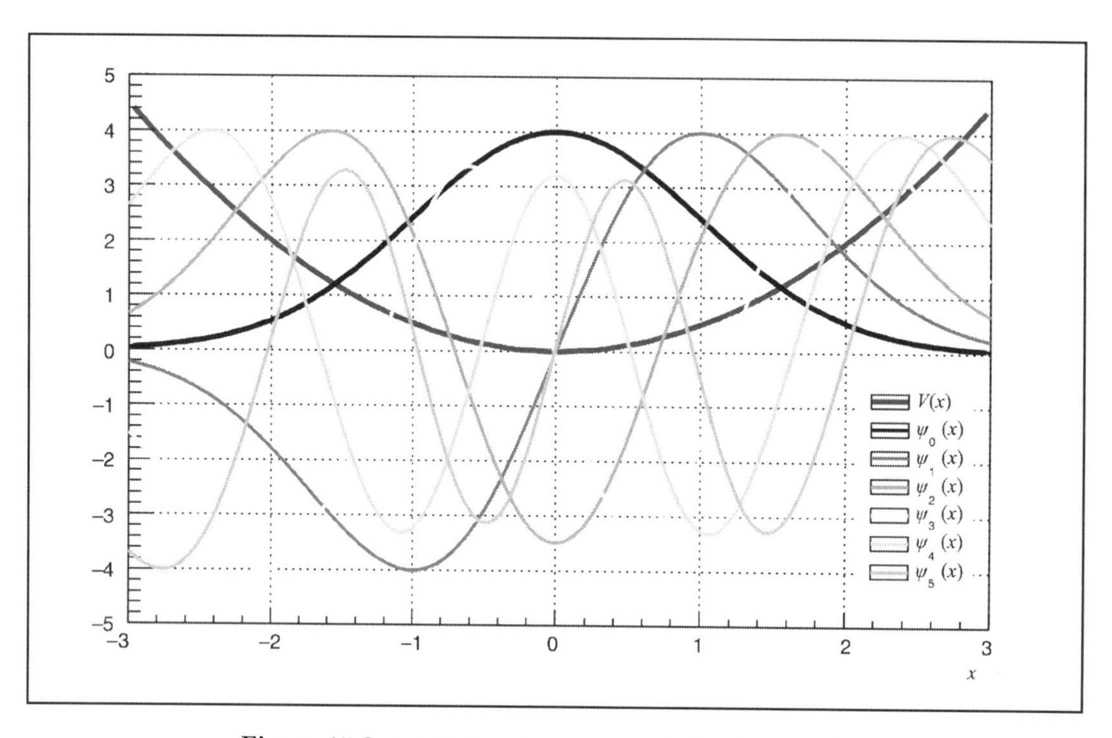


**Figura 15.8:** Los cinco primeros autoestados del oscilador.

## 15.4 El átomo de hidrógeno

*Cuando usted puede medir algo de lo cual está hablando, y expresarlo en números, entonces usted sabe alguna cosa sobre ello.*
*Lord* Kelvin

Históricamente, el átomo de hidrógeno fue el primer sistema abordado por Schrödinger cuando estableció la ecuación independiente del tiempo, caracterizándolo como un problema de autovalor. Su importancia, sin embargo, reside en la utilización de sus autoestados de energía para la construcción de modelos atómicos más complejos.

De modo análogo al tratamiento clásico, el comportamiento de dos partículas de masas $m_1$ y $m_2$, como el electrón y el protón en interacción en el átomo de hidrógeno, el llamado problema de dos cuerpos, puede ser reducido al de una única partícula bajo la acción de un campo.

Como fue hecho para el átomo de Bohr, introduciendo la posición relativa $\vec{r} = \vec{r}_2 - \vec{r}_1$ de la partícula de masa $m_1$ en relación a la partícula de masa $m_2$, por ejemplo, del electrón en relación al protón,[4] y a la coordenada asociada al centro de masa $\vec{R} = \dfrac{m_1\vec{r}_1 + m_2\vec{r}_2}{m_1 + m_2}$ del sistema, la ecuación de Schrödinger para las dos partículas es dada por

$$\left[-\frac{\hbar^2}{2m_1}\,\nabla_1^2 - \frac{\hbar^2}{2m_2}\,\nabla_2^2 + V(|\vec{r}_1 - \vec{r}_2|)\right]\psi(\vec{r}_1, \vec{r}_2) = E_T\,\psi(\vec{r}_1, \vec{r}_2) \tag{15.45}$$

en la cual $\nabla_1^2$ es el laplaciano relacionado con las coordenadas $(x_1, y_1, z_1)$, asociadas a la partícula de massa $m_1$, y $\nabla_2^2$, con las coordenadas $(x_2, y_2, z_2)$, asociadas a la partícula de masa $m_2$.

Ejecutando la separación de variables, $\psi(\vec{r}_1, \vec{r}_2) = \psi(\vec{R}, \vec{r}) = \chi(\vec{R})\psi(\vec{r})$, la ecuación (15.45) puede ser desmembrada en las siguientes ecuaciones

$$-\frac{\hbar^2}{2M}\,\nabla_R^2\chi(\vec{R} \quad = \quad E_{\rm CM}\,\chi(\vec{R}) \tag{15.46}$$

$$\left[-\frac{\hbar^2}{2\mu}\,\nabla_r^2 + V(r)\right]\psi(r) \quad = \quad E\psi(r) \tag{15.47}$$

siendo $E_T = E_{\rm CM} + E$.

La ecuación (15.46) muestra que el centro de masa del sistema tiene el comportamiento de una partícula libre con la masa igual a la masa total del sistema, $M = m_1 + m_2$, y energía $E_{\rm CM}$.

La ecuación (15.47) describe el movimiento relativo de las partículas, a partir del comportamiento de una partícula de masa $\mu = \dfrac{m_1 m_2}{m_1 + m_2}$, denominada masa reducida, y energía $E$, en un campo con simetría radial.

En el caso del átomo de hidrógeno, toda vez que la masa del protón es mucho mayor que la del electrón $(m_p \simeq 1836 m_e)$, la masa reducida es prácticamente igual a la masa del electrón, o sea, $\mu \simeq m_e$.

Considerando, en primera aproximación, que la interacción entre el electrón y el protón puede ser descrita por una energía potencial $(V)$ electrostática coulombiana,

$$V(r) = -\frac{e^2}{r} \tag{15.48}$$

siendo $e$ el módulo de carga del electrón y $r$, la distancia del electrón al protón, la ecuación de Schrödinger para determinar los niveles de energía y los estados estacionarios del electrón en el átomo de hidrógeno

[4]En ese caso, $r_1$ representa la coordenada espacial asociada al protón y $r_2$, a la coordenada espacial asociada al electrón.

puede ser expresada como

$$\left[-\frac{\hbar^2}{2m}\,\nabla^2 - \frac{e^2}{r}\right]\psi(\vec{r}) = E\,\psi(\vec{r}) \tag{15.49}$$

en donde $m \simeq m_e$.

Expresando el laplaciano en coordenadas esféricas,

$$\nabla^2 = \frac{1}{r^2}\frac{\partial}{\partial r}\left(r^2\frac{\partial}{\partial r}\right) + \frac{1}{r^2}\left[\frac{1}{\operatorname{sen}\theta}\frac{\partial}{\partial\theta}\left(\operatorname{sen}\theta\frac{\partial}{\partial\theta}\right) + \frac{1}{\operatorname{sen}^2\theta}\frac{\partial^2}{\partial\phi^2}\right]$$

siendo $\theta$ la coordenada azimutal y $\phi$ la coordenada polar, y comparando la parte angular con el operador $L^2$ (Sección 14.8.1), la ecuación de autovalor para la energía puede ser escrita como

$$\left[-\frac{\hbar^2}{2m}\frac{1}{r^2}\left(r^2\frac{\partial}{\partial r}\right) + \frac{L^2(\theta,\phi)}{2mr^2} - \frac{e^2}{r}\right]\psi(r,\theta,\phi) = E\,\psi(r,\theta,\phi) \tag{15.50}$$

## 15.4.1 Separación de las variables

Escrita en coordenadas esféricas, la ecuación (15.50) puede ser separada en ecuaciones independientes, cada cual función de sólo una variable.

Haciendo

$$\psi(r,\theta,\phi) = R(r)\,Y(\theta,\phi)$$

y sustituyendo en la ecuación (15.50), se obtiene

$$\frac{\hbar^2}{2m}\frac{Y(\theta,\phi)}{r^2}\frac{\mathrm{d}}{\mathrm{d}r}\left(r^2\frac{\mathrm{d}}{\mathrm{d}r}R\right) - \frac{R(r)}{2mr^2}L^2Y(\theta,\phi) + \left(E + \frac{e^2}{r}\right)R(r)\,Y(\theta,\phi) = 0$$

o sea, la ecuación puede ser separada em una parte radial y una parte angular,

$$\underbrace{\frac{1}{R}\frac{\mathrm{d}}{\mathrm{d}r}\left(r^2\frac{\mathrm{d}R}{\mathrm{d}r}\right) + r^2\frac{2m}{\hbar^2}\left(E + \frac{e^2}{r}\right)}_{\text{parte radial}} = \underbrace{\frac{1}{Y}\left(\frac{L^2}{\hbar^2}\right)Y}_{\text{parte angular}} = \lambda_l^2 \geq 0 \tag{15.51}$$

Como los autovalores de $L_x$, $L_y$ y $L_z$ son reales y, por tanto, los autovalores de $L^2 = L_x^2 + L_y^2 + L_z^2$ son positivos, la constante de separación $\lambda_l^2$ es un autovalor positivo de $\hat{l}^2 = L^2/\hbar^2$, y las correspondientes autofunciones $Y_l(\theta,\phi)$ son las *funciones armónicas esféricas* (Sección 14.8.1).

La ecuación angular muestra que las autofunciones no dependen de la forma del potencial $V(r) = -e^2/r$, o sea, son autofunciones del momento angular de una partícula en cualquier campo central.

## 15.4.2 La parte angular

### 15.4.2.1 Los polinomios de Legendre y las funciones armónicas esféricas

Escribiendo explícitamente la ecuación de autovalor para $L^2$,

$$\frac{1}{\operatorname{sen}\theta}\frac{\partial}{\partial\theta}\left(\operatorname{sen}\theta\frac{\partial Y_l}{\partial\theta}\right) + \frac{1}{\operatorname{sen}^2\theta}\frac{\partial^2 Y_l}{\partial\phi^2} + \lambda_l^2\,Y_l(\theta,\phi) = 0 \tag{15.52}$$

La ecuación angular aún puede ser separada haciendo

$$Y(\theta,\phi) = P(\theta)\,\Phi(\phi) \tag{15.53}$$

Sustituyendo esa expresión en la ecuación (15.52), se obtiene

$$\underbrace{\left[\frac{1}{P}\frac{1}{\operatorname{sen}\theta}\frac{\mathrm{d}}{\mathrm{d}\theta}\left(\operatorname{sen}\theta\,\frac{\mathrm{d}P}{\mathrm{d}\theta}\right)+\lambda_l^2\right]\operatorname{sen}^2\theta}_{\text{parte polar}} = \underbrace{-\frac{1}{\Phi}\frac{\mathrm{d}^2\Phi}{\mathrm{d}\phi^2}}_{\text{parte azimutal}} = \lambda_m^2 \geq 0$$

siendo $\lambda_m^2$ una nueva constante de separación.

Así, la función de onda associada a la parte angular depende de dos constantes de separación ($\lambda_l^2$ y $\lambda_m^2$) y, usualmente, es escrita como

$$Y_l^m(\theta,\phi) = P_l^m(\theta)\,\Phi_m(\phi)$$

y las ecuaciones de autovalores asociadas a las partes azimutal y polar son expresadas como

$$\begin{cases} \dfrac{1}{\operatorname{sen}\theta}\dfrac{\mathrm{d}}{\mathrm{d}\theta}\left(\operatorname{sen}\theta\,\dfrac{\mathrm{d}P_l^m}{\mathrm{d}\theta}\right)+\left(\lambda_l^2-\dfrac{\lambda_m^2}{\operatorname{sen}^2\theta}\right)P_l^m(\theta)=0 \\[2ex] -\dfrac{\mathrm{d}^2\Phi_m}{\mathrm{d}\phi^2}=\lambda_m^2\Phi_m(\phi) \end{cases}$$

Asociando la ecuación que involucra a la variable polar ($\phi$) con la ecuación de autovalor de la componente $L_z$ del momento angular,

$$L_z = -i\hbar\frac{\partial}{\partial\phi} \qquad \Longrightarrow \qquad L_z^2 = -\hbar^2\frac{\partial^2}{\partial\phi^2}$$

muestra que la constante positiva[5] $\lambda_m^2 \leq \lambda_l^2$, asociada a la autofunción de $-\dfrac{\mathrm{d}^2}{\mathrm{d}\phi^2}$, es también autofunción $\Phi_m = Ae^{im\phi}$ de $L_z$, o sea, $m^2$ es igual al cuadrado del llamado número cuántico magnético ($m = 0, \pm1, \pm2, \ldots, m_{\max}$), pues

$$-\frac{\mathrm{d}^2}{\mathrm{d}\phi^2}\left(Ae^{im\phi}\right) = m^2\left(Ae^{im\phi}\right) \qquad (m = 0, \pm1, \pm2, \ldots, m_{\max})$$

Toda vez que la condición de normalización para la función de onda es expresada por

$$\int_{r=0}^{\infty}\int_{\theta=0}^{\pi}\int_{\phi=0}^{2\pi}\Psi(r,\theta,\phi)^*\,\Psi(r,\theta,\phi)\,r^2\mathrm{d}r\,\operatorname{sen}\theta\,\mathrm{d}\theta\,\mathrm{d}\phi \tag{15.54}$$

la separación de variables permite que las funciones $R(r)$, $P(\theta)$ y $\Phi(\phi)$ sean normalizadas independientemente unas de las otras.

La condición de normalización de la parte polar implica

$$\int_0^{2\pi}\Phi_m(\phi)^*\Phi_m(\phi)\,\mathrm{d}\phi = 1 \qquad \Longrightarrow \qquad A = \frac{1}{\sqrt{2\pi}}$$

[5] $L^2 = L_x^2 + L_y^2 + L_z^2$ implica que $\lambda_l^2 \geq \lambda_m^2$.

y las condiciones de normalización de las partes radial y azimutal son expresadas como

$$\begin{cases} \int_0^\infty |R(r)|^2 r^2 \,\mathrm{d}r = 1 \\ \int_0^\pi P_l^m(\theta)^* P_l^m(\theta) \,\mathrm{sen}\theta \,\mathrm{d}\theta = 1 \end{cases} \tag{15.55}$$

Haciendo $x = \cos\theta$, la ecuación de la parte asociada a la variable azimutal puede ser escrita como

$$\frac{\mathrm{d}}{\mathrm{d}x}\left[(1-x^2)\frac{\mathrm{d}P_l^m}{\mathrm{d}x}\right] + \left[\lambda_l^2 - \frac{m^2}{1-x^2}\right] P_l^m(x) = 0 \qquad (-1 \leq x \leq 1) \tag{15.56}$$

Definiendo además

$$(1-x^2) = y \qquad \Longrightarrow \qquad \frac{\mathrm{d}}{\mathrm{d}x} = \left(\frac{\mathrm{d}y}{\mathrm{d}x}\right)\frac{\mathrm{d}}{\mathrm{d}y} = -2x\frac{\mathrm{d}}{\mathrm{d}y} = -2(1-y)^{1/2}\frac{\mathrm{d}}{\mathrm{d}y}$$

se puede reescribir la ecuación (15.56) como

$$-2(1-y)^{1/2}\frac{\mathrm{d}}{\mathrm{d}y}\left[-2y(1-y)^{1/2}\frac{\mathrm{d}}{\mathrm{d}y}\,P_l^m(y)\right] + \left[\lambda_l^2 - \frac{m^2}{y}\right] P_l^m(y) = 0 \tag{15.57}$$

o sea,

$$+4y(1-y)\frac{\mathrm{d}^2 P_l^m}{\mathrm{d}y^2} + \left[4(1-y) - 2y\right]\frac{\mathrm{d}P_l^m}{\mathrm{d}y} + \left[\lambda_l^2 - \frac{m^2}{y}\right] P_l^m(y) = 0 \tag{15.58}$$

Suponiendo que la solución de la ecuación (15.58), a ser encontrada por el método de las series de Frobenius, sea de la forma

$$P_l^m(y) = y^\alpha \sum_j a_j y^j = \sum_j a_j y^{\alpha+j} \tag{15.59}$$

siendo $\alpha$ una constante a determinar, las derivadas pueden ser expresadas como

$$\begin{cases} \dfrac{\mathrm{d}P_l^m}{\mathrm{d}y} = \sum_j (\alpha+j) a_j y^{\alpha+j-1} \\ \dfrac{\mathrm{d}^2 P_l^m}{\mathrm{d}y^2} = \sum_j (\alpha+j-1)(\alpha+j) a_j y^{\alpha+j-2} = \sum_j \left[(\alpha+j)^2 - (\alpha+j)\right] a_j \dfrac{y^{\alpha+j-1}}{y} \end{cases}$$

y la ecuación (15.58) se torna

$$\sum_j a_j \left[4(\alpha+j)^2(1-y)y^{\alpha+j-1} - 2(\alpha+j)y^{\alpha+j} + (\lambda_l^2 - m^2 y^{-1})y^{\alpha+j}\right] = 0$$

Dividiendo toda la ecuación por $y^\alpha$, resulta

$$\sum_j a_j \Big\{\left[4(\alpha+j)^2 - m^2\right] y^{j-1} + \Big[-4\sum_j (\alpha+j)^2 - 2(\alpha+j) + \lambda_l^2\Big] y^j\Big\} = 0$$

Como la expresión debe ser válida para cualquier valor de $j$, para $j = 0$,

$$\Big(4\alpha^2 - m^2\Big)]y^{-1} + \Big(-4\alpha^2 - 2\alpha + \lambda_l^2\Big) = 0$$

Por tanto, los coeficientes de $y^{-1}$ y el término independiente deben ser nulos,

$$4\alpha^2 - m^2 = 0 \qquad \Longrightarrow \qquad \alpha = \frac{|m|}{2} \geq 0$$

Reescribiendo la solución, ecuación (15.59), en términos de la variable $x$ y de una nueva función ($U_l^m$),

$$P_l^m(x) = (1 - x^2)^{\frac{|m|}{2}}\, U_l^m(x) \qquad (-1 \leq x \leq 1) \tag{15.60}$$

se verifica que $U_l^m(x)$ debe satisfacer la ecuación

$$(1 - x^2)\frac{\mathrm{d}^2 U_l^m}{\mathrm{d}x^2} - 2(|m| + 1)x\,\frac{\mathrm{d}U_l^m}{\mathrm{d}x} + \big[\lambda_l^2 - |m|(|m| + 1)\big]\, U_l^m = 0 \tag{15.61}$$

Haciendo $m \to m + 1$ en la ecuación (15.61), resulta

$$(1 - x^2)\frac{\mathrm{d}^2 U_l^{m+1}}{\mathrm{d}x^2} - 2(|m| + 2)x\,\frac{\mathrm{d}U_l^{m+1}}{\mathrm{d}x} + \big[\lambda_l^2 - (|m| + 1)(|m| + 2)\big]\, U_l^{m+1} = 0 \tag{15.62}$$

Derivando a ecuación (15.61) en relación a $x$, se obtiene

$$(1 - x^2)\frac{\mathrm{d}^3 U_l^m}{\mathrm{d}x^3} - 2(|m| + 2)x\,\frac{\mathrm{d}^2 U_l^m}{\mathrm{d}x^2} + \big[\lambda_l^2 - (|m| + 1)(|m| + 2)\big]\,\frac{\mathrm{d}U_l^m}{\mathrm{d}x} = 0 \tag{15.63}$$

De la comparación directa entre las ecuaciones (15.63) y (15.62), se observa que

$$\frac{\mathrm{d}U_l^m}{\mathrm{d}x} = U_l^{m+1} \tag{15.64}$$

lo que permite establecer

$$\frac{\mathrm{d}U_l^0}{\mathrm{d}x} = U_l^1 \quad \Longrightarrow \quad \frac{\mathrm{d}^2 U_l^0}{\mathrm{d}x^2} = \frac{\mathrm{d}U_l^1}{\mathrm{d}x} = U_l^2 \quad \Longrightarrow \quad \frac{\mathrm{d}^{|m|}}{\mathrm{d}x^{|m|}} U_l^0 = U_l^m \tag{15.65}$$

o sea, se obtiene una fórmula de recurrencia, ecuación (15.65), que permite la determinación de $U_l^m$ a partir de $U_l^0$.

Haciendo $m = 0$ en la ecuación (15.61), se llega a la llamada ecuación de Legendre,

$$(1 - x^2)\frac{\mathrm{d}^2 U_l^0}{\mathrm{d}x^2} - 2x\,\frac{\mathrm{d}U_l^0}{\mathrm{d}x} + \lambda_l^2 U_l^0 = 0 \tag{15.66}$$

cuya solución puede ser expresada en serie de potencias enteras de $x$,

$$U_l^0(x) = \sum_{j=0}^{\infty} a_j x^j$$

Calculando las derivadas,

$$\begin{cases} \dfrac{\mathrm{d}U_l^0}{\mathrm{d}x} = \displaystyle\sum_{j=1}^{\infty} j a_j x^{j-1} = \sum_{j=0}^{\infty} (j+1)a(j+1)x^j \\ \\ \dfrac{\mathrm{d}^2U_l^0}{\mathrm{d}x^2} = \displaystyle\sum_{j=2}^{\infty} j(j-1)a_j x^{j-2} = \sum_{j=0}^{\infty} (j+2)(j+1)a_{j+2}x^j \end{cases}$$

y sustituyendo en la ecuación de Legendre, se obtiene

$$\sum_{j=0}^{\infty} \Big\{ \big[a_{j+2}(j+2)(j+1) + a_j\lambda_l^2\big]x^j - 2a_{j+1}(j+1)x^{j+1} - a_{j+2}(j+2)(j+1)x^{j+2} \Big\} = 0$$

o sea,

$$(\lambda_l^2 a_0 + 2a_2)\big[(\lambda_l^2 - 2)a_1 + 6a_3\big]x + \big[(\lambda_l^2 - 6)a_2 + 12a_4\big]x^2 + \ldots +$$

$$\Big\{ \big[(\lambda_l^2 - n(n+1)\big]a_n + (n+1)(n+2)a_{n+2} \Big\} x^n + \ldots = 0$$

Como cada término en $x$ debe ser nulo, se obtiene la fórmula de recurrencia

$$(n+1)(n+2)a_{n+2} + \big[\lambda_l^2 - n(n+1)\big]\, a_n = 0 \tag{15.67}$$

La solución puede ser expresada por la suma de dos series: una serie de potencias pares, en función de $a_0$, y una serie de potencias impares, en función de $a_1$,

$$U_l^0(x) = a_0 U_p(x) + a_1 U_i(x)$$

Según la fórmula de recurrencia, ecuación (15.67), la razón entre dos términos sucesivos de las series par e impar, para grandes valores de $n$, sólo tiende a cero para $|x| < 1$,

$$\lim_{n\to\infty} \frac{a_{n+2}}{a_n} x^2 = \lim_{n\to\infty} \frac{n(n+1) - \lambda_l^2}{(n+1)(n+2)} x^2 \to x^2$$

Para que las series no divergan para $x = \pm 1$, se debe imponer un $n_{\max} = l$ determinado por la constante de separación $\lambda_l^2 = l(l+1)$, de modo que cada una de las series sea truncada a partir de ese valor, resultando un polinomio de grado $l$, cuyos coeficientes obedecen a la relación de recurrencia

$$\boxed{a_{n+2} = \frac{l(l+1) - n(n+1)}{(n+1)(n+2)} a_n} \qquad l = 0, \pm 1, \pm 2, \ldots \quad n = 0, \pm 1, \pm 2, \ldots l \tag{15.68}$$

En esas condiciones, es necesario que

$$\begin{cases} l = \text{par} \implies a_1 = 0 \implies U_l^0(x) = a_0 U_p(x) = U_l^0(-x) \\ \\ l = \text{ímpar} \implies a_0 = 0 \implies U_l^0(x) = a_1 U_i(x) = -U_l^0(-x) \end{cases}$$

Exigiendo, por convención, que $U_l^0(1) = 1$, cualquiera que sea el valor de $l$, los polinomios $U_l^0$ de grado $l$, denominados *polinomios de Legendre*, son denotados por $P_l(x)$, y caracterizados por el llamado número cuántico azimutal ($l$).

De acuerdo con las restricciones para el llamado número cuántico magnético ($m$),

$$m^2 \leq l(l+1) \quad \Longrightarrow \quad m \leq \pm\sqrt{l(l+1)} \quad \Longrightarrow \quad |m| \leq l$$

las autofunciones del momento angular, las funciones armónicas esféricas, son caracterizadas por dos números cuánticos, el azimutal ($l$) y el magnético ($m$), dados por

| $l$ | $\lvert m\rvert$ | $m$ |
|---|---|---|
| 0 | 0 | 0 |
| 1 | 0 | 0 |
| | 1 | $\pm 1$ |
| | 0 | 0 |
| 2 | 1 | $\pm 1$ |
| | 2 | $\pm 2$ |

De ese modo, las funciones $P_l^m(x)$, llamadas *funciones asociadas de Legendre de primera especie* (Tabla 15.2), de acuerdo con las ecuaciones 15.60 y 15.65, son dadas por

$$P_l^m(x) = (1-x^2)^{\frac{|m|}{2}} \frac{\mathrm{d}^{|m|}}{\mathrm{d}x^{|m|}} P_l(x) \qquad (l \geq |m|) \tag{15.69}$$

o, en términos de la variable angular,

$$P_l^m(\theta) = (\operatorname{sen}\theta)^{|m|} \frac{\mathrm{d}^{|m|}}{\mathrm{d}\cos\theta^{|m|}} P_l(\theta) \tag{15.70}$$

**Tabela 15.2:** Primeros polinomios y funciones asociadas de Legendre de primera especie

| $l$ | $P_l(x)$ | $P_l(\theta)$ | m | $P_l^m(\theta)$ |
|---|---|---|---|---|
| 0 | $P_0 = 1$ | 1 | 0 | $P_0^0 = 1$ |
| 1 | $P_1 = x$ | $\cos\theta$ | 0 | $P_1^0 = \cos\theta$ |
| | | | 1 | $P_1^1 = \operatorname{sen}\theta$ |
| 2 | $P_2 = \frac{1}{2}(3x^2-1)$ | $\frac{1}{2}(3\cos^2\theta - 1)$ | 0 | $P_2^0 = \frac{1}{2}(3\cos^2\theta - 1)$ |
| | | | 1 | $P_2^1 = 3\operatorname{sen}\theta\cos\theta$ |
| | | | 2 | $P_2^2 = 3\operatorname{sen}^2\theta$ |

Las autofunciones de la parte angular de la ecuación de Schrödinger, las funciones armónicas esféricas, expresadas sin contar con las constantes de normalización $A_{lm}$ por las funciones asociadas de Legendre, son dadas por

$$\boxed{Y_l^m(\theta,\phi) = \frac{A_{lm}}{\sqrt{2\pi}} P_l^m(\theta) e^{im\phi}} \qquad (l = 0, 1, 2, \ldots \quad \text{y} \quad m = 0, \pm 1, \pm 2, \ \ldots, \pm l) \tag{15.71}$$

#### 15.4.2.2 Determinación de los primeros polinomios y de las funciones asociadas de Legendre no normalizadas

A partir de la convención $P_l(1) = 1$ y de la fórmula de recurrencia, ecuación (15.68),

$$a_n = \frac{(n+1)(n+2)}{l(l+1) - n(n+1)} a_{n+2}$$

se puede fácilmente construir los polinomios de Legendre de orden mas bajo.

Por ejemplo, para $l = 0$, $P_0(x) = a_0$ es una constante que de acuerdo con la convención $P_0(1) = 1$ implica $a_0 = 1$, o sea,

$$\boxed{P_0(x) = 1}$$

Para $l = 2$, $P_2(x)$ debe ser de la forma

$$P_2(x) = a_2 x^2 \ + \ a_0$$

De acuerdo con la fórmula de recurrencia,

$$a_0 = -\frac{1}{3} a_2 \quad \Longrightarrow \quad P_2(x) = a_2 \left( x^2 - \frac{1}{3} \right)$$

y la convención $P_2(1) = 1$,

$$a_2 \left( 1 - \frac{1}{3} \right) = 1 \quad \Longrightarrow \quad a_2 = -\frac{3}{2}$$

resulta

$$\boxed{P_2(x) = \frac{1}{2} \left( 3x^2 - 1 \right)}$$

Para $l = 4 \Longrightarrow P_4(x) = a_4 x^4 \ + \ a_2 x^2 \ + \ a_0$ y, de acuerdo con las fórmulas de recurrencia,

$$\left\{ \begin{array}{l} a_2 = -\dfrac{6}{7} a_4 \\ \\ a_0 = -\dfrac{1}{10} a_2 = \dfrac{3}{35} a_4 \end{array} \right. \quad \Longrightarrow \quad P_4(x) = a_4 \left( x^4 - \frac{6}{7} x^2 - \frac{3}{35} \right)$$

y la convención $P_4(1) = 1$,

$$a_4 \left( 1 - \frac{6}{7} + \frac{7}{35} \right) = \frac{a_4}{35} (35 - 30 + 3) = 1 \quad \Longrightarrow \quad a_4 = \frac{35}{8}$$

resulta

$$\boxed{P_4(x) = \frac{1}{8} \left( 35x^4 - 30x^2 + 3 \right)}$$

Para $l = 1 \Longrightarrow P_1(x) = a_1 x$ y, de acuerdo con la convención $P_1(1) = 1 \Longrightarrow a_1 = 1$, se obtiene

$$\boxed{P_1(x) = x}$$

Para $l = 3 \Longrightarrow P_3(x) = a_1 x + a^3 x^3$ y, de acuerdo con la fórmula de recurrencia,

$$a_1 = -\frac{3}{5} a_3 \quad \Longrightarrow \quad P_3(x) = a_3 \left( x^3 - \frac{3}{5} x \right)$$

y la convención $P_3(1) = 1$,

$$a_3 \left( 1 - \frac{3}{5} \right) = 1 \quad \Longrightarrow \quad a_3 = \frac{5}{2}$$

se obtiene

$$\boxed{P_3(x) = \frac{1}{2} \left( 5x^3 - 3x \right)}$$

Esos polinomios están representados en la Figura 15.9.

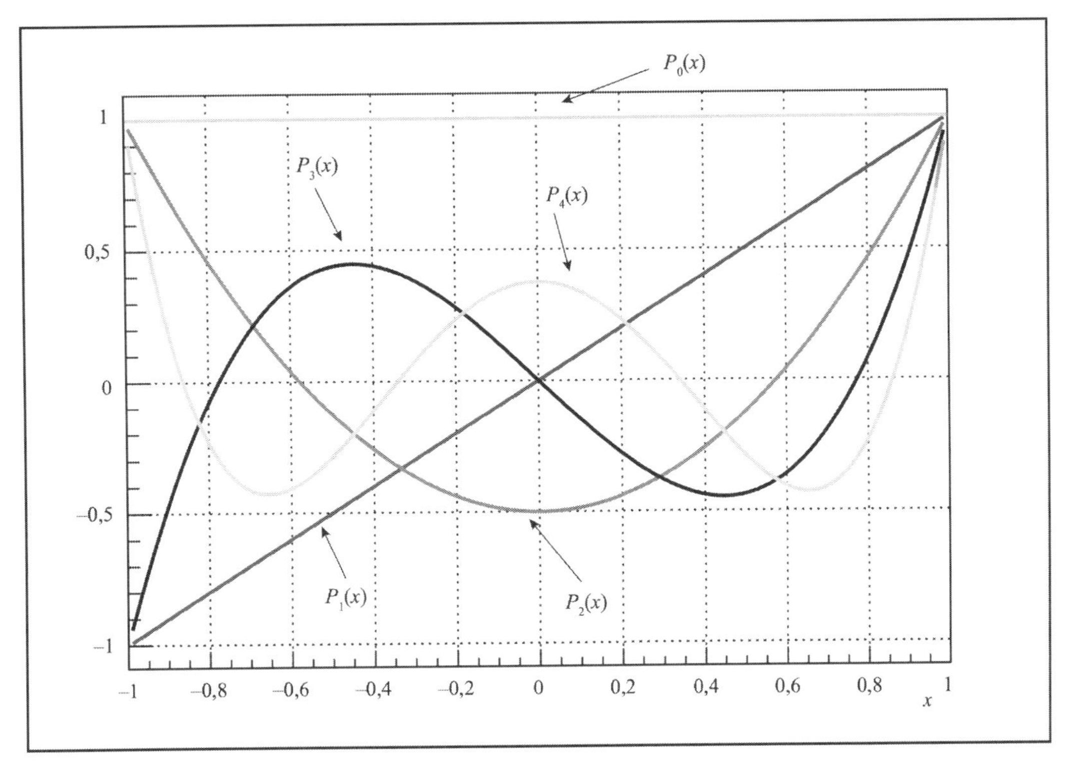


**Figura 15.9:** Los cinco primeros polinomios de Legendre.

Las funciones asociadas de Legendre para $m = 0$ son iguales a los polinomios de Legendre del mismo índice $l \geq 0$,

$$\begin{cases} P_0^1(x) = P_0(x) = 1 \\ P_1^0(x) = P_1(x) = x \\ P_2^0(x) = P_2(x) = \dfrac{1}{2}(3x^2 - 1) \\ P_3^0(x) = P_3(x) = \dfrac{1}{2}(5x^3 - 3x) \\ P_4^0(x) = P_4(x) = \dfrac{1}{8}(35x^4 - 30x^2 + 3) \end{cases}$$

Las demás funciones de Legendre pueden ser obtenidas a partir de la ecuación (15.69). Así, para $m = \pm 1$,

$$P_l^{\pm 1}(x) = (1 - x^2)^{1/2} \frac{\mathrm{d}}{\mathrm{d}x} P_l(x) \qquad (l \geq 1)$$

se obtiene

$$\begin{cases} P_1^{\pm 1}(x) = (1 - x^2)^{1/2} \\ P_2^{\pm 1}(x) = 3(1 - x^2)^{1/2} x \\ P_3^{\pm 1}(x) = \dfrac{3}{2}(1 - x^2)^{1/2}(5x^2 - 1) \\ P_4^{\pm 1}(x) = \dfrac{5}{4}(1 - x^2)^{1/2}(14x^3 - 6x) \end{cases}$$

Para $m = \pm 2$,

$$P_l^{\pm 2}(x) = (1-x^2)\frac{\mathrm{d}^2}{\mathrm{d}x^2}P_l(x) \qquad (l \geq 2)$$

se obtiene

$$\begin{cases} P_2^{\pm 2}(x) = 3(1-x^2) \\ P_3^{\pm 2}(x) = 15(1-x^2)x \\ P_4^{\pm 2}(x) = \dfrac{70}{2}(1-x^2)x^2 \end{cases}$$

Para $m = \pm 3$,

$$P_l^{\pm 3}(x) = (1-x^2)^{3/2}\frac{\mathrm{d}^3}{\mathrm{d}x^3}P_l(x) \qquad (l \geq 3)$$

se obtiene

$$\begin{cases} P_3^{\pm 3}(x) = 15(1-x^2)^{3/2} \\ P_4^{\pm 3}(x) = 70(1-x^2)^{3/2}x \end{cases}$$

#### 15.4.2.3 Diagramas polares de los polinomios y de las funciones asociadas de Legendre

Escribiendo los primeros polinomios y funciones asociadas de Legendre en términos de la coordenada azimutal $\theta$,

| | |
|---|---|
| $P_0^0(\theta) = P_0(\theta) = 1$ | |
| $P_1^0(\theta) = P_1(\theta) = \cos\theta$ | $P_1^{\pm 1}(\theta) = \operatorname{sen}\theta$ |
| $P_2^0(\theta) = P_2(\theta) = \dfrac{1}{2}(3\cos^2\theta - 1)$ | $P_2^{\pm 1}(\theta) = 3\operatorname{sen}\theta\cos\theta$<br>$P_2^{\pm 2}(\theta) = 3\operatorname{sen}^2\theta$ |
| $P_3^0(\theta) = P_3(\theta) = \dfrac{1}{2}\cos\theta(5\cos^2\theta - 3)$ | $P_3^{\pm 1}(\theta) = \dfrac{3}{2}\operatorname{sen}\theta\,(5\cos^2\theta - 1)$<br>$P_3^{\pm 2}(\theta) = 15\operatorname{sen}^2\theta\cos\theta$<br>$P_3^{\pm 3}(\theta) = 15\operatorname{sen}^3\theta$ |

se puede visualizar el comportamiento de la función de onda con relación a las variaciones del ángulo $\theta$, en los llamados diagramas polares (Figura 15.11). Esos diagramas muestran que la función de onda presenta simetría radial sólo para $l = 0$. Para cualquier otro valor ($l \neq 0$), existen direcciones para las cuales la función de onda se anula, o sea, la densidad de probabilidad de presencia del electrón es nula.

En esos diagramas, la parte de la función de onda que depende de $\theta$, las funciones asociadas de Legendre, es representada por la coordenada radial de un sistema de coordenadas $(\xi, z)$, para el cual $\theta$ es el ángulo polar con relación al eje $z$.

Por ejemplo, para $P_1^0 = \cos\theta$, la representación polar puede ser obtenida a partir de las ecuaciones paramétricas

$$\begin{cases} |z| = P_1^0\cos\theta = \cos^2\theta = \dfrac{1+\cos 2\theta}{2} \\ \xi = P_1^0\operatorname{sen}\theta = \operatorname{sen}\theta\cos\theta = \dfrac{\operatorname{sen} 2\theta}{2} \end{cases}$$

Teniendo en cuenta que

$$\operatorname{sen}^2 2\theta \ + \ \cos 2\theta = (2\xi)^2 \ + \ (2z \mp 1)^2 = 1$$

se obtiene

$$\left(\frac{\xi}{1/2}\right)^2 + \left(\frac{z \mp 1/2}{1/2}\right)^2 = 1$$

o sea, la ecuación de dos círculos en el plano $(\xi, z)$ (Figura 15.10).

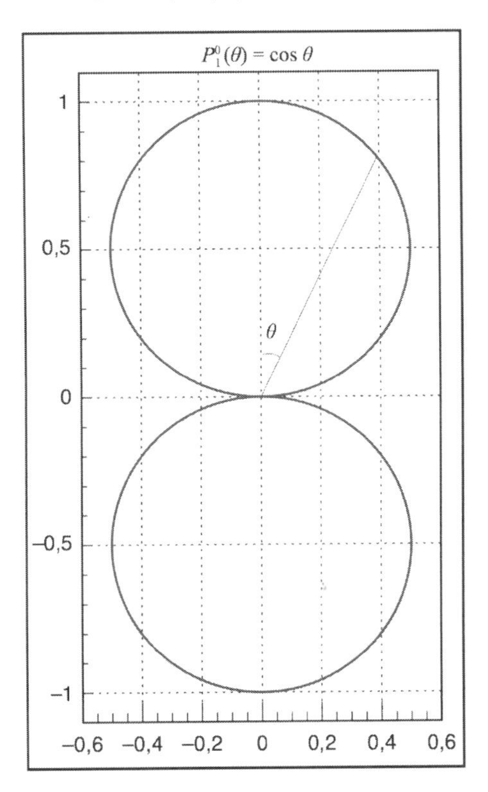


**Figura 15.10:** Diagrama polar del autoestado de energía del electrón en el átomo de hidrógeno correspondiente a la función de Legendre $P_1^0$.

De manera análoga, los otros diagramas polares, que corresponden a las demás funciones asociadas de Legendre, pueden ser obtenidos para la dependencia azimutal de los autoestados de energía del electrón en el átomo de hidrógeno (Figura 15.11).

Nótese que para $|m| = l \gg 1$, en el límite de grandes números cuánticos, cuando $P_l^{\pm l} \sim \operatorname{sen}\theta$, el movimiento del electrón es esencialmente plano, de acuerdo con el modelo de Bohr, pues la distribución de probabilidad de presencia no es nula sólo para valores de $\theta$ próximos a $\pi/2$ rad.

#### 15.4.2.4 Normalización de los primeros polinomios y de las funciones asociadas de Legendre

De acuerdo con la condición de normalización de la parte azimutal, ecuación (15.55),

$$\int_0^{\pi} |P_l^m(\theta)|^2 \operatorname{sen}\theta \, \mathrm{d}\theta = \int_{\pi}^{0} |P_l^m(\theta)|^2 \, \mathrm{d}\cos\theta$$

Expresando en términos de la variable $x = \cos\theta$, los polinomios y las funciones asociadas de Legendre pueden ser normalizados a partir de

$$\int_{-1}^{1} |P_l^m(x)|^2 \, \mathrm{d}x = 1$$

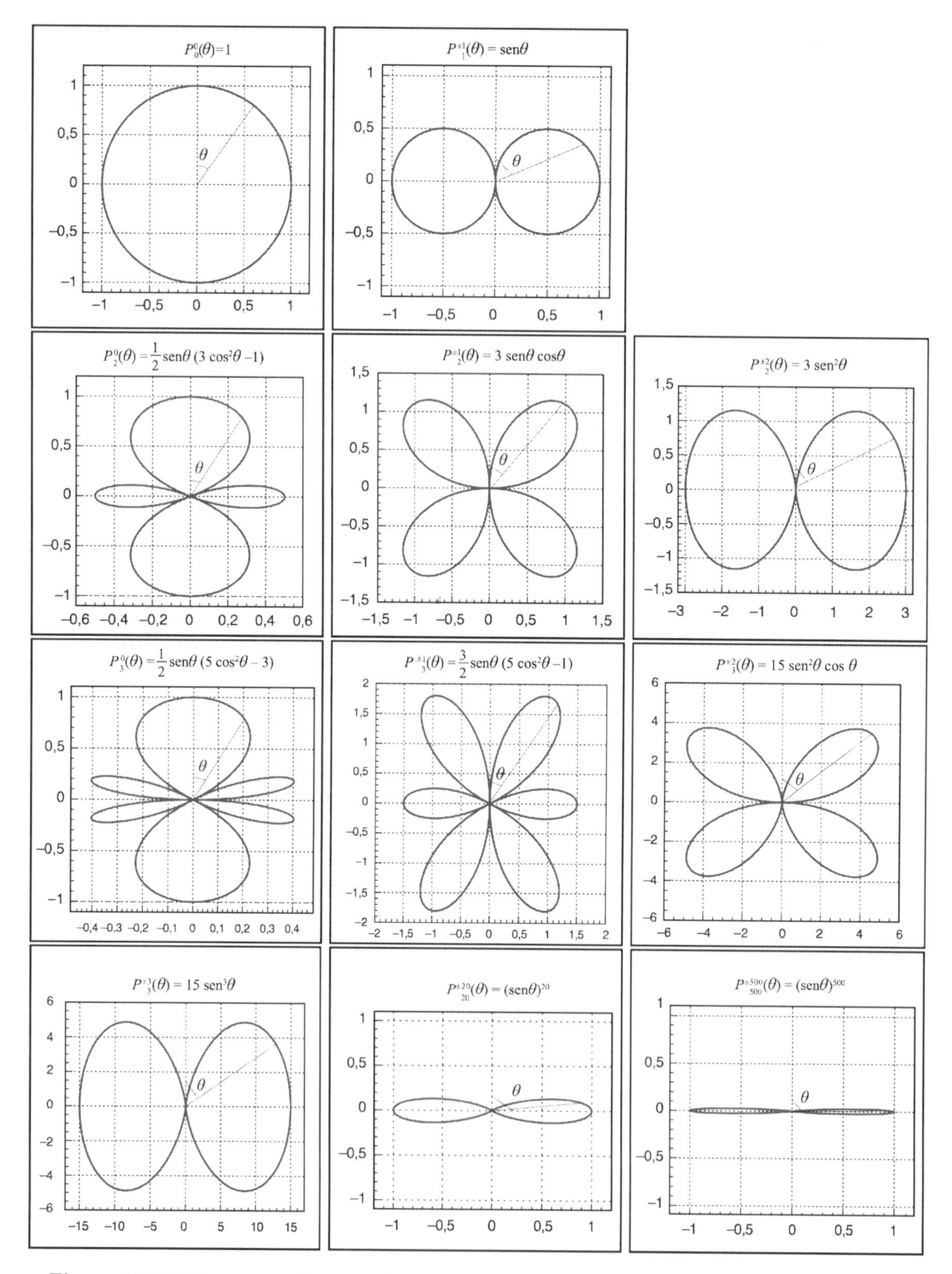


**Figura 15.11:** Diagramas polares para los autoestados de energía del electrón en el átomo de hidrógeno.

Toda vez que los polinomios de Legendre tienen paridad definida, $|P_l^0(x)|^2 = |P_l(x)|^2$ es siempre par, la condición de normalización se puede expresar como

$$2\int_0^1 |P_l(x)|^2\,\mathrm{d}x = 1$$

### 15.4.2.5 Función generatriz, fórmula de Rodrigues y relaciones de recurrencia para los polinomios de Legendre

De modo análogo al procedimiento usado para los polinomios de Hermite, se puede determinar de manera general y sistemática los polinomios y las funciones asociadas de Legendre, a partir de las respectivas funciones generatrices, fórmulas de Rodrigues y relaciones de recurrencia que envuelven los polinomios y derivadas de orden distinto, estableciendo relaciones generales, como la ortogonalidad, para cualquiera que sea el orden de los polinomios.

- Función generatriz de los polinomios de Legendre

$$G(x,t) = \frac{1}{\sqrt{1-2xt+t^2}} \tag{15.72}$$

- Fórmula de Rodrigues para los polinomios de Legendre

$$P_l(x) = \frac{1}{2^l l!}\,\frac{\mathrm{d}^l}{\mathrm{d}x^l}\,(x^2-1)^l \tag{15.73}$$

- Fórmulas de recurrencia para los polinomios de Legendre

$$(2l+1)xP_l(x) = (l+1)P_{l+1}(x) + lP_{l-1}(x) \tag{15.74}$$

$$P_l(x) = P'_{l+1}(x) - 2xP'_l(x) + P'_{l-1}(x) \qquad (l \geq 1) \tag{15.75}$$

$$lP_l(x) = -P'_{l-1}(x) + xP'_l(x) \qquad (l \geq 1) \tag{15.76}$$

$$P'_{l+1}(x) = xP'_l(x) + (l+1)P_l(x) \qquad (l \geq 0) \tag{15.77}$$

$$(x^2-1)P'_l(x) = lxP_l(x) - lP_{l-1}(x) \qquad (l \geq 1) \tag{15.78}$$

$$P_{l-1}(x) = xP_l(x) + \frac{(1-x^2)}{l}\,P'_l(x) \qquad (l \geq 1) \tag{15.79}$$

$$P_{l+1}(x) = xP_l(x) - \frac{(1-x^2)}{l+1}\,P'_l(x) \qquad (l \geq 0) \tag{15.80}$$

### 15.4.2.6 Ortogonalidad y normalización de los polinomios de Legendre

A partir de la ecuación

$$\frac{\mathrm{d}}{\mathrm{d}x}\left[(1-x^2)\,\frac{\mathrm{d}}{\mathrm{d}x}\,P_l(x)\right] + l(l+1)P_l(x) = 0 \tag{15.81}$$

multiplicándola por $P_{l'}(x)$ e integrando entre $x=-1$ e $x=1$,

$$\int_{-1}^{+1} P_{l'}(x)\left\{\frac{\mathrm{d}}{\mathrm{d}x}\left[(1-x^2)\frac{\mathrm{d}P_l}{\mathrm{d}x}\,(x)\right] + l(l+1)P_l(x)\right\}\mathrm{d}x \tag{15.82}$$

se obtiene

$$\int_{-1}^{+1}\left[(x^2-1)\,\frac{\mathrm{d}P_l}{\mathrm{d}x}\,\frac{\mathrm{d}P_{l'}}{\mathrm{d}x} + l(l+1)P_{l'}P_l\right]\mathrm{d}x = 0 \tag{15.83}$$

y también

$$\int_{-1}^{+1} \left[ (x^2 - 1) \frac{\mathrm{d}P_l}{\mathrm{d}x} \frac{\mathrm{d}P_{l'}}{\mathrm{d}x} + l'(l'+1) P_{l'} P_l' \right] \mathrm{d}x = 0 \tag{15.84}$$

Sustrayendo la ecuación (15.84) de (15.83), resulta

$$[l(l+1) - l'(l'+1)] \int_{-1}^{+1} P_l(x) P_{l'}(x) \, \mathrm{d}x = 0$$

Para $l \neq l'$, implica $\int_{-1}^{+1} P_l(x) P_{l'}(x) \, \mathrm{d}x = 0$. Para $l = l'$, según la fórmula de Rodrigues para los polinomios, ecuación (15.73),

$$I = \int_{-1}^{+1} [P_l(x)]^2 \, \mathrm{d}x = \frac{1}{2^{2l}(l!)^2} \int_{-1}^{+1} \frac{\mathrm{d}^l (x^2-1)^l}{\mathrm{d}x^l} \frac{\mathrm{d}^l (x^2-1)^l}{\mathrm{d}x^l} \, \mathrm{d}x$$

Integrando por partes,

$$\begin{cases} u = \dfrac{\mathrm{d}^l}{\mathrm{d}x^l} (x^2-1)^l & \Longrightarrow \quad \mathrm{d}u = \dfrac{\mathrm{d}^{l+1}}{\mathrm{d}x^{l+1}} (x^2-1)^l \, \mathrm{d}x \\[2ex] \mathrm{d}v = \dfrac{\mathrm{d}^l}{\mathrm{d}x^l} (x^2-1)^l \, \mathrm{d}x & \Longrightarrow \quad v = \dfrac{\mathrm{d}^{l-1}}{\mathrm{d}x^{l-1}} (x^2-1)^l \end{cases}$$

en cada integración por partes efectuada, el orden de $(\mathrm{d}^{l-1}/\,\mathrm{d}x^{l-1})(x^2-1)^l$ es reducido en una unidad, mientras que el orden de la otra derivada aumenta en una unidad. Por tanto, después de $l$ integraciones por partes, se obtiene

$$I = (-1)^l \int_{-1}^{+1} (x^2-1)^l \frac{\mathrm{d}^{2l}}{\mathrm{d}x^{2l}} (x^2-1)^l \, \mathrm{d}x$$

Como la derivada de $(x^2-1)^l$ efectuada $2l$ veces es igual a $(2l)!$,

$$I = \int_{-1}^{+1} [P_l(x)]^2 \, \mathrm{d}x = \frac{(2l)!}{2^{2l}(l!)^2} \underbrace{\int_{-1}^{+1} (1-x^2)^l \, \mathrm{d}x}_{J} \tag{15.85}$$

Integrando por partes, sucesivamente,

$$\begin{aligned} J &= -\int_{-1}^{+1} -2l(1-x^2)^{l-1} x^2 \, \mathrm{d}x = 2l \int_{-1}^{+1} (1-x^2)^{l-1} x^2 \, \mathrm{d}x \\ &= \frac{2^2 l(l-1)}{3} \int_{-1}^{+1} (1-x^2)^{l-2} x^4 \, \mathrm{d}x \\ &= \frac{2^3 l(l-1)(l-2)}{3 \cdot 5} \int_{-1}^{+1} (1-x^2)^{l-3} x^6 \, \mathrm{d}x \\ &= \frac{2^4 l(l-1)(l-2)(l-3)}{3 \cdot 5 \cdot 7} \int_{-1}^{+1} (1-x^2)^{l-4} x^8 \, \mathrm{d}x \\ &\ \vdots \\ &\ \vdots \\ &= \frac{2^l l!}{3 \cdot 5 \cdot 7 \ldots (2l-1)} \int_{-1}^{+1} x^{2l} \, \mathrm{d}x = \frac{2^l l!}{3 \cdot 5 \cdot 7 \ldots (2l-1)} \left. \frac{x^{2l+1}}{(2l+1)} \right|_{-1}^{+1} \\ &= \frac{2^{l+1} l!}{3 \cdot 5 \cdot 7 \cdots (2l-1)(2l+1)} \end{aligned}$$

Toda vez que

$$(2l+1)! = \underbrace{(2l+1)2l(2l-1)(2l-2)(2l-3)(2l-4)\dots}_{(2l+1)\text{ términos}}$$

los $(2l+1)$ términos pueden ser escritos agrupando los términos impares y pares,

$$\begin{aligned}(2l+1)! &= \underbrace{(2l+1)(2l-1)(2l-3)\cdots}_{(l+1)\text{ términos ímpares}} \times \underbrace{(2l)(2l-2)(2l-4)\dots}_{l\text{ términos pares}} \\ &= (2l+1)(2l-1)(2l-3)\dots \times 2^l\Big[\underbrace{l(l-1)(l-2)(l-3)\dots 1}_{l!}\Big] \\ &= 2^l l!(2l+1)(2l-1)(2l-3)\dots\end{aligned}$$

Por tanto,

$$J = \frac{2^{2l+1}(l!)^2}{(2l+1)!} \tag{15.86}$$

y, de la ecuación (15.85),

$$\int_{-1}^{+1} [P_l(x)]^2 \, \mathrm{d}x = \frac{(2l)!}{2^{2l}(l!)^2} \, \frac{2^{2l+1}(l!)^2}{(2l+1)!} = \frac{2}{2l+1}$$

Consecuentemente, la condición de ortonormalidad puede ser finalmente escrita como

$$\boxed{\int_{-1}^{+1} P_l(x)P_{l'}(x)\, \mathrm{d}x = \frac{2}{2l+1}\,\delta_{ll'}} \tag{15.87}$$

#### 15.4.2.7 Fórmula de Rodrigues y relaciones de recurrencia para las funciones asociadas de Legendre

- Fórmula de Rodrigues para las funciones asociadas de Legendre

$$P_l^m(x) = \frac{(1-x^2)^{m/2}}{2^l 1!} \, \frac{\mathrm{d}^{l+m}}{\mathrm{d}x^{l+m}} \, (x^2-1)^l \qquad (0 \le m \le l) \tag{15.88}$$

- Fórmulas de recurrencia para las funciones asociadas de Legendre

$$(l-m+1)P_{l+1}^m - (2l+1)xP_l^m + (l+m)P_{l-1}^m = 0 \tag{15.89}$$

$$(1-x^2)^{1/2}P_l^{m+1} - 2mxP_l^m + (l+m)(l-m+1)(1-x^2)^{1/2}P_l^{m-1} = 0 \tag{15.90}$$

$$(1-x^2)\,\frac{\mathrm{d}P_l^m}{\mathrm{d}x} = mxP_l^m - (l+m)(l-m+1)(1-x^2)^{1/2}P_l^{m-1} \tag{15.91}$$

#### 15.4.2.8 Ortogonalidad y normalización de las funciones asociadas de Legendre

A partir de la ecuación

$$\frac{\mathrm{d}}{\mathrm{d}x}\left[(1-x^2)\,\frac{\mathrm{d}P_l^m}{\mathrm{d}x}\right] + \left[l(l+1) - \frac{m^2}{(1-x^2)}\right]P_l^m = 0 \tag{15.92}$$

multiplicándola por $P_{l'}(x)$ e integrando entre $x=-1$ y $x=1$, se obtiene

$$\int_{-1}^{+1} P_{l'}^m \left\{\frac{\mathrm{d}}{\mathrm{d}x}\left[(1-x^2)\,\frac{\mathrm{d}P_l^m}{\mathrm{d}x}\right] + \left[l(l+1) - \frac{m^2}{(1-x^2)}\right]P_l^m\right\} \mathrm{d}x = 0 \tag{15.93}$$

que puede ser escrita como

$$\int_{-1}^{+1}\left\{(x^2-1)\,\frac{\mathrm{d}P_l^m}{\mathrm{d}x}\frac{\mathrm{d}P_{l'}^m}{\mathrm{d}x}+\left[l(l+1)-\frac{m^2}{(1-x^2)}\right]P_l^mP_{l'}^m\right\}\mathrm{d}x=0 \tag{15.94}$$

De modo análogo,

$$\int_{-1}^{+1}\left\{(x^2-1)\,\frac{\mathrm{d}P_l^m}{\mathrm{d}x}\frac{\mathrm{d}P_{l'}^m}{\mathrm{d}x}+\left[l'(l'+1)-\frac{m^2}{(1-x^2)}\right]P_l^mP_{l'}^m\right\}\mathrm{d}x=0 \tag{15.95}$$

Sustrayendo la ecuación (15.95) de (15.94), resulta

$$[l(l+1)-l'(l'+1)]\int_{-1}^{+1}P_l^mP_{l'}^m\,\mathrm{d}x=0 \tag{15.96}$$

Para $l\neq l'$, implica $\int_{-1}^{+1}P_l^mP_{l'}^m\,\mathrm{d}x=0$. Para $l=l'$, según la fórmula de Rodrigues,

$$I=\int_{-1}^{+1}\left[P_l^m(x)\right]^2\mathrm{d}x=\int_{-1}^{+1}(1-x^2)^m\frac{\mathrm{d}^mP_l}{\mathrm{d}x^m}\frac{\mathrm{d}^mP_l}{\mathrm{d}x^m}\,\mathrm{d}x$$

Integrando por partes,

$$\begin{aligned}
I &= -\int_{-1}^{+1}\frac{\mathrm{d}^{m-1}P_l}{\mathrm{d}x^{m-1}}\frac{\mathrm{d}}{\mathrm{d}x}\left[(1-x^2)^m\frac{\mathrm{d}^mP_l}{\mathrm{d}x^m}\right]\mathrm{d}x\\
&= -\int_{-1}^{+1}\frac{\mathrm{d}^{m-1}P_l}{\mathrm{d}x^{m-1}}\left[-2mx(1-x^2)^{m-1}\frac{\mathrm{d}^mP_l}{\mathrm{d}x^m}+(1-x^2)^m\frac{\mathrm{d}^{m+1}P_l}{\mathrm{d}x^{m+1}}\right]\mathrm{d}x\\
&= -\int_{-1}^{+1}(1-x^2)^{(m-1)/2}\frac{\mathrm{d}^{m-1}P_l}{\mathrm{d}x^{m-1}}\left[-2mx(1-x^2)^{(m-1)/2}\frac{\mathrm{d}^mP_l}{\mathrm{d}x^m}+\right.\\
&\qquad\left.+(1-x^2)^{(m+1)/2}\frac{\mathrm{d}^{m+1}P_l}{\mathrm{d}x^{m+1}}\right]\mathrm{d}x
\end{aligned}$$

Usando la definición (15.69), la integral de arriba puede ser escrita como

$$\begin{aligned}
I &= -\int_{-1}^{+1}P_l^{m-1}\left[-2mx(1-x^2)^{-1/2}P_l^m+P_l^{m+1}\right]\mathrm{d}x\\
&= -\int_{-1}^{+1}\frac{P_l^{m-1}}{(1-x^2)^{1/2}}\left[(1-x^2)^{1/2}P_l^{m+1}-2mxP_l^m\right]\mathrm{d}x
\end{aligned}$$

y, por la fórmula de recurrencia (15.90),

$$\begin{aligned}
I &= -\int_{-1}^{+1}(-1)\frac{P_l^{m-1}}{(1-x^2)^{1/2}}(l+m)(l-m+1)(1-x^2)^{1/2}P_l^{m-1}\,\mathrm{d}x\\
&= (l+m)(l-m+1)\int_{-1}^{+1}\left[P_l^{m-1}(x)\right]^2\mathrm{d}x
\end{aligned} \tag{15.97}$$

Iterando la ecuación (15.97) $m$ veces, se puede escribir

$$\begin{aligned}
\int_{-1}^{+1}\left[P_l^m(x)\right]^2\mathrm{d}x &= (l+m)(l+m-1)(l-m+1)(l-m+2)\int_{-1}^{+1}\left[P_l^{m-2}(x)\right]^2\mathrm{d}x\\
&= (l+m)(l+m-1)...(l+m-k+1)\times\\
&\qquad(l-m+1)(l-m+2)...(l-m+k)\int_{-1}^{+1}\left[P_l^{m-k}(x)\right]^2\mathrm{d}x\\
&= (l+m)(l+m-1)(l+m-2)...(l+1)\times\\
&\qquad(l-m+1)(l-m+2)...\,l\int_{-1}^{+1}\left[P_l^0(x)\right]^2\mathrm{d}x
\end{aligned}$$

Sabiendo que

$$\int_{-1}^{+1} \left[P_l^0(x)\right]^2 \,\mathrm{d}x = \frac{2}{2l+1}$$

se encuentra, finalmente, que

$$\int_{-1}^{+1} \left[P_l^m(x)\right]^2 \,\mathrm{d}x = \frac{2}{2l+1}\,\frac{(l+m)!}{(l-m)!}$$

Luego, la condición de ortonormalidad de las funciones asociadas de Legendre es dada por

$$\boxed{\int_{-1}^{+1} P_l^m(x) P_{l'}^m(x)\,\mathrm{d}x = \frac{2}{2l+1}\,\frac{(l+|m|)!}{(l-|m|)!}\,\delta_{ll'}} \tag{15.98}$$

Como los coeficientes de normalización $A_{lm}$ de las funciones armónicas esféricas deben satisfacer a

$$\frac{|A_{lm}|^2}{2\pi}\int_{-1}^{+1} P_l^m P_{l'}^{m'}\,\mathrm{d}x \underbrace{\int_0^{2\pi} e^{-i(m-m')\phi}\,\mathrm{d}\phi}_{2\pi\delta_{mm'}} = 1$$

eso implica

$$A_{lm} = \left[\frac{2l+1}{2}\,\frac{(l-|m|)!}{(l+|m|)!}\right]^{1/2}$$

Finalmente, las funciones armónicas esféricas normalizadas pueden ser escritas como

$$\boxed{Y_l^m(\theta,\phi) = \left[\frac{2l+1}{4\pi}\,\frac{(l-|m|)!}{(l+|m|)!}\right]^{1/2} P_l^m(\theta)e^{im\phi}} \tag{15.99}$$

### 15.4.3 La parte radial

De acuerdo con la separación de variables,

$$\psi(r,\theta,\phi) = R(r)\,Y_{lm}(\theta,\phi)$$

y los resultados de la parte angular para los autovalores de $L^2$, $\hbar^2 l(l+1)$, la parte radial de la función de onda $R(r)$, según la ecuación 15.51, es solución de

$$\frac{1}{r^2}\frac{\mathrm{d}}{\mathrm{d}r}\left(r^2\frac{\mathrm{d}}{\mathrm{d}r}R\right) + \frac{2m}{\hbar^2}\left[E + \frac{e^2}{r} - \frac{\hbar^2}{2m}\frac{l(l+1)}{r^2}\right]R = 0 \tag{15.100}$$

Teniendo en cuenta que $\frac{1}{r^2}\frac{\mathrm{d}}{\mathrm{d}r}\left(r^2\frac{\mathrm{d}}{\mathrm{d}r}R\right) = \frac{1}{r}\frac{\mathrm{d}^2}{\mathrm{d}r^2}(rR)$, se puede escribir

$$\frac{\mathrm{d}^2}{\mathrm{d}r}u(r) + \left[\frac{2mE}{\hbar^2} + \frac{2me^2}{\hbar^2}\frac{1}{r} - \frac{l(l+1)}{r^2}\right]u(r) = 0 \tag{15.101}$$

siendo $u(r) = rR(r)$.

Así, la condición de normalización radial, según la ecuación (15.54), puede ser expresada como

$$\int_0^{\infty} |u(r)|^2\,\mathrm{d}r = 1 \tag{15.102}$$

De acuerdo con el modelo de Bohr, dos parámetros característicos del átomo de hidrógeno son el radio de Bohr, $a_B = \hbar^2/(me^2) \simeq 0{,}519$ Å, y la energía de ionización, $E_R = e^2/(2a_B) \simeq 13{,}6$ eV, también denominada *energía de Rydberg.*

Utilizando esos parámetros, la ecuación de Schrödinger radial para el átomo de hidrógeno puede ser expresada en las llamadas unidades atómicas, para las cuales las distancias son dadas en unidades de radio de Bohr y las energías, en rydbergs (Ry), como

$$\frac{\mathrm{d}^2}{\mathrm{d}\rho}u(\rho) + \left\{\varepsilon - \left[\frac{l(l+1)}{\rho^2} - \frac{2}{\rho}\right]\right\}u(\rho) = 0 \tag{15.103}$$

en la cual $\varepsilon = \dfrac{E}{E_R}$, $\rho = \dfrac{r}{a_B}$ y $u(\rho) = \dfrac{u(r)}{a_B}$.

En términos de la variable adimensional $\rho$, la condición de normalización radial es dada por

$$\int_0^\infty |u(\rho)|^2 \, \mathrm{d}\rho = \frac{1}{a_B^3} \tag{15.104}$$

y las condiciones de contorno para $u(\rho)$, por

$$\begin{cases} u(0) = 0 \qquad R = \dfrac{u(\rho)}{\rho} \quad \text{debe ser finita en el origen} \\[2ex] u(\rho \to \infty) \to 0 \qquad \text{estados ligados} \end{cases}$$

La ecuación radial de Schrödinger es similar a la ecuación de una partícula en un pozo de potencial efectivo $V_e(\rho)$ dado por

$$V_e(\rho) = \frac{l(l+1)}{\rho^2} - \frac{2}{\rho} \tag{15.105}$$

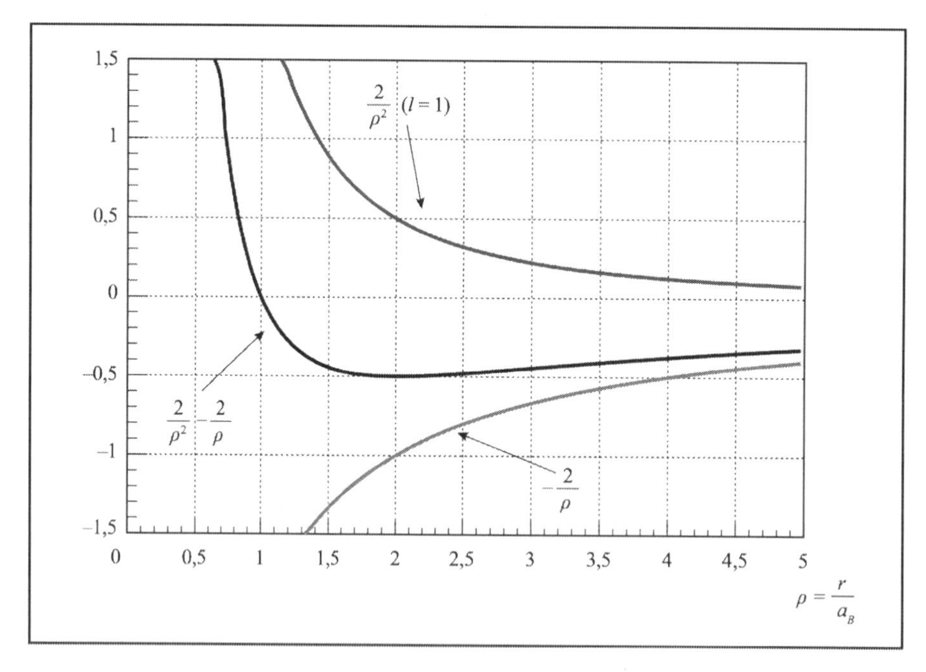


**Figura 15.12:** Potencial efectivo del electrón en el átomo de hidrógeno.

Gráficamente (Figura 15.12), el perfil del potencial efectivo muestra que para valores positivos de energía no hay estados ligados. Para valores negativos de energía, los estados ligados del electrón tienen características de un movimento unidimensional en una región limitada, de acuerdo con la condición de contorno para $\rho = 0$.

Para $l \neq 0$, el potencial efectivo tiene un mínimo para $\rho = l(l+1)$. Desde el punto de vista de la Mecánica Clásica, ese valor mínimo dado por $\varepsilon_{\min} = \dfrac{-1}{l(l+1)}$ sería la energía mínima de los estados ligados.

Aparentemente, para un electrón con momento angular nulo, no habría estados ligados estables, pues el potencial cerca del origen sería tan atractivo que forzaría al electrón a colisionar con el protón, yendo hacia el fondo del pozo infinito. Sin embargo, la ecuación radial de Schrödinger muestra que la energía media del electrón es compuesta de tres partes: la energía cinética radial media, la energía cinética transversal media y la energía potencial media. Así, aunque la energía cinética transversal media se anule, para $l = 0$, las energías medias cinética radial y potencial no serán necesariamente nulas.

De acuerdo con el principio de incertidumbre, para un electrón localizado en una región de radio $r$, bien próximo al protón, la incertidumbre en la componente radial del *momentum* es del orden de $\hbar/r$. De ese modo, suponiendo que el valor medio del *momentum* sea nulo, la energía cinética radial media es dada por $\hbar^2/(2mr^2)$, y la energía potencial, por $-e^2/r$.

Así, la energía media de un electrón en el átomo de hidrógeno, con momento angular orbital nulo, en una región de radio $r$, es dada, aproximadamente, por

$$E \simeq \frac{\hbar^2}{2mr^2} - \frac{e^2}{r} \qquad (l = 0)$$

o sea, el principio de la incertidumbre muestra que existe un menor valor posible para la energía, debido al balance entre las energías potencial y cinética radial, dado por

$$E_{\min}(l = 0) \simeq -\frac{e^2}{2a_B} = -E_R \simeq -13{,}6 \text{ eV} \qquad \text{para} \qquad r = \frac{\hbar^2}{me^2} = a_B \simeq 0{,}529 \times 10^{-8} \text{ cm}$$

Ese es el límite inferior para las energías de los autoestados estacionarios de energía para el electrón en el átomo de hidrógeno.

#### 15.4.3.1 Comportamiento asintótico y espectro de energía del átomo de hidrógeno

Para $\rho \to \infty (r \to \infty)$, la forma asintótica de $u(\rho)$ obedece a la ecuación

$$\frac{\mathrm{d}^2 u_\infty}{\mathrm{d}\rho^2} - \alpha^2 u_\infty = 0$$

siendo $\alpha^2 = -\varepsilon > 0$.

La solución que satisface la condición $u_\infty(\infty) \to 0$ es dada por

$$\boxed{u_\infty = e^{-\alpha\rho}} \qquad (\rho \to \infty) \tag{15.106}$$

Por otro lado, para $\rho \to 0$, $u(\rho)$ obedece a la ecuación

$$\frac{\mathrm{d}^2 u_0}{\mathrm{d}\rho^2} - \frac{l(l+1)}{\rho^2} u_0 = 0 \tag{15.107}$$

Suponiendo que la solución sea de la forma $u_0 = \rho^\beta$ y, por tanto,

$$\begin{cases} \dfrac{\mathrm{d}u_0}{\mathrm{d}r} = \beta\rho^{\beta-1} \\[2ex] \dfrac{\mathrm{d}^2 u_0}{\mathrm{d}\rho^2} = \beta(\beta-1)\rho^{\beta-2} \end{cases}$$

implica

$$\beta(\beta-1)\rho^{\beta-2} - l(l+1)\rho^{\beta-2} = 0 \qquad \Longrightarrow \qquad \beta^2 - \beta - l(l+1) = 0$$

Así,

$$\beta = \frac{1 \pm (2l+1)}{2} = \begin{cases} l+1 \\ \text{o} \\ -l \end{cases}$$

y la solución compatible con $u_0(0) \to 0$ es dada por

$$\boxed{u_0 = \rho^{l+1}} \qquad (\rho \to 0) \tag{15.108}$$

Las ecuaciones (15.106) y (15.108) sugieren que $u(\rho)$ tenga la forma

$$\boxed{u(\rho) = \rho^{l+1} e^{-\alpha\rho} v(\rho)} \qquad (\alpha^2 = -\varepsilon) \tag{15.109}$$

Se tiene, entonces,

$$\begin{cases} \dfrac{\mathrm{d}u}{\mathrm{d}\rho} = \rho^l e^{-\alpha\rho} \left[ (l+1)v(\rho) - \alpha\,\rho\, v(\rho) + \rho\, \dfrac{\mathrm{d}v}{\mathrm{d}\rho} \right] \\ \dfrac{\mathrm{d}^2 u}{\mathrm{d}\rho^2} = \rho^l e^{-\alpha\rho} \Big\{ \rho\, \dfrac{\mathrm{d}^2 v(\rho)}{\mathrm{d}\rho^2} + 2(l+1-\alpha\,\rho)\, \dfrac{\mathrm{d}v_l(\rho)}{\mathrm{d}\rho} + \\ \qquad + \left[ l(l+1)\rho^{-1} + \alpha^2\rho - 2\alpha(l+1) \right] v(\rho) \Big\} \end{cases}$$

Sustituyendo $u(\rho)$ y sus derivadas en la ecuación (15.103) resulta

$$\boxed{\frac{\mathrm{d}^2 v(\rho)}{\mathrm{d}\rho^2} + 2\left[ \frac{(l+1)}{\rho} - \alpha \right] \frac{\mathrm{d}v}{\mathrm{d}\rho} + \frac{2}{\rho}\left[ \frac{1}{a} - \alpha(l+1) \right] v(\rho) = 0} \tag{15.110}$$

siendo $\alpha^2 = -\varepsilon$.

Expandiendo $v(\rho)$ en serie de potencias,

$$v(\rho) = \sum_{j=0}^{\infty} b_j \rho^j \qquad \Longrightarrow \qquad \rho^{-1} v = \sum_{j=0}^{\infty} b_j \rho^{j-1}$$

se obtiene

$$\begin{cases} \dfrac{\mathrm{d}v(\rho)}{\mathrm{d}\rho} = \displaystyle\sum_{j=0}^{\infty} (j+1) b_{j+1} \rho^j = \sum_{j=1}^{\infty} j b_j \rho^{j-1} = \sum_{j=0}^{\infty} j b_j \rho^{j-1} \\ \dfrac{\mathrm{d}^2 v(\rho)}{\mathrm{d}\rho^2} = \displaystyle\sum_{j=2}^{\infty} j(j-1) b_j \rho^{j-2} = \sum_{j=0}^{\infty} (j+2)(j+1) b_{j+2} \rho^j \end{cases}$$

Sustituyendo $v(\rho)$ y sus derivadas en la ecuación (15.110), resulta

$$\sum_{j=0}^{\infty} \left\{ (j+2)(j+1) b_{j+2} \rho^j + \left[ 2(l+1)(j+1) b_{j+1} + 2\Big(1 - \alpha(l+1) - \alpha j\Big) b_j \right] \rho^{j-1} \right\} = 0$$

Explicitando la sumatoria,

$$\Big[2(l+1)b_1+2\Big(1-\alpha(l+1)\Big)b_0\Big]\rho^{-1}+\Big[2+(2\times 2)(l+1)\Big]b_2+2\Big[1-\alpha(l+1)-\alpha\Big]b_1+$$
$$+\Big\{\Big[(3\times 2)+(2\times 3)(l+1)\Big]b_3+2\Big[1-\alpha(l+1)-2\alpha\Big]b_2\Big\}\rho+\ldots\ldots+$$
$$+\Big\{\Big[(\nu+1)\nu+2(\nu+1)(l+1)\Big]b_{\nu+1}+2\Big[1-\alpha(l+1)-\alpha\nu\Big]b_\nu\Big\}\rho^{\nu-1}+\ldots\ldots=0$$

e, igualando los términos independientes a cero, se obtiene para el término genérico la fórmula de recurrencia

$$\boxed{(\nu+1)\Big(\nu+2l+2\Big)]b_{\nu+1}=2\Big[\alpha\nu+\alpha(l+1)-1\Big]b_\nu} \qquad (15.111)$$

Para $\nu$ muy grande, la razón entre dos términos consecutivos de la serie es dada por

$$\lim_{\nu\gg 1}\frac{b_{\nu+1}}{b_\nu}\rho=\frac{2\alpha\Big[\nu+(l+1)-1/\alpha\Big]}{(\nu+1)(\nu+2l+2)}\rho\to 2\frac{\alpha}{\nu}\rho$$

Por tanto, la serie será divergente para $\rho\to\infty$, a menos que exista un valor máximo para $\nu$, $\nu_{\text{max}}=k$, denominado número cuántico radial, que trunque la serie en un polinomio de grado $k$, tal que

$$k+l+1-\frac{1}{\alpha}=0 \qquad k=0,1,2,3\ldots$$

Como $\alpha$ o, equivalentemente, la energía ($\varepsilon=-\alpha^2$) no depende de $k$ y $l$ separadamente, haciendo $k+l+1=n$, los valores de $\alpha$, o de la energía, pueden ser expresados como

$$\varepsilon_n=-\frac{1}{n^2} \qquad n=1,2,3\ldots$$

De ese modo, el espectro de energía del átomo de hidrógeno, según la ecuación de Schrödinger, es también determinado por la fórmula de Bohr, ecuación (12.5).

$$\boxed{E_n=-\frac{E_R}{n^2}=-\frac{1}{n^2}\left(\frac{e^2}{2a_B}\right)=\frac{me^4}{2n^2\hbar^2}} \qquad (n=1,2,3\ldots) \qquad (15.112)$$

en la cual $n$ es llamado número cuántico principal.

Las funciones radiales dependen de los números cuánticos $n$ y $l$, y son denotadas por

$$v_{nl}(\rho) \quad\Longrightarrow\quad \boxed{u_{nl}(\rho)=\rho^{l+1}e^{-\alpha_n\rho}v_{nl}(\rho)} \qquad (\alpha_n=1/n)$$

Toda vez que $n>l$, los valores posibles para $k$, $l$ y $n$ son dados por

| $k$ | $l$ | $n$ |
|---|---|---|
| 0 | 0 | 1 |
| 0 | 1 | 2 |
| 1 | 0 | |
| 0 | 2 | 3 |
| 1 | 1 | |
| 2 | 0 | |

tal que

$$v_{nl}(\rho)=\sum_{j=0}^{k}b_j\rho^j \quad (k,l\leq n-1) \qquad (15.113)$$

Así, los números cuánticos principal ($n$), azimutal ($l$) y magnético ($m$), que caracterizan los autoestados de energía del electrón en el átomo de hidrógeno, satisfacen las condiciones

| $n$ | $l$ | $m$ |
|---|---|---|
| 1 | 0 | 0 |
| 2 | 0 | 0 |
| | 1 | $\pm$ 1 |
| 3 | 0 | 0 |
| | 1 | 0 |
| | | $\pm$ 1 |
| | 2 | 0 |
| | | $\pm$ 1 |
| | | $\pm$ 2 |

o sea,

$$\begin{cases} n = 1, 2, 3 \ldots \\ l = 0, 1, 2, \ldots, n-1 \qquad (l \leq n-1) \\ m = 0, \pm 1, \pm 2, \ldots, \pm l \qquad (|m| \leq l) \end{cases}$$

#### 15.4.3.2 El estado fundamental y los primeros estados excitados

Las soluciones radiales $u_{nl}(\rho) = \rho^{l+1} e^{-\alpha_n \rho} v_{nl}(\rho)$ pueden ser construidas a partir de la expresión $v_{nl}(\rho) = \sum_{\nu=0}^{k} b_\nu \rho^\nu$, ecuación (15.113), y de la fórmula de recurrencia para los polinomios,

$$b_{\nu+1} = \frac{2\alpha_n \Big[\nu + (l+1) - 1/\alpha\Big]}{(\nu+1)(\nu+2l+2)}\, b_\nu \tag{15.114}$$

• La solución más simple corresponde al autoestado fundamental de la energía, para el cual $n = 1$, $l = 0$, $k = 0$, $m = 0$ y $\alpha_1 = 1$, y según la expresión para $v_{nl}$, es dada por

$$v_{10}(\rho) = b_0 \qquad \Longrightarrow \qquad \begin{cases} u_{10}(\rho) = b_0\, \rho\, e^{-\rho} \\ u_{10}(r) = b_0\, r\, e^{-r/a_B} \end{cases}$$

Imponiendo la condición de normalización,

$$\underbrace{b_0^2 \int_0^\infty \rho^2 e^{-2\alpha_1 \rho}\, \mathrm{d}\rho}_{1/4\alpha_1^3} = \frac{1}{a_B^3} \qquad \Longrightarrow \qquad b_0 = \frac{2}{a_B^{3/2}}$$

resulta

$$\boxed{u_{10}(r) = \frac{2}{\sqrt{a_B}} \frac{r}{a_B}\, e^{-r/a_B}}$$

Para $n = 2$ y $\alpha_2 = 1/2$, se tiene dos soluciones radiales, que corresponden a $(l = 0, k = 1)$ y $(l = 1, k = 0)$.

• Para ($l = 0$ y $k = 1$), según la ecuación (15.113),

$$v_{20}(\rho) = b_0 + b_1\rho \quad \Longrightarrow \quad \begin{cases} u_{20}(\rho) = (b_0 + b_1\rho)\,\rho\, e^{-\alpha_2\rho} \\ u_{20}(r) = \left(b_0 + b_1\dfrac{r}{a_B}\right) r\, e^{-r/(2a_B)} \end{cases}$$

De acuerdo con la fórmula de recurrencia,

$$b_1 = 2\alpha_2\left(1 - \frac{1}{\alpha_2}\right) b_0 = (\alpha_2 - 1)b_0 \quad \Longrightarrow \quad b_1 = -\frac{1}{2a} b_0$$

Luego,

$$v_{20}(\rho) = b_0\left(1 - \frac{\rho}{2}\right) \quad \Longrightarrow \quad u_{20}(\rho) = b_0\rho\left(1 - \frac{\rho}{2}\right) e^{-\alpha_2\rho}$$

Imponiendo la condición de normalización,

$$b_0^2\int_0^\infty \rho^2\left(1 - \frac{\rho}{2}\right)^2 e^{-\alpha_2\rho}\,\mathrm{d}\rho = b_0^2\int_0^\infty\left(\rho^2 - \rho^3 + \frac{\rho^4}{4}\right) e^{-\alpha_2\rho}\,\mathrm{d}\rho = \frac{1}{a_B^3}$$

Las tres integrales ya fueron calculadas y, por tanto,

$$b_0^2\left(\frac{1}{4\alpha_2^3} - \frac{3}{8\alpha_2^4} + \frac{3}{16\alpha_2^5}\right) = \frac{1}{a_B^3} \quad \Longrightarrow \quad b_0 = \left(\frac{\alpha_2}{a_B^3}\right)^{1/2} = \left(\frac{1}{2a_B^3}\right)^{1/2}$$

Así,

$$\boxed{u_{20}(r) = \left(\frac{1}{2a_B}\right)^{1/2}\left(\frac{r}{a_B}\right)\, e^{-r/2a_B}}$$

• Para $(l = 1, k = 0)$, según la ecuación (15.113),

$$v_{21}(\rho) = b_0 \quad \Longrightarrow \quad \begin{cases} u_{21}(\rho) = b_0\,\rho^2\, e^{-\alpha_2\rho} \\ u_{21}(r) = b_0\,\dfrac{r^2}{a_B}\, e^{-r/(2a_B)} \end{cases}$$

De acuerdo con la condición de normalización,

$$b_0^2\underbrace{\int_0^\infty \rho^4 e^{-2\alpha_2 r}\,\mathrm{d}\rho}_{3/(4\alpha_2^5)} = \frac{1}{a_B^3} \quad \Longrightarrow \quad b_0 = \frac{2}{\sqrt{3}}\frac{\alpha_2^{5/2}}{a_B^{3/2}} = \frac{1}{\sqrt{24}}\frac{1}{a_B)^{3/2}}$$

se obtiene,

$$\boxed{u_{21}(r) = \frac{1}{\sqrt{24a_B}}\left(\frac{r}{a_B}\right)^2 e^{-r/(2a_B)}}$$

De modo análogo, las demás funciones radiales pueden ser obtenidas.

De acuerdo con la definición de las autofunciones radiales,

$$R_{nl}(r) = \frac{u_{nl}(r)}{r} \tag{15.115}$$

los primeros estados estacionarios, o autoestados de la energía del átomo de hidrógeno (no normalizados), y los correspondientes niveles de energía, son dados explícitamente por

| $n$ | $l$ | $m$ | $\psi_{nlm}(r,\theta,\varphi) = \frac{u_{nl}(r)}{r} P_l^m(\theta)\, e^{im\varphi}$ | $E_n = -\frac{E_R}{n^2}$ $(E_R \simeq 13{,}6 \text{ eV})$ |
|---|---|---|---|---|
| 1 | 0 | 0 | $e^{-r/a_B}$ | $-E_R$ (estado fundamental) |
| 2 | 0 | 0 | $\left(1 - \frac{1}{2}\frac{r}{a_B}\right) e^{-r/2a_B}$ | $-\frac{E_R}{4}$ (4 autoestados) |
| | 1 | 0 | $r\, e^{-r/2a_B} \cos\theta$ | |
| | | $\pm1$ | $r\, e^{-r/2a_B} \operatorname{sen}\theta e^{\pm i\varphi}$ | |
| 3 | 0 | 0 | $\left[1 - \frac{2}{3}\frac{r}{a_B} + \frac{2}{27}\left(\frac{r}{a_B}\right)^2\right] e^{-r/3a_B}$ | $-\frac{E_R}{9}$ (9 autoestados) |
| | 1 | 0 | $\left(1 - \frac{1}{6}\frac{r}{a_B}\right) r e^{-r/3a_B} \cos\theta$ | |
| | | $\pm1$ | $\left(1 - \frac{1}{6}\frac{r}{a_B}\right) r e^{-r/3a_B} \operatorname{sen}\theta e^{\pm i\varphi}$ | |
| | 2 | 0 | $r^2 e^{-r/3a_B} (3\cos^2\theta - 1)$ | |
| | | $\pm1$ | $r^2 e^{-r/3a_B} \operatorname{sen}\theta \cos\theta e^{\pm i\varphi}$ | |
| | | $\pm2$ | $r^2 e^{-r/3a_B} \operatorname{sen}^2\theta e^{\pm i2\varphi}$ | |

#### 15.4.3.3 Distribuciones de probabilidad de presencia radial del electrón en el átomo de hidrógeno

De acuerdo con la condición de normalización radial, ecuación (15.54),

$$\int_0^\infty |u(r)|^2 \, \mathrm{d}r = 1$$

$|u(r)|^2$ representa la distribución de probabilidad de presencia del electrón en función de la distancia $r$ hasta el protón. Así, el valor medio y la incertidumbre asociada a cualquier magnitud que dependa sólo de la componente radial del electrón pueden ser calculados a partir de las distribuciones $|u(r)_{nl}|^2$.

Esa es la gran ventaja de utilizar la ecuación radial de Schrödinger para $u(r)$ o $u(\rho)$.

La Figura 15.13 muestra las distribuciones de probabilidad radial asociadas a los autoestados de energía del electrón en el hidrógeno,

$$\begin{cases} |u(r)_{10}|^2 \propto r^2 e^{-2r/a_B} & \Longrightarrow \quad |u(r)_{10}|^2_{\max} \text{ para } r = a_B \\ |u(r)_{20}|^2 \propto r^2 \left(1 - \dfrac{r}{2a_b}\right) e^{-2r/a_B} & \Longrightarrow \quad |u(r)_{20}|^2_{\max} \text{ para } r = (3+\sqrt{5})a_B \\ |u(r)_{21}|^2 \propto r^4 e^{-2r/a_B} & \Longrightarrow \quad |u(r)_{21}|^2_{\max} \text{ para } r = 4a_B \end{cases}$$

caracterizados por los número cuánticos $(n = 1, l = 0)$, $(2, 0)$ y $(2, 1)$.

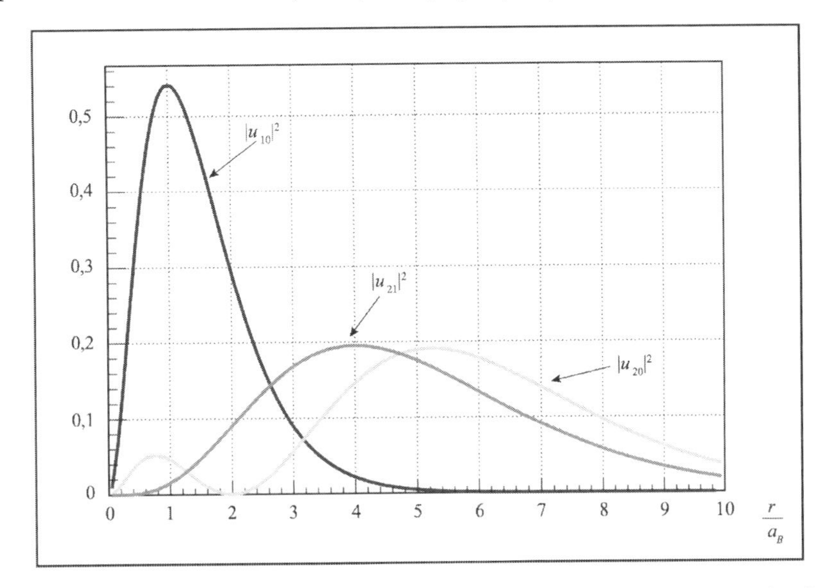


**Figura 15.13:** Distribuciones de probabilidad radial para los autoestados de energía $(1, 0)$, $(2, 0)$ y $(2, 1)$.

Otras distribuciones de probabilidad, correspondientes a los autoestados caracterizados por los números cuánticos $(3, 0, 0)$, $(3, 1, 0)$ y $(3, 2, 0)$ son mostradas en la Figura 15.14.

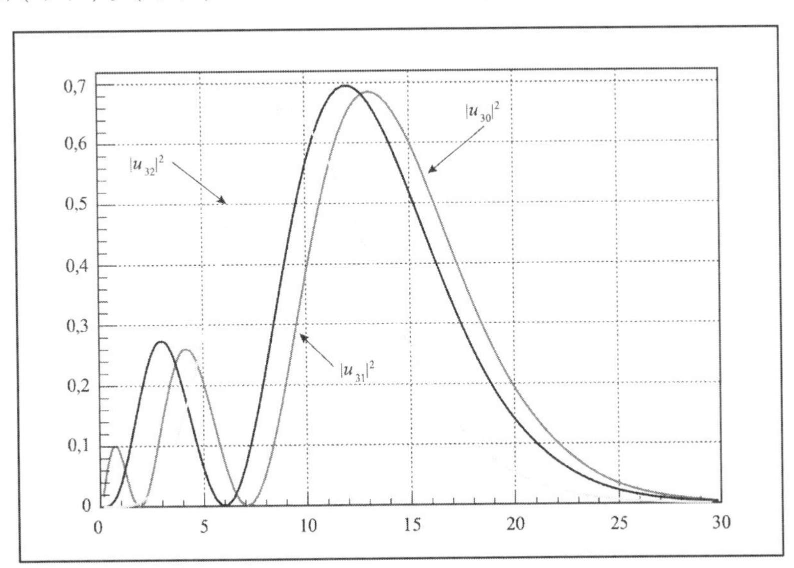


**Figura 15.14:** Distribuciones de probabilidad radial para los autoestados de energía $(3, 0)$, $(3, 1)$ y $(3, 2)$.

Las Figuras 15.13 y 15.14 indican que los valores que determinan los máximos de las distribuciones de probabilidades crecen con el número cuántico principal $(n)$, y presentan también dependencia con respecto al número cuántico azimutal $(l)$.

Según el modelo de Bohr, los radios de las órbitas permitidas (estacionarias) crecen como $n^2$, y, de acuerdo con la Mecánica Cuántica, ése es también el comportamiento previsto para las distribuciones radiales asociadas a autoestados de la energía caracterizados por números cuánticos de tipo $(n, l = n-1)$,

$$u_{n,n-1} \sim r^n e^{-r/(na_B)} \quad \Longrightarrow \quad |u_{n,n-1}|^2 \sim r^{2n} e^{-2r/(na_B)}$$

las cuales tiene máximo para $r = n^2 a_B$.

En general, el valor medio en la Mecánica Cuántica, además de crecer como $n^2$, presenta también dependencia con respecto al número cuántico azimutal $(l)$.

Solamente para magnitudes que no poseen dependencia angular azimutal $(\theta)$, o autoestados de energía para los cuales $l = 0$, la distribución de probabilidad de presencia del electrón presenta simetría radial. Para magnitudes que dependen de $\theta$, los valores medios y las incertidumbres asociadas, según la ecuación (15.54), son calculados a partir de la distribución de probabilidad definida por

$$|\psi_{nlm}(r,\theta,\varphi)|^2 r^2 = |u_{nl}(r)|^2 \, |P_l^m(\cos\theta)|^2 \tag{15.116}$$

En ese sentido, $|P_l^m(\cos\theta)|^2$ es un factor de modulación de la distribución de probabilidad de presencia del electrón en cualquier región del átomo de hidrógeno.

Así, los diagramas polares para los polinomios y funciones asociadas de Legendre sólo indican las direcciones para las cuales la probabilidad de presencia del electrón es máxima, para una distancia dada del electrón al protón. Las dependencias radial y angular de la distribución de probabilidad de presencia del electrón en el hidrógeno, dadas por $|u_{nl}(r)|^2 \, |P_l^m(\cos\theta)|^2$, pueden ser visualizadas en los diagramas mostrados en la Figura 15.15.[6]

Como la dependencia de las funciones armónicas esféricas $Y_l^m(\theta,\varphi)$ con respecto del ángulo polar $\varphi$ es del tipo $e^{im\varphi}$, la densidad de probabilidad de presencia del electrón en el átomo de hidrógeno tiene simetría polar, o sea, es invariante para rotaciones en torno del eje $z$. De ese modo, las distribuciones de la Figura 15.15 representan la probabilidad de presencia del electrón en cualquier plano vertical al plano $xy$, que pasa por el eje $z$.

Distribuciones tridimensionales pueden ser generadas por la rotación de los diagramas en torno del eje $z$.

### 15.4.3.4 Notación espectroscópica

Históricamente, la clasificación de las líneas observadas en los espectros de algunos átomos alcalinos (litio, sodio y potasio), o hidrogenoides, era denotada por letras del alfabeto, de acuerdo con las intensidades de las líneas como: *sharp* $(s)$, *principal* $(p)$, *diffuse* $(d)$, *fundamental* $(f)$, $(g)$, $(h)$, $\ldots$.

Las letras de esa clasificación empírica corresponden a los valores del número cuántico azimutal $(l)$, asociados a los autoestados del cuadrado del momento angular $(L^2)$ de la siguiente manera:

| $l$ | 0 | 1 | 2 | 3 | 4 | 5 | $\ldots$ |
|---|---|---|---|---|---|---|---|
| | $s$ | $p$ | $d$ | $f$ | $g$ | $h$ | $\ldots$ |

Esos valores definen las llamadas subcapas electrónicas del átomo.

Las llamadas capas u orbitales atómicos $K$, $L$, $M$, $N$, $\ldots$, corresponden a los números cuánticos principales $(n)$, los cuales caracterizan los niveles de energía del átomo, o sea,

[6] Esos diagramas fueron generados por métodos de Monte Carlo de eliminación.

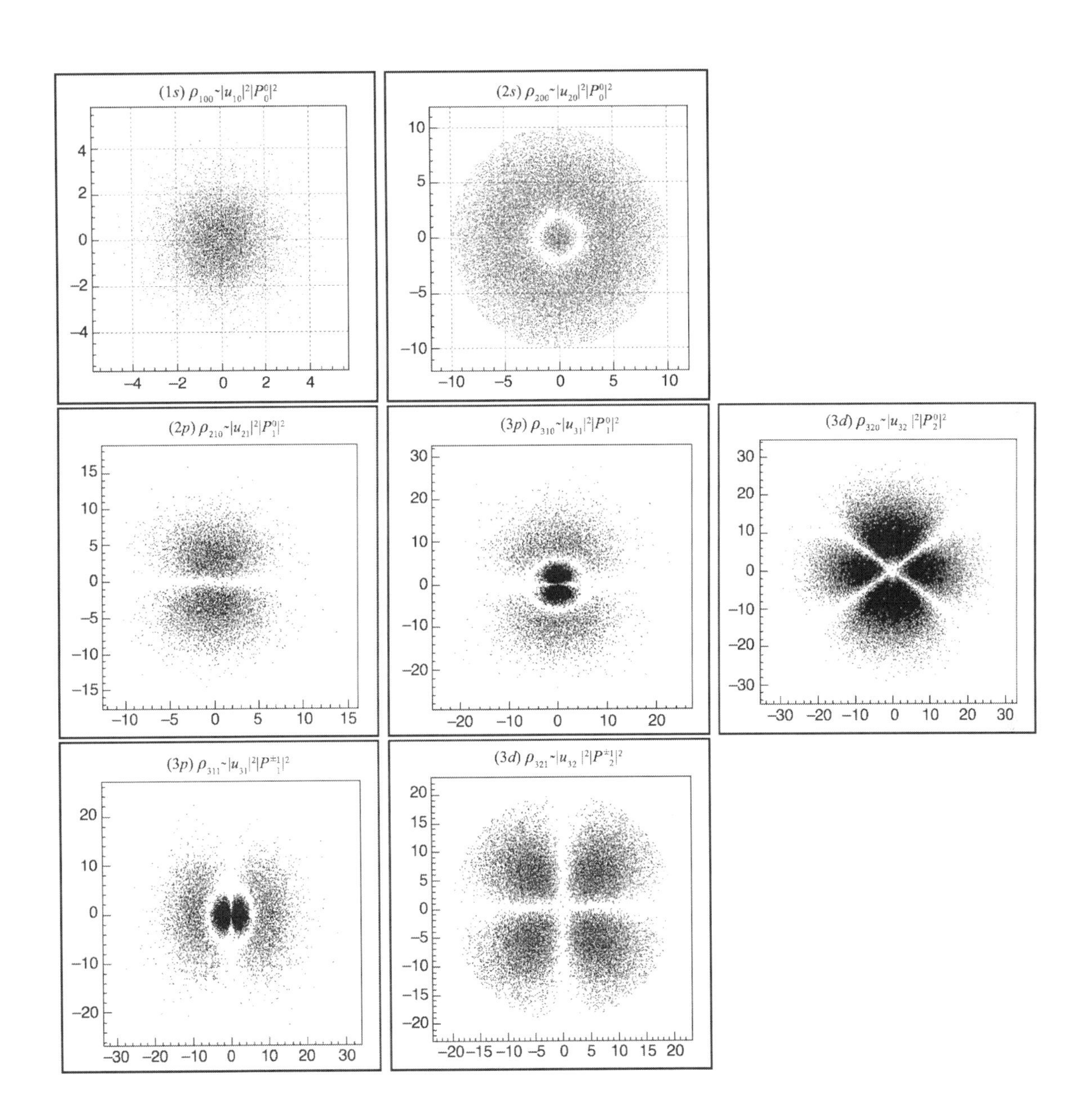


**Figura 15.15:** Diagramas polares de las distribuciones de probabilidad de la presencia del electrón en el átomo de hidrógeno.

| $n$ | 1 | 2 | 3 | 4 | ... |
|---|---|---|---|---|---|
| | $K$ | $L$ | $M$ | $N$ | ... |

De ese modo, el estado del electrón asociado a la capa $K$ y subcapa $s$, o sea, al par $(n = 1, l = 0)$, es denotado como $1s$ y, el estado para el cual $(n = 3, l = 2)$, por $3d$.[7]

En la espectroscopía, usualmente, los niveles de energía degenerados y los correspondientes autoestados son representados en diagramas del tipo mostrado en la Figura 15.16.

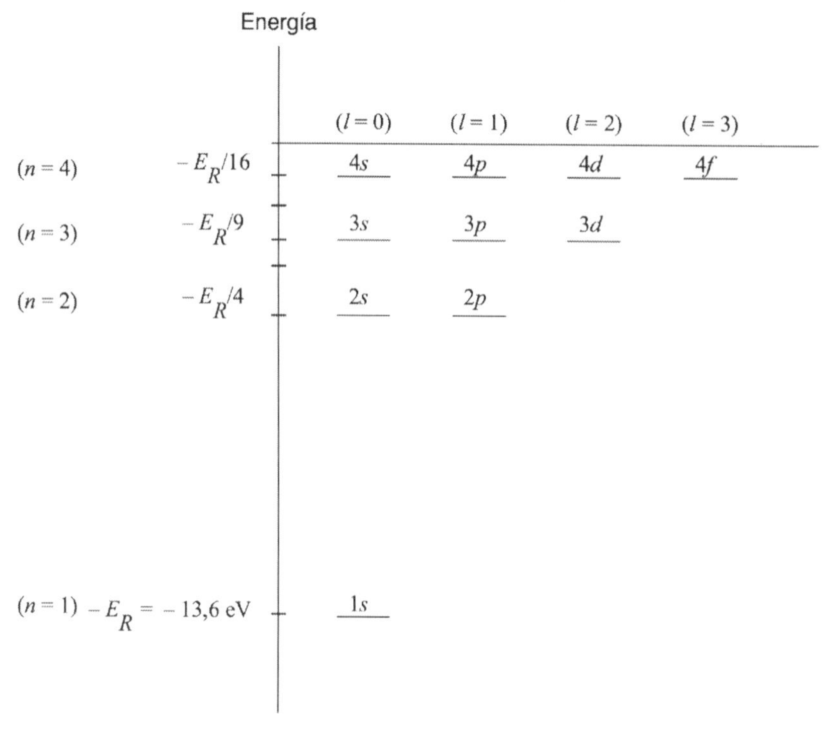


**Figura 15.16:** Diagrama de los niveles de energía degenerados y los correspondientes autoestados, para un átomo hidrogenoide.

#### 15.4.3.5 Las funciones radiales y los polinomios y funciones asociadas de Laguerre

De modo análogo al procedimento usado para los polinomios de Legendre, se puede determinar de manera general y sistemática las funciones radiales para el átomo de hidrógeno, asociándolas a los llamados polinomios de Laguerre, a partir de las respectivas función generatriz, fórmula de Rodrigues y relaciones de recurrencia que relacionan los polinomios y derivadas de distinto orden, estableciendo relaciones generales, como la ortogonalidad, para cualquiera que sea el orden de los polinomios.

Las funciones asociadas de Laguerre, $\mathcal{L}_n^k(x)$, satisfacen la ecuación de Laguerre

$$x\, y'' + (k + 1 - x)\, y' + n\, y = 0 \tag{15.117}$$

Su solución puede ser expresada en términos de los polinomios ordinarios de Laguerre, $\mathcal{L}_n(x)$, que satisfacen la ecuación (15.117) para $k = 0$. Siendo así, los polinomios $\mathcal{L}_{n+k}(x)$ satisfacen la ecuación

$$x\, y'' + (1 - x)\, y' + (n + k)\, y = 0 \tag{15.118}$$

[7] Al considerar la llamada interacción *spin*-órbita, el autovalor $(j)$ asociado al momento angular total es indicado como un subíndice, tal que el estado para el cual $(n = 3, l = 1, j = 3/2)$ es indicado como $3p_{3/2}$.

Diferenciando $k$ veces la ecuación (15.118), se obtiene

$$x\, y^{(k+2)} + (k+1-x)\, y^{(k+1)} + n\, y^{(k)} = 0 \tag{15.119}$$

Comparando las ecuaciones (15.119) y (15.117), se concluye que, si $\mathcal{L}_{n+k}$ es un polinomio que es solución de la ecuación (15.118), entonces su derivada de orden $k$ es un polinomio que es solución de la ecuación de Laguerre, ecuación (15.117), dado por

$$\mathcal{L}_n^k(x) = \frac{\mathrm{d}^k}{\mathrm{d}x^k}\, \mathcal{L}_{n+k}(x) \tag{15.120}$$

En el caso específico del átomo de hidrógeno, las funciones radiales son dadas por las ecuaciones (15.109) y (15.115)

$$R_{nl}(r) = r^l e^{-\alpha r} v_{nl}(r) \tag{15.121}$$

en la cual

$$v_{nl}(r) = \sum_{\nu=0}^{k} b_\nu r^\nu$$

$$n = k + l + 1 = \frac{1}{\alpha a}$$

con la fórmula de recurrencia

$$(\nu+1)(\nu+2l+2)\, b_{\nu+1} = 2\alpha \left(\nu + l + 1 - \frac{1}{\alpha a}\right) b_0$$

siendo

$$\alpha = \frac{(2m|E|)^{1/2}}{\hbar} \qquad \text{y} \qquad a = \frac{\hbar^2}{me^2}$$

Los polinomios $v_{nl}(r)$ satisfacen la ecuación

$$\frac{\mathrm{d}^2 v_{nl}}{\mathrm{d}r^2} + 2\left(\frac{l+1}{r} - \alpha\right)\frac{\mathrm{d}v_{nl}}{\mathrm{d}r} + 2(n-l-1)\alpha\, \frac{v_{nl}}{r} = 0 \tag{15.122}$$

Esos son los polinomios asociados de Laguerre, de grado $(n-l-1)$.

Haciendo el cambio de variables $\xi = 2\alpha r = \dfrac{2r}{na}$, se sigue que

$$v_{nl}(\xi) = (2\alpha)^{(2l+3)/2} \mathcal{L}_{n-l-1}^{2l+1}(\xi)$$

y la ecuación (15.111) pasa a ser escrita como

$$\begin{aligned}(2\alpha)^{(2l+3)/2}\ \frac{\mathrm{d}^2\mathcal{L}_{n-l-1}^{2l+1}}{\mathrm{d}\xi^2} + 2\ \left(\frac{l+1}{r} - \alpha\right)(2\alpha)^{(2l+3)/2}\ \frac{\mathrm{d}\mathcal{L}_{n-l-1}^{2l+1}}{\mathrm{d}\xi} + \\ +2\ (n-l-1)\ \frac{\alpha}{r}\ (2\alpha)^{(2l+3)/2}\mathcal{L}_{n-l-1}^{2l+1} = 0\end{aligned} \tag{15.123}$$

o

$$\frac{\mathrm{d}^2\mathcal{L}_{n-l-1}^{2l+1}}{\mathrm{d}\xi^2} + \left(\frac{2(l+1)}{\xi} - 1\right)\frac{\mathrm{d}\mathcal{L}_{n-l-1}^{2l+1}}{\mathrm{d}\xi} + \frac{1}{\xi}\ (n-l-1)\mathcal{L}_{n-l-1}^{2l+1} = 0 \tag{15.124}$$

En otras palabras, la solución radial de la ecuación de Schrödinger para el átomo de hidrógeno depende del polinomio generalizado de Laguerre de grado $(n-l-1)$ y orden $(2l+1)$ y puede ser escrita como

$$R(r) = R_{nl}(\xi) = (2\alpha)^{3/2}\, A_{nl}\, e^{-\xi/2}\, \xi^l \mathcal{L}_{n-l-1}^{2l+1}(\xi) \tag{15.125}$$

siendo $A_{nl}$ una constante de normalización.

#### 15.4.3.6 Fórmulas de recurrencia, de Rodrigues y función generatriz de los polinomios de Laguerre

La fórmula de Rodrigues de los polinomios asociados de Laguerre puede ser obtenida de la siguiente manera. En términos de una nueva variable $z$, la solución de la ecuación (15.117) puede ser escrita en la forma

$$y = e^x\, x^{-k}\, z$$

En ese caso, se encuentra

$$x\, z'' + (x - k + 1)\, z' + (n + 1)\, z = 0$$

Haciendo ahora

$$z = \frac{\mathrm{d}^n w}{\mathrm{d}x^n}$$

la ecuación anterior pasa a ser escrita como

$$x\, w^{(n+2)} + (x - k + 1)\, w^{(n+1)} + (n + 1)\, w^{(n)} = 0$$

que es equivalente a

$$\frac{\mathrm{d}^{n+1}}{\mathrm{d}x^{n+1}} \left[x\, w' + (x - n - k)\, w\right] = 0$$

Como la ecuación entre corchetes tiene una solución del tipo $w = A\, e^{-x}\, x^{n+k}$, se sigue que

$$y = A\, e^x\, x^{-k} \frac{\mathrm{d}^n}{\mathrm{d}x^n} \left[e^{-x} x^{n+k}\right]$$

Escogiendo convenientemente $A = (-1)^k\, (n + k)!/n!$, la solución $y$ se torna idéntica al polinomio asociado de Laguerre, $\mathcal{L}_n^k$, donde

$$\mathcal{L}_n^k(x) = (-1)^k\, \frac{(n + k)!}{n!}\, e^x x^{-k}\, \frac{\mathrm{d}^n}{\mathrm{d}x^n} \left[e^{-x} x^{n+k}\right] \tag{15.126}$$

que es la fórmula de Rodrigues.

En el caso particular en el cual $k = 0$, se obtiene la fórmula de Rodrigues para los polinomios ordinarios de Laguerre[8]

$$\mathcal{L}_n(x) = e^x \frac{\mathrm{d}^n}{\mathrm{d}x^n} \left[e^{-x} x^n\right]$$

Se puede también escribir

$$\mathcal{L}_n(x) = n! \sum_{r=0}^{n} \binom{n}{r} \frac{(-x)^r}{r!}$$

en donde

$$\binom{n}{r} = C(n, r) = \frac{n!}{(n - r)!\, r!}$$

son los coeficientes binomiales.

Algunas fórmulas de recurrencia útiles son:

$$\begin{aligned} \mathcal{L}_n' &= n\, (\mathcal{L}_{n-1}' - \mathcal{L}_{n-1}) \\ x\mathcal{L}_n' &= n\, \mathcal{L}_n - n\mathcal{L}_{n-1} \\ \mathcal{L}_{n+1} &= (2n + 1 - x)\, \mathcal{L}_n - n\mathcal{L}_{n-1} \end{aligned}$$

[8] Algunos autores incorporan en esta ecuación un factor $1/n!$, lo que implicará diferencias en las fórmulas de recurrencia para los polinomios de Laguerre.

La función generatriz de los polinomios de Laguerre es

$$\Phi(x,h) = \frac{\exp[-xh/(1-h)]}{(1-h)} = \sum_{n=0}^{\infty} \mathcal{L}_n(x)\, h^n$$

Para los polinomios asociados de Laguerre, vale la relación de recurrencia

$$(n+1)\mathcal{L}_{n+1}^{\alpha} = (2n+\alpha+1-x)\mathcal{L}_n^{\alpha} - (n+\alpha)\mathcal{L}_{n-1}^{\alpha}$$

#### 15.4.3.7 Ortogonalidad de los polinomios de Laguerre y de las funciones radiales

Los polinomios generalizados de Laguerre también satisfacen una condición de ortogonalidad, que puede ser demostrada a partir de la integral

$$\int_0^{\infty} e^{-x} x^k \mathcal{L}_n^k(x) \mathcal{L}_m^k(x)\, \mathrm{d}x \tag{15.127}$$

Sin perdida de generalidad, se puede suponer que $n \geq m$ y sustituir $\mathcal{L}_n^k(x)$ por la fórmula de Rodrigues, ecuación (15.126), obteniendo

$$(-1)^k \frac{(n+k)!}{n!} \int_0^{\infty} \frac{\mathrm{d}^n}{\mathrm{d}x^n} \left[e^{-x} x^{n+k}\right] \mathcal{L}_m^k(x)\, \mathrm{d}x$$

Realizando $n$ integraciones por partes, teniendo en cuenta que siempre aparecerá un término ya integrado que depende del factor $xe^{-x}$, que se anula en los límites de integración, se llega a

$$(-1)^{n+k} \frac{(n+k)!}{n!} \int_0^{\infty} e^{-x} x^{n+k} \frac{\mathrm{d}^n}{\mathrm{d}x^n} \mathcal{L}_m^k(x)\, \mathrm{d}x$$

En los casos donde $n > m$, la derivada dentro del integrando es siempre nula; para $n = m$,

$$\frac{\mathrm{d}^n}{\mathrm{d}x^n} \mathcal{L}_m^k(x) = (-1)^{n+k}(n+k)!$$

Luego,

$$\int_0^{\infty} e^{-x} x^{n+k}\, \mathrm{d}x = (n+k)!$$

donde, finalmente,

$$\int_0^{\infty} e^{-x} x^k \mathcal{L}_n^k(x) \mathcal{L}_m^k(x)\, \mathrm{d}x = \frac{\left[(n+k)!\right]^3}{n!}\, \delta_{mn} \tag{15.128}$$

En la práctica, integrales semejantes a esa pueden aparecer en los cálculos relacionados con la función de onda radial del átomo de hidrógeno. Algunas de ellas son dadas a continuación:

$$\begin{aligned}
\int_0^{\infty} e^{-x} x^{k+1} (\mathcal{L}_n^k)^2\, \mathrm{d}x &= \frac{(2n+k+1)\,\left[(n+k)!\right]^3}{n!} \\
\int_0^{\infty} e^{-x} x^{k-1} (\mathcal{L}_n^k)^2\, \mathrm{d}x &= \frac{\left[(n+k)!\right]^3}{n!\,k} \\
\int_0^{\infty} e^{-x} x^{k-2} (\mathcal{L}_n^k)^2\, \mathrm{d}x &= \frac{(2n+k+1)\,\left[(n+k)!\right]^3}{n!\,k\,(k^2-1)} \\
\int_0^{\infty} e^{-x} x^{k+1} \mathcal{L}_n^k\, \mathcal{L}_{n+1}^{k-2}\, \mathrm{d}x &= -\frac{3(2n+k+1)\,\left[(n+k)!\right]^3}{n!\,(n+k)!}
\end{aligned} \tag{15.129}$$

La constante de normalización es determinada por la condición de normalización

$$\int_0^\infty |R_{nl}(r)|^2\, r^2\, \mathrm{d}r = 1$$

la que, de acuerdo con (15.109), se escribe

$$\int_0^\infty r^{2l} e^{-2\alpha r}\, |v_{nl}(r)|^2\, r^2\, \mathrm{d}r = 1$$

Como $|v_{nl}|^2 = (2\alpha)^{2l+3}\left|\mathcal{L}_{n-l-1}^{2l+1}(\xi)\right|^2$, haciendo $\xi = 2\alpha r$, la condición de normalización se puede escribir como

$$\int_0^\infty e^{-\xi}\xi^{2l+2}\left[\mathcal{L}_{n-l-1}^{2l+1}(\xi)\right]^2 \mathrm{d}\xi = 1$$

y usando la primera fórmula de la ecuación (15.129), se puede mostrar, finalmente, que

$$A_{nl} = \left[\frac{(n-l-1)!}{2n\left[(n+l)!\right]^3}\right]^{1/2} \tag{15.130}$$

## 15.4.4 Reglas de selección

Como las dimensiones atómicas son mucho menores que las longitudes de onda de la luz, se puede considerar, en primera aproximación, que la emisión y la absorción de la radiación por un átomo son determinadas por el momento dipolar eléctrico, el cual es proporcional a la coordenada de posición ($\vec{r}$) del electrón. Así, el valor medio

$$\langle\vec{r}\rangle = \int \vec{r}\, \psi^*_{n'l'm'}(x,y,z)\, \psi_{nlm}(x,y,z)\, \mathrm{d}x\, \mathrm{d}y\, \mathrm{d}z$$

determina las reglas de selección para las transiciones permitidas.

Toda vez que

$$N\int_0^\infty\int_0^\pi\int_0^{2\pi} \vec{r}\, R_{n'l'}(r)R_{nl}(r)r^2 P_{l'}^{m'}(\theta)P_l^m(\theta)\,\mathrm{sen}\,\theta\, e^{-im'\phi}\, e^{im\phi}\, \mathrm{d}r\, \mathrm{d}\theta\, \mathrm{d}\phi$$

y que

$$\vec{r} = \hat{\imath}x + \hat{\jmath}y + \hat{k}z = \hat{\imath}\, r\,\mathrm{sen}\,\theta\cos\phi + \hat{\jmath}\, r\,\mathrm{sen}\,\theta\,\mathrm{sen}\,\phi + \hat{k}\, r\cos\theta$$

se pueden calcular las reglas de selección separadamente para transiciones que involucran los números cuánticos $m$ y $l$.

Para el número cuántico magnético, se obtiene

$$\left\{\begin{array}{l}
\langle z\rangle \propto \displaystyle\int_0^{2\pi} e^{-im'\phi}\, e^{im\phi}\, \mathrm{d}\phi \propto \delta_{m'm} \\[2ex]
\langle x\rangle \propto \displaystyle\int_0^{2\pi} e^{-im'\phi}\, e^{im\phi} \underbrace{\cos\phi}_{\frac{e^{i\phi}+e^{-i\phi}}{2}} \mathrm{d}\phi \propto \delta_{m',m\mp1} \\[2ex]
\langle y\rangle \propto \displaystyle\int_0^{2\pi} e^{-im'\phi}\, e^{im\phi}\,\mathrm{sen}\,\phi\, \mathrm{d}\phi \propto \delta_{m',m\mp1}
\end{array}\right. \quad\Longrightarrow\quad \boxed{\Delta m = 0, \pm1}$$

Las reglas de selección para los números cuánticos $l$ son establecidas de modo no tan directo. Mientras tanto, utilizando la notación

$$\int_0^\pi\int_0^{2\pi} P_{l'}^{m'}(\theta)\, \mathcal{A}\, P_l^m(\theta)\,\mathrm{sen}\,\theta\, \mathrm{d}\theta\, \mathrm{d}\phi = \langle l', m'|\mathcal{A}|l, m\rangle$$

para el valor medio de un operador $\mathcal{A}$, se puede escribir

$$\begin{cases} \langle l', m'|L^2|l, m\rangle = \underbrace{\hbar^2 l(l+1)}_{\lambda_l} \langle l', m'|l, m\rangle \\ \\ \langle l', m'|L_z|l, m\rangle = \hbar m \,\langle l', m'|l, m\rangle \end{cases}$$

A partir de la regla de comutación

$$\Big[L^2, \big[L^2, z\big]\Big] = 2\hbar^2(zL^2 + L^2 z)$$

se obtiene

$$\langle l', m'|\Big[L^2, \big[L^2, z\big]\Big]|l, m\rangle$$

Explicitando el conmutador del lado izquierdo, y usando la identidad $\langle l', m'|L^2|l, m\rangle = \lambda_l \langle l', m'|l, m\rangle$ en el lado derecho, se tiene también

$$\langle l', m'|L^2\big[L^2, z\big] - \big[L^2, z\big]L^2|l, m\rangle = 2\hbar^2(\lambda_l + \lambda_{l'})\,\langle l', m'|z|l, m\rangle$$

o todavía

$$(\lambda_{l'} - \lambda_l)\,\langle l'm'|\big[L^2, z\big]|l, m\rangle = (\lambda_{l'} - \lambda_l)^2\,\langle l', m'|z|l, m\rangle$$

Así, igualando los lados derechos de las dos últimas ecuaciones, se encuentra

$$2\hbar^2(\lambda_{l'} + \lambda_l) = (\lambda_{l'} - \lambda_l)^2$$

Sustituyendo los valores de $\lambda_l$ y $\lambda_{l'}$ se obtiene (Ejercicio 15.7.18)

$$\Big[(l' + l + 1)^2 + (l' - l)^2 - 1\Big] = \Big[(l' + l + 1)\,(l' - l)\Big]^2$$

lo que implica

$$\Big[(l' + l + 1)^2 - 1\Big]\,\Big[(l' - l)^2 - 1\Big] = 0$$

o sea,

$$l' = l \pm 1 \qquad \Longrightarrow \qquad \boxed{\Delta l = \pm 1}$$

A pesar del éxito en la determinación del espectro del hidrógeno y en la predicción de las líneas espectrales con base en las reglas de selección, la teoría de Schrödinger no explicaba la estrutura fina del espectro. Por ejemplo, aunque la previsión sea de una única línea, de longitud de onda del orden de 6 563 Å, la que corresponde a la transición entre los niveles $3s$ y $2p$, en la realidad ocurren dos líneas separadas por 1,4 Å.

Por otro lado, cuando un átomo se encuentra bajo la acción de un campo magnético, de acuerdo con la regla de selección

$$\Delta m = 0, \pm 1$$

se espera un efecto Zeeman normal, con la división de una línea espectral en tres componentes, conforme a lo previsto también por el Electromagnetismo Clásico. Sin embargo, la observación mas frecuente es la apareción de cuatro, seis o más componentes, lo que corresponde al llamado efecto Zeeman anómalo.[9]

Con base en las tentativas de Sommerfeld, Landé, Pauli, Ralph Krönig y Thomas, los holandeses George E. Uhlenbeck y Samuel Goudsmit, en 1925, sugirieron un nuevo grado de liberdad para el electrón, un momento angular intrínseco, el *spin*, independiente del momento angular orbital y, en verdad, de cualquier interacción (Sección 16.6).

[9] A pesar del nombre, el efecto anómalo es el más frecuente.

A pesar de que las autofunciones del momento orbital ($\vec{L}$), $Y_l^m(\theta, \phi)$, dependen de las coordenadas angulares $\theta$ y $\phi$, las acciones de los operadores $L^2$ y $L_z$ pueden ser representadas por

$$\begin{cases} L^2|l, m_l\rangle = \hbar^2 l(l+1)\,|l, m_l\rangle & l = 0, 1, 2, \ldots \\ L_z|l, m_l\rangle = \hbar m_l\,|l, m_l\rangle & m_l = 0, \pm 1, \pm 2, \ldots \pm l \end{cases}$$

en donde los enteros $l$ y $m_l$ son los números cuánticos orbital y magnético.

El espectro de autovalores asociados al *spin* del electrón es formado de valores semienteros, y la acción de los operadores correspondientes $S^2$ y $S_z$ es denotada como

$$\begin{cases} S^2|s, m_s\rangle = \hbar^2 s(s+1)\,|s, m_s\rangle & s = 1/2 \\ S_z|s, m_s\rangle = \hbar m_s\,|s, m_s\rangle & m_s = -1/2, 1/2 \end{cases} \tag{15.131}$$

donde los semienteros $s$ y $m_s$ son denominados números cuánticos de *spin*.

Los autoestados asociados al *spin*, en tanto, no dependen de coordenadas espaciales.

A partir del concepto de *spin*, fueron explicados no sólo la llamada estructura fina del espectro de emisión o absorción de los átomos, sino un gran número de otros efectos que ocurren en los fenómenos microscópicos.

Bajo la acción de um campo magnético en la dirección $z$, un haz de átomos exitados, con momento angular orbital $l$, se desdoblaría en $2l + 1$ haces, que serían detectados como líneas paralelas en una pantalla. Sin embargo, los experimentos realizados por los alemanes Otto Stern y Walther Gerlach en 1922 mostraron que, para átomos en el estado fundamental ($l = 0$), siempre eran observados sólo dos líneas (Sección 16.6), correspondientes a dos valores de momento dipolar magnético, $-\mu_B$ y $\mu_B$.

Según Goudsmit e Uhlenbeck, una explicación para los resultados de los experimentos de Stern y Gerlach, compatible con sólo dos autovalores para la proyección del momento dipolar magnético en la dirección $z$, sería posible si al electrón le fuese atribuido un momento angular intrínseco ($\vec{S}$), cuyos autovalores para $S^2$ y $S_z$ fuesen dados por la ecuación (15.131).

En ese caso, el momento dipolar ($\mu_s$) sería dado por

$$\vec{\mu}_s = -g_s \gamma_l \vec{S} = -\gamma_s \vec{S} \tag{15.132}$$

siendo $g_s = 2$ y $\gamma_s = e/m$.

La principal aplicación del concepto de *spin*, sin embargo, vino con el *principio de exclusión de Pauli*.

El estado normal del átomo de hidrógeno es el estado fundamental, en el cual el electrón se encuentra en su nivel más bajo de energía. ¿Cuál sería el estado fundamental de un átomo multielectrónico? ¿Estarían todos los electrones con la misma energía?

A pesar de la renuencia inicial de aceptar el concepto de *spin*, el propio Pauli, en 1925, propone que la estrutura electrónica de los átomos sería explicada adoptando el llamado principio de exclusión, el cual establece que los números cuánticos, incluyendo los del *spin*, que caracterizan dos electrones no pueden ser todos simultáneamente iguales.

En 1927, Pauli presentó una ecuación capaz de describir fenomenológicamente la dinámica de la interacción entre una partícula con *spin* y un campo magnético. La ecuación de Pauli corresponde al límite no relativista (Sección 16.5) de la ecuación relativista de onda para el electrón (Sección 16.2), establecida por Dirac en 1928.

## 15.5 Fuentes primarias

**Krönig, R. de L., 1926.** A theorem of space quantization. *Proceedings of National Academy of Science* **12**, n. 5, p. 330-334.

**Pauli, W., 1927.** Zur Quantenmechanik des magnetischen Elektrons. *Zeitschrift für Physik* **43**, n. 8, p. 601-623.

**Stark, J., 1916.** Der Träger der Haupt- und Nebenserien der Alkalien, alkalischen Erden und des Heliums. *Annalen der Physik*, Ser. 4, **51**, n. 18, p. 220-236.

**Uhlenbeck, G.E.; Goudsmit, S., 1926.** Spinning Electrons and the Structure of Spectra. *Nature* **117**, p. 264-265.

## 15.6 Otras referencias y sugerencias de lectura

**Caruso, F.; Martins, J.; Oguri, V., 2013.** On the existence of hydrogen atoms in higher dimensional Euclidean spaces. *Physics Letters A* **377**, n. 9, p. 694-698.

**Caruso, F.; Oguri, V., 2014.** El método numérico de Numerov aplicado a la ecuación de Schrödinger. *Revista Brasileira de Ensino de Física* **36**, n. 2, a.n. 2310. En ese artículo, se muestra como resolver en forma numérica problemas de autovalor asociados a las ecuaciones diferenciales ordinarias lineales de segundo orden. El método de Numerov es aplicado a dos problemas clásicos de la Mecánica Cuántica no relativistica cuyas soluciones analíticas son bien conocidas: el oscilador armónico simple y el átomo de hidrógeno. Los resultados numéricos son confrontados com los obtenidos analíticamente.

**Eisberg, R.M.; Resnick, R., 1979.** Libro de texto de Física Moderna que dedica seis capítulos a aplicaciones en las áreas de Física Molecular, del Estado Sólido, Nuclear y de Partículas.

**Flügge, S., 1971.** Problemas de Mecánica Cuántica con soluciones.

**Gasiorowicz, S., 2003.** Contiene varias aplicaciones de los pozos de potenciales discontinuos.

**Lawden, D.F., 1967.** Tratamiento detallado de la solución de la ecuación radial de Schrödinger.

**Lévy-Leblond, J.M.; Balibar, F., 1990.** Discusión de varios fenómenos atómicos y nucleares modelados por pozos de potenciales discontinuos.

**Ter Haar, D., 1964.** Selección de problemas de Mecánica Cuántica con soluciones.

## 15.7 Ejercicios

**Ejercicio 15.7.1** Una partícula de masa $m$ y energía $E > V_o$ que se desplaza en la dirección y en el sentido positivo del eje $x$ incide en un escalón de potencial de altura $V_o$, en $x = 0$. Determine los coeficientes de transmisión ($t$) y reflexión ($r$).

**Ejercicio 15.7.2** Una partícula de masa $m$, que se desplaza en la dirección $x$, se encuentra confinada en un pozo de potencial infinito entre $x = 0$ y $x = a$. Determine:

a) los valores medios de posición y del *momentum*, $\langle x\rangle_n$ y $\langle p\rangle_n$, para sus autoestados estacionarios de energía;

b) el autoestado estacionario que minimiza el producto de las inceridumbres $(\Delta x)_n\,(\Delta p)_n$;

c) la distribución de probabilidades para los *momenta*.

Si el estado inicial de la partícula es $\Psi(x,0) = Ax(a-x)$, determine:

d) los valores medios de la posición y del *momentum*, $\langle x\rangle_\circ$ y $\langle p\rangle_\circ$;

e) las probabilidades de ocurrencia de cada autovalor de energía de la partícula;

f) el estado de la partícula en un instante genérico $t$.

**Ejercicio 15.7.3** Considere la dispersión de un haz de partículas de masa $m$ y energía $E$, por una barrera de potencial rectangular de altura $V_o$ y ancho $a$.

Para $E < V_o$,

a) muestre que la probabilidad de transmisión es dada por

$$t = \left(1 + \frac{V_o^2 \operatorname{senh}^2 \rho a}{4E(V_o - E)}\right)^{-1}$$

siendo $\rho = \sqrt{2m(V_o - E)}/\hbar$;

b) determine los límites de $t$ para $\hbar \to 0$ y $\rho a \gg 1$ ($E \ll V_o$).

Para $E > V_o$,

c) muestre que la probabilidad de transmisión es dada por

$$t = \left(1 + \frac{V_o^2 \operatorname{sen}^2 ka}{4E(E - V_o)}\right)^{-1}$$

siendo $k = \sqrt{2m(E - V_o)}/\hbar$;

d) determine el límite de $t$ para $E \gg V_o$;

e) determine la condición para la cual $t$ es máximo;

f) en este caso, calcule el valor del coeficiente de reflexión $r$;

g) determine los valores de energía para los cuales $t$ es máximo.

**Ejercicio 15.7.4** Un protón con energía igual a 12 eV incide sobre uma barrera de potencial rectangular de altura igual a 16 eV y ancho de $1{,}8 \times 10^{-10}$ m. Determine la probabilidad de transmisión.

**Ejercicio 15.7.5** Muestre que la energía del único estado ligado de una partícula de masa $m$, en un pozo de potencial rectangular finito, de profundidad $-V_o$ y ancho $a$, es dada por

$$E = -\frac{ma^2V_o^2}{2\hbar^2}$$

**Ejercicio 15.7.6** Sea un oscilador armónico de masa $m$ y frecuencia propia $\omega$. Determine:

a) la probabilidad de presencia en las regiones clasicamente prohibidas para el estado fundamental;

b) los valores medios de la posición y del *momentum*, $\langle x \rangle_n$ e $\langle p \rangle_n$, para el estado fundamental y para el primer autoestado excitado.

Si el estado inicial es dado por

$$\Psi(x, 0) = \frac{1}{2}\psi_0 + \frac{\sqrt{3}}{2}\psi_1$$

Determine:

c) los valores medios de posición y de *momentum* lineal, $\langle x \rangle$ y $\langle p \rangle$;

d) las probabilidades de ocurrencia de cada autovalor de energía;

e) el estado en un instante cualquiera

**Ejercicio 15.7.7** Considere un oscilador armónico simple unidimensional en un campo eléctrico uniforme, $\varepsilon$, (efecto Stark) cuya ecuación de Schrödinger es

$$\left\{-\frac{\hbar^2}{2m}\frac{\mathrm{d}^2}{\mathrm{d}x^2} + \frac{1}{2}m\omega^2 x^2 - q\varepsilon x\right\}\phi(x) = E\phi(x)$$

a) determine las autofunciones y los autovalores de energía;

b) haga un gráfico de los niveles de energía $E$ en función del campo eléctrico $\varepsilon$;

c) esboce el diagrama de energía, enfatizando las diferencias de niveles con relación al oscilador armónico libre.

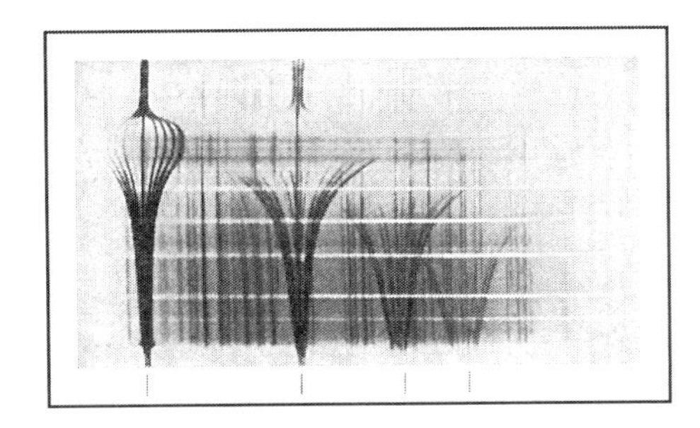

**Figura 15.17:** Espectro evidenciando el efecto Stark.

**Ejercicio 15.7.8** Escriba la ecuación de Schrödinger para el átomo de hidrógeno en $d$ dimensiones y muestre que:

a) la solución de la parte angular depende de los polinomios de Gegenbauer;

b) el término centrífugo que aparece en la ecuación radial, en vez de $l(l+1)\hbar^2/r^2$, es $j(j+1)\hbar^2/r^2$, en donde $j = l + (d-3)/2$.

**Ejercicio 15.7.9** La ecuación de Schrödinger puede ser obtenida heurísticamente a partir del hamiltoniano clásico que describe un sistema físico conservativo, $H(x,p) = p^2/(2m) + V(x) = E$, considerando $H$ un operador y sustituyendo $p \to -i\hbar\partial/\partial x$ y $E \to i\hbar\partial/\partial t$. En tanto, hay que considerar algo más. Clasicamente, por ejemplo, el término cinético puede ser escrito como

$$\frac{p^2}{2m} = \frac{1}{2m} p \frac{1}{x} px$$

Como $x$ y $p$ conmutam en la Física Clásica, el término $1/x$ se cancela con $x$. Pero, aplicando la regla de arriba al hamiltoniano con el término cinético escrito de esa forma, se obtiene *otra* ecuación de Schrödinger. Discuta ese problema y establezca un procedimiento para que esa ambigüedad sea evitada al aplicar la regla expuesta anteriormente.

**Ejercicio 15.7.10** Un electrón de un átomo de hidrógeno se encuentra en su estado fundamental. Determine:

a) la probabilidad de que el electrón se encuentre en el interior del protón ($r \sim 1$ F $= 10^{-15}$ m);

b) la distancia más probable entre el protón y el electrón;

c) la probabilidad de presencia entre $0{,}99\,a$ y $1{,}11\,a$, siendo $a$ el radio de Bohr;

d) la probabilidad de presencia para $r > 4a$;

e) los valores medios $\langle r \rangle$, $\langle r^2 \rangle$, $\langle x \rangle$ y $\langle x^2 \rangle$.

**Ejercicio 15.7.11** Muestre que:

a) $[L_x, z] = -i\hbar y$

b) $[L_y, z] = -i\hbar x$

c) $[L_x, y] = i\hbar z$

d) $[L_y, x] = -i\hbar z$

e) $[L^2, z] = 2i\hbar(xL_y - yL_x - i\hbar z)$

f) $\left[L^2, [L^2, z]\right] = 2\hbar^2(zL^2 + L^2 z)$

g) $\vec{r} \cdot \vec{L} = 0$

**Ejercicio 15.7.12** Calcule (para $k = -3, -2, -1, 1$ y $2$)

$$\langle r^k \rangle = \int_0^{\infty} R_{nl}^* \, r^k \, R_{nl} \, r^2 \, \mathrm{d}r$$

**Ejercicio 15.7.13** Calcule los valores medios de $\langle p_x \rangle$, $\langle p_y \rangle$ y $\langle p_z \rangle$ en los estados $l = 1$ y $m = 0, \pm 1$ del átomo de hidrógeno.

**Ejercicio 15.7.14** Considerando los polinomios de Legendre, muestre que

$$\int_{-1}^{+1} P_l(x) G_k(x) \, \mathrm{d}x = 0$$

para todo polinomio $G(x)$ de orden $k < l$.

**Ejercicio 15.7.15** La ecuación diferencial

$$\frac{\mathrm{d}}{\mathrm{d}x}\left[A(x)\frac{\mathrm{d}y}{\mathrm{d}x}\right] + [\lambda B(x) + C(x)]\, y = 0$$

es llamada de *ecuación de Sturm-Liouville*, en la cual el parámetro $\lambda$ está asociado a los autovalores. Muestre que las ecuaciones del movimiento armónico simple, de Hermite, de Legendre y de Laguerre pueden ser escritas en esta forma general.

**Ejercicio 15.7.16** Sabiendo que la función de onda para una partícula libre que se mueve a lo largo del eje $z$, con momentum $\hbar k$, puede ser expresada como:

$$\psi = e^{ikz} = \sum_{\ell}^{\infty} i^{\ell} \sqrt{4\pi(2\ell + 1)} j_{\ell}(kr) Y_{\ell 0}$$

en donde $j_\ell$ son funciones de Bessel y $Y_{\ell 0}$, los armónicos esféricos. Recordando que

$$Y_{00} = \frac{1}{\sqrt{4\pi}}$$

$$Y_{20} = \frac{1}{2}\sqrt{\frac{5}{4\pi}}(3\cos^2\theta - 1)$$

calcule la integral

$$(\hbar k)^2 \int \psi \, \mathrm{sen}^2\, \theta \; d\Omega$$

**Ejercicio 15.7.17** Considere que un electrón en el campo coulombiano de un protón se encuentra en un estado descrito por la siguiente función de onda $\psi_{n\ell m}(\vec{r})$:

$$\frac{1}{4}[2\psi_{100}(\vec{r}) + 3\psi_{211}(\vec{r}) - \psi_{210}(\vec{r}) + \sqrt{2}\psi_{21-1}(\vec{r})].$$

Calcule el valor esperado de $L^2$.

**Ejercicio 15.7.18** Muestre que

$$\left[(l' + l + 1)^2 + (l' - l)^2 - 1\right] = \left[(l' + l + 1)\,(l' - l)\right]^2$$

# 16

# La ecuación de Dirac

*En los momentos de crisis, solo la imaginación es más importante que el conocimiento*
Albert Einstein

El descubrimiento del electrón apartó definitivamente la idea de que el átomo sería el constituyente último de la materia, indivisible, inmutable e indestructible, como sostenía la teoría atómica química de la materia. Pasado ahora más de un siglo de su descubrimiento, el electrón continúa siendo una partícula elemental, en el sentido de que no presenta ninguna estructura, al menos hasta el límite experimental de hoy, que permite sondear distancias del orden de 1 000 000 000 000 000 000 de veces menores que el metro. ¿Y en qué este nuevo concepto de elementalidad difiere del concepto clásico de *a-tomo*? ¿Se puede continuar utilizando los mismos criterios adoptados en la Química para definir lo que es elemental? La respuesta es no, pero este punto será analizado en el Capítulo 17.

Es importante señalar que alrededor de 1928, año de los primeros trabajos de Dirac para comprender el electrón, no había ni siquiera una descripción coherente del *spin* del electrón. Sólo había modelos que intentaban explicar este nuevo grado de libertad del electrón. Mucho menos existía una teoría consistente que tomara en cuenta la dinámica de la interacción de los electrones con el campo electromagnético en el escenario de la Física Cuántica.

Por otro lado, el descubrimiento del *positrón* desencadenó un largo y profundo proceso de revisión del concepto de partícula elemental, que culminó con el entendimiento de que esas partículas no son necesariamente inmutables e indestructibles. Como una de las consecuencias importantes de este proceso, se debe considerar la génesis de la idea de *quarks*, en la década de 1960 (Capítulo 17).

Durante ese período, muy rico para la Física, el estudio de las simetrías de las propiedades de las partículas y de sus interrelaciones desempeñó un papel notable, que pasó por el reconocimiento – a ejemplo de lo que hizo Heráclito en la Filosofía griega – de que el conflicto de los opuestos es, en último análisis, un tipo de armonía, y los continuos procesos de cambio son, ellos mismos, principios fundamentales que merecen lugar de destaque en los estudios de la estructura cuántica de la materia. La idea de que para cada partícula existe una correspondiente *antipartícula*[1] abre, de hecho, la posibilidad de un gran número de nuevos fenómenos y conduce también a una revisión radical del concepto de vacío, como se verá posteriormente.

La constante fundamental en la Mecánica Cuántica es la constante de Planck, $h$, mientras que en la Relatividad Especial la constante que desempeña tal papel fundamental es la velocidad de la luz en el vacío, $c$. Como el estudio de sistemas microscópicos involucra partículas de masas muy pequeñas, como por ejemplo el electrón, que puede alcanzar velocidades cercanas a la luz, se hace necesario proponer una

[1]Una antipartícula posee la misma masa y un conjunto de cargas opuestas con relación a la partícula asociada.

*teoría cuantico-relativista.* La ecuación fundamental de esta teoría, naturalmente, debe incluir las dos constantes $h$ y $c$ y debe contener la ecuación no relativista de Schrödinger como caso límite.

A partir de un raciocinio análogo, Dirac estableció una ecuación capaz de describir la dinámica de un electrón en su interacción con un campo electromagnético, covariante con relación a las transformaciones de Lorentz, mostrando, por primera vez, y que el *spin* parece ser intrínsecamente una propiedad cuantico-relativista del electrón y del positrón.

## 16.1 El maíz y la perla

Un gallo, excavando el suelo,
encuentra una perla y, entonces,
va hasta la joyería.
Es rara, yo sé: ¡ve qué brillo!
¡Pero juro que un grano de maíz,
para mí, tiene mayor valor!

Jean de La Fontaine

El descubrimiento del electrón fue fundamental para la revisión del concepto de átomo. Sin embargo, desde el punto de vista de la descripción teórica de la dinámica de esta partícula y de su interacción con campos externos, fue el descubrimiento del *positrón* que permitió entender mejor lo que es el electrón. Desde el punto de vista de la Historia de las Ideas, la concepción y el descubrimiento del positrón tal vez sean comparables sólo con la génesis del concepto de *átomo* en la Grecia Antigua.

Fue partiendo de ese supuesto que, pasada la conmemoración del centenario del descubrimiento experimental del electrón, se optó por no enfatizar aquí tanto sus aspectos ontológicos, sino por tratar de lo que se puede llamar el *negativo* de esa partícula elemental, o sea, del descubrimiento del *antielectrón*[2] y de su significado para la Física Moderna y Contemporánea.

Esa fue la primera antipartícula, observada por Carl David Anderson al estudiar los rayos cósmicos en 1931, y por él bautizada como *positrón* – nombre por el que es conocida hasta hoy –, acatando una sugerencia del editor de la revista *Science News Letters*, donde fue publicada la primera fotografía de la traza de ionización dejada por el positrón en una cámara de niebla (Figura 16.1).

Es importante resaltar que ése no es el único ejemplo en la Historia de la Ciencia en que la aceptación de la negativa de un concepto físico desempeña un papel epistemológico importante. Tal vez el ejemplo más conocido sea la aportación de los atomistas griegos, en el siglo V a.C., al admitir como pilares de la filosofía materialista la coexistencia del *átomo* (el *Ser*) y del *vacío* (el *No Ser*).

El descubrimiento de esta perla de gran brillo – el positrón – fue decisivo para la moderna conceptualización del maíz: el electrón.

La constatación de la existencia de antipartículas, además de haber sido decisiva en el proceso de consolidación de una teoría capaz de describir la interacción entre partículas eléctricamente cargadas y fotones – la *Electrodinámica Cuántica* –, exigió que el propio concepto de *materia* fuera revisado, introduciendo el concepto de *antimateria*. También contribuyó a abrir un nuevo camino para la investigación teórica y experimental de los constituyentes últimos de la *materia*, a través de lo que convencionalmente se ha llamado Física de Partículas o más tarde Física de Altas Energías.

[2]Antielectrón fue el término acuñado por Dirac para el positrón.

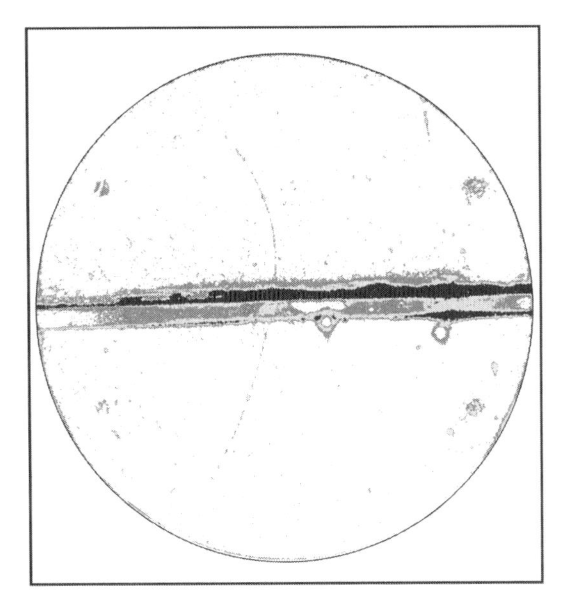

**Figura 16.1:** Trazo de ionización dejado por un positrón en una cámara de nubes en el experimento de Anderson al atravesar una placa de plomo.

## 16.2 La ecuación relativista de Dirac

*La presente forma de la Mecánica Cuántica no debe ser considerada la forma final.*

Paul Dirac

La descripción de la dinámica del microcosmos a partir de las ideas de Louis de Broglie, en particular del comportamiento de las partículas sometidas a la acción de campos electromagnéticos, como en el caso de los electrones atómicos, fue encontrada en 1926 por Schrödinger, a partir de la ecuación

$$H\Psi(\vec{r},t) = i\hbar\frac{\partial}{\partial t}\Psi(\vec{r},t) \tag{16.1}$$

siendo $H$ el operador hamiltoniano que, en el caso de sistemas conservativos, corresponde a la energía del electrón (Capítulo 14).

Sin embargo, la ecuación de Schrödinger es una ecuación no relativista, que implica derivadas espaciales de segundo orden, mientras que la derivada temporal es de primer orden. Por otro lado, Sommerfeld ya había mostrado que, para explicar la estructura fina de los espectros de líneas del átomo de hidrógeno, era necesario considerar correcciones relativistas al movimiento del electrón orbital.

¿Cómo compatibilizar, entonces, la Mecánica Cuántica y la Teoría de la Relatividad Especial? Esta fue la pregunta que Dirac se hizo entre los años de 1926 y 1928. Para él, no debería haber asimetría en el orden de las derivadas involucradas en una ecuación relativista. Por ejemplo, la ecuación de onda de d'Alembert incluye derivadas de segundo orden en el espacio y en el tiempo, y es covariante con relación a las transformaciones de Lorentz.

En ese sentido, el propio Schrödinger había llegado a una ecuación relativista para el electrón en el átomo de hidrogeno, pero el espectro calculado con base en esa ecuación no estaba de acuerdo con el experimento. La teoría y el experimento sólo estaban de acuerdo en el límite no relativista. El problema estaba en no considerar el *spin* del electrón, ni siquiera conocido en aquella época.

La ecuación relativista encontrada por Schrödinger fue redescubierta, en 1926, por el físico sueco Oskar Benjamin Klein y por el aleman Walter Gordon, quedando conocida como *ecuación de Klein-Gordon.* Al contrario de lo que se imaginaba, esta ecuación no describe partículas como el electrón, de *spin* $1/2$, sino partículas de *spin* cero, como el mesón $\pi$. De ella resulta una aparente contradicción conceptual con la interpretación probabilística de la Mecánica Cuántica, propuesta por Max Born, pues podrían ocurrir probabilidades negativas

Un procedimiento mnemónico para la obtención de la ecuación no relativista de Schrödinger puede ser presentado a partir de la asociación

$$\begin{cases} H \rightarrow i\hbar\dfrac{\partial}{\partial t} \\ \vec{p} \rightarrow -i\hbar\vec{\nabla} \end{cases}$$

y de la hipótesis de que la relación entre los operadores hamiltoniano ($H$) y *momentum* ($\vec{p}$) para una partícula libre de masa $m$ sea dada por la expresión no relativista

$$H = \frac{p^2}{2m}$$

Así, resulta

$$-\frac{\hbar^2}{2m}\nabla^2\Psi(\vec{r},t) = i\hbar\frac{\partial}{\partial t}\Psi(\vec{r},t)$$

De acuerdo con la expresión relativista de Einstein, la relación entre los operadores hamiltoniano y *momentum* para la partícula libre de masa $m$ debería ser dada por

$$H^2 = p^2c^2 + m^2c^4$$

Al adoptar el mismo procedimiento anterior y escribir la ecuación análoga a la de Schrödinger,

$$H\Psi = i\hbar\frac{\partial}{\partial t}\Psi$$

a partir de ese nuevo hamiltoniano surge el problema de una *teoría no local*, pues se debería expandir la raíz cuadrada de un término que involucraría todas las potencias de los operadores asociados a las derivadas espaciales.

Sin embargo, utilizando la expresión compatible con la ecuación de Schrödinger,

$$H^2\Psi = -\hbar^2\frac{\partial^2}{\partial t^2}\Psi = \hbar^2c^2\left[-\nabla^2 + \left(\frac{mc}{\hbar}\right)^2\right]\Psi \tag{16.2}$$

resulta la *ecuación de Klein-Gordon*,

$$\left[\Box^2 + \left(\frac{mc}{\hbar}\right)^2\right]\Psi(x,y,z,t) = 0 \tag{16.3}$$

en la cual el operador $\Box^2 \equiv \dfrac{1}{c^2}\dfrac{\partial^2}{\partial t^2} - \nabla^2$ es denominado dalembertiano.

Al tratar de escribir una ecuación de continuidad obtenida a partir de la ecuación de Klein Gordon, se ve que no será posible mantener la interpretación probabilística sin ambigüedades, ya que la densidad de ($\rho$) no será estrictamente positiva.

De hecho, siguiendo un procedimiento análogo al utilizado para obtener la ecuación de continuidad relacionada con la ecuación de Schrödinger (Sección 14.4), se obtiene

$$\frac{\partial\rho}{\partial t} + \vec{\nabla}\cdot\vec{J} = 0$$

en lo que, ahora,

$$\begin{cases} \rho = \dfrac{i\hbar}{2mc^2}\left(\Psi^* \dfrac{\partial \Psi}{\partial t} - \Psi \dfrac{\partial \Psi^*}{\partial t}\right) \\ \vec{J} = \dfrac{\hbar}{2mi}\left(\Psi^* \vec{\nabla}\Psi - \Psi\vec{\nabla}\Psi^*\right) \end{cases} \tag{16.4}$$

Este resultado llevó a abandonar provisionalmente la ecuación de Klein-Gordon. La ecuación fue rescatada después de que Feynman reinterpretara las soluciones de la ecuación de Dirac. Actualmente, se sabe que la ecuación de Klein-Gordon describe el comportamiento de partículas masivas de *spin* 0.

Dirac, sin embargo, creía que la ecuación relativista para describir el electrón que se mueve en un campo electromagnético debería ser de primer orden tanto en la derivada temporal como en la espacial. La solución encontrada por él fue la ecuación que puede ser escrita como

$$\left[i\hbar\left(\frac{\partial}{c\partial t} + \alpha_1 \frac{\partial}{\partial x} + \alpha_2 \frac{\partial}{\partial y} + \alpha_3 \frac{\partial}{\partial z}\right) - \beta mc\right]\Psi(x, y, z, t) = 0 \tag{16.5}$$

en la cual la función de onda ya no es un campo escalar, y sí un campo denominado de naturaleza espinorial, que posee cuatro componentes, y los coeficientes $\alpha$ son matrices hermíticas de dimensiones $4 \times 4$.[3]

Note en la ecuación (16.5) que los $\alpha$ no pueden ser simplemente números, pues en ese caso la ecuación no sería invariante ni en una rotación espacial. Por ejemplo, una rotación dextrógira de $90°$ alrededor del eje $z$ lleva a $x \to x' = y$ y $y' = -x$. Luego, la función de onda debe estar representada por matrices columna del tipo

$$\Psi = \begin{bmatrix} \Psi_1 \\ \vdots \\ \Psi_4 \end{bmatrix}$$

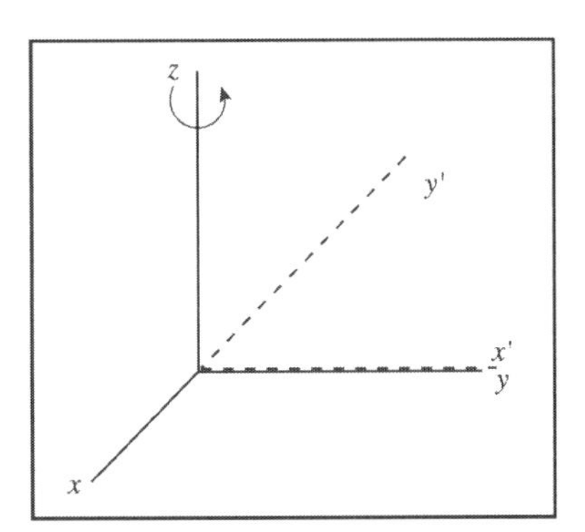


**Figura 16.2:** Representación de una rotación de $90°$ de un sistema cartesiano alrededor del eje $z$.

Escribiendo la *ecuación de Dirac*, ecuación (16.5), como

$$\begin{aligned} -\hbar^2 \frac{\partial^2 \psi}{\partial t^2} &= -\hbar^2 c^2 \sum_{i,j=1}^{3} \frac{1}{2}(\alpha_i\alpha_j + \alpha_j\alpha_i)\frac{\partial^2 \psi}{\partial x^i \partial x^j} + \\ &+ \frac{\hbar mc^3}{i}\sum_{j=1}^{3}(\alpha_j\beta + \beta\alpha_j)\frac{\partial \psi}{\partial x^j} + \beta^2 m^2 c^4 \psi \end{aligned} \tag{16.6}$$

[3]Un campo espinorial con dos componentes ya había sido propuesto por Pauli para la descripción de la dinámica del electrón en un campo magnético..

la ecuación resultante sólo será compatible con la ecuación (16.2) si las matrices $\alpha$ y $\beta$ satisfacen las propiedades

$$\begin{cases} \alpha_i\alpha_j + \alpha_j\alpha_i = 2\,\delta_{ij} \\ \alpha_i\beta + \beta\alpha_i = 0 \\ \alpha_i^2 = \beta^2 = 1 \end{cases} \tag{16.7}$$

De estas propiedades, se desprende que:

- las matrices $\alpha$ y $\beta$ tienen traza nula.

  De hecho, la llamada regla de anticomutación

  $$\alpha_i\beta + \beta\alpha_i = 0 \qquad \Longrightarrow \qquad \alpha_i = -\beta\alpha_i\beta$$

  implica

  $$\mathrm{tr}\,\alpha_i = \mathrm{tr}\,\beta^2\alpha_i = \mathrm{tr}\,\beta\alpha_i\beta = -\mathrm{tr}\,\alpha_i \qquad \Longrightarrow \qquad \mathrm{tr}\,\alpha_i = 0$$

- $\alpha_i^2 = \beta^2 = 1$ implica que los autovalores $\alpha$ y $\beta$ son $\pm 1$.

Como la traza es la suma de los autovalores, la dimensión ($d$) de las matrices debe ser *par*. La elección $d = 2$ no sirve, pues el número máximo de matrices $2 \times 2$ que anticomutam es 3, las *matrices de Pauli*, $\sigma_x$, $\sigma_y$ y $\sigma_z$,

$$\sigma_x = \begin{pmatrix} 0 & 1 \\ 1 & 0 \end{pmatrix} \qquad \sigma_y = \begin{pmatrix} 0 & i \\ -i & 0 \end{pmatrix} \qquad \sigma_z = \begin{pmatrix} 1 & 0 \\ 0 & -1 \end{pmatrix}$$

La menor dimensión posible, que satisface el álgebra del sistema de ecuaciones (16.7), es $d = 4$. Usualmente, las llamadas *matrices de Dirac* son representadas por (representación de Pauli)

$$\alpha_i = \begin{bmatrix} \mathbf{0} & \sigma_i \\ \sigma_i & \mathbf{0} \end{bmatrix} \qquad\qquad \beta = \begin{bmatrix} I & \mathbf{0} \\ \mathbf{0} & I \end{bmatrix}$$

siendo

$$\mathbf{0} = \begin{pmatrix} 0 & 0 \\ 0 & 0 \end{pmatrix} \qquad\qquad I = \begin{bmatrix} 1 & 0 \\ 0 & 1 \end{bmatrix}$$

La ecuación de Dirac también puede ser expresada por

$$\Big(p_0 - \alpha_1 p_1 - \alpha_2 p_2 - \alpha_3 p_3 - \beta mc\Big)\Psi = 0$$

con $p_o = i\hbar\partial/\partial x_o$, $p_i = -i\hbar\partial/\partial x_i$ $(i = 1, 2, 3)$, $x_0 = ct$, $x_1 = x$, $x_2 = y$ y $x_3 = z$.

Como todo punto del espacio-tiempo debe ser equivalente, los operadores que actúan sobre la función de onda $\Psi$ no deben depender de las coordenadas espaciales. Luego, las matrices $\alpha$ y $\beta$ deben ser independientes de la posición y, por lo tanto, conmutan con los operadores de posición ($x_1$, $x_2$ y $x_3$) y del *momentum* ($p_1$, $p_2$ y $p_3$). Estas matrices describen un nuevo grado de libertad relacionado con una propiedad interna del electrón, el *spin*.

De las cuatro soluciones de la ecuación de Dirac para partículas libres de masa $m$, de acuerdo con la relación de Einstein, ecuación (6.46), dos corresponden a partículas con energía positiva,

$$E = +\sqrt{p^2c^2 + m^2c^4}$$

y las otras dos, a partículas con energía negativa,

$$E = -\sqrt{p^2c^2 + m^2c^4}$$

Este fue el principal problema conceptual enfrentado por Dirac, pues, al contrario de las partículas en estados ligados, una partícula libre no puede tener energía negativa. Sin embargo, si estos estados de energía negativa no pudieran ser considerados, la estructura de la teoría no sería matemáticamente consistente. El siguiente paso tuvo que ver con una profunda revisión del concepto de *vacío*, como atestiguan sus propias palabras:

> *Si no podemos excluir [los estados de energía negativa], debemos encontrar un método de interpretación física para ellos. Se puede llegar a una interpretación razonable adoptando una nueva concepción de vacío. Anteriormente, la gente pensaba en el vacío como una región del espacio que está completamente vacía, una región del espacio que no contiene absolutamente nada. Ahora debemos adoptar una nueva visión. Podemos decir que el vacío es la región del espacio donde tenemos la menor energía posible.*

Con ese modo original y revolucionario de definir el *vácuo*, Dirac evidencia que el *espacio* y la *materia* ya no se excluyen recíprocamente, como en la gran escuela materialista de la antigüedad, como en Descartes y Einstein. El vacío deja de ser el espacio totalmente privado de materia. Así, Dirac, al intentar conciliar la Mecánica Cuántica y la Relatividad Especial – que fundamenta las simetrías entre *espacio* y *tiempo* –, es llevado a descubrir una profunda relación entre *materia* y *espacio*; relación que se deriva de las simetrías matemáticas bajo las cuales su ecuación se mantiene invariante. Comentando este intento de fusión entre Cuántica y Relatividad, Weinberg enfatiza que *de ella resultó una nueva visión de mundo, en la que la materia perdió su papel central y son los* principios de simetría *los que asumen este papel.*

Esta importante contribución de Dirac está en la base del desarrollo de la *Electrodinámica Cuántica* y, en general, de la Teoría Cuántica de Campos. Es en el ámbito del formalismo general de esta teoría – capaz de describir los nuevos procesos de creación y aniquilación de partículas – que se define el vacío y se describe la dinámica de las interacciones entre partículas elementales, lo que, a su vez, determina la revisión del propio concepto de *partícula elemental.*

Inspirado en la teoría de la valencia química, Dirac imaginó que el vacío sería el estado con todos los niveles de energía negativa ocupados por los electrones – llamado *mar de electrones.* El vacío tendría, por lo tanto, una estructura compleja – por más paradójico que esto pueda parecer –, con una energía total negativa e infinita. Parece que infinitos y divergencias son una consecuencia inevitable de cualquier teoría que intente satisfacer simultáneamente los requisitos de la Mecánica Cuántica y de la Teoría de la Relatividad Especial.

**Figura 16.3:** Los electrones y los agujeros de Dirac.

El llenado de esos estados de energía negativa se daría de modo análogo a cómo se llenan las capas cerradas de los átomos. De esta forma, de acuerdo con el principio de exclusión de Pauli, un electrón de energía positiva nunca podría sufrir una transición a estados de energía negativa (ya todos ocupados). Sin embargo, uno de esos electrones del vacío podría ser excitado, yendo a un estado de energía positiva, dejando en el vacío (mar de electrones de energía negativa) lo que Dirac llamó *agujero.* Cada agujero es interpretado, así, como una partícula de carga eléctrica positiva y energía positiva. Este es el llamado proceso de creación de pares de partículas y antipartículas, que fue observado experimentalmente más tarde.

Por simetría, Dirac encontró que un agujero debería tener la misma masa del electrón, aunque con carga eléctrica positiva. Sin embargo, en aquella época, la única partícula con carga eléctrica positiva conocida era el *protón* ¿Cómo explicar, entonces, la diferencia de masa del orden de 2000 veces? Fue Hermann Weyl quien primero creyó en la existencia de otra partícula con masa igual a la del electrón, por los motivos que el propio Dirac relata y que valen la pena ser recordados:

> *[Weyl] dijo enfáticamente que los agujeros debían tener la misma masa del electrón. Pero Weyl era un matemático. En modo alguno era un físico. Él se interesaba por las consecuencias matemáticas de una idea, calculando lo que puede ser deducido a partir de las varias simetrías. Y ese enfoque matemático lo llevó directamente a la conclusión de que los agujeros tendrían la misma masa que el electrón.*

Dirac no utiliza la matemática sólo como un lenguaje capaz de describir fenómenos observados, sino como un importante instrumento cognoscitivo, donde las *simetrías* desempeñan un papel decisivo. Su ecuación tiene el mérito de abrir el camino para el conocimiento de nuevas simetrías hasta entonces impensables, no sólo relacionadas con el espacio-tiempo. Otras simetrías, como las llamadas *simetrías internas*, que se refieren a espacios abstractos, como la *conjugación de la carga*, simetría que lleva el estado de una partícula al de su correspondiente antipartícula, pasan a formar parte de la descripción cuántica de las partículas elementales.

## 16.3 El descubrimiento del positrón

*En lo que concierne a la observación, la suerte favorece sólo a las mentes preparadas.*
Louis Pasteur

En verdad, los agujeros eran mucho más que una posibilidad matemática. Fue necesario poco menos de un año para que esta extraña predicción de Dirac – de cierto modo dictada por el ideal de simplicidad y de belleza de una teoría – tuviera una confirmación experimental. El positrón, o el antielectrón, con masa idéntica y carga eléctrica del mismo valor pero de signo opuesto con relación al electrón, fue descubierto por Anderson, que había desviado su interés a las investigaciones de Millikan sobre los rayos cósmicos. Según el testimonio del propio Anderson, él conocía la teoría de Dirac, aunque no estaba familiarizado con sus detalles. Estaba tan ocupado con el funcionamiento de su cámara de niebla que no tenía mucho tiempo para leer los artículos de Dirac, considerados no ortodoxos para el pensamiento científico de la época. El descubrimiento del positrón fue, por lo tanto, completamente accidental, conforme lo asegura el propio Anderson.

Desde el inicio, Anderson detectó algunos trazos curiosos, cuyas trayectorias podían ser de partículas negativas moviéndose hacia arriba o de partículas positivas moviéndose hacia abajo. El origen de esa ambigüedad es simple de entender. Las partículas cargadas son desviadas por el resultado de la acción de la fuerza de Lorentz, en el SI,

$$\vec{F} = q\vec{v} \times \vec{B} \tag{16.8}$$

en la cual $q$ es la carga de la partícula, $\vec{v}$, la velocidad de la partícula, y $\vec{B}$, el campo magnético.

Por tanto, haciendo simultáneamente las sustituciones $q \to -q$ y $\vec{v} \to -\vec{v}$, la fuerza $\vec{F}$ no se altera. Obviamente, Anderson consideró que el sentido del movimiento de los rayos cósmicos debía ser de arriba hacia abajo. Pero, ¿cómo tener la certeza de que aquellos eventos eran realmente así? La solución encontrada por él fue muy simple e ingeniosa: se colocó una placa de plomo de 6 mm de espesor a lo largo del diámetro de la cámara. Es bien sabido que una partícula cargada, al atravesar la materia, pierde energía y, por consiguiente, pierde velocidad.

La fotografía de la Figura 16.1 muestra la huella dejada por un positrón en una cámara de niebla sometida a un campo magnético perpendicular al plano de la cámara. Hay una evidente alteración en la curvatura de la huella. Para poder discernir el sentido del movimiento a partir de esa observación, se define la curvatura en términos de cantidades conocidas.

De acuerdo con la Electrodinámica Relativista de Einstein (Sección 6.6.3), el radio de curvatura ($r$) de la trayectoria de una partícula de masa $m$ y carga carga eléctrica $q$, en un campo magnético $B$, es dado, en el SI, por

$$r = \gamma(v)\left(\frac{mv}{qB}\right) \tag{16.9}$$

siendo $\gamma(v)$ el fator de Lorentz y $v$ la velocidad de la partícula.

Por tanto, teniendo en cuenta que la curvatura se define como el inverso del radio de la curvatura,

$$\text{curvatura} = \frac{1}{\gamma}\left(\frac{q}{m}\right)\left(\frac{B}{v}\right) \tag{16.10}$$

y como la curvatura es mayor en el hemisferio superior de la cámara, se sigue, de la ecuación (16.10), que, en esa región, la velocidad de la partícula es menor. Por la dirección del campo magnético, Anderson pudo concluir, entonces, que esa fotografía correspondía a una partícula de carga eléctrica positiva que penetraba en la cámara por el hemisferio inferior y perdía energía en la placa de plomo.

¿Sería un protón? Imposible, por dos motivos: primero porque el poder de ionización del protón sería aproximadamente dos veces mayor que aquel evidenciado en la foto, relacionado al espesor de la traza registrada; segundo porque, siendo la masa del protón cerca de 2000 veces la del electrón y la curvatura inversamente proporcional a la masa, el protón que tuviera energía suficiente para sobrepasar la placa de plomo no dejaría una traza de curvatura visible en la cámara de niebla.

Así fue detectada por primera vez una antipartícula en laboratorio, que había sido prevista por la teoría de Dirac: la primera partícula elemental que no se encuentra naturalmente en el interior de los átomos.

La Figura 16.4, también obtenida por Anderson, muestra un chorro de tres electrones y tres positrones producidos por un rayo cósmico, al interactuar con la pared de la propia cámara de niebla. En esa foto, los electrones se inclinaron hacia la izquierda y los positrones, hacia la derecha. El inglés Patrick Maynard Stuart Blackett y el italiano Giuseppe Occhialini dieron en 1933 una importante contribución al estudio y a la interpretación de estos chorros, que resultan de la materialización de rayos $\gamma$ (fotones de alta energía) de origen cósmico en un par electrón-positrón, fenómeno que sólo puede ocurrir, para satisfacer la conservación del *momentum* y la energía, en la vecindad de núcleos.

Casi un año más tarde, Irene Curie y Frederic Joliot mostraron que los pares electrón-positrón también podían ser producidos en laboratorio a partir de rayos $\gamma$ muy energéticos provenientes de una fuente de polonio(Po) y Berilio(Be). En la Figura 16.5, se reproduce una fotografía que muestra dos procesos de creación de pares electrón-positrón por rayos $\gamma$ distintos, obtenida con cámara de burbujas. La diferencia de la curvatura de las trazas de los dos pares se debe a la diferencia de energía entre ellos; cuanto más energético, menor la curvatura. Basta recordar la ecuación (16.10) y el hecho de que masa y energía están ligadas por la relación de Einstein, $E = \gamma(v)mc^2$. La energía del par de la parte superior es menor porque el $\gamma$ perdió buena parte de su energía en la colisión con un electrón atómico (la línea mayor). Cabe notar que las espirales no aparecen rigurosamente simétricas debido a la inclinación del plano de producción del par en relación con la máquina fotográfica.

Finalmente, en julio de 1933, Irene Curie y Frederic Joliot observaron la producción de positrones isolados además de los producidos en pares, con una característica aún más marcada: la distribución de energía de esos positrones parecía asumir valores continuos. Esos positrones son producidos por el *decaimiento* $\beta$ (Sección 9.3.2),

$$p \to n\ e^+\ \bar{\nu}$$

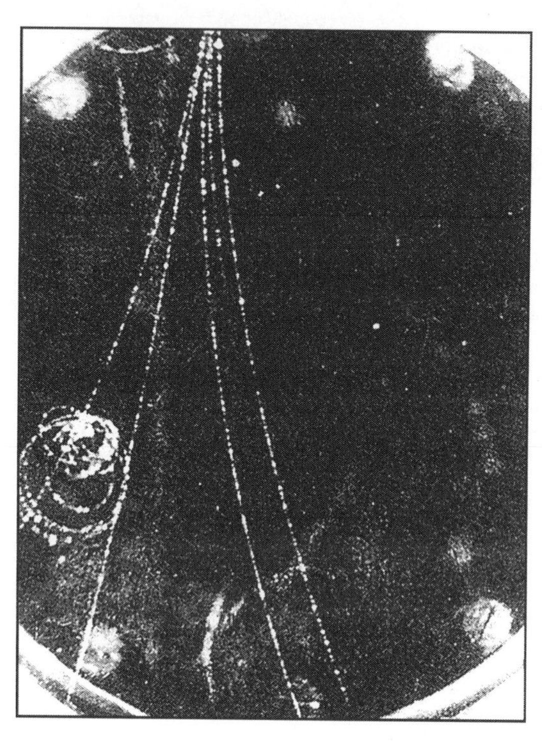

**Figura 16.4:** Fotografía hecha por Anderson en la cima de una montaña en Colorado, mostrando la creación de un chorro de tres electrones y tres positrones a partir de rayos cósmicos.

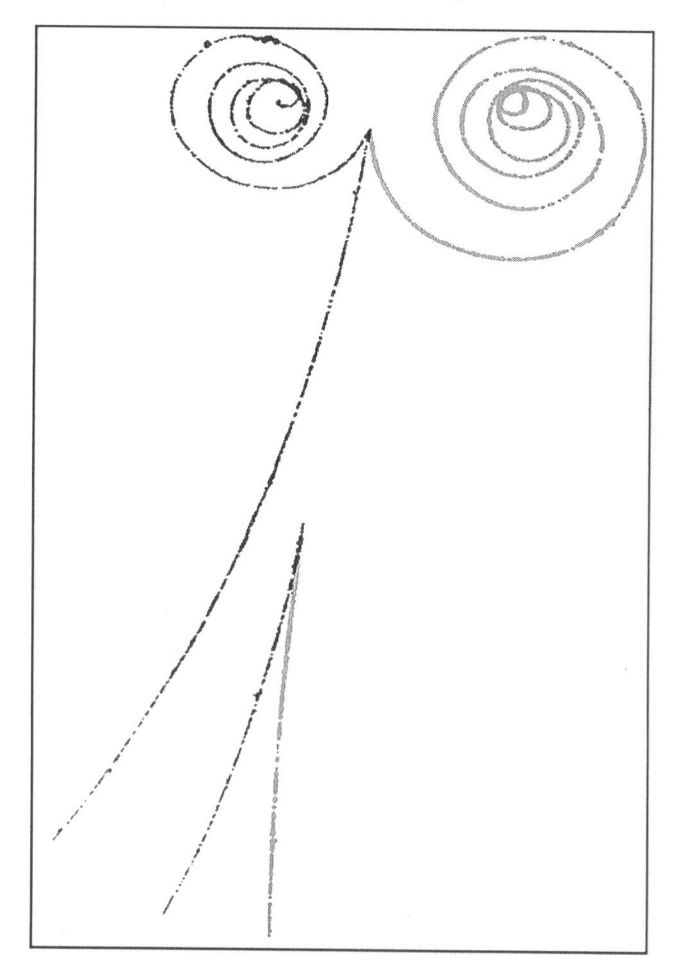

**Figura 16.5:** La creación de dos pares electrón-positrón a partir de dos rayos $\gamma$ distintos.

en que el protón decae en un neutrón más un positrón y un antineutrino. Aunque habían llegado muy cerca del descubrimiento del positrón y del neutrón, la gran contribución de la pareja Joliot Curie fue el descubrimiento de la radioactividad artificial (Capítulo 9), en la cual el positrón es esencial. En este proceso, un isótopo radiactivo del fósforo (P) decaía en silicio (Si) más un positrón y un neutrino. La comprensión del decaimiento $\beta$ y de la radioactividad artificial tuvo un impacto notable sobre la Física Nuclear y de Partículas, pues a través de ella se descubrió un nuevo tipo de interacción fundamental entre constituyentes subnucleares de la materia: *la interacción débil*

## 16.4 La perla y el maíz: moraleja de la fábula

*La realidad esencial es un conjunto de campos sujetos a las reglas de la Relatividad Especial y de la Mecánica Cuántica; cualquier otra cosa se deriva como consecuencia de la dinámica cuántica de estos campos.*

Steven Weinberg

Mientras que el descubrimiento del *electrón* mostró la divisibilidad del *átomo*, el descubrimiento del *positrón*:

- revolucionó el concepto de vacío;
- consolidó una nueva comprensión teórica de lo que es el *spin*;
- provocó una revisión del concepto de partícula elemental;
- permitió la consolidación de una teoría cuántica de campos capaz de describir la interacción de la luz con la materia;
- abrió nuevos caminos a la investigación experimental y teórica de los constituyentes últimos de la materia;
- contribuyó para que el estudio de las propiedades de simetría de las partículas y de sus interacciones pasara a desempeñar un papel fundamental en el desarrollo de la Física.

De hecho, desde el punto de vista conceptual, fue visto que a partir del descubrimiento del positrón se consolidó una nueva visión del vacío, que pasó a depender de la materia, de la cual estuvo separado por más de 25 siglos y que, en su esencia, permanece válida hasta hoy. El positrón fue una pieza clave en la construcción de una teoría capaz de describir cuánticamente el electrón y su interacción con la luz: la Electrodinámica Cuántica. Dos nuevos fenómenos, previstos por esta teoría, deben ser destacados: la posibilidad de creación de pares electrón-positrón y la existencia de un átomo extraño (inestable), eléctricamente neutro, compuesto de un electrón y un positrón (el *positronium*). El estudio teórico del *positronium* permitió verificar varias propiedades de simetría de la Electrodinámica Cuántica y se mostró muy útil, más tarde, cuando los físicos comenzaron a estudiar otros estados ligados de partícula y antipartícula, como los mesones en el modelo de *quarks*, según el cual cada mesón es un estado ligado *quark-antiquark* (Capítulo 17).

Los procesos de creación y aniquilación electrón-positrón tuvieron, y siguen teniendo, un papel experimental muy importante en el desarrollo de la Física de Partículas. Antes de mencionarlos, sería oportuno citar otra consecuencia importante de esos procesos: la posibilidad de dispersión de la luz por la propia luz, fenombreno esencialmente cuántico. Clasicamente, es válido el principio de que no hay autointeracción de la radiación electromagnética, o, en otras palabras, es válido el principio de superposición lineal para el electromagnetismo de Maxwell. Aunque este efecto cuántico, mediado por la creación y posterior aniquilación de un par $e^-e^+$, sea muy pequeño, sus implicaciones son profundas: las ecuaciones lineales de Maxwell en el nivel cuántico ya no son válidas y es la ecuación de Dirac, acoplada al campo electromagnético, la que describe correctamente la autointeracción de la luz. Por otro lado, el descubrimiento del positrón y el posterior descubrimiento de los muones y de los neutrinos permitieron la generalización del concepto de carga, que pasó a denotar también nuevas cantidades conservadas (números cuánticos) asociadas a nuevas leyes de simetría.

Otra cuestión conceptual muy importante, que proviene directamente de la posibilidad de que se cree antimateria – hasta hoy sin una respuesta definitiva –, es: ¿por qué existe en nuestro Universo esa enorme asimetría entre materia y antimateria? Esta cuestión quizá sólo pueda entenderse cuando se tenga una visión unificada de las cuatro interacciones fundamentales.

Mientras que el descubrimiento del positrón abría el camino para el descubrimiento de la *interacción débil*, el descubrimiento del neutrón, en 1932, abría el camino para la comprensión de la interacción nuclear, o *interacción fuerte*, como es conocida hoy. Ambas son interacciones de corto alcance, restringidas a regiones espaciales aún menores que las del núcleo atómico. Las dos, junto con las otras interacciones de largo alcance, la *gravitacional* y la *electromagnética*, forman el conjunto de las cuatro interacciones fundamentales de la naturaleza que se conoce hoy.

Dejando de lado la interacción gravitacional, se puede resumir el cuadro teórico actual de los constituyentes últimos de la materia, afirmando que existen básicamente 12 partículas sin estructura *(a-tomos)*: seis *quarks* y seis *leptones*. Todos participan en las interacciones débiles, y sólo los *quarks*, los constituyentes de los hadrones, participan en las interacciones fuertes. *Quarks*, hadrones y leptones cargados pueden interactuar electromagneticamente por mediación de fotones. Los mediadores de las interacciones fuerte y débil son, respectivamente, los gluones (en número de 8), y los 3 bosones pesados: $Z$ (neutro) y los $W^{\pm}$ (positivo y negativo). Este modelo, actualmente aceptado por la gran mayoría de la comunidad de Físicos de Partículas para la descripción de las interacciones entre *quarks* y leptones, se llama *Modelo Estándar*. Las partículas elementales de este modelo se presentan en la Tabla 17.1.

Desde el punto de vista experimental, se puede relacionar cuáles de esas partículas fundamentales se han descubierto a partir de la interacción electrón-positrón, o a partir de la interacción de partícula y antipartícula. Primero los leptones. El muón ($\mu$) fue descubierto cinco años más tarde que el positrón, con la misma técnica de estudio de rayos cósmicos con cámara de niebla, y el tau ($\tau$), el leptón más pesado, fue descubierto en 1975, en el centro de aceleradores de la universidad estadounidense de Stanford, en el SLAC (*Stanford Linear Accelerator Center*), por medio de la aniquilación de electrones y positrones. La evidencia en favor del *quark encantado* ($c$) viene del descubrimiento de la partícula $J/\Psi$, en 1974, por dos grupos independientes: uno en el SLAC, por intermedio de un proceso de aniquilación, y otro en el *Brookhaven National Laboratory* de Nueva York, en colisiones protón-núcleo. Los bosones intermediarios masivos fueron descubiertos a partir de la aniquilación de partículas y antipartículas. Los bosones $W$ y $Z$ fueron vistos por primera vez en el gran laboratorio europeo situado en Ginebra, en Suiza, el CERN (*European Organization for Nuclear Research*),[4] en 1983, vía la aniquilación de protones y antiprotones, mientras que la primera evidencia en favor de los gluones proviene de la aniquilación electrón-positrón y data de 1979.

Por último, incluso la reciente noticia (2012) de un posible descubrimiento en el CERN de la partícula de Higgs, en colisiones $pp$ a $\sqrt{s}$ = 7-8 GeV – con participación también de investigadores brasileños del CBPF y de la UERJ –, depende de los canales de decaimiento de este estado en otros involucrando una partícula y una antipartícula.[5]

Se constata, por lo tanto, que un número expresivo de partículas elementales que constituyen el Modelo Estándar se observó gracias a la posibilidad de hacer interactuar materia y antimateria en grandes aceleradores. La comprobación de la interpretación dada por Dirac a los agujeros dejados en el vacío como estados de energía positiva, pero de carga contraria, es lo que viene permitiendo, en último análisis, la investigación de las estructuras más íntimas de la materia en gran parte de los anillos de colisión en funcionamiento hoy en día.

Se puede afirmar que el descubrimiento del positrón, además de revolucionar la Física Teórica, tuvo consecuencias experimentales absolutamente impensables e inalcanzables antes de que se pudiera hacer colisionar, en laboratorio, haces de partículas y de antipartículas.

Todo esto nos remite a las palabras que Einstein dijo una vez a un grupo de maestros y alumnos:

> *Pensemos que todas las maravillas, objeto de nuestros estudios, son la obra de muchas generaciones, una obra colectiva que exige de todos un esfuerzo entusiasta y una labor difícil e imprescindible. Todo esto, en las manos de ustedes, se convierte en una herencia. Ustedes la reciben, la respetan, la*

[4]La sigla se refiere, originalmente, a *Centre Européen pour la Recherche Nucleaire*.

[5]De hecho, tres de los cinco canales analizados incluyen pares de partículas y antipartículas como $W^+W^-$, $\tau^+\tau^-$ y $b\bar{b}$.

*aumentan y, más tarde, la transmitirán fielmente a su descendencia. De este modo somos mortales inmortales, porque creamos juntos obras que nos sobreviven.*

Decididamente, Paul Dirac es uno de esos inmortales. Al reconocer, como hizo Heraclito, que el *conflicto entre los opuestos* es, en último análisis, una forma de armonía y que los continuos procesos de cambio son, ellos mismos, *principios fundamentales* que merecen destacar en los estudios de la estructura cuántica de la materia, Dirac cambia el rumbo de la Física.

*Moraleja de la fábula:* ¡Comprender el valor del brillo de una perla requiere toda una sabiduría y audacia intelectual, no siempre presentes en los gallos!

## 16.5 La ecuación de Pauli como límite no relativista de la ecuación de Dirac

*Las pequeñas imágenes fijan las grandes.*
Gaston Bachelard

¿Cómo obtener la ecuación de Dirac que describe un electrón, considerado una carga puntual, en interacción con un campo electromagnético externo? Basta sustituir en la ecuación (16.5) el operador $p^\mu = -i\hbar\partial^\mu$, por el llamado acoplamiento mínimo, es decir, sustituir

$$p^\mu \to p^\mu - \frac{e}{c}\,A^\mu$$

La ecuación que se obtiene es

$$\left[c\vec{\alpha}\cdot\left(\vec{p}-\frac{e}{c}\,\vec{A}\right)+\beta mc^2+e\phi\right]\psi = i\hbar\,\frac{\partial\psi}{\partial t} \tag{16.11}$$

Escribiendo en la representación de Pauli para las matrices de Dirac (Sección 16.2)

$$\psi = \begin{bmatrix}\tilde{\varphi}\\ \tilde{\chi}\end{bmatrix} \tag{16.12}$$

se obtiene

$$i\hbar\frac{\partial}{\partial t}\begin{bmatrix}\tilde{\varphi}\\ \tilde{\chi}\end{bmatrix} = c\vec{\sigma}\cdot\vec{\pi}\begin{bmatrix}\tilde{\chi}\\ \tilde{\varphi}\end{bmatrix} + e\phi\begin{bmatrix}\tilde{\varphi}\\ \tilde{\chi}\end{bmatrix} + mc^2\begin{bmatrix}\tilde{\varphi}\\ -\tilde{\chi}\end{bmatrix}$$

con la definición del operador $\vec{\pi} = \vec{p} - \frac{e}{c}\,\vec{A}$.

En el límite no relativista ($c \to \infty$), el término dominante corresponde a la energía de reposo ($mc^2 >> c\vec{\sigma}\cdot\vec{\pi} + e\phi$), y la solución se puede expresar como:

$$\begin{bmatrix}\tilde{\varphi}\\ \tilde{\chi}\end{bmatrix} = \exp\left(-\frac{imc^2t}{\hbar}\right)\begin{bmatrix}\varphi\\ \chi\end{bmatrix}$$

en donde ahora $\varphi$ y $\chi$ son funciones que varían lentamente en el tiempo. Reemplazando en la ecuación (16.12)

$$\begin{aligned}
&i\hbar\left(\frac{mc^2}{i\hbar}\right)\exp\left(\frac{-imc^2t}{\hbar}\right)\begin{bmatrix}\varphi\\ \chi\end{bmatrix} + i\hbar\exp\left(\frac{-imc^2t}{\hbar}\right)\frac{\partial}{\partial t}\begin{bmatrix}\varphi\\ \chi\end{bmatrix} = \\
&= \; c\vec{\sigma}\cdot\vec{\pi}\exp\left(\frac{-imc^2t}{\hbar}\right)\begin{bmatrix}\chi\\ \varphi\end{bmatrix} + mc^2\exp\left(\frac{-imc^2t}{\hbar}\right)\begin{bmatrix}\varphi\\ -\chi\end{bmatrix} + \\
&+ \; e\phi\exp\left(\frac{-imc^2t}{\hbar}\right)\begin{bmatrix}\varphi\\ \chi\end{bmatrix}
\end{aligned} \tag{16.13}$$

Luego, $\begin{bmatrix} \varphi \\ \chi \end{bmatrix}$ satisface la ecuación:

$$i\hbar \frac{\partial}{\partial t}\begin{bmatrix} \varphi \\ \chi \end{bmatrix} = c\vec{\sigma}\cdot\vec{\pi}\begin{bmatrix} \chi \\ \varphi \end{bmatrix} + e\phi\begin{bmatrix} \varphi \\ \chi \end{bmatrix} - 2mc^2\begin{bmatrix} 0 \\ \chi \end{bmatrix} \tag{16.14}$$

y cada componente satisface el conjunto de ecuaciones acopladas::

$$i\hbar \frac{\partial \chi}{\partial t} = c\vec{\sigma}\cdot\vec{\pi}\varphi + e\phi\chi - 2mc^2\chi \tag{16.15}$$

$$i\hbar \frac{\partial \varphi}{\partial t} = c\vec{\sigma}\cdot\vec{\pi}\chi + e\phi\varphi \tag{16.16}$$

La primera ecuación puede ser escrita como

$$\left(p_0 - \frac{e}{c}\,\phi\right)\chi + 2mc\chi = \vec{\sigma}\cdot\vec{\pi}\varphi$$

siendo

$$p_0 \equiv i\hbar\,\frac{\partial}{\partial(ct)}$$

En el límite no relativista,

$$\chi \sim \frac{\vec{\sigma}\cdot\vec{\pi}}{2mc}\,\varphi \tag{16.17}$$

Reemplazando esta expresión en la ecuación (16.16), se obtiene

$$i\hbar\,\frac{\partial\varphi}{\partial t} = \left[\frac{(\vec{\sigma}\cdot\vec{\pi})(\vec{\sigma}\cdot\vec{\pi})}{2m} + e\phi\right]\varphi$$

Usando para las matrices de Pauli la identidad que sigue,

$$(\vec{\sigma}\cdot\vec{a})(\vec{\sigma}\cdot\vec{b}) = \vec{a}\cdot\vec{b} + i\vec{\sigma}\cdot(\vec{a}\wedge\vec{b}),$$

se tiene

$$(\vec{\sigma}\cdot\vec{\pi})(\vec{\sigma}\cdot\vec{\pi}) = \vec{\pi}^2 + i\vec{\sigma}\cdot(\vec{\pi}\wedge\vec{\pi})$$

Observe que el término $(\vec{\pi}\wedge\vec{\pi})$ no es nulo, pues el operador $\vec{\pi}$ depende, en último análisis, de los operadores *momentum* y posición, que no conmutan entre sí. De hecho,

$$\begin{aligned}
i\vec{\sigma}\cdot(\vec{\pi}\wedge\vec{\pi}) &= i\vec{\sigma}\cdot\left(\vec{p} - \frac{e}{c}\,\vec{A}\right)\wedge\left(\vec{p} - \frac{e}{c}\,\vec{A}\right) \\
&= i\vec{\sigma}\cdot\left(\vec{p}\wedge\vec{p} - \frac{e}{c}\left[\vec{A}\wedge\vec{p} + \vec{p}\wedge\vec{A}\right] + \frac{e^2}{c^2}\,\vec{A}\wedge\vec{A}\right) \\
&= -\frac{e}{c}\,i\vec{\sigma}\cdot\left(\vec{A}\wedge\vec{p} + \vec{p}\wedge\vec{A}\right) \\
&= -\frac{e}{c}\,i\,\vec{\sigma}\cdot\left[\vec{A}\wedge(-i\hbar\vec{\nabla}) + (-i\hbar\vec{\nabla})\wedge\vec{A}\right] \\
&= -\frac{\hbar e}{c}\,\vec{\sigma}\cdot\left[\vec{A}\wedge\vec{\nabla} + \vec{\nabla}\wedge\vec{A}\right] \\
&= -\frac{\hbar e}{c}\left\{\vec{\sigma}\cdot\vec{A}\wedge\vec{\nabla} + \vec{\sigma}\cdot\vec{B}\right\} \\
&= -\frac{\hbar e}{c}\left\{\vec{A}\cdot(\vec{\nabla}\wedge\vec{\sigma}) + \vec{\sigma}\cdot\vec{B}\right\} \\
&= -\frac{\hbar e}{c}\,\vec{\sigma}\cdot\vec{B}
\end{aligned}$$

Por tanto:

$$i\hbar \frac{\partial \varphi}{\partial t} = \left[ \frac{\vec{\pi}^2}{2m} - \frac{e\hbar}{mc} \vec{\sigma} \cdot \vec{B} + e\phi \right] \varphi$$

o

$$i\hbar \frac{\partial \varphi}{\partial t} = \left\{ \frac{1}{2m} \left( \vec{p} - \frac{e}{c} \vec{A} \right)^2 - \frac{e\hbar}{mc} \vec{\sigma} \cdot \vec{B} + e\phi \right\} \varphi \tag{16.18}$$

que es la ecuación no relativista de Pauli.

# 16.6 El *spin* del electrón

*El principio de exclusión, como el de la relatividad, no es sólo otro teorema en la Física, sino un precepto general que regula la propia formulación de las leyes físicas.*

Max Jammer

## 16.6.1 Orígenes del concepto de *spin*

La espectroscopía, que ya había sido fundamental para la comprensión de importantes regularidades relacionadas con la estructura del átomo, para la formulación del modelo atómico de Bohr e incluso para el descubrimiento de nuevos elementos químicos, todavía sería el escenario de otro descubrimiento esencial: el *spin*. Este nuevo número cuántico, introducido en 1925 por dos jóvenes físicos holandeses, George Eugene Uhlenbeck y Samuel Goudsmit, casi "por broma", era la llave que faltaba para la comprensión de la Tabla Periódica en términos de la Mecánica Cuántica.

Sommerfeld había calculado la corrección relativista a la fórmula de Balmer, dada por la ecuación (12.47). El número cuántico $n_\theta$ se relaciona al número cuántico $l$ del momento angular por la ecuación

$$n_\theta = l + 1$$

Por otro lado, Paschen había estudiado el espectro del ión $\mathtt{He}^+$ en detalles. En particular, analizó la estructura fina de la línea cuya longitud de onda es $\lambda = 4\,686$Å, que corresponde a una transición entre los estados de $n = 4$ a $n = 3$. Si todas las transiciones fueran permitidas, debería haber 12 componentes en la estructura fina del espectro correspondiente a esta línea. Paschen comprobó que el número realmente observado era la mitad, valiéndose de campos electromagnéticos externos.

En 1918, Bohr y el físico polaco Wojciech Rubinowicz propusieron, independientemente, que esa reducción en el número de líneas observadas estaría relacionada con una regla de selección sobre el momento angular del tipo (Sección 15.4.4)

$$\Delta l = \pm 1 \tag{16.19}$$

lo que, en realidad, reduciría el número de componentes de 12 a 5, y no a 6 como Paschen observó. Por lo tanto, no había explicación para esta transición "prohibida", pero observada, entre los estados

$$(n, n_\theta) = (4, 1) \Longrightarrow (3, 1)$$

Lo que Uhlenbech y Goudsmit hicieron fue admitir que la fórmula de Sommerfeld, dada por la ecuación (12.47), era correcta y supusieron que el número cuántico relacionado al momento angular podría ser un número semientero, o sea, que

$$n_\theta = j + \frac{1}{2}$$

En cuanto a la regla de selección, admitieron algo más amplio que la ecuación (16.19), esto es,

$$\Delta j = 0, \pm 1$$

Preguntado sobre la motivación de estas opciones, Uhlenbeck contestó que Goudsmit y él estaban *sólo intentando* y que la idea de los números semienteros *ya había sido considerada para explicar el efecto Zeeman*. Goudsmit declaró una vez su gran júbilo por haber logrado demostrar que la línea "prohibida" vista por Paschen era, en realidad, una línea real y allí estaba en el espectro.

La interpretación de que $j = l + 1/2$, es decir, que el momento angular total $j$ es la suma del momento angular orbital $l$ más el *spin* (1/2), sólo fue publicada en el artículo que salió en *Nature* en 1926.

La derivación considerada definitiva para la estructura fina de los niveles de energía de los átomos hidrogenoides sólo fue hecha en 1928, por el alemán Walter Gordon y por el inglés Charles Galton Darwin, a partir de la ecuación de Dirac.

Sin embargo, antes de eso, Goudsmit escribió un artículo aún en 1925 dando una interpretación al recién publicado principio de exclusión de Pauli en términos del *spin* semientero. Uhlenbeck y Goudsmit habían comprendido que el electrón posee un nuevo grado de libertad – el *spin* – y construyeron la imagen semiclásica de una esfera que gira alrededor de su eje. De esta forma, el átomo de hidrógeno, por ejemplo, pasa a ser descrito por cuatro números cuánticos.

El estudio de la interacción del *spin* con el campo magnético permitirá que se comprendan las complicaciones del efecto Zeeman, el llamado *efecto Zeeman anómalo.*

## 16.6.2 El experimento de Stern-Gerlach

El aparato utilizado por Stern y Gerlach en 1921 consistía esencialmente en un imán que producía un campo magnético no uniforme. Un haz direccionado de átomos de plata (Hg) era obtenido calentando la plata en un horno con un pequeño orificio por donde los átomos escapaban, a una presión aproximadamente de $10^{-2}$ mmHg. La presión fuera del horno se mantenía a $10^{-6}$ mmHg, lo que garantizaba que el camino libre medio de los átomos era grande comparado con la dimensión de la apertura del horno y, por lo tanto, permitía obtener un haz bien colimado, que pasaba por el imán en una dirección perpendicular al gradiente del campo (Figura 16.6) y era posteriormente detectado por contadores. La elección de la plata se debe al hecho de que posee sólo un electrón en su capa más externa. Si los electrones no tuvieran *spin*, se observaría lo mismo que en ausencia del campo magnético, o sea, los átomos no serían desviados por el imán (Figura 16.7a). La observación del desdoblamiento del haz en dos puede fácilmente ser comprendida atribuyendo un momento angular intrínseco, o *spin*, $\vec{S}$ a los electrones tal que, al interactuar con un campo magnético en la dirección $\hat{z}$, quedará evidente que los autovalores asociados al componente $S_z$ valen $\pm\hbar/2$. (Figura 16.7b).

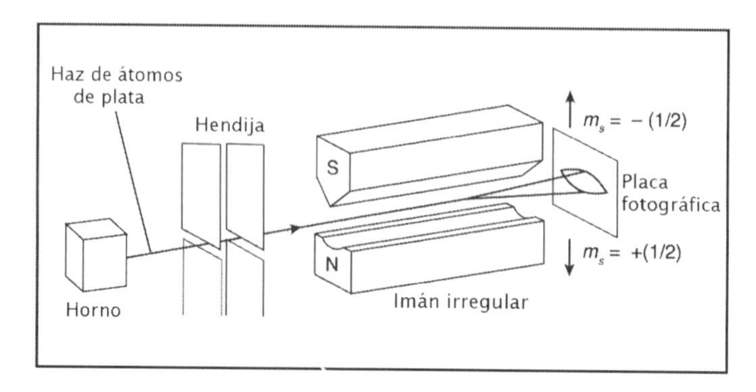


**Figura 16.6:** Esquema del experimento de Stern-Gerlach sobre el *spin* del electrón.

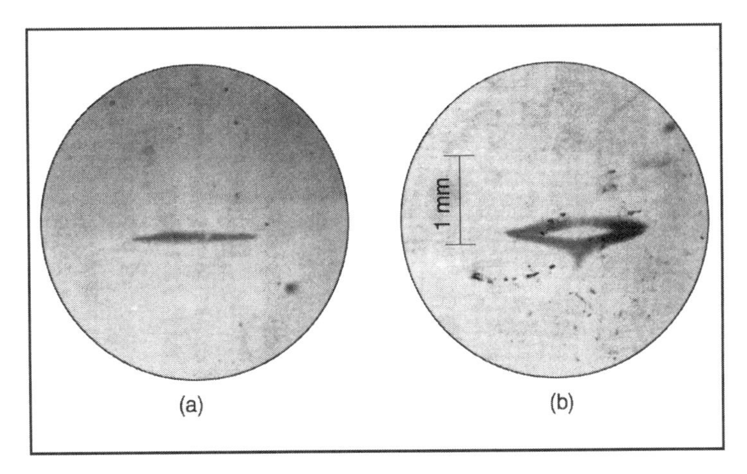


**Figura 16.7:** Resultado del experimento de Stern-Gerlach.

Esto ocurre porque, según la ecuación (15.132), al electrón se asocia un momento magnético, proporcional al *spin*, dado por

$$\vec{\mu}_s = -\frac{e}{2mc} g_s \vec{S} \qquad \text{siendo } g_s = 2$$

Así, de acuerdo con la ecuación (14.63), cuando el electrón interactúa con un campo magnético no uniforme $\vec{B} = B_z \hat{k}$, sufre la acción de una fuerza proporcional al gradiente del campo, es decir,

$$\vec{F} = -\vec{\nabla} V = \vec{\nabla}(\vec{\mu}_s \cdot \vec{B}) \qquad \Longrightarrow \qquad F_z = (\mu_s)_z \frac{\partial B_z}{\partial z}$$

La configuración experimental elegida por Stern y Gerlach fue tal que los átomos podían ser desviados hacia arriba o hacia abajo, en caso tuviesen *spin* (Figura 16.6).

El experimento puede ser rehecho con átomos de hidrógeno en el estado $S$, o sea, con $l = 0$. Estos átomos también sufrirán el mismo tipo de desviación que en el caso del haz de átomos de plata, lo que prueba que estos átomos poseen un momento magnético, incluso con $l = 0$. Además, el haz aquí también se divide en dos, mostrando que la proyección de su momento magnético sólo puede asumir dos valores distintos. Este momento magnético se debe al propio *spin* del electrón.

### 16.6.3 El *spin* y la tabla periódica

Como ya se mencionó, faltaba un ingrediente esencial para poder dar una respuesta clara a la cuestión de cuáles son los factores últimos que determinan la estructura regular de la Tabla Periódica de Mendeleyev. Este ingrediente es el *spin*.

Se atribuye a Pauli, con razón, el mérito de haber dado la receta para la estructura electrónica de los átomos. Su famoso principio de exclusión requiere que dos electrones de un cierto sistema no puedan ocupar el mismo estado. Esto quiere decir que el conjunto de cuatro números cuánticos de un electrón en un sistema no puede ser igual al de otro. En otras palabras, cuando dos electrones poseen los mismos números cuánticos $n$, $l$ y $m$, deben tener spins diferentes. Así, un orbital atómico dado puede contener, como máximo, dos electrones con la restricción de que sus *spins* sean opuestos o antiparalelos.

Pero, en la práctica, esto todavía no es suficiente para definir el llenado de los estados atómicos por los electrones. Es ahí que entran en escena las llamadas *reglas de Hund*, establecidas por el físico alemán Friedrich Hermann Hund. Teniendo en cuenta al principio de exclusión de Pauli, ellas establecen que, cuando los electrones pueden ocupar más de un orbital libre, los arreglos se dan de modo que el mayor número de orbitales sea ocupado por los electrones; además, dos electrones que ocupan solo orbitales diferentes siempre tienen *spin* paralelo.

La Figura 16.8 es una representación esquemática de la distribución electrónica para algunos elementos químicos. En ella, cada círculo representa un orbital permitido y las flechas representan los *spins*: en el mismo sentido significan *spins* paralelos y en sentidos opuestos, *spins* antiparalelos

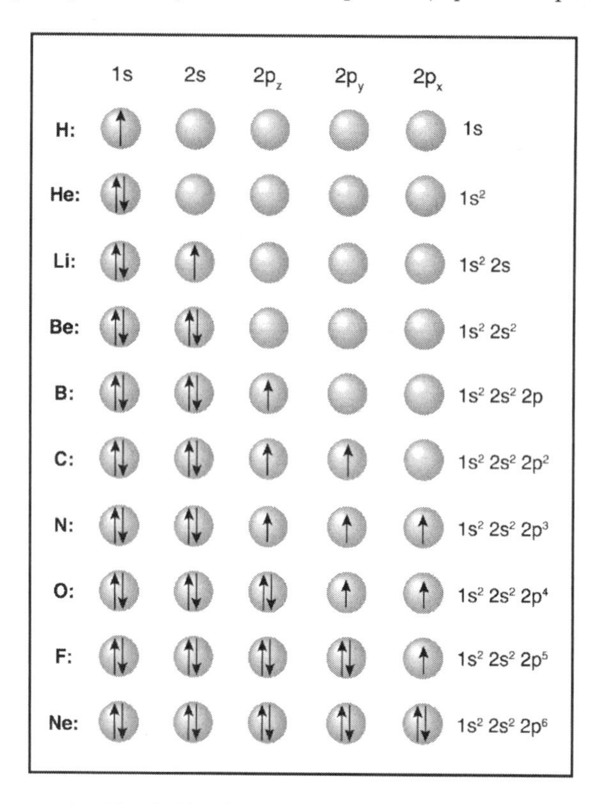


**Figura 16.8:** Representación de Hund para el llenado de los primeros niveles electrónicos.

Utilizando la notación espectroscópica, la capa electrónica $K$ corresponde a un único orbital para el cual $n = 1$ y $l = m = 0$. En esta capa puede haber sólo dos electrones. En general, el número máximo de electrones en una capa $n$ es $2n^2$.

Es éste el esquema que proporciona la llave para la comprensión de la Tabla Periódica. En la tabla 16.1 se puede encontrar la distribución electrónica de los primeros 20 elementos químicos y de algunos más.

En suma, entre el modelo atómico científico de Dalton y la publicación de la Tabla Periódica de Mendeleyev, transcurrieron más de 60 años (Capítulo 2). Desde la primera tentativa de comprender la regularidad de la Tabla Periódica a partir de un modelo electrónico para el átomo, emprendida por JJ Thomson, hasta la comprensión de la distribución ordenada de todos los elementos químicos, a partir del principio de exclusión de Pauli, fueron necesarios poco más de 20 años. Este fue uno de los períodos más fértiles y fascinantes de la Física, imbricado con el desarrollo de la Mecánica Cuántica y caracterizando una manera totalmente nueva de describir la Física del microcosmos.

**Tabela 16.1:** Distribución electrónica por capas de un grupo de elementos químicos

| Número atómico | Elemento | Capa | | | | | |
|---|---|---|---|---|---|---|---|
| | | K | L | M | N | O | P |
| 1 | H | 1 | | | | | |
| 2 | He | 2 | | | | | |
| 3 | Li | 2 | 1 | | | | |
| 4 | Be | 2 | 2 | | | | |
| 5 | B | 2 | 3 | | | | |
| 6 | C | 2 | 4 | | | | |
| 7 | N | 2 | 5 | | | | |
| 8 | O | 2 | 6 | | | | |
| 9 | F | 2 | 7 | | | | |
| 10 | Ne | 2 | 8 | | | | |
| 11 | Na | 2 | 8 | 1 | | | |
| 12 | Mg | 2 | 8 | 2 | | | |
| 13 | Al | 2 | 8 | 3 | | | |
| 14 | Si | 2 | 8 | 4 | | | |
| 15 | P | 2 | 8 | 5 | | | |
| 16 | S | 2 | 8 | 6 | | | |
| 17 | Cl | 2 | 8 | 7 | | | |
| 18 | Ar | 2 | 8 | 8 | | | |
| 19 | K | 2 | 8 | 8 | 1 | | |
| 20 | Ca | 2 | 8 | 8 | 2 | | |
| 35 | Br | 2 | 8 | 18 | 7 | | |
| 36 | Kr | 2 | 8 | 18 | 8 | | |
| 37 | Rb | 2 | 8 | 18 | 8 | 1 | |
| 53 | I | 2 | 8 | 18 | 18 | 7 | |
| 54 | Xe | 2 | 8 | 18 | 18 | 8 | |
| 55 | Cs | 2 | 8 | 18 | 18 | 8 | 1 |
| 56 | Ba | 2 | 8 | 18 | 18 | 8 | 2 |

## 16.7 Fuentes primarias


**Chamberlain, O.; Segrè, E.; Wiegand, C.; Ypsilantis, T., 1955.** Observation of Antiprotons. *Physical Review* **100**, n. 3, p. 947-950.

**CMS Collaboration, 2012.** Observation of a new boson at a mass of 125 GeV with the CMS experiment at the LHC. *Physics Letters B* **716**, n. 1, p. 30-61.

**Cohen, V.W.; Ellett, A., 1937.** Velocity Analysis by Means of the Stern-Gerlach Effect. *Physical Review* **52**, n. 5, p. 502-508.

**Darwin, C.G., 1928.** The Wave Equations of the Electron. *Proceedings of the Royal Society of London A* **118**, p. 654-679.

**Dirac, P.A.M., 1928a.** The Quantum Theory of the Electron. *Proceedings of the Royal Society of London A* **117**, p. 610-624.

**Dirac, P.A.M., 1928b** The Quantum Theory of the Electron. Part II. *Proceedings of the Royal Society of London A* **118**, p. 351-361.

**Dirac, P.A.M., 1929a.** A Theory of Protons and Electrons. *Proceedings of the Royal Society of London A* **126**, p. 360-365.

**Dirac, P.A.M., 1929b.** The Basis of Statistical Quantum Mechanics. *Proceedings of the Cambridge Philosophical Society* **25**, p. 62-66.

**Dirac, P.A.M., 1930a.** On the Annihilation of Electrons and Protons. *Proceedings of the Cambridge Philosophical Society* **26**, p. 361-375.

**Dirac, P.A.M., 1930b.** A Theory of Protons and Electrons. *Proceedings of the Royal Society of London A* **126**, p. 360-365.

**Dirac, P.A.M., 1932.** Relativistic Quantum Mechanics. *Proceedings of the Royal Society of London A* **136**, p. 453-464.

**Dirac, P.A.M., 1934.** Discussion of the Infinite Distribution of Electrons in the Theory of the Positron. *Proceedings of Cambridge Philosophical Society* **30**, p. 150-163.

**Dirac, P.A.M., 1942.** Bakerian Lecture. The Physical Interpretation of Quantum Mechanics. *Proceedings of the Royal Society of London A* **180**, p. 1-40.

**Gerlach, W.; Stern, O., 1924.** Über die Richtungsquantelung im Magnetfeld. *Annalen der Physik*, Ser. 4, **74**, p. 673-699.

**Gordon, W., 1926.** Der Comptoneffekt nach der Schrödingerschen Theorie. *Zeitschrift für Physik* **40**, n. 1-2, p. 117-133.

**Gordon, W., 1928.** Die energieniveaus des Wasserstoffatoms nach der Diracschen quantentheorie des Elektorns. *Zeitschrift für Physik* **44**, p. 11-14.

**Goudsmit, S.; Uhlenbeck, G.E., 1925.** Opmerking over de spectra van waterstof en helium. *Physica* **5**, p. 266-270.

**Goudsmit, S.; Uhlenbeck, G.E., 1926.** Die kopplungsmöglichkeiten der Quantenvektoren in Atom. *Zeitschrift für Physik* **35**, n. 7, p. 618-625.

**Hund, F., 1923.** Theoretische Betrachtungen über die Ablenkung von freien largsamen Elektronen in Atomen. *Zeitschrift für Physik* **13**, p. 241-263.

**Klein, O.B., 1926.** Quantentheorie und fünfdimensionale Relativitätstheorie. *Zeitschrift für Physik* **37**, p. 895-906; The Atomicity of Electricity as a Quantum Theory Law. *Nature* **118**, n. 2971, p. 516.

**Klein, O.B., 1927.** Elektrodynamik und Wellenmechanik vom Standpunkt des Korrespondenzprinzips. *Zeitschrift für Physik* **41**, n. 6, p. 407-442.

**Meyer, E.; Gerlach, W., 1913.** *Verhandlungen der Deutschen Physikalischen Gesellschaft* **15**, n. 20, p. 1037-1046.

**Pauli, W., 1925a.** Über den Einfuß der Geschwindingkeitsabhängigkeit der Elektronmasse auf den Zeemaneffekt, *Zeitschrift für Physik* **31**, p. 373-385.

**Pauli, W., 1925b.** Über den Zusammenhang des Abschlusses der Elektronengruppen im Atom mit der Komplexstruktur der Spektren. *Zeitschrift für Physik* **31**, p. 765-783.

**Pauli, W., 1927.** Zur Quantenmechanik des magnetischen Elektrons. *Zeitschrift für Physik* **43**, n. 8, p. 601-623.

**Pauli, W., 1940.** The connection between spin and statistics. *Physical Review* **58**, n. 8, p. 716-722.

**Stern, O.; Gerlach, W., 1922.** Der experimentelle Nachweis der Richtungsquantelung im Magnetfeld. *Zeitschrift für Physik* **9**, p. 349-355.

**Uhlenbeck, G.E.; Goudsmit, S., 1925.** Ersetzung der Hypothese von umnechanischen Zwang durch eine Forderung bezüglich des inneren Verhaltens jedes einzelnen Elektrons. *Die Naturwissenschaften* **13**, p. 953-954.

**Uhlenbeck, G.E.; Goudsmit, S., 1926a.** Spinning Electrons and the Structure of Spectra. *Nature* **117**, p. 264-265.

**Uhlenbeck, G.E.; Goudsmit, S., 1926b.** Over Het Ruteerende Elektron en de Structurur der Spectra. *Physica* **6**, p. 273.

**Uhlenbeck, G.E.; Goudsmit, S., 1926c.** Die Kopplungsmöglischkeiten der Quantenvektoren im Atom. *Zeitschrift für Physik* **35**, n. 8-9, p. 618.

## 16.8 Otras referencias y sugerencias de lectura

**Brading, K.; Castellani, E. (Eds.), 2003.** Se presenta una colección de artículos sobre el papel de las simetrías en los fundamentos de la Física Moderna, tanto en la Teoría Cuántica como en la Relatividad.

**Caruso, F.; Martins, J.; Perlingeiro, L.; Oguri, V.** Does Dirac equation for a generalized Coulomb-like potential in $D+1$ dimensional flat space-time admit any solution for $D \geq 4$?. *Annals of Physics* **359**, p. 73-79.

**Dirac, P.A.M., 1930.** Libro clásico de Mecánica Cuántica avanzada.

**Dirac, P.A.M., 1971.** Síntesis hecha por Dirac sobre el desarrollo de la Teoría Cuántica por ocasión de recibir el premio J. Robert Oppenheimer.

**Dirac, P.A.M., 1978.** Colección de conferencias a cargo de Dirac en Autralia, pertinentes al tema de este capítulo.

**Dirac, P.A.M., 1995.** Reimpresión de artículos de Dirac que cubren el período de 1924-1948.

**Enz, C.P.; von Meyenn, K. (Eds.), 1994.** Colección de textos de Wolfgang Pauli. Véase en particular: Principio de Exclusión y la Mecánica Cuántica, p. 165-181; "Probability and Physics", p. 43-48; The Philosophical Significance of the Idea of Complementarity, p. 35-42 e On the Earlier and More Recent History of the Neutrino, p. 193-217.

**Feynman, R.P., 1987.** Texto sobre el origen de las antipartículas.

**Hanson, N.R., 1963.** Libro único sobre los aspectos filosóficos relacionados al concepto de positrón.

**Kragh, H., 1981.** The Genesis of Dirac's Relativistic Theory of Electrons. *Archives for History of Exact Sciences* **24**, p. 31-67.

**Pauli, W., 1946.** Remarks on the History of the Exclusion Principle. *Science* **103**, p. 213-215.

**Thaller, B., 1992.** Libro avanzado sobre la ecuación de Dirac.

**Tomonaga, S.-i., 1997.** Importante libro que aborda la historia del *spin*.

## 16.9 Ejercicios

**Exercício 16.9.1** Demuestre que el número máximo de electrones que se puede acomodar en una capa asociada a un número cuántico $n$ es igual a $2n^2$.

**Exercício 16.9.2** Calcule los autovalores de las matrices de Pauli.

**Exercício 16.9.3** Determine los autoestados de la tercera componente del operador de *spin* $S_z = \pm\hbar/2$.

**Exercício 16.9.4** Determine la configuración eletrónica del aluminio (`Al`) y del argón (`Ar`).

**Exercício 16.9.5** Obtenga la ecuación de continuidad asociada a la ecuación de Klein-Gordon, verificando $\rho$ y $\vec{J}$ satisfacen las ecuaciones de (16.4).

# 17

# Los indivisibles de hoy

*Feliz de aquél que es capaz de entender las causas de las cosas.*

Virgilio

## 17.1 Los *quarks*

*La Naturaleza ama esconderse.*
Heráclito

El uso de la expresión *partículas elementales* está ligado al proceso histórico de sus descubrimientos y al estado del avance de las teorías que las describen; en verdad, depende de dos conceptos: el de *partículas* y el de *elemental*. Sobre ellos cabe un pequeño comentario. El concepto *partícula* puede ser remitido a la génesis del atomismo griego y no deja de envolver un ideal de simplicidad, o sea, la búsqueda – sea ella especulativa, teórica o experimental – del constituyente último de la materia desprovisto de cualquier estructura. Históricamente, a partir de las nuevas bases galileanas de la Ciencia, se fue construyendo una concepción de que el comportamiento de esas partículas depende de su interacción con el aparato experimental de detección. Esto es verdad, sobre todo, en lo que se refiere al atributo *elemental*. No se puede pensar más en una elementalidad en el sentido de la estabilidad de las partículas, pues muchas que "se oponen" a revelar cualquier estructura, como los muones y los tauones, decaen en otras partículas. Tampoco es la escala de masa que define la elementalidad. El electrón posee una masa cerca de 2 000 veces menor que el protón y ambos no decaen. Por otro lado, el tauón, que es cerca de 3 000 veces mas pesado que el electrón, tampoco presenta estructura alguna hasta las menores dimensiones ya exploradas ($10^{-18}$ m).[1]

Postulados, al inicio, como entes matemáticos mnemónicos en los trabajos de los físicos norteamericanos Murray Gell-Mann y George Zweig de la década de 1960, los *quarks* guardan una fuerte analogía con los triángulos de Platón. De hecho, Gell-Mann, que acuñó el término *quark*,[2] afirma que *sería gracioso especular sobre el modo como los* quarks *se comportarían si fuesen partículas físicas (...)*. Y agrega, en el final del artículo: *la búsqueda de quarks estables (...) en los aceleradores de altas energías ayudaría a asegurarnos de la no existencia de* quarks *reales*. En una entrevista en aquella época, Gell-Mann habría dicho: *hay físicos buscando los quarks; está habiendo un horrible malentendido, yo nunca dije que los quarks existen.* ¡La experiencia con aceleradores mostró exactamente lo contrario!

---

[1] Esa escala de dimensión espacial corresponde a la escala para la cual los actuales aceleradores de partículas pueden proporcionar información. De ahí el deseo de construir aceleradores cada vez mayores y más potentes.

[2] Cuenta la leyenda que cuando ese nombre fue escogido por Gell-Mann, en 1963, él sólo tenía en mente el sonido de la palabra, algo como "*kwork*". *Más tarde, encontró la palabra quark en el siguiente párrafo de Finnegan's Wake, del escritor irlandés James Joyce: "Three quarks for Muster Mark! / Sure he hasn't got much of a bark / And sure any he has it's all beside the bark.". En ese libro, los quarks son seres que viven experiencias extrañas.*

Partículas observadas directamente en la naturaleza, como el protón y el neutrón, y otras, producidas en laboratorio, serían constituidas de partículas *no observables*, cuyas existencias tendrían origen en principios formales de simetría, por tanto, en principios puramente matemáticos. Con relación a esa idea de Gell-Mann, que, de hecho, se mostró muy fructífera, se pueden referir las palabras de Heisenberg: *Nuestras partículas elementales son comparables a los cuerpos regulares del* Timeu *de Platón. Son los modelos originales, la idea de materia.*

Pensar que la estructura última de la constitución de la materia se reduce a entidades meramente matemáticas, imposibles de ser observadas, es, por tanto, recurrente en la historia, como atestigua el ejemplo de los *quarks* de Gell-Mann. Incluso desde el punto de vista de la Química, parece que el pensamiento hasta el inicio del siglo XX no era diferente. Basta recordar las definiciones muy interesantes que el químico alemán Charles Adolphe Wurtz proporciona para los términos *átomo* y *molécula* en su Diccionario de Química: *átomo* es la menor masa capaz de existir en combinación; *molécula* es la menor cantidad capaz de existir en estado libre. Se constata una cierta analogía entre la concepción que Wurtz tenía de los átomos y la que Gell-Mann tenía de los *quarks.*

Las Figuras 17.1 y 17.2 muestran algunos diagramas que clasifican un vasto grupo de partículas llamadas *bariones* y *mesones*,[3] ya conocidos en el inicio de la década de 1960. Se sabe hoy que los mesones y los bariones no son partículas elementales, siendo constituidas, respectivamente, por pares de *quark-antiquarks* y por tres *quarks.*

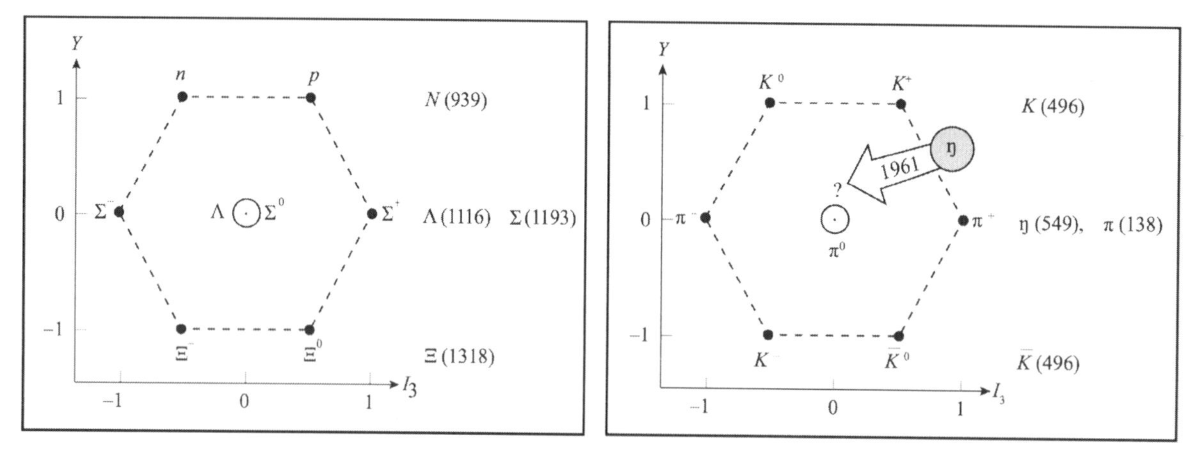


**Figura 17.1:** Representación de los octetos de bariones y mesones de Gell-Mann.

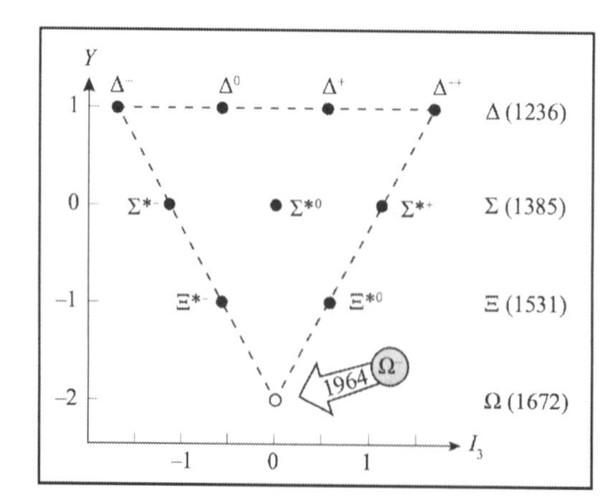


**Figura 17.2:** Representación de decuplete de bariones en el plano $I_3 \times Y$.

[3] Una de las primeras clasificaciones que se intentó para las partículas elementales fue con respecto a las masas. Las de mayores masas serían los *bariones* (del griego, *pesado*) y las de menores masas, los *leptones* (del griego, *ligero*). Los *mesones* serían las partículas con masas intermedias.

Esos arreglos en un plano abstracto $(I_3, Y)$ tienen detrás de sí una estructura matemática abstracta, la Teoría de Grupos, que tiene en cuenta ciertas simetrías aproximadas de esas partículas. En ese sentido, fue crucial la idea de Heisenberg de que las fuerzas nucleares no distinguían protones y neutrones; esas partículas serían dos estados con carga eléctrica distinta de lo que se pasó a llamar *nucleón*. Asociada a esta partícula, se introdujo la llamada simetría de *isospín*.

A ejemplo de lo que ocurrió con la Tabla de Mendeleyev (Sección 2.5.5), había, en esa clasificación, dos espacios en blanco: el punto $(I_3 = 0, Y = 0)$ en el gráfico de la derecha de la Figura 17.1 y el punto $(I_3 = 0, Y = -2)$ de la Figura 17.2. A ellos deberían corresponder dos partículas hasta entonces no observadas. En 1961, la primera de ellas – el mesón $\eta$ – fue encontrada en reacciones $\pi^+ d$, mientras que la segunda – el barión $\Omega^-$ – fue detectada por primera vez en 1964 en reacciones $K^- p$.

La búsqueda y el descubrimiento de simetrías han sido esenciales en varias otras ramas de la Ciencia, principalmente cuando, debido al grado de complejidad del sistema, no se pueden hacer cálculos exactos o cuando no existe ni siquiera una teoría dinámica capaz de describir la evolución y el comportamiento de un sistema o un determinado proceso.

Basándose en el esquema mencionado de simetría con el cual se clasificaban las partículas elementales conocidas en la época, Gell-Mann previó la existencia de nuevas partículas – los *quarks*.

Los *quarks* serían partículas de carga eléctrica fraccionaria que, teóricamente, estarían confinados en el interior de las partículas, o sea, sería imposible observarlas libremente en la naturaleza, como se puede observar, por ejemplo, a los electrones.

**Figura 17.3:** El confinamiento de los *quarks*.

## 17.2 Una herencia de Rutherford

*Sabemos como si viésemos*
*a través de la niebla.*
Plauto

A pesar de los argumentos de simetría y del trabajo de clasificación de partículas realizado por Gell-Mann y Zweig, complementado por los trabajos de Ne'emann, Sakata, Iliopoulos, Maiani, Nambu, Glashow y Bjorken, postulando la existencia de los *quarks*, al final de los años 1960, esos aún eran considerados elementos "no reales", utilizados apenas en una especie de taxonomía de partículas, basada en una estructura matemática abstracta, la Teoría de Grupos de Simetría.

La motivación para la existencia de los *quarks*, durante todo ese período, aún no era considerada suficientemente convincente. Sin embargo, en 1969, argumentos de naturaleza dinámica basados en experimentos de colisiones de electrones y protones acabaron por convencer a todos sobre la existencia de los *quarks*.

Desde los trabajos de Thomson, gran parte de los físicos venían intentando describir el comportamiento de sistemas macroscópicos en términos de procesos de interacciones entre sus elementos microscópicos constituyentes. Ese ideal reduccionista continúa incorporado en la Física de Partículas, que procura reducir esos procesos a las interacciones fundamentales, de preferencia, entre un pequeño número de *partículas elementales*. Desde el punto de vista experimental, ese nivel más básico de interacción sólo es adecuadamente revelado en colisiones entre partículas con energías mucho mayores que sus energías de reposo.[4]

Históricamente, las leyes relativas a esas interacciones fueron establecidas a partir de observaciones de fenómenos macroscópicos, principalmente de origen electromagnético o a partir de estudios del movimiento de haces de electrones bajo la acción de campos electromagnéticos, entre las placas de un capacitor o en el interior de inductores toroidales o solenoidales.

Los experimentos que involucran el estudio del comportamiento de las partículas cargadas en campos electromagnéticos proporcionaron, desde el final del siglo XIX hasta mediados del siglo XX, el descubrimiento de varios fenómenos o de partículas elementales, que evidenciaron el carácter discreto de la materia, y todavía constituyen la base para el entendimiento y la concepción de los diversos detectores de partículas utilizados en pequeños y grandes experimentos de la Física, tanto en el área de Materia Condensada como en el de Altas Energías.

Desde el punto de vista dinámico, las colisiones entre los elementos constituyentes de un haz incidente con los constituyentes de un blanco o de otro haz pueden ser *elásticas* o *inelásticas* y constituyen el proceso genéricamente denominado *dispersión*.

El haz resultante de una dispersión depende, en último análisis, de la naturaleza de las interacciones entre los constituyentes del haz incidente y del blanco, que son dictadas por propriedades tales como la *masa*, la *carga*, el *spin* y magnitudes como la *frecuencia*, el *momentum* y la *energía*, además de otros vínculos dictados por leyes de simetría. Entre tanto, la existencia de un arreglo espacialmente ordenado de las partículas constituyentes de un blanco implica correlaciones entre los constituyentes dispersados, en gran parte, independen de la naturaleza de las interacciones.

De ese modo, el haz dispersado por un sistema ordenado de partículas exhibirá también una distribución espacial característica, definida por las simetrías estructurales del blanco, que pueden ser reveladas en la medición de su intensidad. En ese caso, el haz dispersado es entendido como resultante de una composición *coherente*, y el proceso es llamado *difracción*. Ese es el caso de la dispersión de electrones o neutrones por un cristal. En ausencia de un patrón de orden por parte del sistema blanco, la intensidad del haz dispersado resulta de una composición denominada *incoherente*.

Muchas fueron las herencias científicas de Rutherford para la Física Moderna y para la Química, sin mencionar el número de físicos que fueron sus alumnos y tuvieron carreras brillantes. El estudio de un sistema a partir del análisis de una dispersión, explorado de manera sistemática por Rutherford, fue tan fructífero que marcó el inicio de una nueva era de la Física Experimental, inicialmente a través de los llamados experimentos de *blanco fijo* y, posteriormente, con los *anillos colisionadores*. Por ejemplo, fue a partir de un experimento de blanco fijo, involucrando a la dispersión profundamente inelástica de haces de electrones – con energías del orden de 10 GeV – por protones de un blanco de hidrógeno líquido, realizado por Kendall y colaboradores, en 1969, que Feynman concluyó que el proceso podría ser explicado por la composición incoherente de colisiones elásticas de los electrones del haz incidente con otras partículas puntuales – los *partons* –, que serían los constituyentes elementales de los protones. O sea, la subestructura del protón fue revelada, por primera vez, por medio de un experimento basado en la misma lógica que la de Rutherford. La dispersión profundamente inelástica de electrones por la materia fue decisiva para establecer la fenomenología de la estructura quarkónica de los protones.

---

[4] Por eso la Física de Partículas también es denominada *Física de Altas Energías*.

Usar partículas controladamente como "sondas", en laboratorio, todavía es el mejor modo que se conoce para explorar de forma sistemática y controlada cada vez más la estructura microscópica de la materia: esa es la gran herencia experimental de Rutherford.[5] La Tabla 3.4 muestra cuáles fueron las principales medicioness de la sección eficaz que marcaron el desarrollo de la Física de Partículas, realizadas en experimentos de colisiones con haces de partículas llevados a niveles tales que las leyes de la Electrodinámica Clásica ya no explicaban o describían los fenómenos observados. De ese modo, nuevas formas de interacción entre los constituyentes viejos y nuevos de la materia fueron descubiertas.

La resolución espacial obtenida a partir de la dispersión de un haz de partículas por un sistema blanco depende de la relaciones entre la longitud de onda de L. de Broglie asociada a las partículas del haz y las dimensiones lineales del blanco. En ese sentido, las partículas $\alpha$ utilizadas por Geiger y Marsden tenían energía cinética ($E$) del orden de 5,5 MeV y, por tanto, la longitud de onda ($\lambda$) asociada era mucho menor que las dimensiones atómicas ($\sim 10^{-10}$ m), siendo del orden de las dimensiones nucleares ($\sim 10^{-15}$ m), o sea,

$$\lambda = \frac{h}{p} = \frac{h}{\sqrt{2mE}} \sim 6 \times 10^{-15} \text{ m}$$

siendo $p = \sqrt{2mE}$ el módulo del *momentum* de las partículas $\alpha$ incidentes y dispersadas.

Al admitir que el núcleo atómico fuese concentrado en un punto, Rutherford obtiene para la sección eficaz diferencial del proceso de colisiones elásticas de las partículas $\alpha$ con el núcleo la ecuación (11.29), que puede ser reescrita como

$$\left(\frac{\mathrm{d}\sigma}{\mathrm{d}\Omega}\right)_{\text{Ruth}} \propto \frac{1}{p^4 \operatorname{sen}^4\theta/2}$$

en donde $\theta$ es el ángulo de dispersión (Figura 11.19), que define el ángulo sólido $\Omega$.

Denotando la variación de *momentum* ($\Delta p = 2p \operatorname{sen}\theta/2$) de las partículas $\alpha$ (Figura 11.20) por $q$, ecuación (11.27), la sección eficaz de Rutherford puede ser expresada como

$$\left(\frac{\mathrm{d}\sigma}{\mathrm{d}\Omega}\right)_{\text{Ruth}} \propto \frac{1}{q^4}$$

con $q$ usualmente denominado *momentum* transferido a las partículas $\alpha$.

La fórmula de Rutherford puede ser obtenida también a partir de la ecuación de Schrödinger,

$$\left[-\frac{\hbar^2}{2m}\nabla^2 + V(r)\right]\psi(\vec{r}) = E\,\psi(\vec{r})$$

en donde $V(r)$ es la energía potencial que representa el efecto de la interacción de las partículas $\alpha$ incidentes, de masa $m$ y energía $E = p^2/(2m)$, con los núcleos del sistema blanco.

Si las partículas incidentes fuessen electrones con energía del orden de 10 keV, correspondiente a longitudes de onda de L. de Broglie del orden de 0,1 Å, además de los núcleos, los electrones interactúan también con la nube electrónica que los circunda, de tal modo que la sección eficaz diferencial del proceso será dada por

$$\frac{\mathrm{d}\sigma}{\mathrm{d}\Omega} \propto \frac{1}{q^4}\,|F(q)|^2 \propto \left(\frac{\mathrm{d}\sigma}{\mathrm{d}\Omega}\right)_{\text{Ruth}} |F(q)|^2 \tag{17.1}$$

siendo $|F(q)|$ una función del *momentum* transferido a los electrones, que refleje la distribución de cargas electrónicas en el átomo, denominada *factor de forma atómico.*

Así, la interacción de un flujo de partículas con un sistema blanco que no sea constituido por elementos puntuales es determinada por el producto de la sección eficaz de Rutherford por un factor de forma, que depende del *momentum* transferido y de la distribución de los elementos del blanco.

En el dominio relativista, o sea, para electrones incidentes con velocidad $v$ y energías de orden de 50 keV, que interactúan sólo con blancos puntuales, la generalización de la expresión de Rutherford fue

[5] Una alternativa es la Física de Rayos Cósmicos, en la cual, sin embaargo, no se tiene control sobre el flujo de partículas que inciden en la atmósfera terrestre.

obtenida por el inglés Nevil Francis Mott, en 1929, como

$$\left(\frac{d\sigma}{d\Omega}\right)_{\text{Mott}} \propto \left(\frac{d\sigma}{d\Omega}\right)_{\text{Ruth}} \left[1 - \left(\frac{v}{c}\right)^2 \operatorname{sen}^2 \frac{\theta}{2}\right] \tag{17.2}$$

En otras palabras, Mott introdujo un factor de correlación relativista en la fórmula de Rutherford.

Si los electrones interactúan con los núcleos atómicos de un blanco fijo, la sección eficaz relativista es dada por

$$\frac{d\sigma}{d\Omega} \propto \left(\frac{d\sigma}{d\Omega}\right)_{\text{Mott}} |F(q)|^2 \tag{17.3}$$

en la cual ahora $|F(q)|$ es un *factor de forma nuclear.*

La fórmula de Mott no considera el *spin* de los constituyentes de los núcleos, los nucleones. Al tener en consideración los *spins* de los nucleones, Marshall Nicholas Rosenbluth, en 1950, parametrizó la sección eficaz relativista, en términos del ángulo de dispersión, introduciendo dos factores de forma, $F_1$ y $F_2$, tal que la sección eficaz puede ser expresada como

$$\left(\frac{d\sigma}{d\Omega}\right)_{\text{Rosen}} \propto K_1(q)\cos^2\frac{\theta}{2} + K_2(q)\operatorname{sen}^2\frac{\theta}{2} \tag{17.4}$$

en la cual las funciones $K_1$ y $K_2$ son combinaciones de los factores de forma $F_1$ y $F_2$; $q$ es un invariante de Lorentz, denominado *quadrimomentum* transferido, definido por

$$q^2 = (\epsilon/c)^2 - |\Delta\vec{p}|^2 \tag{17.5}$$

y $\epsilon = \Delta E$ es la variación de la energía de los electrones, debida al retroceso y excitación de los nucleones. En ese caso, las colisiones de los electrones con los nucleones son inelásticas. Este resultado puede ser obtenido también a partir de la ecuación de Dirac.

A medida que la energía del flujo de electrones aumenta, la dispersión se torna más inelástica, hasta que el carácter no puntual de los nucleones se torna manifiesto, como en el experimento de Kendall y colaboradores. En ese contexto, la sección eficaz diferencial en términos del *quadrimomentum* transferido y de la variación de energía de los electrones es dada por

$$\left(\frac{d\sigma}{d\Omega\, d\epsilon}\right)_{\text{Rosen}} \propto |W_1(\epsilon, q^2)|\cos^2\frac{\theta}{2} + |W_2(\epsilon, q^2)|\operatorname{sen}^2\frac{\theta}{2} \tag{17.6}$$

siendo $W_1$ y $W_2$ denominadas *funciones de estructura* del protón.

Consideraciones teóricas por parte del físico estadounidense James Daniel Bjorken, en 1967, mostraron que en el límite de altas energías, cuando $q^2 \to \infty$ y $\epsilon \to \infty$, las funciones de estructura $W_1$ y $W_2$ sólo dependerían de la razón entre $q^2$ y $\epsilon$, o sea, de la variable adimensional

$$x = \frac{q^2}{2M\epsilon}$$

siendo $M$ la masa del protón. Esa hipótesis de Bjorken fue verificada en los experimentos del SLAC, y mostraron que en altas energías las colisiones últimas (elementales) eran elásticas.

Esa hipótesis fue interpretada por Feynman, en 1969, admitiendo que en altas energías los electrones ya no interactúan con los protones como un todo, sino con sus constituyentes puntuales, denominados por él *partons.*

A partir de entonces, la estructura partónica de los protones fue admitida y los *partons* fueron identificados con los *quarks* y gluones, responsables de las interacciones fuertes.

Con la evolución del modelo de *quarks* para protones, neutrones y otras partículas (Figura 17.4) y con el establecimiento de lo que se convino llamar *Modelo Estándar* de las partículas y de las interacciones fundamentales, se llegó, una vez mas, a un cuadro de pocos ladrillos fundamentales de la naturaleza: 6

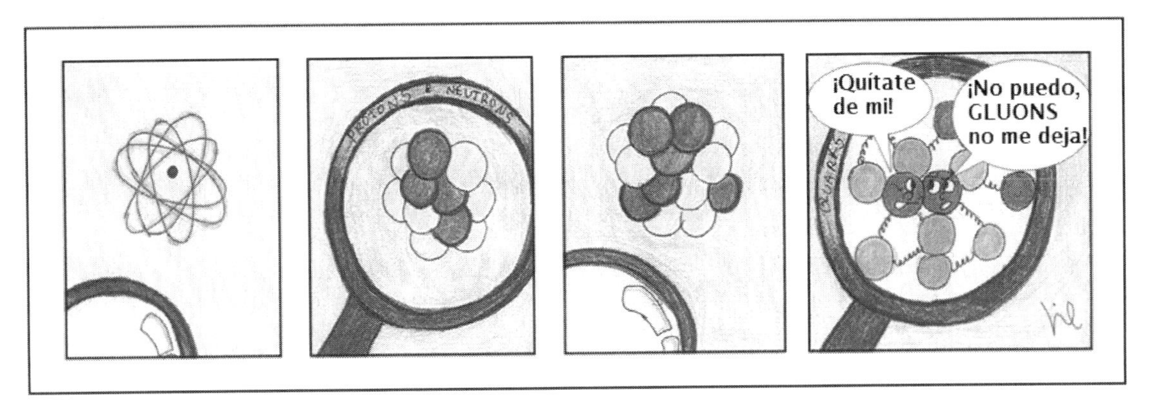


**Figura 17.4:** *Quarks* y gluones confinados en el interior de un nucleón.

*quarks* y 6 *leptones*. Ese cuadro, reproducido en la Tabla 17.1, estuvo incompleto hasta el descubrimiento del *quark top*, ocurrido en 1995, por dos grandes experimentos en el Fermilab (*Fermi National Accelerator*), en Batavia, EE. UU., con la participación de un grupo de investigadores brasileños liderado por el físico Alberto Franco de Sá Santoro.[6]

**Tabela 17.1:** Las partículas elementales de hoy, según el Modelo Estándar de la Física de Partículas. Los *quarks* son conocidos por los nombres que recibieron en inglés: *up* ($u$), *down* ($d$), *strange* ($s$), *charm* ($c$), *top* ($t$) y *bottom* ($b$). Los leptones son: el electrón ($e$), el muón ($\mu$) y el tau ($\tau$), acompañados del neutrinos del electrón ($\nu_e$), del neutrino del muón ($\nu_\mu$) y del neutrino del tau ($\nu_\tau$). Finalmente, los mediadores de las interacciones son el fotón ($\gamma$), los gluones ($g$), el bosón $Z$ y los bosones $W^{\pm}$. Tabla adaptada del original de la colaboración DØ de Fermilab

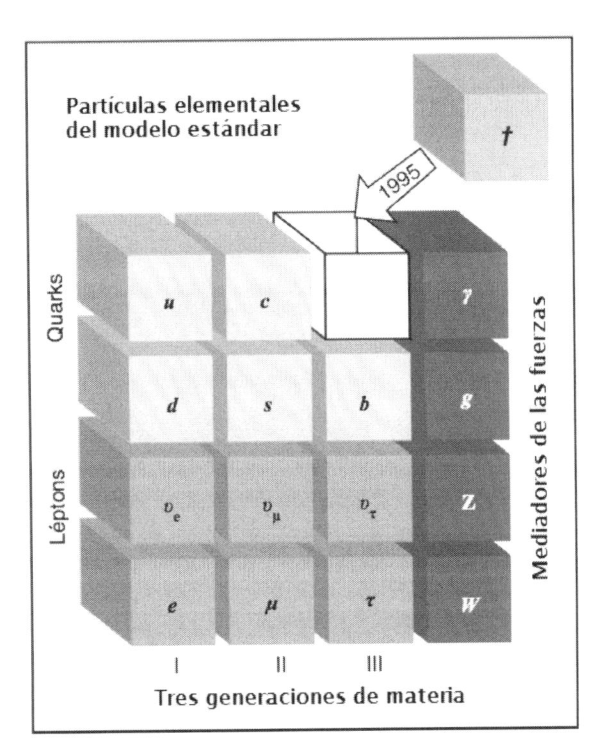


Al cerrar este último capítulo, el lector puede reflexionar sobre el desafío y la dificultad de, a partir de esos 6 *quarks* y 6 leptones, además de los bosones de interacción, de describir los 111 elementos químicos (incluyendo 22 artificiales), los 329 isótopos naturales, los 2 400 isótopos artificiales y las 325 partículas actualmente conocidas.

---

[6] Profesor el Departamento de Física Nuclear y Altas Energías (DFNAE) del Instituto de Física Armando Dias Tavares, de la Universidad del Estado de Río de Janeiro (Uerj).

## 17.3 Fuentes primarias

**Aubert, J.J.** *et al.*, **1974.** Experimental Observation of a Heavy Particle *J. Physical Review Letters* **33**, n. 23, p. 1404-1406.

**Augustin, J.-E.**, *et al.*, **1974.** Discovery of a Narrow Resonance in $e^+e^-$ Annihilation. *Physical Review Letters* **33**, n. 23, p. 1406-1408.

**Barnes, V.E.** *et al*, **1964.** Observation of a hyperon with strangeness minus three. *Physical Review Letters* **12**, n. 8, p. 204-206. Descubrimiento del barión $\Omega^-$.

**Brandelik** *et al.*, **1977.** Origin of Inclusive Electron Events in $e^+e^-$ annihilation between 3.6 and 5.2 GeV. *Physics Letters* **70B**, n. 1, p. 125-131; Evidence for F Meson. *Idem*, p. 132-136.

**Breidenbach, M.** *et al.*, **1969.** Observed behavior of highly inelastic electron-proton scattering. *Physical Review Letters* **23**, n. 16, p. 935-939.

**Burmester, J.***et al.*, **1977.** Anomalous muon production in $e^+e^-$ annihilations as evidence for heavy leptons. *Physics Letters* **68B**, n. 3, p. 297-300; Evidence for heavy leptons from anomalous $\mu^-e$ production in $e^+e^-$ annihilation. *Idem*, p. 301-304.

**CDF Collaboration, 1995.** Observation of Top Quark Production in $p - \bar{p}$ Collisions with the Collider Detector at Fermilab". *Physical Review Letters* **74**, n. 14, p. 2626-2631. Descubrimiento del *quark top*.

**DZERO Collaboration, 1995.** Observation of the Top Quark. *Physical Review Letters* **74**, n. 14, p. 2632-2637. Descubrimiento del *quark top*.

**Feldman, G.J.** *et al.*, **1976.** Inclusive Anomalous Muon Production in $e^+e^-$ Annihilation. *Physical Review Letters* **38**, n. 3, p. 117-120.

**Gell-Mann, M., 1962.** Symmetries of Baryons and Mesons. *Physical Review* **125**, n. 3, p. 1067-1084. Reproducido en **Gell-Mann, M.; Ne'emann, Y., 1964**, p. 216-233.

**Gell-Mann, M., 1964.** A Schematic Model of Baryons and Mesons. *Physics Letters* **8**, p. 214-215. Reproducido en **Gell-Mann, M.; Ne'emann, Y., 1964.**, p. 168-169.

**Herb, S.W.** *et al.*, **1977.** Observation of a Dimuon Resonance at 9.5 GeV in 400-GeV Proton-Nucleus Collisions, *Physical Review Letters* **39**, n. 5, p. 252-255. Descubrimiento del *bottom*.

**Perl, M.L.**, *et al.*, **1975.** Evidence for Anomalous Lepton Production in $e^+e^-$ Annihilation. *Physical Review Letters* **35**, n. 22, p. 1489-1492; Properties of the Proposed $\tau$ charged lepton. *Physics Letters* **70B**, p. 487-490.

**Perl, M.L.**, *et al.*, **1976.** Properties of Anomalous $e\mu$ events produced in $e^+e^-$ annihilation. *Physics Letters* **63B**, n. 4, p. 466--476.

**Pevsner, A.** *et al.*, **1961.** Evidence for a three pion resonance near 550 MeV. *Physical Review Letters* **7**, n. 11, p. 421-423. Descubrimiento del mesón $\eta$.

**UA1 Collaboration, 1983.** Experimental observation of isolated large transverse energy electrons with associated missing energy at $\sqrt{s}$ = 540 GeV. *Physics Letters* **122B**, n. 1, p. 103-116.

**Zweig, G., 1964** An SU(3) Model for Strong Interaction Symmetry and its Breaking I. *CERN Report* 8182/TH.-401 (no publicado). La versión II aparece en *CERN Report* TH.-412.

## 17.4 Otras referencias y sugerencias de lectura

**Abdalla, M.C.B., 2004.** Libro de divulgación científica que, en lenguaje simple y preciso, presenta una historia de la Física de Partículas muy bien ilustrada.

**Alves, G.; Souza, M.; Santoro, A., 1995.** Del electrón al *quark top*: como ver una partícula elemental. *Ciencia Hoy* **19**, n. 113, p. 34-42. Republicado en **Alves, G.; Caruso, F.; Motta, H.; Santoro, A., 2000**, p. 71-88.

**Caruso, F.; Oguri, V.; Santoro, A. (Eds.), 2005.** Este volumen contiene un conjunto de artículos que corresponde al ciclo de conferencias de la Lishep 2001, y aborda los principales descubrimientos de la Física de Partículas Elementales durante el siglo XX, o sea: El escenario de la Física antes de 1900 (Bassalo); Física Nuclear, Rayos Cósmicos y los orígenes de la Física de Partículas Elementales (Salmeron); El descubrimiento del electrón (Joffily); Fotones (Shellard); El Protón (Da Motta); El maiz y la perla: El descubrimiento del positrón y la moraleja de la Fábula (Caruso); El descubrimiento del neutrón: una saga científica (Barreto); El muón: pasado, presente y futuro (Alves); El pión (Marques); Introduciendo los neutrinos (Guzzo & Natale); Quarks: ¿como llegamos a ellos? (Salmeron); El descubrimiento del $J/\psi$ y de *charm* (Begalli); Los bosones intermediarios $W$ y $Z$ (Oguri); El descubrimiento del *quark b* (Green); El *quark top* (Santoro).

**Caruso, F.; Santoro, A. (Eds.), 2000.** Contiene una serie de artículos que tratan de la evolución del Átomo Griego a la Física de las Partículas Elementales.

**Cooper, N.G.; West, G.B., 1988.** Libro que presenta una síntesis del desarrollo y perspectivas de la Física de Partículas.

**Ezhela, V.V.**, *et al.*, **1996.** Una interesante cronología de los descubrimientos de la Física de Partículas en el período de 1895 a 1995, seguida de una bibliografía anotada, incluyendo el título, la referencia completa del artículo y un pequeño extracto o resumen.

**Gell-Mann, M.; Ne'emann, Y., 1964.** Contiene una colección de 30 artículos originales publicados entre 1961 y 1964, además de dos comentarios finales de los editores, relacionados al estudio de las simetrías unitarias en las interacciones fuertes.

**Gell-Mann, M., 1995.** El autor procura ofrecer respuestas a problemas sobre como la Física de Partículas se relaciona con lo cotidiano y cómo se pueden relacionar los constituyentes más simples de la materia con las formas más complejas, como los seres vivos.

**Lederman, L.M., 1978.** The Upsilon Particle, *Scientific American*, October 1978, vol. 239, n. 4, p. 72-80.

**Lipkin, H.J., 1966.** Libro introductorio sobre la Teoría de Grupos orientada a la Física de Partículas.

**Longo, M.J., 1973.** Libro básico sobre los fundamentos de la Física de Partículas.

**McCuster, B., 1983.** Libro de divulgación científica que se propone explicar al iniciante cómo son los *quarks*, si son realmente los bloques fundamentales de la materia, cuántos son y si pueden ser encontrados libremente.

**Melissinos, A.C., 1966.** Describe una serie de experimentos y técnicas experimentales de la Física Moderna.

**PDG, 2004.** Particle Data Group, Review of Particle Physics. *Physics Letters B* **592**, n. 1-4, p. 1-1109.

**Salmeron, R., 2005a.** Física Nuclear, Rayos Cósmicos y los orígenes de la Física de Partículas Elementales. *In* **Caruso, F., Oguri, V. & Santoro, A. (Eds.), 2005**, p. 43-72.

**Salmeron, R., 2005b.** *Quarks*: ¿cómo llegamos a ellos? *In* **Caruso, F.; Oguri, V.; Santoro, A. (Eds.), 2005**, p. 209-230.

**Weinberg, S., 1993.** Libro de divulgación científica sobre el sueño de tener una teoría unificada final.

**Wille, K., 2000.** Ese libro, que presupone buen conocimiento de Electromagnetismo, procura explicar, de forma sistemática, los principios físicos básicos que están detrás de los aceleradores de partículas utilizados en Física de Altas Energías. El libro presenta un panorama general de los diversos tipos de aceleradores y después se concentra en el anillo de almacenamiento de electrones, muy útil en Física de Altas Energías y en la producción de radiación sincrotrón.

## 17.5 Ejercicios

**Ejercicio 17.5.1** Sabiendo que el protón es formado por tres *quarks* de valencia, dos de tipo *up* y uno de tipo *down*, y el neutrón, por un *up* y dos *down*, determine la carga eléctrica de estos *quarks*.

**Ejercicio 17.5.2** La partícula $\Omega^-$ tiene tres *quarks* extraños de valencia. Determine la carga eléctrica de estos *quarks*.

**Ejercicio 17.5.3** Los mesones encantados $D^0$ y $D^+$ tienen el siguiente contenido de *quarks* de valencia: $D^0(c\bar{u})$ y $D^+(c\bar{d})$. Determine la carga eléctrica del *quark* encantado.

**Ejercicio 17.5.4** Sabiendo que el número de cargas eléctricas posibles de los nucleones es dado por $2I+1$, siendo $I$ el *isospín*, determine el *isospin* del protón y del neutrón.

**Ejercicio 17.5.5** Haga un esbozo de la dependencia angular de la razón

$$\left(\frac{\mathrm{d}\sigma}{\mathrm{d}\Omega}\right)_{\mathrm{Mott}} \Big/ \left(\frac{\mathrm{d}\sigma}{\mathrm{d}\Omega}\right)_{\mathrm{Ruth}}$$

para los siguientes valores de $\beta = v/c$: 0,5, 0,6, 0,7, 0,8, 0,9 y 0,99.

**Ejercicio 17.5.6** Un potencial fenomenológico confinante entre *quarks* separados por una distancia $r$ puede ser representado por

$$V = -\frac{k_1}{r} + k_2 r$$

siendo $k_1 \simeq 0{,}5$ y $k_2 \simeq 0{,}2$ GeV$^2$. Haga un bosquejo de la dependencia de $V$ con respecto a $r$.

# Constantes y unidades físicas

Siempre que sea necesario, al intentar resolver los ejercicios que incluyan cálculos númericos, utilice los valores de las constantes y de las conversiones de unidades presentadas en las tablas a continuación. Si prefiere, use valores aproximados.

| Constantes universales | | |
|---|---|---|
| **Símb.** | **SI** | **Otros sistemas** |
| $e$ | $1{,}6 \times 10^{-19}$ C | $4{,}8 \times 10^{-10}$ ues |
| $h$ | $6{,}626 \times 10^{-34}$ J · s | $6{,}626 \times 10^{-27}$ erg · s |
| $\hbar$ | $1{,}055 \times 10^{-34}$ J · s | $6{,}58 \times 10^{-22}$ MeV · s |
| $m_e$ | $9{,}11 \times 10^{-31}$ kg | 0,511 MeV/$c^2$ |
| $m_p$ | $1{,}673 \times 10^{-27}$ kg | 938,3 MeV/$c^2$ |
| $k$ | $1{,}381 \times 10^{-23}$ J/K | $8{,}617 \times 10^{-5}$ eV/K |
| $c$ | $3{,}0 \times 10^{8}$ m/s | |
| $G$ | $6{,}674 \times 10^{-11}$ $m^3 \cdot kg^{-1} \cdot s^{-2}$ | |
| $\epsilon_0$ | $8{,}854 \times 10^{-12}$ F/m | |
| $\mu_0$ | $4\pi \times 10^{-7}$ $N \cdot A^{-2}$ | |

| Conversión de unidades | |
|---|---|
| 1 pol | 2,54 cm |
| 1 Å | $10^{-8}$ cm |
| 1 T | $10^{4}$ G |
| 1 C | $3 \times 10^{9}$ ues |
| 1 F | $10^{17}$ cm |
| 1 N | $10^{5}$ dyn |
| 1 J | $10^{7}$ erg |
| 1 eV | $1{,}6 \times 10^{-19}$ J |
| 1 $GeV^{-1}$ | $0{,}2 \times 10^{-13}$ cm = $0{,}66 \times 10^{-24}$ s |
| 1 barn | $10^{-24}$ $cm^2$ |
| 1 atm | $1{,}01 \times 10^{5}$ Pa = 760 Torr |

# Referencias bibliográficas


## A

[**Abdalla, M.C.B., 2004**] *El discreto encanto de las partículas elementales*. São Paulo: Unesp.

[**Abraham, H.; Langevin, P. (Eds.), 1905**] *Les quantités élémentaires d'électricité: ions, électrons, corpuscules. Mémoires Réunis et Publiés*, 2 volumes. Paris: Gauthier-Villars.

[**Achinstein, P., 1991**] *Particles and Waves: Historical Essays in the Philosophy of Science*. Nova York & Oxford: Oxford University Press.

[**Alfonso-Goldfaber, A.M., 2001**] *De la Alquimia a la Química*. São Paulo: Landy.

[**Alonso, M.; Finn, E.J., 1972**] *Física: Un curso universitario*, v. I. São Paulo: Edgar Blücher.

[**Alonso, M.; Finn, E.J., 1972a**] *Física: Un curso universitario*, v. II. São Paulo: Edgar Blücher.

[**Alonso, M.; Finn, E.J., 1976**] *Fundamental University Physics – Quantum and Statistical Physics*, v. III. Massachusetts: Addison-Wesley.

[**Alves, G.; Caruso, F.; Motta, H.; Santoro, A. (Eds.), 2012**] *El mundo de las partículas de hoy y de ayer*. São Paulo: Librería de la Física, segunda edición.

[**Amaldi, G., 1982**] *The Nature of Matter: Physical Theory from Thales to Fermi*. Chicago: The University Press.

[**Anderson, D.L., 1964**] *The Discovery of the Electron: The Development of the Atomic Concept of Electricity*. New York: D. van Nostrand Co.

[**Andrade, E.N.C., 1927**] *The Atom*. London: Ernest Benn.

[**Andrade, E.N.C., 1964**] *Rutherford and the Nature of the Atom*. New York: Anchor Books.

[**Anselmino, M.; Caruso, F.; Mahon, J.R.P.; Oguri, V., 2012**] *Introducción a la QCD Perturbativa*. Río de Janeiro: LTC.

[**Arabatzis, T., 2006**] *Representing Electrons: A Biographical Approach to Theoretical Entities*. Chicago: University Press.

[**Arzeliès, H., 1966**] *Rayonnemant et dinamique du corpuscule chargé fortement accéléré*. Paris: Gauthier-Villars.

[**Ashcroft, N.W.; Mermin, N.D., 1976**] *Solid State Physics*. Fort Worth, Texas: Sauders College.

[**Aston, F.W., 1933**] *Mass Spectra and Isotopes*. Londres: Edward Arnold & Co.

[**Auletta, G., 2001**] *Foundations and Interpretation of Quantum Mechanics*. Singapore: World Scientific.

[**Auletta, G.; Fortunato, M.; Parisi, G., 2009**] *Quantum Mechanics*. Cambridge: University Press.

[**Authier, A., 2013**] *Early days of X-ray cristallography*. Oxford: University Press.

## B

[**Bachelard, G., 1973**] *Le Pluralisme Cohérent de la Chimie Moderne*. Paris: Librairie Philosophique J. Vrin.

[**Badash, L. (Ed.), 1969**] *Rutherford and Boltwood: Letters on Radioactivity*. New Haven: Yale University Press.

[**Bailey, C., 1928**] *The Greek Atomists and Epicurus*. Oxford: Claredon Press.

[**Barnes, J., 1982**] *The Presocratic Philosophers*. Londres: Routledge and Kegan Paul.

[**Barnes, J. (Ed.), 1985**] *The Complete Works of Aristotle*. Princeton: Princeton University Press, v. I-II.

[**Barone, V., 2004**] *Relatività: Princìpi e Applicazione*. Torino: Bollati Boringhieri.

[**Bassalo, J.M.F., 1996-2005**] *Nacimientos de la Física: 3500 a.C. - 1900 a.D.*, v. 1 (1996); *1901-1950*, v. 2 (2000); 1951-1970, v. 3 (2005). Belém: UFPA.

[**Bassalo, J.M.F., 1997-2002**] *Crónicas de la Física*, tomos 1-6. Belém: UFPA.

[**Bassalo, J.M.F.; Caruso, F., 2013-2016**] *Dirac*; *Landau*; *Einstein*; *Pauli*; *Fermi*; *Feynman*; *Schrödinger*; *Heisenberg*; *Leite Lopes*; *Born*; *Meitner*; *De Broglie*; *Kapitza*; *Bohr*; *Oppenheimer*; *Salam*. Colección de biografías de físicos que cambiaron el siglo XX. São Paulo: Librería de la Física.

[**Beiser, A., 1995**] *Concepts of Modern Physics*. New York: McGraw-Hill, Fifth edition.

[**Bellone, E., 1990**] *Caos e Armonia: Storia della Fisica Moderna e Contemporanea*. Torino: UTET Librería.

[**Bensaude-Vincent, B.; Stengers, I., 1996**] *Historia de la Química*. [Lisboa]: Instituto Piaget.

[**Bergmann, P.G., 1942**] *Introduction to the Theory of Relativity*. Edición utilizada, New York: Dover (1976).

[**Berkson, W., 1974**] *Fields of Force: The Development of a World View from Faraday to Einstein*. New York: John Wiley & Sons.

[**Berzelius, J.J., 1819**] *Essai sur la Théorie des Proportions Chimiques et sur L'Influence Chimique de L'Électricité*. Edición utilizada New York y Londres: Johnson Reprint Corporation (1972).

[**Beyer, R.T. (Ed.), 1949**] *Selected Papers in Foundations of Nuclear Physics*. New York: Dover.

[**Birks, J.B., 1963**] *Rutherford at Manchester*. New York: W.A. Benjamin Inc.

[**Bitbol, M., 1996**] *Schrödinger's Philosophy of Quantum Mechanics*. New York: Springer.

[**Bitbol, M.; Darrigol, O., 1992**] *Erwin Schrödinger Philosophy and the Birth of Quantum Mechanics*. Gif-sur-Yvette: Editions Frontières.

[**Blokhintsev, D., 1981**] *Principes de Mécanique Quantique*. Moscú: Ed. Mir.

**[Bohm, D., 1993]** *Causality & Chance in Modern Physics.* Philadelphia: University of Pennsylvania. Publicado en portugués con el título *Causalidad y azar en la Física Moderna.* Río de Janeiro: Contraponto (2015).

**[Bohm, D., 2015]** *La Teoría de la Relatividad Restringida.* São Paulo: Editora Unesp.

**[Bohr, N., 1918-1922]** *On the Quantum Theory of Line-Spectra.* Edición utilizada, New York: Dover (2005).

**[Bohr, N., 1932-1957]** *Física Atómica y conocimiento humano, ensayos 1932-1957.* Río de Janeiro: Contraponto (1998).

**[Bohr, N., 1972-2005]** *Collected Works*, 12 volumes. Amsterdã: North-Holland. Segunda edición publicada por Elsevier con 13 volúmenes, en 2008.

**[Boltzmann L., 1896-1898]** *Lectures on Gas Theory.* Edición utilizada, New York: Dover (1995).

**[Boorse, H.A.; Motz, Ll., 1966]** *The World of Atom*, 2 volúmenes. New York: Basic Books.

**[Boorse, H.A.; Motz, L.; Weaver, J.H., 1989]** *The Atomic Scientists: A Biographical History.* New York: John Wiley.

**[Born, M., 1926]** *Problems of Atomic Dynamics.* Edición utilizada, Massachusetts: MIT (1970).

**[Born, M., 1923]** *The Constitution of Matter: Modern Atomic and Electron Theories.* New York: E.P. Dutton.

**[Born, M., 1935]** *Física Atómica.* Edición utilizada, Lisboa: Fundación Calouste Gulbenkian (1965).

**[Born, M., 1969]** *Physics in my Generation.* New York: Springer-Verlag.

**[Born, M., 1971]** *The Born-Einstein Letters 1916-1955 – Friendship, Politics and Physics in Uncertain Times.* London: Macmillan Press.

**[Born, M.; Auger, P.; Schrödinger, E.; Heisenberg, W., 1969]** *Problemas de la Física Moderna.* São Paulo: Perspectiva.

**[Born, M.; Wolf, E., 1980]** *Principles of Optics: Electromagnetic Theory of Propagation Interference and Diffraction of Light*, 6 ed., Oxford: Pergamon Press.

**[Brading, K.; Castellani, E. (Eds.), 2003]** *Symmetries in Physics: Philosophical Reflections.* Cambridge: University Press.

**[Bragg, L., 1975]** *The Development of X-Ray Analysis.* Edición utilizada, New York: Dover (1992).

**[Brock, W.H. (Ed.), 1967]** *The Atomic Debates: Brodie and the Rejection of the Atomic Theory.* Leicester: Leicester University.

**[Brown, L.M.; Hoddeson, L., 1986]** *The Birth of Particle Physics.* Cambridge: University Press.

**[Brown, L.M.; Pais, A.; Pippard, B., 1995]** *Tweentieth Century Physics.* Bristol and Philadelphia: Institute of Physics.

**[Bruno, G., 1584]** *Spaccio della Bestia Trionfante.* Paris y Londres.

**[Brush, S.G., 1965]** *Kinetic Theory. v. I. The Nature of Gases and of Heat.* Oxford: Pergamon Press.

**[Brush, S.G., 1976]** *The Kind of Motion we Call Heat. A History of the Kinetic Theory of Gases in the 18th Century.* Amsterdam: North-Holland, 2 v.

**[Brush, S.G., 1983]** *Statistical Physics and the Atomic Theory of Matter, from Boyle and Newton to Landau and Onsager.* Princeton, New Jersey: University Press.

**[Brush, S.; Belloni, L., 1983]** *The History of Modern Physics: An International Bibliography.* New York & London: Garland.

**[Bub, J., 1974]** *The Interpretation of Quantum Mechanics.* Dordrecht: D. Reidel.

**[Buchwald, J.Z., 1989]** *The Rise of Wave Theory of Light: Optical Theory and Experiment in the Early Nineteenth Century.* Chicago: University of Chicago.

**[Bunge, M., 1979]** *Causality and Modern Science.* New York: Dover.

**[Burnet, J., 1914]** *Greek Philosophy, Part I, Thales to Plato.* Londres: The Macmilan Co.

**[Burnet, J., 1957]** *Early Greek Philosophy.* New York: The Meridian Library, Fourth edition.

**[Butkov, E., 1968]** *Mathematical Physics.* Massachusetts: Addison-Wesley.

**[Byron, F.W.; Rober, W.F., 1992]** *Mathematics of Classical and Quantum Physics.* New York: Dover.

## C

**[Califano, S., 2012]** *Pathways to Modern Chemical Physics.* Berlin: Springer Verlag.

**[Cannizzaro, S., 1858]** *Sunto di un Corso di Filosofia Chimica.* Nueva edición Palermo: Sellerio editore (1991). Comentarios y notas históricas de Luigi Cerruti e introducción de Leonello Paolini. Traducción al inglés republicada por The Alembic Club, Edinburgh (1947).

**[Cantore, E., 1969]** *Atomic Order: An Introduction to the Philosophy of Microphysics.* Cambridge, Massachusetts: MIT Press.

**[Čapek, M., 1961]** *Philosophical Impact of Contemporary Physics.* Princeton, New Jersey: D. van Nostrand.

**[Caruso, F.; Daou, L., 2000-2002]** *Tirinhas de Física*, Río de Janeiro, 6 v.

**[Caruso, F.; Jorge, A.; Oguri, V., 2013]** *Galileu em Sala de Aula.* São Paulo: Librería de la Física.

**[Caruso, F.; Oguri, V.; Santoro, A. (Eds.), 2005]** *Física de Partículas Elementales: 100 años de descubrimientos.* Manaus: EDUA. Nueva edición, 2012, São Paulo: Librería de la Física.

**[Caruso, F.; Santoro, A. (Eds.), 2000]** *Del átomo griego a la Física de las Partículas Elementales.* Río de Janeiro: CBPF, segunda edición corregida. Tercera edición, São Paulo: Librería de la Física (2012).

**[Carvalho, R., 1955]** *Historia del Átomo.* Coimbra: Atlántica.

**[Cassidy, D.C., 1992]** *Uncertainty. The Life and Science of Wener Heisenbeg.* Nueva York: W.H. Freeman.

**[Cassirer, E., 1956]** *Determinism and Indeterminism in Modern Physics: Historical and Systematic Studies of the Problem of Causality.* Yale University Press.

**[Chalmers, A., 2011]** *The Scientist's Atom and the Phisosopher's stone. How Science Succeeded and Philosophy Failed to Gain Knowledge of Atoms.* New York: Springer.

**[Chpolski, E., 1978]** *Physique Atomique*, v. I-II. Moscú: Éditions Mir.

**[Churchill, R.V., 1978]** *Fourier Series and Boundary Value Problems*, $3^a$ ed. New York: McGraw-Hill.

**[Ciardi, M., 1995]** *L'Atomo Fantasma: Genesi storica dell'ipotesi di Avogadro.* Firenze: Leo S. Olschki.

**[Cohen, M.R., 1953]** *Reason and Nature: An Essay on the Meaning of Scientific Method.* Edición utilizada, New York: Dover (1978).

**[Cohen-Tannoudji, G., 1995]** *Les Constantes Universelles.* Paris: Hachette Livre.

**[Cooper, N.G.; West, G.B., 1988]** *Particle Physics: A Los Alamos Primer.* Cambridge University.

**[Copernico, N., 1543]** *Las revoluciones de los orbes celestes.* Edición portuguesa utilizada, Lisboa: Fundación Calouste Gulbenkian (1984).

**[Coughland, G.D.; Doodz, J.E., 1993]** *The Ideas of Particle Physics: An Introduction for Scientists.* Cambridge: University Press.

**[Crawford, F.S., 1968]** *Berkeley Physics Course – Waves*, v. 3. New York: McGraw-Hill.

**[Crowther, J.A., 1947]** *Iones, Electrones y Radiaciones Ionizantes.* Buenos Aires: Espasa-Calpe.

**[Curie, M., 1925]** *Le Radium et les Radio-Éléments.* Paris: Librairie J.-B. Baillière.

**[Curie, M$^{me.}$ S., 1904]** *Recherches sur les Substances Radioactives.* Thèse présentée a la Faculté des Sciences de Paris pour obtenir le grade de Docteur ès Sciences Physiques. Paris: Gauthiers-Villars, deuxième édition, revue et corrigée.

**[Curie, M.S., 1954]** *Œuvres de Marie Sklodowska Curie*, recueillies par Irène Joliot-Curie. Varsóvia: Państwowe Wydawnictwo Naukowe.

**[Cushing, J.T., 1994]** *Quantum Mechanics: Historical Contingency and the Copenhagen Egemony.* Chicago: University Press.

## D

**[Dahl, P.F., 1997]** *Flash of the Cathodic Rays: A History of J.J. Thomson's Electron.* London: IOP Publishing.

**[Danna, J., 1904]** *Le Radium: Sa préparation et ses Propriétés.* Paris: Librairie Polytechnique Ch. Béranger.

**[Darius, J., 1984]** *Beyond Vision.* Oxford: University Press.

**[Darrigol, O., 2000]** *Electrodynamics from Ampère to Einstein.* New York: Oxford University Press.

**[De Broglie, L., 1924]** *Recherches sur la Théorie des Quanta.* Reedición, Paris: Masson (1963).

**[De Broglie, L., 1937]** *La Physique Nouvelle et les Quanta.* Paris: Ernest Flammarion. Reeditada, en 1963, Paris: Masson, y, en 1992, por la Fundación Louis de Broglie.

**[De Broglie, L., 1945]** *Ondes, Corpuscules, Mécanique Ondulatoire.* Paris: Albin Michel.

**[De Broglie, L., 1955]** *Le Dualisme des ondes et des corpuscules dans l'Œuvres de Albert Einstein.* Paris: Palais de L'Institut.

**[De Broglie, L., 1982]** *Les Incertitudes d'Heisenberg et l'Interpretation Probabiliste de la Mécanique Ondulatoire.* Paris: Gauthier-Villars.

**[De Broglie, M., s/d]** *X-Rays.* New York: E.P. Dutton and Co.

**[De Broglie, M., 1951]** *Les Premiers Congrès de Physique Solvay et l'orientation de la physique depuis 1911.* Paris: Albin Michel.

**[Debye, P., 1954]** *The Collected Papers of Peter J.W. Debye.* New York: Interscience.

**[D'Espagnat, B., 1981]** *A la Recherce du Réel: Le Regard d'un Physicien.* Paris: Bordas.

**[Dijksterhuis, E.J., 1986]** *The Mechanization of the World Picture: Pythagoras to Newton.* Princeton: University Press.

**[Dirac, P.A.M., 1930]** *Quantum Mechanics*, 4 ed. Oxford: Claredon Press (1958).

**[Dirac, P.A.M., 1971]** *The Development of Quantum Theory.* New York: Gordon and Breach.

**[Dirac, P.A.M., 1978]** *Directions in Physics.* New York: John Wiley (edited by H. Hora and J.R. Shepanski).

**[Dirac, P.A.M., 1995]** *The Collected Works of P.A.M. Dirac, 1924-1948*, edited by R.H. Dalitz. Cambridge: Cambridge University Press.

**[Duck, I.; Sudarshan, E.C.G., 1997]** *Pauli and the Spin-Statistics Theorem.* Singapore: World Scientific.

## E

**[Einstein, A., 1954]** *Ideas and Opinions*, New York, Bonanza Books.

**[Einstein, A., 1909-1955]** *The Collected Papers of Albert Einstein*, v. 1-13. Princeton: University Press (1987-2015).

**[Einstein, A., 1916]** *La Teoría de la Relatividad especial y general.* Edición utilizada, Río de Janeiro: Contraponto (1999).

**[Einstein, A., 1926]** *Investigations on the Theory of the Brownian Movement.* Edición utilizada, New York: Dover (1956).

**[Einstein, A., 1972]** *Reflexion sur l'Électrodynamique, l'Éther, la Géométrie et la Relativité.* Paris: Gauthier-Villars.

**[Einstein, A., 1990]** *Notas Autobiográficas*, 5ª ed., Río de Janeiro, Nova Fronteira.

**[Einstein, A.; Infeld, L., 1938]** *La evolución de la Física.* Edición utilizada, Río de Janeiro: Guanabara Koogan (1988).

**[Eisberg, R.M., 1961]** *Fundamental of Modern Physics.* New York: John Wiley & Sons.

**[Eisberg, R.M.; Resnick, R., 1979]** *Física Cuántica: Átomos, moléculas, sólidos, núcleos y partículas.* Río de Janeiro: Elsevier/Campus.

**[Elitzur, A.; Dolev, S.; Kolenda, N. (Eds.), 2005]** *Quo Vadis Quantum Mechanics?.* Berlin: Springer-Verlag.

**[Enge, H.A., 1966]** *Introduction to Nuclear Physics.* Reading, Massachusetts: Addison-Wesley.

**[Enz, C.P.; von Meyenn, K. (Eds.), 1994]** *Wolfgang Pauli. Writings on Physics and Philosophy.* Berlin, New York: Springer-Verlag.

**[Esposito, G.; Marmo, G.; Sudarshan, G., 2004]** *From Classical to Quantum Mechanics.* Cambridge: University Press.

**[Estermann, I. (Ed.), 1959]** *Recent Research in Molecular Beams.* New York & London: Academic Press.

**[Eve, A.S., 1939]** *Rutherford.* New York, The MacMillan Company.

**[Ezhela, V.V., *et al.*, 1996]** *Particle Physics: One Hundred Years of Discoveries.* Woodbury: American Institute of Physics.

## F

**[Fajans, K., 1922]** *Radioaktivität und die neueste Entwicklung der Lehre von den chemischen Elementen.* Braunschweig: Vieweg. Traducido al inglés como *Radio-Activity and the latest Developments in the Study of the Chemical Elements.* Londres: Mathuen (1923).

**[Fajans, K., 1931]** *Radioelements and Isotopes: Chemical Forces and Optical Properties of Substances.* New York: McGraw-Hill. Nueva edición de Dover, 2005.

**[Farrington, B., 1944]** *Greek Science: its Meaning for Us (Thales to Aristotle).* New York: Penguin Books.

**[Farrington, B., 1968]** *La doctrina de Epicuro.* Río de Janeiro: Zahar.

**[Faye, J., 1991]** *Niels Bohr, his Heritage and Legacy: An Antirealist View of Quantum Mechanics.* Dordrecht: Kluwer Academic Publisher.

**[Faye, J.; H. Folse (Eds.), 1994]** *Niels Bohr and Contemporary Philosophy.* Dordrecht: Kluwer Academic Publisher.

**[Fernow, R., 1990]** *Introduction to Experimental Particle Physics.* Cambridge: University Press.

**[Ferrater Mora, J., 1981]** *Diccionario de Filosofía.* Madrid: Alianza, tercera edición, 4 v.

**[Février, P., 1955]** *Déterminisme et Indéterminisme.* Paris: Presses Universitaires de France.

**[Feynman, Leighton; Sands, 1975]** *The Feynman Lectures on Physics*, volumes I, II, III. Massachusetts: Addison-Wesley, Fifth printing.

**[Feynman, R.P., 1961]** *Quantum Electrodynamics.* Edición utilizada, Massachusetts: Perseus (1998).

**[Feynman, R.P., 1987]** The Reason for Antiparticles, em *Elementary Particles and the Laws of Physics.* Cambridge: University Press.

**[Feynman, R.P., 1988]** *QED: La extraña teoría de la luz y de la materia.* Lisboa: Gradiva.

**[Feynman, R.P., 2000]** *¿Qué es una Ley Física*, Lisboa, Gradiva, segunda edición.

**[Flügge, S., 1971]** *Practical Quantum Mechanics.* Berlim, Heildelberg: Springer-Verlag.

**[Folse, H., 1985]** *The Philosophy of Niels Bohr. The Framework of Complementarity..* Amsterdam: North Holland.

**[French, A.P., 1966]** *Vibraciones y ondas.* Brasilia: UnB.

**[French, A.P., 1968]** *Relatividad Especial.* Barcelona: Reverté.

**[French, A.P.; Kennedy, P.J. (Eds.), 1985]** *Niels Bohr: A Centenary Volume.* Cambridge, Massachusetts: Harvard University Press.

**[French, A.P.; Taylor, E.F., 1978]** *Introduction to Quantum Physics.* New York: Norton.

**[Furçat, F., 1990]** *Niels Bohr avant/après.* Paris: Criterion.

## G

**[Galvani, L., 1791]** *De Viribus Electracitatis in Moto Musculari Commentarius.* Bononiae.

**[Galvani, L., 1998]** *Opere edite ed inedite. Raccolte e pubblicate per cura dell'Academia delle Scienze dell'Istituto di Bologna.* Bologna: Arnold Forni Editore.

**[Garber, E.; Brush, S.G.; Everitt, C.W.F. (Eds.), 1986]** *Maxwell on Molecules and Gases.* Cambridge: University Press.

**[Garola, C., 2004]** *The Foundations of Quantum Mechanics: Historical Analysis and Open Questions.* Singapore: World Scientific.

**[Gasiorowicz, S., 2003]** *Quantum Physics.* New York: John Wiley, Third edition.

**[Gell-Mann, M.; Ne'emann, Y., 1964]** *The Eightfold Way.* New York: Benjamin.

**[Gell-Mann, M., 1995]** *Le Quark et le Jaguar: voyage au coeur du simple et du complexe.* Paris: Albin Michel.

**[Gibbs, J.W., 1901]** *Elementary Principles in Statistical Mechanics.* Edición utilizada, Woodbridge: Ox Bow Press (1981).

**[Gibbs, J.W., 1961]** *The Scientific Papers of J. Willard Gibbs*, volúmenes 1 y 2. New York: Dover.

**[Gibert, A., 1982]** *Orígenes históricos de la Física Moderna.* Lisboa: Fundación Calouste Gulbenkian.

**[Golden, S., 1964]** *Elements of the Theory of Gases.* Massachusetts: Addison-Wesley.

**[Goldstein, H., 1980]** *Classical Mechanics.* Massachusetts: Addison-Wesley, Second edition.

**[Goudsmith, S.A., 1983]** *The History of Modern Physics, 1800-1950.* Los Angeles: Thomash Publisher.

**[Greenberger, D.; Hentschel, K.; Weinert, F., 2009]** *Compendium of Quantum Physics: Concepts, Experiments, History and Philosophy.* New York: Springer.

**[Greene, B., 2001]** *El universo elegante: Supercuerdas, dimensiones ocultas y la búsqueda de la teoría definitiva.* São Paulo: Companhia das Letras.

**[Greiner, W., 1998]** *Classical Electrodynamics.* New York: Springer.

**[Gross, D.; Henneaux, M.; Servin, A., 2013]** *The Theory of Quantum World.* Singapore: World Scientific.

**[Grynberg, G.; Aspect, A.; Fabre, C., 2010]** *Introduction to Quantum Optics.* Cambridge: University Press.

**[Guthrie, W.K.C., 1967]** *The Greek Philosophers: From Thales to Aristotle.* Londres: Methuen & Co.

**[Guthrie, W.K.C., 1962-1981]** *A History of Greek Philosophy*, v. I. *The earlier Pressocratics and the Pythagoreans* (1962); v. II. *The Presocratic tradition from Parmenides to Democritus* (1965); v. III. *The Fifth-Century Enlightenment* (1969); v. IV. *Plato: the Man and his Dialogues – earlier period* (1975); v. V. *The Later Plato and the Academy* (1978); v. VI. *Aristotle: an Encouter* (1981). Cambridge: University Press.

## H

**[Haas, A., 1928]** *Wave Mechanics and the New Quantum Theory.* Londres: Constable & Co.

**[Haas, A., 1928bis]** *The World of Atoms: Ten non-mathematical Lectures.* New York: D. van Nostrand, second printing.

**[Haas, A.; Uhler, H.S., 1928]** *The World of Atoms.* New York, D. van Nostrand, second printing.

**[Hall, A.R., 1963]** *From Galileo to Newton 1630-1720.* Londres: William Collins Sons.

**[Hamilton, E.; Cairns, H. (Eds.), 1989]** *Plato: The Collected Dialogues, including the Letters.* Princeton: University Press.

**[Hanson, N.R., 1963]** *The Concept of the Positron: A Philosophical Analysis.* Cambridge: University Press.

**[Harman, P.M. (Ed.), 1990-2002]** *The Scientific Letters and Papers of James Clerk Maxwell.* Cambridge: University Press, 3 volúmenes en 5 tomos.

**[Hasenölrl, F. (Ed.), 1968]** *Wissenschaftliche Abhandlungen von Ludwig Boltzmann.* New York: Chelsea.

**[Hecht, E.; Zajac, A., 1975]** *Optics.* Fourth printing. Massachusetts: Addison-Welsey.

**[Heisenberg, W., 1930]** *Die Physikalischen Prinzipien der Quantentheorie.* Leipzig: S. Hirzel. Edición utilizada: *The Physical Principles of the Quantum Theory.* New York: Dover (1958).

**[Heisenberg, W., 1954]** *La Physique du Noyau Atomique.* Paris: Albin Michel.

**[Heisenberg, W., 1958]** *Physics and Philosophy.* New York: Harper & Brothers, Edición brasileńa utilizada *Física y Filosofía.* Brasilia: UnB (1981).

**[Heisenberg, W., 1966]** *Introduction to the Unified Field Theory of Elementary Particles.* New York: Interscience Publishers.

**[Heisenberg, W., 1971]** *Physics and Beyond: Memories of a Life in Science.* Londres: George Allen & Uniwin Ltd.

**[Heisenberg, W., 1985-1989]** *Gesammelte Werke (Collected Works.* Series AI-AIII, BI, Berlin: Springer-Verlag; Series CI-CV, München: R. Piper GmbH.

**[Heitler, W., 1945]** *Elementary Wave Mechanics with application to Quantum Chemistry.* Oxford: Claredon Press, second edition.

**[Hendry, J., 1984]** *The Creation of Quantum Mechanics and the Bohr-Pauli Dialogue.* Dordrecht/Boston/Lancaster: D. Reidel.

**[Hermann, A., 1971]** *The Genesis of Quantum Theory (1899-1913).* Cambridge: MIT Press.

**[Hertz, H., 1884]** *Die Constitution der Materie.* Texto editado por Albrecht Fölsing, Berlín: Springer, 1999.

**[Herzberg, G., 1937]** *Atomic Spectra and Atomic Structure.* New York: Dover (1945).

**[Hesse, M.B., 1962]** *Forces and Fields: The Concepts of Action at a Distance in the History of Physics.* New York: Philosophical Library.

**[Hindmarsch, W.R., 1967]** *Atomic Spectra.* Oxford: Pergamon Press.

**[Holton, G., 1979]** *La imaginación científica.* Río de Janeiro: Zahar.

**[Honner, J., 1988]** *The Description of Nature: Niels Bohr and the Philosophy of Quantum Physics.* Oxford: University Press.

**[Hutchins, R.M. (Ed.), 1980]** *Great Books of the Western World,* v. 45, 23 ed. Chicago: The University of Chicago & Encyclopaedia Britannica.

**[Huygens, C.; Fresnel, A., 1945]** *La Teoría Ondulatoria de la Luz,* Introducción y notas de Cortés Pla. Buenos Aires: Losada.

## I

**[Ihde, A.J., 1984]** *The Development of Modern Chemistry.* New York: Dover.

**[Institut International de Physique Solvay, 1928]** *Électrons et Photons,* rapports et discussions du Cinquième Conseil de Physique tenu a Bruxelles du 24 au 29 Octobre 1927 sous les auspices de L'Institut International de Physique Solvay. Paris: Gauthier-Villars.

## J

**[Jackson, J.D., 1999]** *Classical Electrodynamics.* New York: John Wiley & Sons, Third edition.

**[Jaeger, F.M., 1917]** *Lectures on the Principles of Symmetry and its Applications in All Natural Sciences.* Amsterdam: Elsevier.

**[Jaffe, B., 1960]** *Michelson and the Speed of Light.* New York: Anchor Books.

**[Jammer, M., 1966]** *The Conceptual Development of Quantum Mechanics.* New York: McGraw-Hill.

**[Jammer, M., 1974]** *The Philosophy of Quantum Mechanics: The Interpretations of Quantum Mechanics in Historical Perspective.* New York: John Wiley & Sons.

**[Jammer, M., 1993]** *The History of the Concept of Space in Physics.* New York: Dover, Third edition.

**[Jammer, M., 2006]** *Concepts of Simultaneity from Antiquity to Einstein and Beyond.* Baltimore: The John Hopkins University Press.

**[Jauch, J.M., 1989]** *Are Quanta Real?: A Galilean Dialogue.* Bloomington: Indiana University.

**[Jensen, W.B., 2002]** *Mendeleev on the Periodic Law. Selected Writings, 1869-1905.* New York: Dover.

## K

**[Kangro, H. (Ed.), 1972]** *Planck's Original Papers in Quantum Physics.* German and English edition. Londres: Taylor & Francis.

**[Kangro, H., 1976]** *Early History of Planck's Radiation Law.* Londres: Taylor & Francis.

**[Kaplan, I., 1963]** *Nuclear Physics.* Reading, Massachusetts: Addison-Wesley.

**[Kargon, R.H., 1966]** *Atomism in England from Hariot to Newton.* Oxford: Claredon Press.

**[Kirchhoff, G., 1898]** *Abhandlungen über Emission und Absorption.* Leipzig: Verlag von Wilhelm Engelmann.

**[Kirchhoff, G.; Bunsen, R., 1895]** *Chemische Analyse durch Spectralbeobactung.* Leipzig: Verlag von Wilhelm Engelmann.

**[Kirk, G.S.; Raven, J.E., 1990]** *Los filósofos presocráticos.* Lisboa: Fundación Calouste Gulbenkian.

**[Kirk, G.S.; Raven, J.E.; Schofield, M., 1994]** *Los filósofos presocráticos,* 4 ed. Lisboa: Fundación Calouste Gulbenkian.

**[Kittel, C., 1978]** *Introducción a la Física del Estado Sólido.* Río de Janeiro: Guanabara Dois, quinta edición.

**[Kittel, C.; Knight, W.D.; Ruderman, M.A., 1973]** *Curso de Física de Berkeley – Mecánica,* v. I. São Paulo: Edgar Blücher.

**[Knight, D.M. (Org.), 1970]** *Classical Scientific Papers: Chemistry, second series.* Londres: Mill & Boan, New York: American Elsevier Publisher.

**[Konishi, K.; Paffuti, G., 2009]** *Quantum Mechanics: A New Introduction.* Oxford: University Press.

**[Krajewski, W., 1977]** *Correspondence Principle and Growth of Science.* Dordrecht: D. Reidel.

**[Krüger, L.; Daston, L.J.; Heidelberger, M., 1989]** *The Probabilistic Revolution,* 2 volúmenes. Massachusetts: MIT Press, Second printing.

**[Kuhn, T.S., 1978]** *Black Body Theory and Quantum Discontinuity 1894-1912.* New York: Oxford University Press.

## L

**[Lacroix, P., 1877]** *Sciences & Lettres au Moyen Age et a l'Époque de la Renaissance.* Paris: Librairie de Firmin-Didot.

**[Lagerkvist, U., 2012]** *The Periodic Table and the Missed Nobel Prize.* Singapore: World Scientific.

**[Lanczos, C., 1986]** *The Variational Principles of Mechanics,* 4 ed. New York: Dover.

**[Landau, L., 1957]** *Mecánica.* Moscú: Mir (1978).

**[Landau, L.; Rumer, Y., 2004]** *¿Qué es la Teoría de la Relatividad?.* São Paulo: Hemus.

**[Lange, F.A., s/d]** *Historia del Materialismo*; volúmenes 1 y 2. Lisboa: Editora Gleba.

**[Langevin, P.; de Broglie, M. (Eds.), 1912]** *La Théorie du Rayonnement et les Quanta*; Rapports et Discussions de la Réunion tenue à Bruxelles, du 30 octobre au 3 novembre de 1911, sous les auspices de M.E. Solvay. Paris: Gauthier-Villars.

**[Lawden, D.F., 1967]** *The Mathematical Principles of Quantum Mechanics.* Londres: Methuen & Co.

**[Leicester, H.M., 1971]** *The Historical Background of Chemistry.* New York: Dover.

**[Leicester, H.M.; Klickstein, H.S. (Eds.), 1963]** *A Source Book in Chemistry, 1400-1900.* Massachusetts: Harvard University.

**[Leite Lopes, J., 1967]** *Fondaments de la Physique Atomique.* Paris: Hermann.

**[Leite Lopes, J., 1992]** *La estructura cuántica de la materia: Del átomo presocrático a las partículas elementales.* Río de Janeiro: UFRJ y Erca.

**[Leite Lopes, J.; Escoubès, B., 1995]** *Sources et évolution de la physique quantique: textes fondateurs.* Paris: Masson.

**[Leite Lopes, J.; Paty, M., 1977]** *Quantum Mechanics, a Half Century Later.* Dordrecht: D. Reidel.

**[Levi, P., 1994]** *La Tabla Periódica.* Río de Janeiro: Relume-Dumará.

**[Lévy-Leblond, J.M., 2004]** *El pensamiento y la práctica de la ciencia – antinomias de la razón.* São Paulo: Edusc.

**[Lévy-Leblond, J.M.; Balibar, F., 1990]** *Quantics – Rudiments of Quantum Physics.* Amsterdam: North-Holland.

**[Libby, W.F., 1952]** *Radiocarbon dating.* Chicago: The University of Chicago Press.

**[Lichtenberg, D.B., 1978]** *Unitary Symmetry and Elementary Particles.* Londres: Academic Press, Second edition.

**[Lindberg, D.C., 1976]** *Theories of Vision from Al-Kindi to Kepler.* Chicago & Londres: University of Chicago.

**[Lipkin, H.J., 1966]** *Lie Groups for Pedestrians.* Amsterdam: North-Holland Publishing Co., Second edition.

**[Livingston, D.M., 1973]** *The Master of Light: A Biography of Albert A. Michelson.* New York: Charles Scribner's Sons.

**[Longair, M.S., 1994]** *Theoretical Concepts in Physics.* Cambridge: University Press.

**[Longair, M.S., 2013]** *Quantum Concepts in Physics: An Alternative Approach to teh understanding of Quantum Mechanics.* Cambridge: University Press.

**[Longo, M.J., 1973]** *Fundamentals of Elementary Particle Physics.* New York: MacGraw-Hill.

**[Lorentz, H.A., 1909]** *The Theory of Electrons: and its applications to the phenomena of light and radiant heat.* Edición utilizada, New York: Dover (2003).

**[Lorentz, H.A., 1935-1939]** *Collected Papers.* The Hague: Martinus Nijoff, 9 v.

**[Lorentz, H.A., *et al.*, 1923]** *The Principle of Relativity*, A Collection of Original Papers on the Special and General Theory of Relativity. Edición utilizada, New York: Dover (1952).

## M

**[Magalhães, M.N.; Lima, A.C.P., 2002]** *Nociones de probabilidades y estadística*, 4ª ed. São Paulo: EdUsp.

**[Mahon, J.R.P., 2011]** *Mecánica Cuántica: Desarrollo Contemporáneo y Aplicaciones*, Río de Janeiro: LTC.

**[Majorana, E., 1987]** *Lezioni dell'Università di Napoli.* Napoli: Bibliopolis.

**[Marks, R.W., 1967]** *Great Ideas of Modern Science.* New York: Bantam Books.

**[Marques, G.C., 2010]** *¿De qué está hecho todo?* São Paulo: Editora de la Universidad de São Paulo.

**[Martins, J.B., 2002]** *La historia del átomo de Demócrito a los quarks.* Río de Janeiro: Ciencia Moderna.

**[Martins, R.A., 2012]** *Becquerel y el descubrimiento de la radioactividad: un análisis crítico.* São Paulo: Librería de la Física.

**[Mason, S.F., 1962]** *Historia de la Ciencia.* Río de Janeiro, Porto Alegre y São Paulo: Editora Globo.

**[Massimi, M., 2005]** *Pauli's Exclusion Principle: The Origin and Validation of a Scientific Principle.* Cambridge: University Press.

**[Mathieu, J.-P., 1984]** *Historia de la constante d'Avogadro.* Paris: Société Française d'Histoire des Sciences et de Techniques.

**[Mayants, L., 1984]** *The Enigma of Probability and Physics.* Dordrecht / Boston / Lancaster: D. Reidel Publishing Co.

**[McCuster, B., 1983]** *The quest for quarks.* Cambridge: Cambridge University Press.

**[McKie, D.; Heathote, N.H.V., 1935]** *The Discovery of Specific and Latent Heats.* Londres: Edward Arnold.

**[Medawar, P.B., 1984]** *The Limits of Science.* New York: Harper & Row.

**[Mehra, J., 1975]** *The Solvay Conferences on Physics: Aspects of the Development of Physics Since 1911.* Dordrecht/Boston: D. Reidel Publishing Company.

**[Mehra, J.; Rechenberg, H., 1982-2000]** *The Historical Development of Quantum Theory*, volúmenes 1-6, en 9 tomos. New York: Springer-Verlag.

**[Melhado, E., 1981]** *Jacob Berzelius. The Emergence of his Chemical System.* Stockholm: Almquist & Wilksell International.

**[Melissinos, A.C., 1966]** *Experiments in Modern Physics.* New York & Londres: Academic Press.

**[Meyer, P.L., 1983]** *Probabilidad – aplicaciones a la Estadística.* Río de Janeiro: LTC, segunda edición.

**[Meyerson, E., 1951]** *Identité et Réalité.* Paris: Librairie Philosophique J. Vrin, cinquième edition.

**[Miller, A.I., 2012]** *Sixty-two Years of Uncertainty: Historical, Philosophical and Physical Inquiries into the Foundations of Quantum Mechanics.* New York: Springer.

**[Miller, T.S., 1981]** *Albert Einstein's Special Theory of Relativity; Emergence (1905) and early interpretation (1905-1911).* Massachusetts: Addison-Wesley.

**[Millikan, R.A., 1947]** *Electrons (+ and −), Protons, Photons, Neutrons, Mesotrons, and Cosmic Rays.* Chicago: University Press.

**[Millikan, R.A., 1950]** *The Autobiography of Robert A. Millikan.* New York: Prentice-Hall.

**[Mottelay, P.F., 1922]** *Bibliographical History of Electricity and Magnetism Chronologically Arrenged.* London: Charles Griffin & Co. Reimpreso por Maurizio Martino Publisher, New York, s/d.

**[Moore, R., 1985]** *Niels Bohr: The Man, his Science, and the World they Changed.* Cambridge, Massashusetts: The MIT Press.

**[Moore, W., 1989]** *Schrödinger Life and Thought.* Cambridge: University Press.

**[Morse, P.M., 1965]** *Thermal Physics.* New York: W.A. Benjamin.

**[Munro, J., 1912]** *The Story of Electricity.* New York: Appleton and Co.

**[Murdoch, D., 1987]** *Niels Bohr's Philosophy of Physics.* Cambridge: University Press.

## N

**[Nambu, Y., 1985]** *Quarks.* Singapore: World Scientific.

**[Newlands, J.A.R., 1884]** *On the discovery of the periodic law and on relations among the atomic weights.* London: Spon. Edición utilizada, Nobel Press, 2014.

**[Niven, W.D. (Ed.), 1890]** *The Scientific Papers of James Clerk Maxwell.* Edición utilizada, New York: Dover (2003).

**[Novello, M., 1988]** *Cosmos & Contexto.* Río de Janeiro: Ed. Forense Universitária.

**[Novello, M., 2004]** *Los juegos de la naturaleza: el origen del universo, los agujeros negros, la evolución de las estrellas y otros misterios de la naturaleza.* Río de Janeiro: Elsevier/Campus.

**[Nye, M.-J., 1972]** *Molecular Reality: A perspective on the scientific work of Jean Perrin.* New York: Elsevier.

**[Nye, M.-J., 1983]** *The Question of the Atom: From Karlsruhe Congress to the Solvay Conference, 1860-1911.* Los Ángeles: Tomash.

## O

**[Oguri, V. (Org.)** *et al.*, **2005]** *Estimaticiones y Errores en Experimentos de Física.* Río de Janeiro: EdUerj.

**[Ohanian, H.C., 1976]** *Gravitation and Spacetime.* New York/London: W.W. Norton & Co.

**[Omnès, R., 1994]** *The Interpretation of Quantum Mechanics.* Princeton, New Jersey: University Press.

**[Omnès, R., 1999]** *Understanding Quantum Mechanics.* Princeton, New Jersey: University Press.

**[Ordine, N., 1996]** *La Cabala dell'Asino: Asinità e Conoscenza in Giordano Bruno.* Napoli: Liguori, seconda edizione.

**[Osada, J., 1972]** *Evolución de las ideas de la Física.* São Paulo: Edgar Blücher.

## P

**[Pais, A., 1987]** *Sottile è il Signore: La Scienza e la Vita di Albert Einstein.* Torino: Boringhieri.

**[Pais, A., 1988]** *Inward Bound of Matter and Forces in the Physical World.* New York: Oxford University.

**[Pais, A., 1991]** *Niels Bohr's Times, in Physics, Philosophy, and Polity.* Oxford: Claredon Press.

**[Palmer, W.G., 1945]** *Valency: Classical and Modern.* Cambridge: University Press.

**[Papenfuß, D.; Lüst, D.; Schleich, W.P. (Eds.), 2002]** *100 Years Werner Heisenberg: Work and Impact.* Weinheim: Wiley-VCH Verlag.

**[Partington, J.R., 1998]** *A History of Chemistry.* New York: Martino Publisher.

**[Patterson, E.C., 1970]** *John Dalton and the Atomic Theory.* New York: Anchor Book.

**[Pauli, W., 1921]** *Theory of Relativity.* Edición en inglés, New York: Dover (1981).

**[Pauli, W., 1947]** *Exclusion Principle and Quantum Mechanics.* Newchatel: Édition du Griffon.

**[Pauli, W. (Ed.), 1955]** *Niels Bohr and the Development of Physics.* New York: McGraw-Hill

**[Pauling, L.; Bright Wilson, E., 1935]** *Introduction to Quantum Mechanics.* New York: McGraw-Hill.

**[Pearce Williams, L., 1980]** *The Origin of Field Theory.* New York: University Press of America.

**[Peebles, P.J.E., 1992]** *Quantum Mechanics.* New Jersey: Princeton University Press.

**[Perrin, J., 1910]** *Brownian Movement.* Edición utilizada, Woodbridge: Ox Bow Press (1990).

**[Perrin, J., 1913]** *Atoms.* Edición utilizada, New York: Dover (2005).

**[Perrin, J., 1950]** *Œuvres Scientifiques.* Paris: Centre National de La Recherche Scientifique.

**[Pessoa Jr., O., 2003]** *Conceptos de Física Cuántica.* São Paulo: Librería de la Física.

**[Pessoa Jr., O., 2006]** *Conceptos de Física Cuántica*, volumen II. São Paulo: Librería de la Física.

**[Petruccioli, S., 1993]** *Atoms, Metaphors and Paradoxes: Niels Bohr and the Construction of a New Physics.* Cambridge: University Press.

**[Piza, de Toledo A.F.R., 2002]** *Mecánica Cuántica.* São Paulo: EdUsp.

**[Planck, M., 1914]** *The Theory of Heat Radiation.* Edición utilizada, New York: Dover (1995).

**[Planck, M., 1958]** *Physikalische Abhandlungen und Vorträge*, 3 v. Braunschweig: Friedrich Vieweg und Sohn.

**[Popper, K., 1982]** *Quantum Theory and the Schism in Physics.* Edición utilizada, Londres: Routledge (1995).

**[Posin, D.Q., 1948]** *Mendeleyev: The Story of a Great Scientist.* New York: McGraw-Hill.

**[Powers, J., 1982]** *Philosophy and the New Physics.* Edición utilizada, Londres: Routledge (1991).

**[Przibram, K., 1967]** *Letters on Wave Mechanics*: Schrödinger, Planck, Einstein, Lorentz. New York: Philosophical Library.

**[Pullman, B., 1998]** *The Atom in the History of Human Thought.* New York: Oxford University.

**[Purcell, E.M., 1973]** *Curso de Física de Berkeley – Electricidad y Magnetismo*, v. 2. São Paulo: Edgar Blücher.

**[Pyle, A., 1997]** *Atomism and its Critics: From Democritus to Newton.* Bristol: Thoemmes Press.

## R

**[Rae, A.I.M., 1994]** *Quantum Physics: Illusion or Reality.* Cambridge: University Press.

**[Rayleigh, Lord, 1964]** *Scientific Papers by Lord Rayleigh (John William Strutt).* New York: Dover, six volumes bound as three.

**[Reichenbach, H., 1944]** *Philosophic Foundations of Quantum Mechanics.* Edición utilizada, New York: Dover (1998).

**[Reichenbach, H., 1959]** *Modern Philosophy of Science.* Londres: Routledge and Kegan Paul.

**[Reif F., 1975]** *Berkeley Physics Course – Estadística*, v. 5. Barcelona: Reverté.

**[Renn, J., 2005]** *Einstein's Annaler Papers: The Complete Collection 1901-1922.* Weinheim: Wiley-VCH.

**[Renn, J.; Schulmann (Orgs.), 1992]** *Albert Einstein-Mileva Marić: Cartas de Amor.* Campinas: Papirus.

**[Resnick, R., 1971]** *Introducción a la Relatividad Especial.* São Paulo: Polígono.

**[Rice, F.O.; Teller, E., 1949]** *The Structure of Matter.* New York: John Wiley; London: Capman & Hall.

**[Riggs, P.J., 2009]** *Quantum Causality: Conceptual Issues in teh Causality Theory of Quantum Mechanics.* New York: Springer.

**[Robotti, N., 1978]** *I Primi Modelli dell'Atomo: dall'Elettrone all'Atomo di Bohr.* Torino: Loescher Editore.

**[Rocke, A.J., 1984]** *Chemical Atomism in the Nineteenth Century from Dalton to Cannizzaro.* Columbus: Ohio State University.

**[Rohlf, J.W., 1994]** *Modern Physics, from $\alpha$ to $Z^0$.* New York: Wiley.

**[Rohrlich, F., 1965]** *Classical Charged Particles: Foundations of Their Theory.* Massachusetts: Addison-Wesley.

**[Rozental, S. (Ed.), 1967]** *Niels Bohr: His life and work as seen by his friends and colleagues.* Amsterdam: North-Holland.

**[Ruark, A.E.; Urey, H.C., 1930]** *Atoms, Molecules and Quanta.* New York & London: McGraw-Hill.

**[Ruhla, C., 1992]** *The Physics of Chance, from Blaise Pascal to Niels Bohr.* Oxford: Oxford University Press.

**[Rupert Hall, A., 1995]** *All was Light: An Introduction to Newton's Opticks.* Oxford: Claredon Press.

**[Russell, B., 1969]** *Obras filosóficas*, 3 ed. São Paulo: Companhia Editora Nacional & Codil.

**[Rutherford, E., 1937]** *The Newer Alchemy.* Cambridge: University Press.

**[Rutherford, E., 1962-1965]** *The Collected Papers of Lord Rutherford of Nelson*, published under the scientific direction of Sir James Chadwick. Londres: George Allen & Unwin, 3 v.

**[Rutherford, E., 2004]** *Radio-activity.* New York: Dover.

**[Rutherford; E. Chadwick, J.; Ellis, C.D., 1930]** *Radiations of Radiocative Substances.* Cambridge: University Press.

## S

**[Sabra, A.I., 1967]** *Theories of Light: from Descartes to Newton.* Edición utilizada, Cambridge: University Press (1981).

**[Sambursky, S., 1975]** *Physical Thought from the Presocratics to the Quantum Physicists.* New York: Pica Press.

**[Sambursky, S., 1987]** *Physical World of the Greeks.* Princeton, New Jersey: Princeton University.

**[Schaffner, K.F., 1972]** *Nineteenth Century Aether Theories.* Oxford: Pergamon Press.

**[Schankland, R.S. (Ed.), 1973]** *Scientific Papers of Arthur Holly Compton: X-Ray and Other Studies.* Chicago & Londres: The University of Chicago Press.

**[Schilpp, P.A. (Ed.), 1988]** *Albert Einstein: Philosopher-Scientist.* The Library of Living Philosophers, v. vii. La Salle, Illinois: Open Court.

**[Schrödinger, E., 1926]** *Collected Papers on Wave Mechanics.* Tercera edición, New York: Chelsea (1982).

**[Schrödinger, E., 1984]** *Gesammelte Abhandlungen – Collected Papers,* hrsg. von der Osterreichiscye Akademie der Wissenchaften. Vienna: Verlag der Wissenchaften, Wiesbaden, Vieweg, 4 vols.

**[Schrödinger, E., 1949-1955]** *The Interpretation of Quantum Mechanics: Dublin Seminars (1949-1955) and others unpublished essays.* Edición utilizada, Woodbridge: Ox Bow Press (1995).

**[Scott, W.L., 1970]** *The Conflict between Atomism and Conservation Theory: 1644-1860.* Londres: McDonald & New York: Elsevier.

**[Sears, F.W., 1965]** *Mechanics, Wave Motion and Heat.* Massachusetts: Addison-Wesley.

**[Sears, F.W., 1972]** *An Introduction to Thermodynamics, the Kinetical Theory of Gases, and Statistical Mechanics.* Massachusetts: Addison-Wesley.

**[Segrè, E., 1980]** *From X-Rays to Quarks: Modern Physicists and Their Discoveries.* San Francisco: W.H. Freeman.

**[Selleri, F., 1987]** *La Causalità Impossibile: L'Interpretazione Realistica della Fisica dei Quanti.* Milão: Jaca Book.

**[Selleri, F., 2001]** *Le forme dell'energia: La luce e il calore. Da $E = mc^2$ all'energia nucleare.* Bari: Edizioni Dedalo.

**[Servien, P., 1948]** *Probabilité et Quanta.* Paris: Hermann.

**[Sesmat, A., 1937]** *Système de Référence et Mouvements (Physique Relativiste).* Paris: Hermann.

**[Seth, S., 2010]** *Crafting the Quantum. Arnold Sommerfeld and the Practice of Theorie, 1890-1926.* Cambridge, Massachusetts: MIT Press.

**[Shamos, M.H., 1987]** *Great Experiments in Physics.* New York: Dover.

**[Shankland, R.S. (Ed.), 1973]** *Scientific Papers of Arthur Holly Compton: X-Ray and Other Studies.* Chicago: University Press.

**[Silk, J., 1980]** *The Big Bang: The Creation and Evolution of the Universe.* San Francisco: W.H. Freeman and Co.

**[Simmons, G.F., 1974]** *Differencial Equations with Applications and Historical Notes.* Nova Deli: Tata McGraw-Hill.

**[Sklar, L., 1995]** *Physics and Chance: Philosophical issues in the Foundations of Statistical Mechanics.* Cambridge: University Press.

**[Slater, J.C., 1955]** *Modern Physics.* New York: MacGraw-Hill.

**[Smith, J.H., 1978]** *Introducción a la Relatividad Especial.* Barcelona: Reverté.

**[Sneddon, I.N., 1980]** *Special Functions of Mathematical Physics and Chemistry.* New York: Longman Inc.

**[Snow, A.J., 1926]** *Matter and Gravity in Newton's Physical Philosophy.* Edición utilizada, New York: Año (1976).

**[Soddy, F., 1915]** *La Chimie des Éléments Radioactifs.* Paris: Gauthier-Villars.

**[Soddy, F., 1919]** *Le Radium. Interprétation et Enseigments de la Radioactivité.* Paris: Librairie Félix Alcan.

**[Soddy, F., 1920]** *The Interpretation of Radium and the Structure of the Atom.* New York: G.P. Putnam's Sons.

**[Sommerfeld, A., 1919]** *Atombaum und Spektrallinien.* Vieweg: Braunschweig. Edición inglesa *Atomic Structure & Spectral Lines.* Londres: Mathuen & Co. (1934).

**[Sommerfeld, A., 2013]** *Die Bohr-Sommerfeldsche Atomtheorie. Somerfelds Erweiterung des Bohrschen Atommodells 1915/16.* Berlin: Springer Spektrum.

**[Sommerfeld, A., s/d]** *Three Lectures on Atomic Physics.* New York: E.P. Dutton and Company Publishers.

**[Sorabji, R., 1992]** *Matter, Space & Motion: Theories in Antiquity and Their Sequel.* New York: Cornell University.

**[Spiridonov, O.P., 1988]** *Universal Physical Constants.* Moscú: Mir Publishers.

**[Springford, M. (Ed.), 1997]** *Electron: A Centenary Volume.* Cambridge: University Press.

**[Stachel, J. (Org.), 2001]** *El año milagroso de Einstein: cinco artículos que cambiaron la cara de la Física.* Río de Janeiro: UFRJ.

**[Stephenson, G., 1975]** *Introducción a matrices, conjuntos y grupos.* São Paulo: Edgar Blücher.

**[Stephenson, G., 1975a]** *Una introducción a las ecuaciones diferenciales parciales.* São Paulo: Edgar Blücher.

**[Stillman, J.M., 1960]** *The Story of Alchemy and Early Chemistry.* New York: Dover.

**[Strathern, P., 1999]** *Bohr y la Teoría Cuántica.* Río de Janeiro: Zahar.

**[Strathern, P., 2002]** *El sueño de Mendeleyev: la verdadera historia de la Química.* Río de Janeiro: Zahar.

**[Stuewer, R.H., 1975]** *The Compton Effect: Turning Point in Physics.* New York: Science History Publications.

## T

**[Tagliaferri, G., 1985]** *Storia della Fisica Quantistica dalle Origini alla Meccanica Ondulatoria.* Milão: Franco Angeli.

**[Tarasov, L.V., 1980]** *Basic Concepts of Quantum Mechanics.* Moscú: Mir.

**[Tarozzi, G.; Van der Merwe, A. (Eds.), 1985]** *Open Questions in Quantum Physics: Invited Papers on the Foundations of Microphysics.* Dordrecht/Boston/Lencester: D. Reidel Publishing Company.

**[Tarozzi, G.; Van der Merwe, A. (Eds.), 1988]** *The Nature of Quantum Paradoxes.* Dordrecht/Boston/Londres: Kluwer Academic Publishers.

**[Taton, R, 1961]** *Histoire Générale des Sciences.* Paris: Presses Universitaires de France.

**[Ter Haar, D., 1964]** *Selected Problems in Quantum Mechanics.* New York: Academic Press.

**[Thackray, A., 1981]** *Atomi e Forze: Studio Sulla Teoria della Materia in Newton.* Bologna: Il Mulino.

**[Thaller, B., 1992]** *The Dirac Equation.* Berlim: Springer-Verlag.

**[Thomson, G.P., 1964]** *J.J. Thomson and the Cavendish Laboratory in his Day.* Londres: Thomas Nelson and Sons.

**[Thomson, J.J., 1902]** *The Discharge of Electricity through Gases.* Westminster: Archibald Constable & Co.

**[Thomson, J.J., 1929]** *Beyond the Electron.* Cambridge: University Press.

**[Thomson, T., 1825]** *An Attempt to Establish the First Principles of Chemistry*, London, Baldwin, Craddock and Joy.

**[Thomson, W. (Lord Kelvin), 1894]** *Popular Lectures and Addresses.* London: Macmillan.

**[Tommasi, D., 1899]** *Traité des Piles Électriques.* Paris: Georges Carré Editeur.

**[Tomonaga, S.-i., 1997]** *The Story of Spin.* Chicago: University Press.

**[Tonnelat, M.A., 1971]** *Histoire du Principe de Relativité.* Paris: Flammarion.

**[Trenn, T.J., 1975]** *Radioactivity and Atomic Theory. Presenting facsimile reproduction of the Annual Progress Reports on Radioactivity 1904-1920 to the Chemical Society bt Frederick Soddy F.R.S.*. London: Taylor & Francis.

**[Trífonov, D.N.; Trífonov, V.D., 1984]** *Cómo fueron descubiertos los elementos químicos.* Moscú: Mir.

# U

**[Ulich, H., 1946]** *Manual de Química Física.* Barcelona: Manuel Marín.

**[Ushenko, A.P., 1937]** *The Philosophy of Relativity.* Londres: George Allen & Unwin.

# V

**[Van der Waerden (Ed.), 1968]** *Sources of Quantum Mechanics.* New York: Dover.

**[Van Melsen, A.G., 1952]** *From Atomos to Atom: The History of the Concept 'Atom'.* Pittsburg, Pa.: Duquesne University Press.

**[Van Spronsen, J.W., 1969]** *The Periodical System of Chemical Elements: A History of the First Hundred Years.* Amsterdã, Londres, New York: Elsevier.

**[Van Wylen, G.J.; Sonntag, R.E., 1976]** *Fundamentos de la Termodinámica Clásica.* São Paulo: Edgard Blücher.

**[Von Laue, M., 1950]** *History of Physics.* New York: Academic Press.

**[Von Plato, J., 1998]** *Creating Modern Probability: Its Mathematics, Physics and Philosophy in Historical Perspective.* Cambridge: University Press.

# W

**[Weeks, M.E., 1935]** *Discovery of the Elements (1933).* Easton, Pa.: Mack Printings Third edition revised.

**[Weinberg, S., 1993]** *Dreams of a Final Theory.* New York: Pantheon Books.

**[Weinberg, S., 2013]** *Lectures on Quantum Mechanics.* Cambridge: University Press.

**[Westfall, R., 1995]** *La Vida de Isaac Newton*, Río de Janeiro, Nova Fronteira.

**[Wheaton, B.R., 1983]** *The Tiger and the Shark: Empirical Roots of Wave-Particle Dualism.* Cambridge: University Press.

**[Wheeler, J.A.; Zurek, W.H. (Eds.), 1983]** *Quantum Theory and Measurement.* Princeton, New Jersey: Princeton University Press.

**[White, H.E., 1934]** *Introduction to Atomic Spectra.* New York: McGraw-Hill.

**[White, J.H., 1932]** *The History of Phlogiston Theory.* London: Edward Arnold.

**[Whittaker, E., 1951]** *A History of the Theories of Aether and Electricity.* Edición utilizada, s.l., Tomash & AIP (1987).

**[Wichmann, E.H., 1972]** *Berkeley Physics Course – Física Cuántica*, v. 4. Barcelona: Reverté.

**[Wille, K., 2000]** *The Physics of Particle Accelerators: An Introduction.* Oxford: University Press.

# Y

**[Yourgrau, W.; Mandelstan, S., 1968]** *Variational Principles in Dynamics and Quantum Theory.* New York: Dover.

# Z

**[Zahar, E., 1989]** *Einstein's Revolution: A Study in Heuristic.* La Salle: Open Court.

**[Zeeman, P., 1903]** Pieter Zeeman: Nobel Lecture, *Nobel Lectures, Physics 1901-1927.* Amsterdam: Elsevier.

**[Zemansky, M.W., 1978]** *Calor y Termodinámica*, quinta edición. Río de Janeiro: Guanabara Dois.


## Sitios


**[EDUHQ, 2005]** `www.cbpf.br/eduhq` – Sitio de la Oficina de Educación a través de Libros de Historietas.

**[ELSA, 2004]** `www-elsa.physik.uni-bonn.de/Informationen/accelerator_list.html`

**[NOBEL, 2005]** `www.nobel.se/chemistry/laureates/1922/aston-lecture.pdf`

**[PDG, 2006]** `pdg.lbl.gov/`

**[Tirinhas, 2000]** `www.cbpf.br/tirinhasdefisica`

# Índice Onomástico

## A



## B

## G



## H



## I



## J



## K

## L



## M



## N

# O



# P



# R

# W



# X



# Y



# Z

# Índice de Assuntos

## D



## E

# F

## G



## H



## I

# Q



# R

## S



## T



## V



## W

# Y



# Z